学/者/文/库/系/列

U0868789

# 仪表设备点检员

主编　张春林

哈尔滨工程大学出版社
Harbin Engineering University Press

## 内 容 简 介

本书根据《国家职业技能标准 设备点检员》(2019年版)编写,内容包括仪表设备点检员应具备的相关知识与技能,旨在使仪表设备点检员掌握仪表设备点检的基本理论、方法和技术,了解各类常用仪表设备的结构、工作原理及常见故障处理方法。

本书可供仪表设备点检及相关领域的从业人员学习参考。

**图书在版编目(CIP)数据**

仪表设备点检员 / 张春林主编. -- 哈尔滨 : 哈尔滨工程大学出版社, 2025. 6. -- ISBN 978-7-5661-4819-3

Ⅰ. TH7

中国国家版本馆CIP数据核字第2025BF9805号

**仪表设备点检员**

YIBIAO SHEBEI DIANJIANYUAN

**选题策划** 刘思凡
**责任编辑** 章 蕾
**封面设计** 李海波

---

**出版发行** 哈尔滨工程大学出版社
**社　　址** 哈尔滨市南岗区南通大街145号
**邮政编码** 150001
**电　　话** 0451-82519989
**经　　销** 新华书店
**印　　刷** 哈尔滨午阳印刷有限公司
**开　　本** 787 mm×1 092 mm　1/16
**印　　张** 37.5
**字　　数** 965千字
**版　　次** 2025年6月第1版
**印　　次** 2025年6月第1次印刷
**书　　号** ISBN 978-7-5661-4819-3
**定　　价** 189.00元

http://www.hrbeupress.com
E-mail:heupress@hrbeu.edu.cn

---

# 编　委　会

# 前　言

随着工业技术的不断发展和智能化程度的日益提高,仪表设备在工业生产中扮演着越来越重要的角色。设备仪表运维人员的知识和能力的提升尤为重要。设备仪表需要进行定期检查,本着早发现、早预防、早治疗的原则,仪表设备点检员的职业出现了,成为保障设备仪表健康的体检"医生"。

南通中远海运船务工程有限公司顺应智能化发展的需要,组建了仪表设备点检员题库开发项目组,承担了江苏省仪表设备点检员题库开发任务,大力推广仪表设备点检,并根据设备点检员国家职业技能标准和国家相关的法律法规及书籍,编写了本书,供广大仪表设备点检员学习使用。本书能够让仪表设备点检员掌握仪表点检的基本理论、方法和技术,了解各类常用仪表的结构、工作原理及常见故障处理方法,提高仪表设备点检员的专业水平和技能素养。

本书由南通中远海运船务工程有限公司的江苏省设备点检员特级技师张春林领导的题库开发项目组成员李荣、刘志荣、李恒一、邵峰、陆兵、陈宏、丁旭泉、刘明、吉拥军等,江苏航运职业技术学院的王琪、周园园、宋岩、王爱军,以及南通市职业技能鉴定中心的吴兴、鲍东宾、周毅、马莉、张凯等编写,在此向这些专家表示感谢。

本书在编写的过程中,充分借鉴了国内外先进的仪表设备维护与管理经验,同时注重时效性和前瞻性,及时跟踪仪表设备技术的最新发展动态,确保内容处于行业前沿。

由于编者水平有限,书中难免存在疏漏和不足之处,恳请广大读者批评指正,并提出宝贵意见。

编　者

2025 年 2 月

# 目　　录

# 第一章　基础知识

本章旨在为读者提供设备管理、仪表、安全与环境保护及质量管理等领域的基础知识。随着工业技术的快速发展和市场竞争的日益激烈，企业对于设备、仪表的运维管理、安全生产与环境保护及产品质量的要求越来越高。因此，掌握这些基础知识对于企业的持续发展和增强市场竞争力具有重要意义。

通过本章的学习，读者能够全面了解和掌握设备管理、仪表、安全与环境保护及质量管理等领域的基础知识，可为今后的学习和工作打下坚实的基础。同时，我们也希望读者能够将所学知识运用到实际工作中，为企业的发展贡献自己的力量。

## 第一节　设备管理基础知识

设备是用于生产、加工、运输、检测等各种工作活动的物理工具或机械。它们是企业的固定资产和运营基础，没有这些设备，很多生产和服务活动将无法进行。设备管理是现代企业运营中不可或缺的一部分，有效的设备管理不仅能保障企业的生产安全，还能提高设备的运行效率，降低生产成本，从而增强企业的市场竞争力。

### 一、设备管理概述

设备管理是依据企业的生产经营目标，通过一系列的技术、经济和组织措施，对设备寿命周期内的所有设备的物质运动形态和价值运动形态进行综合管理的工作。对设备及设备管理而言，就是要以较少的投入、较低的设备寿命周期费用，生产出更多满足用户需求的优质产品，以获得最大的技术经济效益，实现价值的最大化。

设备管理是指对企业内的生产设备进行全过程的管理，包括设备的规划、选型、购置、安装、调试、使用、维修、改造、更新和报废等各个环节。设备管理的目标是实现设备的最佳运行状态，保证生产的安全、高效、低耗。

**1. 设备管理的目的、重要性和原则**

(1) 目的和重要性

设备管理的目的和重要性体现在以下几个方面。

①提高生产效率：有效的设备管理可以确保设备按时运行，减少停机时间，提高生产效率。

②降低成本：通过设备的合理维护和管理，可以降低维修和更换设备的成本，延长设备的使用寿命。

③确保安全：正确的设备管理可以减少设备故障和事故的发生，保障工作人员的安全。

④保证质量：设备的稳定运行有助于保证生产过程的稳定性和产品质量的一致性。

(2)原则

设备管理的原则主要有以下几点。

①预防为主：重视设备的预防性维护，通过定期检查、保养和维修，降低设备的故障率。

②经济效益优先：在设备选型、购置、使用和维护过程中，应充分考虑经济效益，避免不必要的浪费。

③综合管理：将设备的技术管理、经济管理和组织管理相结合，实现对设备全面、系统、科学的管理。

④持续改进：不断总结经验教训，完善设备管理制度和方法，提高设备管理水平。

**2. 设备管理的方法**

实用的设备管理方法主要有以下几点。

(1)定期检查与维护：制订定期的设备检查与维护计划，包括清洁、润滑、调整和更换易损件等，以确保设备处于良好的工作状态。

(2)故障预警系统：建立故障预警系统，通过监测设备的运行数据和指标，提前发现可能存在的故障迹象，以便及时采取措施。

(3)备件管理：建立备件库存管理系统，确保关键备件的及时供应，避免因备件不足而导致的生产停滞。

(4)设备更新与升级：定期评估设备的性能和技术水平，考虑是否需要进行更新或升级，以适应生产需求的变化和技术的进步。

**3. 设备管理的基本流程**

设备管理的基本流程主要包括以下几个阶段。

(1)设备规划：根据企业的生产需求和市场发展趋势，制订设备购置计划。

(2)设备选型与购置：根据设备规划，选择合适的设备型号和厂家，进行设备购置。

(3)设备安装与调试：按照设备说明书和相关标准，进行设备的安装和调试工作。

(4)设备使用与维护：制订设备使用规程和维护计划，确保设备安全、稳定的运行。

(5)设备维修与改造：对出现故障的设备进行维修，对无法满足生产需求的设备进行改造。

(6)设备更新与报废：根据设备的实际状况和使用寿命，进行设备的更新和报废处理。

设备管理是企业运营中至关重要的一环，它涉及企业的生产安全、经济效益和市场竞争力等多个方面。因此，企业必须高度重视设备管理，建立健全的设备管理制度和方法，不断提高设备管理水平，为企业的发展提供有力的保障。

## 二、TPM 设备管理

### 1. TPM 的定义

TPM(total productive maintenance)常被译为“全员生产维护”，也译为“全员生产保全”。按照日本工程师学会的解释，TPM 的定义如下：全体人员(包括企业领导、生产现场工人及办公室人员)参加的生产维修、维护体制，以小组活动为基础，涉及设备全系统，目的是提高设备的综合效率。

20世纪70年代初，TPM活动还仅限于企业的生产部门，之后逐渐扩展到整个企业。1989年，重新定义的TPM是：以最有效的设备利用为目标，以维修预防、预防维修、改善维修和事后维修综合构成生产维修为总运行体制。由设备的计划、使用、维修等所有相关人员，从最高经营管理者到第一线作业人员全员参与，以自主小组活动来推行生产维修，使损失为零。TPM活动是以改善设备状况，改进人的观念、精神面貌，以及改善现场工作环境的方式来革新企业的体制，营造轻松活泼的工作氛围，使企业不断发展、进步。

**2. TPM的内容**

(1)TPM的要素

TPM强调的要素如下。

①致力于设备综合效率最大化的目标。

②在设备寿命周期内建立健全的预防维修体制。

③由工程、操作、维修等部门共同推行。

④涉及每个雇员(从最高管理者到现场工人)。

⑤通过动机管理，即自主小组活动来推进。

(2)TPM的含义

TPM的具体含义有以下几个方面。

①以追求生产系统效率(综合效率)的极限为目标，实现设备综合效率的持续改进。

②从意识改变到使用各种有效的手段，构筑能防止所有灾害、不良、浪费的体系，最终构成“零”灾害、“零”不良、“零”浪费的体系。

③从生产部门开始实施，逐渐发展到开发、管理等所有部门。

④从最高经营管理者到第一线作业人员全员参与。

⑤TPM活动由设备保全、质量保全、个别改进、事务改进、环境保全、人才培养等方面组成，对企业进行全方位的改进。TPM的支柱包括个人提高、计划预防维修、生产维修系统、培训与教育、自主维修、质量维修、管理、安全健康与环境。

全员生产维修的主要做法包括自主维修(生产维修小组活动)、5S[整理(seiri)、整顿(seiton)、清洁(seiketsu)、清扫(seiso)、素养(shitsuke)的英文首字母]活动、点检等。自主维修强调让员工参与维护设备，同时强调主动和预防性维护技术的过程。TPM的目标是通过减少停机时间来提高生产力，因此，随着时间的推移，实施TPM计划可以大大提高企业的设备综合效率。

**3. TPM的特点**

日本的全员生产维修与原来的生产维修体制相比，主要突出“全”，此“全”的含义包括全系统、全效率和全员参与(3个“全”)。

所谓全系统，是指生产维修的各个侧面均包括在内，如预防维修、维修预防、必要的事后维修和改善维修。全效率是指设备寿命周期费用评价和设备综合效率；全员参与是指这一维修体制的群众性特征，从公司经理到相关科室，直到全体一线作业人员都要参与，尤其是一线作业人员的自主小组活动。

3个“全”之间的关系为：全员是基础，全系统是载体，全效率是目标。

TPM的主要目标就落在“全效率”上，“全效率”在于限制和降低以下损失。

(1)设备停机时间损失。

(2)设置与调整停机损失。

(3)闲置、空转与短暂停机损失。

(4)速度降低损失。

(5)残、次、废品损失,边角料损失(缺陷损失)。

(6)产量损失(由启动到稳定生产间隔)。

有了3个“全”,使生产维修得到更加彻底的贯彻执行,使生产维修的目标得到更加有力的保障。这也是日本全员生产维修的独特之处。

**4. TPM的5S活动**

5S活动也是全员生产维修的特征之一。5S是指整理、整顿、清扫、清洁和素养。这些看起来有些重复与烦琐的词语,恰恰是TPM的基础和精华。

(1)整理

把要与不要的事、物分开,再将不需要的事、物处理掉。让生产现场或工作场所透明化,增大作业空间,减少碰撞事故,以提高工作效率。整理的难点在于物品的分类及处理物品的决策。没有果断、有效的处理,会使下一步的整顿难以进行。

(2)整顿

把留下来的有用物品加以定置、定位,按照使用频率和可视化准则,合理布置、摆放,做到规范化、色彩标记化和定置化,便于快速找到和取用物品。整顿的要点在于事先设计,先有设计方案,再付诸行动,可以事半功倍,避免整顿过程中的返工。

(3)清扫

清除工作场所的灰尘、铁屑、垃圾、油污,创造整洁、明快的工作环境。把清扫和设备的点检、保养结合起来,因为清扫即点检过程。我们主张由作业人员自己清扫。清扫工作也有一个工作流程的管理问题,如划分清扫区域,明确设备、清扫责任人,确定清扫周期、清扫方法和清扫标准,并设计清扫的考核评估体系等。唯如此,清扫才不至变成一次大扫除,而成为一项持久的工作。

(4)清洁

前3个“S”的坚持、深化和制度化,也是更高层次的清洁,即清除废水、粉尘和空气污染,创造一个环保、健康的工作场所。

(5)素养

素养即精神上的“清洁”。一开始要以制度为推动力,最后达到“习惯”的目标,是形式化→制度化→习惯化→性格化的过程。

**5. 从5S到4S**

4S与5S有所不同。5S相当于4S中的内部满意(GS),另外3个“S”的内容分别是客户满意(CS)、雇员满意(ES)及社会满意(SS)。

(1)客户满意(CS)

客户满意即满足客户的不同要求,取得客户的信任。其体现在,强化产品开发能力,减少开发时间,使小批量的各类产品生产具有较高的生产率,高质量、低成本、短交货期。

(2)雇员满意(ES)

雇员满意是指:工作环境(如切削粉尘、漏油、温度、湿度、发热、噪声、空气和安全)的改善;工作内容和方法(如紧张程度、浪费、变动、姿势、简单操作等)的改进;效率改进和激励(如培训教育、小组活动和合理化建议等);劳动条件(如工时、工作状态)的改进;员工的工作成就感;尊重人,切实以人为本,把人放在第一位。

(3)社会满意(SS)

社会满意是指:对当地社区的贡献;与当地社区的和谐;环境保护责任。

总的来说,全员生产维修是一个涉及全体员工、全系统和全过程的设备管理与维护体系,旨在通过提高设备综合效率,降低生产成本,提升产品质量,增强企业竞争力。

## 三、设备点检管理概述

设备点检管理是指按照一定的标准、周期和方法,对设备的关键部位进行检查、测量、分析和判断,以确定设备的技术状况和性能是否满足生产要求的一种管理活动。通过设备点检,我们可以及时发现设备的潜在问题,以预防设备故障的发生,保障设备的正常运行。

**1. 点检的“五定”**

点检的“五定”是设备点检管理的基本原则,包括如下内容。

(1)定人:明确点检的责任人,确保点检工作的顺利进行。

(2)定点:确定需要点检设备的部位和关键点,确保点检工作的全面性和准确性。

(3)定周期:根据设备的运行情况和性能要求,制定合理的点检周期,确保设备的及时维护。点检按实施的周期可分为日常点检、定期点检及长周期点检。

(4)定标准:制定点检的标准和要求,确保点检结果的准确性和可靠性。

(5)定方法:采用适当的点检方法和工具,确保点检工作的效率和效果。

**2. 点检的分类**

设备点检通常可以分为以下几类。

(1)日常点检:由设备操作人员或专职点检员根据点检标准,对设备进行日常的点检和巡视,以了解设备的运行状态和性能。

(2)定期点检:在设备运行过程中,按照预定的时间间隔,对设备的某些部位或系统进行详细的检查和测试,以评估设备的性能和状况。

(3)精密点检:对于关键设备或重要部位,采用高精度的检测仪器和方法,进行详细的检测和测量,以获取更准确的数据和结果。

## 四、设备劣化

在企业的生产运营中,设备状态的好坏直接关系到生产效率、产品质量及生产安全。然而,随着设备的使用和时间的推移,设备劣化是一个不可避免的现象。了解设备劣化的现象、原因,并采取相应的应对策略,对于保障设备的稳定运行、提高生产效率具有重要意义。

**1. 设备劣化的定义**

设备原有功能的降低和丧失,以及设备技术、经济性能的下降,都称为设备劣化。设备工作异常、性能降低、产生故障、损坏失效，设备部件发生磨损、裂纹、断裂、腐蚀、蠕变及绝缘老化，与新设备相比较，性能不佳、功能不全、外观不整等现象，均属于设备劣化的表现。设备劣化是客观存在的，是设备固有的发展规律，是不可避免的自然现象。设备制造完成后，随着时间的推移，不论是否使用，设备自身都会发生某种程度的劣化，这实际上是设备所固有的一个特性。对设备劣化过程进行研究，及时发现问题，采取相应措施，防患于未然，把设备的故障消灭于萌芽状态，是设备工作的重要课题。

任何设备都会劣化，尽管在设备的设计、制造，以及使用和维护保养上人们做出了很大的努力，付出了不小的代价，但是要想让设备不发生劣化，实际上是难以做到的。对所使用的设备进行科学的管理及精心使用、维护，可以有效地延缓设备劣化的速度和过程，尽量延长设备的使用寿命，提高企业的经济效益，这是可以实现的。这也是设备操作、点检、维护及管理者的基本任务。随着现代科学技术的发展，设备日趋大型化，自动化程度日益提高，系统功能多样化，投资费用巨大。因此，设备管理在企业经营活动中的地位，就显得越来越重要，如何使设备始终保持良好的工作状态、提高设备运行效率的难度也越来越大。掌握设备劣化机理，探索设备劣化的规律，采取有效的技术措施，延缓设备的劣化速度，延长设备的使用寿命，是所有设备使用和维护人员的主要任务之一。

**2. 设备劣化的表现形式**

各企业所拥有的设备种类繁多，除了厂房建筑、工业炉窑外，大致可以分为机械、电气、仪表、计算机等类别。这些设备虽然功能各不相同，但通常都是由各种机械、电气、电子元器件及相应的零部件构成的。构成设备的元器件和零部件劣化的表现形式，存在许多共同之处。设备劣化的常见表现形式分述如下。

(1)磨损

磨损是设备的机械部件之间在做相对运动过程中所呈现的主要劣化表现形式。凡运转的设备零部件之间存在相互位移运动的，必然存在摩擦，不论是滑动摩擦还是滚动摩擦，都伴随着零部件的磨损。这种磨损是有规律的，即磨损劣化是有发展过程的。

(2)裂纹

裂纹是设备运转过程中，部件在动载负荷的长期作用下，或在不正常外力的作用下，产生的一种劣化表现形式，其本质是设备零部件因疲劳而导致的机体破裂。

(3)断裂

断裂是一种常见的设备劣化表现形式，分为塑性断裂和脆性断裂。有些设备零部件在断裂前，先出现塑性变形，然后继续发展再出现断裂，这种断裂称为塑性断裂。有些设备零部件没有明显的变形，即刻就发生了断裂，这种断裂称为脆性断裂。

(4)腐蚀

设备在使用过程中受到带有腐蚀性介质(如水、空气、酸、碱、盐的溶液或其他腐蚀性气体)的影响而发生形态或位置的变化，造成材料损坏的现象，称为腐蚀。腐蚀有其自身的特点，如下。

①从设备零部件表面开始，逐渐向内部渗透和扩散。

②设备零部件表面发生变化，如产生剥落、斑点、凹痕或黏附其他的金属化合物，从而造成设备零部件强度的降低，直至被损坏。

(5)蠕变

在高温条件下,如果设备零部件受到长期外应力的作用,则随着时间的增加,设备零部件的塑性变形将不断加剧,这就是蠕变。蠕变会使零部件的承载力下降。

(6)绝缘老化

电气设备的零部件工作时长期处于电场力的作用下,当外界环境发生高温、高湿或灰尘积聚时,设备零部件的耐受电场力的能力会显著下降,呈现漏电、爬电现象,严重的可能会短路。这就是由电气设备的绝缘性能下降所导致的劣化。

(7)元器件的老化

元器件的老化是电气、仪表、计算机设备劣化的主要因素。电子元器件是电路及电气设备的重要组成部分。其中的电子元器件往往会随着时间的推移而出现老化现象,如电阻发热后变值、绕线电阻断线、电解电容漏电与干涸等。这些电子元器件的老化往往引起设备电气性能下降,使设备的控制精度无法保证,影响产品的质量、产量,严重时会造成控制失效,由此可能导致设备损坏,并造成生产的严重事故。

另外,设备零部件中的橡胶、塑料制品,也会随着时间的推移而出现老化现象。总之,设备劣化的表现形式,除了上面所述的形式外,还有如剥蚀等使齿轮的齿面局部损坏,材质的强度不够而造成齿面局部变形或断裂,电气、仪表、计算机设备因受环境因素的影响所导致的断路、短路、过热烧损等。

**3. 设备劣化的分类**

设备劣化可以根据不同的标准和角度进行分类,以下是一些常见的分类方式。

(1)按劣化类型分类

①使用劣化:设备在使用过程中,由于磨损、腐蚀、冲击、疲劳和蠕变等因素所造成的损坏与变形,以及原材料的附着和尘埃的污染等,使设备失去原有的性能。

②自然劣化:设备在进厂之后,无论是否使用,都会因时间的流逝或受大气的影响而使材料老化,或者遭受意外的灾害而加快这种老化的速度。

③灾害劣化:由于自然灾害,如暴风、水浸、地震、雷击、爆炸等使设备遭受破坏或设备性能下降的现象。

(2)按劣化形式分类

①绝对劣化:即设备的老朽化,随着时间的流逝,设备逐渐损耗,直至需要报废。

②相对劣化:指原有的设备和新型设备相比较,性能低、质量差,因而显得旧式化的现象。

(3)按劣化表现分类

①有形劣化(有形磨损、物质磨损):又可以分为使用劣化、自然劣化和灾害劣化。

②无形劣化(无形磨损、精神磨损):又可分为经济性无形劣化和技术性无形劣化。

(4)按劣化结果分类

①功能下降型劣化:在使用过程中,产量、效率、精度等性能逐渐降低。

②突发故障型劣化:在使用过程中,由于零部件损坏、失效,使设备停止工作。

**4. 导致设备劣化的因素**

(1)设备使用前

①设备设计方面

A. 结构设计不尽合理,形状尺寸存在偏差、缺陷。

B. 设计时对零部件的选材不当，或计算错误，使零部件的强度不够、刚性不足。

C. 设计时考虑预留的安全系数偏小，安全裕度不够，耐受冲击的能力不足。

D. 对设备使用工况不熟悉，未能充分考虑设备使用的环境和工作的负荷强度。

②设备制造方面

A. 零部件使用伪劣材质不符合设计要求，导致设备无法保证应有的使用寿命。

B. 所用材料存在内部缺陷，如内裂、砂眼、缩孔、夹杂等，未经严格检验，用料随意。

C. 制造加工精度低劣，装配粗糙，不符合规范，设备性能、精度无法保证。

③设备安装方面

A. 设备基础砌筑质量不高，无法保证设备的稳定运行。

B. 安装质量差、不达标，中心轴线未对中。

C. 部件之间的间隙调整不当，未预留设备工作后产生的热膨胀间隙，无法保证设备长期运行。

（2）设备管理

①设备维护保养方面

A. 设备日常4S工作做得不到位，设备的整理、整顿、清扫、清洁无法保证，导致设备的运行环境不佳。

B. 设备日常点检不到位，润滑不佳，油液内混入杂质、接触不良或绝缘欠佳，出现设备异常的情况。

C. 设备通风不畅，保温不良，周边空气潮湿，环境不佳。

②设备检修管理方面

A. 检修人员技能水平不高，检修质量低，设备装配不良，间隙调整不合格，精度未保证，设备无法恢复功能和精度。

B. 设备状态出现问题，未及时予以处理，不按计划定期检修，导致设备失修。

（3）生产操作

①生产方面

A. 过于强调生产第一，抢进度，赶指标，排斥设备的正常点检维护。

B. 不顾设备的能力，瞎指挥，超越设备能力、负荷，拼设备。

②操作方面

A. 不正确操作使用设备，违章作业。

B. 不注重日常对设备的保养维护，出现异常也不处理，带病运行。

（4）设备安装使用环境

设备安装使用环境方面如下。

①设备选型不当，不适合在该工艺环境下运行，导致设备的功能或精度不能正常发挥。

②设备运行周边的环境未得到改良，未能采取有效的防范对策和措施给设备的运行创造良好的运行环境。

**5. 设备劣化的原因分析**

对于造成设备功能缺失或精度下降的根本原因分析如下。

（1）润滑

设备的运动部件（如旋转或滑动部位）相互之间存在着相对位移运动的接触，必然导致摩擦的产生。加注润滑剂的目的主要是减少部件之间的接触，使它们之间通过油膜产生相对位移的运动，这样避免了部件之间的直接接触，大大减少了直接摩擦的概率。设备出现故障（异常、缺陷以至于损坏等劣化）的大部分原因就是设备的润滑不佳，这也是关系设备使用寿命的关键因素。

设备的润滑工作主要关系以下几方面。

①润滑所使用的润滑油种类至关重要

因为不同润滑油的黏度是存在差异的，所以选用何种润滑油要充分考虑设备运动部位的材质、接触的压力、滑动的速度，以及运动部位工作时的工作温度等相关的因素。如果选用不当则造成运动接触部位接触面油膜被破坏，油不能和部件的金属面接触，必然使部件接触部位温度上升，滑动变差，最终导致部件发热烧损或接触面粗糙，设备被迫停止运转。

②润滑的给油量

设备的润滑给油要适当，给油不足则润滑难以保证，但是过多的给油量也会带来问题：一是油液的相互碰撞会产生热量，导致设备工作温度上升；二是过多的油液会外溢，使设备周边沾满灰尘污物，灰尘污物被带入运动部位造成磨损加剧。

③润滑油的补油周期要适当

润滑油在润滑系统工作时会自然损耗，需要定期给予补充。另外，油液长期工作会老化，需要定期更新，补充新鲜的润滑油，否则润滑效果会降低。

在日常设备维护保养过程中，上面所述的几方面往往被忽视，导致设备的润滑效果不佳，进而加剧设备的劣化。或者说机械设备产生的许多故障就是因为设备的润滑出现了问题，直接导致设备性能的非正常劣化，进而造成设备功能和精度的早期失效。

（2）清洁度

工业现场一般环境比较恶劣，生产车间内往往灰尘较多。随着科学技术的进步，设备越来越精密，由灰尘引起的设备故障逐渐增多。灰尘能使设备的润滑油液变质，变质的润滑油使设备发热进而高温，导致设备失效；油液中混入杂质致使管道阀门堵塞，动作失灵。另外，现场脏乱、灰尘积聚等，也会加速金属的磨耗，造成运动机构摩擦副的金属表面粗糙，使产品的质量下降。

对于电气设备更是要求有整洁的环境，如果设备周边脏乱，会造成电气设备的绝缘性能下降。灰尘使电气设备的接插件触头表面氧化或粘上尘垢，导致接触不良，控制失灵等。因此，在工业现场，电气设备所发生的性能劣化与所处的工作环境不能保持清洁是密切相关的。电气设备要保持应有的性能，离不开自身和周边环境的整洁。

（3）装配与安装

设备状态的保持、功能和精度的保证，除精心设计制造之外，离不开精密地装配和精准地调整。让设备的各部位在良好的工作条件下运行，并且时刻注意保持设备的良好运行状态；随时消除出现的异常，不让设备带病运行，这些都与设备的装配安装密切相关。装配时，该紧固的部位一定要紧到位，并且一定要做好防松处理，避免运行过程中发生松动。但是，也不能紧过头，使螺栓被拉伸受损，埋下隐患。调整也十分关键，需要为配合部位留下应有的间隙，不能太松也不能过紧，合适的间隙是设备稳定运行的必要条件之一。必须考虑设备运行中会产生形状和位置的变化，预留出适当的间隙以适应设备形状和位置的变化。

许多设备之所以发生劣化，主要就是装配和安装未按规范操作，留下隐患，导致设备过早地发生劣化。

(4)运行环境

除了设备使用环境的整洁外，设备的运行还需要保持良好的工作条件。这主要是让设备在工作时能得到良好的通风，及时将工作时产生的热量得到散失，不让温度积聚使设备部件发生形位变化、材质变性等。另外，电气设备需要干燥的环境，过于潮湿往往是电气零部件早期失效的重要原因。因此，如果不能给设备创造一个良好的工作环境和条件，就有可能加快设备劣化。

**6. 应对设备劣化的策略**

应对设备劣化的策略主要包括预防劣化、测定劣化和修复劣化，以及改进维修、更新设计、设备劣化倾向管理等，这几方面是有机地联系在一起的。

(1)预防劣化

预防劣化主要是从保持现有设备性能的修理活动着手，把保持精度性能的预防劣化放在首位。这包括日常点检维护，如给油脂、更换、调整、紧固、清扫等，以及预防维修以维持设备性能。

(2)测定劣化

测定劣化是当劣化发展到某种程度时，设备的基层管理者需要掌握这种劣化程度，预测和判断劣化趋势。这通常通过点检检查来实现，包括良否点检和倾向点检。良否点检一般适用于性能降低时的劣化测定，而倾向点检则是测定突发故障型劣化倾向，预测设备减少的趋势，判定预防修理的时间。

(3)修复劣化

修复劣化是根据点检测定劣化后掌握的剩余寿命，确定修复方法。这包括修理和预防维修、事后维修，以及更新和改造。

(4)改进维修

预防劣化、测定劣化、修复劣化等活动是构成预防维修的基本内容，这是在维持或恢复设备的性能。对设备本身而言，为不使其过早产生劣化，必须对设备本身的技术性能、质量等方面进行改进。例如，改进设备结构以提高设备性能，改变零部件材质或制造工艺、公差配合以提高零部件使用寿命，改进外部条件以方便开展点检、维修等。

(5)更新设计

当设备的绝对劣化和相对劣化发展到超过经济限度的程度，就会面临设备报废、更新的问题，即把性能低劣的旧设备，更新为性能更好的新设备。防止设备劣化最根本的措施在于设计、制造新设备时就考虑防止设备的劣化，或者设计、制造出免维修的设备，实现预防维修。

(6)设备劣化倾向管理

设备的劣化(除了突发性意外损坏外)通常是有一个变化发展的过程，若能掌握其变化发展的规律，适时收集有关信息（或数据），开展劣化发展趋势的分析，并根据分析结果制定相应的管理或抑制设备劣化的对策。通常将这种有效的管控方法，称为设备劣化倾向管理。

在允许值（即使用限值）范围内的磨损和劣化，不影响机器设备的正常运转，而一旦超出使用限值设备就会出现故障，影响生产的正常进行。所以，设备修理时零部件的更换必须在磨损的限值内进行。

为此，需要掌握设备的零部件磨损规律，预测何时会达到极限值，即通过对零部件磨损量的倾向管理，按照一定的周期对重点设备进行精密点检，通过把精密点检所测得的劣化数据记录下来，并进行数理统计分析，找出设备的劣化规律，预测其达到极限值的时间，从而进行有预知的维修。

为了经济地采取预防设备劣化的策略，应根据设备的故障曲线、使用寿命的分布及特性，确定相对应的措施，以使设备使用期成本达到最低，这是最理想的方法，也是预防维修的基本出发点。

## 五、设备修理方式和分类

### 1. 修理方式

（1）预防修理方式

为了防止设备性能、精度劣化，降低故障率，按事先规定的计划和相应的技术要求所进行的修理活动，称为预防修理。通常有两种预防修理方式，即状态检测修理和定期修理。预防为主是设备维修管理工作的重要方针。对生产设备实行预防修理，是贯彻这一方针的重要管理工作内容。

①状态检测修理

状态检测修理是一种以设备技术状态为基础的预防修理方式。它是根据设备的日常点检、定期检查、状态检测和诊断提供的信息，经过统计分析、处理，来判断设备的劣化程度，并在故障发生前有计划地进行适当的修理。由于这种维修方式对设备适时地、有针对性地进行维修，不但能保证设备经常处于完好状态，而且能充分利用零件的寿命，因此比定期维修更为合理。状态检测修理方式可使用的设备虽然比较广泛，但由于进行状态检测往往需要停机和使用价格昂贵的监测仪器，故它主要是用于连续运转的设备、利用率高的重点设备和大型的精密设备。

②定期修理

定期修理是一种以时间为基础的预防修理方式。它具有对设备进行周期性修理的特点，根据设备的磨损规律，事先确定修理类别、修理间隔期及修理工作量和所需的备件、材料，预先确定修理时间，因此对修理计划有较长时间的安排。

定期修理的方式适用于已掌握设备磨损规律，以及在生产过程中平时难以停机进行维修的流程生产、动能生产、自动线和大批量生产中使用的主要设备。

（2）事后修理方式

设备发生故障或性能、精度降低到合格水平以下时所进行的非计划性修理，称为事后修理，亦称为故障修理。生产设备发生故障后，往往会给生产造成较大损失，也会给修理工作造成被动和困难。但对于故障停机后再修理并不会给生产造成损失的设备,往往采用事后修理方式更经济。例如,对利用率低、修理不复杂、能及时提供备件、实行预防修理经济上不合算的设备,便可采用这种修理方式。

**2. 修理分类**

修理类别是根据修理内容、要求及工作量大小对设备修理工作的划分,主要包括大修、项修和小修。

(1)大修

设备的大修是工作量最大的一种计划修理。大修时,需要将设备的全部或大部分部件解体,修复基准件,更换或修复全部不合用的零件,修理、调整设备的电力系统,修复设备的附件及翻新外观等,从而达到全面消除修前存在的缺陷,恢复设备的规定精度和性能。

(2)项修

项目修理,简称项修,是根据设备的实际技术状态,对状态劣化已难以达到生产工艺要求的零部件,按实际需要进行有针对性的修理。项修时,一般要进行部分拆卸、检查、更换或修复失效的零件,必要时对基准件进行局部修理和校正坐标,从而恢复所修部分的性能和精度。项修的工作量视情况而定。

(3)小修

设备的小修是工作量最小的一种计划修理。对于实行状态(监测)修理的设备,小修的工作内容主要是针对日常点检和定期检查发生的问题,拆卸有关零部件,进行检查、调整、更换或修复失效的零件,以恢复设备的正常功能。对于实行定期修理的设备,小修的工作内容主要是根据掌握的磨损规律,更换或修复在修理间隔期内失效或即将失效的零部件,并进行调整,以保证设备的正常工作能力。

## 六、设备管理规章制度

设备管理规章制度是指企业有关设备管理的各种规定、章程、制度、办法、标准、定额等,是管好、用好、修好设备的依据和标准。

设备管理规章制度包括责任制度、标准和规程,以及经济管理方面的内容。制定设备管理规章制度应遵循国家有关规定的精神,并结合企业实际。规章制度必须有书面材料,且内容完整,切实可行。

**1. 企业必须具备的各项基本制度、办法**

(1)设备前期管理制度。

(2)设备资产管理制度。

(3)设备使用与维护保养制度。

(4)设备检修管理制度。

(5)设备安装、调试、改造、更新和自制设备设计、制造管理制度。

(6)设备档案和技术资料管理制度。

(7)设备备品配件管理制度。

(8)设备事故与故障管理制度。

(9)锅炉压力容器、仪器仪表等特种设备管理制度。

(10)设备管理工作考核及奖罚办法。

**2. 企业必须具备的规程、标准和定额**

(1)主要生产设备的操作、使用、维护和检修规程。

(2)主要生产设备的检修工时、资金和消耗定额。

(3)主要生产设备的投产验收、完好、保养和检修等技术标准。

另外,企业还可根据实际,制定一些与本企业相关的规章制度,如进口设备、重点设备管理制度,设备管理与维修的财务管理制度等。认真贯彻执行这些制度,必将有效地保证生产设备的正常、安全运行,保持其技术状况的完好,不断改善和提高企业装备素质。另外,贯彻设备管理规章制度,应同设备岗位责任制、经济责任制结合起来。

## 七、设备投资规划

设备投资规划是企业根据自身的经营方针、目标,考虑到生产发展、科研、新产品开发、节能、安全、环保等方面的需要而制定的。它包括通过调查研究、技术经济的可行性分析,并结合现有设备能力、资金来源等进行综合平衡后,提出并按规定权限经上级审批认可的投资项目,以及根据企业更新、改造计划等而制订的企业中长期设备投资计划。它是企业生产发展的重要保证,是企业生产经营总体规划的组成部分。

**1. 设备投资规划的工作范围**

设备投资规划不仅关系到企业的发展,也是整个国民经济投资规划的组成部分,必须按规定程序进行报批。

设备投资,特别是大金额设备投资是构成企业更新或改建、扩建项目的重要内容,设备投资规划工作与企业更新或改建、扩建项目紧密相关。因此,设备投资规划工作应包括设备更新、改造和零星购置设备的投资计划,以及改建、扩建项目投资规划等工作。

(1)单项的设备投资规划工作内容

单项的设备投资规划工作包括以下内容。

①设备规划的调研,方案分析。

②计划编制,费用预算,实施程序。

③设备安装工程的预算、实施和验收。

④对设备规划及工程的经济效果预测。

以上是指设备投资金额在企业权限内的零星设备购置或单项的设备更新投资,不包括引进设备和土建工程。

(2)建设项目的设备投资规划工作内容

从项目发展周期和规定的程序看,它应包括项目投资前时期和投资时期的全部工作。

①项目投资前期的工作内容

A. 鉴别投资机会:主要是根据国家行业、企业发展规划和市场需要,结合企业情况进行鉴别,选择有利的投资机会。

B. 立项:对投资机会进行初步可行性研究和选择,并在此基础上将项目的设想转变为投资建议,激发投资响应,并按规定权限申报立项。

C. 可行性研究阶段:立项报告批准后,在初步研究的基础上进一步对项目进行技术和经济上的全面可行性研究，落实资金，拟订项目投资内容，并正式编制项目可行性研究报告，按规定程序报批，同时进行鼓励投资的活动。

D. 评价和决定阶段：通常是由有批准权限的政府机构，委托有关工程技术咨询公司对项目可行性报告从技术、经济等方面进一步论证，做出项目的可行性评价，为项目决策提供重要依据和参考。项目单位必须向咨询公司和项目评价单位如实提供所需的技术、经济信息和数据。

②投资实施阶段的工作内容

项目经批准确认可行后，即转入投资实施阶段，其工作包括以下内容。

A. 谈判和签订合同阶段：有目的地与国内、外商或技术咨询承包公司进行技术和设备引进的谈判，并签订正式合同。

B. 项目设计阶段：包括项目扩大初步设计和施工图设计。

C. 施工阶段：包括土建及配套工程施工和设备安装工程的施工。

D. 试运转阶段：包括设备调试运转和试生产。

③最后阶段的工作内容

最后阶段的工作内容包括对工程和设备质量的评价验收与交付生产。

**2. 设备投资规划程序**

设备投资规划要以企业生产经营规划和发展战略所需的总输出，以及为保证输出对设备提出的要求为依据，在充分利用现有设备的同时，考虑采用新技术、新工艺、新材料和新型设备，从可能获得的技术进步和投资项目经济效益等方面，进行技术经济分析，并根据资金和时间等因素，进行综合评估，做出最佳设备投资规划方案。其决策过程如图1-1-1所示。

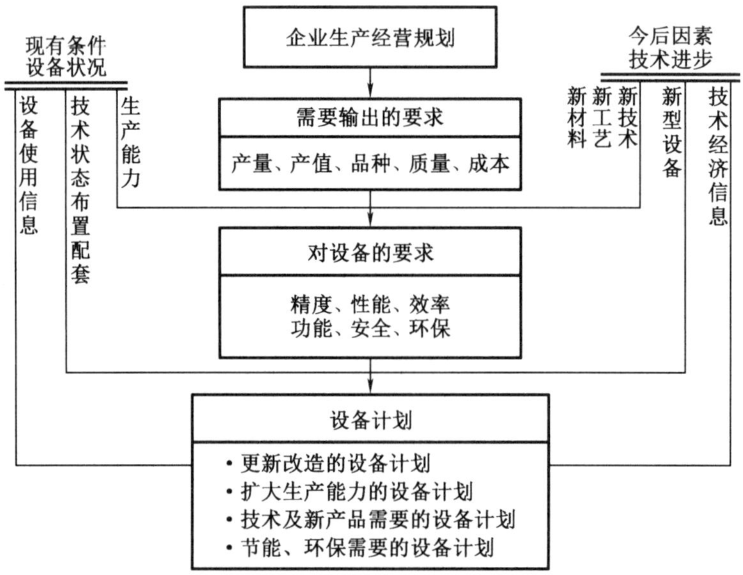


**图1-1-1 设备投资规划程序**

(1)任务的分解与投资项目的提出

将企业生产发展规划所列出的各项生产经营目标分解给企业各有关部门,各部门根据所承担的任务,提出增加设备或改造设备的项目申请,交设备规划部门汇总。

(2)项目的确认

规划部门将收到的申请汇总后,根据企业生产发展规划和各申请部门(企业)的装备能力,滤去显然不能成立的项目申请,对剩下的项目申请进行研究或组织调查,结合资金、设备、市场等方面的情况,提出初步的投资方案,会同工艺、财务等有关部门对投资方案项目进行评估。重大项目须进行可行性研究并按规定程序报批,一般设备项目由企业主要经营者做出决策,经批准确认后才能成立。

(3)投资方案的设计

将已确认成立的项目汇总。设备规划部门会同生产、财务、公用设施等部门,依据生产和项目进度要求、资金情况、配套工程情况等因素,设计出投资规划的实施方案,列出实施规划的顺序、进度、使用资金的日期和数量。经企业主要经营者批准后,作为企业生产经营规划的一个组成部分下达实施。

(4)投资效果评价标准的制定

对投资项目或系统的功能、效率和效益,应制定明确的评价标准,作为投资(运行)时对项目或系统进行验收的依据。

**3. 设备投资规划的主要依据**

(1)生产发展要求。依据企业生产经营规划和发展战略、年度生产、科研、技术改进、新产品试制等计划大纲,围绕提高产品质量和产品的更新换代、扩大品种、质量升级或赶超世界先进水平、增强企业竞争和创汇能力等目的,提出技术引进和技术改造项目等对设备的要求。

(2)设备现状要求。根据设备的有形和无形磨损、维修费用、故障率和停工损失增长等原因而提出的补偿、改善和更新的要求。

(3)安全生产、改善劳动条件和环境的要求。

(4)提高设备可靠性、维修性的要求。

(5)国内、外新型设备的发展信息。

**4. 设备投资决策的经济评价方法**

设备投资决策的经济评价方法旨在从经济角度评估设备投资方案的合理性和可行性。设备投资决策的经济评价方法主要包括以下几种。

(1)投资回收期法

定义:投资回收期法是指用设备的盈利收入来偿还该设备支出所需要的时间。

应用:在设备选购时,其他条件相同的情况下,应选择投资回收期最短的。

计算公式:涉及设备投资额(包括购价、运费和安装费用等)和预计年新增净利润加折旧(即现金净流量)的计算。

示例:假设某公司拟购一台设备,有两种方案可供选择,每一种方案的现金净流量情况不同,通过计算投资回收期,可以选择最优方案。

(2)年费法

定义:年费法首先把购置设备一次支出的设备费(指投资费)依据设备的寿命周期,按复利计算,换算成相当于每年的费用支出,然后加上每年的使用费,得出不同设备的总费用,再进行比较、分析,选择最优方案。

应用:在设备寿命周期不同的情况下,考虑投资风险的问题,年费法较为合适。

(3)现价法

定义:现价法是将设备寿命周期内每年的使用费,按复利计算,换算成相当于最初一次性投资的总额,再加上设备的最初购置投资额,得到设备的寿命周期费。选择较少寿命周期费作为选择决策标准。

应用:与年费法类似,现价法也考虑了设备的使用寿命和每年的使用费用,但计算方法略有不同。

(4)终价法

定义:在分期复利计息条件下,于相同的使用时间内,将性能相同的各种新设备在其整个使用期内的设备总费用通过复利合计系数(年终价率)换算成最末年份的价值(终值),然后再进行比较的一种方法。

应用:设备总费用包括设备原值、追加投资、使用期间的全部维持费等。显然,总费用愈小愈有利。

通过上述经济评价方法的应用,企业可以更准确地评估设备投资方案的经济效益,从而做出更为科学合理的投资决策。

## 八、设备价值评估

设备价值评估是企业、事业单位固定资产设备产权交易的一种经济活动,它是资产评估的一部分。为此,要对资产评估的基本概况做扼要介绍。

**1. 资产评估的含义、目的和对象**

(1)资产评估的含义

资产评估是指对资产价格的评定和估计,是通过对资产某一时点价值的估算,从而确定其价值(价格)的经济活动。具体地说,资产评估是指由专门机构和人员,依据国家的规定和有关要求,根据特定的目的,遵循适用的原则和标准,按照法定的程序,运用科学的方法,对资产进行评定和估价的过程。

资产评估主要由资产评估的主体、客体、特定目的、程序、标准和方法组成。

①资产评估的主体是指资产评估由谁来承担,它是资产评估工作得以进行的重要保证。

②资产评估的客体是指资产评估的对象,它是对资产评估内容上的界定。

③资产评估的特定目的是指资产业务发生的经济行为,直接决定资产评估标准和方法的选择。

④资产评估程序是指资产评估过程中的工作次序安排。

⑤资产评估标准是对评估价值的质的规定,对资产评估方法的选择具有约束性。

⑥资产评估方法是确定资产评估价值的手段和途径。

资产评估是一个有机组成的整体,各要素之间相互依托,相辅相成,缺一不可,它们也是保证资产评估价值的准确性、合理性和科学性的重要条件。

(2)资产评估的目的

资产评估的目的是正确反映资产价值及其变动,保证资产耗损得到及时的补偿,维护资产所有者和经营者的合法权益,实现资产的优化配置和管理。但是在市场经济条件下,资产业务多种多样,其性质各不相同,因而决定了评估目的的多样性。主要评估目的有以下几方面。

①建立中外合资或合作企业。

②股份制经营和企业兼并、合并、联合。

③承包经营与租赁经营。

④其他经济行为(抵押贷款、破产清算、经济担保、经营评价、参加保险、抵股出售、经营机制转换、购置国外机器设备及专利技术等)。

(3)资产评估的对象

资产评估的对象是指被评估的资产,即资产评估的客体。

资产评估的对象按被评估的资产的存在形态,可以分为有形资产和无形资产。

①有形资产

有形资产是指那些具有具体实体形态的资产,包括固定资产、流动资产、其他资产和自然资源等。

A. 固定资产是指使用年限在 1 年以上,单位价值在规定标准以上,并在使用过程中基本上保持原有实体形态的资产,如房屋、建筑物、设备、工具、仪器、管理用具及其他固定资产。

B. 流动资产是指在一个正常营业周期内或一个会计年度内变现、出售或耗用的资产和现金及现金等价物,如库存现金、银行存款、交易性金融资产、应收及预付款、存货等。

C. 其他资产是指不能被包括在流动资产、长期投资、固定资产、无形资产等项目以外的资产,主要包括长期待摊费用和其他长期资产。

D. 自然资源是指具有稀缺性、有用性(包括经济效益、社会效益、生态效益)及产权明确的自然资源,包括天然生物资源(如林木和水生资源)、矿产资源、能源、土壤资源和水资源等。

②无形资产

无形资产是指那些能够长期使用,但没有物质实体存在,而以特殊权利或技术、知识等形式存在,并能为拥有者带来收益的资产。

可确指的无形资产,如专利权、专用技术、生产许可证、特殊经营权、租赁权、土地使用权、资源勘探和开采权、计算机软件、商标等;不可确指的无形资产,如商誉权等。

**2. 设备价值评估的原则**

设备价值评估,应遵循资产评估的基本原则,它是规范评估行为和业务的准则。

(1)评估的工作原则

①独立性原则:要求设备价值评估摆脱被评估资产各方当事人利益的影响。评估机构是独立的社会公正性机构,评估工作应始终依据国家规定的政策和可靠的数据资料独立进

行操作,做出独立的评定。

②客观性原则:要从实际出发,认真进行调查研究,在使用客观、可靠资料的基础上,采用符合实际的标准和方法,得出合理可信、公正的评估结论。

③科学性原则:在具体评估过程中,必须根据特定目的,选择适用的标准和科学的方法,制定科学的评估方案,确定合理的评估程序,用资产评估基本原理指导评估操作,使评估结果准确合理。

④专业性原则:要求资产评估机构必须是提供资产评估服务的专业技术机构。

(2)评估的经济原则

①功效性原则:在评估一项由多个设备或装置构成的整体成套设备资产价值时,必须综合考虑该台(项)设备在整体设备中的重要性,而不是独立地确定该台(项)设备的价值。如评估生产线上的设备,必须考虑该设备在生产线上的功能重要程度,也就是功效的大小。

②替代性原则;在评估时,考虑某一设备的选择性或有无替代性,是评估时的一个重要因素。因为当同时(评估基准日)存在几种效能相同的设备时,实际存在的价格有多种,而最低价格的设备社会需求最大,评估时则应考虑最低价格水平。

③预期性原则:设备的价值是基于未来收益的期望值决定的,评估设备资产价值的高低,取决于其未来的使用性或获利的能力。因此,要求进行设备价值评估时,必须合理预测其未来的获利能力及其有效期限。

④持续经营原则:评估时,被评估设备需按目前用途和使用方式、规模、频度、环境等情况,继续使用或在有所改变的基础上使用,相应确定评估方法、参数和依据。

⑤公开市场原则:设备评估选取的作价依据和评估结论都可以在公开市场存在或成立。公开市场是指一个竞争性的市场。交易各方进行交易的目的在于最大限度地追求经济利益。交易各方要掌握必要的市场信息,具有较为充裕的时间,并对评估设备具有必要的专业知识,交易条件须公开,并且不具有排他性。在公开市场上形成或成立的价格被称为公允价格。

**3. 设备价值评估的操作程序**

设备价值评估是指对特定设备在市场上的价值进行估计和评估。这个过程通常包括以下几个步骤。

(1)签订评估委托协议:由委托方(设备所有者或相关利益方)和评估机构共同签订,明确双方的权利和义务。

(2)确定评估目的和对象:明确评估的具体目的,如设备转让、抵押、保险等,并确定具体的评估对象,即待评估的设备。

(3)收集资料:收集关于设备的详细信息,包括设备的数量、规格型号、生产厂家、权属、使用状况和账面价值等。这些信息是评估设备价值的重要依据。

(4)进行现场考察和功能测试:评估人员需要亲自到现场对设备进行考察,并进行功能测试,以了解设备的实际状况、生产能力、技术性能等。

(5)选择评估方法:根据设备的具体情况和评估目的,选择合适的评估方法。常见的设备评估方法包括重置成本法、成本评估法、清算价格法、现行市价法、收益现值法等。

①重置成本法:在评估资产时按被评估资产的现时重置价值,再减去实体性贬值、功能

性贬值和经济性贬值来确定被评估资产的评估值的方法，公式为

评估价值=重置价值-实体性贬值-功能性贬值-经济性贬值

②成本评估法：按照设备的原始成本来评估其价值，这种方法简单易行，但可能无法反映设备的实际价值变化。

③清算价格法：以清算价格为标准，对资产价值进行评估的方法。清算价格是指企业由于破产、终止等原因，要求资产在一定时日内迅速变现的价格。这种价格一般要比正常市场价格低，甚至低很多。

④现行市价法：也称市场法、市场价格比较法，是指通过比较被评估资产与最近售出的类似资产的异同，并将类似资产的市场价格进行调整，从而确定被评估资产价值的一种方法。现行市价法是一种最简单、有效的方法，是因为评估过程中的资料直接来源于市场，同时又为即将发生的资产行为估价。

⑤收益现值法：通过分析设备的预期收益来评估其价值，适用于能够产生稳定收益的设备。

(6)分析数据：根据市场调研数据，分析同类设备的平均价格和价格波动情况，为评估提供参考依据。

(7)定价评估：综合考虑设备的状况、规格、性能、市场需求等因素，结合评估方法，对设备进行定价评估。

(8)出具评估报告：将评估结果以书面形式呈现，包括设备的价值评估结果、评估方法、数据来源等详细信息。

需要注意的是，设备价值评估是一个复杂的过程，需要评估人员具备专业的知识和技能。同时，评估结果受到多种因素的影响，如设备的实际状况、市场需求、技术进步等。因此，在进行设备价值评估时，应充分考虑这些因素，确保评估结果的准确性和可靠性。

## 九、设备的使用与维护

设备的使用与维护工作包括制定设备技术状态的完好标准、设备使用基本要求、设备操作维护规程、设备的日常维护与定期维护、设备点检、设备润滑、设备的状态监测和故障诊断、区域维修责任制、开展群众性设备维护竞赛和评比活动、设备故障和事故处理等。

保证设备正确使用的主要措施包括制定设备使用程序、制定设备操作维护规程、建立设备使用责任制、建立设备维护制度、开展维护竞赛评比活动。

**1. 设备的使用**

(1)设备的使用原则

①凭证操作设备

设备操作证是准许操作人员独立使用设备的证明文件，是生产设备的操作人员通过技术基础理论和实际操作技能培训，经考试合格后所取得的上岗凭证。凭证操作是保证正确使用设备的基本要求。精密、大型、稀有和重点设备的操作人员由企业设备主管部门主考，其余设备的操作人员由使用单位分管设备领导主考。考试合格后，统一由企业设备主管部门签发设备操作证，技术熟练的工人经教育培训后确有多种技能者，考试合格后可取得多种设备的操作证。

②定人定机制度

使用设备应严格岗位责任,实行定人定机制度,以确保正确使用设备和落实日常维护工作。定人定机名单由设备使用单位提出,一般设备经车间设备员同意,报设备主管部门备案。精密、大型、稀有、重点设备经设备主管部门审查,企业分管设备副总(经理、总工程师)批准执行。定人定机名单审批后,应保持相对稳定,确需变动时应按照上述规定程序进行。多人操作的设备应实行机台长制,由使用单位指定机台长,负责和协调设备的使用与维护。

③“三好”“四会”“五项纪律”

我国企业设备管理的特点之一,就是实行“专群结合”的设备使用维护管理制度。这个制度首先要求抓好设备操作的基本功培训,包括“三好”“四会”“五项纪律”等。

A.“三好”

对设备使用单位的“三好”要求包括如下内容。

a.管好设备。操作人员应负责保管好自己使用的设备,未经领导同意,不准其他人操作使用。

b.用好设备。严格贯彻操作维护规程和工艺规程,不超负荷使用设备。禁止不文明操作。

c.修好设备。设备操作人员要配合维修人员修理设备,及时排除设备故障,按计划交出维修设备。

B.“四会”

对操作人员基本功的“四会”要求包括如下内容。

a.会使用。操作人员应先学习设备操作维护规程,熟悉设备性能、结构、传动原理,弄懂加工工艺和工装刀具,正确使用设备。

b.会维护。学习和执行设备维护、润滑规定,上班加油,下班清扫,经常保持设备内外清洁、完好。

c.会检查。了解自己所用设备的结构、性能及易损零件部位,熟悉日常点检、完好检查的项目、标准和方法,并能按规定要求进行日常点检。

d.会排除故障。熟悉所用设备特点,懂得拆装注意事项及鉴别设备正常与异常现象,会做一般的调整和简单故障的排除。自己不能解决的问题要及时报告,并协同维修人员进行排除。

C.“五项纪律”

设备操作人员的“五项纪律”包括如下内容。

a.实行定人定机,凭操作证使用设备,遵守安全操作规程。

b.经常保持设备整洁,按规定加油,保证合理润滑。

c.遵守交接班制度。

d.管好工具、附件,不得遗失。

e.发现异常立即停车检查,自己不能处理的问题应及时通知有关人员检查处理。

(2)设备使用的基本步骤

①熟悉设备:在使用设备之前,应充分了解设备的性能、工作原理、操作方法和安全注

意事项。通过阅读设备说明书、参加培训或向经验丰富的操作人员请教，确保对设备有全面的了解。

②正确操作：按照设备的操作规程和注意事项进行操作，避免违规操作导致设备损坏或安全事故；在操作过程中，应密切关注设备的运行状态，如有异常应及时停机检查。

③维护保养：在设备使用过程中，应定期进行维护保养，如清洁、润滑、紧固等。这有助于保持设备的良好状态，延长设备的使用寿命。

④记录使用情况：对设备的使用情况进行记录，包括使用时间、运行参数、故障情况等。这有助于了解设备的运行状态，及时发现并解决问题。

**2. 设备的维护**

(1)设备的维护要求

①要求

设备维护必须达到的规定要求如下。

A. 整齐：工具、工件、附件放置整齐，设备零部件及安全防护装置齐全，线路、管道完整。

B. 清洁：设备内外清洁，无黄袍；各滑动面、丝杆、齿条等无黑油污，无碰伤；各部位不漏油、不漏水、不漏气、不漏电；切削垃圾清扫干净。

C. 润滑：按时加油、换油，油质符合要求，油壶、油枪、油杯、油嘴齐全，油毡、油线清洁，油标明亮，油路畅通。

D. 安全：实行定人定机和交接班制度；熟悉设备结构，遵守操作维护规程，合理使用，精心维护，监测异状，不出事故。

②"四定"

设备维护要求实行的"四定"如下。

A. 定使用人员：按定人定机制度，选择本工种中责任心强、技术水平高和实践经验丰富者担任操作人员，并尽可能保持较长时间的相对稳定。

B. 定检修人员：对精密、大型、稀有、关键设备较多的企业，根据企业条件，可组织专门负责精密、大型、稀有、关键设备的检查、维护、调整、修理的专业修理组。如无此可能，也应指定专人负责检修。

C. 定操作维护规程：按机型逐台编制操作维护规程，置于设备旁的醒目位置，并严格执行。

D. 定维修方式和备品配件：根据设备在生产中的作用分别确定维修方式，优先安排预防维修活动，包括定期检查、状态监测、精度调整及修理等。对维修所需备品配件，要根据来源及供应情况，确定储备定额，优先储备。

(2)设备维护的主要内容

①日常维护：定期对设备进行清洁、润滑、紧固等日常维护工作，确保设备处于良好的工作状态；同时，应检查设备的电源、电缆、接头等部件，确保其安全可靠。

②定期检查：根据设备的类型和使用情况，制订定期检查计划。对设备的外观、内部结构、电气系统等进行全面检查，发现问题及时处理。

③预防性维护：为了预防设备出现故障，可以定期对设备进行预防性维护。这包括更换易损件、调整设备参数、进行性能测试等。预防性维护可以降低设备故障率，提高设备的

可靠性。

④维修与更换：当设备出现故障时，应及时进行维修。对于无法修复的部件，应及时更换。在维修和更换过程中，应使用合格的备件和工具，确保维修质量。

⑤建立维护档案：为每台设备建立维护档案，记录设备的维护历史、故障情况、维修记录等信息。这有助于了解设备的维护情况，为今后的设备管理和维护提供参考。

⑥培训使用与维护人员：对设备使用和维护人员进行培训，提高他们的技能水平和安全意识。这有助于减少人为因素对设备的影响，提高设备的运行效率。

总之，设备的使用与维护是确保设备正常运行、延长设备寿命、提高生产效率的关键环节。制订与执行科学的使用和维护计划，可以降低设备故障率，提高设备的可靠性和稳定性。

## 十、设备润滑管理

设备润滑管理是指对企业设备的润滑工作进行全面合理的组织和监督，以确保设备的正常、安全、高效运行。

润滑管理的目的主要是实现设备的合理润滑和节约用油，减少设备的摩擦和磨损，防止设备腐蚀，降低功率损失，从而保护设备、延长设备寿命、降低能耗，并保障设备安全稳定地运行。

**1. 润滑管理的内容**

润滑管理的内容主要包括以下两项。

(1) 物资管理

物资管理包括润滑剂的采购、运输、库存、发放和废油处置等方面的工作。确保润滑剂的质量符合设备的要求，及时供应润滑剂，并对废油进行妥善处理。

(2) 技术管理

技术管理包括润滑剂的选用、维护、分析检测、润滑故障的分析处理等方面的工作。根据设备的类型、工作条件和要求，选用合适的润滑剂，制订润滑计划，定期对设备进行润滑检查和维护，并对润滑故障进行及时处理。

**2. 润滑管理的实施**

(1) 建立和健全润滑管理组织

在各级设备管理部门配备专兼职设备润滑管理人员，建立各级润滑站，由专业润滑技术队伍作为技术骨干来具体实施润滑管理的全过程。设备管理部门是建立并完善各项润滑管理工作制度和方法的部门。

(2) 制定并贯彻各项润滑管理工作制度

制定与设备实际相结合的润滑管理制度，并严格执行。制度应涵盖润滑剂的选用、维护、分析检测、润滑故障的分析处理等方面。设备润滑管理部门在开展设备润滑状态检查时，所开展的工作包括日常检查、润滑普查、专题调查等。

(3) 明确润滑管理相关人员的职责

润滑管理技术人员和润滑人员应明确各自的职责，如拟定润滑管理制度、制订用油计划、指导润滑工作、检查润滑状况等。

(4)加强润滑站的建设和管理

润滑站是设备润滑管理的重要组织和核心,应加强其建设和管理,确保润滑工作的顺利进行。

(5)实施润滑“五定”

“五定”即定人、定质、定量、定点、定期,做好油质化验和换油的各种记录,确保设备的润滑工作得到有效执行。设备润滑管理实行定额用油管理,按月将用油指标分解落实到车间、班组、单台设备。

(6)实施润滑“三过滤”

“三过滤”亦称“三级过滤”,是为了减少油液中的杂质含量,防止尘屑等杂质随油进入设备而采取的措施,包括入库过滤、发放过滤和加油过滤。

通过以上润滑管理的实施,可以确保设备的润滑工作得到全面、合理、有效的管理和控制,从而保障设备的正常运行和延长设备的使用寿命。

## 十一、闲置设备的封存与处理

1991 年 9 月,国务院生产办公室、国家计划委员会、财政部、国家国有资产管理局、国家工商行政管理局、国家物价局和国家税务局共同颁布了《企业闲置设备调剂利用管理办法》,其中第二条明确规定,闲置设备是指在企业固定资产中连续停用 1 年以上或新购进厂 2 年以上不能投产或变更计划后不用但仍有使用价值的设备。

闲置设备的封存与处理是确保设备得到妥善管理、避免资源浪费的重要环节。

**1. 闲置设备的管理办法**

闲置设备的管理办法如下。

(1)闲置 3 个月以上的设备,由使用单位原地封存,并填写设备封存申请单报送设备动力管理部门与财务会计部门,以便检查设备封存是否符合要求,并按规定停止计提折旧。

(2)对封存的设备应切断电源,放尽油箱,将设备擦拭干净,导轨及光滑表面涂油防锈,覆盖防尘罩,挂牌标明保管人,负责妥善保管;未经设备动力部门领导批准,任何人不得随意拆卸零部件,以保持完好;所有附属设备、附件及专用工具均应随同主机清点封存,防锈保管。

(3)闲置封存 1 年以上的设备及已确定不需要的设备,由技术发展部门会同设备动力部门于每年一季度填写闲置设备明细表,经分管厂长(经理)批准进行估价转让。列入明细表的设备,一般均应送进设备仓库保管。

(4)现场封存的设备需启封使用时,使用单位持原封存申请单,先到生产计划部门和财会部门办理启封手续,再会同设备动力部门检查启封。

**2. 闲置设备封存**

闲置设备封存的流程如下。

(1)制定封存流程:在封存设备之前,需要制定一套详细的封存流程,包括封存申请与审批、设备记录与存放、标识设置、封存期间管理等步骤。

(2)封存申请与审批:填写封存申请表,说明封存的原因、封存期限等信息,封存申请表需向设备动力管理部门与财务会计部门报备。

(3)设备记录与存放:封存设备应进行详细记录,包括设备编号、名称、封存日期等,并妥善存放于特定的地方,以防止损坏或丢失。

(4)标识设置:在封存设备上设置明显的封存标识,以便识别和管理。

(5)封存期间管理:在封存期间,应对设备进行定期检查,确保设备处于良好的状态。同时,应做好防尘、防锈、防潮工作,避免设备受到损坏。

**3. 闲置设备处理**

闲置设备处理的方式主要有以下几种。

(1)出租或租赁:如果设备仍然具有使用价值,可以考虑将其出租或租赁给其他需要的单位,以回收部分资金。

(2)有偿转让:企业可以将闲置设备作价转让给需要设备的单位,从而收回设备投资。在转让设备时,应按质论价,并签订有偿转让合同。

(3)修复改造再用:对于部分损坏但仍有修复价值的设备,可以考虑进行修复或改造,使其恢复使用功能。

(4)捐赠:如果设备虽然闲置但仍然能够继续使用,可以考虑将其捐赠给需要的人或组织,如慈善机构、学校等。

(5)回收处理:对于无法继续使用或无法出售、捐赠的设备,可以考虑进行回收处理。在回收前,需要清除设备内的个人信息和数据,并选择专业的回收服务商进行环保处理。

总之,闲置设备的封存与处理需要综合考虑设备的实际情况、企业的需求及环保要求等因素,制定合理的方案并严格执行。这不仅可以确保设备的妥善管理,还可以避免资源浪费和环境污染。

## 十二、设备管理信息系统概述

设备管理信息系统(plant management information system,PMIS)又称“计算机设备管理系统”,它是以设备为管理对象,利用现代计算机技术对设备管理活动中的信息进行收集、提取、加工、输出,从而形成支持组织决策、控制企业设备管理行为的信息系统。

设备管理信息系统的核心功能包括收集、提取、加工、输出设备管理活动中的数据,对设备寿命周期中发生的各种数据进行存储分类、统计分析和编制预算,如投资规划、状态监测、故障记录、维修记录、修理费用、备件库存等,为企业高层和设备管理有关人员进行设备规划和决策提供依据。

**1. 系统组成**

设备管理信息系统主要由以下几部分组成。

(1)设备信息数据库:存储设备的基础数据、运行状态、维修记录等信息。

(2)数据处理模块:对收集到的数据进行处理和分析,生成各种报表和决策支持信息。

(3)决策支持模块:根据数据分析结果,为决策者提供设备购置、维修、更新等建议。

(4)用户界面:提供用户与系统的交互界面,方便用户查询、录入和修改数据。

**2. 数据库**

(1)数据库的概念

信息来源于数据。企业内部各部门都有大量文件和资料,外部的文件和资料也源源不断地流入企业,文件和资料中存在更大数量的数据。为了充分发挥信息资源的作用,有必要把各部门的文件和数据统管起来,于是出现了数据库的概念。数据库不是物理意义上的存储器,而是概念上、逻辑上的“库”,是利用专门的数据库管理系统软件,用联机的方式把企业的所有计算机存储文件和数据联系起来形成的“库”,实质上是企业若干台计算机的所有文件和数据的集合,或者说是信息的逻辑组合。

数据库根据结构的不同可分为3种。所谓数据库结构,简单说就是数据在“库”里是如何摆放的,于是有由上而下的层次数据库,有把联系密切的数据分别连接起来的网络数据库和现在使用最广泛的关系数据库。

关系数据库的结构是这样组织的:把文件看成表格,数据库是许多表格的集合,有共同“列”的表格之间便存在“关系”。

通常数据置身于文件(文档、表格)中,一个文件包括若干条记录,每条记录又包括若干个字段。字段是最小单位的数据,又称数据元素。

(2)数据库的建立和运行

企业的数据库管理员负责数据库的建立和运行。数据库管理员的职责如下。

①负责数据库的建立。同企业主管一起确定建立企业数据库,以此来满足企业对信息和数据的需求,即同信息使用者(用户)一起确定以何种方式提供所需信息;选择数据库管理系统软件和硬件;拟订数据库使用规章(包括信息使用权限);培训信息使用者。

②负责数据库的运行。监视数据库管理系统的运行情况,解决出现的问题;对数据进行维护;保障数据库安全。

数据维护包括用新数据取代旧数据、对数据做备份和恢复、更改数据文件结构及建立新的数据文件等。

保障数据库安全是指数据库管理员通过文件加密、设置用户密码(口令)和用户名册等办法维护数据库的安全。文件信息和数据保密程度不同,划分为不同的安全级别。使用信息的方式有查询(读)、录入(写)、删除和修改。根据业务权限,规定使用者使用信息的方式。

(3)数据库管理系统

数据库管理系统是关于数据库结构、数据、库中数据间关系、报表和报告的软件。数据库管理系统的核心是数据库管理器。用户查询时,由数据库管理器从库里取出所需数据,再转变成信息输出。数据库管理器对每一次操作做记录,对数据的使用情况(如哪些用户在使用数据)进行观察和统计。系统有软件包,使进入管理器的数据是规范的。数据库管理系统示意图如图1-1-2所示。

**3. 系统应用**

设备管理信息系统的功能主要包括以下几方面。

(1)采购管理

根据库存状况及维修数据,实现对采购计划、采购合同、网上招标及验收等设备或备件前期购置工作的全程管理。

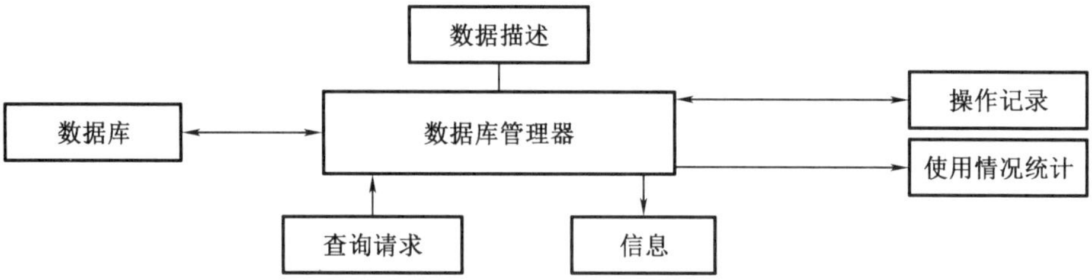


**图 1-1-2　数据库管理系统示意图**

(2)库存管理

对设备或备件的入库、出库、日常库存管理等进行全程跟踪记录,可根据辅助决策支持系统,对库存量进行动态调节,在满足生产的前提下,使库存资金占用最少。

(3)实时监控

实行对设备运行的参数记录和状态的实时监控,为生产系统提供设备生产能力信息,由辅助决策系统对设备进行状况评估、趋势分析和故障诊断。

(4)基础数据管理

详细准确地记录设备的基础数据,对设备的出厂信息、安装使用信息、维修信息等集成管理形成设备台账。例如,设备在大修、更新及大检修过程中所产生的数据,在检修或更新完成之后不超过 30 日内完成录入设备管理信息系统的工作。

(5)检修计划管理

系统可以部分自动生成检修计划,并形成维修工单发送至检修部门。例如,对于计划性年度装置停工大检修和其他非因故障而进行的检修,检修单位应在检修结束并开车正常后 3 周内将检修信息录入设备管理信息系统的"故障管理信息表"中。

(6)用户管理

设备管理信息系统采用岗位号进行操作授权管理时,岗位代码与用户名(工号)是一对一的关系。这意味着每个 6 位的岗位代码对应一个用户名(工号),确保了在操作授权管理中的准确性和清晰度。这种关系有助于确保每个用户只能访问与其岗位相关的特定功能和数据,从而提高了系统的安全性和效率。

设备管理信息系统已被广泛应用于多个行业,如制造业、交通运输业、金融业、电力生产、采矿、综合服务业等,以及数据中心与互联网技术设施、公共事业、仓储物流、零售与餐饮等领域。

随着技术的发展,设备管理信息系统也在不断发展和改进。例如,引入自动化和智能化技术,可以使设备管理更高效、准确地实现;云端管理可以实现设备管理的远程访问和集中管理;虚拟化和容器化技术可以更好地利用设备的计算与存储能力,减少资源浪费和管理复杂度;物联网和远程管理技术可以实现设备的远程监控与管理等。

# 第二节 仪表基础知识

仪表在工业自动化中扮演着关键角色。检测仪表主要用于测量、监测和分析各种物理量与化学量,如温度、压力、流量、液位等。这些仪表能够检测各种参数并记录下来,从而确保生产过程的稳定性和安全性。过程控制仪表则用于自动控制、调节和保护过程,它们根据测量到的数据自动控制生产过程,实现稳定控制。过程控制仪表通常配备控制单元和执行机构,能够根据预设参数自动调节控制过程。

在工业自动化系统中,检测仪表和过程控制仪表通常协同工作,形成一个闭环控制系统。例如,在一个液位控制系统中,检测仪表首先测量当前实际液位,作为初始量,然后与控制系统的目标量进行对比。根据对比结果,过程控制仪表会发出控制信号,通过执行机构对液位进行调节,直到达到目标量。这个过程会不断重复,以确保液位始终保持在目标范围内。

检测仪表和过程控制仪表是工业自动化系统中不可或缺的部分,它们共同确保生产过程的稳定性和安全性,提高生产效率和质量。

## 一、仪表的分类和主要性能指标

### 1. 仪表的分类

仪表可以按照不同的方式进行分类,以下是一些常见的分类方式。

(1)按功能分类

①检测仪表:专门用于测量各种物理量或化学量的仪表,如温度仪表、压力仪表、流量仪表、物位仪表等。

②调节(控制)仪表:用于对工业生产过程进行控制的仪表,包括调节器(含可编程调节器)、操作器等。

③显示仪表:根据工作方式可分为记录仪表和指示仪表。记录仪表可分为有纸记录和无纸记录,有纸记录又可分为笔录和打印记录。指示仪表可分为模拟仪表和数显仪表。

④执行器:根据使用能源可分为气动执行器、电动执行器、液动执行器。

(2)按使用能源分类

①气动仪表:使用气体(如压缩空气)作为动力源的仪表。

②电动仪表:使用电力驱动的仪表,包括电动执行器、电动调节器等。

③液动仪表(较少见):使用液体(如液压油)作为动力源的仪表。

(3)按结构形式分类

①基地式仪表:将仪表的变送、显示、报警、调节等部分有机结合在一起,构成一个整体仪表。

②单元组合式仪表:把仪表划分为多个独立存在的单元,如变送、显示、调节等单元,使用时可根据需要组合。

③组装式仪表:由一块块具有独立功能的插件(或称组件)组装而成。

④集散控制系统(distributed control system,DCS):一种分布式控制系统,由多个控制器、操作站、通信网络和现场仪表组成。

(4)按信号类型分类

①模拟式仪表:使用连续变化的模拟信号进行传输和处理。

②数字式仪表:使用数字信号进行传输和处理,具有更高的精度和可靠性。

(5)按智能程度分类

①智能仪表:引入了微处理器,具有更高的智能化水平,如可编程调节器。

②非智能仪表:未引入微处理器,功能相对简单。

(6)按安装形式分类

①现场仪表:安装在工业生产现场的仪表,如现场的压力表、温度计等。

②盘装仪表:安装在仪表盘或控制盘上的仪表。

③架装仪表:安装在仪表架上的仪表。

以上分类方式有助于我们更好地理解和选择适合特定应用的自动化仪表。需要注意的是,同一台仪表可能同时属于多个分类。

**2. 仪表的主要性能指标**

在工程上,仪表性能指标通常用变差、灵敏度、精度来描述。仪表工校验仪表通常也是调校变差、灵敏度和精度等。

(1)变差

变差是指仪表被测变量(可理解为输入信号)多次从不同方向达到同一数值时,仪表指示值之间的最大差值,或者说是仪表在外界条件不变的情况下,被测参数由小到大的变化(正向特性)和被测参数由大到小的变化(反向特性)不一致的程度,二者之差即为仪表变差,如图 1-2-1 所示。

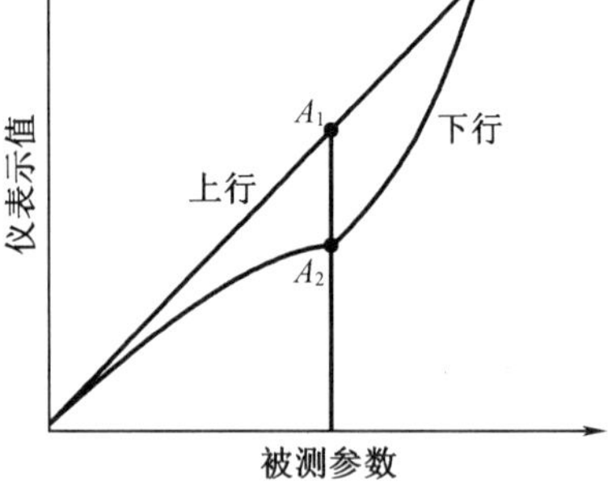


**图 1-2-1 仪表变差示意图**

变差产生的主要原因是仪表传动机构的间隙、运动部件的摩擦、弹性元件滞后等。随着仪表制造技术的不断改进,特别是微电子技术的引入,许多仪表全电子化了,无可动部件,模拟仪表也改为数字仪表等,所以变差这个指标在智能型仪表中显得不那么重要和突出了。

(2)灵敏度

灵敏度是指仪表对被测参数变化的灵敏程度,或者说是对被测量变化的反应能力,是在稳态下,输出变化增量对输入变化增量的比值。灵敏度有时也称“放大比”,是仪表静特性曲线上各点的斜率。增加放大倍数可以提高仪表灵敏度,单纯提高灵敏度并不能改变仪表的基本性能,即仪表精度并没有提高,相反有时会出现振荡现象,造成输出不稳定。仪表灵敏度应保持适当的量。

(3)精度

仪表精确度简称精度,又称准确度。精度和误差可以说是孪生兄弟,因为有误差的存在,才有精度这个概念。仪表精度简言之就是仪表测量值接近真值的准确程度。

精度是仪表很重要的一个质量指标,常用精度等级来规范和表示。精度等级是最大相对百分误差去掉正负号和百分号。其按国家统一规定划分的等级有 0.005,0.02,0.05,0.1,0.2,0.35,0.5,1.0,1.5,2.5,4 等。仪表精度等级一般都标志在仪表标尺或标牌上,数字越小,说明仪表精度越高。

要提高仪表精度,就要进行误差分析。误差通常可以分为疏忽误差、缓变误差、系统误差和随机误差(偶然误差)。

①疏忽误差是指测量过程中人为造成的误差,一则可以克服,二则和仪表本身没有什么关系。

②缓变误差是由于仪表内部元器件老化过程引起的,它可以用更换元器件、零部件或通过不断校正加以克服和消除。

③系统误差是指对同一被测参数进行多次重复测量时,所出现的数值大小或符号都相同的误差,或按一定规律变化的误差,可以通过分析计算加以处理,使其最后的影响减到最小,但是难以完全消除。

④随机误差(偶然误差)是由于某些目前尚未被人们认识的偶然因素所引起的,其数值大小和性质都不固定,难以估计,但可以通过统计方法从理论上估计其对检测结果的影响。

误差来源主要指系统误差和随机误差。在用误差表示精度时,是指随机误差和系统误差的和。

然而对于仪表用户,仪表精度固然是一个重要指标,但在实际使用中,往往更强调仪表的稳定性和可靠性,因为化工企业检测与过程控制仪表用于计量的为数不多,一般是用于检测。另外,使用过程控制系统中的检测仪表,其复现性、稳定性、可靠性比精度更为重要。

(4)复现性

测量复现性是指在不同测量条件下(如不同的方法、不同的观测者、不同的检测环境)对同一被测量进行检测时,其测量结果一致的程度。测量复现性作为仪表的性能指标,表征仪表的特性尚不普及,但是随着智能仪表的问世、发展和完善,复现性必将成为仪表的重要性能指标。

测量复现性通常用不确定度来估计。不确定度是由于测量误差的存在而对被测量值不能肯定的程度,可采用方差或标准差(取方差的正平方根)来表示。不确定度的所有分量分为用统计方法确定的分量和用非统计方法确定的分量。

(5)稳定性

在规定工作条件内,仪表某些性能随时间保持不变的能力称为稳定性。仪表稳定性是化工企业仪表工十分关心的一个性能指标。由于化工企业的工作环境相对比较恶劣,被测量的介质温度、压力变化也相对比较大,在这种环境中使用仪表,仪表的某些部件随时间的变化而能力降低,仪表的稳定性也会下降。

衡量或表征仪表稳定性现在尚未有定量值,化工企业通常用仪表零点漂移来衡量仪表的稳定性。仪表投入运行1年,仪表零位没有漂移,说明仪表稳定性好;相反,仪表投入运行不到3个月,仪表零位就变了,说明仪表稳定性不好。仪表稳定性的好坏直接关系到仪表的使用范围,有时直接影响化工生产。仪表稳定性不好造成的影响往往比仪表精度下降对化工生产的影响还要大。仪表稳定性不好,仪表维护量便会增大,这是仪表工最不希望出现的事情。

(6)可靠性

仪表可靠性是评价仪器仪表性能与应用质量的重要评价指标。可靠性和仪表维护量是相辅相成的,仪表可靠性高说明仪表维护量小;反之,仪表可靠性差说明仪表维护量大。对于化工企业检测与过程控制仪表,大部分安装在工艺管道和各类塔、罐、器上,而且化工生产有着连续性,多数为有毒、易燃易爆的作业环境,给仪表维护增加了很多困难,一是考虑化工生产安全,二是关系到仪表维护人员的人身安全,所以化工企业使用检测与过程控制仪表要求维护量越小越好,亦即要求仪表可靠性尽可能地高。

随着仪表更新换代,特别是微电子技术引入仪表制造行业,使仪表可靠性大大提高。仪表生产厂商对这个性能指标也越来越重视,通常用平均无故障时间来描述仪表的可靠性。

## 二、仪表的位号和工艺控制流程图

在过程控制的设计、施工、维修中,为了便于交流,都是采用"共同语言"即图形和文字符号,来表示仪表、设备、功能等要求。有关部门做了统一的规定,并颁发了标准。因此,仪表工应尽快掌握这些相关知识。本书仅介绍一些最常用的过程测量与控制图形符号知识。如果在今后工作中需要了解更详细的内容,可以参考有关的标准及书籍。

### 1.仪表的位号

(1)仪表功能标志及仪表的位号

仪表的功能标志由1个首位字母及1~3个后继字母组成。例如,功能标志PIC,其中P为首位字母,表示被测变量;IC为后继字母,表示既有读出功能,还有输出功能。

功能标志只表示仪表的功能,不表示仪表的结构。功能标志的首位字母与被测变量或引发变量是对应的。有时为了需要,在功能标志的首位加上1个修饰字母,或在标志的后继字母后面加有1~2个修饰字母。

仪表的位号由仪表功能标志与仪表回路编号两部分组成。例如,仪表位号FIC-112,其中FIC为仪表功能标志;112是仪表回路编号。仪表位号按不同的被测变量分类,同一工序同一被测变量的仪表位号中的顺序号应该是连续的,但不能与不同被测变量的仪表位号来连续编号。

(2)仪表功能标志的字母代号(表 1-2-1)

**表 1-2-1 仪表功能标志的字母代号**

| 字母 | 首位字母 | | 后继字母 | | |
|---|---|---|---|---|---|
| | 被测变量或引发变量 | 修饰词 | 读出功能 | 输出功能 | 修饰词 |
| A | 分析 | | 报警 | | |
| B | 烧嘴、火焰 | | 供选用 | 供选用 | 供选用 |
| C | 电导率 | | | 控制 | |
| D | 密度 | 差 | | | |
| E | 电压(电动势) | | 检测元件 | | |
| F | 流量 | 比率(比值) | | | |
| G | 毒性气体或可燃气体 | | 视镜、观察 | | |
| H | 手动 | | | | 高 |
| I | 电流 | | 指示 | | |
| J | 功率 | 扫描 | | | |
| K | 时间、时间程序 | 变化速率 | | 操作器 | |
| L | 物位 | | 灯 | | 低 |
| M | 水分或湿度 | 瞬动 | | | 中、中间 |
| N | 供选用 | | 供选用 | 供选用 | 供选用 |
| O | 供选用 | | 节流孔 | | |
| P | 压力、真空 | | 连接或测试点 | | |
| Q | 数量 | 积算、累计 | | | |
| R | 核辐射 | | 记录、打印、DCS 趋势记录 | | |
| S | 速度、频率 | 安全 | | 开关连锁 | |
| T | 温度 | | | 传送(变送) | |
| U | 多变量 | | 多功能 | 多功能 | 多功能 |
| V | 振动、机械监视 | | | 阀、风门、百叶窗 | |
| W | 质量、力 | | 套管 | | |
| X | 未分类 | *X* 轴 | 未分类 | 未分类 | 未分类 |
| Y | 事件、状态 | *Y* 轴 | | 继动器(继电器)、计算器、转换器 | |

从表 1-2-1 中可以看出,仪表功能标志的字母代号应用还是很灵活的,因此,在识读字母代号时,要具体情况具体分析,可前后对照识别,以下是一些例子。

①同一字母在不同的位置有不同的含义或作用。如“F”处于首位时表示被测变量为流量;处于次位时可用作首位的修饰,如比率或比值。

②后继字母的确切含义要根据实际情况来确定。如“R”可能是“记录”或“打印”;“T”既可用作“变送”,又可用作“传送”。

③后继字母“L”既可表示单独设置的指示灯,又可表示正常的工作状态。如“LL”表示显示液位高度的指示灯。

④当“A”为首位字母时,作为分析变量使用,且通常会在图形符号外标注有分析参数的具体内容。如圆圈内的字母为AR,圆圈外字母为H2时,表示对氢气含量进行分析和记录;当“A”为后继字母时,则表示报警功能。

(3)过程测量与控制常用图形符号

仪表的图形符号有很多,如监控仪表、测量点与连接线、执行器、流量测量仪表、仪表辅助设备等各种图形符号。现介绍部分过程测量与控制常用图形符号。

①常用检测元件、检测仪表的图形符号见表1-2-2。连接引线从过程设备或管道符号出发,指向一个仪表圆圈。这个起点就是测量点。如果测量点位于设备内部,并且有必要标出其在设备中的位置,可以在引线的起点处添加一个直径为2 mm的小圆符号或加虚线来表示。

**表1-2-2　常用检测元件、检测仪表的图形符号**

| 名称 | 符号 | 名称 | 符号 |
|---|---|---|---|
| 检测元件(如热电偶、热电阻) |  | 差压式指示流量计法兰或角接取压孔板 | 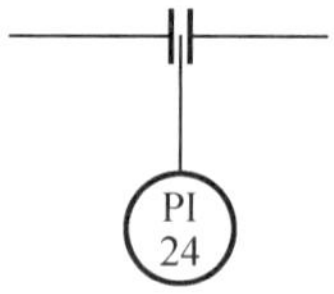 |
| 嵌在管道中的检测元件 |  | 流量检测元件的通用符号 |  |
| 超声流量计 | 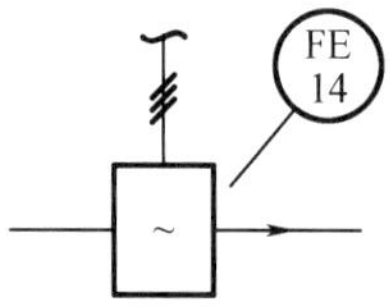 | 电磁流量计 | 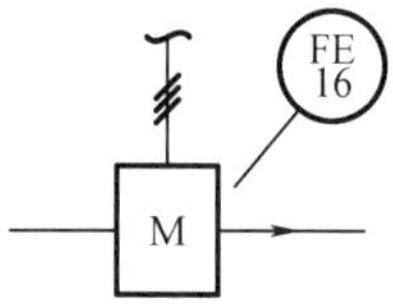 |
| 孔板 | 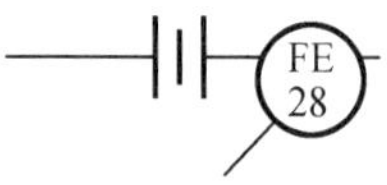 | 转子流量计 |  |

②仪表连接线常用图形符号见表1-2-3。连接线是仪表圆圈与过程测量点之间的连接引线。在图形表示中,连接线具有特定的图形符号。通用的仪表信号线和能源线的符号通常是细实线。这种线条清晰、简洁,便于阅读和理解。当通用的仪表信号线为细实线可能造成混淆时,通用的仪表信号线符号可以在细实线上加斜短划线来区分。

**表 1-2-3 仪表连接线常用图形符号**

| 名称 | 符号 | 名称 | 符号 |
| --- | --- | --- | --- |
| 电信号线 |  | 气压信号线 |  |
| 导压毛细管 |  | 二进制电信号 | 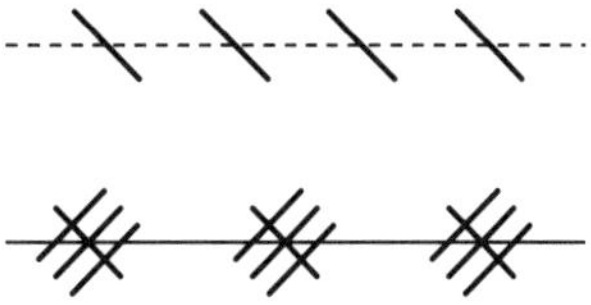 |

当有必要标注能源类别时,可以采用相应的缩写标注在能源线符号上。例如,AS-014可能表示0.14 MPa的空气源,ES-24DC可能表示24 V的直流电源。

③仪表安装位置的图形符号见表1-2-4。

**表 1-2-4 仪表安装位置的图形符号**

| 仪表 | 现场安装 | 控制室安装 | 现场盘装 |
| --- | --- | --- | --- |
| 单台常规仪表 | 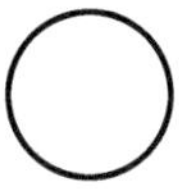 | 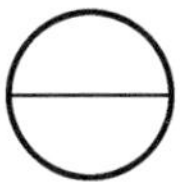 | 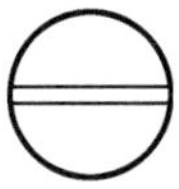 |
| DCS |  | 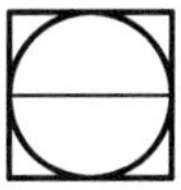 | 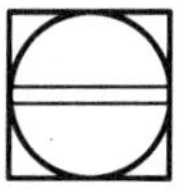 |
| 可编程逻辑控制 |  | 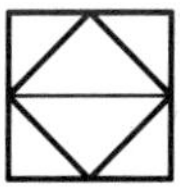 | 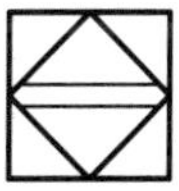 |

④执行机构的图形符号见表1-2-5。

**表 1-2-5 执行机构的图形符号**

| 名称 | 符号 | 名称 | 符号 |
| --- | --- | --- | --- |
| 带弹簧的薄膜执行机构 |  | 数字执行机构 | 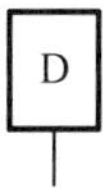 |
| 电动执行机构 |  | 带人工复位装置的电磁执行机构 | 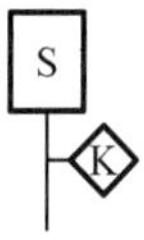 |
| 不带弹簧的薄膜执行机构 | 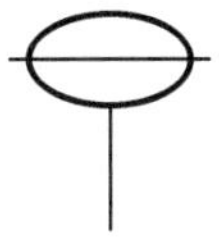 | 带手轮的气动薄膜执行机构 | 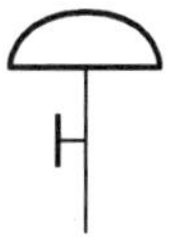 |

**表 1-2-5**(续)

| 名称 | 符号 | 名称 | 符号 |
|---|---|---|---|
| 电磁执行机构 | 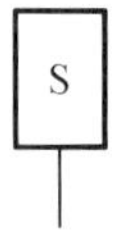 | 带电气阀门定位器的气动薄膜执行机构 | 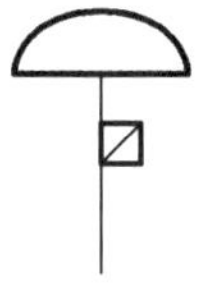 |

⑤常用控制阀体的图形符号见表 1-2-6。

**表 1-2-6　常用控制阀体的图形符号**

| 名称 | 符号 | 名称 | 符号 |
|---|---|---|---|
| 截止阀 |  | 角阀 |  |
| 球阀 |  | 三通阀 |  |
| 蝶阀 |  | 隔膜阀 |  |

**2. 工艺控制流程图**

(1)工艺控制流程图的组成

图 1-2-2 是一个蒸汽加热器的温度控制系统图,其流程是蒸汽进入加热器,通过热交换对冷水进行加热,并通过调节蒸汽阀门的开度,把冷水加热至所要求的温度,然后供给下一道工序使用。用图形符号来表示该温度控制系统,如图 1-2-3 所示。通过图我们就可以很直观和明了地了解这个系统:该加热系统通过测量温度后,再使用调节器等仪表,通过开启和关闭蒸汽阀门,来使热水温度稳定在所要求的指标。把这些规定的符号与工艺设备相联系地画在一起,就称为工艺控制流程图,即它是用图形符号表示特定的自控设备,用文字表示参数及功能,使其正确、明显地在控制流程图上反映实际情况。由于工艺控制流程图把控制点、检测点位号、名称等同时列表填写在同一张图纸上,因此它属于技术总结图纸之一。

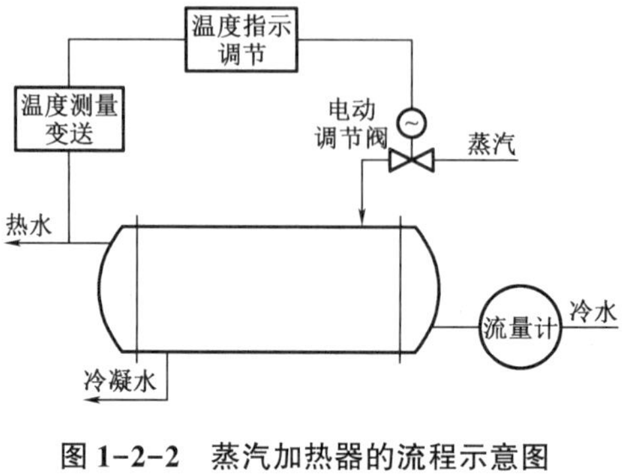


**图 1-2-2　蒸汽加热器的流程示意图**

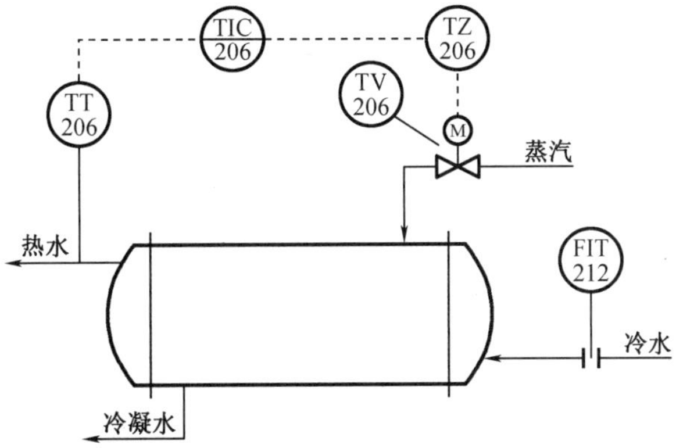


**图 1-2-3　蒸汽加热器温度控制流程图**

(2)工艺控制流程图的识读

以图 1-2-3 所示的蒸汽加热器温度控制流程图来介绍看图的方法。图中“T”代表温度,“I”代表指示,“C”代表控制,“V”代表阀门,“206”是仪表的位号,“2”代表工序号,“06”是本套仪表的顺序号。图中,(TT 206)表示现场仪表,由温度传感元件和温度变送器组成;(TIC 206)表示控制室仪表,是一台指示调节仪表;(TZ 206)表示电动执行机构;(TV 206)表示调节阀门;(FIT 212)表示流量仪表,由孔板和流量变送器组成。圆圈中没有横线的,表示安装在现场的仪表。

不论多么复杂的工艺控制流程图,都是由类似的单个检测或控制回路组成的。在读图、识图时,要先把大致的工艺流程搞清楚,在此基础上把仪表及控制的一个回路、一个系统理清楚,再结合仪表位号圆圈中的文字就可以看懂其作用。特别是要搞清楚相互间的联系,如工艺与仪表及控制的联系、仪表间信号的传送联系、与之相关的报警连锁电路的联系。在识读工艺控制流程图时,图中仪表与控制设备的具体型号及规格,可参见与之配套的仪表及自控设备一览表。

## 三、仪表日常点检

### 1. 仪表点检工具

在仪表日常点检中,我们会用到一系列的工具来确保设备的正常运行和故障预防。以下是常见的一些仪表点检工具。

(1)听音棒(听针)

听音棒主要用于通过声音来检测设备的运行状态。操作人员在使用听音棒时,应将其尖头一端严密接触被检测设备,圆头一端压实在耳屏上,然后仔细监听设备的转动声音,从而判断设备运转是否正常。

(2)点检锤

点检锤主要用于敲击设备或结构,通过声音和手感来判断设备的紧固状态、材料质量,以及是否存在松动、裂纹等问题。在使用前,操作人员应检查锤子是否完整,尤其是锤柄、锤头是否有损坏,并确保锤子的质量适中。握持点检锤时,操作人员应将手指放置在锤柄上并紧握住,同时保持手臂放松,以便于灵活运动和施力。

(3)测温仪

测温仪用于测量设备或环境的温度。操作人员使用时,应确保测温仪处于正常工作状态,并根据设备的要求选择合适的测量模式(如体温模式)。将测温仪对准待测物体,确保无遮挡,并等待测温仪显示温度值。

(4)测振仪

测振仪用于测量设备的振动情况。在开始测量前,操作人员应将测量方式选择为"位移 mm"或其他需要的测量方式。操作人员将探头垂直放置于轴承端盖或其他待测部位,按下测量按钮数秒,待测量值稳定后松开按钮并记录显示的数值。

(5)万用表

万用表是一种多功能的电子测量工具。在使用前,操作人员应先进行"机械调零"以确保测量准确。在测量时,操作人员应根据需要选择合适的测量范围和模式,并确保表笔与被测电路正确连接;在测量过程中,操作人员应注意不要用手去接触表笔的金属部分,以保证测量的准确性和人身安全。

(6)扳手和螺丝刀

扳手用于拧紧或松开螺栓和螺母,螺丝刀用于旋紧或旋松螺钉。

(7)手电筒

手电筒用于提供额外的照明,以便于在光线不足或夜间进行仪表点检。操作人员只需打开手电筒的开关并将光线照射到需要检查的部位上即可。

(8)兆欧表

兆欧表用于测量电气设备的绝缘电阻。操作人员在使用时,应将兆欧表的两个测试笔分别连接到电气设备的两个绝缘体上,然后等待兆欧表显示电阻值。在测量过程中,操作人员应注意保持测试笔与电气设备的良好接触,并确保设备处于断电状态。

**2. 日常点检关注点**

(1)外观检查

①检查仪器仪表的外壳是否完好,有无破损、变形或腐蚀现象。

②检查仪表盘面是否清晰,有无划痕、污渍或脱落的标识。

③检查所有按钮、旋钮、开关等是否灵活可靠,无卡滞现象。

(2)电源和接地检查

①检查电源线、插头、插座等是否完好,有无破损、烧焦或接触不良的现象。

②使用万用表等工具检查电源电压是否在正常的范围内。

③检查接地线是否牢固可靠,接地电阻是否符合要求。

(3)显示和指示检查

①检查显示屏、指示灯等是否正常显示,有无闪烁、黑屏或显示不全的现象。

②检查指针、游标等是否指示准确,无偏移或卡滞现象。

③对于数字仪器仪表,还需检查显示是否清晰,灯光亮度是否适当。

(4)接线和连接检查

①检查仪器仪表的接线是否牢固可靠,有无松动、脱落或接触不良的现象。

②检查仪器仪表与外部设备或传感器的连接是否正确,有无误接、漏接或短路的现象。

(5)传感器和探头检查

①检查传感器、探头等是否完好,有无损坏、腐蚀或堵塞的现象。

②检查传感器、探头的安装位置是否正确,有无松动或偏移的现象。

(6)润滑和清洁

①检查需要润滑的部位是否得到充分润滑。

②清洁仪器仪表的外壳、表盘、按钮等,保持其整洁干净。

(7)报警和故障检查

①检查仪器仪表的报警功能是否正常,能否在异常情况下及时发出报警信号。

②检查仪器仪表是否存在故障,如发现故障应及时排除并记录。

(8)校准和检定

①定期对仪器仪表进行校准和检定,确保其测量精度符合要求。

②校准和检定的周期应根据仪器仪表的类型与使用情况确定。

(9)使用记录和维护记录

①记录仪器仪表的使用情况,包括使用时间、使用人员、测量数据等。

②记录仪器仪表的维护情况,包括维护时间、维护内容、维护人员等。

(10)环境和安全检查

①检查仪器仪表的工作环境是否满足要求,如温度、湿度、电磁干扰等。

②检查仪器仪表的安全设施是否完好,如防护罩、安全开关等。

**3. 常用的点检方法**

五感法是一种常见而直观的方法,它利用人的五种感觉来检查设备或系统的状态。

(1)视觉(看)

通过目视检查设备或系统的外观,寻找任何异常的迹象,如损坏、漏油、裂缝、锈蚀等。视觉检查还包括检查指示灯和仪表板显示是否正常。

(2)听觉(听)

通过倾听设备运行时的声音来判断其运行状态。正常的运行通常伴随着特定的声音,而异常声音(如嘎嘎声、轰鸣声)可能表明问题存在。

(3)触觉(摸)

通过触摸设备的外部表面来感知其温度或振动情况。异常的温度或振动可能表示设备存在问题。

(4)嗅觉(闻)

通过闻气味来检查设备是否存在异常情况。例如,焦煳的气味可能表示电路短路或电气故障。

(5)味觉(尝)

尽管在点检中较少使用,但在某些情况下也可能涉及尝试检查某些液体或气体的味道,以确定其是否正常。

此外，点检员还会使用简单的工具或仪表，如听音棒、测温仪、振动分析仪等，对设备的重点部位进行更精确的检测。这些检测数据会被收集起来，用于设备的故障预测和状态评估。

通过定期的点检和数据分析，企业可以及时发现设备的潜在故障，并采取相应的措施进行修复或维护，从而避免设备故障对生产造成不良影响。

**4. 仪表日常点检过程**

仪表日常点检主要包括以下几个步骤。

(1)制订点检计划

根据设备的使用情况、检修记录和使用频率等信息，制订点检计划。这个计划需要考虑到点检的时间、频率、范围等因素，以确保每个设备都被点检到位。

(2)准备点检工具

根据设备类型选择和准备合适的点检工具，如电表、温度计、压力表、万用表等，以提高点检效率和准确性。

(3)清理工作场地

清理设备周围的杂物，确保点检过程中的安全和操作的便利。对于易弯曲、易断裂或泄漏的管路，先停止供气、供液、供电等功能，断开电源，等待维修人员进行处理。

(4)初步点检

对设备进行简单的外观清洁和润滑检查，确认设备状态是否正常并发现一些明显的异常现象。

(5)全面点检

这是设备点检的核心步骤，需要对设备进行详细的检查，包括机械零部件、电气元件、润滑部件等的检查。通过这些检查，可以发现设备潜在的隐患并进行预防性维护。

具体来说，全面点检包括以下几方面。

①电气部分：检查电气部分的接线是否插紧，电气控制柜的排线、软接头、继电器、热继电器、电源线等是否损坏、老化、烧坏、接触不良等。

②机械部分：检查机器的各种机械零件是否牢固，如齿轮、皮带、风扇、轴等部件；同时检查机器零部件是否有磨损、裂纹、变形等现象。

③液压系统：检查液压系统的油温、油位、油路和油管，检查液压缸的缸体和活塞杆是否有渗漏现象。

④气动系统：检查气压表、气动缸、气管、气管接头等气动元件有无异常。

⑤安全状态：检查设备各种安全保护装置是否处于有效状态，如机器门锁、紧急停机按钮是否正常等。

(6)异常处理

如果在全面点检中发现设备存在一些异常现象，需要及时进行处理。异常处理的方式和方法根据具体情况而定，可以采取更换零部件、清洗设备或更换润滑油等措施来解决存在的问题。

(7)记录报告

在设备点检过程中，需要及时记录检查结果和异常处理情况，并撰写相应的报告。报告要详细记录设备的使用情况、检修记录，以及点检过程中发现的问题和解决方式等内容。

此外，自动点检也是一种高效的点检方法，可以利用各类现代技术设备，如温度计、液位计、压力计、振动计等进行设备点检，对设备运行状态进行实时监测和数据采集。

总之，仪表日常点检是设备保养工作中必不可少的一环，通过制订点检计划、准备点检工具、清理工作场地、初步点检、全面点检、异常处理和记录报告等步骤，可以及时发现设备潜在的隐患并进行预防性维护，确保设备的正常运行。

## 四、万用表使用方法

万用表可用来测量直流电压、直流电流、交流电压、电阻等，有的万用表还可以测量交流电流、分贝、功率、电感、电容、晶体管参数等。万用表有指针式和数字式两种。指针式万用表结构简单、价格低。数字式万用表是在指针式万用表的基础上发展起来的，使用简单。

### 1. 指针式万用表的使用方法

(1)使用准备

万用表应平放在工作位置，使用前应先检查指针是否指在最左端零处，否则可用小旋具(小螺丝刀)旋动表盘中心调节螺钉，使指针指零。测量前先检查测试表笔插的位置，红表笔应接红色“+”插口，黑表笔应接黑色“-”插口。

将量程转换开关旋至对应量程。有两个旋钮开关的表，先将项目选择开关旋至所测项目挡，再将量程选择开关旋至合适量程。

测量电阻时，将量程转换开关旋至欲测的欧姆挡，短接两表笔，指针应偏至右端 Ω 刻度线的零位，如不在零位，可调节零位旋钮使指针指零。

(2)使用注意事项

①操作人员使用万用表要养成一个好习惯，即每次测量前看看挡位放置是否正确。养成这样的习惯，烧表的概率将大大降低。

②选用量程应尽量使指针指示在满刻度的 2/3 附近，这样读数比较准确。如果不知道被测电压、电流的大小，应选择大量程挡，然后根据读数大小，重新调整量程，使读数准确。

③测量电阻时，改变量程挡后要重新调零，读数才能准确。如果调不到零位，说明表内电池电压已不足，应更换电池。

④在线测量电阻时，应切断电源进行操作，还要注意有无其他元件与被测电阻形成并联电路，必要时可将电阻从电路中焊开一端，再测量。对有电解电容器的电路，则要将电容器放完电后再测量。

⑤操作人员要养成手不要触碰表笔金属部分的习惯，以防电击事故的发生。此外，在测量电阻时手触碰表笔金属部分会影响读数。

⑥测量直流电压时红表笔接“+”，黑表笔接“-”，以防止极性反接使表针逆向偏转而损坏表针。在不知正、负极的情况下，可先拨至大量程挡，用表笔快速触碰被测点，通过指针摆动方向来判定正确极性。不能误用 mA 挡或电阻挡测量电压，否则会烧坏仪表。

⑦测量电流时，绝对不可将两表笔跨接在电源上，以免烧坏表头。一般万用表只能测量直流电流，不能测量交流电流。

⑧表用完后，应将量程开关置于电压最高挡，对于有短接或断开挡的万用表，则应放至

相应挡位,以防他人拿用时不注意而损坏仪表。

**2. 数字式万用表的使用方法**

(1)使用准备

使用数字式万用表之前,要熟悉电源开关、量程开关、插孔、特殊插孔(如 hFE 插口,Cx 插孔等)、旋钮的作用、更换电池和熔丝管的方法等,了解仪表过载显示符号、极性显示符号等。由于数字式万用表的输入阻抗较高,在两表笔开路时,受外部干扰信号的影响,可能会显示有变化规律的数字,属正常现象。

数字式万用表虽然有过压、过流保护,但仍要防止误操作而损坏仪表。每次测量之前,操作人员应对量程开关的位置进行检查,无误后才能进行测量。对于自动选择量程的数字式万用表,也要注意项目开关及输入插孔不能放错了。

(2)使用注意事项

①当无法预知被测电压或电流的大小时,应先拨至最高量程挡测量一次,再视情况逐渐把量程减小到合适位置。测量完毕,要将量程开关旋到最高电压挡,并关闭电源。

②数字式万用表由于有自动转换极性的功能,测直流电压时可不考虑正、负极。但如果误用交流电压挡去测量直流电压、误用直流电压挡去测量交流电压,将显示溢出符号“000”。

③测交流电压时,应当用黑表笔接模拟地 COM,并应接被测电压的低电位端,如信号源的公共端或机壳,以减少测量误差。

④严禁在测高压或大电流时旋动量程开关,以防止产生电弧、烧毁开关触点。测量较高电压时应单手操作,应先把黑表笔固定在被测电路的公共端,然后手持红表笔去接触测试点,以保证安全。

⑤大多数字式万用表最低电压挡的量程为 200 mV 或 400 mV,电压分辨力为 0.1 mV。当被测电压小于 2 mV 时,测量误差会增大,尤其在测量热电偶的热电势时要引起注意。

⑥数字式万用表直流电压挡的输入电阻较高,一般为 10 MΩ,测量较高内阻信号电压时,其测量误差很小,可忽略不计。但是,如果测量输入电阻大于 10 MΩ 的信号时(如场效应管输入端),就要考虑输入电阻的影响了。输入电阻的旁路作用,改变了原来电路的工作状态,会引起较大的测量误差。

⑦测量电流时,如果电源内阻和负载电阻都很小,应尽量选择较大的电流量程来降低分流电阻值,减小分流电阻上的压降,以提高测量准确度。

⑧在电阻挡、二极管挡、测试通断性时,红表笔带正电,黑表笔带负电,这与指针式万用表正好相反。指针式万用表的电阻挡、红表笔接表内电池的负极,所以带负电;黑表笔接表内电池的正极,所以带正电。测量晶体管、电解电容器等有极性的元器件时,必须注意两表笔的极性。

⑨由于各电阻挡的最大测试电流不相等,量程越低,电流越大。使用不同的电阻挡测量同一个非线性元件时,测出的电阻值会有差异,这是正常现象。电阻挡所能提供的测试电流很小,所以不能用数字式万用表的电阻挡测量晶体管。

⑩测量电路板上的在线元件时,要考虑与其并联的其他元件的影响。必要时可焊下被测元件的一端进行测量,对晶体三极管需焊开两个电极才能进行检测。在测量电阻时,两

手应持表笔的绝缘杆，以免人体等效电阻并联引入的测量误差。

万用表型号多，结构各异，使用方法也有差异，但只要了解使用基本常识后，再结合相关万用表的说明书，就可以使用各型万用表了。

## 五、兆欧表使用方法

电器及仪表的绝缘电阻是个重要指标。当过热和受潮后，电器及仪表的绝缘材料会老化，绝缘电阻便降低。这可能会造成电器及仪表漏电或短路事故的发生。经常测量各种电器及仪表的绝缘电阻，判断其绝缘是否满足使用要求，可避免事故的发生。

绝缘电阻一般为兆欧级，因此绝缘电阻的测量都要在高电压下测量。最常用的是兆欧表，俗称摇表，又叫绝缘电阻表。在测量绝缘电阻时兆欧表本身就有高电压电源。兆欧表测量绝缘电阻既方便又可靠，但如果使用不当，也会出现测量误差。操作人员必须掌握用兆欧表测量绝缘电阻的方法，使用时一要保证测量数据准确，二要注意安全。因为兆欧表在工作时自身产生高电压，而被测量对象又是电器及仪表，所以必须正确使用，否则就会造成人身或设备事故。

为什么不能用万用表测量绝缘电阻？

如果用万用表测量电气设备的绝缘电阻，测得的是低电压下的绝缘电阻值，不能真正反映在高压条件下电气设备工作时的绝缘性能。而兆欧表和万用表不同之处就在于兆欧表带 250~5 000 V 的高电压。因此，用兆欧表测量绝缘电阻，能得到符合电气设备实际工作条件的绝缘电阻值，这对判断电气设备的绝缘状况才起到作用，也才能保证电气设备的安全运行。

**1. 手摇式兆欧表的使用**

(1)使用时要注意有效量程，因为，要测量的电阻值在有效量程内，准确度较高。一般测量可选额定电压 250~500 V 的兆欧表，500 V 的兆欧表可满足仪表维修、安装使用。但对于变频器及有的板卡只能选择 100 V 的兆欧表。

(2)测量前应对兆欧表进行开路和短路试验，以确定兆欧表是否正常。将“L”和“E”两端的连接线处于开路状态，摇动手柄，指针应指在“∞”处，再把“L”和“E”两端的连接线短接，指针应指“0”。

(3)测量前必须将被测设备电源切断，并对地短路放电，只能在设备不带电且没有感应电压的情况下测量，在测量有大电容的电路前应对电容进行放电。

(4)连接好测量线，并确认被测部件不带电后，按顺时针方向转动摇把，摇动的速度应由慢到快，当转速达到 120 r/min 时，保持匀速转动，一边摇一边读指示值，不能停下来读数。

(5)一般测量绝缘电阻用“L”和“E”端即可，但测量高阻值的绝缘电阻时，为防止被测物表面漏泄电流的影响，必须将被测物的屏蔽环或不需测量的部分与“G”端相连接。这时漏电流就由屏蔽端“G”直接流回发电机的负端，而不流过兆欧表的测量机构，这从根本上消除了表面漏电流的影响。

(6)测量电缆线的绝缘电阻时，一定要接好屏蔽端钮“G”，因为当空气湿度大或电缆绝缘表面不干净时，其表面的漏电流将很大，所以为防止被测电缆因漏电对测量造成影响，在电缆外表加一个金属屏蔽环，与兆欧表的“G”端相连。

(7)测电器及仪表的绝缘电阻时，正确的接线法是：线路端“L”应接被测设备的导体，接地端“E”应接接地的设备外壳，屏蔽端“G”应接被测设备的绝缘部分。

一定要注意，不能把“L”和“E”端接反了。如果将“L”和“E”端接反了，流过绝缘体内及表面的漏电流经外壳汇集到地，由地经“L”端流进测量线圈，使“G”端失去屏蔽作用而给测量带来很大误差。另外，因为“E”端的内部引线与外壳的绝缘程度比“L”端与外壳的绝缘程度要低，当兆欧表放在地上使用，采用正确接线方式时，“E”端对仪表外壳和外壳对地的绝缘电阻，相当于短路，不会造成误差；而当“L”和“E”端接反时，“E”端对地的绝缘电阻同被测绝缘电阻并联，而使测量结果偏小，造成较大误差。

(8)兆欧表3个接线柱用的引线，一定要用3根单独的电线，测量时不允许绞合在一起使用，以避免测量误差。

**2. 数字式兆欧表的使用**

VC60B⁺数字式兆欧表面板图如图1-2-4所示，其操作使用步骤如下。

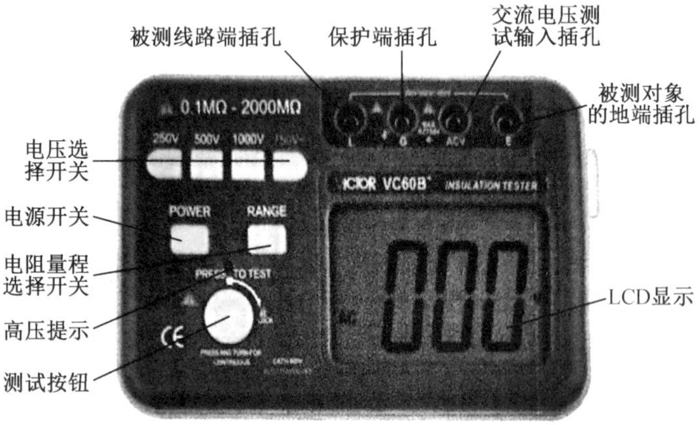


**图1-2-4　VC60B⁺数字式兆欧表面板图**

(1)测量前必须将被测设备电源切断，并对地短路放电，只能在设备不带电且没有感应电压的情况下测量，在测量有大电容的电路前应对电容器进行放电。

(2)一般测量绝缘电阻用“L”和“E”端即可，但测量高阻值的绝缘电阻时，为防止被测物表面漏泄电流的影响，必须将被测物的屏蔽环或不需测量的部分与“G”端相连接。

(3)按下电源开关“POWER”，该开关系自锁式开关。

(4)根据测试项目选择测试电压及电阻量程。

(5)按下测试按钮进行测试，向右侧旋转可锁定按键；当LCD屏的显示稳定后，即可读数。如果最高位显示“1”，则表示超量程，需要使用更高一挡的量程来读数。

(6)在进行绝缘电阻测试时，如果显示读数不稳定，可能是环境干扰或绝缘材料不稳定造成的，此时可将“G”端接到被测物体的屏蔽端，以使读数稳定。但空载时，如有数字显示，属正常现象，不会影响测试结果。

**3. 使用兆欧表的注意事项**

(1)没有按下测试电压选择键时，仪表的输出电压插孔上有可能会输出高压。

(2)测试前先检查测试电压选择及 LCD 上测试电压的提示与所需的电压是否一致。

(3)测试时不允许手触摸测试端,且不能随意更换测试线,以保证读数准确及人身安全。

(4)当显示电池容量不足时,应更换电池。当外接适配器供电时,仪表会断开内部电池供电,这时是不能对电池进行充电的。

(5)使用前要对兆欧表进行检查,观察接线柱是否完好,手柄是否正常,摇动手柄应能感到有手沉感,检查表指针有无扭曲、卡住等现象。由于仪表中没有产生反作用力矩的游丝,在使用之前,指针可以停留在刻度盘的任意位置。

(6)兆欧表的输出电压高达几百至上千伏,因此,操作人员必须站在绝缘物上操作。在测试过程中,绝对不允许接触引线的电极。

(7)禁止在雷电时或高压设备附近测量绝缘电阻,在测试过程中,被测设备上不能有人工作。

(8)兆欧表未停止转动之前或被测设备未放电之前,严禁用手触及;测量结束后,对含有电容的设备要进行放电。

(9)兆欧表要定期进行检定,确保其准确度。其应放置在避光、干燥的环境中,不能放在潮湿、有腐蚀性介质的环境中。

(10)如果较长时间不使用电动式兆欧表,应把电池取出来,以防电池漏液腐蚀仪表。冬天气候干燥时表壳上会产生静电,当触摸仪表表面,指针出现偏转,或 LCD 显示器乱跳字,或零位调整螺钉无法调整时,请勿进行测量。如果产生的静电影响了仪表的读数,可使用含有防静电剂或去污剂的湿布擦拭仪表外壳。

(11)对电容式变送器及变频器,不能用输出电压大于 100 V 的兆欧表来测试它们的绝缘电阻。

要想准确测量出电器及仪表等的绝缘电阻,必须正确使用兆欧表,否则测量的准确性会降低。还应注意,不同型号的兆欧表的负载特性不相同,因此用不同型号的兆欧表测量同类设备时,测量结果会有明显的差异。在实际测量中,为便于比较,建议同类设备尽量采用同一型号的兆欧表进行测量。

## 六、过程校验仪的使用方法

过程校验仪是一种便携式仪器。其品种较多,但基本功能是相同的。它的测量功能有:测量直流电压、直流电流、电阻、频率、热电偶、热电阻、开关量,以及测量值的显示保持及平均值处理。它的输出功能有:直流电压、直流电流、电阻、模拟变送器、热电偶、热电阻、频率、脉冲、开关量、压力等值。它的测量和输出是两个相互独立的通道,可同时进行实时测量和输出过程信号;进行多重数据显示,可同时显示输入测量值和输出设定值等。过程校验仪还提供 24 V 直流回路电源,可进行二线制、三线制的热电阻测量。有的过程校验仪还具有快速响应的开关测试功能,可进行开关动作时的过程参数测量。

现以 VICTOR25 多功能过程校验仪为例,对其操作使用进行介绍。

**1. 使用过程校验仪测量温度的方法和对测温仪表的校准**

(1)测量热电偶温度

过程校验仪内存有8种常用热电偶的分度表,还具有冷端温度补偿功能,因此测量温度是很方便的。测量热电偶温度时,把热电偶接至过程校验仪的输入端,接线如图1-2-5所示。连接热电偶转接头到输入端,把热电偶的正、负极分别连接到转接头的"+""-"端。使用"FUNC"键选择热电偶测量功能,使用"RANGE"键选择相应的热电偶分度号。测量热电偶温度时,冷端补偿功能是自动开启的,此时过程校验仪显示的温度就是实际温度了。例如,热电偶热端温度为1 000 ℃,冷端温度为20 ℃,则热电偶产生的热电势只有980 ℃,使用校验仪的"RJ-ON"功能后,自动补偿20 ℃,则过程校验仪显示的温度即为实际温度1 000 ℃。按下"RJ-ON"键则关闭冷端温度补偿功能。

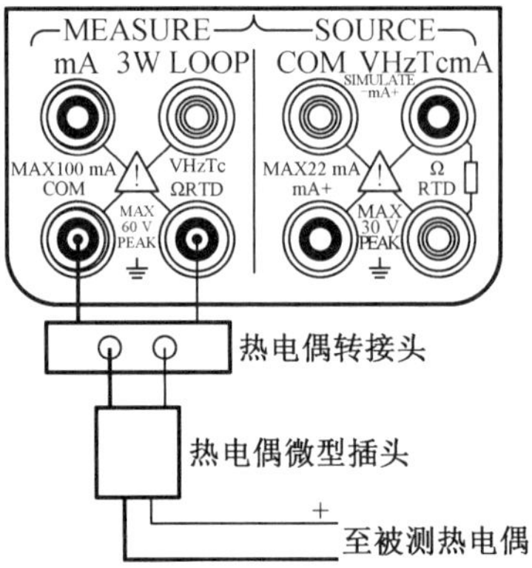


**图1-2-5 测量热电偶温度的接线图**

(2)测量三线制热电阻温度

过程校验仪测量三线制热电阻温度时,先将两根黑色引线的一端分别连接到输出的COM和3W端,红色引线的一端连接到VHzTcΩRTD端;再将两根黑色引线的另一端共同连接到被测热电阻的一端,红色引线的另一端连接至被测热电阻的另一端,如图1-2-6所示。

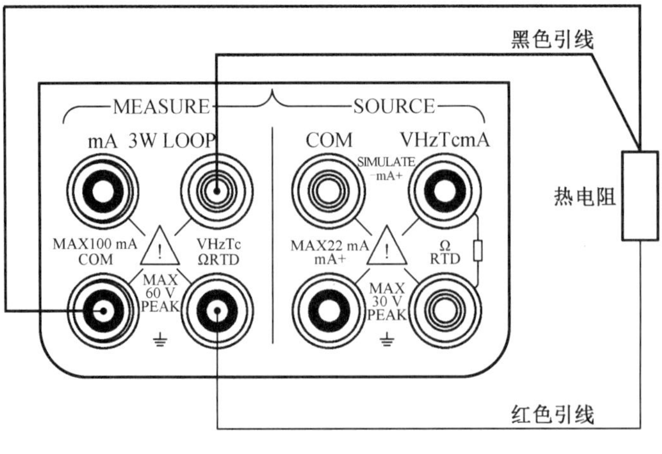


**图1-2-6 测量三线制热电阻温度的接线图**

其操作步骤如下。

①用“FUNC”键选择热电阻测量功能。

②用“RANGE”键在热电阻分度号之间选择合适的热电阻类型。显示屏上部将显示所测热电阻的温度测量值和单位符号。

(3)校准热电偶温度显示仪表

在现场,操作人员可用过程校验仪对热电偶温度显示仪表进行校准。由于过程校验仪是一台高精度、稳定的信号发生器,它可模拟产生电压和电阻输出,同时内带的热电偶分度表可直接进行温度模拟输出。校准时,将过程校验仪的输出端连接到被校显示仪表的输入端,设定输出功能及相应的分度号,便可进行校准工作,其接线如图 1-2-7 所示。过程校验仪内置了一个温度传感器,进入模拟热电偶输出功能后,冷端温度补偿自动开启,同时“RJ-ON”符号显示在显示屏中部。此时过程校验仪将输出一个减掉冷端温度的热电势至被校显示仪表。如室温为 20 ℃,校验仪输出 1 000 ℃时,无“RJ-ON”,则被校显示仪表将显示 1 020 ℃,有“RJ-ON”,被校显示仪表将显示 1 000 ℃。

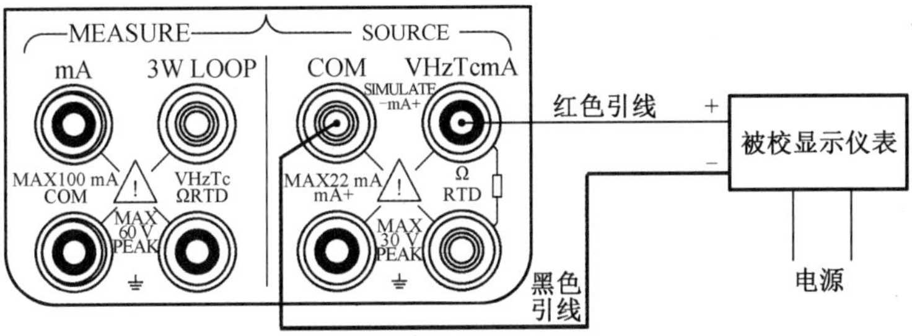


图 1-2-7 校准热电偶温度显示仪表接线图

其操作步骤如下。

①用“FUNC”键选择模拟热电偶功能,再用“RANGE”键在 8 种热电偶分度号中选择需要的热电偶类型。显示屏中部会显示所选择的热电偶类型标识符,下部会显示默认的输出值和单位符号。

②用输出设定键“▲/▼”按位对输出值进行设置。每一对“▲/▼”键对应于显示值的每一位,每按一次“▲/▼”键将会增加或减小输出的设定值,并且可以不间断地设置输出值。按下“▲/▼”键不放开,则会按顺序连续地增减设定值,当增减到最大或最小值时,输出设定值不再变化。按“ZERO”键将输出设定值设为默认的初始值。

③按输出“ON”键,“SOURCE”显示屏符号从“OFF”变为“ON”,过程校验仪从输出端之间输出一个以温度传感器测到的温度为参考点的温度电动势信号。

④要停止输出,再次按下输出“ON”键,“OFF”符号显示在输出显示屏上,同时输出端之间无输出信号。

**2. 使用过程校验仪测量电流和输出电流的方法**

生产中常用的二线制变送器有压力、差压变送器,温度变送器,它们的输出线与电源线是共用的,其输出为 4~20 mA 直流电流信号。VICTOR25 多功能过程校验仪具有同时输出和测量并提供 24 V 回路电源的功能,非常适合对二线制变送器进行测量和校准。

(1)测量直流电流

用过程校验仪测量直流电流时,要按图 1-2-8 进行连接。先将黑色引线连接到输入的 COM 端,再把红色引线连接到输入的 mA 端;然后将两根引线的另一端串入被测设备的电路中,接入时注意极性要正确。

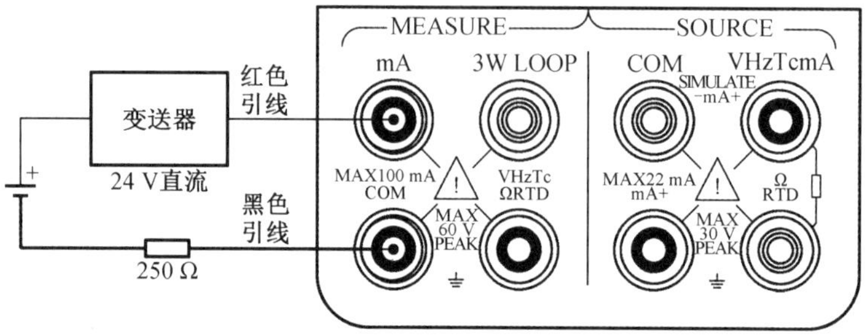


图 1-2-8　测量直流电流接线图

其操作步骤如下。

①使用"FUNC"键来选择直流电流功能。

②连接测量引线到被测设备的电路中,显示屏上部将显示直流电流的测量值和单位符号。

(2)模拟变送器 4~20 mA 输出

模拟变送器 4~20 mA 输出接线图如图 1-2-9 所示。

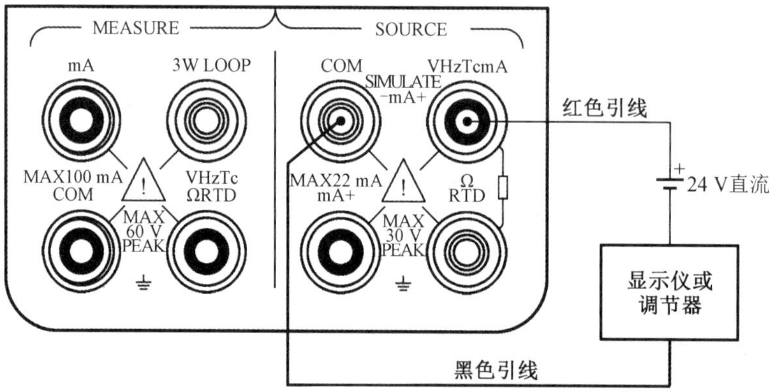


图 1-2-9　模拟变送器 4~20 mA 输出接线图

其操作步骤如下。

①使用"FUNC"键选择直流 0~22 mA 电流输出功能,显示屏下部显示所选功能量程默认的输出值和单位符号。

②用输出设定键"▲/▼"按位对输出值进行设置。每一对"▲/▼"键对应于显示值的每一位,每按一次"▲/▼"键将增加或减小输出的设定值,可以无间断地设置输出值。按下"▲/▼"键不放开,则会按顺序连续地增减设定值,按"ZERO"键输出为默认初始值 0。

③按输出"ON"键,"SOURCE"显示屏符号从"OFF"变为"ON",过程校验仪从输出端之

间输出当前设定的电流信号。

④要停止输出，再次按下输出“ON”键，“OFF”符号显示在输出显示屏上，同时输出端之间无输出信号。

(3)校准变送器

校准变送器接线方式如图 1-2-10 所示。校准过程是利用过程校验仪的回路电源测量电流功能。

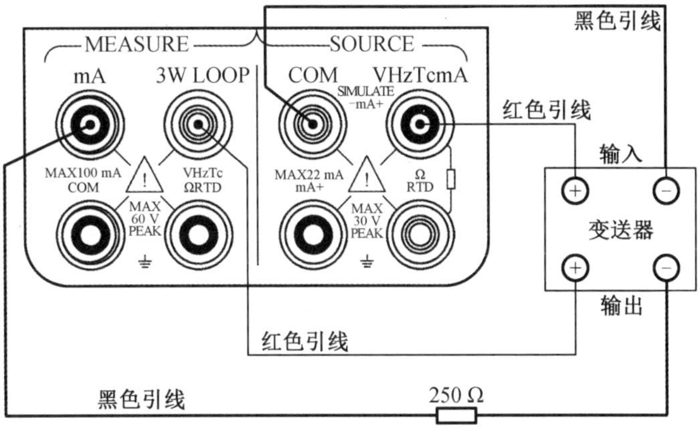


**图 1-2-10　校准变送器接线图**

其操作步骤如下。

选择过程校验仪为电流测量功能，先按“LOOP”键。显示屏幕会出现“LOOP”符号，此时过程校验仪内的 24 V 直流回路电源会打开；然后把过程校验仪连接到变送器的电流输出端；再设定过程校验仪的输出信号类型，就可以进行校准变送器的工作了。过程校验仪可输出的信号类型可以是直流电压、热电偶、频率、脉冲、开关量等。至于采用什么信号完全取决于其用途，因此可根据变送器所需的信号类型进行选择和操作即可。

**3. 使用过程校验仪校准差压、压力变送器的方法**

将过程校验仪的输入设置为提供回路电压同时测量电流，输出设置为压力，通过改变外部压力源的输出压力，便可对差压、压力变送器进行校准，接线如图 1-2-11 所示。校准前应选择压力模块(DPM)的量程，先把压力模块和过程校验仪连接起来，然后进行压力模块连接的设置，按“ON”键，使显示屏显示“CMSET：PCM”，表示与个人计算机通信设置；再按最右边的一组“▲/▼”键在动力总成控制模块(PCM)、DPM 和操作系统功能模块(CAT)之间切换，选择“DPM”后按“ON”键，显示屏上半部显示“SAVE”标志 1 s。此时压力模块和过程校验仪已正常连接，即可进行以下操作。

(1)使用“FUNC”键选择压力输出功能，显示屏下部将显示“0 kPa”。当测量的压力单位为 MPa 时，可按“RANGE”键在 MPa 和 kPa 之间进行切换。

(2)按“ON”键，过程校验仪会自动识别所连接压力模块的型号并自动设定其量程。如果连接失败，过程校验仪显示屏下部会显示“NO. OP”标志。

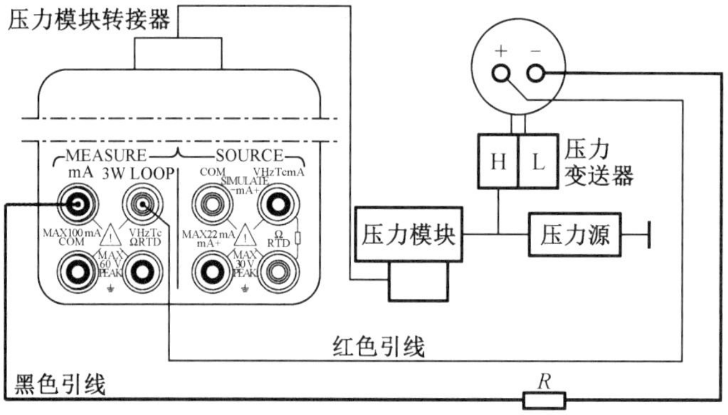


**图 1-2-11　用校验仪校准差压、压力变送器连接示意图**

(3)按照压力模块说明书的说明,把模块归零。归零步骤因模块的类型而有所不同,按“ZERO”键使过程校验仪归零,同时“Δ”符号显示在显示屏左下部,所加压力大于模块测量量程的 5%时,归零操作不可进行。

(4)用压力源向压力模块加压,显示屏下部将显示所加的压力,同时显示屏上部会显示变送器的输出电流值。

(5)当压力输入显示正常后即可对变送器进行校准了。校准的操作方法参考以上几节内容即可,不再赘述。

**4. 过程校验仪使用注意事项**

(1)根据测量要求选择正确的功能和量程挡。尤其是测量及输出电流时,要使用正确的插孔、功能及量程挡。进行电阻或通断测量前,应先切断电源并对高电压的电容器进行放电。

(2)表笔的一端已插入过程校验仪插孔,则表笔的另一端不能触碰电压源。在更换不同的测量或输出功能时,应先拆除测量线。

(3)测量时,手指不要触碰表笔的金属部分。测量时,应先接公共线然后再接带电的测量线。拆线时,应先拆除带电的测量线。定期检查测试表笔是否有损坏或暴露的金属。损坏的表笔应及时更换。

(4)不要在有爆炸性气体、蒸汽、灰尘大的环境中使用过程校验仪。当出现电池低电量显示时,应立即更换电池。

## 七、开关指示电表的工作原理

开关指示电表,也称为智能电表或多功能电表,是电力测量领域的重要仪表。

**1. 结构和工作原理**

开关指示电表的结构主要包括以下几部分。

(1)测量单元:测量单元是电表的核心部分,负责测量电路中的电流、电压、功率等参数。它通常由电流互感器、电压互感器、采样电路、模数转换器(ADC)等组成。

(2)微处理器:微处理器是电表的“大脑”,负责处理测量单元输出的信号,并进行计算、存储、显示等操作。同时,微处理器还控制电表的其他功能,如通信、开关控制等。

(3)显示屏:显示屏用于显示电表测量的各种参数,如电流、电压、功率、电量等。现代电表通常采用液晶显示屏(LCD)或有机发光二极管显示屏(OLED),具有清晰度高、功耗低等优点。

(4)通信接口:通信接口用于实现电表与上位机、数据中心等设备的通信。常见的通信接口有 RS-485、以太网、无线通信等。

(5)电源模块:电源模块为电表提供稳定的工作电源,确保电表在各种工作条件下都能正常工作。

(6)开关控制单元:开关控制单元用于控制电表的开关功能,如控制电表的通与断、切换测量范围等。

开关指示电表的工作原理主要基于电磁感应和电子测量技术。当开关指示电表接入电路时,电流互感器和电压互感器分别测量电路中的电流与电压。这些测量值通过采样电路转换为数字信号,然后送入微处理器进行处理。微处理器根据预设的算法和程序,计算出电路中的功率、电量等参数,并将这些参数存储在内存中。同时,微处理器还通过显示屏将参数值显示出来,并通过通信接口将数据传输给上位机或数据中心。

在测量过程中,开关指示电表需要克服各种干扰和误差因素,如温度变化、电磁干扰等。为了确保测量的准确性和稳定性,开关指示电表通常采用了一些先进的技术和算法,如数字滤波、温度补偿、校准技术等。

此外,开关指示电表还具有一些特殊的功能,如预付费功能、防窃电功能、远程控制功能等。这些功能使开关指示电表在电力管理、节能减排等方面发挥了重要作用。

总之,开关指示电表的结构和工作原理是电力测量领域的重要基础。通过了解开关指示电表的结构和工作原理,我们可以更好地理解其性能和功能,并为其在电力管理、节能减排等方面的应用提供有力支持。

**2. 使用注意事项**

开关指示电表的使用注意事项主要包括以下几点。

(1)正确接线:在使用开关指示电表之前,确保开关指示电表已经按照正确的方式接线。通常,开关指示电表上会有明确的接线标识,如正负号、电压和电流输入端口等,务必按照这些标识进行接线。

(2)避免过载:开关指示电表有一定的额定负载能力,使用时需要确保电路中的电流、电压等参数不超过其额定值。

(3)安全操作:使用开关指示电表时,避免用手直接接触其金属部分,以防触电。如果发现开关指示电表出现故障或异常情况,应立即停止使用,并联系专业人员进行维修或更换。在进行与开关指示电表相关的维修或安装工作时,务必确保电源已经关闭,并遵循相关的安全操作规程。

(4)定期校验:为了确保开关指示电表的测量准确性,需要定期对其进行校验。如果发现开关指示电表测量不准确或出现故障,应及时联系专业人员进行维修或更换。

(5)合理存放:开关指示电表在不使用时应存放在干燥、通风、无腐蚀性气体的环境中,避免受潮、受热或受到机械损伤。

(6)遵守规定:使用开关指示电表时,需要遵守相关的电力管理规定和标准。例如,不得私自改动开关指示电表的接线或设置,不得在开关指示电表上涂写或张贴任何物品等。

(7)注意环境:保持开关指示电表周围的空气流通,避免污染和尘埃堆积,这有助于保持电表的正常运行和延长使用寿命。

(8)及时清洁:使用中需及时用棉棒对数字框进行清洗,避免灰尘堆积影响其准确率。

遵循以上注意事项,可以确保开关指示电表安全、准确和可靠的运行,为电力管理和节能减排提供有力支持。

## 八、检测系统基础

检测系统的应用非常广泛,几乎涵盖了所有的行业。例如,在安全检测领域,自动检测系统可以应用于场所入侵、人员异常行为、交通事故等问题的自动检测;在质量检测领域,自动检测系统可以应用于制造业中对产品质量的检测;在环境检测领域,自动检测系统可以自动监测大气污染、水质污染等问题;在医疗检测领域,自动检测系统可以检测医疗设备的使用情况和医疗器械的质量等。

检测系统的种类非常多,包括电气测量系统、光学测量系统、机械测量系统等。每种系统都有其特定的应用场景和优势。

**1. 检测技术**

检测技术,就是利用各种物理、化学效应,选择合适的方法和装置,将生产、科研、生活中的有关信息通过检查与测量的方法赋予定性或定量结果的过程。一个广义的检测系统通常由激励装置、测试装置、数据处理与记录装置组成。

设备检测技术主要包括监测技术和诊断技术两部分。

监测技术是利用检测工具对整个设备或关键部位进行定期的或连续的监测,以获取能够说明设备状况的图像(曲线)或量值,并在故障发生之前发出控制信号或警报。监测技术的种类很多,例如,污染、腐蚀和力的监测,温度信号传感、磨损微粒的监测,声音的监测,遥测技术等。

诊断技术则是在监测工具提供信息的基础上,对某些零部件或整个设备的技术状况做出判断,找出缺陷,并确定维修方法。通过监测技术和诊断技术的结合,我们可以全面、准确地掌握设备的磨损、老化、劣化、腐蚀的部位和程度,以及其他有关情况,为设备的维护和保养提供有力的支持。

检测技术是一个广泛且多样化的领域,其分类可以根据不同的标准和应用领域来划分。以下是对一些主要检测技术分类的详细介绍。

(1)主动式和被动式

检测技术按照数据获取的方式可以分为主动式和被动式。

①主动式检测技术

主动式检测技术通常涉及主动向目标发送信号或刺激,并观察和分析返回的响应或反应,从而获取所需的信息或数据。这种检测技术具有明确的目标性和主动性,可以根据需要主动探测和获取信息。例如,在主动式探测中,操作人员可以主动向目标主机发送特定的数据包,并根据目标主机的回应来分析其操作系统类型。

②被动式检测技术

被动式检测技术主要依赖于观察和接收目标自然产生的信号或数据，而不是主动发送刺激。被动式检测技术通常用于监测和分析已经存在的数据或信号，以获取所需的信息。例如，在被动式探测中，操作人员可以通过工具嗅探、记录和分析数据包流来推断目标主机的操作系统。

这两种检测技术各有优缺点，适用于不同的场景和目的。主动式检测技术通常具有更高的灵活性和准确性，但也可能更容易被目标系统察觉并引发安全警报。而被动式检测技术则更加隐蔽，不容易被目标系统察觉，但可能面临数据不完整或无法获取所需信息的风险。

(2)接触式和非接触式

检测技术按照与被测对象是否接触可分为接触式和非接触式。

①接触式检测技术

在接触式检测中，测量设备或工具需要与被测对象直接接触以获取数据。例如，使用三坐标测量机进行几何尺寸测量时，测头需要与被测物体的表面接触以获取坐标数据。

接触式测温法也是一种常见的接触式检测方法，它通过传感器与被测对象直接接触进行热交换来测量物体的温度。

接触式检测技术的优点通常包括测量精度高、可靠性好等，但也可能受到被测对象表面状况、材质等因素的影响。

②非接触式检测技术

在非接触式检测中，测量设备或工具的传感器与被测对象的表面不直接接触，而是通过某种方式(如光、声、电磁波等)获取数据。例如，使用激光测距仪进行距离测量时，激光束无须与被测物体接触即可获取距离信息。

非接触式测温法也是非接触式检测的一种应用，它通过接收被测物体发出的辐射热来测定温度，无须与被测对象接触。

非接触式检测技术的优点通常包括不会对被测对象造成损伤、能够测量高温或运动物体等，但也可能受到环境因素(如光线、噪声等)的干扰。

这两种检测技术各有优缺点，适用于不同的测量场景和目的。在实际应用中，需要根据具体情况选择合适的检测方法，或者结合使用多种方法以获取更全面和准确的信息。

**2. 常用的检测技术**

(1)物理检测技术

物理检测技术基于物理学原理，主要用于测量和评估物体的物理性质、尺寸、形状等。

常见的物理检测技术如下。

①光学检测：使用光学仪器(如显微镜、望远镜、光谱仪等)来观察、测量和分析物体的光学性质。

②声学检测：通过声波的传播和反射特性来检测物体的结构和性质，如超声波检测。

③电磁检测：利用电磁场的变化和相互作用来检测物体的电磁性质，如雷达、电磁感应等。

应用领域：材料科学、机械制造、电子工程、生物医学等。

(2)化学检测技术

化学检测技术基于化学原理和反应,用于分析物质的化学成分、结构和反应等。

常见的物理检测技术如下。

①色谱法:包括气相色谱、液相色谱等,用于分离和测定混合物中的化学成分。

②光谱法:如红外光谱、紫外光谱、核磁共振等,用于分析分子的结构和性质。

③质谱法:通过测量离子的质荷比来确定化合物的化学成分。

应用领域:环境科学、食品安全、药物研发、化学工程等。

(3)生物检测技术

生物检测技术利用生物学原理和生物分子间的相互作用,检测生物体或生物分子的存在、浓度和活性等。

常见的生物检测技术如下。

①分子生物学技术:如聚合酶链式反应、基因测序等,用于检测和分析生物体的遗传信息。

②免疫学技术:如酶联免疫吸附法、免疫荧光等,用于检测生物体中的抗原或抗体。

③细胞生物学技术:如细胞培养、细胞成像等,用于研究细胞的生长、分化和功能。

应用领域:医学诊断、生物制药、农业生物技术、环境生物监测等。

(4)环境监测技术

环境监测技术用于监测和评估自然环境或人类活动对环境的影响。

常见的环境监测技术如下。

①空气质量监测:使用空气质量监测站测量大气中的污染物浓度,如 $PM_{2.5}$、二氧化硫等。

②水质监测:使用水质分析仪测量水体中的有害物质含量,如重金属、有机物等。

③土壤监测:使用土壤检测仪测量土壤中的重金属、农药残留等。

应用领域:环境保护、生态恢复、自然资源管理、公共健康等。

(5)无损检测技术

无损检测技术用于在不损害被检测物体的情况下,评估其内部结构、性能和完整性。

常见的无损检测技术如下。

①射线检测:如 X 射线、$\gamma$ 射线等,用于检测材料的内部缺陷和结构。

②超声波检测:利用超声波在材料中传播的特性来检测材料的缺陷和厚度。

③磁粉检测:利用磁粉在磁场中的分布来检测铁磁材料的表面和近表面缺陷。

应用领域:航空航天、汽车制造、能源电力、材料科学等。

这些分类只是检测技术领域中的一部分,实际上还有许多其他的技术和方法。随着科技的不断进步和创新,检测技术也在不断发展和完善。

**3. 被检测量的分类**

被检测量的分类可以根据其性质、来源、表现形式及测量方式等多个维度进行。以下是对被检测量的一些常见分类。

(1)电量与非电量

电量是指可以直接用放大器进行测量的电信号,如电压、电流、电功率、电阻、电容、频率等。

非电量则是指不能直接用放大器进行测量的物理量，如温度、压力、流量、速度、加速度、位移、形状、力、应力、力矩、质量、硬度、黏度、密度、气体成分、液体成分、固体成分、酸碱度、盐度、浓度、粒度等。

非电量的检测相对于电量来说确实更为复杂，但目前主要采用非电量电测技术进行检测。非电量的检测技术是一种利用物理原理，通过传感器将非电量信息转变为电信号，然后利用电子设备进行测量的技术。这种技术具有控制方便、灵敏度高、反应速度快、能进行动态测量和自动记录等优点，因此成为非电量测量的重要方法。

非电量测量系统一般包括传感器、测量电路和记录显示等部分。传感器是完成非电量变成电信号的器件，它在非电量电测技术中占有十分重要的位置。传感器的输出信号经过测量电路的加工处理（如衰减、放大、调制和解调、滤波运算及数字化等）变成电信号，以便记录和显示测量结果。记录显示通常有模拟显示、数字显示和图像显示等。

在设备检测和监测中，电量和非电量的检测都是非常重要的，它们可以提供关于设备状态和运行情况的重要信息，有助于及时发现设备故障和进行维护保养。

（2）静态量与动态量

静态量：在测量过程中不随时间变化的量，或者变化非常缓慢的量，可以用静态测量方法进行测量。

动态量：随时间变化的量，需要用动态测量方法进行测量，如振动、冲击、噪声等。

（3）标量与矢量

标量：只有大小没有方向的量，如温度、压力、质量等。

矢量：既有大小又有方向的量，如速度、加速度、力等。

（4）物理量与化学量

物理量：描述物质物理性质的量，如长度、质量、时间、电流、电压等。

化学量：描述物质化学性质的量，如浓度、酸碱度、气体成分等。

这些分类方式有助于我们更好地理解和描述被检测量的性质，以便选择合适的测量方法和测量设备。在实际应用中，被检测量的分类可能会根据具体的测量需求和测量环境有所不同。

**4. 被检测信号的分类**

被检测信号的分类方式多种多样，以下是一些常见的分类方式。

（1）按波形分类

模拟信号：模拟信号是一种连续变化的信号，其大小和方向随时间连续地变化。例如，声音信号、电压信号和温度信号等，这些信号在自然界中广泛存在，且可以用连续的函数或波形来表示。

数字信号：数字信号则是经过采样、量化和编码等处理的离散信号。与模拟信号不同，数字信号的取值是离散的、有限的、特定的数值。例如，计算机中的二进制数据、数字通信系统中的数据包等，都是数字信号的实例。

（2）按参数是否独立分类

绝对量：绝对量是指物理基本量或任何有单位的量，如长度、质量、时间等。这些量在测量时是独立的，不依赖于其他量。

相对量：相对量是指量的比值或者量的差值。例如，压力与差压，前者是绝对的，后者是相对的。相对量通常用于描述两个或多个量之间的关系或差异。

(3)按变化规律分类

确定性信号：确定性信号是指可以精确描述其时间历程的信号。这类信号在相同条件下可以重复出现，如正弦波、方波等。

随机信号：随机信号则是指无法精确描述其时间历程的信号。这类信号的特点是具有随机性，如噪声信号、通信中的干扰信号等。

(4)按周期性分类

周期信号：周期信号是指在一定时间间隔内重复出现的信号。最典型的周期信号就是正弦信号。

非周期信号：非周期信号则是指不具有周期性的信号。这类信号在时间上是不重复的，如冲击信号、随机噪声等。

**5. 检测系统的分类**

(1)按实现方式分类

检测系统按照实现方式(或操作方式)的不同，可分为手动系统和自动系统。

手动系统：在手动系统中，所有的操作都需要人工进行，包括数据的输入、处理和输出。这种系统通常依赖于操作人员的技能和经验，并且可能受到人为错误的影响。手动系统在一些特定的场景或应用中仍然具有其价值，例如，在一些需要高度定制化和灵活性的情况下。

自动系统：在自动系统中，大部分或全部的操作都是自动进行的，无须人工干预。自动系统通常由计算机、传感器、执行器等组成，能够自动获取数据、处理数据并输出结果。自动系统具有高效、准确、可靠等优点，能够大幅度提高检测效率和质量，降低人为错误和成本。

需要注意的是，随着科技的不断发展，自动系统在检测领域的应用越来越广泛，许多传统的手动系统正在逐渐被自动系统所取代。同时，随着人工智能、机器学习等技术的不断进步，自动系统的智能化水平也在不断提高，未来将在检测领域发挥更加重要的作用。

(2)按测量方式分类

电气测量系统：利用电气信号进行测量，如万用表、电阻表等。

光学测量系统：利用光学成像原理进行测量，如数码显微镜、光学测量仪等。

机械测量系统：利用机械结构进行测量，如游标卡尺、千分尺、衡器等。

(3)按检测的物理量分类

检测系统按检测的物理量可分为温度检测系统、压力检测系统、流量检测系统、位移检测系统、速度检测系统、加速度检测系统、质量检测系统、力检测系统、扭矩检测系统、硬度检测系统、成分检测系统、pH 值检测系统等。

(4)按应用场合分类

检测系统按照应用场合的不同，可以划分为生产过程现场用和科学实验用两大类。

生产过程现场用检测系统：主要用于工业生产线上的实时监测和控制，以确保产品质量和生产效率。它们需要具备高可靠性、高稳定性和实时响应能力,以便在生产过程中及时发现问题并采取措施。生产过程现场用检测系统通常涉及各种传感器、仪表、控制器和执行机构等,用于收集、处理和分析生产数据,从而实现对生产过程的自动化控制和优化。

科学实验用检测系统:主要用于科学研究、实验分析和产品开发等领域。它们具有高精度、高灵敏度和高可靠性的特点,以提供准确可靠的实验数据。科学实验用检测系统通常包括各种测量仪器、分析设备和数据处理软件等,用于对实验对象进行精确测量、分析和评估。这些系统能够帮助科学家和工程师们深入了解物质的性质、反应机理与性能特点,为科学研究和技术创新提供有力支持。

**6. 测量误差**

测量误差产生的原因主要包括方法误差、工具误差、环境误差和人为误差。

(1)方法误差

方法误差是指实验所依据的理论和公式的近似性,或者实验条件、测量方法不能满足理论公式所要求的条件等引起的误差。

(2)工具误差

工具误差也被称为仪器误差,是测量误差中最常见的一种。它是由于测量仪器本身的不精确或不稳定所引起的误差,如仪器的灵敏度不稳定、刻度不准确等。此外,仪器零位误差也属于工具误差,即使用仪器前,仪器零位未校准所产生的误差。

(3)环境误差

环境误差是由于测量环境的不稳定所引起的误差。例如,温度、湿度、气压等变化都会对测量结果产生影响。在某些情况下,微小的环境变化就可能引起很大的测量误差。

(4)人为误差

人为误差是由于测量人员本身引起的测量误差。例如,测量人员的感官错觉、操作技能不熟练等都可能导致误差。同时,测量人员的心理状态也可能对测量结果产生影响,如手部微小抖动等。

这些误差因素可能单独存在,也可能相互影响,共同导致测量结果的偏差。在实际的测量工作中,我们需要根据具体情况采取相应的措施来减小或消除这些误差,以提高测量的精度和可靠性。

**7. 仪表故障诊断技术**

(1)故障诊断技术的分类

设备故障诊断技术可以分为简易诊断技术和精密诊断技术。

简易诊断技术:通常是基于设备管理人员的直觉和经验,利用一些简单的工具和方法对设备故障进行初步的判断与识别。这种方法简单、快捷,适用于一些常见的、易于识别的设备故障。

精密诊断技术:是通过运用各种先进的检测仪器、传感器和计算机技术,对设备进行全面、深入、精确的诊断和分析。这种方法可以更加准确地识别设备的故障类型和位置,为后续的维修和保养提供更加可靠的依据。

(2)故障诊断的内容

设备故障诊断技术包括对设备故障状态的识别、状态监测和预报等方面。

①设备故障状态的识别：诊断的核心是比较的过程，即将未知的设备运行状态与预知的设备标准运行状态进行比较的过程。

②状态监测：状态监测是故障诊断的重要组成部分，它通过对设备的运行状态进行持续的、实时的监控，以发现设备的异常情况或潜在故障。状态监测可以通过各种技术手段实现，如在线监测、离线监测、远程监测等。通过对设备状态信息的收集和分析，可以判断设备的健康状况，为后续的故障诊断和维修提供依据。

③预报：设备启动前（故障发生前），我们根据某一特定的标准状态或正常运行状态，结合过去的实际检测结果和经验，运用概率统计的数学手段，来预测某设备的缺陷、异常或故障的发生。这种预测方法基于设备在正常运行状态下的各种参数和性能数据，通过对比和分析这些数据，可以预测设备在未来可能出现的故障或异常情况，从而提前采取措施，避免或减少故障的发生，提高设备的可靠性和运行效率。

以上共同构成了设备故障诊断技术的核心内容，它们相互关联、相互支持，共同实现设备的故障诊断和健康管理。

（3）设备故障诊断的步骤

故障发生后（或异常状态出现后）进行诊断，确定设备故障或异常的原因、部位和故障源。故障源通常是指导致故障发生的根本原因或主要部件，确定故障源对于解决故障和防止故障再次发生至关重要。通过对故障源进行深入分析，可以制定相应的维修措施和预防措施，确保设备能够恢复正常运行并提高其可靠性和稳定性。

①故障检测：这是故障诊断的首要步骤，目的是确定设备是否存在故障或异常。通过利用传感器、检测仪器等工具，对设备的各种参数进行实时监测和测量，并与正常运行状态下的数据进行比较，从而判断设备是否出现故障。

②故障类型识别：在确认设备存在故障后，需要进一步确定故障的类型。这通常需要对故障现象进行深入分析，并结合设备的结构、工作原理等信息，对故障进行分类和识别。

③故障定位：故障定位是确定故障发生的具体位置或部件。通过利用先进的检测技术，如振动分析、热成像、油液分析等，可以准确地定位故障点，为后续的维修工作提供指导。

④故障原因分析：在确定了故障类型和位置后，需要对故障原因进行深入分析。这通常涉及对设备的运行记录、维护历史、环境因素等进行综合评估，以确定导致故障的根本原因。

（4）仪表故障诊断的方法

仪表故障诊断技术是一种用于检测、识别和诊断仪表中故障的技术。这种技术可以通过各种检查和测试方法，发现仪表是否存在故障，并进一步确定故障所在的位置和原因。以下是仪表故障诊断技术的几种主要方法。

①直观检查法：通过人的感官（眼、耳、鼻等）去观察发现故障的方法。例如，观察仪表的外观、指针、装配紧固件、开关旋钮等是否正常，检查连线、接插件、电路板插座等是否有异常。

②测试法：通过对仪表进行电气测试，确定是否存在电路损坏、电源问题等。例如，使用万用表等测试仪器测量故障电路的线路电压、电阻等参数，判断故障点。

③经验式诊断法：根据专业知识和经验，分析仪表的工作原理和技术规范，找出仪表发生故障的可能原因，并通过排除法确定故障原因。

④故障树分析法：将故障原因分解成一系列事件，并将这些事件与故障发生的根本原因联系起来，通过逻辑分析和推理确定故障原因。

⑤模糊推理法：通过对仪表的各种参数进行模糊推理，找出仪表发生故障的原因。

在仪表故障诊断的过程中，还可以借助一些专业的故障诊断工具和设备，如示波器、频谱分析仪、逻辑分析仪等，以更准确地定位和诊断故障。

此外，随着计算机信息技术的发展，现代仪表故障诊断技术也逐渐向智能化、自动化方向发展。例如，通过应用新一代电气信号分析技术成果，可以实现对仪表的自动识别和故障诊断，提高了故障诊断的准确性和效率。

总的来说，仪表故障诊断技术是一种非常重要的技术，对于保障仪表的正常运行和提高生产效率具有重要意义。

## 第三节　安全与环境保护知识

安全通常是指没有受到威胁，没有危险、危害、损失的状态。它涉及人类生产和生活的各个方面，如生产安全、交通安全、家庭安全等。人们需要采取各种措施来预防事故和危险的发生，保护自己和他人的生命安全与财产安全。

环境保护是指为了维护人类生存和发展的自然环境，而对自然资源和环境进行保护、改善与合理利用的行为。它旨在减少污染、节约资源、保护生态，实现人与自然的和谐共生。环境保护涵盖多个方面，如减少污染排放、资源循环利用、保护生物多样性等。

安全和环境保护之间存在着紧密的联系。一方面，环境保护有助于保障人类的安全。减少污染、改善环境质量，可以减少因环境污染导致的健康问题和安全风险。另一方面，安全也是环境保护的重要前提。只有在保障人类安全的前提下，才能更好地进行环境保护和治理。

### 一、企业三大规程

企业三大规程在这里是指设备操作规程、工艺操作规程和安全操作规程，它们是企业生产运营中非常重要的管理文件，用于规范和指导员工的操作行为，确保生产过程的顺利进行和安全生产。

**1. 设备操作规程**

设备操作规程是针对企业生产设备的操作程序和标准，旨在保证设备正常运行、延长设备寿命、提高生产效率，主要包括以下内容。

(1)设备操作程序：详细描述设备的启动、运行、停止等操作步骤，确保员工正确操作设备。

(2)设备维护标准：规定设备的日常维护和保养内容、周期和方法，确保设备处于良好状态。

(3)故障处理流程:指导员工如何识别和处理设备故障,缩短停机时间。

(4)安全注意事项:提醒员工在操作设备时应注意的安全事项,防止意外事故发生。

**2. 工艺操作规程**

工艺操作规程是针对企业生产工艺的操作程序和标准,旨在确保产品质量、降低生产成本,主要包括以下内容。

(1)工艺流程图:清晰展示产品生产的工艺流程和每个环节的操作步骤。

(2)生产标准:规定产品的质量标准、生产数量、生产周期等,确保产品符合客户要求。

(3)关键控制点:标识生产过程中的关键控制点,监控和调整关键参数,保证产品质量稳定。

(4)品质检验标准:描述产品检验的方法、标准和频率,确保产品符合质量要求。

**3. 安全操作规程**

安全操作规程是企业为保障员工人身安全和生产环境安全而制定的一系列操作程序与标准。它详细规定了在生产过程中应该遵守的安全措施、应急处理流程、危险品管理规定等内容,旨在预防事故发生、降低事故损失,保护员工的健康和生命安全。下面是安全操作规程的内容。

(1)安全防护措施

个人防护:规定员工在工作中应佩戴的安全防护用具,如安全帽、安全鞋、防护眼镜、防护手套等。

设备防护:规定生产设备应安装的安全防护装置,如机械护栏、安全限位开关、紧急停止按钮等。

(2)危险品管理

危险品分类:对企业内部使用的各类危险品进行分类,如化学品、气体、液体、固体等。

危险品储存:规定危险品的储存位置、储存条件和储存方式,确保安全储存。

危险品标识:要求对危险品进行明确的标识和标志,包括警示标识、安全标志等。

(3)应急处理流程

火灾应急处理:规定员工在发生火灾时的逃生路线、逃生方式和应急通知程序。

泄漏应急处理:规定员工在发生危险品泄漏时的应急处理流程,包括紧急处置和报警通知。

其他突发事件处理:规定其他突发事件(如爆炸、中毒、电击等)的应急处理措施和流程。

(4)安全培训要求

新员工培训:规定新员工应接受的安全培训内容和培训周期,包括安全规章制度、安全操作技能等。

定期培训:要求定期组织员工进行安全培训活动,提高员工的安全意识和应急处理能力。

(5)安全检查和监控

定期检查:规定定期对生产设备、生产环境和安全设施进行安全检查,发现问题及时整改。

安全监控：规定安全监控设备的安装位置和使用方法，确保安全监控的有效性。

(6)安全奖惩制度

安全奖励：对安全管理表现突出的员工给予奖励和表彰，激励员工积极参与安全管理。

安全惩处：对违反安全规程、发生事故的员工进行相应的处罚，提高员工对安全的重视程度。

(7)安全意识宣传

安全教育：定期组织安全教育活动，普及安全知识，提高员工的安全意识。

安全宣传：利用企业内部通信工具和场所，加强安全宣传和倡导。

(8)安全报告和记录

安全报告：要求员工及时向上级主管报告安全隐患和事故情况，及时采取措施进行处理。

安全记录：规定对安全事件进行记录和归档，作为安全管理和事故调查的依据。

企业安全操作规程是确保企业安全生产的重要保障，对员工的安全意识和安全行为具有重要的引导与规范作用。企业应根据自身的生产特点和安全风险制定并不断完善安全操作规程，加强安全管理，防范各类安全事故的发生。

## 二、特种设备使用

特种设备是指涉及生命安全、危险性较大的锅炉、压力容器（含气瓶）、压力管道、电梯、起重机械、客运索道、大型游乐设施和场（厂）内专用机动车辆等设备。这些设备在制造、安装、改造、使用、维修、检验、检测等各个环节都有严格的要求和管理规定，以确保其安全运行，避免发生事故，保障人民生命和财产安全。

国家对特种设备实行目录管理，并制定了一系列法律法规和标准规范，如《中华人民共和国特种设备安全法》《特种设备安全监察条例》等，以加强特种设备的安全监察和管理。特种设备使用单位必须按照相关法规和标准要求，建立健全特种设备安全管理制度和操作规程，加强设备日常维护保养和定期检验检测，确保设备的安全运行。

此外，特种设备作业人员必须经过专业培训并取得相应资格，方可从事相关作业。特种设备安全监察机构负责对特种设备的设计、制造、安装、改造、使用、维修、检验、检测等环节进行监督检查，并对违法行为进行查处。

**1. 特种设备生产、经营的一般规定**

特种设备生产、经营的一般规定主要涉及以下几方面。

(1)适用范围

特种设备的生产（包括设计、制造、安装、改造、修理）、经营、使用、检验、检测和特种设备安全的监督管理，都适用《中华人民共和国特种设备安全法》等相关法律法规。

(2)责任制度

特种设备生产、经营、使用单位应当遵守相关法律、法规，建立、健全特种设备安全和节能责任制度，加强特种设备安全和节能管理，确保特种设备生产、经营、使用安全，符合节能要求。同时，这些单位应依法配备与生产相适应的专业技术人员、设备、设施和工作场所，保证特种设备生产符合安全技术规范及相关标准的要求，对其生产的特种设备的安全性能负责。

(3)使用规则

特种设备使用单位应制定并执行特种设备使用规则,确保特种设备的安全使用。特种设备使用人员必须接受相关的培训,经考核合格后方可操作。特种作业人员须取得“特种作业操作证”,方准独立作业。

在使用特种设备前,必须进行设备检查,确保设备完好无损。操作人员应穿戴好必要的安全防护用具,不得擅自解除或减轻安全设施。同时,操作人员应熟悉设备操作说明书,掌握设备的操作要领和注意事项,严格遵守操作规程,杜绝违章操作,确保人身和设备安全。

(4)监督管理

国家对特种设备实行目录管理,并由相关部门负责特种设备安全的监督管理。特种设备行业协会应加强行业自律,推进行业诚信体系建设,提高特种设备安全管理水平。

(5)培训教育

《中华人民共和国特种设备安全法》规定,负责特种设备安全监督管理的部门应当加强特种设备安全宣传教育,普及特种设备安全知识,以增强社会公众的特种设备安全意识。这种宣传和教育工作的目的是提高公众对特种设备安全性的认识,从而预防事故的发生,保障人民生命和财产安全。这些措施的实施可以有效地提高社会公众的特种设备安全意识,促进特种设备的安全使用。

特种设备生产、经营、使用的一般规定旨在确保特种设备安全、高效运行,保障人身和财产安全,促进经济社会的稳定发展。

**2. 特种设备的使用与登记**

特种设备的使用与登记是确保设备安全、合规运行的重要环节。以下是关于特种设备使用与登记的一般规定。

(1)特种设备使用规定

①使用单位应当建立岗位责任、隐患治理、应急救援等安全管理制度,制定操作规程,保证特种设备安全运行。

②特种设备使用单位应当使用取得许可生产并经检验合格的特种设备,禁止使用国家明令淘汰或已经报废的特种设备。

③特种设备使用单位应当在特种设备投入使用前或者投入使用后30日内,向负责特种设备安全监督管理的部门办理使用登记,取得使用登记证书。登记标志应当置于该特种设备的显著位置。

④特种设备使用单位应当建立特种设备安全技术档案。安全技术档案应当包括以下内容。

A. 特种设备的设计文件、产品质量合格证明、安装及使用维护保养说明、监督检验证明等相关技术资料和文件。

B. 特种设备的定期检验和定期自行检查记录。

C. 特种设备的日常使用状况记录。

D. 特种设备及其附属仪器仪表的维护保养记录。

E.特种设备的运行故障和事故记录。

⑤特种设备使用单位应当对在用特种设备进行经常性维护保养和定期自行检查，并做出记录。特种设备使用单位应当对其使用的特种设备的安全附件、安全保护装置进行定期校验、检修，并做出记录。

（2）特种设备登记规定

①在特种设备投入使用前或者投入使用后30日内，特种设备使用单位应当向直辖市或者设区的市的特种设备安全监督管理部门登记。登记标志应当置于或者附着于该特种设备的显著位置。

②特种设备使用登记包括申请、受理、审批、发证等程序。申请时，特种设备使用者需要填写特种设备登记表、登记卡，并提交包括使用者合法身份证明复印件、特种设备出厂和安装资料、监督检验证书等材料。

③登记机关在收到申请后，会对申请材料进行审查。如果同意受理，会在设备登记表上签署意见并交申请单位；如果不同意受理，会向申请单位出具不予受理登记书。

④登记机关经过审查，如果符合条件，会颁发"特种设备使用登记证"或其他相关登记证件、牌照；如果不符合条件，会向申请单位出具不予许可决定书。

特种设备是涉及人民群众生命财产安全的重要设备，必须严格按照相关法规和标准要求进行管理与监督，确保其安全运行。

## 三、职业病预防

职业病是指企业、事业单位和个体经济组织等用人单位的劳动者在职业活动中，因接触粉尘、放射性物质和其他有毒、有害物质等因素而引起的疾病。各国法律都有对于职业病预防方面的规定。一般来说，凡是符合法律规定的疾病才能称为职业病。

根据《中华人民共和国职业病防治法》与国家卫生和计划生育委员会、人力资源和社会保障部、国家安全生产监督管理总局、中华全国总工会四部门于2013年联合发布的《职业病分类和目录》，职业病被分为10大类132种，这些病症涉及呼吸系统、皮肤、眼睛、耳、鼻、喉、口腔等，对职工的生命健康有极大危害。例如，职业性尘肺病及其他呼吸系统疾病、职业性皮肤病、职业性眼病、职业性耳鼻喉口腔疾病、职业性化学中毒等。

**1.职业病危害因素**

职业病危害因素主要包括各种有害的化学、物理、生物因素，以及在作业过程中产生或存在的其他职业性有害因素。

（1）化学因素

例如，在生产中接触到的原料、中间产品、成品和生产过程中的废气、废水、废渣等，这些物质可能含有对人体有害的活性因素。具体来说，有毒物质如铅、汞、苯、氯、一氧化碳、有机磷农药等，以及生产性粉尘如矽尘、石棉尘、煤尘、水泥尘、有机粉尘等，都可能对职业人群的健康造成不良影响。

（2）物理因素

物理因素包括生产环境的各种构成要素，如异常气象条件（高温、低温、高湿等）、异常气压（高气压、低气压等）、噪声、振动、超声波、次声、非电离辐射（如可见光、紫外线、红外线、射频、微波、激光)及电离辐射(如 X 射线、$\gamma$ 射线等)等。

(3)生物因素

某些细菌、病毒和寄生虫等生物因素也可能对职业人群的健康造成危害,如炭疽杆菌、森林脑炎病毒等。

**2. 职业病的预防**

职业病的预防主要分为一级预防、二级预防、三级预防和其他预防。

(1)一级预防

一级预防,也称为病因预防,是从根本上消除和控制职业病危险因素,从而预防职业病的发生。具体包括以下措施。

①技术措施:使用无毒或低毒的物质替代有毒或高毒的物质,采用遥控或自动、半自动操作,防止有害物质泄漏、蒸发、滴落;还可以加强通风、除尘、排毒等措施,以降低工作场所中有害物质的浓度。

②组织措施:通过合理组织和安排劳动过程,建立健康的工作体系,执行地方规定的健康标准。建立健全的劳动制度,合理安排工作时间和休息时间,减少工作压力,减轻疲劳度。

③卫生保健措施:开展就业前体检,及早发现易感人群和职业禁忌证;开展健康促进和健康教育,提高员工对职业病的认识和预防意识;注意平衡膳食和保健食品的供给,加强锻炼,提高身体抵抗力。

(2)二级预防

二级预防,也称为临床前预防,是通过早期发现、早期诊断、早期治疗来预防病变的发展。具体包括以下措施。

①对职业接触人员定期体检,明确诊断,及时治疗。

②定期对生产环境进行监测,发现问题立即采取预防措施。

(3)三级预防

三级预防,也称为临床预防,是在患者明确诊断后,给予及时、合理的治疗,防止疾病恶化和复发,从而防止丧失工作能力。

(4)其他预防

除了以上三级预防措施外,还有以下一些具体的预防措施。

①保持良好的工作环境:确保工作场所的通风、采光、温度、湿度等环境条件符合标准,防止有害物质的聚集和传播。

②注意个人防护:佩戴适当的个人防护装备,如口罩、手套、护目镜等,根据工作场所的特点选择合适的防护设备。

③推动建立职业病信息管理平台,实现对职业病病例和危害因素的全面监管与管理。

④加强职业病监测和评估,建立健全职业病监测网络,完善职业病病例报告和登记制度,开展职业病危险因素评估。

⑤加强职业病知识的普及和培训,提高劳动者和管理人员的职业健康意识与防护能力。

预防职业病需要全员参与,包括企业、员工和相关部门等。综合采取以上措施,可以有效降低职业病的发生率,保护劳动者的健康权益。

职业病是一种严重的健康问题,需要引起足够的重视。用人单位应该加强职业病的预防和控制工作,为劳动者提供安全、健康的工作环境。同时,劳动者也应该了解职业病的危害和预防措施,增强自我保护意识,共同维护劳动者的健康权益。

**3. 劳动过程中职业病的防护与管理**

在劳动过程中,为了有效管理和预防职业病,可以采取以下管理措施。

(1)建立健全职业病防治制度:制定并实施与职业病防治相关的各项制度,包括职业病危害因素的监测、评估、控制以及应急救援等制度。

(2)设置或指定职业卫生管理机构:明确职业卫生管理机构或组织的职责,并配备专职或兼职的职业卫生专业人员,负责职业病的预防、监测、报告和管理工作。

(3)制订职业病防治计划和实施方案:根据企业的实际情况,制订具体的职业病防治计划和实施方案,明确防治目标、措施和时间表。

(4)加强职业病危害因素的监测与评估:对作业场所进行定期或不定期的环境监测,评估职业病危害因素的种类、浓度或强度,及时发现并控制职业病危害。

(5)提供个体防护用品:根据作业环境和职业病危害因素的特点,为劳动者提供适当的个体防护用品,如防尘口罩、防毒面具、防护手套等,并教育劳动者正确佩戴和使用。

(6)开展职业健康教育和培训:组织劳动者学习职业病防治知识和技能,提高劳动者的职业病防治意识和自我保护能力。

(7)建立职业健康监护档案:为劳动者建立职业健康监护档案,记录劳动者的职业健康检查结果、职业病危害因素接触史等信息,以便及时发现和处理职业病危害。

(8)加强职业卫生监督检查:定期对作业场所进行职业卫生监督检查,发现问题及时整改,确保职业病防治措施得到有效实施。

(9)实行轮休和体检制度:对于接触职业病危害因素的劳动者,实行轮休和定期体检制度,及时发现并处理职业病危害。

(10)推广使用新技术、新工艺、新材料:积极推广使用有利于职业病防治和保护劳动者健康的新技术、新工艺、新材料,逐步替代职业病危害严重的技术、工艺、材料。

以上措施的实施,可以有效进行管理以预防职业病,保障劳动者的健康和安全。同时,企业还应关注劳动者的心理健康和工作环境改善等方面的问题,提高劳动者的工作满意度和幸福感。

**4. 职业健康保护基本技能**

职业健康保护是指通过一系列措施和活动,旨在维护和提高劳动者的身心健康,预防和控制职业病危害,保障劳动者在职业活动中的安全和健康。职业健康保护基本技能是确保劳动者在工作中免受职业危害、维护身心健康的重要能力。以下是一些关键的职业健康保护基本技能。

(1)知晓获取职业健康信息和服务的途径

劳动者应了解如何获取与工作场所健康和安全相关的信息,包括了解职业病危害因素、预防控制措施、应急救援方法等。同时,他们还应知道如何获取职业健康检查、职业病诊断与治疗等职业健康服务。

(2)知晓本岗位职业病防治规章制度和操作规程

劳动者应熟悉自己所在岗位的职业病防治规章制度和操作规程，了解岗位的职业病危害因素、预防控制措施、应急处理方法等，确保在工作中能够遵守相关规定，降低职业病风险。

(3)理解本岗位职业病危害警示标识和说明

工作场所中通常会设置职业病危害警示标识和说明，劳动者应能够正确理解这些标识和说明，了解所在岗位的职业病危害因素、危害程度、预防措施等，从而在工作中采取相应的防护措施。

(4)理解本岗位有关的职业病危害因素检测结果和建议

企业应定期对工作场所进行职业病危害因素检测，并将检测结果和建议告知劳动者。劳动者应能够正确理解这些检测结果和建议，了解自己的工作环境中是否存在职业病危害因素，以及应采取哪些措施来降低这些因素的危害。

(5)遇到急性职业伤害时，能够正确自救、互救并及时报告

在工作中遇到急性职业伤害时，劳动者应能够迅速采取正确的自救、互救措施，减轻伤害程度。同时，他们还应及时向上级或相关部门报告事故情况，以便得到及时的救援和处理。

(6)紧急医疗救助

在需要紧急医疗救助时，劳动者应能够拨打120或合作医疗机构联系电话，准确描述自己的病情和位置，以便得到及时的医疗救治。

(7)放射性污染处理

对于可能接触到放射性核素的工作岗位，劳动者应了解如何处理放射性污染。当体表被放射性核素污染时，能够立即实施去污洗消；当放射性核素进入体内时，能够尽快寻医进行阻断和促排。

(8)心理健康保护

在工作中遇到压力、挫折等心理问题时，劳动者应懂得向心理健康热线或医疗机构寻求专业帮助，以维护自己的心理健康。

职业健康保护基本技能是劳动者在工作中必须掌握的重要能力。通过提高这些技能水平，劳动者可以更好地保护自己的身心健康，降低职业病风险。

## 四、火灾预防与救援

火灾是指在时间或空间上失去控制的燃烧所造成的灾害。在各种灾害中，火灾是最经常、最普遍地威胁公众安全和社会发展的主要灾害之一。火灾的燃烧是可燃物与氧化剂发生的一种氧化放热反应，通常伴有光、烟或火焰。

根据国家标准《火灾分类》(GB/T 4968—2008)的规定，火灾被分为A、B、C、D、E、F 6类。A类火灾指固体物质火灾，如木材、干草、煤炭等；B类火灾指液体或可熔化的固体物质火灾，如煤油、柴油等；C类火灾指气体火灾，如煤气、天然气等；D类火灾指金属火灾，如钾、钠等；E类火灾指带电火灾，即物体带电燃烧的火灾；F类火灾指烹饪器具内的烹饪物(如动植物油脂)火灾。

**1. 火灾的成因**

火灾的成因多种多样,以下是一些常见的火灾成因。

(1)电气设备问题:如电线短路、电气设备超负荷运行、接触不良、电线老化或违规使用电器等。这些问题都可能导致电气设备过热或产生火花,从而引燃可燃物。

(2)用火不慎:如乱扔未完全熄灭的烟头、火柴梗,停电或睡觉时使用蜡烛照明并引燃可燃物,以及动用明火找东西时不慎引起火灾等。

(3)燃气使用不当:使用燃气或燃气设备时操作不当,或者使用了具有安全隐患的燃气设备,也可能导致火灾。

(4)违规操作:如焊接等违反安全操作规程的行为,以及非法燃放烟花爆竹等非法用火行为。

(5)恶意纵火:一些不法分子为了实施犯罪行为,会蓄意纵火放火,造成严重的火灾事故。

(6)自然因素:如雷击、地震、自燃、静电等自然现象也可能引发火灾。气候干燥也是引发自然火灾的主要原因之一,特别是在雷暴天气和火山喷发时,火灾的风险更高。

此外,还存在一些其他因素,如疏忽大意、不当使用明火、存在安全隐患等,也可能导致火灾的发生。因此,在生活和工作中,我们需要注意安全用电、安全用火,遵守相关规定和操作规程,以减少火灾的发生和危害。

**2. 火灾的预防**

火灾的预防措施主要包括以下几方面。

(1)安全用火用电:不乱丢烟头,不将未熄灭的烟头等带有火种的物品扔到垃圾道或垃圾箱内,不躺在床上吸烟。使用液化气做饭要经常检查燃气阀门,防止泄漏。离家或睡觉前要检查电器具是否断电、燃气阀门是否关闭、明火是否熄灭等。不乱接乱拉电线,电路熔断器切勿用铜、铁丝代替。

(2)储存易燃物品时注意安全:家中不可存放超过0.5 L的汽油、酒精、香蕉水等易燃易爆物品;不要在住宅阳台上堆放易燃易爆物品;不要在公共通道、楼梯、安全出口等处堆物、堆料或者搭设棚屋;邻里之间相互提醒,及时清理公共空间的杂物,保持通道、安全出口的畅通。

(3)合理使用清洁液:严禁用酒精等易燃溶剂作为清洁液擦拭物品。

(4)加强火灾防护设施建设:在居民区、办公区等场所安装火灾报警器,能够及时发现火灾并报警。在各个区域设置灭火器和灭火器具,以便在火灾发生时能够迅速扑灭初期火灾。对于一些特殊场所,如仓库、工厂等,应安装自动喷水灭火系统,提高灭火效果。

(5)加强火灾安全教育:开展火灾应急演练,提高人员的火灾应急处理能力;通过各种媒体渠道,加强火灾预防的宣传教育,提高公众的火灾防范意识。

(6)加强火灾监管和执法:加大对各类场所的火灾监管力度,确保各项防火措施的有效实施。

(7)建立火灾应急救援体系:建立健全火灾应急救援体系,确保在火灾发生时能够迅速响应和救援。

火灾的预防需要我们从多个方面入手,提高安全意识,加强防护措施,确保生命和财产安全。

**3. 火灾的扑灭方法**

火灾的扑灭方法主要有以下几种。

(1)冷却灭火法:将灭火剂直接喷洒到燃烧物上,使可燃物的温度降低到自燃点以下,从而使燃烧停止。例如,用水和二氧化碳直接喷射燃烧物,降低燃烧物的温度。

(2)窒息法:采取适当的措施,阻止空气进入燃烧区或用惰性气体冲淡、稀释空气中的含氧量,使燃烧物质因缺氧而熄灭。例如,用不燃或难燃的石棉被、湿麻袋、湿棉被等捂盖燃烧物,或用沙土埋没燃烧物,减少燃烧区域的氧气量,使火焰熄灭。

(3)隔离法:将燃烧物与附近的可燃物隔离,将其他可燃物疏散到安全地带,控制火势蔓延。例如,将火源附近的可燃、易燃、易爆和助燃物搬走;关闭可燃气体、液体管路的阀门,减少和阻止可燃物进入燃烧区内;堵截流散的燃烧液体。

(4)抑制法:往燃烧物上喷射干粉等灭火剂,中断燃烧的连锁反应,达到灭火的目的。

对于不同类型的火灾,应选择不同的灭火剂和灭火方法。例如,对于A类火灾(固体物质火灾),水和一般泡沫灭火剂是最有效的灭火剂;对于B类火灾(液体或可熔化的固体物质火灾),最好使用干粉灭火器,还可以使用二氧化碳、泡沫灭火器;对于C类火灾(气体火灾),一般使用干粉、二氧化碳灭火器;对于D类火灾(金属火灾),则需要根据金属的种类选择相应的灭火剂。

在扑灭火灾时,还需要注意以下几点。

(1)及时报警:发现火灾时,应立即拨打火警电话,报告火灾的地点、火势等情况,以便消防部门及时赶到现场进行灭火。

(2)确保自身安全:在灭火时,要确保自身的安全,不要冒险进入火场,避免造成不必要的伤亡。

(3)使用正确的灭火工具:根据火灾的类型和火势的大小,选择合适的灭火工具和灭火方法,不要盲目使用灭火工具,避免造成更大的危险。

(4)控制火势蔓延:在灭火时,要尽可能控制火势的蔓延,防止火灾扩大化,可以通过隔离、堵截等方法来控制火势的蔓延。

在扑灭火灾时,要根据火灾的类型和火势的大小选择合适的灭火方法与灭火工具,并注意确保自身的安全。

**4. 火灾报警系统**

火灾报警系统是一种能够及时发现并通报火情,采取有效措施控制和扑灭火灾的自动消防设施。这种系统旨在提高建筑物的防灾自救能力,减少火灾造成的生命和财产损失,通常包括火灾探测器、报警控制器以及消防设备联动装置等组成部分。

其中,火灾探测器负责通过感测烟雾、温度等参数,及时发现火灾的存在,并将信号传输至报警控制器。报警控制器在接收到火灾探测器的信号后,会发出声光报警提示,以便人员及时发现火情。消防设备联动装置可以根据火警信号,自动或手动启动相应的消防设备,如消防水泵、喷淋系统、防烟排烟设施等,进行灭火和排烟。

火灾报警系统的主要功能包括火灾探测、报警提示、联动控制及信息传输等。此外,火灾报警系统还可以与消防指挥中心或其他相关部门进行联网,将火警信息实时传输至相关部门,以便及时调派消防力量进行救援。

在火灾报警系统的设计和施工中,我们需要遵循相关的标准和规范,确保系统的可靠性和有效性。例如,火灾自动报警系统的施工应按设计图纸进行,不得随意更改。同时,系统施工前应具备设备布置平面图、接线图、安装图、系统图及其他必要的技术文件。此外,系统的布线应符合国家标准的规定,不同系统、不同电压等级、不同电流类别的线路不应穿在同一个管内或线槽的同一个槽孔内。

火灾报警系统是建筑物设备安全的重要设施之一,它能够及时发现火情并采取有效措施进行控制和扑灭,对于减少火灾造成的生命和财产损失具有重要意义。

## 五、应急救援

### 1. 应急救援常识

应急救援一般是指针对突发、具有破坏力的紧急事件采取预防、预备、响应和恢复的活动与计划。根据紧急事件的不同类型,应急救援可以分为卫生应急救援、交通应急救援、消防应急救援、地震应急救援、厂矿应急救援、家庭应急救援等。

应急救援的基本任务包括立即组织营救受害人员,组织撤离或者采取其他措施保护危险危害区域的其他人员;迅速控制事态,并对事故造成的危险、危害进行监测、检测,测定事故的危害区域、危害性质及维护程度;消除危害后果,做好现场恢复;查明事故原因,评估危害程度。

在进行应急救援时,需要注意以下内容。

(1)通知相关部门协助应急救援工作,如公安、卫生、环保等。

(2)确认紧急事件的具体情况和现场情况,了解事故或灾害的类型、发生地点、规模、受影响范围等信息,同时注意了解是否有人员受伤、被困、失踪或其他紧急情况。

(3)在保证自身安全的前提下,立即进行现场施救。对于受伤人员进行紧急救护和救援,移走重伤员并安置在安全地点,及时送往医疗机构。对于被困人员进行紧急救援,争取最快速度解救被困人员。

(4)在灾害或事故发生现场设置指挥部,对救援队伍进行分工协作,组织和协调救援工作。协调各救援队伍之间的配合和合作,确保救援工作高效、有序进行。

(5)对于受灾人员进行心理疏导和安抚,提供必要的物资和生活保障。组织应急救援队伍及时投放物资,为受灾人员提供食物、饮水、帐篷、药品等紧急救援物资。

此外,为了提高应急救援的效果,还可以采用虚拟演练的方式,依托于虚拟现实应急救援仿真演练平台,全真模拟各类事故、灾害或事件现场,通过人机交互的操作,让人们更清楚地了解在灾难面前如何自救和如何帮助他人。

同时,应急救援器材也是进行应急救援的重要工具,如灭火器等,它们可以在火灾等紧急情况下发挥重要作用。

应急救援是一项复杂而重要的工作,需要各方面的协作和配合,以确保在紧急情况下能够迅速、有效地进行救援,最大限度地减少人员和财产的损失。

### 2. 应急急救措施

应急急救是指在突发紧急情况下,对伤病员进行及时、有效的初步急救处理,以维持其基本生命体征,减轻病情,为后续的专业医疗救治赢得时间。以下是一些常见的应急急救措施。

(1)心肺复苏

心肺复苏主要用于心博骤停的伤病员。首先判断现场环境是否安全,然后检查患者的意识和呼吸。如果无呼吸,应立即进行胸外按压和人工呼吸。每按压 30 次,进行人工呼吸 2 次。注意按压位置和深度,避免损伤肋骨。

(2)止血包扎

当患者出血时,应立即用干净的纱布或绷带进行包扎止血。对于四肢出血,可以采用加压包扎或指压动脉的方法。如果出血严重,应尽快送往医院。

(3)骨折固定

如果患者发生骨折,应避免移动其受伤部位,可以使用夹板、树枝或纸板等物品进行固定,以减少疼痛和损伤。对于脊柱骨折的患者,应绝对卧床,避免加重脊髓损伤。

(4)海姆立克急救法(腹部冲击法)

海姆立克急救法(腹部冲击法)主要用于气道异物梗阻的伤病员。对于成人和 1 岁以上婴幼儿,可采用拳眼对准患者肚脐以上两横指位置,连续快速向内、向上推压冲击的方法。对于 1 岁以下婴幼儿,可采用拍背和压胸的方法。

(5)烫伤处理

当患者发生烫伤时,应立即用流动的冷水冲洗或浸泡烫伤部位 30 min 以上,以减轻疼痛和损伤,然后用干净的纱布或毛巾覆盖伤口,并尽快送往医院。

除了以上常见的应急急救措施外,还有一些其他的急救技能,如中暑、中毒、电击等紧急情况的处理方法。在进行应急急救时,应注意以下几点。

(1)保持冷静,不要惊慌失措。只有保持冷静,才能做出正确的判断和处理。

(2)判断伤情,正确施救。根据患者的实际情况和伤情,选择正确的急救措施和方法。

(3)注意安全,避免二次伤害。在进行急救时,应注意自身和患者的安全,避免造成二次伤害。

(4)及时拨打急救电话,寻求专业医疗救治。在进行初步急救处理后,应尽快拨打急救电话,将患者送往医院进行专业治疗。

应急急救是每个人都需要掌握的基本技能之一。在日常生活中,我们应该多了解和学习相关知识,以便在关键时刻能够自救和救助他人。

## 六、危险源辨识

危险源是指可能导致人身伤害和(或)健康损害的根源、状态或行为或其组合,是事故发生的根源,是系统中具有潜在危险能量和物质的区域、场所、岗位、装置及设施,这些部位在一定的触发因素作用下可导致事故发生。

**1. 危险源的要素和分类**

危险源构成的要素有:潜在危险性、存在条件和触发因素。

(1)潜在危险性是指一旦触发事故,可能带来的危害程度或损失大小。

(2)存在条件是指危险源所处的物理、化学状态和约束条件状态。

(3)触发因素则是危险源转化为事故的外因,如易燃易爆物质的热能或压力容器的压力升高等。

危险源存在于确定的系统中,不同的系统分析范围,危险源的区域划分也不同。例如,从全国危险行业的(如石油、化工、矿山等)分析范围来看,某一个企业(如炼油厂)可能就是危险源;对于一个企业生产系统来说,某一个车间、生产工艺装置、储罐区可能就是危险源。

**2. 危险源辨识的要求**

(1)危险源辨识是企业自下而上的辨识过程,必须动员全体员工,以岗位为单元开展危险源辨识。危险源辨识的基本方法是通过询问和交流、现场观察、查阅有关记录、参考外部信息,进行工作任务分析。在工作活动分类基础上,组织岗位人员针对所从事工作的活动内容和所在的工作场所辨识有关的危险源。

(2)危险源辨识的范围应包括所有进入工作场所的人员活动、工作场所的设施及组织活动的3种时态和3种状态下的各种潜在的危险源,包括人的不安全行为、物的不安全状态及环境、管理等因素。

3种时态是过去、现在和将来,即企业在对现场现有危险源进行充分考虑时,要分析以往遗留的危险,以及计划中的活动可能带来的危险。

3种状态是指正常、异常和紧急状态。在日常的生产条件下可能产生的职业健康安全问题是正常状态;在开机、停机、检修等情况下产生的与正常状态有较大差异的问题,属异常状态;紧急状态则是指发生火灾、爆炸、洪水等突发情况。

(3)危险源的辨识是一个动态的过程,在发生下述情况时,要及时进行危险源辨识。

①适应有关新的法律法规要求,譬如根据《危险化学品重大危险源辨识》(GB 18218—2018)组织重大危险源判定。

②企业自身业务发展、设备改造、工艺更新、原材料替代、新产品试制,以及新建、改建、扩建项目,项目设计、施工、投产等,导致组织、活动或材料的变更,包括已纳入计划的变更。

③机构变动、业务划转等体制的变更。

④根据相关方面的要求,如内、外部评审中发现未被识别的危险源。

⑤安全事故、事件发生后。

(4)危险源的规范描述,应包括危害根源及不安全状态(或行为),如"高处作业不系安全带""路边孔洞未采取安全防护""缺氧环境作业未佩戴呼吸器"等。涉及人为违章的因素,应将具体违章表述清楚,如"酒后驾车""右侧超车"等。

(5)以部门为单元成立危险源辨识与风险评价小组,对汇总的危险源进行审核、补充和确认,由各部门第一责任人审定。

**3. 危险源辨识的方法**

(1)头脑风暴

①由区域负责人、工艺技术人员、设备技术人员、有实际操作经验的作业人员及安全技术人员组成危险源辨识团队。

②针对划定的区域、工序及每个操作步骤,团队成员充分开拓思路,畅所欲言,从头到尾提出假定推测性问题,如"假如……,会发生……情况",在这期间对提出的问题只做记录,不容置疑。

③讨论上述问题,并评估其影响及现有控制措施。团队达成一致,之后结合专业安全

检查表进一步补充识别。

(2)现场观察

制定危险源专业检查表,组织相关人员针对现场情况查找危险源,识别危险源时要关注的问题有:潜在伤害的根源与不安全状态、谁会受到伤害、伤害如何发生。

(3)询问和交流

企业可采用问询调查、专题研讨等形式,组织各专业人员开展专业性的危险源辨识交流。

(4)查阅有关记录

查阅有关记录包括相关的违章、隐患、事件、事故记录,安全卫生评价报告,类似作业活动的危险源辨识记录等。

(5)获取外部信息

获取外部信息包括与危险源评价和控制相关的法律法规要求、上级部门的整改通知、相关方关于安全卫生的意见、其他单位告知的外来危险源的负面影响等。

(6)工作任务分析

工作任务分析包括工作活动过程中人、机、料、法、环等各方面风险的分析。

(7)其他方法

企业可根据工艺特点,选择潜在失效模式与结果分析、危害和可操作性研究、事故树分析等方法,深入进行工艺安全分析,识别深层次的危险源。

## 七、节能管理

节能是指加强节约用能管理,采取技术上可行、经济上合理,以及环境和社会可以承受的措施,来减少从能源生产到消费各个环节中的损失和浪费,从而更加有效、合理地利用能源。节能是我国可持续发展的一项长远发展战略,也是我国的基本国策。

节能方法主要可以分为节能软技术和节能硬技术。节能软技术包括建立健全能源管理机构和管理制度,调整能源结构,提高节能意识,推广节能技术,调动广大职工节能的积极性等。而节能硬技术则包括组建专业化生产协作中心,建立大电厂和热电厂联合供电供热,改造能源利用率低的旧设备,推广应用先进技术及工艺,开发节能材料等。

在日常生活中,我们也可以采取一些节能措施,如使用 LED 灯具、合理设置空调温度、利用太阳能、节水节能、使用智能家居系统等。建筑设计中采用节能材料和技术,如隔热材料、双层窗户、太阳能光伏板等,也可以减少建筑物的能耗。

节能是保护环境、实现可持续发展的重要手段,需要政府、企业和个人共同努力,采取切实有效的措施来降低能源消耗,提高能源利用效率。

### 1. 用能单位的节能管理

用能单位的节能管理主要是指加强用能单位对能源使用的控制和管理,采取技术上可行、经济上合理,以及环境和社会可以承受的措施,来减少能源的消耗和浪费,提高能源利用效率。

(1)用能单位应该建立健全的节能管理制度,明确节能管理的目标和责任,制订并实施节能计划和节能技术措施。这包括完善节能管理体系、运用先进的能源管理方法等。

(2)用能单位应该加强能源计量和监测,建设能耗在线监测系统,提升能源管理信息化水平。实时监测和分析能源使用情况,可及时发现和解决能源浪费问题,优化能源使用结构,提高能源利用效率。

(3)用能单位应该优先采用节能技术、生产工艺和用能设备,主动淘汰落后的和国家明令禁止使用的用能产品、设备与生产工艺;每年安排一定数量资金用于节能技术研发、节能技术改造、能源计量器具配备和节能技术培训等;鼓励开展生产、学习、研究合作,加强节能技术研发与应用交流合作,积极运用先进节能技术实施节能改造。

(4)用能单位应该加强节能宣传和培训,提高员工的节能意识和技能水平。通过宣传教育、技能培训、节能竞赛等方式,企业可激发员工的节能积极性和创造力,形成全员参与节能的良好氛围。

综上所述,用能单位的节能管理是一个系统性工程,需要从制度建设、能源计量和监测、节能技术研发和应用、节能宣传和培训等方面入手,全面提高能源利用效率,减少能源消耗和浪费,为可持续发展做出贡献。

**2. 清洁生产和资源循环利用**

清洁生产和资源循环利用是两个相互关联且重要的概念,它们在推动可持续发展、保护环境、提高资源利用效率等方面发挥着重要作用。

(1)清洁生产

清洁生产是指将综合预防的环境保护策略持续应用于生产过程和产品中,以降低其危害人类健康和环境安全的风险。清洁生产从本质上来说,就是对生产过程与产品采取整体预防的环境策略,减少或者消除它们对人类及环境的可能危害,同时充分满足人类需要,使社会经济效益最大化的一种生产模式。

①清洁生产的特点

A. 系统性:清洁生产是实用技术、管理、组织结构、职责、程序、过程和资源构成的有机整体,体现环境、经济最佳化的协调发展。

B. 预防性:清洁生产是体现对产品生产过程进行综合预防污染的战略,强调以预防为主,通过污染物削减和安全的回收利用等,使废物最少化或消失于生产过程中。

C. 相对稳定性:清洁生产是与现有工艺和产品相比较而言的,且清洁生产本身是环境策略的持续运用,是不断追求更高环境保护要求的过程,也是一个不断完善的过程。

②实施清洁生产的方法

A. 提高能源利用效率:通过改善能源利用效率来降低对能源的需求,如更新换代产能低下、能源消耗大的设备,建立能源管理体系,制定能源消耗指标,并对各个环节进行监测和管理。

B. 减少废物排放:通过改进生产工艺,减少废物产生的数量,如采用低污染的替代原料、减少使用有害物质和危险化学品等。此外,还可以制定废物处理方案,采用先进的废物处理技术,实现废物的循环利用或安全排放。

C. 推行绿色采购:选择购买符合环境友好标准的原材料和产品,从而降低资源消耗和环境污染。

清洁生产的实施对于保护环境、节约资源、提高生产效率、降低生产成本等方面都有重要意义。同时,清洁生产也是企业实现可持续发展、提高竞争力的重要途径之一。

(2)资源循环利用

资源循环利用是指根据资源的成分、特性和赋存形式,对自然资源进行综合开发、能源原材料充分加工利用和废弃物回收再生利用,通过各环节的反复回用,发挥资源的多种功能,使其转化为社会所需物品的生产经营行为。这种循环利用的过程不仅限于生产环节,也涉及消费环节,其目标是实现资源的最大化利用和减少环境污染。

①资源循环利用的特点

A. 能够循环再利用:可循环利用资源不是一次性消耗的,而是可以不断再利用的。这种资源的再利用率越高,使用寿命就越长。

B. 得到的回收产品质量高:可循环利用资源的质量相对比较稳定,因为其原理就是精益求精,不断回收和利用。

C. 使用成本相对较低:通过回收和利用,不需要再次购买和采购新的原材料,可以减少资源消耗和成本。

②实现资源循环利用的方法

A. 改进设计:改进产品设计,减少原料的使用量,并使用易于回收的原料。

B. 制造新的产品:通过回收再利用,生产新的产品,这样既可以减少对自然资源的消耗,也可以降低成本。

C. 节约使用成本:通过回收再利用,企业可以减少资源的消耗和成本,从而节约企业的经营成本。

D. 政府可以加强城市建设的规划管理,促进生产系统与生活环节之间的资源循环链接,如推动企业生产过程中出现的余热余能引入城市生产和生活用能体系,利用企业高温作业装置协同处理城市垃圾等,使生产和生活之间实现资源、能源和废弃物统筹利用。

循环经济以提高资源利用效率为核心,其重点是资源节约、资源综合利用和清洁生产。循环经济的核心在于资源的高效利用和循环利用,遵循“减量化、再利用、资源化”的原则,以低消耗、低排放、高效率为基本特征,契合可持续发展理念的经济增长模式。

清洁生产体现了循环经济的减量化原则,它通过改进产品设计、使用清洁的能源和原料、采用先进的工艺技术与设备、改善管理、综合利用等措施,从源头削减污染,提高资源利用效率,减少或者避免生产、服务和产品使用过程中污染物的产生与排放,从而减轻或者消除对人类健康和环境的危害。

因此,资源节约、资源综合利用和清洁生产是循环经济的 3 大重点。

## 第四节　质量管理知识

质量管理是指确定质量方针、目标和职责,并通过质量体系中的质量策划、控制、保证和改进来使其实现的全部活动。这是企业管理的重要组成部分,旨在通过一系列的管理方法和手段,确保产品或服务的质量符合客户要求,并不断提高企业的竞争力。

在质量管理中,建立和实施质量管理体系是关键。这通常包括确定顾客的需求和期望、建立组织的质量方针和目标、确定实现质量目标所需的过程和职责、对每个过程实现质量目标的有效性确定测量方法、运用测量方法以确定每个过程的现行有效性等步骤。通过这些步骤,企业可以系统地管理质量,确保产品或服务的质量符合客户要求,并不断提高企业的竞争力。

此外,质量管理标准也是质量管理的重要组成部分。这些标准包括质量管理名词术语、质量保证体系标准、质量统计标准和可靠性标准等,为企业的质量管理提供了指导和规范。

## 一、质量特性和等级

在 ISO 9000 标准中,“质量”是指一组固有特性满足要求的程度。这个定义强调了质量的两个关键要素:固有特性和要求。

固有特性是指产品或服务本身所具备的特性,这些特性是固有的,即它们不依赖于外部条件或人的主观看法。固有特性可以是物理的、化学的、生物的、行为的或其他方面的。例如,一个产品的尺寸、强度、颜色、口感、耐用性等都属于其固有特性。

要求是指明示的、通常隐含的或必须履行的需求或期望。明示的要求是指合同中明确规定的,如产品的性能指标、交货日期等。隐含的要求则是指那些没有明确规定的,但人们通常认为应该满足的,如产品的安全性、易用性、可维护性等。必须履行的要求则是指法律法规、行业标准等强制性要求。

因此,“质量”这个定义强调了产品或服务不仅要具备某些特定的特性,而且这些特性还需要满足顾客、法律法规、行业标准等方面的要求。

**1. 质量特性**

(1)质量特性的内容

①性能:是指产品满足使用目的所具备的技术特性。性能是产品质量的核心,反映了产品能否实现其设计初衷和满足用户需求的能力。

②寿命:是指产品在规定的使用条件下完成规定功能的工作总时间。它反映了产品的耐用性和持久性,是用户对产品长期使用价值的考量。

③可靠性:是指产品在规定的时间内,在规定的条件下,完成规定功能的能力。可靠性是产品质量的重要指标,关系到产品能否稳定、持续地为用户服务。

④安全性:是指产品保证顾客的生命不受到危害、身体和精神不受到伤害,以及财产不受到损失的能力。安全性是产品质量的基本要求,任何产品都必须首先保证安全。

⑤经济性:是指产品从设计、制造到整个产品使用寿命周期的成本和费用方面的特征。它反映了产品在设计、生产、使用和维护过程中的成本效益,是用户购买和使用产品的重要考量因素。

除了以上几个主要的特性外,产品质量还可能包括其他特性,如可维修性、可操作性、可包装性、美观性等。这些特性也是影响产品质量的重要因素,需要根据具体的产品类型和用户需求进行考虑。

总之,产品质量的特性是多方面的,需要在产品设计、生产、使用和维护过程中进行全面的考虑与控制,以确保产品能够满足用户的需求和期望。

(2)质量特性的分类

质量特性可以根据不同的分类标准进行划分,以下是几种常见的分类。

①内在特性与外在特性

内在特性:指产品本身所具有的属性,通常包括物理特性(如尺寸、形状、质量、密度等)、化学特性(如化学成分、化学反应等)、机械特性(如强度、硬度、耐磨性等)、功能特性(如性能、效率、可靠性等)。这些特性可以通过实验测试和质量控制来评估。

外在特性:指产品外部表现出来的属性,通常包括外观特性(如颜色、光泽、形状等)、感官特性(如气味、口感等)、安全特性(如安全性、环保性等)、经济特性(如成本、价格等)。这些特性可以通过用户测试和评价来评估。

②真正质量特性与代用质量特性

真正质量特性:指直接反映用户需求的质量特性,是用户真正关心的产品质量属性。

代用质量特性:由于真正质量特性可能难以直接测量或评估,因此需要使用一些可以测量或评估的数据和参数来间接反映真正质量特性,这些数据和参数就是代用质量特性。

③关键质量特性、重要质量特性和次要质量特性

关键质量特性:指若超过规定的特性值要求,会直接影响产品安全性或产品整体功能丧失的质量特性。

重要质量特性:指若超过规定的特性值要求,将造成产品功能部分丧失的质量特性。

次要质量特性:指若超过规定的特性值要求,暂不影响产品功能,但可能会引起产品功能的逐渐丧失的质量特性。

④时间、社会、心理、技术方面的特性

A. 时间方面

耐久性(或寿命):产品能够正常使用的年限,包括使用寿命和储存寿命。

可靠性:产品在规定条件下和规定时间内,完成规定功能的能力。

稳定性:产品或服务在长时间内保持性能一致性的能力。

B. 社会方面

环保性:产品或服务在制造、使用和处置过程中对环境的影响程度。

法规遵从性:产品或服务符合国家和地方的法律、法规与标准的能力。

社会责任:企业对社会、经济和环境影响的认知,并据此采取行动的能力。

C. 心理方面

美学:产品或服务满足用户审美需求的能力。

舒适性:产品或服务在使用时给用户带来的舒适感受。

情感价值:产品或服务与用户情感连接的能力,如品牌忠诚度。

D. 技术方面

性能:产品或服务满足用户特定需求的能力,如速度、精度、容量等。

创新性:产品或服务在技术或设计上的新颖性和独特性。

兼容性:产品或服务与其他系统或设备配合使用的能力。

这些分类并不是绝对的,而是相互交叉和重叠的。在实际应用中,可能需要根据具体的产品、服务或过程来综合考虑多个维度的质量特性。同时,随着市场和技术的发展,新的

质量特性分类也会不断出现。

**2. 质量等级**

质量等级是对功能用途相同但质量要求不同的产品、过程或体系所做的分类或分级。这种分类或分级主要是基于产品的性能、功能、质量等方面的不同要求进行的，以确保产品能够满足不同客户或市场的需求。

在质量管理领域，质量等级通常被用来描述产品或服务的整体质量水平。例如，根据产品质量的不同，可以将其分为优等品、一等品、二等品、三等品等不同的等级。每个等级对应着不同的质量要求和性能标准，以满足不同客户的需求。

除了产品质量等级外，还有过程质量等级和体系质量等级等概念。过程质量等级用于描述生产过程中各个环节的质量水平，以确保最终产品的质量符合要求。体系质量等级则用于描述企业或组织的质量管理体系的成熟度和有效性，以确保产品或服务的质量稳定性和可靠性。

需要注意的是，质量等级并不是固定的，而是可以根据实际需求进行调整和改变的。同时，不同的行业、产品、客户等也可能会有不同的质量等级要求和标准。因此，在制定质量等级时，需要充分考虑实际情况和需求，以确保其科学、合理和有效。

## 二、质量标准

质量标准是指对产品的结构、规格、质量、检验方法所做的技术规定。它是产品生产、检验和评定质量的技术依据。

**1. 质量标准的分级**

从分级的角度来看，质量标准可以分为不同的等级，如国家标准、行业标准、地方标准和企业标准。这些等级是根据标准的适用范围和领域来划分的，旨在确保产品或服务的质量在不同层次上都能得到保障。

(1)国家标准：是由国家标准化主管机构批准发布，对全国经济、技术发展有重大意义，且在全国范围内统一的标准。国家标准在全国范围内适用，其他各级标准不得与之相抵触。国家标准是四级标准体系中的主体。

(2)行业标准：是对没有国家标准而又需要在全国某个行业范围内统一的技术要求所制定的标准。行业标准由国务院有关行政主管部门制定并报国务院标准化行政主管部门备案，在公布国家标准之后，该项行业标准即行废止。

(3)地方标准：是由地方的标准化主管机构或地方上被授权的行业主管机构批准、发布，在某一行政区域内统一的标准。对地方自然条件和技术水平有特殊要求的产品，可以制定地方标准。

(4)企业标准：是对企业范围内需要协调、统一的技术要求、管理要求和工作要求所制定的标准。企业标准由企业制定，由企业法人代表或法人代表授权的主管领导批准、发布。企业标准在企业内部适用。

**2. 质量标准的分类**

(1)按功能分类

①技术标准：是指在特定领域内，为了保证产品、工程或服务的质量，制定的一系列技

术规范和标准。这些标准旨在确保产品或服务符合特定的质量要求,包括性能、可靠性、安全性、耐久性等。技术标准是企业进行生产技术活动的基本依据,是企业标准化体系的核心。

②管理标准:是指为了达到质量的目标,而对企业中重复出现的管理工作所规定的行动准则。它是企业组织和管理生产经营活动的依据与手段。管理标准一般包括生产经营工作标准、管理业务标准、技术管理标准和经济管理标准。

(2)按内容分类

①基础标准:是标准化工作的基础,如术语标准、符号标准、计量单位标准等。

②产品标准:针对产品的结构、性能、规格、检验方法等方面制定的标准,如食品标准、机械产品标准等。

③方法标准:以试验、检查、分析、抽样、统计、计算、测定、作业等方法为对象制定的标准,如试验方法标准、检查方法标准等。

(3)按性质分类

①强制性标准:在一定范围内通过法律、行政法规等强制性手段加以实施的标准,如食品安全标准、药品标准等。

②推荐性标准:自愿采用的标准,如行业标准中的大部分属于推荐性标准。

③指导性技术文件:为产品的设计、制造、使用、维修、管理或质量保证活动提供指南或信息,供使用者自愿采用的标准文件。

(4)按作用分类

①设计标准:用于产品设计阶段的标准,如产品结构设计标准、材料选用标准等。

②工艺标准:用于产品制造过程中的工艺控制和质量保证的标准,如工艺流程标准、工艺参数标准等。

③检验标准:用于产品检验和验收的标准,如产品检验方法标准、抽样标准等。

## 三、质量管理

质量管理是企业管理的核心之一,它涉及企业的各个方面,包括产品设计、生产、销售和服务等。通过有效的质量管理,企业可以确保产品或服务的质量符合客户要求,提高客户满意度和忠诚度,进而增强企业的竞争力和市场地位。

**1. 质量管理的发展阶段**

质量管理的发展阶段主要可以划分为以下几个阶段。

(1)质量检验阶段(20 世纪初—1940 年)

质量检验阶段的质量管理主要通过检验来控制和保证产品质量。检验工作是质量管理活动的主要内容,通过严格把关,对已完成了的全部产品进行事后的、百分之百的检验。质量检验是通过对产品质量特征观察和判断,结合测量、试验所进行的符合性评价活动。简单来说,质量检验是在成品中挑出废品,以保证出厂产品质量。

这一阶段的特点是“事后把关”,仅限于对生产结果的检验,无法预防不合格品的产生。

(2)统计质量控制阶段(1941—1960 年)

第二次世界大战期间,由于军事需要,人们开始运用数理统计的原理和方法对生产过程进行控制，以预防不合格品的产生。战后，这一方法得以传播和广泛应用，形成了统计质量控制阶段。

这一阶段的特点是“预防为主”，应用数理统计原理和抽样技术对生产过程进行控制，以预防不良质量产品的出现，即进行事前的、预防性的生产过程控制。

（3）全面质量管理阶段（20 世纪 60 年代至今）

20 世纪 60 年代，随着科学技术的迅速发展和市场竞争的加剧，人们越来越认识到，单纯依靠统计质量控制已经难以保证和提高产品质量。因此，全面质量管理应运而生。

全面质量管理强调全员参与、全过程控制、全组织改进，以向服务对象提供满意的产品和最佳服务为目的。它要求企业建立质量管理体系，明确质量方针和目标，制订并执行质量计划，通过质量审核、质量评价等方式来监控和改进产品或服务的质量。

全面质量管理不仅关注产品的质量，还关注生产和服务过程的质量，以及组织的持续改进和顾客满意度。

总的来说，质量管理的发展阶段反映了从“事后把关”到“预防为主”，再到“全员参与、全过程控制、全组织改进”的演变过程。随着科学技术的进步和市场竞争的加剧，质量管理将不断发展和完善，以适应新的需求和挑战。

**2. 质量管理活动**

开展质量管理活动必须遵循 PDCA 循环［计划（plan）、执行（do）、检查（check）、行动（act）的循环过程］。PDCA 循环，也称为戴明环，是由美国质量管理专家沃特 · A. 休哈特（Walter A. Shewhart）首先提出的，并由戴明采纳、宣传并获得普及。全面质量管理的思想基础和方法依据就是 PDCA 循环。

PDCA 循环包括以下 4 个阶段。

（1）计划（plan）：在这一阶段，需要明确质量管理的目标，制订实现这些目标的策略和计划，包括确定要解决的问题、制订改进计划、设定具体的质量标准和目标等。

（2）执行（do）：根据已制订的计划，执行相应的质量管理活动。这包括实施新的质量控制方法、改进生产流程、培训员工等。

（3）检查（check）：在执行阶段之后，需要对实施的效果进行检查和评估。通过收集数据、分析过程结果，企业能够了解产品质量是否达到了预期目标。

（4）处理（act）：根据检查结果，采取相应的行动。如果产品质量达到了预期目标，可以总结经验教训，将成功的经验纳入标准，进行标准化管理。如果产品质量没有达到预期目标，需要找出问题的原因，制定新的改进措施，并将其纳入下一个 PDCA 循环。

通过不断地进行 PDCA 循环，企业可以持续改进质量管理过程，提高产品和服务的质量水平，满足客户的需求和期望。因此，PDCA 循环是开展质量管理活动的基本方法和工具，必须得到遵循和应用。

**3. 质量管理 3 部曲**

美国质量管理专家朱兰博士提出的质量管理 3 部曲主要包括质量计划、质量控制和质量改进 3 部分。

（1）质量计划

设定质量目标：明确产品或服务的质量标准和期望。

辨识顾客是谁:了解并确定目标市场和客户群体。

确定顾客的需要:深入了解顾客对产品或服务的需求和期望。

开发应对顾客需要的产品特征:根据顾客需求设计产品特性。

开发能够生产具有这种特征的产品的过程:设计并优化生产过程。

制定过程控制方案,将计划转入实施阶段:制定并实施监控和控制生产的措施。

(2)质量控制

评价实际绩效:收集数据,评估产品或服务的实际表现。

将实际绩效与质量目标对比:比较实际表现与设定的质量目标。

对差异采取措施:根据比较结果,对不符合目标的部分采取改进措施。

(3)质量改进

提出改进的必要性:识别并强调质量改进的重要性。

做好改进的基础工作:降低改进的阻力,获得高层管理者的赞同和参与。

确定改进项目:主要关注"关键的少数"项目,即那些能带来显著改进效果的项目。

朱兰博士的质量管理3部曲为企业提供了一个系统的质量管理框架,通过明确的质量计划、有效的质量控制和持续的质量改进,不断提高产品或服务的质量,满足顾客需求,增强企业的竞争力。

**4. 质量环**

质量环(quality loop)是指从识别需要到评定这些需要是否得到满足的各阶段中,影响质量的相互作用活动的概念模式。它始于市场营销和市场调研(对市场的需求进行识别,根据市场的需求进行产品的开发和设计),同样也终了于市场营销和市场调研(根据市场对其产品的反馈信息,评价市场的需求是否已得到满足)。因此,质量环反映的是一个连续不断、周而复始的过程,通过不断地循环,实现持续的质量改进。

从最初识别需求到最终满足要求和期望的各阶段中,影响质量的相互作用活动的概念模式称为质量螺旋或产品寿命周期,而质量环正是对产品质量的产生、形成和实现过程进行的抽象描述与理论概括。质量环的主要特点如下。

(1)一系列活动中一环扣一环,互相制约,互相依存,互相促进。

(2)质量环不断循环,每经过一次循环,就意味着产品质量的一次提高。

质量环对于提高产品质量、促进技术进步、推动产业升级具有重要意义。

**5. 质量功能展开**

质量功能展开(quality function deployment,QFD)亦称"质量屋",是一种顾客驱动的产品开发方法。这种方法从质量保证的角度出发,通过一定的市场调查方法获取顾客需求,并采用矩阵图解法将顾客需求分解到产品开发的各个阶段和各职能部门中。通过协调各部门的工作以保证最终产品质量,使得设计和制造的产品能真正地满足顾客的需求。

QFD是一种在产品设计阶段进行质量保证的方法,也是使产品开发各职能部门协调工作的方法。其基本原理是用"质量屋"的形式,量化分析顾客需求与工程措施间的关系度,经数据分析处理后找出对满足顾客需求贡献最大的工程措施,即关键措施,从而指导设计人员抓住主要矛盾,开展稳定性优化设计,开发出满足顾客需求的产品。

QFD的基本构成是质量屋,也称为质量表,是一种形象直观的二元矩阵展开图表。质量屋的基本结构要素包括左墙（顾客需求及其重要程度）、天花板（工程措施或设计要求）、房间（关系矩阵）、地板（工程措施的指标及其重要程度）、屋顶（相关矩阵）、右墙（市场竞争力评估矩阵）和地下室（技术竞争能力评估矩阵）。

QFD 的 4 个阶段包括计划、细节、工序和生产。这 4 个阶段有助于把来自顾客的对产品的需求传送到设计小组和生产操作者。每个阶段都需要通过矩阵图解法将顾客需求分解到该阶段的各个职能部门中，以确保最终产品能满足顾客需求。

## 四、全面质量管理

企业设立质量检验部门以履行专职检验职责，这种做法实质上是一种事后控制或称为“检验把关”的质量管理方式。在这种方式下，质量检验部门负责对生产出的产品或服务进行检验，以确保其符合预定的质量标准。然而，这种方式往往只能发现已经存在的问题，而不能预防问题的发生。

为了更有效地提高产品或服务的质量，企业应该加强全面质量管理。

**1. 全面质量管理的概念**

全面质量管理是一种由组织全体成员参与的、旨在通过让顾客满意和本组织所有成员及社会受益而达到长期成功的管理途径。它强调以质量为中心，以全员参与为基础，通过让顾客满意和本组织所有成员及社会受益来达到长期成功的目的。它涵盖了从市场调研、产品设计、采购、生产、检验、销售到售后服务的全过程，旨在通过提高整个组织的质量意识和能力，从而提升产品或服务的质量水平。

全面质量管理涉及组织的各个方面，包括产品质量、服务质量、过程质量和工作质量等。它要求组织通过系统的方法，把质量管理活动贯穿于产品或服务形成和实现的全过程与各个环节。这种管理途径将组织的所有管理职能纳入质量管理的轨道，形成全面的质量管理体系，从而有效地实现组织的质量目标。

通过实施全面质量管理，企业可以更好地了解顾客需求，优化产品设计，改进生产过程，提高员工的质量意识和技能水平，从而降低不良品率，提高顾客满意度和忠诚度，增强企业的市场竞争力和品牌价值。因此，企业应该加强全面质量管理的推广和实施，以提升整体的质量管理水平。

**2. 全面质量管理的原则**

（1）以顾客为关注焦点：企业依存于它们的顾客，因此企业应理解顾客当前和未来的需求，满足顾客需求并争取超越顾客的期望。这是首要原则。

（2）领导作用：领导者应确立企业统一的宗旨及方向，并创造并保持使员工能充分参与实现企业目标的内部环境。

（3）全员参与：各级人员都是企业之本，只有他们的充分参与，才能使他们的才干为企业带来收益。

（4）过程方法：将活动和相关的资源作为过程来进行管理，可以更高效地得到期望的结果。

（5）管理的系统方法：将相互关联的过程作为系统加以识别、理解和管理，有助于企业提高实现目标的有效性和效率。

(6)持续改进:持续改进总体业绩是一个企业的永恒的目标。

(7)基于事实的决策方法:有效的决策是建立在对数据和信息进行合乎逻辑与直观的分析的基础上的。

(8)与供方互利的关系:企业与供方是相互依存的,互利的关系可增强双方创造价值的能力。ISO 9000 质量管理的“清晰与开放的沟通”属于该原则的要求。

以上原则为企业提供了一个全面的质量管理框架,旨在帮助企业实现质量目标、提高顾客满意度,并持续改进其业绩。

# 第二章　设备点检与检修

设备点检管理主要是通过定期的检查和评估设备的运行状态与健康状况，旨在及早发现设备的潜在问题和异常情况，以预防故障的发生和保证设备的持续稳定运行。

设备检修管理是针对设备定期检修、维修和大修的管理活动，旨在确保设备在检修后能够恢复到设计性能，延长设备的寿命、提升设备的可靠性。

设备点检与检修在设备维护管理中各有其重要性和特定的应用场景，合理结合和有效执行可以显著提升设备的整体管理水平与生产效率。

## 第一节　设备信息维护

设备信息维护是指保持设备相关信息处于适合使用的状态，其内容包括设备基本信息维护、运行状态信息维护、维护记录维护和安全性维护等。设备信息维护是确保设备稳定运行、数据安全和准确的重要工作。通过定期巡检、数据备份、更新升级和预防性维护等方法，企业可以有效地提高设备的可靠性和性能，降低运营成本。同时，加强设备信息的安全保护也是非常重要的。

### 一、设备编码

设备编码（也称为设备 ID、资产编号或设备标签）是用于唯一标识和跟踪特定设备或资产的标识符。在大型企业、仓库、医疗机构、制造业或其他需要管理大量设备的环境中，设备编码系统至关重要。

**1. 设备编码的意义**

设备编码在设备管理中扮演着至关重要的角色，它不仅是设备的唯一标识符，更是企业优化资源配置、提高管理效率、保障设备安全的重要手段。

（1）唯一标识符

设备编码为每台设备提供一个唯一的标识符，有助于避免混淆和误操作，提高设备管理的精确性和可靠性。

（2）数据管理

通过设备编码，企业可以进行设备信息的录入、查询、统计和分析，有助于实现设备数据的系统化和规范化管理。

（3）维护管理

设备编码有助于设备的维护和保养工作。通过设备编码，企业可以快速查找设备的维护记录、保养周期、故障历史等信息，提高维护效率。

(4)库存管理

设备编码便于设备的入库、出库和库存管理。通过设备编码,企业可以快速、准确地进行设备的出入库登记和库存盘点。

(5)追溯管理

设备编码可以实现设备的全生命周期管理,从采购、安装、运行、维护到报废,所有环节都可以通过编码进行追溯和管理。

**2. 设备编码的原则**

设备编码的原则是确保设备在管理系统中的唯一性、可读性、可扩展性和可维护性。以下是制定设备编码时应遵循的原则。

(1)唯一性原则

每台设备必须有一个独一无二的编码,确保在设备管理系统中不会与其他设备混淆。编码一旦分配给某台设备,不应再分配给其他设备,即使该设备已经报废或被替换。

(2)可读性原则

编码应易于阅读和理解,避免使用过于复杂或容易混淆的字符和符号。编码中的每个部分应有明确的含义和定义,以便快速识别设备的属性、类别和位置等信息。

(3)可扩展性原则

编码规则应考虑到未来设备的类型和数量的增加,具有足够的灵活性和可扩展性。在设计编码规则时,应预留足够的空间来容纳新的设备类别、属性和其他相关信息。

(4)简短性原则

在满足唯一性和可读性的前提下,编码应尽可能简短,以减少输入错误和存储空间的占用。简短的编码也更容易记忆和识别,提高管理效率。

(5)稳定性原则

编码规则一旦确定,应保持稳定,不应频繁更改,以确保设备编码的连续性和一致性。只有在确实需要的情况下,如新设备类型的增加或现有设备属性的变化,才能对编码规则进行必要的调整。

(6)标准化原则

在组织内部或行业范围内,应尽量采用统一的设备编码标准,以提高信息的共享性和兼容性。标准化的设备编码可以简化数据的录入和检索过程,提高管理系统的易用性和可靠性。

(7)可维护性原则

编码规则应易于维护和更新,以便在需要时能够快速调整和优化。应建立相应的编码管理制度和流程,确保编码的准确性和一致性得到有效维护。

遵循以上原则制定的设备编码,可以为企业提供一个高效、准确、可扩展的设备管理系统,有助于企业实现设备的全面监控和管理,提高设备的利用率和安全性。

**3. 设备编码的制定规则**

设备编码的制定规则应根据实际需求和管理要求进行设计,通常可以考虑以下几方面。

(1)区域代码

区域代码用于表示设备所在的地理位置或厂区。例如,编码的前两位可以用来表示设备所在的区域。

(2)设备类型代码

设备类型代码用于表示设备的类别或功能。例如,编码的中间两位可以用来表示设备是泵、风机、压缩机等。

(3)序列号

序列号用于区分同一类型设备中的不同个体。例如,编码的最后几位可以用作设备的唯一序列号。

(4)时间代码

时间代码用于表示设备的安装或采购年份。例如,编码中可以加入年份代码以表示设备的安装时间。

(5)其他附加信息

根据实际需求,可以在编码中加入其他信息,如生产厂家、设备型号等,但附加信息不宜过多,以免编码过于复杂。

**4. 设备编码实例**

(1)示例1:简单层级结构

编码结构:区域代码(2位)+设备类型代码(2位)+序列号(3位)。

实例如下。

-PU-001:表示在区域01的第1台泵。

-FN-005:表示在区域02的第5台风机。

(2)示例2:复杂层级结构

编码结构:厂区代码(1位)+生产线代码(1位)+设备类型代码(2位)+序列号(2位)。

实例如下。

-A1-PU-01:表示在A厂区1号生产线的第1台泵。

-B2-FN-03:表示在B厂区2号生产线的第3台风机。

(3)示例3:加入时间和附加信息

编码结构:厂区代码(1位)+生产线代码(1位)+设备类型代码(2位)+安装年份(2位)+序列号(2位)。

实例如下。

-A1-PU-23-01:表示在A厂区1号生产线的2023年安装的第1台泵。

-B2-FN-22-03:表示在B厂区2号生产线的2022年安装的第3台风机。

**5. 设备编码的实施步骤**

设备编码的实施是一个系统工程,需要明确的步骤和细致的执行,以确保设备编码的有效性和实用性。

(1)确定编码规则

①了解现有设备管理状况:评估现有设备的数量、类型、分布情况等。

②明确管理目标:确定设备编码需要达到的具体目标,如提高管理效率、便于维护等。

③参考行业标准:研究相关行业的设备编码标准和最佳实践。

④设计编码结构:确定设备编码的各个部分及其长度,如区域代码、设备类型代码、序列号等。

⑤确定编码格式:选择合适的字符集(如字母、数字),并规定各部分的排列顺序。

⑥编写编码手册:详细描述编码规则,包括各部分的含义、取值范围及示例。

(2)编制设备编码

①设备信息汇总:收集所有需要编码的设备信息,包括设备名称、型号、安装位置等。

②数据核对:确保收集到的数据准确无误,并进行必要的梳理。

③应用编码规则:按照制定的编码规则,为每台设备生成唯一的编码。

④编码验证:检查生成的编码是否符合规则,并确保没有重复或错误。

(3)系统录入

①录入设备管理系统:将生成的设备编码及其对应的信息录入设备管理系统。

②数据备份:对录入的数据进行备份,防止数据丢失。

(4)培训和宣传

①制订培训计划:安排对相关人员的培训,包括操作人员、维修人员和管理人员。

②培训内容:培训内容应包括设备编码的意义、编码规则、编码使用方法等。

③编写指导手册:编写设备编码使用手册,提供给相关人员参考。

(5)实施和执行

①分阶段实施:根据设备数量和复杂程度,分阶段进行设备编码的实施,确保每个阶段都能顺利推进。

②定期检查:定期检查设备编码的执行情况,确保所有设备都按规则编码。

③问题反馈:收集和处理在编码过程中遇到的问题,及时进行调整和改进。

(6)定期检查和更新

①设备变动管理:对新增、拆除、调拨的设备及时进行编码更新。

②数据维护:定期维护设备编码数据,确保数据的准确性和一致性。

③定期审核:定期审核设备编码的实施效果,评估编码规则的适用性和有效性。

通过以上步骤,设备编码可以得到有效实施,进而提高设备管理的规范性和效率,为设备的维护和优化提供有力支持。

## 二、设备分类与资产编号

设备分类与资产编号,是设备验收移交使用单位后纳入资产管理工作的首要环节,是资产建账和统计分析的依据。

### 1. 设备分类

设备分类是设备管理中的基础工作,通过对设备进行科学分类,可以有效提高设备管理的效率和准确性。设备分类可以根据不同的标准进行,以下是常见的设备分类方法和每种分类的详细介绍。

(1)按设备功能分类

①生产设备:直接参与生产过程、对产品的制造起主要作用的设备。常见设备有车床、铣床、注塑机、印刷机等。

②辅助设备:辅助生产过程、对生产起支持作用的设备。常见设备有空压机、冷却塔、供水设备等。

③检测设备:用于检测和测量产品质量与生产过程参数的设备。常见设备有三坐标测量机、光谱仪、探伤仪等。

④动力设备:用于提供生产所需动力的设备。常见设备有发电机组、变压器、锅炉等。

(2)按设备使用场所分类

①工厂设备:用于工厂生产和管理的设备。常见设备有生产线设备、厂房通风设备、工厂电梯等。

②办公设备:用于办公场所的设备。常见设备有电脑、打印机、复印机、电话系统等。

③公共设施设备:用于公共服务和设施管理的设备。常见设备有城市照明设备、交通信号灯、给排水设备等。

④家用设备:用于家庭日常生活的设备。常见设备有家用电器、家具、家庭安全设备等。

(3)按设备移动性分类

①固定设备:安装在固定位置,不易移动的设备。常见设备有大型生产设备、发电机、锅炉等。

②移动设备:可以在不同地点间移动和使用的设备。常见设备有叉车、移动式发电机、万用表等。

(4)按设备自动化程度分类

①自动化设备:能够自行完成特定任务,减少人力干预的设备。常见设备有自动化生产线、数控机床、工业机器人等。

②半自动化设备:部分操作需要人工干预,部分操作可以自动完成的设备。

③手动设备:完全依赖人工操作的设备。常见设备有手动铣床、手动压机等。

通过对设备进行分类,企业可以更好地了解设备的特性和用途,从而进行有针对性的管理和维护。这不仅提高了设备的使用效率,还能延长设备的使用寿命,降低维护成本。

**2. 资产编号**

工业企业使用的设备品种繁多,为便于固定资产管理、生产计划管理和设备维修管理,设备管理部门对所有生产设备必须按规定的分类进行资产编号,它是设备基础管理工作的一项重要内容。对在生产中占有重要地位的重点设备,应根据规定加以划分,并实施重点管理。

对一台设备来说,有图号、型号、出厂号与资产编号之分,它们有着不同的含义和用途。

图号是指设备设计时对其制造用图纸的编号,用以区别其他设备的设计图纸;对专用设备及其他非标准设备,其图号还起到代替型号的作用。设备管理部门可以利用设计图纸编制设备的备件图册。例如,S1-1001 图号表示沈阳第一机床厂设计制造的第一种专用车床的设计图纸的编号,亦即其专用型号。

型号是设备产品的代号,一般用以区别设备的结构特性和形式规格。在设备选型订货及技术管理工作中,型号是大家公认的、最常用的一种称谓。例如,型号 MG1432,即最大磨削直径为 320 mm 的高精度万能外圆磨床。

出厂号是设备产品检验合格后,在产品标牌上标明的该设备的出厂顺序号,有的也称作制造厂编号,用以区别于其他出厂产品。当购方需要与制造厂联系处理所购设备的有关问题时,必须说明订货合同号、设备型号与出厂号。

资产编号用来区别设备资产中某一设备与其他设备,故每台设备均应有自己的编号。新设备安装调试合格验收后,由设备部门给予编号,并填入移交验收单中。使用单位的财会部门和设备管理维修部门据以建立账卡,纳入正常管理。

在《设备统一分类及编号目录》中,机械设备和动力设备被分为若干大类别,每一大类别又分为若干分类别,每一分类别又分为若干组别,并分别用数字代号表示。大类别的数字代号见表 2-1-1。

**表 2-1-1　大类别的数字代号**

| 机械设备 | | 动力设备 | |
|---|---|---|---|
| 大类别 | 代号 | 大类别 | 代号 |
| 金属切削机床 | 0 | 动能发生设备 | 6 |
| 锻压设备 | 1 | 电气设备 | 7 |
| 起重运输设备 | 2 | 工业炉窑 | 8 |
| 木工铸造设备 | 3 | 其他动力设备 | 9 |
| 专业生产用设备 | 4 | — | — |
| 其他机械设备 | 5 | — | — |

对设备进行分类编号的目的,一是可以直接从编号了解设备的属类性质;二是便于对设备数量进行分类统计,掌握设备构成情况。

属于固定资产的设备,其资产编号由两段数字组成,两段之间为一横线。其表示方法如图 2-1-1 所示。

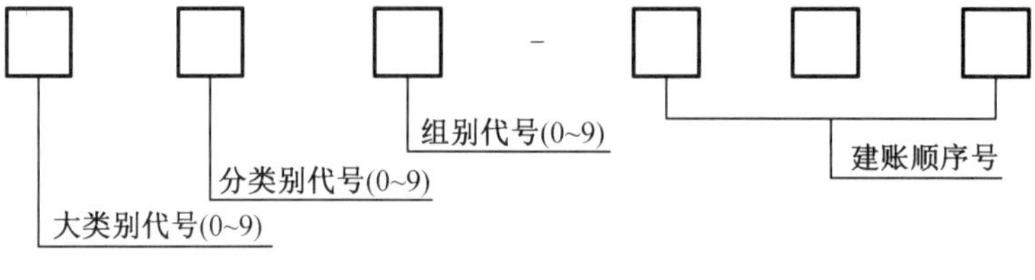


**图 2-1-1　固定资产设备编号组成**

例如,顺序号为 20 的立式车床,其编号为 015-020;顺序号为 15 的点焊机,其编号为 753-015。

## 三、重点设备的选定和管理

在生产过程中,按照设备在生产中的作用和重要性,可以分为主要生产设备和非主要生产设备。二者在企业生产中的角色和管理方式有所不同。其区别是:机械修理复杂系数等于 5 或大于 5 的,作为主要生产设备;小于 5 的为非主要生产设备。这种划分一般用于有关经济、技术指标和统计项目的计算。

重点管理法是现代科学管理方法之一。企业拥有大量的设备,它们在生产中所起的作用及其重要性各不相同,不能一律对待。对那些在生产中占重要地位和起重要作用的设备,以及在生产线上经常威胁均衡生产、产品质量和安全环保等对生产影响大的设备,应列为企业的重点设备,对其实施重点管理,以确保企业生产经营目标的顺利实现。重点设备的目录,可以根据生产计划和产品关键工序的变更每年加以调整。

**1. 选定的依据**

重点设备的选定一般运用 ABC 分析法或经验判定法。根据主要生产设备发生故障后和修理停机时对生产、质量、成本、安全、交货期等诸方面影响的程度与造成生产损失的大小,设备被划分为 A、B、C 3 类:A 类为重点设备,是重点管理和维修的对象,应严格执行预防维修;B 类为主要设备,也应实施预防维修;C 类为一般设备,可以实行事后维修。

**2. 选定的方法**

选定重点设备的方法通常有经验判定法和分项评分法两种。

(1)经验判定法

经验判定法是由设备管理维修部门根据日常维修积累的经验,初步选出一些发生故障后对均衡生产、产品质量和安全环保等影响大的设备,包括行业主管部门规定的多数精、大、稀、关设备,经征询生产车间、工艺部门的意见后,制定出重点设备清单,报分管设备的厂长、经理审定。在实施重点管理的工作中,可以按照实际需要进行修改与补充。

(2)分项评分法

分项评分法是按一定标准对每台主要生产设备进行评分,从中选出 10%左右高分值的设备作为重点设备。工厂可根据自己的具体情况,拟订本厂的设备评分标准。

**3. 重点设备管理**

重点设备除了应按主要生产设备的一般要求管理外,还应做到以下几点。

(1)设备管理部门每年应根据生产与设备的具体情况,征询有关单位意见,进行一次"重点设备目录"的修正。

(2)重点设备上要有明显标志(建议用符号 A)。

(3)日常维修应优先做好以下几项工作。

①操作人员切实实施日常维护和定期维护。

②明确专责维修人员,逐台落实定期点检内容。

③维修技术人员要组织好重点设备的故障分析与管理。

④备件管理人员要保证备件的制造与储备。

⑤生产与维修部门共同保证实施预修计划。

⑥从技术改造入手,提高设备的可靠性。

(4)重点设备的改造、更新计划,要优先安排,认真落实。

## 四、设备资产管理的基础资料

设备资产管理的基础资料包括设备资产卡片、设备台账、设备档案和设备技术档案等。

企业的设备管理部门和财会部门均应根据自身管理工作的需要,建立和完善必要的基础资料,并做好资产的动态管理。

**1. 设备资产卡片**

设备资产卡片是设备资产的凭证,在设备验收移交生产时,设备管理部门和财会部门均应建立单台设备的固定资产卡片,登记设备的资产编号、固有数据及变动记录,并按使用保管单位(车间、科室、班组等)的顺序建立卡片册。随着设备的调动、调拨、新增和报废,卡片位置可以在卡片册内调整、补充或抽出注销。

设备资产卡片的内容通常包括以下几个方面,以确保企业对设备资产的全面管理和跟踪。

(1)资产基本信息

①资产名称:设备的正式名称或型号。

②规格型号:设备的具体规格和技术参数。

③制造厂家:生产该设备的厂家或制造商。

④出厂编号:设备出厂时的唯一编号。

⑤使用部门:设备当前所属的使用或管理部门。

⑥存放地点:设备的具体存放位置或仓库。

(2)资产购置信息

①购置日期:设备购买的日期。

②设备原值:设备购买时的原始价值或成本。

③折旧年限:预计的设备折旧年限。

④已使用年限:设备从购买到目前为止已使用的年限。

⑤残值率:设备折旧完成后预计的剩余价值比率。

(3)资产变动信息

资产变动信息指资产的增加、减少、调拨等变动情况。

①变动日期:每次变动发生的具体日期。

②操作人员:执行变动操作的人员或部门。

(4)资产维修保养信息

①维修保养记录:设备历次的维修保养详情。

②保养计划:预定的维修保养时间和项目。

③维修记录:设备维修的具体内容和结果。

(5)资产处置信息

资产处置信息指资产的报废、出售、转让等情况。

①处置日期:资产处置的具体日期。

②操作人员:执行处置操作的人员或部门。

(6)经济信息和财务数据

①设备原值:设备购买时的原始价值或成本。

②累计折旧:设备到目前为止已累计的折旧金额。

③清理残值:设备报废或出售时的预计价值。

(7)其他信息

①资产照片或实物图片:可以更直观地了解资产的外形和状态。

②保管人员:负责设备保管和管理的具体人员。

③责任人:对设备使用和管理负有责任的人员或部门。

④资产转移记录:设备在不同部门或位置之间的转移记录。

(8)备注和附加信息

备注和附加信息包括任何与设备相关的额外信息、注意事项或特殊要求。

以上内容可以根据企业的实际需要进行调整和增减,以确保设备资产卡片信息的准确性和实用性。

**2. 设备台账**

设备台账是掌握企业设备资产状况,反映企业各种类型设备拥有量、设备分布及其变动情况的主要依据。它一般有两种编排形式:一种是设备分类编号台账,它以《设备统一分类及编号目录》为依据,按类组代号分页,按资产编号顺序排列,可便利新增设备的资产编号和分类分型号的统计;另一种是按车间(科室)、班组(生产线)顺序排列编制使用单位的设备台账,这种形式便于生产和维修计划管理及年终设备资产清点。以上两种台账分别汇总,构成企业设备总台账。

对精密、大型、重型、稀有、关键设备,应另行分别编制台账,上报主管部、局(公司)各一份。对传导设备应建立"传导设备编号总账",以便于维修管理。按照财务管理规定,企业于每年末由财会部门、设备管理部门与使用保管单位组成设备清点小组,对设备资产进行一次现场清点。要求做到账账相符、账卡物相符;对实物与台账不符的,应查明原因,写出盈亏报告,进行财务处理。清点后应填报设备清点登记表。

**3. 设备档案**

设备档案是指设备从规划、设计、制造、安装、调试、使用、维修、改造、更新直至报废的全过程中形成的图纸、文字说明、凭证和记录等文件资料,通过不断收集、整理、鉴定等工作归档建立的设备档案。它对企业做好设备管理工作可发挥重要作用。

企业设备管理部门要为每台主要生产设备建立设备档案。对精密、大型、重型、稀有、关键设备,重要进口设备,以及起重设备、动力设备、压力容器等的设备档案,要作为重点进行管理。

设备档案一般包括设备前期与设备投产后两个时期积累的资料,分列如下。

(1)设备前期部分主要资料

①设备选型和技术经济论证。

②设备购置合同(副本)。

③设备购置技术经济分析评价。

④自制专用设备设计任务书和鉴定书。

⑤检验合格证及有关附件。

⑥设备装箱单及设备开箱检验记录(包括随机备件、附件、工具及文件资料)。

⑦进口设备索赔资料(复印件)。

⑧设备安装调试记录、精度检验记录和验收移交书。

(2)设备投产后主要资料

①设备登记卡片。

②设备使用初期管理记录。

③开动时记录。

④使用单位变动情况记录。

⑤设备故障分析报告。

⑥设备事故报告。

⑦定期检查和监测记录。

⑧定期维护与检修记录。

⑨大修任务书与竣工验收记录。

⑩设备改装和改造记录。

⑪设备封存(启用)单。

⑫修理、改造费用记录。

⑬设备报废记录。

⑭其他。

设备说明书、设计图纸、图册、底图、维护操作规程、典型检修工艺文件等,通常都作为设备的技术资料由设备资料室保管和复制供应,均不纳入设备档案袋管理。

设备档案资料按每台单机整理,存放在设备档案袋内,档案编号应与设备编号一致。设备档案由设备动力管理维修部门的设备管理员负责管理,保存在设备档案柜内,按编号顺序排列,定期进行登记和资料入袋工作。

**4. 设备技术档案**

设备技术档案是指在设备管理的全过程中形成的,并经整理应归档保存的图纸、图表、文字说明、计算资料、照片、录像、录音带等科技文件与资料,通过不断收集、整理、鉴定等工作归档建立的设备档案。

设备技术档案封面一般包括名称、型号和出厂编号。

设备技术档案的目录一般包含如下选项。

(1)设备基础信息。

(2)附属设备技术参数。

(3)设备技术文件表。

(4)设备运行记录表。

(5)设备保养记录表。

(6)设备维修记录表。

(7)突发事故记录表。

## 五、设备资产的动态管理

设备资产的动态管理是指设备由于闲置封存、移装与调拨、借用与租赁、报废与处理等情况引起的资产变动,需要处理和掌握而进行的管理。

**1. 设备的闲置封存**

闲置设备是指过去已安装验收、投产使用而目前生产和工艺上暂时不需要的设备。它在一定时期内不仅不能为企业创造价值，而且占用生产场地，消耗维护费用，成为保管单位的负担。因此，企业要设法把闲置设备及早利用起来；确实不需用的要及时处理给需用的单位。

下列设备不得作为闲置设备处理。

(1)在用和备用设备。

(2)建设项目的设备。

(3)正在维修或改造的设备。

(4)特种储备、抢险救灾、经核定封存的军工和动员生产等所必需的设备。

(5)国务院有关部门明文规定淘汰的能耗大、严重污染环境和危害职工人身安全的设备，以及不许转让和扩散的设备。

**2. 设备的移装与调拨**

(1)设备移装是指设备在工厂内部的调动或安装位置的移动。凡已安装并列入固定资产的设备，车间不得擅自移位和调动，必须有由工艺部门、原使用单位、调入单位及设备管理部门会签的设备移装调动审定单和平面布置图，并经分管领导批准后方可实施。

设备动力部门每季初编制设备变动情况报告表，分送财会部门和上级主管部门，作为资产卡片和账目调整的依据。

(2)设备调拨是指企业相互间的设备调入与调出。双方应按设备分级管理的规定办理申请调拨审批手续，只有在收到主管部门发出的设备调拨通知单后，方可办理交接。

设备资产的调拨为有偿调拨，通过双方协商，合理估价，收款后办理出厂手续，调出单位注销资产卡片。

调拨设备的同时，所有附件、专用备件、图册及档案资料等，应一并移交给调入单位，调入单位应按价付款。

凡设备调往外地时，设备的拆卸、油封、包装、托运等，一般由调出单位负责，其费用由调入单位支付；如在同一城市或地区，则由调入单位负责，调出单位给予必要的协助。

**3. 设备的借用与租赁**

企业内部单位之间设备的借出与借入称为设备的借用。设备租赁是指企业和外单位之间设备的租入与租出。

经分管领导(厂长或经理)同意借用或租赁的设备，统一由设备动力部门办理“设备借用/租赁合同书”，具体填写双方协议内容，经双方经办人及负责人签章；租赁合同还应由公证单位签证，然后双方开始执行合同规定。

对借用的设备，借出单位照提折旧与大修理基金，借入单位按月向借出单位缴纳相应的折旧与大修理提存金额。借用设备的日常维修、预防修理及有关考核由借入单位负责。对长期借用的设备，主管部门应办理调动手续和资产转移，以利于资产管理。

对租出的设备，租出单位亦按月照提折旧与大修理基金。租金的计算除了包括折旧与大修理提存金额外，还应考虑企业的资金利税率。

**4. 设备的报废与处理**

设备由于严重的有形或无形损耗，不能继续使用而退役，称为设备报废。设备在生产中使用到一定的寿命年限，主要性能严重劣化，不能满足生产工艺要求，且无修复价值，或者在经济上大修不如更新合算者，就应进行报废处理，另行更新以适应生产需要。

(1)设备报废的条件

通常情况下，设备具有下列情况之一的，应予适时更新，办理报废手续。

①已超过规定使用年限的老旧设备，其主要结构和零部件已严重磨损，设备效能达不到工艺最低要求，无法修复或无修复改造价值的。

②因意外灾害或重大事故受到严重损坏的设备，无法修复使用的。

③严重影响环保安全，继续使用将会污染环境，引发人身安全事故与危害健康，进行修复改造又不经济的。

④因产品换型、工艺变更而淘汰的专用设备，不宜修改利用的。

⑤技术改造和更新替换出的旧设备不能利用或调出的。

⑥按国家能源政策规定应予淘汰的高耗能设备。

(2)报废设备的处理

根据具体情况，报废设备可做如下处理。

①估价转让给能利用的单位。

②将可利用的零部件拆卸留用，不能利用的作为原材料或废料处理。

③按相关政策的规定，淘汰的设备不得转让，按②处理。

④处理回收的残值应列入企业更新改造资金，不得挪作他用。

## 六、设备管理的技术标准

### 1. 维修标准概述

(1)传统设备管理的3大规程

传统的设备管理采用3大规程来用好、管好和修好设备。

①设备操作规程，明确了设备的性能、精度和结构，同时也明确了使用设备的方法、步骤程序和确认范围及注意事项，在设备的正确操作、合理使用方面具有指导性意义。

②设备维护规程，规定了设备的维护保养部位(点)及其维护的方法和保养的要点，以及检查的部位和方法、维护保养的周期、加油润滑的操作作业方法等，为管好设备采取了措施。

③设备检修规程，规定了设备的检修作业方法和零部件的检修质量标准，这是指有减损量机件的使用标准，也是衡量和考评检修质量的评价标准，体现了修好设备的尺度。

我国的绝大多数企业或全部工矿企业都采用了3大规程，这也是国家的行业规定，企业必须遵照执行。

(2)维修标准

在推行以点检为核心的预防维修或生产维修的点检定修制后，为了适应点检制的开展和定修制的推进，过去的3大规程做法已不能有针对性地执行，因此必须采用维修标准来代替维护规程和检修规程，用操作手顺书替代操作规程。操作手顺书比操作规程具有更强的安全性、规范性和操作性，可以这样说，“一个内行的人”按操作规程操作设备，不小心会因操作失误而发生事故；而“一个外行的人”按操作手顺书来操作设备，则不会出现差错。可见操作手顺书的操作安全性及规范化作业达到了一定程度。所以说使用操作手顺书比操作规程更加全面、细致，步骤更清楚明确，每一动作都以前一步的确认为前提，做到绝对正确无误。而维修标准更加有利于推行点检作业和定修管理。

(3)生产设备维修标准间的关系

所谓标准，是衡量人们的行为动作、工作任务、社会活动等实施过程的基本准则，亦称基准。基准可以从管理和技术上的不同角度，分为管理的基准和技术的基准两种。前者通常称“基准”，包括工作程序、规程、规则、步骤、方法等方面；后者通常称“标准”，包括技术指标、品质界限范围、技术规范等内容。

维修标准，是设备维修管理和维修技术工作上实施管理的基本准则。维修标准是对设备进行维修技术管理、点检检查、维护保养及修理等规范化作业的依据。凡生产设备在投入使用前，必须制定和具备这些标准。因此，维修标准在设备管理中具有基础性地位，并为管理好、使用好和修理好设备提供了有效的方法。这也是点检定修制的要求。设备的管理部门和现场的管理者、点检作业检查者，以及维修技术人员都应该熟悉并运用它。

**2. 维修标准的分类**

维修标准根据专业和使用条件的区别，可分为 4 项，即维修技术标准、点检技术标准（包括法定检查标准）、润滑作业标准和维修作业标准。4 项维修标准的关系如图 2-1-2 所示。

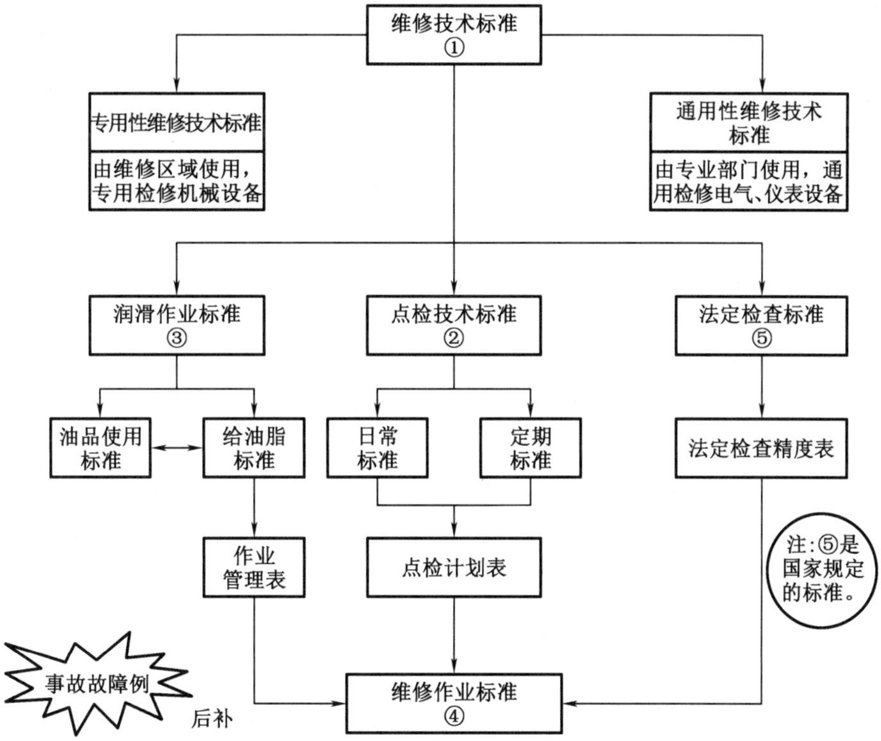


**图 2-1-2　4 项维修标准的关系**

(1)维修技术标准

维修技术标准是其他 3 项标准,即点检技术标准、润滑作业标准和维修作业标准的基础,也是编制此 3 项标准的依据。设备维修管理中的首要任务,就是制定好各种设备的维修技术标准。如果有已列入点检管理的对象设备,则根据维修技术标准的内容和要求制定点检标准与给油脂标准,在维修作业修理时,再制定维修作业标准。

①主要作用

A. 通过编写设备基本建设中的设备安装装配手册、弄懂设备制造厂商提供的设备使用说明书,全面地理解设计意图,正确地用好设备。

B. 突出日常设备使用过程中的点检、维护要点。

C. 指导设备点检标准、给油脂标准,以及设备维修作业标准的编写。

②分类

根据设备专业和使用条件的不同,维修技术标准可以分为通用性和专用性两大类。

A. 通用性维修技术标准是指同类或同种,而且使用条件、工作环境相同的在用设备,并施行点检检查、维修管理的通用标准。其中有机械的同类设备,如起重设备、供排水设备、供风供气设备及各种阀门设备等;有电气设备和仪表设备,而且在电气设备、仪表设备中应用较广泛,如交直流电机设备的定期测定标准、电气继保和绝保等的保护标准、变压器的定期试验标准、高压电气类设备的继保和绝保等定期试验标准等。对于一些机械设备,如液压设备、润滑设备、动力设备等也可根据使用情况采用或借用同类设备的标准。

B. 专用性维修技术标准基本用于机械设备(包括炉窑设备)、液润设备和管网设备等。特别是一些专用性强、非标准的设备,如冶金设备、装备中的炼铁设备、炼钢设备、轧钢设备、炼焦设备、烧结设备、化工机械、动力机械、冶金起重机械等,必须采用专用性维修技术标准。特别要求的电气设备、仪表设备,也可根据其使用场合和特殊性要求的不同而设定专用性维修技术标准。因此,标准的设定和采用,不能一概而论,必须整合当时的使用条件来决策,适合现场条件的标准才是最好的。

③编制依据

在编制设备维修技术标准过程中,最主要的是确定关键部位、关键零部件的维修技术管理值。关于设备维修技术管理值的确定,在编制初期由于缺乏实际运行经验的积累,因此只能依据如下内容。

A. 设备制造厂商提供的设备使用说明书、技术参数、设备制造装配图纸等资料。

B. 参考国内外同类设备或同行业使用工艺性质相似设备的维修技术规程及维修技术管理值。

C. 若是由国外进口的引进设备,设计和制造水平不得低于中外双方设计联络时确认的国内外相关标准的规定值。

D. 由外商负责供应的设备配套件,允许使用经业主同意的合同生效时该国有效的现行标准规范,该标准规范不得与国内现行标准规范相冲突或存在相矛盾的地方,否则,应按照高一等级的标准或规范执行。

E. 若暂无国家标准的可参照相应的国际标准,如国际标准化组织(ISO)制定的标准、国际电工委员会(IEC)制定的标准,或根据企业的运行经验提出本企业的一些经验数据作为标准值。

④编制分工

A. 专用性维修技术标准由二级厂（分厂）或地区维修科的对口技术人员，在设备投入使用前编制，同时根据规定的报批程序备案报批，并经一年试用后再次修订。

B. 通用性维修技术标准由总厂（或公司）的专业技术部门的技术人员编制，同时根据规定的报批程序备案报批，并经试用一年后再次修订。

⑤编制的内容和方法

以专用性维修技术标准为例，其主要内容包含设备的名称、关键核心部位装置的名称、装置布置简图（附零部件标号）、简图上各零部件名称、零部件的使用材质、零部件的维修技术要求（包括零部件的关键尺寸、装配间隙、劣化极限允许值等）、零部件的点检检测方法、检测周期、更换或修理周期，以及检修方面需要特别记录的事项等。

编制设备维修技术标准一般从设备的构造入手，按照设备在生产工艺过程中的运行特点，科学地分析设备各部位（或装置）对生产产品的质量、产量、品种和生产过程的安全等影响程度，以及设备运行工况、运行环境，预判零部件易出现损坏、劣化的情况，决定哪些部件或装置需要纳入管控的范畴。编制的具体步骤如下。

A. 仔细参阅消化设备图纸、使用说明书、操作手册等设备资料，熟悉了解生产工艺过程对设备的具体要求，以及设备在整个过程中所起作用和所分担的功能。

B. 梳理设备构造中各种标准件、通用件，收集查找这些通用标准件的相关国家标准或行业标准，如果是进口设备则还需要对应找到生产制造国家的相关标准或国际标准，从中找出与本设备对应的一些规定或条款，编制一些通用性维修技术标准。

由于通用标准件一般不止应用在一台设备上，可能在本企业各类设备上都有所应用。针对本企业设备所共同应用的一些通用标准件，编制本企业的通用性维修技术标准时，需要优先给予考虑。

C. 通用性维修技术标准可直接引用相关的国家标准或行业标准，但在编制时一定要结合本企业的具体情况，加以引用，一些与本企业设备关系不大的可以省略。

引用时要注明相应标准的名称和依据来源，在具体管控值的确定上也需要根据本企业设备的具体工况条件和运行环境的差异，做出修改。

D. 确定了设备的关键管控部位或装置后，将相关的部位所有主要零部件，在一张简图上加以呈现，并在简图上标注清楚每个零部件的代号，便于列表一一说明清楚。

E. 将简图和相关零部件做好记录。注明每个零部件的材质、规格尺寸。查阅设备的装配图纸或查找相关设备设计资料，确定该零部件装配时的配合间隙尺寸要求。

F. 确定该部位零部件管控的许容值。在缺乏科学数据积累之前，需要凭借设备人员的经验或参照其他同类企业相同工艺条件下类似设备的运行实绩加以确定。刚开始没有太大把握的情况下，可以先定得比较保守些，这样可以避免设备出现严重的缺陷引起大的故障。在运行管理过程中注意加强跟踪监测，找出该值对产品质量或数量影响程度的相关性指标，帮助最终确定准确值。

G. 检测手段是依据目前所具有的现有检查方法确定，随着技术的进步也可以通过更先进的、更精确的方法来实施定期的测量检查。如果能够精确地测量出零部件细枝末节的变化值,这对于准确地把握检测的周期是非常重要的依据。只有掌握了零部件变化的速率,才能准确地控制在失效之前将其换下,这是最经济、最能体现设备运行综合效益的思路。

H. 检查周期和更换周期的确定关键就是必须准确地把握零部件劣化的速率。在缺乏科学数据的情况下,只能通过实际运行经验积累。为了保险起见,刚开始可以先把周期规定得间隔短点,经过多次的实际检测,通过倾向管理的方式,能够帮助逐渐找到比较精准的时间周期。必须说明的是,每次设备故障其实也是很好地积累经验和丰富经验的机会。

通过上述这些步骤,针对某台设备的专用性维修技术标准基本成型。但是,这仅仅是初步的,一个有价值的可执行的专用性维修技术标准,只有经过多年的运行实践的检验和不断修订完善,才可能成为具有实际指导意义的技术标准文件。

⑥典型案例

典型案例(电机定期测定标准)见表 2-1-2。

**表 2-1-2　电机定期测定标准**

| 电机名 | 试验测定项目 | 周期 | 判定标准 |
| --- | --- | --- | --- |
| 直流回转电机 | 绝缘电阻(大型)<br>绝缘电阻(小型)<br>主副极间隙<br>接地电阻<br>轴电压<br>耐压试验 | 1 个月<br>6 个月<br>1~3 年<br>5 年<br>适宜<br>适宜 | 允许值 $=\frac{额定电压(V)}{功率(kW)+1\ 000}M\Omega$<br>以上使用偏差 20% 以内。注意偏差 15% 以内,第 1 种 10 Ω 以下,第 3 种 100 Ω 以下,特别第 3 种 10 Ω 以下与良好时比较。<br>平均值的 3%以下 |
| 同步回转电机 | 绝缘电阻<br>主副极间隙<br>接地电阻<br>轴电压<br>冷却风量<br>绝缘劣化诊断 | 6 个月<br>1 年<br>5 年<br>适宜<br>适宜<br>4~5 年 | 允许值:同直流机。<br>第 1 种 10 Ω 以下,第 3 种 100 Ω 以下;特别第 3 种 10 Ω 以下与良好时比较 |
| 感应电机 | 绝缘电阻<br>主副极间隙<br>接地电阻<br>绝缘劣化诊断 | 6 个月<br>1~3 年 | 同直流回转电机 |
| 减速电机 | 绝缘电阻 | 6 个月 | 同直流回转电机 |
| 变压器 | 绝缘电阻<br>绝缘油<br>接地电阻 | 1~3 年<br>1~3 年<br>5 年 | 耐压:30 kV 以上;<br>酸价:0. 2 以下;<br>固定电阻:$5.0\times10^{11}$ Ω 以下;<br>第 1 种和特别第 3 种 10 Ω 以下;<br>第 3 种 100 Ω 以下;<br>第 2 种 220/I 线地络电阻(A)Ω 以下 |

(2)点检技术标准

点检技术标准是专业点检员及其他设备点检员对列入点检管理对象设备开展点检、检查作业业务的根据,也是进行编制点检作业计划的基础。它规定了对象设备的各部位点检项目、内容、周期、判定标准,以及点检的方法、分工、点检时的部位状态等。

①主要作用

点检技术标准是针对设备各部位的结构特点,按照“五定”(定点、定期、定法、定人、定标)的原则,明确规定了点检作业时需要逐项进行检查的设备部位、项目内容、检查方法、作业分工、判定标准等具体内容和要求。点检技术标准是设备点检标准化作业的主要技术指导文件,也是编制(或生成)点检计划、实施设备点检作业和维护好设备的基本依据,因此其是设备维修标准体系中的重要组成部分之一。

设备点检技术标准编写的主要目的与作用如下。

A. 通过编写点检技术标准,设备点检员能够全面梳理、掌握所辖设备的详细情况,明确需要点检的具体部位(点)、项目内容、检查方法、设定检查周期、业务分工及判断标准,方便点检作业的执行。

B. 点检技术标准是一套非常有效的点检作业指导手册,其浓缩了编审人员的经验和智慧,是企业设备基层基础管理的宝贵财富,有利于员工的经验传承,尤其对新上岗从事点检工作的员工来说,是一份难得的岗位培训资料,可以使新人快速掌握设备点检要领,获得良好的作业效果。

C. 点检技术标准可确保任何人参与点检作业都能获得同样的效果,依据点检技术标准可以很快地熟悉设备的日常点检业务,即使人员变更也不至于因对设备不熟悉而导致设备状态监测跟踪点的疏漏,减少由于不熟悉设备而引起的失误。

D. 依据点检技术标准可以生成每天的点检计划,使得设备点检员每天的工作有重点、有步骤、有条不紊地开展对设备的点检检查,确保高效地完成点检作业。

E. 点检技术标准是开展自主点检维护管理活动和养成标准化作业良好习惯的有效工具,设备点检员能够依据标准实施规范化的点检作业。

F. 按照点检技术标准预先设定的周期和方法,设备点检员有计划地对设备的指定部位(点)、项目内容,对照设定的判断标准,进行设备运行状态有无异常的预防性检查和监测,便于设备的隐患和缺陷能够及早发现,进而进行早期的预防和处理,可以有效防止设备故障的发生,使设备始终处于受控的状态。

②内容

点检技术标准包含点检部位与项目、点检内容、点检周期、点检分工、设备点检时状态、点检方法、点检判断标准等主要内容。

A. 点检部位与项目

凡 A、B 类设备与 C 类设备的重点部位,都是被列入预防维修检查的对象,包括设备可能发生故障和容易劣化的部位,内容如下。

a. 设备具有滑动的部分。

b. 设备的旋转部分。

c. 设备的传动机构。

d. 设备与原料接触的部分。

e. 设备承重的结构支撑部分。

f. 设备接触腐蚀介质的部分。

通常把这些位置的大分类填入“部位”栏，小分类填入“项目”栏。

B. 点检内容

点检的 10 大要素：系统压力、温度、流量、泄漏、给脂状况、异音、振动、龟裂（折损）、磨损、松弛，这些要素为常规点检内容。

C. 点检周期

决定设备点检周期的因素与前提条件如下。

a. 设备的作业率——设备每月的生产产量。

b. 设备的使用条件——是否存在经常性的误操作情况。

c. 设备的工作环境——设备所处环境的温度、湿度、粉尘数量。

d. 设备的润滑状况——设备润滑的方式与润滑状态。

e. 设备对生产的影响——设备对企业生产的重要程度。

f. 设备使用实绩——其他同类企业设备的使用情况。

g. 设备制造厂商推荐值。

在编制点检技术标准初期，设定点检周期是有一定难度的，因为初期编制缺乏经验。通常在编制标准时先设定一个比较安全保险的周期值，随着生产情况的改变和运行经验的累积，再进行逐步的修正，趋向合理。

一般点检周期可以分为：班、天、周、月、年。不同周期对应的代码为：S 代表班；D 代表天；W 代表周；M 代表月；Y 代表年。

D. 点检分工

点检分工主要分为操作点检、专职点检、解体（维护）点检 3 种。

E. 设备点检时状态

设备点检时状态主要分为设备停止时（静态）和设备运行时（动态）点检两种。通常设备的温度、压力、流量、振动、异音、动作、状态等，必须是在设备运转状况下才能点检的项目，称为运行（动态）点检，其余的项目则必须在设备停机时（静态）点检。

F. 点检方法

点检方法主要是通过视、听、触、摸、嗅人体五感来进行日常点检的基本方法，对有些重要部位的点检，则必须借助简单仪器、量具等来测量，或专用仪器进行精密点检测量。

G. 点检判断标准

点检判断标准分为定性标准和定量标准，凡定量标准可直接参照设备维修技术标准。

③分类

点检技术标准可根据专业和使用条件的不同分为两大类：通用性点检技术标准和专用性点检技术标准。

通用性点检技术标准是指同类设备在相同使用条件下实行点检检查的通用标准。其一般用于电气设备和仪表设备，如高压旋转式接触器、交直流电机、电表、高低压开关盘，以及各种控制器和检出器等。对于同类型、同规格的部分机械设备，如条件相同也可以采用通用性点检技术标准,如一般用机械机件、动力设备(如泵和风机)、起重运输设备(如起重机和皮带运输机)等。

专用性点检技术标准多用于机械设备(包括土建设备和炉窑设备),特别是对工艺、工作环境和运转有特定要求的非标准设备。

点检技术标准按用途不同,还可分为日常点检技术标准和定期点检技术标准两种。日常点检技术标准适用于生产操作点检(表 2-1-3,以压缩机为例)。

**表 2-1-3　压缩机的日常点检技术标准表**

<table>
<tr><td rowspan="2">设备名</td><td colspan="2" rowspan="2">压缩机</td><td colspan="3" rowspan="2">日常点检技术标准表</td><td colspan="2">制定</td><td>年　月　日</td><td>整理 No.</td></tr>
<tr><td colspan="2">制定</td><td>年　月　日</td><td rowspan="2"></td></tr>
<tr><td>编号</td><td colspan="2">EP50Z</td><td>点检周期</td><td colspan="2">每天</td><td colspan="2">改订</td><td>年　月　日</td></tr>
<tr><td>部位</td><td>序号</td><td colspan="2">点检项目</td><td colspan="3">点检方法</td><td colspan="3">判断标准</td></tr>
<tr><td rowspan="2">马达</td><td>1</td><td colspan="2">运转电流</td><td colspan="3">电表目视</td><td colspan="3">无负荷 40~50 A,有负荷 100~120 A</td></tr>
<tr><td>2</td><td colspan="2">异音、振动</td><td colspan="3">手碰、听觉</td><td colspan="3">与平时运转时比较</td></tr>
<tr><td rowspan="6">压缩机</td><td>3</td><td colspan="2">油量</td><td colspan="3">油量表目视</td><td colspan="3">量程范围内</td></tr>
<tr><td>4</td><td colspan="2">油压</td><td colspan="3">压力表目视</td><td colspan="3">2.0~2.5 kg/m³</td></tr>
<tr><td>5</td><td colspan="2">冷却水压力</td><td colspan="3">压力表目视</td><td colspan="3">0.9~1.0 kg/m³</td></tr>
<tr><td>6</td><td colspan="2">异音、振动</td><td colspan="3">手摸、听觉</td><td colspan="3">与平时运转时比较</td></tr>
<tr><td>7</td><td colspan="2">吐出压力</td><td colspan="3">压力表目视</td><td colspan="3">5~7 kg/m³</td></tr>
<tr><td>8</td><td colspan="2">漏油</td><td colspan="3">目视</td><td colspan="3">地面无漏油</td></tr>
<tr><td>空气槽</td><td>9</td><td colspan="2">排放</td><td colspan="3">手动</td><td colspan="3">到从阀里出气为止</td></tr>
<tr><td>安装</td><td>10</td><td colspan="2">安装处的松动</td><td colspan="3">目视</td><td colspan="3">无松动</td></tr>
<tr><td rowspan="2">皮带</td><td>11</td><td colspan="2">张力情况</td><td colspan="3">手摸</td><td colspan="3">松动 20~25 mm</td></tr>
<tr><td>12</td><td colspan="2">安全盖异常</td><td colspan="3">目视</td><td colspan="3">松动、无接触</td></tr>
</table>

定期点检技术标准适用于专职点检员作业之用,是专职点检员检查的依据,除了定性判断外,还要做到定量判断。

④编制依据

A. 设备使用说明书和有关的技术图纸资料。

B. 设备技术参数、功能、精度等技术目标值。

C. 设备维修技术标准(通用和专用)。

D. 企业、同行相同或类似设备的实绩运行资料。

E. 编写人员的实践经验。

F. 以往设备故障记录及设备检修的实绩资料等。

点检技术标准由本点检作业区的专业点检组长在设备投入使用前编制初稿,并由本作业区点检作业长审查批准,交给点检组长试行。在试用半年至一年后,根据设备运转状态、故障及维修实绩等因素进行一次修改。以后每年根据上述情况及点检员的技能和经验,有必要时定期或不定期地修改和完善。

(3)润滑作业标准

为了减缓设备机件的劣化进程,要在设备运动部件的接触面之间加注润滑油、润滑脂,称为给油脂。通过有效的润滑可以大大减少设备部件之间的摩擦与磨损,起到防锈、冷却及冲洗作用,延缓设备机件的磨损,延长设备使用寿命。实践证明,大部分设备故障与设备润滑状况有着直接的关系,因此必须认真做好设备的润滑工作。

明确与规定设备给油脂部位、给油脂方式、油脂牌号、给油脂点数、补给油脂量与补给(或更换)周期,以及给油脂分工等的规范性标准文件称为润滑作业标准。

润滑作业标准是做好设备润滑工作的依据,原则上由分管设备的点检员负责制定。不论是设备操作人员还是设备点检员、检修人员都必须严格执行,确保设备时刻处于良好的润滑状态;同时在工作实践中根据设备运行的工况,不断对设备润滑作业标准进行优化、规范和完善。

①内容

A. 给油脂部位和点数

机件滑动工作部位主要有轴承部位(滑动轴承和滚动轴承)、制动器、气缸(油缸)、导轨工作面、工作台面、滑块、作业床面、轨道面、滑槽等。

机件传动工作部位主要有绳链传动、齿轮传动、液压传动、离合器、液力耦合器、滑轮、绳轮、钢丝绳等。

B. 给油脂方式

给油脂方式主要有 3 大类,共 12 种,后面将详细说明。

C. 油脂牌号

明确油脂牌号,即必须按照设备使用说明书中规定的牌号给予设备油脂。因为设备在设计阶段已规定用油的标准,机件的材质对油的作用是不同的,材质和油的使用关系到机件磨损程度以及使用寿命。机件工作条件的不同也会影响油脂牌号的选用。

D. 补给油脂量和补给(或更换)周期

补给油脂量对任何一点(部位)都应有严格的要求,补多补少都不合格。补多了不但造成浪费,也增加机件工作负担或环境污染;补少了不到位,影响润滑效果。补给量与周期有关,更换时机主要决定于油质量,必要时可以定期或不定期检验分析,以决定何时更换。

E. 给油脂分工

给油脂分工指给油脂作业执行者的分工,凡是人工给油脂或手动给油脂的由岗位操作人员按规定给油脂,运离作业线设备由岗位维修人员或专职点检员按规定给油脂,凡自动给油脂、一次性给油脂的设备由专职点检员或者委托检修人员按计划定期补给或更换油脂,也可以由项目工程委托检修人员在项目中操作。

润滑作业标准与点检技术标准是同等重要的维修标准。

②给油脂方式

A. 手工类

手工类即手工方式给油脂,其中包括 6 种形式,用代号 HO、GP、GC、GG、GE、OB 表示。

a. HO 为手工给油方式,这是最简单的给油润滑方式,也是比较原始的开式给油,即使用油壶对开启式工作面进行给油。如导轨面、运动接触面、开式油杯等。

b. GP 为手工给脂方式，即用手工外涂于润滑件表面，而且多数为开启式工作面的外涂脂作业。

c. GC 为手工油杯给脂方式，即定时给油杯加脂，旋转油杯盖，用杯盖的压力使脂进行润滑作业。

d. GG 为油枪给脂方式，即手工打动油枪注入油嘴后，用油枪的推进力使脂压入给脂部位。

e. GE 为一次性给油脂方式，即在进行检修时，解体后的装配作业中把油脂封入润滑部位，进行给油脂方式作业。这种给油脂方式在平时不进行补加，只有在更换零部件时进行作业。

f. OB 为油溶润滑，用于备有油箱的润滑方式，并只能应用于稀油的润滑。在平时可以进行补给油作业，并应定期进行取样检验油质，必要时可以全部更换。

B. 手动类

手动类即手动方式进行给油脂，有 3 种方式，用代号 CL、CH、DL 表示。

a. CL 为集中循环给油脂方式，即手动方式开启手动油泵，把稀油或油脂定时供给各润滑点。

b. CH 为集中手动泵给油脂方式，即用手动泵集中给油脂，操作人员（作业人员）必须定时、定量给润滑点油脂。

c. DL 为滴下润滑方式，以循环滴下的形式使润滑油定量、定时滴于下部工作面，如齿面、轮面、导轨面等，以达到润滑的目的。

C. 自动类

自动类是指对各润滑点用自动油脂泵给油脂，主要有 3 种方式，用代号 CA、OM、GS 表示。

a. CA 为集中自动给油脂方式，即使用全部自动设备定时定量达到润滑作业，不需要人为操作，也可以对主油泵设定定时启动，达到定量给油脂作业的目的。

b. OM 为油雾润滑方式，即对各工作面的润滑点进行定时喷雾润滑，主要用于稀油喷雾润滑。

c. GS 为油脂喷雾方式，这是脂的喷雾，同样可以对需要润滑点进行定时喷脂润滑作业。

③编制依据

润滑作业标准具有绝对专用性，无法通用，但对同类、同型的设备来说则是例外的。然而，由于油量、周期及作业人员的不同，无法达到完全的通用，因此只有润滑作业标准是一致通用的。润滑作业标准应由设备油脂工程师来制定，由专职点检员根据设备使用说明书、工况条件和油脂使用标准及其工作经验进行编制，由点检作业长审查批准后即可执行。在试用半年或一年后根据润滑状况可以修正一次，逐渐形成规范化的给油脂标准。

主要的编制依据如下。

A. 根据设备维修技术标准（通用和专用）的技术要求和本企业设备管理的相关规定。

B. 设备制造厂提供的设备使用说明书、图纸资料。

C. 其他企业同类设备使用实绩资料。

D. 设备运行管理经验，已有的设备点检管理资料或故障分析、检修实绩记录等。

E. 相关油品、油脂使用标准。

(4)维修作业标准

维修作业标准实质上是比较精练的、严密的设备检修施工组织计划，每个独立的检修项目都通过网络图规定了施工作业标准。从网络图中可明显地看出施工工序、人员、工时和关键线路，同时还注明了安全和施工技术要求。因此维修作业标准是维护修理及更换作业施工的依据和基准，是一个完美的修理工艺卡，或叫“作业指导书”。据此，可以计算出人员工时数。例如，高炉小料钟下部更换作业，需要各工种作业人员 26 人，占用作业时间 12 h，总工时为 312 h。

维修作业标准是检修责任单位进行维修作业的基准，是地区点检员确定维修工时、费用的依据。维修作业标准标明了定期实施的(发生次数较多的)主要作业内容、作业顺序、技术要点及安全注意事项。编写维修作业标准的人员应非常熟悉设备性能结构，并且要有丰富的实际工作经验。国外企业开工初期的维修作业标准一般由地区专职点检员编写，通常开工 2~3 年后维修作业标准已基本完备。此后，该标准就改由检修责任单位的施工班组长负责编写，然后交相关的专职点检员确认。施工结束后，检修责任单位和地区点检站都要留底，整理备案，供以后维修施工时参考。设备管理人员可根据已有的维修作业标准来确定工作量、工时、费用，并选择合适的施工班组。之后维修作业标准仍需在实践中不断完善。

①对编制人员的要求

对负责编制维修作业标准的人员的要求如下。

A. 知晓企业设备检修所涉及的工程项目，必须明确每个项目作业的目的和具体的项目内容、要求。

B. 对设备性能结构、作业过程工序、设备检修作业周边的环境条件熟悉、了解。

C. 要有非常丰富的现场实际检修设备的工作经验，了解各项检修作业的全过程，熟悉检修现场的施工条件和施工环境，同时具有相当的组织管理才能，善于科学统筹、协调、预测施工过程中可能出现的各类问题。

一般国外企业开工初期的维修作业标准编制往往参照其他同类企业的设备检修实践，由专业工程技术人员负责编写，企业设备运行稳定后，逐步改由参与施工检修的检修人员负责编写，完成后交由设备点检员确认。

编制完成的维修作业标准务必经过多次施工现场的实际执行测定，累积多次检修的实绩，逐步修订完善，以充分体现设备维修综合管理的科学性、有效性和可操作性。

②主要内容

维修作业标准的主要内容包含如下 9 个要素。

A. 危险源及环境因素

按照待检修设备所安装的现场环境和生产工艺条件，仔细辨识施工过程中周边存在的有害、有毒、易燃易爆气源、高压液体、气体，以及作业过程中可能所处的高空作业、危及作业人员人身安全或设备安全的各种因素，只有这样才能确保作业过程的安全是受控的。

B. 施工中动火的防范措施

这项要素主要与企业的消防管理制度有关,根据待检修设备安装环境所处区域的动火要求来规定。如果检修过程中要采用明火作业,则必须按照企业的相关规定办理相应等级的动火申请,并做好相应的施工对策和预防措施,按照规定填写,涉及消防器材的须填写名称及数量,在编制维修作业标准时必须注明。

C. 施工过程中使用的工器具

工器具主要指作业过程中所使用的特殊和专用工器具,如移动起重设备、起重吊索具、焊接设备、氧气、乙炔、液压扳手、电工仪表、测试设备等。设备、器具名称可采用代码并注明规格、型号及数量,这些都是确保作业过程操作规范化和标准化所必须的。

D. 施工所需资材

施工过程中所使用的资材主要指各类施工材料,如脚手架、跳板、道木等。另外,施工过程中消耗的辅助耗材也是需要仔细列明的,如焊条、磨料、清洗剂、清洗油、探伤剂、着色剂、松绣剂、密封胶等。这样有助于施工的前期准备,确保施工过程的顺畅,不被耽误。而施工过程中所涉及的主材、备件等都是业主准备,也就是由设备管理方提供,这样做的目的是确保设备的可靠稳定。

E. 施工的工时工序

工时工序是施工过程工序作业时间的简称,特指某一检修项目从开始到结束每个工序所需要投入的人力资源和该工序所需要耗费的时间。清晰地展示施工过程的每个步骤的各工种人员的需求及该步骤占用的时间,这对有效管控施工过程是十分必要的。

F. 施工网络图

施工网络图是关于检修组织和控制的一种科学计划方法,用两个关联工序号表示,下面注明所需施工时间。网络图的绘制开始与结束不能相连。施工网络图的实质就是表示施工的步骤、施工的顺序,在此基础上编制的整个施工计划才是切实可行的。每个步骤的圆满执行是整个施工进度和施工质量的保障。

G. 施工作业方法

施工作业方法是具体描述本工序步骤中主要的作业内容、具体的施工方法,同时还注明了参加本工序步骤作业所需要的各专业工种的人数,这些都采用工种代码的方式填写。这项内容确保了施工质量,也就是不论由谁来负责施工都能够达到所要求的施工目标。

H. 施工安全措施

施工安全措施是实施检修项目的必要前提条件,也是针对所辨识的各种危险源所采取的防范措施,离开了安全所有的施工都是无意义的。因此,对于施工项目的危险源辨识和针对危险源的安全防范对策是必须认真确保的。

I. 施工过程中的技术要点

施工过程中的技术要点是提示该施工步骤要遵循的技术要求、拆装方法、主要技术参数,施工过程中要格外关注这些技术要领和技术数据,认真做好记录,详细记录细节,尽量量化,并且严格按照设备维修技术标准所规定的管理目标数值,分析判断实测数据的差异,据此得出该设备的技术状态信息。

**3. 设备技术状态和精度**

(1)设备技术状态

设备技术状态是指设备所具有的工作能力,包括性能、精度、效率、运动参数、安全、环保、能源消耗等所处的状态及其变化情况。企业的设备是为满足某种生产对象的工艺要求或为完成工程项目的预定功能而配备的,设备技术状态良好与否,直接关系着企业产品质量、数量和成本等计划指标能否顺利实现,不仅体现着它在生产活动中存在的价值与对生产的保证程度,而且是企业生产活动能否正常进行的基础。设备在使用过程中,由于生产性质、加工对象、工作条件及环境等因素对设备的影响,使设备在设计制造时所确定的功能和技术状态将不断发生变化而有所降低或劣化。为了延缓劣化过程,预防和减少故障发生,除应由技术熟练的人员严格执行操作维护规程、正确合理使用设备之外,还必须加强对设备使用维护的管理,定期进行设备状态检查,并采取必要措施。

设备完好是指设备处于完好的技术状态。设备完好标准有如下要求。

①设备性能良好。机械设备精度能稳定地满足生产工艺要求,动力设备的功能达到原设计或规定标准,运转时无超温、超压现象。

②设备运转正常,零部件齐全,安全防护装置良好,磨损、腐蚀程度不超过规定的技术标准,控制系统、计量仪器、仪表和液压润滑系统工作正常,安全可靠。

③原材料、燃料、动能、润滑油料等消耗正常,基本无漏油、漏水、漏气(汽)、漏电现象,外表清洁整齐。

(2)设备精度

设备技术状态完好的标准,应尽可能用确切数据(精确数据)表示,才具有可比价值和便于评定。

**4. 设备操作维护规程**

设备操作维护规程是设备操作人员正确掌握设备操作技能与维护的技术性规范,是根据设备的结构和运转特点,以及安全运行的要求,规定设备操作人员在其全部操作过程中必须遵守的事项、程序及动作等基本规则。操作人员认真执行设备操作维护规程,可保证设备正常运行,减少故障,防止事故发生。

(1)编制原则

①力求内容精炼,重点突出,全面实用。一般应按操作顺序及班前、中、后的注意事项与维护要求分别列出,便于操作人员掌握要点,贯彻执行。

②各类设备具有共性的项目,可统一编制通用规程。

③编制设备操作维护规程时,一般应按设备的型号规格将设备的主要规范、特点、操作注意事项与维护要求分别列出,便于操作人员掌握要点,贯彻执行。

④重点、高精度、关键设备的操作维护规程,要用醒目的板牌显示在设备旁,并注上重点标记,要求操作人员特别注意。

(2)基本内容

①首先清理好工作场地,开动设备前必须仔细检查各种手柄位置是否在空位上,操作是否灵活,安全装置是否齐全可靠,各部状态是否良好。

②检查油池、油箱中的油量是否充足,油路是否畅通,并按润滑图表规定做好润滑工

作。在上述工作完毕后,方可开动机器工作。

③操纵变速箱、进刀箱及传动机构时,必须按设备说明书规定的顺序和方法进行。

④有离合器的设备,开动时应将离合器脱开,使电机轻负荷启动。

⑤变速时,各变速手柄必须切实转换到指定位置,使其接合正确,啮合正常,避免发生设备事故。

⑥操纵反车时,要先停车再反向,变速时一定要停车变速,以免打伤齿轮及机件。

⑦工件必须卡紧,以免其松动甩出造成事故。

⑧不得敲打校正已卡紧的工件,以免损伤设备精度。

⑨发现手柄失灵或不能移至所需位置时,应先做检查,不得强力搬动。

⑩开动机床时,必须盖好电气设备箱盖,不允许有油、水、铁屑、污物进入电机或电气装置内。

⑪经常保持润滑工具及润滑系统的清洁,不得敲开油箱、油盖,以免灰尘、铁屑等异物混入。

⑫设备的外露基准面或滑动面上不准放置工具、产品,以免损伤和影响设备精度。

⑬严禁超性能、超负荷使用设备及不正确的操作方法。

⑭采用自动走刀时,首先要调整好限位器,紧定停车或变向的限位块,以免超越行程造成事故。

⑮设备运行时,操作人员不得离开工作岗位,并应经常注意各部位有无异音、异味、发热和振动,发现故障应立即停止操作,及时排除。自己不能排除的,应及时通知维修人员排除。

⑯操作人员在离开设备或更换工装、装卸工件和调整设备,以及清洗、润滑时,都应停车,必要时应切断电源。

⑰设备上一切安全防护装置不得随意拆除,以免发生设备和安全事故。

⑱做好交接班工作,交班时一定要向接班人员交代清楚设备的运转使用情况。

**5. 设备技术标准的维护**

(1)原则

维护设备技术标准的主要原则如下。

①完整性:确保所有的设备技术标准都能够完整地记录和保存,包括设计变更、施工过程、验收结果等关键信息。

②可追溯性:对于每一份设备技术标准资料,都要能够追溯到其来源、修改历史和使用情况,以便于查找和核对。

③安全性:采取措施确保设备技术标准的机密性和完整性,防止泄露和损坏。

④可检索性:建立完善的设备技术标准索引和检索系统,使得各个设备技术标准能够快速查找和获取。

(2)具体工作

维护设备技术标准的具体工作主要有以下几项。

①归档:对每一份技术资料进行标识,包括文件编号、版本号、责任人等信息,并按照一定的分类和归档规则进行存档。

②更新:对于技术资料的更新和变更,要及时记录和通知相关人员,确保相关人员都能够使用到最新的版本。

③检索:建立方便快捷的资料检索系统,使得各类技术资料能够方便地被查找和查阅。

④审核:对于重要的技术资料,要进行审核和审批,确保其准确性和合规性。

# 第二节　设备点检管理

设备点检管理是利用人的感官或仪表、工具,按照预先设定的方法和标准,对设备的运行状态进行定期或不定期的检查,以发现设备的异状、隐患和故障初期信息,从而及时采取措施进行修复或调整,防止故障扩大,确保设备处于良好状态。

## 一、点检的范围、分类及周期

### 1. 点检的范围

(1)设备范围

①主作业线设备:是指直接参加工厂生产产品的工艺线设备,如高炉、烧结、转炉、轧机、焦炉等生产线设备。

②辅助作业线设备:是指辅助生产工厂产品的辅助作业线设备,如制氧、供配电、动力、原料处理设施、港口机械、供排水处理等设备。

③其他预防维修设备:是指单机性必须采取预防性检查的对象设备,如机修、运输、起重等设备。

决定设备是否采用点检(预防性检查)的方法,称为点检(检查)系数或PM系数。这个系数与年平均故障次数和故障损失费用有直接关系,其计算式为

$$点检系数=\frac{D_1(A+C)+D_2B}{EF}$$

式中　$D_1$——年平均故障次数;

$A$——故障修复费用;

$C$——因故障使其他设备损坏的修复费;

$D_2$——年平均故障停台工时;

$B$——标准台时减产损失费;

$E$——每次点检的平均费用;

$F$——年内点检周期次数。

根据规定,当此系数在1.5及以上时,则应把该设备列入点检(预防性检查)的对象设备;在1.5以下时,则把该设备列为故障后检修设备,不做预防性检查。因为这种设备故障所造成的损失(包括修复费在内),仅为年点检费用的1.5倍时,采取事后维修的方法是经济的,但如果设备故障所造成的损失费比采用点检所花费的费用高1.5倍,则采用点检的方法进行维修是经济的。这说明此系数越大则设备的重要性也越大,则越应采用点检管理的方法进行维修。

(2)部位范围

①机械设备的部位范围

A. 机件滑动工作部位：轴承、制动器、汽油缸、导轨、工作台面及滑块等。

B. 传动工作部位：皮带传动、绳链传动、齿轮传动和液压传动等。

C. 机件旋转部位：轴、联轴器、轮、离合器及液力耦合器等。

D. 受力支撑连接部位：高强度连接部、拉压力杠杆、钢绳、链条、拉压弹簧、缓冲装置、铆焊接部等。

E. 与原料灰尘接触黏附部位：料槽、料斗、溜槽、挡板、轧辊、辊道、皮带、衬板等。

F. 受介质接触腐蚀部位：炉窑壳体、输送管道、储槽(缸)、化工反应塔、电解槽、化工反应装置和酸碱泵等。

②电气设备和仪表设备的部位范围

A. 绝缘部位，易出现老化、劣化、击穿短路等。

B. 与介质接触腐蚀部位，易出现腐蚀、耗损、断路等。

C. 受灰尘污损部位，易出现接触不良、松脱等。

D. 受温度影响部位，易出现绝缘下降、短路等。

E. 受潮湿浸蚀部位，易出现绝缘击穿、短路等。

**2. 点检的分类**

点检按照不同的要求，有不同的分类标准。

(1)按点检目的分类

①倾向点检：对设备劣化倾向性如何进行的点检，即突发性故障型的劣化进行预测维修时间和更换时间。

②良否点检：对设备的劣化程度进行点检，即对性能下降型的劣化进行修理时间的判断。

(2)按是否解体分类(方法分类)

①外部检查、测定、判定的点检称非解体点检。

②内部检查、测定而需解体的点检称解体点检。

(3)按点检周期和业务范围分类

点检按点检周期和业务范围可分为日常点检、定期点检和精密点检。定期点检又分为重点点检(即短周期点检)和长周期点检，所以按此分类可以理解为具有 4 种点检。下面简要介绍这 4 种点检。

①日常点检

日常点检主要是依靠人的五感对设备进行外观检查，无论是在设备的运转中，还是在运转前后，由生产操作人员承担的点检称日常点检，也可称为生产点检或操作点检。日常点检的周期一般都在一周以内，可根据设备实态需要来设定其周期。

②重点点检

重点点检的形成是在设备运转中或者在运行前后，由专职点检员用其五感及检测仪器进行检查，周期为 1~4 周。

重点点检尽可能在发生故障之前，依靠专职点检员发现异常情况，这是一种减少损失的手段,也是通常所说的预防性维修。主要是通过专职点检员的五官感觉来进行检查,同时配合各种检测仪器来简易诊断,然后,收集各种检查结果作为连续的实绩数据记录下来,再进行综合分析研究,制订最恰当合理的维修计划。

重点点检也称短周期点检、定期点检,按其方法不同又分为周例点检和重合点检两种。周例点检是在一个月内要进行的重点点检项目。重合点检是专职点检员对一个月内进行的点检项目中与日常点检重合的内容进行的重点点检项目。其主要还是详细的外观检查,用比较的方法来确定设备内部的工作情况。

③长周期点检

长周期点检与重点点检相仿,不过进行的周期要长一点,一般在 1 个月以上,无特殊情况的周期是 3 个月、6 个月、1 年。这是为了解设备机件磨损情况和劣化倾向所进行的详细设备检查,包括两个方面的点检。

A. 解体点检:这是对那些在调换零部件时不能做点检的重要设备,使其停止一段时间,在现场对部分设备或部件进行解体的内部检查,并更换易损件等。这种在现场进行的修理工作,通常称为补修。

B. 循环维修点检:是按照设备的每个部件(或组件、套件),决定一个周期,把调换下来的部件送到修理厂(车间)进行解体检查,并做记录,修复组装起来作为备品。这种修理也称离线修理。

重点点检和长周期点检都由专职点检员负责。

④精密点检

为掌握设备机件的劣化倾向,帮助专职点检员开展设备劣化倾向管理及为分析设备故障(事故)原因所进行的综合性调查,或对新产品进行的品质检查等。这种精密点检也是对设备的维修对策。

精密点检的实施,由专职点检员提出计划,委托设备技术部门的技职人员,配合实施。新产品的品质检查则由技术部门立课题与点检员配合进行。

现在有些企业提出了智能点检的概念。它是指通过在设备上安装传感器,24 h 收集设备实时监测数据,再通过分析模型进行设备状态分析,预知设备运行情况,指导设备维护人员精准开展相关设备维护工作, 是智能化的精密点检。

**3. 点检的周期**

(1)日常点检

日常点检分别由岗位操作人员或岗位维修人员负责,具体分工由生产和维修两个部门协商确定。原则上,凡因岗位操作人员负责不了的日常点检业务,则由岗位维修人员承担,特别是指远离操作岗位或岗位操作人员的技能不能完成的点检内容。

(2)定期点检

短周期点检由专职点检员承担,长周期点检由专职点检员组织实施。如在线解体点检(检查),则由专职点检员提出项目计划,委托检修部门实施。

(3)精密点检

精密点检由专职点检员提出计划,委托专业技术部门或检修部门进行,点检(测定)结果由专职点检员掌握,并建立相应的设备维修履历记录。

定期点检和精密点检都属于专业点检。

**4. 点检周期的确定方法**

由于条件的不同，不可能做出统一的规定。一般情况下，重点点检的周期在 1 个月以内，或 1~2 周。1 个月以上的都是解体点检和循环维修点检。可以认为，根据预防性维修的程度，可按以下几方面来决定周期。

(1)参照产品样本、使用说明书及附带资料，首先确定周期，在进入实施作业的同时，做好维修记录。

(2)综合参考维修记录(至少在半年或一年以上)和生产情况等，研究故障部位及其零件。同时，根据同类设备经验和材料，在此基础上更进一步来确定或修正周期。

(3)参考维修记录的同时考虑设备性能劣化的倾向，由劣化带来的经济损失和检查，修理等维修费用，然后再正确地确定点检周期。

周期确定后，必须按点检计划开展工作，其中关键的问题是，定期点检一定要与生产计划紧密结合起来，才会使点检作业既经济又合理。

## 二、点检的具体内容

**1. 日常点检的内容**

(1)检查：依靠五感(视、听、嗅、味、触等)来进行检查，主要检查设备的振动、异音、湿度、压力，连接部有无松弛、龟裂，导电线路的损伤、腐蚀、异味、泄漏等问题。

(2)小维修：螺栓、指针更换，垫片(块)更换，保险丝、销及轴封等的更换，以及其他小零件的简单更换和修理等。

(3)调整：皮带、螺栓、弹簧等松弛调整，制动器、限位装置、液压装置、液压失常等，以及其他简单机器的调整。

(4)清扫：隧道、平台、工作台、扶梯、舷梯、屋内外等地清扫，各种设备、工器具的非解体清扫。

(5)给油脂：对各种设备的给油部位、装置给油脂，以及各给油点、部位给油作用的检查和力所能及的更换。

(6)排水：排除空气缸、油气缸、轧气缸、管道、过滤器及各配管中的水分，以及各种设备中的水分。

**2. 定期点检的内容**

(1)制定点检标准、给油脂标准，并在必要时进行标准的修改。

(2)根据点检标准编制点检计划表或点检作业卡，并实施点检作业和记录。

(3)编制维修工程计划及落实中施工协调。

(4)制订维修资材计划并组织落实到施工现场。

(5)本点检区设备维修费用的预算，掌控其使用合理。

(6)设备劣化倾向管理的实施并掌握劣化倾向程度。

(7)本点检区设备事故的分析、参与和处理。

(8)设备改善维修的研讨。

(9)提供设备状态情报，状态考核信息传递。

(10)经常沟通日常点检的业务,并指导日常点检工作。

**3. 精密点检的内容**

精密点检的内容见表 2-2-1。

**表 2-2-1 精密点检的内容**

| 项目 | 内容 |
|---|---|
| 定期精密点检及异常诊断 | 按精密点检计划表进行劣化倾向检查;由地区站进行的异常诊断 |
| 设备故障调查 | 重要设备的故障状况调查及原因分析; |
| 设备综合性调查 | 在维修方面,为获得有问题的设备解决方案及判断更新时间而进行的综合性调查 |
| 施工记录、试运转会合 | 大修和故障修复方案的决定,会同试运转的精密测定;施工记录 |
| 购入零件的管理检查 | 购入零件的验收检查和合格判断 |
| 精密点检器具的管理 | 用具的领用、管理 |

## 三、点检计划

**1. 点检区域的划分**

必须明确实行点检管理的对象设备范围,再按产品生产作业线流程或作业设备布置情况来划分点检管理区。对于日常点检来说不用划分点检管理区。主要的划分是考虑专职点检员能较好地管理好本区域。对于专业性很强的设备可按照其专业来划分点检管理区。区域的划分原则应考虑以下几点。

(1)以开展点检作业方便、点检作业路线最短、点检作业中所费时间最少为目标。

(2)点检管理区以 3~4 个点检员的点检工作量为宜,每天每个点检员有 2 h 的实际点检作业工作量,这可以使一个熟练点检员在 2 h 内能够较好地完成 100~150 个点检部位(点检项目)。

(3)有利于实行设备管理业务,如维修计划中的修理工作量、备用件更换量要适中,也不要把区域划分得过大或过小,以利于点检与各方横向关系的协调。

(4)有利于维修费用的预算。控制使用或承包,便于维修成本的核算。

**2. 点检作业路线**

点检员要确定每个点检作业区的点检作业线,形成最便利和省时的点检作业图,同时也要确定日常点检各自的点检作业路线图。一般机械点检员的路线可以从点检室开始,在岗位操作室查阅日常点检作业情况、生产作业记录、故障记录、交接班记录、设备运行记录等,再去检查点检员自己的部位作业点,确认设备运行状态,最后再回到点检室。

**3. 点检的业务流程**

点检的业务流程是指点检员在开展点检作业、查阅现状、异常处理、维修计划、信息传递、实绩记录等业务时进行的程序,也可以称为点检工作模式,也就是点检员进行计划、实施、检查、修正反馈的 PDCA 工作循环步骤。

日常点检的业务流程如图 2-2-1 所示。

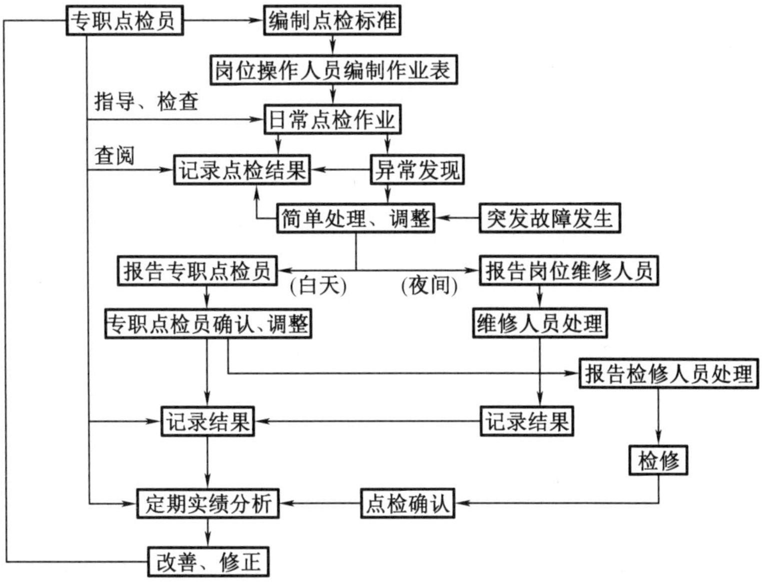


**图 2-2-1　日常点检的业务流程**

定期点检的业务流程如图 2-2-2 所示。

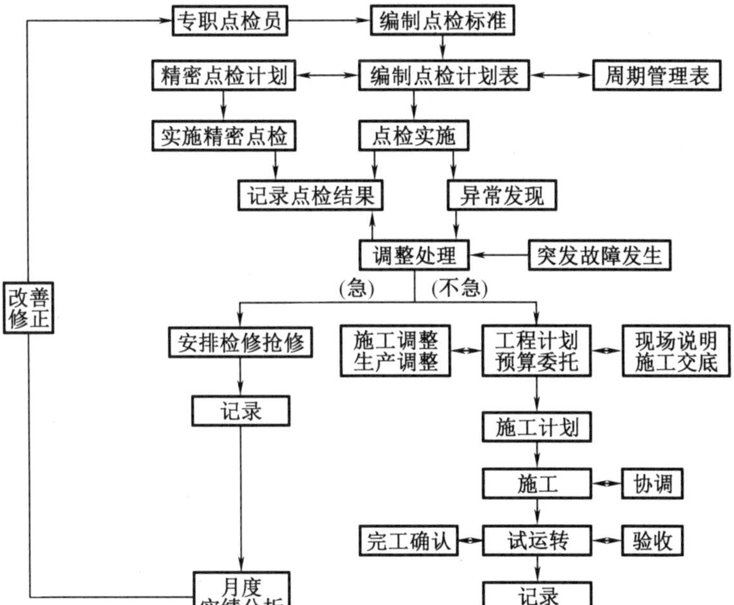


**图 2-2-2　定期点检的业务流程**

点检的业务流程是点检作业进行中的程序语言,它很简洁和清楚地代替了上下、左右、横向之间的业务关系,完全改变了过去行政指令性管理和指挥的模式,采用的是较科学的程序来管理。这种作业业务的全过程,形成了闭环管理模式:计划(根据标准编制的作业表、计划表)→执行(确认设定点的状态、结果记录、异常发现及调整处理)→检查(计划表、作业表的执行情况,信息传递、研讨、整理分析)→处理(核对计划、标准,以提出修正、修改意见,改善点检作业实施过程中的各种条件,提高点检管理水平和工作效率)。这就是在点检实施、管理中的 PDCA 循环工作法。

**4. 点检计划模式**

点检计划是点检员进行点检作业的实施计划,由点检员在点检作业前根据点检标准进行编制。日常点检计划由岗位操作人员负责,定期点检计划由专职点检员负责(包括重点点检、长期点检、解体点检及循环维修点检)。精密点检计划由专职点检员和专门技术部门的有关技术人员共同研讨商定,作为各种点检的标准化作业内容。

点检计划表的编制原则是不变的,但由于设备状态的变化,点检项目、周期、方法等也随之变化,而且对重点和重合的部位也有所转移。而从长远观点来看,记下积累数年的实际情况,特别是对解体点检、循环维修点检和多种精密点检等内容备忘,以便较好地编制点检计划,一般这种点检计划就是长期点检计划表,也称周期管理表。一个月必须完成的点检工作计划内容,就是定期点检计划表。定期点检计划表应按主机的装置部位来决定点检日,特别要注明部位机件名称作为备忘,以便随时应用。

点检计划的格式化分为点检作业卡和点检计划表两类。

(1)点检作业卡

点检作业卡是生产岗位操作人员进行日常点检的作业计划,由操作人员根据专职点检员编制的点检标准中分工的内容,在作业前编制好作业卡,如周点检作业卡(表 2-2-2)、桥式起重机的日常点检记录。"○"或"×"在作业前事先填好,实行点检后再记录实绩符号"●"或"⊗"。

**表 2-2-2 周点检作业卡**

| 周点检计划卡 | 单元:初轧<br>区域:初轧区 | | 点检者 | | | | 日期 | | | | 点检状态标记<br>O-运行中点检<br>X-停止时点检 | |
|---|---|---|---|---|---|---|---|---|---|---|---|---|
| 设备名 | 部位 | 点检项目 | 内容 | 星期<br>一 | 二 | 三 | 四 | 五 | 六 | 日 | 点检标准 | 异常记录 |
| 普通桥式起重机 | 横行轨道 | 钢轨 | 龟裂、损伤 | ● | ● | ● | ● | ○ | ○ | ○ | 无龟裂或损伤 | |
| | | 螺丝 | 松动、折损 | ● | ● | ● | ● | ○ | ○ | ○ | 无松动、折损 | |
| | | | 脱落 | ● | ● | ● | ● | ○ | ○ | ○ | 无脱落 | |
| | | 轨条压板 | 折损 | ● | ● | ● | ● | ○ | ○ | ○ | 无折损 | |
| | 运转室 | 构件 | 龟裂、变形 | ⊗ | ⊗ | ⊗ | ⊗ | × | × | × | 无异状、变形 | |
| | | 螺丝 | 松动、脱落、折损 | ⊗ | ⊗ | ⊗ | ⊗ | ⊗ | ⊗ | × | 无松动、脱落、折损现象 | |
| | | 轴承 | 异音 | ● | ● | ● | ● | ○ | ○ | ○ | 无异音 | |
| | | | 发热 | ● | ● | ● | ● | ● | ○ | ○ | 在外温+40 ℃以下 | |
| | | | 振动 | ● | ● | ● | ● | ○ | ○ | ○ | 无异常振动 | |

**表 2-2-2**(续)

| 设备名 | 部位 | 点检项目 | 内容 | 星期 | | | | | | | 点检标准 | 异常记录 |
|---|---|---|---|---|---|---|---|---|---|---|---|---|
| | | | | 一 | 二 | 三 | 四 | 五 | 六 | 日 | | |
| 普通桥式起重机 | 联轴器 | 润滑油 | 给油状态 | ⊗ | ⊗ | ⊗ | ⊗ | × | × | × | 正常给油 | |
| | | 螺丝 | 松动、脱落、折损 | ⊗ | ⊗ | ⊗ | ⊗ | × | × | × | 无松动、脱落、折损现象 | |
| | | 缓冲胶 | 磨耗 | ⊗ | ⊗ | ⊗ | ⊗ | ⊗ | × | × | 无异状、磨耗 | |
| | | 中间轴 | 损伤 | ⊗ | ⊗ | ⊗ | ⊗ | × | × | × | 无异状、损伤 | |
| | 车轮 | 踏面 | 损伤 | ⊗ | ⊗ | ⊗ | ⊗ | × | × | × | 无异状、毛刺等损伤 | |
| | | 轮缘 | 磨耗 | ⊗ | ⊗ | ⊗ | ⊗ | × | × | × | 原尺寸 50%以下 | |
| | 制动器 | 制动轮 | 表面光滑 | ⊗ | ⊗ | ⊗ | ⊗ | × | × | × | 表面凹凸 3 mm 以下 | |
| | | | 发热 | ⊗ | ⊗ | ⊗ | ⊗ | × | × | × | 150 ℃以下 | |
| | | | 变色 | ⊗ | ⊗ | ⊗ | ⊗ | × | × | × | 无异状、变色 | |

所以点检作业卡又分为日点检作业卡和周点检作业卡两种。日点检作业卡是一天一卡，点检周期为一天以内的部位内容；周点检作业卡为一周一卡，点检周期均为一天一次。

①日点检作业卡

日点检作业卡所记载的内容，是操作人员在每班所要进行的点检作业，其周期在一天以内的内容列入此卡，可以进行三班交接点检，其格式与周点检作业卡基本相同，把星期一栏改为早、中、夜的作业班即可。

②周点检作业卡

周点检作业卡所列入的计划内容，是操作人员每天所要进行的点检内容，一般都由当日班的岗位操作人员来执行点检作业，即表 2-2-2 所示内容。

(2)点检计划表

①定期点检计划表

定期点检计划表是专职点检员实施重点点检或重合点检的作业计划，由专职点检员根据点检标准规定的内容在作业前编制计划表。其内容包括点检周期在 1~4 周的项目。

②长期点检计划表

长期点检计划表(或称为周期管理表)是专职点检员编制维修计划的依据，其内容包括点检周期在一个月以上的项目，这是维修工程项目，其中也包括定期解体点检和不定期解体点检项目、循环维修点检项目及周期检查项目等维修工程计划。此计划表由专职点检员掌握，并记录 3 年中所实施计划的实绩情况。

## 四、点检作业活动

生产设备由建筑物开始，包括基础设施、机械设备、电气设备、仪表设备、各种加热炉设备等，以及环境管理、供应水、气、蒸汽、动力等附属设备。这些设备各具特点，在技术上也各不相同。从专业角度来划分，有机械、电气、仪表、窑炉、土木建筑等的点检维修。因此，点检的实质就是为了对这些生产设备进行检查、测定，按预先设定的部位（如结构、零部件、电气等）的劣化程度提出防范措施，治疗这些劣化苗头，以保持设备性能的稳定，延长零部件的使用寿命，达到以最经济的维修费用完成维修的目的。

**1. 日常点检作业活动**

日常点检作业活动是设备点检的基础作业，是防止设备劣化、维护保养设备的重要方法。具体作业内容如下。

（1）清扫

整洁是设备可靠运转的基本条件。清扫是指擦去设备上的灰尘和污物。机械的运动部位与油压系统、电气控制系统常常由于灰尘和污物而引起设备磨损、阻塞、泄漏、动作失灵、通电不良和精度下降等，并进而发展成为设备的突发故障，导致产品质量下降，通常将这种现象称为设备的强制劣化。为防止这种强制劣化，必须经常对设备进行定期的彻底清扫。设备清扫不能仅局限于表面的部位，还要擦净设备的每个角落，使设备的磨损、松动、伤痕、变形、裂纹、温升、振动和异音等潜在的缺陷表面化，以便及时对所发现的这些问题进行妥善处理。

清扫并不单纯是为了干净，更重要的是通过对设备各个部位、角落的清扫、观察，使设备的潜在缺陷或损坏等异常情况易于发现。清扫是日常点检活动的最基本的作业活动。

（2）点检

岗位操作人员根据点检标准在点检作业前编制好日点检作业卡和周点检作业卡，按已定的点检路线和作业卡的内容去逐项进行点检，并做好记录。当发现设备有异常现象时，应将情况记入作业卡中，需紧急处理的应及时处理，自己不能处理时需尽快通报岗位维修人员进行处理。处理结果应详细记入作业卡或操作日志以便进行交接。

生产岗位操作人员的日常点检，工作量大，连续性强，是点检工作的重点，也是点检制基础。这部分点检按照规定的点检项目和内容，天天循环往复进行。

（3）给油脂

给油脂是指应及时加满设备的充油脂部件和使相对运动机件间始终保持良好的润滑状态。

设备不加油脂则不能维持正常工作。然而，由于工作上的疏忽，生产现场往往会出现中继罐、加油喷嘴和加油器具缺油，并在其周围积聚灰尘和污物，导致设备缺乏必要的润滑与冷却，致使温升激增，造成设备发热胶合等突发故障；另外，也会加速设备有相对运动的部件磨损，温度上升所引起的设备某部位劣化，其影响可能逐步扩展到整台设备，成为诱发设备产生各种故障的原因。操作人员必须对给油脂的部位检查油位和油量，做到及时添加和及时更换，做好应做的给油脂工作。

（4）紧固

紧固是指防止设备连接件松动和脱落。设备中用以防止连接部位松动与脱落的紧固件，常用螺栓与螺母。在设备使用过程中，操作人员应经常检查，一旦发现松动应及时加以紧固，否则机械连接部位的松动会引起振动，严重时会降低设备原设计的装配精度。一组螺栓、螺母松动所引起的振动，往往会波及其他连接件，小振动如不及时加以紧固，也会产生设备更大的振动，最后很可能发展成为设备的一种故障，如连接件的折损、脱落，往往就是这种振动影响的结果。实际生产中也确有这种情况,某公司彻底检查设备,分析产生故障的原因,发现有60%是由不同形式的螺栓、螺母缺陷引起的。

经常紧固设备连接件的螺栓和螺帽是防止松动、脱落故障的有效举措,因为螺栓和螺母的松动在设备的潜在缺陷中占有相当大的比例,而防止故障是不能忽视的作业活动。

(5)调整

简易的调整作业是岗位操作人员必须具有的技能。及时对机件运行动作及其工作条件进行适当调整是必要的,也是操作人员合理使用设备、正确操作设备不可缺少的一环。调整不但能使设备运行处于最佳状态,而且能避免设备隐患的扩大和劣化的延伸。例如,传动皮带的打滑调整;运输皮带的跑偏调整;限位开关的距离调整;制动器的制动力大小调整(即弹簧的松紧和制动间隙的调整),以及设备工作环境的温湿度控制调整、螺栓松弛调整、油压失常调整等。

(6)整理和整顿

整理是明确操作人员管理的对象,包括物品和工器具,做到简化、改善管理对象。操作人员必须根据操作顺序书的要领操作设备,正确操作和合理使用设备,并遵守操作事项,能确认影响产品质量的设备精度。

整顿就是遵守标准,特别是在设备的操作标准上遵守管理标准,对现场的物件进行标准化,对机具、工件及计量装置进行机能确认,以提高操作设备的技能。

(7)简单的维修和更换作业

简单的维修由岗位操作人员来完成,对于设备的正常运转来说,操作人员熟悉设备、掌握设备是一个有效的条件。这样做可以使岗位操作人员站在管理好设备的立场上来完成生产任务。如挡板、挡块、撞针、软管、油嘴、托辊等的维修和更换,都可以由操作人员来完成。排水任务也可交给操作人员来完成,特别是空气缸、轧气缸、管道过滤器各配管中的水分以及各种机器中的水分。

**2. 定期点检作业活动**

定期点检包括重点点检(含重合点检)和长期点检(即周期管理)全部内容。定期点检是设备的核心点检作业,也是体现全面管理设备的理念深化和管理重心下移到现场的最好方法。定期点检由专职点检员负责,其作业活动基本按以下几方面进行。

(1)询问点检

专职点检员在实施点检作业前,首先必须到生产操作岗位查询操作记录和设备运行情况,收集当前的设备信息,如作业日志、晚间设备状态、故障处置、抢修记录、停机原因等,检查当班人员的日常点检作业;在必要时,可对日常点检作业活动给予技能性指导和建议,并对操作日志和日常点检记录表应做确认签名;如操作岗位对设备有异常情况记载或提出问题时,应给予指导性回答,有必要书面回答时可用书面回答,绝不能不予理睬或含糊其词应付了事。专职点检员了解了操作岗位的设备情况后,应根据原点检路线的点检计划给予修正和补充,以使当日点检作业活动效率达到最高。专职点检员绝不能放过操作岗位人员反映的细微异常现象,应采取事必亲临的态度去观察检查,注意隐患的存在、发生和发展。

(2)实施点检作业

专职点检员根据早已准备好的重点点检计划表,按照修正好的点检路线去逐点确认设备设定部位(项目、内容)的状态,尤其对近期已修理过的部位(点)或曾经异常故障抢修过的设备(部位、点)必须做进一步的诊断性检查和确认,在检查过程中及时处理,及时记录发现的问题,根据有关数据和记录,进行综合分析。通过点检检查作业,专职点检员发现设定点的标准或点检计划有明显不妥时,应做及时修正或补充,必要时告知相关人员,包括岗位操作人员、岗位维修人员和其他专职点检员,并反映到点检日志上,尽量收集有关设备状态信息,进行分析处理。

(3)标准的制定和修订

专职点检员对本辖区的点检对象设备,负有制定和修订点检标准与给油脂标准的责任。新设备在投入生产运行之前必须制定标准,包括日常点检标准和定期点检标准。日常点检标准是生产岗位操作人员开展日常点检作业活动的依据,定期点检标准则是专职点检员开展定期点检作业活动的依据。经过一段时间的实施后,专职点检员根据实际经验对标准进行必要的修正,以使其更加符合客观实际。

(4)编制计划作业

专职点检员的计划编制包括点检计划、检修工程计划、备件资材预期需用计划与其他计划等。

①点检计划。点检计划是开展点检工作活动的依据,包括定期点检计划和长期点检计划。

②检修工程计划。检修工程计划包括定修工程中的工程项目实施计划和日修工程中的工程项目实施计划。两计划的编制都由专职点检员负责。

③备件资材预期需用计划包括备品备件的需用计划和工程材料的需用计划,同时也包括机旁备件计划和特种工器具计划。

④其他计划。其他计划包括因点检作业和管理所需要的计划,如劣化倾向管理要求的技术诊断计划和精密点检计划、储油和用油分析检验计划等。

(5)维修费用的管理

维修费用由设备管家体系的点检组来控制、使用和管理。由上述,给予的总费用,设备管家根据点检的结果,确定是否要对有隐患或有故障的状态控制点实施维修,来控制使用。点检组要统筹安排维修费用,既要保质、保量,按订单或合同来完成本年度的生产任务,又要确保不能突破计划的维修总费用的额度。至于这些维修费用到底如何使用,即设备故障哪些要修,哪些该如何处理,则全权由负责该条主作业线设备管家体系的点检组(包括机械、电气、仪表等专业)来处理。各级领导除了总体要把好关以外,更重要的是要给设备管家的点检以全方位的指导,要广开门路,给点检创造完成其管家工作的条件,要做他们坚强的后盾。

专职点检员预算本点检区设备维修费用,提出维修费用预算计划,包括年度、季度和月度的预算,其根据就是点检区的维修计划、下年定修工程计划和备品备件需用计划,以及工程施工的人工预算计划等。维修费用预算计划额度下发后,充分掌握和控制费用的支出,合理使用,不随便支出费用,没有本区点检员的确认签字不能开支,并与同期、同项比较控制使用。专职点检员也要进行月度、季度及年度的核算、掌握,尽力节约维修费用支出,降低维修成本和生产成本。

(6)劣化倾向管理

点检作业能够及时发现设备隐患、异常等,但不能预测其进展的程度、劣化的趋势,也不能做定量化的度量和分析,因此必须进行倾向程度的管理。这种通过对机件工作状态变化的观察、测定,来掌握它的劣化程度,并采取维修的相应对策的管理,称为在点检作业中的劣化倾向管理。这是点检作业中大量的定量化管理工作,只要是有减损量变化的工作机件(包括磨损量、变形量和腐蚀量等),都可以进行倾向管理,以定量掌握机件的使用寿命,预知机件的剩余工作寿命,为编制维修计划、备品备件资材计划及维修费用预算提供可靠的依据。

(7)故障(事故)管理

对于生产主作业线来说,特别是单线一贯的连续化生产线,点检员要对设备的故障管理倾注大量的精力与时间去注意、观察和细致的分析,因为某一环节稍有故障(或异常)出现,都会造成全线停机停产。消除生产的严重威胁是点检员的责任,推行点检定修制的目的就是为了使设备不发生故障,保证正常生产。反之,设备故障的出现则是点检实施效果的客观反映,只有通过故障管理,把握实绩,及时取得设备状态情报,分析、探索设备故障及事故发生的规律性,制定有效的预防对策,把维修工作做在设备发生故障之前,才能达到稳定运行的目的,进而不断总结、改进、深化点检工作。

(8)收集情报信息传递

专职点检员是设备的保姆和保健医生,对生产设备的所有变化情况都非常关注,随时都在收集设备的各种情报信息,包括设备本体的运转、使用性情况,性能和精度的下降情况,维修和保养情况,检修处置情况,故障和隐患异常情况,机件的磨损劣化测定数据,日常点检提供的信息及设备机件的改善措施等。凡与设备状态有关的信息、记录等都是点检员应收集的情报。同时,专职点检员在经过分析处理后向有关部门、人员传递信息,以便确立维修方针和对应的维修对策,营造有机联系的设备管理和点检掌控的良好环境。

(9)改善性建议

通过掌握信息和实地的点检管理活动,专职点检员能够更加了解设备情况,特别是隐性的缺陷、潜在的不良因素,应考虑改进这些部位,并把改善的意见具体化,形成改善性建议,帮助检修施工做出相应的改进。特别是设备潜在的失效因素,如点检困难或不能点检的设备;修理困难或不能修理的设备;对易坏又经常出故障的设备;未达到原有设计水平和性能的设备;因部分机件不良而影响整机的设备;其他有助于生产、安全、环保方面改进的设备。提出改进的具体的改善性建议,配合有关部门实现改善措施。

(10)机旁备件的管理

机旁备件是点检应急检修的物质基础,一般是点检专业区最常用、易损耗的维修备品备件,是循环使用的备品。有损坏率高、装机量较多、处于重要地位的事故件,也有检修工程剩余下来的新品或待修品,不入库修复件,以及请购时即要求直付现场的备件。故机旁备件品种十分庞杂,因此,点检员在机旁备件的管理上要协助好作业长合理规划,统一记法、定位摆放、建账建卡,进行实物管理。点检员根据消耗情况提出补充领用计划,在投用或领用时签字,分摊记入维修成本,同时可以调节维修费用使用情况。点检员应该树立当家作主的意识来管理好机旁备件。

**3. 精密点检的业务内容**

精密点检由专职点检员提出，并要求在技术人员的协助下完成，根据设备状态或异常情况，以及劣化倾向管理的需要提出计划，因此，它是不固定周期，也不固定设备对象，是随机进行的。其内容有如下几方面。

(1) 定期精密点检

定期精密点检是点检员根据设备劣化倾向管理项目的需要提出精密点检计划，在技术部门专业技术人员的协助下完成。有关检查或测定的数据由点检员随机记录，并记入设备档案资料，点检进行自身比较，对劣化倾向性做出判定，以便制订出合理的设备维修计划和劣化零部件的更换计划。

对于精密点检仪器也需进行定期标定，以保持其完成可靠测量精度的稳定，不能因仪器的精度而影响被测部位数据的正确性。例如，齿轮箱齿轮磨损、摩擦的铁谱分析、高功率风机轴承的振动测定等。

(2) 不定期精密点检

不定期精密点检是指设备在异常或潜在故障苗头时所进行的异常诊断。这种点检也是由点检员在平时观察和点检作业活动发现设备有异常情况时随机提出的，必要时陪同技术部门专业技术人员共同测定。例如，振动异常的精密测振，预测故障，采用识别技术找出原因，观察其发展；采用精密诊断技术进行精确的定量检测和分析，找出故障位置、原因和数据，以确定相应的对策措施，解决定期点检中出现的疑难杂症。

(3) 设备故障(事故)调查

主作业线设备或其他重要设备发生故障(事故)时，点检员对设备进行全面调查，了解情况，寻找造成故障(事故)的原因，并进行分析研究，提出防范措施和恢复对策，决定故障(事故)的修复方案。

因调查故障(事故)的需要，必要时，点检员可以对故障(事故)设备进行解体检查，测定故障部位和故障机件的损坏情况，做进一步分析。

(4) 设备综合性调查

由于维修方面的需要，为获得问题设备的解决方案以及判断更新时间，而进行的综合性调查。特别对故障多发性的设备、重复性故障的部位、劣化倾向性很严重的设备及有些已无修复价值的设备，以及设备的性能测定、精度校验等，都可以采用这种综合性调查。

(5) 检修施工(记录)试运转会合

设备在经过重大或综合性修理后，为确保全面的施工实绩记录及在完工后的试运转情况，在试运转中进行的精密测定。或由于合同规定的需要(包括检修或新设备投入使用等)，而进行的试运转精密测定。

(6) 购入零部件的管理检查

对于新购入的备用品设备或零部件备品，以及在改进更新设备时订购的设备，特别是在提运或入库时及使用前，必须进行质量的验收检查。对于有精度要求的整机设备要进行精度合格与否的验证判断，必要时要进行设备的性能、功能考核，以使设备及零部件在投用前具有良好的本机体质量。

## 五、点检实绩管理和分析

点检业务的实绩管理,是设备管理业务中掌握设备运行实态的基础情报资料,而且是第一手信息。分析、研究、总结、疏通业务,研讨改善对策、修正标准、预算计划,以及实行 PDCA 管理循环的重要环节,是实行管理标准化的反馈部分。它包括实绩内容和实绩分析两部分。

**1. 点检实绩内容**

点检实绩内容主要是与点检管理有直接关系的维修记录,它也是企业维修水平的实绩写照,可以通过维修记录的写实,反映本企业设备基础维修的客观真实性。因此,从维修记录的构成关系中,可以找出点检活动的规律及看出通过点检的作业总结点检的效果作用。一般企业的实绩内容有如下几种。

(1)日常点检记录

日常点检记录是防止设备劣化的日常点检活动的记录。依据日常点检标准,对规定的设备部位和点检项目,按运行或停机状态分开进行点检,每天、每周或每月确认点检结果,如实记录异常和处理情况,主要由设备操作者进行。专职点检员沟通信息并进行汇集,如有必要可记入设备台账内。

(2)给油脂记录

给油脂记录的内容包括给油脂、加油脂及换油脂记录,按部位、周期不同,由设备的使用者(或操作人员)执行,并做好每天的加油脂、补油脂记录。

(3)定期点检记录

定期点检记录是有关设备是否劣化点检结果的记录,主要由专职点检员记录,其中包括法定规范内的点检、解体点检、精度点检等。点检发现劣化磨损时需根据标准值进行判断,决定其使用限度。一般是在年修、定修计划中实施,在修理中测定的数据记录就是定期检查记录。定期点检和定期检查的区别在于由专职点检员做的记录为点检记录,由点检员作为工程项目委托给检修人员做的记录为检查记录。点检员为了点检和记录的方便与标准化,可把设备点检项目写在一张纸上来管理和记录。

(4)维修报告书

维修报告书是有关设备维修结果的记录,主要由维修部门的点检作业人员记录。维修报告书的内容根据维修标准来设定,按年度维修计划的周期实施结果记入。对于突发故障,必须快速处理,处理结果也要记入维修报告书。

其格式可以根据对应设备的维修内容要求进行设定。

(5)改进维修记录

改进维修记录是在分析维修报告书故障记录的基础上,找出故障多发的原因,采取防止再次发生重复故障的改进对策。所以做此记录的目的是对比分析实施改进前后的效果。这种记录可以采用专门统一格式的记录纸进行记录。

(6)平均故障间隔时间分析记录表

各种维修记录均以设备单元为单位,归纳并写入维修作业特性分析表中,把设备发生的各种维修作业记录在一张小卡片上,这就是平均故障间隔时间分析记录表,而将此表面向现场，可使现场人员能一眼就看到各设备、各部位所发生的故障频率。因此，它又是一个设备的运行记录（故障停机记录）。

（7）设备台账

设备台账是从设备购入开始建账登记，从投产起运转使用后连续记录其状态履历，将历次发生的事故和修理的内容都做记录并保存下来。设备台账其实质是“设备历史档案”。

设备性能劣化要靠修理予以恢复，就需要修理费用，但其劣化程度达到某一经济限度以上再修理就不合算了。此时必须进行更新，因此需要制定设备更新标准，并记录在此台账上。设备台账一直保管到设备报废为止。

（8）维修费用记录

为了有效地进行维修费用的预算管理，必须把实际发生的维修费用按科目、用途详细记录下来。维修费用包括劳务费用、材料费用、外协费用等。

**2. 实绩分析**

点检的实绩分析分为两级分别进行，点检区的实绩分析由点检组长掌握进度，设备单元的点检实绩分析，则由点检作业长组队进行。

点检组长每周召开一次分析会，点检区的专职点检员到会，简要分析一周的实绩，包括故障情况、原因、对策、检修情况、效率和工时利用情况，以及小组自主管理活动情况。与会人员对点检区的上述8项维修记录内容进行分析，以及管理上、技术上及维修改进方面进行研讨，最后形成书面分析报告。

点检作业长每月召开一次实绩分析会，各点检组长和对口技术人员到会，详细分析一个月的实绩。除了上述内容外，还分析本作业区维修费用的实绩，以达到提高点检效率、减少设备故障次数和时间、降低维修费用的目的。编制月度实绩资料，向地区维修科做实绩报告，构成了点检管理的PDCA循环。其含义为计划P（点检计划、维修计划、维修费用预算、周期管理表等）→执行D（点检、倾向检查、施工配合、协调、故障管理等）→检查C（记录、整理、分析、实绩报告、对策建议、评价等）→处理A（调整业务、修改计划、标准等），再回到计划P，形成循环，使点检管理工作效率不断提高。

实绩分析的方法主要有以下几种。

（1）排列图法

排列图法是寻找主要问题的方法。由排列图找出造成故障的主要原因，以便采取对策。点检员还可做出故障停机时间排列图或故障修理排列图。通过排列图法可以找出其主要问题和主要矛盾，以利于采取相应的措施解决主要问题。

（2）倾向管理法

倾向管理法又称推移法，进行前后对比分析，也可找出存在的问题点和经验点，以提出相应对策，落实提高工作效率的步骤和方法。故障和工作效率的倾向管理法以定期时间为基础，相应记载变化值，连成曲线表示在同等生产期中设备效率的升高和故障的下降。

（3）直方图对比法

预先设定计划值指标数值，按比例记入实绩值，与计划值比较，查看计划与实绩的差距，证实计划精度的高低，同时也与历史实绩对比，看其计划性如何，基本可以说明效率在提高还是下降，然后找出问题点，进行分析评价。

(4)焦点法

焦点法是找出问题点、进行分析的好方法,简单明了,问题突出,分析效果显著,一般也可以用于故障分析中。

**3. 设备运行参数的定量分析和运行实绩报表的编制**

(1)设备运行参数的定量分析

①定量分析设备运行参数的目的

A. 监测设备的运行状态。通过分析设备运行的参数,可以及时监测设备的运行状态,了解设备的故障情况,有助于及时处理故障,并保证生产的正常运行。

B. 分析设备的性能和可靠性。通过分析运行数据,可以评估设备的性能和可靠性,找出设备存在的问题,并寻找改进设备的方法和措施,从而使设备运行更加稳定和可靠。

C. 优化设备的运行和维护。分析设备运行的参数,可以发现设备的运行瓶颈,从而采取相应的措施和方案来优化设备的运行与维护,以提高设备的使用效率和寿命。

②定量分析设备运行参数的常用方法

A. 构造模型进行分析。通过被研究对象的数学模型和可观测输入/输出量构造残差信号,在此基础上进行故障诊断。

B. 基于数据驱动进行分析。通过对设备运行的参数数据进行分析,从而在无精准系统数学模型情况下,对系统进行故障诊断。数据驱动方法包括机器学习、统计分析法、信号分析法等。

(2)运行实绩报表的编制

①编制运行实绩报表的主要目的

A. 趋势分析。趋势分析是通过对设备运行参数的历史数据进行统计和分析,预测设备的未来运行趋势。例如,通过对电机负载电流的趋势分析,可以预测电机的寿命和故障风险,从而提前安排维护和更换。

B. 故障诊断。故障诊断是通过对设备运行参数的异常变化进行分析,判断设备是否存在故障,并确定故障原因。例如,当设备的温度急剧升高时,可以通过对其运行回路和冷却系统的监测参数分析,判断是设备本身故障还是冷却系统故障。

C. 能效评估。能效评估是通过对设备运行参数和能耗数据进行比较与分析,评估设备的能源利用效率。通过能效评估,可以找出设备运行中的能耗浪费和不合理操作,提出优化建议。能效评估对于提高设备的运行效率和减少能源消耗具有重要意义。

②编制运行实绩报表的步骤

A. 收集设备运行数据。要对设备进行充分的调查和收集信息,收集到的信息既要全面,又要准确。

B. 组织数据分析。通过比对不同时期的数据,了解设备运行状况,找出存在的问题和潜在的威胁,制定相应的解决方案。

C. 填写运行实绩报表。按照设备运行数据分析报告中的基本结构组织报表内容,对重点内容进行突出标示,使运行实绩报表清晰易懂。

## 六、点检实施综述

### 1. 点检前的5项确定

(1)5项确定

这里的5项确定,就是工作人员常提到的以下内容。

①定部位。应点检的部位,例如,人们有病了,去医院看病挂号时的不同的科室。

②定项目。要详细认定作业设备部位的状态受控点,应点检的项目内容,例如,病人看外科时,医生要询问是看胳膊还是看腿。点检设备也一样,要做到有的放矢地去实施点检作业。

③定人员。确定点检项目是由设备管家中的哪些人去实施[操作方、点检方(包括轮值巡检方和专业技术方)]及作为专职点检员的资质条件。

④定周期。按作业设备的重要程度、检查部位是否重点等制定点检周期。

⑤定方法。根据设备管家中的不同人员,明确在点检检查时,按照点检的种类、方式和周期,采用相应不同的方法。

根据不同企业的需求,设备大致可分为4个等级。

A级:关键设备,是指产品作业线上的、有隐患的、较难修复的且修复较昂贵的设备。

B级:重要设备,是指产品作业线上的、不属于关键设备的其他设备。

C级:一般设备,是指普通(非产品)作业线上的设备,其中有隐患的、会对产品作业产生严重影响的设备称为关键设备。

D级:次要设备,是指普通作业线上的、不属于C级关键设备的其他设备或"人为事后维修"的设备。

从企业设备已发生的故障统计和分析显示:大部分故障是由一个或几个隐患同时作用而引发的。设备故障是指其状态受控点的劣化已发生、发展并将危及产品作业线设备或辅助系统设备的运行安全及人身安全的异常现象,即由磨损、耗损、污损,发展成为松动、噪声、位移、断裂、变色、变形、泄漏、缺油、过热、电气失灵等涉及安全、消防和相应设施的损坏,以及设备故障引发的不正常现象等。因此,对企业作业线设备上的关键设备及其"状态受控点"的关注,是企业设备管理的重中之重。所谓状态受控点,是指设备上该点的"状态",即设备上该点的功能、精度、效率和可靠性。设备管理中的设备"状态"也是一种质量,它运行的正常与否,也会对产品的质量造成影响。

(2)具体步骤

①确定点检的部位

对于机械设备和电气仪表点检部位的大致范围,如前所述。

对于点检部位,主要是要找到劣化状态监测的部位与状态,可归纳为4个方面,见表2-2-3。

表 2-2-3 劣化状态监测的部位与状态

| 监测部位 | 监测劣化状态的诊断点 | 劣化、隐患及故障的表现状态 |
|---|---|---|
| 机械监测 | 受力、超重、冲击、振动、摩擦、运动的点 | 变形、裂纹、振动、异音、松动、磨损等状态 |
| 电气监测 | 电流、电压、绝缘、触头、电磁、节点的点 | 漏电、短路、断路、击穿、焦味、老化等状态 |
| 温度监测 | 辐射、传导、摩擦、相对运动、无润滑的点 | 泄漏、变色、冒烟、温度异常、有异味等状态 |
| 化学监测 | 酸性、碱性、异觉、化学变化、电化学的点 | 腐蚀、氧化、剥落、材质变化、油变质等状态 |

②确定点检的项目

所谓确定点检的项目，就是在确定了点检部位后，必须要明确该诊断点的“表现状态”。这样，才能了解该点当前的真正的运行状态，才能找到真正的问题所在。

表 2-2-4 就是该“诊断点”所能“表现状态”的 10 项内容。要针对企业产品作业线设备的具体情况，确定哪个物理特征才是影响产品作业的最危险的因素，以便有针对性地予以解决。表 2-2-4 中的 10 项，是根据设备的具体情况，针对不同的物理特征，确定检测目标以及适用范围。这 10 项是按点检涵盖的内容而非按点检顺序来排序的。

表 2-2-4 物理特征的检测目标和适用范围

| 序号 | 物理特征 | 检测目标 | 适用范围 |
|---|---|---|---|
| 1 | 振动 | 稳态振动、瞬态振动模态参数等 | 旋转机械、正复机械、流体机械、转轴、轴承、齿轮等 |
| 2 | 温度 | 温度、温差、温度场及热图像等 | 热工设备、工业炉窑、电机、电器、电子设备等 |
| 3 | 油液 | 油品的理化性能、磨粒的铁谱分析及油液的光谱分析 | 设备润滑系统、有摩擦副的传动系统、电力变压器等 |
| 4 | 声 | 噪声、声阻、超声波、声发射等 | 压力容器及管道、流体机械、工业阀门、断路开关等 |
| 5 | 强度 | 载荷、扭矩、应力、应变等 | 起重运输设备、锻压设备、各种工程结构等 |
| 6 | 压力 | 压力、压差、压力联动等 | 液压系统、流体机械、内燃机、液力耦合器等 |
| 7 | 电气参数 | 电流、电压、电阻、功率、电磁特性、绝缘性能等 | 电机、电器、输变电设备、微电子设备、电工仪表等 |
| 8 | 表面状态 | 裂纹、变形、点蚀、剥脱腐蚀、变色等 | 设备及零件的表面损伤、交换器及管道内孔的照相检查等 |
| 9 | 无损检测 | 射线、超声波、磁粉场、渗透、涡流探伤指标等 | 压延、铸锻件及焊缝缺陷检查，表面镀层及管壁厚度测定等 |
| 10 | 工况指标 | 设备运行中的工况和各项主要性能指标等 | 流程工业或生产线上的主要生产设备等 |

③确定点检员资质

国家质量监督检验检疫总局(简称“国家质检总局”)根据国家职业分类,设置设备点检员职业资格。职业等级分为:初级(国家五级)、中级(国家四级)、高级(国家三级)、技师(国家二级)、高级技师(国家一级)。目前准许设备点检员职业资格鉴定的职业等级为中级和高级,职业资格审核条件规定,申报设备点检员技师资格者,必须取得高级证书。凡经理论考试和技能操作鉴定合格者,可获得“国家人力资源和社会保障部”相应级别的国家“职业资格证书”。该证书是从事设备点检员职业技能水平的资格凭证,是用人单位录用、使用和确定工资待遇的依据,是我国公民境外就业、劳务输出法律公证的有效证件。表2-2-5为我国专职点检员级别技能表。

**表2-2-5　我国专职点检员级别技能表**

| 水平 | 点检业务技能 |
|---|---|
| 初级 | 具有点检岗位必要的基础知识,能根据具体的计划负责简单的点检工作 |
| 中级 | 具有分管设备的基础知识,能负责指定项目的点检工作;<br>理解分管设备的机能、构造,能根据各种标准对分管设备负责点检工作 |
| 高级 | 理解分管设备的操作特性,能进行点检业务并用各种标准实施判断;<br>精通分管设备,能根据设备工作情况的变化,灵活地负责点检工作 |
| 技师<br>(管家) | 理解部门(产品作业线)设备的操作特性,能按变化灵活地进行点检业务;<br>精通部门(产品作业线)设备,从企业长远发展着眼,负责点检工作 |
| 高级技师 | 具有较高的专业技术水平,能用管理新模式的理论来指导点检业务;<br>发挥个人的独创性,能制定出分管设备开拓性的管理规划和实施方案 |

企业的设备管家体系,是由企业产品作业线上的三部分人员组成的,即企业本年度的订单或合同“标的”里标明的“品名”或“件名”,在制作并提供时,在这条产品作业线上,企业的作业设备的操作人员、作业设备的管理人员和与作业相关的技术人员这三部分人员来组成。

设备管家体系中企业的作业设备的操作人员(简称“操作方”)是指企业各类作业设备的岗位操作人员。

设备管家体系中企业的作业设备的管理人员(简称“点检方”)是指企业各类设备系统相应的负责设备状态的人员(不包括修理系统的人员)。如果企业已经建立了设备点检系统,那就是企业的点检组、点检员;如果企业还没有建立点检系统,则企业分厂或车间的设备员或分管作业设备的相关人员,也可以作为负责设备状态的人员。他们是设备管家体系的中心人物,负责所管辖设备的运行状态、召集定期的设备状态研讨会,担当起企业设备管家的重任。

设备管家体系中企业的与作业相关的技术人员(简称“技术方”)是指企业各类设备系统的工程技术人员、工程师和技术专家。点检方定期可以将汇总的“各班设备运行状态异常报告表”,提前报送给他们,特别是提供“关键设备状态受控点的异常情况和对策意见”,

请他们提出相应的解决办法，在定期的设备状态研讨会上，请他们指教或读取他们的书面材料，提供给企业设备管家体系的其他人员参考。

在设备管家体系中，以企业专职点检员为核心，他们在设备管家制中，具有设备管理“核心工作”的地位。也就是说，设备管理专职人员是企业作业设备管理的主要责任者，而他们联系着两方面的群体，一方面紧密联系着作业设备的操作人员，另一方面则牢牢联系着与作业相关的技术人员。

作业设备的操作人员主要负责日常点检的工作，参与对作业设备的清扫、润滑、紧固、调整和患情报告。

与作业相关的技术人员主要负责精密点检的工作，参与对作业设备的根本原因分析等工作。在接到专职点检员的点检联络单后，积极认真地配合开展设备的精密点检、倾向管理和状态检测的工作。

作业设备的管理人员主要负责专职点检的工作，按计划定期点检，每天上午 3 h 的点检工作量，视情在 80~100 个点；每天下午要做好作业线的设备管理工作。

④确定点检的周期

设备的性能会随着作业时间的推移而略有下降，到了一定时段，设备性能就会劣化。这样，周而复始，直到设备性能降到了不能满足作业要求时，就进入报废阶段，这就是所谓的设备全寿命周期管理。常见的设备性能曲线如图 2-2-3 所示。

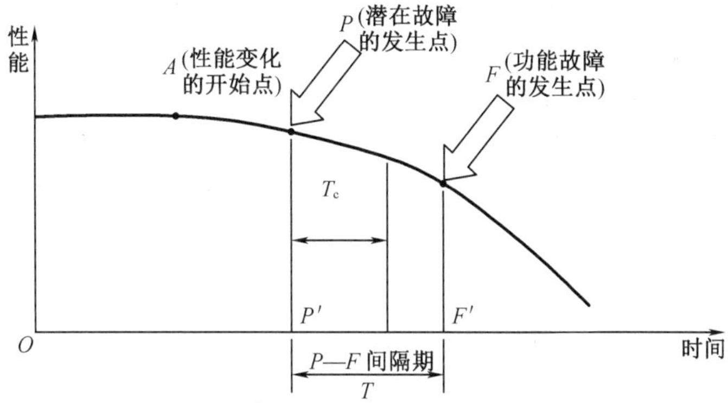


**图 2-2-3　常见的设备性能曲线**

设备性能曲线大致的走向，如图 2-2-3 中的曲线所示。随着作业时间段推移，逐渐地下降。在性能曲线上有 3 个具有代表性的部位。$A$ 点意味着设备的性能开始发生变化；$P$ 点是指设备随着使用时间的推移而出现异常，但还能工作的起始点，表示潜在的故障已经开始发生；$F$ 点是已经出现的异常到达了故障停产的那个点，则显示功能性故障到达了突然爆发的时段。在传统管理中，设备维修基本是围绕着 $F$ 点转，即设备运行时，谁都在管，但又谁都没有管彻底，直至设备到达了故障停产时，就紧急抢修。

时间节点：设备已经安装到位并投入使用，开始设备的性能是良好的，使用一段时间，性能从初期状态到达了 $A$ 点后，性能开始逐渐下降。但这不会影响运行，设备可以正常地使用；继续使用，设备性能状态继续劣化，到了 $P$ 点，设备潜在故障已出现，即开始有轻微振动了,通过油液分析显示已经磨损了,发出轻弱的噪声了,有发热的征兆了,但还无大碍,仍然可用;若不重视潜在故障的发生和发展,继续使用,直至 F 点,那就是功能故障发生点,表现为设备被强烈的振动振坏了、磨破了、烧损了,不能再使用了,这时,设备的性能消耗殆尽,必须马上组织紧急抢修。

通过对设备性能曲线的了解,点检员可以根据其投入时间的长短、作业负荷的轻重、日常维护情况的好坏,理论联系实际地来判断其性能。作业线设备上的点,现在是在该故障曲线上的哪一段,如在 A 点以前或在 A 点和 P 点之间的区段,其运行状态应该没有问题;如已经有了一些隐患的征兆,说明该点已经过了 P 点,因此要不断地强化点检,检查其隐患的属性,是机械的还是电气的项目,即表现为振动、发热,还是电流、绝缘的状况,这就要检查其量化的数值,以避免其进入 F 点(功能故障发生点)的范畴。

可见,在设备性能曲线上出现了 3 个具有代表性的"关键点",即 A 点:设备性能变化的开始点;P 点:设备潜在故障的发生点;F 点:设备功能故障的发生点。

从理论上来讲,设备性能曲线上的"P—F 间隔期"是指设备已经有了一些小隐患,但还没有到达功能性故障前的一个时段,这就是实施点检的"最佳时期"。

点检周期是指对设备的状态控制点两次点检作业间的间隔期,或对该设备的状态受控点,现在去点检了,下次相隔一定时间再去点检,这个间隔期或是相隔的时间,称为点检周期。

根据现场作业设备的运行特点,找出影响点检周期的要素,通过对相关要素的分析、量化和比较,研究人员可建立起有效的设备点检周期模型。用量化管理来编制点检周期的步骤如下。

A. 明确量化点检周期的状态受控点。

B. 确定该点影响点检周期的要素。

C. 根据影响要素,建立点检周期模型。

影响点检周期的要素及其比较标准,是由该设备状态受控点在作业中的重要程度和发生故障概率决定的。影响设备状态受控点故障概率的主要因素如下。

A. 设备状态受控点作业的频繁程度。

B. 设备状态受控点的作业环境因素。

C. 设备状态受控点本身的耐用性、可靠性。

对不同设备状态受控点的重要程度、作业频度、作业环境和耐用性、可靠性等要素进行量化比较,有利于确定设备状态受控点的点检周期,以及体现点检周期设置的管理倾向。

⑤确定点检的方法

点检的分类及方法如图 2-2-4 所示。

日常点检主要依靠产品作业线上的作业人员,充分运用视觉、触觉、听觉、嗅觉和味觉的五感(味觉虽然列入其中,但没有经验的点检员非到不得已的情况下,尽量不用),来感知作业设备运行的状态,以发现其异常现象,及时提出报告,以便及早确认、及早处理。

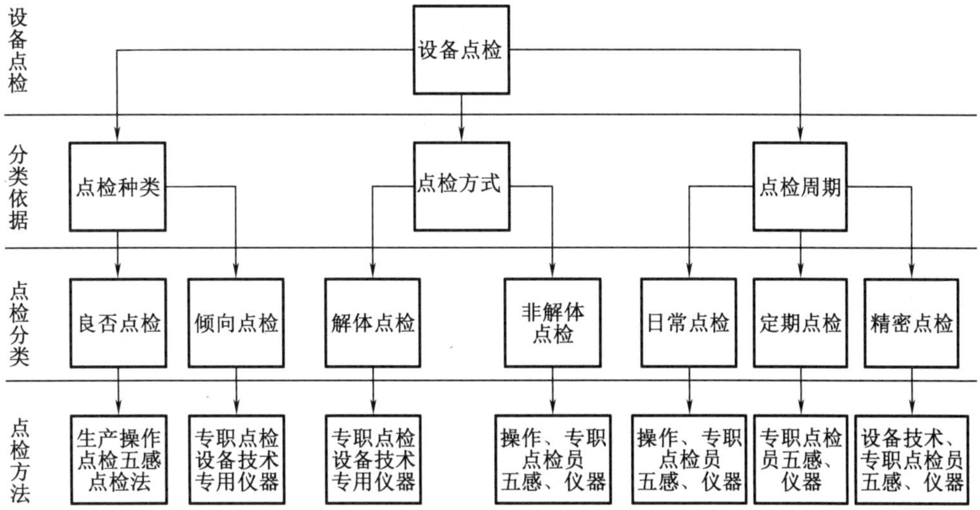


**图 2-2-4　点检的分类及方法**

图 2-2-4 较清晰地阐述了分类依据、点检分类及适用对象之间的关系，按照点检作业的性质，分为由作业人员的操作点检、设备系统的专职点检和设备工程技术人员的精密点检。从图中可知，作业人员的操作点检属于良否点检、非解体点检和日常点检；设备工程技术人员的精密点检属于倾向点检、解体点检和精密点检；而设备系统的专职点检则可以参与任何形式的点检。

**2. 点检作业的 5 个要素**

(1)点检作业的 5 个要素

①有标准。即制定作业设备状态受控点的点检标准，作为状态受控点检查部位好坏的衡量、优劣的判别和状态是否允许的量化依据。

②有计划。为了做到工作量的均衡，避免点检项目的遗漏，设备管家必须制定相应的(操作方、点检方和技术方)点检作业实施的“点检计划表”。

③路线好。由于专职点检员负责点检的区域范围较大，为避免所经过的途径重复，应预先设计安排好点检实施时的途径和路线，以节约点检的时间。

④实施好。设备管家在实施点检作业时，每位成员都应做到认真检查，一丝不苟，不轻易放过任何异常迹象，细致地进行分析处理并做好记录。

⑤记录好。主要是记录设备的运行状态，这是编制维修计划的重要依据。同时，点检结果的实绩管理，切实掌握设备状态及劣化发展趋向，也很重要。而当今企业的情况，记录恰恰是个薄弱的环节，往往是能干但不善于记录。因此，点检员必须按点检结果，做好各种相应记录，对点检的状态进行分析，在编制维修计划、备件计划时，就可以充分反映点检结果了。

(2)具体步骤

①制定点检技术标准

从设备状态管理出发，在实施设备点检时，必须要有“标准”，这是企业设备管家管理产品作业线设备的依据。

严格来说,应该有 5 项标准,即由国家及各省、市质量技术监督局管控的“法定检查标准”,如企业里的压力容器、特种设备、载人电梯里的钢丝绳等,还有各种仪表、量具等,也都必须由企业将其定期送至国家或省市的相关部门去检查鉴定。这些企业必须严格按国家规定,定期接受“法定检查标准”的检验。

除此以外,由企业来管控的标准,涵盖设备的维修技术标准、点检技术标准、润滑作业标准和维修作业标准等 4 项标准,组成企业设备管家管理设备的依据。企业设备点检状态管理标准的建立和完善,是推进以点检为核心管理的制度保证体系,是确保实现“基础保障”的科学依据。图 2-2-5 为国家的法定检查标准与企业设备的 4 项标准之间的关系。

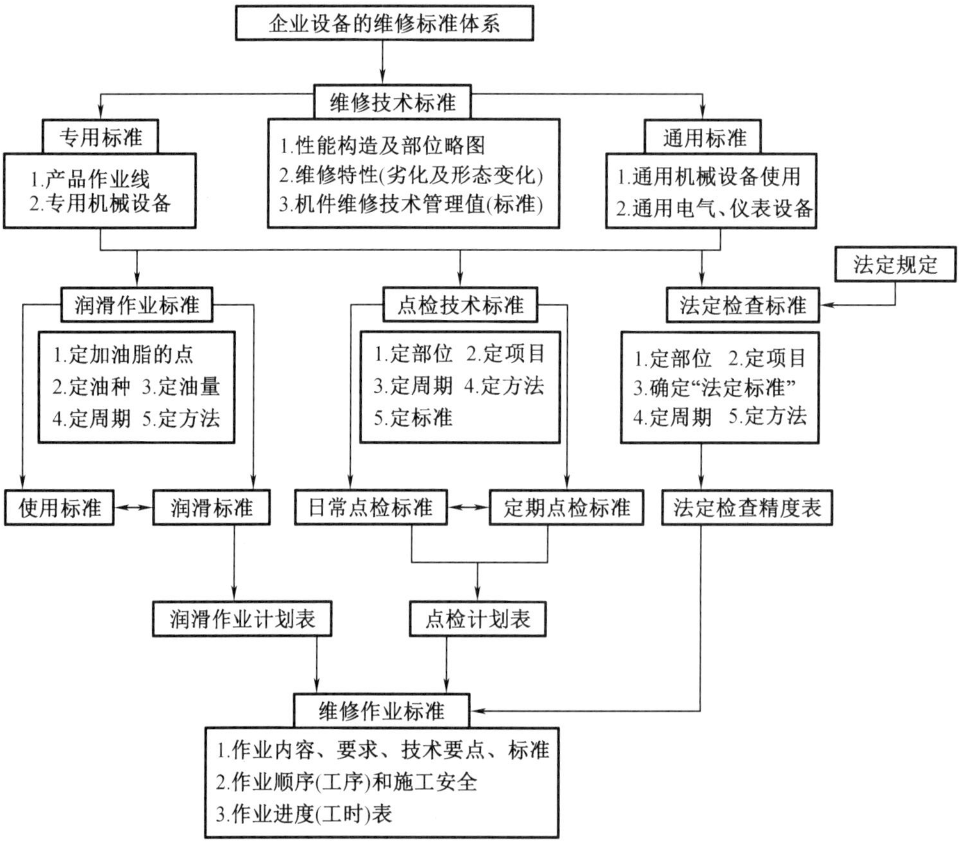


**图 2-2-5 国家的法定检查标准与企业设备的 4 项标准之间的关系**

A. 维修技术标准

维修技术标准是根据设备设计制造供应商提供的原始数据编制而成的标准。它是 4 项标准的基础,也是编制另外 3 项标准的技术依据。一般由设备管家体系中的工程技术人员或企业设备系统的工程技术人员负责编制。

维修技术标准的编制依据:由设备供应商提供的设备使用说明书、设备安装要领书及有关的技术资料和设备相关的图样等;同类设备或使用类似设备的维修技术管理值;该类设备的实绩经验等。

维修技术标准的内容:对象设备或装置的简明示意图;作为管理对象的零部件的技术

性能、构造、材质等;作为管理对象的零部件的维修特性;设定主要更换件的维修技术管理值,包括零部件的图面尺寸、装配间隙、允许减损量的范围或劣化极限容许值,以及使用的标准等;其他对该零部件所限制的项目内容,最关键的是维修技术管理值的确定。

B. 点检技术标准

在点检技术标准中,详细规定了企业设备点检作业的基本事项,使所有的状态受控点的检查,都做到了“五定”(定部位、定项目、定方法、定标准和定周期)。点检技术标准也可以包含通用标准和专用标准两类。

点检技术标准的作用是设备进行预防性检查的依据,是编制点检作业计划的基础。点检技术标准的编制依据是维修技术标准、设备使用说明书、有关技术资料和设备相关的图样、同类设备的点检实绩资料和实绩经验等。点检技术标准的主要内容包括以表格的形式对点检对象设备进行“五定”。

C. 润滑作业标准

润滑作业标准规定了给油脂作业的基本事项,包括“润滑 5 确定”(确定给油脂的点、确定润滑油脂的品种、确定给油脂的量、确定给油换油的周期、确定实施润滑作业的人)的全部内容。润滑作业标准是设备给油脂润滑工作的依据。

润滑作业标准的编制依据是维修技术标准;设备使用说明书和有关技术资料、设备相关的图样;同类设备的实绩资料和实绩经验。

润滑作业标准的主要内容:给油脂、润滑部位;给油脂方式;油脂品种牌号;润滑、给油脂的点数;给油脂量与加油周期;油脂更换量及周期;给油脂作业的分工等。

D. 维修作业标准

维修作业标准是负责设备检修单位进行检修作业的标准,也是确定修理工时及修理费用的依据。

编制维修作业标准的目的:提高检修作业质量和缩短停产检修作业时间;避免或减少检修作业事故的发生;改善检修作业水平。

编制维修作业标准的条件:明确检修作业目的是为企业的产品服务;熟悉设备结构和作业环境;掌握检修项目内容和检修作业工序;具有施工实践经验。

维修作业标准的主要内容:修理项目的作业区域、设备名称、作业名称、作业标准、作业条件、作业工时、作业人员、使用工器具、保护用具、备件材料的要求、作业网络图、作业顺序说明、作业要素(项目)、作业内容、技术要点、安全要点、维修程序图等。

编制维修作业标准的难点和关键是长期停产检修的“作业网络图的绘制”。编制时要抓住长期停产检修施工中工期最长的工序项目,围绕主要工序找出辅助工序,尽量采用平行作业,以扩大施工面,缩短停产检修的施工工期。

下面介绍维修作业标准的形成过程。

a. 工时工序表

工时工序表由企业设备管家负责提出。当有工程项目委托检修时,必须提出工时工序表,如图 2-2-6 所示。施工前,该表要随工程委托单一起交付给检修方。

编号 □□□□□□□　　　　日期 □□□□□□

| 工厂名称 | 设备名称 | 工程名称 | 总工时/(m×h) |
|---|---|---|---|
| | | | |

| 作业要求及验收条件 |
|---|
| |
| |
| |
| |

| 危险预知、施工安全 |
|---|
| |
| |
| |
| |

| 备品配件、维修材料 | |
|---|---|
| 名称 | 数量 |
| | |
| | |
| | |
| | |

| | | | |
|---|---|---|---|
| | | 0 | |
| | | 1 | |
| | | 2 | |
| | | 3 | |
| | | 4 | |
| | | 5 | |
| | | 6 | |
| | | 7 | |
| | | 8 | |

| 主要施工人员 | | |
|---|---|---|
| 工种 | 人数/m | 工时/h |
| 钳工 | | |
| 电工 | | |
| 起重 | | |
| 焊接 | | |
| 冷作 | | |
| | | |
| | | |
| | | |
| 多能 | | |
| | | |

| 主要工器具及规格型号 | | |
|---|---|---|
| 名称 | 规格 | 数量 |
| 手拉葫芦 | | |
| 千斤顶 | | |
| 汽车吊 | | |
| | | |
| | | |
| | | |
| | | |
| | | |
| | | |
| | | |

| 备注 | | 施工班组 | |
|---|---|---|---|

**图 2-2-6　工时工序表**

b. 设备维修记录表

当检修方收到“工时工序表”后，他们要认真研究该工程项目的作业要求和施工安全的内容，并认真筹划如何来实施该工程项目的检修，做好充分的计划工作、人员配备和检修工器具的准备，到停产检修的当日，认真地实施检修，并负责记录“设备维修记录表”，在交工后的两天内，返回给设备管家。

c. 维修作业标准细则

每次检修该工程项目，都应该有“工时工序表”的下达，也应该有“设备维修记录表”的回收。为了能了解不同检修班组实施检修的数据，有意识地安排不同的班组来实施检修，经过一段时间，就可以积累一定的数据，如一个工程项目，张师傅用 50 个工时完成，李师傅用 52 个工时完成，而小王师傅的班组年轻，仅仅 48 个工时就完成了，其他还有 54 个工时、53 个工时完成的，经企业相关方面的汇总和研讨，最终确定该项目今后一律按 52 个工时作为标准，这就形成了企业对该工程项目的维修作业标准。

虽然表格有 3 种不同的称呼（工时工序表、维修记录表和维修作业标准）和上述的过程，但形式是完全一样的。委托时称为“工时工序表”；受理后，检修结束返回时称为“设备维修记录表”；再经过积累、汇总、研讨，最后确定为“维修作业标准”。这就是企业在一个时段中作为标准应用、定期再审查、修改的维修作业标准。

②编制点检作业计划

作业系统的岗位操作人员，是在设备管家体系中的专职点检员指导和帮助的前提下，按“谁实施点检、谁编制计划”的原则，进行日常点检计划编制的。专职点检员进行专职点检计划（也称专业或定期点检计划）的编制。

编制点检计划的关键是确定设备点检周期。点检周期按操作方的日常点检、设备方的专职点检和技术方的精密点检的不同而不同，点检周期一般为：操作方为一天；专职点检为一个月；技术方为更长甚至于跨年度。由此可见，专职点检员可以从点检周期的时间段来判别点检计划是属于日常点检、专职点检计划，还是精密或倾向点检计划。

③理顺点检实施路线

有了点检标准和点检计划后，在实施点检作业前，还要有一个重要的环节，即要有一个实施点检作业的路线。正确地实施点检，理顺点检路线的要领是：路线最短、时间最省、作业安全，符合“全面、合理、快捷、精悍，而且不能漏项”的原则。图 2-2-7 为点检路线图。该图是一幅案例企业的鸟瞰图，从图中可见企业的设备，$A$、$B$、$C$ 等为室内的点，1，2，3 为室外的点，点检作业可以从点检办公室出发，沿着顺时针方向走，即按图中箭头指示的方向和路线实施点检。点检员也可以逆时针方向或有其他更合适的路线来实施点检作业。

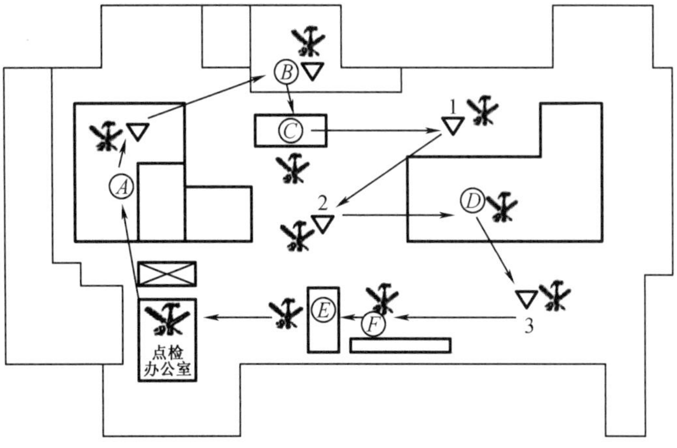


**图 2-2-7　点检路线图**

图 2-2-8 是一幅企业设备管家的电气点检路线图，他管辖的产品作业线设备是 4 个配电室和 4 个车间电气设备。

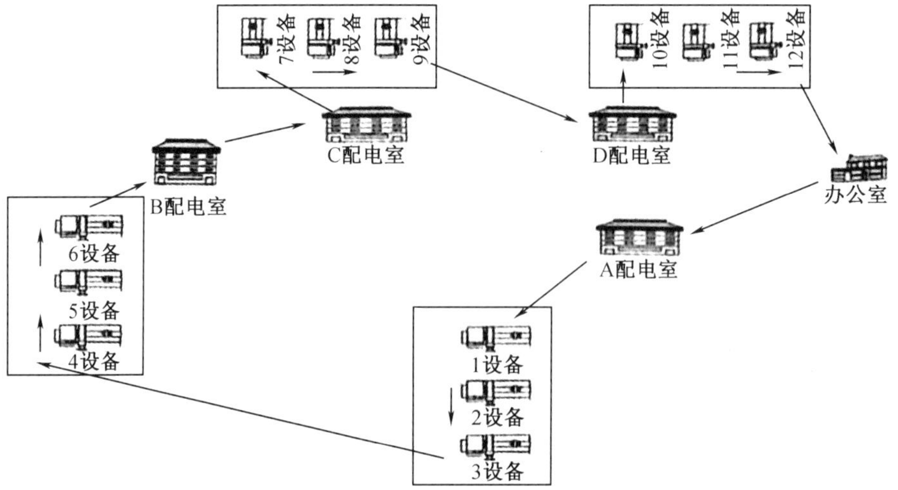


**图 2-2-8　电气点检路线图**

④实施点检作业

在实施点检作业前,点检员要确认检查时间和地点,并通知相关人员,确保检查过程中不受干扰,同时准备好相关工具。点检员常用工具见表 2-2-6。

**表 2-2-6　点检员常用工具**

| 专业 | 应带工器具 | 专业 | 应带工器具 | 专业 | 应带工器具 |
|---|---|---|---|---|---|
| 机械专职点检员 | 听音棒 | 电气专职点检员 | 听音棒 | 仪表专职点检员 | 试电笔 |
| | 手电筒 | | 手电筒 | | 万用表 |
| | 点检锤 | | 点检锤 | | 螺钉旋具 |
| | 扳手 | | 扳手 | | 扳手 |
| | 螺钉旋具 | | 螺钉旋具 | | 手电筒 |
| | | | 试电笔 | | 尖嘴钳 |

点检员要严格按照既定的检查项目和内容进行检查,并记录检查结果,包括发现的任何异常情况。如有必要,点检员须立即采取应急措施,或通知相关部门的相关人员进行进一步处理。

⑤记录点检实绩管理

点检员在实施点检前,应先收集、查阅和听取作业操作人员及三班运行人员提供的设备信息及其记录;点检过程中发现问题应及时记录,能够处理的应立即进行处理或调整,并将处理结果及时记录在点检日志中。

点检员对点检过程中发现的设备隐患问题,要了解清楚以下 6 个方面问题后再予以记录(即按 5W1H 的方法来回答设备隐患问题)。

A. 设备隐患是在什么时候发生的。

B. 设备隐患是在什么地方发生的。

C. 哪些设备、零部件出现了什么样的隐患问题。

D. 设备隐患是什么原因引起的。

E. 什么人在操作或什么人发现的和反映的设备隐患问题。

F. 设备隐患是怎么解决和处理的。

专职点检员,对发现的设备问题要根据有关数据、记录、实际情况及经验进行综合分析研究。专职点检员及设备管家管理设备的分析、报告内容如下。

A. 分析本月的设备维修费用情况,含备件费用、资材费用、人工费用等。

B. 分析、评价检修质量(主要是核对"检修时间是否超时")。

C. 本月设备商定状态受控点,还存在什么问题和解决的对策。

D. 产品作业线设备的主要检修工程项目。

E. 下个月产品作业线设备的主要管理工作。

F. 本月产品作业线设备及其状态受控点机械、电气、仪表的修理工时。

G. 本月产品作业线设备上的状态受控点的故障情况分析。

**3. 点检的 PDCA 工作法**

通过企业三位一体的设备管家体系中的各类点检员,对作业设备实施管理及点检作业时,其工作方法中的 4 个环节如下。

(1) 计划 P 环节:制定点检技术标准和点检计划,实施自我完结的流程。

(2) 执行 D 环节:按制定的各类计划和标准,实施点检和委托检修工程。

(3) 检查 C 环节:细致检查各项作业实施的结果,认真地分析检查实绩。

(4) 处理 A 环节:在实绩检查分析的基础上,制定改进措施,自主处理。

采用 PDCA 工作方法(图 2-2-9),来推进自身素质的提高和工作经验的积累,特别是企业设备管家体系中专职点检员的工作方法,尤为重要,从而推动企业设备管家体系管理设备工作水平的不断提高。

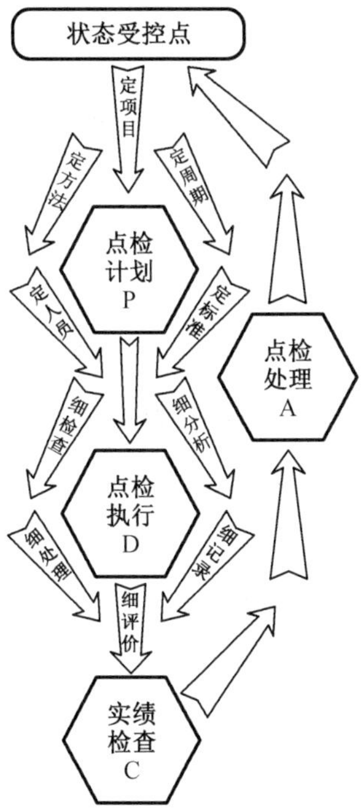


**图 2-2-9　点检工作的 PDCA 循环及"五定""五细"工作流程**

# 第三节 设备检修管理

设备检修是指通过系统的方法对设备进行检查、维护和修理，以保证其正常运行和延长使用寿命。设备检修的目标是通过科学合理的管理和技术手段，确保设备高效、安全、稳定运行，减少故障率和停机时间，降低维护成本，延长设备使用寿命，提高企业的生产效率和经济效益。

## 一、设备检修概述

**1. 设备检、维修的含义**

设备"检、维修"的英文缩写是 MRO，其含义如下。

(1)维护(maintenance)，是指维持设备的状态，或维护人员和团队维持、保养设备状态而所实施的必需作业。

(2)修理(repair)，是指修补、修理破旧或损坏之物，补救、纠正、修理、补修等作业或过程。

(3)检查(overhaul)，是指细密检查、彻底检查，以期了解设备状况的检查，为设备的清洁、修理等作业而实施的彻底检查。

在个别场合中，维修、检修可能有相互替代的情况。在企业中，人们有时会用"维修"或用"检修"来统称整个"修理"的过程。这里对这两个概念的差异进行描述。

所谓"维修"，即先进行维护，在维护的过程中，发现一些小隐患，立即实施修理。这是设备操作方在实施日常点检时及专职点检方在实施定期点检时以不停产作业为主的"维护+修理"行为。

所谓"检修"，是在停产的前提下，由设备技术方和专职点检方，在实施解体点检、倾向管理的情况下，于检查设备运行状态时，在预先估计和现场检查后发现隐患或故障时，实施的有计划和有准备的停产修理。当然，在企业停产检修的时段，设备操作方和专职点检方可以利用这个时间来实施维修作业。

**2. 设备的隐患和故障**

企业设备管家中的操作方和点检方，做好日常点检和专职点检的工作，发现有隐患，就要实施维修；企业设备管家体系中的点检方和技术方，做好专职点检和精密点检工作，通过倾向管理，及时发现故障的前兆，及时地实施检修将故障排除。

(1)应对设备隐患的方法

预防企业作业设备隐患、劣化的对策，包括预防隐患和劣化、测定隐患和劣化、修复劣化。

①预防隐患和劣化的方法如下。

A. 日常点检维护，包括给油脂、更换、调整、紧固、清扫。

B. 改善维修，即维持性能。

②测定隐患和劣化的方法：点检检查(良否点检和倾向检查)。

③修复劣化的方法如下。

A. 修理，包括预防维修、预知维修、事后维修。

B. 更新，包括换代、改造。

(2)应对设备故障的方法

①企业设备管家体系中的成员,要收集作业设备运行状态及故障信息的如下内容。

A. 作业设备运行状态及故障发生时的部位、环境状况。

B. 作业设备运行状态的异样表现及故障发生的时间、故障发生的顺序。

C. 及时询问操作方的第一手感受,掌握操作方的信息及记录。

D. 立即组织相关人员,分别收集、打印、复制故障现场的原始记录。

E. 进行作业设备综合损失情况及各专业的统计。

②企业设备管家体系防范设备故障的主要措施如下。

A. 三位一体的设备管家体系中的操作人员,必须经培训合格后上岗。

B. 设备管家要严格执行作业设备的各项标准。

C. 设备管家体系中的操作人员要做好日常点检、维护、保养工作。

D. 设备管家中的专职点检员,要加强作业设备的定期点检工作。

E. 设备管家中的工程技术人员,要做设备管家体系中其他成员的坚强后盾,并配合专职点检员,做好精密点检和状态受控点的倾向管理。

F. 企业的设备检修人员、设备管家,要认真做好产品作业线设备的计划检修工作:企业的检修人员要努力提高设备检修的质量;设备管家要按备件消耗规律,准备必要的备件;设备管家要认真做好设备的润滑工作,保证各点润滑良好;设备管家要定期预想事故演习,提高处理事故的应变能力。

企业作业设备运行时,发生单一故障的处理流程如图 2-3-1 所示。

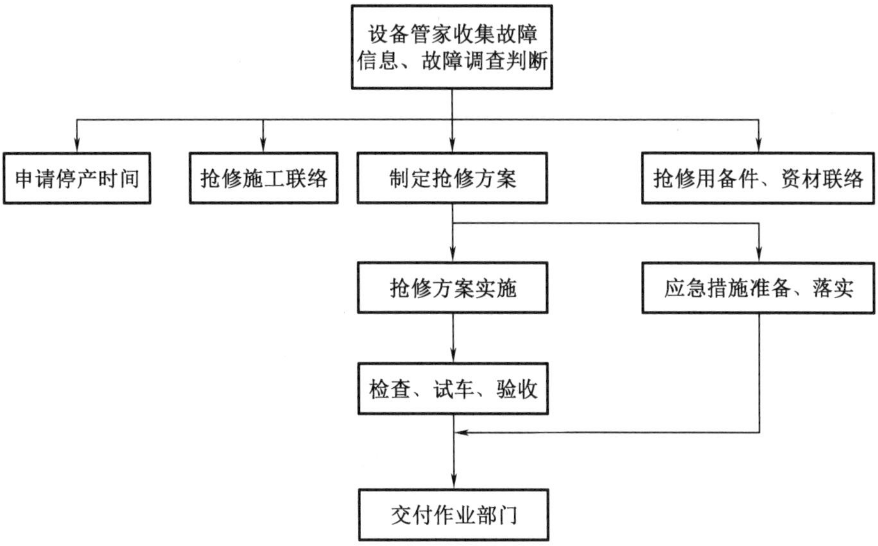


**图 2-3-1　发生单一故障的处理流程**

企业作业设备运行时,发生机械、电气和仪表专业综合故障的处理流程如图 2-3-2 所示。

**3. 检修工程的分类**

(1)从实施角度分类

检修工程的分类要与为企业产品服务的宗旨相结合,从这个要求出发,考虑检修工程管理的实施,将检修工程分成2个系列、3大类和4种状态,如图2-3-3所示。

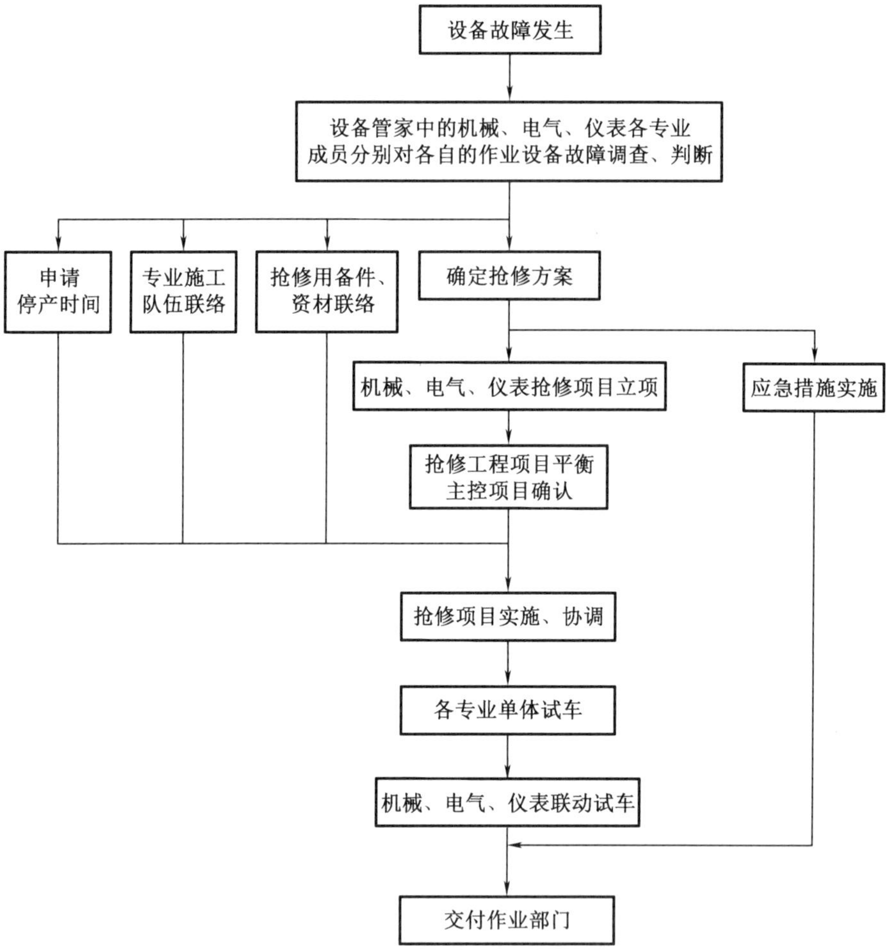


**图2-3-2 发生机械、电气和仪表专业综合故障的处理流程**

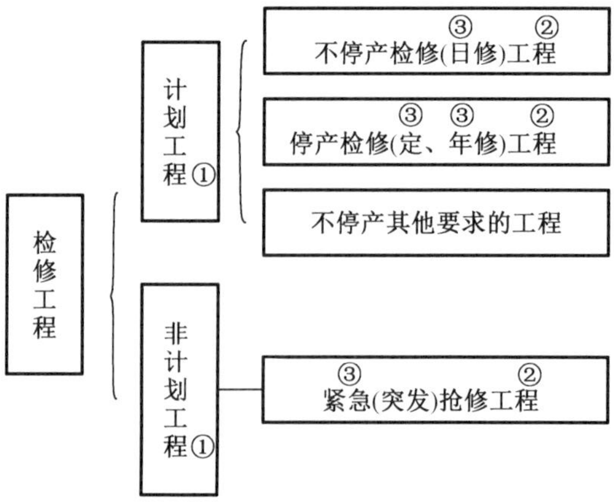


①为2个系列;②为3大类;③为4种状态。

**图2-3-3 检修工程的分类**

2 个系列是指计划工程、非计划工程。

3 大类是指不停产检修工程、停产检修工程和突发事故的紧急抢修工程。

4 种状态是指日修、定修、年修和紧急抢修。4 种状态是按检修时停产时间的长短来划分的。

另外,停产检修还可分为停产 1 天(24 h 以内)能修完的,称为停产检修;如因检修造成企业停产时间超过 1 天(超过 24 h)的,为了区分起见,称为长时间停产检修。

(2)按设备维修性质分类

按照设备维修性质,设备检修工程可分为修理工程和改善工程。

修理工程包括预防维修工程和事后检修工程。

改善工程包括维修设备方面的改善工程、生产操作方面的改善工程、安全性方面考虑的改善工程。

(3)从检修具体业务分类

从检修工程的具体业务分类,有如下类别。

①定期更换油脂,用代号“a”表示。这指必须在定(年)修、日修中进行的油脂更换,包括油质检查、清洗及更换作业。

②定期解体点检,用代号“b”表示。这是指长期点检计划表中的解体点检内容,包括机件磨损情况检查及倾向检查;油质检查,清洗,处理泄漏,添加油或更换油脂;更换失效件、消耗件及过量磨损件;工作机件之工作间隙及工作参数的必要调整。

③定期调整试验,用代号“c”表示。其包括电气设备测试试验和机械设备预防性试验。

④定期修理,用代号“d”表示。这是指除定期解体点检以外的计划修理项目,包括缺陷修补、改善措施、构体整形、加固修复、防腐及周期管理零件更换等。

⑤事故抢修,用代号“e”表示。这是指构成设备事故管理制度中事故定义范围的设备事故抢修工程。

⑥恢复修理,用代号“f”表示。这是指不改变设备、设施、构件的结构、性能、工作参数、更换件材质、工作条件的修复性修理项目。

⑦改善修理,用代号“g”表示。这是指在修理中需改变设备设施的结构、性能、工作参数或主要更换件材质性能、工作条件等的小型措施性改善修理。

⑧大修理,用代号“h”表示。这是按国家有关固定资产大修理管理制度中规定的范围内的大型修理项目。

⑨离线修理,用代号“i”表示。这是指不在作业线进行修理的项目,基本上是属循环维修点检项目,包括在任何检修部门进行检修的内容。

⑩测绘解体,用代号“j”表示。这是因对机件测绘工作的需要必须进行解体的测绘项目。

⑪生产委托项目,用代号“k”表示。这是指生产工艺上的设施的委托项目,包括生产消耗件的处理,以生产劳务方面的委托等。

⑫技术措施工程,用代号“l”表示。这是由措施委托的工程项目,包括技术措施和安全措施。

⑬其他项目,用代号“m”表示。这是指除上述 12 项工程以外的工程项目。

**4. 停机检修与停产检修的原则性差异**

企业的作业时间，一天 24 h、一班 8 h。企业的产品，在制作时除了需要各个方面的支持外，其中有很重要的一条，也是比较不容易被重视或容易忽略的一条，即必须要靠“作业时间”来保证它的完成。企业各种条件再好，如不预留适当的作业时间，就完不成产品制作的任务。为此，必须要明确什么是“产品作业时间”，企业要分清什么是“停机”和什么是“停产”。

因为“停机”表示设备停止运行，但并不一定是“停产”，如果产品作业也停止了，那就要严肃、认真地找出原因，如是设备问题，那就要抢时间将它修复，以免影响企业的产品作业，也就是说，要力争避免企业的“停产”；如果是设备“停机”了，而产品作业没有停，不影响产品作业的正常进行，那这个“停机”，用现在的观点来说是节能降耗，机器停了，还不影响产品作业。所以，“停机”和“停产”是两个概念，不要混为一谈，这不是个小问题，是个原则性的问题。

有一个企业的产品作业线上配套有供水系统（图 2-3-4），为了确保供水的连续性，该供水系统的电动水泵配置了备用的 2 台设备。该系统的工作原理比较简明，这里不再赘述。

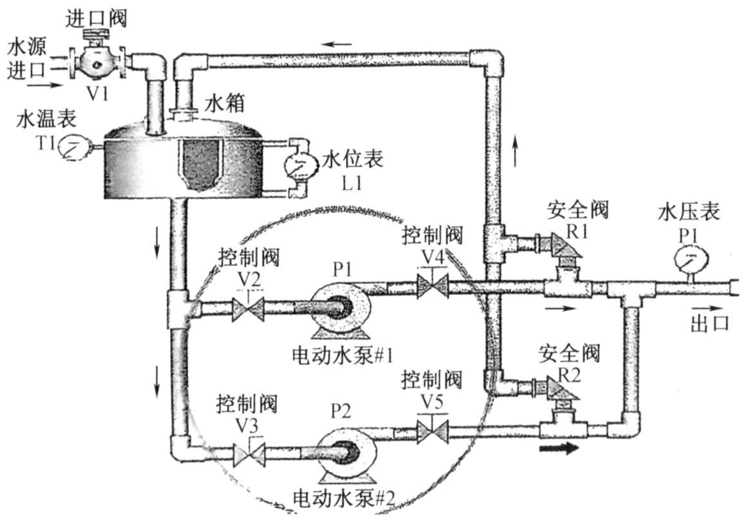


**图 2-3-4　某企业产品作业线上的供水系统**

供水系统里有 2 台泵，其规格、型号是完全一样的，且并联在企业的产品作业线上。当 P1 泵在线使用时，称为“产品作业线设备”，而 P2 泵并列备用，称为“非产品作业线设备”或普通作业线设备，如图 2-3-5 所示。

企业设备管理的重点不是按传统的分类方式，而是根据该设备在产品作业中的地位、作用及价值的大小来决定的。一旦设备切换为另一同样规格型号的设备，其作用由“在线使用”转变为“并列备用”，名称也由“产品作业线设备”转为“非产品作业线设备”，如图 2-3-6 所示。

当 P1 泵在线使用发生故障时，为了确保产品作业线的连续性，立即进行切换，将 P2 泵立即投入运行，P1 泵实施不停产离线检修。当 P2 泵在线使用又发生故障，这时已无法切换，为了确保产品作业线的连续性，组织 P2 泵紧急抢修，P2 泵被迫实施停产检修，如图 2-3-7 所示。

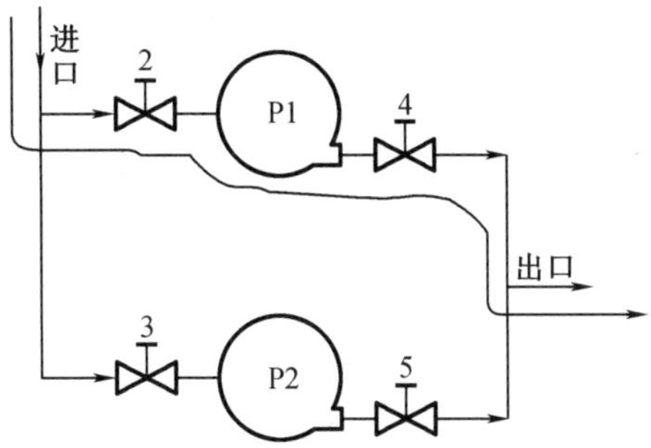


2,3,4,5—控制阀。

**图 2-3-5　P1 泵在线使用、P2 泵并列备用**

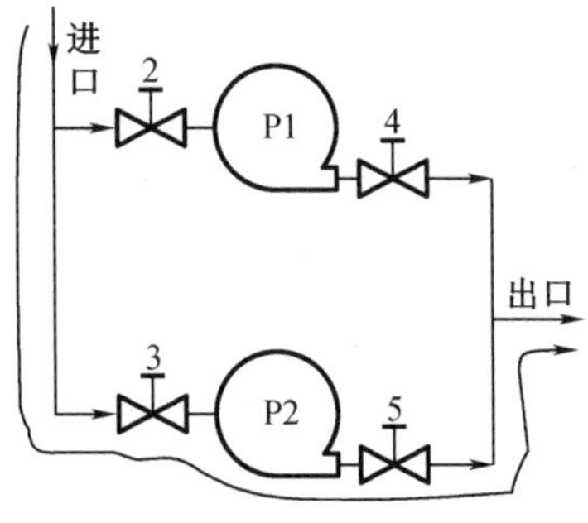


2,3,4,5—控制阀。

**图 2-3-6　P1 泵故障停用，切换成 P2 泵在线使用**

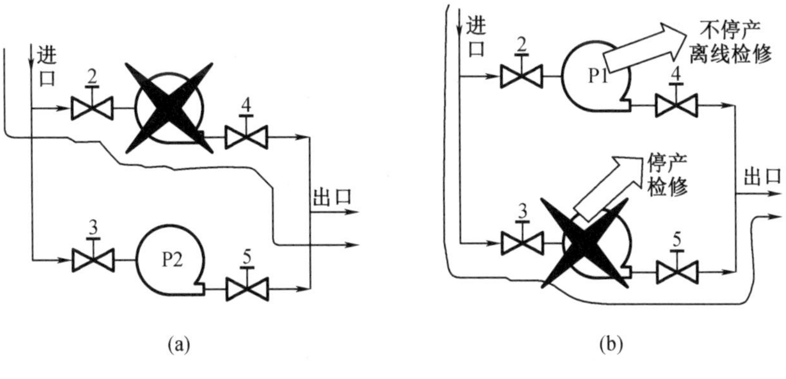


2,3,4,5—控制阀。

**图 2-3-7　P1 泵不停产离线检修和 P2 泵的停产检修**

**5. 设备维修管理的发展**

纵观设备维修管理发展过程，大致可以分为以下 4 个阶段。

(1)事后维修管理阶段

由于早期的工业生产设备以单机加工为主，因而修理方便、造成影响的范围小。为了提高设备的利用效率，仅当设备出现故障时才进行修理的事后维修管理基本模式，一直持续到 20 世纪 30 年代末期。

(2)预防维修管理阶段

由于流程化生产作业方式的出现，设备的完好程度对生产的影响越来越大。任何一台主要设备或一个主要生产环节出了问题，都会影响生产的全局，造成较大的经济损失。1925年前后，美国首先提出了预防维修的概念，对影响设备正常运行的故障，采取“预防为主”“防患于未然”的措施，以降低停工损失。预防维修的主要做法是定期检查设备，对设备进行预防性维修，在故障尚处于萌芽状态时加以控制或采取预防措施，从而避免突发故障的发生。显然，预防维修比事后修理更有优越性，预先制订检修计划，对生产计划的冲击小。采取预防为主的维修措施，减少设备事故的发生和停工损失，延长设备的使用寿命，提高设备的完好率，有利于保证产品的产量和质量。

20世纪50年代初期，我国引进了计划预修制度，对建立我国自己的设备管理体制、促进生产发展起到了积极的作用。其主要特点如下。

①对生产中所处地位比较重要的设备实行计划预修，而对一般设备实行事后修理或按设备使用状况进行修理。

②根据各主要设备的具体情况（如按设备的设计水平、制造和安装质量、役龄和使用条件、使用强度等）确定修理周期。

③采用设备小修、中修和大修（或三级保养）的计划保修管理方式。

（3）生产维修管理阶段

随着科学技术的发展，尤其是系统理论的普遍应用，强调要围绕企业生产经营为目的，系统地管理设备，提高企业的综合经济效益，于是产生了“生产维修”的概念。

生产维修是一种以生产为中心，为生产服务的设备维修模式。这种维修模式更贴近企业的生产实际，主要采用了以下4种维修方式并存的基本维修策略。

①事后维修是最早期的维修方式，待机器出了故障再修，不坏不修。

②预防维修是以检查为基础的维修，利用状态监测和故障诊断技术对设备进行预防性检查，有针对性地对故障隐患加以排除，从而避免和减少停机损失。

③改善维修是不断地利用先进的工艺方法和技术，改正设备的某些缺陷和先天不足，提高设备的先进性、可靠性及可维修性，提高设备的利用率。

④维修预防提倡在设计阶段就认真考虑设备的可靠性和可维修性问题，从设计、制造上提高设备素质，从根本上防止故障和事故的发生，减少和避免维修。

生产维修对部分不重要的设备仍实行事后维修，避免了不必要的过剩维修，同时对重要设备通过检查和监测，实行预防维修。为了恢复和提高设备性能，在修理中对设备进行技术改造，随时引进新工艺、新技术，即改善维修。

（4）设备综合管理阶段

完整体现设备综合管理思想与方法的是设备综合工程学和全员生产维修制。设备综合工程学与全员生产维修制在本质上是一致的，只不过设备综合工程学更具理论性，全员生产维修制更具操作性。

## 二、定修制

### 1. 定修与定修制

（1）定修的概念

定修，简单理解为固定时间的计划检修。它是在现代化的企业中，在推行点检制的基础上,根据预防维修的原则,以最精干的检修力量,按照严格的定期修理周期,使连续生产系统的作业线设备停修时间最短,物流损失最小,能源介质换失最少,日常修理和定期修理负荷最均衡的一种检修方式。

因此,定修可以定义为在主作业线设备停产条件下所进行的计划检修。所谓主作业线设备是指生产本企业产品的作业线设备。在冶金工厂中主要是指高炉、转炉、焦炉、轧钢机、烧结机等设备。而关联设备的影响也算在内,如关联设备的影响造成主作业线设备必须停产,则此关联设备必须作为定修管理来处理。不是工厂产品工艺线设备的其他生产设备,均称为非主作业线设备。

对于不影响主作业线生产,随时可以停机进行的设备计划检修称日修,这些设备也称为日修设备。日修也是定修管理不可分割的一部分。

定修是一个短时间的计划检修,把纳入定修管理的设备称为定修设备。在定修中不能处理的问题,或定修时间不够的项目,根据其周期,集中进行的定期系统性检修,以彻底处理缺陷、隐患,并做较大规模的检查试验、精度检验及其精密点检等项目的计划检修称年修。

(2)定修管理的目的

①合理精确地制订定(年)修计划,采用先进的修理技术,逐步做到在适当的时间里恰当维修,不因设备停机检修而打乱生产计划,并力求减少或避免机会能源的损失。

所谓合理,是指要充分满足在生产物料协调和能源平衡的前提下,所编制的定修计划是最合理的。定修计划的内容和设定的周期,符合主要更换件的使用寿命周期和设备状态实际,所实行的计划修理,做到有针对性,既不因维修过剩而造成过分消耗,也不因欠修而导致出现隐患;防止追求高产而拼设备,也防止设备不按计划修理而打乱生产计划。

②提高维修人员的工时利用率,尽力减少无效工时和辅助工时,提高实际检修工时比率,提高劳动效率,以有限的人力完成最大的维修工作量,使实用工时利用率达到最高75%以上。

(3)定修管理的特征

①定修是在点检制、预防维修的条件下,把检修负荷压到最低。该修理方式强调了停机时间有限的年修、定修和日修,实现了企业可以预测的均衡的修理负荷。

②定修的力量除了企业中央机修和地区机修外,很大程度上依靠社会协作单位的检修力量。外协力量的多少,可以逐步实现预测,而做到均衡准确。

③定修的停机修理计划时间,追求100%准确,不允许超过规定时间和提前完成。推行计划值管理方式,检修计划值是企业计划值体系的重要组成部分。计划值的准确体现了点检、日修和维修人员的综合水平。

④定修项目的完成也追求100%准确,减项或增项同样不好。修理效果的提高,一方面依靠修理人员的素质,另一方面依靠科学的管理方式。

⑤定修计划的来源、调整、确定和管理等工作,是按照定修模型的规定执行,由点检和检修作业长来承担并实施的。计划的准确可靠来自点检(含操作人员的日常点检),而修理质量的保证、进度的控制,则取决于修理人员。

(4)实现定修管理的条件

①要有科学的定修模型。

②要有完善的,以网络图方式编成的检修作业标准和修理质量基准。

③要有明确的生产方、点检方、检修方、社会协作方的业务分工协议书。

④要有现代化的施工机具和检测仪表等手段。

⑤推行以作业长制为中心的现代化基层管理方式。

(5)定修制

定修制就是在实行点检制的基础上,包括定修的基本概念,管理目的、特征、条件和内容的一种主作业线设备检修管理的制度。它不同于计划预修制度,是在定修模型的指导下,按照工程委托、接受、实施及实绩记录4个步骤所形成的一整套科学而严密的维修管理制度。可以说点检是定修的开始,定修是点检的延续;点检制是定修制的基础,定修制是点检制的处理结果和成效。它们是不能分割的一套现代设备维修管理制度,故称为点检定修制。

定修制和计划预修制的区别见表2-3-1。

**表2-3-1 定修制和计划预修制的区别**

| 序号 | 项目 | 定修制 | 计划预修制 |
|---|---|---|---|
| 1 | 管理思想 | (1)结合生产强,以管好设备为主,针对性强;<br>(2)充分利用零件剩余寿命;<br>(3)生产操作人员参加管理设备 | (1)以修好设备为主;<br>(2)维修过剩大;<br>(3)生产操作人员对设备不管理 |
| 2 | 体制保证 | (1)以作业长为中心的集中管理;<br>(2)以点检为核心的业务体系 | (1)分散性的维修管理;<br>(2)只有职能部门的管理 |
| 3 | 管理方法 | (1)以基层管理为主,管理重心在现场;<br>(2)动态维修,定量化管理 | (1)以职能管理为主,管理重心在科室;<br>(2)静态维修,定性管理 |
| 4 | 效果评价 | (1)设备综合效率高;<br>(2)能保证设备机能和精度;<br>(3)使设备永远处于有效的工作状态;<br>(4)改善维修多 | (1)设备综合效率低;<br>(2)不能保证设备机能和精度;<br>(3)设备的失效因素不能及时清除;<br>(4)改善维修少 |
| 5 | 维修周期结构 | (1)以定(年)修模型为依据;<br>(2)不注重结构而注重效率和经济性 | (1)有固定的修理周期结构;<br>(2)大、中、小查的结构规定很严格,过剩维修严重 |

**2. 定修模型**

所谓定修模型,就是各生产工序的定修合理组合,在能源平衡、物流平衡、生产平衡和检修人员平衡的前提下,设定各项定修工程的周期和时间的标准化模式,这种标准化模式称为定修模型。

(1)定修模型的作用

①直观了解企业内部的检修形式

定修模型可直观地表示日修、定修、年修3种检修形式。这3种检修都是计划检修。计划检修与计划预修制中的大、中、小修不一样，它不是按主要零部件磨损的程度来划分修理的类别，而是按维修周期的长短及停机时间的不同来划分修理的类别，前者基于事后修理的方式，后者基于预防维修的方式，二者的出发点不同。

日修，也称为平日修理，是对设备机组或备品备件的修理，涉及主要生产作业线停产停机的计划检修，时间可以是几小时或者几天。

定修，是对主要生产作业线的修理，直接影响整个企业的主要产品停产或停机的计划检修，其维修周期较短，停产时间一般为 8~16 h。维修的内容不仅包括更换备件，而且包括解体点检、定期调整试验和预防性检查测试。

年修与定修基本相同，只是其维修周期较长（在 1 年以上）、停机时间较长（3~8 天）。

②设定企业最低程度的维修力量

在现代维修管理中，只靠企业的技术力量是不够的，还必须借助外部协检修力量，企业的检修队伍只能保持最低程度维持生产的需要。由于实际维修工作的定量比较困难，因此设定维修基本人数也较困难，而有了定修模型就可较科学地设定基本人数。

③可作为计划值管理的对象进行计划平衡调整

在现代企业中，对原材料、产品销售、生产规模、资金等条件的变化，需要有较为迅速的调整反应。因此，对各项计划值的管理要求较高，定修模型可对设备时间进行迅速地调整平衡，从而加强计划值的管理，做到按时间组织定修。

④可均衡地使用检修力量，提高检修效率

定修模型本身能直观地反映出检修负荷分配、组合情况，因此可科学地管理检修力量，使之均衡使用，并可有意识地加以组合调整，使检修力量较均衡，以提高检修效率，减少检修管理的频度和强度。

（2）定修模型的设定程序

①设定依据

设定依据包括总厂经营方针和生产任务、维修方针和维修计划值、生产成本概算。

②设定程序

设备部根据如下信息设定定修模型：各设备单位按设定表的内容，提出本单位各主要作业线定修周期、负荷及可参加每次定修的人数；各施工部门提出可参与定修的人数。

定修模型方案应由总厂计划部门确认，并报总厂厂长批准后，随同总厂生产计划下达。定修模型方案在总厂编制年度生产计划期间设定，每年设定一次，半年调整一次，即每年 9 月底前设定下年度定修模型，在业务期前一个季度（即 3 月）调整下半年度定修模型。

（3）定修模型的具体制定方法

①确定各生产工序的定修周期、时间、次数

例如，在钢铁企业中，主要生产工序的定修周期、时间、次数是依据对设备磨损最薄弱部位的分析，以及设备维修最短的周期、时间、次数而确定的，并根据长期实践的经验和反复的试验，总结出一套完整的数据。

②确定各生产工序每次检修的负荷

检修负荷的测定包括 4 部分内容：年修工程、定修工程、日修工程及紧急修理工作。一般按统计数据测定检修负荷，新设备可以参照相应的设备来测定。这里特别要注意 4 部分内容不能混淆，在日修工程中检修的，不能集中到定修、年修工程中进行。

目前，国外钢铁企业各生产工序的检修负荷已大大减少，设备状况相当稳定，抢修次数也很少，这是实行预防维修、生产维修、全员维修的成果。

③确定各生产工序年修、定修的组合

先确定各生产工序的生产能力及物料平衡时间，据此确定各生产工序的定修组合。其具体确定程序如下。

首先，决定企业生产中主要生产工序的设备，即主作业线的设备，并在几个主作业线设备中找出一个最主要的生产工序设备。

其次，根据物流平衡将某些生产工序组合起来，即以这个主要生产工序为中心组成初组合，有了初组合再核算企业内部的能源平衡和生产平衡，看其是否满足要求，如果满足不了，则再拟定一个新的组合，再次试验、校核，反复进行后将得到一个较理想的组合。

最后，经过设备管理部门与生产管理部门共同确认，上报企业领导批准。

④确定基本的定修人数

基本的定修人数应根据下述两个原则设定。

一是，基本人数能满足一般日定修的最高负荷需要。

二是，基本人数要考虑维修负荷波动的影响，这种波动主要来自抢修负荷骤增和定修、年修负荷增加两个方面。一般可考虑10%~20%的波动量。

基本定修人数包括企业本身在职的维修队伍及企业以外的外协维修队伍。企业本身在职的维修队伍则包括企业的中央维修队伍及地区维修队伍。由于各企业劳动组织、工种配备、人员素质不同，因此各企业在相同生产能力下的基本定修人数不尽相同。

**3. 定修计划**

为维持主作业线设备的性能，并提高其生产的可靠性而编制的维修设备所必需的人力和停机时间计划，称为定修计划。根据计划时间段分为长期定修计划、年度定修计划、季度定修计划和月度定修计划4种。

定修计划的主要内容有：主作业线名称；停产检修的日程；检修的时间段时间；计划期实施停产检修次数。

(1)制订定修计划时的注意点

①要兼顾设备状况和生产计划两者之间的有机联系，充分掌握设备状况（磨损、性能劣化等）及生产计划，制订提高设备可靠性所必需的、最低程度的设备停机计划。根据设备状况预测故障停机时间（也可以说是推测开机时间），以提高设备能力的计算精度，并在生产计划中得到充分反映。

②设备停机时间的确定，必须兼顾生产平衡，否则将造成原材料和能源的浪费。

③要兼顾维修材料计划。如果维修材料的供货周期长，则会影响维修时间，因此必须早做准备，在提交维修计划的同时，编制材料需要计划。

定修（包括年修）必须在主生产作业线停产的状态下实施，必然会涉及企业生产经营计划的执行，而且会对连续性生产企业内部的能源、物料和生产节奏的平衡产生很大的影响，甚至影响企业生产的品种、产量、质量以及交货期。因此，采用点检定修制模式管理的现代企业，必须核定每年度的定修模型的主要参数，这是企业全年定修计划的编制前提。企业定修计划的编制是非常严肃的事情，必须与企业的生产计划部门、检修部门进行充分的沟通协商，由设备主管部门负责编制。

(2)长期定修计划的编制

由设备所在区域设备管理部门，在企业全年生产经营计划的基础上，根据企业中长期生产经营规划目标及设备主管部门制定的维修方针，并根据以往设备维修工作的实绩及对设备运行实况的评估，汇总制订长期定修计划。长期定修计划是一种跨年度的滚动计划，每半年进行一次适当的调整确认。

(3)年度定修计划的编制

编制设备年度定修计划时，一般按收集资料、编制草案、平衡审定和下达执行 4 个程序，于每年 9 月着手开始进行。

年度定修计划编制的依据包括如下内容。

①设备的技术状况。

②产品工艺对设备的要求。

③安全与环境保护的要求。

④设备的修理周期结构及修理间隔期。

(4)季度定修计划的编制

企业设备主管部门根据企业领导批准执行的年度定修计划，每季度进行适当的调整和确认，提前编制季度定修计划征求稿。

在季度定修计划中，要确定生产工序设备停机所实施的定修工程、年修工程、炉修工程和其他的施工日期。

定修计划征求稿于季前 45 天，在各单元设备主管会上广泛征求意见，并由生产计划部门确认，一次修改定案，随企业季度生产运营计划下达，并发送有关检修和相关部门，以利于这些部门根据季度定修计划进行实施前的各项准备工作。

由于生产变更、维修备件、资料失误或发生突发事故等原因，而使定修计划实施困难产生问题时，由点检员与设备主管部门联系，及时变更定修计划内容，并且及时把更改的内容和更改理由通知检修部门。

(5)月度定修计划的编制

企业设备主管部门根据年度定修计划和季度定修计划，提前(执行月前)30 天编制月度定修计划的征求稿，有关部门可在此段时间内提出在预定的定修时间内不能实施的工程或在作业线停机时的追加工程等变更内容，检修部门应从检修力量方面考虑计划征求稿的可行性。如果有修改意见和其他要求必须提出具体修改方案，修改完善的定修计划，通常于月前 18 天在各单元设备主管会议上进行综合讨论，企业生产计划部门是一定要参加并发表意见的。定稿后随当月的月度生产计划一并下达执行，同时分别发往检修部门和各单元设备管理部门及点检作业区。

月度定修计划编制的注意事项如下。

①定修计划实施日程确定，应符合定修模型，定修计划时间与定修模型所规定的时间不宜相差过大，总时间要力求保持接近，否则将对生产计划的执行带来影响。

②尽可能避免月度中定修与年修重叠，造成维修负荷过分集中而使检修人员数量难以

保证。

③月度定修计划应充分考虑前月的定修实施日，与本月的定修日期的搭接，不要大幅度改变定修周期。

④月度定修计划要充分得到有关参与各方各部门的确认，尤其是生产计划部门和检修部门。

⑤由于生产计划、检修管理、检修作业产生异常等原因，有关部门可能提出申请要求变更月度定修计划，相关人员可以适当做出调整。

**4. 日修计划**

非主作业线设备的检修计划统称为日修计划。

日修计划不影响主作业线生产，这种检修称为停机检修。由点检方直接编制日修计划，根据操作人员日常点检提出的项目和设备管理人员提出的项目，经点检方（主要是机械点检）确认后编制日修计划，分发给生产和检修作业长。日修计划的实施由检修作业长负责，点检和岗位操作人员确认及协调。

日修计划按照“周计划，日调整”的方式进行管理，即每天调整一次。在日修调整时仍未提出后增的项目，应属抢修项目，纳入抢修工程管理。其编制程序如图 2-3-8 所示。

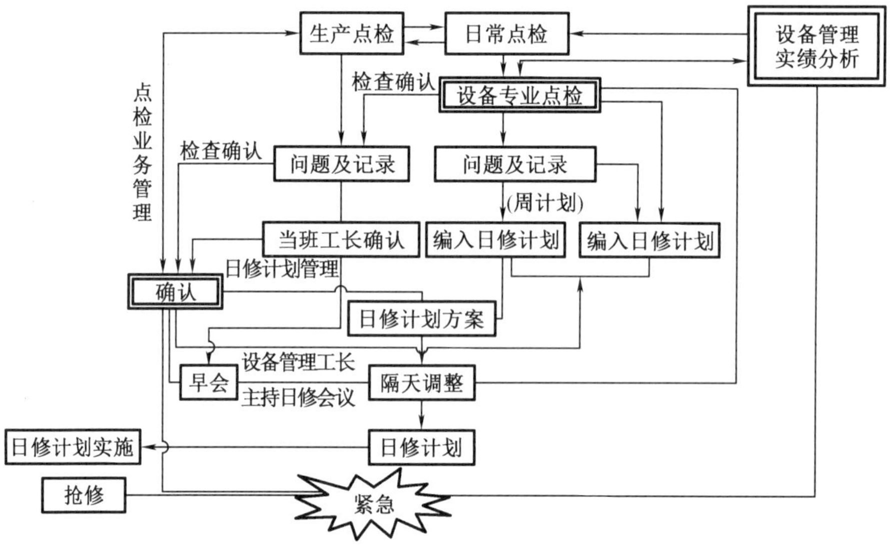


**图 2-3-8　日修计划编制程度**

例如，某工厂生产线上的传送带在运行过程中突然停止工作，且控制面板显示电机过热警告。生产线工人尝试重新启动传送带，但问题依旧存在。

遇到设备突发故障，应按照预案立即按下“紧停”按钮，停止设备运行，关闭总电源，查找故障点并及时通知维修人员检修。

(1)提出检修项目

①检查电机负载：调整传送带上的物品质量和传送速度，确保电机在额定负载范围内运行。

②清理散热风扇：检查并清理电机散热风扇，确保散热通道畅通无阻。

③更换散热风扇：如散热风扇损坏，需及时更换新的散热风扇。

④检查电源系统:测量电源电压,检查电源线路连接情况,如有故障及时修复。

⑤检查控制系统:检查 PLC 及相关电气元件的工作状态,如有损坏需更换或修复。

(2)为电机编制日修计划

①外观检查

A. 检查电机外部紧固件是否松动,确保紧固件紧固可靠。

B. 检查电机外壳、接线盒等部位是否有油污、腐蚀现象,保持设备清洁。

C. 检查电机风扇是否完好,无破损或变形,确保散热效果良好。

②电气检查

A. 使用万用表检查电机的电压、电流是否正常,确保在额定范围内。

B. 检查电机的接线是否牢固,无松动或脱落现象。

C. 检查电机的保护装置(如过载保护、短路保护等)是否完好有效。

③机械检查

A. 检查电机轴承是否润滑良好、无异响或过热现象。

B. 检查电机的振动和噪声是否正常,如有异常应及时处理。

C. 检查电机的转动部件(如转子、定子)是否完好,无损坏或变形。

④清洁与维护

A. 使用清洁布擦拭电机外壳和接线盒,保持清洁干燥。

B. 根据电机的润滑要求,定期更换或补充润滑油。

C. 对电机的通风口进行清理,确保通风畅通无阻。

(3)日修计划准备

技术储备:正确拆卸和装配电机;会使用万用表检查电压、电流。

物资储备:同规格的电机风扇;保险丝(断路器);润滑油;电机轴承。

**5. 编制检修计划的原则、要点和实质**

(1)原则

编制检修计划的原则:兼顾设备状态和产品作业计划二者之间的有机联系。

(2)要点

编制检修计划的两要点:企业各产品作业线设备的工序组合(哪些基层部门可以放在一起停产检修)和每次停产检修的工作量(该次停产检修所需求的机械、电气等设备的施工人数)。

(3)实质

设备检修计划的实质:必须让企业与各基层(车间或分厂)之间,对设备管理部门所设定的“三要素”相互约束(即维修计划值),要能够 100%的完成。

①“三要素”的内容

A. 检修周期(两次停产检修之间的间隔时间)。

B. 检修时间(每次检修的停产时间)。

C. 检修日期(安排每次停产检修的具体日期)。

②“相互约束”(即维修计划值)的内容

A. 贯穿企业的经营方针,产品作业计划、预算价格、工艺技术、现场作业等共同的目标值。

B. 表示在规定时间内可能达到的作业水准、技术水准、质量水准、效益水准等的具体数值。

C. 由于企业高科技技术开发、作业操作技术的改进、设备投资等取得的效果、管理指标要求的具体数值。

(4)调整原则

检修周期和检修方式的调整应遵循的原则：尽量减少停产时间。

常见的调整检修周期的方法如下。

①机会维修：利用外因影响企业停产的时间段，将一批遗留故障一并予以处理。

②备用切换：采用两台相同类型、相同型号的设备并联安装，一旦"在线"使用的那台设备发生故障了，则可以马上采用切换机组来整体更换，以确保不能中断供应的场合，达到连续作业的效果。然后，对有故障的设备，则实施"不停产的离线检修"的方法。

③状态维修：实施操作、专职和精密点检，根据对状态受控点按"预知状态、超前管理"的原则，进行周密的、认真的点检，并在此基础上，开展严格控制停产检修时间的有计划的状态维修。

(5)制订停产检修计划的工作流程

①检修"相互约束值"构成要素的商定阶段。

②两种计划(维修额度计划与工程项目实施计划)的确认阶段。

③从"工程委托"到"工程例会"运作阶段。

④从"工程施工"到"工程总结"实施阶段。

## 三、检修工程项目管理

### 1. 设备检修管理的业务流程

一般检修计划的生成、立项，计划编制，任务受理，施工安排，班组落实等会涉及不同的职能管理部门和单位。传统的管理模式，计划一般都是由管理职能部门编制、下达，由施工队伍负责执行。但是现代设备管理把设备检修的项目，则改由掌控设备状态的点检员按照点检的周期管理表及日常点检中发现的问题，作为检修项目立项的依据，使检修的目的更加贴近设备的实际状况。直接参与设备检修管理的主要单位和部门如图 2-3-9 所示。

检修业务是设备管理的重要环节，但是检修业务不同于生产活动那样具有主观的可控性和计划性，在组织管理上存在诸多不可预见性。企业为了获取更高的经济效益，必须严格控制资源的投入，其中检修队伍的配置就是比较难以把握的一项因素。配多了，没有检修项目的时段导致人员闲置，配少了，在检修高峰时又显得捉襟见肘，任务无法安排。国外一般可以借助社会协作加以协调平衡，由于我国社会协作并不完善，因此科学地管理检修业务显得尤其关键。

现代企业的检修管理活动，贯穿 PDCA 循环的整个过程，强调检修立项的计划性，把不可控制的因素降低到最少。实施前强调各项准备工作的充分性，过程中加强跟踪管理检修和管理的水平。

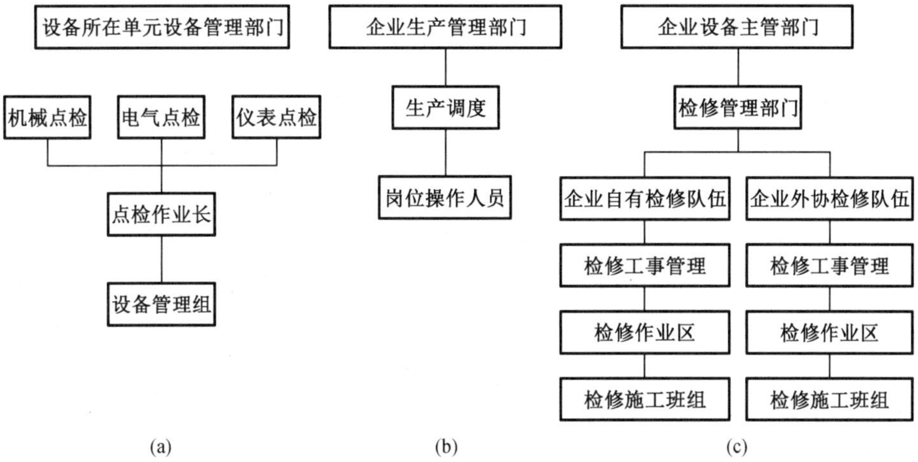


**图 2-3-9　直接参与设备检修管理的主要单位和部门**

设备定修工程管理的流程如图 2-3-10 所示，简单来说可以归为工程委托、工程受理、工程实施和工程记录 4 个阶段。为了确保每次检修高效优质，必须遵循科学的原则，将每个细节都能精心地策划，充分地准备，认真地实施。

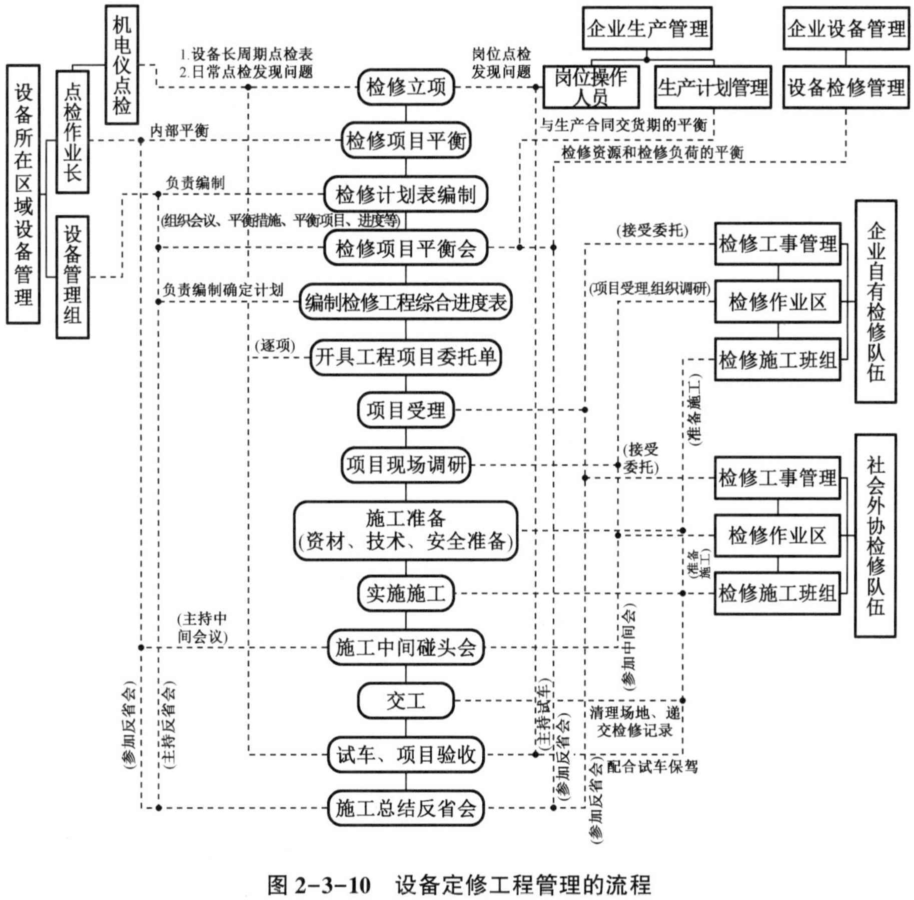


**图 2-3-10　设备定修工程管理的流程**

**2. 设备检修工程的委托**

(1)设备检修项目的生成

为了确保生产的稳定、顺利进行和企业生产运营计划的完成,满足设备预防维修的基本需求,需要根据设备的实际运行状态适时确定具体的检修项目。与传统的大、中、小修管理模式不同的是,检修项目的立项并不是职能部门发起的,而是由处于设备现场,通常由对设备运行状态进行点检的人员发起。根据设备实际运行状态和设备长周期维护检修计划内容,以及生产操作人员所发现的一些问题提出的检修项目,增强了检修的针对性、有效性,从源头上减少了项目的盲目性。因为现代的设备维修管理采用的检修模式十分强调检修工程的计划性,要在有限的计划时间内恢复设备运行技术状态,以确保在下个检修周期到来前设备的稳定、顺利进行。

每次的检修不排除安排一些生产部门所要求的针对安全、工艺改进所实施的安全措施、技术措施改造项目,前提是在时间和人力安排上能够满足计划检修的要求。

设备点检员在每次提出检修项目时,要充分考虑项目实施的条件,纳入检修工程项目执行的可能性、可行性。例如,生产设备停机条件、检修负荷能力、检修的技术水平保障、备件资材的库存有无及到货期能否赶上、检修工艺及技术方案、大型工器具及现场吊运设备条件和检修进度等方面是否具备,这些都要在立项时逐项加以确认,在积极创造施工条件的基础上确认计划项目的实施可行性。

除了上述考虑外,还要以设备的重要程度、设备劣化的状况决定处理的紧迫程度,设备故障率、检修工程项目的工作量大小及检修难易复杂程度等检修工程项目的重要度和紧迫度逐项判断,决定检修项目的优先顺序。在确定项目之前,点检员必须与检修方做深入的沟通、确认。检修方只是对委托的项目能否承担做出判断,无权决定哪个项目优先或随意取消已经立项的任务。要组织好一次检修,防止在检修过程中出现意外、产生矛盾(如使用行车的冲突、施工电源的临时配置、相同区域各个检修项目的场地问题等),点检员应在计划的范围内,有充分的事前估计,考虑周全,尽可能在计划之前做好必要的调整,一旦确定就务必按照计划加以实施。由于每一次停产检修的机会非常宝贵,每次检修后必须确保在下一个检修周期内设备稳定顺行,不会因为设备的问题影响生产的产量和质量。因此,要尽可能地将各个方面所暴露的设备问题,在有限的检修时间内加以处理解决,所以立项非常重要。

(2)检修工程项目计划的编制

年度、季度、月度定修计划实际上是企业生产运营计划的一部分,即生产设备计划停产检修的日期及时长安排。设备点检员按预定的生产计划停产条件(检修日期与时长),把预期的检修项目按照设备点检管辖的范围,分别编入检修工程计划表中。这些项目主要来源于以下几方面。

①长期点检计划表内的周期管理项目,含定期修理和开放解体点检、精密诊断项目(占总量的45%~60%)。

②设备劣化倾向管理表所管理的记载设备劣化状况已趋向劣化极限和需要停机进一步检测,工作量较大的项目(占总量的5%左右)。

③专业点检汇集日常点检、精密点检所发现的需要处理的点检结果项目,包括值班人

员抢修反馈的修理信息(占总量的 25%~30%)。

④设备技术和设计部门、生产操作部门及安全部门等提议需对设备进行改善、改造委托的项目(占总量的 5%~15%)。

⑤上次检修中所遗留的项目,含设备点检员对项目调整时遗留项目和检修人员因实施检修过程中造成的遗留项目。

⑥设备的故障劣化处理项目(占总量的 2%~3%)。

(3)工程项目的委托

设备定修的工程委托是指在定(年)修计划规定的检修日期、停产检修时长制约的条件下,编制定修工程(项目实施)计划,并据此向检修部门提交委托。

当检修工程计划一旦经过由各方参与的施工平衡会平衡确定后,设备点检员就着手按照计划表定下的项目,逐项填写工程项目委托单。设备点检员把制定的有关检修工程计划项目中,对检修施工的设想、意图、要求、目的等信息,以书面的形式准确地传达给施工的检修人员,即哪个工程、哪类设备、什么时候、采用哪种维修、哪几个部位(或修什么)、怎么修、有何要求等,以及通过哪个检修项目使设备哪些部位得到改善的设想,都经过“工程项目委托单”进行明确的表述,从而使劣化的设备性能、技术状态及时、恰当地得到恢复或改善。

工程项目委托单对于检修施工部门而言,是将要开展检修工程项目施工前准备工作的第一手信息。工程项目委托单填写得是否精准,对于施工前的各项准备工作至关重要,具有一定的导向作用,与项目检修的效率、检修的进度和施工质量有直接的关联。工程项目委托单共 5 联,除了作为委托、结算凭证及施工单位留档备案外,也会给点检员反馈一份完整齐全的设备检修实绩记录,可以帮助点检方对一些不解体无法获取的设备内部某些部位劣化状况的准确信息有精准的把握。因此,一份工程委托单绝不是简单的任务书,其蕴含了大量设备检修项目的施工过程记录信息,也是点检与检修方的重要交流沟通的渠道。

设备维修作业标准是指导检修工程项目委托、实施、验收全过程规范化运作的重要依据。例如,某企业通过互联网,实现设备维修信息化系统管理后,依据维修作业标准,实现了 90%以上的检修工程项目的委托→实施→验收→结算过程系统管理,有效减少了设备点检员大量的文字处理工作量,减少了人为的书写错误和内容的偏差,大大提高了标准化管理作业的水平。

设备点检在编制完成并经过平衡确认的检修工程计划表的基础上,完成填写工程项目委托单后,一并随检修工程计划表交付检修部门。检修(包括社会外协检修,下同)管理部门根据委托要求进行具体的安排,落实施工班组。工程委托的时间要求如下。

①年修工程计划委托时间最晚为年修日开始前 40~50 天。

②定修工程计划委托时间最晚为定修日开始前 7~10 天。

③日修工程计划委托时间为日修开始前 3~7 天。

**3. 设备检修工程的受理**

(1)受理委托

检修管理部门在受理设备所属地区管理送达的检修工程计划表及工程项目委托单后,先对工程项目委托单所填写内容进行检查确认,确定接受上述委托工程的施工时间。据此着手考虑检修部门内部的力量安排,确定参与项目施工班组的组成,反馈是否有无法受理的检修施工项目。重点确认的内容包括如下几项。

①所受理的项目是否超越了本单位所承担的检修范围。

②是否存在本检修部门不具备资质的施工内容。

③所委托的工作内容是否存在本单位技术水平难以保证的项目。

④所委托项目所需资材备件的准备情况,以及备件的质量有无保证。

⑤检修的质量验收要求是否明确、清晰。

经过上述检查确认,认定施工项目的委托已被确认接受,要求也已明确,委托项目正式进入施工准备的阶段。

在基本审核完成后,非常重要的是在每次受理的工程委托中,梳理出哪些是关键的重点项目,主要是施工工期较长,决定整个检修过程时长的项目;对生产或设备状态有着极大关联的,质量上有特定要求的,技术难度比较大的关键项目;在安全上存在较大风险的高危项目。这些项目必须从一开始就加以关注,精心准备以确保万无一失。

(2)施工班组的确定

检修管理部门的管理人员,必须对现场的设备环境、施工项目有清晰的了解,明确每个施工项目的施工特点、所需要投入检修力量的专业分工情况,全面掌控本单位整体检修负荷的准确信息,从而安排最熟悉、最适合每个检修项目的施工班组,这需要一个长期积累的工作经验。每个检修人员所具有的技能水平千差万别,个人的经历也不尽相同,带班的组长也各具特色,这些都是在考虑施工任务分配中所必须兼顾的,或者说是工作的分配原则。正确的安排可能是项目成功的一半,如果由于情况不熟悉,人员状况不了解,做出了错误的安排,往往会出现一些难以想象的情况,严重的会影响施工的顺利完成,导致延误,甚至出现人身或设备事故都是可能的。

因此能够胜任检修部门任务分配管理的,一定是从施工现场干出来的行家里手,具有相当丰富的现场实践经验,干过活,至少是看过怎么干的人员。当施工班组确定后,接下来就是施工的具体准备阶段了。

(3)编制施工计划进度表,实施项目过程跟踪

为了使检修项目施工从进入检修部门就被纳入管理的范畴,任务布置下去后,检修调度人员就要马上着手编制本单位在每次检修中所承担项目的施工计划进度表,目的是全面地跟踪管理所受理的每个检修项目的实施情况。

除此之外,为检修班组创造检修施工的条件也是非常重要的工作,包括协调平衡好作业班组的负荷,项目施工中所需要的配合工种的落实,特殊工器具的落实准备,确认项目施工过程中可能会出现的与其他部门或其他项目在场地、使用吊车、工程车辆方面的冲突等,在设备部门组织的施工准备会上需要一一提出,请求协调平衡,确保施工过程顺利进行,不致出现延误。

同时,由于定修或年修在计划时间上的强制性,有时难免会有延迟下班连续作业的安排,施工人员的生活问题、下班的车辆接送安排等都要事先一一安排妥当。

为了确保每次检修的成功,过程的跟踪管理非常重要,必须时刻掌握项目施工准备的进展,及早暴露可能存在的问题。特别是对于重点项目,必须格外地给予关注,跟踪到位。施工准备万无一失,才能保证施工过程尽量少出意外,由于检修计划时间的紧迫性和严肃

性，一般绝不允许出现人为的失误。

**4. 工程项目的现场调研**

接到工程项目委托单后，一般都需要到设备现场对情况进行调研，这项工作非常重要。由于检修时间的制约，施工必须在规定的时间内完成，而且必须是保质保量地实现检修委托所要求的内容。

一般在工程项目委托单上有注明现场说明的时间和地点，施工班组组长或所在检修作业区的作业长，会组织施工班组进行施工的现场说明。

现场调研也属于施工准备的内容之一，是施工班组接受任务的起始，拿到工程项目委托单只是从纸面上知道了任务，但是没有具体的详细的认识，到了现场面对着具体的设备，具体的工作环境，施工班组才能具体地明确将从事的工作任务是什么。

因此，现场调研主要是搞清楚施工对象（待检修的设备）的安装环境、周边存在哪些危险因素、需要采取哪些对策措施进行预防、施工的要求是什么、设备在运行时有什么问题、这次检修应该重点关注哪个部位、施工的条件如何、备件准备的情况怎样、要关注备件的质量如何、外形安装尺寸是否合格等。这些细节都要在施工前的现场调研过程与点检员的交流沟通中，尽量多地掌握相关的信息，这样可以帮助施工人员，尽可能周密地、有针对性地做好施工的各项准备工作。

**5. 施工准备**

修前准备工作包括技术准备和生产准备两方面的内容。

修前准备工作由主修技术人员负责，包括对需修设备技术状况的修前预检；在预检的基础上，编制出该设备的修理技术文件，作为修前生产准备工作的依据。

部分资料需由设备管理方向检修方提供，比如，一个电焊机出现故障，需提供的资料包括设备主要技术参数、主要结构参数、运行分析记录、重要设备参数（电能、电压、频率、谐波等）统计台账、各种运行操作统计台账等。

修前的生产准备工作由备件、材料、工具管理人员和修理单位的计划人员负责。它包括修理用主要材料、备件，专用工具、检具、研具的订货、制造和验收入库，以及修理作业计划的编制等。

修前准备工作的完善程度和及时性，将直接影响设备的修理质量、停歇天数和经济效益。企业设备管理部门应认真做好修前准备工作的计划、组织、协调和控制工作，定期检查有关人员所负责的准备工作完成情况，发现问题应及时研究并采取措施解决，保证满足修理计划的要求。对重点、关键设备的修前准备工作，宜编制修理准备工作计划，下达有关职能科（组）执行，并列为其月度任务之一，进行考核。设备修前准备工作的程序如图 2-3-11 所示。

（1）设备技术状态及产品技术要求的调查

为了全面深入掌握设备技术状态具体劣化情况和修后在设备上加工产品的技术要求，以设备管理部门负责设备修理的技术人员（简称“主修技术人员”）为主，会同设备使用单位机械动力师及施工单位修理技术人员共同进行调查和修前预检。

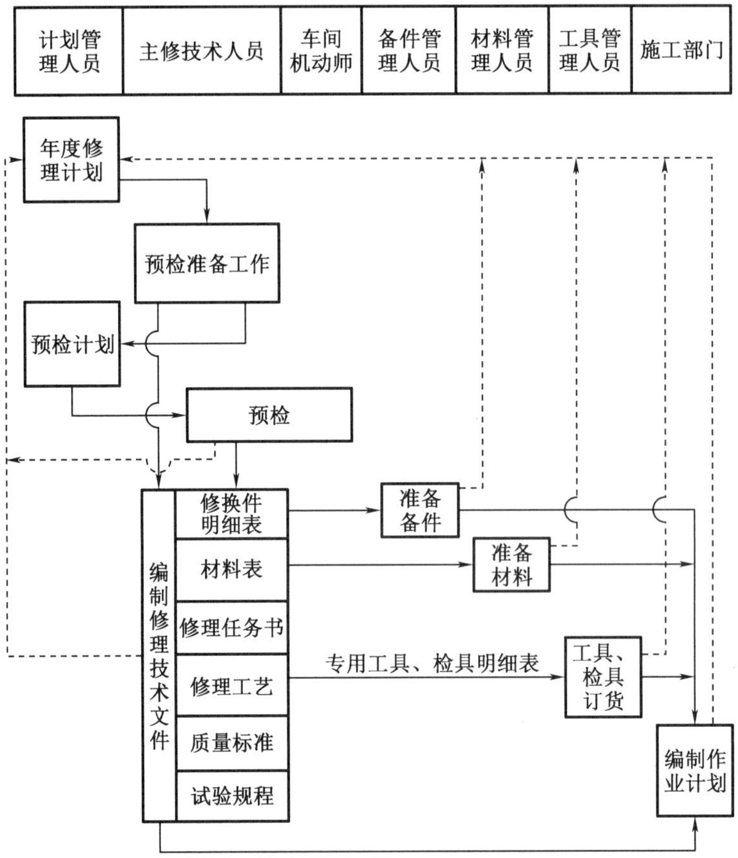


**图 2-3-11　设备修前准备工作的程序**

预检应达到的要求如下。

①全面准确地掌握设备的磨损情况，认真做好记录；明确产品工艺对设备的精度要求。

②确定更换件和修复件。

③测绘或校对更换件、修复件的图纸应达到准确、可靠。

(2)编制修理技术文件

预检结束后，由主修技术人员针对预检中发现的问题，按照产品工艺对设备的要求，为恢复设备的性能和精度编制修理技术文件和绘制配件、工检具图纸。设备大修理用的修理技术文件及图纸包括修理技术任务书；更换件明细表(包括修复件)；材料明细表(不包括辅助材料)；修理工艺；专用工具、检具、研具明细表及图纸；修理质量标准。

对于项修，可按实际需要把各种修理技术文件的内容适当地加以综合和简化。

编制修理技术文件时，应尽可能地首先完成更换件明细表和图纸，以及专用工具、检具、研具图纸，按规定工作流程传递，以利于及早办理订货和安排制造。

(3)材料准备

企业设备主管部门在编制年度修理计划的同时，应编制年度分类材料计划表，提交企业材料供应部门。编制年度材料计划的依据如下。

①年度修理计划(包括大修、项修、小修，定期修理，清洗换油等计划)所列设备各种修理类别复杂系数之和。

②按分类设备各种修理类别每一修理复杂系数历年平均材料消耗量。

③按年度大、项修计划中某些项目的修理内容,需用数量较多的某种材料。

按以上3方面综合分析,预测出按大类划分的年度需用材料数量。至于每一大类材料中需用的品种、规格及数量,则可参考历年实际消耗来预测。材料可分为以下几类:碳素钢型材;合金钢型材;有色金属型材;电线和电缆;绝缘材料;橡胶、石棉及塑料制品;油漆;润滑油及清洗剂;其他。

年度材料计划是综合计划,从理论上讲,它的构成基础是单台设备,但不可用作单台设备的材料领用依据。

主修技术人员编制的设备修理用材料表是领用材料的依据。材料管理人员在收到某台设备修理用材料表后,应对照年度材料计划,对未列入年计划的材料品种、规格或虽已列入年计划但数量不能满足要求者及时提出(单台)设备修理用材料计划表,交材料供应部门组织供应。材料的代用应征得主修技术人员同意。

(4)备件准备

备件管理人员接到修换件明细表后,对需更换的零件核定库存量,确定需订货的备件品种、数量,列出备件订货明细表,并及时办理订货。原则上,凡是能从机电配件商店、专业备件制造厂或主机制造厂购到的备件应外购,根据备件交货周期及设备修理开工期签订订货合同,力求缩短备件资金周转期。

对必须按图纸制造的专用备件(如改装件),原则上由机修车间或本企业其他车间安排制造。如本企业装备技术条件达不到要求,应寻求有技术装备条件的外企业,经协商签订订货合同。

对重要零件的修复,如本企业不具备技术装备条件,应与有技术装备条件的外企业联系,商定修复工艺,并签订协议,说明设备解体后由该企业负责修复。

(5)专用工具、检具、研具的准备

工具、检具、研具是保证修理质量的重要手段。检具和研具的精度要求高,应由工具管理人员向工具车间提出订货。工具、检具、研具的毛坯与自制件毛坯一样,应列入企业生产计划考核。

工具、检具、研具制造完毕后,应按其精度等级,经具有相应鉴定资格的计量部门检验合格,并随附检定记录,方可办理入库。

(6)编制修理作业计划

修理作业计划是组织修理施工作业的具体行动计划,其目标是以最经济的人力和时间,在保证质量的前提下力求缩短停歇天数,达到按期或提前完成修理任务的目的。

修理作业计划由修理单位的计划员负责编制,并组织主修机械及电气技术人员、修理工(组)长讨论审定。对一般结构不复杂的中、小型设备的大修,可采用"横道图"式作业计划,再加上必要的文字说明;对于结构复杂的高精度、大型、关键设备的大修,应采用网络计划。

编制修理作业计划的主要依据:各种修理技术文件规定的修理内容、工艺、技术要求及质量标准;修理计划规定的工时定额及停歇天数;修理单位有关工种的能力和技术水平及装备条件;可能提供的作业场地、起重运输、能源等条件。

修理作业计划的主要内容:作业程序;分阶段、分部作业所需的工人数、工时及作业天数;对分部作业之间相互衔接的要求;需要委托外单位劳务协作的事项及时间要求;对用户配合协作的要求等。

**6. 施工过程管控**

设备区域的点检员以检修管理组织者的身份参与检修工程的现场管理，生产操作人员以设备使用者的身份作为设备的主人参与检修工程的现场管理，检修（包括社会外协）施工人员以具体施工项目作业人员的身份参与检修现场的管理。为了使各工程项目在检修过程中顺利地进行，以上三方对检修工程进行会同管理是一项很重要的工作。

设备的定期停机检修只是预防维修的一种手段，在设备停止运转进行检修的过程中，设备所在区域的点检员，应该充分利用这难得的机会，对一些日常点检作业中无法点检测量的部位进行必要的检测，这对进一步掌握设备劣化状态及判断故障可能产生的部位，是非常有帮助的。

作为检修方的各级管理人员，在检修的过程中也要加强过程的跟踪管理，及时掌握施工的进度，发现施工中的问题。对于一些重点项目更是必须全程跟踪管理，随时掌握情况，一旦发现进度可能脱节，马上要采取措施加调其他施工人员，保证进度不被延误。如果施工中暴露出施工技术难点，要即刻补充安排技术力量。总之，检修施工不同于生产成熟的产品，检修过程随时可能出现各种意外，尽管做了各种准备，但毕竟在没有解体之前，设备内部的情况有时并不能百分之百掌控。这就要求每个施工人员尤其是各级管理者，要有这种基本素质：随时准备应对各种意外和突发的状况，要能时刻把握全局，清楚每个项目对整个生产的影响作用的力度。

过程跟踪管理的一个重要步骤就是在定修施工进行到过半时，组织召集施工中间的碰头会。这是一个简短的会议，由参与施工的各方汇报一下具体项目的施工进度，检查施工过程是否存在什么问题，通报在施工巡检中暴露的问题，沟通协调的有关需要解决的问题，如检修项目完成后的设备试运转等具体事宜。这是一种非常有效的管控措施，避免到施工结束时刻再集中暴露问题，时间已经丧失了，很多事将无法处理，陷于被动。而中间会的时段，还留有一定的施工时间，对于总体进度的掌控，处理意外留有余地。

对于年修等施工日期相对较长，大于一天的施工安排，则采取每天下班前，召集中间会议的形式，来掌控过程中的施工总体情况。

检修班组在完成了自己所承担的检修项目后，应及时向调度和委托项目的点检方报告，并经设备点检员进行现场检查，查看施工场地是否清理干净，安全确认后在安全联络卡上验收、签署检修交工证，同时确认与此施工项目有关联的其他项目的完成情况，然后会同生产操作人员，由三方确认把施工开始前张挂的停电关闭阀门的检修牌摘下，这时全体施工人员撤离现场，经检查确认现场设备周边无人后，进入设备的单体试运转。

接通能源后按照预定的设备试运转顺序，对经过检修的设备进行单体试运转。设备的试运转由生产操作方负责，点检员与检修方会同参加。在此过程中充分听取生产操作人员的意见，逐项对设备的每个部分是否正常进行动态检查验收。单体试运转合格，则等待系统联动。若发现设备存在缺陷，检修人员即刻处理，在处理过程中仍必须严格遵守和实施安全确认制度，采取严格的安全防范措施后，方允许进入设备现场处理设备问题。处理完后人员撤离，设备还得经过单体试运转，直至验收通过。

能在不切断能源状态下处理的设备检修项目，可以在单独的设备试运转过程中加以处理。如果处理必须停止能源进行检修的项目，就一定按照工程实施前所进行的安全确认的标准程序，从头再办理停电挂牌手续，即使在相当短的时间内处理内容也很简单的项目，也必须严格遵守和执行安全确认挂牌的程序。

设备点检通过“综合检修施工进度表”的记录，了解全部施工都结束，经过最后确认，通知生产负责人，着手进行设备的综合联动试车（指同正常生产完全相同状态下的空负荷，即不投料的运转），同时将设备交给生产操作方，进入生产运行的准备阶段。

联动试车结束，检修方还要承担以下责任。

（1）保证在 24 h 生产运转过程中，设备无异常。通常是留下一定的保驾力量，及时处理一些检修中遗留的问题。

（2）一直到下一个检修周期内，设备若出现故障，经分析其原因与检修方有关，则检修方仍有不可推卸的责任。

**7. 竣工验收**

设备大修理完毕经修理单位试运转并自检合格后，如图 2-3-12 所示的程序办理竣工验收。

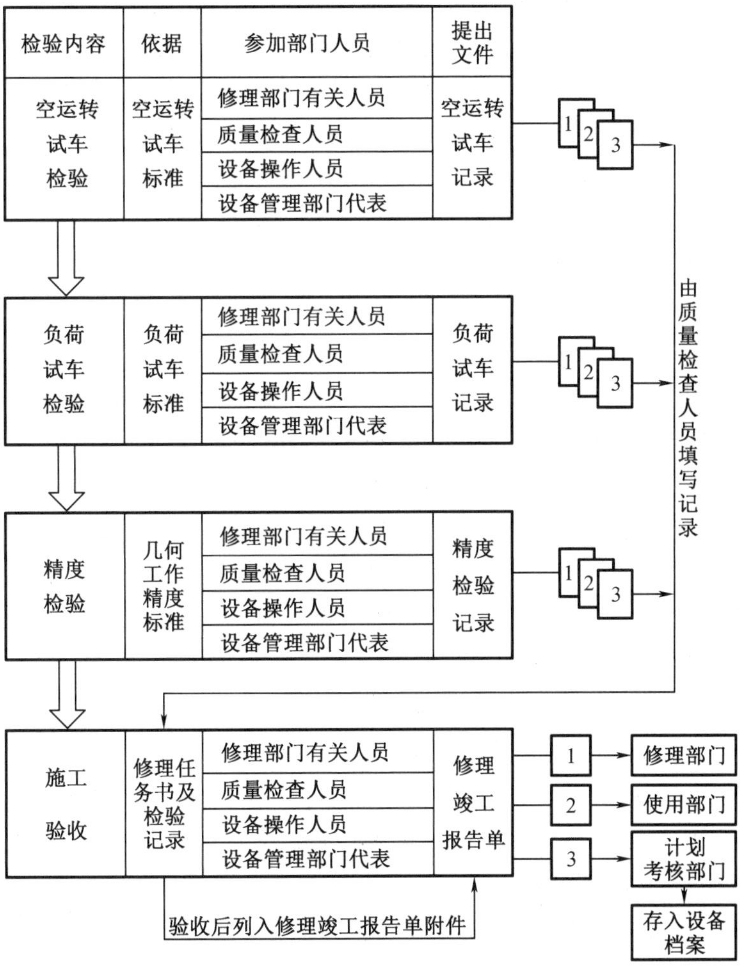


**图 2-3-12 设备大修竣工验收程序**

按规定标准，空运转试车、负荷试车及工作、几何工作精度检验均合格后方可办理竣工验收手续。验收工作由企业设备管理部门代表主持，由修理单位填写设备大修、项修竣工报告单一式三份，随附设备解体后修改补充的修理技术文件及试车检验记录。参加验收人员要认真查阅修理技术文件和修理检验记录，并互相交换对修理质量的评价意见。在设备管理部门、使用单位和质量检验部门的代表一致确认已完成修理技术任务书规定的修理内容并达到规定的质量标准和技术条件后，各方人员在设备修理竣工报告单上签字验收。如验收中交接双方意见不一，应报请企业总机械动力师（或设备管理部门负责人）裁决。如有个别遗留问题，必须不影响设备修后正常使用，并在竣工报告单上写明经各方商定的处理办法，由修理单位限期解决。

设备修理竣工验收后，由修理单位将修理技术任务书、修换件明细表、材料明细表、试车及精度检验记录等作为附件随同设备修理竣工报告单报送修理计划部门，作为考核计划完成的依据。关于修理费用，如竣工验收时修理单位尚不能提出统计数字，可以在提出修理费用决算书后，由计划考核部门按决算书上的数据补充填入设备修理竣工报告单内，然后，由修理计划部门定期办理归档手续。

设备小修理完毕后，以使用单位机械动力师为主，与设备操作人员和修理人员共同检查，确认已完成规定的修理内容和达到规定的技术要求后，在设备修理竣工报告单上签字验收。设备小修的竣工报告单应附有换件明细表及材料明细表，其人工费用可以不计，备件、材料费用及外协劳务费用均按实际数计入竣工报告单。此单由车间机械动力师报送修理计划部门，作为考核小修计划完成的依据，并由修理计划部门定期办理归档手续。

设备项修是根据设备实际技术状态所采取的有针对性的修理，其修理工作量和复杂程度往往有很大差别。对于修理工作量大且技术复杂的项修，可参照上述小修理的验收程序办理竣工验收。

## 四、检修实绩管理

设备检修项目实施过程中获得的原始数据和信息是极其重要的设备状态技术信息，收集整理这些原始记录数据是设备维修管理的基本工作。通过对比分析这些信息，一方面可以掌握设备或零部件实际的劣化状态和发展趋势，可有针对性地采取有效措施，从而有效保证设备的运行状态；另一方面通过对检修实绩数据的分析与总结，不仅可以优化完善定修、年修模型和计划，对于提高检修工程实施计划的准确性和检修效率也具有实际的意义。

**1. 实绩记入工程项目委托单**

检修施工班组在施工任务完成后，验收合格，要在工程项目委托单上，记录实际投入的施工人工数（人数×工时），并且将其施工中所发现的设备情况及需要点检引起注意的特别事项，一并记入工程项目委托单中“检修中发现设备情况”栏内。回到单位将经过确认的工程项目委托单交回单位的检修管理部门。经相关调度人员汇总、整理、装订后，收集工程项目委托单返回设备所在区域设备点检管理组。这意味着检修施工方面的工作已经全部完成，检修单位向设备所在区域的点检方发出工程完结的通知。

**2. 工程实绩的转记**

点检方在确认工程结束的同时，确认工程项目委托单上记录的内容，并在“工程计划表”相应的工程项目栏目中转记入实际的人工工时数和特别事项。设备所在区域设备管理组负责汇总、整理后呈报企业设备主管部门。这些实绩工时记录数据，是研究修正今后定修模型、定修计划及点检周期的基础数据。

**3. 修理记录与检查记录**

除了实绩工时的记录反馈外，重要的是每次检修过程中的检修状况的记录反馈，这是持续跟踪设备状态变化所不能缺少的重要信息。

修理记录与检查记录的区分，主要是根据设备点检员委托检修项目时在工程项目委托单上有关记录栏目中提出的要求。检修施工班组检修结束后，应尽快完成修理记录和检查记录的填报工作，并反馈给设备点检方。

修理记录在记录内容上主要记录工程施工概要、修理前的状态、修理过程中的特记事项。而检查记录主要是校核与标准值的偏差而做的检查测量值的记录，以及对设备、装置调整前后的记录等内容。

**4. 检修施工记录的整理**

汇总了各施工班组递交的检修记录后，设备点检员对各种记录和技术注释进行最终的确认，将有关设备的技术状况记入设备点检修理履历表内，并对全部数据进行整理，分析工程计划与实绩数据的差异。

检修工程施工记录的整理是一项极其重要的工作。整理原始检修实绩资料的目的，就是以这些原始资料为基础，利用这些长期积累的记录信息与数据，经过统计、分析，找出主要矛盾及规律。一方面可以更好地掌控设备运行状态，保证设备的功能和精度，确保生产稳定顺行；另一方面也可以发现检修管理上有待改进的问题，有针对性地采取有效措施，进行修正改进，持续提升检修管理的水平。

**5. 定修工程的总结**

每次定修结束后择日召开定修工程施工总结会议，由设备所在区域设备有管理部门主持，检修（包括社会外协检修）管理人员参加。会议主要议题如下。

（1）总结定修项目生成、计划协调、施工组织、安全管理、检修质量等方面的得失。

（2）核对定修计划项目数与实际完成项目数。

（3）分析计划参加人数与实际参加人数。

（4）通报定修实际完成时间及恢复生产的时间等实绩数据。

定修工程管理是以计划值管理为目标，强调计划准确度。实施效果主要的分析评价指标有定修计划时间命中率、定修计划项目完成率和定修负荷误差率等。

定修计划时间命中率是对定修计划时间执行精确度的评价指标，其计算方法为

$$\text{定修计划时间命中率}=\frac{\text{实际定修时间(h)}-\text{计划定修时间(h)}}{\text{计划定修时间(h)}}\times 100\%$$

定修计划项目完成率是用于评价检修项目的计划命中程度与点检员对设备技术掌握情况的评价指标，其计算方法为

$$\text{定修计划项目完成率}=\frac{\text{实际完成定修项目数}}{\text{定修计划项目数}}\times 100\%$$

定修负荷误差率是考察定修负荷的均衡性和检修单位组织安排成效的评价指标，其计算方法为

$$定修负荷误差率=\frac{定修实际完成的工时数}{定修计划工时数}\times 100\%$$

定修工程完成时间的提前或延误都会对企业生产管理带来影响，在定修工程组织过程中要对定修工程的进度给予高度重视。定修完成时间超过计划时间为定修延时，若延长时间超出计划时间5%的，除了分析原因外，还要对造成定修延时的责任单位提出考评意见。

## 五、施工安全管理

**1. 停产检修中三方安全联络**

当企业将设备管理的重心下移，建立企业的设备管家体系后，就体现在设备管家体系中的专职点检方和作业操作方，以及企业设备管家体系外的设备检修施工方。企业在实施停产检修时，为了确保检修施工全过程的安全，这最活跃的三方，必须进行必要的联络。三方安全联络由三方人员中的负责人（称其为“联络者”）来担任。

**2. 停产检修中三方安全确认**

从三方会同的实质来看，“安全联络”是信息交流，而“安全确认”是严格把关，是亲自动手。

从图2-3-13中可知，企业产品作业线设备，在作业时，是需要许多必要的能源、气源、电源、水源及动力来支持的，当设备要实施停产检修时，就必须将这些“源头”切断（即将这些源头的开关、阀门关闭），以确保设备停产检修时的安全。关键是这些源头的开关、阀门关闭，必须是负责人亲力亲为，而不是委托别人来干。这就是“三方会同挂、摘修理牌（检修牌）的制度”。

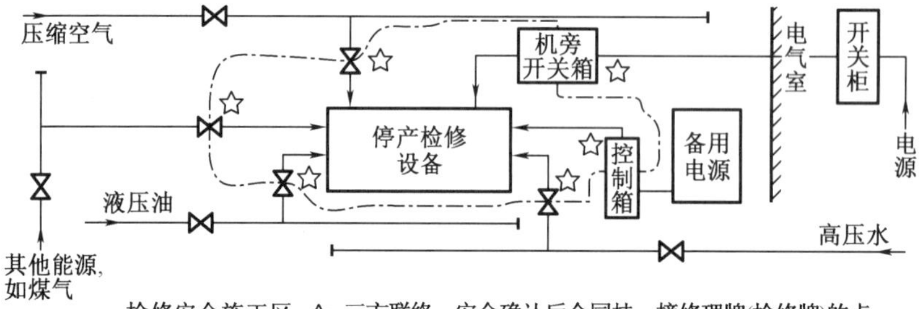


**图2-3-13　停产检修中三方安全确认的范围**

整个挂、摘牌的实施过程，可以分成两个阶段：第一阶段，三方联络、找对所有源头的开关和阀门，进行安全确认；第二阶段，三方会同，必须同时在场，将这些源头的开关、阀门关闭，三方各自将自己的“修理牌或检修牌”挂上，并贴上封条。然后，检修施工方即可实施检修作业，当修理结束，三方也必须同时在场，再次会同，将各自的修理牌摘掉，并到合上开关为止。三方联络和安全确认的作业流程如图2-3-14所示。

将停产检修中三方安全联络与确认的要点与流程，汇总如下。

（1）必须明确企业停产检修中“三方”的含义。三方是指企业设备管家体系中的产品作业的操作方、设备管理的专职点检方和非设备管家体系的参与停产工程项目施工的检修方。

（2）明确企业本次停产检修设备“安全区域”的概念及范围和停产检修施工安全作业系

统示意图。

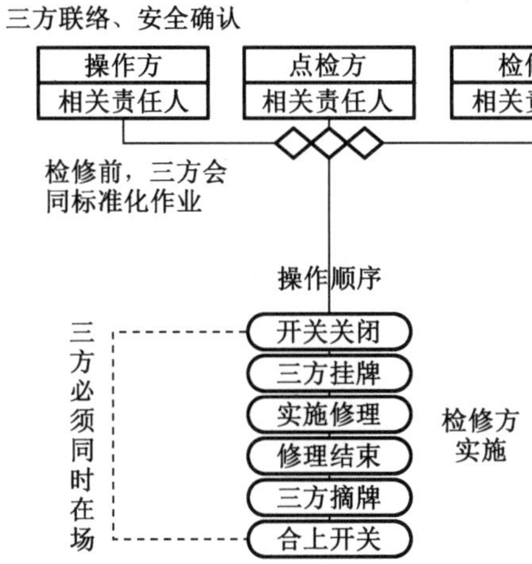


图 2-3-14　三方联络和安全确认的作业流程

(3)确认关闭设备上开关、阀门操作的范围,明确各类电气开关及阀门的地点、数量和编号。

(4)三方同时到场会同"安全确认",并明确由操作方实施"关闭"各种源头开关、阀门的操作和关闭后,三方各自挂上自己的修理牌或检修牌的流程。

(5)明确修理牌或检修牌和安全封带的式样,不能乱用或冒名顶替。

(6)此后可以分道扬镳,各自分头处理自己的事情,特别是检修方即可全力投入检修施工作业,直至检修作业完成达到可以试运转的阶段。

(7)再次三方会同"安全联络",确认检修后试运转的可能性及安全性,并由操作方实施试车作业。

(8)经过设备管家体系中两方的认可,检修方将其余不影响试运转的部分,继续装配完毕,收拾检修用工器具、清理现场并撤出施工人员。最后,三方共同在场,到各个源头开关、阀门的点上,经由操作方开启安全封条,各自摘走自己的修理牌、检修牌,指定必须由操作方合上开关、阀门,一切恢复正常后,即可结束。

**3. 停产检修现场的防灾要则**

(1)防止易燃起火

在停产检修的施工过程中,免不了要有一些动火的作业,这必须要按照企业的相关规章制度,实施办理动火许可申请,根据停产检修时该设备所处的环境定位,一般将动火的地域划分为三级。

(2)防止煤气中毒

在一些行业,确实具有有毒有害气体环境下作业的场合,就必须要贯彻以人为本的精神,要把防止煤气中毒的防护理念和措施提到议事日程上来,认认真真地贯彻实施并予以解决。

特别是一些行业的静止设备,如罐、槽和一些容器的停产检修,往往检修施工人员要进入容器里面进行作业,更要特别注意。一般企业都十分重视,专门计划、安排了停产后的吹风作业,较长时间地进行清空里面的有毒有害气体,在施工人员进入前,还吊入了专门的测定仪器,以确认里面的成分。

(3)设备检修安全规定

①设备检修时,首先必须切断设备电源,并在电源处的醒目位置张贴"正在检修"字样,防止不知情人员开动设备。

②设备检修人员应严格按照设备检修要求穿戴安全防护用品。

③需动用电焊、气焊等明火进行作业时,现场周围严禁堆放易燃易爆物品。

④设备检修期间需拆除设备部件时,应将拆下的部件放于合适的位置并固定好,防止砸伤人员。

⑤检修作业中,当检修人员中途必须离开且现场无人看守时,一定要设立警示标志,防止他人误操作发生事故。

⑥检修工作完成时,检修人员要认真检查,确认无误后方可通电试运行。

## 六、维修资材管理

维修物料指设备检修中需要使用的备件、物品和材料。维修物料的范围涉及机电设备、金属材料、化工和纺织品等。通常把机电设备的零部件称为备件,把备件以外的,如清洗剂、油漆、焊条、抹布等检修用物品和材料称为检修材料。

**1. 维修物料的分类**

企业生产需要使用的物料品种繁多,要有效地管理成千上万种物料,必须对物料进行分类。由于管理和分析问题的角度不同,决定了物料分类属性的多样性。

(1)根据使用性质分类

①按是否属于定制的产品划分,可分为标准件与非标准件两类

标准件:按国家或行业标准制作的定型产品。

非标准件:根据用户需求设计制作的非定型产品。

②按通用性划分,可分为通用物料与专用物料

从字面上似乎很容易理解通用物料与专用物料的概念,如普通的检修用材料及标准件原则上属于通用物料,其特点是在很多场合都能使用,而专用物料指只能用于某些特定的场所(或部门)。但在实际工作中二者容易产生歧义,有时需根据企业自身的特点进行界定。例如,有的企业为了方便管理,把集中统一管理的物料划为通用物料,把有些虽然通用性较强但暂时未列入集中管理范围的物料划为专用物料。

(2)根据物料库存储备方式分类

①集中备库型(M2)

集中备库型是由管理部门或采购部门集中管理、集中采购的物料管理方式,现场需用时直接提出领用申请(不需要提请购计划)。集中备库型的物料通常以通用件为主。

②现场备库型(M3)

现场备库型是根据现场需要制订物料的采购计划,购入物料入库储备(或者直送现场)的管理方式,现场备库型的物料大部分是专用件。

③无库存(零库存)型(JIT)

无库存是一种及时、无忧供应的管理方式。其具体做法是根据需方与供方签订的无库存供应协议,由供方备库,或者由需方预留供货周期,然后根据实际需求的品种和数量,由供方负责将备件按质、按量、按时送到需方指定地点,需方以实际领用的数量和既定价格与供方进行结算。

备件无库存管理是保证备件及时供应,降低备件库存、稳定供货渠道、提高供应效率、提高管理水平的重要手段,是在市场经济条件下,加强了社会化协作,形成了利益共同体,有利于稳定备件质量。

④保全库型

保全库管理是由设备制造商负责专业设备正常运行的一种备件管理方式,即由设备制造商承担专业设备的精密点检,同时提供该设备的技术支撑、备件租赁和备件修复,以及重大设备故障处理服务,以保障设备运行状态的稳定。

(3)根据管理属性分类

综合考虑物料的使用寿命、频度及对生产影响的重要程度等因素,按照设备维修管理的基本思路,确定维修物料的分类属性,有利于抓住重点,简化管理,提升效率。维修物料按管理属性大致可以分为4类,分别为事故件、计划件、常用(消耗)件、准计划件。

(4)根据费用科目分类

物料分类的方式中有些是为了满足经济分析和财务管理的需要,如下所示。

①根据资金的用途,可以分为生产物料和维修物料。

②根据财务会计科目的要求,可以分为一般维修费用、技改(改善)及科研费用支出的物料。

③根据维修成本归集统计的要求,如产品、产线(或设备)、成本中心等进行分类。

物料的分类方法很多,关键是要根据企业的管理特点和实际需要进行区分。

**2. 维修物料计划管理**

为确保设备正常运行,应加强维修物料计划及质量管理,提高计划命中率,保证按需、及时供应到位,防止不合格的物料进厂,杜绝因质量问题造成检修延时或生产不能正常进行的情况发生,以满足生产和设备检修的需要。

(1)需求计划申报的基本要求

①对使用部门生产操作人员及点检员的要求如下。

A. 根据生产需要及设备状态、检修计划,参考物料的制造周期提出预期需求计划和数量(台、套、件)的申请。

B. 掌握所辖设备的物料库存情况,对库存中不能使用的物料(因维修工程、技改项目或设备淘汰、改型等原因造成的)应及时向管理部门提出报废或调拨的申请或再利用的建议。

②对使用部门管理人员的要求如下。

A. 根据生产操作人员、点检员提出的物料请购申请,查清库存和合同在途情况,在平衡好物料费用预算的前提下生成请购需求计划,以保证按期(适时)到货,防止造成库存积压。

B. 严格控制本部门的年度资金预算,统筹安排本部门全年的物料请购计划,在满足生产和设备检修需求的前提下,不断提高本部门物料使用计划的精度。

③需求计划申报的技术条件如下。

A. 需求计划申报的物料采购要素必须准确、齐全。采购要素包括物料代码、名称、型号、规格(非标备件用图号或外形尺寸等代替)、制造周期、主机名称、主机代码、请购数量(台、套、件)、交货日期等。

B. 非标机械备件(指既没有型号规格,也没有制造图)需提报计划时,必须贯彻先测绘后制造的原则,即先提出备件测绘委托计划,根据测绘后的备件制造图申报备件请购计划。

C. 首次提报备件需提供样件的,必须在需求计划单型号规格栏目中注明申报部门在申报备件请购计划的同时已准备好样件或已具备样件提供条件,管理部门计划审批后,通知相应部门与采购部门联络样件提供方式。

D. 首次提报需求计划要提供制造图、技术规格书的,申报部门在申报请购计划的同时应准备好制造图、技术规格书,随请购计划一起报管理部门,计划审批后,提供给采购部门。

(2)维修物料计划的分类

维修物料计划的分类方法有很多,如下所示。

①根据物料采购和领用的过程可以分为预期使用(请购)计划、采购计划及领用计划。

②根据物料需求的紧急程度可以分为紧急计划与普通计划。

③根据申报管理规定的计划期,可分为年度计划、季度计划、月度计划。

④根据检修工程的属性,可分为日修、定修(或大、中、小修)计划等。

上述各类物料计划都是以使用部门的预期使用计划为基础编制的。预期使用计划是在考虑设备状态、检修周期、设备装置数量等因素的基础上,对维修物料的使用时间、品种和数量进行合理的规划。

(3)预期使用计划的编制

物料使用部门根据设备实际运行状态和检修计划,编制(或提出)维修物料的预期使用计划。通常维修物料的使用与设备维护、检修项目紧密相关,尤其是更换件大都通过检修项目进行更换。

以下通过某公司设备点检管理的案例,介绍一种根据设备实际运行状态和定期停机检修计划日期,结合维修物料的管理属性制订预期使用计划的基本方法。

①计划件的预期使用计划

物料更换往往受到设备检修计划的制约,从减少采购及库存资金积压的角度考量,编制预期使用计划时,应考虑检修计划管理等因素。

检修管理中通常有日修和定修两种基本模式。标识为“定修”是指该项物料只有在定期计划停产检修时才有条件更换;标识为“日修”的物料更换可以不受定期计划停产的影响实施更换。比如,直接冷却送水泵是关键设备,在生产过程中必须保证稳定运行,通常只有在“定修”时才有较充分的连续停机时间,所以该泵更换件的检修性质栏位内容大都标识为“定修”,只有填料部分备件因为更换比较容易、时间短且不需停产进行,故检修性质为“日修”。

②准计划件和事故件的预期使用计划

日常点检中会发现设备有不同程度的损坏或劣化,准计划件和事故件的使用计划通常是根据设备状态而定的。有时计划件在更换周期未到时也可能发生损坏,因此,物料使用计划中有相当一部分是为了消除已发现的设备缺陷而制订的。为了控制设备检修费用,需要根据设备缺陷或劣化程度分轻重缓急制订预期使用计划。有些设备功能丧失且影响生产,必须尽快落实所需物料实施检修;有些设备虽然有劣化发展的趋势,但功能并未丧失或影响正常的生产,不一定马上更换,但应该加强点检观察,跟踪设备状态的发展。

③常用件的预期使用计划

常用件每年甚至每个月都有消耗,一般具有数量多、价格低及供货时间短等特点。针对这样的物料,一般可以根据历年使用消耗的实绩,保证采购、供货所需的时间,定期提出请购计划,或者由管理部门根据历年总体消耗实绩,制定库存定额,定期采购补充,以保证生产现场需求物料的供应。

④事故件的储备

根据实践经验,事故件有相当部分可能会长时间积压在库,造成库存资金积压浪费,这是由其以确保生产为目的而储备的物料管理属性所决定的。因此,必须对事故件的种类及采购量实行严格限制。

**3. 备件的分类**

备件的种类很多,一般按下列方法分类。

(1)按零件类别分类

①机械零件:指构成某一型号设备的专用机械构件,一般可由企业自行生产制造,如齿轮、丝杠、轴瓦、曲轴、连杆等。

②配套零件:指标准化的、通用于各种设备的由专业生产厂家生产的零件,如滚动轴承、液压元件、电气元件、密封件等。

(2)按零件来源分类

①自制备件:企业自己设计、测绘、制造的零件,基本上属于机械零件范畴。

②外购备件:企业对外订货采购的备件,一般配套零件均系采购备件。由于企业自制能力的限制和出于对经济性的考虑,许多企业的机械零件,如高精度齿轮、机床主轴、摩擦片等也是外购的。

(3)按零件使用特性(或在库时间)分类

①常备件:指经常使用的(即使用频率高)、设备停工损失大、单价比较便宜、需经常保持一定储备量的零件,如易损件、消耗量大的配套零件、关键设备的保险储备件等。

②非常备件:使用频率低、停工损失小和单价昂贵的零件,按其筹备的方式可分为以下两种。

A. 计划购入件:根据修理计划,预先购入做短期储备的零件。

B. 随时购入件:修前随时购入,或制造后立即使用的零件。

(4)按备件精度和制造复杂程度分类

①关键件:一般指原机械部规定的 7 类关键件,包括Ⅰ级精度(近似新 6 级精度)以上的齿轮、丝杆、精密蜗轮副、精密镗杆(或主轴)、精密内圆磨具、2 m 或 2 m 以上的丝杆、螺旋伞齿轮。

②一般件:上述关键件以外的其他机械备件。

(5)备件与其他物资的区别

①备件与低值易耗品的区别:在维修和生产过程中经常使用的各种标准紧固件、手柄、手球,各种油杯、油嘴、纸垫、毛毡、绝缘布带、白布带、保险丝、灯泡、低压橡塑管等。这些都不属于备件范围,一般作为低值易耗品存放在辅助材料库或工具室,按实际需要领用摊销。

②备件与材料的区别:为缩短零件的加工时间,有时必须按零件需要的尺寸储备一定的铸件、锻件、铸铁棒、铸铝棒、铸铜棒、套筒坯、调质钢材、钢丝绳等。这些都属于材料,在毛坯库、材料库或备件毛坯库存放管理,一般不占用备件储备资金。

③备件与工具及机床附件的区别:机床附件和工卡具,如卡头、卡盘、分度头、砂轮、法兰盘、顶尖、剪床刀片、各种刀杆、随产品工艺变化而更换的凸轮等均不属于备件,应作为机床的附件和工具管理。

④备件与设备的区别:为了保证全厂生产的正常进行,对于某些全厂性的备用设备,不属于备件范围。从价值上虽然可列入固定资产,但不单独起作用且必须附属于其他设备,如大型液压机上的电机、龙门刨上的发电机组等,如果需要进行储备,可划入备件范畴,但不占用备件储备资金,单独记账,占用设备大修理基金储备,在大修时冲销。

**4. 备件管理**

(1)备件管理的目标

备件管理的目的是用最少的备件资金,科学、合理、经济的库存储备,保证设备维修的需要,减少设备停修时间,并做到以下几点。

①把设备突发故障所造成的生产停工损失减至最低。

②把设备计划修理的停歇时间和修理费用降至最低。

③把备件库的储备资金压缩到合理供应的最低水平。

④备件管理方法先进,信息准确,反馈及时,满足设备维修需要,经济效果明显。

(2)备件管理的主要任务

①建立相应的备件管理机构和必要的设施,科学、合理地确定备件的储备品种、储备形式和储备定额,做好备件的保管供应工作。

②及时有效地向维修人员提供合格的备件,重点做好关键设备备件供应工作,确保关键设备对维修备件的需要,保证关键设备的正常运行,尽量减少停机损失。

③做好备件使用情况的信息收集和反馈工作。备件管理和维修人员要不断收集备件使用的质量、经济信息,并及时反馈给备件技术人员,以便改进和提高备件的使用性能。备件采购人员要随时了解备件市场的货源供应情况、供货质量,并及时反馈给备件计划员及时修订备件外购计划。

④在保证备件供应的前提下,尽可能减少备件的资金占用量。影响备件管理成本的因素有:备件资金占用率和周转率;库房占用面积;管理人员数量;备件制造采购质量和价格;备件库存损失等。备件管理人员应努力做好备件的计划、生产、采购、供应、保管等工作,压缩备件储备资金,降低备件管理成本。

(3)备件管理的工作内容

备件管理工作的内容按其性质划分如下。

①备件的技术管理

备件的技术基础资料的收集与技术定额的制定工作包括备件图纸的收集、测绘、整理，备件图册的编制；各类备件统计卡片和储备定额等基础资料的设计、编制及备件卡的编制工作。

②备件的计划管理

备件的计划管理指备件由提出自制计划或外协、外购计划到备件入库这一阶段的工作，可分为以下几项。

A. 年、季、月自制备件计划。

B. 外购备件年度及分批计划。

C. 铸、锻毛坯件的需要量申请、制造计划。

D. 备件零星采购和加工计划。

E. 备件的修复计划。

③备件库房管理

备件的库房管理指从备件入库到发出这一阶段的库存控制和管理工作。其内容包括备件入库时的质量检查、清洗、涂油防锈、包装、登记上卡、上架存放；备件收、发及库房的清洁与安全；订货点与库存量的控制；备件的消耗量、资金占用率、资金周转率的统计分析和控制；备件质量信息的搜集等。

④备件的经济管理

备件的经济核算与统计分析工作包括备件库存资金的核定、出入库账目的管理、备件成本的审定、备件消耗统计、备件各项经济指标的统计分析等。经济管理应贯穿于备件管理的全过程，同时应根据各项经济指标的统计分析结果来衡量检查备件管理工作的质量和水平，总结经验，改进工作。

（4）备件管理的工作流程

备件管理工作的流程如图 2-3-15 所示。

**5. 备件技术管理**

备件技术管理的工作内容为编制、积累备件管理的基础资料。数控设备、加工中心、国外进口设备、关键重点设备是备件的重点技术资料，通过这些资料的积累补充和完善，可以掌握备件的需求，预测备件的消耗量，确定比较合理的备件储备定额、储备形式，为备件的生产、采购、库存提供科学合理的依据。

（1）备件技术资料的内容

备件技术资料的内容见表 2-3-2。

（2）备件的储备形式

备件的储备形式可以根据不同的分类标准进行划分。以下是一些常见的备件储备形式。

①按备件的储备形态分类

A. 成品储备：在设备的任何一种修理类别中，有绝大一部分备件需要保持原有的精度和尺寸，在安装时不需要再进行任何加工的零件，可采用成品储备的形式进行储备。这种方式能够确保备件直接用于设备维修，减少加工时间，提高维修效率。

B. 半成品储备：有些零件须留有一定的修配余量，以便在设备修理时进行修配或作为尺寸链的补偿。对这些零件来说,可采用半成品储备的形式进行储备。半成品储备可以减少因加工余量不足而导致的备件浪费,同时缩短维修时间。

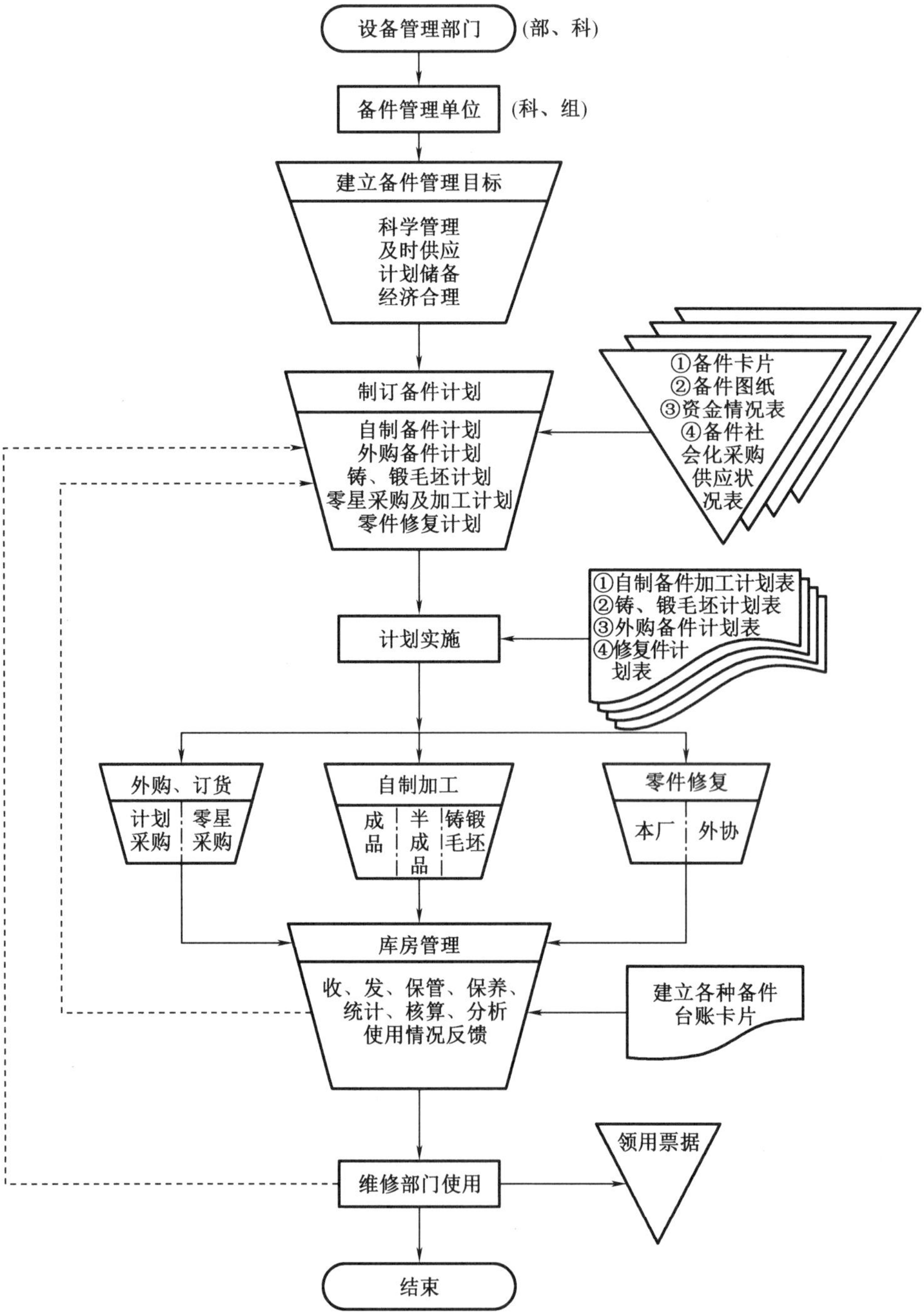


图 2-3-15　备件管理工作的流程

C. 毛坯储备:对某些机加工工作量不大的及难以决定加工尺寸的铸锻件和特殊材料的零件,可采用毛坯储备的形式进行储备。毛坯储备可以省去设备修理过程中等待准备毛坯的时间，提高维修的灵活性。

D. 成对(成套)储备：为了保证备件的传动精度和配合精度，有些备件需要成对或成套储备。例如，某些齿轮、轴承等，如果单独更换可能会导致配合精度下降，影响设备性能。

**表 2-3-2　备件技术资料的内容**

| 类别 | 技术资料名称和内容 | 资料来源 |
| --- | --- | --- |
| 备件图册<br>维修图册 | (1)机械备件零件图；<br>(2)主要部件装配图；<br>(3)传动系统图；<br>(4)液压系统图；<br>(5)轴承位置分布图；<br>(6)电气系统图 | (1)向制造厂索取；<br>(2)自行测绘；<br>(3)设备使用说明书中的易损件图或零件图；<br>(4)向描图厂购买；<br>(5)机械行业编制的备件图册；<br>(6)向兄弟单位借用 |
| 备件卡 | (1)机械备件卡(自制备件卡、外购备件卡)；<br>(2)轴承卡；<br>(3)液压元件卡；<br>(4)皮带链条卡；<br>(5)电气备件卡等 | (1)备件图册；<br>(2)设备使用说明书；<br>(3)机械行业有关技术资料；<br>(4)向兄弟单位借用；<br>(5) 自行测绘、编制 |
| 备件<br>统计表 | (1)备件型号、规格；<br>(2)统计表；<br>(3)备件类别汇总表 | (1)备件卡；<br>(2)备件图册；<br>(3)设备说明书；<br>(4)同行业互相学习；<br>(5)设备台账；<br>(6)机械行业有关资料 |

②按备件的管理体制分类

A. 集中储备：是按行业或地区组建备件总库，对于本行业或本地区各企业的通用备件，集中统一有计划地进行储备。其优点是可以大幅度加快备件储备资金的周转，降低备件储备所占用的资金。但如果组织管理不善，可能出现不能及时有效地提供企业所需备件的问题，影响生产。

B. 分散储备：是各企业根据设备磨损情况和维修需要，分别各自设立备件库，自行组织备件储备。这种方式有利于企业根据自身实际情况灵活管理备件，但也可能导致备件储备的重复和浪费。

③按库存控制方法分类

A. 经常储备：对于那些易损、消耗量大，更换频繁的零件，需经常保持一定的库存储备量。

B. 间断储备：对于那些磨损期长、消耗量少、价格昂贵的零件，可根据对设备的状态检测情况，发现零件有磨损和损坏的征兆时，提前订购（生产），做短期储备。

综上所述，备件的储备形式多种多样，企业应根据自身实际情况和需求选择合适的储备形式，以确保设备的高效运行和生产的顺利进行。

**6. 备件修复管理**

正常使用后失效或因其他原因更换下来的备件，经过修理，且检验合格，恢复了该备件的原有使用性能，这样的过程称为备件修复。从备件寿命使用周期管理和总成本最低的角度，对性能精度降低、工作面失效的备件做好修复工作，得到与新品性能、寿命、精度相当的修复件，不仅能缩短备件的供应周期，而且能降低检修成本。

（1）备件修复的分类

备件修复可分为维护性修复和恢复性修复两大类。

①维护性修复是指备件经清扫、拆洗、加油、干燥、调整或者在修复过程中更换通用件（如轴承、密封等），恢复使用性能的修复工作，这类修复一般须符合设备维修技术标准，可按设备检修项目处理。

②恢复性修复是指使用后失效或其他原因更换下来的备件，经焊、铆、镀、衬、喷、切削、镶补、研磨等加工工艺，或更换价值较高的元器件（如电机更换绕组）等，使该备件恢复原有功能、精度或具有新的使用价值，一般可以达到或接近原制造技术要求。

（2）修复计划管理

备件更换后应考虑下机备件的可修复性。如属首次修复，首先要判定的是可行性，并且准备好相关的技术资料，如图纸、技术指标、工艺参数等，然后对承修单位进行技术交底，测算修复价值。通常修复价值的判定应兼顾技术指标和经济指标，在修理之前需要针对拟修复件进行修复价值的评估，以保证修复的经济性。

零部件修复计划主要包括的内容：零部件名称、修复内容、修复工具、修复方法、时间因素（修复日期和修复工时）。

（3）过程管控

修复过程管控主要包括实物交接、修复内容确认和修复质量保证 3 方面的内容。

（4）修复件到货管理

承修单位在承接备件修复项目时，应注意对交货期进行确认，无特殊情况时，要确保按期交货。

①修复件入库

修复完工交付前，原则上要进行修复效果或质量验收确认，对于不需要即刻上机运行考核验收的修复件，应考虑带资金（包含修复费用）入库，待使用部门领用出库上机后计入维修成本。

②旧件返回管理

为避免资产流失以及验证承修单位更换零配件的真实性，应要求承修单位返回更换下来的旧件，统一由物料使用部门处置。

备件修复基本流程如图 2-3-16 所示。

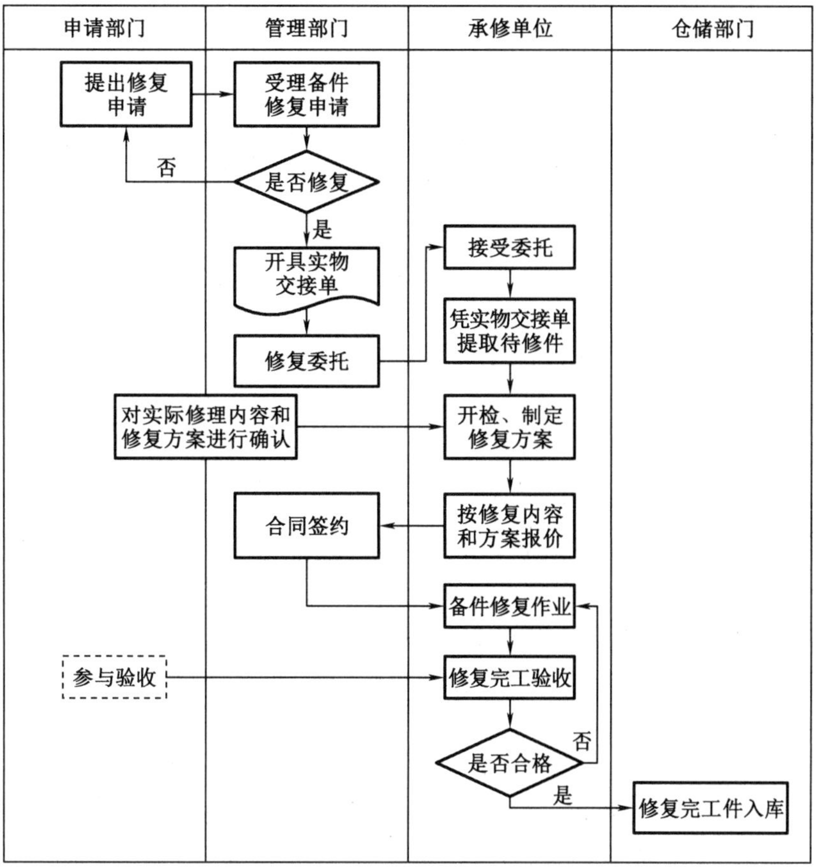


图 2-3-16 备件修复基本流程

# 第三章　测量、显示设备检测与维护

## 第一节　信号发生器

信号发生器是一种能提供各种频率、波形和输出电平电信号的设备。在测量各种电信系统或电信设备的振幅特性、频率特性、传输特性及其他电参数，以及测量元器件的特性与参数时，信号发生器用作测试的信号源或激励源。信号发生器又称信号源或振荡器，在生产实践和科技领域中有着广泛的应用。各种波形曲线可用三角函数方程式来表示。能够产生多种波形，如三角波、锯齿波、矩形波（含方波）、正弦波的电路被称为函数信号发生器。凡是产生测试信号的仪器，统称为信号源，也称为信号发生器，它用于产生被测电路所需特定参数的电测试信号。在测试、研究或调整电子电路及设备时，为测定电路的一些电参量（如测量频率响应、噪声系数），为电压表定度等，都要求提供符合规定的技术条件的电信号，以模拟在实际工作中使用的待测设备的激励信号。当要求进行系统的稳态特性测量时，需使用振幅、频率已知的正弦信号源。当测试系统的瞬态特性时，又需使用前沿时间、脉冲宽度和重复周期已知的矩形脉冲源。同时要求信号源输出信号的参数，如频率、波形、输出电压或功率等，能在一定范围内进行精确调整，有很好的稳定性，有输出指示。

信号源可以根据输出波形的不同，划分为正弦波信号发生器、矩形脉冲信号发生器、函数信号发生器和随机信号发生器等4大类。正弦信号是使用最广泛的测试信号。这是因为产生正弦信号的方法比较简单，而且用正弦信号测量比较方便。正弦信号源又可以根据工作频率范围的不同划分为若干种。

### 一、结构

信号发生器由参考振荡器、频率合成单元、调制单元、电平控制单元等组成。内部带有扫频输出功能（全频段扫频时间小于 5 s）是指低频信号发生器具有从低频开始到高频（或反之）自动变化的功能，即完成 100 Hz~20 kHz 所有频率的低到高或高到低的变化过程，而这一次过程的时间为 5 s。带有外部扫频控制输入接口（控制电压为 0~5 V，控制电流小于 1 mA）是指低频信号发生器所输出的频率可以由外部进行控制（有外部控制接口），外部控制频率变化的电压是 0~5 V，控制电流小于 1 mA。当外部控制电压在 0~5 V 变化时，低频信号发生器可以在 100 Hz 到 20 kHz 之间变化。

### 二、工作原理

信号发生器用来产生频率为 20 Hz~200 kHz 的正弦信号（低频）。除了具有电压输出外,有的还有功率输出,所以用途十分广泛,可用于测试或检修各种电子仪器设备中的低频放大器的频率特性、增益、通频带,也可用作高频信号发生器的外调制信号源。另外,在校准电子电压表时,它可提供交流信号电压。

低频信号发生器的系统包括主振级、主振输出调节电位器、电压放大器、输出衰减器、功率放大器、阻抗变换器(输出变压器)和指示电压表。主振级产生低频正弦振荡信号,经电压放大器放大,达到电压输出幅度的要求,经输出衰减器可直接输出电压,用主振输出调节电位器调节输出电压的大小。

## 三、分类

### 1. 正弦信号发生器

正弦信号主要用于测量电路和系统的频率特性、非线性失真、增益及灵敏度等。正弦信号发生器按频率覆盖范围分为低频信号发生器、高频信号发生器和微波信号发生器;按输出电平可调节范围和稳定度分为简易信号发生器(即信号源)、标准信号发生器(输出功率能准确地衰减到-100 dB/mW 以下)和功率信号发生器(输出功率达数十毫瓦以上);按频率改变的方式分为调谐式信号发生器、扫频式信号发生器、程控式信号发生器和频率合成式信号发生器等。

### 2. 低频信号发生器

低频信号发生器包括音频(20~20 000 Hz)和视频(1 Hz~10 MHz)的正弦波发生器。主振级一般用 RC 式振荡器,也可用差频振荡器。为便于测试系统的频率特性,要求输出幅频特性平和,波形失真小。

### 3. 高频信号发生器

高频信号发生器包括频率为 100 kHz~30 MHz 的高频、30~300 MHz 的甚高频信号发生器。一般采用 LC 调谐式振荡器,频率可由调谐电容器的度盘刻度读出。其主要用途是测量各种接收机的技术指标。输出信号可用内部或外加的低频正弦信号调幅或调频,使输出载频电压能够衰减到 1 μV 以下。此外,仪器还有防止信号泄漏的良好屏蔽。

### 4. 微波信号发生器

微波信号发生器是指从分米波直到毫米波波段的信号发生器。信号通常由带分布参数谐振腔的超高频三极管和反射速调管产生,但有逐渐被微波晶体管、场效应管和耿氏二极管等固体器件取代的趋势。仪器一般靠机械调谐腔体来改变频率,每台可覆盖一个倍频程左右,由腔体耦合出的信号功率一般可达 10 mW 以上。简易信号源只要求能加 1 000 Hz 方波调幅,而标准信号发生器则能将输出基准电平调节到 1 mW,再从后随衰减器读出信号电平的分贝毫瓦值,还必须有内部或外加矩形脉冲调幅,以便测试雷达等接收机。

### 5. 扫频和程控信号发生器

扫频信号发生器能够产生幅度恒定、频率在限定范围内做线性变化的信号。在高频和甚高频段用低频扫描电压或电流控制振荡回路元件(如变容管或磁芯线圈)来实现扫频振荡;在微波段早期采用电压调谐扫频,用改变返波管螺旋线电极的直流电压来改变振荡频率,后来广泛采用磁调谐扫频,以钇铁石榴石铁氧体小球做微波固体振荡器的调谐回路,用扫描电流控制直流磁场改变小球的谐振频率。扫频信号发生器有自动扫频、手控、程控和远控等工作方式。

**6. 频率合成式信号发生器**

频率合成式信号发生器的信号不是由振荡器直接产生，而是以高稳定度石英振荡器作为标准频率源，利用频率合成技术形成所需之任意频率的信号，具有与标准频率源相同的频率准确度和稳定度。输出信号频率通常可按十进位数字选择，最高能达11位数字的极高分辨力。频率除用手动选择外还可程控和远控，也可进行步级式扫频，适用于自动测试系统。直接式频率合成器由晶体振荡、加法、乘法、滤波和放大等电路组成，变换频率迅速但电路复杂，最高输出频率只能达1 000 MHz左右。用得较多的间接式频率合成器是利用标准频率源通过锁相环控制电调谐振荡器（在环路中同时能实现倍频、分频和混频），使之产生并输出各种所需频率的信号。这种合成器的最高频率可达26. 5 GHz。高稳定度和高分辨力的频率合成器，配上多种调制功能（调幅、调频和调相），加上放大、稳幅和衰减等电路，便构成一种新型的高性能、可程控的合成式信号发生器，还可作为锁相式扫频发生器。

**7. 函数发生器**

函数发生器又称波形发生器。它能产生某些特定的周期性时间函数波形（主要是正弦波、方波、三角波、锯齿波和脉冲波等）信号。频率范围可从几毫赫甚至几微赫的超低频直到几十兆赫。除了供通信、仪表和自动控制系统测试用外，还广泛用于其他非电测量领域。将积分电路与某种带有回滞特性的阈值开关电路（如施米特触发器）相连成环路，积分器能将方波积分成三角波。施米特电路又能使三角波上升到某一阈值或下降到另一阈值时发生跃变而形成方波，频率除了能随积分器中的RC值的变化改变外，还能用外加电压控制两个阈值而改变。将三角波另行加到由很多不同偏置二极管组成的整形网络，形成许多不同斜度的折线段，便可形成正弦波。另一种构成方式是用频率合成器产生正弦波，对它多次放大、削波而形成方波，再将方波积分成三角波和正、负斜率的锯齿波等。对这些函数发生器的频率都可电控、程控、锁定和扫频，仪器除工作于连续波状态之外，还能按键控、门控或触发等方式工作。函数信号发生器是一种综合多种波形信号、波形参数和频率范围可调的信号发生装置，通常依据《函数发生器检定规程》（JJG 840—2015）开展检测工作。

**8. 脉冲信号发生器**

脉冲信号发生器是产生宽度、幅度和重复频率可调的矩形脉冲的发生器，可用以测试线性系统的瞬态响应，或用模拟信号来测试雷达、多路通信和其他脉冲数字系统的性能。脉冲发生器主要由主控振荡器、延时级、脉冲形成级、输出级和衰减器等组成。主控振荡器通常为多谐振荡器之类的电路，除能自激振荡之外，主要按触发方式工作。通常在外加触发信号之后首先输出一个前置触发脉冲，以便提前触发示波器等观测仪器，然后再经过一段可调节的延迟时间才输出主信号脉冲，其宽度可以调节。有的能输出成对的主脉冲，有的能分两路分别输出不同延迟的主脉冲。

**9. 随机信号发生器**

随机信号发生器分为噪声信号发生器和伪随机信号发生器两类。噪声信号发生器完全随机性信号是在工作频带内具有均匀频谱的白噪声。

常用的白噪声发生器主要有：工作于1 000 MHz以下同轴线系统的饱和二极管式白噪声发生器；用于微波波导系统的气体放电管式白噪声发生器；利用晶体二极管反向电流中噪声的

固态噪声源（可工作在 18 GHz 以下整个频段内）等。噪声发生器输出的强度必须已知，通常用其输出噪声功率超过电阻热噪声的分贝数（称为超噪比）或用其噪声温度来表示。

噪声信号发生器主要用途如下。

（1）在待测系统中引入一个随机信号，以模拟实际工作条件中的噪声而测定系统的性能。

（2）外加一个已知噪声信号与系统内部噪声相比较以测定噪声系数。

（3）用随机信号代替正弦或脉冲信号，以测试系统的动态特性。例如，用白噪声作为输入信号而测出网络的输出信号与输入信号的互相关函数，便可得到这一网络的冲激响应函数。

### 四、应用

信号发生器又称信号源或振荡器，在生产实践和科技领域中有着广泛的应用。函数信号发生器在电路实验和设备检测中具有十分广泛的用途。例如，在通信、广播、电视系统中，都需要射频（高频）发射，这里的射频波就是载波，把音频（低频）、视频信号或脉冲信号运载出去，就需要能够产生高频的振荡器。在工业、农业、生物医学等领域内，如高频感应加热、熔炼、淬火、超声诊断、核磁共振成像等，都需要功率或大或小、频率或高或低的振荡器。高频、超高频和微波信号发生器已形成标准信号发生器系列，不但实现了固态化，而且出现了合成信号发生器和程控信号发生器等；在频率的范围、精度、稳定度、分辨力，以及输出电平的范围、精度、频响、频谱纯度等性能方面，都在不断地提高。带有微处理器的合成高频信号发生器，其频率、输出、调制等的控制已全部键盘化，并由 6 位数字显示。

## 第二节　仪表结构与工作原理

### 一、检测仪表

#### 1. 温度检测与仪表

（1）温度测量的基本概念

温度是表征物体冷热程度的物理量。温度只能通过物体随温度变化的某些特性来间接测量。用来量度物体温度数值的标尺叫温标，它规定了温度的读数起点（零点）和测量温度的基本单位。目前国际上用得较多的温标有华氏温标（℉）、摄氏温标（℃）、热力学温标和国际实用温标。

华氏温标规定：在标准大气压下，冰的熔点为 32 ℃，水的沸点为 212 ℃，中间划分 180 等分，每等分为 1 ℉。

摄氏温标规定：在标准大气压下，冰的熔点为 0 ℃，水的沸点为 100 ℃，中间划分 100 等分，每等分为 1 ℃。

摄氏温度值 $t$ 和华氏温度值 $t_F$ 有如下关系：

$$t=\frac{5}{9}(t_F-32)\ ℃ \tag{3-2-1}$$

热力学温标又称开尔文温标，或称绝对温标，它规定分子运动停止时的温度为绝对零度，记符号为 K。

国际实用温标是一个国际协议性温标，它与热力学温标相接近，而且复现精度高，使用方便。国际现行的是 1990 年国际实用温标（简称为“ITS-90”）。我国自 1994 年 1 月 1 日起全面实施 ITS-90。

ITS-90 简介如下。

①温度单位

热力学温度（符号为 $T$）是基本的物理量，它的单位为开尔文（符号为 K），定义为水三相点的热力学温度的 1/273.16。由于以前的温标定义中，使用了与 273.15 K（冰点）的差值来表示温度，因此现在仍保留这种方法。用这种方法表示的热力学温度称为摄氏温度，符号为 $t$，定义为

$$t/℃ = T/K - 273.15 \tag{3-2-2}$$

式中 $t/℃$——分子为摄氏温度，分母为摄氏温度的单位；

$T/K$——分子为开尔文温度，分母为开尔文温度的单位。

根据定义，摄氏度的大小等于开尔文，温差亦可以用摄氏度或开尔文来表示。

ITS-90 同时定义了国际开尔文温度（符号为 $T90$）和国际摄氏温度（符号为 $t90$）。$T90$ 和 $t90$ 之间的关系与 $T$ 和 $t$ 一样，即

$$t90/℃ = T90/K - 273.15 \tag{3-2-3}$$

它们的单位及符号与热力学温度 $T$ 和摄氏温度 $t$ 一样。

②ITS-90 的通则

ITS-90 由 0.65 K 向上到普朗克辐射定律使用单色辐射实际可测量的最高温度。ITS-90 是这样制定的，即在全量程中，任何温度的 $T90$ 值非常接近于温标采纳时 $T$ 的最佳估计值。与直接测量热力学温度相比，$T90$ 的测量要方便得多，而且更为精密，并具有很高的复现性。

③ITS-90 的定义

第一温区为 0.65~5.00 K，$T90$ 由 $^3He$ 和 $^4He$ 的蒸气压与温度的关系式来定义。

第二温区为 3.0 K 到氖三相点（24.556 1 K）之间，$T90$ 用氦气体温度计来定义。

第三温区为平衡氢三相点（13.803 3 K）到银的凝固点（961.78 ℃）之间，$T90$ 由铂电阻温度计来定义。它使用一组规定的定义固定点及利用规定的内插法来分度。

（2）温度测量仪表分类

温度测量仪表按测温方式可分为接触式和非接触式两大类。通常来说接触式测温仪表比较简单、可靠，测量精度较高；但因测温元件与被测介质需要进行充分的热交换，故需要一定的时间才能达到热平衡，所以存在测温的延迟现象，同时受耐高温材料的限制，不能应用于很高的温度测量。非接触式仪表测温是通过热辐射原理来测量温度的，测温元件不需与被测介质接触，测温范围广，不受测温上限的限制，也不会破坏被测物体的温度场，反应速度一般也比较快；但受到物体的发射率、测量距离、烟尘和水气等外界因素的影响，其测量误差较大。

工业上常用的温度检测仪表的分类及优缺点见表 3-2-1。

**表 3-2-1　工业上常用的温度检测仪表的分类及优缺点**

| 测温方式 | 温度计种类 | | 常用测温范围/℃ | 优点 | 缺点 |
|---|---|---|---|---|---|
| 非接触式测温仪表 | 辐射式 | 辐射式<br>光学式<br>比色式 | 400～2 000<br>700～3 200<br>900～1 700 | 测温时，不破坏被测温度场 | 低温段测量不准，环境条件会影响测温准确度 |
| | 红外线 | 热敏探测<br>光电探测<br>热电探测 | -50～3 200<br>0～3 500<br>200～2 000 | 测温时，不破坏被测温度场，响应快，测温范围大，适于测温度分布 | 易受外界干扰，标定困难 |
| 接触式测温仪表 | 膨胀式 | 玻璃液体 | -50～600 | 结构简单，使用方便，测量准确，价格低廉 | 测量上限和精度受玻璃质量的限制，易碎，不能记录和远传 |
| | | 双金属 | -80～600 | 结构紧凑，牢固可靠 | 精度低，量程和使用范围有限 |
| | 压力式 | 液体<br>气体<br>蒸汽 | -30～600<br>-20～350<br>0～250 | 耐震，坚固，防爆，价格低廉 | 精度低，测温距离短，滞后大 |
| | 热电偶 | 铂铑-铂<br>镍铬-镍铝<br>镍铬-考铜 | 0～1 600<br>0～900<br>0～600 | 测温范围广，精度高，便于远距离、多点、集中测量和自动控制 | 需冷端温度补偿，在低温段测量精度较低 |
| | 热电阻 | 铂<br>铜<br>热敏 | -200～500<br>-50～150<br>-50～300 | 测温精度高，便于远距离、多点、集中测量和自动控制 | 不能测高温，须注意环境温度的影响 |

表 3-2-2 为温度检测仪表的精度等级和分度值。

**表 3-2-2　温度测量仪表的精度等级和分度值**

| 仪表名称 | 精度等级 | 分度值/℃ | 仪表名称 | 精度等级 | 分度值/℃ |
|---|---|---|---|---|---|
| 双金属温度计 | 1,1.5,2.5 | 0.5~20 | 光学高温计 | 1~1.5 | 5~20 |
| 压力式温度计 | 1,1.5,2.5 | 0.5~20 | 辐射温度计(热电堆) | 1.5 | 5~20 |
| 玻璃液体温度计 | 0.5~2.5 | 0.1~10 | 部分辐射温度计 | 1~1.5 | 1~20 |
| 热电阻 | 0.5~3 | 1~10 | 比色温度计 | 1~1.5 | 1~20 |
| 热电偶 | 0.5~1 | 5~20 | | | |

(3)热电偶

热电偶是工业上最常用的温度检测元件之一。其优点是:测量精度高,因热电偶直接与被测对象接触,不受中间介质的影响;测量范围广,常用的热电偶从-50~1 600 ℃均可连续测量,某些特殊热电偶最低可测到-269 ℃(如金铁-镍铬),最高可达 2 800 ℃(如钨-铼);构造简单,使用方便。热电偶通常是由两种不同的金属丝组成,而且不受大小和形状的限制,外有保护套管,用起来非常方便。

①热电偶测温基本原理

将两种不同材料的导体或半导体 A 和 B 焊接起来构成一个闭合回路,如图 3-2-1 所示。当导体 A 和 B 的两个接点 1,2 之间存在温差时,两者之间便产生电动势,因而在回路中形成一定大小的电流,这种现象称为热电效应。热电偶就是利用这一效应来工作的。

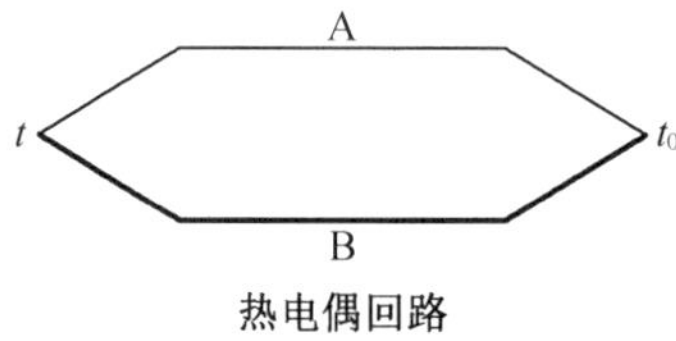


**图 3-2-1　热电偶工作原理图**

如图 3-2-1 所示,热电偶的一端将 A、B 两导体焊在一起,置于温度为 $t$ 的被测介质中,称为工作端,另一端称为自由端,放在温度为 $t_0$ 的恒定温度下。当工作端的被测介质温度发生变化时,热电势随之发生变化,热电势被送入显示仪表进行指示或记录,或被送入微机进行处理,即可获得温度值。

热电偶两端的热电势差可以用下式表示:

$$E_t = e_{AB}(t) - e_{AB}(t_0)$$

式中　$E_t$——热电偶的热电势;

$e_{AB}(t)$——温度为 $t$ 时工作端的热电势;

$e_{AB}(t_0)$——温度为 $t_0$ 时自由端的热电势。

当自由端温度 $t_0$ 恒定时，热电势只与工作端的温度有关，即 $E_t = f(t)$。

当组成热电偶的热电极的材料均匀时，其热电势的大小与热电极本身的长度和直径大小无关，只与热电极材料的成分及两端的温度有关。因此，用各种不同的导体或半导体材料可做成各种用途的热电偶，以满足不同被测温度对象的需要。

②热电偶的种类及结构形式

A. 热电偶的种类

常用热电偶可分为标准化热电偶和非标准化热电偶两大类。

a. 标准化热电偶

所谓标准化热电偶是指国家标准规定了其热电势与温度的关系、允许误差、并有统一的标准分度表的热电偶，它有与其配套的显示仪表可供选用。

我国从 1988 年 1 月 1 日起，热电偶和热电阻全部按 IEC 国际标准生产，并指定 S、B、E、K、R、J、T 7 种标准化热电偶为我国统一设计型热电偶。这 7 种标准化热电偶的使用特性见表 3-2-3。

b. 非标准化热电偶

非标准化热电偶在使用范围或数量上均不及标准化热电偶，一般也没有统一的分度表，主要用于某些特殊场合的测量。非标准化热电偶使用概况见表 3-2-4。

B. 热电偶的结构形式

为了保证热电偶可靠、稳定地工作，对它的结构要求如下。

a. 组成热电偶的两个热电极的焊接必须牢固。

b. 两个热电极彼此之间应很好地绝缘，以防短路。

c. 补偿导线与热电偶自由端的连接要方便可靠。

d. 保护套管应能保证热电极与有害介质充分隔离。

按热电偶的用途不同，常制成以下几种形式。

a. 普通型热电偶

普通型热电偶是应用最多的，主要用来测量气体、蒸汽和液体等介质的温度。根据测温范围及环境的不同，所用的热电偶电极和保护套管的材料也不同，但因使用条件基本类似，所以这类热电偶已标准化、系列化。按其安装时的连接方法可分为螺纹连接和法兰连接两种。图 3-2-2 为普通热电偶结构图。

b. 铠装式热电偶

铠装式热电偶又称缆式热电偶，是由热电极、绝缘材料（通常为电熔氧化镁和金属保护管三者结合），经拉制而成一个坚实的整体。

铠装式热电偶有单支（双芯）和双支（四芯）之分，其测量端有露头型、接壳型和绝缘型 3 种基本形式，见表 3-2-5。

**表 3-2-3　标准化热电偶的使用特性**

| 序号 | 分度号 | 热电偶名称 | 热电偶丝直径/mm | 等级及允许偏差 | | | | | |
|---|---|---|---|---|---|---|---|---|---|
| | | | | Ⅰ | | Ⅱ | | Ⅲ | |
| | | | | 温度范围/℃ | 允许偏差 | 温度范围/℃ | 允许偏差 | 温度范围/℃ | 允许偏差 |
| 1 | S | 铂铑 10-铂 | $0.5^{-0.020}$ | 0~1 100 | ±1 ℃ | 0~600 | ±1.5 ℃ | 0~1 600 | ±0.5%$t$ |
| | | | | 1 100~1 600 | ±[1+($t$-1 100)×0.003]℃ | 600~1 600 | ±0.25%$t$ | ≤600 | ±3 ℃ |
| | | | | | | | | >600 | ±0.5%$t$ |
| 2 | B | 铂铑 90-铂铑 6 | $0.5^{-0.015}$ | — | — | 600~1 700 | ±0.25%$t$ | 600~800 | ±4 ℃ |
| | | | | | | | | 900~1 700 | ±0.5%$t$ |
| 3 | K | 镍铬-镍硅 | 0.3,0.5,0.8,1.0,1.2,1.5,2.0,2.5,3.2 | ≤400 | ±1.6 ℃ | ≤400 | ±3 ℃ | -200~0 | ±1.5%$t$ |
| | | | | >400 | ±0.4%$t$ | >400 | ±0.75%$t$ | | |
| 4 | J | 铁-康铜 | 0.3,0.5,0.8,1.2,1.6,2.0,3.2 | -40~750 | ±1.5 ℃或±0.4%$t$ | -40~750 | ±2.5 ℃或±0.75%$t$ | — | — |
| 5 | R | 铂铑 13-铂 | $0.5^{-0.020}$ | 0~1 100 | ±1 ℃ | 0~600 | ±1.5 ℃ | — | — |
| | | | | 1 100~1 600 | ±[1+($t$-1 100)×0.003]℃ | 600~1 600 | ±0.25%$t$ | | |
| 6 | E | 镍铬-康铜 | 0.3,0.5,0.8,1.2,1.6,2.0,3.2 | -40~800 | ±1.5 ℃或±0.4%$t$ | -40~900 | ±2.5 ℃或0.75%$t$ | -200~-40 | ±2.5 ℃或±1.5%$t$ |
| 7 | T | 铜-康铜 | 0.2,0.3,0.5,1.0,1.6 | -40~350 | ±0.5 ℃或±0.4%$t$ | -40~350 | ±1.0 ℃或±0.75%$t$ | -200~40 | ±1 ℃或±1.5%$t$ |

注:1. $t$ 为被测温度。

2. 允许偏差以℃值或实际温度的百分数表示,两者中采用计算数值的较大值。

**表 3-2-4　非标准化热电偶使用概况**

| 名称 | 材料 | | 测温范围/℃ | 允许误差/℃ | 特点 | 用途 |
|---|---|---|---|---|---|---|
| | 正极 | 负极 | | | | |
| 高温热电偶 | 铂铑 13 | 铂 | 0~1 600 | — | 热电势较铂铑 10 大,其他一样 | 测量钴合金熔液温度(1 501 ℃),寿命长 |
| | 铂铑 13 | 铂铑 1 | 0~1 700 | ≤600 为±3.0<br>>600 为±0.5%$t$[①] | 在高温下抗沾污性能和机械性能好 | 各种高温测量 |
| | 铂铑 20 | 铂铑 5 | 0~1 700 | | 在高温下抗氧化性能、机械性能好,化学稳定性能好,50 ℃以下热电势小,参比端可以不用温度补偿 | |
| | 铂铑 40 | 铂铑 20 | 0~1 850 | | | |
| | 铱铑 40 | 铱 | 300~2 200 | ≤1 000 为±10<br>>1 000 为±1.0%$t$ | 热电势与温度线性好,适用于氧化、真空、情性气体,热电势小,价贵,寿命短 | 航空和空间技术及其他高温测量 |
| | 铱铑 60 | 铱 | | | | |
| | 钨铼 3 | 钨铼 25 | 300~2 800 | ≤1 000 为±10<br>>1 000 为±1.0%$t$ | 上限温度高,热电势比上述材料大,线性较好,适用于真空、还原性和惰性气体 | 钢水温度测量及其他高温测量 |
| | 钨铼 5 | 钨铼 20 | | | | |
| 低温热电偶 | 镍铬 | 金铁 0.07% | -270~0 | ±1.0 | 在极低温下,灵敏度较高,稳定性好,热电极材料易复制,是较理想的低温热电偶 | 用于超导、宇航、受控热核反应等低温工程以及科研部门 |
| | 铜 | 金铁 0.07% | -270~-196 | | | |
| 非金属热电偶 | 碳 | 石墨 | 测温上限 2 400 | — | 热电势大,熔点高,价格低廉,但复现性和机械性能差 | 用于耐火材料的高温测量 |
| | 硼化锆 | 碳化锆 | 测温上限 2 000 | | | |
| | 二硅化钨 | 二硅化钼 | 测温上限 1 700 | | | |

注:$t$ 为被测温度的绝对值。

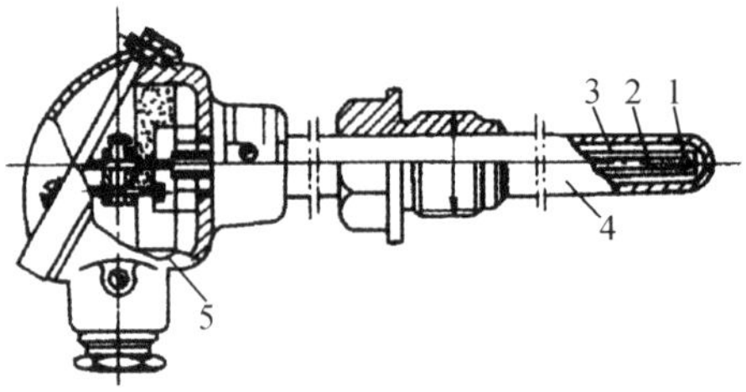


1—热电偶的热端;2—热电极;3—绝缘管;4—保护管; 5—接线盒。

**图 3-2-2　普通热电偶结构图**

**表 3-2-5　铠装式热电偶测量端的形式和特点**

| 序号 | 测量端形式 | 示意图 | 特点 |
|---|---|---|---|
| 1 | 露头型 | 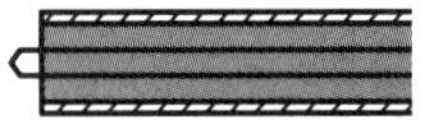 | 时间常数小;<br>适用于良好的气氛,寿命短 |
| 2 | 接壳形 | 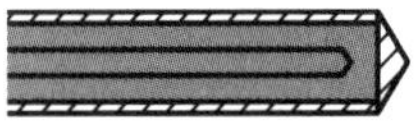 | 时间常数较序号 1 大;<br>适用于较坏的气氛 |
| 3 | 绝缘形 | 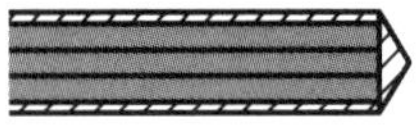 | 时间常数较序号 2 大;<br>适用于较恶劣的气氛,寿命长 |

铠装式热电偶的参比端(接线盒)形式有简易式、防水式、防溅式、接插式和小接线盒式等。

铠装式热电偶具有体积小、精度高、动态响应快、耐振动、耐冲击、机械强度高、可挠性好、便于安装等优点,已广泛应用在航空、原子能、电力、冶金和石油化工等部门。

c. 表面热电偶

表面热电偶主要用来测量圆弧形表面温度。它的测温结构分为凸形、弓形和针形。图 3-2-3 为直柄式弓形表面热电偶。表 3-2-6 为 WRKM 系列表面热电偶。

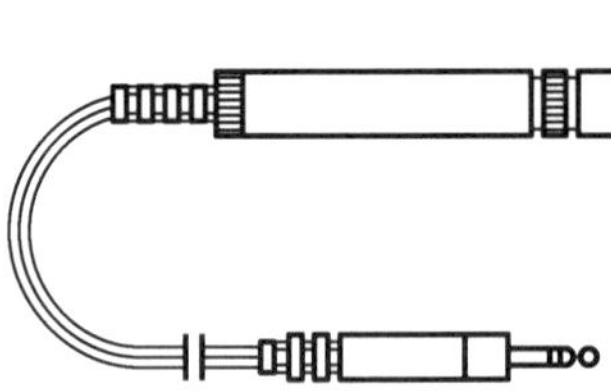

**图 3-2-3　直柄式弓形表面热电偶**

**表 3-2-6　WRKM 系列表面热电偶**

| 名称 | 测温范围/℃ | 型号 | 用途 |
|---|---|---|---|
| 手柄式圆柱表面热电偶 | 0~250 | WRKM-101 | 各种 $\phi$130 mm 以上圆柱体、滚筒表面测温 |
| 手柄式平面表面热电偶 | 0~250 | WRKM-102 | 各种固体介质平面表面测温 |
| 直柄式圆柱表面热电偶 | 0~250 | WRKM-201 | 各种 $\phi$130 mm 以上圆柱体、滚筒表面测温 |

表 3-2-6(续)

| 名称 | 测温范围/℃ | 型号 | 用途 |
|---|---|---|---|
| 直柄式平面表面热电偶 | 0~250 | WRKM-202 | 各种固体介质平面表面测温 |
| 直柄式弓形表面热电偶 | 0~250 | WRKM-203 | 圆柱凸型表面测温 |
| 直柄式指针形表面热电偶 | 0~500 | WRKM-204 | 蒸气、液体测温 |
| 直柄式薄片型表面热电偶 | 0~250 | WRKM-205 | 各种机械设备、各种狭缝处测温 |
| 直柄式注射形表面热电偶 | 0~200 | WRKM-206 | 轮胎胶料内部测温 |

d. 薄膜式热电偶

薄膜式热电偶是用真空蒸镀的方法,将热电极沉积在绝缘基板上而成的热电偶,其结构如图 3-2-4 所示。因采用燕镀工艺,所以热电偶可以做得很薄,而且尺寸可做得很小。它的特点是热容量小,响应速度快,适合于测量微小面积上的瞬变温度。

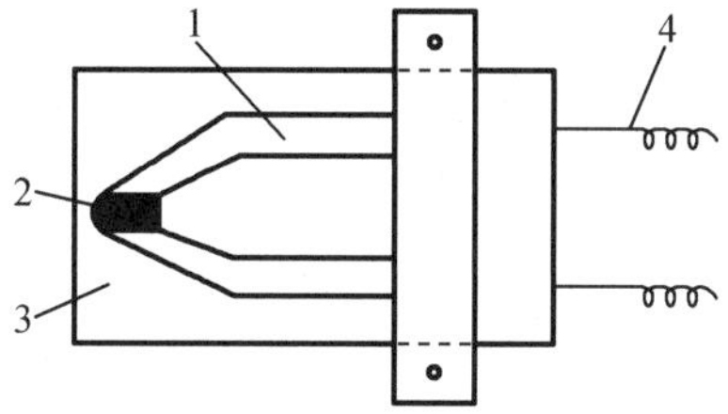


1—热电极;2—热接点;3—绝缘基片;4—引出线。

**图 3-2-4　薄膜式热电偶结构**

e. 快速消耗式热电偶

这是一种专为测量钢水及熔融金属温度而设计的特殊热电偶,其结构如图 3-2-5 所示。热电极由直径为 0.05~0.10 mm 的铂铑 10-铂铑 30(或钨铼 6-钨铼 20)等材料制成,且装在外径为 1 mm 的 U 形石英管内,构成测温的敏感元件。其外部有绝缘良好的纸管、保护管及高温绝热水泥加以保护和固定。它的特点是:当其插入钢水后,保护帽瞬即熔化,热电偶工作端即刻暴露于钢水中,由于石英管和热电偶的热容量都很小,因此能很快反映出钢水的温度,反应时间一般为 4~6 s。在测出温度后,热电偶和石英管都被烧坏,因此它只能一次性使用。

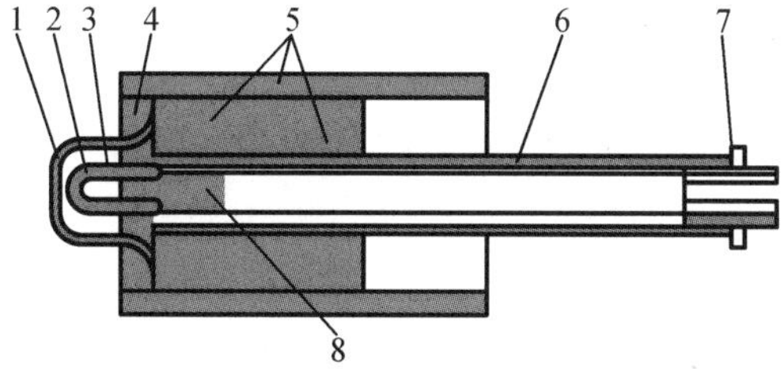


1—保护帽;2—感温元件;3—石英管; 4—耐火水泥;5—纸管;6—补偿导线;7—塑料插座;8—棉花。

**图 3-2-5　快速消耗式热电偶**

这种热电偶可直接用补偿导线接到专用的快速电子电位差计上,直接读取钢水温度。

③热电偶冷端的温度补偿

由于热电偶的材料一般都比较贵重(特别是采用贵金属时),而测温点到仪表的距离都很远,为了节省热电偶材料,降低成本,通常采用补偿导线把热电偶的冷端(自由端)延伸到温度比较稳定的控制室内,连接到仪表端子上。必须指出,热电偶补偿导线的作用只起延长热电极,使热电偶的冷端移动到控制室的仪表端子上,它本身并不能消除冷端温度变化对测温的影响,不起补偿作用,因此,还需采用其他修正方法来补偿冷端温度 $t_0 \neq 0$ ℃时对测温的影响。

在使用热电偶补偿导线时必须注意型号相配,极性不能接错,补偿导线与热电偶连接端的温度不能超过 100 ℃。常用热电偶的补偿导线见表 3-2-7。

**表 3-2-7　常用热电偏的补偿导线**

| 配用热电偶分度号 | 补偿导线型号 | 补偿导线正极 | | 补偿导线负极 | | 补偿导线在 100 ℃时的热电势及允许误差/mV | |
|---|---|---|---|---|---|---|---|
| | | 材料 | 颜色 | 材料 | 顿色 | A(精密级) | B(普通级) |
| S | SC | 铜 | 红 | 铜镍 | 绿 | 0.645±0.023 | 0.645±0.037 |
| K | KC | 铜 | 红 | 铜镍 | 蓝 | 4.095±0.063 | 4.095±0.105 |
| K | KX | 镍铬 | 红 | 镍硅 | 黑 | 4.095±0.063 | 4.095±0.105 |
| E | EX | 镍铬 | 红 | 铜镍 | 棕 | 6.317±0.102 | 6.317±0.170 |
| J | JX | 铁 | 红 | 铜镍 | 紫 | 5.268±0.081 | 5.268±0.135 |
| T | TX | 铜 | 红 | 铜镍 | 白 | 4.277±0.023 | 4.277±0.047 |

A. 冷端温度校正法

因各种热电偶的分度关系是在冷端温度为 0 ℃时得到的,如果测温热电偶的热端为 $t$,冷端温度为 $t_0$($t_0>0$ ℃),就不能用测得的 $E(t,t_0)$ 去查分度表得 $t$,必须根据下式进行修正:

$$E(t,0)=E(t,t_0)+E(t_0,0) \tag{3-2-4}$$

式中　$E(t,0)$——冷端为 0 ℃而热端为 $t$ 时的热电势;

$E(t,t_0)$——冷端为 $t_0$ 而热端为 $t$ 时的热电势;

$E(t_0,0)$——冷端为 $t_0$ 时应加的校正值。

B. 仪表机械零点调整法

对于具有零位调整的显示仪表而言,如果热电偶冷端温度 $t_0$ 较为恒定时,可采用测温系统未工作前,预先将显示仪表的机械零点调整到 $t_0$ 上,这相当于把热电势修正值 $E(t_0,0)$ 预先加到了显示仪表上,当此测量系统投入工作后,显示仪表的示值就是实际的被测温度值。

C. 补偿电桥法

当热电偶冷端处温度波动较大时,一般采用补偿电桥法,其测量线路如图 3-2-6 所示。补偿电桥法是利用不平衡电桥(又称冷端补偿器)产生不平衡电压来自动补偿热电偶因冷端温度变化而引起的热电势变化。

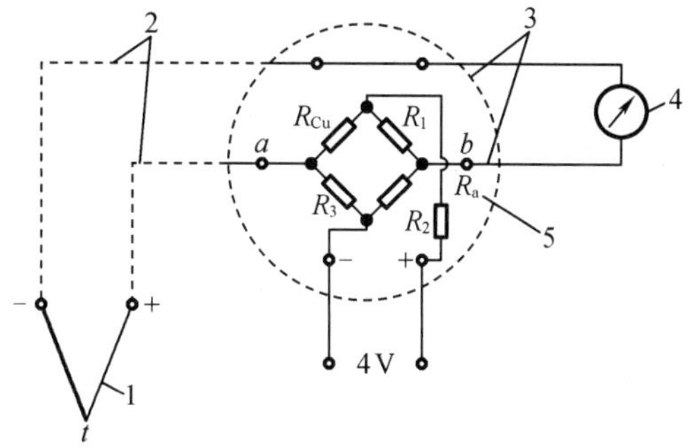


1—热电偶；2—补偿导线；3—铜导线；4—指示仪表；5—冷端补偿器。

**图 3-2-6　具有补偿电桥的热电偶回路**

采用补偿电桥法时必须注意下列几点。

a. 所选冷端补偿器必须和热电偶配套。

b. 补偿器接入测量系统时正负极性不可接反。

c. 显示仪表的机械零位应调整到冷端温度补偿器设计时的平衡温度，如补偿器是按 $t_0=20$ ℃时电桥平衡设计的，则仪表机械零位应调整到 20 ℃处。

d. 因热电偶的热电势和补偿电桥输出电压随温度变化的特性不完全一致，故冷端补偿器在补偿温度范围内得不到完全补偿，但误差很小，能满足工业生产的需要。

除了以上几种补偿方法外，科研和实验室中还常采用冰浴法。

以上几种补偿方法常用于热电偶和动圈显示仪表配套的测温系统中。由于自动电子电位差计和温度变送器等温度测量仪表的测量线路中已设置了冷端补偿电路，因此，热电偶与它们配套使用时不用再考虑补偿方法，但补偿导线仍旧需要。

热电偶常见故障原因及处理方法见表 3-2-8。

**表 3-2-8　热电偏常见故障原因及处理方法**

| 故障现象 | 可能原因 | 处理方法 |
|---|---|---|
| 热电势比实际值小（显示仪表指示值偏低） | 热电极短路 | 找出短路原因，如因潮湿所致，则需进行干燥；如因绝缘子损坏所致，则需更换绝缘子 |
| | 热电偶的接线柱处积灰，造成短路 | 清扫积灰 |
| | 补偿导线线间短路 | 找出短路点，加强绝缘或更换补偿导线 |
| | 热电偶热电极变质 | 在长度允许的情况下，剪去变质段重新焊接，或更换新热电偶 |
| | 补偿导线与热电偶极性接反 | 重新接正确 |
| | 补偿导线与热电偶不配套 | 更换相配套的补偿导线 |
| | 热电偶安装位置不当或插入深度不符合要求 | 重新按规定安装 |
| | 热电偶冷端温度补偿不符合要求 | 调整冷端补偿器 |
| | 热电偶与显示仪表不配套 | 更换热电偶或显示仪表使之相配套 |

**表 3-2-8**(续)

| 故障现象 | 可能原因 | 处理方法 |
|---|---|---|
| 热电势比实际值大(显示仪表指示值偏高) | 热电偶与显示仪表不配套 | 更换热电偶或显示仪表使之相配套 |
| | 补偿导线与热电偶不配套 | 更换补偿导线使之相配套 |
| | 有直流干扰信号进入 | 排除直流干扰 |
| 热电势输出不稳定 | 热电偶接线柱与热电极接触不良 | 将接线柱螺丝拧紧 |
| | 热电偶测量线路绝缘破损,引起断续短路或接地 | 找出故障点,修复绝缘 |
| | 热电偶安装不牢或外部震动 | 紧固热电偶,消除震动或采取减震措施 |
| | 热电极将断未断 | 修复或更换热电偶 |
| | 外界干扰(交流漏电,电磁场感应等) | 查出干扰源,采取屏蔽措施 |
| 热电偶热电势误差大 | 热电极变质 | 更换热电极 |
| | 热电偶安装位置不当 | 改变安装位置 |
| | 保护管表面积灰 | 清除积灰 |

④热电阻

热电阻是中低温区最常用的一种温度检测器。它的主要特点是测量精度高,性能稳定。其中铂热电阻的测量精确度是最高的,它不仅广泛应用于工业测温,而且被制成标准的基准温度计。

A. 热电阻测温原理及材料

热电阻测温是基于金属导体的电阻值随温度的增加而增加这一特性来进行温度测量的。热电阻大都由纯金属材料制成,目前应用最多的是铂和铜,此外,现在已开始采用铟、镍、锰和铑等材料制造热电阻。

a. 铂热电阻的温度特性

在 0~850 ℃:

$$R_t=R_0(1+At+Bt^2) \tag{3-2-5}$$

在-200 ℃范围内:

$$R_t=R_0[1+At+Bt^2+C(t-100)t^2] \tag{3-2-6}$$

式中

$$A=3.908\ 02\times10^{-3}\ ℃^{-1}$$

$$B=-5.802\times10^{-7}\ ℃^{-2}$$

$$C=-4.273\ 5\times10^{-12}\ ℃^{-4}$$

铂电阻与温度的分度关系由式(3-2-5)和式(3-2-6)决定。

b. 铜热电阻的温度特性

在-50~150 ℃:

$$R_t=R_0(1+At+Bt^2+Ct^3) \tag{3-2-7}$$

式中

$$A=4.288\ 99\times10^{-3}\ ℃^{-1}$$

$$B=-2.133\times10^{-7}\ ℃^{-2}$$

$$C=1.233\times10^{-9}\ ℃^{-3}$$

铜电阻和温度的分度关系由式(3-2-7)决定。

常用热电阻的技术性能见表3-2-9。

**表3-2-9　常用热电阻的技术性能**

| 名称 | | 分度号 | 温度范围 | 温度为0 ℃时阻值 $R_0/\Omega$ | 电阻比 $R_{100}/R_0$ | 主要特点 |
|---|---|---|---|---|---|---|
| 标准热电阻 | 铂电阻(WZP) | Pt10 | -200~850 ℃ | 10±0.01 | 1.385±0.001 | 测量精度高,稳定性好,可作为基准仪器 |
| | | Pt50 | | 50±0.05 | 1.385±0.001 | |
| | | Pt100 | | 100±0.10 | 1.385±0.001 | |
| | 铜电阻(WZC) | Cu50 | -50~150 ℃ | 50±0.05 | 1.428±0.002 | 稳定性好,便宜;但体积大,机械强度较低 |
| | | Cu100 | | 100±0.10 | 1.428±0.002 | |
| | 镍电阻(WZN) | Ni100 | -60~180 ℃ | 100±0.10 | 1.617±0.003 | 灵敏度高,体积小;但稳定性和复制性较差 |
| | | Ni300 | | 300±0.30 | 1.617±0.003 | |
| | | Ni500 | | 500±0.50 | 1.617±0.003 | |
| 低温热电阻 | 铟电阻 | — | 3.4~90 K | 100 | — | 复现性较好,在4.5~15 K温度时,灵敏度比铂电阻高10倍;但复制性较差,材质软,易变形铑铁 |
| | 铑铁热电阻 | — | 2~300 K | 20,50或100 | $R_{4.2\,K}/R_{273\,K}$ 约为0.07 | 有较高的灵敏度,复现性好,在0.5~20 K时可作精测量;但长期稳定性和复制性较差 |
| | 铂钴热电阻 | — | 2~100 K | 100 | $R_{4.2\,K}/R_{273\,K}$ 约为0.07 | 热响应性、自热小,机械性能好,温度低于30 K时,灵敏度大大高于铂;但不能作为标准温度计 |

B. 热电阻的结构

a. 普通型热电阻

工业常用热电阻感温元件(电阻体)的结构及特点见表3-2-10。从热电阻的测温原理可知,被测温度是直接通过热电阻阻值的变化来测量的,因此,热电阻体的引出线等各种导线电阻的变化会给温度测量带来影响。为消除引线电阻的影响,一般采用三线制或四线制。

**表 3-2-10　工业常用热电阻感温元件的结构及特点**

| 结构示意图 | | 特点 |
|---|---|---|
| 铂热电阻 | <br>陶瓷骨架铂热电阻<br>1—釉;2—铂丝;3—陶瓷骨架;4—引出线 | 体积小,可以小型化,耐振性能较玻璃骨架好。温度测量上限可达 900 ℃ |
| | 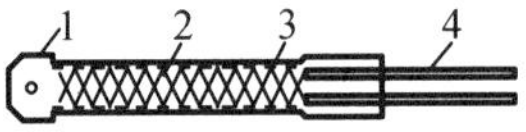<br>玻璃骨架铂热电阻感温元件<br>1—玻璃外壳;2—铂丝;3—骨架;4—引出线 | 体积小,可以小型化。缺点是耐振性能差,易碎 |
| | 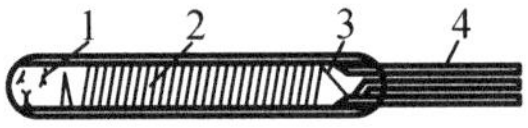<br>云母骨架铂热电阻<br>1—云母绝缘件;2—铂丝;3—云母骨架;4—引出线 | 耐振性能好,时间常数小 |
| 铜热电阻 | <br>铜热电阻感温元件<br>1—骨架;2—漆包铜线;3—引出线 | 结构简单,价格低廉 |

b. 铠装式热电阻

铠装式热电阻是由感温元件(电阻体)、引线、绝缘材料、不锈钢套管组合而成的坚实体,如图 3-2-7 所示,它的外径一般为 $\phi2\sim\phi8$ mm,最小可达 $\phi1$ mm。

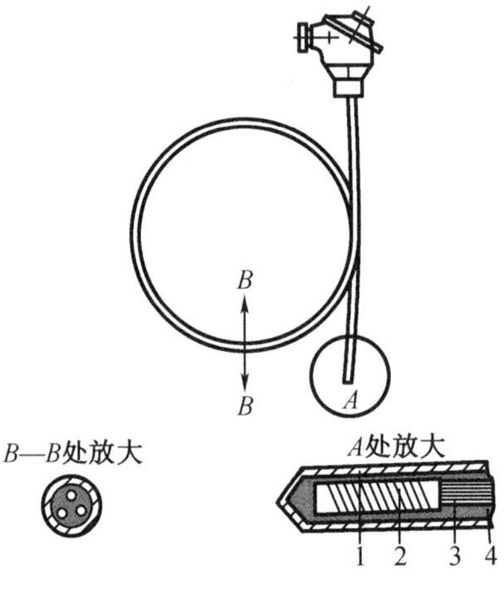


1—金属套管;2—感温元件;3—绝缘材料;4—引出线。

**图 3-2-7　铠装式热电阻结构**

与普通型热电阻相比,它具有体积小,内部无空气隙,热惯性小,测量滞后小;机械性能好,耐振,抗冲击;能弯曲,便于安装;使用寿命长等优点。

c. 端面热电阻

端面热电阻感温元件由特殊处理的电阻丝材绕制，紧贴在温度计端面，其结构如图 3-2-8 所示。它与一般轴向热电阻相比，能更正确和快速地反映被测端面的实际温度，适用于测量轴瓦和其他机件的端面温度。

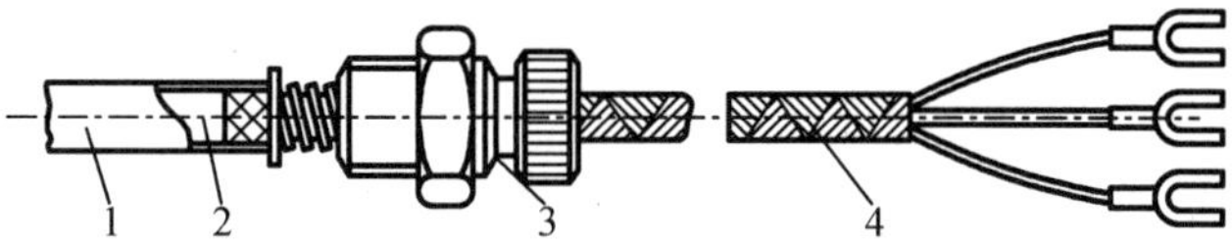


1—保护管；2—感温元件；3—安装固定装置；4—三芯屏蔽线。

**图 3-2-8　端面热电阻结构**

d. 隔爆型热电阻

隔爆型热电阻通过特殊结构的接线盒，把其外壳内部爆炸性混合气体因受到火花或电弧等影响而发生的爆炸，局限在接线盒内，生产现场不会引起爆炸。隔爆型热电阻可用于 Bla ~ B3c 级区具有爆炸危险场所的温度测量。

C. 热电阻测温系统的组成

热电阻测温系统一般由热电阻、连接导线和显示仪表等组成。必须注意以下两点。

a. 热电阻和显示仪表的分度号必须一致。

b. 为了消除连接导线电阻变化的影响，必须采用三线制接法。

D. 热电阻故障原因及处理方法

热电阻的常见故障是热电阻的短路和断路。一般断路更常见，这是因为热电阻丝较细所致。断路和短路是很容易判断的，可用万用表的“X1Ω”档，如测得的阻值小于 $R_0$，则可能有短路的地方；若万用表指示为无穷大，则可断定电阻体已断路。电阻体短路一般较易处理，只要不影响电阻丝的长短和粗细，找到短路处进行吹干，加强绝缘即可。电阻体的断路修理必然要改变电阻丝的长短而影响电阻值，为此更换新的电阻体为好；若采用焊接修理，焊后要校验合格后才能使用。热电阻测温系统常见故障及处理方法见表 3-2-11。

**表 3-2-11　热电阻测温系统常见故障及处理方法**

| 故障现象 | 可能原因 | 处理方法 |
| --- | --- | --- |
| 显示仪表指示值比实际值低或示值不稳 | 保护管内有金属屑、灰尘，接线柱间脏污及热电阻短路(水滴等) | 除去金属屑，清扫灰尘、水滴等，找到短路点，加强绝缘等 |
| 显示仪表指示无穷大 | 热电阻或引出线断路及接线端子松开等 | 更换电阻体，或焊接及拧紧接线螺丝等 |
| 阻值与温度关系有变化 | 热电阻丝材料受腐蚀变质 | 更换电阻体(热电阻) |
| 显示仪表指示负值 | 显示仪表与热电阻接线有错，或热电阻有短路现象 | 改正接线，或找出短路处，加强绝缘 |

**2. 压力检测与变送**

(1) 概述

压力是工业生产中的重要参数之一，为了保证生产正常运行，必须对压力进行监测和控制。但需说明的是,这里所说的压力,实际上是物理概念中的压强,即垂直作用在单位面积上的力。

在压力测量中,常有绝对压力、表压力、负压力或真空度之分。所谓绝对压力是指被测介质作用在容器单位面积上的全部压力,用符号 $P_j$ 表示。用来测量绝对压力的仪表称为绝对压力表。地面上的空气柱所产生的平均压力称为大气压力,用符号 $P_q$ 表示。用来测量大气压力的仪表叫气压表。绝对压力与大气压力之差,称为表压力,用符号 $p_b$ 表示,$P_b=P_j-P_q$。当绝对压力值小于大气压力值时,表压力为负值(即负压力),此负压力值的绝对值,称为真空度,用符号 $P_Z$ 表示。用来测量真空度的仪表称为真空表。既能测量压力值又能测量真空度的仪表叫压力真空表。

(2)压力的测量与压力计的选择

压力计可分为液柱式、弹性式、电阻式、电容式、电感式和振频式等。压力计测量压力范围宽广,可以从超真空如 $133\times10^{-13}$ Pa 直到超高压 280 MPa。压力计从结构上可分为实验室型和工业应用型。压力计的品种繁多,因此根据被测压力对象很好地选用压力计就显得十分重要。

①就地压力指示

当压力在 2.6 kPa~69 MPa 时,可采用膜片式压力表、波纹管式压力表和波登管式压力表。如接近大气压的低压检测时,可用膜片式压力表或波纹管式压力表。

②远距离压力显示

若需要进行远距离测量压力时,一般用气动或电动压力变送器,也可用电气压力传感器。当压力为 140~280 MPa 时,则应采用高压压力传感器。当高真空测量时,可采用热电真空计。

③多点压力测量

进行多点压力测量时,可采用巡回压力检测仪。

若被测压力达到极限值需报警的,则应选用附带报警装置的各类压力计。

正确选择压力计除上述几点考虑外,还需考虑以下几点。

A. 量程的选择

根据被测压力的大小确定仪表量程。对于弹性式压力表,在测稳定压力时,最大压力值应不超过满量程的 3/4;测波动压力时,最大压力值应不超过满量程的 2/3。最低测量压力值应不低于全量程的 1/3。

B. 精度选择

根据生产允许的最大测量误差,以经济、实惠的原则确定仪表的精度级。一般工业用压力表 1.5 级或 2.5 级已足够,科研或精密测量用 0.5 级或 0.35 级的精密压力计或标准压力表。

C. 使用环境及介质性能的考虑

通过环境条件恶劣(如高温、腐蚀、潮湿、振动等)和被测介质的性能(如温度的高低、腐蚀性、易结晶、易燃、易爆等),来确定压力表的种类和型号。

D. 压力表外形尺寸的选择

现场就地指示的压力表一般表面直径为 $\phi$100 mm,在标准较高或照明条件差的场合用表面直径为 $\phi$200~$\phi$250 mm 的,盘装压力表直径为 $\phi$150 mm,或用矩形压力表。常用弹性式压力表规格见表 3-2-12。

**表 3-2-12　常用弹性式压力表规格**

| 类别 | 型号 | 结构 | 公称直径/mm | 测量范围/MPa | 精度等级 | 用途 | 备注 |
|---|---|---|---|---|---|---|---|
| 普通包端管压力表 | Y40<br>Y40Z | 径向<br>轴向无边 | $\phi$40 | 0~0.1,0.16,0.25,0.4,0.6,1 | 2.5 | 测量对铜合金不起腐蚀的液体、气体、蒸汽压力 | |
| | Y60<br>Y60T(Y60TQ)<br>Y60Z<br>Y60ZQ | 径向<br>径向带后边<br>轴向无边<br>轴向带前边 | $\phi$60 | 0~0.1,0.16,0.25,0.4,0.6<br>0~1,1.6,2.5,4,6<br>-0.1~0,-0.1~0~0.06,-0.1~0.15,-0.1~0.3,-0.1~0.5,-0.1~0.9,-0.1~1.5,-0.1~2.4 | 2.5 | 测量对铜和钢合金不起腐蚀的液体、气体或蒸汽的压力或真空度 | |
| | Y100<br>Y100T<br>Y100ZQ<br>Y100TQ | 径向<br>径向带后边<br>轴向带前边<br>径向带前边 | $\phi$100 | 0~0.1,0.16,0.25,0.4,0.6<br>1,1.6,2.5,4,6,10,16,25,40,60<br>-0.1~0,-0.1~0~0.06,-0.1~0.15,-0.1~0.3,-0.1~0.5,-0.1~0.9<br>-0.1~1.5,-0.1~2.4 | 1.5 | | |
| | Y150<br>Y150T<br>Y150ZQ<br>Y150TQ | 径向<br>径向带后边<br>轴向带前边<br>径向带前边 | $\phi$150 | | | | |
| | Y260 | 径向 | $\phi$260 | | | | |

**表 3-2-12(续)**

| 类别 | 型号 | 结构 | 公称直径/mm | 测量范围/MPa | 精度等级 | 用途 | 备注 |
|---|---|---|---|---|---|---|---|
| 精密包端管压力表(可作标准压力表) | YB-160A<br>YB-160B | 径向 | $\phi160$ | -0.1~0,0~0.1,0.16,0.4,0.6,1,1.6,2.5,4,6,10,16,25,40,60<br>生产 0~0.1 至 0~6 | 0.25<br>0.4 | 可校普通压力表或精密测量液体、气体、蒸汽压力和负压 | A—表示仪表零点可调;<br>B—表示仪表带有镜面;<br>C—带镜面且可调零 |
| | YB-160C | 径向中压 | | | | | |
| | YB-160 | 径向 | | | | | |

注:在仪表型号中,常用汉语拼音的第一个字母表示某种意义,如 Y 表示压力,Z 表示真空(阻尼),B 表示标准(防爆),J 表示精密(矩形),A 表示氨表,X 表示信号(电接点),P 表示膜片,E 表示膜盒。数字表示表面尺寸(mm)。尺寸后的符号表示结构或配接的仪表。

④包端管压力表常见故障及处理方法(表 3-2-13)

**表 3-2-13　包端管压力表常见故障及处理方法**

| 故障现象 | 可能原因 | 处理方法 |
|---|---|---|
| 压力表无指示 | 导压管上的切断阀未打开 | 打开切断阀 |
| | 导压管堵塞 | 拆下导压管,用钢丝疏通,用压缩空气或蒸汽吹洗干净 |
| | 弹簧管接头内污物淤积过多而堵塞 | 取下指针和刻度盘,拆下机芯,将弹簧管放到清洗盘清洗,并用钢丝疏通 |
| | 弹簧管裂开 | 更换新的弹簧管 |
| | 中心齿轮与扇形齿轮牙齿磨损过多,以致不能啮合 | 更换两齿轮 |
| 指针抖动大 | 被测介质压力波动大 | 关小阀门开度 |
| | 压力计的安装位置震动大 | 固定压力计或在许可的情况下把压力计移到震动较小的地方,也可装减震器 |
| 压力表指针有跳动或呆滞现象 | 指针与表面玻璃或刻度盘相碰有摩擦 | 矫正指针,加厚玻璃下面的垫圈或将指针轴孔铰大一些 |
| | 中心齿轮轴弯曲 | 取下齿轮,在铁镦上用木槌矫正敲直 |
| | 两齿轮啮合处有污物 | 拆下两齿轮进行清洗 |
| | 连杆与扇形齿轮间的活动螺丝不灵活 | 用锉刀锉薄连杆厚度 |
| 压力去掉后,指针不能恢复到零点 | 指针打弯 | 用镊子矫直 |
| | 游丝力矩不足 | 脱开中心齿轮与扇形齿轮的啮合,反时针旋动中心轴以增大游丝反力矩 |
| | 指针松动 | 校验后敲紧 |
| | 传动齿轮有撑擦 | 调整传动齿轮啮合间隙 |
| 压力指示值误差不均匀 | 弹簧管变形失效 | 更换弹簧管 |
| | 弹簧管自由端与扇形齿轮、连杆传动比调整不当 | 重新校验调整 |
| 指示偏高 | 传动比失调 | 重新调整 |
| 指示偏低 | 传动比失调 | 重新调整 |
| | 弹簧管有渗漏 | 补焊或更换新的弹簧管 |
| | 指针或传动机构有摩擦 | 找出摩擦部位并加以消除 |
| | 导压管线有泄漏 | 逐段检查管线,找出泄漏之处给予排除 |
| 指针不能指示到上限刻度 | 传动比小 | 把活节螺丝向里移 |
| | 机芯固定在机座位置不当 | 松开螺丝将机芯向反时针方向转动一点 |
| | 弹簧管焊接位置不当 | 重新焊接 |

(3)压力传感器

压力传感器是压力检测系统的重要组成部分,由各种压力敏感元件将被测压力信号转换成容易测量的电信号作为输出,使显示仪表显示压力值,或供控制和报警使用。

压力传感器的种类很多,常用压力传感器的性能比较见表 3-2-14。

**表 3-2-14　常用压力传感器的性能比较**

| 类别 | | | 精度等级 | 测量范围 | 输出信号 | 体积 | 温度影响 | 抗振动冲击性能 | 安装维护 |
|---|---|---|---|---|---|---|---|---|---|
| 电位器式 | | | 1.5 | 低中压 | 电阻 | 大 | 小 | 差 | 方便 |
| 应变式 | 粘贴式 | 膜片式 | 0.2 | 中压 | 20 mV | 小 | 大 | 好 | 方便 |
| | | 弹性梁式(波纹管) | 0.3 | 负压及中压 | 24 mV | 较大 | 小 | 差 | 方便 |
| | 非粘贴式 | 应变式(垂链膜片) | 1.0 | 中高压 | 12 mV | 小 | 小 | 好 | 利用强制水冷,有较小的温度误差,测量方便 |
| | | 张丝式 | 0.5 | 低压 | 10 mV | 小 | 小 | 好 | 方便 |
| 霍尔式 | | | 1.5 | 低中压 | 30 mV | 小 | 大 | 差 | 方便 |
| 气膜式 | | | 0.5 | 低中压 | 200 mV | 小 | 大 | 较好 | 复杂 |
| 差动变压器式 | | | 1.0 | 低中压 | 100 mA①<br>(30 mV)① | 大 | 小 | 差 | 方便 |
| 压电式 | | | 0.2 | 微低压 | 1~5 V① | 小 | 小 | 较好 | 方便 |
| 压阻式 | | | 0.2 | 低中压 | 10 mV | 小 | 大 | 好 | 方便 |
| 电容式 | | | 1.0 | 微低压 | 1~3 V①<br>(20 mA) | 较大 | 大 | 好 | 复杂 |
| 振频式 | | | 0.5 | 低中高压 | 频率 | 小 | 大 | 差 | 复杂 |

注:①表示输出信号经过放大。

①应变式压力传感器

应变式压力传感器是把压力的变化转换成电阻值的变化来进行测量的。应变片是由金属导体或半导体制成的电阻体,其阻值随压力产生的应变而变化。对于金属导体,电阻变化率的表达式为

$$\frac{\Delta R}{R} \approx (1+2\mu)\varepsilon \tag{3-2-8}$$

式中　$\mu$——材料的泊松系数;

　　$\varepsilon$——应变量。

图 3-2-9 为国产 BPR-2 型压力传感器的结构示意图。

在图 3-2-9 中,应变筒的上端与外壳固定在一起,下边与密封膜片紧密接触,两片康铜丝应变片 $R_1$ 和 $R_2$ 用特殊胶合剂粘贴在应变筒的外壁上。$R_1$ 沿应变筒的轴向粘贴作为测量片,$R_2$ 沿应变筒的径向粘贴作为温度补偿片。必须注意,应变片与筒体之间不能产生相对滑动,并且要保持电气绝缘。当被测压力 $p$ 作用于膜片而使应变筒做轴向受压变形时,沿

轴向贴置的应变片 $R_1$ 也将产生轴向压缩应变 $\varepsilon_1$，于是 $R_1$ 的阻值变小；而沿径向贴放的应变片 $R_2$，由于应变筒的径向产生了拉伸变形，也将产生拉伸应变 $\varepsilon_2$，于是 $R_2$ 的阻值变大。

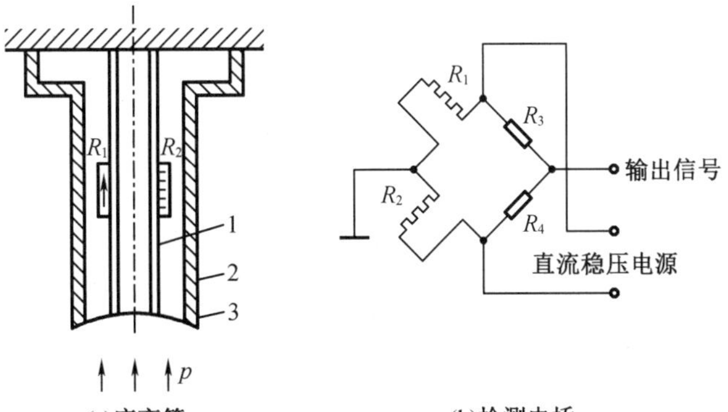


1—应变筒；2—外壳；3—密封膜片。

**图 3-2-9　国产 BPR-2 型压力传感器的结构示意图**

应变片 $R_1$、$R_2$ 与另两个固定电阻 $R_3$、$R_4$ 组成一个桥式电路，如图 3-2-9(b) 所示。由于 $R_1$ 和 $R_2$ 的阻值变化使桥路失去平衡，从而获得不平衡电压作为传感器的输出信号。本传感器桥路的电源为 10 V(直流)，最大的输出为 5 mV 直流信号，再经前置放大成为电动单元组合仪表的输入信号。

BPR-2 型压力传感器有 0~1 MPa、0~10 MPa 和 0~30 MPa 等多种量程可供选用，选择时测量上限一般以不超过仪表量程的 80% 为宜。本传感器主要适用于变化较快的压力测量，其非线性及滞后误差小于±1%。

②压电式压力传感器

压电式压力传感器的原理是基于某些晶体材料的压电效应。目前广泛使用的压电材料有石英和钛酸钡等，当这些晶体受压力作用发生机械变形时，在其相对的两个侧面上产生异性电荷，这种现象称为压电效应。

晶体上所产生的电荷的大小与外部施加的压力成正比，即

$$q = \eta p \tag{3-2-9}$$

式中　$q$——压电量(电荷数)；

$p$——外部施加的压力；

$\eta$——压电常数。

这种压力传感器的特点是：体积小，结构简单，不需外加电源，灵敏度和响应频率高，适用于动态压力的测量，广泛地应用于空气动力学、爆炸力学、发动机内部燃烧压力的测量等。其测量范围可从 0~700 Pa 到 0~70 MPa，精确度可达 0.1%。

压电式传感器的结构如图 3-2-10 所示。图中，由受压薄壁筒给出预载力，并将一挠性材料制成非常薄的膜片进行密封。预载筒外的空腔可以连接冷却系统，在环境温度一定的条件下以保证传感器工作，这样就避免了因温度变化所造成的预载力变化而引起测量误差。

③光导纤维压力传感器

光导纤维压力传感器与传统压力传感器相比，有其独特的优点：利用光波传导压力信息，不受电磁干扰，电气绝缘好，耐腐蚀，无电火花，可以在高压、易燃易爆的环境中测量压

力、环境流量、液位等。它灵敏度高,体积小,可挠性好,可插入狭窄的空间中进行测量,因此而得到重视,并且迅速发展。

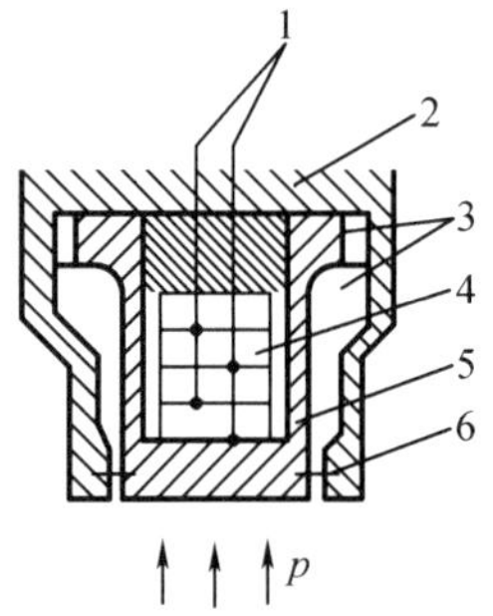


1—引线; 2—外壳;3—冷却腔;4—晶堆;5—薄壁筒;6—膜片。

**图 3-2-10　压电式压力传感器结构原理图**

图 3-2-11 为 Y 型光导纤维压力传感器结构原理图。它由金属膜片杯、Y 型光导纤维、光源、光接收器及支架等组成。膜片与 Y 型光导纤维端面间距离约为 0. 1 mm。这种传感器能测 0~35 MPa 动态压力,也可测量低压,输出信号较大。

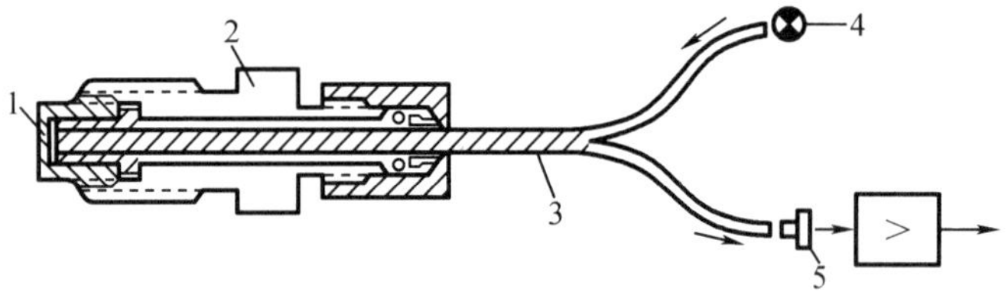


1—金属膜片杯;2—支架;3—Y 型光导纤维;4—光源;5—光接收器。

**图 3-2-11　光导纤维压力传感器结构原理图**

当被测压力作用于膜片杯时,膜片发生位移,从而改变了光导纤维与膜片之间的距离,使光导纤维接收到反射光量变化,这光量由光电元件接收器接收,并且转换成电量,经放大器放大后,显示被测压力值。

传感器要求光源稳定,否则要采取补偿措施,以消除光源波动对测量结果的影响。

(4)压力变送器

需要在控制室内显示压力的仪表,一般选用压力变送器或压力传感器。对于爆炸危险场所,常选用气动压力变送器、防爆型电动Ⅱ型或Ⅲ型压力变送器;对于微压力的测量,可采用微差压变送器;对黏稠、易堵、易结晶和腐蚀强的测量介质,宜选用带法兰的膜片式压力变送器;在大气腐蚀场所及强腐蚀性等介质测量中,还可选用 1151 系列或 820 系列压力变送器。

压力变送器主要技术性能见表 3-2-15。

QBY 气动压力变送器是 QDZ 系列气动单元组合仪表中的一个品种,它用来测量生产过程中各种液体、蒸汽以及气体的压力、负压和绝对压力。气动压力变送器的结构除了测量部分外,转换部分与气动差压变送器相同。

**表 3-2-15　压力变送器主要技术性能**

<table>
<tr><th colspan="4">名称</th><th colspan="2">主要技术性能</th><th>精度</th><th>特点</th><th>生产厂</th></tr>
<tr><td rowspan="4">压力变送器</td><td colspan="3">气动</td><td>0～100 kPa<br>0.16～60 MPa</td><td>输出<br>20～100 kPa</td><td>1 级</td><td rowspan="3">—</td><td>上海自动化仪表一厂<br>天津自动化仪表五厂</td></tr>
<tr><td colspan="2" rowspan="3">电动</td><td>Ⅱ型（矢量）</td><td>0.008～10 MPa</td><td rowspan="2">输出<br>0～10 mA</td><td>0.5 级</td><td rowspan="2">上海调节器厂<br>四川仪表七厂<br>大连仪表厂<br>西安仪表厂等</td></tr>
<tr><td>Ⅱ型</td><td>0.01～60 MPa</td><td>1 级</td></tr>
<tr><td>Ⅲ型</td><td>6～25 kPa<br>0.1～40 MPa</td><td>输出<br>4～20 mA</td><td>0.5 级</td><td>有普通型和安全火花型</td><td>上海仪表一厂<br>四川仪表厂等</td></tr>
<tr><td colspan="2" rowspan="2">负压变送器</td><td rowspan="2">电动</td><td>Ⅱ型（矢量）</td><td>−8～−100 kPa</td><td rowspan="2">输出<br>0～10 mA</td><td rowspan="2">0.5 级<br>1 级</td><td rowspan="5">有普通型和安全火花型</td><td rowspan="2">上海调节器厂</td></tr>
<tr><td>Ⅲ型</td><td>−10～−100 kPa</td></tr>
<tr><td colspan="2" rowspan="2">绝对压力变送器</td><td colspan="2">气动</td><td>0.25～16 kPa</td><td>输出 20～100 kPa</td><td>0.5 级</td><td>上海自动化仪表一厂</td></tr>
<tr><td colspan="2">电Ⅱ型</td><td>0.16～16 kPa</td><td>输出 0～10 mA</td><td>0.5 级</td><td>天津自动化仪表厂</td></tr>
<tr><td colspan="2">法兰式压力变送器</td><td colspan="2">气动</td><td>10～100 kPa<br>0.16～60 MPa</td><td>输出<br>20～100 kPa</td><td>1 级</td><td>上海自动化仪表一厂</td></tr>
<tr><td colspan="2">1151 系列（电容式）</td><td colspan="2">压力变送器</td><td>1.27～190 kPa<br>0.12～0.7 MPa<br>正迁移为全量程的 500%<br>负迁移为全量程 600%</td><td>输出<br>4～20 mA</td><td>0.25 级<br>0.5 级</td><td>精度高，体积小，坚固，抗振，零位、量程外部可调，防爆，防腐</td><td>西安仪表厂</td></tr>
<tr><td colspan="2" rowspan="2">820 系列（振弦式）</td><td colspan="2">压力变送器</td><td>−0.1～42 MPa<br>0.07～0.35～42 MPa</td><td rowspan="2">4～20 mA<br>10～50 mA<br>频率信号</td><td rowspan="2">0.2 级</td><td rowspan="2">输出多功能，坚固耐用，无故障运行，安装简便，耐强腐蚀</td><td rowspan="2">上海福克斯波罗有限公司</td></tr>
<tr><td colspan="2">绝对压力变送器</td><td>1.27～80 kPa</td></tr>
</table>

压力变送器测量部分的测压敏感元件所产生的测量力的大小为50~100 N,最高不超过150 N。根据这一要求,敏感元件的选择依据由测压范围而定。测量0~2.5 MPa低压的敏感元件一般是用黄铜或不锈钢制成的波纹管,其结构原理如图3-2-12所示。当被测压力$p$进入测量室后,经测量波纹管转换成测量力,通过推杆作用在主杠杆上,传递到气动转换部分。测量中,高压(2.5~10 MPa, 10~60 MPa)的敏感元件一般采用铬钒钢制成的包端管,它的测量原理是利用包端管末端产生的径向分力,通过推杆作用在主杠杆的下端,带动变送器的气动转换部分动作。图3-2-13为中高压压力变送器测量部分的结构原理图。

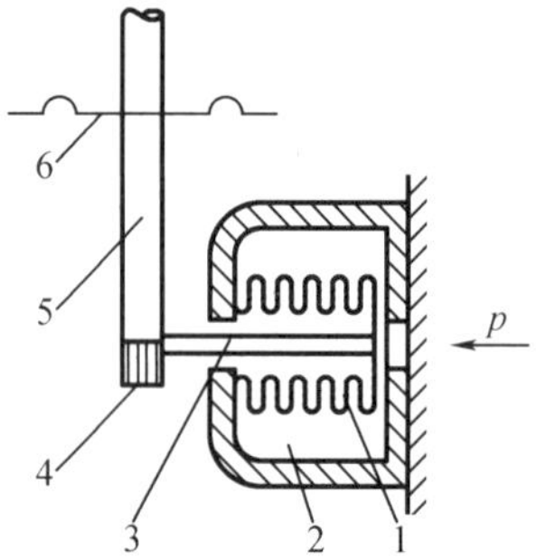


1—测量波纹管;2—测量室;3—推杆;
4—螺帽;5—主杠杆;6—出轴膜片。

**图3-2-12　低压压力变送器结构原理**

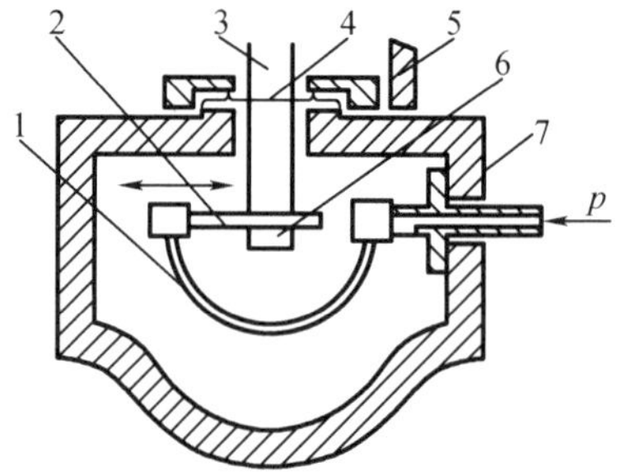


1—弹簧管;2—推杆;3—主杠杆;
4—出轴膜片;5—支架;6—螺帽;7—壳体。

**图3-2-13　中高压压力变送器测量部分的结构原理图**

图3-2-14为绝对压力变送器测量部分的结构原理图,主要由两个不锈钢波纹管组成。波纹管1为测量波纹管,波纹管2为补偿波纹管,被抽成真空。两个波纹管的有效面积相等,即$A_1=A_2$。当被测压力$p_1$进入测量波纹管1时,在被测压力$p_1$与大气压力$p_2$的差压作用下,测量波纹管产生一个推力:

$$F_1=p_1A_1-p_2A_1$$

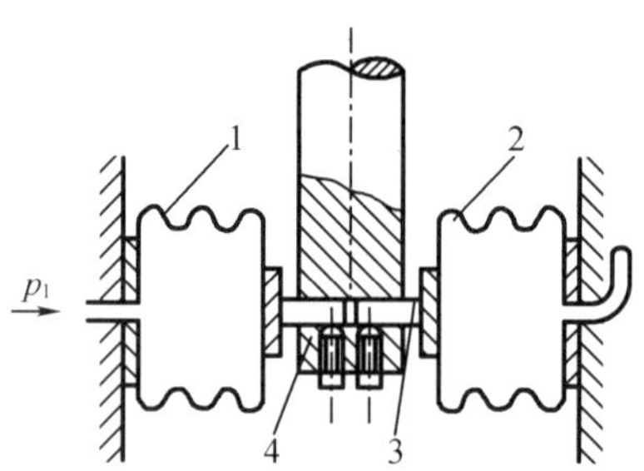


1—测量波纹管;2—补偿波纹管;3—推杆;4—主杠杆。

**图3-2-14　绝对压力变送器测量部分的结构原理图**

由于补偿波纹管已被抽成真空,所以它仅仅受到周围大气压力$p_2$的作用,它所产生的压缩力为

$$F_2=p_2A_2$$

则作用在主杠杆上的合力(即测量力)为

$$F= F_1+ F_2=p_1A_1-p_2A_1+p_2A_2=p_1A_1 \tag{3-2-10}$$

从式(3-2-10)可知,测量力 $F$ 与被测压力成正比,而与大气压力 $p_z$ 无关,所以测得的压力为绝对压力。无论大气压力如何变化,大气压力对测量波纹管与对补偿波纹管作用所产生的力总是相互抵消的,这样就补偿了由于大气压力变化而引起的测量误差。它的测量范围最小约为 1.4 kPa,最大可达 220 kPa。

DBY 矢量压力变送器型号规格表见表 3-2-16。

**表 3-2-16　DBY 矢量压力变送器型号规格表**

| 型号 | 量程范围/MPa | 基本误差/% | 用途 |
|---|---|---|---|
| DBY-111A-Ⅲ | 0~0.008…0~0.03 | ±1 | DBY 矢量压力变送器在自动控制系统中,主要用于检测,可连续测量蒸汽、气体、液体等介质的压力或负压力(真空吸力),并将被测量值转换为 4~20 mA 直流信号输出 |
| DBY-112A-Ⅲ | 0~0.025…0~0.1 | ±1 | |
| * DBY-121A-Ⅲ | 0~0.08…0~0.3 | ±0.5 | |
| * DBY-122A-Ⅲ | 0~0.25…0~1.0 | ±0.5 | |
| * DBY-131A-Ⅲ | 0~0.6…0~2.5 | ±0.5 | |
| DBY-132A-Ⅲ | 0~2.5…0~10 | ±0.5 | |
| DBY-141A-Ⅲ | 0~10…0~25 | ±0.5 | |
| DBY-142A-Ⅲ | 0~25…0~60 | ±0.5 | |
| DBY-011A-Ⅲ | 0~-0.008…0~-0.03 | ±1 | |
| DBY-012A-Ⅲ | 0~-0.025…0~-0.1 | ±1 | |
| DBY-321A-Ⅲ | 0~60 kPa…0~200 kPa | ±1 | |

注:带 * 者可以生产防腐型(与介质接触部分为一般不锈钢)。

**3. 流量检测与变送**

(1)概述

工业生产过程中另一个重要参数就是流量。流量是单位时间内流经某一截面的流体数量。流量可用体积流量和质量流量来表示,其单位分别为 $m^3/h$、L/h 和 kg/h 等。

流量计是指测量流体流量的仪表,它能指示和记录某瞬时流体的流量值;计量表(总量表)是指测量流体总量的仪表,它能累计某段时间间隔内流体的总量,即各瞬时流量的累加和,如水表、煤气表等。

工业上常用的流盘仪表可分为以下两大类。

①速度式流量计以测量流体在管道中的流速作为测量依据来计算流量的仪表,如差压式流量计、变面积流量计、电磁流量计、漩涡流量计、冲量式流量计、激光流量计、堰式流量计和叶轮水表等。

②容积式流量计以单位时间内所排出的流体固定容积的数目作为测量依据,如椭圆齿轮流量计、腰轮流量计、刮板式流量计和活塞式流量计等。

(2)差压式流量计

节流装置与差压变送器配套测量流体的流量,仍是目前炼油、化工生产中使用最广的一种流量测量仪表。

目前工业生产中所应用的各种各样的节流装置,如图 3-2-15 所示。

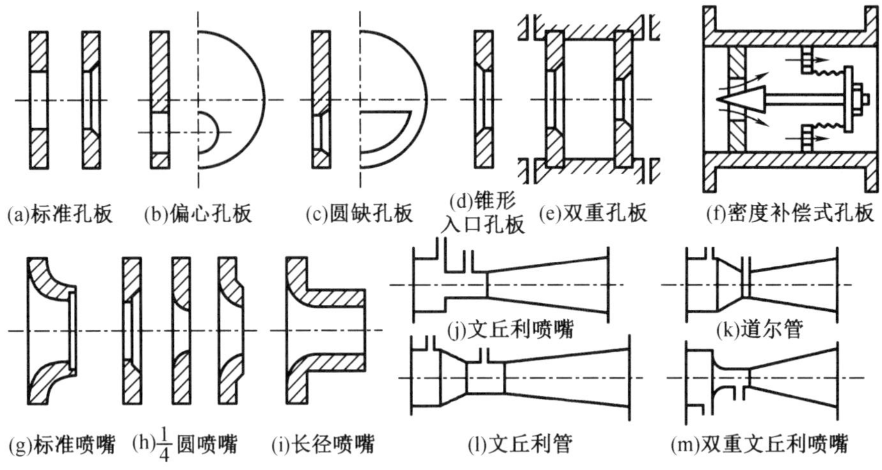


**图 3-2-15　目前工业生产中所应用的各种各样的节流装置**

图 3-2-15 所示的节流装置中,应用最多的是孔板、喷嘴、文丘利管和文丘利喷嘴,这 4 种节流元件历史悠久,试验数据完整,产品已标准化,所以称它们为标准节流装置。其他形式的节流元件,如双重孔板、圆缺孔板等,由于形状特殊,研究尚不深透,缺乏足够的实验数据,所以尚未标准化,故称它们为特殊节流装置。这类特殊装置设计制造后,必须先进行标定,然后才能使用。

节流元件具有结构简单、便于加工制造、工作可靠、适应性强、使用寿命长等优点。

①测量原理

在管道中流动的流体具有动能和位能,在一定条件下这两种能量可以相互转换,但参加转换的能量总和是不变的。应用节流元件测量流量就是利用这个原理来实现的。

根据能量守恒定律及流体连续性原理,节流装置的流量公式如下。

体积流量为

$$Q=\alpha\varepsilon F_0\sqrt{2\frac{\Delta p}{\rho_1}} \tag{3-2-11}$$

式中　$Q$——体积流量,$m^3/h$;

$\alpha$——流量系数;

$\varepsilon$——流束膨胀系数;

$F_0$——节流装置开孔截面积,$m^2$;

$\rho_1$——流体流经节流元件前的密度,$kg/m^3$;

$\Delta p$——节流元件前后压力差,即 $\Delta p=p_1-p_2$, Pa。

质量流量为

$$M=\alpha\varepsilon F_0\sqrt{2\Delta p\rho_1} \tag{3-2-12}$$

式中　$M$——质量流量,kg/s。

在计算时,根据我国使用单位的习惯,如果 $Q$ 的单位为 $m^3/s$、$M$ 的单位为 kg/h、$F_0$ 的单位为 $mm^2$、$\Delta p$ 的单位为 Pa、$\rho$ 的单位为 $kg/m^3$ 时,则上述流量公式可换算为实用流量计算公式,即

$$Q=0.003\,999\alpha\varepsilon d^2\sqrt{\frac{\Delta p}{\rho_1}} \tag{3-2-13}$$

式中　$d$——节流元件的开孔直径，$F_0=\frac{\pi}{4}d^2$。

$$M=0.003\,999\alpha\varepsilon d^2\sqrt{\Delta p\rho_1} \tag{3-2-14}$$

②节流装置的取压方法

节流装置的取压方法，就孔板而言有 5 种，如图 3-2-16 所示；就喷嘴而言只有角接取压法和径距取压法 2 种。

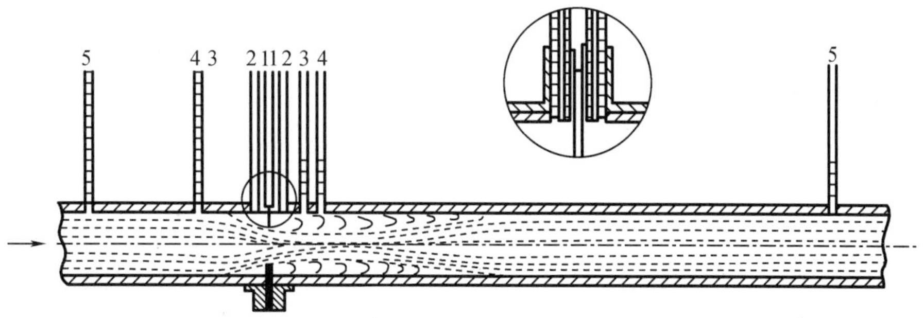


1—角接取压法；2—法兰取压法；3—径距取压法；4—理论取压法；5—管接取压法。

**图 3-2-16　节流装置的取压方式**

A. 角接取压法

上、下游侧取压孔轴心线与孔板（喷嘴）前后端面的间距各等于取压孔直径的一半，或等于取压环隙宽度的一半，因而取压孔穿透处与孔板端面正好相平。角接取压包括环室取压和单独钻孔取压，如图 3-2-16 中 1 和 1 所示。

B. 法兰取压法

上、下游侧取压孔中心至孔板前后端面的距离均为（25.4±0.8）mm，如图 3-2-16 中 2 和 2 所示。

C. 径距取压法

上游侧取压孔中心至孔板（喷嘴）前端面的距离为 1$D$，下游侧取压孔中心至孔板（喷嘴）后端面的距离为 1/2$D$，如图 3-2-16 中 3 和 3 所示。

D. 理论取压法

上游侧取压孔中心至孔板前端面的距离为 1$D$±0.1$D$，下游侧取压孔中心至孔板后端面的距离随 $\beta=d/D$ 的值大小而异，见表 3-2-17。

**表 3-2-17　理论取压时下游取压孔位置**

| $d/D$ | 下游取压孔位置 | $d/D$ | 下游取压孔位置 |
|---|---|---|---|
| 0.10 | 0.84$D$(1±0.30) | 0.50 | 0.63$D$(1±0.25) |
| 0.15 | 0.82$D$(1±0.30) | 0.55 | 0.59$D$(1±0.20) |
| 0.20 | 0.80$D$(1±0.30) | 0.60 | 0.55$D$(1±0.15) |
| 0.25 | 0.78$D$(1±0.30) | 0.65 | 0.50$D$(1±0.15) |
| 0.30 | 0.76$D$(1±0.30) | 0.70 | 0.45$D$(1±0.10) |

表 3-2-17(续)

| $d/D$ | 下游取压孔位置 | $d/D$ | 下游取压孔位置 |
|---|---|---|---|
| 0.35 | $0.73D(1\pm0.25)$ | 0.75 | $0.40D(1\pm0.10)$ |
| 0.40 | $0.70D(1\pm0.25)$ | 0.80 | $0.34D(1\pm0.10)$ |
| 0.45 | $0.67D(1\pm0.25)$ | — | — |

E. 管接取压法

上游侧取压孔中心至孔板前端面的距离为 $2.5D$,下游侧取压孔中心至孔板后端面的距离为 $8D$,如图 3-2-16 中 5 和 5 所示。

以上 5 种取压方法中,角接取压法用得最多,其次是法兰取压法。

③标准孔板

标准孔板的基本结构如图 3-2-17 所示。

标准孔板各部分的加工要求:孔板前端面 $A$ 不允许有明显的划痕,其加工表面粗糙度($Ra$)要求为,当 50 mm$\leqslant D\leqslant$500 mm 时,$Ra$ 为 3.2 μm;当 500 mm$\leqslant D\leqslant$750 mm 时,$Ra$ 为 6.3 μm;当 750 mm$\leqslant D\leqslant$1 000 mm 时,$Ra$ 为 12.5 μm。孔板的后端面 $B$ 应与 $A$ 平行,其表面粗糙度可适当降低。上游侧入口边缘 $G$ 和圆筒形下游侧出口边缘 $I$ 应无刀痕和毛刺,入口边缘 $G$ 要求十分尖锐。

标准孔板各部分的尺寸要求:孔板开孔圆筒形的长度 $e$ 要求为,当 $0.005D\leqslant e\leqslant0.02D$ 时,$Ra$ 不能低于 1.6 μm,其出口边缘无毛刺。孔板的厚度 $E$ 应为 $e\leqslant E\leqslant0.05D$,当管道直径为 50~100 mm 时,允许 $E=3$ mm。随着管道直径 $D$ 的增加,$E$ 也要适当加厚。当 $E>e$ 时,其斜面倾角 $F$ 应为 $30°\leqslant F\leqslant45°$,$Ra$ 为 3.2 μm,孔板的不平度在 1%以内。孔板开孔直径 $d$ 的加工要求非常精确,当 $\beta\leqslant0.67$ 时,$d$ 的公差为 $0.001d$;当 $\beta\geqslant0.67$ 时,$d$ 的公差为 $\pm0.005d$。

A. 角接取压标准孔板

角接取压标准孔板有两种取压方式,一种为环室取压方式,另一种为单独钻孔方式,如图 3-2-18 所示。

图 3-2-18 的上半部分为环室取压,$p_1$ 由前环室取出,$p_2$ 由后环室取出,前环室宽度 $c\leqslant0.2D$,后环室宽度 $c'\leqslant0.5D$,环室壁厚 $f\leqslant2a$($a$ 为环形缝隙的宽度),环腔横截面积 $gh$ 至少为 50 mm$^2$, $g$、$h$ 均不得小于 6 mm。取压孔应是圆形的,直径为 4 mm$\leqslant\phi\leqslant$10 mm。

图 3-2-18 的下半部分为单独钻孔取压方式示意图。孔板上游侧的静压力 $p_1$ 由前夹紧环取出,$p_2$ 由后夹紧环取出。取压孔应为圆筒形,与孔板前后端面的夹角应小于或等于 3°。两种取压孔的直径 $\phi$ 规定如下。

a. 当 $\beta\leqslant0.65$ 时,$0.005D\leqslant\phi\leqslant0.03D$。

b. 当 $\beta\geqslant0.65$ 时,$0.01D\leqslant\phi\leqslant0.02D$。

B. 法兰取压标准孔板

图 3-2-19 为法兰取压的取压装置。从图中知法兰取压孔在法兰盘上,上下游取压孔中心至孔板的两个端面的距离均为(25.4±0.8) mm,并垂直于管道的轴线。取压孔直径 $d\leqslant0.08D$,最好取 $d$ 为 6~12 mm。

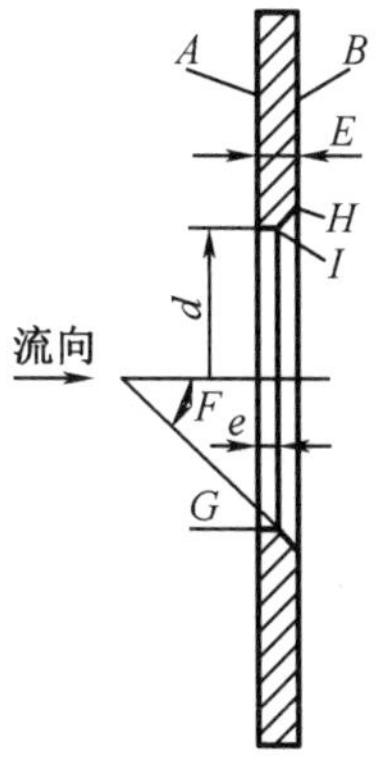


图 3-2-17　标准孔板

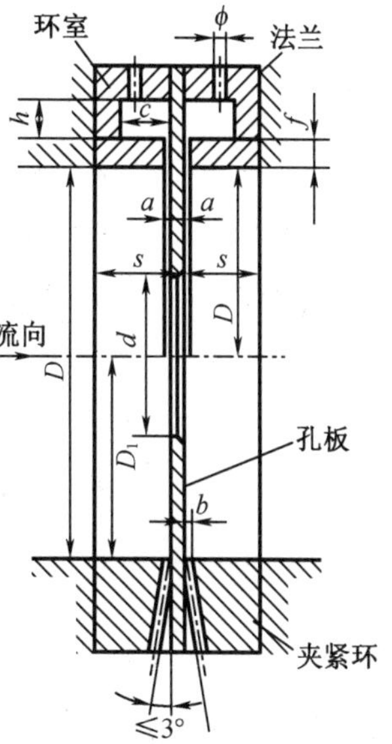


图 3-2-18　角接取压的取压装置

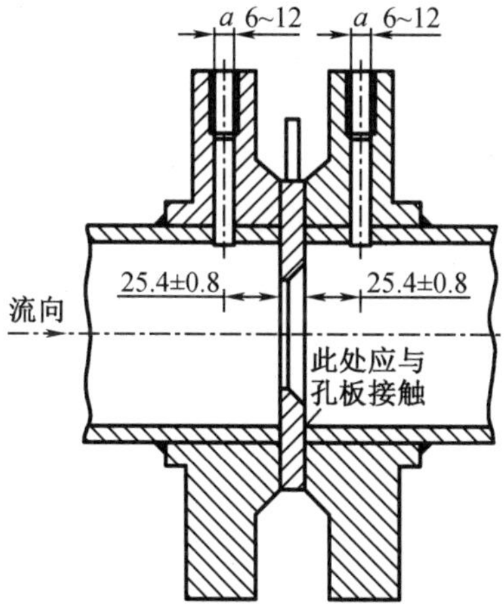


图 3-2-19　法兰取压的取压装置(单位:mm)

法兰取压标准孔板可适用于管径 $D$ 为 50~750 mm 和直径比 $\beta$ 为 0.10~0.75 的装置。

(3)容积式流量计

容积式流量计主要用来测量不含固体杂质的液体,如油类、冷凝液、树脂和液态食品等黏稠流体的流量。对于高黏度介质的流量,其他流量计很难测量,而容积式流量计却能精确测量,精度可达±0.2%。常用的容积式流量计有椭圆齿轮流量计、腰轮流量计、活塞式流量计、刮板式流量计、圆盘式流量计、湿式气体流量计及皮囊式流量计等。腰轮流量计和皮囊式流量计可用来测量气体流量。

①椭圆齿轮流量计

椭圆齿轮流量计的测量部分是由两个互相啮合的椭圈形齿轮、轴和壳体(它与椭圆形齿轮构成计量室)等组成的。其测量原理如图 3-2-20 所示。当被测流体流过椭圆齿轮流量计时,它将带动椭圆齿轮旋转,椭圆齿轮每旋转一周,就有一定数量的流体流过仪表,只要用传动及累积机构记录下椭圆齿轮的转数,就能知道被测流体流过仪表的总量。

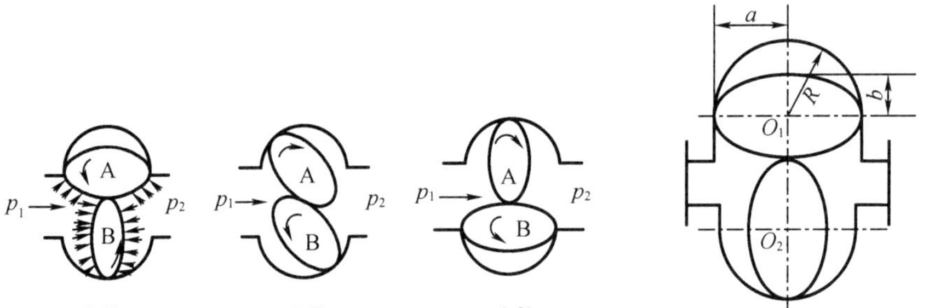


(a1) (a2) (a3)

(a)动作过程

(b)半月形容积计算示意图

**图 3-2-20 椭画齿轮流量的测量原理**

当流体流过齿轮流量计时,因克服仪表阻力必将引起压力损失而形成压力差 $\Delta p=p_1-p_2$,$p_1$ 为入口压力,$p_2$ 为出口压力。在此 $\Delta p$ 的作用下,图 3-2-20(a1)中的椭圆齿轮 A 将受到一个合力矩的作用,使它绕轴做顺时针转动,而此时椭圆齿轮 B 所受到的合力矩为零。但因两个椭圆齿轮是紧密啮合的,故椭圆齿轮 A 将带动 B 绕轴做逆时针转动,并将 A 与壳体之间月牙形容积内的介质排至出口。显然,此时 A 为主动轮,B 为从动轮。当转至图 3-2-20(a2)所示的中间位置时,齿轮 A 与 B 均为主动轮。当再继续转至图 3-2-20(a3)所示位置时,A 轮上的合力矩降为零,而作用在 B 轮上的合力矩增至最大,使它继续向逆时针方向转动,从而也将 B 齿轮与壳体间月牙形容积内的介质排至出口。显然这时 B 为主动轮,A 为从动轮,这与图 3-2-20(a1)所示的情况刚好相反。齿轮 A 和齿轮 B 就这样反复循环,相互交替地由一个带动另一个转动,将被测介质以月牙形容积为单位,一次一次地由进口排至出口。图 3-2-20 表示了椭圆齿轮转过 1/4 周的情形,在这段时间内,仪表仅排出了其量为一个月牙形容积的被测介质。所以,椭圆齿轮每转一周所排出的被测介质量为月牙形容积的 4 倍,因而从齿轮的转数便可以计算出排出介质的数量。由图 3-2-20(b)可知,通过流量计的体积总量 $V$ 为

$$V=4nV_0=4n\left(\frac{1}{2}\pi R^2-\frac{1}{2}\pi ab\right)\delta=2\pi n(R^2-ab)\delta \qquad (3-2-15)$$

式中 $n$——椭圆齿轮的旋转次数;

$V_0$——椭圆齿轮与壳体间形成的月牙形体积;

$R$——壳体容室的半径;

$a$、$b$——椭圆齿轮的长半轴和短半轴;

$\delta$——椭画齿轮的厚度。

LCB-9400 系列不锈钢椭圆齿轮流量计,不仅具有直读式计数器显示流量总量,还可通过高速输出口,配上脉冲传感器,将其信号输入计算机或显示仪表,实现流量的远距离显示和控制。

LCB-9000S/P 系列流量计是在 LCB-9400 系列基础上,省去了衔接器、齿轮箱和直读计数器,然后装上 S/P 脉冲发生器而成的流量变送器,故它只有远传功能,而没有现场显示功能。

LCB-9400 系列流量计和 LCB-9000 S/P 系列流量计主要用于直接测量流经管道内流体的瞬时流量与总量。它们具有耐腐蚀、测量精度高、使用寿命长、压力损失小、容易安装和维修等特点。

②腰轮流量计

腰轮流量计测盘流量的基本原理和椭圆齿轮流量计相同，只是轮子的形状略有不同，如图 3-2-21 所示 。两个轮子不是互相啮合滚动进行接触旋转，轮子表面无牙齿，它是靠套在伸出壳体的两根轴上的齿轮啮合的，图 3-2-21 展示了轮子的转动情况。

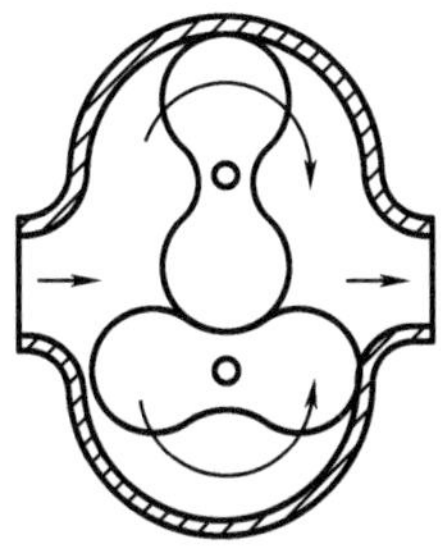

**图 3-2-21　腰轮流量计示意图**

腰轮流量计除了能测量液体流量外，还能测量大流量的气体流量。由于两个腰轮上无齿，所以对流体中的固体杂质没有椭圆齿轮流量计那样敏感。

(4)漩涡流量计

漩涡流量计是 20 世纪 60 年代末期才发展起来的新型流量仪表。它是利用流体振荡原理来进行流量的测量。它可分为流体强迫振荡的漩涡进动型和自然振荡的卡门漩涡分离型。前者被称为旋进漩涡流量计，后者被称为涡列流量计或涡街流量计。

漩涡流量计的特点：测量精度高，可达±1%；量程比宽，可达 100 : 1；仪表内无活动部件，使用寿命长；仪表示值几乎不受温度、压力、密度、黏度及成分等影响，故用水或空气标定的流量计可用于其他液体或气体的流量测量而不用校正；仪表的输出是与体积流量成比例的电脉冲频率信号，易与数字式仪表及电子计算机配套使用；维护方便，更换检测元件不用重新标定等优点。但当检测元件被污物黏附后，将会影响仪表的灵敏度。

①旋进漩涡流量计

旋进漩涡流量计一般用于 $\phi$150 mm 以下管道的气体流量测量，它的压力损失较大，但测得的是整个漩涡的中心速度，所以测量精度较高，而且安装较方便。

图 3-2-22 为旋进漩涡流量计的测量原理图。流经旋进漩涡流量计的流体，流过一组螺旋叶片后被强制旋转，便形成了漩涡。漩涡的中心是速度很高的区域，称为涡核，它的外围是环流。在文丘利收缩段，涡核与流量计的轴线相一致。当进入扩大段后，涡核就围绕着流量计的轴做螺旋状进动。该进动是贴近扩大段的壁面进行的，进动频率和流体的体积流量成比例。

涡核的频率通过热敏电阻来检测。热敏电阻由检测放大器供给电流加热，使热敏电阻的温度始终高于流体的温度，每当涡核经过热敏电阻一次，热敏电阻就被冷却一次。这样，热敏电阻的温度随着涡核的进动频率而做周期性的变化，该变化又促使热敏电阻的阻值也做周期性变化。这一阻值变化经检测放大器处理后转换成电压信号，即可获得与体积流量成比例的电脉冲信号传送到显示仪表，以实现瞬时流量的指示和总量的积算。

旋进漩涡流量计由变送器、检测放大器和数字式显示仪表组成。变送器由壳体、螺旋叶片、消旋叶片、敏感元件、放大器、紧固环等构成，如图 3-2-23 所示。

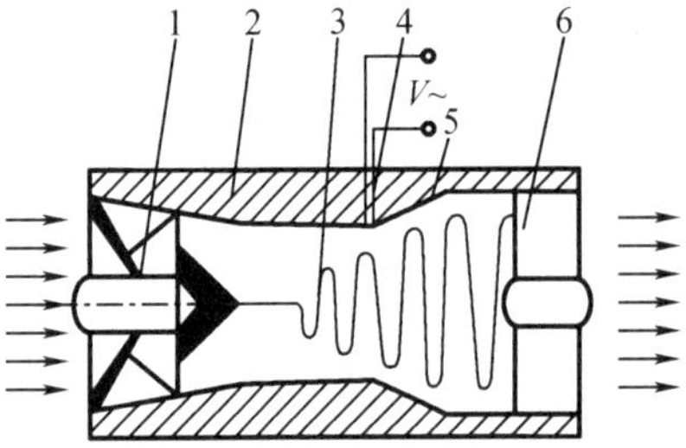


1—螺旋叶片;2—文丘利收缩段;3-漩涡;
4—热敏电阻;5—扩大段;6—导直叶片。

**图 3-2-22 旋进漩涡流量计的测量原理图**

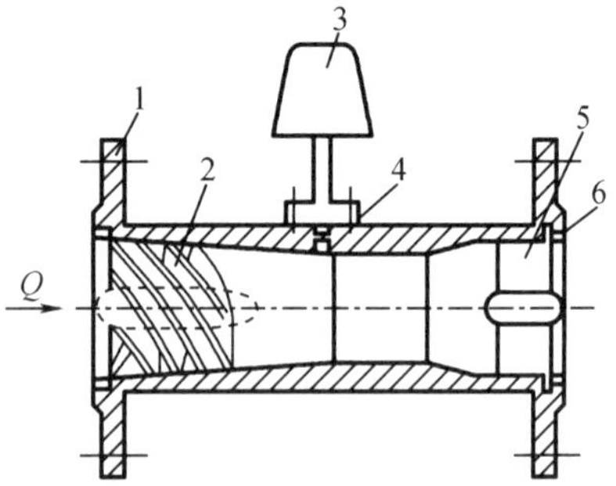


1—带法兰壳体;2—螺旋叶片,3—放大器;
4—敏感元件;5—消漩叶片;6-紧固环。

**图 3-2-23 旋进漩涡流量计的结构图**

②涡街流量计

涡街流量计一般用于 $\phi$>150 mm 管道中的气体或液体流量的测量,它的压力损失较小,但它只能测得局部漩涡的速度,因此,它的测量精度要低些,并且对仪表前后直管段的安装要求较高。

在流动的流体中插入一个非流线型柱状物(如圆柱体或三角形柱体),则在柱体下游会产生图 3-2-24 所示的两列不对称且又有规律的漩涡。该漩涡在柱体的侧后方产生、分开,形成漩涡列,通常称作卡门涡街或卡门涡列。

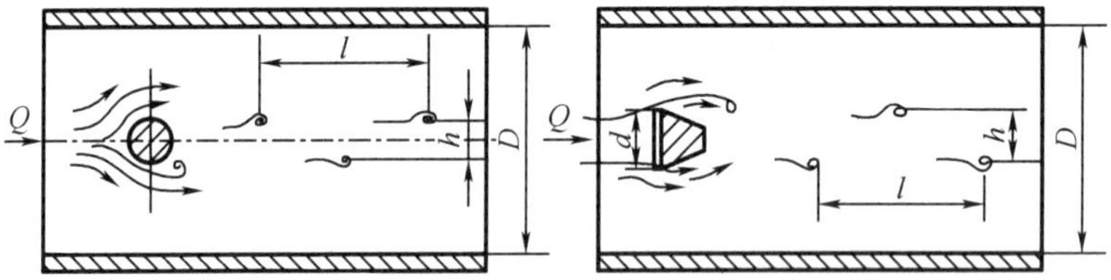


(a)圆柱卡门涡列 (b)三角柱卡门涡列

**图 3-2-24 卡门涡列**

当满足 $h'/l=0.281$ 时,所产生的卡门漩涡是稳定的,而且产生单列漩涡的频率 $f$ 与圆柱体的直径 $d$ 和流体流速 $u$ 有如下关系:

$$f=\frac{Sru}{d} \tag{3-2-16}$$

式中 $Sr$——斯特劳哈尔数。

当流体的雷诺数 $Re=500\sim150\ 000$ 时,$Sr=0.2$。图 3-2-24(b)为实验结果(当放置的是三角柱体时,$Sr=0.16$),图中曲线的平坦部分为涡列测量的有效范围。在此范围内流体的平均流速 $u$ 与圆柱体卡门漩涡产生的频率 $f$ 成比例,测得 $f$ 即可求得 $u$,由 $u$ 可求得流体的体积流量 $Q$,且 $Q$ 与 $f$ 之间呈线性关系。

涡街流量计由检测器(圆柱或三角柱等)、放大器和转换器等组成。它可直接以数字量输出,与数字显示仪表配套,也可通过 D/A 转换成 0~10 mA DC(或 4~20 mA)输出,以便进行测量、指示、记录、积算和控制等。

(5)电磁流量计

电磁流量计是利用电磁感应原理制成的流量测量仪表,可用来测量导电液体体积流量

(流速)。变送器几乎没有压力损失,内部无活动部件,用涂层或衬里易解决腐蚀性介质流量的测量。检测过程中不受被测介质的温度、压力、密度、黏度及流动状态等变化的影响,没有测量滞后现象。

①电磁流量计的测量原理

电磁流量计是电磁感应定律的具体应用,当导电的被测介质垂直于磁力线方向流动时,在与介质流动和磁力线都垂直的方向上产生一个感应电势 $E_X$(图 3-2-25):

$$E_X = BDv \tag{3-2-17}$$

式中　$B$——磁感应强度,T;

$D$——导管直径,即导体垂直切割磁力线的长度,m;

$v$——被测介质在磁场中运动的速度,m/s。

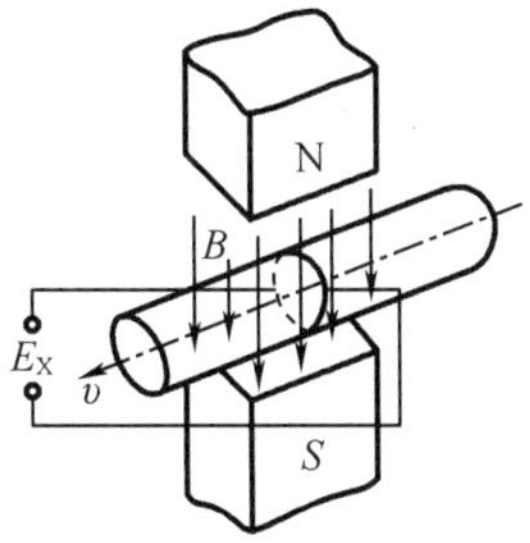


**图 3-2-25　电磁流量计原理图**

因体积流量 $Q$ 等于流体流速 $v$ 与管道截面积 $A$ 的乘积,直径为 $D$ 的管道的截面积为

$$A = \frac{\pi}{4}D^2$$

故

$$Q = \frac{\pi D^2}{4}v \tag{3-2-18}$$

将式(3-2-18)代入式(3-2-17)得

$$E_X = \frac{4B}{\pi D}Q$$

$$Q = \frac{\pi D}{4B}E_X \tag{3-2-19}$$

由式(3-2-19)可知,当管道直径 $D$ 和磁感应强度 $B$ 不变时,感应电势 $E_X$ 与体积流量 $Q$ 之间成正比。但是式(3-2-19)是在均匀直流磁场条件下导出的,由于直流磁场易使管道中的导电介质发生极化,会影响测量精度,因此工业上常采用交流磁场,即

$$B = B_m \sin \omega t$$

式中　$\omega$——交变磁场的角频率;

$B_m$——交变磁场磁感应强度的最大值。

得到

$$Q = \frac{\pi D}{4} \times \frac{E_X}{B_m \sin \omega t} \tag{3-2-20}$$

由式(3-2-20)可知,感应电势 $E_X$ 与被测介质的体积流量 $Q$ 成正比。但变送器输出的

$E_X$ 是一个微弱的交流信号，其中包含有各种干扰成分，而且信号内阻变化高达几万欧姆。因此，要求转换器是一个高输入阻抗，且能抑制各种干扰成分的交流毫伏转换器，将感应电势转换成 4~20 mA DC 统一信号，以供显示、调节和控制，也可送到计算机进行处理。

②电磁流量计的特点与不足

电磁流量有许多特点，在应用时对有些问题必须特别注意。

A. 电磁流量计的特点

a. 测量导管内无可动部件和阻流体，因而无压损，无机械惯性，所以反应十分灵敏。

b. 测量范围宽，量程比一般为 10∶1，最高可达 100∶1。流速范围一般为 1~6 m/s，也可扩展到 0.5~10 m/s。流量范围可测每小时几十毫升到十几万立方米。测量管径范围可为 2~2 400 mm，甚至可达 3 000 mm。

c. 可测含有固体颗粒、悬浮物（如矿浆、煤粉浆、纸浆等）或酸、碱、盐溶液等具有一定电导率的液体体积流量；也可测脉动流量，并可进行双向测量。

d. $E_X$ 与 $Q$ 呈线性关系，故仪表具有均匀刻度，且流体的体积流量与介质的物性（如温度、压力、密度、黏度等）、流动状态无关，所以电磁流量计只需用水标定后，即可用来测量其他导电介质的体积流量而不用修正。

B. 电磁流量计的不足

a. 使用温度和压力不能太高。具体使用温度与管道衬里的材料发生膨胀、变形、变质的温度有关，一般不超过 120 ℃；最高使用压力取决于管道强度、电极部分的密封状况及法兰的规格等，一般使用压力不超过 1.6 MPa。

b. 应用范围有限。电磁流量计不能用来测量气体、蒸汽和石油制品等非导电流体的流量。

c. 当流速过低时，要把与干扰信号相同数量级的感应电势进行放大并测量是比较困难的，而且仪表也易产生零点漂移。因此，电磁流量计的满量程流速的下限一般不得低于 0.3 m/s。

d. 流速与速度分布不均匀时，将产生较大的测量误差。因此，在电磁流量计前必须有一个适当长度的直管段，以消除各种局部阻力对流速分布对称性的影响。

③电磁流量计的型号与规格

LD 型电磁流量计的型号与规格见表 3-2-18。

（6）超声波流量计

利用超声波测量流体的流速、流量的技术，不仅仅用于工业计量，而且也广泛地应用在医疗、海洋观测、河流等各种计量测试中。

超声波流量计的主要优点：流体中不插入任何元件，对流束无影响，也没有压力损失；能用于任何液体，特别是具有高黏度、强腐蚀、非导电性等性能的液体的流量测量，也能测量气体流量；对于大口径管道的流量测量，不会因管径大而增加投资；量程比较宽，可达 5∶1；输出与流量之间呈线性等。

超声波流量计的缺点：当被测液体中含有气泡或杂音时，将会影响声的传播，降低测量精度；超声波流量计实际测定的流体流速，当流速分布不同时将会影响测量精度，故要求变送器前后分别应有 $10D$ 和 $5D$ 的直管段；结构复杂，成本较高。

**表 3-2-18　LD 型电磁流量计的型号与规格**

| 型号 | 测量量程/($m^3 \cdot h^{-1}$) | 输出信号 | 主要用途与功能 | 备注 |
|---|---|---|---|---|
| LD-25 | 0~1.0…16 | 0~10 mA DC(负载阻抗 0~1 500 Ω) 4~20 mA DC(负载阻抗 0~750 Ω) 0~1 000 Hz(负载阻抗≥3 000 Ω) | 由电磁流量传感器(LDG 型)和电磁流量转换器(LDZ-42 型)配套组成的电磁流量计(LD 型),用于测量管道中各种成分的酸碱液或含有纤维及固体悬浮物等导电液体的流量 | 配套精度:±0.5%FS (DN≤150 mm 时) ±1%FS (DN>200 mm 时) |
| LD-32 | 0~1.6…25 | | | |
| LD-40 | 0~2.5…40 | | | |
| LD-50 | 0~4.0…60 | | | |
| LD-65 | 0~6.0…100 | | | |
| LD-80 | 0~10…160 | | | |
| LD-100 | 0~16…250 | | | |
| LD-125 | 0~25…400 | | | |
| LD-150 | 0~40…500 | | | |
| LD-200 | 0~60…1 000 | | | |
| LD-250 | 0~80…1 200 | | | |
| LD-300 | 0~160…2 500 | | | |

①测量原理

设静止流体中的声速为 $c$,流体流动的速度为 $u$,传播距离为 $L$。如图 3-2-26 所示,当声波与流体流动方向一致时(即顺流方向),其传播速度为 $c+u$;而声波传播方向与流体流动方向相反(即逆流方向)时,其传播速度为 $c-u$。在相距为 $L$ 的两处分别放置两组超声波发生器与接收器($T_1$、$R_1$)和($T_2$、$R_2$),当 $T_1$ 顺方向、$T_2$ 逆方向发射超声波时,超声波分别到达接收器 $R_1$ 和 $R_2$ 所需要的时间分别为 $t_1$ 与 $t_2$:

$$t_1=\frac{L}{c+u} \tag{3-2-21}$$

$$t_2=\frac{L}{c-u} \tag{3-2-22}$$

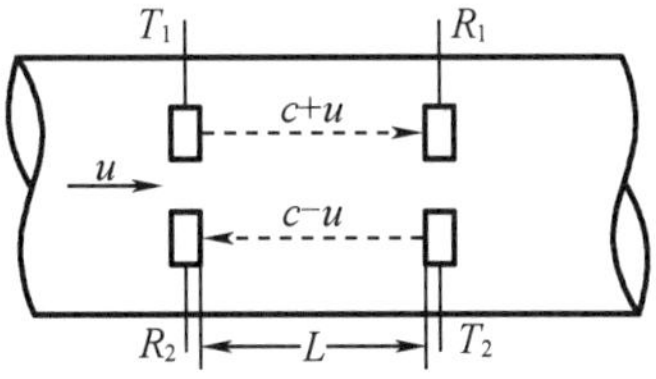


**图 3-2-26　超声波测速原理**

由于在工业管道中,流体的流速比声速小得多,即 $c \geqslant u$,因此两者的时差为

$$\Delta t=t_2-t_1=\frac{2Lu}{c^2} \tag{3-2-23}$$

由式(3-2-23)可知,当声波在流体中的传播速度 $c$ 已知时,只要测出时差 $\Delta t$ 便可求出流速 $u$,进而就能求出流量 $Q$。利用这个原理进行流量测量的方法称为时差法,此外还可以用相差法、频差法等。

相差法的测量原理:如果超声波发生器发射连续超声脉冲或周期较长的脉冲列,则在顺流和逆流发射时所接收到的信号之间便要产生相位差 $\Delta\varphi$,即

$$\Delta\varphi=\omega\Delta t=\frac{2\omega Lu}{c^{2}} \tag{3-2-24}$$

式中 $\omega$——超声波的角频率。

由式(3-2-24)可知,当测得 $\Delta\varphi$ 后,即可求出 $u$,进而求得流量 $Q$。此法用测量相位差 $\Delta\varphi$ 代替了测量微小时差 $\Delta t$,有利于提高测量精度,但存在着声速 $c$ 对测量结果的影响。

频差法的测量原理:为了消除声速 $c$ 的影响,常采用频差法。由前可知,上、下游接收器接收到的超声波的频率之差 $\Delta f$ 可用下式表示:

$$\Delta f=\frac{c+u}{L}-\frac{c-u}{L}=\frac{2u}{L} \tag{3-2-25}$$

由式(3-2-25)可知,只要测得 $\Delta f$ 就可求得流量 $Q$,并且此法与声速无关。

②SP-2 系列智能型超声波流量计简介

SP-2 系列智能型超声波流量计是参照当前世界上较先进的超声波流量计的原理,结合我国的实际情况而设计生产的一种高级超声波流量计。它具有以下特点。

A. 采用了先进的数学模式作为设计指导思想,所有公式全由微机自动选择调整。

B. 为提高测量精度,仪表不仅具有严密的温度补偿,还可对不同管道、不同流速、不同黏度的各种介质进行自动的雷诺数补偿。

C. 采用人机对话形式,各种参数均由按键输入。

D. 不同管道所需的不同参数均由软件自动调整。

E. 具有保证仪表安装到正确位置的指示装置。

F. 充分发挥了仪表软件功能。仪表具有灵敏度自动跟踪的“学习机能”和智能化的抗干扰功能,以保证仪表能长期稳定、可靠地工作。

G. 有完备的显示和打印功能,可随时显示和定时打出时间、流速、瞬时流量、累积流速及流量差值等参数。

H. 可输出 4~20 mA DC 标准信号,以便远传。

I. 可在管外或管内安装。这种流量计可在 $\phi$=100~2 200 mm 的管道上测 $t$=0~50 ℃、流速为 0~9 m/s、不含过多杂质和气泡、能充满管道的水及黏度不过大的介质流量。此种仪表安装时,一般上游要有 10$D$ 以上、下游 5$D$ 以上的直管段。

(7)转子流量计

转子流量计又称面积式流量计或恒压降式流量计,它也是以流体流动时的节流原理为基础的一种流量测量仪表。

转子流量计的优点:可测多种介质的流量,特别适用于测量中小管径雷诺数较低的中小流量;压力损失小且稳定;反应灵敏,量程较宽(约 10∶1),示值清晰,近似线性刻度;结构简单,价格便宜,使用维护方便;还可测有腐蚀性的介质流量。但转子流量计的精度受测量介质的温度、密度和黏度的影响,而且仪表必须垂直安装等。

①转子流量计的工作原理

转子流量计是由一段向上扩大的圆锥形管子 1 和密度大于被测介质密度,且能随被测介质流量大小上下浮动的转子 2 组成,如图 3-2-27 所示。

从图 3-2-27 可知,当流体自下而上流过锥管时,转子因受到流体的冲击而向上运动。随着转子的上移,转子与锥形管之间的环形流通面积增大,流体流速减低,冲击作用减弱,直到流体作用在转子上向上的推力与转子在流体中的重力相平衡。此时,转子停留在锥形管中某一高度上。如果流体的流量再增大,则平衡时转子所处的位置更高;反之则相反。因此,根据转子悬浮的高低就可测知流体流量的大小。

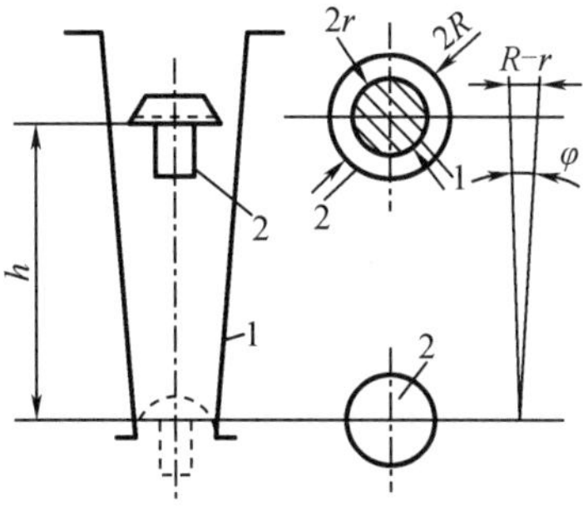


**图 3-2-27　转子流量计原理示意图**

从上可知,平衡流体的作用力是利用改变流通面积的方法来实现的,因此称它为面积式流量计。此外,无论转子处于哪个平衡位置,转子前后的压力差总是相同的。这就是转子流量计又被称为恒压降式流量计的缘故。它的流量方程式为

$$Q=\alpha\pi[2hr\tan\varphi+(h\tan\varphi)^2]\sqrt{\frac{2gV(\rho_f-\rho)}{F\rho}} \tag{3-2-26}$$

式中　$r$——转子的最大半径;

$\varphi$——锥形管的倾斜角;

$V$——转子的体积;

$V(\rho_f-\rho)$——转子在流体中的质量;

$\rho_f$——转子材质密度;

$\rho$——流体的密度;

$F$——转子的最大截面积;

$\alpha$——与转子几何形状和雷诺数有关的流量系数。

由式(3-2-26)可知,$Q$ 与 $h$ 之间并非线性关系,但因 $\varphi$ 很小,可以视作线性,所以被引入测量误差,故精度较低(±2.5%);影响测量精度的主要因素是流体的密度 $\rho$ 的变化,因此在使用之前必须进行修正。

②转子流量计的种类及结构

转子流量计一般按锥形管材料的不同,可分为玻璃管转子流量计和金属管转子流量计两大类。前者一般为就地指示型,后者一般制成流量变送器。金属管转子流量计按转换器不同又可分为气远传、电远传、指示型、报警型、带积算型等;按其变送器的结构和用途又可分为基型、夹套保温型、耐腐蚀型、高温型、高压型等。

图 3-2-28 为电远传金属管转子流量计工作原理图。当流体流过仪表时,转子上升,其位移通过封镶在转子上部的磁钢与外面的双面磁钢耦合传出,由平衡杆带动两套四连杆机构,分别实现现场指示和使铁芯相对于差动变压器产生位移,从而使差动变压器的次级绕组产生不平衡电势,经整流后输出 0~10 mV 或 0~50 mV 的电压信号。如要输出标准电流信号,则可将整流后的电压信号再经功率放大等,最后输出 0~10 mA 或 4~20 mA 的标准直流电信号,便于远传进行指示、记录或调节等。

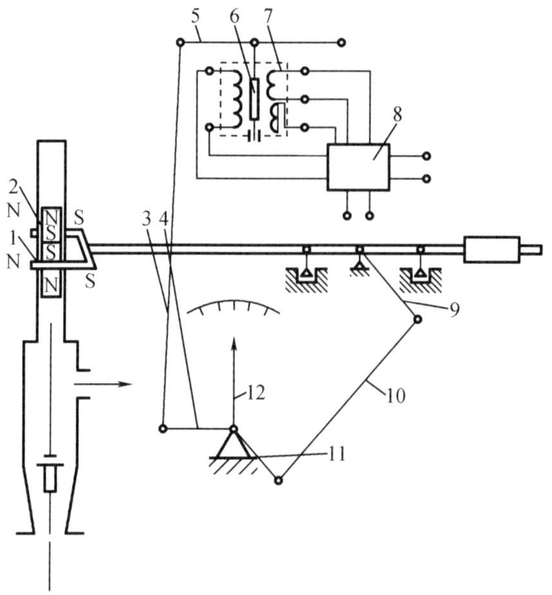


1,2—磁钢;3,4,5—第二套四连杆机构;6—铁芯;7—差动变压器;8—电转换器;9,10,11—第一套四连杆机构;12—指针。

**图 3-2-28　电远传金属管转子流量计工作原理图**

(8)冲板式流量计

随着工业生产日趋复杂和生产过程自动化水平的不断提高,固体流量测量显得越来越重要。固体流量仪表种类很多,如电容式流量计、电导率式流量计、冲板式流量计及皮带秤等。

冲板式流量计是一种用于测量自由落下的粉粒状介质的固体流量计。它利用被测介质在检测板上的冲击力,通过转换和放大输出与瞬时质量流量成比例的标准电信号或气信号。它可与各种显示仪表、调节仪表配套使用,以实现固体流量的指示、积算、记录和控制、报警、安全等。

冲板式流量计的分类,按测力方式可分为测垂直分力和水平分力两种;按结构形式可分为天平式和直行程式两种;按检测器形式可分为斜板型和锥塔型两种;按转换原理可分为位移式和力平衡式两种;按输出信号可分为标准电信号和标准气信号两种。

冲板式流量计是以动量原理工作的。从送料器加入的粉粒状介质从高度为 $h$ 处自由下落,冲击在检测板上所产生的冲击力,以及在检测板上流动时所呈现的滞留量与被测介质的瞬时质量流量 $M$ 成正比。

冲板式流量计由变送器和放大器两部分组成。图 3-2-29 为变送器的基本结构。变送器由检测板、差动变压器、量程弹簧、阻尼器、静态校验机构、横梁、挠曲支点和壳体等组成。此外,其还包括整流装置、导流器和校验门。放大器起功率放大和转换作用,以标准信号输出。

DE10 冲板传感器及 DME270 变送器组成的冲板式流量计,可以在线连续测量建筑材料,如生料水泥、熟料水泥、石灰石、石灰岩、石青、木屑等;化工方面包括化肥、塑料粉末、塑粒子和硅石等;食品或动物饲料,如咖啡、快餐食品、茶叶、可可粉、谷物、麦芽等,以及能源工业的煤粉、飞灰、焦炭等。

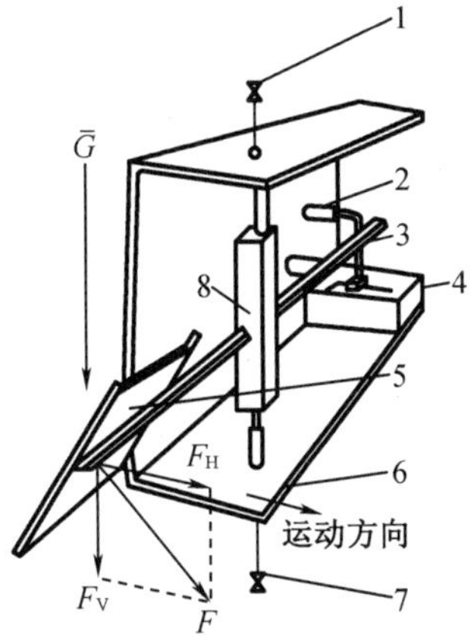


1—挠曲支点;2—差动变压器;3—量程弹簧;4—阻尼器;5—检测板;6—固定支架;7—挠曲支点,8—横梁。

**图 3-2-29　变送器的基本结构**

(9)质量流量计

在工业生产过程中,有时需要测量流体的质量流量,如化学反应的物料平衡、热量平衡、配料等。

质量流量是指在单位时间内,流经封闭管道截面处流体的质量。用来测量质量流量的仪表统称为质量流量计。

质量流量计的特点:对示值不用加以理论的或人工经验的修正;输出信号仅与质量流量成比例,而与流体的物性(如温度、压力、黏度、密度、雷诺数等)无关;与环境条件(如温度、湿度、大气压等)无关;只需检测、处理一个信号(即仪表的输出信号),就可进行远传和控制;只需一个变量对时间进行积分,所以流量的积算简单等。

质量流量计一般可分为直接式(内补偿式)与推导式(外补偿式)两类。直接式质量流量计又可分为热力式、科氏力式、动量式和差压式等几种;推导式质量流量计又被分为温度压力补偿式和密度补偿式两种。

①直接式质量流量计

直接式质量流量计是一种流量测量装置,其敏感元件的反应比例于真正的质量流量。

图 3-2-30 为差压式直接质量流量计的作用原理图。它是根据马格纳斯诱导回流效应,在仪表的壳体内安装一个圆筒,把仪表分割成两个相等的通道。当圆筒静止时,流经通道的质量流量相等,则 $p_1$ 与 $p_2$ 的压力相等。当圆筒以恒定的速度 $\omega$ 按顺时针方向旋转时,则旋转圆筒的圆周速度必将叠加到流体的流速上。显然 $p_1$ 处的流速增大,$p_2$ 处的流速减小,两者增减的速度均为旋转回筒的圆周速度,即

$$u_1=u_m+u_0$$

$$u_2=u_m-u_0$$

式中　$u_1$、$u_2$——分别为 $p_1$ 处和 $p_2$ 处的流速;

$u_m$——圆筒静止时各测点通道的流速;

$u_0$——由圆筒旋转时所产生的速度。

根据伯努利方程和流量基本公式可求得差压式质量流量计的基本公式为

$$p_1-p_2=\frac{M}{A}u_0 \qquad (3-2-27)$$

式中　$A$——一边通道的截面积。

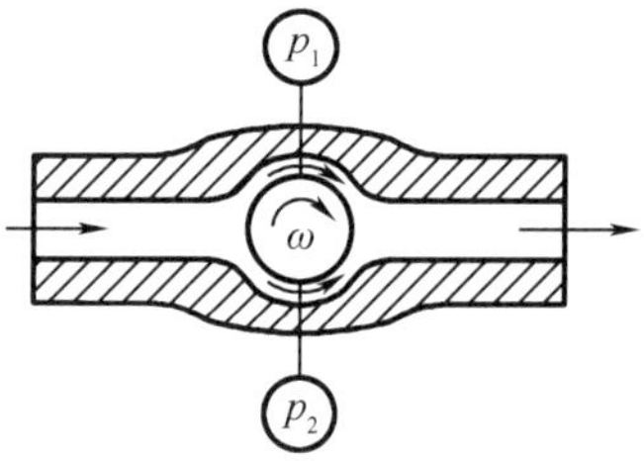


图 3-2-30　差压式直接质量流量计的作用原理图

若圆筒由同步电机带动，确保其转速恒定，则 $u_0$ 为常数。当结构及几何尺寸确定后，则 $A$ 也是常数。可见，只要测出 $p_1$ 和 $p_2$ 的压力差，就能得到与该压力差成正比的质量流量。

②科氏力质量流量计

科氏力质量流量计是目前应用较多、发展较快的一种直接式质量流量计，具有以下特点。

A. 可直接测量质量流量，与被测介质的温度、压力、黏度及密度等参数变化无关。

B. 无可动部件，可靠性较高，维修容易。

C. 线性输出，测量精度高，它可达±0.1%～±0.2%，并和 DES 计算机连用。

D. 可调量程比宽，最高可达 1：100。

E. 适用于高压气体、各种液体的测量，如腐蚀性、脏污介质、悬浮液及两相流体（液体中含气体量<10%体积）等。

科氏力质量流量计的整个测量系统，一般由传感器、变送器及数字式指示累积器等 3 部分组成（图 3-2-31）。传感器是根据科里奥利效应制成的，由传感管、电磁驱动器和电磁检测器 3 部分组成。传感管的结构种类很多，有的是 2 根 U 形管，有的是 2 根 Ω 形管，有的是 2 根直管等，如图 3-2-32 所示。电磁驱动器使传感管（如 U 形管）以其固有频率振动，而流量的导入使 U 形管在科氏力的作用下产生一种扭曲，在它的左右两侧产生一个相位差，根据科里奥利效应，该相位差与质量流量成正比。电磁检测器把该相位差转变为相应的电平信号送入变送器，经滤波、积分、放大等电量处理后，转换成与质量流量成正比的 4～20 mA 模拟信号和一定范围的频率信号两种形式输出。综上可知，科氏力质量流量计与温度、压力、密度和黏度等参数的变化无关，无须进行任何补偿，故称为直接式质量流量计。

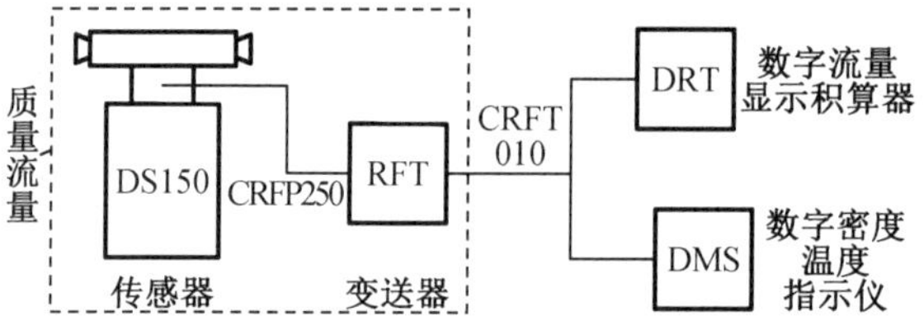


图 3-2-31　质量流量计组成框图

③推导式质量流量计

推导式质量流量计是一种体积流量测量装置。它的输出需经过补偿后才能换算成质量流量。它的实现方法有很多，特别是智能仪表和微机的应用，使推导式质量流量计发展极快。

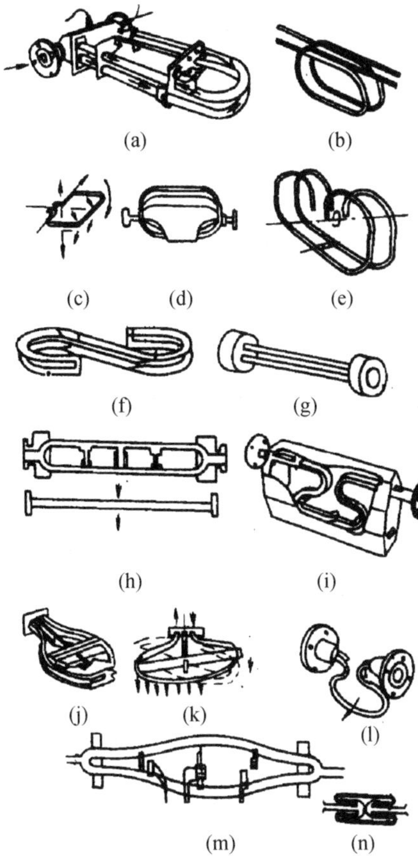


**图 3-2-32　科氏力质量流量计的传感管形状**

A. 由流量变送器和密度计组合成的质量流量计

测量流量的变送器有涡轮流量计、电磁流量计、漩涡流量计、超声波流量计等，它们和连续测量 $\rho$ 的密度计相组合，通过 $\rho Q$ 乘积的运算，最后可得质量流量 $M$。

B. 温度、压力补偿式质量流量计

在测出管道中被测流体的体积流量的同时，也测出被测点的介质温度和压力，并对上述三者进行适当运算后，求得质量流量。

C. 微型机多通道质量流量计

微型机多通道质量流量计接受来自多通道标准节流装置经差压变送器、压力变送器和温度变送器的信号，采用微型计算机在线自动运算补偿 4 个参数（密度 $\rho$、流量系数、流束膨胀系数 $\varepsilon$、节流元件的开孔直径 $d$），按要求设定一个参量（干度 $X$），并在线自动运算、显示、打印出流体的瞬时质量流量和累计总量。

D. 流量计算机

国外流量计算机使用微型机实现压力、温度补偿的方法是我国目前应用比较广泛的流量测量方法。但是随着石化工业的蓬勃发展，天然气、石油产品在管道中的传输和销售都需要解决计量的问题。另外，又因国际上能源日趋短缺，燃料价格上涨，要求计量准确。因此，国外许多工业发达国家纷纷研究出各种流量计算机。这些流量计算机不仅采用温度、压力进行补偿，而且还采用密度、比重、基本卡路里热值变送器进行补偿等。

**4. 物位检测仪表**

(1)概述

在工业生产过程中,常遇到大量的液体物料和固体物料,它们占有一定的体积,堆成一定的高度。把生产过程中罐、塔、槽等容器中存放的液体表面位置称为液位;把料斗、堆场仓库等储存的固体块,颗粒、粉料等的堆积高度和表面位置称为料位;两种互不相溶的物质的界面位置叫作界位。液位、料位及相界面总称为物位。对物位进行测量的仪表被称为物位检测仪表。

物位测量的主要目的有两个:一是通过物位测量来确定容器中的原料、产品或半成品的数量,以保证连续供应生产中各个环节所需的物料或进行经济核算;另一个是通过物位测量,了解物位是否在规定的范围内,以便使生产过程正常进行,保证产品的质量、产量和生产安全。

物位测量仪表的种类很多,如果按液位、料位、界面来分可分为以下几类。

①测量液位的仪表:玻璃管(板)式、称重式、浮力式(浮筒、浮球、浮标)、静压式(压力式、差压式)、电容式、电感式、电阻式、超声波式、放射性式、激光式及微波式等。

②测量界面的仪表:浮力式、差压式、电极式和超声波式等。

③测量料位的仪表:重锤探测式、音叉式、超声波式、激光式、放射性式等。

(2)浮力式液位计

浮力式液位计是根据浮在液面上的浮球或浮标随液位的高低而产生上下位移,或浸于液体中的浮筒随液位变化而引起浮力的变化原理进行工作的。

浮力式液位计有两种:一种是维持浮力不变的液位计,称为恒浮力式液位计,如浮球、浮标等;另一种是在检测过程中浮力发生变化的,叫作变浮力式液位计,如沉筒式液位计等。

浮力式液位计结构简单,造价低,维持方便,因此在工业生产中应用广泛。

①恒浮力式液位计

恒浮力式液位计是利用浮子本身的质量和所受的浮力均为定值,并使浮子始终漂浮在液面上,并跟随液面的变化而变化的原理来测量液位的。

图 3-2-33 为机械式就地指示液位计示意图。浮子和液位指针直接用钢带相连,为了平衡浮子的质量,使它能准确跟随液面上下灵活移动。在指针一端还装有平衡锤,当平衡时可用下式表示:

$$G-F=W \tag{3-2-28}$$

式中 $G$——浮子的质量;

$F$——浮子所受的浮力;

$W$——平衡锤的质量。

当液位上升时,浮子所受的浮力 $F$ 增大,即 $G-F$ 小于 $W$,使原有的平衡关系被破坏,平衡锤将通过钢带带动浮子上移;与此同时,浮力 $F$ 将减小,即 $G-F$ 将增大,直到 $G-F$ 重新等于 $W$ 时,仪表又恢复了平衡,即浮子已跟随液面上移到了一个新的平衡位置。此时指针即在容器外的刻度尺上指示出变化后的液位。当液位下降时,与此相反。

在式(3-2-28)中,$G$、$W$ 均可视为常数,因此,浮子平衡在任何高度的液面上时,$F$ 的值均不变,所以把这类液位计称为恒浮力式液位计。

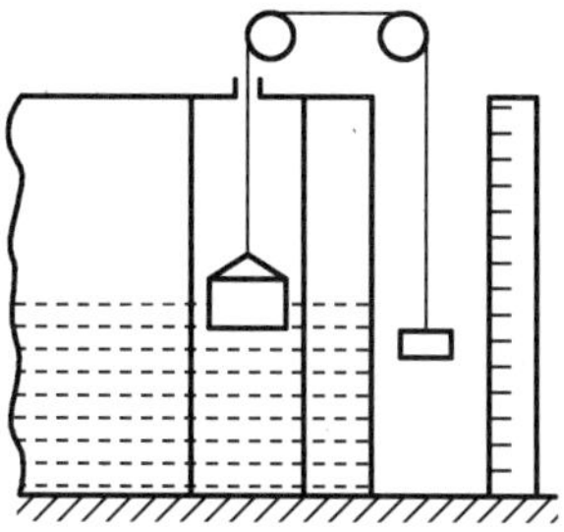

图 3-2-33 机械式就地指示液位计示意图

②变浮力式液位计

变浮力式液位计(浮筒式液位计)的检测元件是沉浸在液体中的浮筒。它随液位变化而产生浮力的变化,去推动气动或电动元件,发出信号给显示仪表,以指示被测液面值,也可作液面报警和控制。

图 3-2-34 为位移平衡浮筒式液位变送器原理图。当液位发生变化时,浮筒(又称沉筒)1 本身的重力与所受的浮力的不平衡力,经杠杆 2 传至扭力管 3,而扭力管产生转角弹性变形,由心轴 4 传出,经推板 5 传到霍尔片 6,转换成霍尔电势,经功率放大后转换成统一的标准电信号输出,以远传给显示仪表进行液位指示、记录和控制。

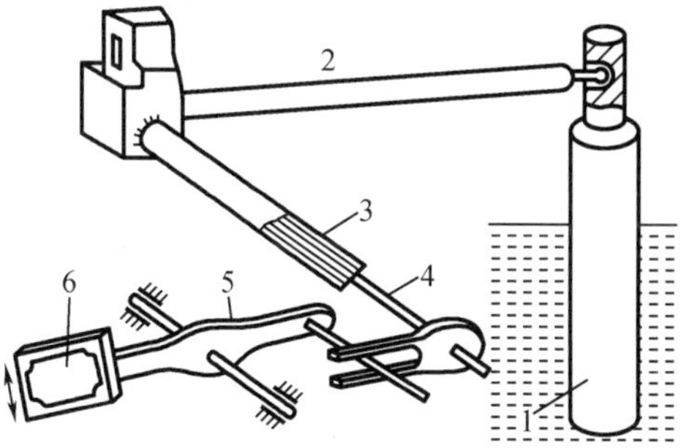


1—浮筒;2—杠杆;3—扭力管;4—心轴;5—推板;6—霍尔片。

图 3-2-34 位移平衡浮筒式液位变送器原理图

③各种浮力式液位计主要技术性能(表 3-2-19)

表 3-2-19 各种浮力式液位计主要技术性能

| 液位计名称 | 测量范围 | 最大误差 | 介质温度/℃ | 工作压力/Pa |
|---|---|---|---|---|
| 自力式浮子液位计 | 0.5~10 m | ±20 mm | — | 开口容器 |
| 远传浮子式液位计 | 0~40 m | ±(30~50) mm | -5~40 | 开口容器 |
| 自动平衡浮子式液位计 | 0~16 m | ±0.02 mm | 100 | 开口容器 |
| 浮球式液位信号器 | 0~1 000 mm | ±5 mm | 150 | $10\times10^5$ |
| 力平衡浮筒式液位变送器 | 300~2 000 mm | ±1% | 150 | $16\times10^5$ |
| 位移平衡浮筒式液位变送器 | 300~2 000 mm | ±2% | 150 | $40\times10^5$ |

(3)差压式液位计

差压式液位计是利用容器内的液位改变时,液柱产生的静压也相应变化的原理而工作的。

差压式液位计的特点如下。

①检测元件在容器中几乎不占空间,只需在容器壁上开一个或两个孔即可。

②检测元件只有一、两根导压管,结构简单,安装方便,便于操作维护,工作可靠。

③采用法兰式差压变送器可以解决高黏度、易凝固、易结晶、易腐蚀性、含有悬浮物介质的液位测量问题。

④差压式液位计通用性强,可以用来测量液位,也可用来测量压力和流量等参数。

图 3-2-35 为差压式液位计测量原理图。当差压计一端接液相,另一端接气相时,根据流体静力学原理,有

$$p_B = p_A + H\rho g \tag{3-2-29}$$

式中 $H$——液位高度;

$\rho$——被测介质密度;

$g$——被测当地的重力加速度。

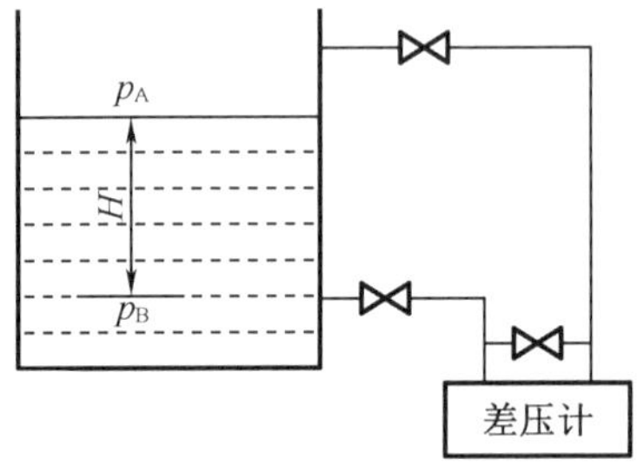


**图 3-2-35 差压式液位计测量原理图**

由式(3-2-29)可得:

$$\Delta p = p_B - p_A = H\rho g \tag{3-2-30}$$

在一般情况下,被测介质的密度和重力加速度都是已知的,因此,差压式液位计测得的差压与液位的高度 $H$ 成正比,这样就把测量液位高度的问题变成了测量差压的问题。

使用差压式液位计测量液位时,必须注意以下两个问题。

①遇到含有杂质、结晶、凝聚或易自聚的被测介质,用普通的差压变送器可能引起连接管线的堵塞,此时需要采用法兰式差压变送器,如图 3-2-36 所示。

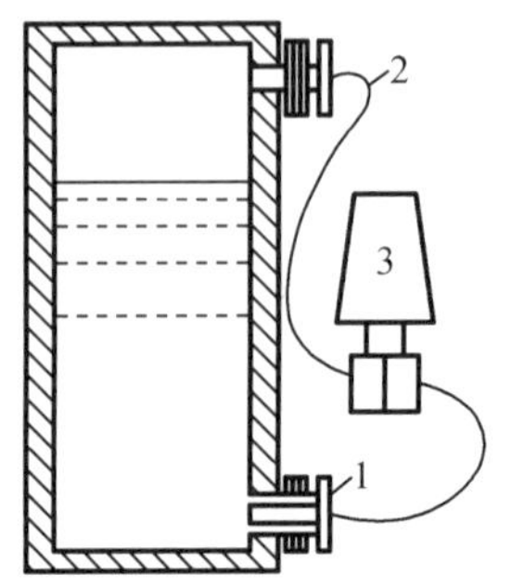


**图 3-2-36 法兰式差压变送器测液位示意图**

②当差压变送器与容器之间安装隔离罐时，需要进行零点迁移。

DDZ-Ⅲ矢量法兰式差压变送器的型号及规格见表3-2-20。

**表3-2-20　DDZ-Ⅲ矢量法兰式差压变送器的型号及规格**

| 生产厂 | 型号 | 量程范围/kPa | 技术指标 | 用途 |
| --- | --- | --- | --- | --- |
| 上海调节器厂 | DBF1-311A-Ⅰ<br>DBF1-312A-Ⅰ<br>DBF1-321A-Ⅰ<br>DBF2-311A-Ⅰ<br>DBF2-312A-Ⅰ | 0~5…0~20<br>0~15…0~60<br>0~60…0~250<br>0~5…0~20<br>0~15…0~60 | 输出：4~20 mA DC<br>负载电阻：0~250 Ω<br>基本误差：±1%<br>灵敏限：0.1%<br>变差：1%<br>工作压力：6.4 MPa<br>电源：24 V DC±5% | 在自动控调系统中，主要用于检测，可连续测量黏性、腐蚀性、沉淀性、结晶性流体的压差，以及开口容器或受压容器的液位，它与节流装置开方器相配合也可测量液体、气体、蒸汽的流量 |

(4)电容式物位计

电容式物位计是电学式物位检测方法之一，它是直接把物位变化量转换成电容的变化量，然后再变换成统一的标准电信号，传输给显示仪表进行指示、记录、报警或控制。

①工作原理

电容式物位计的电容检测元件是根据圆筒形电容器原理进行工作的。结构形式如图3-2-37所示，电容器由两个相互绝缘的同轴圆柱极板内电极和外电极组成，在两筒之间充以介电常数为$\varepsilon$的电介质时，两圆筒间的电容量为

$$C=\frac{2\pi\varepsilon L}{\ln\frac{D}{d}} \tag{3-2-31}$$

式中　$L$——两极板相互遮盖部分的长度；

$D$——外电极的内径；

$d$——圆筒形内电极的外径；

$\varepsilon$——中间介质的介电常数，$\varepsilon=\varepsilon_0\varepsilon_p$，其中$\varepsilon_0=0.84\times10^{-12}$ F/m为真空(和干空气的值近似)介电常数，$\varepsilon_p$为介质的相对介电常数。

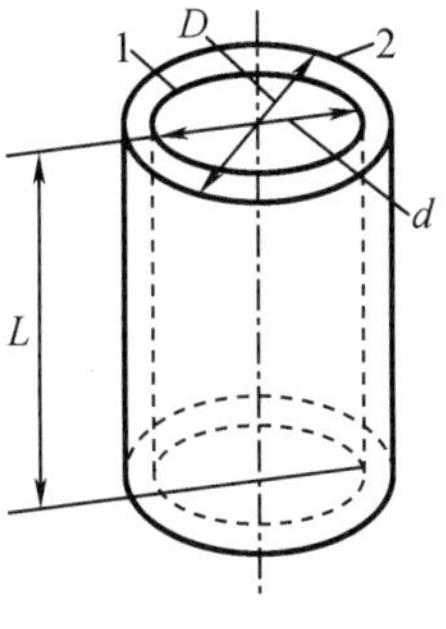


**图3-2-37　圆筒形电容器**

由式(3-2-31)可知,只要 $\varepsilon$、$L$、$D$、$d$ 中任何一个参数发生变化,就会引起电容 $C$ 的变化。在实际应用中 $\varepsilon$、$D$、$d$ 是基本不变的,故测得 $C$ 即可知道液位的高低。

②UYB-11A 型电容液位计

图 3-2-38 为 UYB-11A 型电容液位计的外形。这种液位计用来测量导电液体的液位。它由不锈钢电极套上聚四氟乙烯绝缘套管构成,这时不锈钢棒作为一个电极,导电液体作为另一个电极,聚四氟乙烯绝缘套管作为中间的填充介质,这三者构成一圆柱形电容器,如图 3-2-39 所示。

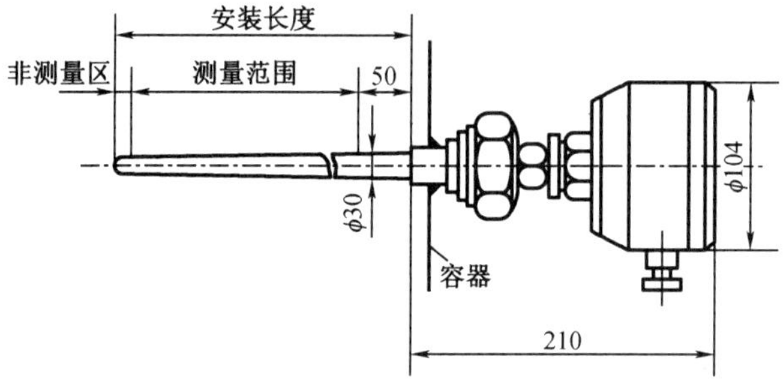


**图 3-2-38 UYB-11A 型电容液位计的外形(单位:mm)**

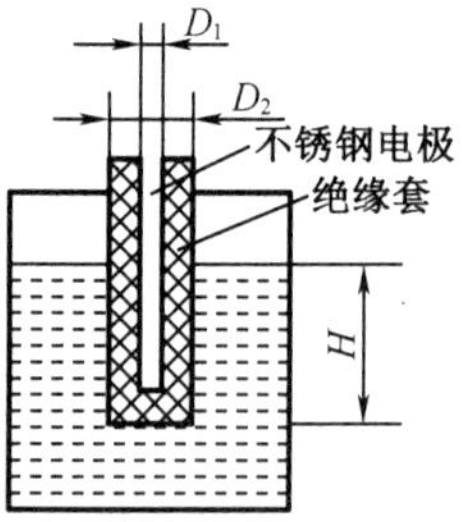


**图 3-2-39 UYB-11A 型电容液位计结构图**

UYB-11A 型电容液位计的电容变化量为

$$C=\frac{2\pi\varepsilon H}{\ln\dfrac{D_2}{D_1}}-C_0 \tag{3-2-32}$$

式中 $C_0$——容器未放液体时,不锈钢电极对容器壁的初始电容。

(5)超声波物位计

声波可以在气体、液体、固体中传播,并有一定的传播速度。声波在穿过介质时会被吸收而衰减,气体吸收最强,衰减最大,液体次之;固体吸收最少,衰减最小。声波在穿过不同密度的介质分界面处还会产生反射。超声波物位计就是根据声波从发射至接收到反射回波的时间间隔与物位高度成比例的原理来检测物位的。

工业生产中应用的超声波物位计可分为气介式、液介式、固介式 3 种。

①超声波物位计的主要特点

A. 超声波物位计无可动部分,探头的压电晶片虽振动,但振幅很小,结构简单,寿命长。

B. 仪表不受湿度、黏度的影响,并与介质的介电系数、电导率、热导率等无关。

C. 可测范围广,液体、粉末、块体(固体顺粒)的物位都可测量。

D. 检测元件(探头)不接触被测介质,因此,此仪表适用于强腐蚀性、高黏度、有毒介质和低温介质的物位与界面测量。

E. 此仪表的缺点是检测元件不能承受高温，声速又受介质的温度、压力的影响，有些被测介质对声波吸收能力很强，故它的应用有一定的局限性。另外，其电路复杂，造价较高。

②检测原理

当声波从一种介质向另一种介质传播时，在密度不同、声速不同的分界面上传播方向要发生改变，即一部分被反射（入射角=反射角），另一部分折射入相邻介质内。假设两种介质的密度分别为 $\rho_1$、$\rho_2$，声波在两种介质中的传播速度分别为 $u_1$、$u_2$，反射波的声强为 $I_R$，入射波的声强为 $I_B$，则存在以下关系：

$$I_R=I_B\frac{\left[1-\left(\frac{\rho_1u_1}{\rho_2u_2}\right)\frac{\cos\beta}{\cos\alpha}\right]^2}{\left[1+\left(\frac{\rho_1u_1}{\rho_2u_2}\right)\frac{\cos\beta}{\cos\alpha}\right]^2} \tag{3-2-33}$$

式中　$\alpha$——入射角；

$\beta$——折射角；

$\rho_1u_1$、$\rho_2u_2$——两种介质的声阻抗。

当声波垂直入射时（$\alpha=\beta=0$），其反射率为

$$R=\frac{I_R}{I_B}=\left(\frac{\rho_2u_2-\rho_1u_1}{\rho_2u_2+\rho_1u_1}\right)^2 \tag{3-2-34}$$

在声波从液体或固体传播到气体，或相反的情况下，由于两种介质的密度相差悬殊，声波几乎全部被反射。因此，当置于容器底部的探头向液面发射短促的声脉冲波时（图 3-2-40），经过时间 $t$，探头便可接收到从液面反射回来的回波声脉冲。若设探头到液面的距离为 $H$，声波在液体中的传播速度为 $u$，则有以下关系：

$$H=\frac{1}{2}ut \tag{3-2-35}$$

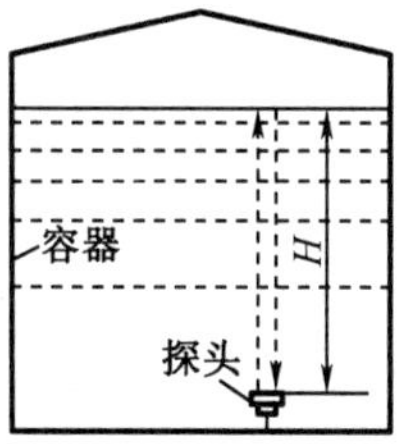


**图 3-2-40　回声测距原理**

对于一些液体来说，速度 $u$ 是已知的，因此，只要声速 $c$ 一定，便可以用测量时间的方法来确定 $H$ 的高度。

③各种超声波物位计的主要技术性能（表 3-2-21）

**表 3-2-21　各种超声波物位计的主要技术性能**

| 技术性能 | 气介式 | 液介式 | 固介式 |
| --- | --- | --- | --- |
| 测量范围/m | 0.8~30 | 0.2~10 | 0.5~5 |

表 3-2-21(续)

| 技术性能 | 气介式 | 液介式 | 固介式 |
|---|---|---|---|
| 误差/mm | ±5 | ±3 | ±0.2 |
| 声波频率/kHz | 3 | 1 000 | 1 000 |
| 环境温度/℃ | -40~50 | -40~50 | -40~50 |

(6)放射性物位计

在自然界中某些元素能放射出某种看不见的粒子流,即射线,如同位素钴($^{60}Co$)能放射出 γ 射线,铀($^{235}U$、$^{233}U$)也能放射出 α 和 β 射线等。当这些射线穿过一定厚度的物体时,因粒子的碰撞和克服阻力而消耗了粒子的动能,以致最后动能耗尽,粒子便留在物体中,即被吸收了。不同的物体对射线的穿透与吸收能力是不同的。一般来说,固体大于液体,液体大于气体。利用物体对放射性同位素射线的吸收作用来检测物位的仪表称为放射性物位计。

放射性物位计的特点如下。

①可以实现完全不接触式的测量,这是放射性物位计的最大特点。

②在被测容器上不用开孔,因而可用于高温、高压的工况。

③由于放射源物质的放射不受温度、压力的影响,并且测量元件与被测介质不接触,可用于测量高温、低高压容器中的高黏度、强腐蚀性、易燃易爆介质的物位测量。

④不仅可以测量液位,也可测量粉状、粒状和块状介质的料位。

⑤仪表可在强光、浓烟、尘埃环境下工作,不但可以连续测量,也能进行定值控制。

⑥γ 射线对人体有较大的伤害,因而在选用上必须慎重。

(7)特殊介质物位计

随着科学技术的发展与进步,工艺操作的强化,往往在高温高压或在低温负压下,可以使产品的质量和产量成倍提高与增加,但它也带来了物位测量上的麻烦,用一般的物位计来检测是不能满足要求的,特殊介质物位计的出现解决了上述物位参数的检测问题。

①涡流式连铸结晶器液面计

精确检测连铸结晶器里的液面并将它控制在一定的液位上,是提高钢铸坯质量与达到工艺最佳化的两项极其重要和不可缺少的技术。以前,钢水液面的测量是采用在结晶器壁上埋入数对热电偶,来测定温度分布的热电偶法,也有用 γ 射线穿透率的 RI 法等,各种方法都发挥了应有的作用,但在响应性、安全性和使用方便等方面都存在着一些问题。

A. 测量原理

涡流式连铸结晶器液面计的检测原理:因检测线圈在结晶器的钢水液面里产生电涡流,将电涡流的变化以线圈阻抗值的变化形式反映出来,如果测出阻抗的变化值,就可知道钢水液面的变化了。

B. 涡流式液面计的特点

与其他几种高温液面计比较,涡流式液面计有以下几个特点。

a. 频率响应特性非常好,没有测量滞后,能准确地测量液面的位置。

b. 由于非接触型测量,所以不受所加保护渣的影响,能透过保护渣测量钢水的实际液位。

c. 操作简便，没有安全、污染问题，容易安装在现场的设备上，而且价格便宜。

应用具有以上这些优点的涡流式液面计，能大幅度地提高检测和控制效果，从而也有效地提高了铸钢坯的质量。

γ 射线液位计和涡流式液位计性能比较见表 3-2-22。

**表 3-2-22　涡流式液面计的特点(与 γ 射线法比较)**

| 特点 | 涡流法 | γ 射线法 |
|---|---|---|
| 检测特性 | ①测量范围大(100±100)mm；<br>②没有测量滞后，检测、控制好；<br>③测量精度高(1 mm 以下，分辨率为 0.1 mm)；<br>④不受保护渣影响；<br>⑤检测特性不随时间变化 | ①测量范围为中心点的±35 mm；<br>②时间常数 1 s，缩短，则分辨率下降；<br>③精度±5 mm(分辨率为 2 mm)；<br>④由于保护渣，放射线衰减误差增大；<br>⑤因保护渣影响，检测特性要改变 |
| 安全性 | 没有问题 | 需要安全管理 |
| 操作性能 | ①安装方便；<br>②由于安装在结晶器的上部，所以与设备无关，安装容易；<br>③对结晶尺寸有些限制 | ①比较费时；<br>②必须在结晶器壁上埋入检测部分，需改造设备；<br>③对结晶尺寸无限制 |

②低沸点液位计

在密闭容器中，低沸点物质液位的测量是一项难度较大的检测工作，因为容器内液体的沸点往往比外界环境温度低，如液氧为-183 ℃、液氮为-195 ℃、液氨为-33.3 ℃等。对这些液体如果采用一般的液位计，把液体引出来，则将因液体迅速汽化而不能进行测量，只能用低沸点液位计才能进行测量。

**5. 便携式检测仪器**

(1)便携式检测仪器的工作原理

便携式检测仪器的工作原理因其类型和应用领域而异。以下是一些常见类型的工作原理简介。

①传感器类型

便携式检测仪器中有许多都使用传感器来测量特定的参数。传感器可以是基于各种原理的，如电阻、电容、电感、光学、声波等。传感器会接收来自样品或环境的信号，并将其转换成电信号，然后通过内部的电路或处理器进行处理和分析。

②光谱仪类型

光谱仪利用样品吸收、散射或发射光线的特性来分析其成分或性质。便携式光谱仪通常使用光源照射样品，并测量经过样品后的光线的强度和波长分布。然后，仪器根据这些测量结果进行光谱分析，以确定样品的成分或性质。

③化学分析仪器类型

便携式化学分析仪器通常通过化学反应来测量样品中特定成分的含量。例如，便携式质谱仪通过将样品中的分子进行离子化，并根据质量/电荷比进行分析，以确定样品中的化学成分。

④生物传感器类型

用于医疗保健领域的便携式生物传感器可以通过生物体样品与特定生物分子相互作用的方式进行测量。例如，血糖仪利用葡萄糖与葡萄糖氧化酶反应产生的电流来测量血液中的葡萄糖含量。

总的来说，便携式检测仪器的工作原理通常涉及样品与特定信号的交互作用，并利用各种传感器、光学元件、化学反应或生物反应等方法来测量和分析样品的特性或成分。

(2)便携式检测仪器的类型

便携式检测仪器的类型多种多样，常见的有以下几项。

①光谱仪器：用于分析样品的光谱特性，包括可见光、紫外光、红外光等。例如，便携式光谱仪可用于食品安全、环境监测等领域。

②色度计：用于测量颜色的仪器，常用于食品、化妆品、油漆等行业，以确保产品质量一致性。

③气体检测仪：用于检测空气中的各种气体浓度，如氧气、二氧化碳、一氧化碳等，常用于安全监测和环境监测。

④水质分析仪器：用于测量水样中的各种参数，如 pH 值、溶解氧、浊度等，广泛应用于水处理、环境保护等领域。

⑤温度计和湿度计：用于测量环境的温度和湿度，适用于各种场合，包括室内环境、工业生产等。

⑥压力计和流量计：用于测量流体的压力和流速，常用于工业控制系统、液体输送管道等领域。

⑦医疗检测仪器：包括血压计、血糖仪、体温计等，用于监测人体健康指标，在医疗保健领域有重要应用。

⑧化学分析仪器：如便携式质谱仪、便携式色谱仪等，用于分析化学成分和结构，常用于药物分析、环境检测等领域。

这些类型的便携式检测仪器在不同领域中发挥着重要作用，为实时监测和快速分析提供了便利。

(3)便携式检测仪器的功能

便携式检测仪器具有多种功能，主要取决于其设计和应用领域。以下是一些常见的功能。

①测量参数：包括温度、湿度、压力、流量、pH 值、溶解氧、浊度等环境参数或样品特性。

②分析成分：针对特定样品或物质进行化学成分的分析，如水质分析、食品成分检测等。

③监测指标：监测生理指标，如心率、血压、血糖、血氧饱和度等，用于医疗保健领域。

④检测污染物：用于检测空气、水、土壤等环境中的污染物，如有害气体、重金属、化学物质等。

⑤安全检测：用于检测危险物质、爆炸品、放射性物质等，确保工作场所和公共场所的安全。

⑥质量控制：用于监测和控制生产过程中的参数，以确保产品质量和生产安全。

这些功能使得便携式检测仪器在各种领域中有着广泛的应用，从环境监测到医疗诊断，从工业生产到食品安全，都发挥着重要的作用。

(4)便携式检测仪器的应用

便携式检测仪器在各个领域都有广泛的应用,包括但不限于以下内容。

①环境监测:用于测量空气、水、土壤等环境参数,如大气污染物、水质指标、土壤 pH 值等。

②医疗保健:用于测量体温、血压、血糖、心率、血氧饱和度等生理指标,以及检测病原体、疾病标志物等。

③食品安全:用于检测食品中的残留农药、重金属、微生物等有害物质,确保食品安全。

④工业生产:在工厂、实验室中用于监测生产过程中的温度、湿度、压力、流量等参数,保证产品质量和生产安全。

⑤建筑工程:用于测试建筑材料的质量和结构的稳定性,如混凝土强度、金属结构检测等。

⑥安全检测:用于检测危险物质、爆炸品、毒气等,保障工作场所和公共场所的安全。

⑦能源领域:用于检测燃料质量、发电设备运行状态、能源利用效率等。

⑧地质勘探:用于地下资源勘探,如矿产、石油、地下水等的探测和分析。

这些便携式检测仪器的应用范围十分广泛,可以满足不同领域的监测和检测需求,提高了人们的工作效率和质量。

(5)便携式检测仪器的维护保养

便携式检测仪器的维护保养对于确保其正常运行和准确性非常重要。以下是一些常见的维护保养措施。

①定期校准和校验:定期校准仪器以确保测量结果的准确性。校准频率取决于仪器类型和使用环境,通常建议每年或每隔一段时间进行一次校准。校准后需进行校验以确认仪器性能是否符合要求。

②保持清洁:保持仪器的外部和内部清洁,特别是传感器和探头部分。使用清洁布或棉签轻轻擦拭,避免使用有害化学物质和过于潮湿的清洁剂。

③正确使用和存放:遵循使用手册中的操作指南,避免将仪器暴露在极端温度、湿度或振动环境中。正确存放仪器时,应将其放置在干燥、通风良好的地方,并避免长时间不使用。

④定期维护:按照使用手册中的建议,进行定期的维护工作,如更换电池、清洁过滤器、检查连接线路等。

⑤避免过度震动和冲击:在携带和使用过程中,避免过度震动和冲击,以防损坏仪器内部零部件或传感器。

⑥更新软件和固件:定期检查仪器的软件和固件是否有更新版本,及时进行更新以确保仪器性能和功能的最新状态。

⑦及时维修和更换零部件:如果发现仪器出现故障或损坏,及时联系厂家或专业维修人员进行维修或更换零部件,避免继续使用造成更大损失或误差。

通过以上维护保养措施,可以延长便携式检测仪器的使用寿命,确保其稳定可靠地运行,以提高测量结果的准确性和可靠性。

## 二、分析仪表

### 1. 概述

分析仪器是用以测量物质(包括混合物和化合物)成分和含量及某些物理特性的一类

仪器的总称。用于实验室的称为实验室分析仪器,用于工业生产过程的称为过程在线自动分析仪表,亦称为流程分析仪器。

在工业生产中,成分分析器为操作人员提供生产流程中的有用参数,或将这些参数送入计算机进行数据处理,以实现闭环控制或报警等。利用成分分析仪表,可以了解生产过程中的原料、中间产品及成品的质量。这种控制显然比控制其他参数(如温度、压力、流量等)要直接得多。特别是与微机配合起来,将成分参数与其他参数综合进行分析处理,将更容易提高品质,达到优质、高产、低消耗的目标。

成分自动分析仪表利用各种物质的性质之间存在的差异,把所测得的成分或物质的性质转换成标准电信号,以便实现远送、指示、记录或控制。

(1)过程分析仪表的组成

过程分析仪表主要由4部分组成,其原理框图如图3-2-41所示。

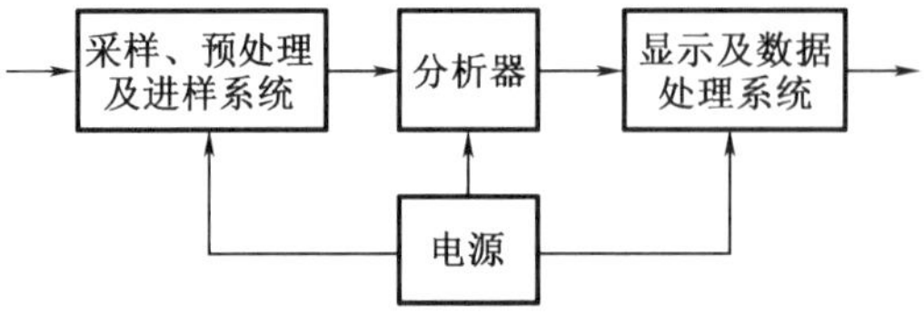


**图3-2-41　过程分析仪表的组成原理框图**

过程分析仪表各部分功能如下。

①采样、预处理及进样系统

这部分的作用是从流程中取出具有代表性的样品,并使其成分符合分析检查对样品的状态条件的要求,送入分析器。为了保证生产过程能连续自动地供给分析器合格的样品,正确地取样并进行预处理是非常重要的。如果忽视这一点,往往会使仪器不能正常工作。采样、预处理及进样系统一般由抽吸器、冷凝器、机械夹杂及化学杂质过滤器、干燥器、转化器、稳压器、稳定器和流量指示器等组成。必须根据被分析的介质的物理、化学性能进行选择。

②分析器

分析器的功能是将被分析样品的成分量(或物性量)转换成可以测量的量。随着科学技术的进步,分析器可以采用各种非电量电测法中所使用的各种敏感元件,如光敏电阻、热敏电阻及各种化学传感器等。

③显示及数据处理系统

显示及数据处理系统用来指示、记录分析结果的数据,并将其转换成相应的电信号送入自动控制系统,以实现生产过程自动化。目前很多分析仪器都配有微机,用来对数据进行处理或自动补偿,并对整个仪器的分析过程进行控制,组成智能分析仪器仪表。

④电源

电源的作用是对整个仪器提供稳定、可靠的电力。

(2)采样与预处理系统

安装在生产流程中的分析仪表是否能正常地工作,很大程度上取决于采样与预处理系统性能的好坏。

采样与预处理系统包括采样、输送、预处理(清除对分析有干扰的物质,调整样品的压力、流量和温度等)以及样品的排放等整个系统。

对采样与预处理系统的要求：使样品从采样点流到分析器的滞后时间最短；从采样点所采的样品应具有代表性，即与工艺管道（或设备）中的流体组分和含量相符合；能除去样品中造成仪器内部及管线堵塞和腐蚀的物质，以及对测量有干扰的物质，使处理后的样品清洁干净，压力、温度和流量均符合分析仪器工作要求。

①采样系统

采样系统包括采样点选择、采样探头和探头的清洗。

A. 采样点选择

采样点选择应满足的要求：能正确地反映被测组分变化的地点；不存在泄漏；试样中含尘雾量少，不会发生堵塞现象；样品不处于化学反应过程之中。

B. 采样探头

采样探头的功能是直接与被测介质接触而取得样品，并且初步净化试样。要求探头具有足够的机械强度，不与样品起化学反应和催化作用，不会造成过大的测量滞后，耐腐蚀，易安装、清洗等。

图 3-2-42 为敞口式探头结构示意图。图 3-2-42(a)为一般采样探头，为了取得相对清洁的气样，采用法兰安装。需要清洗探头时，打开塞子，用杆刷插入清洗；当气样中带有较大颗粒灰尘时，可采用带有采样管调整的探头，如图 3-2-42(b)所示，采样管的倾角可根据需要进行调整；图 3-2-42(c)为过滤式采样探头，它适用于气样中含有较多灰尘的场合；在需要取得气样温度及气流速度时，可选用图 3-2-42(d)所示的取样探头。以上 4 种探头只要采样管采用适当材料，可在 1 000~1 300 ℃使用。

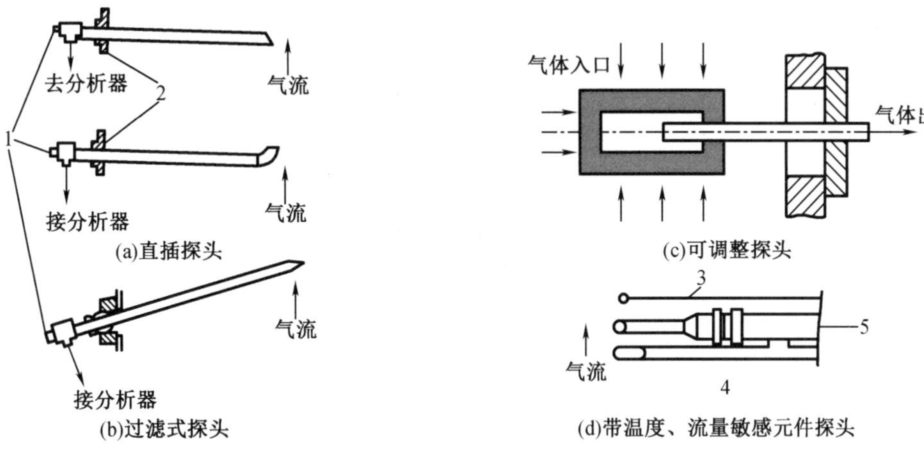


1—塞子；2—法兰；3—感温元件；4—毕托管；5—探头。

**图 3-2-42　敞口式探头结构示意图**

C. 探头清洗

有些分析仪器的探头（如离子选择性电极、pH 电极等）经常被介质中的污物污染，导致探头及检测元件反应迟钝，因此，需要定时清洗。清洗时，先用阀门将探头及检测元件与工艺流程隔开。自动清洗装置采用高压的流体喷射，或采用加热、化学法及超声波清洗。常见的清洗器见表 3-2-23。

**表 3-2-23　常见的清洗器**

| 清洗器种类 | | 机械式 | | 化学式 | | | 流体动力学 | 声学超声波 |
|---|---|---|---|---|---|---|---|---|
| | | 刷子 | 旋转的刮削器 | 酸 | 碱 | 乳化剂 | | |
| 被测介质 | 石油、脂肪 | | √ | | | √ | | √ |
| | 树脂 | | | | √ | | | √ |
| | 橡胶乳液 | | √ | | | | | |
| | 固体悬浮液 | | | | | | √ | |
| | 结晶沉积物（碳化物） | √ | √ | √ | | | | |
| | 不结晶沉积物（氢氧化物） | √ | √ | √ | | | | √ |
| 清洗器 | 结构材料 | 不锈钢 | 不锈钢 | PVC 塑料 | PVC 塑料 | PVC 塑料 | 不锈钢 | 聚丙烯、不锈钢 |
| | 使用温度/℃ | 4~60 | 4~60 | 4~60 | 4~60 | 4~60 | 4~120 | 4~90 |

被分析的样品从工艺流程中取出到预处理系统和分析器，要求样品连续输送，并且要保持样品的完整性，因此在特殊情况时，需配备必要的加热或冷却管线等，具体内容可参见《石油化工自动控制设计手册》（第四版）。

②预处理系统

预处理系统应除去分析样品中的灰尘、蒸汽、雾及有害物质和干扰组分等，保证样品符合分析仪器规定的使用条件。

A. 除尘

按微尘粒径不同，可采用不同的除尘方法。各种除尘器的性能见表 3-2-24。

常用除尘器结构示意图如图 3-2-43 所示。

机械过滤器的填充物可以用玻璃棉、动物毛等，不要用植物纤维，如脱脂棉等，因它们遇水后，透气性很差。多孔滤芯可由碳化硅、不锈钢、青铜等粉末烧结而成。过滤薄膜用玻璃纤维布或聚苯乙烯薄膜，它们可以除去 1 μm 以上的微尘。自洁式过滤器采用 400 目多孔金属滤芯，其特点是过滤器由流过试样清洗，滤芯不会发生堵塞。

湿式除尘器的原理是气体试样经过水或其他介质时直接进行清洗、吸附、凝缩、起泡等过程，借助吸附力和聚合力将灰尘与其他杂质清除掉。当气样中含有固体、液体及雾杂质时，应采用自洁式纤维除尘器。气样先经过筛网除去尘粒，液体微粒及雾在纤维表面形成液膜，由于气样流动阻力使液膜与纤维表面分离，由液膜本身重力使其向下移动，与此同时纤维得到清洗。

此外，尚有离心式除尘器，它是依靠旋转离心力，粒度和密度较大的物质向四周飞散沉积，能除去 20 μm 以上的微尘。

由于各类分析仪器对微尘敏感程度不同，因此需根据具体分析器所允许气样中含尘率，选用合适的除尘器。

B. 除湿

高温气样经过冷却产生凝结水，或气样本身湿度较大，甚至含有大量蒸汽或游离水。凝结水聚集在管内，可能使管道堵塞。如果气样中含有 $CO_2$、$SO_2$、$SO_3$ 等可溶性成分，它们与凝结水形成腐蚀性酸,这样不仅腐蚀管道,还给分析结果带来较大误差。因此,要求送入分析器的气样必须是经过除湿器处理后的干燥气体。

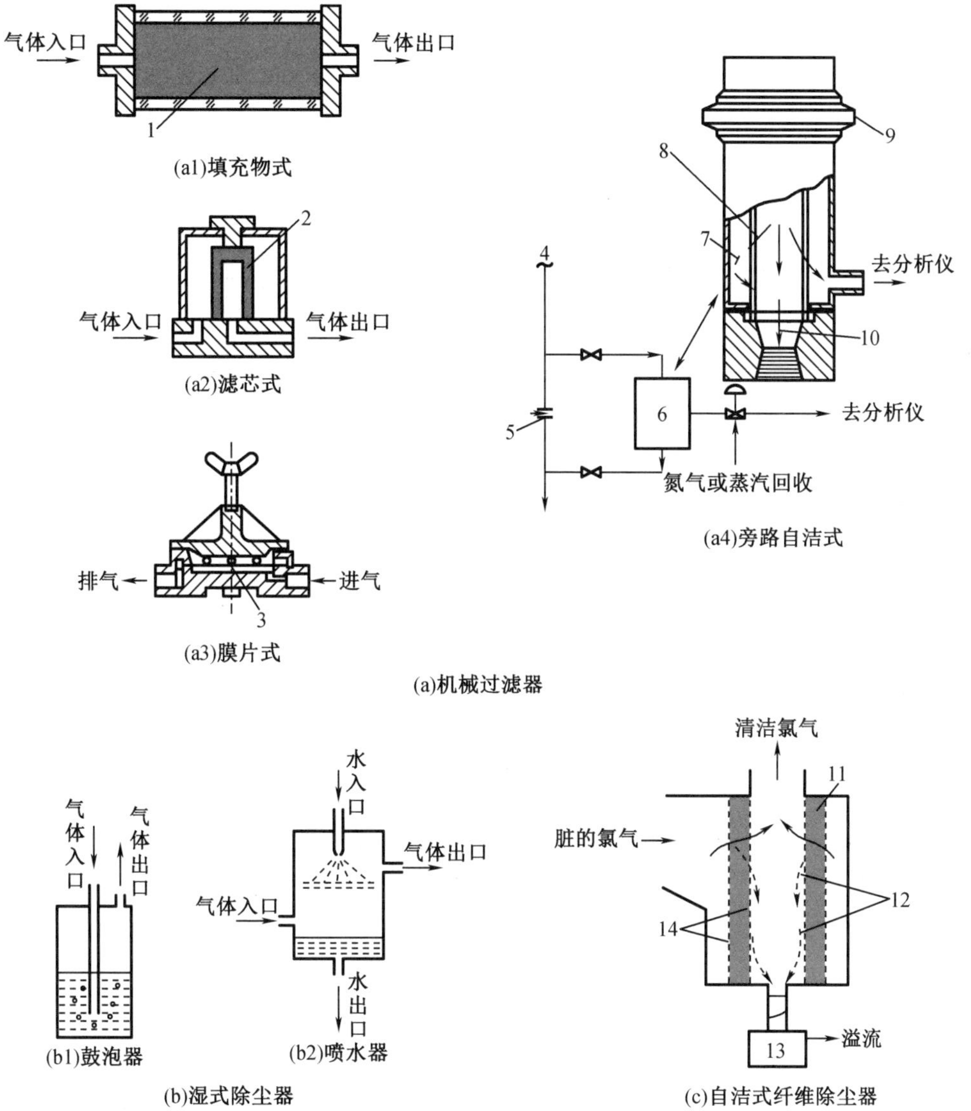


1—填充物;2—滤芯;3—过滤膜片;4—工艺管;5—阻力件;6—回路过滤器;7—清洁试样;8—400 目滤芯;9—快速拆开连接件;10—脏试样;11—纤维;12—排泄液体;13—密封罐;14—筛网。

**图 3-2-43　常用除尘器结构示意图**

常用除湿器是如图 3-2-44 所示的吸湿过滤器。气样通过干燥剂时,水分被干燥剂吸收。常用干燥剂列于表 3-2-25 中。应选用与气样不起化学反应及吸附作用的,并且气体通过干燥剂后的残留水又能符合分析仪器要求的干燥剂。使用时吸湿过滤器中的干燥剂需经常更换,并且不能处理含水率高的试样。现在,还有用分子筛作为干燥剂的自动活化吸湿器,它能较长时间工作,而且维护简单。

表 3-2-24　除尘器性能

| 除尘器 | 原理 | 除尘粒径/μm | 含尘浓度 | 试样速度/（$m \cdot s^{-1}$） | 压力损失/Pa | 除尘率/% | 其他 |
|---|---|---|---|---|---|---|---|
| 重力沉降式 | 重力沉降 | 50 以上 | 大 | 0.1~0.4 | 650~2 000 | 50~90 | 还能除去部分雾 |
| 惯性式 | — | 10~20 以上 | 大 | 5~10 | 1 300~4 000 | 小 | 还能除去部分雾 |
| 离心式 | 旋转气流离心力使气体、固体分离 | 2~20 以上 | 大 | 8.5~15 | 6 500~20 000 | 50~90 | 还能除去部分雾 |
| 湿式 | 液体洗涤 | 1~5 | 小 | 1.5 | 250~1 500 | 小 | 还能除雾 |
| 过滤式 | 多孔材质过滤作用 | 1 以上 | 小 | 0.15~0.30 | 60~150 | 85 以下 | — |
| 电气式 | 静电除尘 | 5 以下 | 小 | 1~20 | 150~250 | 85~90 | 适用于除微尘 |

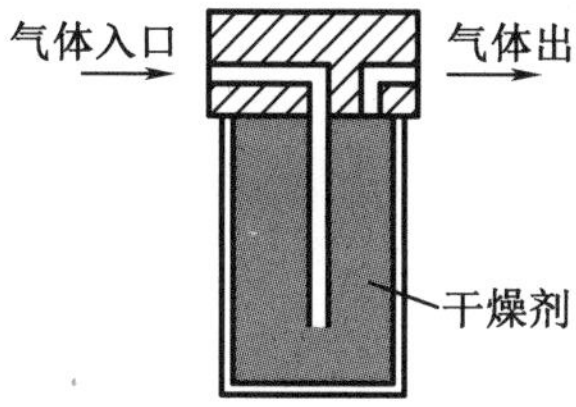


**图 3-2-44　吸湿过滤器**

**表 3-2-25　常用干燥剂**

| 干燥剂 | 气样通过后气样中的残留水/(mg · $L^{-1}$) |
|---|---|
| 五氧化二磷 | 0.000 02 |
| 硅胶 | 0.003 |
| 氢氧化钾 | 0.003 |
| 氯化钙 | 0.14 |
| 生石灰 | 0.20 |

对于气体中含有较多游离子水的试样,可采用图 3-2-45 所示的气水分离器进行除湿。当气体流速较小时,靠碰撞及重力作用,除去质量较大的游离水;流速较高时,气体沿分离片旋转,靠离心力析出水滴,通过气水分离器后的残留水为 5%。聚集在底部的冷凝水需定期排走。

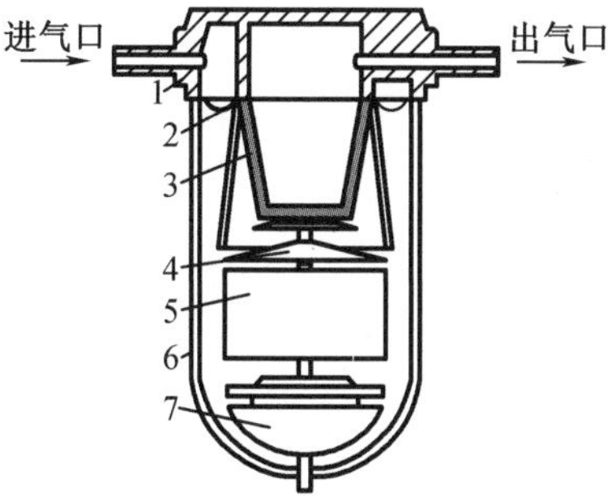


1—气室;2—分离片;3—过滤器;4-稳流器;5—浮子;6—外壳;7—膜片阀门。

**图 3-2-45　气水分离器工作原理图**

C. 有害成分处理

当被分析的气样中含有腐蚀性物质,或存在对测量产生干扰,造成分析误差的组分时,应注意选用合适的吸附剂,采用吸收或吸附、燃烧、化学反应等方法除去。常采用的吸附剂性能见表 3-2-26。

此外,还可采用燃烧法,将气样通过催化剂作用在高温燃烧室燃烧,使有害成分通过燃烧转化为无害成分。

D. 压力调整及抽吸装置

当过程压力较高时,取样需采用减压阀和稳压阀,使试样压力符合分析系统的要求。常用针阀,也可用蒸汽减压阀或液体减压阀来进行减压。当过程压力较低时,必须采用抽吸装置将试样从过程中抽出并导入分析系统。

**表 3-2-26 吸附剂性能**

| 吸附剂 | 主要吸收成分 | 能被吸收的其他成分 | 吸附剂 | 主要吸收成分 | 能被吸收的其他成分 |
|---|---|---|---|---|---|
| 活性炭 | $H_2SO_4$、$SO_3$ | — | 褐铁矿 | $H_2S$,HCN | $SO_2$、$H_2O$、$CO_2$ |
| 玻璃棉 | 油、溶剂、蒸汽 | $NH_3$、$SO_2$、$CO_2$、$Cl_2$、$C_nH_n$ | 发烟硫酸 | 不饱和烃 | — |
| | | | 钯石棉 | $H_2$ | — |
| 碱灰 | $CO_2$、$SO_2$ | $Cl_2$、$H_2O$ | 硫酸亚钢 | CO | — |

常用抽吸装置有振动膜式泵、喷射泵及水流抽气泵等。

图 3-2-46 为适用于接近大气压的抽吸装置结构示意图。图 3-2-46(a)为水流抽吸泵,它分为负压及正压两种工作系统。负压工作系统在抽气室的负压作用下,气样经过水过滤器进行冷却与清洗后,冒出水面的气泡经过滤器滤去水滴及杂质后送入分析器的工作气室;另一路为参比空气,经调压器进入水过滤器的空气过滤室,然后再经过滤器滤去水滴及杂质后进入参比气室。从工作气室和参比气室出来的两路气体合并后到达抽气室,随水流一起排出。抽气用水由水箱下部进水。进入抽气室的水,按一定比例分三路,其中两路向上,分别流入左右水过滤室,一路向下,经过短管流入抽气室。因落水的重力作用,使抽气室造成负压,从而达到抽气的目的。

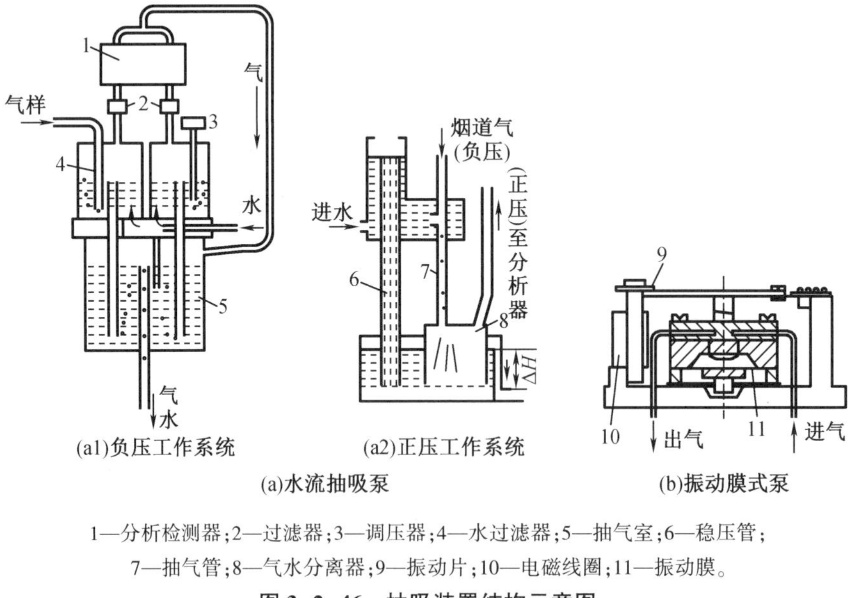


1—分析检测器;2—过滤器;3—调压器;4—水过滤器;5—抽气室;6—稳压管;
7—抽气管;8—气水分离器;9—振动片;10—电磁线圈;11—振动膜。

**图 3-2-46 抽吸装置结构示意图**

正压工作系统的水流抽吸泵装于采样装置及分析检测器之间,被测气体在抽气室的负压作用下被抽入泵内,与水一起形成气水混合物,然后在水气分离器内形成正压,送入分析检测器。由于分析检测器在正压下工作,测量的可靠性较高。

对于有爆炸危险的场所,常采用蒸汽喷射泵抽吸气样;对负压较大的过程采样,常用真空泵或扩散泵等。

E. 采样与预处理系统的配置

采样与预处理系统的配置原则：输送管线及预处理装置不堵塞，不被腐蚀，不泄漏；并且试样经过输送和预处理后不影响分析精确度，仍具有代表性，响应时间快，试样符合分析仪器使用要求；另外还需考虑投资少、维护检修方便等。因此，系统配置的程序为除尘-除湿-减压-除有害成分-调压（或称压稳流）-分析检测器-排放（或放空）。如工艺过程压力较高，则在采样口附近经减压阀减压后，再送入预处理系统。

一般情况下，根据试样压力和温度，连接导管的内径为 4～6 mm 的不锈钢管、铜管、铝管、聚氯乙烯管、尼龙管、橡皮管及玻璃管等。在有可能堵塞处，应局部加粗，避免堵塞。如在试样输送过程中因冷却而产生冷凝时，则应安装加热伴热管，同时还可设置冷凝液收集器。

工业上常见的基本采样系统有以下几种。

a. 单点采样系统

单点采样系统如图 3-2-47 所示，仅适用于正压操作的工艺过程，而且试样中无有害组分、无腐蚀性杂质，并且反应迅速。

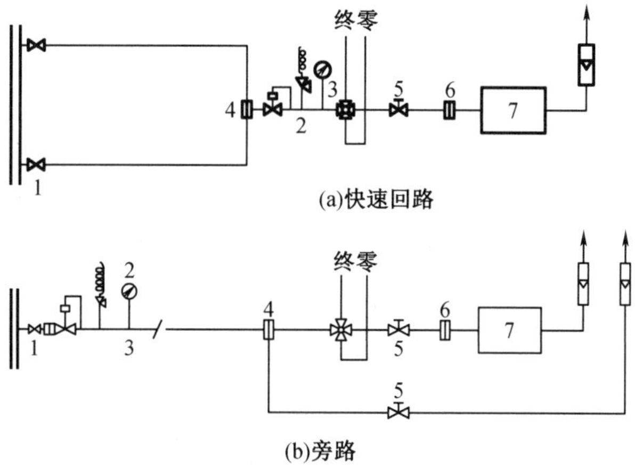


1—关闭阀；2—安全阀；3—压力调节器；4—旁路过滤器；5—针阀；6—精过滤器；7—分析器。

**图 3-2-47　单点采样系统**

b. 带反冲洗的单阀流路切换系统

带反冲洗的单阀流路切换系统如图 3-2-48 所示。该系统的特点：每个试样流路使用了一只三通阀，支管被试样反冲洗，防止了各试样的相互污染，且每个试样均在流动，反应很快。图 3-2-48 中所示，电磁阀 SV-1 通电，流路 1 正在向分析仪供试样；电磁阀 SV-2、SV-3 断电，切断流路 2、流路 3 的试样去分析仪，试样 2、试样 3 经旁路连续放空或回收。流路 1 的试样除去分析仪及旁路外，小部分试样经过反冲洗限流器 $R_5$ 和 $R_6$，将原先试样清洗掉。本系统因有大量的试样被旁路，因此，需要设置完整的回收装置。

c. 双段-双泄系统

双段-双泄系统如图 3-2-49 所示，适用于液体试样。它有 3 个流路，且带快回路。由图 3-2-49 可知，流路 1 正在向分析仪供试样，虚线箭头为阀间放空线，这样可以防止试样相互污染。但当流路切换后，有短时间的迟延，这个时间的长短取决于管线中的体积和试样的流量。如果因试祥流量太小而引起响应不及时，则可以采用二次旁路。

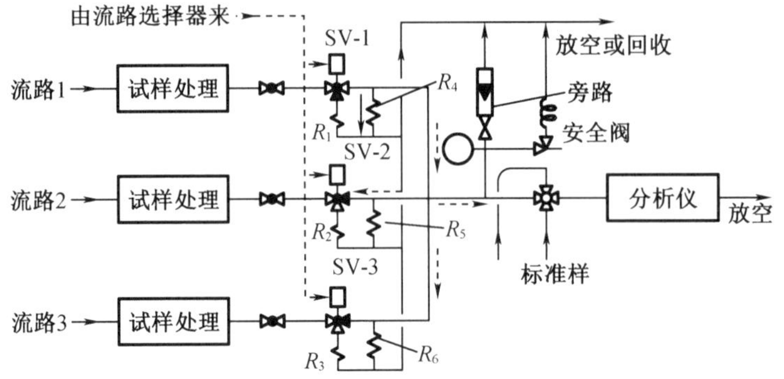


图 3-2-48　带反冲洗的单阀流路切换系统

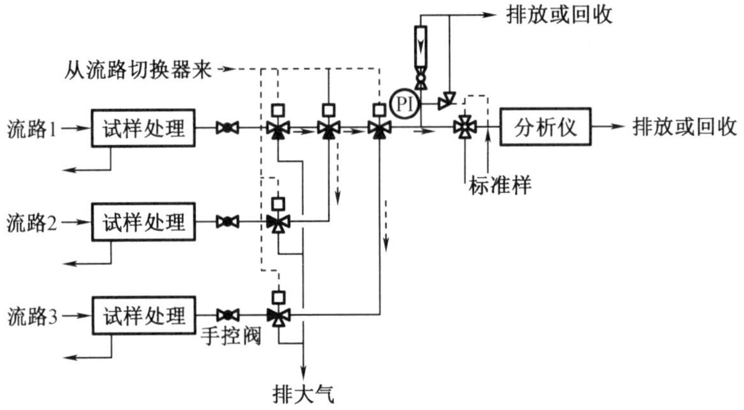


图 3-2-49　双段—双泄系统(液体样品)

图 3-2-48 和图 3-2-49 中流路切换使用的是电磁阀,如在易燃易爆场所,可改用气动切换阀。

对于高温、高湿、腐蚀性强、尘粒重、杂质多的试样,可采用带过滤器采样探头,并且还需设置相应的预处理系统。

(3)过程分析仪表的主要技术特性与选择

过程分析仪表按工作原理可分为磁导式分析器、热导式分析器、红外线分析器、工业色谱仪、电化学式分析器、热化学式分析器和光电比色式分析器等;此外还有超声波黏度计、工业折光仪、气体热值分析仪、水质浊度计及密度式硫酸浓度计等。

过程分析仪表的特点是专用性强,每种分析器的适用范围都很有限。同一类分析器,即使有相同的测量范围,但由于待测的试样的背景组成不同,并不一定都适用。目前我国对过程分析仪表各项技术性能的定义和指标还没有统一的规定,下面介绍的一些基本和主要的技术性能仅供读者参考。

①精度

由于微机和计算技术的发展,使用微处理机或微型计算的过程分析仪表能自动监测工作条件变化,自动进行补偿;并且不用标准试样,便能及时地自动校正零点漂移或由其他原因引起的测量误差,也能对仪器本身进行故障诊断等。这些仪器的精度可达±0.5%。一般分析仪表精度为±(1.0~2.5)%,微量分析的分析器精度为±(1.0~2.5)%,个别的为±10%或更大。

②灵敏度

灵敏度是指仪器输出信号变化与被测组分浓度变化之比,比值越大,表明仪器越灵敏,即被测组分浓度有微小变化时，仪器就有较大的输出变化。灵敏度是衡量分析仪器质量的主要指标之一。

③响应时间

响应时间是表达被测组分的浓度发生变化后，仪器输出信号跟随变化的快慢。一般从样品含量发生变化开始，到仪器响应达到最大指示值的90%时所需的时间即为响应时间。

自动分析仪表的响应时间愈短愈好，特别是自动成分分析仪表的输出作为在线自控信号时，更显得重要。

(4)过程分析仪表的选用

目前分析气体的分析仪表已广泛应用于在线检测与控制，有些液体试样分析仪器在过程检测中应用也比较成熟。但因分析仪表品种繁多，选用时应根据具体试样及背景进行选择。

表3-2-27所列是目前我国已能生产的过程分析仪表。

**表3-2-27　目前我国已能生产的过程分析仪表**

| 介质类别 | 待测组分（或物理量） | 含量范围 | 背景组成 | 可选用的过程分析仪表 |
|---|---|---|---|---|
| 气体 | $H_2$ | 常量，V% | $Cl_2$、$N_2$、Ar、$O_2$ | 热导式氢分析器 |
| | $O_2$ | 常量，V% | 烟道气（$CO_2$、$N_2$） | ①热磁式氧分析器<br>②磁力机械式分析器<br>③氧化锆氧分析器<br>④极谱式氧分析器 |
| | | | 含过量氢 | 热化学式氧分析器 |
| | | | $SO_2$ | 氧化锆氧分析器 |
| | | 微量，$\times10^{-6}$ | Ar、$N_2$、He | ①氧化锆氧分析器<br>②电化学式微氧分析器 |
| | Ar | 常量，V% | $N_2$、$O_2$ | 热导式氩气分析器 |
| | $SO_2$ | 常量，V% | 空气 | ①热导式$SO_2$分析器<br>②工业极谱式$SO_2$分析器<br>③红外线$SO_2$分析器 |
| | $CH_2$ | 常量，V%<br>微量，$\times10^{-6}$ | $H_2$、$N_2$ | 红外线$CH_4$分析器 |
| | $CO_2$ | 常量，V% | 烟道气（$N_2$、$O_2$）<br>窑气（$N_2$、$O_2$） | ①热导式$CO_2$分析器<br>②红外线$CO_2$分析器 |
| | | 微量，$\times10^{-6}$ | $H_2$、$N_2$、$CH_4$<br>Ar、CO、$NH_3$ | ①红外线$CO_2$分析器<br>②电导式微量$CO_2$、CO分析器 |
| | CO | 微量，$\times10^{-6}$ | $CO_2$、$H_2$、$N_2$<br>$CH_4$、Ar、$NH_3$ | ①红外线CO分析器 |
| | | | | ②电导式微量$CO_2$、CO分析器 |
| | $C_2H_2$ | 微量，$\times10^{-6}$ | 空气或$O_2$或$N_2$ | 红外线$C_2H_2$分析器 |

**表 3-2-27(续)**

| 介质类别 | 待测组分(或物理量) | 含量范围 | 背景组成 | 可选用的过程分析仪表 |
|---|---|---|---|---|
| | $NH_4$ | 常量,% | $H_2$、$N_2$ 等 | 电化学式(库仑滴定)分析器 |
| | $H_2S$ | 微量,$\times10^{-6}$ | 天然气等 | 光电比色 $H_2S$ 分析器 |
| | 可燃性气体 | 爆炸下限,% | 空气 | 可燃性气体检测报警器 |
| | 多组分 | 常量或微量 | 各种气体 | 工业气相色谱仪 |
| | 水分 | 微量,$\times10^{-6}$ | 空气或 $H_2$ 或 $O_2$ | ①电解式微量水分分析器<br>②压电式微量水分分析器 |
| | | | 惰性气体 | |
| | | | CO 或 $CO_2$ | |
| | | | 烷烃或芳烃等气体 | |
| 液体 | 热值 | 800~10 000 kcal/$Nm^3$① | 燃气、天然气或煤气 | 气体热值仪 |
| | 溶解 | 微量,μg/L | 除氧器锅炉给水 | 电化学式水中氧分析器 |
| | | 微量,mg/L | 水、污水等 | 极谱式水中溶解氧分析器 |
| | 硅酸根 | 微量,μg/L | 蒸汽或锅炉给水 | 硅酸根分析器 |
| | 磷酸根 | 微量,mg/L | 锅炉给水 | 磷酸根分析器 |
| | 酸(HCl 或 $H_2SO_4$ 或 $HNO_3$) | 常量,V% | $H_2O$ | ①电磁式浓度计<br>②密度式酸碱浓度计<br>③电导式酸碱浓度计 |
| | 碱(NaOH) | | | |
| | 盐 | 微量,mg/L | 蒸汽 | 盐量计 |
| | Cu | mol/L | 铜氨液 | Cu 光电比色式分析器 |
| | 对比电导率 | — | 阳离子交换器出口水 | 阳离子交换器失效监督仪 |
| | | | 阴离子交换器出口水 | 阴离子交换器失效监督仪 |
| | 电导率 | — | 水或离子交换后的水 | 工业电导仪 |
| | 浊度 | 微量,mg/L | 自来水、工业用水 | 水质浊度计 |
| | pH | — | 各种溶液 | 工业酸度计(电极为玻璃电极) |
| | | | 不含氧化还原性物质和重金属离子或与锑电极能生成负离子物质的溶液 | 锑电极酸度计 |
| | 钠离子 | 4~7 pNa | 纯水 | 工业钠度计 |
| | | 常量(滴度) | 联碱生产过程盐析结晶器液体 | 钠离子浓度计 |
| | 黏度 | 0~50 000 cP② | 牛顿型液体 | 超声波黏度计 |
| | 折光率或浓度 | — | 各种溶液 | 工业折光仪(光电浓度变送器) |

注:①1 cal = 4. 18 J。

②1 cP = $10^{-3}$ Pa · s。

**2. 工业色谱仪**

气相色谱分析法是一项新的分离技术，由于它分离效能高，分析速度快，样品用量少，并可进行多组分分析，因而发展很快，是目前工业过程中应用最为普遍的一种成分分析仪，但色谱仪不能实现连续进样分析。

气相色谱仪主要有实验室气相色谱仪和工业气相色谱仪。用于生产流程中的全自动气相色谱仪称为工业色谱仪。

(1)色谱分析的基本原理

色谱分析是一种物理、化学的分析方法，其特点是使被分析的混合物通过色谱柱将各组分进行分离，并通过检测器后输出与组分的量成比例的信号。

图 3-2-50 为气相色谱仪工作原理图。载气由气压瓶提供，经过流量调节阀和转子流量计后进入进样阀，被测试样从进样阀注入，并随载气一起进入色谱柱。色谱柱内的固定相是一些吸附剂或吸收剂，吸附剂或吸收剂对不同的物质有不同的吸附能力或不同的吸收能力。因此当包含样品的流动相流过固定相表面时，样品中各个组分在流动相和固定相中的分配比例不相同，使得各组分在色谱柱中流动的速度不同，进而使各组分离开色谱柱进入检测器的时间也不一样。检测器根据样品到达的先后次序测定出各组分及浓度信号，得到的色谱图如图 3-2-51 所示。

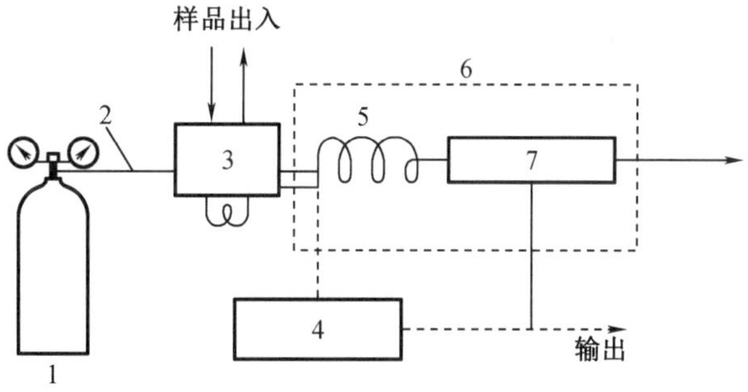


1—气瓶；2—载气；3—进样阀；4—程序控制器；5—色谱柱；6—恒温箱；7—检测器。

**图 3-2-50　气相色谱仪工作原理图**

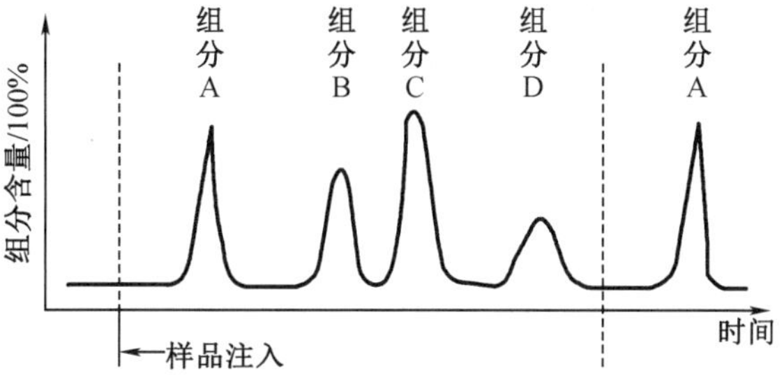


**图 3-2-51　色谱图**

确定各组分百分含量的一种最简单的方法是按色谱图中各个峰波面积的相对大小来计算。如图 3-2-51 中，样品中确定有 4 个组分，而它们的峰波面积分别为 $A_1$、$A_2$、$A_3$ 和 $A_4$，则第 $i$ 个组分的百分含量为

$$C_i\% = \frac{A_i}{A_1 + A_2 + A_3 + A_4} \times 100\%$$

注意,这种求法,样品中各组分必须出峰波,而且各组分的灵敏度也要相等。

(2)工业色谱仪的组成

工业色谱仪由取样系统、分析单元、程序控制器、数据处理装置等部分组成,如图 3-2-52 所示。

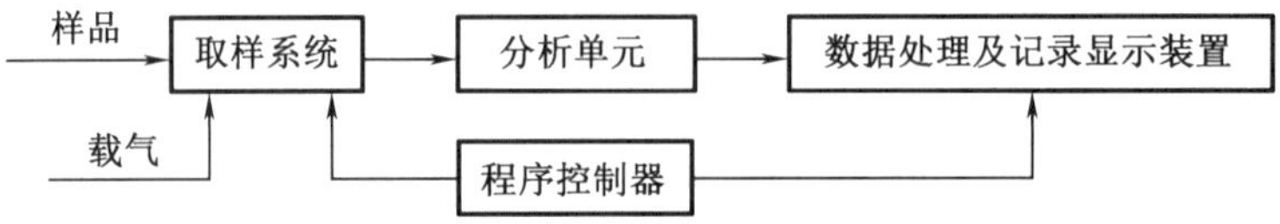


图 3-2-52　工业色谱仪的组成方框图

取样系统包括压力调节阀、过滤器、流量控制器、样品温度调节装置和流路切换阀等。其任务是清除试样和载气中可能存在的雾气、油类、水分、腐蚀性物质和机械杂质等,并使进入分析系统的气样及载气的压力和流量保持恒定。

分析单元由色谱柱、检测器、取样阀、色谱柱切换阀等部分组成。其作用是:被分析气样在载气流的携带下进入色谱柱,在色谱柱中各组分按分配系数的不同被先后分离,依次流出,并经过检测器进行测定。

程序控制器按一定的时间程序,对取样、进样、流路切换、信号衰减、零位调整、谱峰记录及数据处理等分析过程发出指令,进行自动操作。

数据处理装置将检测器的输出信号,经过一定的数据处理后进行显示、记录,或通过计算机实现生产过程自动化。

除上述基本部分外,工业色谱仪还应包括一些辅助装置,如供热导检测器用的稳压电源,作为氢火焰离子化检测器的微电流放大器及恒温箱的控制线路等。

(3)CX-2 型工业气相色谱仪

CX-2 型工业气相色谱仪由取样及预处理装置、热导检测器、控制器和记录仪组成。控制器由机械凸轮结构的程序器、切换阁控制电路、多点取样电路和信号电路组成,可以自动地分析 1~6 取样点的 1~6 个组分。

其特点如下。

①通用性强,可适用于多种分析对象。仪器可以根据不同的分析对象安排各种流程,以满足多种不同分析对象的要求,对不同的组分有不同的量程,对不同取样点中的相同组分,也可具有不同的量程。

②恒温箱的温度采用可控硅比例控制,恒温精度高,恒温温度可根据不同的分析对象进行调整,工作稳定性好,可靠。

③进样、色谱柱切换、反吹等动作均由一个十六通切换阀完成。

CX-2 型工业气相色谱仪的分类、用途及配套使用见表 3-2-28。

由于该仪器的结构比较复杂,因此出现故障的概率较高。CX-2 型工业气相色谱仪常见故障及处理方法见表 3-2-29。

表 3-2-28　CX-2 型工业气相色谱仪的分类、用途及配套使用

| 型号 | 名称 | 主要用途 | 主要性能 | 配套使用 |
|---|---|---|---|---|
| CX-2A 系列 | 工业气相色谱仪 | 适用于化肥、石油精炼、石油化工、冶金等工业流程中作为多流路、多组分气体常量样品的自动分析。<br>CX-2A01 型:合成氨、半水煤气、交换气中的 $O_2(H_2)$、$N_2$、$CH_4$、CO、$CO_2$;<br>CX-2A02 型:合成氨新鲜气、循环中的 $Ar(H_2)$、$N_2$、$CH_4$、$NH_3$;<br>CX-2A03 型:石油裂解气中的 $CH_4$、$C_2H_6$、$C_3H_8$;<br>CX-2A04 型:乙二醇装置中的 $C_2H_4O$、$CO_2$、$C_2H_4$;<br>CX-2A05 型:合成丁醇循环气中的 $CO_2$、$N_2$、CO、$C_3H_6$、$C_3H_8$;<br>CX-2A06 型:乙烯氧化气中的 $O_2$、$N_2$、$CH_4$;<br>CX-2A07 型:醋酸气中的 $C_2H_4$、CO、$O_2$、$N_2$;<br>CX-2A08 型:石油气中的 $CO_2$、CO、$CH_4$、$C_2H_2$、$C_2H_6$;<br>CX-2A09 型:异丙醇装置中的 $C_2^0$、$C_2^-$、$C_3^0$、$C_3^-$、Cl、$C_4^-$;<br>CX-2A10 型:气体精馏装置中的 $iC_4^9$、$nC_4^0$、$iC_4^-$、$nC_4^-$、$iC_{-2}^-$、$C_n-C_{4-2}^-$;<br>CX-2A11 型:气体烃中的 $C_2$、$C_3$、$C_5$;<br>CX-2A12 型:液体烃中的 $C_2^0$、$C_2^-$、$iC_0^0$、$nC_5^0$ | 程序周期:3~20 min,从 4 min 开始,每 2 min 一挡;<br>分析流路:1~6 流路;<br>分析组分数:1~6 组分 | 检测器一台;<br>控制器一台;<br>电子电位差计一台;<br>预处理装置 |
| CX-2B 系列 | 防爆工业气相色谱仪 | 适用于化肥、石油精炼、石油化工、冶金等工业流程中作为多流路、多组分常量气态样品的自动分析 | 程序周期:最长 3 999 s,最小 1 s;<br>测定流路数:1~6 流路;<br>分析组分数:1~12 组分 | 检测器一台;<br>控制器一台;<br>信息处理器一台;<br>XWC-100 型电子电位差计一台;<br>预处理器 |
| CX-2C 系列 | 防爆工业气相色谱仪 | 适用于化肥、石油精炼、石油化工、冶金等工业流程中作为多流路、多组分常量液态样品的自动分析 | | |
| CX-2D 系列 | 防爆工业气相色谱仪 | 适用于化肥、石油精炼、石油化工、冶金等工业流程中作为多流路、多组分微量气体样品的自动分析 | 切换流程及反吹流程,若样品为气态,可对样气进行气压平衡 | — |
| CX-2E 系列 | 防爆工业气相色谱仪 | 适用于化肥、石油精炼、石油化工、冶金等工业流程中作为多流路、多组分微量液态样品的自动分析 | 输出 0~5 V 或 1~5 V(0~10 mA 或 4~20 mA)峰值式积分值模拟信号,并可向计算机发送流路识别信号、组分识别信号及优先中断信号。<br>分析器部分为防爆结构 | — |

**表 3-2-29　CX-2 型工业气相色谱仪常见故障及处理方法**

| 故障现象 | 故障原因 | 排除方法 |
|---|---|---|
| 气路漏气 | 接头未拧紧 | 拧紧接头 |
| | 多次拆装,接头的锥度、密封垫变形 | 更换锥度、密封垫 |
| | 部件漏气 | 分段试漏,找出漏气点 |
| 气路串气 | 切换阀的阀体、阀盖之间有杂质 | 清洗切换阀 |
| | 切换阀的阀盖损坏 | 更换阀盖 |
| 恒温箱温度超过给定温度 | 测温铂电阻短路 | 检查铂电阻及其连线 |
| | 恒温控制器故障 | 检查温度控制器 |
| 恒温箱温度波动大 | 铂电阻或加热片接触不良 | 检查铂电阻、加热片各接头,排除接触不良处 |
| 恒温箱温度升不上去 | 测温铂电阻断路 | 更换铂电阻 |
| | 加热片短路 | 检查加热片及其接线 |
| | 温度控制器故障 | 检查温度控制器 |
| 基线不规则抖动 | 检测器、测量桥路接触不良 | 检查检测器引线及测量桥路,排除接触不良处 |
| | 记录仪表滑线电阻接触不良 | 清洗记录仪表滑线电阻 |
| | 气路有杂质 | 分段吹洗气路 |
| | 检测器元件损坏 | 更换检测器坏损元件 |
| 基线大幅度抖动或出峰时抖动 | 高温、高压下继电器绝缘电阻下降 | 用 500 V 兆欧表查信号电路各继电器线圈与各控制触点的绝缘电阻,更换绝缘不良的继电器,在控制箱内加干燥剂 |
| | 稳压电源不稳压 | 检查稳压电源 |
| 基线有规则地扭动 | 恒温控制箱温度波动大 | 检查铂电阻及恒温控制器 |
| 记录仪表卡死调节不起作用 | 测量桥路断线 | 检查测量桥路 |
| | 检测元件损坏 | 更换检测元件 |
| 切换阀不动作 | 有关开关、旋钮位置不对 | 检查各开关、旋钮位量 |
| | 簧片变形,不能压下微动开关触头 | 将簧片整形 |
| | 微动开关损坏 | 更换微动开关 |
| 无色谱峰或谱峰很低 | 样气流量过小或没有 | 检查样气流量 |
| | 多点取样电磁阀未动作 | 检查电磁阀 |
| | 程序器动作不对 | 调整程序器 |
| | 自动衰减继电器未动作或接触不良 | 检查继电器及信号电路 |
| 某组分不出峰或不走纸 | 水银开关卡住未落下 | 检查水银开关 |
| | 继电器或二极管损坏 | 调整更换继电器或二极管 |
| | 继电器接触不良 | 检修或更换继电器 |

表 3-2-29(续)

| 故障现象 | 故障原因 | 排除方法 |
|---|---|---|
| 色谱峰突然变化 | 仪器正常工作条件发生变化 | 检查恒温箱温度、载气流量、桥路工作电流是否正常 |
| 基线不在零点 | 自动调零电位器到头卡死 | 调节手动调零电位器和自动调零电位器处于中间位置 |
| | 校零放大器出故障 | 检查校零电位器 |

**3. 氧量分析仪**

(1)概述

氧含量分析器是目前工业生产自动控制中应用最多的在线分析仪表,主要用来分析混合气体(多为窑炉废气)和钢水中的含氧量等。

过程氧量分析器大致可分为两大类。一类是根据电化学法制成,如原电池法、固体电介质法和极谱法等;另一类是根据物理法制成,如热磁式、磁力机械式等。电化学法灵敏度高,选择性好,但响应速度较慢,维护工作量较大,目前常用于微氧量分析。物理法响应速度快,不消耗被分析气体,稳定性较好,使用维修方便,广泛地应用于常量分析。磁力机械式氧气分析器更有不受背景气体热导率、热容的干扰,具有良好的线性响应、精确度高等优点。

各种氧量分析器的性能见表 3-2-30。

**表 3-2-30　各种氧量分析器的性能**

| 分析器原理 | 测量范围 | 基本误差/% | 响应时间/s | 输出信号 | 应用 |
|---|---|---|---|---|---|
| 热磁式 | 0~5%<br>0~10%<br>90%~100%<br>95%~100%$O_2$<br>0~100%<br>0~2.5%<br>98%~100%$O_2$ | ±2.5<br><br>±5 | 9~14 | 0~10 mA<br><br>0~10 mV | 通用型氧量分析仪,可用于燃烧系统及其他流程的气体分析 |
| 磁力机械式 | 0~2.5%<br>0~5%<br>0~25%<br>0~100%<br>0~1.0%$O_2$ | ±0.125%$O_2$<br><br>±2<br><br><±10 | $T_{90}\leqslant 7$ | 0~10 mV | 通用型氧量分析仪,可用于分析混合气样或分析复杂的流程 |

表 3-2-30(续)

| 分析器原理 | 测量范围 | 基本误差/% | 响应时间/s | 输出信号 | 应用 |
|---|---|---|---|---|---|
| 固体电介质(氧化锆) | 0~10%$O_2$ 及其他量程 $10^{-6}$ 级 | ±5 | 1~3$T_{90}$ 几十秒 | 0~10 mA 或 4~20 mA 及 mV 信号 | 特别适用锅炉烟道气分析和高温炉中气体氧分析,也可用于其他方面 |
| 极谱式 | 常量 $10^{-6}$ 级 | ±2.5 | $T_{90}=10\sim20$ | — | 分析混合气体、液体中氧,适用于食品、医学领域,也可用于废气中氧测定 |
| 原电池式 | $0\sim10\times10^{-6}$ 至 $0\sim1\,000\times10^{-6}$ | ±2.5 | $T_{90}=30\sim120$ | — | 气体中微量氧测定及水中溶解氧测定 |

(2)氧化锆分析仪

氧化锆分析仪是一种新型的氧含量分析器。与磁性氧分析器相比,它具有结构简单、稳定性好、灵敏度高、响应快、价格便宜等优点,因而近年来已经得到了大面积的推广和应用。

氧化锆是固体电解质,在高温下具有传导氧离子的特性。在氧化锆两侧涂上多孔铂电极,当两侧气体中氧浓度不同时,会发生下列反应。

阴极(氧浓度高侧):

$$O_2+4e\rightarrow 2O^2$$

阳极(氧浓度低侧):

$$2O^{2-}-4e\rightarrow O_2$$

这样就构成了以氧化锆管为电解质的浓差电池。

两极之间的电势 $E$ 可由能斯特公式求得

$$E=\frac{RT}{4F}\ln\frac{p_A}{p_x}$$

式中 $R$——气体常数;

$T$——绝对温度,K;

$F$——法拉第常数;

$p_x$——被测气体氧浓度百分数;

$p_A$——参比气体氧浓度百分数,一般为 20.60%。

当氧化锆管处的温度被加热至 750 ℃时,上式可变为

$$E=50.74\ln\frac{p_A}{p_x}$$

即如果把氧化锆元件加热到规定的温度(750 ℃),测量气在一边流动,测量气中氧浓度和参比气中氧浓度之比的对数与电势 $E$ 成正比。因而只要测得电势 $E$,便知被测气体中的含氧浓度。

流程型氧化锆分析仪的传感器结构图如图 3-2-53 所示,它一般制成管状结构,直接插

入被测高温气体中。

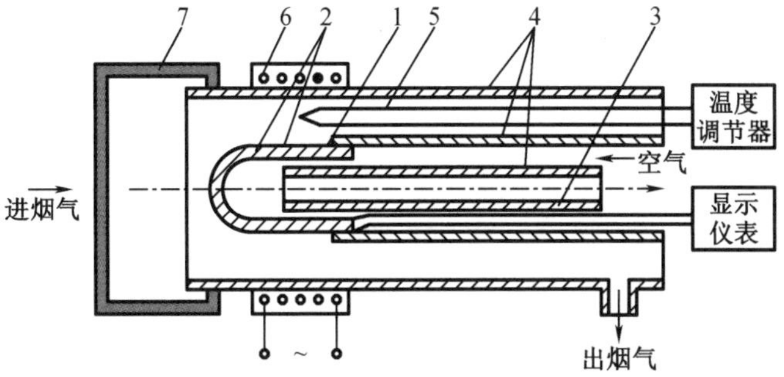


1—氧化锆管;2—内外铂电极;3—铂电极引线;4—$Al_2O_3$ 管;5—热电偶;6—加热炉丝;7—陶瓷过滤器。

**图 3-2-53 流程型氧化锆分析仪的传感器结构图**

直插定温抽气式氧化锆氧量计工作原理图如图 3-2-54 所示。

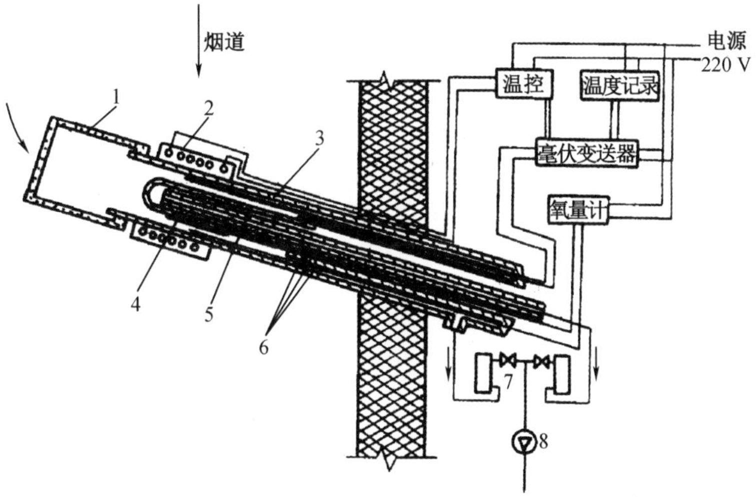


1—过滤器;2—定温电炉;3—铂铑-铂热电偶;4—铂电极;5—氧化锆管;6—氧化铝管,7—节流阀;8—电磁泵。

**图 3-2-54 直插定温抽气式氧化锆氧量计工作原理图**

用空气作为参比气,通入氧化锆管内侧,被测气体经过滤器除去机械杂质后进入管外。用泵抽吸被测气样和空气,使它们流速稳定,并且使两相流体的总压力基本相同。在管外装有测量氧化锆管工作温度的热电偶,热电偶输出的电热信号送入温度控制器,以实现定温控制。

直插式氧化锆分析仪的特点是反应迅速,加装过滤器后响应时间也只有 3 s 左右,目前主要用于锅炉烟道气中氧含量和高温炉中气体氧含量的在线测定与控制。

表 3-2-31 为氧化锆氧分析仪产品系统配置及备件。表 3-2-32 为氧电势与氧含量对照表。表 3-2-33 为氧含量与仪表输出信号对照表。

**表 3-2-31　氧化锆氧分析仪产品系统配置及备件**

| 产品名称 | 类型 | 单位 | 技术指标 |
|---|---|---|---|
| CY-2D 氧化锆氧分析仪 | 低温 A 型 | 套 | 检测器:法兰至检测器端长度为 180 mm、400 mm 两种,耐烟温小于 600 ℃,显示范围为 20.60%和 25%<br>转换器:输出 0~10 mA 或 4~20 mA DC<br>变换器:80 VA(最大 120 VA)<br>防尘管:插入长度 500 mm |
| CY-2D 氧化锆氧分析仪 | 低温 B 型 | 套 | 检测器:转换器,变压器同低温 A 型<br>导流管:长度 800 mm、1 m、1.2 m |
| CY-2D 氧化锆氧分析仪 | 中温 M 型 | 套 | 检测器:转换器,变压器同低温 A 型<br>导流管:长度 800 mm、1 m、1.2 m<br>耐烟温<900 ℃ |
| CY-2D 氧化锆氧分析仪 | 高温 H 型 | 套 | 检测器:转换器,变压器同低温 A 型<br>取气装置:耐烟温 900~1 400 ℃<br>插入长度:800 mm、1 m、1.2 m |
| 氧传感器组件 | S(F) | 套 | — |
| 检测器 | 1S-G | 支 | Ⅰ型 40 mm<br>Ⅱ型 100 mm |
| 转换器 | CY-2D | 台 | 输出 0~10 mA,4~20 mA |
| 变压器 | T100 | 台 | 抽头组合式<br>输入 220 V AC,输出 10~100 V AC |
| 低温防尘管 | PD-L | 支 | 耐烟温≤600 ℃,长度 500 mm |
| 低温导流管 | GF-L | 支 | 耐烟温≤600 ℃,长度 800 mm、1 m、1.2 m |
| 低温导流管 | GF-M | 支 | 耐烟温≤900 ℃,长度 800 mm、1 m、1.2 m |
| 高温导流装置 | GF-H | 套 | 耐烟温≤1 400 ℃,长度 800 mm、1 m、1.2 m |
| 高温导流装置 | PF-H | 套 | 耐烟温≤1 400 ℃,长度 800 mm、1 m、1.2 m |
| 校正气单元 | CU-I | 台 | — |

**表 3-2-32　氧电势与氧含量对照表**

| $E$/mV | 氧含量/% | $E$/mV | 氧含量/% | $E$/mV | 氧含量/% | $E$/mV | 氧含量/% | $E$/mV | 氧含量/% |
|---|---|---|---|---|---|---|---|---|---|
| -20 | 51.046 2 | 7 | 14.994 5 | 34 | 4.404 56 | 61 | 1.293 82 | 88 | 0.380 051 |
| -19 | 48.781 9 | 8 | 14.329 4 | 35 | 4.209 19 | 62 | 1.236 42 | 89 | 0.363 193 |
| -18 | 46.618 1 | 9 | 13.693 8 | 36 | 4.022 47 | 63 | 1.181 58 | 90 | 0.347 082 |
| -17 | 44.550 2 | 10 | 13.086 4 | 37 | 3.844 04 | 64 | 1.129 17 | 91 | 0.331 696 |
| -16 | 42.574 | 11 | 12.505 9 | 38 | 3.673 53 | 65 | 1.079 08 | 92 | 0.316 973 |
| -15 | 40.685 5 | 12 | 11.951 1 | 39 | 3.510 58 | 66 | 1.031 21 | 93 | 0.302 913 |
| -14 | 38.880 8 | 13 | 11.421 | 40 | 3.354 86 | 67 | 0.985 47 | 94 | 0.289 476 |

表 3-2-32(续)

| E/mV | 氧含量/% | E/mV | 氧含量/% | E/mV | 氧含量/% | E/mV | 氧含量/% | E/mV | 氧含量/% |
|---|---|---|---|---|---|---|---|---|---|
| -13 | 37.156 1 | 14 | 10.914 4 | 41 | 3.206 04 | 68 | 0.941 757 | 95 | 0.276 636 |
| -12 | 35.507 9 | 15 | 10.430 2 | 42 | 3.063 83 | 69 | 0.899 982 | 96 | 0.264 365 |
| -11 | 33.332 3 | 16 | 9.967 59 | 43 | 2.327 92 | 70 | 0.860 061 | 97 | 0.252 638 |
| -10 | 32.427 7 | 17 | 9.525 44 | 44 | 2.798 04 | 71 | 0.821 91 | 98 | 0.241 431 |
| -9 | 30.389 2 | 18 | 9.102 91 | 45 | 2.673 93 | 72 | 0.785 451 | 99 | 0.230 722 |
| -8 | 29.614 6 | 19 | 8.699 12 | 46 | 2.555 32 | 73 | 0.750 61 | 100 | 0.220 488 |
| -7 | 28.301 | 20 | 8.313 25 | 47 | 2.441 97 | 74 | 0.717 315 | 101 | 0.210 707 |
| -6 | 27.045 6 | 21 | 7.944 49 | 48 | 2.333 65 | 75 | 0.685 496 | 102 | 0.201 361 |
| -5 | 25.845 9 | 22 | 7.592 08 | 49 | 2.230 13 | 76 | 0.655 089 | 103 | 0.192 429 |
| -4 | 24.699 4 | 23 | 7.255 31 | 50 | 2.131 21 | 77 | 0.626 03 | 104 | 0.183 893 |
| -3 | 23.603 8 | 24 | 6.933 48 | 51 | 2.036 67 | 78 | 0.598 261 | 105 | 0.175 736 |
| -2 | 22.556 8 | 25 | 6.625 92 | 52 | 1.946 33 | 79 | 0.571 723 | 106 | 0.167 94 |
| -1 | 21.556 2 | 26 | 6.332 01 | 53 | 1.859 99 | 80 | 0.546 362 | 107 | 0.160 491 |
| 0 | 20.6 | 27 | 6.051 13 | 54 | 1.777 49 | 81 | 0.522 127 | 108 | 0.153 372 |
| 1 | 19.686 2 | 28 | 5.782 72 | 55 | 1.698 64 | 82 | 0.498 966 | 109 | 0.146 568 |
| 2 | 18.813 | 29 | 5.526 21 | 56 | 1.623 29 | 83 | 0.476 833 | 110 | 0.140 067 |
| 3 | 17.978 5 | 30 | 5.281 07 | 57 | 1.551 29 | 84 | 0.455 681 | 111 | 0.133 854 |
| 4 | 17.181 | 31 | 5.046 82 | 58 | 1.482 47 | 85 | 0.435 468 | 112 | 0.127 916 |
| 5 | 16.418 9 | 32 | 4.822 95 | 59 | 1.416 71 | 86 | 0.416 152 | 113 | 0.122 242 |
| 6 | 15.690 6 | 33 | 4.609 01 | 60 | 1.353 87 | 87 | 0.397 692 | 114 | 0.116 82 |

**表 3-2-33 氧含量与仪表输出信号对照表**

| 氧含量/% | 输出信号 | | | 氧含量/% | 输出信号 | | |
|---|---|---|---|---|---|---|---|
| | 0~10 mA | 0~20 mA | 4~20 mA | | 0~10 mA | 0~20 mA | 4~20 mA |
| 0 | 0 | 0 | 4 | 13.55 | 6.25 | 12.5 | 14 |
| 3.25 | 1.25 | 2.5 | 6 | 15.45 | 7.50 | 15.0 | 16 |
| 5.15 | 2.50 | 5.0 | 8 | 18.70 | 8.75 | 17.5 | 18 |
| 8.40 | 3.75 | 7.5 | 10 | 20.60 | 10.00 | 20.0 | 20 |
| 10.30 | 5.00 | 10.0 | 12 | — | — | — | — |

(3)磁式氧分析器

①气体的磁性

任何物质在外磁场的作用下都能被感应磁化。由于物质的结构组成不同,各种物质的磁化率($\kappa$)也不同。根据磁化率大小,物质可分为顺磁性的($\kappa>0$)和反磁性的($\kappa<0$)。顺磁性气体的体积磁化率可用下式表示:

$$\kappa=\frac{CM}{R}\cdot\frac{p}{T^2}$$

式中 $C$——居里常数;

$R$——气体常数;

$M$——气体分子量;

$p$——压力;

$T$——绝对温度。

从上式可见,顺磁性气体的体积磁化率与压力成正比,而与绝对温度的平方成反比,即在气体的温度升高时,它的体积磁化率急剧下降。热磁式氧分析器就是基于氧气的体积磁化率大,以及它的磁化率随温度升高而急剧降低的特性制成的。常见气体磁化率见表 3-2-34。

**表 3-2-34 常见气体磁化率(20 ℃)**

| 气体 | 分子式 | $\kappa\times10^{-6}$ C·G·S | 气体 | 分子式 | $\kappa\times10^{-6}$ C·G·S | 气体 | 分子式 | $\kappa\times10^{-6}$ C·G·S |
|---|---|---|---|---|---|---|---|---|
| 空气 | — | +22.90 | 二氧化碳 | $CO_2$ | -0.42 | 氯气 | $Cl_2$ | -0.59 |
| 氧气 | $O_2$ | +106.20 | 水蒸气 | $H_2O\uparrow$ | -0.43 | 氦气 | He | -0.47 |
| 一氧化氮 | NO | +48.06 | 氢气 | $H_2$ | -1.97 | 乙炔 | $C_2H_2$ | -0.48 |
| 二氧化氮 | $NO_2$ | +6.71 | 氮气 | $N_2$ | -0.34 | 甲烷 | $CH_4$ | -2.50 |

由表 3-2-34 可知,只有 $O_2$、NO、$NO_2$ 和空气为顺磁性气体,而 $O_2$ 的磁化率最大,因此可利用这一特性对混合气体中的含氧量进行分析。

实验证明,彼此不进行化学反应的混合气体的磁化率由下式求得:

$$K=\sum\kappa_1C_1=\kappa_1C_1+(1-C)\kappa_n$$

式中 $\kappa_1$——氧气的磁化率;

$\kappa_n$——混合气中非氧组分的磁化率;

$C_1$——氧气的百分含量;

$C_i$——第 $i$ 组分的百分含量;

$\kappa_i$——第 $i$ 组分的磁化率。

由于氧气的磁化率远比其他气体高,上式中末项的值是微不足道的,可以忽略不计,这样就可以根据混合气体中气体体积磁化率的大小来确定氧气的含量。但必须指出,当混合气体中有 NO、$NO_2$ 时,上述结论就不正确了。

要直接测量混合气体的体积磁化率来确定含氧量的多少是很困难的,因为氧气与其他气体相比,虽然氧的磁化率最大,而其值却很小。为此,工业上也同其他分析器一样,利用有关规律做间接测量。例如,在不均匀磁场中,顺磁性气体被发热元件加热后,磁化率会显著降低而形成热磁对流效应；又如在不均匀磁场中，被顺磁性气体包围的物体所受的吸引力，随该气体磁化率的变化而变化等。根据上述两种方法，人们可分别制成热磁式和磁力机械式氧分析器。

②热磁式氧分析器

热磁式氧分析器的工作原理图如图 3-2-55 所示。传感器本身是一个中间有通道的环形气室，待测气体进入环形气室后，沿两侧往上走，最后从出口排出。当无外磁场存在时，中间通道两侧的气流是对称的，所以中间通道无气体流动。在中间通道的外面均匀地绕以铂电阻丝，铂丝通电后既起到加热的作用，又起到测量温度变化的感温元件的作用。铂电阻分 $r_1$、$r_2$ 两部分，$r_1$、$r_2$ 分别作为测量电桥的两个桥臂，与固定电阻 $R_1$、$R_2$ 组成测量电桥。

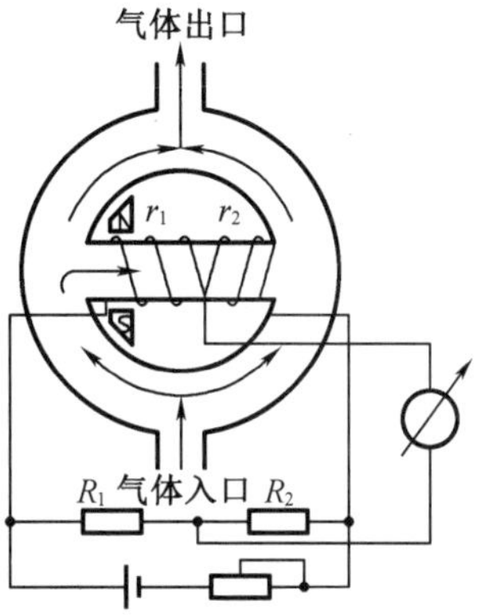


**图 3-2-55　热磁式氧分析器的工作原理图**

通电加热到 200～400 ℃，当气样进入环形后，顺磁性氧气被左侧强磁场吸入水平管道内，被热丝 $r_1$ 加热，氧的磁化率因温度升高而迅速降低。未被加热的氧气磁化率高，受磁场吸力较大，被吸入水平管道内置换已被加热的氧气。这一过程不断进行，就形成了热磁对流，或称磁风。在磁风的作用下，左侧热丝 $r_1$ 被气流冷却，阻值降低；气流流经右侧热丝 $r_2$ 时，因气流的温度升高了，冷却作用不大，$r_2$ 的变化远小于 $r_1$ 的变化，电桥失去平衡。输出不平衡电压的大小就表示了被分析气体中氧含量的多少。

热磁式氧分析器的特点是：结构简单，便于制造和调整；但是当环境温度升高时，分析器的指示值下降；大气压变化使气体压力相应改变，因此指示改变；当被测气体流量变化时也引起测量误差等。因此，在实际使用中，常采用恒温措施、双桥测量电路、对被测气样进行稳压、稳流等措施，以减小测量误差。

磁力机械式氧分析器可以连续分析气样中的氧含量，并具有不受背景气体的热导率、热容等因素的干扰，精度高（$<\pm2\%$），测量范围广，从微量（$10^{-6}$ 级）直到 0%～100%$O_2$，响应快，输出线性等优点，因而在生产和科研部门得到了广泛的应用。

**4. 热导式气体分析器**

热导式气体分析器是一种物理式气体分析器。它结构简单，性能稳定，价格便宜，易于工程上的在线检测，是气体分析仪中最常用的一种。

(1)测量基本原理

热导式气体分析器用来分析混合气体中某一组分(称为待测组分)的含量。它是根据混合气体中待测组分含量的变化,引起混合气体总的导热系数变化这一物理特性来进行测量的。由于气体的导热系数很小,直接测量困难,因此工业上常常把导热系数的变化转化成热敏元件阻值的变化,从而可由测得的电阻值的变化,得知待测组分含量的多少。

①气体热导率(又称导热系数)

在热力学中用热导率来描述物质的热传导,传热快的物质热导率大。气体的热导率随温度变化而变化,即

$$\lambda_t=\lambda_0(1+\beta t)$$

式中 $\lambda_0$——0 ℃时的热导率;

$\lambda_t$——$t$ ℃时的热导率;

$\beta$——热导率的温度系数;

$t$——温度。

用上式就可求得各种温度下的气体导热系数。表 3-2-35 列出了各种气体在 0 ℃与 100 ℃时的热导率 $\lambda$,相对热导率 $\lambda/\lambda_0$(相对于空气为 0 ℃时的热导率之比)和热导率温度系数 $\beta$。

②混合气体的热导率

实验结果表明,互不发生化学反应的气体混合物的热导率可由下式计算:

$$\lambda=\sum_{i=1}^{n}\lambda_i C_i$$

式中 $\lambda$——混合气体的热导率;

$\lambda_i$——对应于百分含量为 $C_i$ 的组分的热导率;

$C_i$——混合气体中第 $i$ 组分的百分含量。

当被测混合气体中某组分的热导率与其他各组分的热导率有显著差别,并且其他组分的平均热导率在测量中保持恒定时,则上式可化简为

$$\lambda=\lambda_1 C_1+\lambda_2(1-C_1)$$

式中 $\lambda$——混合气体的热导率;

$\lambda_1$、$C_1$——待测组分的热导率及百分含量;

$\lambda_2$——其他组分的平均热导率。

热导式气体分析器就是利用各种气体热导率的差异和热导率与含量的关系来进行测量分析的。

③测量方法

气体热导率的值很小,直接测量它是很困难的。因此在实际测量中,利用热敏元件的电阻值随温度变化而变化的物理特性,将混合气体中待测组分含量的变化所引起的导热系数的变化转变成热敏元件的电阻值的变化,即将热导率的测量转变为热敏元件的电阻的测量。

**表 3-2-35 各种气体在 0 ℃与 100 ℃时的热导率 $\lambda$、相对热导率 $\lambda/\lambda_0$ 和热导率温度系数 $\beta$**

| 气体名称 | $\lambda_0\times10^{-5}$ cal/(cm·s·℃) | $\lambda_0/\lambda_0$ 空气(0 ℃) | $\lambda_{100}/\lambda_{100}$ 空气(100 ℃) | 热导率温度系数 $\beta$(0~100 ℃) $\times10^{-3}$/℃ | 气体名称 | $\lambda_0\times10^{-5}$ cal/(cm·s·℃) | $\lambda_0/\lambda_0$ 空气(0 ℃) | $\lambda_{100}/\lambda_{100}$ 空气(100 ℃) | 热导率温度系数 $\beta$(0~100 ℃) $\times10^{-3}$/℃ |
|---|---|---|---|---|---|---|---|---|---|
| 空气 | 5.83 | 1.000 | 1.000 | 0.002 8 | 二氧化碳 $CO_2$ | 3.50 | 0.605 | 0.700 | 0.004 8 |
| 氢 $H_2$ | 41.60 | 7.150 | 7.100 | 0.002 7 | 二氧化硫 $SO_2$ | 2.40 | 0.350 | — | — |
| 氦 He | 34.80 | 5.910 | 5.530 | 0.001 8 | 硫化氢 $H_2S$ | 3.14 | 0.538 | — | — |
| 氘 $D_2$ | 34.00 | 5.850 | — | — | 二硫化碳 $CS_2$ | 3.70 | 0.285 | — | — |
| 氮 $N_2$ | 5.81 | 0.996 | 0.996 | 0.002 8 | 甲烷 CH | 7.21 | 1.250 | 1.450 | 0.004 8 |
| 氧 $O_2$ | 5.89 | 1.013 | 1.014 | 0.002 8 | 乙烷 $C_2H_6$ | 4.36 | 0.750 | 0.970 | 0.006 5 |
| 氖 Ne | 11.10 | 1.900 | 1.840 | 0.002 4 | 乙烯 $C_2H_4$ | 4.19 | 0.720 | 0.980 | 0.007 4 |
| 氩 Ar | 3.98 | 0.684 | 0.696 | 0.003 0 | 乙炔 $C_2H_2$ | 4.53 | 0.777 | 0.900 | 0.004 8 |
| 氪 Kr | 2.12 | 0.363 | — | — | 丙烷 $C_3H_8$ | 3.58 | 0.615 | 0.832 | 0.007 3 |
| 氙 Xe | 1.24 | 0.213 | — | — | 丁烷 $C_4H_{10}$ | 3.22 | 0.552 | 0.744 | 0.007 2 |
| 氯 $Cl_2$ | 1.88 | 0.328 | 0.370 | — | 戊烷 $C_5H_{12}$ | 3.12 | 0.535 | 0.702 | — |
| 氯化氢 HCl | — | — | 0.635 | — | 己烷 $C_6H_{14}$ | 2.96 | 0.508 | 0.662 | — |
| 水 $H_2O$ | — | — | 0.775 | — | 苯 $C_6H_6$ | — | 0.370 | 0.583 | — |
| 氨 $NH_3$ | 5.20 | 0.890 | 1.040 | 0.004 8 | 氯仿 $CHCl_3$ | 1.58 | 0.269 | 0.328 | — |
| 一氧化碳 CO | 5.63 | 0.960 | 0.962 | 0.002 8 | 汽油 | — | 0.370 | — | 0.009 8 |

图 3-2-56 为热导式气体分析器测量线路原理图。其核心是发送器电桥部分,此外还有电源部分和显示仪表部分。显示仪表一般采用自动电子电位差计。

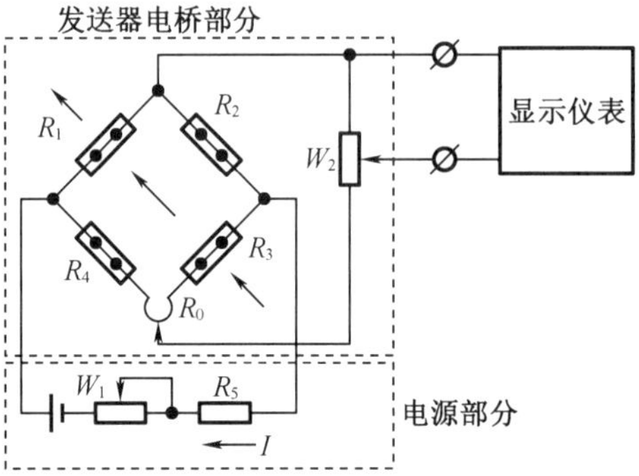


**图 3-2-56　热导式气体分析器测量线路原理图**

从图 3-2-56 可知,发送器部分由测量气室与参比气室组成电桥的 4 个桥臂。$R_1$、$R_2$、$R_3$、$R_4$ 均为完全相同的铂丝电阻,$R_2$、$R_4$ 为参比桥臂,它们封在充有标准下限气体的密闭室内;$R_1$、$R_3$ 为测量桥臂,它们置于有待测气体流过的工作室内。$R_0$ 为调零电阻,$W_S$ 为量程电位器,电桥的加热电流由稳压电源供给,通过调整电位器 $W_1$,使加热电流为规定值。当测量值零位而桥路不平衡时,亦可调整 $R_0$ 使电桥输出为零(即零位调节)。当测量气室通入上限标准气体时,电桥呈不平衡状态,调节 $W_S$ 使显示仪表指示于刻度上限处(即调量程上限)。当测量气室通入待测气体,其组分与参比气室中标准气体不同,其热导率也不同,引起工作气室中铂丝电阻值的改变,电桥失去平衡,产生一个不平衡电压信号输出,它通过二次仪表进行指示、记录或调节,即可测得待测组分的百分含量。

(2)热导式气体分析器的测量线路

热导式气体分析器中热丝电阻值都用电桥法测量。图 3-2-57 为单臂串联型、单臂并联型、双臂串联型和双臂串并联型 4 种基本的测量线路。

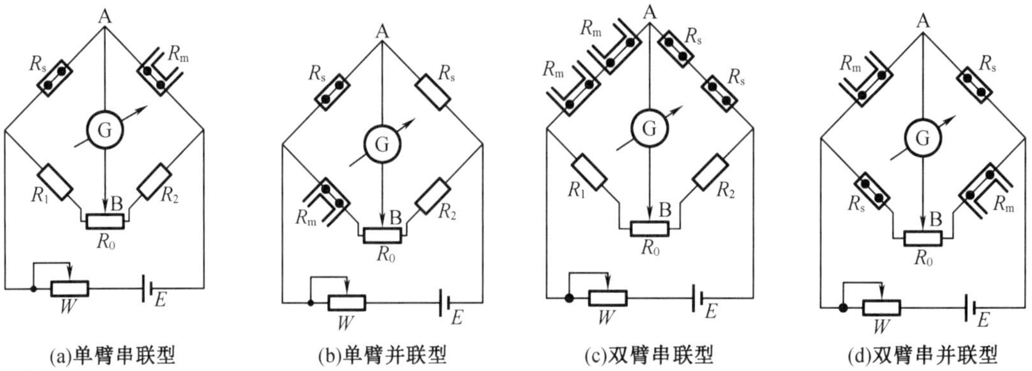


**图 3-2-57　4 种基本的测量线路**

工业上常用的热导式气体分析器为下列 3 种测量线路。

①稳压器供电的直流单桥测量线路

稳压器供电的直流单桥测量线路如图 3-2-58 所示。桥臂Ⅰ、Ⅱ、Ⅲ、Ⅳ采用恒温结构，以避免环境温度变化对测量精度的影响。该线路调整方便，灵敏度高，测量范围最小，可达 0~0.05%$H_2$。

②稳流器供电的直流单桥测量线路

稳流器供电的直流单桥测量线路如图 3-2-59 所示。在桥臂元件配对较好的情况下，可以避免环境温度变化对测量精度的影响，但环境温度对终端的影响仍较大，可采用热敏元件进行补偿，减小其误差。这样可省去恒温装置，降低仪器造价。

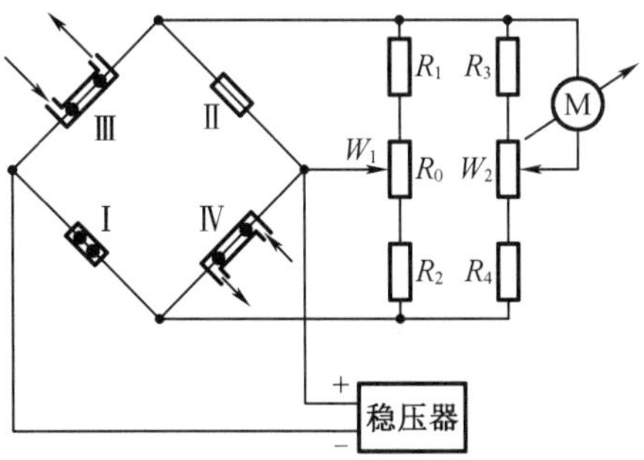


Ⅰ、Ⅱ—电桥参比臂；Ⅲ、Ⅳ—电桥工作臂；
$W_2$—量程调节电位器；$W_1$—零位调节电位器；
$R_1$、$R_2$—零位电阻；$R_3$、$R_4$—“量程”电阻；
M—二次仪表。

**图 3-2-58　稳压器供电的直流单桥测量线路**

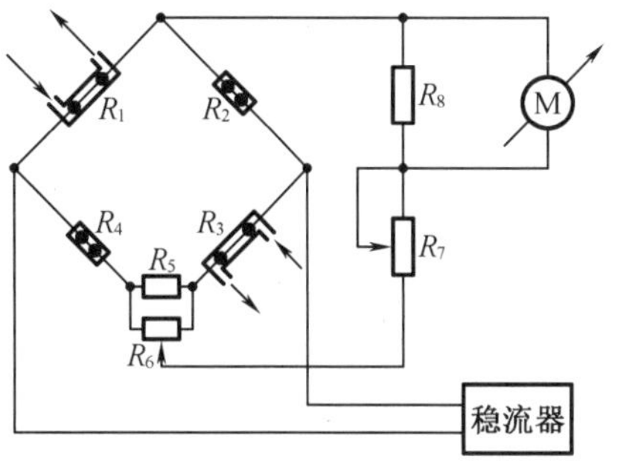


$R_1$、$R_3$—电桥工作臂；$R_2$、$R_4$—电桥参比臂；
$R_6$—调零电位器；$R_7$—量程调节电位器；
M—显示仪表。

**图 3-2-59　稳流器供电的直流单桥测量线路**

③自动补偿式双桥测量线路

自动补偿式双桥测量线路如图 3-2-60 所示。只要双桥各桥臂元件配对较好，仪器无须采用恒温装置，双桥自身就能够自动补偿环境温度变化和电压波动对测量的影响。这种仪器的主要缺点是：使用热敏元件多，制造工艺较复杂；量程不能太小。

(3)热导池的结构

热导式气体分析器中的测量气室和参比气室，一般称为测量热导池和参比热导池。热导池是热导式气体分析仪的关键部件，它的结构形式直接影响仪器的响应速度和检测精度。热导池结构按被分析气体流过热导池的方式，分为直通式、对流式、扩散式和对流扩散式 4 种形式，如图 3-2-61 所示。工业上常用的为直通式和对流扩散式。

①直通式

图 3-2-61(a)为直通式热导池。被测气体主要流经主气管排出，部分经节流孔进入测量室，直接与热阻丝进行热交换，再经上部节流孔与主气管气体一起排出。恒节流孔的作用是使进入测量气室的气体量与主气管的气体量保持一定比例。这种结构具有响应速度快、测量滞后小的优点；但当气体流量变化时，就会改变进入测量室的气体量，引起测量误差。

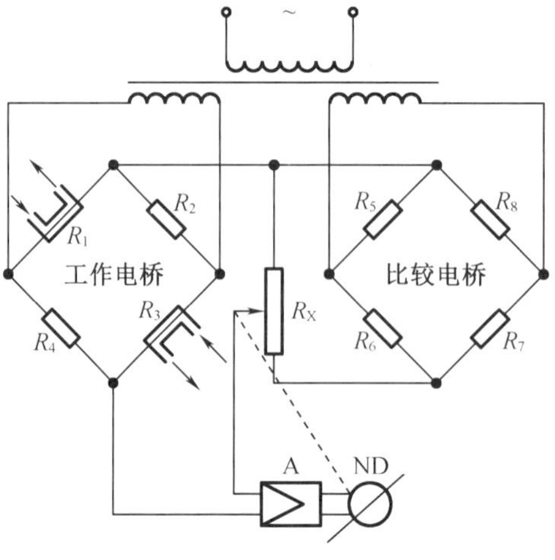


$R_1$、$R_3$—电桥工作臂；$R_2$、$R_4$、$R_6$、$R_8$—充以测量下限气体的参比臂；

$R_5$、$R_7$—充以测量上限气体的参比臂；$R_X$—显示仪表滑线电阻；ND—可逆电机；A—放大器。

**图 3-2-60　自动补偿式双桥测量线路**

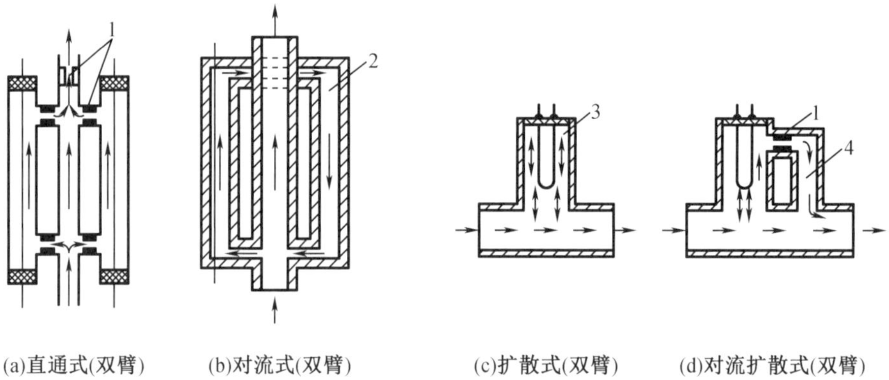


1—节流孔；2—循环管；3—扩散管；4—支气管。

**图 3-2-61　热导池的结构形式**

②对流扩散式

图 3-2-61(d)为对流扩散式热导池。被测气体大多流经主气管排出，由于扩散和热对流作用，使部分气体进入测量室，然后流经支气管，与主气管气体一起排出。这样既避免进入测量室的气体发生倒流及气体囤积现象，又保证了待测气体有一定的流速流经测量室。这种结构形式提高了响应速度，减小了测量滞后，并且气体流量的波动对测量影响也较小，故目前生产的热导式气体分析器的发送器，大都采用这种结构形式。

图 3-2-62 为常用热导式气体分析器的热导池结构示意图。将 2 个测量热导池和 2 个参比热导池，制作在同一块导热性能良好的金属块上。这种结构因 4 个热导池均处于相同的环境温度之中，减少了测量误差。

在热导式气体分析器中，人们普遍采用铂丝作为热敏元件。其铂丝电阻元件在热导池中，按照铂丝元件表面状况，可分为裸体和包封在玻璃内两种，其支承的方法也有所不同。裸体铂丝的支承方法有 V 形、直线形和弓形 3 种，如图 3-2-63 所示。弓形结构是目前最常用的，它的优点是制造方便、灵敏度高，但它的热对称性不如直线形元件。裸体铂丝元件的响应时间比包封在玻璃内的铂丝元件短，但抗震性和抗腐蚀性差。图 3-2-64 为 3 种包封在玻璃内的元件结构，它们均由 0.02 mm 纯铂丝制成。U 形元件制作简单；螺旋形能控制冷态电阻，而且阻值较大，测量较灵敏。

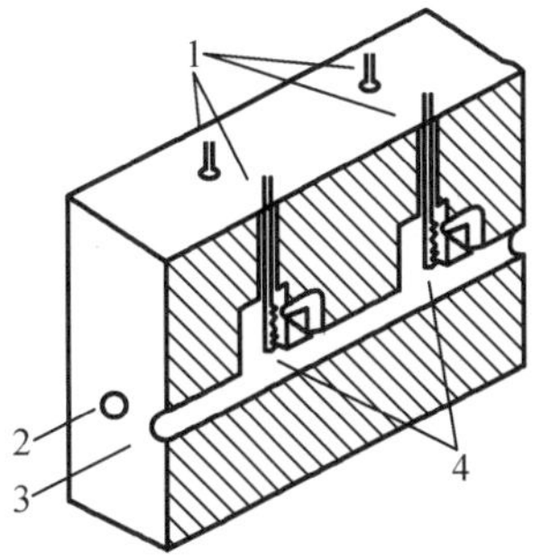


1—引线；2—参比气体；3—试样；4—检测元件。

**图 3-2-62　常用热导式气体分析器的热导池结构示意图**

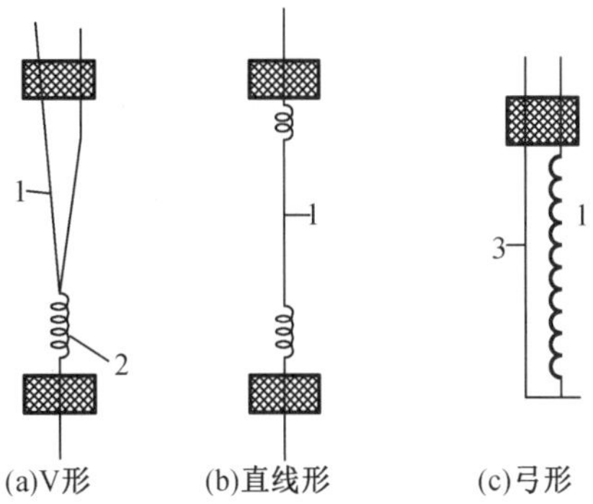


1—铂丝；2—铂铱丝弹簧；3—铂铱丝弓架。

**图 3-2-63　裸体铂丝的支承方法**

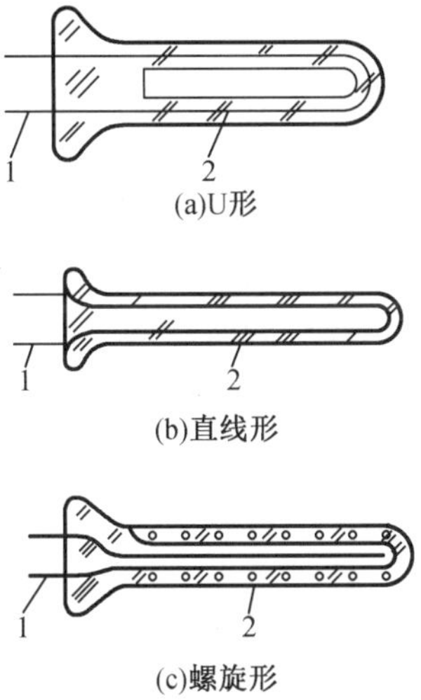


1—铂铱丝引线；2—铂丝。

**图 3-2-64　3 种包封在玻璃内的元件结构**

铂丝两端一般都用铂铱合金丝作为引线，有的制成铂铱丝小弹簧拉紧热阻丝，使其几何位置固定，热胀冷缩时热阻丝不会变形。

(4)热导式气体分析器的应用及使用条件

①应用

热导式气体分析器的应用范围很广，如 $H_2$、$Cl_2$、$NH_3$、$CO_2$、Ar、He、$SO_2$ 及 $H_2$ 中的 $O_2$，$O_2$ 中的 $H_2$ 和 $N_2$ 中的 $H_2$ 等。它的测量也很宽，在 0~100%均可测量。热导式气体分析器在工业上具体应用于下列几个方面。

A. 锅护燃烧过程中，分析烟道气中 $CO_2$ 的含量。

B. 测定合成氨厂中循环气体中的 $H_2$ 的含量。

C. 分析硫酸及磷肥生产流程气体中 $SO_2$ 的含量。

D. 测定空气中 $H_2$ 和 $CO_2$ 的含量及特殊气体中 $H_2$ 的含量。

E. 测量 $Cl_2$ 生产流程中 $Cl_2$ 中的含氢量，确保安全生产。

F. 测定制氢、制氧过程的纯氢中的氧及纯氧中的含氢量。

G. 测定有机工业生产中，碳氢化合物中 $H_2$ 的含量等。

从表 3-2-55 中可看出 $H_2$ 与碳氢化合物的热导率相差很大，而且大多数碳氢化合物的热导率相对于氢的热导率可以看作近似相等，这样可认为碳氢化合物与 $H_2$ 为二元混合物。

②使用条件

从理论上讲，热导式气体分析器只能正确测定二元混合气体的组分含量，在分析三元或三元以上的混合气体时，必须满足以下条件。

A. 三元混合气体中某一种组分含量基本保持恒定，或变动很小。

B. 被测组分的热导率与其他各组分热导率相差较大，而且其余组分的热导率基本相同或很接近。

C. 当背景气体的平均热导率保持恒定时，才能正确测量等。

(5) RD 型热导式气体分析器

RD 型热导式气体分析器为一典型的热导式气体分析器，可用来连续自动分析、指示、记录合成氨工艺流程中的新鲜气体，或循环气体中 $H_2$ 的体积百分含量。它与自动控制装置配合，还可对合成氨工艺过程的氢、氮配比进行自动控制等。它的优点是灵敏度高、反应快、连续测量、自动记录、稳定可靠、操作维护简便等。

RD 型热导式气体分析器的主要技术规范及配套使用见表 3-2-36。

图 3-2-65 为 RD 型热导式气体分析器结构图。该仪器的铂丝桥臂用环氧树脂胶合，固定在桥体外面的金属骨架上，装有加热线圈，以使桥体在 60 ℃恒温下工作。电接点式水银温度计的温包部分包有铝铂，以保持与骨架紧密接触。

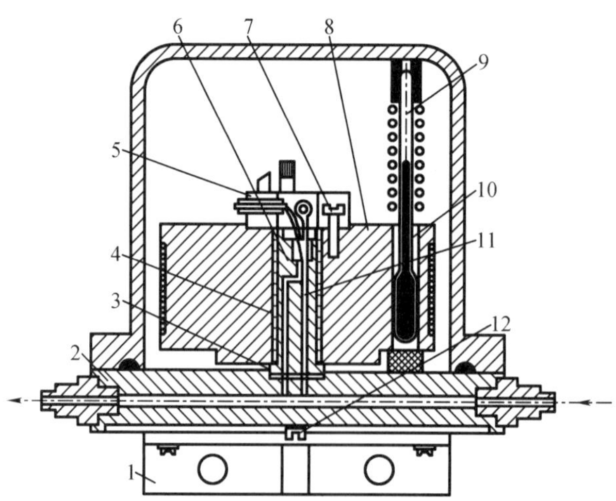


1—支架；2—底座；3—密封垫圈；4—塑料套；5—接线盒；6—桥体；
7—连接螺钉；8—金属骨架；9—电接点式水银温度计；10—金属箱；11—铂丝桥臂；12—螺钉。

**图 3-2-65 RD 型热导式气体分析器结构图**

表 3-2-36 RD 型热导式气体分析器的主要技术规范及配套使用

| 序号 | 仪器型号及名称 | 主要技术规范 | | | | | | | 显示配套仪表 | 仪器主要用途 | 附注 |
|---|---|---|---|---|---|---|---|---|---|---|---|
| | | 仪器入口处气体压力/mmHg① | 测量范围%体积 | 最小分度%体积 | 精度等级 | 反应速度/s | | | | | |
| | | | | | | 启动时间 | 时间常数 | 稳态时间 | | | |
| 1 | RD-004 型热导式氢气分析器 | 350~450 | 50~80 $H_2$ | 1$H_2$ | 2.5 | ≤3 | ≤10 | ≤40 | 配一台 10 mV 圆图型自动电位差计和一台 27.2 mV 指示毫伏计为二次仪表 | 用于工艺比较稳定的大型化肥厂，连续测定、自动记录合成氨补充气（新鲜气），或循环气（进塔气）中 $H_2$ 含量 | 还配一个无火花式报警电铃为报警器 |
| 2 | RD-004A 型热导式氢气分析器 | 350~450 | 35~75 $H_2$ | 1$H_2$ | 2.5 | ≤3 | ≤10 | ≤40 | 配一台 10 mV 圆图型自动电位差计和一台 27.2 mV 指示毫伏计分别为记录与显示仪表 | 用于中小型化肥厂（氢气浓度波动幅度较大），连续测定、自动记录合成氨补充气，或循环气中 $H_2$ 含量 | |
| 3 | RD-004B 型热导式氢气分析器 | — | 0~6 $H_2$ | 0.2$H_2$ | 5 | ≤3 | ≤10 | ≤40 | 配一台 10 mV 圆图型自动电位差计为二次仪表 | 用于连续测定、自动记录环境空气中 $H_2$ 含量，当环境空气中 $H_2$ 含量超过预定报警浓度时，仪器会自动连续发出报警信号 | |
| 4 | RD-004D 型热导式氢气分析器 | — | 0~3 $H_2$ | 0.1$H_2$ | 5 | ≤3 | ≤10 | ≤40 | 配一台 10 mV 圆图型自动电位差计为二次仪表 | 用于下连续测定、自动记录环境空气中 $H_2$ 含量，当环境空气中 $H_2$ 含量超过预定报警浓度时，仪器会自动连续发出报警信号 | |
| 5 | RD-004E 型热导式氢气分析器 | — | 0~2 $H_2$ | 0.1 $H_2$ | ±0.1% $H_2$ | ≤3 | ≤10 | ≤40 | 配一台 10 mV 圆图型自动电位差计为二次仪表 | 用于连续测定、自动记录环境空气中 $H_2$ 含量，当其含量超过预定报警浓度时，仪器会自动连续发出报警信号 | |

**表 3-2-36**(续 1)

| 序号 | 仪器型号及名称 | 主要技术规范 | | | | | | | 显示配套仪表 | 仪器主要用途 | 附注 |
|---|---|---|---|---|---|---|---|---|---|---|---|
| | | 仪器入口处气体压力/mmHg | 测量范围%体积 | 最小分度%体积 | 精度等级 | 反应速度/s | | | | | |
| | | | | | | 启动时间 | 时间常数 | 稳态时间 | | | |
| 6 | RD-006 型热导式 $SO_2$ 分析器 | 350~450 | 0~15 $SO_2$ | 0.5 $SO_2$ | 5 | ≤5 | ≤25 | ≤55 | 配一台 10 mV 圆图型电位差计和一台 27.2 mV 指示毫伏计为二次仪表 | 用于硫酸厂和磷肥厂，连续测定、自动记录硫酸转化器进口气体中 $SO_2$ 的含量 | |
| 7 | RD-014 型热导式氢气分析器 | 350~450 | 0~2 $H_2$ | 0.1 $H_2$ | ≤±0.1% $H_2$ | ≤3 | ≤10 | ≤40 | 配一台 10 mV 圆图型电位差计为二次仪表 | 用于连续测定、自动记录电解氧气中 $H_2$ 的含量 | 还配一个无火花式报警电铃为报警器 |
| 8 | RD-015 型热导式氩气分析器 | 350~450 | 0~15 Ar | 0.5 Ar | 5 | ≤5 | ≤25 | ≤55 | 配一台 10 mV 圆图型电位差计为二次仪表 | 用于连续测定、自动记录氨分馏塔中 Ar 的含量 | |
| 9 | RD-015A 型热导式氩气分析器 | 350~450 | 80~100 Ar | 1 Ar | 5 | ≤5 | ≤25 | ≤55 | 配一台 10 mV 圆图型电位差计为二次仪表 | 用于连续测定、自动记录氢塔粗氩气体中 Ar 的含量 | |
| 10 | RD-042 型热导式氢气分析器 | 350~450 | 0~3 $H_2$ | 0.1 $H_2$ | 5 | ≤5 | ≤25 | ≤55 | 配一台 10 mV 圆图型电位差计为二次仪表 | 用于连续测定、自动记录氩塔精制气体中过量 $H_2$ 的含量 | |

**表 3-2-36**(续 2)

| 序号 | 仪器型号及名称 | 主要技术规范 | | | | | | | 显示配套仪表 | 仪器主要用途 | 附注 |
|---|---|---|---|---|---|---|---|---|---|---|---|
| | | 仪器入口处气体压力/mmHg | 测量范围%体积 | 最小分度%体积 | 精度等级 | 反应速度/s | | | | | |
| | | | | | | 启动时间 | 时间常数 | 稳态时间 | | | |
| 11 | RD-042A 型热导式氢气分析器 | 350~450 | 0~2 $H_2$ | 0.1 $H_2$ | ≤±0.1% $H_2$ | ≤5 | ≤25 | ≤55 | 配一台 10 mV 圆图型电位差计为二次仪表 | 用于连续测定、自动记录氩塔精制气体中过量 $H_2$ 的含量 | 还配一个无火花式报警电铃为报警器 |
| 12 | RD-024 型热导式氢气分析器 | 350~450 | 0~2 $H_2$ | 0.1 $H_2$ | ±0.1% $H_2$ | ≤3 | ≤10 | ≤40 | 配一台 10 mV 圆图型电位差计为二次仪表 | 用于连续测定、自动记录电子器件生产用保护气 $N_2$ 中 $H_2$ 的含量 | |

注:①1 mmHg=133.322 Pa。

(6)国外热导式气体分析器简介

①施鲁姆伯格 HCD3 型分析器

施鲁姆伯格 HCD3 型分析器如图 3-2-66 所示。它具有平衡性能好,内有水饱和器,保证样品和参比气体的水分含量是一恒定最大值的特点。

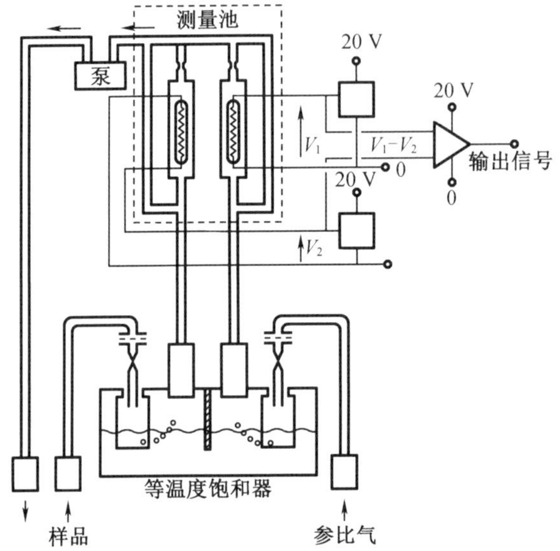


**图 3-2-66 施鲁姆伯格 HCD3 型分析器**

施鲁姆伯格二氧化碳分析器一般备有 3 个量程范围:0~10%,0~16%和 0~20%。它还可用来检测氢气,测量范围为 0~1%和 0~100%。

②MSA 的 Thermatron 热导分析器

图 3-2-67 为 MSA 的 M 型热导池,它有两个气室:一个长而窄,热损失主要靠热传导;另一个短而宽,热损失主要靠对流,这种结构改善了对某些气体的选择性。在 MSA 的 M 型热导池中,多孔金属圆盘用作格栅,使样品流为层流,以减少湍流,同时作为换热过滤器和阻火器。

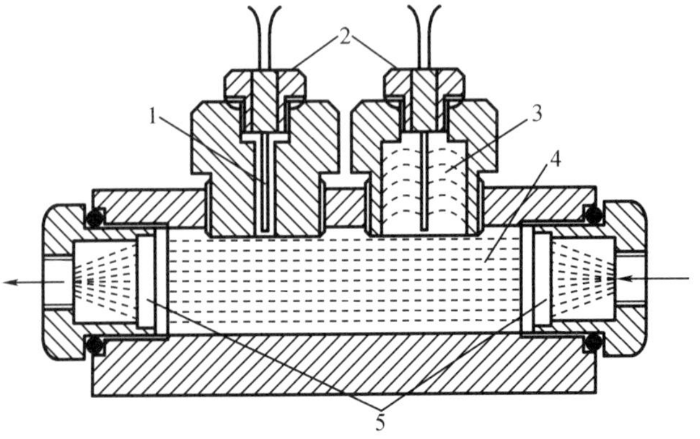


1—传导室;2—热丝元件;3—对流室;4—取样室;5—多孔金属圆盘。

**图 3-2-67 MSA 的 M 型热导池**

**5. 红外线分析器**

红外线分析器是根据气体（或液体、固体）对红外线吸收原理制成的一种物理式分析仪器。它能连续测量，测量范围宽，精度高，灵敏度高，并且有良好的选择性，因此在工业生产中得到了广泛的应用。

（1）红外线分析器的检测原理

各种多原子气体（CO、$CO_2$、$CH_4$ 等）对红外线都有一定的吸收能力，但不是整个波段都能吸收，只是吸收一部分波段，这些波段称为特征吸收波段。常见的多原子气体特征吸收波长见表 3-2-37。

**表 3-2-37　一些物质的红外线特征吸收波长**

| 气体 | 吸收波长 $\lambda$/μm | 气体 | 吸收波长 $\lambda$/μm | 气体 | 吸收波长 $\lambda$/μm |
|---|---|---|---|---|---|
| CO | 4.66 和 2.37 | $SO_2$ | 7.3 | $CH_4$ | 3.3 和 7.7 |
| $CO_2$ | 4.27 和 2.70 | NO | 5.2 | $C_2H_2$ | 13.7 |
| $NH_4$ | 10.40 | $NO_2$ | 6.2 | $C_2H_4$ | 10.5 |

通过表 3-2-37 可知，由于气体不同，吸收红外线的波长也不同。红外线分析器就是基于某些气体对不同波长的红外线辐射能具有选择性吸收的特性来工作的。当红外线通过混合气体时，气体中的被测组分吸收红外线的辐射能，使整个混合气体因受热而引起温度和压力增加。这种温度和压力变化与被测气体组分的浓度有关，把这种变化转换成其他形式的能量变化，就能确定被测组分的浓度。

红外线被吸收的数量与吸收介质的浓度有关。当红外线射入介质被吸收后，透过光的强度与入射光的强度之间的关系由朗伯-比尔定律确定：

$$I=I_0e^{-\mu Cl}$$

式中　$I$、$I_0$——吸收后和吸收前射线的强度；

$\mu$——吸收系数；

$l$——介质的厚度（也叫光程长度）；

$C$——介质的浓度。

当被测组分浓度很低，或 $l$ 很小时，上式可近似为线性关系，即

$$I=I_0(1-\mu Cl)$$

因此，一般红外线分析器为保证仪表读数与浓度呈线性关系，当被测组分浓度大时，选用较短的测量气室；当被测组分浓度小时，选用较长的测量气室。测量气室的长度为 0.5~500 mm。

（2）红外线分析器的结构组成

图 3-2-68 为典型的红外线分析器的结构组成。各组成部分的作用如下。

①光源

辐射区的光源有两种，一种是单光源，另一种是双光源，如图 3-2-69 所示。单光源只有一个发光元件，经两个反光镜构成一组能量相同的平行光束进入参比室和样品室。而双

光源结构则是参比室和样品室各用一个光源。双光源因热丝发光不尽相同而产生误差。

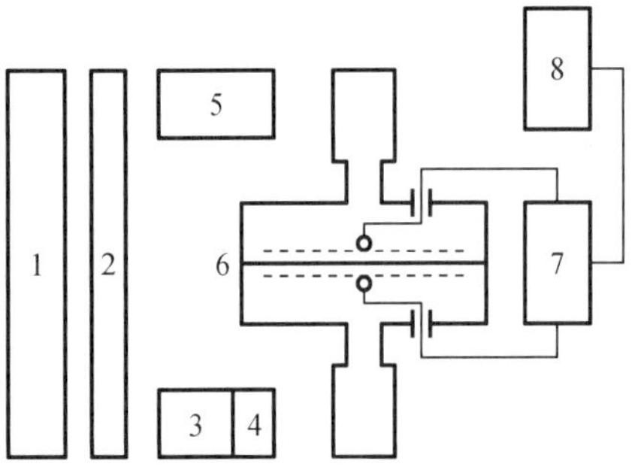


1—光源;2—斩光器,3—滤光室;4—样品室;
5—参比室;6—检测室;7—放大器;8—显示器。

**图 3-2-68 典型的红外线分析器的结构组成**

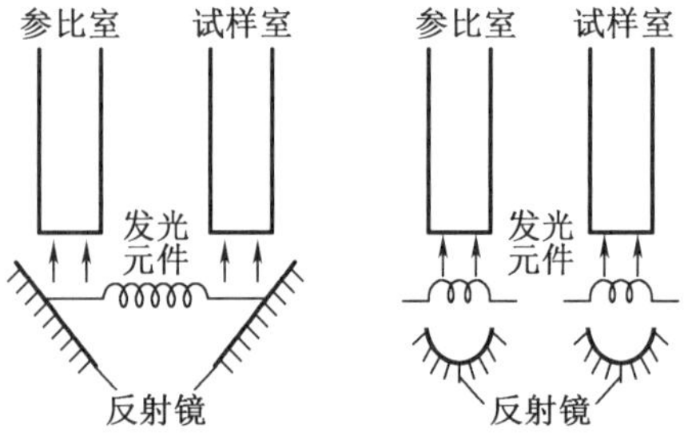


**图 3-2-69 两种光源的一般结构**

光源的任务是产生具有一定频率(2~12 Hz)的两束能量相等又稳定的平行红外光束。光源一般多用镍铬丝制成。

②样品室和参比室

多数红外线分析器的样品室和参比室是由黄铜制成的。要求其内壁光滑、镀金,以使红外线在气室内多次反射而得到良好的透射效果。如测腐蚀性气体时,可选用玻璃、不锈钢或氟塑料的制品。

参比气室中充有不吸收气体时,试样只能通过样品室。

③滤光室

滤光室通常有两种,一种是充气的滤光室;另一种是干涉滤光片,能使红外线分析器根据需要更换干涉滤光片,以满足检测不同气体的需要。

④斩光器

斩光器用来将光源发出的光辐射信号通过电机调制成交变信号,从而可避免检测信号时间长而漂移。

⑤检测室

检测室(检测器)的作用是用来接收从红外光源辐射出的红外线,并转换成电气信号。大多数红外线分析器都采用电容微音器式检测器。双通式检测器的结构如图 3-2-70 所示。检测器的两个接收室分别充有待测气体和惰性气体的混合物。两个接收气室间用薄金属膜片隔开。因此,当样品室发生了吸收作用时,到达接收室的试样光束比另一接收气室的参比光束弱,于是检测器参比接收室中的气压大于样品接收室的气压。而金属隔膜和一个固定电极构成了一个振动电容的两个极板。此电容器的电容变化与试样室内吸收红外线的程度有关。故测量出此电容量的变化,即可确定样品中待测气体的成分。

(3)取样系统

常压测量时,红外线分析器的气样出口是通大气的。取样系统包括气体净化、减压、干燥、去除化学杂质和流量计等。如果样气是高温情况,则还需有冷却装置。图 3-2-71 为常用的取样系统。

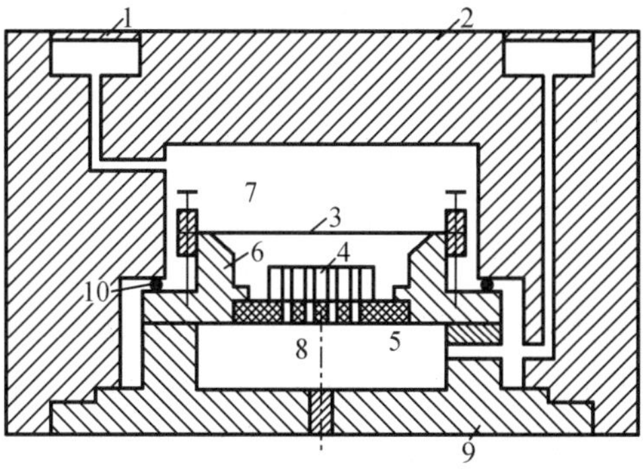


1—晶片（窗口）；2—壳体；3—薄膜；4—定片；5—绝缘体；6—支持器；

7，8—薄膜两侧的空间；9—后盖；10—密封垫圈。

**图 3-2-70　双通式检测器的结构**

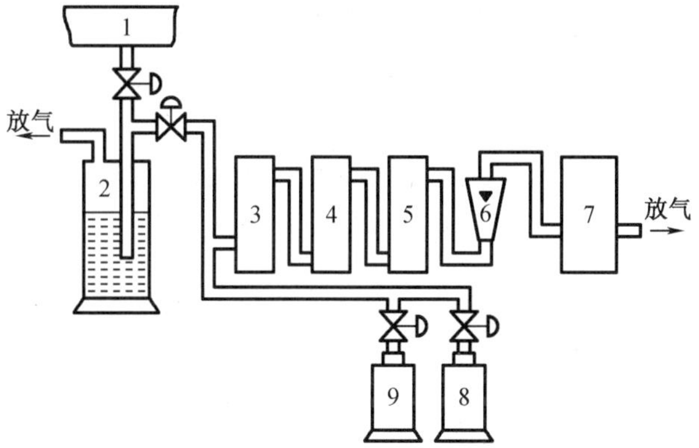


1—工艺流程管道；2—水封稳压器；3—机械杂质过滤器；4—化学杂质过滤器；

5—干燥器；6—流量计；7—分析器；8—标准样气；9—零点样气。

**图 3-2-71　取样系统**

在图 3-2-71 中，在水封稳压器 2 处放空一部分气体，以减小由工艺管道到过滤器间的气体滞后，并维持样气的压力稳定，避免分析器由于压力增高而被破坏；机械杂质过滤器 3 用来滤掉灰尘等机械杂质；化学杂质过滤器 4 用来除掉低含量的干扰组分及腐蚀性气体，其中的填充物应根据被除去的气体性质而定；干燥器 5 中放置氯化钙，用来除去水分；流量计 6 用于分析样品的流量，一般为 0.2～1.0 L/min；为了校对仪器零位和量程，备有标准样气和零点样气（一般为 $N_2$）各一瓶，以便在分析前对仪器进行调校等。

（4）红外线分析器的型号与功能

红外线分析器的型号与功能见表 3-2-38。

**6. 工业 pH 计**

pH 计又叫酸度计。工业 pH 计是能连续测量工业流程中水溶液的氢离子浓度的仪器。纯水的$[H^+]=10^{-7}$，所以 pH 值$=7$，为中性。$[H^+]>10^{-7}$ 时为酸性溶液，其 pH 值$<7$；$[H^+]<10^{-7}$ 时为碱性溶液，其 pH 值$>7$。

工业 pH 计由发送器和测量仪器两大部分组成。发送器由玻瑞电极和甘汞电极组成，它的作用是把 pH 值转换成直流信号。工业 pH 计的测量仪器一般用电子电位差计即可。

表 3-2-38 红外线分析器的型号与功能

| 型号 | 测量对象及量程（$V_0$%） | 输出信号 | 主要用途、功能 | 备注 |
|---|---|---|---|---|
| GXH-101（U ras3G） | CO：0~0.01~100（任选）<br>$CO_2$：0~0.002~50（任选）<br>$CH_4$：0~0.01~100（任选） | 0~20 mA 或 4~20 mA<br>0~10 V 或 2~10 V | ①用于石油、化工等生产流程中的气体成分分析；<br>②用于热处理炉、加热炉等气氛控制；<br>③用于冶金、建材、轻工等工业窑炉、电站锅炉等最佳燃烧条件控制；<br>④用于环境污染源监控，环境中可燃气体、有毒气体的监测；<br>⑤用于科研、农业和医疗卫生部门的气体分析 | 电源：220 V AC 50 Hz |
| GXH-101Ex | — | 0~20 mA 或 4~20 mA<br>0~10 V 或 2~10 V | 广泛用于石油、化工、冶金、建材、轻工及各种窑炉或烟道的气体分析，能连续自动测量、记录、指示流程中待测气体百分浓度，同时可作环境监测工具 | 电源：220 V AC 50 Hz |

（1）检测原理

电位测定法的基本原理是在被测溶液中插入两个不同的电极，其中一个电极的电位随溶液氢离子浓度的改变而变化，称为工作电极；另一个电极具有固定的电位，称为参比电极，这两个电极形成一个原电池，如图 3-2-72 所示。测定两电极间的电势就可知道被测溶液的 pH 值。

（2）参比电极

常用的参比电极有甘汞电极和银-氯化银电极。

①甘汞电极

在溶液 pH 值的测定中使用最普遍的参比电极是甘汞电极，其结构如图 3-2-73 所示。甘汞电极由一个内电极装入一个玻璃外壳制成。内电极的引线下端浸入汞中，汞下面装有糊状的甘汞（甘汞由 $Hg_2Cl_2$ 和 Hg 共同研磨后加 KCl 溶液调制而成），并用浸在氯化钾溶液中的纤维丝堵塞。下部为溶液通道（一般为多孔陶瓷制成）。氯化钾溶液作为盐桥（由于钾离子 $K^+$ 和氯离子 $Cl^-$ 的浓度较接近，可使溶液接界电位减小到最小）。盐桥连接内电极和被测溶液，使之形成电通路。由能斯特公式，甘汞电极的电位为

$$E=E_0-\frac{RT}{F}\ln[Cl^-]$$

式中 $E_0$——电极的标准电位；

$R$——气体常数；

$T$——溶液的绝对温度；

$F$——法拉第常数；

$[Cl^-]$——氯离子浓度。

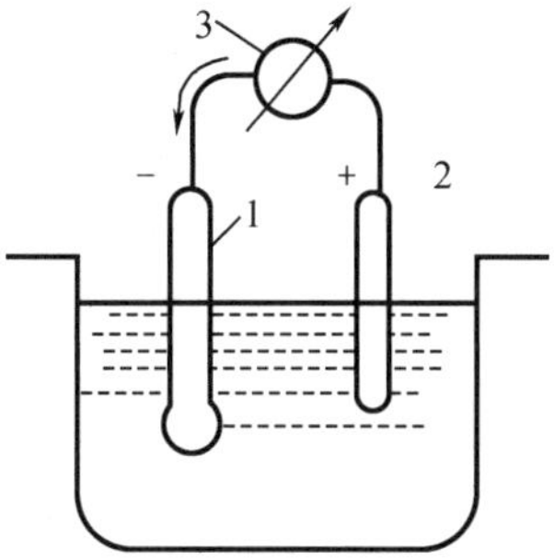


1—玻璃电极；2—甘汞电极；3—pH 指示表。

**图 3-2-72　工业 pH 值测量线路**

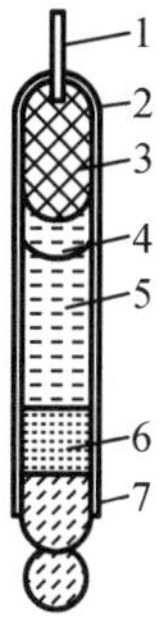


1—引出导线；2—汞多；3—甘汞；4—棉花；
5—氯化钾溶液；6—氯化钾结晶；7—磨口玻璃。

**图 3-2-73　甘汞电极的结构**

由此可见，甘汞电极的电位取决于氯离子[$Cl^-$]的浓度，改变氯离子浓度就能得到不同的电极电位。

采用不同浓度的氯化钾溶液，可以制得不同电位的甘汞电极。甘汞电极可分为饱和式、3.5N 式、1N 式和 0.1N 式等几种，常用的是饱和式甘汞电极，因为饱和氯化钾溶液的浓度易于保持。当氯化钾溶液饱和、温度为 25 ℃时，甘汞电极的电位为 $E=0.2433$ V。

甘汞电极结构简单，电位较稳定，但电极电位受温度的影响较大。

②银-氯化银电极

银-氯化银电极原理与甘汞电极相似。对于饱和的氯化钾溶液，在 25 ℃温度下，其电极电位为 $E=0.297$ V。这种电极结构比较简单，电极电位在温度较高时仍然较稳定。

(3)工作电极

pH 传感器的工作电极有玻璃电极、氢醌电极和锑电极等。工业上常用的是玻璃电极，锑电极主要用于测量半固体、胶状物及水油混合物中的 pH 值。

①玻璃电极

图 3-2-74 为一种常用普通式 pH 玻璃电极。当玻璃电极插入被测试样时，在 pH 敏感玻璃膜内部溶液(参比溶液)和被测溶液之间建立起氢离子的平衡状态，此时的电极电势为

$$E=E_0+\frac{2.303RT}{F}\ln\frac{[H^+]_0}{[H^+]}$$

式中　$E_0$——不对称电位；

$[H^+]_0$——参比溶液的氢离子浓度。

对于给定的玻璃电极，$[H^+]_0$ 是一个常数，则电极电位只与被测溶液氢离子浓度有函数关系。同样，玻璃电极受温度的影响较大，必须把温度补偿电阻接入测量电路，以补偿温度对 pH 值测量的影响。玻璃电极的正常工作温度为 2~55 ℃。

②氢醌电极

将铂极片浸于饱和醌-氢酸溶液中，即形成氢醌电极，其电极电势为

$$E=E_0-\frac{2.303RT}{F}\mathrm{pH}$$

由上式可知，其电势 $E$ 正比于溶液的 pH 值。氢醌电极的优点是结构简单、反应速度

快,但温度影响大、在高温下电极电位不稳定等。

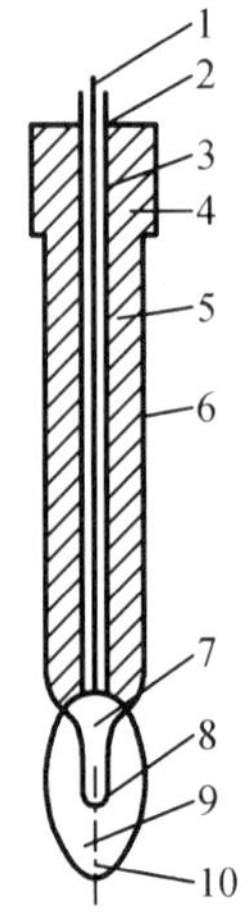


1—导线;2—接地屏蔽线;3—橡胶绝缘层;4—电极帽;5—树脂充填物;
6—高电阻玻璃;7—汞(电连接);8—缓冲溶液;9—内参比电极;10—pH 敏感玻璃。

**图 3-2-74　常用普通式 pH 玻璃电极**

③锑电极

锑电极是一种金属-金属氧化物电极。其电极电位产生于金属与覆盖其表面上的氧化物的界面上。锑电极的结构比较简单,可用于半固体等混合物中的 pH 值的测量,但测量精度不高。

(4)仪器的维护与检修

工业 pH 计在运行过程中,因在高阻抗的条件下工作,日常维护工作的好坏将直接影响其正常使用。为此维护时必须注意以下几点。

①玻璃电极勿倒置,甘汞电极内从甘汞到陶瓷芯不能有气泡,如有气泡必须拆下清洗。

②必须保持玻璃接线柱、引线连接部分等的清洁,不能沾污油腻,切勿受潮和用汗手去摸,以免引起检测误差。

③在安装和拆卸发送器时,必须注意玻璃电极球泡不要碰撞,防止损坏,同时不宜接触油性物质。应定时清洗玻璃泡,可用 0.1 mol 的 HCl 溶液清洗,然后浸在蒸馏水中活化。

仪器的常见故障修理如下。

①指针不稳有摆动现象时,应检查接地是否良好;检查高阻转换器是否工作稳定;检查各线端子是否接好等。

②当指示值超出刻度不能读数时,应检查甘汞电极瓶内的溶液是否流完,或陶瓷管内是否有气泡,或测量回路是否开路等;检查电极接线有否脱落、断线;检查高阻转换器是否正常工作;检查电极是否有气泡等。

③当指示值不准,但指针在刻度范围内时,应检查电极是否有油污,若有时可用干净的药棉轻轻地擦球泡部分,或者用 0.1 mol 的稀盐酸清洗、擦干。另外,可检查发送器部分的电极和电缆接线端子,以及仪器和电缆的接线端是否绝缘良好,可用低电压绝缘计进行检查,但检测时必须将电极断开,连接仪器的插头也要断开,如发现不好,用乙醚清洗,然后在

100 ℃温度下供干;若玻瑞电极球泡已老化或有裂纹时,则应更换新的电极,新电极在使用前必须在蒸馏水中浸泡 24 h,检查发送器接线盒内是否漏水等。

**7. 工业黏度计**

黏度是流动物质的一种物理特性。当流体在外力的作用下流动时,在分子间呈现的阻力称为黏度。

测量黏度的仪器称为黏度计。黏度计的种类很多,如毛细管式黏度计、落塞式黏度计、旋转式黏度计、振动式黏度计和浮标式黏度计等。表 3-2-39 列出了各种黏度计的主要性能。

**表 3-2-39 各种黏度计的主要性能**

| 黏度计类型 | 测量范围/$10^{-3}$(Pa·s) | 误差 | 特点 | 应用场合 |
|---|---|---|---|---|
| 毛细管式黏度计 | $0.1\times10^{6}$ | 0.5%~2% | 精度较高,测量范围较大,易维护,可用于高压流体;不能测高黏度、非牛顿流体 | 润滑油、沥青炼制,燃料油控制 |
| 落塞式黏度计 | $0.1\times10^{6}$ | 1% | 精度高、量程宽、耐高温高压,只能周期连续测量 | 纸张、织物上胶,淀粉转化,肥皂、塑料工业 |
| 旋转式黏度计 | $0.1\times10^{5}$ | 2%~3% | 可测非牛顿流体,耐高温高压;安装、维护较复杂 | 纤维、纸浆、橡胶、食品、树脂等非牛顿流体 |
| 振动式黏度计 | $0.1\times10^{6}$ | 1%~2% | 精度高,响应快,耐高温高压,适用于实验室和在线测量 | 燃料油、血液、熔融金属 |
| 浮标式黏度计 | $0.5\times10^{4}$ | 2%~4% | 设备简单、可靠,反应速度快;受流体黏度、压力、纯度影响大 | 燃料油、石油制品 |

(1)旋转式黏度计

旋转式黏度计的工作原理如图 3-2-75 所示。其有两个直立的同轴圆筒,内筒与外筒之间充满了被测介质(液体)。当外筒以一定的转速旋转时,由于液体的黏性作用,使内筒承受一定的转矩,转矩和液体的动力黏度之间的关系为

$$\eta=\frac{M}{4\pi h\Omega}\left(\frac{1}{R_1^2}-\frac{1}{R_2^2}\right)=K\frac{M}{\Omega}$$

式中 $\eta$——被测液体的动力黏度,0.1 Pa·s;

$M$——转矩,$10^{-7}$ N·m;

$\Omega$——转筒的角速度,1/s;

$h$——内筒的高度,cm;

$R_1$——内筒的外半径,cm;

$R_2$——外筒的内半径,cm;

$K$——仪表常数。

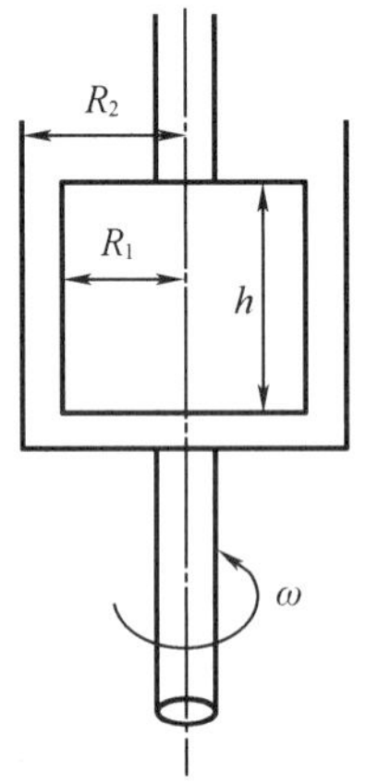


**图 3-2-75　旋转式黏度计的工作原理**

由上式可知,当转筒以一定的恒速旋转时,测量出转矩就可计算出被测液体的黏度。

根据测量转矩的方法,旋转式黏度计还可分为以下几项。

①差动变压器式旋转黏度计。它是用差动变压器测量弹性扭力管受转矩作用而产生的微小扭力角。

②电容器或电位器式旋转黏度计。用电容器或电位器测量弹簧游丝受转矩作用而产生的偏转角。

③电机式旋转黏度计。测量转动电机因受转矩作用而产生的电流变化。

(2)振动式黏度计

振动式黏度计是利用电磁作用力来驱动浸在被测液体中的振动元件来测量黏度的仪器。它常利用液体对振动元件的阻尼衰减作用来测量液体的黏度。振动式黏度计有超声波黏度计、振动簧片黏度计及振球式黏度计。

振球式黏度计的检测原理如图 3-2-76 所示。当浸入被测液体中的振球受振荡源和驱动线圈推动杠杆产生扭转振动时,由于液体的黏性阻尼作用,使振球的能量损失,振幅逐渐减小。为了保持振球的振幅不变,需要通过电路和驱动线圈给振球补充能量。使振球保持等幅振荡所需加入的能量与液体的黏度 $\eta$ 和密度 $\rho$ 有以下关系:

$$E \propto \sqrt{\eta\rho}$$

振球式黏度计的特点:精度高,响应快,耐高温高压,适用于实验室和工业在线测量与控制。

**8. 可燃性气体或蒸气的检测**

在石油、化工等行业的生产过程中,存在各种易燃易爆气体或蒸气,当这些气体或蒸气在空气中的浓度达到一定数值时,随时都可能发生爆炸,危及人身与设备的安全。因此严密监测可燃性气体或蒸气在空气中的浓度,对确保生产安全是绝对重要的。

目前检测空气中可燃性气体或蒸气浓度的传感器种类很多,采用的原理也各不相同,常见的有接触燃烧法(即催化燃烧法)、红外线、热导、光干涉法及半导体气敏元件等。它们都各有特点,但相比之下,接触燃烧法原理的传感器有以下几个优点。

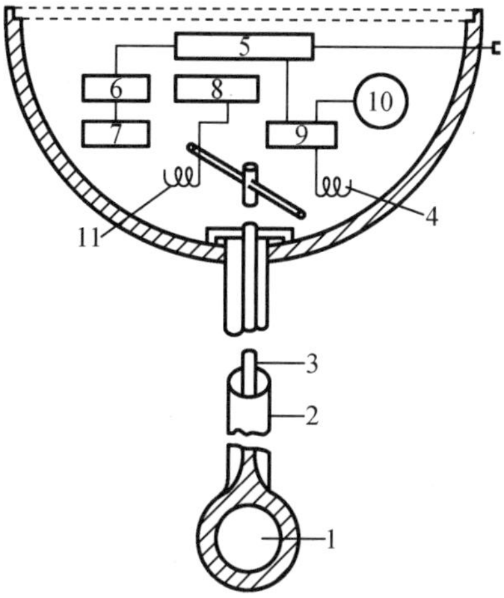


1—振球；2—弹性扭管；3—传动轴；4—拾取线圈；
5—直流电源；6—振荡器；7—频率控制；8—功率调整器；
9—放大器；10—微安表；11—驱动线圈。

**图 3-2-76　振球式黏度计的检测原理**

（1）在 0~100%的量程，有较好的线性。

（2）测量精度较高，响应时间短，能满足工程需要。

（3）对环境温度补偿容易。

（4）抗干扰能力较强，但为保证其正常工作，背景气体中必须含有 9%以上的氧量。

接触燃烧法传感器的检测原理如图 3-2-77 所示。它是基于可燃性气体与催化元件接触产生燃烧，发出的热量与可燃性气体的浓度成正比，使催化元件（$R_3$）的阻值发生变化。

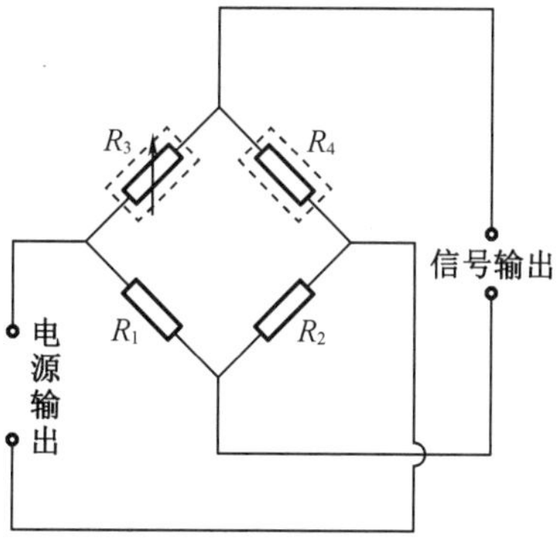


**图 3-2-77　接触燃烧法传感器的检测原理**

在图 3-2-77 中，桥臂电阻 $R_1$、$R_2$ 为标准电阻，$R_3$、$R_4$ 分别为粒状检测元件与补偿元件。$R_3$是经过催化处理的检测元件，$R_4$ 是经过钝化处理的补偿元件，它们都安装在相同的环境中。当无可燃性气体与传感器接触时，桥路平衡，无输出；当有可燃性气体与传感器接触时，可燃性气体就会在检测元件上产生无焰燃烧，元件（$R_3$）温度升高，阻值发生变化，桥路失去平衡，输出与可燃性气体浓度成正比的信号，送入二次仪表进行显示、报警。

## 三、显示仪表

在工业生产中,不仅需要测量出生产过程中各个参数量的大小,而且,还要求把这些测量值进行指示、记录,或用字符、数字、图像等显示出来。这种作为显示被测参数测量值的仪表称为显示仪表。

显示仪表直接接收检测元件、变送器或传感器的输出信号,然后经测量线路和显示装置,把被测参数进行显示,以便提供生产所必需的数据,让操作者了解生产过程的进行情况,以便更好地进行控制和生产管理。

显示仪表按显示方式可分为模拟显示、数字显示和图像显示等3大类。

模拟显示仪表是以仪表的指针(或记录笔)的线位移或角位移来模拟显示被测参数连续变化的仪表。这类仪表使用了磁电偏转机构或电机式伺服机构,因此,测量速度较慢,读数容易造成多值性。但它可靠,又能反映出被测参数的变化趋势,因此,目前工业生产中仍大量地被应用。

数字显示仪表是直接以数字形式显示被测参数量值大小的仪表。它具有测量速度快、精度高、读数直观,并且对所检测的参数便于进行数值控制和数字打印记录,也便于和计算机联用等特点。为此,这类仪表得到了迅速的发展。

图像显示仪表就是直接把工艺参数的变化量,以文字、数字、符号和图像的形式在屏幕上进行显示的仪器。它是随着电子计算机的推广应用相继发展起来的一种新型显示设备。图像显示的实质属于数字式,它具有模拟式与数字式显示仪表两种功能,并具有计算机大存储量的记忆能力与快速性功能,是现代计算机不可缺少的终端设备,常与计算机联用,作为计算机综合集中控制不可缺少的显示装置。

**1. 模拟显示仪表**

模拟显示仪表又可分为动圈式显示仪表和自动平衡式显示仪表。

(1)动圈式显示仪表

动圈式显示仪表与热电偶、热电阻、霍尔变送器等配合使用来指示温度、压力等工艺参数。由于它结构简单、体积小、质量轻、价格低廉、使用维护方便,并具有一定的抗干扰能力,因此在我国中小型企业中应用较普遍。

动圈式显示仪表是一个磁电式毫伏计。其中动圈是由具有绝缘层的细铜丝绕制而成的一个矩形框,如图3-2-78所示。由青铜制成的张丝,把可动线圈吊在永久磁铁和软铁芯之间的均匀磁场中。张丝除悬挂动圈之外,还引导电流流入动圈,提供反作用力矩。由毫伏信号 $U_X$ 引起的电流流过动圈时,在磁场中产生电磁力矩,使动圈偏转,并带动固定在动圈上的指针一起偏转。因动圈的偏转使张丝扭转而产生反力矩,并且反力矩随着转角的增大而增大。当反力矩与电磁力矩相等时,指针停止转动,并在刻度板上指示出相应的读数。

动圈产生的电磁力矩 $M$ 与流过的电流 $I$ 成正比关系,即

$$M=C_1I \tag{3-2-36}$$

式中 $C_1$——与磁感应强度、动圈圈数和动圈的几何尺寸有关的系数,对一个定型的仪表,这些参数都是固定的,所以,$C_1$ 是一个常数。

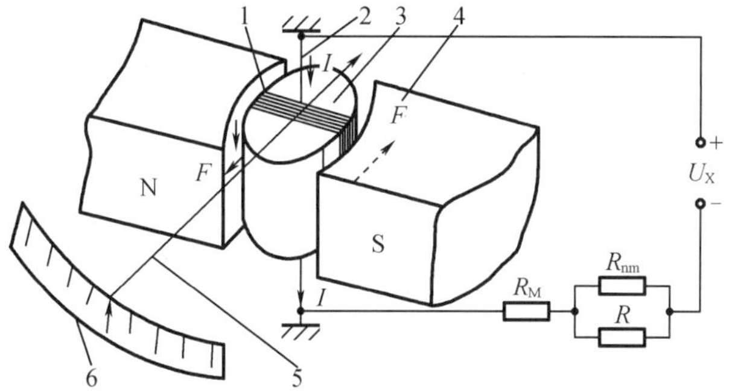


1—动圈;2—张丝;3—铁芯;4—永久磁铁;5—指针;6—刻度板。

**图 3-2-78　动圈式显示仪表构造原理图**

反力矩 $M_f$ 与动圈的转角 $\varphi$ 成正比,即

$$M_f = C_2\varphi \tag{3-2-37}$$

式中　$C_2$——与张丝的尺寸、弹性和工作张力有关的系数,对一个定型的仪表,$C_2$ 也是一个常数。

达到平衡时,两力矩相等,即可得到

$$\varphi = \frac{C_1}{C_2}I = CI \tag{3-2-38}$$

从式(3-2-38)可知,仪表指针的偏转角与通过动圈的电流成正比。如输入信号 $U_X$ 越大,流过动圈的电流也越大,则指针偏转的角也越大,刻度盘上指示的变量值也越大。

①动圈式显示仪表配接热电偶的测量线路(XGZ-101 型)

配接热电偶的动圈式显示仪表的测量线路如图 3-2-79 所示。在使用时必须注意冷端温度补偿和外线路电阻两个问题,否则就会产生较大误差。

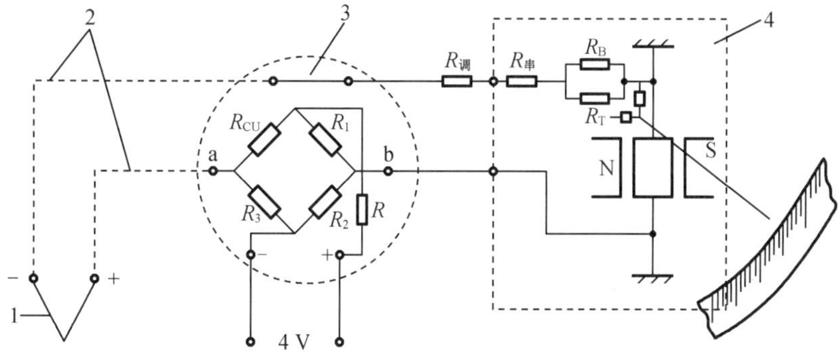


1—热电偶;2—补偿导线;3—冷端补偿器;4—动圈测量机构。

**图 3-2-79　配接热电偶的动圈式显示仪表的测量线路**

A. 冷端温度补偿

配接热电偶的动圈式显示仪表是在热电偶冷端处于 0 ℃条件下刻度的。如果冷端不是 0 ℃,则动圈式显示仪表的指示便不能真实地反映被测温度值,并产生一个随冷端温度变化而变化的误差。因此,在实际测温中必须考虑冷端温度补偿问题。

a. 只用补偿导线

当仪表只配用补偿导线时,若冷端温度 $t_0>0$ ℃为已知值,则 $E(t_0,0)$ 是一个可以确定的值。仪表输入的毫伏值加上 $E(t_0,0)$ 所对应的温度值,就是被测温度的实际值。在现场使用时,常常先把冷端温度 $t_0$ 测量出来,然后把仪表的机械零点调到温度 $t_0$ 上,即相当于把 $E(t_0,0)$ 预先加在仪表上。这样在测量过程中仪表的指示值就是被测温度的实际值。但必须注意 $t_0$ 的变化,要经常调整仪表的机械零位。

b. 使用冷端补偿电桥和补偿导线

当仪表所处的室温经常较大变化时,最好采用补偿导线和冷端补偿器一起配合使用。其测量线路如图 3-2-79 所示。通常冷端补偿电桥设备在 20 ℃时达到平衡,因此配套的动圈式显示仪表的机械零点也应调在 20 ℃处。而且必须注意动圈式显示仪表的分度号、热电偶的分度号和补偿导线的分度号要一致。

动圈式显示仪表在运输时,接线柱(短)与(+)之间须接好短路线,增大阻尼,以防指针晃动而损坏仪表。使用时必须将它断开。

B. 外线路电阻

由于动圈式显示仪表是通过电流来测量毫伏信号而得知温度值的,因此,对于相同的毫伏值[$E(t,0)$],如果整个测量回路的电阻值不同,流过动圈的电流值也会不同,则指针的指示也不同,因而产生一定的测量误差。为了保证仪表测量的准确性,一律规定配接热电偶动圈式显示仪表的外线路电阻为 15 Ω。外线路电阻是热电偶电阻、补偿导线电阻、冷端补偿电桥的等效电阻、补偿电桥到仪表间的铜导线电阻及外线路调整电阻 $R_N$ 的总和,即

$$R_{外}=R_{热}+R_{补}+R_{桥}+R_{铜}+R_N=15\ \Omega$$

必须注意,在实际使用中各个测量点的测量温度不同,到仪表的距离不同,以及环境温度的不同,都会引起外线路电阻的不同,此时要借助 $R_N$ 来补足 15 Ω。$R_N$ 是锰铜丝线绕制的。

目前动圈式显示仪表还设置了断偶保护线路。当热电偶一旦发生断丝,能使动圈式显示仪表的指针偏向满度并报警,以便操作人员发现处理。

②动圈式显示仪表配接热电阻的测量线路(XCZ-102 型)

动圈式显示仪表要求输入直流毫伏信号,因此,当配接热电阻测温时,必须设法将随被测温度变化的热电阻值转换成直流毫伏信号,然后与动圈测量机构相配,以指示被测对象的温度。

XCZ-102 型动圈式显示仪表的工作原理:通过不平衡电桥把随温度变化的热电阻阻值转换成相应的直流毫伏信号,毫伏信号产生的电流流过动圈,引起动圈偏转,其转角的大小即指示出被测温度的高低。它的测量线路如图 3-2-80 所示。热电阻 $R_t$ 采用三线制接法,这样两根连接导线就分别连接到相邻的两个桥臂上,当环境温度变化使连接导线电阻变化时,可以互相抵消一部分,从而减小附加误差。

必须注意,热电阻三线制接法,每根连接导线电阻规定为 5 Ω。若不足 5 Ω 时,则须用锰铜丝电阻补足到 5 Ω。调整阻值应精确到(5±0.01) Ω。另外,动圈式显示仪表与热电阻配套使用时,必须注意仪表的分度号应与热电阻分度号相同。

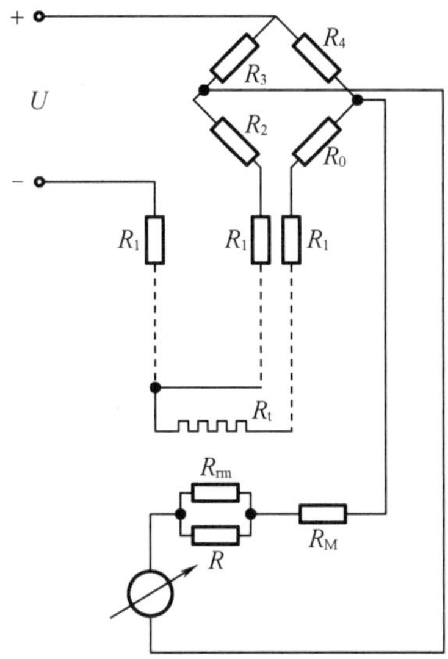


**图 3-2-80　配接热电阻的动圈式显示仪表的测量线路**

③动圈式显示仪表的型号命名

动圈式显示仪表的型号命名有统一规定。产品型号一般由两节组成,第一节有三位,以大写汉语拼音字母表示;第二节用阿拉伯数字表示,也用三位;尾注以大写拼音字母表示,以一位为限,普通型不加尾注。第一节、第二节与尾注之间用短横线分开。其型号及其意义见表 3-2-40。型号示例:XCZ-131 表示动圈式显示仪表、高频振荡(固定参数)、时间比例调节、配热电偶用的显示仪表。

动圈式显示仪表的技术指标见表 3-2-41。

④动圈式显示仪表的常见故障与处理

A. XCZ-101 型动圈式显示仪表的故障与处理

XCZ-101 型动圈式显示仪表在运行中发生故障时,先必须检查测温元件和连接的测量线路,以及接线端子等是否存在故障。经过分段检查后,确定故障存在于动圈式显示仪表本身,则可按故障现象,根据表 3-2-42 分析原因,并进行处理。

B. XCZ-102 型动圈式显示仪表的故障与处理

XCZ-102 型动圈式显示仪表的常见故障与 XCZ-101 型仪表基本相同。它的测量桥路的常见故障与处理方法见表 3-2-43。

(2)自动平衡式显示仪表

动圈式显示仪表虽然具有结构简单、易于安装维护等优点,但它们受环境温度和线路电阻的影响较大,仪表的准确性、灵敏度均受到限制,不宜用于精密测量与控制。另外动圈式显示仪表的可动部分怕振动,易损坏,阻尼时间长,而且不便于实现自动记录。因此在自动化程度较高的生产过程中,要求对微弱的信号进行准确、快速的测量,实现自动记录与控制时,广泛地采用了自动平衡式显示仪表。

**表 3-2-40　动圈式显示仪表的型号及其意义**

| 第一节 | | | | | | 第二节 | | | | | | 尾注 | |
|---|---|---|---|---|---|---|---|---|---|---|---|---|---|
| 第一位 | | 第二位 | | 第三位 | | 第一位 | | 第二位 | | 第三位 | | | |
| 代号 | 意义 | 代号 | 意义 | 代号 | 意义 | 代号 | 意义 | 代号 | 意义 | 代号 | 意义 | 代号 | 意义 |
| X | 显示 | C | 动圈式磁电系 | Z | 指示仪 | | 单标尺 | | 调节方式 | | 配接检出元件 | | 动圈式： |
| | | | | | | | | 0 | 二位调节 | | | Y | 位式延时 |
| | | | | | | | 设计序列或种类： | | | 1 | 热电偶 | D | 位式带倒相 |
| | | | | | | | | | | | | T | 三防型 |
| | | F | 前置放大式 | T | 指示调节仪 | 1 | 高频振荡（固定参数） | 1 | 三位调节（狭中间带） | | | | |
| | | | | | | | | | | 2 | 热电阻 | | 前置放大式动圈指示仪： |
| | | | | | | | | 2 | 三位调节（宽中间带） | | | | |
| | | B | 力矩电机式 | | | 2 | 高频振荡（可变参数） | | | 3 | 霍尔变送器或传感器 | — | 内磁、横式 |
| | | | | | | | | 3 | 时间比例调节 | | | S | 竖式 |
| | | | | | | | | | | | | A | 外磁、横式 |
| | | E | 动磁式 | | | 3 | 时间程序、高频振荡（固定参数） | 4 | 时间比例加二位调节 | 4 | 电阻远传压力表 | B | 竖式 |
| | | | | | | | | 5 | 时间比例加时间比例 | 5 | 标准模拟直流电信号 | | 前置放大式动圈指示调节仪控制： |
| | | | | | | | | 6 | 电流 PID 加二位调节 | | | C | 横式 |
| | | | | | | | | | | | | D | 竖式 |
| | | | | | | | | 8 | 电流比例调节 | | | | |
| | | | | | | | | | | | | | 指示调节为并联环节： |
| | | | | | | | | 9 | 电流 PID 调节 | | | | |
| | | | | | | | | | | | | A | 外磁、横式 |
| | | | | | | | | | | | | B | 竖式 |
| | | | | | | | | | | | | — | 内磁、横式 |
| | | | | | | | | | | | | S | 竖式 |

**表 3-2-41 动圈式显示仪表的技术指标**

| 测量电路 | 检测元件 | | 分度号 | 测量范围 | 单位 | 外线路电阻或外接电阻 | 一般技术指标 |
|---|---|---|---|---|---|---|---|
| 热电偶或其他毫伏信号测量线路 | 热电偶 | 镍铬-康铜 | E | 0~300,0~400,0~600 | ℃ | 15 Ω | 安装形式:仪表盘装<br>精度等级:1.0 级<br>刻度标尺:110 mm<br>工作环境:<br>温度 0~50 ℃<br>相对湿度<85%<br>无腐蚀性气体<br>无振动<br>质量<2 kg |
| | | 镍铬-镍硅 | K | 0~600,0~800,0~1 100,0~1 300 | ℃ | | |
| | | 铂铑 10-铂 | S | 0~1 600 | ℃ | | |
| | | 铂铑 30-铂铑 6 | B | 0~1 800 | ℃ | | |
| | WFT-202 辐射感温器 | | $T_2$ | 700~1 400,900~1 800<br>1 100~2 000 | ℃ | 5 Ω | |
| | 霍尔式压力变送器 | | — | 输入信号 0~20 mV,分度以压力表部颁标准中 1.5 级分度 | 100 kPa | — | |
| | CEB 电子式差压变送器 | | — | 输入信号 0~30 mV,以差压计部颁标准中 1.5 级分度 | 100 kPa | — | |
| 热电阻或其他信号电阻测量线路 | 热电阻 | 铜电阻 | Cu50<br>Cu100 | 0~30,0~50,0~100,-50~50,-50~100,0~150 | ℃ | 3×5 Ω | |
| | | 铂电阻 | Pt10 | 0~50,0~100,0~150,0~200<br>0~250,0~300,0~400,0~500,-50~50,-50~100 | ℃ | | |
| | | | Pt100 | -100~0,0~30,-100~50,200~500<br>-100~100,-120~30,-150~50<br>-150~150,-200~50,-200~500 | | | |
| | YCD-150<br>远传压力计 | | — | 0~1,0~1.6,0~2.5,0~4<br>0~6,0~10,0~16,0~25<br>0~40,0~60,0~100,0~160,0~250,0~400,0~600 | 100 kPa | — | |
| | | | | -1~0.6,-1~1.5,-1~3,-1~5,-1~9,-1~15,-1~24 | 100 kPa | | |
| | | | | -760~0 | mmHg | | |

**表 3-2-42　XCZ-101 型动圈式显示仪表常见故障与处理方法**

| 故障现象 | 故障原因 | 处理方法 |
|---|---|---|
| 仪表有信号输入时，指针不动或不稳定 | 量程电阻 $R_{串}$、张丝或动圈引头脱落或虚焊 | 重新焊好 |
| | 量程电阻 $R_{串}$ 或动圈断路 | 重新绕制 |
| | 张丝断脱 | 更换新张丝 |
| | 动圈短路 | 处理短路点 |
| 指针移动缓慢 | 动圈部分短路 | 更换新动圈 |
| | 张丝过松 | 重新焊好 |
| | 动圈和铁芯或极靴之间有毛刺或其他杂物 | 清擦干净 |
| 指针呆滞或有卡针现象 | 张丝断脱 | 更换新张丝 |
| | 指针位置过低碰刻度盘上沿，过高碰屏风板；指针头过短碰盘面，过长碰玻璃 | 调整好指针 |
| | 盘面上有毛丝，可动部分活动区间有杂物 | 清擦干净 |
| 指示偏高 | 张丝受到腐蚀，弹性下降；焊接时张丝退火 | 调磁分路片或改变量程电阻或更换新张丝 |
| | 磁分路片位置变动 | 调磁分路片 |
| 指示偏低 | 磁分路片位置变动 | 调磁分路片 |
| | 磁钢拆卸后，磁感应强度减弱 | 改变量程电阻或重新充磁 |
| 仪表回差大或回零不好 | 盘面上有毛丝，可动部分活动区间有杂物 | 清擦干净 |
| | 张丝内端销子不光洁，张丝不平直，有伤痕 | 更换新的 |

**表 3-2-43　XCZ-102 型动圈式显示仪表的测量桥路的常见故障与处理方法**

| 故障现象 | 故障原因 | 处理方法 |
|---|---|---|
| 通电后指针指向终端极限位置 | $R_0$ 或 $R_1$ 虚焊或断路 | 重新焊好或接上 |
| | 热电阻 $R_+$ 线路断路 | 找出断路点，接上 |
| 通电后指针指向始端极限位置 | $R_3$ 或 $R_2$ 虚焊或断路 | 重新焊好或接上 |
| | 热电阻 $R_t$ 线路短路 | 找出短路点，并处理好 |
| 通电后，加入信号，指针不动 | 稳压电源整流部分无输出 | 用万用表测量变压器二次侧无 33 V AC，则系变压器有故障，可重绕变压器；如变压器二次侧有 33 V AC，而电容 $C$ 两端无 38 ~ 42 V DC，则系 2CP12 有损坏，需更换新元件 |

**表 3-2-43**(续)

| 故障现象 | 故障原因 | 处理方法 |
| --- | --- | --- |
| | 稳压电源限流电阻虚焊或断路 | 用万用表依次测量 $R_5$、$R_6$ 两端电压,在哪一个电阻上出现开路电压,则系该电阻后侧虚焊或断路,需要重新焊好或更换元件 |
| | 稳压电源铜电阻或锰铜电阻虚焊或断路 | 用万用表测量铜电阻和锰铜电阻两端电压,哪个电阻上出现开路电压,则系该电阻后侧虚焊或断路,需重新焊好或更换元件 |
| | 稳压管 2CW15 或 2CW1 被击穿 | 更换新管子 |
| | $R_3$、$R_4$ 或 $R_2$、$R_0$ 同时虚焊 | 重新焊好 |
| 指示不稳定 | 电源变压器输出电压过低,造成稳压电源输出电压不稳 | 往往是由于变压器二次侧绕组部分短路造成,需重新绕制变压器 |
| | 稳压电源电容 $C$ 虚焊或接反 | 重新焊好或接正确 |
| | 稳压管焊接不良或质量不好 | 焊好或更换管子 |
| | 铜电阻或锰铜电阻焊接不良 | 仔细打去氧化层,焊好 |

常用的自动平衡式显示仪表有自动平衡式电子电位差计和自动平衡电桥两大类。它们能自动测量、显示、记录各种电信号(直流电压、电流和电阻)。若配接热电偶、热电阻或其他能转换成直流电压、电流或电阻的传感器、变送器,就可以连续指示、记录生产过程中的温度、流量、压力、物位及成分等各种参数。如果附加一些装置,还可实现自动积算、报警与连锁和自动控制等多种功能。

①自动平衡式电子电位差计

电子电位差计是用来测量电压信号的显示仪表。凡是能转换成电压的各种工艺参数都能用它来测量,并与电动调节器等配套,可进行自动记录和自动控制等。

A. 工作原理

电子电位差计是根据电压补偿原理工作的。以图 3-2-81 的电压测量系统来说明其原理。

在图 3-2-81 中,$U_X$ 为被测电压,滑线电阻 $W$ 与稳压电源 $E$ 组成一个闭合回路。因此,流过 $W$ 上的电流 $I$ 是恒定的,这样就可将 $W$ 的标尺刻成电压数值。$G$ 为检流计。

测量电压 $U_X$ 的方法是移动滑动触点 $C$,使通过检流计 $G$ 的电流为零,这时触点 $C$ 所指示的电压值即是被测电压 $U_X$。因要使检流计无电流通过,只能在已知电压 $U_{BC}=U_X$ 时才有可能,因此这种手动电位差计是根据滑线电阻上的已知电压 $U_{BC}$ 来平衡(补偿)被测电压 $U_X$ 的。使测量线路的电流等于零的测量电压的方法,称为电压补偿法。用这种方法测量电压比较精确,因为平衡时没有电流流过测量电路,也就是不存在线路电阻的影响问题。

在电子电位差计中,已知电压是由不平衡电桥产生的,如图 3-2-82 所示。在此测量桥路中，是利用不平衡电桥的输出电压 $U_{CD}$ 来补偿被测电压 $U_X$ 的。随着被测电压 $U_X$ 的变化，滑动触点 $C$ 的位置也做向左或向右的移动，当检流计 $G$ 指示为零时，滑动触点 $C$ 不再移动，停在某一位置上，此时，$U_{CD}=U_X$，测量桥路呈现平衡状态。滑动触点 $C$ 的位置越往右，表示被测电压值越大。

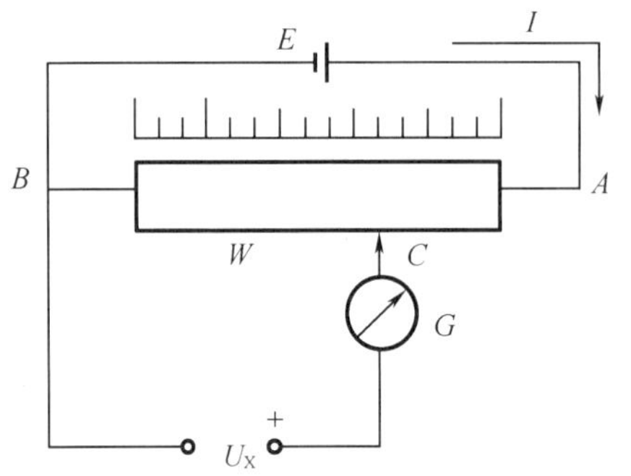


图 3-2-81　电压测量系统

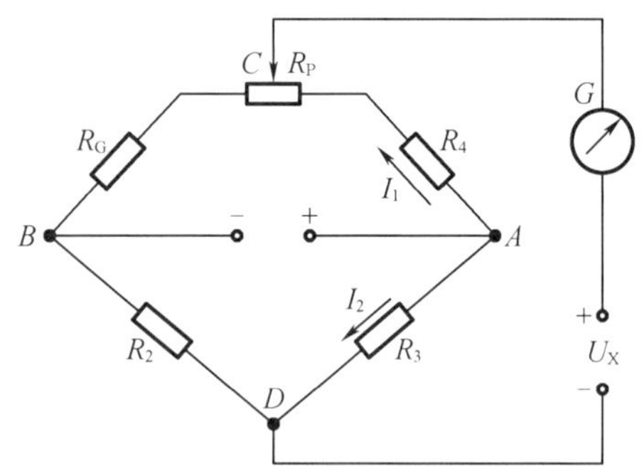


图 3-2-82　测量桥路原理图

如用电子放大器代替检流计，并把 $U_{CE}$ 作为放大器的输入信号，再由放大器驱动可逆电机，通过一套机械传动机构来带动滑动触点 $C$，那么测量过程就能自动进行了，如图 3-2-83 所示。

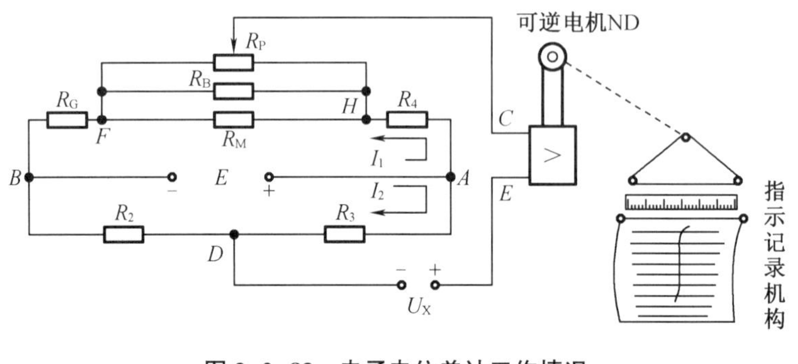


图 3-2-83　电子电位差计工作情况

放大器的输入电压为

$$U_{CE}=U_{CD}-U_X=U_{CF}+U_{FB}-U_{DB}-U_X$$

如果测量桥路达到平衡，即 $U_{CE}=0$，则

$$U_{CF}+U_{FB}-U_{DB}-U_X=0 \tag{3-2-39}$$

当被测电压增加时，即 $U_X+\Delta U_X$，测量桥路平衡被破坏，式(3-2-39)也不等于零。

放大器有了正电压输入，可逆电机 ND 做顺时针方向转动，并带动滑动触点 $C$ 向右移到适当位置时，即

$$(U_{CF}+\Delta U_{CF})+U_{FB}-U_{DB}-(U_X+\Delta U_X)=0$$

测量桥路重新达到平衡。

可逆电机带动滑动触点移动的同时也带动指针和记录笔，指示或记录出增高后的电压

值。反之,当被测电压降低时,放大器输入负的电压信号,可逆电机逆转,滑动触点向左移动,平衡时指针指示出降低后的电压值。

B. 测量桥路中各电阻的作用及要求

我国统一设计的测量桥路原理线路如图 3-2-83 所示。测量桥路的电源电压为 1 V,上支路电流 $I_1=4$ mA,下支路电流 $I_2=2$ mA,因此,上支路总电阻值为 250 Ω,下支路则为 500 Ω。

起始电阻 $R_G$ 是决定仪表刻度起始点(零位)的电阻,用锰铜电阻丝绕制,在不同下限的仪表中有不同的阻值,下限越高,$R_G$ 越大。一般把起始电阻 $R_G$ 分作 $R'_G$和 $r_G$ 两部分串联而成。$r_G$ 可做微调,这样既便于调整,又能降低对 $R'_G$的精度要求。调校时,若增大 $r_G$,则仪表指针向标尺下限方向偏移。

桥臂电阻 $R_2$ 在配接热电偶测温时,作为热电偶冷端温度补偿电阻。目前常用的补偿电阻是铜电阻,用符号 $R_{Cu}$ 表示。它用电阻温度系数 $a_0=4.25\times10^{-3}$ ℃的高强度漆包线($\phi0.1\sim\phi0.2$ mm),采用无感双线法绕制,并经过老化处理。当配用镍铬-镍硅热电偶时,$R_{Cu}=(5.33\pm0.02)\Omega$(25 ℃时);当配接铂铑 10-铂热电偶时,$R_{Cu}=(0.74\pm0.01)\Omega$(25 ℃时)。注意,若电子电位差计不是配接热电偶测温时,则 $R_2$ 应为锰铜丝线绕制。

限流电阻 $R_3$ 是一个由锰铜丝绕制而成的固定电阻。它与 $R_2$ 配合,保证下支路回路的工作电流为 2 mA。由于铜电阻 $R_2$ 的阻值随温度而变化,因此,下支路回路工作电流 $I_2$ 只是在仪表的标准工作温度(一般为 25 ℃)时才为 2 mA。$R_3$ 的准确度直接影响到下支路电流 $I_1$ 的大小,所以对它的精度有较高的要求,一般在±0.2%以内。

限流电阻 $R_4$ 是由锰铜电阻丝绕制的固定电阻。它与 $R_{nP}$($R_P$、$R_B$、$R_M$ 3 个电阻并联后的等效电阻)、$R_G$ 串联,使上支路回路电流为 4 mA。虽然电阻 $R_4$ 的准确度会影响上支路回路电流 $I_1$ 的大小,但因上支路中有下限微调电阻 $r_G$ 和量程微调电阻 $r_M$ 可做微调,使仪表的上、下限(即仪表的量程和零位)符合设计要求,所以 $R_4$ 的允许偏差可达到±0.5%。

量程电阻 $R_M$ 是决定仪表量程大小的电阻。它与滑线电阻相并联。$R_M$ 越大,则与 $R_P$、$R_B$ 并联后的电阻越大,因而对应的仪表量程也越大;反之,$R_M$ 越小,仪表量程就越小。为了便于仪表量程的微调,$R_M$ 由 $R'_M$和 $r_M$ 串联而成,只要调整 $r_M$ 的阻值,即能很方便地微调仪表的量程。

滑线电阻 $R_P$ 是仪表测量系统中一个很重要的部件,仪表的示值误差、记录误差、变差、灵敏度以及仪表运行的平滑性等都和滑线电阻 $R_P$ 的优劣有关。因此,除了要求装配牢靠外,对材料的耐磨、抗氧化、接触的可靠及绝缘性能等诸方面都有很高的要求。尤其是对滑线电阻的线性度要求更严格,在 0.5 级的仪表中,必须把非线性误差控制在 0.2%范围内。常用的滑线电阻材料是锰铜丝,也有的采用裸锰丝、卡玛丝(镍铬铁铝合金)或银钯丝等材料。

滑线电阻的滑触头的材料多采用银铜合金,形式有刷形、滚子两类。滑触头除要求抗氧化性能好之外,更重要的是它和滑线电阻的接触热电势要小,否则滑触头在滑线电阻上滑动时发热而产生较大的误差。特别是在快速测量的仪表中,必须把这一因素考虑进去。快速测量的仪表中采用滚子型较好。

附加滑线电阻 $R'_P$与滑线电阻 $R_P$ 平行布置,并将这只电阻的两端短路,作为桥路的引出线。在用滚子作滑触头时,两条平行的滑线电阻可以形成轨道,便于滚子滚动。由于它与滑线电阻用相同的材料制成,有利于接触热电势的抵消。

工艺电阻 $R_B$ 是 $R_P$ 的并联电阻。由于滑线电阻 $R_P$ 的阻值很难绕得十分准确,而且绕制成的电阻不便于用增减圈数的方法来调整阻值,为此,给滑线电阻 $R_P$ 并联一个电阻 $R_B$,使并联后的总阻值为一固定的电阻值,即把 $R_P$ 与 $R_B$ 当作一个整体来处理。这样,便于计算和调整,有利于成批生产。而且当滑线电阻 $R_P$ 进行长期使用磨损后,阻值发生变化时,可通过改变 $R_B$ 的大小,方便地进行调整。我国通常选用 $R_P$ 与 $R_B$ 并联后的阻值为 $(90\pm0.1)\,\Omega$。有的仪表中采用了卡玛带作为滑线电阻,其阻值较小,因此与 $R_B$ 并联后的阻值也小,一般取 $R_P$ 与 $R_B$ 并联阻值为 25~30 Ω。

注意,上述的电阻 $R_3$、$R_4$、$R_G$、$R_M$ 和 $R_B$ 都是采用温度系数很小的锰铜丝进行无感双线绕制而成,绕制好的电阻同样也应经老化处理后才能使用。

②自动平衡电桥

自动平衡电桥也是一种自动平衡式显示仪表。它与热电阻配接使用时,可作为温度测量的显示仪表;当它与其他电阻型变送器、传感器相配用时,也可以测量、显示、记录其他一些相应的工艺参数。

它与电子电位差计相比较,除了感温元件及测量桥路外,其他组成部分几乎完全相同,甚至整个仪表的外壳形状、尺寸大小、内部结构以及大部分零部件都是通用的。因此,工业上通常把电子电位差计和自动平衡电桥统称为自动平衡式显示仪表。

A. 自动平衡电桥的工作原理

自动平衡电桥测量桥路的作用原理与电子电位差计是完全不同的。后者的测量桥路处于不平衡状态,其不平衡电压要与被测电势相补偿后,仪表才达到平衡;而前者的测量桥路却处于平衡状态。

图 3-2-84 为一个具有检流计的自动平衡电桥工作简图。热电阻 $R_t$ 为其中一个桥臂,$R_P$ 为滑线电阻,触点 $B$ 可以左右移动。假设滑线电阻的刻度值为温度,移动滑动触头,使电桥达到平衡(即检流计 G 中的电流等于零)时,滑动触点 $B$ 所指示的温度就是被测温度。

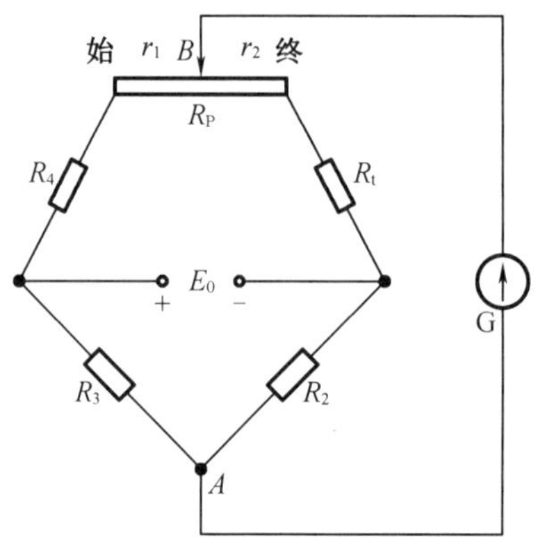


**图 3-2-84　一个具有检流计的自动平衡电桥工作简图**

若温度在量程起始点(即 $R_t$ 值最小时),移动滑动触点 $B$,使检流计 G 指零,必然处于滑线电阻的最左端。根据电桥平衡原理,则有

$$R_3(R_{t_0}-R_P)=R_2R_4 \quad (3-2-40)$$

当温度升高后，由于 $R_t$ 增大，触点 $B$ 必然向右移动，使电桥重新达到平衡，这时有

$$R_3(R_{t_0}+R_t+R_P-r_1)=R_2(R_4+r_1) \quad (3-2-41)$$

由式(3-2-41) 减去式(3-2-40)，并整理后得

$$r_1=\frac{R_3}{R_2+R_3}\Delta R_t \quad (3-2-42)$$

从式(3-2-42)可知，滑动触点 $B$ 的位置可以反映出热电阻的变化，亦反映了温度的变化，并且它们之间是呈线性关系的。此外，该桥路的滑线电阻处于两桥臂之间，这样可以消除接触电阻的影响，提高了精度。

如果将检流计 G 换成电子放大器，利用放大后的电压去驱动可逆电机，使可逆电机带动滑动触点 $B$ 以达到电桥平衡，就是电子自动平衡电桥的工作原理，如图 3-2-85 所示。

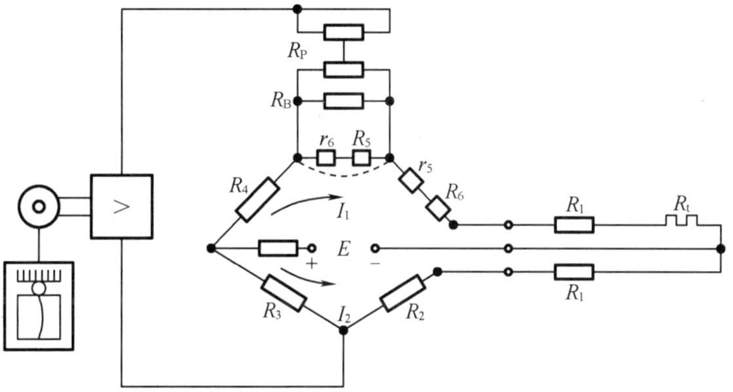


**图 3-2-85 自动平衡电桥的工作原理**

B. 测量桥路中各电阻的作用

在图 3-2-85 中，$R_t$ 采用三线制接法，使连接导线的电阻 $R_1$ 分别加在电桥相邻的两个桥臂上，当连接导线电阻随温度变化时，可以相互抵消，从而减小对仪表测量精度的影响。三线制接法即从热电阻引出 3 根导线，把其中 2 根导线分别接入相邻的 2 个桥臂，而第三根导线与电源的负极相连，并规定每根接入桥臂的导线电阻为 2.5 Ω，如不足 2.5 Ω，则用调整电阻(锰铜丝绕制的电阻)补足。

$R_P$ 为滑线电阻，$R_P$ 与 $R_B$ 并联后的电阻值为 90 Ω，$R_5$ 为量程电阻，$R_6$ 为调整仪表零位的起始电阻。$R_4$ 为限流电阻，它决定了上支路电流 $I_1$ 的大小。

③自动平衡式显示仪表的型号命名

工业用自动平衡式显示仪表的型号通常由两节代号组成。第一节以大写汉语拼音字母表示，一般不超过三位；第二节以阿拉伯数字表示，一般也不超过三位；必要时可增加一位大写汉语拼音字母，表示仪表特性，称作“尾注”。各节之间用横短线分开。自动平衡式显示仪表型号中的代号及所表示的意义见表 3-2-44。

**表 3-2-44　自动平衡式显示仪表型号中的代号及所表示的意义**

| 第一节 | | | 第二节 | |
|---|---|---|---|---|
| 第一位代号与意义 | 第二位代号与意义 | 第三位代号与意义 | 第一位代号与意义 | 第二、三位代号与意义 |
| X——显示仪表 | W——直流电位差计<br>Q——直流电桥<br>L——交流电压平衡<br>D——交流电桥 | A——条形指示仪<br>B——圆图记录仪<br>C——长图记录仪<br>D——小型长图记录仪<br>E——小型圆标尺指示仪<br>F——中型长图记录仪<br>G——中型圆图记录仪<br>H——旋转刻度仪表<br>X——携带式仪表<br>T——台式仪表 | 1——单指针、单笔<br>2——双指针、双笔<br>3——多点指示、多点记录<br>4——单指针、单笔、带电动PID调节器<br>5——单指针、单笔、带气动PID调节器 | 表示附加装置：<br>00——无附加装置<br>01——表面定值电接点<br>02——表内定值电接点<br>03——报警器<br>04——多量程<br>05——量程扩展<br>06——辅助记录<br>07——自动变速<br>08——程序控制<br>09——积算装置<br>10——计数器<br>11——计算单元<br>12——模数转换<br>13——电阻发信装置<br>14——多点各定值 |

尾注目前仅用到以下符号。

A——快速仪表,即指针全行程时间小于 1 s;

B——小量程仪表,即仪表量程小于 1 mV。

④自动平衡式显示仪表的常见故障及处理方法

表 3-2-45 为自动平衡式显示仪表 XWC(XWF)型的常见故障及处理方法。

**表 3-2-45　自动平衡式显示仪表 XWC(XWF)型的常见故障及处理方法**

| 故障现象 | 故障原因 | 处理方法 |
| --- | --- | --- |
| 指示灯不亮,仪表不工作 | 保险丝烧坏 | 检查烧坏原因,排除故障后,换上 0.5 A 保险丝 |
| | 电源开关损坏 | 用万用表检查电源开关导通及断开性能,若证明已损坏,则更换开关 |
| 指示灯亮,仪表不工作 | 放大器、可逆电机损坏或插座接触不良 | 检查放大器、可逆电机的性能,或插紧它们的插座 |
| | 滑线电阻接触不良 | 清洗滑线电阻 |
| | 组合单元连接不牢固 | 旋紧组合单元之间连接的螺丝 |
| 指针正、反方向运行缓慢 | 放大器灵敏度过低 | 调整放大器灵敏度电位器 |
| | 过阻尼 | 调阻尼电位器 |
| | 变流器严重失调 | 调振动变流器或更换变流器 |
| | 仪表有干扰 | 采取适当的抗干扰措施 |
| | P、E、G 三者有短接 | 找出原因并处理之 |
| 指针正、反运行速度不等 | 振动变流器左右触点接触率不等 | 调整振动变流器的不对称度 |
| | 功率放大级不对称 | 检查功率放大级线路,更换相应元件 |
| | 可逆电机有故障 | 检查可逆电机或更换新的 |
| 指针在平衡位置有规律地摆动 | 放大器灵敏度过高或阻尼太小 | 调整放大器灵敏度电位器或阻尼电位器,使摆动不超过两个半周期 |
| | 阻尼器接反 | 将阻尼器改接正确 |
| 指针在平衡位置做无规律地摆动 | 滑线电阻接触不良或滑线电阻中间断开 | 清洗滑线电阻或更换滑线电阻 |
| | 振动变流器失调 | 调整振动变流器至正常 |
| | 仪表接地不良,有干扰 | 使仪表接地良好,并采取适当的抗干扰措施 |
| 输入信号正常时,指针指向始端或终端极限位置 | 振动变流器极性不对 | 调换振动变流器激磁绕组的两根引线 |
| | 可逆电机绕组接反 | 将可逆电机控制绕组线反接 |
| | 稳压电源无输出电流 | 查出原因,予以修复 |
| | 测量桥路故障:$R_2$、$R_4$ 断路,$R_3$ 短路,$R_P$ 在终端断路引起指针指向终端;$R_3$ 断路,$R_1$ 短路,$R_P$ 在始端断路引起指针指向始端 | 处理好短路、断路点,并进行仪表示值校验 |

表 3-2-45(续)

| 故障现象 | 故障原因 | 处理方法 |
| --- | --- | --- |
| 指示误差过大 | 滑线电阻磨损 | 更换滑线电阻 |
| | 补偿导线极性接反 | 重新按正确极性连接 |
| | 放大器灵敏度调得太低 | 调高放大器灵敏度 |
| | 测量桥路故障：$R_2$ 短路，$R_G$、$R_B$、$R_M$ 断路将引起示值偏低；$R_2$ 断路，$R_G$、$R_M$、$R_B$、$R_P$ 部分短路将引起示值偏高 | 查出故障点予以修复，并进行仪表示值校验 |
| | 稳压电源输出电流偏大或偏小 | 找出原因，调试合格 |
| | 仪表有干扰 | 采取相应的抗干扰措施 |
| 电炉接通电源或断开电源时影响仪表的灵敏度和指示值 | 热电偶回路干扰大 | 采取相应的抗干扰措施 |
| | 仪表抗干扰性能差 | 检查仪表内所有抗干扰措施是否起作用 |
| | 热电偶屏蔽对地寄生电容太大或未接 $P$ 点 | 热电偶屏蔽层应接 $P$ 点 |

**2. 数字式显示仪表**

(1)概述

数字式显示仪表是把与被测变量(如温度、流量、压力、物位及成分等)成一定函数关系的连续变化的模拟量(如电信号),变换成断续的数字量来显示的仪表。数字式显示仪表与模拟式显示仪表相比,具有精度高,测量速度快,读数直观、准确、方便,便于与计算机联网等优点。

数字式显示仪表有以下基本功能。

①输入信号:一般为电压、电流、频率、脉冲及开关信号等。

②测量值显示:0~9 数码和被测量参数的单位符号等。

③基本功能:对被测参数自动测量;数字形式显示测量值;对被测参数设定报警;可输出模拟量信号或数字量信号;当被测参数达到预定值时给出控制信号;数字打印;可多点测量、显示、报警、输出控制信号。

数字式显示仪表的分类方法很多,如图 3-2-86 所示。

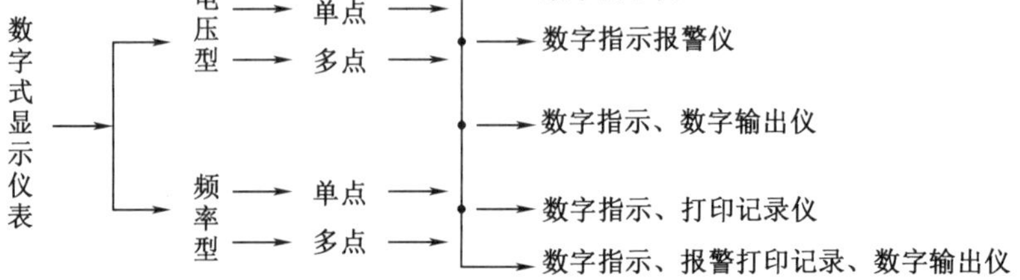


**图 3-2-86 数字式显示仪表的分类方法**

作为工业生产过程参数的显示,数字式和模拟式各有自己的特点,选用时应根据具体情况而定。数字式显示仪表准确,分辨率高,有助于减少含糊不清的疑点,并便于和计算机配用，目前多用于单点测量显示或多点巡检带数字打印的场合。模拟式显示仪表最大的优点是性能稳定，记录显示能反映测量趋势。对于高密度安装仪表的表盘来说，使用模拟式显示仪表便于操作者了解、掌握生产过程的全面情况。数字式显示仪表和模拟式显示仪表的比较见表 3-2-46。

**表 3-2-46　数字式显示仪表与模拟式显示仪表比较**

| 比较项目 | | 数字式显示仪表 | 模拟式显示仪表 |
|---|---|---|---|
| 输入信号 | | 电压、电流、脉冲、频率 | 电压、电流 |
| 测量精度 | | <0.05% | 0.5% |
| 测量速度 | | 快 | 慢 |
| 显示形式 | | 数字 | 指针标尺 |
| 测量点数 | | 多 | 少 |
| 数值存储 | | 数字打印 | 曲线记录 |
| 目前价格 | | 高 | 低 |
| 复杂性 | 电路 | 复杂 | 简单 |
| | 机械 | 简单 | 复杂 |

(2)数字式显示仪表的工作原理

数字式显示仪表是由前置放大器、模-数转换器(A/D 转换器)、非线性补偿、标度变换和显示装置等部分组成。

数字式显示仪表的工作原理如图 3-2-87 所示。由检测单元送来的信号首先经变送器转换成电信号，由于信号较弱，通常需进行前置放大后才能进行 A/D 转换，把连续变化的模拟电信号转换成断续变化的数字量，然后经非线性补偿，再通过标度变换，最后送入计数器计数并显示，同时还可送往安全报警系统和打印机构去打印，需要时也可把数字量输出，供其他计算单元使用。它还可与单回路数字调节器或计算机配套作设定值控制等。

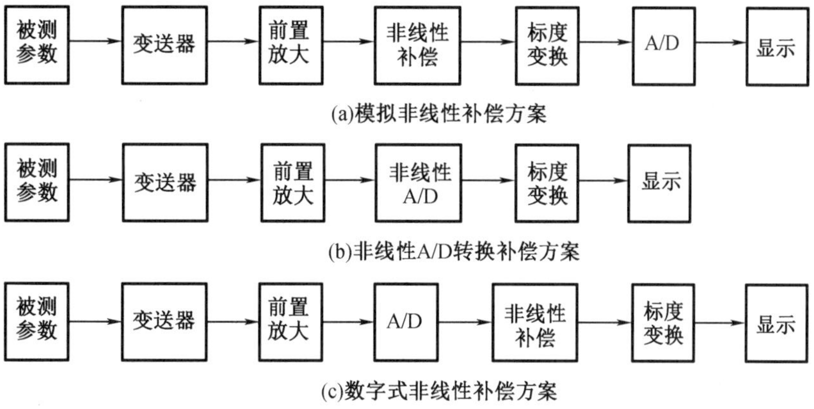


(a)模拟非线性补偿方案

(b)非线性A/D转换补偿方案

(c)数字式非线性补偿方案

**图 3-2-87　数字式显示仪表的工作原理**

数字式显示仪表的核心环节是 A/D,它将仪表分成模拟和数字两大组成部分,非线性补偿和系数的标度变换也是不可少的,这是数字式显示仪表应具备的 3 大部分。这 3 大部分各有很多种类,通过 3 部分相互巧妙的结合,可以组成适用于各种不同要求场合的数字式显示仪表。

(3) A/D 转换

A/D 转换是数字式显示仪表的核心部分。A/D 转换的任务是使连续变化的模拟量转换成与其成比例的、断续变化的数字量,以便进行数字显示。要完成这一任务,必须用一定的计量单位使连续量整量化,才能得到近似的数字量。计量单位越小,整量化的误差也就越小,数字量就越接近连续量本身的值。A/D 转换技术就是讨论如何使连续量整量化的方法。

使模拟量整量化的方法很多,目前常用的有以下 3 类。

①时间间隔-数字转换(T-D 转换)。

②电压-数字转换(U-D 转换)。

③机械量(直线位移或角位移等)-数字转换。

实际上,经常是把非电量先转换成电压,然后再把电压转换成数字,所以 A/D 转换的重点是 U-D 转换。U-D 转换的方法很多,按测量方法分类见表 3-2-47,按转换原理分类见表 3-2-48。

**表 3-2-47　按测量方式分类**

| 测量方式 | U-D 转换形式 |
|---|---|
| 瞬时值测量 | 比较式,亦称逐位比较式 |
| | 斜波式,亦称锯齿波式 |
| 平均值测量 | 积分式,包括电压-时间变换式、电压-频率变换式 |

**表 3-2-48　按转换原理分类**

<table>
<tr><th colspan="3">类别</th><th>转换原理</th><th>备注</th></tr>
<tr><td>直接法</td><td>比较式</td><td>逐位比较式</td><td>如天平,用数模网络输出一套基准电压,从高位起逐位与被测电压反复比较,直至两者实现平衡;<br>由于数模网络不用连续计数器控制,故可一开始就大步地使数模网络与被测电压进行比较,速度快</td><td>亦称反馈比较式</td></tr>
<tr><td rowspan="3">间接法</td><td rowspan="3">U-T 转换式</td><td>锯齿波式</td><td>把被测电压与线性锯齿波电压相比较,而检出锯齿波电压从零电平到输入信号电平的时间间隔,计数此时间间隔内一定频率的脉冲数</td><td>亦称斜波式</td></tr>
<tr><td>积分脉冲调宽式</td><td>利用被测电压 $U_X$ 准确地调制标准电压 $U_R$ 的正负脉冲宽度差,使其与被测电压成正比</td><td></td></tr>
<tr><td>双斜率式</td><td>将输入电压变换成与其平均值成正比的时间间隔,然后在这段时间间隔内用某一频率固定的脉冲对计数器计数</td><td>亦称双积分式</td></tr>
</table>

表 3-2-48(续)

| 类别 | | | 转换原理 | 备注 |
|---|---|---|---|---|
| 间接法 | U-T 转换式 | 一般电压-频率转换式 | 将被测电压变换成一系列的脉冲群,脉冲的频率与输入电压精确地成正比,然后用计数器在一固定的时间间隔内对此脉冲进行计数 | 亦称单积分式 |
| | | 电压反馈的电压-频率转换式 | 其特点是利用电压反馈并使输入电压和反馈电压相等来实现 | |
| | | 两次采样积分的电压-频率转换式 | 为一般电压-频率转换式的改进线路 | |

直接比较型 A/D 转换的原理是基于电位差计的电压比较原理。即用一个作为标准的可调参考电压 $U_R$ 与被测电压 $U_X$ 进行比较,当两者相平衡时,参考电压就等于被测电压。通过不断比较,不断鉴别,并在比较鉴别的同时,将参考电压转换为数字量输出,从而实现了 A/D 转换。其原理如图 3-2-88 所示。

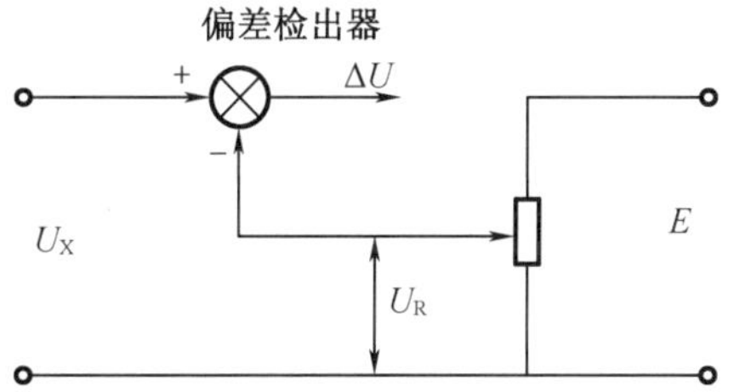


图 3-2-88　直接比较型 A/D 转换的原理

在 A/D 具体转换过程中,必须具备以下几个条件。

①要有一套相邻关系为二进制的标准电压,产生这套电压的网络称为解码网络。

②要有一个比较鉴别器,把由解码网络来的、每次进行试探的电压和被测电压进行比较,并鉴别出大小,以决定出是否保留这个电压。

③要有一个数码寄存器,每次比较的结果是“1”或是“0”,由它保存下来。

④要有一套控制线路完成以下两个任务:一是,比较是由高位开始,从高位到低位逐次比较;二是,根据每次比较的结果,使相应位的数码寄存器记“1”或记“0”,并由此决定是否保留这个“解码网络”来的电压。

所以,由数码寄存器的状态决定“解码网络”的输出电压,而这个电压反过来又要与输入的被转换电压进行比较,并根据比较的结果再决定这位数码寄存器的状态。这是一个相互联系又相互依赖的过程,这个过程叫作电压反馈。而整个过程又是由高位到低位,一位一位地逐次进行比较的,所以称这种转换器为逐次比较型或电压反馈逐次比较型 A/D 转换器。又因为整个过程就是对被测电压进行编码的过程,故又称为逐次逼近反馈编码型 A/D 转换器。图 3-2-89 是这种转换器的原理框图。

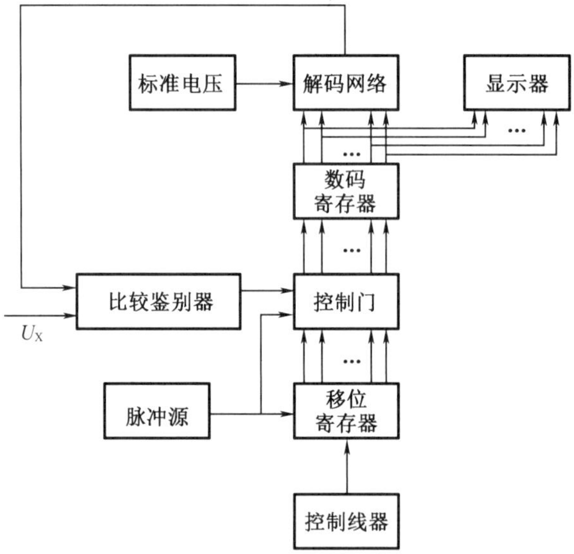


图 3-2-89　逐次比较型 A/D 转换原理方框图

从上述原理可知,逐次比较型测量过程全是逻辑电路的判别过程,所以它具有测量速度快、精度高、稳定性好等优点。虽然存在电路复杂、抗干扰性能差等缺点,但在多点巡回检测系统中和计算机控制系统中,仍采用它作为 A/D 转换的主要手段。

有关间接比较型 A/D 转换器的具体内容参见《过程控制工程手册》等。

常用的 A/D 转换器性能比较见表 3-2-49。

表 3-2-49　常用的 A/D 转换器性能比较

| 分类 | 精度 | 灵敏度 | 速度 | 抗干扰能力 | 其他 |
|---|---|---|---|---|---|
| 逐位比较式 | 高 | 高 | 快 | 差 | 稳定性能好,但线路复杂,易实现快速检测,精度高。数字式应变仪、数字电子秤多用它 |
| 积分脉冲调宽式 | 高 | 高 | 较慢 | 强 | 积分器和比较器的非理想因素影响小,稳定性好,元件较多,但要求不高 |
| 锯齿波式 | 一般 | 高 | 较慢 | 差 | 测量速度不固定,输入越大,编码时间越长,但线路简单,成本低。目前一般要求不高的工业用数字式显示仪表可采用它 |
| 双斜率式(双积分式) | 高 | 高 | 较慢 | 强 | 线路较简单,能对微小的输入信号进行积分,测量灵敏度高,目前广泛采用 |
| 单积分式 | 一般 | 高 | 较慢 | 较强 | 线路比双积分式简单 |

(4)参数信号的标准化及标度变换

由检测元件或传感器送来的信号标准化或标度变换是数字式显示仪表的一个重要组成部分。

由于需测量和显示的工艺参数是多种多样的,因而仪表输入信号的类型、性质千差万别，即使是同一种参数或物理量，由于检测元件和装置的不同，测量信号的性质、电平的高低也不相同。以温度为例，用热电偶测温时，得到的是电势信号；以热电阻作为测温元件，其输出的是电阻信号；若采用温度变送器，则得到的是电流信号。不仅信号的类别不同，而且信号的大小也相差极大，有的大到伏级，有的小至微伏级，这就不能满足数字式仪表或数字系统的要求。尤其在巡回检测装置中，会使输入部分无法工作。因此，必须把这些不同性质的信号与信号的大小统一起来，这就是输入信号规格化，或称参数信号标准化。

规格化的统一输出信号可以是电压、电流或其他形式的信号，但因各种信号变换成电压信号比较方便，所以在很多情况下都把各种不同的信号变换为电压信号。我国目前采用的统一的直流信号电平有以下几种：0~10 mV，0~30 mV，0~40.95 mV，0~50 mV 等。使用较高的统一信号电平，能适应更多的变送器，可以提高对大信号的测量精度；而采用较低的统一信号电平，则对小信号的测量精度高。所以，选择统一信号电平的高低，应根据被测信号的大小而定。

当选定统一电平后，对于一般的数字电压表，经 A/D 转换后就能以电压量的形式输出。然而对于炼油、化工等使用的数字式显示仪表的输出，往往要求用被测参数的形式显示，如温度、流量、压力和物位等，这就存在一个量纲还原的问题，通常称为标度变换。标度变换可以在模拟部分进行，也可在数字部分进行。

①模拟量标度变换

A. 热电阻测温的标度变换

为了将热电阻的阻值变化转变为电压信号的输出，经常采用不平衡电桥作电阻-电压转换。由不平衡电桥的测温原理（图 3-2-90）可知：

$$\Delta U=\frac{E}{R+R_t}R_t-\frac{E}{R+R_0}R_0$$

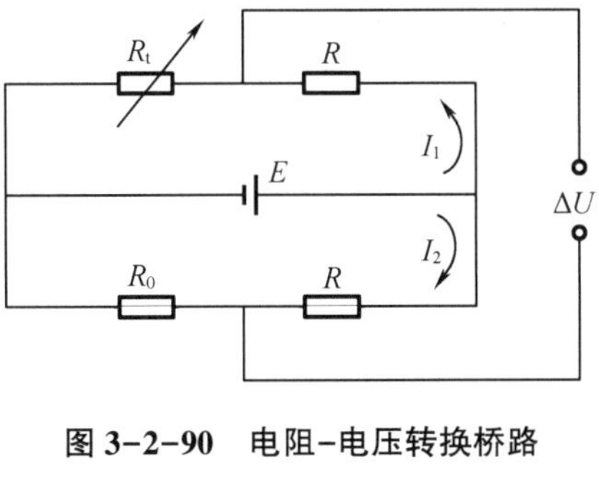


**图 3-2-90　电阻-电压转换桥路**

当被测温度处于下限时，$R_t=R_{t_0}=R_0$，且桥路设计时使 $R\geqslant R_0$，故被测温度处于任一值时都有

$$\frac{E}{R+R_{t_0}}\approx\frac{E}{R+R_0}=I_1=I_2=I$$

故得

$$\Delta U=I(R_t-R_0)=I\Delta R_t \qquad (3-2-43)$$

式（3-2-43）说明，可由不平衡电桥的转换关系，通过改变桥路参数来实现标度变换。

例如，用 Cu50 铜电阻体测温时，若所测温度为 0～50 ℃，则电阻的变化值 $\Delta R_t=10.7\ \Omega$（查分度表），为了显示“50”的数字值，设数字式显示仪表的分辨率为 100 μV，即末位跳一个字需 100 μV 的输入信号，那么满度显示“50”时，就需要 50×100＝5 mV 的信号，即电阻值变化 10.7 Ω 时，应产生 5 mV 的信号，根据式（3-2-43）可得

$$I=\frac{\Delta U}{\Delta R_t}=\frac{5}{10.7}=0.47\ \text{mA}$$

该 $I$ 值可通过适当选取 $E$ 和 $R$ 来得到。当仪表分辨率改变时，桥路参数也要进行调整。

通常当数字式显示仪表以电阻、电感、电容等元件参数的变化量作为输入信号时，一般都采用不平衡电桥来进行标度变换，以适当选取桥路电压或桥路电阻来达到标度变换的目的。

B. 电流信号的标度变换

当数字式显示仪表与具有标准信号输出的变送器配套使用时，可用简单的电阻网络来实现标度变换。即将变送器输出的标准直流毫安信号转换为规格化的电压信号，如图 3-2-91 所示。

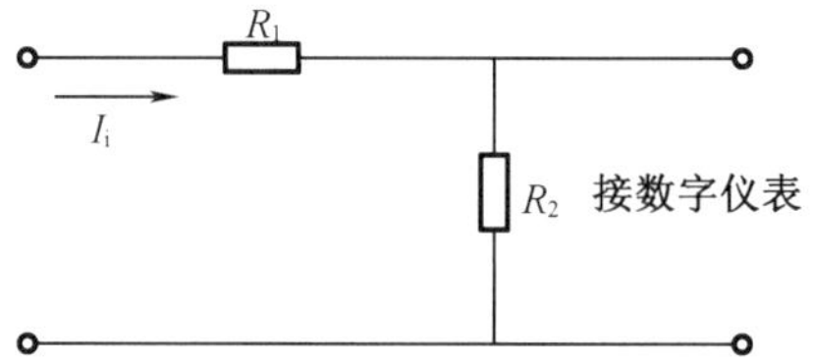


图 3-2-91　利用电阻实现标度变换

将在 $R_2$ 上取出的电压作为数字式显示仪表的输入信号，因此电阻网络阻值的大小应满足已确定的数字式显示仪表分辨率的要求，并与所接放大器的输入阻抗相匹配；同时，以电阻网络与数字式显示仪表的输入阻抗并联后作为变送器的负载，故也应满足变送器对负载阻抗匹配的要求。另外，对 $R_2$ 的精度要求较高，应注意元件允许误差等有关问题。

②数字量标度变换

数字量的标度变换是在 A/D 转换之后，进入计数器之前，通过系数运算来实现的。系数运算，即乘以（或除以）某系数，扣除多余的脉冲数，可使被测物理量和显示数字值的单位得到统一。

系数的运算原理可以通过图 3-2-92 所示的与门电路来说明。从图 3-2-92 可知，只有当与门的 A、B 输入端均为高电平时，F 输出端才是高电平。A、B 端中如有一端为低电平，则 F 端为低电平。因此，只要控制 A、B 任一端（如 B 端）的电位，就可实现扣除脉冲的运算。如图 3-2-92 中每 4 个计数脉冲就被扣除了 1 个。其效果相当于乘了 0.75 的系数。例如，被测温度为 750 ℃，经 A/D 转换后送出 1 000 个脉冲，这时利用这个系数乘法器，进行乘 0.75 的运算，即运算器输入 1 000 个脉冲，输出只有 750 个计数脉冲，再送到计数、显示电路。这样，显示值和被测的实际值就可取得一致。

随着集成电路技术的发展，目前已研制出了集成数字运算器，其转换精度与速度均大大提高。

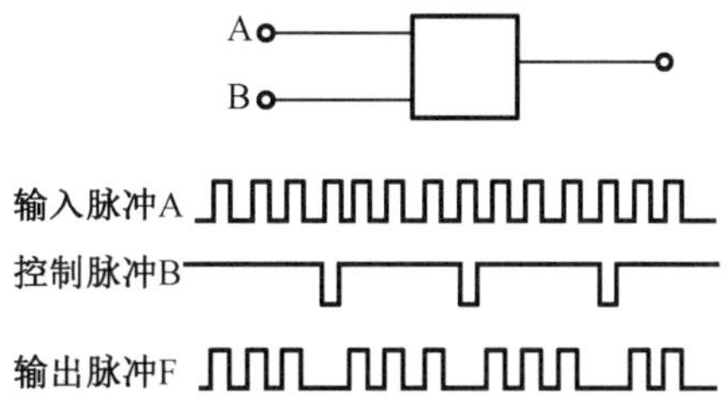


图 3-2-92 扣除脉冲法系数运算原理示意图

(5)非线性补偿

数字式显示仪表的非线性补偿,就是将数字仪表非线性输入信号转换成线性化的数字显示过程中所采取的各种补偿措施。目前常用的有模拟式非线性补偿法、非线性 A/D 转换补偿法和数字式非线性补偿法等。

①模拟式线性化

模拟式线性化可以根据仪表的静特性,分别采用开环或闭环的方式进行。

开环式线性化原理图如图 3-2-93 所示。由于检测元件或传感器的非线性,当被测参数 $x$ 被转换成电压量 $U_1$ 时,它们之间呈非线性关系,而放大器一般为线性放大器,故经放大后的 $U_2$ 与 $x$ 之间仍为非线性关系。此时,利用线性化器的非线性静特性来补偿检测元件或传感器的非线性,使 A/D 转换之前的 $U_0$ 与 $x$ 之间具有线性关系。

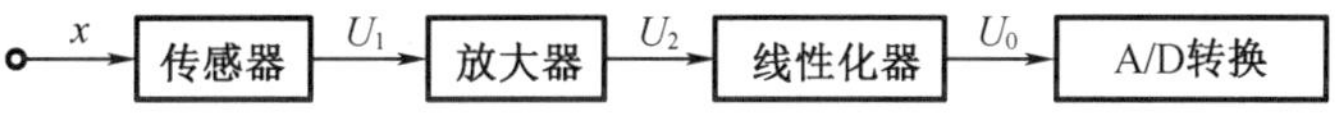


图 3-2-93 开环式线性化原理图

所谓闭环式线性化,就是利用反馈补偿原理,引入非线性的负反馈环节,来补偿检测元件或传感器的非线性,使输出 $U_0$ 与输入 $x$ 之间的关系具有线性特性。其补偿原理图如图 3-2-94 所示。

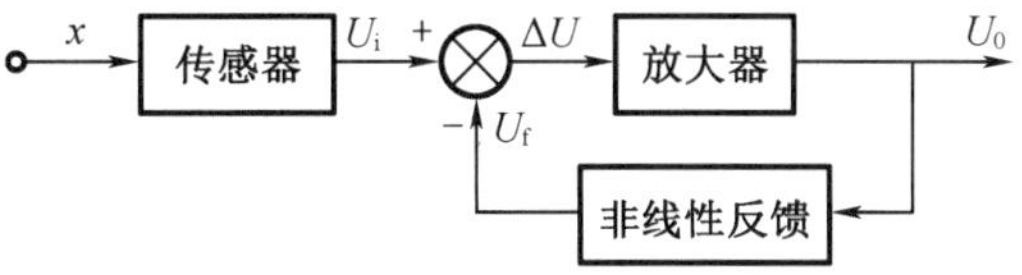


图 3-2-94 闭环式线性化原理图

线性化器的例子很多,不同条件下有不同的应用。线性化器大多是采用非线性元件组成折点电路来实现的。具体内容可参见有关文献。

②数字式线性化

数字式线性化是在 A/D 转换之后的计数过程中,进行系数运算而实现非线性补偿的一种方法。其基本原则仍然是采用折线代替曲线的方法,将不同斜率的折线段乘上不同的系数变为同一斜率的线段而取得线性补偿。所乘的系数要求能根据输入电压数值的变化而自动地改变。

设数字式显示仪表输入信号的非线性如图 3-2-95 中第Ⅰ象限的 $OD$ 曲线,横坐标为

被测温度 $t$,纵坐标表示热电势值,同时在第Ⅱ象限内绘出了计数器的静特性,如图中 $OG$ 所示。

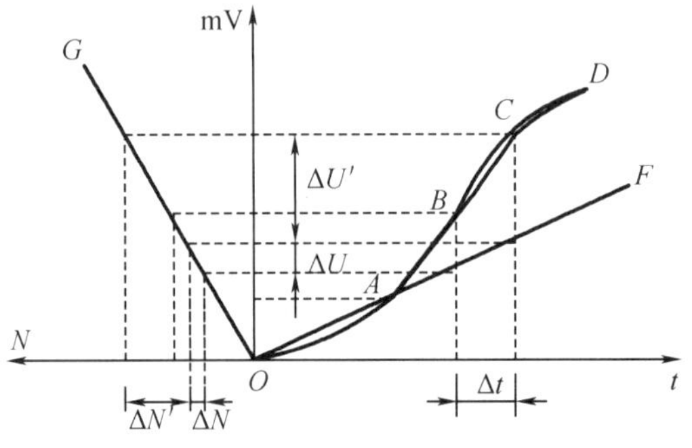


图 3-2-95　数字线性化原理示意图

现把输入信号的非线性特性 $OD$ 曲线用折线 $OABCD$ 逼近,这样每段折线的斜率都不相同。若以 $OA$ 折线为基础,则其他各线段的斜率分别乘以不同的系数,就能与 $OA$ 段的斜率相同。然后以 $OA$ 为基础进行转换,就达到了线性化的目的。

图 3-2-96 为数字线性化器逻辑原理图。图中的系数控制器和系数运算器等组成数字线性化器,按照图示逻辑原理,可以实现变系数的自动运算。

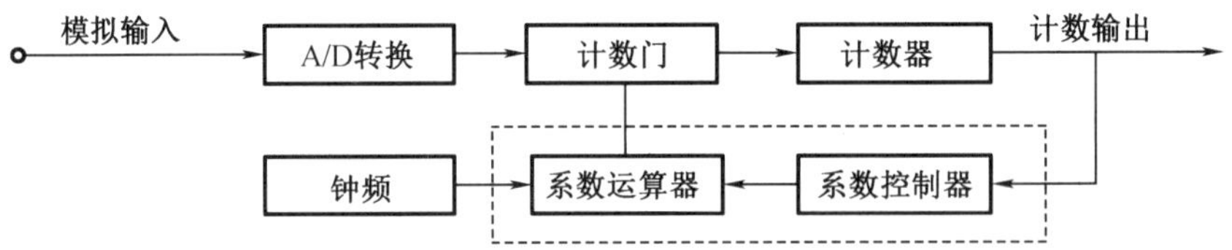


图 3-2-96　数字线性化器逻辑原理图

参照图 3-2-95,当输入信号为第一折线段 $OA$ 时,系数控制器使系数运算器进行乘 $K_1$ 运算,计数器的输出脉冲可以记为

$$N_1=CK_1U_1$$

式中　$C$——计数器常数;

$U_1$——输入信号,一直到 $N_1$ 结束和 $N_2$ 开始之前。

当计满 $N_1$ 需切换到 $AB$ 段时,计数器发出信号给系数控制器,使系数运算器进行乘 $K_2$ 的运算,计数脉冲又可记为

$$N_2=C[K_1U_1+K_2(U_2-U_1)]$$

依次下去,若有 $n$ 段折线,则计数器所计脉冲数为

$$N_n=C[K_1U_1+K_2(U_2-U_1)+\cdots\cdots+k_n(U_n-U_{n-1})]$$

通常取第一折线段作为全量程线性化的基础段,即 $K_1=1$,这样,一个非线性的输入量就能作为近似的线性量来显示了。

显然,精确的程度取决于折线代替曲线的程度,折线愈短,越逼近曲线,所得的线性度也愈高。

③XMZ 系列数字式显示仪表

XMZ 系列数字式显示仪表主要用于将热电偶、热电阻及输出为直流标准信号的各种传感器所检测的各种热工参数进行数字显示。它们的型号规格见表 3-2-50。

**表 3-2-50　数字式显示仪表的型号规格**

| 数字式显示仪表 | 输入信号 | 标准量程/℃ | 主要技术参数 |
|---|---|---|---|
| XMZ 系列<br>XMZA 系列<br>XMZH-101 型 | E | 0~800 | 精度:±0. 5%<br>全量程±1 个字<br>电源:220 V AC<br>环境温度:0~40 ℃<br>环境湿度:<85%RH |
| | K | 0~800 | |
| | K | 0~1 300 | |
| | S | 0~1 600 | |
| | B | 0~1 800 | |
| | T | 0~400 | |
| | J | 0~800 | |
| XMZH-102 型 | Cu50 | -50~150 | — |
| | Cu100 | -50~150 | |
| | Pt100 | -100~200 | |
| | Pt100 | -200~500 | |
| XMZH-103 型 | 0~20 mV | — | — |
| | 0~50 mV | | |
| XMZH-104 型 | 30~350 Ω | — | — |
| XMZH-105 型 | 0~10 mA | — | — |
| | 4~20 mA | | |

### 3. 图像显示仪表

图像显示仪表近年来发展得也很快。它能直接把工艺参数用文字、符号、数字与图像配合的形式,在大屏幕荧光屏上显示出来,并配以打印记录装置,按操作者的需要,任意以其中一种或多种方式同时显示。它具有模拟式和数字式显示仪表两种功能,通常称为阴极射线管(cathode ray tube,CRT)显示。图像显示器常与计算机联用,已成为现代计算机不可缺少的终端设备,具有计算机的大存储量的记忆能力与快速功能,为现代计算机大规模综合集中管理和分散控制不可少的显示装置。

随着计算机技术的发展及其在过程控制中的应用,与之相应的图像显示技术也在不断地发展,近年来出现了不少新的显示元器件,除了 CRT 显示器外,还有等离子显示器、发光二极管显示器和液晶显示器等,其中 CRT 仍占主要地位。

# 第三节　仪表安装、校准及管道敷设

## 一、常用仪表安装

自动化仪表要完成其检测或调节任务，其各个部件必须组成一个回路或组成一个系统。仪表安装就是把各个独立的部件，即仪表、管线、电缆、附属设备等，按设计要求组成回路或系统完成检测或调节任务。也就是说，仪表安装根据设计要求完成仪表与仪表之间、仪表与工艺设备、仪表与工艺管道、现场仪表与中央控制室、现场控制室之间的种种连接。这种连接可以用管道连接（如测量管道、气动管道、伴热管道等），也可以是电缆（包括电线和补偿导线）连接。通常是两种连接的组合和并存。

**1. 安装术语**

（1）一次点

一次点指检测系统或调节系统中，直接与工艺介质接触的点。如压力测量系统中的取压点、温度检测系统中的热电偶（电阻体）安装点等。一次点可以在工艺管道上，也可以在工艺设备上。

（2）一次部件

一次部件又称取源部件。通常指安装在一次点上的仪表加工件。如压力检测系统中的取压短节、测温系统中的温度计接头（又称凸台）等。一次部件可能是仪表元件，如流量检测系统中的节流元件，也可能是仪表本身，如容积式流量计、转子流量计等，更多的可能是仪表加工件。

（3）一次阀门

一次阀门又称根部阀、取压阀，指直接安装在一次部件上的阀门。如与取压短节相连的压力测量系统的阀门，与孔板正、负压室引出管相连的阀门等。

（4）一次仪表

一次仪表是现场仪表的一种，是指安装在现场且直接与工艺介质相接触的仪表。如弹簧管压力表、双金属温度计、双波纹管差压计等。热电偶与热电阻不称作仪表，而作为感温元件，所以又称作一次元件。

（5）一次调校

一次调校通称单体调校，指仪表安装前的校验。按《自动化仪表工程施工及验收规范》（GB 50093—2013）的要求，原则上每台仪表都要经过一次调校。调校的重点是检测仪表的示值误差、变差，调节仪表的比例度、积分时间、微分时间的误差，控制点偏差，平衡度等。只有二次调校符合设计或产品说明书要求的仪表，才能安装，以保证二次调校的质量。

（6）二次仪表

二次仪表是仪表示值信号不直接来自工艺介质的各类仪表的总称。二次仪表的仪表示值信号通常由变送器变换成标准信号。其接收的标准信号一般有以下 3 种。

①气动信号，0.02～0.10 MPa。

②Ⅱ型电动单元仪表信号,0~10 mA DC。

③Ⅲ型电动单元仪表信号,4~20 mA DC。

也有个别的不用标准信号,一次仪表发出电信号,二次仪表直接指示,如远传压力表等。二次仪表通常安装在仪表盘上。按安装位置又可分为盘装仪表和架装仪表。

(7)现场仪表

现场仪表是安装在现场的仪表的总称,是相对于控制室而言的。可以认为除安装在控制室的仪表之外,其他仪表都是现场仪表。它包括所有一次仪表,也包括安装在现场的二次仪表。

(8)二次调校

二次调校又称二次联校、系统调校,指仪表现场安装结束,控制室配管配线完成且校验通过后,对整个检测回路或自动调节系统的检验,也是仪表交付正式使用前的一次全面校验。其校验方法通常是在测量环节上加一干扰信号,然后仔细观察组成系统的每台仪表是否工作在误差允许范围内。如果超出允许范围,又找不出准确的原因,要对组成系统的全部仪表重新调试。

二次调校通常是一个回路一个回路地进行,包括对信号报警系统和连锁系统的试验。

(9)仪表加工件

仪表加工件是指全部用于仪表安装的金属、塑料机械加工件的总称。也就是仪表之间,仪表与工艺设备、工艺管道之间,仪表与仪表管道之间,仪表与仪表阀门之间的配管、配线,以及其附加装置之间金属的或塑料的机械加工件的总称。仪表加工件在仪表安装中占有特殊地位。

(10)带控制点流程图

管道专业的图名是管道仪表图,它详细地标出仪表的安装位置,是确定一次点的重要图纸。

**2. 仪表安装程序**

自动化仪表系统按其功能可分为 3 大类型:检测系统、自动调节系统和信号连锁系统。从安装角度来说,信号连锁系统往往寓于检测系统和自动调节系统之中,因此安装系统只有检测系统和自动调节系统两大类型。

不管是检测系统还是自动调节,除了仪表本身的安装外,还包括与这两大系统有关的许多附加装置的制作、安装,仪表管道及其支架的制作、安装。除此之外,仪表为工艺服务这一特性决定着它与工艺设备、工艺管道、土建、电气、防腐、保温及非标制作等各专业之间的关系。它的安装必须与上述各专业密切配合,密切合作。而这种配合,往往是自控专业需要主动,甚至为顾全大局,需要做出局部让步,才能最终完成自控安装任务。

仪表安装程序可分为 3 个阶段,即施工准备阶段—施工阶段—试车交工阶段。

(1)施工准备阶段

施工准备是仪表安装的一个重要阶段,它的工作充分与否,将直接影响施工的进展乃至仪表施工任务的完成。

施工准备包括资料准备、技术准备、物资准备、表格准备和工机具及标准仪器的准备。

①资料准备

资料准备是指安装资料的准备。安装资料包括施工图、常用的标准图、自控安装图册、《自动化仪表工程施工及验收规范》(GB 50093—2013)和质量验评标准,以及有关手册、施工技术要领等。

A. 施工图

施工图是施工的依据,也是交工验收的依据,还是编制施工预算和工程结算的依据。一套完整的仪表施工图,应该包括下列内容。

a. 图纸目录。

b. 设计说明书。

c. 仪表设备汇总表。

d. 仪表一览表。

e. 安装材料汇总表。

f. 仪表加工件汇总表。

g. 电气材料汇总表。

h. 仪表盘正面布置图。

i. 仪表盘背面接线图。

j. 供电系统图。

k. 电缆敷设图。

l. 槽板(桥架)定向图。

m. 信号、连锁原理图。

n. 供电原理图。

o. 电气控制原理图。

p. 调节系统原理图。

q. 设备平面图。

r. 调节阀、节流装置计算书及数据表。

s. 仪表系统接地。

t. 复用图纸。

u. 一次点位置图。

v. 检测系统原理图。

w. 仪表加工件(按工号)一览表。

x. 带控制点工艺流程图。

y. 设计单位企业标准和安装图册。

施工单位向建设单位领取图纸,施工队向项目部领取图纸,施工小组向施工队领取图纸,都要按图纸目录进行核对。

上述图纸是对常规仪表而言,DCS 没有仪表盘,而多了端子柜、输入/输出装置、单元控制装置,报警连锁装置和马达控制中心部分。

B. 施工验收规范

施工验收规范是在施工中必须要达到和遵守的技术要求和工艺纪律。执行什么规范,一般在开工前，即在施工准备阶段必须同建设单位商定妥当。通常国家标准《自动化仪表工程施工及验收规范》(GB 50093—2013)是设计、施工、建设等方面都接受的标准。但除了化工单位外，有些部门、有些企业还有自行的验收标准，这在开工前必须确定。

对于引进项目，在签订合同时，应该明确执行什么标准以及执行标准的深度。若采用国外标准，还应弄清与国内标准(规范)的差异，便于在施工时掌握。

C. 质量评定

质量评定工作是施工过程中，特别是施工结束时必须完成的一个工作。一般情况下都执行《自动化仪表安装工程质量检验评定标准》(GBJ 131—90)。对质量验评标准，各部门、各行业之间会有不同的要求，在施工准备阶段，必须同建设单位商定。

②技术准备

技术准备是在资料准备的基础上进行的。具体地说，要做下列技术准备工作。

A. 参与施工组织设计的编制

施工组织设计是施工单位拟建工程项目，全面安排施工准备，规划、部署施工活动的指导性技术经济文件。编制施工组织设计已成为施工准备工作不可缺少的内容，并已形成了一项制度。工业和信息化部对编制施工组织设计，就编制内容、编制方法、编制职责、审批程序及权限、组织实施等做了统一规定，并于 2014 年发布《化工建设项目施工组织设计标准》(HG 20235—2014)。

自控专业要参与由总工程师牵头的施工组织设计编写，其大部分内容都要有自控专业自己的意见。

B. 施工方案的编制

施工方案按其内容的重要性决定了它的审批权限。施工方案分为 3 类。自控专业最重要的方案是中控室仪表的调校方案(集散系统)，属于第三类方案。它由施工队自控专业技术负责人编写，项目部(或工程处)、工程部自控专业技术负责人审核，项目部总工程师审批。其他方案，如仪表安装方案、单体调校方案、信号连锁系统调试方案等均属于一、二类方案，由施工队技术人员编写，技术组长审核，项目部(工程处)、自控专业技术负责人审批即可。有些更小的方案，如电缆敷设方案等只要施工队审批，工程部备案即可。

一个完整的自控技术方案，应包括如下内容：编制说明；编制依据；工程概况，包括主要的实物量；工程特点；主要施工方法和施工工序；质量要求及质量保证措施；安全技术措施；进度网络计划或统筹图；劳动力安排；主要施工工、机具，标准仪器一览表；预计经济效益(几个方案比较中选取)。

主要施工方法和施工工序是方案的核心。质量要求和质量保证措施是方案的基础。这些是技术方案的重点。

施工方案和施工步骤要一步一步具体地写出来，以施工人员拿到方案后，能按照方案自行工作，解决技术问题，并能保证质量，为检验方案的标准。若施工人员拿到施工方案后，不能自行施工，那么这个方案是失效的。

主要施工方法要写出特色，有新意。若引用国家级、部级工法，要补充施工工艺和主要施工方法。工法(包括企业工法)虽是经过实践行之有效的一种施工方法，但略去了施工诀窍，略去了施工的核心部分。作为施工方案，必须把工法的“保密点”公开。

质量保证是方案得以实施的基础。没有质量就没有进度。质量保证措施应尽可能地具体和详细,执行的工程验收规范要写清楚。

安全技术措施也是方案的一个重点。没有安全技术措施的方案是不完善的施工方案,安全第一应贯穿始终。

C. 两个会审

自控专业的技术准备工作,还包括两个重要的图纸会审。一个是由建设单位牵头,以设计单位为主,施工单位参加的设计图纸会审,主要解决设计存在的问题。特别是设备、材料的缺项和提供的图纸、院标、作业指导书是否齐全。另一个图纸会审是由施工单位自行组织。通常由技术总负责人(总工程师)牵头,主管工程技术的部门具体组织,各专业技术负责人和各施工队技术人员参加。自控专业在这个会审中解决的重点是其他专业可能会影响仪表施工的问题。这些问题要尽可能地提出来,在施工以前解决。

D. 施工技术准备的 3 个交底

这 3 个交底分别是设计交底、施工技术交底和工程技术人员向施工人员的施工交底。

设计技术交底在施工准备初期进行。由建设单位组织,施工单位参加,设计单位向这两个单位做设计交底。一般由设计技术负责人主讲,然后按专业分别对口交底。设计交底的主要目的是介绍设计指导思想、设计意图和设计特点。施工单位参加的目的是更好地了解设计,为以后施工中可能产生的种种问题的解决,有一个明确的指导思想。

施工技术交底是由施工单位中主管施工、技术的部门组织,总工程师或项目部、工程处技术负责人向在第一线的施工技术人员的技术交底。重点是对一特定的工程项目,准备采用的主要施工方法,使用的主要施工机具,施工总进度的具体安排,质量指标、安全指标、效益指标的交底。

技术人员向施工人员的技术交底一般在施工中进行,严格地说不是施工准备的内容。这是一个以自控专业工程技术人员主讲,具体实施的施工人员参加的一个交底。要针对某一具体工序,向施工人员讲清楚工序衔接、施工要领、达到要求的设想。也就是说,要告诉工人应该怎样干,不应该怎样干,要交代清楚质量要求及执行规范的具体条款。此外还要交代清楚安全要求。这个交底可以是文字的也可以是口头的,但必须要有记录。

E. 划分单位工程

划分单位工程是施工准备的一个重要内容。具体操作是按项目要求,按建设单位的要求,把所施工的项目划分成单项工程、单位工程、分部工程和分项工程。

单位工程划分的依据,各部门、各行业之间差别很大。单位工程的划分对下一步施工,以及交工资料整理都有直接关系。比较好的做法是与甲方质量检查部门充分协商。

单位工程划分完后,技术部门与质量管理部门一起编制“质量控制点明细”或称“质量控制点一览表”。按分项工程、分部工程和单位工程的顺序,把每一工序质量检查都列出来,按重要性分为 A、B、C 3 类。C 类为班组自检;B 类为在自检基础上,工程处、项目部质量专职检查员检查认可;A 类是在专职质检员认可基础上,通知建设单位质检处,要有甲方认可。检查前要发质量共检单,作为交工资料的一个内容。

F. 培训和特殊工、机具准备

技术准备还有一个重要内容是特殊工种的培训和特殊需要的工、机具的准备。

随着工业自动化的飞速发展,施工图提供的设备一览表中新型自动化仪表不断出现,要掌握这些仪表,必须对人员进行必要的培训,要校验这些新仪表,就必须配备必要的标准仪表及施工用的工、机具。工程仪表的高速发展必然导致标准仪表与施工、机具的同步发展。

③物资准备

物资准备是施工准备的关键。物资准备包括施工图上提及的所有仪表设备和材料的领取,包括一次仪表、二次仪表、仪表盘(柜),材料表上所列的各种型钢、管材、电缆、电线、补偿导线、加工件、紧固件、垫片,也包括图上未提及的消耗材料、手段用料、临设材料及一些不可预计的材料与设备的准备。

物资准备的重点是施工材料(主材和副材)和加工件。加工件包括仪表接头、法兰和辅助容器等。

为保证施工进度和工程质量,在准备加工件的同时,也应准备好加工件保管仓库及保管人员,特别是数量不多的特种材料加工件,尤其应该建立严格的出入库制度。

④表格准备

对于施工单位来说,竣工时要向建设单位交付两件东西,一件是一套完整无缺能够按设计要求进行运转的装置,这是硬件;另一件是按合同和规范要求,交出一套完整的竣工资料,这是软件。现在对软件的要求越来越高,完整的资料是靠表格来反映的。因此,施工前表格资料的准备是一件重要的事。

表格资料主要分两类。一类是施工表格,是如实记录施工过程中工程施工情况的表格,一般由工程管理部门负责;另一类表格是质量记录表格,是如实记录施工过程中质量管理和质量情况的表格,一般由质量管理部门负责。

施工表格与《自动化仪表工程施工及质量验收规范》(GB 50093—2013)配套使用。施工表格又可分为施工记录表格(如隐蔽工程记录、节流装置安装记录、导压管吹扫、试压、脱脂、防腐、保温等)和仪表调试记录表格(如仪表单体调校记录和系统调试、信号连锁试验记录等)。质量验评表格与国家标准《自动化仪表安装工程质量检验评定标准》(GBJ 131—90)配套使用。这两类表格是相对独立的。由于行业之间理解深度不一,要求不等,因此与这两个国家标准配套使用的表格也各不相同,但一定要符合建设单位的要求。

⑤施工工、机具和标准仪器的准备

施工进度的快慢在很大程度上依赖于施工使用的工具和机具。在工期紧张时,尤其更强调工具和机具的使用。除常用的电动、械动工具,如电动套丝机、液压弯管机、开孔机、切割机、切管器等,对特殊施工还应准备相应的专用工具和机具。

标准仪表的准备同样重要。目前工程仪表向小、巧、精、稳,即固体化、全电子化、无可动部件、高精度、高稳定性方向发展,因此对用于校验、检定的标准仪器的要求更高。另外要注意检定、校验用的标准仪表的有效期。这类用作量值传递的标准仪表是企业的工作标准,也可能是企业最高标准,它必须按《中华人民共和国计量法》的要求,定期检定。超检定周期使用,是不合法的,也是无效的。

(2)施工阶段

仪表工程的施工周期很长。在土建施工期间就要主动配合,要明确预埋件、预留孔的位置、数量、标高、坐标、大小尺寸等。在设备安装、管道安装时,要随时关心工艺安装的进度,主要是确定仪表一次点的位置。

仪表施工的高潮一般是在工艺管道施工量完成70%时。这时装置已初具规模,几乎全部工种都在现场,会出现深度的交叉作业。

施工过程中主要的工作如下。

①配合工艺安装取源部件(一次部件)。

②在线仪表安装。

③仪表盘、柜、箱、操作台安装就位。

④仪表桥架、槽板安装,仪表管、线配制,支架制作安装,仪表管路吹扫、试压、试漏。

⑤单体调试,系统联校,模拟试验。

⑥配合工艺进行单体试车。

⑦配合建设单位进行联动试车。

其安装顺序大致如下。

①仪表控制室仪表盘的安装与现场一次点的安装。仪表控制室的安装工作有仪表盘基础槽钢的制作、安装和仪表盘、操作台的安装,核对土建预留孔和预埋件的数量与位置,考虑各种管路、槽板进出仪表控制室的位置和方式。

②进行工艺管道、工艺设备上一次点的配合安装及复核非标设备制作时仪表一次点的位置、数量、方位、标高,以及开孔大小能否符合安装需要。

③对出库仪表进行一次校验。这项工作进行时间较为灵活,可以早到施工准备期,也可以达到系统调校前。

在现场要考虑仪表各种管路的走向和标高,以及固定它的支架形式和支架制作安装,保温箱、保护箱底座制作,接线盒、箱的定位。

④现场仪表配线和安装包括保护箱、保温箱、接线箱的安装,仪表槽板、桥架安装,保护管、导压管、气动管的敷设,控制室仪表安装和配线、校线。

⑤仪表管路吹扫和试压。现场仪表安装完毕,现场仪表管路施工完毕,配合工艺管道进行吹扫、试压。为此节流装置不能安装孔板,调节阀在吹扫时必须拆下,用相同长度的短节代替,用临时法兰连接。

仪表控制室盘上仪表安装完毕,盘后接线、校线完毕,并与现场仪表连接并较核完毕,做好系统联校准备。

配合工艺管道试压、吹扫完毕,在工艺管道正式复位时,安装上孔板,取下临时短节,安装好调节阀,并接上线,配好管。

⑥二次联校。安装基本结束,与建设单位和设计单位一起进行装置的“三查”“四定”,检查是否完成设计变更的全部内容。

控制室进行二次联校、模拟试验,包括报警和连锁回路。集散系统进行回路调试。

(3)试车交工阶段

工艺设备安装就位,工艺管道试压、吹扫完毕,工程即进入单体试车阶段。

试车由单体试车、联动试车和化工试车3个阶段组成。

①单体试车

单体试车阶段主要工作是传动设备试运转,电力系统受电、送电,照明系统试照。对于仪表专业来说只是简单地配合。传动设备试运转时,只是应用一些检测仪表,并且大都是就地指示仪表,如泵出口压力指示、轴承温度指示等。大型传动设备试车时,仪表配合复杂些，除了就地指示仪表外，信号、报警、连锁系统也要投入，有些还通过就地仪表盘或智能仪表、可编程序控制器进行控制。重要的压缩机还要进行抗喘振、轴位移控制。

单体试车是由施工单位负责，建设单位参加。

②联动试车

联动试车是在单体试车成功的基础上进行的。整个装置的动设备、静设备、管道都连接起来。有时用水作介质，称为水联动，打通流程。这个阶段，原则上所有自控系统都要投入运行。就地指示仪表全部投入，控制室仪表（或 DCS）也大部分投入。自控系统先手动，系统平稳时，转入自动。除了个别液位系统外，全部流量系统、液位系统、压力系统、温度系统都投入运行。

联动试车以建设单位为主，施工单位为辅。按规范规定，联动试车仪表正常运行 72 h 后施工单位将系统和仪表交给建设单位。

③化工试车

化工试车是在联动试车通过的基础上进行的。顺利通过联动试车后，有些容器完成惰性气体置换后即具备了正式生产的条件。

投料是试车的关键。仪表工应全力配合。建设单位的仪表工已经接替施工单位的仪表工进入岗位。随着化工试车的进行，自控系统逐个投入，直到全部仪表投入正常运行。

投料以后，施工单位仪表工仅作为“保镖”参加化工试车，具体操作和排除可能发生的故障，全由建设单位的仪表工来完成。

仪表系统交给建设单位，这是交工的主要内容，也称为硬件。与此同时，也要把交工资料交给建设单位，这是软件。原则上交工资料要与工程同时交给建设单位，但一般是在工程交工后一个月内把资料上交完毕。

一份完整的仪表专业交工资料，应有如下内容。

①交工资料目录。

②工程交接证书（或交工验收证书）。

③中间交接证书（若有中间交接）。

④仪表设备移交清单。

⑤未完工程（项目）明细表。

⑥隐蔽工程记录。

⑦仪表管路试压、脱脂记录。

⑧节流装置安装记录。

⑨仪表（单体）调校记录。

⑩仪表二次联校记录。

⑪信号连锁系统调试、试验记录。

⑫仪表电缆、电线、补偿导线敷设记录。

⑬仪表电缆绝缘测试记录。

⑭设备、材料代用通知单汇总。

⑮设计变更、联络笺汇总。

⑯竣工图。

⑰其他。

对石化系统，仪表工程建设交工技术文件应按《石油化工建设工程项目交工技术文件规定》（SH/T 3503—2017）标准。对化工系统，也可参照这一标准。

以集散系统安装为例，仪表施工顺序如图 3-3-1 所示。

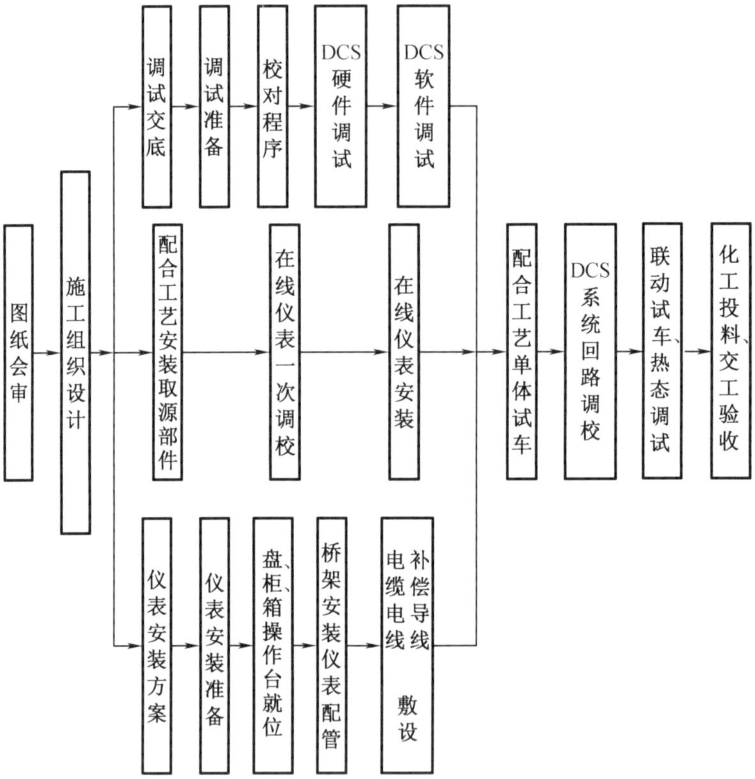


注：本程序以 DCS 为例。把 DCS 调试改为常规仪表调试，即适用于常规仪表系统。

**图 3-3-1 仪表施工顺序**

**3. 仪表安装技术要求**

仪表安装应按照设计提供的施工图、设计变更、仪表安装使用说明书的规定进行。当设计无特殊规定时，要符合《自动化仪表工程施工及质量验收规范》（GB 50093—2013）的规定。仪表和安装材料的型号、规格与材质要符合设计规定。修改设计必须要有设计部门签发的设计变更。

仪表安装中电气设备、电气线路、防爆、接地等要求要符合《自动化仪表工程施工及质量验收规范》（GB 50093—2013）的规定。当该规范不明或没有规定时，要符合现行国家标准《配电系统电气装置安装工程施工及验收规范》（DL/T 5759—2017）中的有关规定。

仪表安装中导压管的焊接，应与同介质的工艺管道同等要求，要符合国家标准《现场设备、工业管道焊接工程施工质量验收规范》（GB 50683—2011）中的有关规定。

仪表安装中供气系统的吹扫、供液系统的清洗、管子的切割方法、采用螺纹法兰连接的高压管的螺纹和密封面的加工，以及管子的连接等，应符合国家标准《工业金属管道工程施工规范》（GB 50235—2010）的规定。

待安装的仪表设备，要按其要求的保管条件分类妥善保管。仪表工程用的主要安装材料，尤其是特殊材料，应按其材质、型号、规格分类保管。管件与加工件应同样对待。

仪表安装总的要求是首先要强调合理，然后是美观，切忌拖泥带水、横不平、竖不直，要整洁、明快、干净、利索。

**4. 常用仪表施工、机具及标准表**

（1）常用仪表施工机具

①台式钻床（13 mm）。

②手电钻（6.5 mm）。

③电动套丝机（19.05~12.70 mm）。

④手动切割机。

⑤砂轮切割机。

⑥角相磨光机。

⑦砂轮机。

⑧电锤。

⑨冲击电钻。

⑩电动弯管机或液压弯管机。

⑪手动弯管机。

⑫液压开孔机。

⑬自制弯管器。

⑭电动开孔机。

⑮无油润滑压缩机（2 $m^3$/min）。

（2）常用校验标准表

①压力校验器。

②氧气表校验器。

③活塞式压力计。

④0.4 级标准压力表。

⑤0.25 级精密台式压力表。

⑥0.1 级、0.05 级数字压力表。

⑦数字万用表（5 位半）。

⑧数字电压表（0.02 级，0~20 mA DC）。

⑨多功能信号发生器。

⑩频率发生器。

⑪交直流稳压电源。

⑫温度仪表校验仪（包括水浴、油浴、管状炉）。

⑬100 V 兆欧表。

⑭接地电阻测定仪。

⑮气动仪表校验仪。

**5. 常用仪表安装**

自控仪表按其测试作用可分为 3 大类。第一类为检测仪表类，测量的是热工参数，如压力、温度、物位、流量，以及与它们有关的一些热工量，如压差、温差、阻力降等。第二类为控制器类,在自控系统中起主导作用,主要有气动调节器、电动调节器,以及单元组合仪表中的调节单元、执行单元、手操单元,除此还有可编程调节器、可编程控制器和 DCS。可编程调节器和可编程控制器的安装完全同 DDZ-Ⅲ型表,故不再另外叙述。第三类是分析仪表。

(1)温度仪表安装

①温度一次仪表安装方式

温度一次仪表安装按固定形式可分为 4 种:法兰固定安装;螺纹连接固定安装;法兰和螺纹连接共同固定安装;简单保护套插入安装。

A. 法兰固定安装

法兰固定安装方式适用于在设备上以及高温、腐蚀性介质的中低压管道上安装温度一次仪表,具有适应性广、利于防腐蚀、方便维护等优点。

法兰固定安装方式中的法兰一般有如下 5 种。

a. 平焊钢法兰。

b. 对焊钢法兰。

c. 平焊松套钢法兰。

d. 卷边松套钢法兰。

e. 法兰盖。

B. 螺纹连接固定安装

螺纹连接固定安装方式一般适用于在无腐蚀性介质的管道上安装温度计,炼油部门按习惯也在设备上采用这种安装形式,具有体积小、安装较为紧凑的优点。高压(PN22 MPa,PN32 MPa)管道上安装温度计采用焊接式温度计套管,属于螺纹连接安装形式,有固定套管和可换套管两种形式。前者用于一般介质,后者用于易腐蚀、易磨损而需要更换的场合。

螺纹连接固定安装中的螺纹有 5 种,英制的有 1″、3/4″和 1/2″,公制的有 M33×2 和 M27×2。

a. 热电偶多采用 1″或 M33×2 螺纹固定,也有采用 3/4″螺纹的,个别情况也用 1/2″螺纹固定。

b. 热电阻多用英制管螺纹固定,其中以 3/4″为最常用,1/2″有些也用。

c. 双金属温度计的固定螺纹是 M27×2。

d. 压力式温度计的固定螺纹是 3/4″和 M27×2 两种。

e. 3/4″与 M27×2 外径很接近,并且都能拧进 1~2 扣,安装时要小心辨认,否则焊错了温度计接头(凸台)就装不上温度计。

C. 法兰和螺纹连接共同固定安装

当佩戴附加保护套时,法兰和螺纹连接共同固定安装方式适用于有腐蚀性介质的管道、设备上安装温度计。

D. 简单保护套插入安装

简单保护套插入安装方式有固定套管和卡套式可换套管(插入深度可调)两种形式,适用于棒式温度计在低压管道上作为临时检测的安装。

测温元件大多数安装在碳钢、不锈钢、有色金属、衬里或涂层的管道和设备上,有时也安装在砖砌体、聚氯乙烯、玻璃钢、陶瓷、搪瓷等管道和设备上。后者的安装方式与安装在碳钢或不锈钢管道和设备上有很大不同,但与衬里或涂层设备和管道上基本相同,取源部件也类似,可以参考。

②温度仪表安装注意事项

A. 温度一次点的安装位置应选在介质温度变化灵敏且具有代表性的地方,不宜选在阀门、焊缝等阻力部件的附近和介质流束呈死角处。

B. 就地指示温度计要安装在便于观察的地方。

C. 热电偶的安装地点应远离磁场。

D. 温度一次部件若安装在管道的拐弯处或倾斜安装,应逆着流向。

E. 双金属温度计在管径小于或等于 DN50 的管道或热电阻、热电偶在管径小于或等于 DN70 的管道上安装时,要加装扩大管。扩大管要按标准图制作。

F. 压力式温度计的温包必须全部浸入被测介质中。

G. 温度二次表要配套使用。热电阻、热电偶要配相应的二次表或变送器。特别要注意分度号,不同分度号的表不能误用。

H. 热电偶必须用相应分度号的补偿导线。热电阻宜采用三线制接法,以抵消环境温度的影响。每一种二次表都有其外接线路电阻的要求,除了补偿导线或电缆的线路电阻外,还须用锰铜丝配上相应的电阻,以符合二次表的要求。

I. 电阻体通常使用三芯电缆或四芯电缆中的三芯,每一芯的电阻值可用下法测得。

a. 把电缆一端 3 根线拧在一起。

b. 用电桥分别测得 $R_{AB}$ 为 $N_1$,$R_{AC}$ 为 $N_2$,$R_{BC}$ 为 $N_3$。

c. 解下列三元一次方程组:

$$A+B=N_1 \tag{3-3-1}$$

$$A+C=N_2 \tag{3-3-2}$$

$$B+C=N_3 \tag{3-3-3}$$

得

$$A=\frac{N_1+N_2-N_3}{2}$$

$$B=\frac{N_1+N_3-N_2}{2}$$

$$C=\frac{N_2+N_3-N_1}{2}$$

若为四芯电缆,一芯是备用的,把另三芯拧在一起,很容易把第四芯找出来(与另二芯电阻相比,很大的这一芯即是)。

J. 补偿导线或电缆通过金属挠性管与热电偶或热电阻连接。

K. 同一条管线上若同时有压力一次点或温度一次点,压力一次点应在温度一次点的上游侧。

L. 温度二次仪表安装较为简单。把单体调校合格的二次仪表按安装说明书分别安装在指定的仪表盘上或框架上即可。温度二次仪表是近年来发展较快的一类显示仪表,大多数指针指示的二次仪表(即动圈式显示仪表)逐步被外形尺寸完全一致的数字式显示仪表所代替,但在安装上没有多大变化。

③常用温度仪表的安装

常用温度仪表安装方式如图 3-3-2 至图 3-3-8 所示。

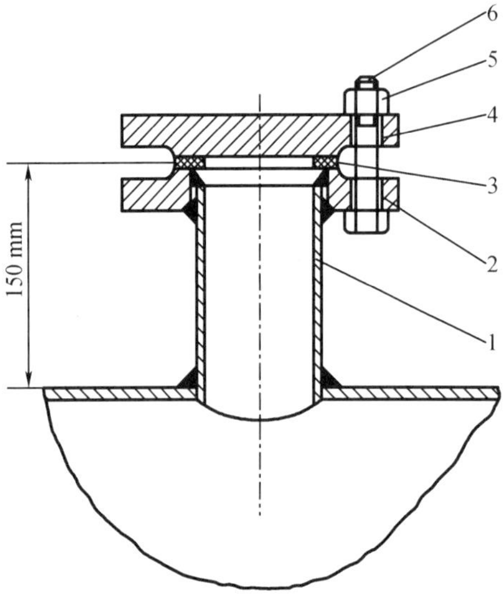


1—接管;2—法兰;3—垫片;4—法兰盖;5—螺母;6—螺栓。

**图 3-3-2　温度计用平焊法兰接管在钢管道、设备上的焊接**

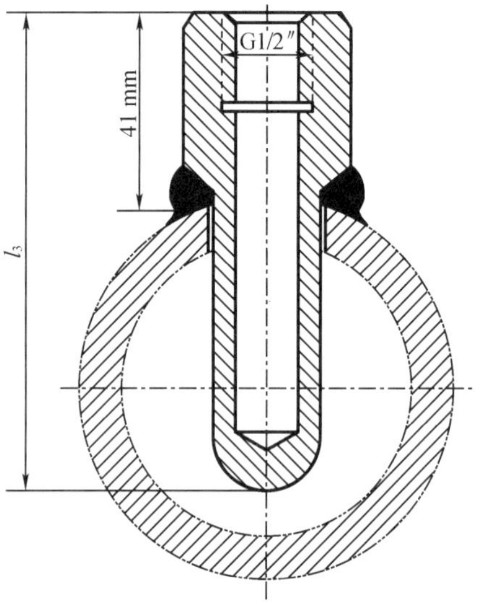


**图 3-3-3　温度计高压套管在管道上的焊接**

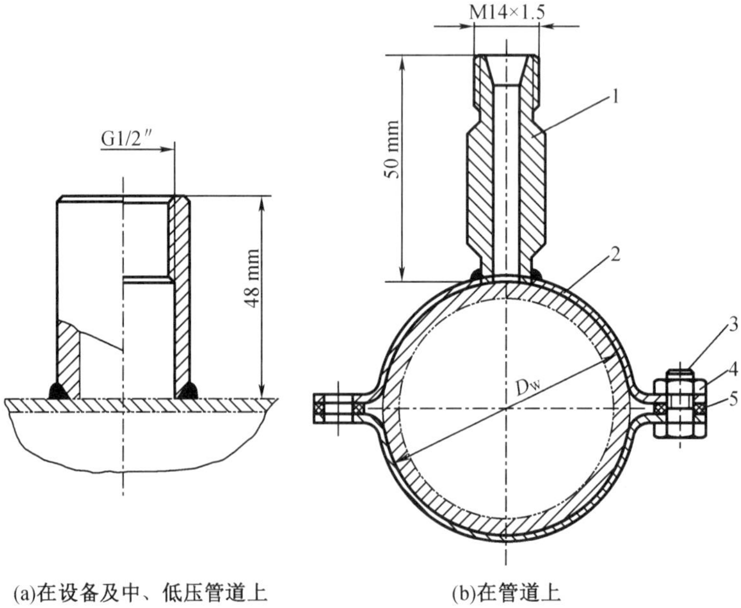


(a)在设备及中、低压管道上　　(b)在管道上

1—铠装式热电偶连接头(卡套式);2—管卡;3—螺栓;4—螺母;5—垫片。

**图 3-3-4　测表面温度的取源部件**

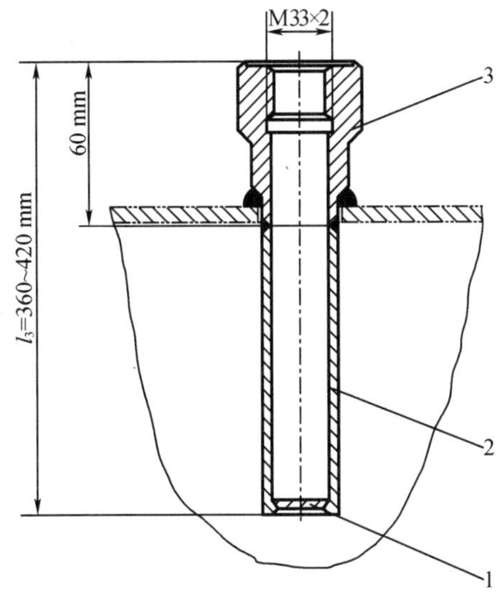


1—底;2—套管;3—直形连接头。

**图 3-3-5　温包连接头及附加保护套在钢或耐酸钢设备上的焊接**

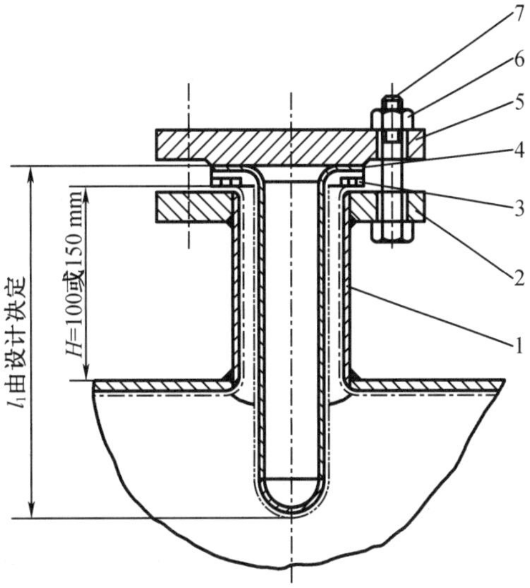


1—接管;2—法兰;3—垫片;4—衬(涂)层保护外套;
5—法兰盖;6—螺母;7—螺栓。

**图 3-3-6　温度计用光滑面搭焊法兰接管在衬里(涂层)管道、设备上的焊接(带附加保护套)**

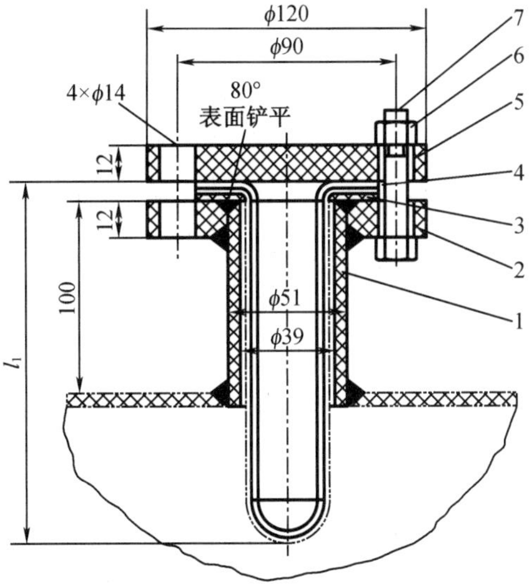


1—接管;2—法兰;3—垫;4—衬(涂)层保护外套;
5—法兰;6—螺母;7—螺栓。

**图 3-3-7　聚氯乙烯管道、设备上的测温取源部件(单位:mm)**

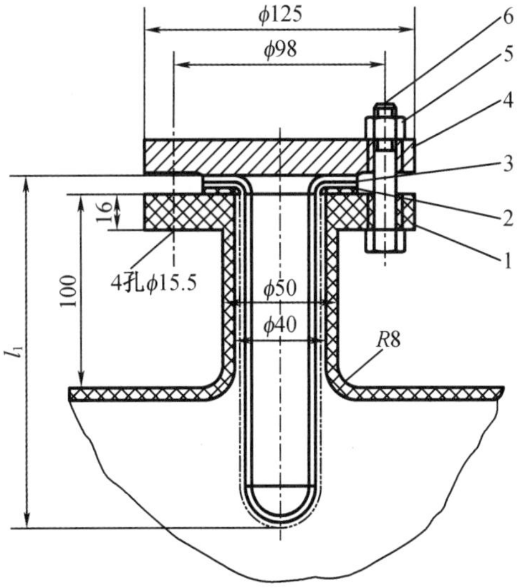


1—法兰;2—光滑面法兰垫片;3—衬(涂)层保护外套;
4—法兰盖;5—螺母 6—螺栓。

**图 3-3-8　玻璃钢管道、设备上的测温取源部件(单位:mm)**

(2)压力仪表安装

①压力取源部件安装

A. 安装条件

压力取源部件有两类:一类是取压短节,也就是一段短管,用来焊接管道上的取压点和取压阀门。另一类是外螺纹短节，即一端有外螺纹，一般是 G1/2″，一端没有螺纹。在管道上确定取压点后，把没有螺纹的一端焊在管道上的压力点（立开孔），有螺纹的一端便直接拧上内螺纹截止阀（一次阀）即可。

不管采用哪一种形式取压，压力取源部件安装必须符合下列条件。

a. 取压部件的安装位置应选在介质流速稳定的地方。

b. 压力取源部件与温度取源部件在同一管段上时，压力取源部件应在温度取源部件的上游侧。

c. 压力取源部件在施焊时要注意端部不能超出工艺设备或工艺管道的内壁。

d. 测量带有灰尘、固体颗粒或沉淀物等混浊介质的压力时，取源部件应倾斜向上安装。在水平工艺管道上应顺流束成锐角安装。

e. 当测量温度高于 60 ℃的液体、蒸汽或可凝性气体的压力时，就地安装压力表的取源部件，并应加装环形弯或 U 形冷凝弯。

B. 就地安装压力表

水平管道上的取压口一般从顶部或侧面引出，以便于安装。安装压力变送器，导压管引远时，水平和倾斜管道上取压的方位要求为：流体为液体时，在管道的下半部，与管道水平中心成 45°的夹角范围内，切忌在底部取压；滚体为蒸汽或气体时，一般为管道的上半部，与管道水平中心线成 0~45°的夹角。

C. 导压管

安装压力变送器的导压管应尽可能地短，并且弯头尽可能地少。

导压管管径的选择：就地压力表一般选用 $\phi(18\times3)$ mm 或 $\phi(14\times2)$ mm 的无缝钢管。压力表环形弯或冷凝弯优先选用 $\phi(8\times3)$ mm；引远的导压管通常选用 $\phi(14\times2)$ mm 无缝钢管。压力高于 22 MPa 的高压管道应采用 $\phi(14\times4)$ mm 或 $\phi(14\times5)$ mm 优质无缝钢管。在压力低于 16 MPa 的管道上，导压管有时也采用 $\phi(18\times3)$ mm，但它冷煨很难一次成型，一般不常用。对于低压或微压的粉尘气体，常采用 1″水煤气管作为导压管。

导压管水平敷设时，必须要有一定的坡度。一般情况下，要保持 1∶10~1∶20 的坡度。在特殊情况下，坡度可达 1∶50。管内介质为气体时，在管路的最低位置要有排液装置（通常安装排污阀）。管内介质为液体时，在管路的最高点设有排气装置（通常情况下安装一个排气阀，也有的安装气体收集器）。

D. 隔离法测量压力

腐蚀性、黏稠的介质的压力采用隔离法测量，分为吹气法和冲液法两种。吹气法进行隔离，用于测量腐蚀性介质或带有固体颗粒悬浮液的压力。冲液法进行隔离，适用于黏稠液体以及含有固体顺控的悬浮液。

采用隔离法测量压力的管路时，在管路的最低位置应有排液的装置。灌注隔离液有两种方法，一种方法是利用压缩空气引至一专用的隔离液罐，从管路最低处的排污阀注入，以利管路内空气的排出，直至灌满顶部放置阀为止。这种方法特别适用于变送器远离取压点安装的情况。另一种方法是变送器就近取压点安装时，隔离液从隔离容器顶部丝堵处进行灌注。为易于排净管路内的气泡，第一种方法为好。

E. 垫片

压力表及压力变送器的垫片通常采用四氟乙烯垫。对于油品,也可采用耐油橡胶石棉板制作的垫片。蒸汽、水、空气等不是腐蚀性介质,垫片的材料可选普通的石棉橡胶板。

F. 接头螺纹

压力变送器的接头螺纹与压力表(Y-100 及其以上)接头一样,是 M20×1.5。

G. 阀门

阀门用于测量工作压力低于 50 kPa,且介质无毒害及无特殊要求的取压装置,也可以不安装切断阀门。

H. 焊接要求

取压短节的焊接、导压管的焊接,其技术要求完全与同一介质的工艺管道焊接要求一样(包括焊接材料、无损检测及焊工的资格)。

I. 安装位置

就地压力表的安装位置必须便于观察。泵出口的压力表必须安装在出口阀门前。

②压力管路连接方式与相应的阀门

A. 按阀门和管接头分类

a. 管路连接系统主要采用卡套式阀门与卡套或管接头。其特点是耐高温,密封性能好,装卸方便,不需要动火焊接。

b. 管路连接采用外螺纹截止阀和压垫式管接头,是化工常用的连接形式。

c. 管路连接系统采用外螺纹截止阀、内螺纹闸阀和压垫式管接头,是炼油系统常用的连接形式。

上述 3 种方法可以随意选用,但在有条件时,尽可能选用卡套式连接形式。

B. 压力测量常用阀门

a. 卡套式阀门

卡套式连接时,应采用卡套式阀门,如卡套式截止阀、卡套式节流阀和卡套角式截止阀。这种阀可作为根部阀(一次阀)或切断阀,也可作放空阀和排污阀。

常用的卡套式截止阀是 J91-64、J91-200 和 J91-l00,每种型号都有 J91H-64C 和 J91W-64P 两种规格,通径大小有 $\phi$5 mm 与 $\phi$10 mm 两种规格,连接的外管可以是 $\phi$2 mm 和 $\phi$14 mm(外径)。卡套式节流阀有 J11-64、J11-200 和 J11-400,每种型号都有 J11H-64C 和 J11W-4P 两种规格,通径都是 $\phi$5 mm,但外接螺纹有 M20 X 1.5 和 G1/2″两种规格。卡套角式截止阀的型号为 J94W-160P,其通径有 $\phi$3 mm 与 $\phi$6 mm 两种规格。

b. 内、外螺纹截止阀

这类截止阀也可作为一次阀、切断阀、放空阀和排污阀。

常用的内螺纹截止阀的型号有 J11-40~400,公称通径为 $\phi$5~$\phi$10 mm,螺纹规格为 Z1/2″或 ZG1/2″。内外螺纹截止阀的型号有 J21-200~400,公称通径为 $\phi$5 mm,连接螺纹为 Z1/4″或 ZG1/2″。外螺纹截止阀的型号有 J21-25~320,公称通径为 $\phi$5 mm, $\phi$10 mm 和 $\phi$15 mm 3 种,外螺纹的规格有 G1/2″、G3/4″、G1″。角式外螺纹截止阀的型号有 J24-160~320,公称通径有 $\phi$3 mm, $\phi$5 mm 和 $\phi$10 mm 3 种,外螺纹接管为 $\phi$14 mm 和 $\phi$18 mm。以上各阀的公称压力最高可达 32 MPa 和 40 MPa。

c. 常用压力表截止阀

除上述阀门接上 M20×1.5 接头可互接压力表之外，还有带压力表接头的截止阀，其型号为 J11-64、J11-200 和 J11-400，适合于高、中、低压力测量。压力表接头为 M20×1.5 和 G1/2″两种。国产 Y-100 以上大的圆盘式弹簧管压力表，其接头几乎全是 M20×1.5。

③常用压力表的安装

常用压力表测量管线的连接如图 3-3-9 至图 3-3-17 所示。

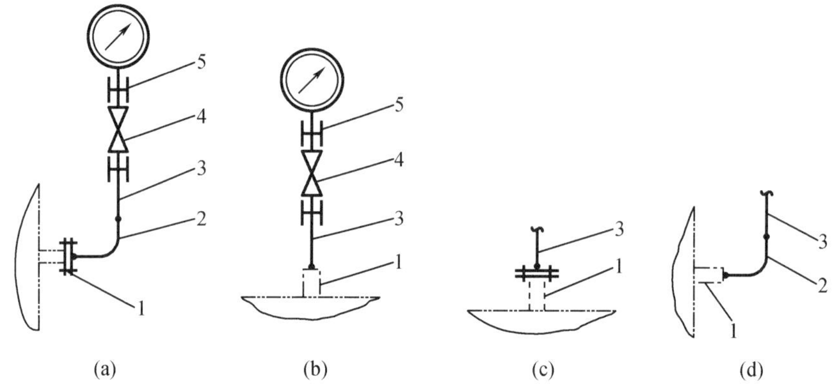


1—管接头或法兰接管；2—无缝钢管；3—接表阀接头；4—压力表截止阀或阻尼截止阀；5—垫片。

注：当介质压力脉动时，4 选用压力表阻尼截止阀。

**图 3-3-9　压力表安装图**

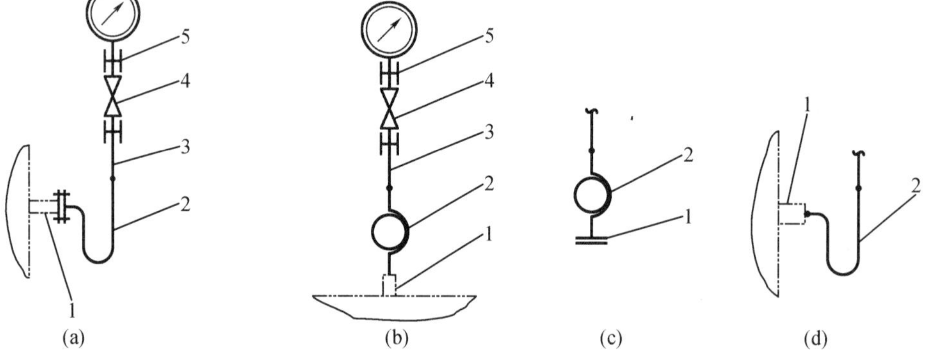


1—管接头或法兰接管；2—冷凝圈或冷凝弯；3—接表阀接头；4—压力表截止阀或阻尼截止阀；5—垫片。

注：当介质压力脉动时，4 选用压力表阻尼截止阀。

**图 3-3-10　带冷凝管的压力表安装图**

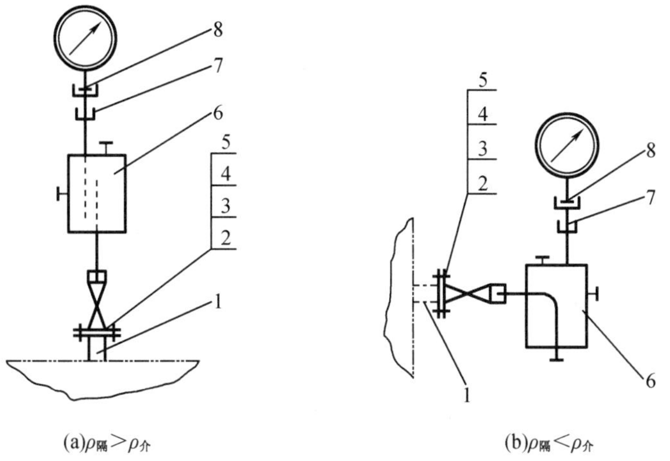


1—法兰接管；2—垫片；3—螺栓；4—螺母；5—取压截止阀；6—隔离容器，7—压力表直通接头；8—垫片。

注：隔离容器需加固定，以免阀门的卡套密封受影响。

**图 3-3-11　带插管式隔离器的压力表安装图**

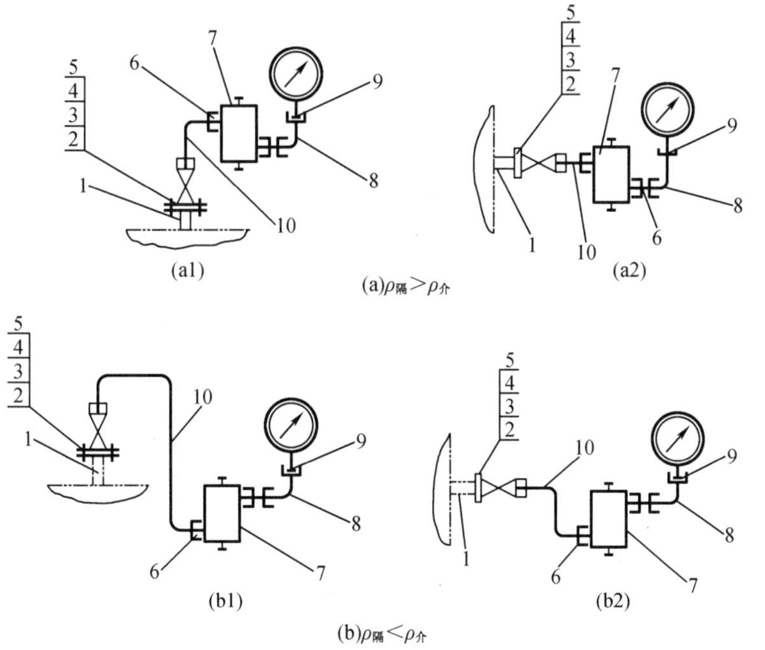


1—法兰接管；2—垫片；3—螺栓；4—螺母；5—取压球阀（PN25 时）或取压截止阀（PN64 时）；

6—直通终端接头；7—隔离容器；8—压力表弯通接头；9—垫片；10—无缝钢管。

注：隔离器需加固定，以免阀门的卡套密封受影响。

**图 3-3-12　带隔离容器的压力表安装图**

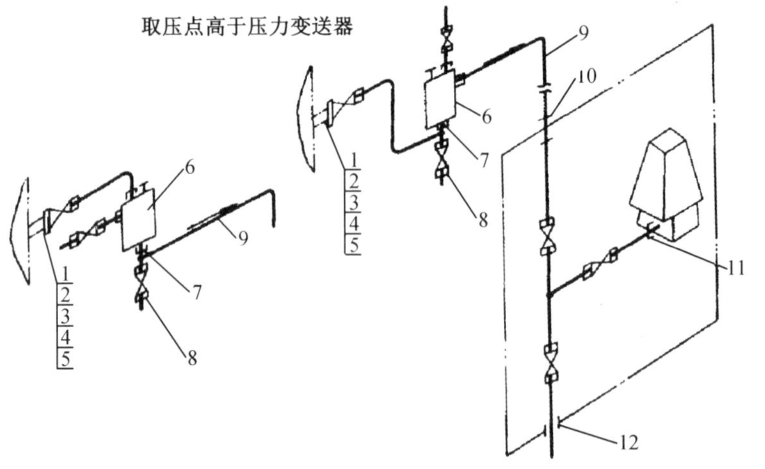


(a)气体、液体($\rho_{隔}>\rho_{介}$)　　(b)液体($\rho_{隔}<\rho_{介}$)

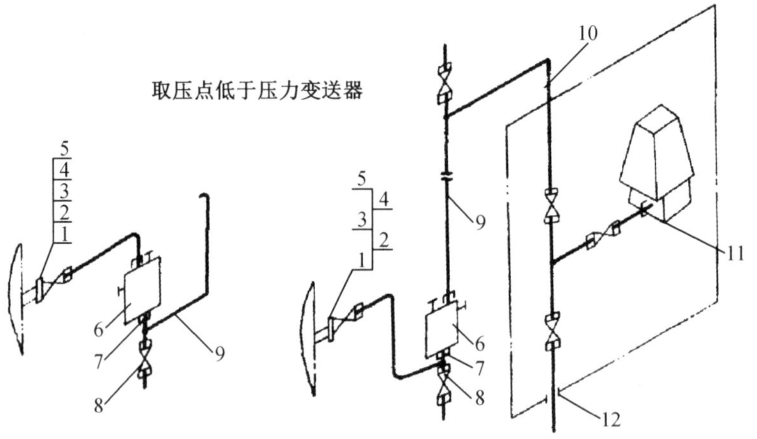


(c)气体、液体($\rho_{隔}>\rho_{介}$)　　(d)液体($\rho_{隔}<\rho_{介}$)

1—法兰接管;2—垫片;3—螺栓;4—螺母;

5—取压球阀(PN25 时)或取压截止阀(PN64 时);

6—隔离容器;7—直通终端接头;

8—卡套式球阀(PN25 时)或卡套式截止阀(<PN64 时);

9—无缝钢管;10—直通穿板接头;

11—压力表直通接头;12—填料函。

注:①当不需要对管线进行吹扫时,靠近变送器的切断阀门应安装在虚线部位上;②当测量腐蚀性介质压力时,为维护方便起见,亦可将隔离器安装在靠近压力变送器的上方;③隔离液更换不频繁时,隔离器侧部或顶部阀门可改用堵头。④(a)和(b)若隔离器底部产生的沉淀物不多时,可将底部的阀门取消。

**图 3-3-13　隔离器隔离测量压力管路连接图**

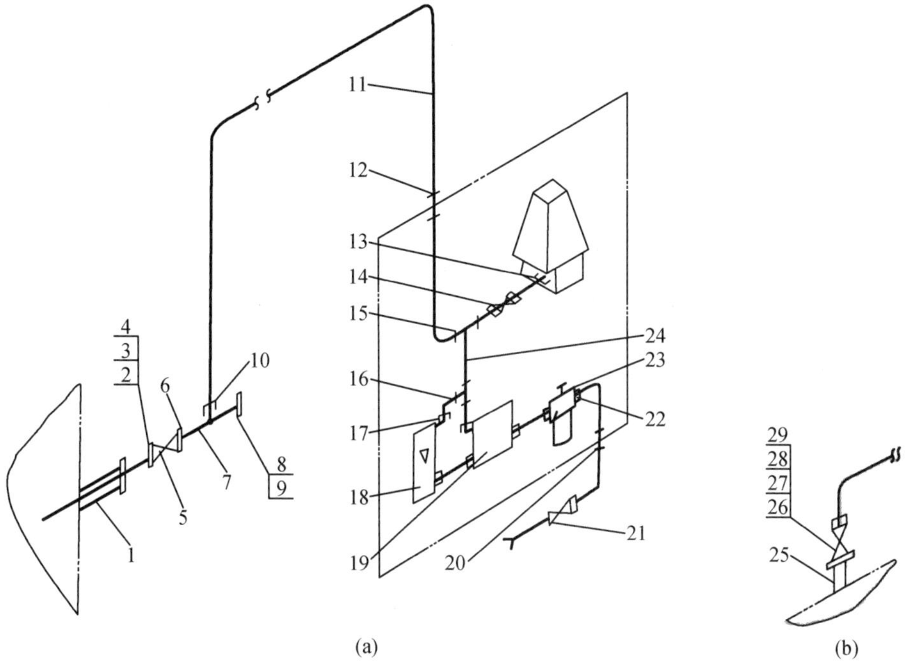


1—法兰接管;2—垫片;3—螺栓;4—螺母;5—法兰楔式单闸板阀;6—凸面法兰;7—接管;8—凹面法兰;9—凸面法兰盖;10—终端焊接接头;11—无缝钢管;12—直通穿板接头;13—压力表直通接头;14—卡套式球阀;15—三通异径接头;16—三通中间接头;17—弯通中间接头;18—玻璃转子流量计;19—恒差继动器;20—直通穿板接头;21—气源球阀;22—直通终端接头;23—空气过滤减压器;24—尼龙单管或紫铜管;25—法兰接管;26—垫片;27—螺栓;28—螺母;29—取压球阀。

注:①(a)适用于流化床设备,(b)适用于黏性或腐蚀性介质,仅取源部件形式不同;②变送器尽可能安装得高于取压点,可以用限流孔板代替恒差继动器和带针阀的转子流量计。

**图 3-3-14　吹气法测量压力管路连接**

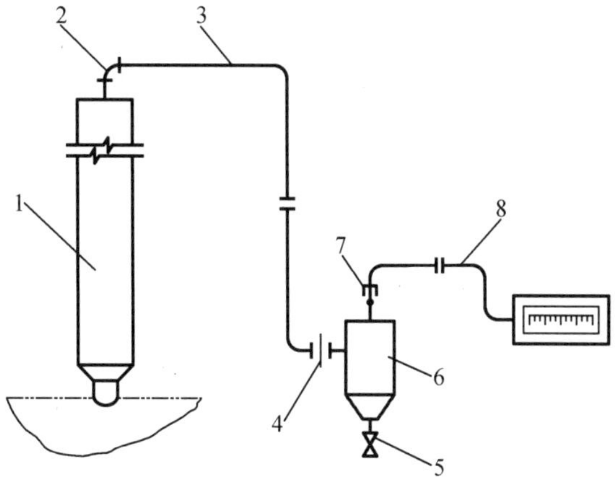


1—沉降除尘器;2—弯头;3—水煤气管;4—外接头;5—内螺纹填料旋塞;6—旋风除尘器;7—橡胶管接头;8—橡胶管。

注:除尘器安装时必须加以固定。

**图 3-3-15　带除尘器的压力表安装图**

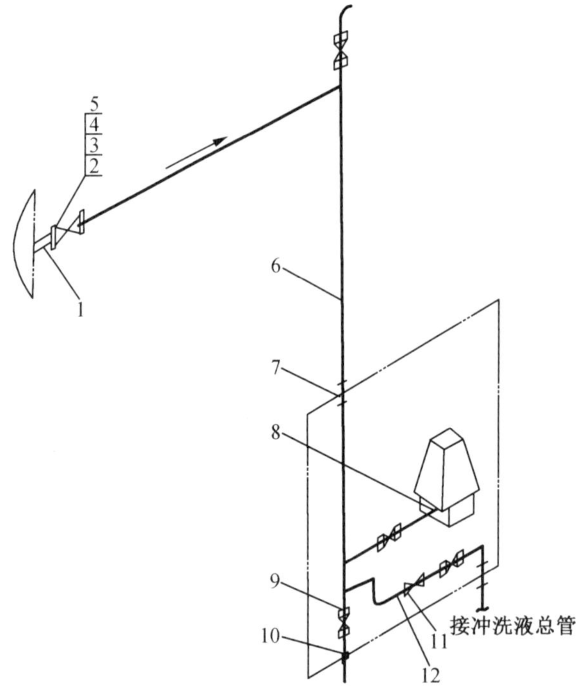


1—法兰接管;2—垫片;3—螺栓;4—螺母;5—取压截止阀;6—无缝钢管;
7—直通穿板接头;8—压力表直通接头;9—卡套式截止阀;10—填料函;11—内螺纹止回阀;12—短节。
注:止回阀也可安装在箱外。

**图 3-3-16　冲液法测量压力管路连接图**

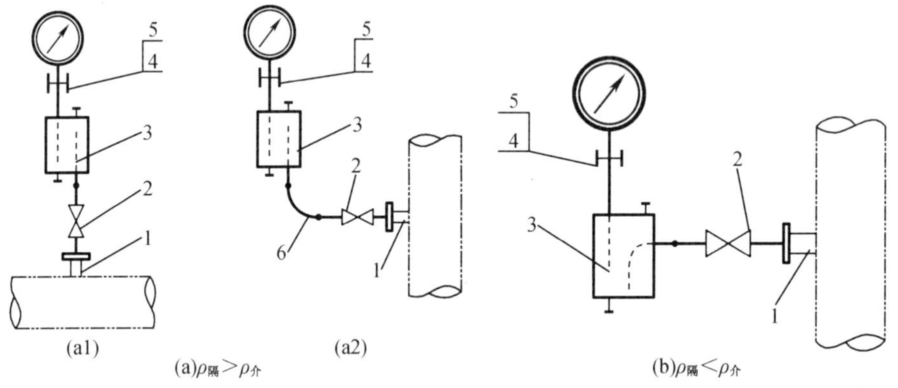


1—法兰接管;2—带螺纹 45°角形截止阀;3—压力表用聚氯乙烯隔离器;4—压力表接头;5—垫片;6—弯管。
注:隔离器需加固定。

**图 3-3-17　带隔离器的压力表在硬聚氯乙烯管道上的安装图**

④压力变送器的安装

压力变送器(气动单元组合仪表或电动单元组合仪表中的 DDZ-Ⅱ型和 DDZ-Ⅲ型)虽型号不同、输出形式不同、输出信号不同,但安装方式基本相同,分为支架安装、地坪上安装和直接安装。

A. 支架安装

支架安装分为两种,一种为支架在墙上,另一种为支架在地上。这两种标高一般为

1.20~1.50 m,保持变送器指示表的标高为 1.50 m。若这两种安装方式在同一车间或同一厂房,则要求标高一致,墙上与地上支架安装的变送器(包括差压变送器等)都要一致。

墙上安装(图 3-3-18)的步骤如下。

a. 在适合导压管走向的墙面或柱上用膨胀螺栓固定钢板 1,标高为 1.20 m。

b. 在铁板的中心焊角钢 3,平面朝上,角钢平面的标高为 1.10 m。

c. 在角铁离铁板 250 mm 处,焊上长 300 mm 的 G2″管。

d. 把变送器用专用卡子(仪表带)安装在 G2″管上,其标高可在 1.20~1.50 m 调节。

B. 地坪上安装

地坪上安装一般在车间已打完水泥地坪后。若尚未打完地坪,可用预埋铁的方法安装,如图 3-3-19 所示。

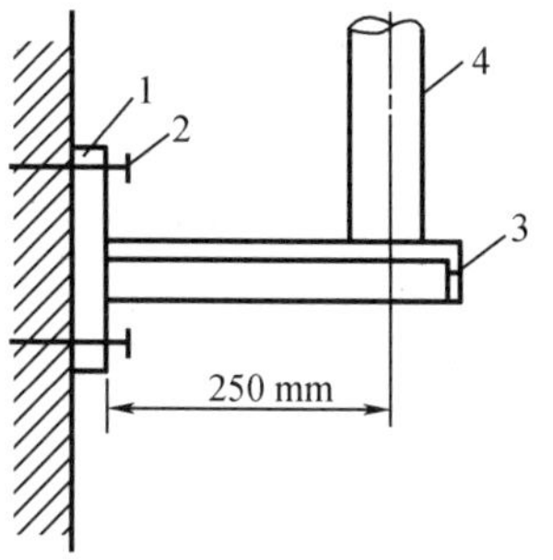


1—厚为 8~10 mm、长×宽为(150×150)mm 的钢板;2—M12×100 的膨胀螺栓;3—长为 300 mm、L45 或 L50 的角钢(用 3-100 钢更好);4—G2″管。

**图 3-3-18　压力变送器在墙上安装图**

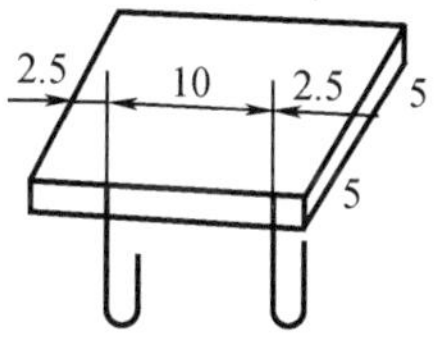


**图 3-3-19　预埋铁制作(单位:mm)**

预埋铁可选 $\delta=8\sim10$ mm 铁板 1 块,尺寸为(150×150)mm,在铁板的一面焊上 $\phi10\sim\phi12$ mm、长 100 mm 的钢筋 2 条,然后按选定的位置打入地下,使铁板低于以后浇注的混凝土地坪 2~3 mm。

在已浇注的混凝土地坪上安装,就要用膨胀螺栓固定铁板,然后焊上一根 1.5 m 的 G2″管即可,如图 3-3-20 所示。

压力变送器习惯于集中安装,不管是气动仪表还是电动仪表,都便于配管、配线。集中安装的支架如图 3-3-21 所示。

$\phi2''$管作为主柱(800 mm 高)和横梁的安装支架,横梁可用 100 槽钢代替。地坪所用的 2 块(150×150)mm、$\delta=8\sim10$ mm 的钢板各用 4 个膨胀螺栓固定。横梁的长度根据集中安装的变送器而定。在横梁的两头可焊第一个和最后一个压力变送器的安装立柱,都是 $\phi2''$管,长度为 500~700 mm,一般为 500 mm。每个压力变送器的安装间距,气动变送器与 DDZ-Ⅱ型变送器的间距是 450 mm,与 DDZ-Ⅲ的为 300 mm。

以上几种支架安装方式适合于安装各种类型压力变送器,也适合于不同型号、不同类别的变送器混装,如差压变送器与压力变送器混装,差压变送器、压力变送器不同型号的混装等。但不适合于不同种类的变送器混装,如气动变送器与电动变送器混装、DDZ-Ⅱ型变送器与 DDZ-Ⅲ型变送器混装等。

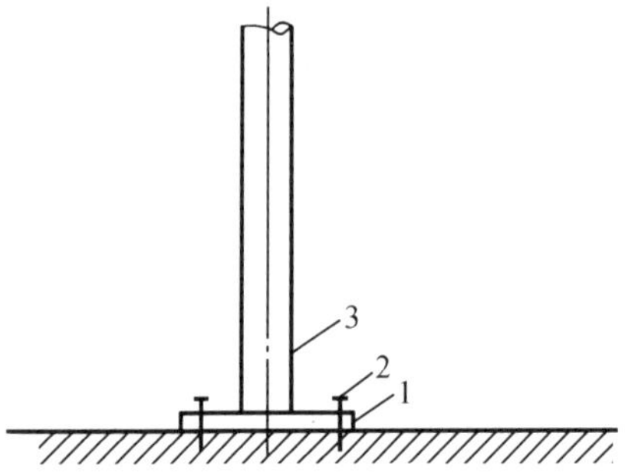


1—铁板，厚为 8 ~ 10 mm，长×宽为（150×150）mm；
2—M12×100 的膨胀螺栓；3—G2″管，长为 1.50 m。

**图 3-3-20　地坪上安装压力变送器支架图**

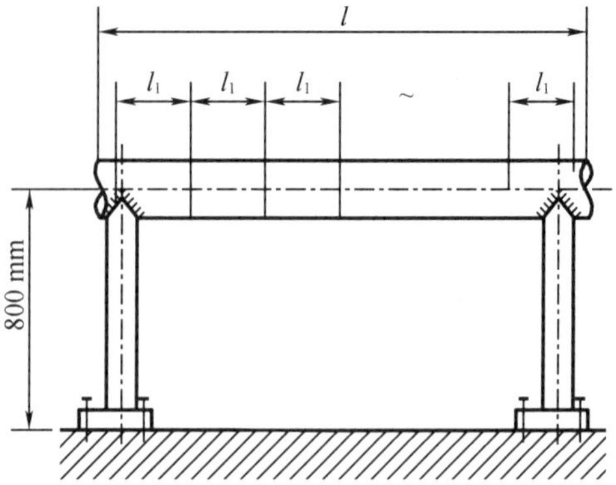


**图 3-3-21　压力变送器集中安装支架图**

(3)常用流量仪表的安装

流量测量包括对液体、气体、蒸汽和固体流量的测量。化工企业生产重点是气体、液体、蒸汽流量的检测与控制。

流量分为瞬时流量和累积流量两种。瞬时流量是指单位时间内流过管道某一截面的流体的量。流量计显示的量一般是瞬时流量。累积流量是指某一定时间内流过管道某一截面流体的总量，其单位为 $m^3$、L、t 和 kg。只有带累积(积算)功能的流量计才能测量累积流量。

流量又可分为体积流量与质量流量，也就是单位时间内流过某一截面流量的计算单位是体积单位或质量单位，体积单位有 $m^3/h$、L/h，质量单位有 t/h、kg/h 等。

流量计种类很多，安装方法也不尽相同，下面介绍几种常见流量计的安装。

①转子流量计安装

转子流量计是由一个上大下小的锥管和置于锥管中可以上下移动的转子组成。从结构特点上看，它要求安装在垂直管道上，垂直度要求较严，否则势必影响测量精度。第二个要求是流体必须从下向上流动。若流体从上向下流动，转子流量计便会失去功能。

转子流量计分为直标式、气传动与电传动 3 种形式。对于流量计本身，只要掌握上述两个要点，就会较准确地测定流量。

还须注意的是，转子流量计是一种非标准流量计。因为其流量的大小与转子的几何形状、转子的大小、质量、材质、锥管的锥度、被测流体的雷诺数等有关，虽然在锥管上有刻度，但还附有修正曲线，每一个转子流量计有其固有的特性，不能互换，特别是气、电远传转子流量计。不能转子流量计损坏，其传动部分完好，就拿来使用，还须经过标定。

安装注意事项如下。

A. 实际的系统工作压力不得超过流量计的工作压力。

B. 应保证测量部分的材料、内部材料和浮子材质与测量介质相容。

C. 环境温度和过程温度不得超过流量计规定的最大使用温度。

D. 转子流量计必须垂直地安装在管道上，并且介质流向必须由下向上。

E. 流量计法兰的额定尺寸必须与管道法兰相同。

F. 为避免管道引起的变形,配合的法兰必须在自由状态中,以消除应力。

G. 为避免管道振动和最大限度地减小流量计的轴向负载,管道应有牢固的支架支撑。

H. 截流阀和控制流量都必须在流量计的下游。

I. 直管道要求在上游侧 5DN、下游侧 3DN(DN 是管道的通径)。

J. 用于测量气体流量的流量计,应在规定的压力下校准。如果气体在流量计的下游释放到大气中,转子的气体压力就会下降,引起测量误差。当工作压力与流量计规定的校准压力不一致时,可在流量计的下游安装一个阀门来调节所需的工作压力。

对于电远传转子流量计,在安装时还应注意以下事项。

A. 电缆直径为 8~13 mm。

B. 电缆要有滴水点(电缆 U 形弯曲),以防雨水顺电缆进入接线盒。

C. 电缆不能承受任何机械负载。

D. 电缆进口处放完电缆后,必须用胶泥封口,同时把多余的电缆进出孔也用胶泥封住。

E. 按规定妥善接地。

对危险地点的安装还应注意以下事项。

A. 电源必须取自有可靠保证的安全电路的供电单元,或电源隔离变换器。

B. 电源安装在危险场合外面或安装在一个适合的防爆罩子内。

C. 要检查转子流量计是否有防爆等级证明,不符合条件的流量计不能在危险场合安装。

②质量流量计安装

科氏质量流量计与液体的其他任何参数(如密度、温度、压力、黏度、导电率和流动轨迹等)都无关,并且能对均匀分布的小固体粒子(稀浆)和含有气泡的液体进行测量。

科氏质量流量计安装要点如下。

A. 传感器的刚性和无应力支撑,如图 3-3-22 所示。

B. 通常传感器是用两个金属紧固夹进行安装的,紧固夹固定到一个安装板或支柱上,如图 3-3-23 所示。$L_1$ 可以与 $L_2$ 相等,也可以不等。

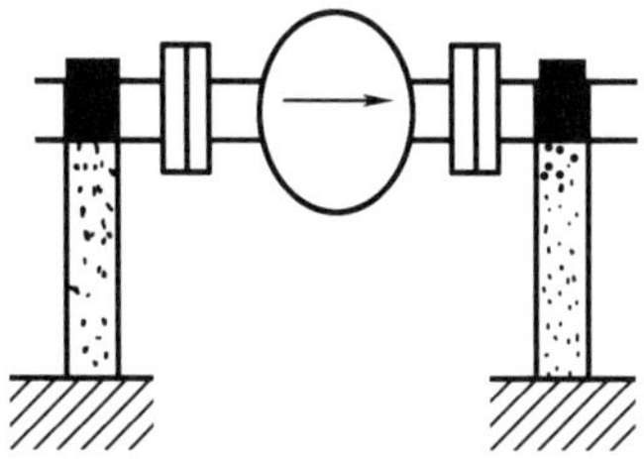

图 3-3-22　传感器的支撑

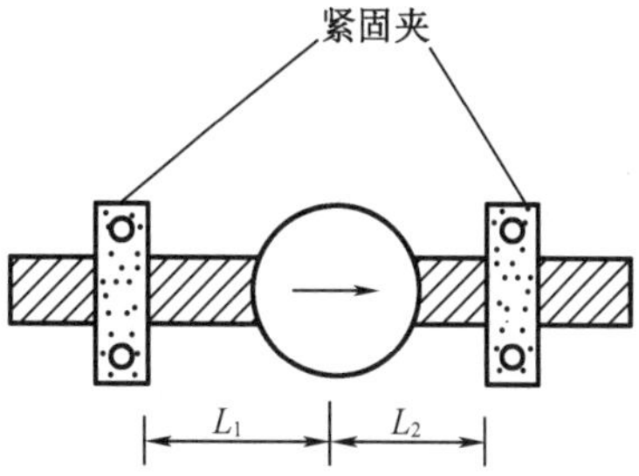


图 3-3-23　传感器的安装

C. 避免把传感器安装在管道的最高位置,因为气泡会集结和滞留,在测试系统中引起测量误差。

D. 如果不能避免过长的下游管道(一般不大于 3 m),应多装一个通流阀。

E. 与输送泵的距离至少要大于传感器本身长度的 4 倍(两法兰之间距离),如果泵引起多余的振动,必须用挠性管或连接管进行隔离,如图 3-3-24 所示。

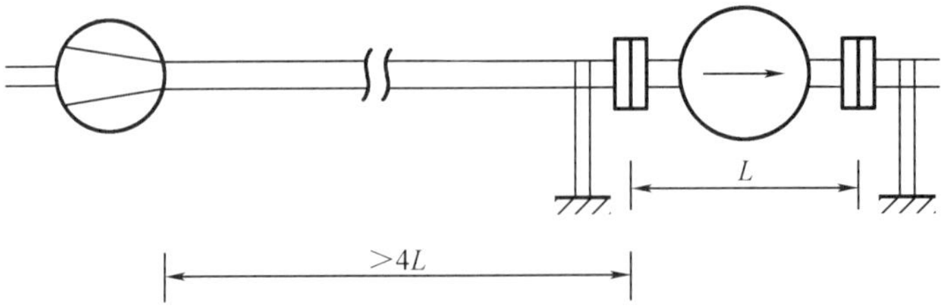


**图 3-3-24　传感器与输送泵的距离**

F. 控制阀、检查观察窗等附加装置都应安装在离传感器至少 1 倍 $L$ 远处。

G. 垂直铺设管道时,管道的刚度要足够支撑传感器。

H. 有时可以不在靠近传感器的地方安装支架,但必须使管道支撑得非常牢固。必要时,也要加支架,支架的距离为(1~2)$L$。

I. 支架不能安装在法兰或外壳上,一般离法兰的距离为 20~200 mm。

J. 一般不使用挠性软管,只有当振动大的场合才使用。使用软管时,在隔一段(1~2)$L$ 的刚性管后连接。

K. 质量流量计可以垂直安装,也可水平安装。

③涡轮流量计安装

涡轮流量计是另一类型的流量计,它属速度流量计。它的安装要求较高,安装环境较苛刻。其安装时,特别要安装好涡轮,使涡轮与轴承的阻力为最小,并使涡轮在轴承上运转自如。

涡轮流量计不能在强磁场与强电场环境下安装,否则将会产生很大干扰而影响其测量精度,因此使用受到较大的限制。它的调试也较麻烦,日常维护量也较大。

④靶式流量计安装

靶式流量计是一种使用较为广泛的流量计,虽然精度不高,一般为±1.0%,但在要求不高的场合经常采用。

它的安装较为方便,把靶按要求装到管道上即可。由于它的测量原理是把靶的力矩转换成标准气信号或标准电信号,对产生力矩的流束要求较高,因此要求有一定长度的直管段,以保持正常的流束。它的维护工作量较小且方便。

需要注意的是,靶式流量计需要二次安装,第一次安装是确定它的位置,在管道吹扫前拆下,以防损坏内件,吹扫合格后,重新装上,再次进行调整。

⑤电磁流量计安装

电磁流量计是一种很有发展前途的流量计,特别适宜于化工生产使用。它能测各种酸、碱、盐等有腐蚀性介质的流量,也可测脉冲流量;它可测污水及大口径的水流量,也可测含有颗粒、悬浮物等物体的流量。它的密封性好,没有阻挡部件,是一种节能型流量计。它的转换简单方便,使用范围广,并能在易爆易燃的环境中广泛使用,是近年来发展较快的一种流量计。

国产的电磁流量计已经系列化、标准化。其管径可以小到 40 mm,大到 1 200 mm 以上;

标定简单,不管检测什么介质的流量,都可用水标定。只是它的密封性受压力与温度的影响,受到了限制,使用范围限制在压力低于 1.6 MPa、温度为 5~60 ℃。

电磁流量计安装注意事项如下。

A. 电磁流量计,特别是对小于 DN100(4″)的小流量计,在搬运时受力部位切不可在信号变送器的任何地方,应在流量计的本体。

B. 按要求选择安装位置,但不管位置如何变化,电极轴必须保持基本水平。

C. 电磁流量计的测量管必须在任何时候都是完全注满介质的。

D. 安装时,要注意流量计的正负方向或箭头方向应与介质流向一致。

E. 安装时要保证螺栓、螺母与管道法兰之间留有足够的空间,以便于装卸。

F. 对于严重污染的流体的测量,电磁流量计应安装在旁路上。

G. 大于 DN200(8″)的大型电磁流量计要使用转接管,以保证对接法兰的轴向偏移,方便安装。

H. 最小直管段的要求为上游侧 5DN、下游侧 2DN。

I. 要避免安装在强电磁场的场所。

J. 电磁流量计的环境温度要求:产品温度<60 ℃时,环境温度<60 ℃;产品温度>60 ℃时,环境温度<40 ℃。

K. 为避免因夹附空气和真空度降低损坏橡胶衬垫引起测量误差,可参照建议位置安装,如图 3-3-25 所示。

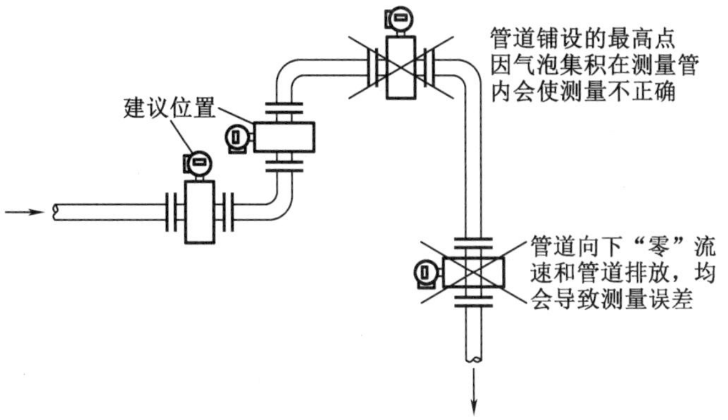


图 3-3-25　电磁流量计的安装(一)

L. 水平管道安装电磁流量计时,应安装在有一些上升的管道部分,如图 3-3-26 所示。如果不可能,应保证足够的流速,防止空气、气体或蒸汽集积在流动管道的上部。

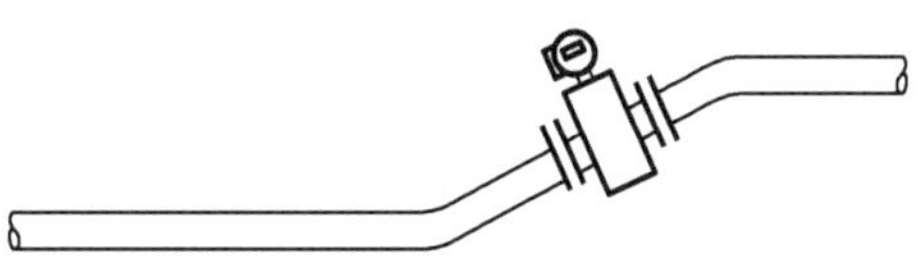

图 3-3-26　电磁流量计的安装(二)

M. 在敞开进料或出料时，流量计安装在低的一段管道上，如图 3-3-27 所示。

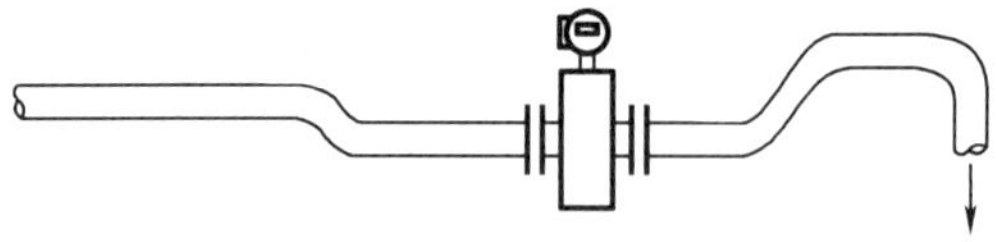

图 3-3-27　电磁流量计的安装（三）

N. 当管道向下且超过 5 m 时，要在下游安装一个空气阀（真空），如图 3-3-28 所示。

O. 在长管道中，控制阀和截流阀始终应该安装在流量计的下游，如图 3-3-29 所示。

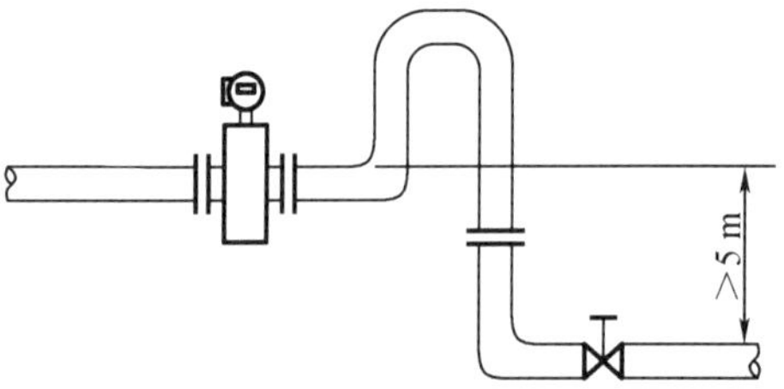


图 3-3-28　电磁流量计的安装（四）

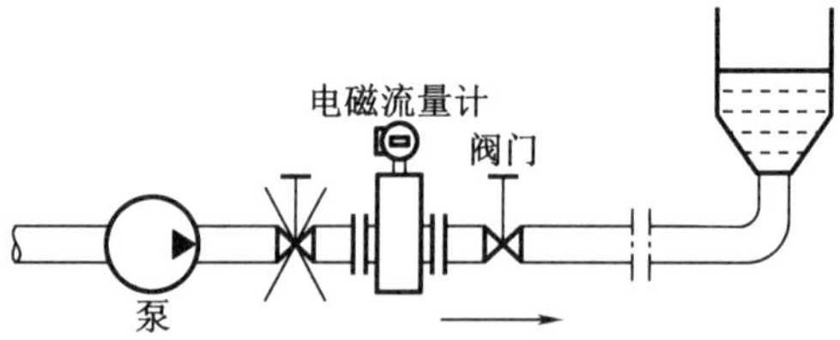


图 3-3-29　电磁流量计的安装（五）

P. 流量计绝不可安装在泵的吸口一端，如图 3-3-30 所示。

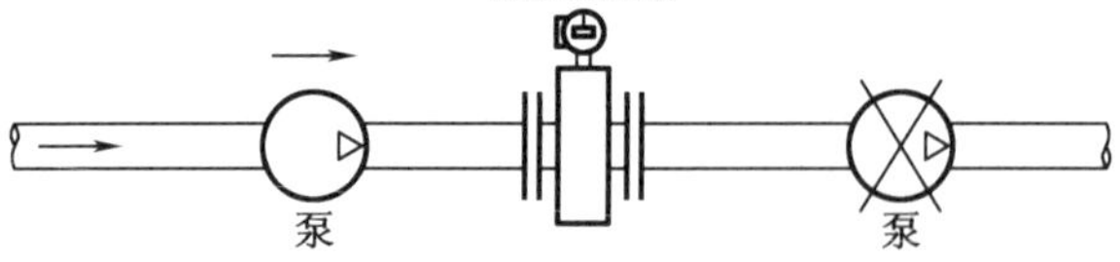


图 3-3-30　电磁流量计的安装（六）

Q. 在系统温度超过 100 ℃的场所，要提供相应装置补偿管道受热的轴向膨胀。

a. 短的管道采用弹性垫圈。

b. 长的管道安装挠性管道部件（如肘形弯管）。

R. 流量计安装应与管道轴成一直线。

S. 管道法兰面必须平行，容许的最小偏差为

$$L_{max}-L_{min}<0.5\ mm$$

式中　$L_{max}$、$L_{min}$——两个法兰最大与最小的距离。

⑥节流装置的安装

A. 节流装置种类及使用场合

节流装置一般指孔板、喷嘴与文丘里管。

孔板除标准孔板外还有圆缺孔板、端头孔板、双重孔板等，它们的使用场合如下。

a. 标准孔板

标准乳板是用得最广泛的一种节流装置。它的公称压力为 0.25～32 MPa，公称直径为 50～1 600 mm，适用于绝大多数流体，包括气体、蒸汽和液体的流量检测与控制。

b. 标准喷嘴

标准喷嘴，公称压力为0.6~6.4 MPa，公称直径为50~400 mm。其取压形式为环室取压、法兰上钻孔取压和宽边钻孔取压；能与紧密面为平面、榫面、凸面的法兰配套使用。

c. 标准短文丘里喷嘴

标准短文丘里喷嘴，公称压力为0.6~6.4 MPa，公称直径为100~400 mm，$(d/D)^2$ 必须大于0.1，且仅能与平面法兰配套使用。

d. 标准文丘里喷嘴

标准文丘里喷嘴，公称压力≤0.6 MPa，公称直径为200~800 mm，仅能与平面法兰配套使用。

e. 圆缺孔板

圆缺孔板，公称压力为0.25~6.4 MPa，公称直径为500~1 600 mm。其取压形式可为环室取压和宽边钻孔取压，能与紧密面为平面、榫面、凸面的法兰配套使用。

f. 端头孔板

端头孔板，公称直径为50~600 mm，取压形式有环室取压和安装环上钻孔取压两种，能安装在管道的入口或出口上。

g. 双重孔板

双重孔板，公称压力为0.25~6.4 MPa，公称直径为100~400 mm。其取压形式可为环室和宽边钻孔取压；能与紧密面为平面、榫面、凸面的法兰配套使用。

h. 1/4圆喷嘴

1/4圆喷嘴，公称压力为0.25~6.4 MPa，公称直径为25~100 mm。其取压形式可为环室取压和宽边钻孔取压；能与紧密面为平面、榫面、凸面的法兰配套使用。

B. 节流装置安装注意事项

a. 节流装置安装有严格的直管段要求。一般可按经验数据前8后5来考虑，即节流装置上游侧要有8倍管道内径的距离，下游侧要有5倍管道内径的距离。

b. 节流装置安装前后2$D$的直管段内，管道内壁不应有任何凹陷和用肉眼看得出的突出物等不平现象。由于管道的圆锥度、椭圆度或者变形等所产生的最大允许误差：当 $d/D \leq 0.55$ 时，不得超过±0.5%，当 $d/D < 0.55$ 时，不得超过±2.0%。

c. 节流装置的端面应与管道的几何中心相垂直，其偏差不应超过1°。法兰与管道内口焊接处应加工光滑，不应有毛刺及凹凸不平现象，节流装置的几何中心线与管道中心线相重合，偏差不得超过 $0.015(d/D-1)$ 。

d. 节流装置在水平管道上安装时，取压口方位如图3-3-31所示。

e. 节流装置的安装必须在工艺管道吹扫后进行。

f. 在水平和倾斜的工艺管道上安装孔板或喷嘴，若有排泄孔时，排泄孔的位置对液体介质应在工艺管道的正上方，对气体及蒸汽介质应在工艺管道的正下方（一般钻一个 $\phi 3$ mm 的小孔作为排泄孔）。

g. 环室与孔板有"+"号的一侧应在被测介质流向的上游侧。当用箭头标明流向时，箭头的指向应与被测介质的流向一致。

h. 节流装置的垫片应与工艺管道同一质地，并且不小于管道内径。

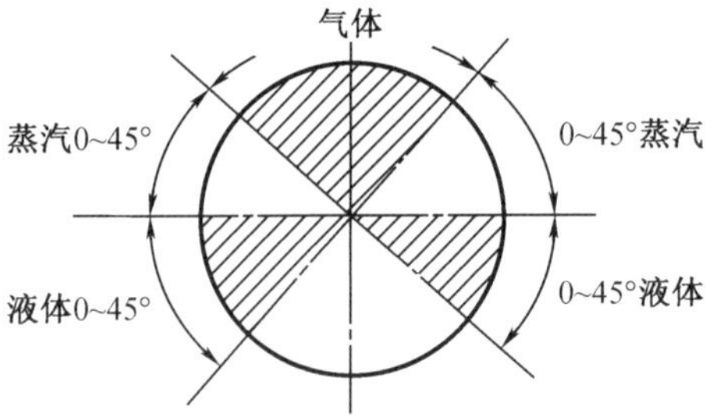


**图 3-3-31　节流装置在管道上的取压口方位**

常用节流装置安装方式如图 3-3-32 至图 3-3-38 所示。

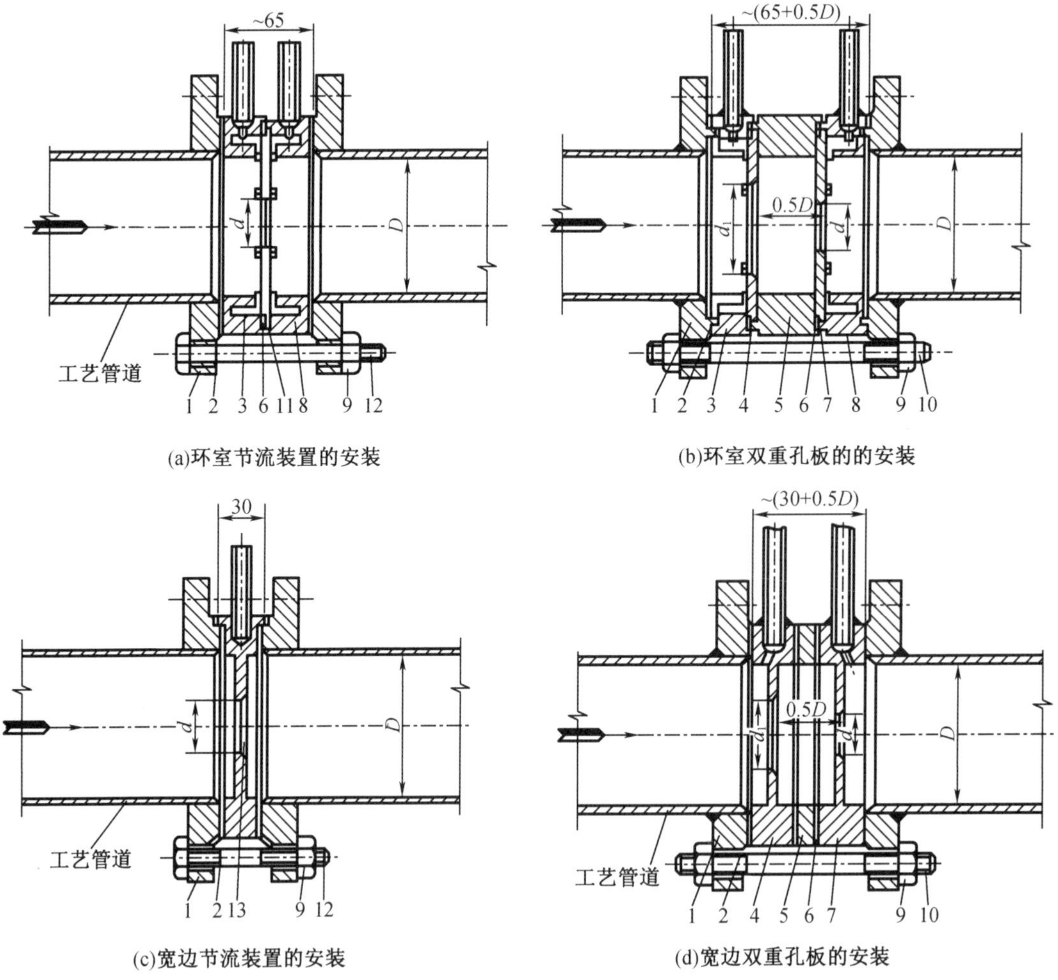


1—法兰;2—垫片;3—正环室;4—前孔板;5—中间环;6—垫片;7—后孔板;

8—负环室;9—螺母;10—双头螺栓;11—环室节流装置;12—螺栓;13—宽边节流装置。

注:焊接采用 45°角焊,焊缝应打光无毛刺。

**图 3-3-32　带平面(横槽面、凹面)密封面的节流装置在钢管上的安装图(单位:mm)**

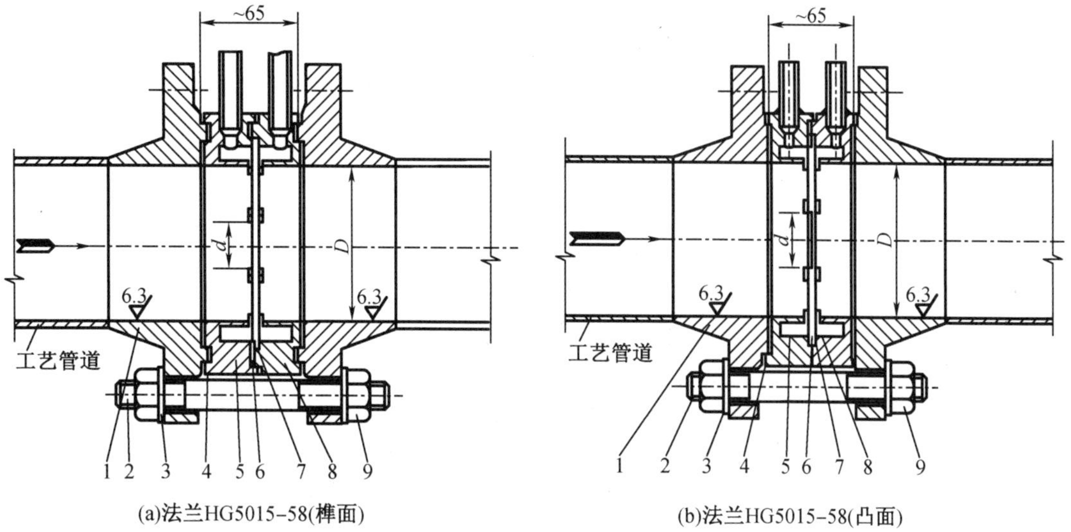


1—对焊法兰;2—光双头螺栓;3—光垫圈;4—垫片;5—正环室;6—垫片;7—节流装置;8—负环室;9—光六角螺母。

注:①法兰内孔在安装前应扩孔至管道计算直径 $D$;②法兰与工艺管道焊接处的内侧应打光磨平。

**图 3-3-33　带槽面(凹面)环室(或宽边)的孔板、喷嘴、1/4 圆喷嘴在钢管上的安装图(单位:mm)**

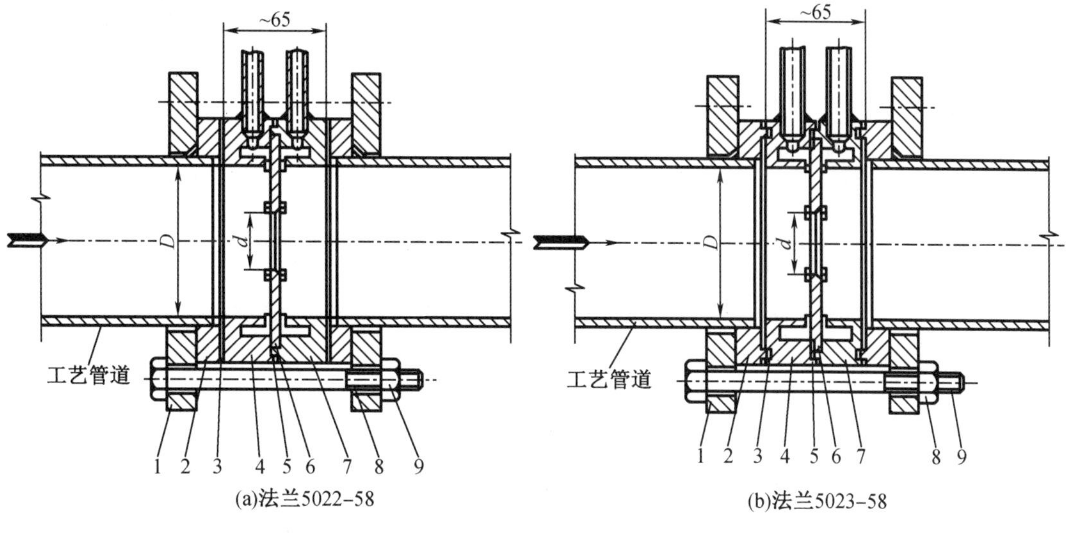


1—法兰;2—焊环;3—垫片;4—正环室;5—垫片;6—节流装置;7—负环室;8—螺栓;9—螺母。

注:焊接采用 45°角焊,焊缝应打光,无毛刺。

**图 3-3-34　带平面(槽面)密封面的节流装置在不锈钢管上的安装图(单位:mm)**

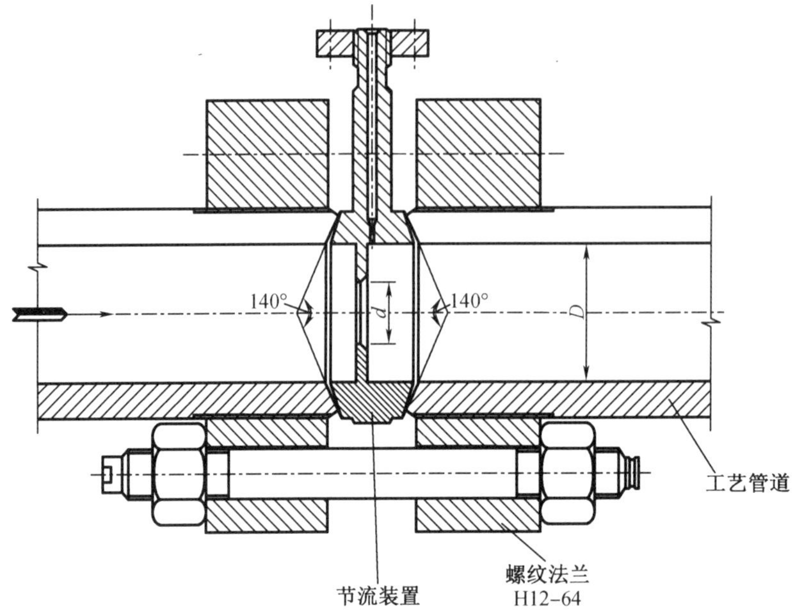


注:①节流装置包括:标准孔板 PN=320, DN=15~150;标准喷嘴 PN=320, DN=15~15*D*;②节流装置和工艺管遭的偏心度不得超过 0.015*D*(*D*/*d*-1)和 0.007 5*D*。

**图 3-3-35 孔板、喷嘴在钢管上的安装图**

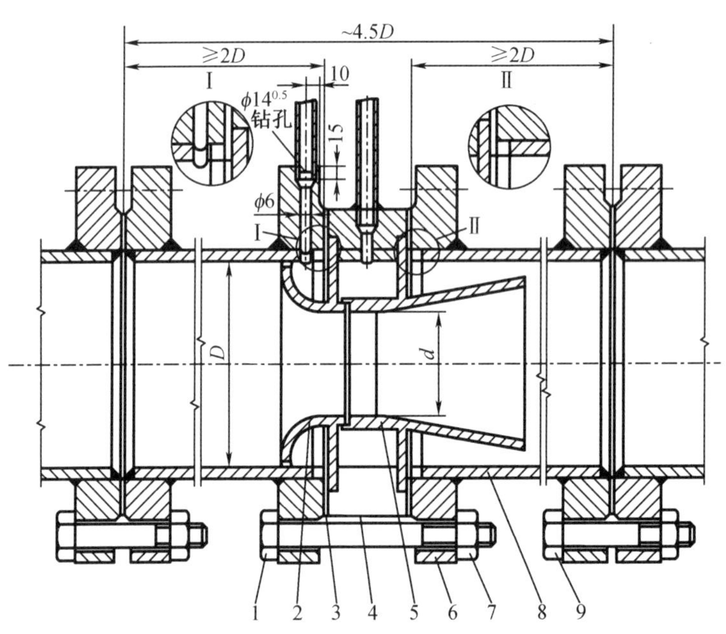


1—螺栓;2—喷管;3—垫片;4—衬环;5—扩散管;6—平焊法兰;7—螺母;8—接管;9—螺栓。

注:①法兰焊缝应打光,无毛刺;②在法兰上钻孔时应在法兰与管子焊好后进行,钻孔位置应与螺栓孔错开;③接管内径 *D* 只能有正公差。

**图 3-3-36 短文丘里喷嘴在钢管上的安装图(单位:mm)**

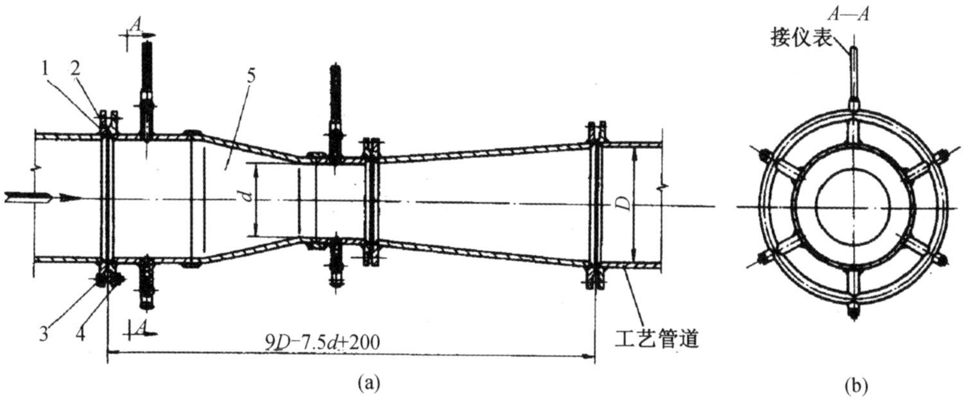


1—平焊法兰;2—垫片;3—螺栓;4—螺母;5—长式文丘里管。

**图 3-3-37 长式文丘里管在钢管上的安装图(单位:mm)**

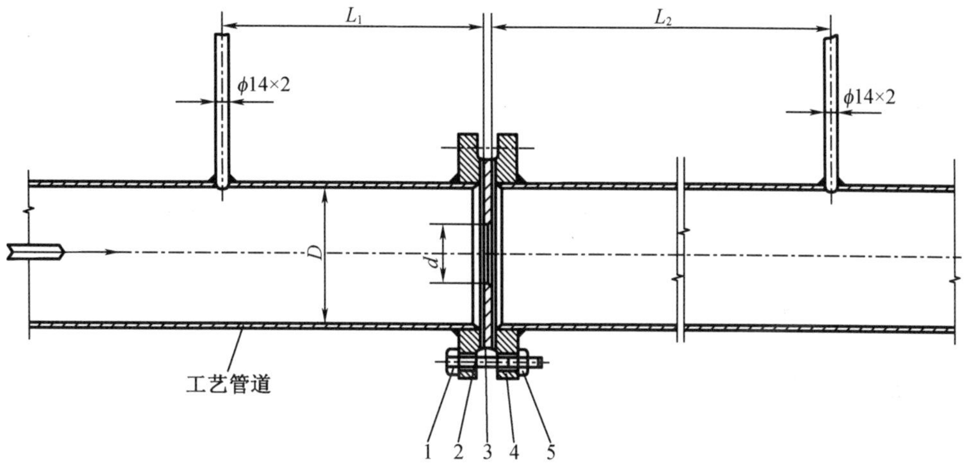


1—螺栓;2—垫片;3—标准孔板;4—平焊法兰;5—螺母。

注:①法兰焊接采用 45°角焊,焊缝应打光,无毛刺;②当采用管接取压时,$L_1=2.5D$,$L_2=8D$,当采用径距取压时,$L_1=D$,$L_2=0.5D$。

**图 3-3-38 管接取压和径距取压的孔板在钢管上的安装图(单位:mm)**

C. 节流装置的取压方式

常见的节流装置取压方式有 3 种,即环室取压、法兰取压和角接取压。下面介绍环室取压与法兰取压。

a. 环室取压

环室取压是应用较多的一种节流装置取压形式,适用于公称压力为 0.6~64 MPa、公称直径为 50~400 mm。它能与孔板、喷嘴和文丘里配合,也能与平面、榫面和凸面法兰相配使用。环室分为平面环室、槽面环室和凹面环室 3 类。

b. 法兰取压

法兰取压就是在法兰边上取压。其取压孔中心线至孔板面的距离为 25.4 mm(1″)。它较环室取压有加工简单、金属材料消耗小、容易安装、容易清理脏物、不易堵塞等优点。

根据法兰取压的要求和现行标准法兰的厚度,以及现场备料、加工条件,可采用直式钻孔型和斜式钻孔型两种形式。

(a)直式钻孔型：当标准法兰的厚度大于 36 mm 时，可利用标准法兰进一步加工即可。如果标准法兰的厚度小于 36 mm 时，则需用大于 36 mm 的毛坯加工。取压孔打在法兰盘的边沿上与法兰中心线垂直。

(b)斜式钻孔型：当采用对焊钢法兰且法兰厚度小于 36 mm 时，取压孔以一定斜度打在法兰颈的斜面上即可。

不同公称压力与公称直径的孔板钻孔见表 3-3-1。

**表 3-3-1　不同公称压力与公称直径的孔板钻孔**

| 公称压力/MPa | 钻孔形式 | | |
|---|---|---|---|
| | 直式 | | 斜式 |
| | 标准法兰 | 加厚的法兰毛坯 | 标准法兰 |
| | 公称直径/mm | | |
| 0.6 | 1 000 | 700~900 | — |
| 1.6 | 400~600 | 250~350 | — |
| 4.0 | 175~500 | — | 50~150 |
| 6.4 | 125~400 | — | 50~100 |

法兰钻孔取压节流装置安装如图 3-3-39 和图 3-3-40 所示。

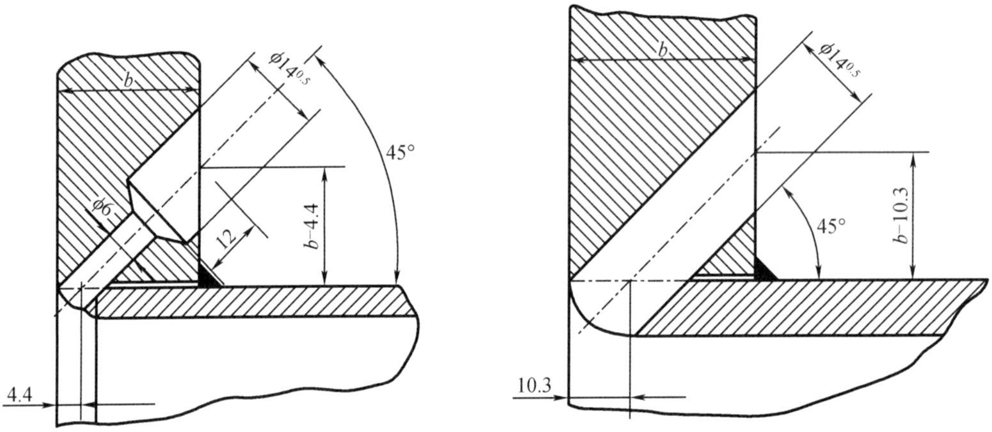


(a)法兰上钻孔(公称直径=150~400)　　(b)法兰上钻孔(公称直径=450~600)

1—螺栓；2—垫片；3—节流装置；4—法兰；5—螺母。

注：①节流装置包括：带柄孔板、银边孔板、带柄喷嘴、整体圆缺孔板和镶边圆缺孔板；②焊接采用 45° 角焊，焊缝应打光，无毛刺。

**图 3-3-39　法兰上钻孔取压的孔板、喷嘴在钢管上的安装图（单位：mm）**

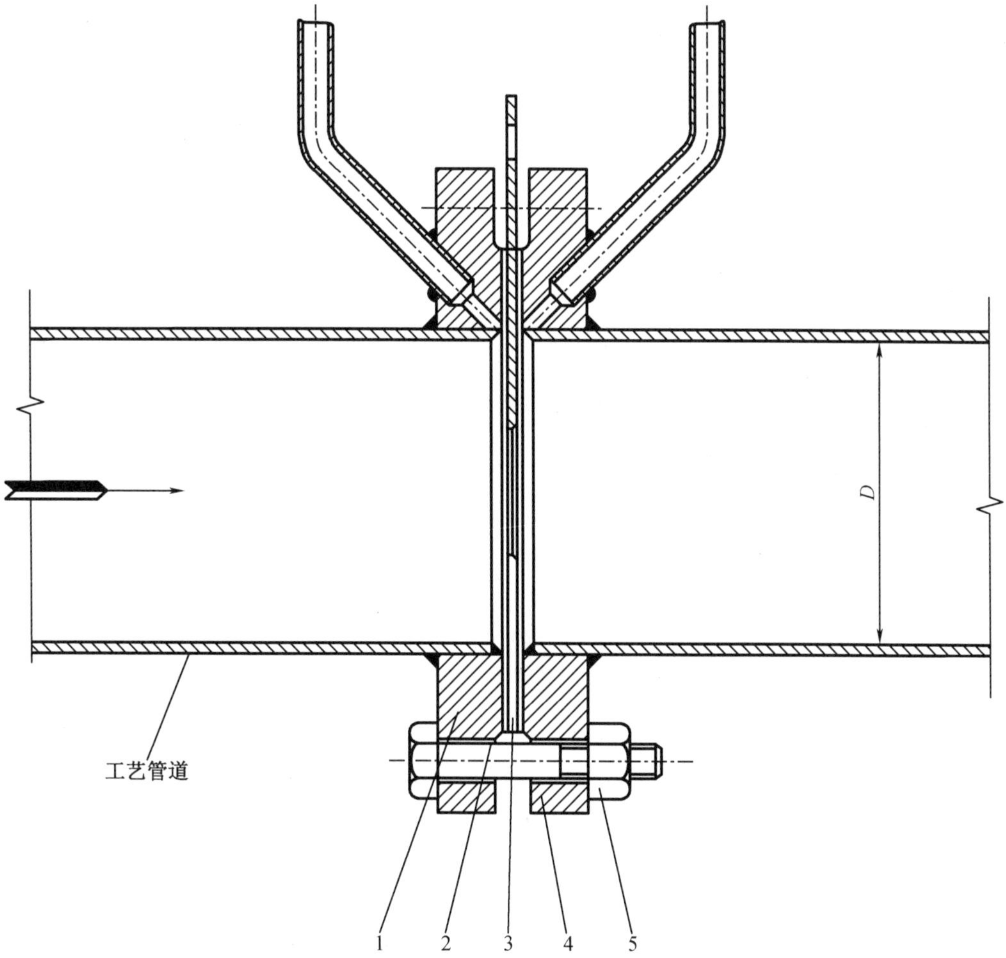


(c)

**图 3-3-39**(续)

法兰钻孔取压的注意事项如下。

(a)法兰内径:为了不影响流量测量精度,法兰内径应与所在管道内径相同。当采用标准法兰加工时,会遇到两种情况:一是当标准法兰内径小于锐孔板所在管道的管子内径时,需将标准法兰内径扩孔,使之与管内径相同;二是当标准法兰内径大于锐孔板所在管道的管子内径时,安装时需要更换一段长度为 20~30$D$,内径与法兰内径相同的管道。

(b)取压孔与法兰面距离 $M$ 值的确定:按规定,法兰取压法取压孔中心线至锐孔板面的距离为 25.4 mm,其误差不超过 0~1.0 mm。此外,当锐孔板厚度大于 6 mm 时,锐孔板上游面至低压取压孔中心线的距离不应超过 31.5 mm,因此,当锐孔板厚度 $\delta<6$ mm 时,$M$ 值主要根据垫片厚度确定;当锐孔板厚度 $\delta>6$ mm 时,为了满足锐孔板上游面到下游取压孔的距离不大于 31.5 mm,应将锐孔板下游面的夹持边缘车去一部分,以符合要求。

(c)斜式钻孔定点方法:当外钻孔时,斜式钻孔关键在于决定 $R$ 角(倾斜角度)。钻点的确定原则首先是保证 $M$ 值,以满足 1″取压对取压点距离的要求。在此前提下争取 $R$ 角尽可能大一些,以便利钻孔加工。

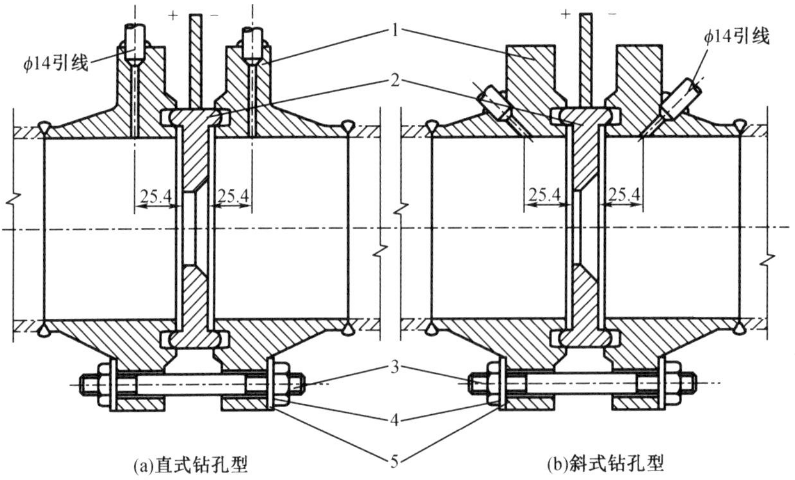


1—对焊钢法兰;2—锐孔板;3—双头螺栓;4-螺母;5—垫圈。

注:①安装时应保证法兰端面对管道轴线的不垂直度不得大于10;②法兰与管道对焊后应进行处理,使内壁焊缝处光滑、无焊疤及焊渣;③安装时注意锐孔板和法兰的配套,锐孔板的安装正负方向及引压口的方位均应符合设计要求;④锐孔板的安装应在管线吹扫后进行。

**图 3-3-40 锐孔板安装图(单位:mm)**

⑦差压计的安装

差压变送器及其他差压仪表,如常用来作现场指示、记录和累积的双波纹管差压计,其仪表本身的安装不复杂,且与压力变送器的安装相同。但它的导压管敷设比较复杂,为使差压能正确测量,尽可能缩小误差,配管必须正确。

测量气体、液体流量管路连接分为差压计在节流装置近旁、差压计低于节流装置和差压计高于节流装置3种情况。测量蒸汽流量管路连接分为差压计低于节流装置和差压计高于节流装置两种情况。还有许多管路连接法,如隔离法、吹气法、测量高压气体的管路连接等。

小流量时,也可采用U形管指示。差压指示要表示流量的大小时,要注意差压是与对应的流量的平方成正比关系。小流量用差压计来检测,会降低其精度。
常用流量测量管路连接图如图3-3-41至图3-3-46所示。

(4)物位仪表安装

常用的液位测量仪表有玻璃板液面计、浮球式液位计、浮标式液位计、浮筒式液面计、放射性液位计、电容式液面计、电阻式液面计、电极式液面计、法兰式差压液面变送器、差压式液面测量、冲液法液面测量、吹气法液面测量及玻璃管液面计等。

①玻璃板液面计安装

玻璃板液面计安装较为简单,安装法兰都在工艺设备上。安装前要认真检查法兰是否相配合,垫片是否能满足要求,螺栓型号、规格是否相符。要求螺栓露出螺帽各为2~3扣,平螺母或超出太长都不合适,要调换螺栓。

玻璃板液面计的截止阀(切断阀)要求试压与研磨,以便正式启用后免去跑、冒、滴、漏的麻烦。

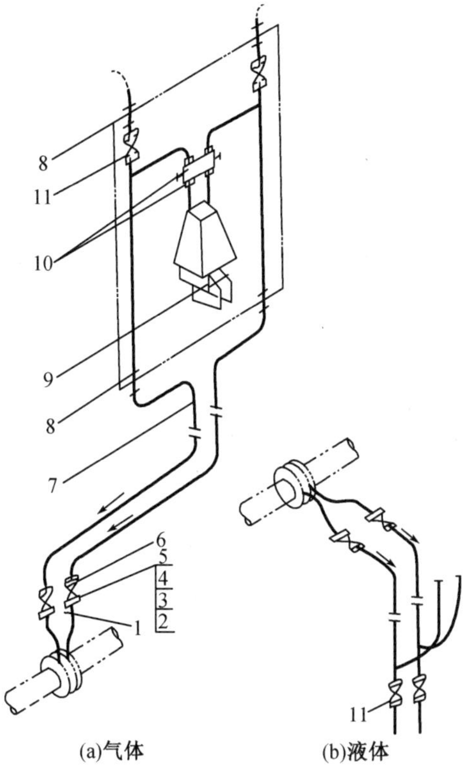


1—无缝钢管;2—法兰;3—螺栓;4—螺母;5—垫片;6—取压球阀(PN25 时)或取压截止阀(PN64 时);7—无缝钢管;8—直通穿板接头;9—直通终端接头;10—三阀组附接头;11—卡套式球阀(PN25 时)或卡套式截止阀(PN64 时)。

注:图中虚线部分 8 和 11 均为(b)所采用,(a)不采用。

**图 3-3-41　测量气体、液体流量管路连接图(差压计高于节流装置)**

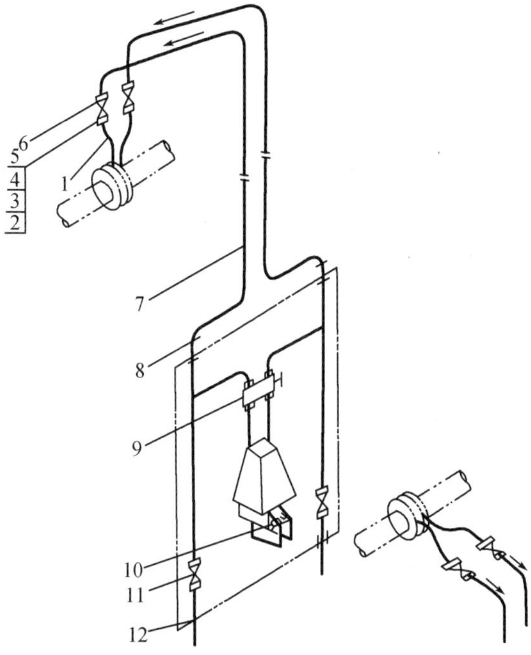


1—无缝钢管;2—法兰;3—螺栓;4—螺母;5—垫片;6—取压球阀(PN25 时)或取压截止阀(<PN64 时);7—无缝钢管;8—直通穿板接头;9—三阀组附接头;10—直通终端接头;11—卡套式球阀(PN25 时)或卡套式截止阀(PN64 时);12—填料函。

**图 3-3-42　测量气体、液体流量管路连接图(差压计低于节流装置)**

②浮球式液位计安装

浮球式液位计安装也较简单,在预定位置装上浮球后,注意浮球活动是否自如。介质对浮球不能有腐蚀,它常用在小于 1 MPa 的容器内的液位测量,安装的要求也不高。

③浮标式液位计安装

浮标式液位计在大罐上常用,它适用于精度不高、指示要求直观的场合。

④浮筒式液面计安装

浮筒式液面计分为内、外浮筒,安装重点是垂直度。装在浮筒内的浮杆必须能自由上下,不能有卡涩现象,垂直度保证不了,就要影响测量精度。浮筒气动调节器是基地式仪表,浮筒作为发送部分。需要注意的是,发送部分没有可调部件,若发现零位、量程、非线性等问题,只能改变凸轮与凸轮板的接触位置,而这种改变通常要请制造厂到现场服务予以解决,超出了安装的范畴。安装时除保证其垂直度(通常为±1 mm)之外,还要注重法兰、螺栓、垫片、切断阀的选择与配合。切断阀还须试压合格。

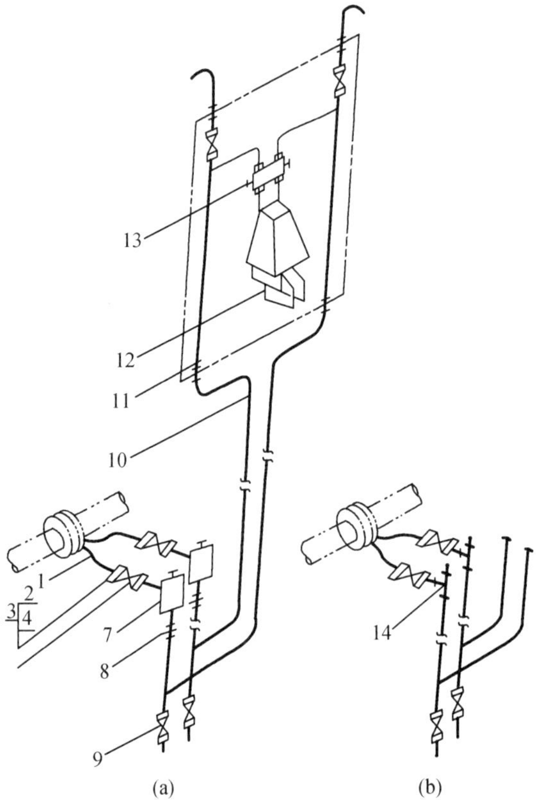


1—无缝钢管；2—凸面法兰；3—螺栓；4—螺母；5－垫片；6—截止阀；7—冷凝容器；8—直通中间接头；9—卡套式截止阀；10—无缝钢管；11—直通穿板接头；12—直通终端接头；13—三阀组附接头；14—三通中间接头。

注：①(a)装有冷凝容器，适用于各种差压计测量蒸汽流量，(b)采用冷凝管，仅适用于 QDZ、DDZ 型力平衡式中、高、大差压变送器测量蒸汽流量；②若特殊需要，也可将三阀组安装在变送器的下方。

**图 3-3-43　测量蒸汽流量管路连接图(差压计高于节流装置)**

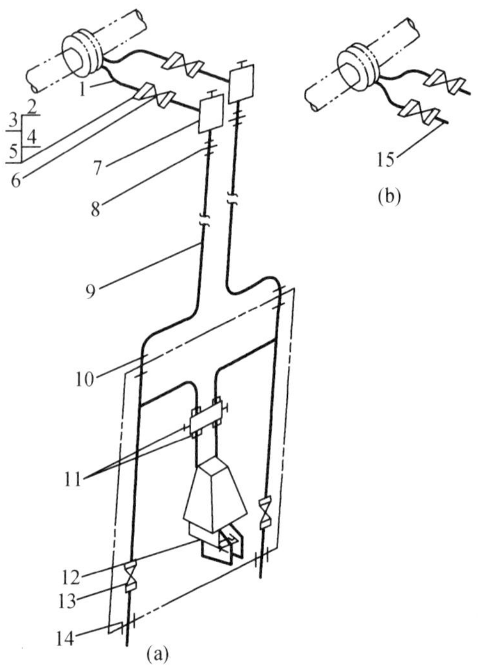


1—无缝钢管；2—凸面法兰；3—螺栓；4—螺母；5—垫片；6—截止阀；7—冷凝容器；8—直通中间接头；9—无缝钢管；10—直通穿板接头；11—三阀组附接头；12—直通中间接头；13—卡套式截止阀；14—填料函；15—三通中间接头(带堵头)。

注：(a)设有冷凝容器，它适用于各种差压计测量蒸汽流量；(b)采用冷凝管，仅适用于 QDZ、DDZ 型力平衡式中、高、大差压变送器测量蒸汽流量。

**图 3-3-44　测量蒸汽流量管路连接图(差压计低于节流装置)**

⑤放射性液位计安装

放射性液位计是尿素生产中常采用的一种液位计。一般采用的放射源是钴(Co)，有时也采用铱(Ir)。

放射性液位计要有专业队伍安装。安装程序如下。

A. 设备开箱、检验

通常专业队伍由施工单位转包，厂方推荐。因此放射性液位计安装直接关系到甲方(建设单位)、乙方(施工单位)和丙方(放射性专业安装单位)。

a. 开箱检查。开箱检查时，甲、乙、丙三方都要到场，一起开箱，一起检点货物并查清备件数量。要确认仪表及其备品的完整性和齐全性；要登记造册，三方各持一份。

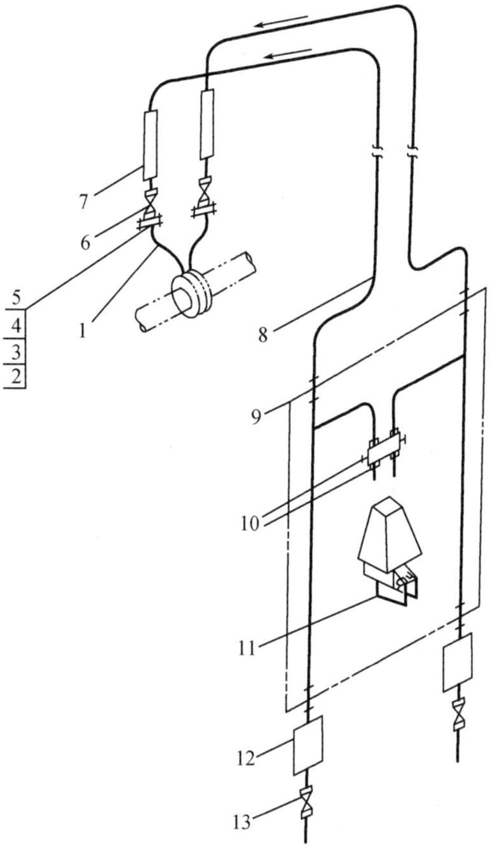


1—无缝钢管;2—法兰;3—螺栓;4—螺母;5—垫片;6—取压球阀(PN25 时)或取压截止阀(PN64 时);7—短管;8—无缝钢管;9—直通穿板接头;10—三阀组附接头;11—直通终端接头;12—分离器;13—卡套式球阀(PN25 时)或卡套式截止阀(PN64 时)。

**图 3-3-45　测量湿气体流量管路连接图**

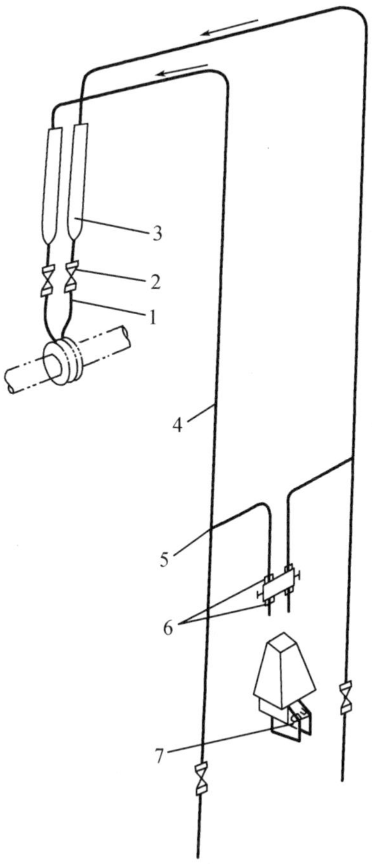


1—无缝钢管;2—内螺纹填料旋塞;3—短管;4—水煤气管;5—无缝钢管;6—三阀组附接头;7—直通终端接头。

注:①适用于气体相对湿度较大的场合;②若差压计高于节流装置,则从节流装置引出的导压管可由保温箱的下方引至三阀组及差压计,并取消 12,13 设备及减少 2 个直通穿板接头。

**图 3-3-46　测量粉尘气体流量管路连接图**

b. 安装前仪表性能检验。此项工作由丙方操作,在调整间进行,通常检验项目有以下几项。

(a)仪表成套性。分离出安装件和备用件,检查各部件的机械结构、初步电气性能,组成成套仪表。

(b)仪表出厂时设定值检查。

(c)仪表的射线性能检查,主要检查控制和测试性能。正确接线,送电,定性定量观测仪表射线探测性能。

(d)放射源的放射性及防护开关操作性能检查。

(e)重要机件的尺寸检查(核对图纸)。

(f)源井检查。

c. 检查结论。做出仪表可否安装或需退换、索赔等结论和处理意见。

B. 安装

以丙方为主,乙方配合。

安装前有以下两项主要工作。

(a)仪表测量装置几何布置图的提出。

(b)放射源和探头安装点上、下操作空间及安装、维修人员上下梯道、工作的吊装结构等图纸的提出。

以上工作需乙方协助施工,丙方现场指导,提出具体要求和检查、验收。

a. 探测变送器安装。

(a)机械安装。

(b)电源选择及安装。

b. 通电检验。

(a)接线,并检查确信无误。

(b)通电。

(c)检查工作情况。

(d)放射本底测量(现场放射强度测量)。

(e)封盖。

c. 放射源安装。

该项工作要在其他一切工作都完成时才能进行。

(a)运输源罐及(放射)源罐车的制作。

(b)必要的核防护用品和射残个人剂量仪的购置。

(c)为避免设备维修时射线可能造成的损伤和引起的心理恐惧,建议建立一个专门的放射源固定源库。

(d)乙方配合其他安装工作的进行,如吊装源堆、清除源堆安装运输途中的障碍。

d. 源的开关比测定。

e. 现场辐射场测定。

C. 仪表设置

a. 量程设置。

b. 测量单位设。

c. 小数点位设置。

d. 时间常数设置。

e. 报警设置。

f. 模拟输出设置和校准。

D. 标定

仪表用清水来标定。按一般液位计的校验方法和步骤进行。

a. 零点标定。

b. 满刻度标定。

c. 线性曲线测定(做 11 点)。

d. 线性曲线制备。

e. 结点设备。

f. 校验。

g. 投运前运行 48 h。

h. 投付使用。

E. 验收

甲、乙、丙三方代表共同验收。

a. 甲、乙、丙三方各派 1~2 名代表，就仪表投用效果进行评价并做出结论。

b. 移交安装、测试图纸记录。

c. 甲方验收、交接。

⑥光导电子液位计安装

光导电子液位计是近几年才投入使用的一种新型液位计。

光导电子液位计是根据力平衡原理和光导电子新技术研制而成的新型液位仪表。此仪表的特点是电路转换全部采用无触头(点)形式；一次仪表无齿轮传动，因而结构简单，直观，可靠；精度高而且安全，既能现场指示，又能遥测、遥控；安装、操作、使用、维修方便，防爆级别高，可用于一切防爆场所。

光导电子液位计的安装没有特别的地方。

⑦差压法测量液面

这是目前使用最多的一种液面测量法。用普通差压变送器可以测量容器内的液面，也可用专用的液面差压变送器测量容器液面，如单法兰液面(差压)变送器、双法兰液面(差压)变送器。其测量液面的原理完全一样，就是差压法。

用差压法测量液面又分常压容器(敞口容器)和压力容器两种。

常压容器测液位是差压法测液位的基本情况，如图 3-3-47 所示。

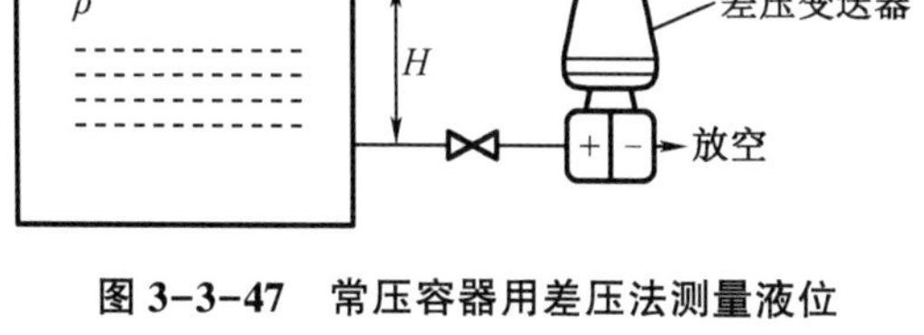


图 3-3-47　常压容器用差压法测量液位

常压容器预留上、下两个孔，是为测液位准备的。上孔可以不接任何加工件，也可以配一个法兰盘，中心开个小孔，通大气。下孔接差压变送器的正压室。差压变送器的负压室放空。

安装要注意的问题是下孔(一般是预留法兰)要配一个法兰，法兰接管装一个截止阀，阀后配管直接接差压变送器的正压室即可。

若测有压容器，只要把上孔与负压室相连，如图 3-3-48 所示。这种安装也很简单，按照设计要求，配上两对法兰(包括垫片和螺栓)，配上满足压力与介质测量要求的两个截止阀及配管。上孔接负压室，下孔接正压室即可。

以上两种是差压法测液面的基本形式。测量条件变化，安装略有变化。

由于安装条件的限制，在很多情况下，差压变送器安装在容器的下面，如图 3-3-49 所示。由于没有安装位置，差压变送器只能安装在容器的下面，其正压室要多承受 $\rho h$ 的压力。若不把 $\rho h$ 的压力做合适的处理，就会使差压变送器的可变差压范围缩小，这样会使液面测量系统的精度下降。可行的办法是在负压室也加上 $\rho h$ 的压力，使它能平衡正压室的 $\rho h$ 压力，也就是把正压室的 $\rho h$ 压力迁移掉，这就是正迁移。方法很简单，安装完变送器后，使迁移螺钉上调（在正压室加上 $\rho h$ 的压力，可用水来标定），使差压变送器的输出为 0。这种办法也适合于要求液面在较小范围内变化，而预留测量孔距离较大的情况。也可用正迁移迁移掉一部分正压，使液位在较小范围内变化，其输出增大，从而提高整个系统的精度。

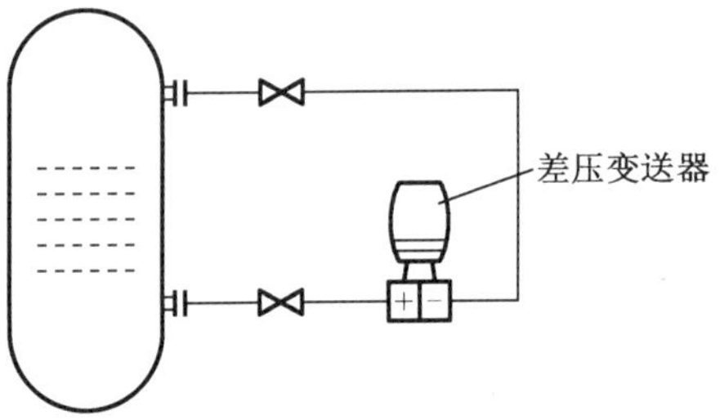


图 3-3-48　有压容器的液面测量（用差压法）

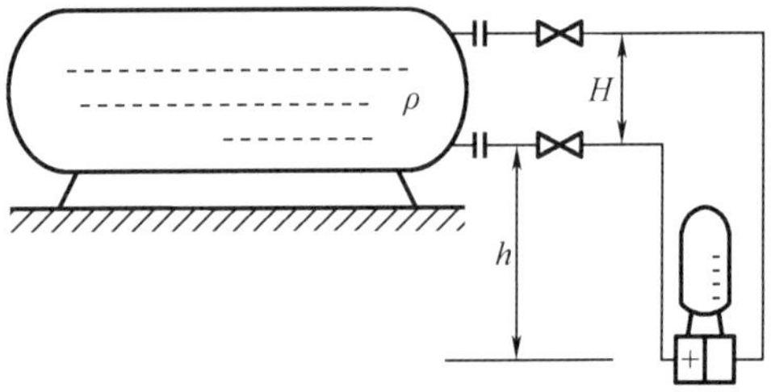


图 3-3-49　差压变送器安装在压力容器下面

生产实际中常常需要测量产生蒸汽的锅炉或废热锅炉的液位。负压是气、液两相混合，为测量正确起见，加装冷凝罐，如图 3-3-50 所示。

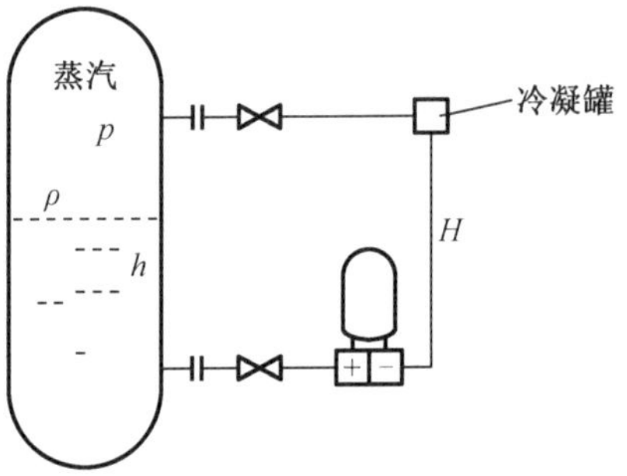


图 3-3-50　用差压法测废热锅炉液位

由图 3-3-49 可知，在正常情况下正压室所受的压力 $\rho h+p$ 要小于负压室所受的压力 $H\rho+p$，随着液面增高，$H-h$ 减小，正、负压室的差也减小，差压计的输出同样也减小，这时，指示表的读数也减小。这与人们的习惯正好相反，但这可以用负迁移来消除。

若液位为 0 时，正压室受压为 0，负压室受压为 $H\rho$。如果在负压室减去 $H\rho$ 的压力，也就是在正压室加上 $H\rho$ 的压力，这时正、负压室受压平衡，其输出为 0。差压变送器附带了一组迁移弹簧。调整迁移弹簧，使液面为 0 时，其输出为“0”即可。输出为“0”的概念，对于气动差压变送器是 0.02 MPa，对于 DDZ-B 变送器是 0，对于 DDZ-Ⅲ变送器是 4 mA DC。

有无迁移，不改变其安装方式和安装难度，只是在安装结束二次联调时，多调一次迁移弹簧。

典型物位仪表安装如图 3-3-51 至图 3-3-54 所示。

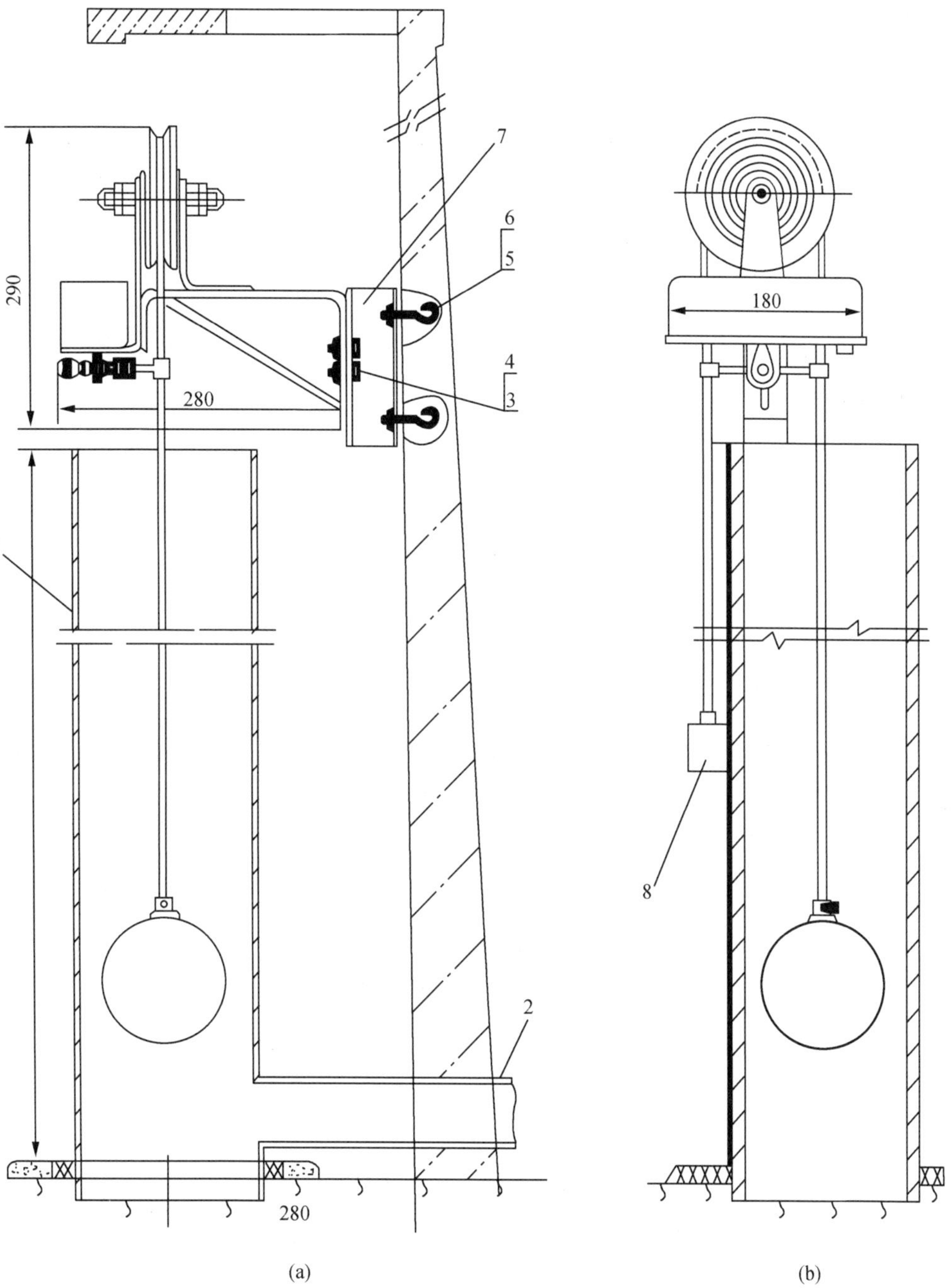


1,2—无缝钢管;3—螺栓;4—螺母;5—地脚螺栓;6—螺母;7—槽钢;8—标尺。

注:①连通管 1 距墙 280 mm,应用时可视现场情况调整;②连通管 2 不能高于室外池底 200 mm。

**图 3-3-51　FQ-Ⅱ浮标式液面计在设备上的安装图(单位:mm)**

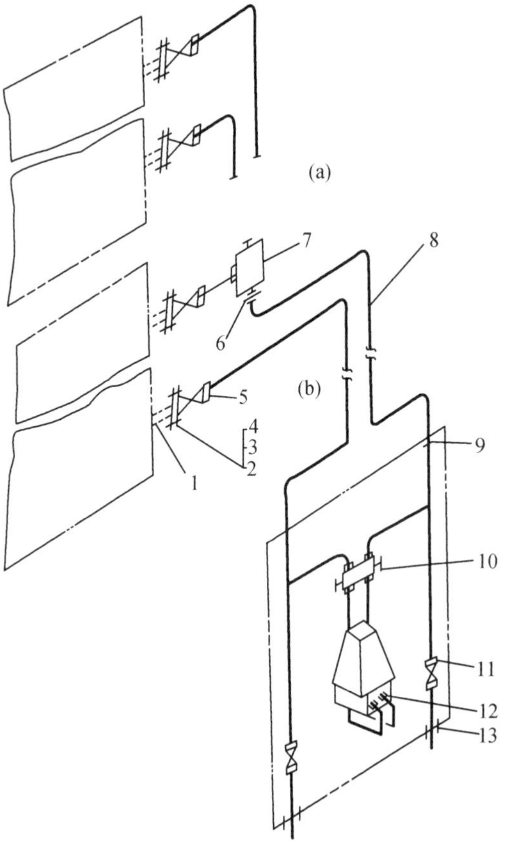


1—法兰接管;2—螺栓;3—螺母;4—垫片;5—取压球阀(PN25 时)或取压截止阀(PN64 时);6—直通中间接头;7—冷凝容器;8—无缝钢管;9—直通穿板接头;10—三阀组附接头;11—卡套式取压球阀(PN25 时)或卡套式取压截止阀(PN64 时);12—直通终端接头;13—填料函。

注:①适用于气相不冷凝和不需要隔离的情况;②适用于气相易冷凝的情况,冷凝容器 7 也是平衡容器。

**图 3-3-52　差压式测量有压设备液面管路连接图**

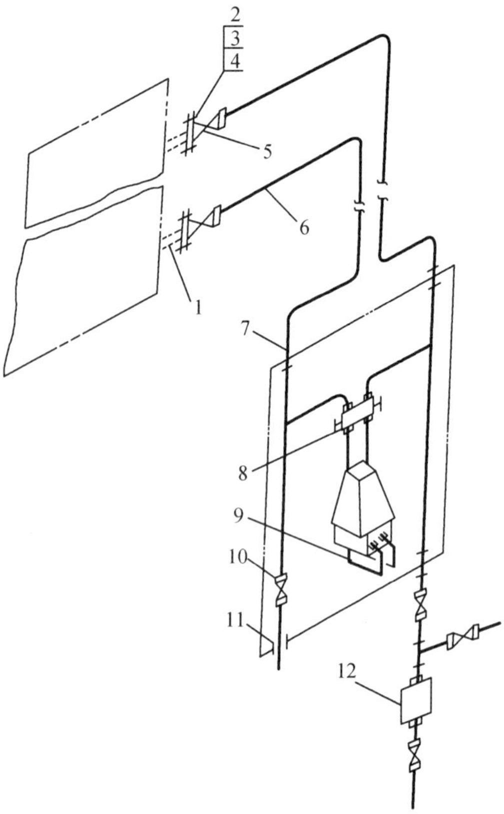


1—法兰接管;2—垫片;3—螺栓;4—螺母;5—取压球阀(PN25 时)或取压截止阀(PN64 时);6—无缝钢管;7—直通穿板接头;8—三阀组附接头;9—直通终端接头;10—卡套式球阀(PN25 时)或卡套式截止阀(PN64 时);11—填料函;12—分离器。

注:①该方案适用于气相凝液不多,而又能够及时排除的情况;②当测量负压时,需增加以虚线表示的三通和阀门。

**图 3-3-53　差压式测量有压或负压设备液面管路连接图**

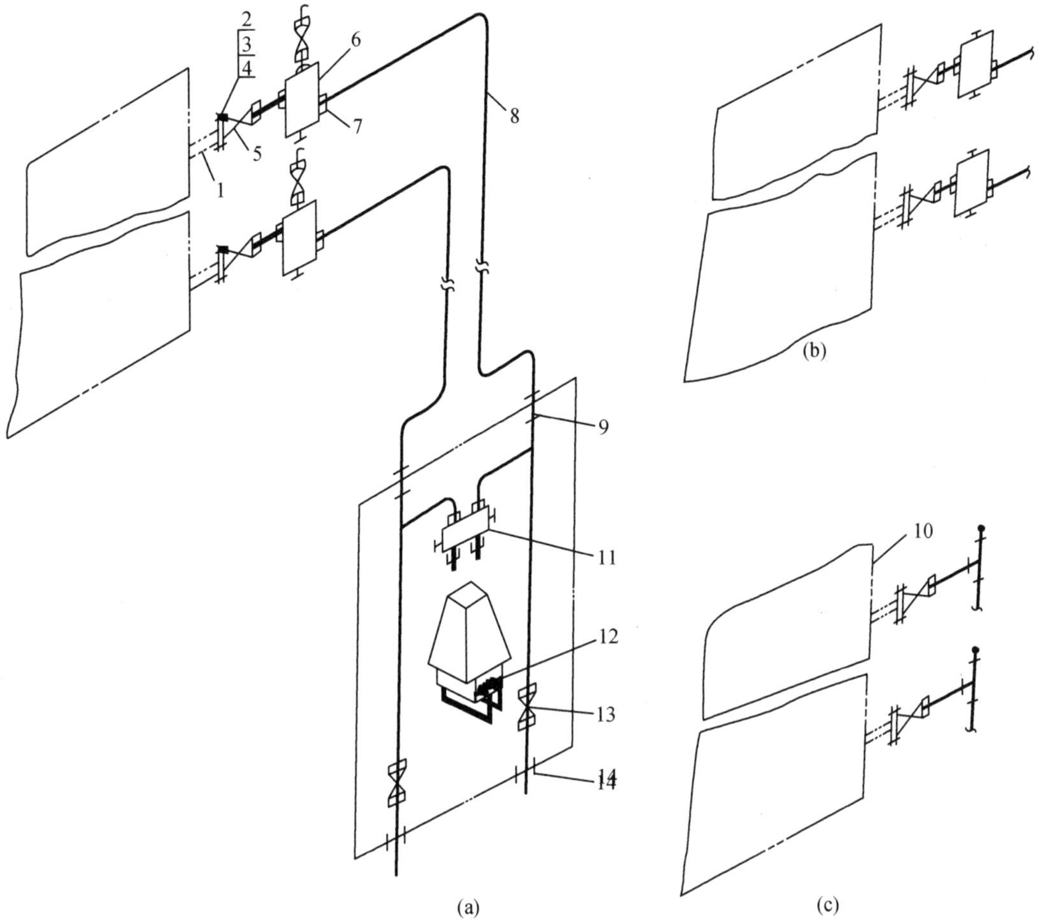


1—法兰接管;2—垫片;3—螺栓;4-螺母;5—取压球阀(PN25 时)或取压截止阀(PN64 时);6—隔离容器;7—直通终端接头;8—无缝钢管;9—直通穿板接头;10—三通中间接头;11—三阀组附接头;12—直通终端接头;13—卡套式球阀(PN25 时)或卡套式截止阀(PN64 时);14—填料函。

注:①图中包括隔离器和管内隔离两种方案,力平衡式差压变送器允许采用管内隔离的方案;②当采用从隔离器顶部灌注隔离液以及不需要对管线进行吹扫时,应选用(b);③图中方案仅适用于隔离液密度较被测介质密度大的场合。

**图 3-3-54 带隔离差压式测量有压设备液面管路连接图**

## 二、仪表检定与校准

**1. 概述**

各类仪表都是用以直接或间接地测量被测对象量值的器具。根据计量器具的定义,各类仪表都属于计量器具。

运行中的计量器具由于多种原因,可能会导致计量性能的改变,因而有必要对其进行定期检定或校准。

(1)检定

①检定的定义和分类

检定是为评定计量器具的计量性能(准确度、稳定度、灵敏度等),并确定其是否合格所进行的全部工作。

检定的分类如下。

A. 检定按性质分

a. 出厂检定

计量器具生产厂生产出计量器具,应对其计量性能进行确认,合格的计量器具才准许出厂。

b. 抽样检定

抽样检定指批量生产的计量器具按一定比例抽取,对其计量性能进行确认,如合格率未能达到规定比例,则加倍抽样检定,仍达不到规定比例的合格率,则应视该批计量器具为不合格。一般抽样检定只用于批量大且较简单的计量器具,如玻璃量器、简易玻璃液体温度计等。

c. 首次检定

新购计量器具在领用后进行的第一次检定,称为首次检定,亦将作为周期检定的第一次检定。

d. 周期检定

根据计量器具的结构、性能、使用频度等制定出两次检定工作的间隔期,称为检定周期。按照检定周期进行的检定称为周期检定。周期检定工作是计量管理中十分重要的环节,只有制定出合理的检定周期,并严格按周期进行检定,才能保证计量器具的性能达到规定的要求。

e. 临时检定

政府计量行政部门或企业主管部门对企业计量工作实施监督检查时,对随机抽取的计量器具的计量性能进行确认的检定。

f. 仲裁检定

仲裁检定指在发生计量争议或纠纷时,进行以仲裁为目的的检定。

B. 检定按管理形式分

a. 强制检定

对计量法规定部门和企业、事业单位使用的最高一级计量标准器具,以及用于贸易结算、安全防护、医疗卫生、环境监测等方面列入强制检定目录的工作计量器具,实行定点、定期的检定称为强制检定。

b. 非强制检定

使用单位自行依法对使用的计量器具进行定期检定,称为非强制检定。

检定定义中涉及的准确度(或称精确度)是测量结果中系统误差与随机误差的结合,表示测量结果与真值的一致程度;稳定度是在规定工作条件内,计量器具某些性能随时间保持不变的能力;灵敏度是指计量器具对被测量变化的反应能力。

②检定的基本要求

按计量管理要求的规定,计量检定必须执行计量检定规程。

检定规程是为评定计量器具的计量性能,作为检定依据的具有国家法定性的技术文件。在检定规程中,对规程适用范围、计量器具的计量性能、检定项目、检定条件、检定方法、检定周期及检定结果处理等内容都做了规定。

国家计量检定规程由国务院计量行政部门制定。没有国家计量检定规程的，由国务院有关主管部门和省、自治区、直辖市人民政府计量行政部门分别制定部门计量检定规程和地方计量检定规程。

虽然各计量器具检定要求不完全一致，但是开展计量检定工作至少要具备以下最基本的条件。

A. 应具备一个满足检定规程要求，可开展计量检定工作的环境条件（温度、湿度、振动、磁场等对计量器具的影响），应尽可能使计量器具的计量性能达到最佳状态。

B. 要有满足精度要求的计量标准器。按一般规定，作为标准器的误差限至少应是被检计量器具的误差限的 1/3～1/10，并且这些标准器都应按计量管理要求溯源。

C. 要有合格的检定人员。进行计量检定工作的人员必须持有“检定员证”，只有持证人员才有资格出具计量检定合格证及检定结果数据。“检定员证”由政府计量行政部门或企业主管部门主持考核，成绩合格后颁发，一般有效期为 3～5 年。

以上 3 条是开展计量检定应具备的最基本的要求，计量器具检定后应认真填写记录，加盖检定印章，签上检定、复核、主管人员的姓名。经检定合格的计量器具应签发“检定证书”，检定不合格的计量器具应该填写“检定结果通知书”。

（2）校准

在经典仪表管理中一直使用“校验”这一名词，现在在计量管理中，称为“校准”。

校准是确定计量器具示值误差（必要时也包括确定其他计量性能）的全部工作。

①校准与检定的异同

校准与检定是两个不同的概念，但两者之间有密切的联系。校准一般是用比被校计量器具精度高的计量器具（称为标准器具）与被校计量器具进行比较，以确定被校计量器具的示值误差，有时也包括部分计量性能，但往往进行校准的计量器具只需确定示值误差。如果校准是检定工作中示值误差的检定内容，那校准可说是检定工作中的一部分，但校准不能视为检定，况且校准对条件的要求亦不如检定那么严格，校准工作可在生产现场进行，而检定则须在检定室内进行。

有人把校准理解为将计量器具调整到规定误差范围的过程，这是不够确切的。虽然校准过程中可以调整，但调整又不等于校准。

②校准的基本要求

校准应满足的基本要求如下。

A. 环境条件

校准如在检定（校准）室进行，则环境条件应满足检定室要求的温度、湿度等规定。校准如在现场进行，则环境条件以能满足仪表现场使用的条件为准。

仪器作为校准用的标准仪器，其误差限应是被校表误差限的 1/3～1/10。

B. 人员

校准虽不同于检定，但进行校准的人员也应经有效的考核，并取得相应的合格证书，只有持证人员方可出具校准证书和校准报告,也只有这种证书和报告才认为是有效的。

**2. 就地校准**

就地校准也就是安装现场校准。大量的仪表安装在生产现场,对这些仪表进行现场校准是经常进行的。

(1)概述

对仪表进行现场校准是仪表日常维修工作的范畴,一般说现场校准仪表只是对示值误差的确认。按校准定义,校准工作虽然可以包括对仪表其他计量性能的确认,但多数情况下只是对示值误差的确认。

(2)差压变送器就地校准

差压变送器分为气动、电动两大类,炼油、化工、冶金、医药等行业广泛采用差压变送器,大多用来与节流装置配用测量流量,也有的用来测量液位或其他参数。大量的差压变送器服务在生产现场,多数情况校准都在现场进行。

①工具与仪器

现场校准差压变送器一般不需要将变送器拆下。先关闭引压管正、负压阀,打开平衡阀,卸下正、负压排气孔堵头,气压信号可以从变送器正压侧经校表接嘴进入,负压侧通大气。校准用的工具无特殊要求,有 150 mm、200 mm(6 in①、8 in)的常用扳手及仪表工配用的工具即可。作校准用的标准器,其误差限应是被校表误差限的 1/3~1/10。

校准差压变送器要用的器具见表 3-3-2。

**表 3-3-2 标准差压变送器要用的器具**

| 名称 | 规格及型号 | 单位 | 数量 |
|---|---|---|---|
| 数字压力计 | 0~160 kPa 或 0~250 kPa | 台 | 2 |
| 精密电流表 | 0~30 mA | 台 | 1 |
| 气源减压阀 | — | 只 | 1 |
| 气动定值器 | — | 只 | 1 |
| 气源管三通 | $\phi$6($\phi$8) | 只 | 1 |
| 胶管 | $\phi$6($\phi$8) | m | 若干 |
| 电线 | — | m | 若干 |
| 校表接嘴 | — | — | — |

②接线

本章提供的仪表校准接线是仪表从运行状态取下的接线。现场不取下仪表校准时可结合实际情况连接,如气动表可不另接气源、电动表可不另接电源等。

A. 气动差压变送器校准接线原理图如图 3-3-55 所示。

① 1 in=25.4 mm。

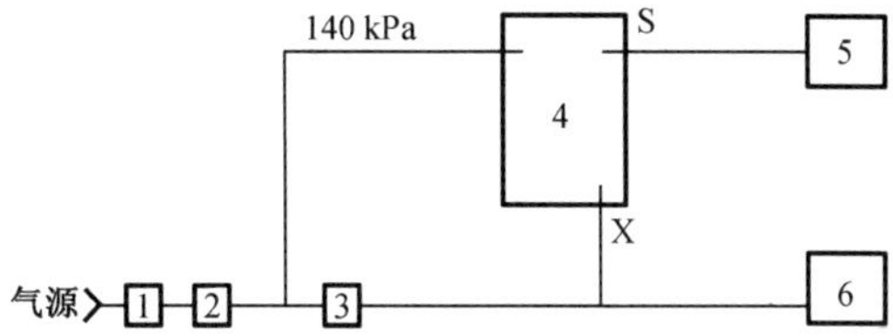


1—气源切断阀;2—气源减压阀;3—气动定值器;4—被校表;
5,6—数字压力计;X—输入;S—输出。

**图 3-3-55　气动差压变送器校准接线原理图**

B. 电动差压变送器校准接线原理图如图 3-3-56 所示。

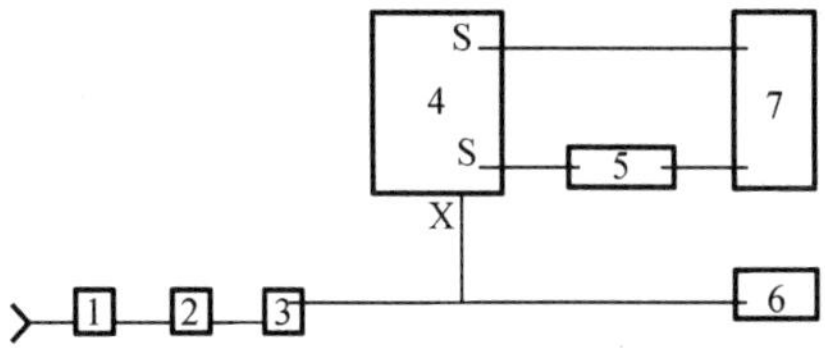


1—气源切断阀;2—气源减压阀;3—气动定值器;4—被校表;5—精密电流表;
6—数字压力计;7—供电电源;X—输入;S—输出。

**图 3-3-56　电动差压变送器校准接线原理图**

对于高差压的差压变送器,输入信号可由活塞压力计提供。

现场校表时直接用现场的电源。

③操作步骤

A. 气动差压变送器的校准步骤

a. 基本误差校准

(a)关闭引压管正、负压阀,打开平衡阀。

(b)按图 3-3-55 接好校准线路。

(c)卸去正、负侧排气堵头。

(d)用气源将正、负压室内的残液从排气堵头经放空堵头吹净。

(e)打开气源阀供气。

(f)经校表接嘴向正压侧排气孔加输入信号。选差压变送器测量范围的 0、25%、50%、75%、100% 5 个点为标准值进行校准。

(g)平稳增加信号压力,读取输出各点相应的实测值。

(h)使输出信号上升到上限的 105%处,停留 2 min 左右,使输出信号平稳地减少到最小,读取各点相应的实测值。

(i)计算基本误差。

正行程误差:

$$\delta_Z=\frac{P_Z-P_0}{80}\times100\%$$

式中　$\delta_Z$——正行程基本误差,%;

$P_Z$——正行程输出实测值,kPa;

$P_0$——输出信号公称值,kPa;

80——输出上限与下限之差,kPa。

反行程误差:

$$\delta_F = \frac{P_F - P_0}{80} \times 100\%$$

式中 $\delta_F$——反行程基本误差,%;

$P_F$——反行程输出实测值,kPa。

气动差压变送器的允许基本误差不得超过变送器规定的精度等级。

b. 回程误差校准

在同一点测得正、反行程实测值之差的绝对值,即为气动差压变送器的回程误差。

回程误差的计算:

$$A_H = |P_Z - P_F|$$

式中 $A_H$——气动差压变送器的回程误差,kPa;

$P_Z$——正行程时输出信号的实测值,kPa;

$P_F$——反行程时输出信号的实测值,kPa。

气动差压变送器的回程误差不得超过变送器规定允许基本误差的绝对值。

**例** 兰州炼油厂仪表厂 QBC 型气动差压变送器的校准。

### 1. 准备及接管连接

(1)关闭三阀组的正、负压阀,并打开平衡阀。

(2)取下正、负压侧的排气堵头,在正压侧排气堵头上接上校表接嘴。

(3)打开下方放空堵头,用气源从校表接嘴处向放空堵头吹扫残物、残液,然后堵好放空堵头。

(4)接上压力信号源及数字压力表(可用手动加压泵,亦可用气源经定值器加压)。

(5)卸开输出端接头,然后接上数字压力计。

此时仪表呈现如图 3-3-57 所示的接管状态。

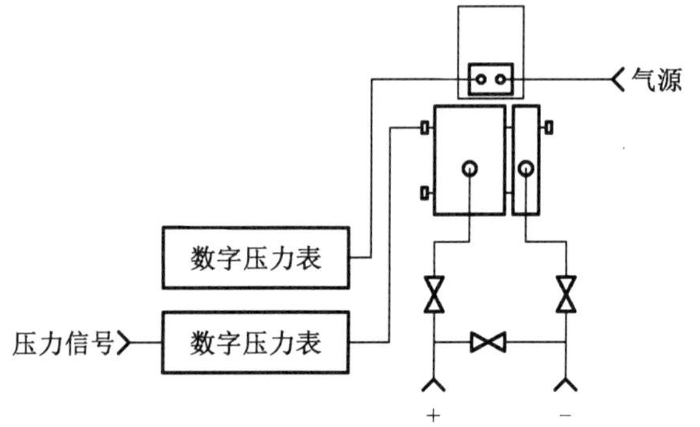


**图 3-3-57 QBC 型气动差压变送器校准图**

**2. 校准**

(1)先进行基本误差的校准。

①将差压测量值分别置于规定测量值的0、25%、40%、60%、80%、100%各点。

②记录下实际输出压力在各个点的对应值。

③计算基本误差。实际输出压力与计算值之间的差对输出压力的范围(80 kPa)的百分率即是基本误差。

(2)再进行变差的校准。

①使测量值略超过测量范围(如105%),然后使测量值分别置于100%、80%、60%、40%、20%、0各点。

②记录下实际输出压力在各个点的对应值。

③计算变差。变送器各点正、反行程输出压力的差对输出压力范围(80 kPa)的百分率即为变差。变差校准完成后,再进行静压试验。现场校表一般不校静压误差。

④使测量置于0。

⑤使气源压力变化范围为±14 kPa。

⑥使测量置于最大100%。

⑦使气源压力变化范围为±14 kPa。

在两个测量点时,当气源压力变化为±14 kPa时,输出变化都应小于30 Pa。

B. 电动差压变送器的校准步骤

a. 基本误差校准

(a)关闭引压管正、负压阀,打开平衡阀。

(b)按图3-3-56接好校准线路。

(c)卸去正、负侧排气堵头。

(d)用空气将正、负压室内的残液从排气堵头经放空堵头吹净。

(e)检查确认后接通电源。

(f)经校表接嘴向正压侧排气孔加信号。选变送器测量范围或输出信号的0、25%、50%、75%、100% 5个点为标准值进行校准。

(g)平稳地输入差压信号,读取各点相应的实测值。

(h)使输出信号上升到上限值的105%保持1 min,然后逐渐使输出信号减少到最小,读取各点相应的实测值。

(i)计算基本误差。

正行程误差:

$$\delta_Z=\frac{A_Z-A_0}{16}\times 100\%$$

式中　$\delta_Z$——正行程时基本误差,%;

$A_Z$——正行程时输出实测值,mA;

$A_0$——输出信号公称值,mA;

16——输出信号上、下限之差,mA,对Ⅱ型电动差压变送器应为10 mA。

反行程误差：

$$\delta_F=\frac{A_F-A_0}{16}\times100\%$$

式中 $\delta_F$——反行程时基本误差,%；

$A_F$——反行程时输出实测值,mA。

电动差压变送器的允许基本误差不得超过变送器规定的精度等级。

b. 回程误差校准

在同一点测得正、反行程实测值之差的绝对值,即为电动差压变送器的回程误差。

回程误差的计算：

$$A_H=|A_Z-A_F|$$

式中 $A_H$——电动差压变送器的回程误差,mA；

$A_Z$——正行程时输出信号的实测值,mA；

$A_F$——反行程时输出信号的实测值,mA。

电动差压变送器的回程误差不得超过变送器规定允许差绝对值。

**例** 西安仪表厂 1151DP 型电动差压变送器的校准。

**1. 准备及接管连接**

(1)关闭三阀组正、负压阀,打开平衡阀。

(2)取下正压侧排气堵头,并在堵头位置接上校表接嘴。

(3)打开下方排气/排液阀,鼓气吹扫残物、残液后关闭排气、排液阀。

(4)接上压力信号源及数字压力计。

(5)卸开二次表的输入端子(只卸一端),串上标准电流表。

此时仪表呈现图 3-3-58 所示的接管状态。

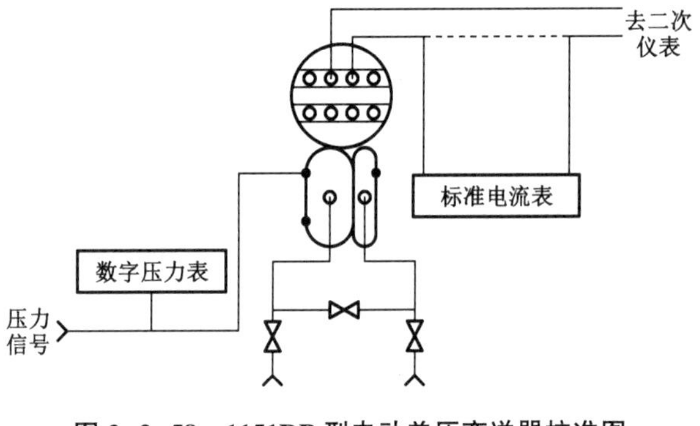


**图 3-3-58 1151DP 型电动差压变送器校准图**

**2. 校准**

(1)先进行基本误差的校准。

①将差压测量值分别置于规定测量值的 0、25%、50%、75%、100%各点。

②记录下输出对应于各点的实际值。

③计算基本误差。实际输出值与公称输出值之差对输出值的范围(16 mA)的百分率即

为基本误差。

(2)再进行回程误差的校准。

①使测量值略超过测量最高值(如105%),然后依次将测量输入值分别置于100%、75%、50%、25%、0各点。

②记录下输出对应于各点的实际值。

③计算回程误差。变送器各点正、反行程输出实测值之差的绝对值即为回程误差。

(3)最后进行静压误差校准。现场校准一般不校静压误差,只确定是否存在静压误差。

④填写气动、电动差压变送器的校准记录格式(表3-3-3和表3-3-4)

**表3-3-3　填写气动差压变送器的校准记录格式**

单位　　　　仪表名称

规格型号　　精度等级

测量范围　　制造厂　　　　出厂编号

| 输入信号 | | 输出公称值/kPa | 输出实测值/kPa | | 误差/kPa | | 回程误差/kPa |
|---|---|---|---|---|---|---|---|
| % | kPa | | 正 | 反 | 正 | 反 | |
| 0 | | | | | | | |
| 25 | | | | | | | |
| 50 | | | | | | | |
| 75 | | | | | | | |
| 100 | | | | | | | |

允许基本误差:　　　　最大基本误差:

允许回程误差:　　　　最大回程误差:

校准人:　　　　审核人:　　　　年　　月　　日

**表3-3-4　填写电动差压变送器的校准记录格式**

单位　　　　仪表名称

规格型号　　精度等级

测量范围　　制造厂　　　　出厂编号

| 输入信号 | | 输出公称值/kPa | 输出实测值/kPa | | 误差/kPa | | 回程误差/kPa |
|---|---|---|---|---|---|---|---|
| % | kPa | | 正 | 反 | 正 | 反 | |
| 0 | | | | | | | |
| 25 | | | | | | | |
| 50 | | | | | | | |
| 75 | | | | | | | |
| 100 | | | | | | | |

允许基本误差:　　　　最大基本误差:

允许回程误差:　　　　最大回程误差:

校准人:　　　　审核人:　　　　年　　月　　日

(3)压力变送器就地校准

压力变送器是将压力转变成 20~100 kPa 气压信号或转变成 4~20 mA 电流信号的仪表。压力变送器分为气动、电动两大类,压力变送器在炼油、化工、冶金、医药等行业广泛采用,就地对压力变送器的校准也是经常进行的。

①工具与仪器

现场校准压力变送器不需拆下,也不需要特殊的工具,有常用的扳手 200 mm、250 mm(8 in、10 in)及仪表工配用的工具即可。校准用仪器的误差限为被校表误差限的 1/3~1/10。

校准压力变送器需要的器具见表 3-3-5。

**表 3-3-5　标准压力变送器需要的器具**

| 名称 | 规格型号 | 单位 | 数量 | 备注 |
|---|---|---|---|---|
| 活塞压力计 | Y5-fi0 或 YS-600 | 台 | 1 | 按被校表量程选用 |
| 数字压力计 | 0~160 kPa | 台 | 1 | |
| 精密电流表 | 0~30 mA | 台 | 1 | |
| 气源减压阀 | — | 只 | 1 | |
| 胶管 | — | m | 1 | |
| 电线 | — | m | 若干 | |

②接线

A. 气动压力变送器校准接线原理图(图 3-3-59)

B. 电动压力变送器校准接线原理图(图 3-3-60)

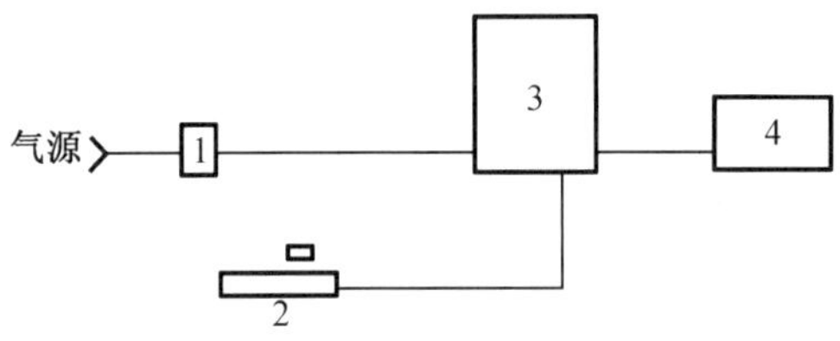


1—气源减压阀;2—活塞压力计;
3—被校表;4—数字压力计。

**图 3-3-59　气动压力变送器校准接线原理图**

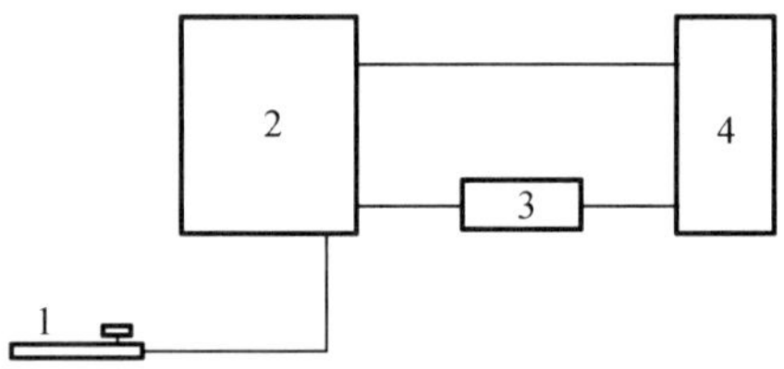


1—活塞压力计;2—被校表;
3—精密电流表;4—供电电源。

**图 3-3-60　电动压力变送器校准接线原理图**

③操作步骤

A. 气动压力变送器的校准步骤

a. 基本误差校准

(a)关闭引压管入变送器的阀,断开原引压管接头,接上活塞压力计,按图 3-3-59 接好校准路线。

(b)经检查无误,打开气源供气(现场可不另接气源)。

(c)选压力变送器测量范围的 0、25%、50%、75%、100%为 5 个标准值进行校准。

(d)用活塞压力计平稳增加信号压力,读取各点相应实测值。

(e)使输出信号上升到上限值 105%处,停留 2 min,再使压力信号平稳下降到最小,读取各点相应实测值。

(f)计算基本误差。

正行程误差:

$$\delta_Z=\frac{P_Z-P_0}{80}\times 100\%$$

式中　$\delta_Z$——正行程时基本误差,%;

$P_Z$——正行程时输出实测值,kPa;

$P_0$——输出信号标准值,kPa;

80——输出值上限与下限之差,kPa;

反行程误差:

$$\delta_F=\frac{P_F-P_0}{80}\times 100\%$$

式中　$\delta_F$——反行程时基本误差,%;

$P_F$——反行程时输出实测值,kPa。

气动压力变送器的允许基本误差不得超过变送器规定的精度等级。

b. 回程误差校准

在同一点测得的正、反行程实测值之差的绝对值,即为气动压力变送器的回程误差。

回程误差的计算:

$$A_H=|P_Z-P_F|$$

式中　$A_H$——气动压力变送器的回程误差,kPa;

$P_Z$——正行程时输出信号的实测值,kPa;

$P_F$——反行程时输出信号的实测值,kPa。

气动压力变送器的回程误差不得超过变送器规定允许基本误差的绝对值。

气动压力变送器的校准方法步骤基本上和气动差压变送器相同,故不再提供压力变送器校准的实例。

B. 电动压力变送器的校准步骤

a. 基本误差校准

(a)关闭引压管入变送器的阀,断开原引压管接头,接上活塞压力计,按图 3-3-60 接好校准线路。

(b)经检查确认无误后通电。

(c)选压力变送器测量范围或输出信号的 0、25%、50%、75%、100% 5 个点为标准值进行校准。

(d)用活塞压力计平稳增加信号压力,读取各点相应实测值。

(e)使输出信号上升到上限的 105%处保持 2 min,然后逐渐使输出的信号减少到最小值,读取各点相应的实测值。

(f)计算基本误差。

正行程误差：

$$\delta_Z=\frac{A_Z-A_0}{16}\times100\%$$

式中 $\delta_Z$——正行程时基本误差，%；

$A_Z$——正行程时输出实测值，mA；

$A_0$——输出信号标准值，mA；

16——输出信号上、下限之差，mA，对Ⅱ型电动压力变送器应是 10 mA。

反行程误差：

$$\delta_F=\frac{A_F-A_0}{16}\times100\%$$

式中 $\delta_F$——反行程时基本误差，%；

$A_F$——反行程时输出实测值，mA。

电动压力变送器的允许基本误差不得超过变送器规定的精度等级。

b. 回程误差校准

同一点测得正、反行程实测值之差的绝对值，即电动压力变送器的回程误差。

回程误差的计算：

$$A_H=|A_Z-A_F|$$

式中 $A_H$——电动压力变送器的回程误差，mA；

$A_Z$——正行程时输出信号的实测值，mA；

$A_F$——反行程时输出信号的实测值，mA。

电动压力变送器的回程误差不得超过变送器规定允许基本误差。

④填写压力变送器校准记录格式（表 3-3-6 和表 3-3-7）

**表 3-3-6　气动压力变送器校准记录格式**

单位　　　　仪表名称

规格型号　　精度等级

测量范围　　制造厂　　　　出厂编号

| 输入信号 | | 输出公称值/kPa | 输出实测值/kPa | | 误差/kPa | | 回程误差/kPa |
|---|---|---|---|---|---|---|---|
| % | kPa | | 正 | 反 | 正 | 反 | |
| 0 | | | | | | | |
| 25 | | | | | | | |
| 50 | | | | | | | |
| 75 | | | | | | | |
| 100 | | | | | | | |

允许基本误差：　　　　　　　　　　最大基本误差：

允许回程误差：　　　　　　　　　　最大回程误差：

校准人：　　　　　审核人：　　　　　年　　月　　日

**表 3-3-7　电动压力变送器校准格式**

单位　　　　　仪表名称
规格型号　　　精度等级
测量范围　　　制造厂　　　　　出厂编号

| 输入信号 | | 输出公称值 | 输出实测值/kPa | | 误差/kPa | | 回程误差 |
|---|---|---|---|---|---|---|---|
| % | kPa | /kPa | 正 | 反 | 正 | 反 | /kPa |
| 0 | | | | | | | |
| 25 | | | | | | | |
| 50 | | | | | | | |
| 75 | | | | | | | |
| 100 | | | | | | | |

允许基本误差：　　　　　　　　　　最大基本误差：
允许回程误差：　　　　　　　　　　最大回程误差：
校准人：　　　　　审核人：　　　　　年　月　日

(4)显示仪表现场校准

显示仪表的种类很多,但总的可以分为气动和电动两大类。气动显示仪表主要有一针或多针指示仪、记录仪和气动色带指示仪等;电动显示仪表主要有一针或多针指示仪、记录仪,以及条形指示仪、数字显示仪,以及动圈式仪表、自动电子电位差计、自动平衡电桥、智能显示仪表等。电动显示仪表根据输入信号形式可以分为电压输入(1~5 V)和电流输入(4~20 mA)两种。这里将重点介绍与前述的差压变送器、压力变送器经常配用的显示仪表。

①工具与仪器

A. 气动显示仪表校准用的工具与仪器

对气动一针或多针指示仪、记录仪和气动色带指示仪等仪表进行现场校准,不需要特殊或专用工具,有常用的扳手(100~150 mm)及仪表工日常配备的工具即可。气动显示仪表校准所需仪器见表 3-3-8。

**表 3-3-8　气动显示仪表校准所需仪器**

| 名称 | 规格型号 | 单位 | 数量 |
|---|---|---|---|
| 数字压力计 | 0~160 kPa | 台 | 1 |
| 手动式加压泵 | — | 台 | 1 |
| 气动定值器 | — | 台 | 1 |
| 胶管 | — | m | 若干 |

B. 电动显示仪表校准用的工具与仪器

对电动一针或多针指示仪、记录仪等仪表进行现场校准,不需要特殊或专用工具,仪表工日常配备的工具即可。电动显示仪表校准所需仪器见表3-3-9。

**表3-3-9 电动显示仪表校准所需仪器**

| 名称 | 规格型号 | 单位 | 数量 |
|---|---|---|---|
| 数字电压表 | — | 台 | 1 |
| 精密电流表 | — | 台 | 1 |
| 校准信号发生器 | 0~30 mA DC | 台 | 1 |
| 精密线绕电阻 | 250 Ω±0.02% | 只 | 1 |

②接线

A. 气动显示仪表校准接线原理图(图3-3-61)

B. 电动显示仪表校准接线原理图(图3-3-62)

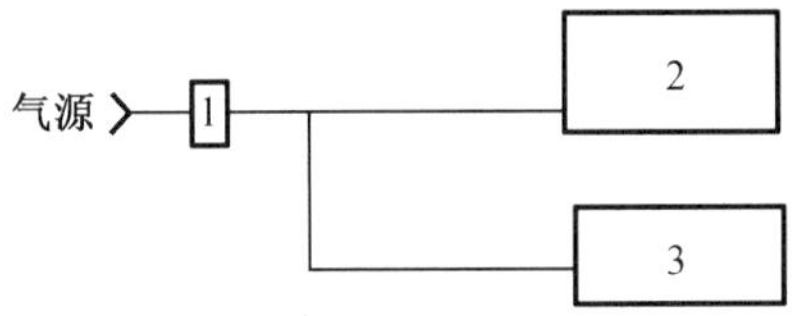


1—手动式加压泵(或气动定值器);2—被校表;3—数字压力计。

**图3-3-61 气动显示仪表校准接线原理图**

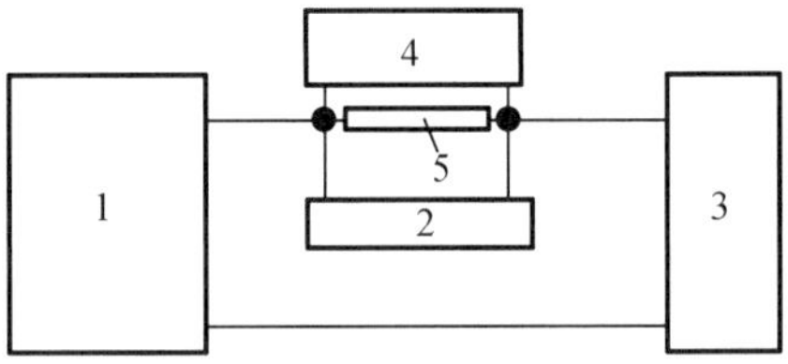


1—标准信号发生器;2—精密电流表;3—被校表;4—数字电压表;5—250 Ω电阻。

**图3-3-62 电动显示仪表校准接线原理图**

③操作步骤

A. 气动显示仪表校准步骤

a. 按图3-3-61接线,将来自变送器的信号管拆下,另接气压信号。

b. 分别输入被校表的0、25%、50%、75%、100%的信号进行校准。

c. 逐渐增加输入信号,直到最大值,读取各点相应实测值。

d. 使输入信号上升到最大值的105%处,停留2 min,再使输入信号逐渐减少至最小值,读取各点相应的实测值。

e. 基本误差计算。

正行程误差:

$$\delta_Z=\frac{P_Z-P_0}{80}\times 100\%$$

式中 $\delta_Z$——正行程时基本误差,%;

$P_Z$——正行程时输出实测值,kPa;

$P_0$——输出信号标准值,kPa;

80——输出值上限与下限之差,kPa。

反行程误差：

$$\delta_F=\frac{P_F-P_0}{80}\times 100\%$$

式中　$\delta_F$——反行程时基本误差，%；

$P_F$——反行程时输出实测值，kPa。

气动显示仪表最大基本误差不得超过仪表规定的精度等级。

f. 回程误差的计算。仪表的回程误差不得超过允许基本误差的绝对值。

回程误差的计算：

$$\Delta_H=|P_Z-P_F|$$

式中　$\Delta_H$——电动压力变送器的回程误差，mA；

$P_Z$——正行程时输出信号的实测值，mA；

$P_F$——反行程时输出信号的实测值，mA。

对多针指示仪、记录仪将按上述步骤逐个进行校准。

B. 电动显示仪表校准步骤

a. 按图 3-3-62 接线，将从变送器来的信号线拆去。

b. 取仪表指示刻度的 0、25%、50%、75%、100% 5 个点进行校准。

c. 调整恒流信号源逐渐增加，读取各点相应的实测值。

d. 使仪表指示到刻度的 105%处，停留 2 min，再逐渐减少到 0，读取各点相应的实测值。

e. 计算各点刻度指示误差：

$$\delta_Z=\frac{V_Z-V_0}{V}\times 100\%$$

式中　$\delta_Z$——上行程刻度指示误差，%；

$V_Z$——上行程各刻度点相应的实测值，V；

$V_0$——各刻度点标准值，V；

$V$——输入测量量程，V。

$$\delta_F=\frac{V_F-V_0}{V}\times 100\%$$

式中　$\delta_F$——下行程刻度指示误差，%；

$V_F$——下行程各刻度点相应的实测值，V；

$V_0$——各刻度点标准值，V；

$V$——输入测量量程，V。

各点刻度指示误差中最大值即为仪表的基本误差。

f. 回程误差的计算：

$$\delta_H=|\delta_Z-\delta_F|$$

式中　$\delta_H$——某刻度点回程误差，%；

$\delta_Z$——上行时对应某点的指示误差，%；

$\delta_F$——下行时对应某点的指示误差，%。

取各点刻度指示回程误差的最大值即为仪表的回程误差。

对电流输入的电动显示仪表将按图 3-3-62 接线，此时有关电压均为电流（mA）。

多针、多笔的指示仪、记录仪可按上述步骤逐一进行校准。校准仪器可用热工仪表精密校验仪，更为方便。

④校准记录格式（可以使用通用形式的表格，对多针、多笔的可用多张记录合订一起保存）

A. 气动显示仪表校准记录格式（表 3-3-10）

**表 3-3-10　气动显示仪表校准记录格式**

| 输入信号 | | 输出公称值/kPa | 输出实测值/kPa | | 误差/kPa | | 回程误差/kPa |
|---|---|---|---|---|---|---|---|
| % | kPa | | 正 | 反 | 正 | 反 | |
| 0 | | | | | | | |
| 25 | | | | | | | |
| 50 | | | | | | | |
| 75 | | | | | | | |
| 100 | | | | | | | |

允许基本误差：　　　　　　　　　　最大基本误差：

允许回程误差：　　　　　　　　　　最大回程误差：

校准人：　　　　　审核人：　　　　　　　　年　　月　　日

B. 电动显示仪表校准记录格式（表 3-3-11）

**表 3-3-11　电动显示仪表校准记录格式**

| 输入信号 | | 输出公称值/kPa | 输出实测值/kPa | | 误差/kPa | | 回程误差/kPa |
|---|---|---|---|---|---|---|---|
| % | kPa | | 正 | 反 | 正 | 反 | |
| 0 | | | | | | | |
| 25 | | | | | | | |
| 50 | | | | | | | |
| 75 | | | | | | | |
| 100 | | | | | | | |

允许基本误差：　　　　　　　　　　最大基本误差：

允许回程误差：　　　　　　　　　　最大回程误差：

校准人：　　　　　审核人：　　　　　　　　年　　月　　日

（5）调节阀（附阀门定位器）现场校准

调节阀在调节系统中是执行机构，阀门的动作受调节器控制，同时阀门的动作也直接影响工艺参数的变化，所以除了现场装有副线的调节阀可以经副线将调节阀切出运行状态进行校准外，其余都只能在停运状态下才能校准。为了提高调节性能，调节阀往往装有阀门定位器,在一般情况下,调节阀都是连同阀门定位器一起校准的。阀门定位器分为气动和电动两种。

①工具与仪器

调节阀带阀门定位器及其他附件,机械结构比较复杂,零部件也比较多,所以要求配置的工具比较齐全。要求有套筒扳手、内六角扳手[200~375 mm(8~15 in)]、各种规格的活动扳手以及仪表工日常使用的工具,必要时还应配 0.5 t 的葫芦。使用仪器如下。

A. 数字压力计,0~160 kPa,2 台。

B. 气动定值器,1 台。

C. 精密电流表,0~30 mA,1 台。

D. 电流信号发生器,1 台。

②接线及校准步骤

A. 带气动阀门定位器的调节阀校准

a. 接线

按图 3-3-63 接配管线。接通气源调整定值器,使其输出(数字压力计 1)为 20 kPa,观察阀门行程是否在起始位置(最大行程位置)。调整定值器输出到 100 kPa,观察阀门行程是否达到最大(起始位置)。图中数字压力计 2 作为监视定位器输出用。

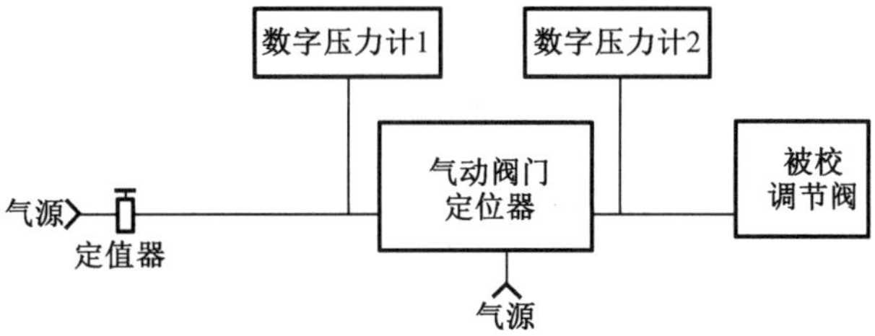


图 3-3-63 带气动阀门定位器的调节阀校准原理图

b. 校准步骤

(a)选输入信号压力 20 kPa、40 kPa、60 kPa、80 kPa、100 kPa 5 个点进行校准。

(b)对应阀位指示应为 0、25%、50%、75%、100%。

(c)正、反两个方向进行校准。阀位指示如以全行程(mm)乘上刻度百分数,即能得到行程的毫米数。

B. 带电动阀门定位器的调节阀校准

a. 接线

按图 3-3-64 接配管线。图中数字压力计作监视定位器输出用。

先送入 4 mA 的输入信号,观察数字压力计是否为 20 kPa,阀门行程是否在起始位置(最大行程位置)。再将输入信号调整到 20 mA,观察数字压力计是否为 100 kPa,阀门行程是否达到最大(起始位置)。

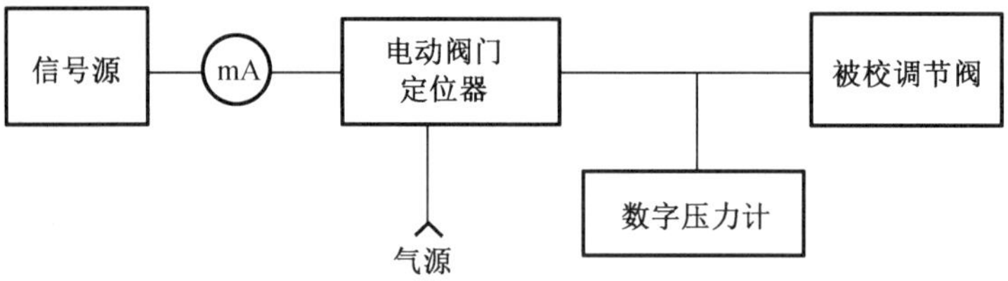


**图 3-3-64　带电动阀门定位器的调节阀校准原理图**

b. 校准步骤

(a)选输入信号为 4 mA、8 mA、12 mA、16 mA、20 mA 5 个点校准。

(b)对应阀门指示应为 0、25%、50%、75%、100%。

(c)正、反两个方向进行校准。阀位指示如以全行程(mm)乘上刻度百分数,即能得到行程的毫米数。

在对调节阀校准中,因是现场校准,阀门已经装在使用位置,所以有的项目如气密性试验等无法进行。在定位器和调节阀联动校准过程中,如发现定位器工作不正常,则应将定位器取下单独校准。

## 三、仪表管道敷设

**1. 概述**

仪表管道有 4 种,即气动管路、测量管路、电气保护管和伴热管,其加起来的长度总数并不会比同一装置的工艺管道少多少,因此,管道的工作量很大。

气动管路又叫信号管路,介质是仪表用的压缩空气,常温。主管压力为 0.5~0.7 MPa,到每一个仪表上是通过过滤器减压阀,气源压力为 0.14 MPa。气动仪表的标准信号是 0.02~0.10 MPa。主管是无缝钢管,支管是镀锌水煤气管,到每一个仪表上去的是 $\phi6\times1$ 的铜管或被覆铜管,也可以是管缆和尼龙管。

测量管路又称脉冲管路,在仪表 4 种管路中是唯一与工艺管道直接相接的管道。介质完全同工艺管道。这种管道的安装要求完全同工艺管道,因此,对它的要求高于其他 3 种管道,需要经过耐压试验。

电气保护管是仪表电缆补偿导线的保护管。通常使用专用电气管或镀锌水煤气管。其作用是使电缆免受机械损伤和排除外界电、磁场的干扰。它用螺纹连接,不需试压。

伴热管又称伴管,介质是低压蒸汽。它给仪表、仪表管道和仪表保温箱伴热。管材是无缝钢管($20^{\#}$)或铜管,要经过试压。

仪表管道要求横平竖直,讲究美观。测量管路多用 $\phi14\times2$ 或 $\phi18\times3$ 无缝钢管,有专门自制的弯管器。电气保护管和气动管路多用 1/2″~2″的各种弯管器,也有电动的和液动的弯管器。

**2. 仪表气动管路敷设**

仪表气动管路也就是仪表供气系统的管路。气源来自专用的仪表空气压缩机,通常采用无油润滑压缩机。

气动管路的标准压力为 0.5~0.7 MPa,正常仪表供气压力不低于 0.5 MPa。

它的主管属于工艺外管，由工艺管道专业施工，从储气罐一直到每个工号的管廊上。主管通常是 DN50 或 2″管，DN50 是无缝钢管，2″管是镀锌水煤气管。支管是 2″以下的镀锌水煤气管。气动仪表集中的地方用的管径大些。通常 1/2″能供 4～6 台气动仪表或调节阀的用气，超过 6 台，就要用 3/4″管。支管与主管的连接采用螺纹连接。支管之间的连接不管是否变径，都采用螺纹连接，仪表空气要求较高。

镀锌管一般不采用焊接连接。若用焊接，镀层就要损坏，氧化物会成层脱落。外表面可以用防腐的办法予以弥补，而内表面剥落的气化铁粉末极可能堵住气动仪表的恒节流孔，使仪表产生故障。虽然管道安装完要经过吹扫，能把氧化层吹扫掉，但破坏了的内表面，在 0.5 MPa 的压缩空气冲击下，还会不断氧化，产生氧化铁粉末。

每一条气源支管的最低点或末端要安装排污阀，用来排除可能的污物和水分。排污阀安装的位置不能影响工艺管道、工艺设备和仪表设备，因此在安装时，排污阀的排出口不能对着仪表或工艺设备。

气动管路的安装一般是由 2″管缩小到 $1\frac{1}{2}$″、$1\frac{1}{4}$″、1″、$\frac{3}{4}$″，一直到$\frac{1}{2}$″，$\frac{1}{2}$″管是最小的支管。支管安装，不管是 2″管或是$\frac{1}{2}$″，超过 30 m 时，要装活接头。中间的管件或支路多于 3 个，例如，有 3 个弯头、3 个三通或 2 个弯头加 1 个三通等，都要装活接头，这样有利于装拆，也有利于维修。

支管在安装前要对管和管件进行清洗。清洗干净的管子或用塑料塞子塞住，或用塑料布或黑胶皮把两端管头包起来，以免进脏物。管件要存放在干净的库房里。

管子套丝后，要把管内毛刺去掉。管道连接时，要把塑料管塞去掉。

气源管的安装要求横平竖直，整齐美观，不能交叉。管子要用管卡牢固地固定在支架上。水平敷设的支架距离为 1～1.5 m，垂直敷设的支架为 1.5～2 m。在同一直线段上的支架距离应当均匀一致，不要有明显的差距。现场气动仪表，如气动差压变送器，气动压力变送器，单、双法兰液面变送器和气动薄膜调节阀的气源都来自支管。支管均为$\frac{1}{2}$″镀锌水煤气管。距仪表气源进口约 1～1.5 m 处安装一个二通阀（气动管路截止阀），阀后连接铜管。铜管通常采用 $\phi6\times1$ 紫铜管或 $\phi6\times1$ 被覆铜管，有时也用 $\phi8\times1$ 的紫铜管（由设计考虑）。铜管与仪表的连接是标准仪表接头，可用标准密封件——$\phi6$ 密封圈方便地密封 $\phi6\times1$ 铜管。铜管要用管卡和支架固定。其支架的间距要符合《自动化仪表工程施工及质量验收规范》（GB 50093—2013）规定，即水平敷设 0.5～0.7 m，垂直敷设 0.7～1 m，同一直线段的支架间距要均匀。气源管不能直埋地下，一般要架空敷设。

安装完毕的供气管路，其管道、管件均要进行强度试验。试验压力为操作压力的 15 倍。主管与支管都要进行用 1.05 MPa 压力试压。

气动管路是仪表的供气管路，对气源的质量要求高于其他压缩空气，通常由无油润滑压缩机供给，压缩机出口压力为 0.7 MPa，通过干燥器干燥，经过储气罐沉淀才能进入供气网络。因此,配制完的供气管路在正式供气前,必须再次清洗。清洗采用对比法,即在干燥器出口和检验管段出口同时封住漂白布并通气,经过半小时后,检验两块布的布尘情况,相同为合格。必要时也可采用滤纸计量法、光散射原理计数法及分光光度法检验,这些工作可委托专业部门进行。

如果角度特殊或没有合适弯头,镀锌水煤气管也可弯曲。弯管的具体操作见电气保护管敷设。

铜管的弯制可用自制的弯管器。弯管器由 3~5 mm 厚的钢板作为底板,前面 10 mm 处弯成直角弯,距离直角弯 7~8 mm 处焊上直径为 25~30 mm、高约 7 mm 的钢圈即可,具体如图 3-3-65 所示。

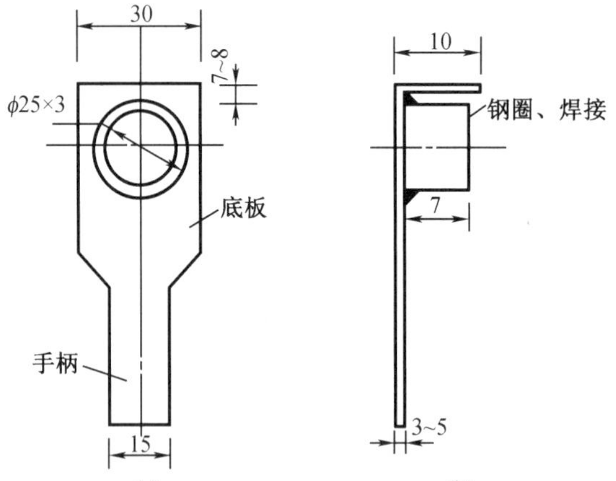


**图 3-3-65　自制 $\phi 6\times 1$ 铜管弯管器(单位:mm)**

手柄可打磨光滑后扎上塑料皮。

$\phi 6\times 1$ 铜管插在钢板直角弯与钢圈之间,可轻松地自由煨弯。

**3. 仪表测量管路敷设**

仪表测量管路又称脉冲管路、冲击管路,导压管是它最为确切的称呼。它是仪表管路中唯一与工艺设备、工艺管道直接连接的管道。管内介质完全与同它相连接的工艺管道和工艺设备中的介质相同。由于介质复杂,仪表测量管路及其管件、阀门、垫片、法兰不像其他仪表管路那样单一,一般工艺采用什么特殊的材质,它也要采用这种材质。它分为无腐蚀性介质、一般腐蚀性介质和强腐蚀性介质几种。从管材的等级上分,可分为低压管道、中压管道和高压管道。无腐蚀性的管材为 $20^{\#}$ 钢,多用 $\phi 14\times 2$ 或 $\phi 18\times 3$ 无缝钢管。一般腐蚀性的管材采用 1Cr18Ni9Ti 的普通不锈钢,通常是 $\phi 14\times 2$ 无缝钢管。强腐蚀性介质选用含铝的不锈钢,如 316L。有特殊要求的场合,由设计来选定特种材质。

低压和中压管道通常选用 $\phi 14\times 2$ 的无缝钢管,高压管道选用 $\phi 14\times 4$ 无缝钢管。

仪表测量管路的起点是自控仪表的一次点或一次仪表,如流量检测系统的起点是孔板引出管的一次阀后。测量管路的终点通常是现场仪表,如流量检测系统中差压变送器或双波缝管差压计便是它的终点。从起点到终点的途径很多,如中间可能有工艺设备、工艺管道,土建的墙、柱、楼板,还可能有电气的桥架、配管,仪表的配管、调节阀,仪表的槽板等,还要考虑导压管本身的保温和周围工艺管道的保温。因此导压管的标高与走向都是非常灵活的,导压管配得好与坏,主要在于仪表工的经验。

导压管敷设前要大致了解工艺设备和工艺管道的安装情况。已经确定的导压管标高和走向,如确信没有工艺设备和工艺管道的阻碍,便可付诸实践。否则,配好了管,也挡不住工艺变更对仪表安装的影响。因此,仪表工必须要有较快了解施工区域内其他专业施工情况的能力,注意左右、上下、前后的多种情况,特别要留意是否有障碍物和是否会出现障碍物。导压管敷设首先要确定标高和走向。

(1)导压管敷设原则

导压管敷设原则为躲、让、靠。

导压管通常使用 $\phi14\times2$ 的无缝钢管,偶尔采用 $\phi18\times3$ 无缝钢管。与工艺管道相比,工艺管道的最小管道 1″管也要比导压管大。如果工艺管道与仪表导压管有矛盾,要采取躲、让、靠的办法。

①躲,就是躲着工艺管道,尽量离它远一点,要弄清周围是否有保温管道,导压管与保温管道的间距必须要大于管道保温层的厚度。

②让,就是要让开可能有变更的管道,尽量不占有它们的空间。要考虑大管道有可能的管托与支架的安装距离,避开它。

③靠,就是要走别的专业不用的路,如贴着柱子、靠着天花板寻找最佳配管路线。如确信工艺管道已经完管,也留出了足够的保温距离,也可以“靠”着工艺管道配管,并可以利用工艺管道的支架。

理论上,当导压管的起讫点决定后,直接把它连起来就是最佳的方案。实际上,很少遇到这样的理想情况,总要拐几个弯,上上、下下,变几个标高,才能达到目的。

(2)导压管敷设要求

①导压管敷设的要求为距离短、横平竖直。

②导压管的敷设,在满足测量要求的前提下,要按最短的路径敷设,并且尽量少弯直角弯,以减少管路阻力。

③导压管的要求是横平竖直,讲究美观,不能交叉。

④测量管路沿水平敷设时,应根据不同测量介质和条件,有一定坡度。其坡度为 1∶10~1∶100。其倾斜方向应保证能排除气体或排放冷凝液。

⑤导压管一般不直埋地下,应架空敷设。在穿墙或过楼板处,应有保护管保护。当导压管与高温工艺设备或工艺管道连接时,要有补偿热膨胀的措施。

⑥导压管在敷设前,管内应清洗干净。需要脱脂的管道,要按《自动化仪表工程施工及质量验收规范》(GB 50093—2013)规定,脱脂合格后,才能敷设。

⑦导压管在敷设前,要平直管道,否则达不到横平竖直的要求。

⑧安装结束的导压管,应同工艺管道一起试压,试压的等级要求,完全与工艺管道相

同。没有与工艺管道一起试压的导压管,要单独试压。试压的压力要求为操作压力的 1.5 倍。压力可由根部阀加入,必须一个回路一个回路地试。没有试压或试压不合格的导压管,不能投入使用。

⑨试压合格的导压管要与工艺管道一起吹扫,吹扫合格方可投入使用。

⑩导压管焊接和无损探伤的要求也完全同工艺管道。

⑪焊接必须要取得相应焊接项目的合格焊工施焊,严禁无证施焊或项目不符的焊工施捍。

(3)管道的弯制

导压管在一般情况下都是 $\phi14\times2$ 的无缝钢管。不同介质其材质不同,但管径大多数都采用 $\phi14$。

弯管器是自制的,具体制作图如图 3-3-66 所示。材料为 20[#]钢、钢板、圆钢均可以,装配图如图 3-3-67 所示。

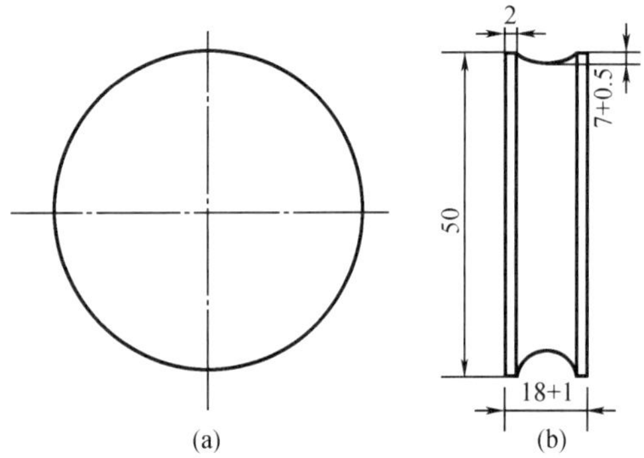


图 3-3-66　$\phi4$ 弯管器制作图(单位:mm)

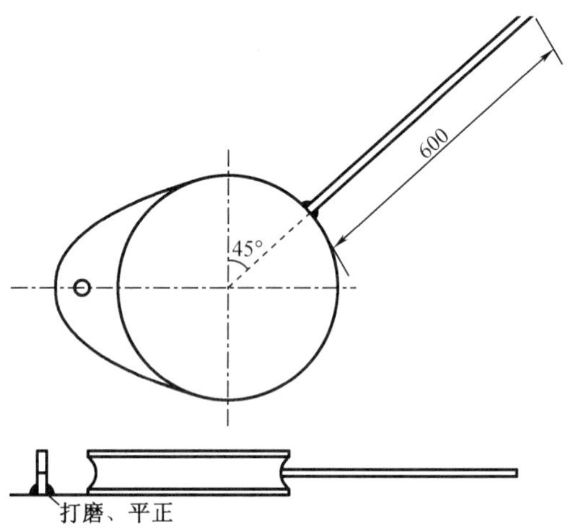


图 3-3-67　弯管器装配图(单位:mm)

用一块 $\delta=5\sim6$ mm 的铁板作为底板,把加工好的弯管器圆盘焊在上面,然后用气焊割成如图 3-3-67 的形状,再焊上 $\phi14\times2$ 或 $\phi18\times3$ 的管子。焊时,把要焊的一头用锤子敲扁,直接焊在半圆形的槽内。另一头距离半圆形槽边 15 mm 处焊上一截 $\phi10$ 的钢筋,长为 20 mm。钢筋内侧要磨平。

弯管的尺寸掌握是施工的诀窍,可用经验公式计算。先计算出弯曲的圆弧长度 $L$,通常是弯成 90°,以弯成圆弧后的长度计算,若为 $H$,以 $H$ 为计算点,前面为 $2/3L$,后面为 $1/3L$,$2/3L$ 为起弯点。

导压管常要煨成套弯的形式。几根、十几根、几十根导压管在一起敷设。直线段间距定下后,其套弯的间距也定下来了。再计算其弯曲的圆弧长度。按照需要,决定起弯处为 $H_N$,然后按 $2/3L_N$ 在前,$1/3L_N$ 在后的经验,即可以煨成漂亮的套弯。导压管套弯示意图如图 3-3-68 所示。

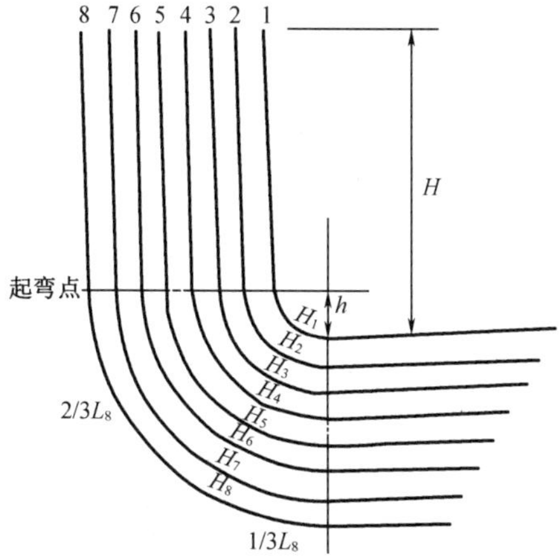


**图 3-3-68　导压管套弯示意图**

上述弯管的经验公式仅适合 90°弯及 90°套弯，不适合其他角度。

导压管的煨弯角度绝大多数是 90°弯，另有部分称压脖弯，如图 3-3-69 所示。

**图 3-3-69　导压管压脖弯**

压脖弯主要保证上下平行，间距为 $h$。为减少阻力，两平行管间的外错角通常选择 135°。这种弯管要保证两个管头均合适较为困难，通常是保证一头及两管距离为 $h$，另一头待弯后，把长的锯掉，短的接上，弯管就不很严格了。

需要注意的是，弯曲时，要保证弯曲半径不能小于导压管直径的 3 倍。也就是说，对 $\phi14\times2$ 无缝钢管来说，最小弯曲半径约为 45 mm。

导压管要冷弯。$\phi14\times4$ 高压用的导压管煨弯要一次弯成。

管子弯制后，不能有裂纹和凹陷，也不能留下弯管器用力过猛留下的凹坑。

(4)管子弯成后的固定

①导压管要牢固地固定在支架上。支架的制作安装要符合《自动化仪表工程施工及质量验收规范》(GB 50093—2013)的有关规定。

②导压管要用管卡固定。管卡通常是自制的，用 1~2 mm 薄铁皮压制而成。

③导压管支架距离要符合《自动化仪表工程施工及质量验收规范》(GB 50093—2013)的具体规定，即水平敷设 1~1.5 m，垂直敷设 1.5~2 m。

④在同一直线段内，支架间距要大致均匀。

⑤需要伴热、保温、保冷的管子，支架的间距缩小到垂直管道 1~1.5 m，水平管道 0.7~1 m。

⑥不锈钢管固定时，要有与碳钢直接接触的隔离措施。

(5)需要特别注意的问题

需要特别注意的问题是材质不能误用。

由于导压管介质很复杂,有耐碱、耐酸及普通不耐酸、碱的,耐腐蚀还有强、弱之分,压力、温度等级也涉及管材与加工件材质的不同。要引起特别注意的是,管子及加工件外形十分相似,特别是加工件,如取压短节、连接螺纹、阀门、法兰、三通、弯头等管件,要确保使用场合准确无误。对于特殊材质,需要有专门保管、专门领用记录、使用记录,以备查询。

对于特殊材料的焊接,母材不能错,加工件不能错,焊材也不能错。除法兰外,一般的氩弧焊都可焊接,焊丝要保证使用正确。法兰焊接,除氩弧焊打底之外,还要电焊盖面,焊条不能用错。

**4. 仪表电气保护管敷设**

电气保护管有3种。第一种是专用的电气保护管,它是薄壁镀锌有缝钢管;第二种是普通镀锌水煤气管,又称作镀锌焊接钢管;第三种是硬质聚乙烯塑料管。这3种管都可作为仪表电缆与补偿导线的保护管。

由于电气保护管壁太薄,不易弯制,使用不方便,现场使用逐渐减少。

硬质塑料管虽能很好地保护电缆及补偿导线,但不能抗电场和磁场的干扰,使用范围受到限制。现场使用最多也最普遍的是镀锌水煤气管。

电缆是自控系统的“神经”,特别是电动单元仪表和集散系统,每个仪表信号通过电缆到中控室的仪表盘,从调节器到现场的调节阀也是用电缆来连接的,因此,用来保护电缆的电气保护管使用量很大。

与导压管不同的是,它没有流动介质,只有固定的电缆与补偿导线,不受介质压力、温度及有无腐蚀性的影响。它只要求能很好地保护电缆,具备较好的电气连续性。在防爆环境中还有特殊要求。

(1)仪表电气保护管配制的一般要求

①敷设在多尘和潮湿场所的电气保护管,它的管口与管子间连接处,管子与接线盒、穿线盒的连接处都应密封。

②保护管不能用焊接方法连接,只能用螺纹连接。管子间的连接通过活接头、管箍、弯头(不常用)、穿线盒(分直通、弯通与三通)连接。

③保护管与设备、仪表的连接,应采用挠性金属管(即金属软管,又称蛇皮管),并要用金属软管的连接头连接。

④仪表用电缆或补偿导线保护管一般不埋地。实在要埋地敷设时,要征得设计同意,并做好防腐工作。仪表用电缆或补偿导线保护管不能埋在墙或柱内。过墙、过楼板的仪表保护管必须要有保护套管。

(2)仪表电气保护管弯曲要求

①仪表用的保护管用得最多的是$\phi\frac{1}{2}''$和$\phi\frac{3}{4}''$,其次是$\phi1''$和$\phi1\frac{1}{4}''$、$\phi1\frac{1}{2}''$和$\phi2''$管。大于$\phi2''$很少用。

②电气保护管由于壁薄,一般不能煨弯。煨弯仅对镀锌水煤气管而言。

③电气保护管的弯曲要大于90°,否则要影响穿线。$\phi1''$以下的弯制可用弯管器(市场

供应)手工煨制。90°煨管的尺寸控制同导压管的弯曲。有时也要煨套弯,其弯曲方法也同导压管。$\phi$1″以上的管子弯曲通常用油压弯管器或电动弯管器。仪表用的电气保护管采用冷弯,一般不采用热弯。

④电气保护管在使用前要去毛刺。特别在套丝以后,一定要把管口毛刺去干净。

⑤管子的切割可用切管机、钢锯锯等方法。目前用得最多、最普通、也最方便的是砂轮切割机。切割后的管口要打磨。电气保护管不能用气焊切割。

⑥管子套丝方法有两种,即手工用手动套丝机及自动或半自动用电动套丝机。

⑦煨弯的弯曲半径应不小于保护管外径的 4 倍。

⑧电气保护管敷设应横平竖直(不要有坡度)、整齐美观,不能交叉,间距要相等。转弯部分要按套弯的要求施工。

⑨电气保护管的敷设要在热水管下方 0.2 m,蒸汽管下方 1.0 m。

⑩配制好的电气保护管要用管卡固定在支架上。

⑪电气保护管直线段连接可用管箍。弯角时,除个别情况允许用弯头外,通常都用穿线盒来代替。穿线盒有直通,左、右弯通及三通。

(3)仪表电气保护管加穿线盒的原则

①管子无弯曲,直管敷设,超过 45 m 时,要加 1 个直通穿线盒,以后每 30 m 加 1 个。

②管子敷设有 1 个 90°弯时,其长度超过 20 m 加 1 个直通穿线盒。管子敷设有 1 个 135°弯或更大的角度,超过 30 m 时加 1 个直通穿线盒。以后每增加 15 m 加 1 个弯通。

③管子敷设有 2 个弯(每个弯的角度均大于 90°)时,每增加 15 m 加 1 个直通穿线盒。

④管子敷设若有 3 个弯,每个弯的间距都在 5~10 m 时,且每个弯的角度都大于 90°,直管段超过 10 m 就要加接线盒。

在垂直管道敷设时,接线盒装设原则如下。

①电气保护管变径由大变小时要加装接线盒。

②电气保护管内的电缆空间超过 40%时,每延长 20 m 要加装 1 个接线盒。电缆空间超过 60%时,每 10 m 要加装 1 个接线盒。

仪表电缆和补偿导线保护管用管卡与支架制作安装。

最近,国外出现了电缆不用任何保护管保护而采用∠30×3 的镀锌角钢做保护,这样省去了大量保护管和挠性金属管,并且施工方便。不过电缆的级别要提高,SHAM 公司选用屏蔽电缆。

用角钢做保护,国内的设计仅局限于毛细管的保护,原因之一是毛细管不能穿管,如压力式温度计的毛细管,单、双法兰式液位变送器的毛细管。把角钢引用到电缆保护是否值得推荐,有待实践证明,给施工带来方便确是十分确凿的事。

**5. 仪表伴热管敷设**

(1)伴热管的特点

仪表伴热管的特点如下。

①功能单一,就是伴热。

②材质单一,一经选定,整个系统只有一种材质,即普通碳钢或紫铜。

③介质单一,无一例外,全为低压蒸汽,一般压力为 0.2 MPa。

④管径单一，一经选定，整个系统只有一种规格，即 $\phi 14\times 2$ 或 $\phi 18\times 2$ 或 $\phi 10\times 1$ 或 $\phi 8\times 1$ 的无缝钢管或铜管。

⑤安装要求不高。除保温箱内的伴热管裸露，需要弯制整齐、美观之外，其余部分都被保温物质覆盖住，安装要求不高。

所以说，它是仪表安装 4 种管道中最为简单的一种管线。

(2)伴热管安装中的注意事项

①伴热管介质

要分清伴热管是直接伴热还是间接伴热。伴热管的目的是保证管道内凝固点较高的介质始终处于流动状态。基于这种原因，对沸点较低的介质，只要保证它不凝固，正常流动就可，不必使介质汽化。介质汽化的结果，对流量测量、压力测量会带来不可忽视的误差。这类介质属于间接伴热，又称轻伴热。但对凝固点较低的介质，如伴热温度不够，要影响介质的流动性。这样的介质必须采取直接伴热，也称重伴热。

重伴热是使伴热管紧贴着伴热的导压管，保温也要仔细检查。轻伴热是使伴热管与被伴导压管有一间隔，大约 10 mm。具体要视管内介质的物理性质和低压蒸汽的压力而定。直接伴热与间接伴热的区分很重要，它直接影响系统的正常检测和控制。而这个问题往往被施工者所忽视。

②确定低压蒸汽引入的位置

在自控图上，伴热管低压蒸汽的引入往往是“就近引入”。但有时，在附近没有低压蒸汽。

解决这类问题的最好办法是在伴热管较为集中的地方安装一个低压蒸汽分配器，引入一个低压蒸汽，然后，再从分配器接出去。这要比单从低压蒸汽总管引入到伴热管方便。

③冷凝水要集中排放

这个问题往往被设计者所忽视。“就地排放”是最轻松的做法。就地排放的结果是开始到处是蒸汽(疏水器有可能损坏)，然后是水，最后是冰。在框架平台上积起来的冷凝水都变成冰，会给操作人员的工作带来很大困难。集中排放，分片排入地沟或地漏，会使装置整齐得多，也使操作人员方便得多。

④敷设完伴热管要试压

伴热管要试压，试压要求与蒸汽管道试压要求相同。强度试验压力为工作压力的 1.5 倍。

伴热管试压只做强度试验，不必做严密性和气密性试验。

强度试验时要连阀门和疏水器一起试。如果连上保温箱，保温箱内的伴热管(弯管)也要一起试。这段管若有泄漏，要影响保温箱内仪表的正常运行，应特别注意。试压时，要拆下仪表，免受损害伴热管的支架可随所伴的导压管。

⑤伴热管敷设时对阀门与仪表的处理

伴热管不能中间脱节，否则脱节的这一段容易凝固。容易脱节的地方是仪表阀门、孔板的根部阀门。对阀门不管是直接伴热还是间接伴热，都可以紧靠着，不至于使阀内液体汽化。不靠紧，要影响保温。对仪表的伴热管，只考虑介质接触部分。如变送器，考虑到进入变送器的导压管，压力变送器为一条，流量、液面用的差压变送器为两条。特殊情况可考虑正、负压室的伴热。对压力表，指示式液面计(如玻璃板液面计)只要伴热管配到仪表接头为止即可。

⑥伴热管的保温

伴热管的保温是一道重要的工序。仪表管路本身很细（$\phi14\times2$），若采用玻璃棉，会使小管变成大管。保温不好，会使本来很整齐、美观的导压管成为臃肿的棉团。因此要选择好保温材料，仔细地保温。

仪表保温常用材料为石棉绳和玻璃纤维布。用石棉绳把伴热管和被伴热管缠起来，然后用玻璃纤维布仔细地包起来，用细铁丝扎捆。最后按设计要求，刷上调和漆即可。

保温箱的保温材料一般为泡沫塑料板，这种多孔的塑料板隔热效果很好。

## 四、仪表电缆敷设

### 1. 仪表用电缆桥架

仪表电缆在一般情况下不用直埋方法敷设，而架空敷设。在电缆集中的场合，大多使用槽板或桥架。使用电缆桥架，仪表电缆的敷设、维修、寻找故障都很方便，综合造价也不高，因此，应用越来越广泛。桥架制造业发展很快，电缆桥架已有定型产品，并且已经系列化。

（1）电缆桥架的类型代号及意义

电缆桥架按制造材质分，可分为玻璃钢电缆桥架和钢制电缆槽架。钢制电缆槽架又分槽式电缆桥架、梯级式电缆桥架、托盘式电缆桥架和组合式电缆桥架 4 种。

（2）玻璃钢汇线槽（BQJ 系列）

这一部分主要指玻璃钢电缆桥架中的汇线槽、线槽的支架以及电缆桥架中所需的各种通用附件。

汇线槽统称槽板，为玻璃钢制作的槽式线槽，以及直通、三通、四通、弯通、调宽、左转弯、右转弯等标准件，经过选择组合后，组成桥架系统。

线槽的支架有各种钢立柱，立柱底座和托臂可满足在工艺管架上、墙壁上、楼板下、电缆沟内不同安装形式的需要，如悬吊式、直立式、侧壁式、单双边和多层等。

支架部分的连接螺栓也配套供应。支架表面处理可根据需要采用表面镀锌、涂料或其他防腐处理。

附件包括各种电缆、管缆卡子和连接紧固件，这些都是电缆桥架安装中的通用附件。

玻璃钢槽板每节长 2 000 mm，盖板长 2 030 mm，宽度有 100 mm、150 mm、200 mm、300 mm、400 mm、500 mm、600 mm 7 种规格，相对应的槽板外径与盖板分别为 108 mm、158 mm、208 mm、308 mm、408 mm、508 mm、608 mm 和 115 mm、165 mm、215 mm、315 mm、415 mm、515 mm、615 mm。其槽板高度分别为 50 mm、75 mm、100 mm 和 150 mm（超过 300 mm 宽度的高度都为 150 mm）。

（3）钢制槽式电缆桥架

钢制槽式电缆桥架又称电缆槽板，是一种全封闭型电缆桥架。它最适用于敷设计算机电缆、通信电缆、仪表电缆、热电偶电缆及其他高灵敏系统的控制电缆等。它对控制电缆的屏蔽干扰和重腐蚀环境中电缆的防护有较好的效果，是自动化仪表电缆敷设普遍采用的桥架。

槽板的通用配件包括调宽片、调高片、连接片、调角片、隔板、护罩等。它是电缆桥架安装中的变宽、变高、连接、水平和垂直走向中的小角度转向，以及动力电缆和控制电缆的分隔等必要的附件。其表面处理分为静电喷塑、镀锌、喷漆 3 种。在重腐蚀环境还可特殊处理。

①槽板规格

电缆槽板规格齐全。基本桥架是直通槽板,长为 2 m,宽×高共有 10 个规格,分别如下。

A. XQJ-C-01A-1,50×25。

B. XQJ-C-01A-2,1 000×50。

C. XQJ-C-01A-3,150×75。

D. XQJ-C-01A-4,200×100。

E. XQJ-C-01A-5,250×150。

F. XQJ-C-01A-6,300×150。

G. XQJ-C-01A-7,400×200。

H. XQJ-C-01A-8,500×200。

I. XQJ-C-01A-9,600×200。

J. XQJ-C-01A-10,800×200。

②槽板品种

A. 槽板终端封颈(XQJ-C-O1B)。

B. 水平弯通(XQJ-C-02A)。

C. 水平三通(XQJ-C-03A)。

D. 上垂直三通(XQJ-C-03B)。

E. 下垂直三通(XQJ-C-03C)。

F. 上边垂直三通(XQJ-C-03D)。

G. 下边垂直三通(XQJ-C-03E)。

H. 上角垂直三通(XQJ-C-03F)。

I. 下角垂直三通(XQJ-C-03G)。

J. 水平四通(XQJ-C-04A)。

K. 上垂直四通(XQJ-C-04B)。

L. 垂直上弯通(XQJ-C-05A)。

M. 垂直下弯通(XQJ-C-05B)。

N. 垂直左上弯通(XQJ-C-05C)。

O. 垂直左下弯通(XQJ-C-05D)。

P. 垂直右上弯通(XQJ-C-05E)。

Q. 垂直右下弯通(XQJ-C-05F)。

R. 异径接头(XQJ-C-06A、XQJ-C-06B、XQJ-C-06C、XQJ-C-06D。它们的差别是 A、B 是一边对齐,另一边缩径或扩径;C、D 是中心对齐的缩径或扩径)。

这些品种都有与直通槽板一样的 10 种规格,可以互相配合使用。每种异径接头都有 45 种规格,从宽 50 mm 起到宽 800 mm 的 10 种规格,都有异径接头。

(4)钢制梯级式电缆桥架

XQJ-T 型梯级式电缆桥架具有质量轻、成本低、造型别具、安装方便、散热、透气性好等优点,适用于直径大的电缆敷设,特别适合高、低压动力电缆的敷设。

其表面处理分为静电喷塑、镀锌和喷漆 3 种,在重腐蚀环境中还可特殊处理。这种电缆桥架仪表很少采用,一般是电气专业的专用桥架。直通桥架是其基本型。长为 2 m,宽为 200 mm、300 mm、400 mm、500 mm、600 mm、800 mm 6 个品种,每个品种的高度都有 3 种,即 60 mm、100 mm、150 mm,因此它共有 18 个品种,已形成自己的系列。

(5)钢制托盘式电缆桥架

钢制托盘式桥架因为质量轻、载荷大、造型美观、结构简单、安装方便,是广泛应用的一种电缆桥架。它既适用于动力电缆,也适用于控制电缆的敷设。自控专业也常选用它。

其表面处理分为镀锌和喷漆 2 种,在重腐蚀环境中可进行特殊防腐处理。

直通式(XQJ-P-01)是其基本型,每节长为 2 m。宽度有 6 个品种,分别为 200 mm、300 mm、400 mm、500 mm、600 mm、700 mm,每个品种的高度都有 3 种规格,即 60 mm、100 mm 和 150 mm,因此共有 18 个规格。这种桥架型号有水平弯通(XQJ-P-02)、水平三通(XQJ-P-03)、水平四通(XQJ-P-04)、垂直凹弯通(XQJ-P-05A)、垂直凸弯通(XQJ-P-05B)和垂直转动弯通(XQJ-P-05C)。每种型号都有 18 个规格。

(6)钢制组合式电缆桥架

钢制组合式电缆桥架是一种最新型的桥架,适用于各项工程的各种情况下的各种电缆的敷设。它具有结构简单、配合灵活、安装方便、形式新颖等优点。

钢制组合式电缆桥架只要采用宽 100 mm、150 mm、200 mm 的 3 种基本型,就可组装成所需尺寸的电缆桥架,不需要弯通、三通等配件就可在现场任意转向、变宽、分支、引上、引下,在任意部位不需要打孔、焊接就可以用管引出。它既可方便工程设计,又方便生产运输,更方便安装施工,是目前电缆桥架中最理想的产品。

它的表面处理为镀锌、静电喷塑,在强腐蚀环境中可做特殊的防腐处理。

它的基本型为 XQJ-ZH-01A-100、XQJ-ZH-01A-150 和 XQJ-ZH-01A-200,每节长度为 2 m,宽度分别为 100 mm、150 mm 和 200 mm,高度为 25 mm。XQJ-ZH-02 型宽度为 50 mm,高度为 50 mm。XQJ-ZH-03 型宽度为 100 mm,高度为 50 mm。XQJ-ZH-04 型宽度为 50 mm,高度为 25 mm。这几种规格靠连接板、连接片可组成所需高度、宽度的电缆桥架。

**2. 保护管口径的选择**

仪表安装过程中,虽然有施工图作为施工的依据,但管道已经敷设好,又增加电缆或电线根数的情况也时有发生。因此,施工人员很关心各种电气保护管能容纳(允许)几根、多大截面的电缆或电线。

(1)电气保护管的计算公式(表 3-3-12 和表 3-3-13)

**表 3-3-12 美国 1962 年电气规范**

| 保护管名称 | 计算公式 | | | | |
|---|---|---|---|---|---|
| 管内导线根数 | 1 | 2 | 3 | 4 | 5 |
| 导线(有铅护层) | $0.53D^2 \geqslant d^2$ | $0.31D^2 \geqslant d_1^2+d_2^2$ | $0.43D^2 \geqslant d_1^2+d_2^2+d_3^2$ | $0.40D^2 \geqslant d_1^2+\cdots+d_4^2$ | $0.40D^2 \geqslant n_1d_1^2+n_2d_2^2+\cdots$ |
| 导线(无铅护层) | $0.55D^2 \geqslant d^2$ | $0.30D^2 \geqslant d_1^2+d_2^2$ | $0.40D^2 \geqslant d_1^2+d_2^2+d_3^2$ | $0.38D^2 \geqslant d_1^2+\cdots+d_4^2$ | $0.35D^2 \geqslant n_1d_1^2+n_2d_2^2+\cdots$ |

注:$D$——保护管内径,mm;$d_1$、$d_2$、$d_3$——电线或电缆外径,mm;$n_1$、$n_2$…——相同直径的电线或电缆根数。

**表 3-3-13 日本配电工现场手册**

| 保护管名称 | 计算公式 | | |
|---|---|---|---|
| 管内导线根数 | 2 | 3 | 4~10 |
| 橡皮绝缘电线 | $0.32D^2 \geqslant d_1^2+d_2^2$ | $0.42D^2 \geqslant d_1^2+d_2^2+d_3^2$ | $0.40D^2 \geqslant n_1 d_1^2+n_2 d_2^2+\cdots$ |
| 乙烯绝缘电线 | $0.26D^2 \geqslant d_1^2+d_2^2$ | $0.34D^2 \geqslant d_1^2+d_2^2+d_3^2$ | $0.32D^2 \geqslant n_1 d_1^2+n_1 d_2^2+\cdots$ |

(2)电线、电缆、补偿导线穿管

铜芯聚氯乙烯绝缘电线(BV)、铝芯聚氯乙烯绝缘电线(BLV)穿管表如下所示。

①穿电线管(表 3-3-14)

**表 3-3-14 穿电线管**

<table>
<tr><th rowspan="2">标准截面/mm²</th><th colspan="37">管内电缆根数</th></tr>
<tr><th>2</th><th>3</th><th>4</th><th>5</th><th>6</th><th>7</th><th>8</th><th>9</th><th>10</th><th>11</th><th>12</th><th>13</th><th>14</th><th>15</th><th>16</th><th>17</th><th>18</th><th>19</th><th>20</th><th>21</th><th>22</th><th>23</th><th>24</th><th>25</th><th>26</th><th>27</th><th>28</th><th>29</th><th>30</th><th>31</th><th>32</th><th>33</th><th>34</th><th>35</th><th>36</th><th>37</th><th>38</th></tr>
<tr><td>1.0</td><td colspan="2" rowspan="2">1/2″</td><td colspan="2" rowspan="2">5/8″</td><td colspan="3"></td><td colspan="9"></td><td colspan="11"></td><td colspan="10"></td></tr>
<tr><td>1.5</td><td colspan="2">3/4″</td><td colspan="8">1″</td><td colspan="10">1¼″</td><td colspan="13">1½″</td></tr>
<tr><td>2.5</td><td colspan="2">5/8″</td><td colspan="2">3/4″</td><td colspan="5"></td><td colspan="6"></td><td colspan="8">1½″</td><td colspan="14">2″</td></tr>
</table>

②穿镀锌水煤气管(表 3-3-15)

**表 3-3-15 穿镀锌水煤气管**

<table>
<tr><th rowspan="2">标准截面/mm²</th><th colspan="37">管内电缆根数</th></tr>
<tr><th>2</th><th>3</th><th>4</th><th>5</th><th>6</th><th>7</th><th>8</th><th>9</th><th>10</th><th>11</th><th>12</th><th>13</th><th>14</th><th>15</th><th>16</th><th>17</th><th>18</th><th>19</th><th>20</th><th>21</th><th>22</th><th>23</th><th>24</th><th>25</th><th>26</th><th>27</th><th>28</th><th>29</th><th>30</th><th>31</th><th>32</th><th>33</th><th>34</th><th>35</th><th>36</th><th>37</th><th>38</th></tr>
<tr><td>1.0</td><td></td><td colspan="7"></td><td colspan="7"></td><td colspan="9"></td><td colspan="13">1¼″</td></tr>
<tr><td>1.5</td><td></td><td colspan="5">1/2″</td><td colspan="8">3/4″</td><td colspan="8">1″</td><td colspan="15"></td></tr>
<tr><td>2.5</td><td></td><td colspan="4"></td><td colspan="4"></td><td colspan="5">1″</td><td colspan="10"></td><td colspan="8">1½″</td><td colspan="5">2″</td></tr>
</table>

③穿硬质氯乙烯管(表 3-3-16)

**表 3-3-16 穿硬质氯乙烯管**

<table>
<tr><th rowspan="2">标准截面/mm²</th><th colspan="37">管内电缆根数</th></tr>
<tr><th>2</th><th>3</th><th>4</th><th>5</th><th>6</th><th>7</th><th>8</th><th>9</th><th>10</th><th>11</th><th>12</th><th>13</th><th>14</th><th>15</th><th>16</th><th>17</th><th>18</th><th>19</th><th>20</th><th>21</th><th>22</th><th>23</th><th>24</th><th>25</th><th>26</th><th>27</th><th>28</th><th>29</th><th>30</th><th>31</th><th>32</th><th>33</th><th>34</th><th>35</th><th>36</th><th>37</th><th>38</th></tr>
<tr><td>1.0</td><td></td><td colspan="7"></td><td colspan="7"></td><td colspan="6"></td><td colspan="16">DN32</td></tr>
<tr><td>1.5</td><td></td><td colspan="4">DN15</td><td colspan="7">DN20</td><td colspan="6">DN25</td><td colspan="11"></td><td colspan="8">DN40</td></tr>
<tr><td>2.5</td><td></td><td colspan="2"></td><td colspan="4"></td><td colspan="5">DN25</td><td colspan="11"></td><td colspan="6">DN40</td><td colspan="8">DN50</td></tr>
</table>

④补偿导线穿管表(表 3-3-17)

**表 3-3-17　补偿导线穿管表**

| 截面/$mm^2$ | 保护管型号 | 管内导线根数 | | | | | | | | | | | |
|---|---|---|---|---|---|---|---|---|---|---|---|---|---|
| | | 1 | 2 | 3 | 4 | 5 | 6 | 7 | 8 | 9 | 10 | 11 | 12 |
| 2.5 | 电线管 | 3/4″ | 1″ | $1^1/_2 4$″ | | 1″ | | 2″ | | — | — | | — |
| | 镀锌水煤气管 | 1/2″ | 3/4″ | 1″ | | $1^1/_4$″ | | $1^1/_2$″ | | 2″ | $2^1/_2$″ | | 3″ |
| | 硬质氯乙烯管 | DN15 | DN20 | DN25 | | DN32 | | DN40 | | DN50 | DN65 | | DN80 |

⑤聚氯乙烯绝缘控制电缆(KVV)穿管表(表 3-3-18)

**表 3-3-18　KVV 穿管表**

| 截面/$mm^2$ | 保护管型号 | 管内导线根数 | | | | | | | | | | | | | | |
|---|---|---|---|---|---|---|---|---|---|---|---|---|---|---|---|---|
| | | 1 | 2 | 3 | 4 | 5 | 6 | 7 | 8 | 9 | 10 | 11 | 12 | 13 | 14 | 15 |
| 4×1.5 | 电线管 | 3/4″ | 1″ | $1\frac{1}{4}$″ | | $1\frac{1}{2}$″ | | 2″ | | | — | — | — | — | — | — |
| | 镀锌水煤气管 | 1/2″ | 3/4″ | 1″ | | $1\frac{1}{4}$″ | | $1\frac{1}{2}$″ | | | 2″ | $2\frac{1}{2}$″ | | 3″ | | |
| | 硬质氯乙烯管 | DN15 | DN20 | DN25 | | DN32 | | DN40 | | | DN50 | DN65 | | DN80 | | |

说明:A. 补偿导线截面 1.5 $mm^2$,可套用 2.5 $mm^2$ 的选择表。

B. 多芯控制电缆穿管表可按表 3-3-19 考虑。

**表 3-3-19　多芯控制电缆穿管表**

| 截面/$mm^2$ | 管内电缆芯数 | 2 | 3 | 4 | 5 | 7 | 10 | 14 | 19 | 24 | 30 | 37 |
|---|---|---|---|---|---|---|---|---|---|---|---|---|
| 1.5 | 镀锌水煤气管 | 1/2″ | | | | 3/4″ | | 1″ | $1\frac{1}{4}$″ | $1\frac{1}{2}$″ | 2″ | |

C. 铠装电缆一般是埋地敷设,不穿管。若要穿管,可按多芯控制电缆穿管表提高管径一个级别来考虑。如铠装电缆 10×1.5,可按 KVV14×1.5 来考虑。

D. 屏蔽电缆穿管可按多芯控制电缆考虑。若是管内电缆根数(不是芯数)可按热电偶穿管表考虑。

E. 控制电缆穿管表中控制电缆按 KVV 来考虑,它的相同芯数的外径值具有代表性。除了铠装电缆外,其余控制电缆均可按此来选择保护管。

**3. 电缆敷设的管件**

(1)YHX 型铝合金穿线盒

仪表电缆敷设时,保护管长度太长,不利于电缆的敷设,要用直通穿线盒。一条保护管弯管不能超过 2 个,超过 2 个,就得用直角弯穿线盒。电缆要分支,可用三通接线盒。铝合金穿线盒广泛应用于自控、电气线路的敷设中。

铝合金穿线盒型号、规格见表 3-3-20。

**表 3-3-20 铝合金穿线盒型号、规格**

| 型号 | 名称 | 规格 | | | | | | | |
|---|---|---|---|---|---|---|---|---|---|
| | | G1/2″ | G3/4″ | G1″ | G1$\frac{1}{4}$″ | G1$\frac{1}{2}$″ | G2″ | G | G2$\frac{1}{2}$″ |
| YHX-E | 直通穿线盒 | √ | √ | √ | √ | √ | √ | √ | √ |
| YHX-T | 三通穿线盒 | √ | √ | √ | √ | √ | √ | √ | √ |
| YHX-S | 四通穿线盒 | √ | √ | √ | √ | √ | √ | √ | √ |
| YHX-Z | 左盖弯通穿线盒 | √ | √ | √ | √ | √ | √ | √ | √ |
| YHX-Y | 右盖弯通穿线盒 | √ | √ | √ | √ | √ | √ | √ | √ |
| YHX-H | 后盖弯通穿线盒 | √ | √ | √ | √ | √ | √ | √ | √ |
| YHX-W | 弯通穿线盒 | √ | √ | √ | √ | √ | √ | √ | √ |
| YHX-HT | 后盖三通穿线盒 | √ | √ | √ | √ | √ | √ | √ | √ |

(2)铸铁、铸铝管件

这类管件与水暖通用,但它的质量要求低一些,穿线管的连接不承受压力,只要接触好,保证有电气连续性即可,见表 3-3-21。

**表 3-3-21 电缆敷设常用钾铁(铝)管件**

| 名称 | 又称 | 规格 | 用途 |
|---|---|---|---|
| 外接头 | 管箍、套筒 | $\frac{1}{2}$″,$\frac{3}{4}$″,1″,1 $\frac{1}{4}$″,2″ | 用于保护管直管的连接 |
| 异径外接头 | 大小头 | $\frac{1}{2}$″×$\frac{3}{4}$″,$\frac{1}{2}$″×1″,$\frac{1}{2}$″×1 $\frac{1}{4}$″,$\frac{1}{2}$″×1 $\frac{1}{2}$″,$\frac{1}{2}$″×2″<br>$\frac{3}{4}$″×1″,$\frac{3}{4}$″×1 $\frac{1}{4}$″,$\frac{3}{4}$″×1 $\frac{1}{2}$″,$\frac{3}{4}$″×2″<br>1″×1 $\frac{1}{4}$″,1″×1 $\frac{1}{2}$″,1″×2″<br>1 $\frac{1}{4}$″×1 $\frac{1}{2}$″,1 $\frac{1}{4}$″×2″<br>1 $\frac{1}{2}$″×2″ | 直接用于保护管的变径 |
| 内接头 | 补心<br>内外螺母 | 同异径外接头 | 与穿线盒配合,用于保护管的变径 |
| 锁紧螺母 | 根母<br>纳子<br>防松螺母 | $\frac{1''}{2}$,$\frac{3''}{4}$,1″,1 $\frac{1''}{4}$,1 $\frac{1''}{2}$,2″ | 用于保护管与槽板、接线箱的固定 |

**4. 注意事项**

(1)仪表电缆敷设注意事项

①仪表用的电缆、电线在使用前应做外观及导通检查与试验,并要准确测试其电缆芯向,电缆芯与外保护层、绝缘层之间的绝缘,并做好记录(一般用 500 V 兆欧表测),其电阻值不应小于 5 MPa。

②补偿导线在使用前要仔细核对型号与分度号。连接过程(包括中间连接和终端连接)绝不能接错极性。

③仪表电气线路敷设一般要穿保护管。要按最短距离敷设。有条件集中的,同一走向的保护管要集中敷设,横平竖直,整齐美观,不能交叉。

④保护管不应敷设在易受机械损伤、有腐蚀性介质排放、滴漏、潮湿,以及有强磁场、强电场干扰的区域。不能满足要求时,要采取保护措施或屏蔽措施。

⑤直接埋地的仪表电缆要用铠装控制电缆($KVV_{22}$),电缆沟深度为 700 mm,其口下要铺 100 mm 厚砂子,砂子上面盖一层砖或混凝土护板,再回填土。

⑥仪表电气线路不能在高温工艺设备、管道的上方平行敷设,也不能在有腐蚀性液体介质的工艺设备、工艺管道的下方平行敷设。碰到这种情况,要在它们的侧面平行敷设。

⑦仪表用电缆、电线、补偿导线外面的绝缘护套多用塑料制成,因此它们与保温的工艺设备、工艺管道的保温层表面之间的距离要大于 200 mm,与有伴热管的仪表导压管线之间也要有 200 mm 以上的间距。对不保温的工艺管道、工艺设备的间距以工艺设备维修不构成对仪表线路的损害为基础,一般为 100~150 mm。

⑧自控电缆原则上不允许有中间接头。实在没有办法时,对有腐蚀空气的环境必须采用压接的方法,或者加分线盒和接线盒,不能使用焊接。在无腐蚀性介质的环境中,也推荐采用压接方法,但可以采用焊接,不能使用有腐蚀性的焊剂。

补偿导线不能用焊接方法连接,只能采用压接方法。

同轴电缆和高频电缆要采用专用接头连接。

⑨敷设电缆要穿过混凝土梁、柱时,不能采用凿孔安装,要预埋管。在防腐蚀厂房内安装电缆保护管或支架,不能破坏防腐层。

⑩电缆桥架是专用来敷设电缆的,它们在现场组对。采用螺栓组对时,连接螺栓要采用平滑的半圆头螺栓,且螺母在电缆桥架的外侧,要保持内侧光滑,不至于损坏电缆的绝缘层。

⑪电缆桥架要横平竖直,整齐美观,不能交叉。

⑫电缆放在槽板(桥架)内要整齐有序,编号并固定好,以便于检修。

⑬放完电缆的桥架,要及时盖上保护罩。

(2)桥架安装注意事项

①在现场组对桥架时,要特别注意两节桥架成一条线。在厂房内安装电缆桥架,要注意标高和天花板的距离,要有足够的操作空间。

②桥架直角拐弯时,其最小的弯曲半径要大于或等于槽板内最粗电缆外径的 10 倍,否则,这条最粗的电缆就不能很好处理。电缆桥架的直角弯头是设计选定的,要求安装人员在图纸会审时,考虑所选弯头桥架的弯曲半径是否足够大,否则要加宽桥架的宽度(由此可

见,桥架选择并不单单是电缆多少,还要考虑电缆粗细)。

③桥架开孔不能使用气焊,要用机械开孔方法。现在有专用电动或液动开孔器。放上保护管后,要用合适的护圈固定保护管,通常用锁紧螺母。

④桥架内的排水孔要保持畅通。

⑤当电缆桥架直线距离超过 50 m 时,要有热膨胀措施。

⑥桥架按设计通常安装在管廊上或工艺管道的管架上。桥架的安装位置应该在它们的上方或侧面,不能安装在它们的下方。

(3)电缆桥架选择原则

①仪表电缆桥架的支撑距离:XQJ 型电缆桥架在装置上的支撑间距要小于允许最大负荷的支撑跨距。

②桥架宽度:从电缆数量上考虑,要求选择的桥架宽度有一定余量,以便于今后增加电缆时用。从最粗电缆的直角转弯上考虑,所选桥架的弯曲半径要大于最大电缆外径的 10 倍。

③隔开敷设:在某一区间,动力电缆与控制电缆数量相对于桥架容量都较小时,可放在同一桥架内,但必须隔开。

④电缆固定:要求水平走向电缆每隔 2 m 固定一次,垂直走向电缆每隔 1.5 m 固定一次。

⑤可靠接地:仪表用电缆桥架要可靠接地。长距离的电缆桥架每隔 30~50 m 接地一次。

## 第四节　仪表日常维护与常见故障处理

### 一、过程检测与控制仪表日常维护

过程检测与控制仪表的日常维护是一件十分重要的工作,它是保证生产安全和平稳操作诸多环节中不可缺少的一环。仪表日常维护保养体现出全面质量管理预防为先的思想,仪表工应当认真做好仪表的日常维护工作,保证仪表正常运行。

仪表日常维护的工作内容:巡回检查;定期润滑;定期排污;保温伴热;开停车注意事项。

**1. 巡回检查**

仪表工一般都有自己所辖仪表维护保养责任区,根据所辖责任区仪表分布情况,选定最佳巡回检查路线,每天至少巡回检查一次。巡回检查时,仪表工应向当班工艺人员了解仪表运行情况。

(1)查看仪表指示、记录是否正常,现场一次仪表(变送器)指示和控制室显示仪表、调节仪表指示值是否一致,调节器输出指示和调节阀阀位是否一致(通常需两位仪表工同时观察。若工艺生产变化不大,生产现场和控制室观察有一个时间差是正常的)。

(2)查看仪表电源(若电动Ⅲ型仪表用 24 V DC 电源,要检查电源电压是否在规定范围内)、气源(0.14 MPa)是否达到额定值。

(3)检查仪表保温、伴热状况。

(4)检查仪表本体和连接件损坏与腐蚀情况。

(5)检查仪表和工艺接口泄漏情况。

(6)查看仪表完好状况。仪表完好状况可参照“石油化工设备维护检修规程”进行检查。举例如下。

根据《涡街流量计维护检修规程》(HG 25359—91),涡街流量计(旋涡流量计)完好条件如下。

①零部件完整,符合以下技术要求。

A. 铭牌应清晰无误。

B. 零部件应完好齐全并规格化。

C. 紧固件不得松动。

D. 插接件应接触良好。

E. 端子接线应牢靠。

F. 可调件应处于可调位置。

G. 密封件应无泄漏。

②运行正常,符合以下使用要求。

A. 运行时,仪表应达到规定的性能指标。

B. 正常工况下,仪表示值应在全量程的 20%~80%。

C. 累积用机械计数器应转动灵活,无卡涩现象。

③设备及环境整齐、清洁,符合以下工作要求。

A. 整机应清洁,无锈蚀,漆层应平整、光亮、无脱落。

B. 仪表管线、线路敷设整齐,均要做固定安装。

C. 在仪表外壳的明显部位应有表示流体流向的永久性标志。

D. 管路、线路标号应齐全、清晰、准确。

④技术资料齐全、准确,符合以下管理要求。

A. 说明书、合格证、入厂检定证书应齐全。

B. 运行记录、故障处理记录、校准记录、零部件更换记录应准确无误。

C. 系统原理图和接线图应完整、准确。

D. 仪表常数及其更改记录应齐全、准确。

E. 防爆型仪表生产厂必须有防爆鉴定机关颁发的防爆合格证。

F. 应有完整的累积器的设定(或编程)数据记录。

**2. 定期润滑**

定期润滑也是仪表工日常维护的一项内容,但在具体工作中往往容易忽视。定期润滑的周期应根据具体情况确定,一个月或一季度均可。

需要定期润滑的仪表和部件如下。

(1)记录仪(自动平衡电桥、自动电子电位差计)的传动机构、平衡机构。

(2)气动记录(调节)仪表自动-手动切换滑块、走纸机构。

(3)椭圆齿轮流量计现场指示部分齿松传动部件。

(4)与旋涡流量计(涡街流量计)和涡轮流量计配套的累积器的机械计数器。

(5)气动长行程执行机构的传动部件。

(6)气动凸轮挠曲阀转动部件。

(7)气动切断球阀转动部件。

(8)气动蝶阀转动部件。

(9)调节阀椭圆形压盖上的毡垫。

(10)保护箱、保温箱的门轴。

此外,固定环室的双头螺栓、外露的丝扣,以及其他恶劣环境下固定仪表、调节阀等使用的螺栓、丝扣,外露部分应涂上黑铅油(石墨粉加黄油),防止丝扣锈蚀,拆装困难。

**3. 定期排污**

定期排污主要有两项工作,其一是排污,其二是定期进行吹洗。这项工作应因地制宜,并不是所有过程检测仪表都需要定期排污。

(1)排污

排污主要是针对差压变送器、压力变送器、浮筒式液位计等仪表,由于测量介质含有粉尘、油垢、微小颗粒等在导压管内沉积(或在取压阀内沉积),直接或间接影响测量。排污周期可由仪表工根据实践自行确定。

定期排污应注意事项如下。

①排污前,必须和工艺人员联系,取得工艺人员认可才能进行。

②流量或压力调节系统排污前,应先将自动切换到手动,保证调节阀的开度不变。

③对于差压变送器,排污前先将三阀组正、负取压阀关死。

④排污阀下放置容器,慢慢打开正、负导压管排污阀,使物料和污物进入容器,防止物料直接排入地沟,否则,一来污染环境,二来造成浪费。

⑤由于阀门质量差,排污阀门开关几次以后会出现关不死的情况,应急措施是加盲板,保证排污阀处不泄漏,以免影响测量精确度。

⑥开启三阀组正、负取压阀,拧松差压变送器本体上排污(排气)螺丝进行排污,排污完成拧紧螺丝。

⑦观察现场指示仪表,直至输出正常,若是调节系统,将手动切换成自动。

(2)吹洗

吹洗是利用吹气或冲液使被测介质与仪表部件或测量管线不直接接触,以保护测量仪表并实施测量的一种方法。吹气是通过测量管线向测量对象连续定量地吹入气体。冲液是通过测量管线向测量对象连续定量地冲入液体。

对于腐蚀性、黏稠性、结晶性、熔融性、沉淀性介质进行测量,并采用隔离方式难以满足要求时,才采用吹洗。

吹洗应注意事项如下。

①吹洗气体或液体必须是被测工艺对象所允许的流动介质,通常它应满足下列要求。

A. 与被测工艺介质不发生化学反应。

B. 清洁,不含固体颗粒。

C. 通过节流减压后不发生相变。

D. 无腐蚀性。

E. 流动性好。

②吹洗液体供应源充足可靠，不受工艺操作影响。

③吹洗流体的压力应高于工艺过程在测量点可能达到的最高压力，保证吹洗流体按设计要求的流量连续稳定地吹洗。

④采用限流孔板或带可调阻力的转子流量计测量和控制吹洗液体或气体的流量。

⑤吹洗流体入口点应尽可能靠近仪表取源部件（或靠近测量点），以便使吹洗流体在测量管线中产生的压力降保持在最小值。

⑥为了尽可能减小测量误差，要求吹洗流体的流量必须恒定。根据吹洗流体的种类、被测介质的特性及测量要求决定吹洗流量。下列吹洗流体数值供参考。

A. 流化床：吹洗流体为空气或其他气体时，一般为 0.85~3.4（$N\cdot m^3$）/h。

B. 低压储槽液位测量：吹洗流体为空气或其他气体时，一般为 0.03~0.45（$N\cdot m^3$）/h。

C. 一般流量测量：吹洗流体为气体时，一般为 0.03~0.14（$N\cdot m^3$）/h；吹洗流体为液体时，一般为 0.014~0.036（$N\cdot m^3$）/h。

**4. 保温伴热**

检查仪表保温伴热，是仪表工日常维护工作的内容之一，它关系到节约能源、防止仪表冻坏、保证仪表测量系统正常运行，是仪表维护不可忽视的一项工作。

这项工作的地区性、季节性比较强。冬天，仪表工巡回检查应观察仪表保温状况，检查安装在工艺设备与管线上的仪表，如椭圆齿轮流量计、电磁流量计、旋涡流量计（涡街流量计）、涡轮流量计、质量流量计、法兰式差压变送器、浮筒式液位计和调节阀等保温状况，观察保温材料有否脱落，有否被雨水打湿造成保温材料不起作用。个别仪表需要保温伴热时，要检查伴热情况，发现问题及时处理。

仪表工还要检查差压变送器和压力变送器导压管线保温情况，检查保温箱保温情况。差压变送器和压力变送器导压管内物料由于处在静止状态，有时除保温以外尚需伴热，伴热有电伴热和蒸汽伴热。对于电伴热应检查电源电压，保证正常运行。蒸汽伴热是化工企业最常见的伴热形式。对于蒸汽伴热，由于冬天气温变化很大，温差可达 20 ℃左右，仪表工应根据气温变化调节伴热蒸汽流量。蒸汽流量大小可通过观察伴热蒸汽管疏水器排汽状况决定，疏水器连续排汽说明蒸汽流量过大，很长时间不排汽说明蒸汽流量太小。蒸汽流量调节裕度是很大的，因为蒸汽伴热是为了保证导压管内物料不冻。要注意的是伴热蒸汽流量不是愈大愈好，有些仪表工为了省事，加大伴热蒸汽流量，天气暖和了也不关小蒸汽流量，这样不仅造成不必要的能源浪费，增加消耗，而且有时还会造成测量故障。因为化工物料冰点和沸点各不相同，对于沸点比较低的物料保温伴热过高，会出现汽化现象，导压管内出现汽液两相，引起输出振荡，所以根据冬天天气变化及时调整伴热蒸汽流量是十分必要的。

**5. 开停车注意事项**

生产企业开车、停车很普遍。短时间停车对仪表影响不大，工艺人员根据仪表进行停车或开车操作，需要仪表工配合的事不多，仪表自身需要处理的事也不多。本章要阐述的开停车主要是由于全厂大检修,全厂范围内的停车和开车,或者某个产品由于产品滞销、原材料供应不上等原因需要较长一段时间停车然后再开车的情况。新建项目投产开车不在此范围之中。

(1)仪表停车

仪表停车相对比较简单,应注意事项如下。

①和工艺人员密切配合。

②了解工艺停车时间和化工设备检修计划。

③根据化工设备检修进度,拆除安装在该设备上的仪表或检测元件,如热电偶、热电阻、法兰差压变送器、浮筒式液位计、电容式液位计、压力表等,以防止在检修化工设备时损坏仪表。在拆卸仪表前先停仪表电源或气源。

④根据仪表检修计划,及时拆卸仪表。拆卸储槽上法兰式差压变送器时,一定要注意确认储槽内物料已空才能进行。若物料倒空有困难,必须确保液面在安装仪表法兰口以下,待仪表拆卸后,及时装上盲板。

⑤拆卸热电偶、热电阻、电动变送器等仪表后,电源电缆和信号电缆接头分别用绝缘胶布、粘胶带包好,妥善放置。

⑥拆卸压力表、压力变送器时,要注意取压口可能出现堵塞现象,造成局部憋压,物料(液和气)冲出来伤害仪表工。正确操作是先松动安装螺栓,排气,排残液,待气液排完后再卸下仪表。

⑦对于气动仪表、电气阀门定位器等,要关闭气源,并松开过滤器减压阀接头。

⑧拆卸环室孔板时,注意孔板方向,一是检查以前是否有装反,二是为了再安装时正确。由于直管段的要求,工艺管道支架可能少,要防止工艺管道一端下沉,给安装孔板环室带来困难。

⑨拆卸的仪表其位号要放在明显处,安装时对号入座,防止同类仪表由于量程不同安装混淆,造成仪表故障。

⑩带有连锁的仪表,切换置手动然后再拆卸。

(2)仪表开车

仪表一次开车成功或开车顺利,说明仪表检修质量高,开车准备工作做得好。反之,仪表工就会在工艺开车过程中手忙脚乱,有的难以应付,甚至直接影响工艺生产。由于仪表原因造成工艺停车、停产,是仪表工作最忌讳的事。

仪表开车注意事项如下。

①仪表开车要和工艺密切配合。要根据工艺设备、管道试压试漏要求,及时安装仪表,不要因仪表影响工艺开车进度。

②由于全厂大修,拆卸仪表数量很多,安装时一定要注意仪表位号,对号入座。否则仪表不对号安装,出现故障很难发现(一般仪表工不会从这方面去判断故障原因或来源)。

③仪表供电。仪表总电源停的时间不会很长,这里讲仪表供电是指在线仪表和控制室内仪表安装接线完毕,经检查确认无误后,分别开启电源箱自动开关,以及每一台仪表电源开关,对仪表进行供电。用 24 V DC 电源,要特别注意输出电压值,防止过高或偏低。

④气源排污。气源管道一般采用碳钢管,经过一段时间运行后会出现一些锈蚀,由于

开停车的影响，锈蚀会剥落。仪表空气处理装置用干燥的硅胶时间长了会出现粉末，也会带入气源管内。另外一些其他杂质在仪表开车前必须清除掉。

排污时，首先气源总管要进行排污，然后气源分管进行排污，直至电气阀门定位器配置的过滤器减压阀，以及其他气动仪表、气动切断球阀等配置的过滤器减压阀进行气源排污，控制室有气动仪表配置的气源总管也要排污。待排污后再供气，防止气源不干净造成恒节流孔堵塞等现象，使仪表出现故障。

⑤孔板等节流装置安装要注意方向，防止装反。要查看前后直管段内壁是否光滑、干净，有脏物要及时清除，管内壁不光滑用锉、砂布打光滑。环室要在管道中心，孔板垫和环室垫要注意厚薄，材料要准确，尺寸要合适。节流装置安装完毕要及时打开取压阀，以防开车时没有取压信号。取压阀开度建议手轮全开后再返回半圈。

⑥调节阀安装时注意阀体箭头和流向一致。若物料比较脏，可打开前后截止阀冲洗后再安装（注意物料回收或污染环境），前后截止阀开度应全开后再返回半圈。

⑦采用单法兰差压变送器测量密闭容器液位时，用负压连通管的办法迁移气相部分压力。这种测量方法是在负压连通管内充液，因此当重新安装后，要注意在负压连通管内加液，加液高度和液体密度的乘积等于法兰变送器的负迁移量。加液一般和被测介质即容器内物料相同。

⑧用隔离液加以保护的差压变送器、压力变送器，重新开车时，要注意在导压管内加满隔离液。

⑨气动仪表信号管线上的各个接头都应用肥皂水进行试漏，防止气信号泄漏，造成测量误差。

⑩当用差压变送器测量蒸汽流量时，应先关闭三阀组正、负取压阀门，打开平衡阀，检查零位。待导压管内蒸汽全部冷凝成水后再开表。防止蒸汽未冷凝时开表出现振荡现象，有时会损坏仪表。也有一种安装方式，即环室取压阀后加一个隔离罐，在开表前通过隔离罐往导压管内充冷水，这样在测量蒸汽流量时就可以立即开表，不会引起振荡。

⑪热电偶补偿导线接线注意正、负极性，不能接反。热电阻 A、B、C 三线注意不要混淆。

⑫检修后仪表开车前应进行联动调校，即现场一次仪表（变送器、检测元件等）和控制室二次仪表（盘装、架装、计算机接口等）指示一致，或者一次仪表输出值和控制室内架装仪表（配电器、安保器、DCS 输入接口）的输出值一致。检查调节器输出、DCS 输出、手操器输出和调节阀阀位指示一致（或与电气阀门定位器输入一致）。

⑬有连锁的仪表，在仪表运行正常、工艺操作正常后再切换到自动（连锁）位置。

⑭金属管转子流量计开车时，由于检修停车时间长，工艺动火焊接法兰等因素，在工艺管道内可能有焊渣、铁锈、微小颗粒等杂物，应先打旁路阀，经过一段时间后开启金属管转子流量计进口阀，然后打开出口阀，最后关闭旁路阀，避免新安装的金属管转子流量计开表不久就出现堵的故障。

另外要注意开关阀门的顺序，对于离心泵为动力输送物料的工艺路线，开关顺序要求不高；若是活塞式定量泵输送物料，阀门开关顺序颠倒（先关旁路阀，再开进口阀与出口阀。而且开关阀门时间间隙又大一些，即关闭旁路阀后没有立即开启金属管转子流量计出口阀），往往引起管道压力增加，损坏仪表，出现一些其他故障。

## 二、分析仪表日常维护与故障处理

### 1. 取样装置日常维护与故障处理

取样装置是指在线分析仪表基于管道、容器、塔罐中的工艺样品依靠自身压力，或依靠装置抽吸功能，通过取样探头、取样阀取出，不失真地输送至样品预处理系统，或直接送入分析器的装置。取样装置由取样探头、根部切断阀、法兰、初级处理装置、样品取出口、堵头等几部分组成，如图 3-4-1 所示。

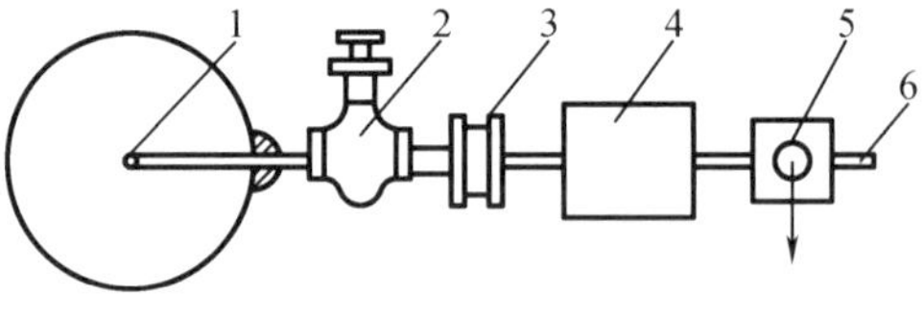


1—取样探头；2—根部切断阀；3—法兰；4—初级处理装置；5—样品取出口；6—堵头。

**图 3-4-1　取样装置基本组成**

（1）取样装置的完好标准

根据《取样装置维护检修通用规程》（HG 25451—91），取样装置完好标准如下。

①装置及零部件完整，符合以下技术要求。

A. 装置零部件、附件齐全完好。

B. 装置铭牌清晰。

C. 紧固件无松动、无泄漏、无堵塞，可动件调节灵活自如。

D. 杂质多、样品压力温度等条件苛刻需设置初级处理装置时，初级处理样品的质量能达到使用要求。

E. 防爆现场的装置符合防爆现场等级的要求。

②运转正常，性能良好，符合以下使用要求。

A. 经装置处理后的样品能满足样品预处理系统或分析器直接取样的要求。

B. 装置中的部件、阀件、转动件等长期运行无腐蚀、不堵塞，工作状态良好。

C. 装置运行正常，运行质量达到技术性能指标，即样品输出压力稳定性符合仪表要求技术指标；样品输出流量稳定性符合仪表要求技术指标；样品输出温度稳定性符合仪表要求技术指标；滞后时间≤60 s；气密性达到正常运行压力 1.5 倍条件下，密闭半小时压力下降不低于仪表技术要求。

③设备及环境整齐、清洁，符合以下工作要求。

A. 装置外壳无油污、无腐蚀，油漆无剥落，无明显损伤。

B. 装置所处环境无强烈震动，腐蚀性弱，清洁干燥。

C. 装置及输送管路排列整齐，可视部件显示清晰，调节方便。

D. 装置工作环境安全，照明灯具工作正常，设置的可燃、有毒气体检测报警器检测灵敏、准确。

E. 装置及部件保温、伴热、制冷等符合技术及现场安全运行的要求。

④技术资料齐全、准确，符合以下管理要求。

A. 装置说明书、运转资料、部件图纸等资料齐全。

B. 装置及部件制造单位、型号、出厂日期及产品合格证等有关资料保存完好。

C. 装置历年校准、检修、故障处理及零部件更换记录等资料准确、齐全。

(2)巡回检查

巡回检查是日常维护的一项重要工作，每班至少进行两次巡回检查。检查内容如下。

①根部切断阀的开度检查。

②伴热保温装置，包括电加热、蒸汽伴热、流体夹套伴热的检查和调整。

③冷却部件，包括探头夹套、水冷器、半导体致冷器、节流膨胀致冷器等的检查和调整。

④高压减压阀、节流部件、限流孔板、显示部件、安全阀等工作状态的检查和调整。

⑤增压部件，包括增压泵等的工作状态检查和调整。

⑥供装置正常工作所需的电源、气源、水源的电压、压力和流量的检查与调整。

⑦排污阀、疏水器、旁路阀、放空阀等的检查和排放。

⑧装置泄漏检查。

⑨根据装置特殊要求进行的巡检。

⑩巡检中发现不能解决的故障应及时报告，危及仪表安全运行时应采取紧急停运等措施，并通知工艺人员。

⑪做好巡回检查记录。

(3)定期维护

日常维护的另一项重要工作就是定期维护。取样装置定期维护的工作内容及维护周期见表 3-4-1。

**表 3-4-1　取样装置定期维护的工作内容及维护周期**

| 项目 | 定期维护时间 | | | 维护内容 | 备注 |
|---|---|---|---|---|---|
| | 1 个月 | 3 个月 | 6 个月 | | |
| 根部切断阀 | | | √ | 检查 | |
| 法兰 | | | √ | 检查 | |
| 加热器 | | √ | | 检查 | 注意防爆要求 |
| 致冷器 | | √ | | 检查 | 注意防爆要求 |
| 增压泵 | | | √ | 检查、注油 | 注意防爆要求 |
| 喷射器 | | | √ | 检查、清洗 | |
| 节流装置 | | | √ | 检查、清洗 | |
| 限流孔板 | | | √ | 检查、清洗 | |
| 电磁阀 | | | √ | 检查 | 注意防爆要求 |
| 安全阀 | √ | | | 检查、调校 | 模拟调校 |
| 减压阀 | | | √ | 检查、调校 | |
| 过滤器 | | √ | | 检查、清洗 | |

表 3-4-1(续)

| 项目 | 定期维护时间 | | | 维护内容 | 备注 |
|---|---|---|---|---|---|
| | 1个月 | 3个月 | 6个月 | | |
| 疏水器 | √ | | | 检查、清洗 | |
| 排污阀 | √ | | | 检查、清洗 | |
| 压力表 | | | √ | 检查 | |
| 转子流量计 | | | √ | 检查、精洗 | 若清洁可不进行 |
| 输样管路 | | √ | | 检查 | |

(4)故障处理

取样装置常见故障及处理方法见表3-4-2。

表 3-4-2 取样装置常见故障及处理方法

| 现象 | 原因 | 处理方法 |
|---|---|---|
| 无法取样 | 根部切断阀未开 | 检查并打开阀门 |
| | 装置或输送管线堵塞 | 逐段检查排除 |
| | 取样探头堵塞 | 反吹探头或机械方法疏通 |
| | 样气带液堵塞 | 找出带液原因,排除积液 |
| | 过滤器堵塞 | 反吹或清洗过滤器 |
| | 排污阀未排污,输气管带液 | 打开排污阀,利用样品本身压力吹扫管线 |
| | 喷射器或增压泵无抽吸力 | 排除故障 |
| 样品压力过低 | 取样点样品压力低 | 更改取样点或增加增压泵 |
| | 取样探头局部堵塞 | 反吹探头或机械方法疏通 |
| | 装置泄漏 | 检查、排除泄漏 |
| | 过滤器局部堵塞 | 检查、清洗 |
| | 安全阀动作 | 检查动作原因,重新调整 |
| | 装置阀件输出能力达不到设计要求 | 更换阀件 |
| | 装置及输送管线阻力过大 | 改进设计,检查管线走向 |
| | 喷射器或增压泵抽力不足 | 检查排除故障 |
| | 样气带液造成局部堵塞 | 找出带液原因,排除 |
| 样品严重带水、带液 | 装置设计不当,无法分离气液相 | 改进装置的设计 |
| | 水气分离器未能正常工作 | 检查原因,排除故障 |
| | 伴热保温管未能正常工作 | 检查原因,排除故障 |
| | 带液样气输送管线未设排污阀 | 增设排污阀,并定期排污 |
| | 装置差压过大,产生节流膨胀致冷 | 样品伴热采用多级减压 |

表 3-4-2(续)

| 现象 | 原因 | 处理方法 |
|---|---|---|
| 超压 | 压力表损坏,输出指示不准确 | 更换压力表 |
| | 安全阀失控,不动作 | 检查排除安全阀故障 |
| | 高压减压阀串气或工作不正常 | 检查排除故障 |
| 样品失真 | 取样探头或装置、输送管线材质选择不当 | 更换和样品起反应的材质 |
| | 水或蒸汽喷射,使样气中溶解氧增加 | 根据水质酸度实验,扣除增加的溶解氧量 |
| | 不允许和动力介质接触的样气,动力介质混入样气中 | 更改喷射器置分析器的后端位置 |
| | 取样附近、取样探头、装置或输送管线泄漏 | 检查和排除泄漏点 |
| | 伴热保温样品未达到要求,致使样品变质 | 检查伴热保温管线及装置 |

**2. 样品预处理系统(装置)日常维护与故障处理**

分析仪表样品预处理系统是指采用机械、物理、化学吸附、吸收等方法对工艺样品进行工艺化处理,并对工艺样品压力、温度、流量进行调节和控制,对样品中的机械杂质、粉尘进行过滤,并进行除水、除油雾等处理,达到仪表对工艺样品的技术要求。

样品预处理系统要根据工艺样品物相状态及杂质含量,由各种功能不同的预处理部件构成。预处理部件有冷冻器,如散热器、水冷器、制冷剂制冷器、节流膨胀制冷器、半导体制冷器等;减压器件,如节流孔板、多级限流孔板减压器、毛细管减压器、减压阀等;增压器,如喷射器、增压泵(包括真空泵、电磁泵、活塞泵等);过滤器,如布袋、金属筛、毛毡、陶瓷、粉末冶金、纸质过滤器等;除水、除湿、除油雾部件,如气液分离器、旋风分离器、静电除雾器、致冷器、化学试剂脱湿器等。

样品预处理系统处理对象与相应预处理部件及其使用中需注意的问题见表 3-4-3。

**表 3-4-3　样品预处理系统处理对象与相应预处理部件及其使用中需注意的问题**

| 处理对象 | 处理方法 | 预处理部件 | 使用中需注意的问题 |
|---|---|---|---|
| 高温样品 | 冷却 | 散热器 | |
| | | 水冷器 | |
| | | 涡流管制冷器 | |
| | | 制冷剂制冷器 | 注意防爆要求 |
| | | 半导体制冷器 | 注意防爆要求 |
| | | 水或溶剂洗涤制冷 | 样气不能和水或溶剂发生化学反应 |

**表 3-4-3**(续 1)

| 处理对象 | 处理方法 | 预处理部件 | 使用中需注意的问题 |
|---|---|---|---|
| 高压样品 | 减压 | 针形阀 | 出口水封稳压 |
| | | 毛细管降压器 | 不适用于含粉尘样气 |
| | | 多级限流孔板组减压器 | |
| | | 节流杆减压器 | 出口需加安全阀 |
| | | 压力调节阀 | 阀前需加过滤器 |
| | | 稳流阀 | 阀前需稳压 |
| 负压、常压、微正压样品 | 增压 | 真空泵 | 注意防爆要求 |
| | | 电磁泵 | 注意防爆要求 |
| | | 活塞泵 | 注意防爆要求 |
| | | 喷射器 | |
| 机械杂质、粉尘、炭黑 | 过滤、除尘 | 布袋过滤器 | 作初滤用 |
| | | 金属网过滤器 | 作初滤用 |
| | | 毛毡、编织过滤器 | 定期清洗和更换 |
| | | 陶瓷过滤器 | 定期清洗或更换 |
| | | 粉末冶金过滤器 | 定期精洗 |
| | | 静电除尘器 | 不能用于含氧的碳氢化物气,注意防爆要求 |
| | | 旋风分离器 | |
| | | 纸质过滤器 | |
| | | 水或溶剂洗涤 | 样气不能和水或溶剂发生化学反应 |
| 样气中水滴或水雾 | 除水、除湿 | 水气分离器 | |
| | | 旋风分离-水气分离器 | |
| | | 自清扫除雾器 | |
| | | 静电除湿器 | 不能用于含氧的碳氢化物气,注意防爆要求 |
| | | 除雾器 | |
| | | 半导体制冷器 | 注意防爆要求 |
| | | 制冷剂制冷器 | 注意防爆要求 |
| | | 化学试剂脱湿 | 微量分析慎用 |
| 样气中含油雾 | 除油雾 | 除雾器 | |
| | | 溶剂洗涤器 | 样气不能和溶剂发生化学反应 |
| | | 毛毡除雾器 | |
| | | 旋风分离器 | |
| | | 自清扫过滤器 | |
| | | 静电除雾器 | 不能用于含氧的碳氢化物气,注意防爆要求 |
| | | 纸质过滤器 | |

**表 3-4-3**(续 2)

| 处理对象 | 处理方法 | 预处理部件 | 使用中需注意的问题 |
| --- | --- | --- | --- |
| 易聚合样品 | 保温、伴热 | 电加热器 | 控制温度,防止超温 |
| | | 蒸汽伴热保温 | |
| | | 夹套物料流伴热器 | |

(1)预处理装置完好标准

根据《样品预处理系统维护检修通用规程》(HG 25452—91),分析仪表预处理装置完好标准如下。

①系统及零部件完整,符合以下技术要求。

A. 系统及零部件、附件齐全完好。

B 系统铭牌清晰。

C. 紧固件无松动、不泄漏、不堵塞,电气件接触良好,可动件调节灵活自如。

D. 防爆现场系统符合现场防爆等级的要求。

②运转正常,符合以下使用要求。

A. 系统运转正常,经处理后的样品能满足仪表分析器安全稳定运行的要求。

B. 经处理后,样品输出的压力、温度、流量、露点、杂质含量等技术性能指标达到仪表规定的要求。

C. 系统及各预处理部件长期运行中无腐蚀、不堵塞、不泄漏。

D. 保温伴热、制冷部件、带压调节部件、带电元件等完好无损,符合技术和安全工作要求。

E. 旁路放空或排放回收的样品不影响分析器正常工作并符合安全规定。

③系统及环境整齐、清洁,符合以下工作要求。

A. 系统外表无灰尘、油污,油漆无剥落,无明显损伤。

B. 系统安装现场接近取样装置,靠近仪表分析器处无强烈震动,腐蚀性弱,清洁干燥。

C. 系统和外部连接管路、电缆敷设、排列整齐,可视部件显示清晰,调节方便,并有足够的维护检修空间。

D. 若系统集中安装在防爆现场的分析室内,防爆照明灯具工作正常,安置的可燃、有毒气体检测报警器工作灵敏、准确,并符合安全运行的要求。

④技术资料齐全、准确,符合以下管理要求。

A. 系统及其部件说明书、运转资料、图纸及有关参数等资料齐全。

B. 系统制造单位、型号、出厂日期及产品合格证等有关资料保存完好。

C. 系统及部件历年校准、检修、故障处理及零部件更换记录等资料准确、齐全。

(2)巡回检查

巡回检查每班至少进行两次。其内容如下。

①系统输出样品压力、温度、流量等及其显示部件的检查和调整。

②调节阀、增压泵、喷射器等部件工作状态的检查和调整。

③安全阀、旁路放空回路、样品回收装置的检查和调整。

④供系统工作用的电源、气源、水源的检查和调整。

⑤加热、冷却、伴热保温等部件的检查。

⑥排污阀、疏水器、旁路阀、放空阀等阀件开度的检查和调整。

⑦系统的泄漏检查。

⑧防爆现场系统工作环境的安全检查。

⑨根据系统特殊要求规定的巡检。

⑩巡检中发现不能解决的故障应及时报告,危及仪表安全运行时应采取紧急停运等措施,并通知工艺人员。

⑪做好巡检记录。

(3)定期维护

日常维护的另一项工作内容是对样品预处理系统进行定期维护。预处理装置定期维护的项目、内容及周期见表3-4-4。

**表3-4-4　预处理装置定期维护的项目、内容及周期**

| 项目 | 定期维护时间 | | | 维护内容 | 备注 |
|---|---|---|---|---|---|
| | 1个月 | 3个月 | 6个月 | | |
| 散热器 | | | √ | 检查 | 或根据实际情况定 |
| 水冷器 | | √ | | 检查、清洗 | 或根据实际情况定 |
| 半导体制冷器 | | √ | | 检查 | 或根据实际情况定 |
| 节流膨胀制冷器 | | | √ | 检查 | 或根据实际情况定 |
| 制冷剂制冷器 | | √ | | 检查 | 或根据实际情况定 |
| 减压阀 | | | √ | 检查 | 或根据实际情况定 |
| 限流孔板 | | √ | | 检查、清洗 | 或根据实际情况定 |
| 金属网过滤器 | √ | | | 检查、清洗 | 或根据实际情况定 |
| 毛毡过滤器 | √ | | | 检查、更换 | 或根据实际情况定 |
| 陶瓷过滤器 | | | √ | 检查、清洗 | 或根据实际情况定 |
| 纸质过滤器 | √ | | | 检查、更换 | 或根据实际情况定 |
| 粉末冶金过滤器 | | | √ | 检查、清洗 | 或根据实际情况定 |
| 静电除尘除湿器 | | √ | | 检查、清洗 | 或根据实际情况定 |
| 旋风分离器 | | √ | | 检查、清洗 | 或根据实际情况定 |
| 水或溶剂洗涤器 | | √ | | 检查、清洗 | 或根据实际情况定 |
| 水气分离器 | | √ | | 检查、清洗 | 或根据实际情况定 |
| 自清扫除雾器 | | | √ | 检查、清洗 | 或根据实际情况定 |
| 化学试剂脱湿器 | √ | | | 更换或再生 | 或根据实际情况定 |
| 毛细管减压器 | | √ | | 检查、反吹扫 | 样品太脏不能使用 |
| 压力调节阀 | | | √ | 检查 | 或根据实际情况定 |
| 水封稳压器 | | √ | | 检查 | 或根据实际情况定 |

表 3-4-4(续)

| 项目 | 定期维护时间 | | | 维护内容 | 备注 |
|---|---|---|---|---|---|
| | 1 个月 | 3 个月 | 6 个月 | | |
| 真空泵 | | √ | | 检查、加油 | 或根据实际情况定 |
| 电磁泵 | | √ | | 检查 | 或根据实际情况定 |
| 活塞泵 | | √ | | 检查、注油 | 或根据实际情况定 |
| 喷射器 | | | √ | 检查、清洗 | 或根据实际情况定 |
| 除雾器 | | √ | | 检查、清洗 | 或根据实际情况定 |
| 排污阀 | | √ | | 检查、清洗 | 或根据实际情况定 |
| 安全阀 | | √ | | 检查、调试 | 或根据实际情况定 |
| 疏水器 | √ | | | 检查、清洗 | 或根据实际情况定 |
| 转子流量计 | | | √ | 检查、清洗 | 或根据实际情况定 |
| 放空管路 | √ | | | 检查、排堵 | 或根据实际情况定 |
| 加热、伴热装置 | | √ | | 检查 | 或根据实际情况定 |
| 排放回收装置 | | √ | | 检查 | 或根据实际情况定 |
| 环境安全 | | | √ | 检查 | 或根据实际情况定 |
| 系统泄漏 | | √ | | 检查、排堵 | 或根据实际情况定 |

(4)故障处理

样品预处理系统常见故障及处理方法见表 3-4-5。

表 3-4-5　样品预处理系统常见故障及处理方法

| 现象 | 原因 | 处理方法 |
|---|---|---|
| 样气带水、带液 | 系统设计不当,不能满足工艺在正常运行时对样气处理的能力 | 针对样气带水、带液特性改进系统 |
| | 水冷器、水气分离器、致冷器设计不当或使用不当,不能满足系统要求 | 改进部件设计或正确使用部件 |
| | 水冷器、水气分离器、致冷器未及时维护检修,造成系统带水、带液 | 加强系统的维护检修 |
| | 系统旁路排放、排污回路设计不当或调节不合要求 | 改进旁路排放、排污回路,正确使用 |
| | 系统中各部件流速调节不当,产生节流膨胀制冷造成系统带水 | 改进节流回路,改进设定参数 |
| | 阀件压差太大产生节流膨胀致冷,致使系统带水、带液 | 减小阀件差压 |
| | 化学试剂失效 | 及时更换试剂或及时再生处理 |

**表 3-4-5**(续 1)

| 现象 | 原因 | 处理方法 |
|---|---|---|
| 样气带油雾、水雾 | 系统设计不当,不能满足工艺在正常运行时对样气处理的能力 | 针对样气带油雾、水雾特性改进系统 |
| | 系统中的除雾器、旋风分离器、静电除雾器等部件设计不当或使用不当 | 改进部件性能,改进使用条件和使用方法 |
| | 系统设计的冷却能力不足,使制冷温度或冷却温度达不到要求 | 改进冷却器结构或采用新的冷却方法 |
| | 系统冷却、除雾后未设排放回路,或旁路排放量不够 | 增设排放回路,增大排放量 |
| | 系统未设置自清扫回路,致使水雾、油雾进入分析器中 | 增设自清扫回路 |
| | 系统压差过大或局部堵塞,产生节流膨胀制冷,样气带水雾 | 改进调节阀差压设定值,检查系统是否局部堵塞 |
| 输出压力和流量不稳定 | 系统设计不当,不能满足工艺在正常运行时压力波动和流量变化的处理能力 | 改进系统调节压力和输出流通能力,或更换适合的调节阀 |
| | 调节阀性能不良或阀件内部故障 | 更换调节阀或修复 |
| | 调节阀输入/输出压差小于 0.05 MPa,阀件不能正常调节 | 改变调节设定参数 |
| | 调节阀后的预处理部件或管路局部堵塞 | 检查、修复 |
| | 系统泄漏 | 检查、排除故障 |
| | 系统旁路放空量设置过大 | 重新设定放空量 |
| | 样品放空管内径太小,或放空管回路局部堵塞 | 检查、疏通、更换放空管路 |
| | 系统局部带液 | 针对带液原因排除故障 |
| | 水封入口压力过大,或压力波动过大 | 水封入口前减压,或改用压力调节阀 |
| | 系统过滤器滤芯局部堵塞 | 针对堵塞滤芯堵塞物进行清洗 |
| | 系统使用化学试剂粒度过小,或使用中变质粉化 | 选择强度大、粒度适中的化学试剂,加强维护 |

**表 3-4-5**(续 2)

| 现象 | 原因 | 处理方法 |
| --- | --- | --- |
| 使用过程中系统易堵塞 | 系统设计不当,易造成堵塞 | 粉尘、机械杂质多的样品采用多级过滤,加强维护 |
| | 系统过滤部件不能满足样品过滤质量的要求 | 更换过滤部件 |
| | 过滤器滤芯孔径太小 | 更换适合的滤芯 |
| | 过滤器未设置旁路自清扫回路 | 改进 |
| | 系统带液 | 针对系统带液原因,排除故障 |
| | 系统使用化学试剂,粉尘进入其他部件引起系统堵塞 | 选用强度大的化学试剂,化学试剂部件出口增设过滤器 |
| | 系统的各种阀件和有节流孔的部件孔径太小,而样品中固体颗粒大造成堵塞 | 节流孔前增设过滤器,或在允许情况下扩大节流孔径 |
| 样品失真或变质 | 系统设计不当,样品在系统中失真或变质 | 针对原因改进系统 |
| | 使用了不适当的化学试剂,处理过程中发生化学变化,或超出允许中的吸附、吸收量 | 慎用化学试剂,微量分析最好不使用 |
| | 系统对样品的温度、压力等参数预处理不当,使样品发生相变、聚合、催化、碳化或其他化学反应 | 改变系统对样品温度、压力等参数的预处理能力 |
| | 系统泄漏或选用不当的材质,大气反扩散致使样品失真 | 检漏,微量分析不宜用橡胶管、塑料管 |
| | 系统部件和公用管路选用材质不当,引起样品污染或严重的记忆效应 | 更换相应的材质 |
| | 系统及公用管路开车时吹扫时间不够,或吹扫量不足引起交叉污染或严重记忆效应 | 增长吹扫时间或增大吹扫量 |
| | 系统回路或公用管路串气 | 检查、排除故障 |
| 样品预处理温度达不到设定要求 | 系统设计不当,样品出口温度达不到设定要求 | 针对样品特性,特别是工艺异常时的特性,改进系统 |
| | 水冷器、致冷器或加热部件性能差,质量达不到使用要求 | 改进部件结构,加强维护 |
| | 系统压力、流量参数设定不当 | 改变系统压力、流量参数 |
| | 系统因带液、机械杂质、粉尘堵塞、泄漏或其他部件工作状态不良,引起系统压力、流速波动,超过系统处理能力 | 排除积液,疏通堵塞处,检漏,针对性能不良部件修复或更换 |

**3. 工业气相色谱仪日常维护与故障处理**

工业气相色谱仪是化工企业常用的一种在线分析仪器，亦在生产过程中起着相当重要的作用。

(1)工业气相色谱仪的完好标准

根据《工业气相色谱仪维护检修通用规程》(HG 25485—91)，工业气相色谱仪完好标准如下。

①整机及零部件完整，符合以下技术要求。

A. 仪表零部件、附件齐全完好。

B. 仪表铭牌清晰。

C. 紧固件无松动、不泄漏，接插件接触良好，可动件调节灵活自动。

D. 防爆现场仪表符合防爆现场等级的要求。

②运转正常，性能良好，符合以下使用条件。

A. 取样装置及预处理系统运转正常，经处理后的样品能满足分析器安全稳定运行的要求。

B. 载气纯度≥99.99%。

C. 燃烧气、助燃空气的纯度和质量符合仪表的要求。

D. 仪表运行质量达到规定的技术性能指标。

③设备及环境整齐、清洁，符合以下工作要求。

A. 仪表外壳无灰尘、油污，油漆无剥落，无明显损伤。

B. 仪表现场所处环境无强烈震动，无强电磁场，腐蚀性弱，清洁干燥。

C. 仪表管路、电缆敷设、排列整齐，保温伴热符合要求。

D. 钢瓶与仪表隔开、固定，排放整齐，放在干燥通风处，避免阳光直照和雨淋，并符合防爆要求。

④技术资料齐全、准确，符合以下管理要求。

A. 仪表说明书、运转资料、部件及记录器等资料齐全。

B. 产品制造单位、型号、出厂日期及产品合格证等有关资料保存完好。

C. 仪表历年校准、检修、故障处理及零部件更换记录等资料准确、齐全。

(2)巡回检查

每班至少进行两次巡回检查，检查内容如下。

①载气、燃烧气、助燃空气与样品压力指示数值的检查和调整。

②取样装置的压力指示、加热和冷却系统、安全阀、减压阁等工作状态的检查。

③预处理系统各压力指示、转子流量计浮子位置、电磁阀、冷却器、疏水器、加热器、排污阀等的工作状态检查。

④分析器温控指示，各流路电磁阀、取样阀、柱切阀、大气平衡阀压力指示，各路转子流量计浮子位置等的工作状态检查和调整。

⑤供预处理系统正常工作的电液、气源、水源、仪表空气等的电压或压力、流量的检查

和调整。

⑥各管路的仪表气路系统泄漏检查。

⑦热导检测器的桥流检查。

⑧程序控制器、信息器、计算机各种状态显示检查。

⑨记录器、打印机、CRT 记录显示各参数和组分浓度数值的观察和检查。

⑩根据仪表特殊要求进行的巡回检查。

⑪巡回检查中发现不能解决的故障应及时报告,危及仪表安全运行时应采取紧急停表措施,并通知工艺人员。

⑫做好巡回检查记录。

(3)定期维护

定期维护是仪表日常维护的重要一环,工业气相色谱仪定期维护的项目、内容及周期见表 3-4-6。

**表 3-4-6　工业气相色谱仪定期维护的项目、内容及周期**

| 项目 | 定期维护时间 | | | 维护内容 |
| --- | --- | --- | --- | --- |
| | 1 个月 | 3 个月 | 6 个月 | |
| 分析器温控 | | √ | | 检查 |
| 转子流量计 | | | √ | 检查、清洗 |
| 过滤器 | | | √ | 检查、清洗 |
| 冷却器 | | | √ | 检查、清洗 |
| 加热器 | | √ | | 检查 |
| 排污阀 | √ | | | 检查、清洗 |
| 疏水器 | | √ | | 检查、清洗 |
| 取样装置 | | √ | | 检查泄漏,调试 |
| 预处理系统 | | √ | | 检查泄漏,调试 |
| 净化装置 | | √ | | 视谱图异常,及时更换或定期更换 |
| 程序动作调整 | √ | | | 根据组分出峰及记录器记录异常峰谱时检查调整 |
| 程序器、信息器或计算机控制器运行检查 | √ | | | 根据各组电器、电路板、变压器发热状态,指示灯异常指示,打印机打印状态异常检查 |
| 记录器 | | | √ | 检查、清洗滑线电阻,校准 |

(4)故障处理

工业气相色谱仪常见故障如下。

①基线不稳定。基线不稳定的原因及处理方法见表 3-4-7。

②无峰或峰太低。无峰或峰太低的原因及处理方法见表 3-4-8。

③出乱峰。出乱峰的原因及处理方法见表 3-4-9。

④程序设置不当。程序设置不当的原因及处理方法见表 3-4-10。

⑤重复性差。重复性差的原因及处理方法见表 3-4-11。

**表 3-4-7　基线不稳定的原因及处理方法**

| 现象 | 原因 | 处理方法 |
| --- | --- | --- |
| 基线漂移 | 炉温漂移 | 检查炉温和温控电路 |
| | 热导检测器不稳定 | 更换热丝并老化,用无水酒精清洗 |
| | 载气流速不稳定或泄漏 | 检漏、重调载气流速 |
| | 色谱柱固定液流失严重 | 检查或更换色谱柱 |
| 基线噪声大  | 检测器污染 | 清洗热导池或火焰离子化检测器 |
| | 放大器漂移 | 检修或更换放大器 |
| | 记录器的放大器性能不好 | 修理放大器 |
| | 热导检测器供电不稳 | 检查供电电源电压及纹波 |
| | 载气未净化好或污染 | 检查和处理净化装置 |
| | 载气压力不稳,流速过高 | 检查和测试载气流速 |
| | 载气泄漏 | 检漏 |
| | 检测器污染或接触不良,或热丝松弛 | 检查和清洗热导池,更换热丝;检查和清洗火焰离子化检测器 |
| | 色谱柱被污染或固定液流失严重 | 检查色谱柱,用高纯载气吹扫,无法挽回时,更换柱系统 |
| | 输气管道局部堵塞 | 检查、吹扫 |
| | 放空管道不畅通 | 检查 |
| | 电路接触不良 | 接插件用无水酒精清洗擦净吹干,插紧,拧紧各端子接线 |
| | 接地不良 | 改变一点接地点或浮空检查 |
| | 桥路供电稳定性不好或纹波太大 | 改变供电电源,观察变化状况,确认后修复 |
| | 放大器噪声引起 | 输入端短路确认后,进行修复 |
| | 信号电缆绝缘性能下降 | 电缆两端接头拆卸,用兆欧表检查 |
| | 加热器电源干扰 | 切断加热器电源,确认后修理 |
| | 记录器灵敏度太高,工作不正常或电位器触头太脏 | 输入端短路确认,调节放大量,或修理,或用无水酒精擦洗电位器触头 |

**表 3-4-7**(续)

| 现象 | 原因 | 处理方法 |
|---|---|---|
| 基线无规则漂移  | 载气净化不好 | 再生或更换净化装置 |
| | 载气压力不稳或泄漏 | 检漏和测试流速,调节阀件上的压差,应大于 0.05 MPa |
| | 载气中有空气使热丝氧化严重 | 热丝阻值差大于 10 以上更换 |
| | 气路放空管位置处于风口或气流扰动大的区域 | 改变放空位置 |
| | 温控不稳定 | 暂停用,确认后检查、修理 |
| | 色谱柱系统低沸点物挥发出来或高沸点物沾污 | 检查预处理系统,载气流速和程序器设定时间是否错或温控失控否 |
| | 检测器被污染 | 无水酒精清洗后烘干 |
| | 桥路稳压电源失控 | 检查电源稳定度和纹波 |
| | 接地不良 | 改变一点接地点或接地浮空,检查后重新埋设接地线 |
| | 记录器已损坏 | 输入端短路确认后修理 |
| 基线出现大毛刺、周期性干扰或波动   | 载气出口有冷凝物或凝聚物局部堵塞 | 检查测试出口流速 |
| | 载气输入压力过低或稳压阀失控 | 提高输入压力,使稳压阀降压大于 0.05 MPa,或检查阀的性能 |
| | 灰尘或固体微粒进入检测器 | 清洗和烘干 |
| | 色谱柱填料填装过松或柱出口过滤用玻璃棉松动 | 检查和测定色谱柱气阻 |
| | 分析器安装环境震动过大 | 加防震装置 |
| | 电源干扰 | 检查供电电路是否接在大功率设备上,改为单独供电 |
| | 供电电路不稳定 | 检查各级稳压电源和纹波 |
| | 电源插头接触不良 | 检查插头是否松动,用无水酒精洗触头 |
| | 继电器电火花干扰 | 检查继电器灭弧组件 |
| | 恒温箱保温不好或温控电路失控 | 检查和测定温控精度,检查温控电路 |
| | 记录器滑线电阻接触不良 | 用无水酒精清洗 |
| 基线呈 S 形波动 | 恒温箱保温性能不好,随外界环境温度变化而变化 | 恒温箱外层加保温棉 |
| | 分析器安装在风口或气流变化大的环境中 | 更改安装分析器的地点 |
| 基线上漂至量程卡死 | 载气用完或泄漏严重 | 最好采用并列共用钢瓶,严格检漏 |

**表 3-4-8　无峰或峰太低的原因及处理方法**

| 现象 | 原因 | 处理方法 |
|---|---|---|
| 无峰 | 未供载气或载气用完 | 加强检查,改用并列共用钢瓶 |
| | 载气泄漏完 | 严格检漏 |
| | 载气气路严重泄漏 | 做气密性检查,特别对色谱接头、检测器入口的泄漏进行检查 |
| | 热导池未加桥流或桥路供电接线断开 | 检查桥路供电 |
| | 桥路供电调整管或电路损坏 | 检查稳压或稳流电源,进行修复 |
| | 信号线或信号电缆折断,或信号线和屏蔽线、地线相碰 | 用万用表检查,或信号线两端拆卸开用兆欧表检查 |
| | 未加驱动空气或驱动空气压力不够 | 检查驱动空气压力 |
| | 取样阀未激励,不能取样 | 检查取样阀有否故障并排除 |
| | 大气平衡阀未激励,样品不能流入定量管中 | 检查大气平衡阀有否故障 |
| | 温控给定的温度太低,样品在柱上冷凝 | 检查温控电路,测定炉温温度 |
| | 汽化室温度太低,样品不能汽化 | 检查汽化室温度 |
| | 记录器损坏 | 记录器输入端短路确认并修理 |
| | 放大器损坏 | 放大器输入端接标准信号检查,确认后修复或更换 |
| 峰太低 | 桥流因电路故障而降低 | 检查桥路供电电流 |
| | 载气流速太低 | 检查测定分析器出口载气流速 |
| | 取样阀泄漏,样品流量减少 | 检查取样阀的气密性 |
| | 大气平衡阀激励不好,样品流入定量管流速太低 | 检查大气平衡阀的气密性 |
| | 反吹阀或柱切阀因程序时间设置不当,使组分被反吹、柱切或开关门设置不当 | 根据色谱的分离谱图重排反吹、柱切时间,重排组分出峰时间 |
| | 色谱柱因保留时间变化或载气流速变化,导致组分被反吹或柱切 | 检查分析器出口和载气流速,标准气检查色谱柱的分离谱图,重排程序时间或更换色谱柱 |
| | 预处理系统输送管线断或堵 | 检查样品输送管路 |
| | 衰减电位器衰减过头或运行中衰减量发生变化 | 检查或重新调整衰减电位器 |
| | 炉温降低 | 检查炉温并重新给定 |
| | 自动调零失控基线漂移 | 将操作开关放在手动衰减或色谱档,检查基线并处理 |
| | 放大器不稳定 | 重调放大器工作点 |
| | 继电器损坏或触点接触不良 | 更换继电器 |

**表 3-4-9　出乱峰的原因及处理方法**

| 现象 | 原因 | 处理方法 |
|---|---|---|
| 圆顶峰<br> | 进样量大 | 改小定量管 |
| | 记录器增益太低 | 调整放大量 |
| | 超出检测器的线性动态范围 | 改小定量管 |
| | 记录器笔尖向满刻度运动时被卡 | 检查排除 |
| 平顶峰<br> | 进样量过大,色谱柱饱和 | 改小定量管 |
| | 放大器放大量太高或衰减电位器衰减量过小 | 重新检查和调整 |
| | 记录器、滑线电阻或机械传递系统有故障 | 检查和调整 |
| 前沿峰<br>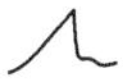 | 汽化室温度太低,以致样品未完全汽化 | 提高汽化室温度,汽化温度一般高于柱温 50~100 ℃ |
| | 柱温设定太低,样品在柱系统中部分被冷凝 | 提高柱温 |
| | 载气流速太低 | 检查载气稳压阀,检查柱出口流速,重调 |
| | 进样量过大,造成色谱柱过载 | 改小定量管 |
| 拖尾峰<br> | 柱温太低 | 适当提高柱温,但不可太高 |
| | 色谱柱选择不当,拖尾峰往往是极性较强的组分、腐蚀性组分,它们和柱填料间产生强作用力 | 重选色谱柱,改用极性较强的填料或适当加脱尾剂 |
| | 含极性组分的样品进样量大 | 改小定量管 |
| 出乱峰<br>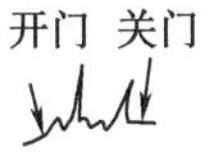<br> | 预处理系统工作不正常,样品中有害组分进入色谱柱,损坏或造成柱系统严重污染 | 观察、检查预处理系统并改进 |
| | 载气严重不纯,特别换钢瓶后未做基线检查,污染柱系统 | 检查色谱基线,换载气瓶后坚持检查 |
| | 载气流速或高或低,组分保留时间变化,重组分进入主分柱中,污染柱子,或重组分在下一个分析周期中流出,造成峰重叠 | 检查稳压阀件,阀前后压降必须大于 0.05 MPa,阀才能正常工作,勤检查检测器和流速 |
| | 汽化室温度设定太高,样品分解 | 检查汽化室温度及温控系统 |
| | 温控失控造成柱温太高,固定液流失严重,柱温太低,重组分不能反吹,流入下一个分析周期中和下周期组分重合 | 用Ⅰ级温度计检查温控精度,检查和修复温控电路 |

**表 3-4-9(续)**

| 现象 | 原因 | 处理方法 |
|---|---|---|
| 开门　关门 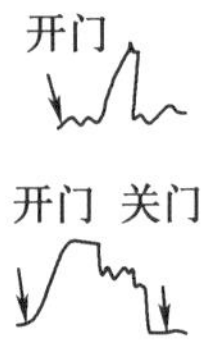  | 色谱柱未老化,气液柱的大量溶剂被吹扫出 | 自制的气液柱,需选择合适温度进行较长时间的老化 |
| | 气固柱未再生活化好,组分分离性能差,重复性差 | 严格再生活化气固柱条件,参考有关技术书籍 |
| | 固定液全部流出,色谱柱失效 | 检查色谱柱分离性能,更换 |
| | 色谱柱选择不当和样品发生作用、催化作用或分解 | 更换色谱柱 |
| | 样品在预处理系统中发生记忆效应或交叉污染 | 加大预处理系统中的快速回路流量和旁路放空量,检查管道是否局部堵塞 |
| | 系统载气泄漏较严重, | 检漏 |
| | 检测器被严重污染或检漏时起泡剂进入检测器 | 用无水酒精清洗检测器,再烘烤干 |
| | 放大器部分元件损坏 | 放大器输入短路,确认后进行检查修理或更换 |

**表 3-4-10　程序设置不当的原因及处理方法**

| 现象 | 原因 | 处理方法 |
|---|---|---|
| 程序动作时的动态基线故障  | 程序动作时记录器干扰,程序器或信息器的继电器触点接触不良,电路的布线不合理 | 用信号短路法逐级检查电路中继电器触点,拨动软线,观察现象是否变化 |
| | 反吹、柱切、前吹时,由于经检测器的载气气路色谱柱更换,基线波动范围在±1%~±2%是正常的,若超过此值是色谱柱和平衡柱的气阻值不相等引起的 | 若为固定平衡柱,测试气阻并调节至相等。若为气阻阀需耐心调节,有时还需改变柱前压力、旁路载气流量等 |
| 出乱峰 | 运行条件下,色谱分离情况正常时出乱峰主要是反吹、前吹、柱切等的程序设定时间不准造成的 | 标准样检查柱系统正常时,根据组分的谱图重新安排反吹、前吹、柱切时间 |
| | 反吹时间设置不当,一些组分定量分析偏低 | 重组分进入预分柱、主分柱中,调整反吹时间 |
| | 前吹时间设置提前 | 部分前吹掉的组分进入主分柱中,调整前吹时间 |
| | 前吹时间设置太后,一些组分定量分析偏低 | 待分析部分被前吹,调整前吹时间 |
| | 柱切时间设置提前,进入主分析柱的部分组分被柱切,组分定量分析偏低 | 调整柱切时间 |
| | 柱切时间设置太后,对主分柱有害的组分进入,使主分柱中毒 | 调整柱切时间 |

**表 3-4-10**(续)

| 现象 | 原因 | 处理方法 |
|---|---|---|
| 自动调零时的故障<br><br>基线<br>自动调零<br>Ⅰ | 自动调零时基线跑至最大,调零电路保持电容或集成块损坏,调零电路故障引起(Ⅰ) | 在自动调零时观察基线的突然变化,修理或更换 |
| | 自动调零时基线不能快速回至零位或调零时指示摆动,是由于自动调零电路接触不好或有故障,记录器零位和放大器零位未调整好 | 自动调零电路接触不良,清洗触点,进一步检查自动调零电路,检查记录器零位 |
| <br>基线<br>Ⅱ | 自动调零时基线回零,调零信号消失基线偏零,是放大电路中集成块失调电压未调好造成的(Ⅱ) | 自动调零电路正常,检查和调整放大器失调补偿电位器,使两者基线一致 |
| <br>自动调零<br>Ⅲ | 自动调零时间选择在 B 峰拖尾时,C 峰浓度低,衰减量小,B 峰浓度高,衰减量大,造成 C 峰定量偏低,影响下周期的正常分析(Ⅲ) | B 峰拖尾严重,更换色谱柱。更改自动调零时间,必须将自动调零时间设置在基线稳定的区域或没有组分信号的区域 |
| <br>Ⅰ | 开门过晚(Ⅰ)造成积分定量偏低,开门晚至峰值过后再开门,峰定量更会偏低 | 运行时观察开门时记录器指针是否突然上升来确认。在门谱档检查谱图如Ⅰ所示,调整开门时间 |
| <br>Ⅱ | 关门过早(Ⅱ)造成积分定量偏低,关门在峰高之前,峰高定量更会偏低 | 运行时观察峰值下降过程中突然峰回到零时确认。在门谱档检查谱图如Ⅱ所示,调整关门时间 |
| 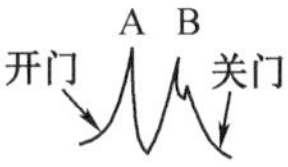<br>衰减电位器切换<br>Ⅲ | 关门后 B 峰出现两大峰,原因是 A、B 组分浓度相差较大。A 峰拖尾,关门时,衰减电位器自动切换,由于衰减量小,以致 A 峰拖尾信号大于 B 峰信号,造成如图Ⅲ所示的峰谱,此时峰定量分析大大偏高 | 更换色谱柱。关门设置时间延后或另选择运行条件 |

**表 3-4-11　重复性差的原因及处理方法**

| 现象 | 原因 | 处理方法 |
|---|---|---|
| 峰谱重复性不好 | 预处理系统工作不正常 | 检查和改进 |
| | 无大气平衡阀,样品流速又不稳定 | 检查预处理及样品流路稳压或稳流系统 |
| | 大气平衡阀在激励或释放时泄漏或串气 | 检查、修理或更换大气平衡阀 |
| | 取样阀瓣因划伤串气 | 检查、修复或更换取样阀瓣 |
| | 取样管道部分堵塞 | 逐段检查排除 |
| | 色谱柱填料装填太松,阻值变化造成保留值变化 | 测定气阻,重新装填或更换 |

表 3-4-11(续)

| 现象 | 原因 | 处理方法 |
|---|---|---|
| 峰谱重复性不好 | 放大器工作不稳定或放大器中继电器触点接触不良 | 检查隐患,必要时更换继电器或电路元件 |
| | 桥路供电不稳定,或高或低 | 连续监测桥路电流和纹波 |
| | 自动调零电路工作不稳定 | 在色谱或门谱档检查 |
| | 衰减电位器接触不良 | 用无水酒精清洗、吹干后复原 |
| | 记录器灵敏度太低或过阻尼 | 检查和调整记录器 |
| 峰谱中一些组分突变 | 预处理系统中带气泡的液体未能消除气泡 | 预处理系统中增加气液分离器或采用其他方法除液沫 |
| | 预处理系统中带液体的气体未能分离液体或液沫 | 预处理系统中增加除液部件或采用其他方法除液或液沫 |
| | 压力较高,沸点相差大的气样因减压,节流膨胀带液或液沫 | 增设加热器或用其他办法防止气体中某些组分发生相变 |
| | 工艺异常时,预处理系统不能正常工作;使样品失真 | 改善或改进预处理系统 |
| | 预处理系统因快速回路或旁路流速调节不当引起记忆效应 | 重新调节快速回路,或旁路放空容量 |
| | 载气严重不纯,基线波动大 | 色谱档检查,更换载气瓶后必须做检查,更换载气瓶 |

**4. 工业酸度计的日常维护与故障处理**

工业酸度计也是化工企业常用的一种在线分析仪表。工业酸度计产品规格型号很多,但基本都采用原电池原理工作。仪器主要由检测器、前置放大器、pH 变送器(或分析器)和清洗装置组成。

(1)工业酸度计的完好标准

根据《工业酸度计维护检修通用规程》(HG 25504—91),工业酸度计的完好标准如下。

①整机及零部件完整,符合以下技术要求。

A. 取样装置、预处理系统、各种管线、电缆、仪表零部件及各种附件齐全完好。

B. 仪表铭牌清晰无缺。

C. 紧固件无松动,管线无泄漏,插接件接触良好,信号引线无干扰,玻璃电极电缆的屏蔽良好,可动件调节灵活自如。

D. 密封部件的密封性能良好。

E. 电极引线和端子及印刷线路板清洁且干燥。

F. 仪表的防爆等级应满足现场的防爆要求。

②运转正常,性能良好,符合以下使用要求。

A. 被测溶液的温度、压力和流量等应满足分析器安全稳定运行的要求。

B. 仪表运行质量达到如下性能指标。

a. 精确度：±0.2pH 或±0.1pH，或出厂指标。

b. 重复性误差：±0.05pH，或±0.01pH，或出厂指标。

c. 响应时间：约 10 s（敏感元件或缓冲溶液在 20 ℃平衡时），或出厂指标。

③设备及环境整齐、清洁，符合以下工作要求。

A. 仪表外壳无灰尘和油污，油漆无剥落，无明显损伤。

B. 仪表现场所处环境无强烈震动，无强电磁场，腐蚀性弱，清洁干燥。

C. 仪表管路和电缆敷设、排列整齐，保温伴热符合要求。

D. 工作场所避免热辐射源。

④技术资料齐全、准确，符合以下管理要求。

A. 仪表说明书、运转资料、主要部件和记录器等资料齐全。

B. 产品制造单位、型号、出厂日期、校验单及产品合格证等有关资料保存完好。

C. 仪表历年校准、检修、故障处理及零部件更换记录等资料准确、齐全。

（2）巡回检查

每班至少进行两次巡回检查，检查内容如下。

①仪表运行状态是否正常。

②KCl 溶液液位是否正常。

③流通式测量时，样品流量、压力、温度的检查和调整，冷却器冷却效果的检查。

④超声波清洗装置是否运行正常。

⑤检查记录曲线有无异常。

⑥若发现不能及时处理的故障应及时报告，危及仪表安全运行时应采取紧急停表措施，并通知工艺人员。

⑦做好巡检记录。

（3）定期维护

对工业酸度计除了按完好标准进行巡回检查外，尚需定期维护。定期维护的内容和周期如下。

①每月检查仪表中的干燥剂一次，如干燥剂失效，则更换。

②每 3 个月检查玻璃电极一次，如有污染，进行清洗。

③每 3 个月检查湿部件的 O 形环一次。

④每 3 个月检查清洗装置一次。重点检查清洗装置是否腐蚀，喷嘴是否堵塞，刷子是否磨损。

（4）故障处理

仪表工在巡检中发现故障或分析人员在操作中出现故障应及时排除和处理。工业酸度计常见的故障现象和处理方法见表 3-4-12。

**表 3-4-12　工业酸度计常见的故障现象和处理方法**

| 现象 | 原因 | 处理方法 |
|---|---|---|
| 有明显的测量误差 | 被测溶液压力、温度和流速不满足电极的工作条件，带压 KCl 储瓶的压力不符合要求 | 检查被测溶液状态和带压 KCl 储瓶的压力，如必要，则应调整使满足要求 |
| | 玻璃电极被污染 | 清洗玻璃电极 |
| | 电极室周围的绝缘不良 | 干燥电极室，如果 O 形环损坏，则更换之 |
| | 玻璃电极的特性变坏 | 更换玻璃电极，然后用缓冲溶液进行校准 |
| | 盐桥（液络）堵塞 | 清洗盐桥，如果仍不能进行正常测量，则更换之 |
| | 参比电极内的溶液浓度变化 | 对可充灌型敏感元件，更换内部溶液；对充灌型敏感元件则清洗敏感元件内部且充灌 KCl 溶液 |
| | 测量线路绝缘变坏 | 清洗和干燥电缆端子，使其绝缘电阻大于 $10^{12}$ Ω |
| | pH 变送器线路异常 | 修理或更换变送器的放大器 |
| | 参比电极损坏 | 更换参比电极 |
| | 电缆接线错误和接插件接触不良 | 对照接线图检查接线和接插件接触情况 |
| | 接地线不适当 | 检查更换接地线或接地点 |
| | 温度补偿电阻开路或短路 | 修复或更换温度补偿电极 |
| 指示波动 | 被测溶液压力和流速变化太快 | 检查被测溶液状态，如必要则进行调整 |
| | 玻璃电极被污染 | 清洗玻璃电极 |
| | 盐桥被堵塞 | 清洗盐桥，如仍不能进行测量，则更换之 |
| | 测量线路绝缘不良 | 清洗和干燥电缆端子，使其绝缘电阻大于 $10^{12}$ Ω |
| 响应缓慢 | 被测溶液的置换缓慢 | 检查被测溶液状况，如必要则进行改进 |
| | 玻璃电极没有充分浸泡 | 重新浸泡玻璃电极直至工作状态正常 |
| | 玻璃电极被污染 | 清洗玻璃电极 |
| | 盐桥被堵塞 | 清洗盐桥，若不能进行正常测量，则更换之 |
| 指针跳到刻度以外 | 电极室周围绝缘破坏 | 干燥电极室，如果 O 形环损坏，则用备品替换之 |
| | 玻璃电极被损坏 | 更换玻璃电极 |
| | 测量线路绝缘电阻降低 | 清洗和干燥电缆端子，使其绝缘电阻大于 $10^{12}$ Ω |
| 指示值单向缓慢漂移 | 玻璃电极球泡有微孔或裂纹 | 更换玻璃电极 |
| | 参比电极 KCl 溶液向外渗透太快 | 更换参比电极 |
| | 参比电极内有气泡 | 检查并补充 KCl 溶液且排除气泡 |
| | 新电极浸泡时间不够 | 重新浸泡电极（24 h 以上） |

**5. 可燃、有毒气体检测报警器日常维护与故障处理**

可燃、有毒气体检测报警器是化工企业确保安全生产不可缺少的一类仪器，常用的有GP-840型可燃气体检测报警器、RZ-1(K)-S扩散型泄漏气体检测报警器、RZ-1(K)-S吸入型泄漏气体检测报警器、ED系列扩散型可燃气体检测报警器、730PW系列CD检测报警器等。

这类仪表基本工作原理多采用催化接触氧化燃烧、金属氧化物半导体吸附、隔膜电极比较、红外线气体吸收及电化学原电池等，其结构分为扩散式和吸收式两大类。

扩散式仪表由检测器、放大器及信息处理单元、报警单元、电源等几部分构成。

吸入式仪表由吸入口、过滤器、抽吸泵、喷射器组成的取样装置和预处理系统，以及检测器、放大器及信息处理器、电源、报警单元、显示或记录单元构成。

(1)完好标准

根据《可燃、有毒气体检测报警器维护检修通用规程》(HG 25518—91)，可燃、有毒气体检测报警器完好标准如下。

①整机及零部件完整，符合以下技术要求。

A. 仪表零部件、附件齐全完好。

B. 仪表铭牌清晰。

C. 紧固件无松动、不泄漏、不堵塞，接插件接触良好，可动件调节灵活自如。

D. 防爆现场仪表符合防爆现场等级的要求。

②运转正常，性能良好，符合以下使用要求。

A. 吸入式仪表取样装置及预处理系统运转正常，经处理后的泄漏气体能满足仪表安全稳定运行的要求。

B. 扩散式、吸入式仪表工作状态正常。

C. 仪表零点和下限报警值调校准确，反应灵敏。

D. 仪表运行质量达到技术性能指标。

③设备及环境整齐、清洁，符合以下工作要求。

A. 仪表外壳无油污，油漆无剥落，无明显损伤。

B. 仪表现场所处环境无强烈震动，腐蚀性弱，清洁干燥。

C. 仪表管路、电缆敷设、排列整齐。

D. 仪表工作场所符合仪表安全运行的要求。

④技术资料齐全、准确，符合以下管理要求。

A. 仪表说明书、运转资料、部件及显示器等技术资料齐全。

B. 产品制造单位、型号、出厂日期及产品合格证等有关资料保存完好。

C. 仪表历年校准、检修、故障处理及零部件更换记录等资料准确、齐全。

(2)巡回检查

可燃、有毒气体检测报警器每班至少进行两次巡回检查。其内容如下。

①观察仪表电源、放大器及信息处理、报警等单元指示灯、事故灯等显示是否正常。

②若有记录器时，观察仪表记录曲线、报警指示灯，若异常，检查确认是仪表故障还是现场发生泄漏。

③吸入式仪表的取样装置和预处理系统及其部件工作状态的检查和调整，调节吸入气

体的压力和流量至规定数值。

④根据仪表特殊要求进行的巡检。

⑤巡检中发现不能解决的故障应及时报告，危及仪表安全运行时应采取紧急停表措施，并通知工艺人员。

⑥做好巡检记录。

(3)定期维护

可燃、有毒气体检测报警器日常维护除每班进行巡回检查外，尚需定期维护。可燃、有毒气体检测报警器定期维护的项目、内容及周期见表3-4-13。

**表3-4-13 可燃、有毒气体检测报警器定期维护的项目、内容及周期**

| 项目 | 定期维护时间 | | | 维护内容 |
|---|---|---|---|---|
| | 1个月 | 3个月 | 6个月 | |
| 扩散口 | | √ | | 检查是否堵塞 |
| 吸入口 | √ | | | 检查、清洗 |
| 抽吸泵 | | √ | | 检查、清洗、注油 |
| 喷射器 | | √ | | 检查、清洗 |
| 过滤器 | | √ | | 检查、清洗 |
| 转子流量计 | | √ | | 检查、清洗 |
| 电路检查 | | | √ | 根据有否异常来确定维护内容 |
| 声报警 | | | √ | 模拟检查或(和)校准同步检查 |
| 光报警 | | | √ | 模拟检查或(和)校准同步检查 |
| 显示器 | | | √ | 模拟检查或(和)校准同步检查 |
| 记录器 | | | √ | 检查、清洗滑线电阻、校准 |

(4)故障处理

仪表工在巡回检查过程中发现故障要及时处理。可燃、有毒气体检测报警器的故障及处理方法见表3-4-14。

**表3-4-14 可燃、有毒气体检测报警器的故障及处理方法**

| 现象 | 原因 | 处理方法 |
|---|---|---|
| 仪表无指示或指示偏低 | 未送电或保险丝断 | 检查供电电源及保险丝 |
| | 电路损坏或开路 | 检查电路 |
| | 电路接触不良 | 检查电路接插件及虚焊 |
| | 检测元件因污染、中毒或使用过久失效 | 更换新的检测元件 |
| | 检测器损坏 | 数字万用表检查确认后更换 |
| | 扩散式或吸入式仪表过滤器堵塞 | 检查过滤器，清洗，排堵 |
| | 记录器或输出表头损坏 | 检查记录器或输出表头修复 |

表 3-4-14(续)

| 现象 | 原因 | 处理方法 |
| --- | --- | --- |
| 指示不稳定 | 检测器安装在风口或气流波动大的地方 | 更改检测器安装位置 |
| | 检测器安装位置风向不定 | 更改检测器安装位置 |
| | 检测器安装在振动过大的地方 | 更改检测器安装位置 |
| | 检测器元件局部污染 | 更换检测元件 |
| | 过滤器局部堵塞 | 检查和清洗过滤器芯 |
| | 电路接触不良,端子松动或放大器噪声大 | 检查电路接插件及端子 |
| | 供电不稳定,纹波大或接地不良 | 检查电源及纹波,检查接地线 |
| | 电缆绝缘下降或未屏蔽 | 用兆欧表检查确认,改用屏蔽电缆 |
| 指示值跑至最大 | 现场大量泄漏 | 确认后配合工艺紧急处理现场 |
| | 检测元件损坏 | 更换检测元件 |
| | 检测器参比元件损坏 | 更换参比元件 |
| | 电路故障 | 检查和修复电路 |
| | 未校准好仪表 | 重新校准仪表 |
| | 校准气不标准 | 用精度更高仪器检查和确认 |
| | 检测器中进入了脏物或液滴 | 检查检测器,清洗,烘干 |
| 仪表时而报警,时而正常 | 现场检测点附近时而大量泄漏 | 配合工艺检查确认 |
| | 检测器安装在风口或气流不稳的地方 | 更改检测器安装位置 |
| | 检测器安装位置风向不定 | 更改检测器安装位置 |
| | 检测环境存在使检测元件中毒的组分 | 用实验室仪器检查确认 |
| | 检测器进入脏物或液滴 | 检查检测器,清洗,烘干 |
| | 检测元件或参比元件接触不良 | 检查端子和接线 |
| | 放大器电路故障 | 检查电路故障,修复 |
| | 电路供电异常 | 检查供电电压及纹波,修复 |
| | 现场大量泄漏而过滤器局部堵塞 | 清洗过滤芯,配合工艺紧急处理现场 |

# 第四章　执行器检测与维护

执行器是组成自动控制系统的 4 个基本单元之一。它的作用是接受来自调节器的控制信号,改变调节阀的开度,从而改变流入或流出控制对象的物质或能量流量,以克服扰动,使被控参数恢复到给定值或给定值附近。

执行器由执行机构和调节机构组成。执行机构是执行器的推动装置,它接收调节器的输出信号,产生相应的推力或位移,对调节机构产生推动作用。调节机构是执行器的调节装置,受执行机构的操纵,直接控制能量或物料的输送量。调节机构一般称为调节阀,通过改变阀门的开度来调节阀芯与阀座间的流通面积,以控制被控介质的流量。调节阀要直接与被控介质接触,因此,阀芯与阀体有不同的结构形式,所用的材料也各不相同,以适应不同的应用场合。在实际中,调节阀也代指整个执行器。

常规执行器的工作原理如图 4-0-1 所示。执行器首先都需接收来自控制器的输出信号,以作为执行器的输入信号即执行器动作依据;该输入信号送入信号转换单元,转换信号形式后与反馈的执行机构位置信号进行比较,其差值作为执行机构的输入,以确定执行机构的作用方向和大小;执行机构的输出结果再控制调节阀的动作,以实现对被控介质的调节作用;其中执行机构的输出通过位置发生器可以产生其反馈控制所需的位置信号。

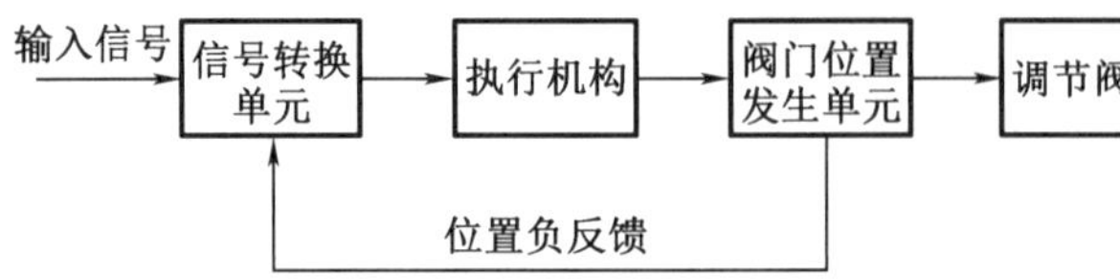


**图 4-0-1　常规执行器的工作原理**

显然,执行器本身是负反馈控制回路,这是提高执行器调节精度、保证执行器工作稳定的重要手段。

按照执行机构所使用的能源,可以将执行器分为电动执行器、气动执行器和液动执行器,各自的主要特性见表 4-0-1,在实际生产中主要应用电动执行器和气动执行器。

**表 4-0-1　各种执行器的主要特性**

| 主要特性 | 气动执行器 | 电动执行器 | 液动执行器 |
|---|---|---|---|
| 系统结构 | 简单 | 复杂 | 简单 |
| 安全性 | 好 | 较差 | 好 |
| 响应时间 | 慢 | 快 | 较慢 |
| 推动力 | 适中 | 较小 | 较大 |
| 维护难度 | 方便 | 有难度 | 较方便 |
| 价格 | 便宜 | 较贵 | 便宜 |

执行器大多都安装在生产现场,直接与介质接触,常常在高压、高温、深冷、高黏度、易结晶、闪蒸、汽蚀、高压差等状况下工作,使用条件恶劣,因此,它是控制系统的薄弱环节。如果执行器选择或运用不当,往往会给生产过程自动化带来困难。在许多场合下,其会导致自动控制系统的控制质量下降、控制失灵,甚至因介质的易燃、易爆、有毒,而造成严重的生产事故。为此,对于执行器的正确选用以及安装、维修等各个环节,必须给予足够的重视。

## 第一节　执行机构的结构与工作原理

执行机构是执行器的推动装置,它根据输入控制信号的大小,产生相应的输出力或输出力矩和位移(直线位移或转角)。输出力或输出力矩用于克服调节机构中流动流体对阀芯产生的作用力或作用力矩,以及阀杆的摩擦力、阀杆阀芯质量及压缩弹簧的预紧力等其他各种阻力;位移或转角用于带动调节机构阀芯动作。执行器按其执行机构的运动方式可分为直行程式和角行程式。

执行机构有正作用和反作用两种作用方式:输入信号增加,执行机构推杆向下运动,称为正作用;输入信号增加,执行机构推杆向上运动,称为反作用。

### 一、气动执行机构

气动执行机构以压缩空气作为动力能源,根据控制信号气压的大小和施加的方向,产生相应的推动力,来改变调节阀的开度。气动执行机构按结构分有气动薄膜式、气动活塞式和长行程式。

**1. 气动薄膜式执行机构**

根据有无弹簧,气动薄膜式执行机构可分为有弹簧的及无弹簧的,有弹簧的气动薄膜式执行机构最为常用,无弹簧的气动薄膜式执行机构常用于双位式控制。

(1)结构和作用方式

工业上应用最为广泛的气动薄膜式调节阀的结构如图 4-1-1 所示。它是由气动薄膜式执行机构和调节阀两部分组成。

气动薄膜式执行机构的结构主要由上膜盖、薄膜、下膜盖、推杆、弹簧等组成,按工作方式可分为正作用式和反作用式。正作用式是指当气动执行器的输入信号压力增大时,阀杆向下动作的执行器(图 4-4-1);反之,若阀杆向上动作,则称为反作用式(气压信号入口在膜室下腔)。

调节阀和执行机构一样,也有正作用式和反作用式之分。当阀体直立、阀芯正装时,如果阀芯向下移动,阀芯与阀座之间的流通截面积减少,称为反作用式(图 4-4-1)。反之,阀芯倒装,阀芯下移时截面积增加的则为正作用式。由于气动执行机构和调节阀各存在两种工作方式,根据排列组合原理可知气动执行器可有以下 4 种组合方式。

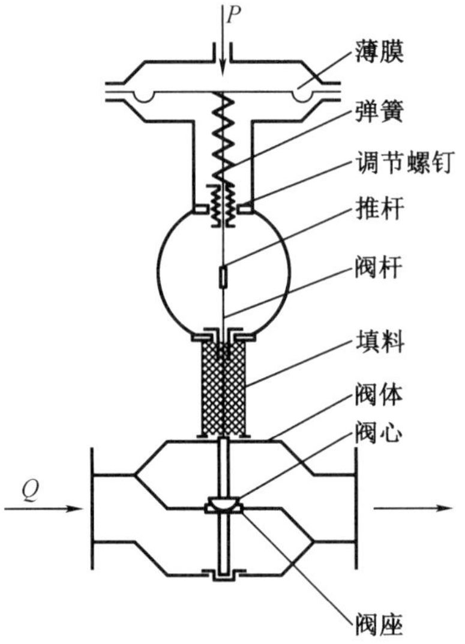


图 4-1-1　气动薄膜式调节阀的结构

①正作用式执行机构和正作用式调节阀相配合。

②反作用式执行机构和反作用式调节阀相配合。

③正作用式执行机构和反作用式调节阀相配合。

④反作用式执行机构和正作用式调节阀相配合。

通常我们定义:在有压力信号时调节阀打开,无压力信号时调节阀关小,即调节阀的开度变化与执行器输入压力信号同方向变化,这样的执行器称为气开式执行器;反之,调节阀的开度与执行器的输入信号变化相反,称为气关式执行器。根据前面分析可知,①②两种组合方式为气开式执行器,③④两种组合方式为气关式执行器。

值得注意的是,控制系统采用气开式执行器还是气关式执行器,依据是被控量实际变化规律是否符合机械设备安全可靠运行的要求;考虑的原则是当信号压力中断时,如由于某种故障导致供气信号突然中断,此时调节阀的开关状态对机械设备的安全运行造成的危害性大小而定。

(2)工作原理

下面简单介绍一下气动薄膜式调节阀的动作过程。输入气压信号压力通常为 0.02~0.1 MPa,此信号通入薄膜上方的膜室上腔,随着输入控制信号的增大,在薄膜上产生一个向下的推力,膜片向下弯,使推杆部件向下移动。推杆通过阀杆带动阀芯向下运动,使调节阀的开度发生变化。与此同时,弹簧被压缩,直到弹簧的反作用力与信号压力在薄膜上产生的推力相平衡时,推杆不再运动,调节阀开度保持不变。

信号压力越大,在薄膜上产生的推力越大,与其平衡的弹簧反力也越大,于是弹簧的压缩量即推杆的位移量越大,调节阀开度变化量也越大。推杆的位移即为执行机构的直线输出位移,也称行程。行程规格有 10 mm、16 mm、25 mm、40 mm、60 mm、100 mm 等。有弹簧的气动薄膜式执行机构的输出位移与输入气压信号成比例关系,因而执行机构可看作比例环节。通过调整可以改变弹簧的预紧力,确定输入信号的起始压力值,一般调整为 0.02 MPa。

气动薄膜式执行机构简单、动作可靠、维修方便、价格低廉，是最常用的一种执行机构，它可以用作一般控制阀的推动装置，组成气动薄膜式执行器，习惯上称为气动薄膜式调节阀。气动薄膜式调节阀具有结构简单、尺寸小等特点，适用场合比较广泛。但它的阀杆推力较小，在某些场合受到一定的限制。为使调节阀及时动作并能动作到位，常加装一个阀门定位器。

(3)带阀门定位器的气动薄膜式执行器

阀门定位器是一种与气动执行机构配套使用的辅助仪表，其基本功能是接受调节器的输出信号，然后去控制气动执行机构动作，同时将阀杆的位移通过机械装置反馈到阀门定位器，定位器和执行机构组成一个闭合回路来控制调节阀的开度。

定位器能够增大执行机构的输出功率，加快阀杆的移动速度，减少调节信号的传递滞后。它还可以克服阀杆移动时产生的摩擦力和阀芯不平衡力，通过负反馈实现阀位的精确定位及稳定，通过更换反馈元件可以实现对调节阀整体流量特性的变换。

图 4-1-2 为一个带气动阀门定位器的气动薄膜式执行器。阀门定位器包括比较环节、反馈环节和放大环节。比较环节是圆球支点，遵循位移平衡原理。输入信号空气通过膜片 10 使圆球支点下移，反馈弹簧 23 拉动反馈杠杆 24 转动使圆球支点上移。放大环节包括两个喷嘴、挡板机构(喷嘴 12 和喷嘴 13、挡板 11)、比较气室 16、两个球阀(18 和 19)组成的放大器。

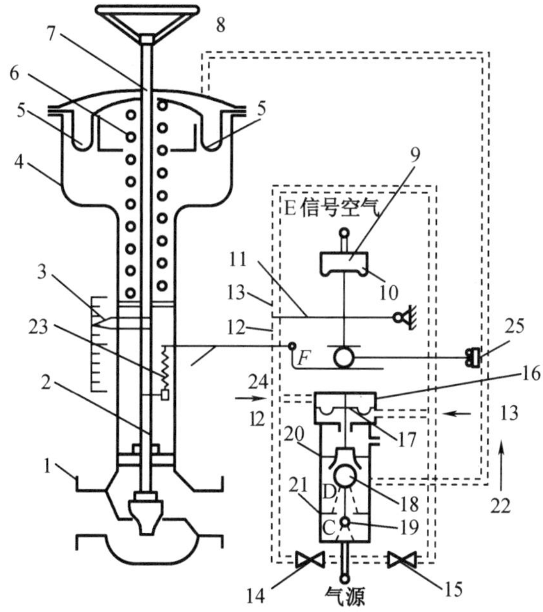


1—阀体；2—阀杆；3—行程指针；4—阀座；5—膜片；6—压缩弹簧；7—阀杆；8—手动调节；9—测量气室；10—膜片；11—挡板；12—喷嘴；13—喷嘴；14—节流阀；15—节流阀；16—比较气室；17—膜片；18—球阀；19—球阀；20—可动放气阀；21—球阀座；22—输出空气；23—反馈弹簧；24—反馈杠杆；25—比例范围旋钮。

**图 4-1-2　带阀门定位器的气动薄膜执行器结构图**

从控制器输出的压力信号送到定位器的输入端 E，并作用在测量气室 9 的膜片 10 上。若这个信号增大，挡板 11 靠近喷嘴 12 并远离喷嘴 13，引起喷嘴 12 背压升高，喷嘴 13 背压降低。这两个背压信号送入比较气室 16,分别作用于膜片 17 的上、下两面,使膜片 17 连同可动放气阀 20 一起下移,推动球阀 19 离开固定球阀座 21,使压缩空气经 C 室进入 D 室。这时因为球阀 18 处于关闭状态,故 D 室压力升高并由输出端输出升高的压力信号。这个信号送入调节阀的阀座 4,由膜片 5 推动阀杆 2 下移,关小调节阀(气关式)。

当调节阀杆 2 向下移动时,反馈弹簧 23 被拉长,使反馈杠杆 24 绕支点 $F$ 逆时针转动。通过圆球支点使挡板往回移动,并停在一个新的位置上。平衡的时候,挡板一定位于中间,喷嘴 12 背压等于喷嘴 13 的背压,膜片 17 上下压力相等,两个球阀都关闭,这时阀门定位器有一个稳定的输出。

设圆球支点距旋转支点的距离为 $l_{测}$,膜片 10 的有效面积为 $S_{膜}$,输入信号压力为 $p_{E}$,反馈弹簧的劲度系数是 $k$,反馈弹簧作用点距支点 $F$ 的距离为 $l_{反}$,阀杆的位移量为 $s$。由于稳定时,挡板的位移量等于 0,所有反馈杠杆上的力矩满足:

$$\Delta p_{E} \cdot S_{膜} \cdot l_{测} = k \cdot \Delta s \cdot l_{反}$$

则有,气动执行器的比例系数为

$$K = \frac{\Delta s}{\Delta p_{E}} = \frac{S_{膜} \cdot l_{测}}{k \cdot l_{反}}$$

通过调整比例范围旋钮 25 可以改变圆球支点距旋转支点的距离为 $l_{测}$,就可以改变气动执行器输出与输入变化量的比例系数。

阀门定位器的作用是消除由膜片阀内的阀杆所引起的滞后现象。这种滞后现象的产生是由于填料太紧或流动阻力太大而使其摩擦力过大所造成的。阀门定位器适用于调节阀与调节器或计算器之间距离较远的场合及波纹管容量较小的系统中。另外,在气源中断或控制系统失灵时,可手动调节 8 对调节阀的开度进行手动控制。

**2. 气动活塞式执行机构**

(1)结构和工作原理

气动活塞式(无弹簧)执行机构结构如图 4-1-3 所示。

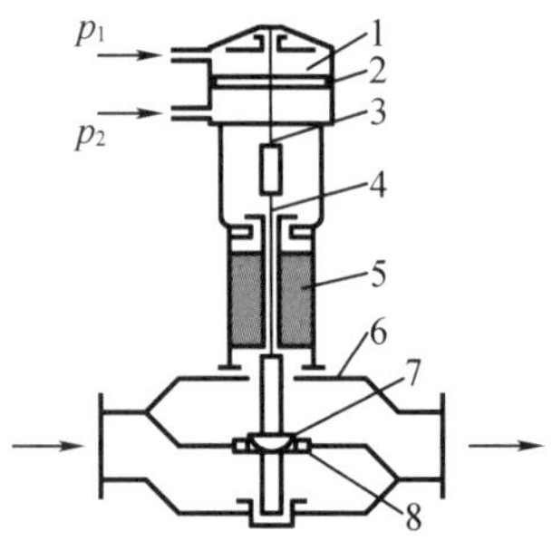


1—活塞;2—汽缸;3—推杆;4—阀杆;5—填料;6—阀体;7—阀芯;8—阀座。

**图 4-1-3　气动活塞式(无弹簧)执行机构结构**

气动活塞式执行机构的基本部分为活塞和汽缸,活塞在汽缸内随活塞两侧压差而移动。两侧可以分别输入一个固定信号和一个变动信号,或两侧都输入变动信号。它的输出特性有比例式及两位式两种。两位式是根据输入执行活塞两侧的操作压力的大小,活塞从高压侧推向低压侧，使推杆从一个极端位置移动到另一个极端位置，其行程可达 25～100 mm，主要适用于双位调节的控制系统。比例式是在两位式基础上加有阀门定位器后，使推杆位移与信号压力成比例关系。

气动活塞式执行机构在结构上是无弹簧的汽缸活塞系统，由于汽缸允许压力较高，可获得较大的推力。其允许操作压力可达 500 kPa，输出推力大，特别适用于高静压、高压差、大口径的场合，但价格较高。

(2)带阀门定位器的气动活塞式调节阀

带阀门定位器的气动活塞式调节阀结构原理如图 4-1-4 所示，其中虚线框内部分是阀门定位器。调节器输出的控制信号送入阀门定位器的波纹管，若控制信号增大，杠杆绕支点逆时针转动，挡板离开下喷嘴，下喷嘴背压降低，经功率放大器放大送至气缸中活塞的下部空间。同时，挡板靠近上喷嘴，上喷嘴背压升高，经功率放大器放大送至气缸中活塞的上部空间。这样，在活塞的上下两侧产生压差，活塞在压差的作用下下移，带动阀芯下移关小调节阀(气关式)。在活塞和活塞杆下移时，活塞杆将拉伸反馈弹簧。当反馈弹簧使杠杆对支点产生的反馈力矩与由波纹管使杠杆对支点产生的力矩相平衡时，调节阀就稳定在一个开度上。当调节器送来的控制信号减小时，其动作过程与上述方向相反。

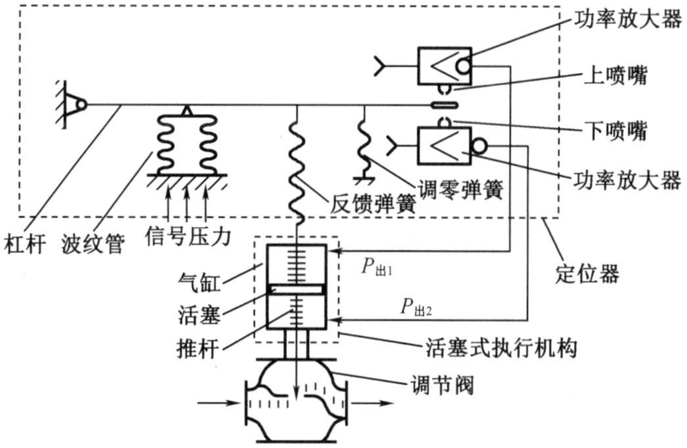


**图 4-1-4 带阀门定位器的气动活塞式调节阀结构原理**

设波纹管至支点的距离为 $l_{测}$，波纹管的有效面积为 $S_{膜}$，输入信号压力为 $p_i$，反馈弹簧的劲度系数是 $k$，反馈弹簧作用点至支点的距离为 $l_{反}$，阀杆的位移量为 $s$。由于稳定时，挡板的位移量等于 0，所有反馈杠杆上的力矩满足：

$$\Delta p_i \cdot S_{膜} \cdot l_{测} = k \cdot \Delta s \cdot l_{反}$$

则有，气动活塞调节阀的比例系数为

$$K = \frac{\Delta s}{\Delta p_i} = \frac{S_{膜} \cdot l_{测}}{k \cdot l_{反}}$$

薄膜式和活塞式执行机构用于与直行程式调节机构配套使用，活塞式执行机构的输出力比薄膜式执行机构要大，适用于需要较大轴向推力来开或关调节阀的场合。

**3. 长行程式执行机构**

长行程式执行机构的结构原理与气动活塞式执行机构基本相同，它具有行程长、输出力矩大的特点,直线位移为 40~200 mm,适用于输出角位移(0~90°) 和力矩的场合,如用于蝶阀或风门的推动装置。

**4. 电/气转换器和电/气阀门定位器**

在工业生产中,气动执行器的应用非常广泛,当采用电动仪表或计算机控制时,需要配用电/气转换器或电/气阀门定位器,其基本结构如图 4-1-5 所示。图中 $I$ 代表电动调节器输出的标准电流信号,$p$ 代表气压信号,$h$ 代表阀门开度。

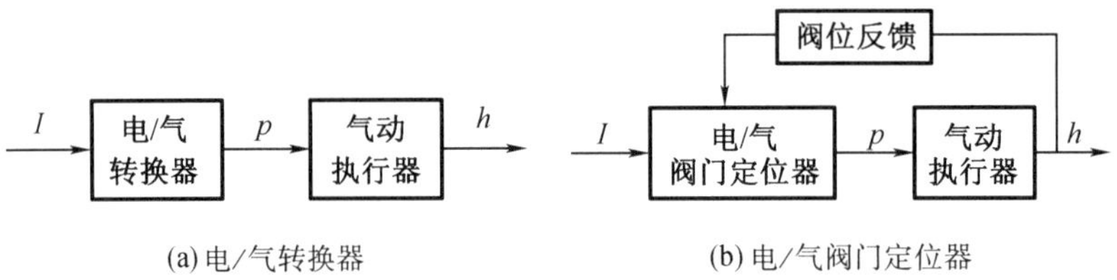


**图 4-1-5 电/气转换器和电/气阀门定位器基本结构**

(1) 电/气转换器

由于气动执行器具有一系列的优点,很多使用电动调节仪表的系统也都使用气动执行器。为了使气动执行器能够接收电动调节器的命令,必须把调节器输出的 4~20 mA 标准电流信号转换为 0.02~0.1 MPa 的标准气压信号,即使用电/气转换器。从原则上说,电/气转换器是压力变送器的逆运用。图 4-1-6 为一种力矩平衡式电/气转换器的原理图。

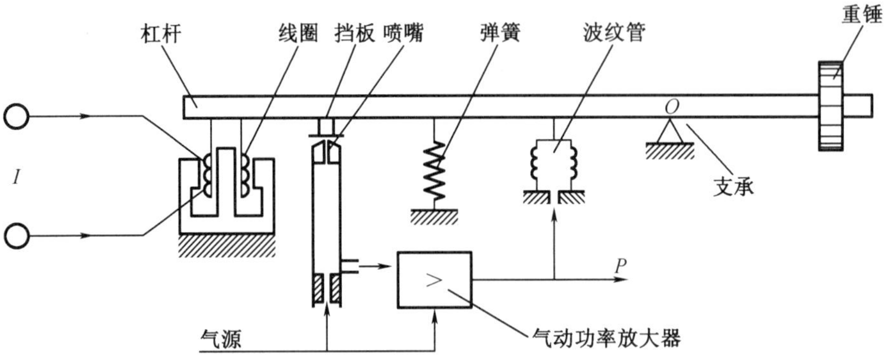


**图 4-1-6 一种力矩平衡式电/气转换器的原理图**

电动调节器送来的电流 $I$ 通入线圈,该线圈能在永久磁铁的气隙中自由地上下运动。当输入电流 $I$ 增大时,线圈与磁铁产生的吸力增大,使杠杆做逆时针方向转动,并带动安装在杠杆上的挡板靠近喷嘴,使喷嘴挡板机构的背压升高。这个压力经过气动功率放大器的放大,产生输出压力 $P$,作用于反馈波纹管,对杠杆产生向上的反馈力。它对支点 $O$ 形成的力矩与电磁力矩相平衡,构成闭环系统。根据力矩平衡式仪表的工作原理,只要位移检测放大器灵敏度足够高,平衡时杠杆的位移必然很小,不平衡力矩可忽略不计,输入电流信号 $I$ 必能精确地按比例转换成气压信号 $P$。

弹簧可用来调整输出零点。该转换器的量程调节,粗调可左右移动波纹管的安装位置,细调可调节永久磁场的磁分路螺钉。重锤用来平衡杠杆的质量,使其在各种安装装置中都能准确工作。这种转换器的精度为 0.5 级,气源压力为 0.14 MPa,输出气压信号为 0.02~0.1 MPa,可用来直接推动气动执行机构,或做较远距离的传送。

(2)电/气阀门定位器

把电/气转换器与气动阀门定位器结合成一体,可以组成电/气阀门定位器。电/气阀门定位器的原理图如图 4-1-7 所示。

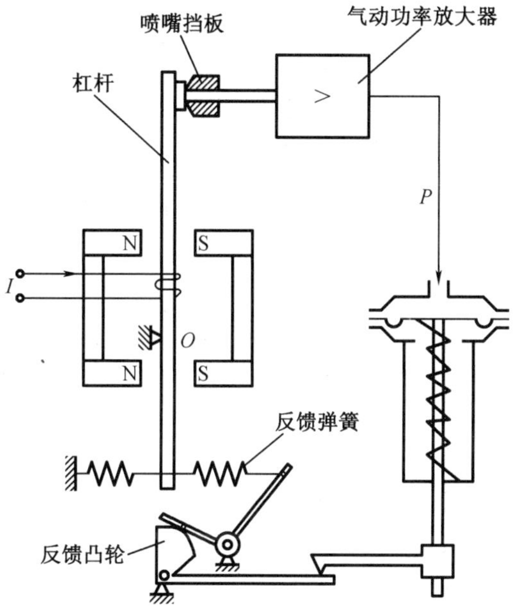


图 4-1-7 电/气阀门定位器的原理图

电/气阀门定位器的基本思想是直接将正比于输入电流信号的电磁力矩与正比于阀杆行程的反馈力矩进行比较,并建立力矩平衡关系,实现输入电流对阀杆位移的直接转换。具体的转换过程,即输入电流 $I$ 通入绕于杠杆外的力线圈,它产生的磁场与永久磁铁相作用,使杠杆绕支点 $O$ 转动,改变喷嘴挡板机构的间隙,使其背压改变,此压力变化经气动功率放大器放大后,推动薄膜执行机构使阀杆移动。在阀杆移动时,通过连杆及反馈凸轮,带动反馈弹簧,使弹簧的弹力与阀杆位移做比例变化,在反馈力矩等于电磁力矩时,杠杆平衡。这时,阀杆的位置必定精确地由输入电流 $I$ 确定。由于这种装置的结构比分别使用电/气转换器和气动阀门定位器简单得多,所以价格便宜,应用十分广泛。

## 二、电动执行机构

电动执行器也由执行机构和调节阀两部分组成。其中调节阀部分和气动执行器是通用的,不同的只是电动执行器使用电动执行机构,即通过电机等电器的动力来启闭调节阀。

电动执行器根据不同的使用要求有各种结构。最简单的电动执行器称为电磁阀,它利用电磁铁的吸合和释放,对小口径阀门进行通、断两种状态的控制。由于结构简单、价格低廉,常和双位调节器组成简单的自动调节系统,在生产中有一定的应用。除电磁阀之外,其他连续动作的电动执行器都使用电机作动力元件,将调节器来的信号转变为阀的开度。

电动执行机构根据配用的调节阀不同,输出方式有直行程式、角行程式(又分为单转式和多转式)两种类型,可和直线移动的调节阀、旋转的蝶阀、多转的闸阀等配合工作。在结构上,电动执行机构除可与调节阀组装成整体式的执行器之外,常单独分装以适应各方面的需要,使用比较灵活。

**1. 电动执行机构的组成和工作原理**

电动执行机构的组成如图 4-1-8 所示。来自调节器的 $I_i$(一般为 0~10 mA 或 4~20 mA 的直流电流信号)作为伺服放大器的输入信号,它与输出轴转角反馈信号 $I_f$ 进行比较,其差值经放大后控制两相伺服电机正转或反转,再经减速器减速后,改变输出轴转角。与此同时,输出轴的位移又经过位置发送器转换成电流信号,作为阀位指示与反馈信号 $I_f$。当 $I_f$ 与 $I_i$ 相等时,两相电机停止转动,这时输出轴转角就稳定在与调节器输出(即执行器的输入)信号 $I_i$ 成比例的位置上。

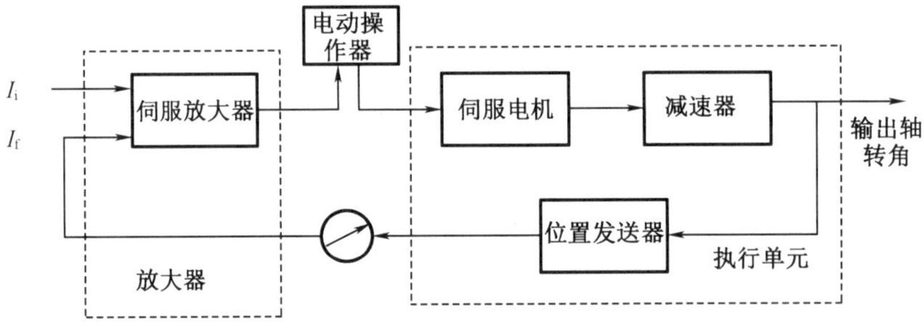


图 4-1-8　电动执行机构的组成

(1)电动操作器

电动操作器的核心是手动/自动切换装置,用于实现控制系统的自动操作和手动操作的相互切换。当电动操作器的切换开关处于手动位置时,可以由按钮或转换开关直接控制电机的电源通断,以实现电机的正转和反转,从而使输出轴转角增大或减小。

(2)伺服放大器

与两相伺服电机配合工作的伺服驱动电路如图 4-1-9 所示,它由前置放大器、晶闸管触发电路、可控硅交流开关组成。前置放大器是一个增益很高的放大器,根据输入信号与反馈信号相减后偏差的正负,在 $a$、$b$ 两点产生两位式的输出电压,控制两个晶闸管触发电路中一个工作,另一个截止。

例如,当前置放大器输出电压的极性为 $a(+)$、$b(-)$ 时,触发电路 2 被截止,晶闸管 $SCR_2$ 不通,由触发电路 1 连续地发出一系列触发脉冲,使晶闸管 $SCR_1$ 完全导通。由于 $SCR_1$ 接在二极管桥式整流器的直流端,它的导通使桥式整流器的 $c$、$d$ 两端近于短接,故 220 V 的交流电压直接接到伺服电机的绕组Ⅰ,同时经分相电容 $C_F$ 加到绕组Ⅱ上,这样,绕组Ⅱ中的电流相位比绕组Ⅰ超前 90°,形成旋转磁场,使电机朝一个方向转动。

如果前置放大器的输出电压极性和上述相反,即 $a(-)$、$b(+)$,则触发电路 1 截止,$SCR_1$ 不通,而触发电路 2 控制 $SCR_2$ 完全导通,使另一桥式整流器的两端 $e$、$f$ 近于短接,电源电压直接加于电机绕组Ⅱ,并经分相电容 $C_F$ 供电给绕组Ⅰ。这样,绕组Ⅰ中的电流相位比绕组

Ⅱ超前 90°,电机朝相反的方向转动。

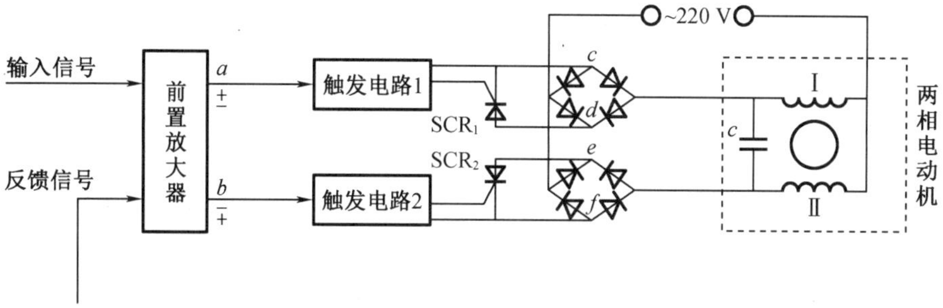


图 4-1-9　与两相伺服电机配合工作的伺服驱动电路

由于前置放大器的增益很高,只要偏差信号大于不灵敏区,触发电路便可使晶闸管导通,电机以全速转动,这里晶闸管起的是无触点开关的作用。当 $SCR_1$ 和 $SCR_2$ 都不导电时,伺服电机不转。

(3)伺服电机

图 4-1-10 表示的是一个两相电容异步伺服电机的结构原理,它将伺服放大器输出的电功率转换成机械转矩,作为执行器的动力部件。伺服电机的特点是低启动电流、高启动转矩,能产生较大的推动力。

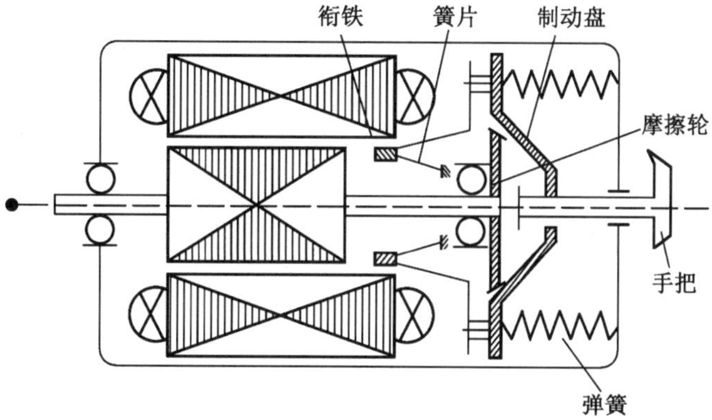


图 4-1-10　一个两相电容异步伺服电机的结构原理

在这种伺服装置中,为了使伺服电机在断电后立即停止,在电动执行器的伺服电机内部,常装有电磁式制动机构,保证在电机断电时,转子立即被制动,并可防止电机断电后被负载作用力推动,发生反转的现象。

在电机的定子上有两组位置相隔 90°电角度的定子绕组,使用分相电容供给它们相位上相差 90°的交流电压,使定子上建立起旋转磁场,带动鼠笼式转子旋转。在转子的右边,有两块带有簧片的衔铁。当电机通电时,定子磁场把衔铁吸向定子的内表面,使簧片弯曲,通过杠杆把制动盘向右推开,使摩擦轮与制动盘脱离,电机转子得以自由转动。当电机断电时,定子磁场消失,制动盘被弹簧推向左边与摩擦轮接触,立即将转子制动。电机右边端盖上设有手把,将它拉出可使制动盘和摩擦轮脱开,解除制动,由人工转动执行器。

(4)减速器

电动执行机构中的减速器常在整个机构中占很大体积,是造成电动执行器结构复杂的主要原因。由于伺服电机大多是高转速小力矩的,必须经过近千倍的减速,才能推动调节机构。目前电动执行机构中常用的减速器有行星齿轮和蜗轮、蜗杆两种,其中行星齿轮减速器由于体积小、传动效率高、承载能力大、单级速比可达100倍以上,获得了广泛的应用。

(5)位置发送器

位置发送器的作用是将电动执行机构输出轴的位移转变为标准直流电流反馈信号的装置。位置变送器的输出信号一般为0~10 mA或4~20 mA的直流电流信号。其主要部分是差动变压器,如图4-1-11所示。

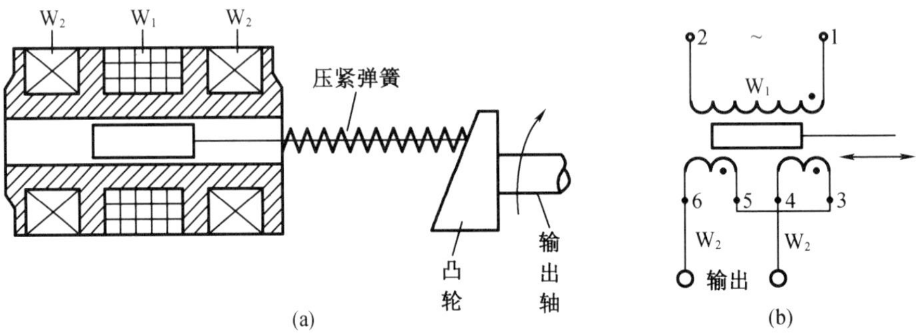


图4-1-11　执行机构的位置反馈原理图

差动变压器的铁芯与凸轮斜面靠弹簧相互压紧,当输出轴转动时带动凸轮使铁芯左右移动,凸轮斜面在设计上能保证铁芯位置与输出轴转角呈线性关系。因此,变压器副边的输出电压将与输出轴的转角呈线性关系。这一交流信号经进一步处理获得标准直流电流信号。

**2. 智能式电动执行机构**

智能式电动执行机构通常都有液晶显示器和手动操作按钮,用于显示执行机构的各种状态信息和输入组态数据及手动操作。因此与模拟式电动执行机构相比,智能式电动执行机构具有如下一些优点。

(1)定位精度高,并具有瞬时启停特性,以及自动调整死区、自动修正、长期运行仍能保证可靠的关闭和良好运行状态等。

(2)推杆行程的非接触式检测。

(3)更快的响应速度,无爬行、超调和振荡现象。

(4)具有通信功能,可通过上位机或执行机构上的按钮进行调试和参数设定。

(5)具有故障诊断和处理功能,能自动判别输入信号是否断线、电机过热或堵转、阀门卡死、通信故障、程序出错等,并能自动地切换到阀门安全位置;当供电电源断电后,能自动地切换到备用电池上,使位置信号保存下来。

# 第二节　调节机构的结构与工作原理

调节机构是各种执行器的调节部分，又称调节阀。它安装在流体管道上，是一个局部阻力可变的节流元件。在执行机构的输出力或输出力矩和输出位移作用下，调节机构阀芯的运动，改变了阀芯与阀座之间的流通截面积，即改变了调节阀的阻力系数，使被控介质流体的流量发生相应变化。

## 一、调节阀的工作原理及作用方式

### 1. 调节阀的工作原理

下面以典型的直通单座阀来讨论调节机构的工作原理。典型的直通单座阀的结构图如图 4-2-1 所示，流体从左侧进入调节阀，从右侧流出。阀杆上部与执行机构相连，下部与阀芯相连。由于阀芯在阀体内移动，改变了阀芯与阀座之间的流通面积，即改变了阀的阻力系数，被控介质的流量也就相应地改变，从而达到控制工艺参数的目的。

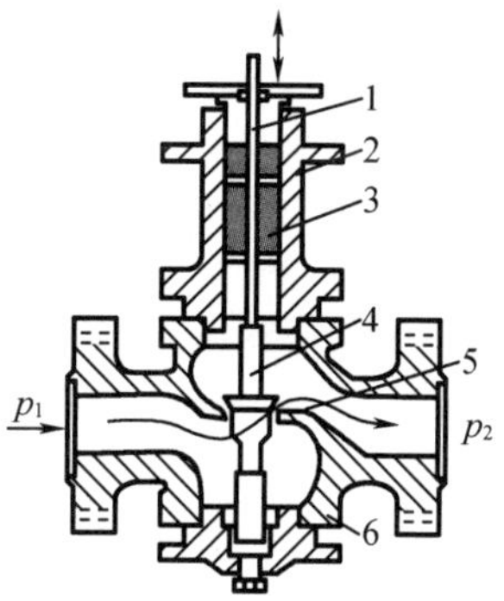


1—上阀盖；2—填料；3—阀杆；4—阀芯；5—阀座；6—阀体。

**图 4-2-1　典型的直通单座阀的结构图**

当不可压缩流体流经调节阀时，由于流通面积的缩小，会产生局部阻力并形成压力降，则此压力降为

$$\Delta p = p_1 - p_2 = \zeta \cdot \rho \cdot \frac{v^2}{2}$$

式中　$p_1$、$p_2$——流体在调节阀前后的压力；

$\rho$——流体的密度；

$v$——接管处的流体平均流速；

$\zeta$——调节阀的阻力系数，与阀门结构形式、开度及流体的性质有关。

设调节阀接管的截面积为 $A$，则流体流过调节阀的流量 $Q$ 为

$$Q = A \cdot v = \frac{A}{\sqrt{\zeta}} \sqrt{\frac{2\Delta p}{\rho}}$$

显然,由于阻力系数与阀门结构形式和开度有关,因而在调节阀口径一定(即 $A$ 一定)和 $\Delta p/\rho$ 不变的情况下,流量 $Q$ 仅随着阻力系数而变化。阻力系数减小,则流量 $Q$ 增大;反之,阻力系数增大,则 $Q$ 减小。调节阀就是根据输入信号的大小,通过改变阀的开度即行程来改变阻力系数的,从而达到调节流量的目的。

在上式的基础上,可以定义调节阀的流量系数。它是调节阀的重要参数,可直接反映流体通过调节阀的能力,在调节阀的选用中起着重要的作用。

**2. 调节阀的作用方式**

调节机构正、反作用的含义是,当阀芯向下位移时,阀芯与阀座之间的流通截面积增大,称为正作用,习惯上按阀芯安装形式称为反装;反之,则称为反作用,并称为正装。一般来说,只有阀芯采用双导向结构(即上下均有导向)的调节机构,才有正、反作用两种作用方式。而单导向结构的调节机构,则只有正作用。

**3. 调节阀的分类**

调节阀按作用分类,可分为两位阀、调节阀、分流阀和切断阀。两位阀主要用于关闭或接通介质。调节阀主要用于调节系统,选阀时,需要确定调节阀的流量特性,一般调节阀默认是指这种。分流阀用于分配或混合介质。切断阀通常指泄漏率小于十万分之一的阀。

两位阀一般用于开关控制,在控制系统里配用双位控制规律的调节器。一般的开关阀、电磁阀、关断阀都可视为两位阀。使用不带弹簧的气动活塞式或气动薄膜式执行机构驱动的阀门也可实现两位控制。

## 二、调节阀的结构及特点

根据不同的使用要求,调节阀的结构形式很多。根据阀芯的动作形式,调节阀可分为直行程式和角行程式两大类。直行程式的调节机构有直通单座阀、直通双座阀、角形阀、三通阀、隔膜阀、笼式(套筒)阀、高压阀等。角行程式的调节机构有蝶阀、球阀、凸轮挠曲阀等。

调节阀主要由上阀盖、阀体、阀杆、阀芯和阀座等部件组成。下面介绍几种常用调节阀的结构及特点。

**1. 直通单座阀**

这种阀的阀体内只有一个阀芯与阀座,如图 4-2-2 所示。其特点是结构简单、泄漏量小,是双座阀的 1/10,易于保证关闭,甚至完全切断。但是在压差大的时候,流体对阀芯上下作用的推力不平衡,这种不平衡力会影响阀芯的移动。因此这种阀一般应用在小口径、低压差、对泄漏量要求严格的场合。而在高压差时应采用大推力执行机构或阀门定位器。

调节阀按流体流动方向可分为流开阀和流关阀。流开阀是流体对阀芯的作用促使阀芯打开的调节阀,其稳定性好,便于调节,实际应用中较多。

**2. 直通双座阀**

直通双座阀阀体内有两个阀芯和阀座,如图 4-2-3 所示。这是最常用的一种类型。由于流体流过的时候,作用在上、下两个阀芯上的推力方向相反而大小近于相等,可以互相抵消,所以不平衡力小,允许使用的压差较大,流通能力也比同口径单座阀要大。但是,由于加工的限制,上下两个阀芯、阀座不易保证同时密闭,因此关闭时泄漏量较大。另外,阀内流路复杂,高压差时流体对阀体冲蚀较严重,同时也不适用于高黏度和含悬浮颗粒或纤维介质的场合。

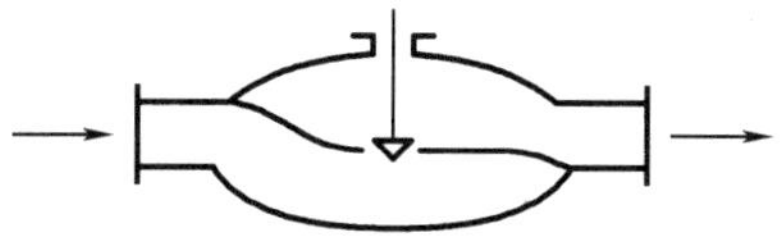

图 4-2-2　直通单座阀示意图

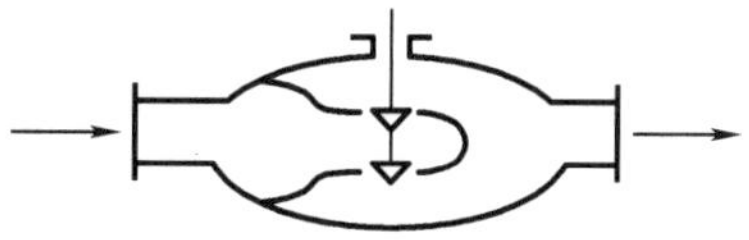

图 4-2-3　直通双座阀示意图

**3. 角形阀**

角形阀除了阀体为直角外,其他结构与直通单座调节阀相似。其两个接管呈直角形,流向分底进侧出和侧进底出两种,一般情况下前者应用较多,如图 4-2-4 所示。这种阀的流路简单、阻力较小,适用于现场管道要求直角连接,介质为高黏度、高压差和含有少量悬浮物与固体颗粒状介质的场合。

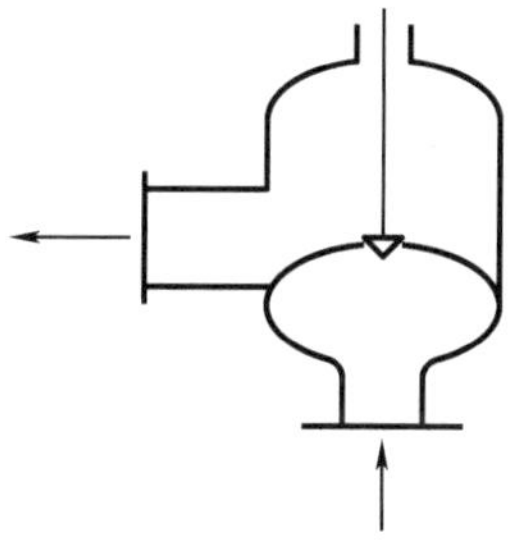

图 4-2-4　角形阀示意图

**4. 三通阀**

三通阀共有 3 个出入口与工艺管道连接,结构与单座阀和双座阀相仿。其适用于 3 个方向流体的管路控制系统,大多用于换热器的温度控制、配比控制和旁路控制。其流通方式有合流(两种介质混合成一路)型和分流(一种介质分成两路)型两种,分别如图 4-2-5 所示。

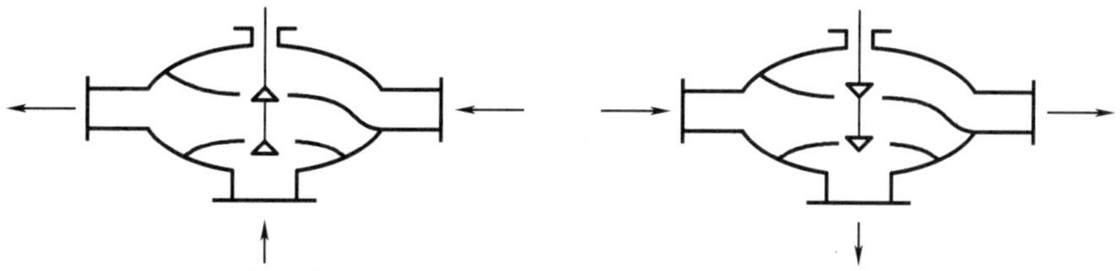

(a)合流型　　(b)分流型

图 4-2-5　三通阀示意图

这种阀可以用来代替两个直通阀,与直通阀相比,组成同样的系统时,可省掉一个二通阀和一个三通接管。三通阀在使用中应注意流体温差不宜过大,通常小于 150 ℃,否则会使其产生较大应力而引起变形,造成连接处泄漏或损坏。

**5. 隔膜阀**

隔膜阀采用耐腐蚀衬里的阀体和隔膜，如图 4-2-6 所示。其结构简单、流阻小、关闭时泄漏量极小，流通能力比同口径的其他种类的阀要大。由于介质用隔膜与外界隔离，故无填料，介质也不会泄漏。这种阀耐腐蚀性强，适用于强酸、强碱、强腐蚀性介质的控制，也能用于高黏度及悬浮颗粒状介质的控制。

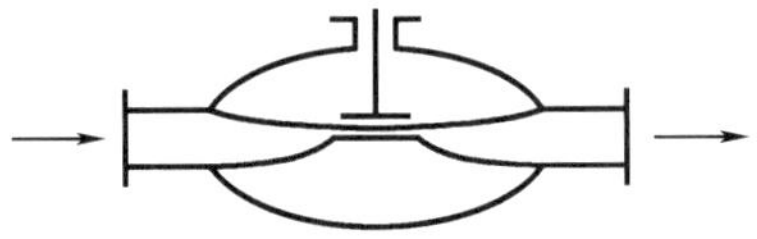

图 4-2-6　隔膜阀示意图

阀的使用压力、温度和寿命受隔膜与衬里材料的限制，一般温度小于 150 ℃，压力小于 1.0 MPa。此外，选用隔膜阀时执行机构必须有足够大的推力。当口径大于 Dg100 mm 时，需采用活塞式执行机构。

**6. 蝶阀**

蝶阀又名翻板阀，其简单的结构如图 4-2-7 所示，是通过挡板以转轴为中心旋转来控制流体的流量。蝶阀具有结构简单、质量轻、价格便宜、流阻极小的优点，但泄漏量大，特别适用于大口径、大流量、低压差的气体场合，也可以用于含少量纤维或悬浮颗粒状介质的控制。通常蝶阀工作转角应小于 60°，此时流量特性与等百分特性相似，大于 60°时特性不稳定，转矩大。

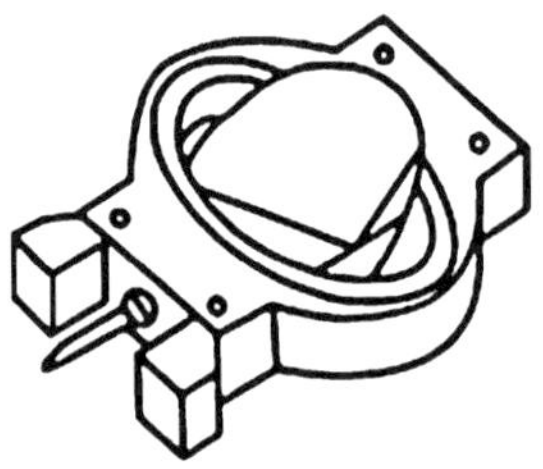

图 4-2-7　蝶阀示意图

**7. 球阀**

球阀的阀芯与阀体都呈球形体，转动阀芯使之与阀体处于不同的相对位置时，就具有不同的流通面积，以达到流量控制的目的。球阀阀芯有 O 形和 V 形两种开口形式，分别如图 4-2-8 和图 4-2-9 所示。

O 形球阀的阀芯为一个球体，其上开有一个直径和管道直径相等的通孔，转轴带动球体旋转，起调节和切断作用。该阀结构简单，维修方便，密封可靠，流通能力大，流量特性为快开特性，一般用于两位式控制。

V 形球阀的阀芯也为一个球体，但球体上开孔为 V 形口，随着球体的旋转，流通截面积不断发生变化，但流通截面的形状始终保持为三角形。该阀结构简单、维修方便、关闭性能好、流通能力大、可调比大，流量特性近似为等百分比特性，适用于纤维、纸浆及含颗粒的介质。

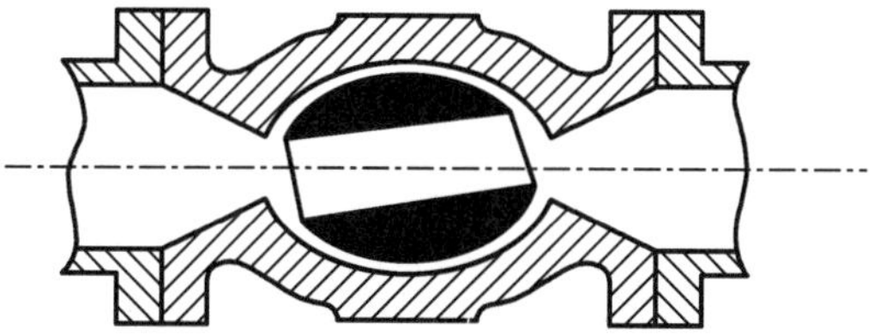

图 4-2-8　O 形球阀阀芯结构示意图

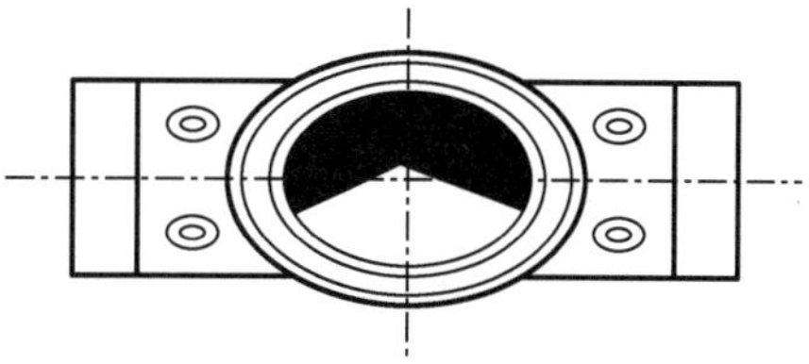

图 4-2-9　V 形球阀阀芯结构示意图

**8. 凸轮挠曲阀**

凸轮挠曲阀又称偏心旋转阀。它的阀芯呈扇形球面状,与挠曲臂及轴套一起铸成,固定在转动轴上,如图 4-2-10 所示。其结构特点是,球面阀芯的中心线与转轴中心偏离,转轴带动阀芯偏心旋转,使阀芯向前下方进入阀座。凸轮挠曲阀的挠曲臂在压力作用下能产生挠曲变形,使阀芯球面与阀座密封圈紧密接触,密封性好。其具有质量轻、体积小、安装维修方便、使用可靠、通用性强、流体阻力小等优点,适用于高黏度或带有悬浮物的介质流量控制,在石灰、泥浆等流体中,具有较好的使用性能。

**9. 笼式(套筒)阀**

笼式(套筒)阀是一种结构比较特殊的调节阀,它的阀体与一般的直通单座阀相似,如图 4-2-11 所示。套筒阀内有一个圆柱形套筒,又称笼子。套筒壁上有一个或几个不同形状的节流孔(窗口),利用套筒导向,阀芯在套筒内上下移动,由于这种移动改变了笼子的节流孔面积,就形成了各种特性并实现流量控制。根据流通能力大小的要求,套筒的窗口可分为 4 个、2 个或 1 个。套筒阀分为单密封和双密封两种结构,前者类似于直通单座阀,适用于单座阀的场合;后者类似于直通双座阀,适用于双座阀的场合。

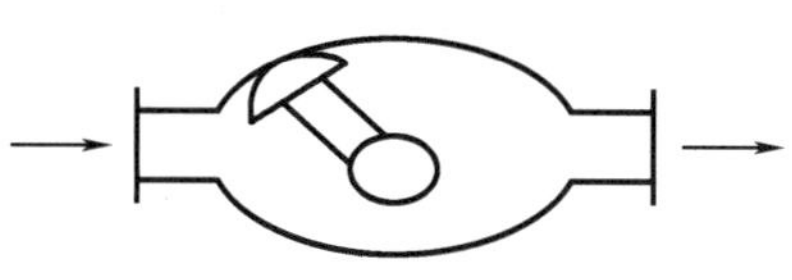

图 4-2-10　凸轮挠曲阀示意图

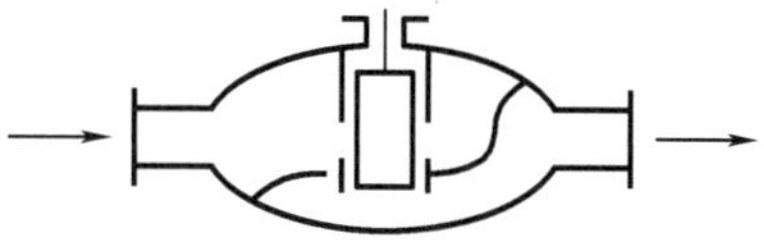

图 4-2-11　套筒阀示意图

套筒阀的可调比大、振动小、不平衡力小、结构简单、套筒互换性好,更换不同的套筒(窗口形状不同)即可得到不同的流量特性,阀内部件所受的汽蚀小、噪声小,是一种性能优良的阀,特别适用于要求低噪声及压差较大的场合,但不适用高温、高黏度及含有固体颗粒的流体。套筒阀还具有稳定性好、拆装维修方便等优点,因而得到广泛应用,但其价格比较贵。

**10. 高压阀**

高压阀最大公称压力可达 32 MPa,应用较为广泛。其结构分为单级阀芯和多级阀芯。因调节阀前后压差大,故选用刚度较大的执行机构,一般都要与阀门定位器配合使用。单级阀芯调节阀的寿命较短,采用多级降压,即将几个阀芯串联使用,可提高阀芯和阀座经受高压差流量的冲击能力,以减弱气蚀破坏作用。

## 三、调节阀的构件

调节阀主要由上阀盖、填料函、阀杆、阀芯、阀座和阀体等部件组成，每个部件的结构形式、材质对调节阀的性能和应用场合都有影响。

### 1. 上阀盖的形式及应用

常用的上阀盖形式有以下 4 种，如图 4-2-12 所示。

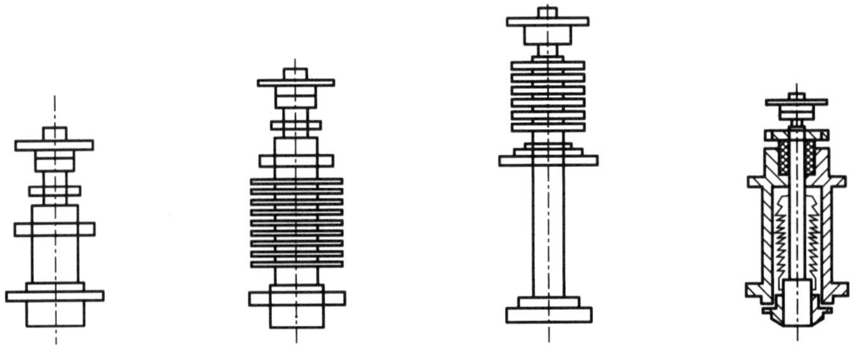

(a)普通形　(b)散(吸)热形　(c)长颈形　(d)波纹管密封形

图 4-2-12　上阀盖形式示意图

(1)普通形，适用于常温场合，工作温度铸钢为-40~250 ℃。

(2)散(吸)热形，适用于中温或低温场合，工作温度为-60~450 ℃。

(3)长颈形，适用于深冷场合，工作温度为-60~-250 ℃。

(4)波纹管密封形，适用于有毒性、易挥发和贵重流体的场合。

### 2. 填料函及填料

填料函位于上阀盖，用于装载填料，有以下几种常用结构形式。

(1)普通标准形：填料靠压盖压紧，结构简单实用，磨损之后还可以再调整并压紧。

(2)带弹簧的填料函：由于有压缩弹簧的作用力，使密封圈的密封性能更好。

(3)有测试腔的双层填料函：这种结构只连接到进行热交换的上阀盖中，保证密封的可靠。

填料装于上阀盖的填料函(填料室)内，其作用是防止被调介质因阀杆移动而向外泄漏。常用的填料有 V 形聚四氟乙烯填料和 O 形石墨填料两种。

V 形聚四氟乙烯填料是用聚四氟乙烯粉末压制成型或用聚四氟乙烯棒料切制而成的。在两端压紧的情况下，由于这种材料的摩擦因数小，所以有润滑作用、密封性好。这种密封材料的缺点是耐磨性差，因此导致阀杆密封可靠性差，通常 1~2 年就必须更换填料，这是它的致命弱点；同时其耐温差，不能用于 200 ℃以上的高温，在极限温度下只能用到 3~5 个月。

O 形石墨填料的主要优点是耐高温(600 ℃)、耐低温(-250 ℃)、耐腐蚀、耐磨损、寿命长、密封好、更换容易。O 形石墨填料可直接置于高低温介质中，无须采用散热型、长颈型上阀盖。O 形石墨填料的主要缺点是摩擦力较大，对阀杆包得较紧，回差较大，在使用中应带定位器消除其回差。

**3. 调节阀的材质**

调节阀使用的材质主要取决于介质的腐蚀性、介质温度、工作压力和气蚀的严重性等因素。调节阀常用的阀体材质和适用的温度、压力条件见表 4-2-1。

**表 4-2-1　调节阀常用的阀体材质和适用的温度、压力条件**

| 阀体材质 | 适用温度/℃ | 最大工作压力/MPa |
|---|---|---|
| 铸铁(HT 20-40) | -20~120 | ≤1.6 |
| 铸钢(ZG25B、35B) | -40~450 | ≤6.4 |
| 锻钢(25 钢、40 钢) | -40~250 | ≤32 |
| 铸不锈钢(1Cr18Ni9) | -250~450 | ≤10 |
| 铸不锈钢(奥氏体)(1Cr18Ni9Ti) | -250~600 | ≤32 |
| 铸不锈钢(钼二钛)(0Cr18Ni12Mo2Ti) | -40~500 | ≤32 |

# 第三节　气动调节阀的辅助装置

气动调节阀在工业控制系统中起着关键作用,而辅助装置(也可称为附件)进一步增强了其性能和功能。气动调节阀的辅助装置主要有如下几项。

(1)阀门定位器——用于改善调节阀工作特性,实现正确定位。

(2)阀位发信装置——显示调节阀上、下限的行程工作位置或阀杆行程变化量。

(3)气动保位阀——气源故障时,保持阀门当时位置。

(4)电磁阀——实现气路的自动切换。

(5)手轮装置——系统故障或紧急情况下,可切换进行手动操作。

(6)空气过滤减压器——作为气源净化、调压之用。

(7)储气罐——气源故障时,由它取代,使阀能继续工作一段时间。

(8)安全栅——确保调节阀在爆炸性危险场所的安全运行。

这里主要介绍阀门定位器、阀位发信装置、手轮装置、电磁阀和安全栅。

## 一、阀门定位器

阀门定位器是气动执行器的辅助装置,与气动执行机构配套使用。图 4-3-1 为带有阀门定位器的气动执行器组成框图。它主要用来克服流过调节阀的流体作用力,保证阀门定位在控制器输出信号要求的位置上。

阀门定位器与执行器之间的关系如同一个随动驱动系统。它将来自控制器的控制信号($I_0$ 或 $p_0$),成比例地转换成气压信号输出至执行机构,使阀杆产生位移,其位移量通过机械机构反馈到阀门定位器,当位移反馈信号与输入的控制信号不平衡时,定位器以较大的输出驱动执行机构，直至两者相平衡时，阀杆停止动作，调节阀的开度与控制信号相对应。

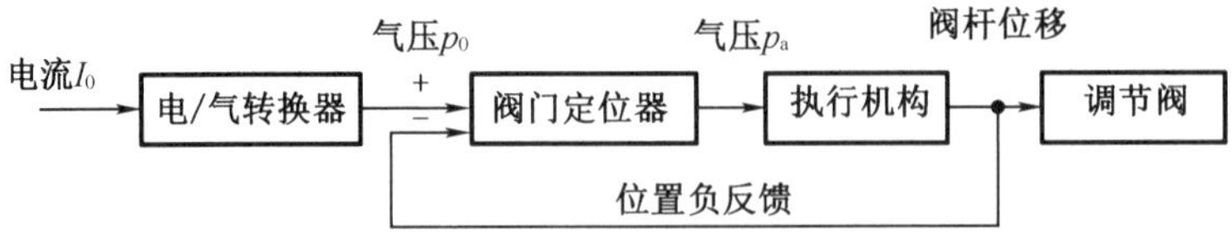


图 4-3-1　带有阀门定位器的气动执行器组成框图

由此可见，阀门定位器与气动执行机构构成一个负反馈系统，因此采用阀门定位器具有以下特点。

(1) 提高执行机构的线性度，实现准确定位。

(2) 可以改变执行机构的特性，从而可以改变整个执行器的特性。

(3) 阀门定位器可以利用不同形状的凸轮片改变调节阀的流量特性，而无须改变调节阀的阀芯形状。

(4) 阀门定位器可以采用更高的气源压力，从而可增大执行机构的输出力、克服阀杆的摩擦力、消除不平衡力的影响和加快阀杆的移动速度。

(5) 阀门定位器与执行机构安装在一起，可减少控制信号的传输滞后。

(6) 可以接受不同范围的输入信号，因此采用阀门定位器还可实现分程控制。

按结构形式，阀门定位器可以分为气动阀门定位器、电气阀门定位器和智能式阀门定位器，这里主要介绍后两者。

**1. 电气阀门定位器**

电气阀门定位器接收 4～20 mA(DC) 或 0～10 mA(DC) 的电流信号，用以控制薄膜式或活塞式气动执行器。它能够起到电/气转换器和气动阀门定位器两种作用。图 4-3-2 是一种与薄膜式执行机构配合使用的电气阀门定位器的结构原理示意图，它是按力矩平衡原理工作的。

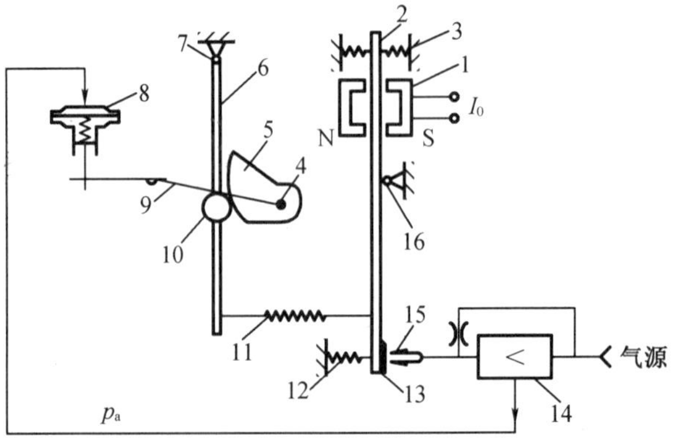


1—电磁线圈；2—主杠杆；3—迁移弹簧；4—支点；5—反馈凸轮；6—副杠杆；7—副杠杆支点；8—气动执行机构；9—反馈杠杆；10—滚轮；11—反馈弹簧；12—调零弹簧；13—挡板；14—气动放大器；15—喷嘴；16—主杠杆支点。

图 4-3-2　一种与薄膜式执行机构配合使用的电气阀门定位器的结构原理示意图

当输入信号电流 $I_0$ 通过力矩马达的电磁线圈 1 时，它受永久磁钢作用后，对主杠杆 2 产生一个向左的力，使主杠杆绕支点 16 逆时针方向偏转，挡板 13 靠近喷嘴 15，挡板的位移经气动放大器 14 转换为压力信号 $p$。引入到气动执行机构 8 的薄膜气室。因 $p_a$ 增加而使阀杆向下移动，并带动反馈杠杆 9 绕支点 4 偏转，反馈凸轮 5 也跟着逆时针方向偏转，通过滚轮 10 使副杠杆 6 绕副杠杆支点 7 顺时针偏转，从而使反馈弹簧 11 拉伸，反馈弹簧对主杠杆 2 的拉力与信号电流 $I_0$ 通过力矩马达的电磁线圈 1 作用到杠杆 2 的推力达到力矩平衡时，阀门定位器达到平衡状态。此时，一定的信号电流就对应于一定的阀杆位移，即对应于一定的阀门开度。

调零弹簧 12 起零点调整作用；弹簧 3 是迁移弹簧，在分程控制中用来补偿力矩马达对主杠杆的作用力，以使阀门定位器在接受不同范围[如 4～12 mA(DC)或 12～20 mA (DC)]的输入信号时，仍能产生相同范围(20～100 kPa)的输出信号。

根据系统的需要，电气阀门定位器也能实现正反作用。正作用阀门定位器是输入信号电流增加，输出压力也增加；反作用阀门定位器与此相反，输入信号电流增加，输出压力则减小。要使电气阀门定位器实现反作用，只要把输入电流的方向反接即可。

**2. 智能式阀门定位器**

智能式阀门定位器有只接受 4～20 mA(DC)电流信号的；也有既接受 4～20 mA(DC)的模拟信号，又接受数字信号的，即 HART 通信的阀门定位器；还有只进行数字信号传输的现场总线阀门定位器。它们均用以控制薄膜式或活塞式气动执行器。

(1)智能式阀门定位器的组成和工作原理

智能式阀门定位器包括硬件和软件两部分。

智能式阀门定位器的硬件电路由信号调理部分、微处理机、电气转换控制部分和阀位检测反馈装置等部分构成，如图 4-3-3 所示。

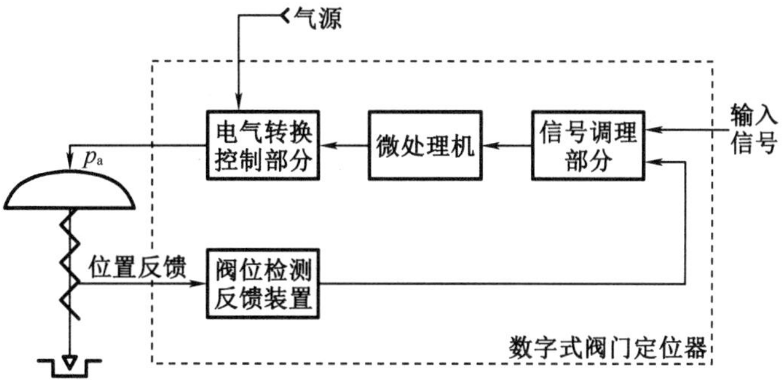


**图 4-3-3　智能式阀门定位器构成示意图**

智能式阀门定位器的软件由监控程序和功能模块两部分组成，前者使阀门定位器各硬件电路能正常工作并实现所规定的功能；后者提供了各种功能，供用户选择使用，即进行组态。各种智能式阀门定位器，因其具体用途和硬件结构不同，它们所包含的功能模块在内容和数量上有较大差异。接受数字信号的智能式阀门定位器，具有双向的通信能力，可以就地或远距离地利用上位机或手持式操作器进行阀门定位器的组态、调试、诊断。

现以西门子公司 SIPART PS 型为例简单加以介绍。SIPART PS 型智能电气阀门定位器由微控制器(CPU)、A/D 和 D/A 转换器、压电导向控制的气动阀等部件组成,它的工作原理与一般定位器是截然不同的。

给定值由 4~20 mA 电流信号给出,阀杆的实际位置由阀位变送器给出。给定值与实际值的比较是在微处理器中进行的。如果微处理器测到一个控制偏差,就利用一个五通路插件传递给压电阀,使一定量的压缩空气经过压电阀进入气动执行机构的气室。微处理器根据控制偏差(即给定值和控制量之间的差)输出一个电控命令给压电阀。压电阀把这一指令转换为气动定位增量。如果控制偏差很大,则压电阀输出连续信号;如果偏差很小,则没有定位脉冲输出;如果偏差大小适中,则输出脉冲序列。

(2)压电阀的结构及工作原理

智能式阀门定位器的气动部件一般由电/气转换器和气动放大器组成。电/气转换器主要使用两类技术:基于非对称构造晶体的压电效应材料的压电阀技术,通常接收数字信号(电脉冲)产生两位动作气动输出;基于电磁原理和气动喷嘴/挡板机构的 I/P 转换器技术,通常接收模拟电信号产生连续动作气动输出。

压电阀是利用压电材料的压电效应来实现阀的动作的一种新型控制阀,它具有精度高、响应快、功耗小、寿命长、结构紧凑等优点。压电阀基于逆压电效应原理工作,具有节能低功率(驱动电流仅 10 mA)、精密微型化、高速响应和耐用性好的显著特点,也易于阀门定位器全数字化。

压电阀的原理是利用压电材料在电场作用下的变形,来实现气动阀的进气口的开启和关闭。微型直动式压电阀的结构及工作原理如图 4-3-4 所示。

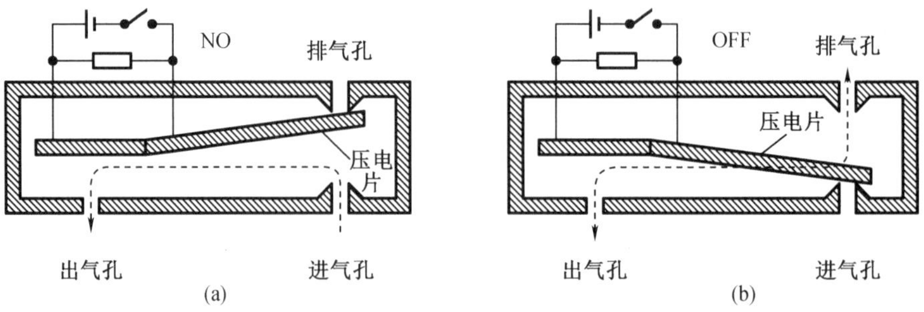


**图 4-3-4 微型直动式压电阀的结构及工作原理**

压电阀中间的弯曲部件为压电材料组成的压电片。压电片的结构为极薄的弹性金属片两面黏结而成的压电晶体,在压电片的两个工作面上真空镀膜形成两个电极,利用压电片在电场作用下的变形,来实现微型气路两位式开关换向。

功率放大型压电阀,在结构上相当于一个直动式压电阀和一个气动信号放大器的组合体,在实现电信号到气信号的控制转换的同时,也实现了气动信号的功率放大,为智能式阀门定位器的设计、制造提供了便利,因此功率放大型压电阀也广泛地应用在智能式阀门定位器的气路控制中。

(3)带压电阀的智能式阀门定位器

气路结构采用压电阀结构的智能式阀门定位器,其气路结构通常由两个功率放大型压电阀组件(PV1、PV2)和两个单向阀(RV1、RV2)组成,如图 4-3-5 所示。

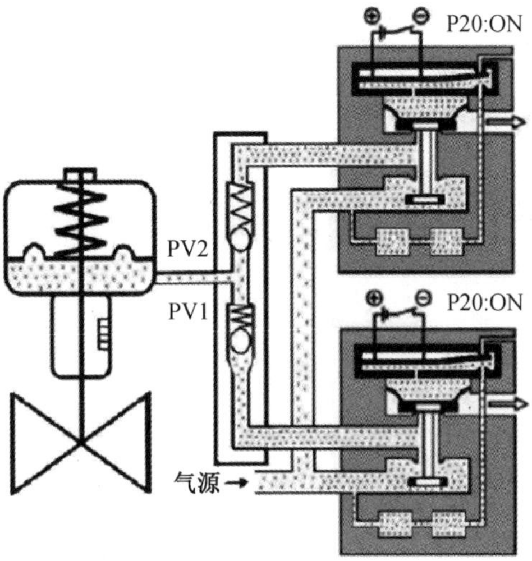


**图 4-3-5 带压电阀的智能式阀门定位器的气路结构**

气动组件可有以下 3 种气路状态。

状态 1:PV1 通电、PV2 通电、RV1 打开、RV2 关闭;定位器输出气压信号到控制阀气动执行机构的膜室,调节阀的阀杆朝着一个方向运动。

状态 2:PV1 断电、PV2 通电、RV1 关闭、RV2 关闭;定位器的气路处于封闭状态,封住通到气动执行机构的气路气压,整个定位器及调节阀的气路处于保持状态,调节阀的阀位保持不变化。

状态 3:PV1 断电、PV2 断电、RV1 关闭、RV2 打开;定位器的气路处于排气状态,气动执行机构的膜室经压电阀气路通大气,把执行机构膜室内的气体排掉,调节阀的阀杆朝着相反的方向(与状态 1 相比较)运动。

智能式阀门定位器通过上述 3 种气路状态来实现调节阀的气路调节,进而控制调节阀动作。

(4)智能式阀门定位器的特点

智能式阀门定位器的特点和优点如下。

①用压电控制阀取代了喷嘴挡板机构,给定值和实际值的比较纯是电信号,不再是力的平衡,大大提高了可靠性,降低了耗气量。

②采用微控制器,实现了智能化。通过软件组态,可实现以下多种功能。

A. 自动调整零点和行程,大大节约了投运时间。

B. 自动修改控制参数(在线自适应控制算法补偿机械摩擦的变化和填料老化所造成的问题),达到最好控制效果。

C. 设定调节阀的正、反作用方向。

D. 设定调节阀的流量特性:线性、等百分比或任意特性(用 10 段折线函数实现)。

E. 提供 4~20 mA 阀位反馈信号。

F. 具有诊断和监测功能。

③用弹簧或电感线圈以消除反馈回路的死区，死区通常只有±0.08%。采用软件实现控制算法，可采用比例积分作用实现无余差的控制，从而大大提高了控制精度。智能式阀门定位器的控制精度通常可达±0.2%。

## 二、阀位发信装置

常用的阀位发信装置主要有阀位传送器、阀位开关两种。阀位传送器将阀门位移变化（阀杆行程变化）转变成相应的电信号送控制室。阀位开关仅将阀门的上、下限行程或其开、关状态传送至控制室。从结构上看，前者复杂，后者简单；从功能上看，前者发送连续变化量，后者仅发送开、关状态量。

**1. 阀位开关的结构和工作原理**

阀位开关是以阀的行程变化来驱动微动开关，并以电信号输出的一种阀位发信装置。其动作原理如图 4-3-6 所示。

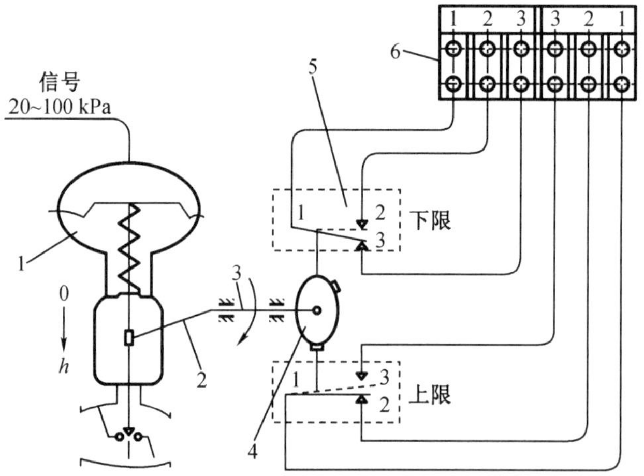


1—气动执行机构；2—转臂；3—转轴；4—凸轮；5—微动开关；6—接线板。

**图 4-3-6 阀位开关结构示意图**

当气动执行机构 1 接收信号而推杆运动时，带动阀位开关的转臂 2、转轴 3、凸轮 4 运动，在凸轮上位置可调的滑块，凸轮转动到某一位置，滑块就会触及微动开关 5，改变微动开关输出接点的位置，把电路断开或接通。

如果把接线板 6 和 DCS、报警器等连接在一起，就可以显示阀门的开关状态，也能及时报警。如果与保护系统中的电磁阀、继电器等配套使用，也可进行连锁保护，及时地开启或关闭阀门。

阀位开关多用在下述场合。

(1)安全连锁系统的紧急切断阀。

(2)顺控系统的开关阀。

(3)与开、停车操作有关的调节阀。

2. 阀位传送器

阀位传送器是将阀门的旋转角度或行程位置，按阀门开度相应的比例转换为 4~20 mA 直流电流信号，传送到控制室。定位器的反馈模块作为定位器的一个功能模块，其功能与阀位传送器相同，大多数时候可以相互替换。

## 三、手轮装置

**1. 手轮装置的结构**

气动调节阀配用的手轮装置有顶装式和侧装式两种。

顶装式手轮只能单方向限制行程，经常采用螺旋传动方式。这一类手轮安装在执行机构的上面，用螺杆带动螺套，螺套通过联轴件与执行机构连接。侧装式手轮侧向安装在阀门和执行机构之间。这种侧装式手轮用螺杆带动螺套，从而带动杠杆动作，杠杆直接与阀杆连接在一起。其优点是高度降低，缺点是结构稍复杂。

**2. 手轮装置的用途和使用注意事项**

气动调节阀的手轮装置一般具有以下用途。

(1)作手动操作器。在开停车或事故状态下可用手轮装置进行手动操作。

(2)限制阀门开度。在生产过程中当要求调节阀只打开一部分，或者不允许调节阀关闭时，可用手轮装置作为调节阀的开度限制器。值得注意的是，它仅能限制一个特定方向的行程，不能同时限制两个方向的行程。

(3)采用手轮有时可以省去调节阀的旁路管线。例如，大口径及贵金属管路等，可使用手轮装置来代替旁路阀。

使用手轮装置需要注意以下几点。

(1)手轮装置是一种安全辅助装置，当自动操作完全正常和执行机构无故障时，手轮装置并不使用。为此要经常检查手轮装置是否完好，经常加油防锈。

(2)自动操作时，手轮装置的位置要对准标尺中央的“自控”位置，然后把手轮限住，防止手轮的意外转动而影响阀门的开度。

(3)手轮转动方向与阀门开、关的关系一定要明确，特别是作阀位限制用时更要注意，以防误操作。

## 四、电磁阀

电磁阀是利用电磁原理进行控制的工业设备，用在工业控制系统中调整介质流向，以达到自动控制的目的。电磁阀一般应用在小口径、小流量、开关频率高的场合。

**1. 电磁阀的结构和工作原理**

电磁阀由电磁线圈和磁芯组成，是包含一个或几个孔的阀体，当线圈通电或断电时，磁芯的移动将导致流体通过阀体被切断或导通，达到改变流体流向的目的。

电磁阀由电磁部件和阀体组成。电磁部件由固定铁芯、动铁芯、线圈等部件组成。阀体由滑阀芯、滑阀套、弹簧底座等组成。电磁线圈被直接安装在阀体上，阀体被封闭在密封管中，构成一个简洁、紧凑的组合。

按动作方式，电磁阀可分为直动式、先导式和分步直动式 3 种。

(1)直动式电磁阀的工作原理

直动式电磁阀结构图如图 4-3-7 所示。通电时,电磁线圈产生电磁力把阀芯从阀座上提起,阀门打开;断电时,电磁力消失,弹簧把阀芯压在阀座上,阀门关闭。所以直动式由线圈吸合动铁芯直接带动截止阀进行气路切换。其特点是在真空、负压、零压时能正常工作,但通径一般不超过 25 mm。

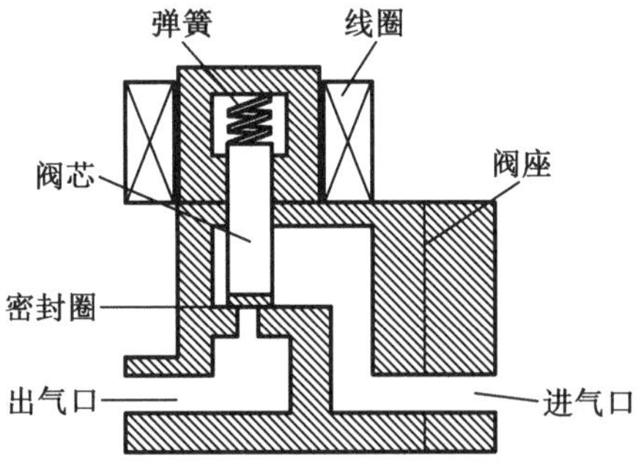


**图 4-3-7　直动式电磁阀结构图**

(2)先导式电磁阀工作原理

先导式电磁阀结构图如图 4-3-8 所示。通电时,电磁力把先导孔打开,上腔室压力迅速下降,在敞开件周围形成上低下高的压差,流体压力推动敞开件向上移动,阀门打开;断电时,弹簧力把先导孔敞开,入口压力通过旁通孔迅速在关阀件周围形成下低上高的压差,流体压力推动敞开件向下移动,敞开阀门。其特点是流体压力范围上限较高,使用必须满足流体压差条件。

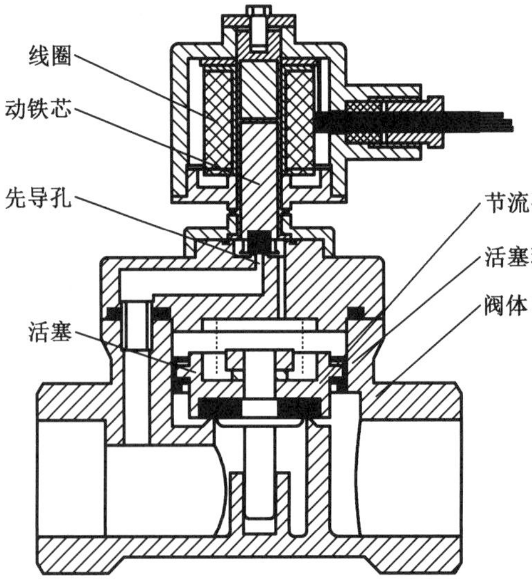


**图 4-3-8　先导式电磁阀结构图**

(3)分步直动式电磁阀工作原理

分步直动式电磁阀的工作原理是直动式和先导式相结合。当入口与出口没有压差时,通电后，电磁力直接把先导小阀和主阀关闭件依次向上提起，阀门打开。当入口与出口达到启动压差时，通电后，电磁力先导小阀，主阀下腔压力上升，上腔压力下降，从而利用压差把主阀向上推开；断电时，先导阀利用弹簧力或介质压力推动关闭件，向下移动，使阀门关闭。其特点是在零压差或真空、高压时亦能可靠动作，但功率较大，要求必须水平安装。

**2. 电磁阀的分类**

根据结构形式，电磁阀可分为普通型、防水型、防爆型等几种。

按工作状态，电磁阀可分为常通型（通电时打开，断电时关闭）和常闭型（通电时关闭，断电时打开）两种。

根据工作口的不同，电磁阀可分为二通电磁阀、三通电磁阀、四通电磁阀、五通电磁阀等。

二位三通电磁阀配用在单作用气缸执行机构和气动薄膜式执行机构上，完成气路的自动切换，以实现调节阀的开、关动作，通常用于遥控、顺序控制和连锁控制。

二位四通电磁阀由电磁铁部件和阀体部件组成，由线圈吸合动铁心，带动滑阀进行气路切换。它有 5 个接管口（1 个气源入口，2 个工作介质出口，2 个排气口，通大气视为一通），如图 4-3-9 所示。二位四通电磁阀配用在双作用气缸执行机构和活塞式执行机构上，完成气路的自动切换，实现调节阀的开、关动作，可用于顺序控制系统。

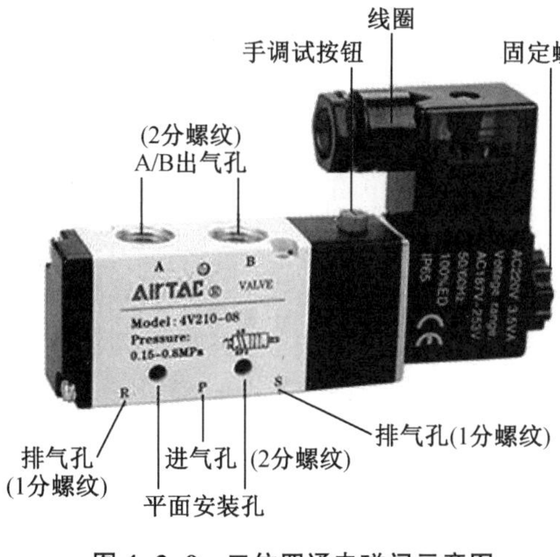


**图 4-3-9　二位四通电磁阀示意图**

电磁阀的图形符号含义如下。

（1）用方框表示阀的工作位置，有几个方框就表示有几“位”；方框外部连接的接口数有几个，就表示几“通”，如图 4-3-10 所示。

（2）方框内的箭头表示油路处于接通状态，但箭头方向不一定表示液流的实际方向。

（3）方框内符号“⊥”或“⊤”表示该通路不通，如图 4-3-11 所示。左边线圈通电，P、A 口通，T、B 口通；右边线圈通电，T、A 口通，P、B 口通；两个线圈同时断电，所有口截止。

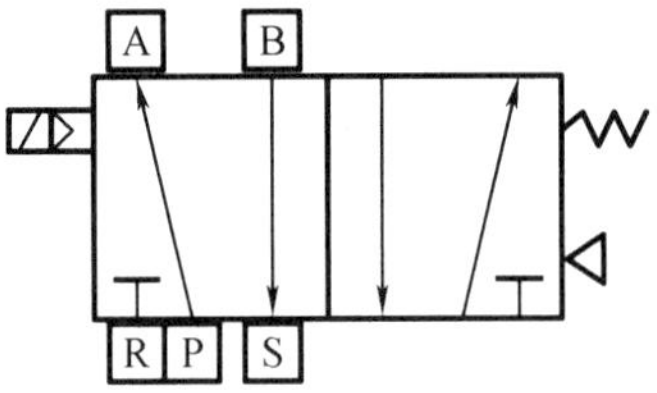


图 4-3-10　二位四通电磁阀工作原理示意图

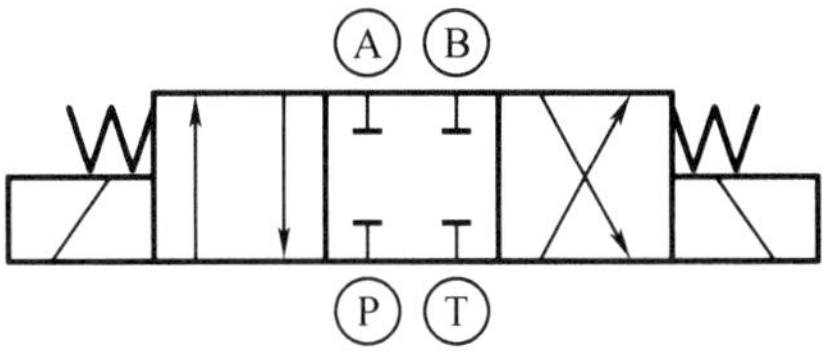


图 4-3-11　三位四通电磁阀工作原理示意图

**3. 电磁阀的主要技术指标**

(1)工作压差

电磁阀入口与出口之间或阀前和阀后的压力差称为电磁阀的工作压差,能使电磁阀可靠开闭的最小压力差称为最小工作压差,是反映电磁阀正常可靠动作的基本性能指标之一。直动式电磁阀可以无压差工作;先导式电磁阀必须靠一定的压力差(不低于最小工作压差)才能正常工作。

电磁阀工作压差范围越宽,产品适用性就越广。

(2)泄漏量

在规定的试验条件下,试验液体通过阀腔的泄漏量大小直接影响电磁阀动作的可靠性,影响系统的工艺工况控制质量,介质泄漏还会造成系统的无功损耗。

气体介质泄漏检测用气泡法或气体转子流量计,液体介质泄漏检测用量杯容积法计量,泄漏的试验压力为最小工作压差(双向电磁阀为最大工作压差),允许泄漏量的大小在标准中有明确规定。

(3)线圈温升

电磁阀线圈处于通电状态,线圈中电磁线及导线通电后会产生热效应,导致线圈升温。升温幅度的大小直接影响电磁线圈的绝缘性能和电磁阀动作的可靠性,线圈温升超过绝缘等级后线圈会烧毁。同时因温度升高,线圈电磁线的电阻增加,电流会相对减小,导致线圈的功率下降,电磁阀的电磁力也将随之降低,这些在电磁阀设计时是必须考虑的。使用中如发现线圈温升超标时应停电检查,查明原因并及时维护。

(4)额定流量系数

在规定试验条件下,阀门通以压差为 100 kPa 水介质,电磁阀开启至额定行程,此状态下流经电磁阀的流量即为流量系数,以 $m^3/h$ 表示。

流量系数象征电磁阀可通过液体能力的大小,是电磁阀的静态特性指标之一。用户可以按电磁阀的技术参数中规定的流量系数选择电磁阀的口径。

(5)寿命

在规定动作次数寿命终止前,电磁阀所有性能均应符合标准的试验寿命,不可理解为破坏性极限试验寿命,它是反映电磁阀的综合质量性能的动态指标。寿命试验后,复测电磁阀的工作压差、泄漏量等指标应仍符合标准规定要求。

**4. 电磁阀选型**

(1)根据介质的特性选择电磁阀

应根据流体的温度、压力、黏度、腐蚀性来选择电磁阀。温度高的流体不能使用常温电磁阀,否则其使用寿命将大大缩短,严重时甚至会损坏。流体含有微粒等杂质时应选用膜片式电磁阀。电磁阀对流体的清洁度要求较高,流体清洁度不高时可在电磁阀前安装过滤器。

(2)按流体的压力和流量选择电磁阀

根据流体的压力来选择电磁阀的额定工作压力,工作压力的选择还与电磁阀能否正常工作有关。工作压力一般用最高与最低的上、下限来确定它的可靠工作范围,否则电磁阀受流体压力的影响将无法可靠工作。

流体流量大小关系到电磁阀的通径或阀座尺寸。电磁阀口径选择过大会造成浪费;口径选小了又会限制管道中应通过的流量,造成较大的压力损失,使得系统的控制作用减小,控制精度下降或失控。

工作压差是指电磁阀能可靠开、关的阀入口与出口间的压力差,也是电磁阀能否正常工作的关键,是选择时首要考虑的问题。

(3)重视环境条件

电磁阀的最高温度不能超过电磁阀铭牌所示。环境温度太低,会引起电磁阀外壳结霜,使密封填料出现问题,导致电磁阀不能工作。潮湿环境会使电气绝缘下降,影响电磁阀的可靠性。使用环境有灰尘、水滴、盐雾、腐蚀性气氛时,应选择密封性好的产品,如防水型、防溅型、防尘型电磁阀,介质性质决定了电磁阀的密封结构。要求防爆应选择防爆型电磁阀。振动、冲击的环境应选择耐振型电磁阀。

(4)电磁阀工作电源的选择

电磁阀的工作电源有直流和交流之分,直流电磁阀接交流电源,电磁吸力小无法工作;交流电磁阀接直流电源,会出现电流过大烧线圈。

电磁阀线圈电压一般以 24 V DC 或 220 V AC 居多。电磁阀的供电电源应与铭牌上的额定电压相符,电源电压过高,电磁阀电流过大会温升异常,且电磁吸力太大导致冲击力过大,影响阀的可靠性。电源电压过低,电磁阀的电磁吸力下降过多,会影响到开阀能力而难以可靠地工作。

(5)要考虑电磁阀的工作频度

工作频度即电磁阀在使用时所允许的最高动作次数,常用每分钟开阀与关阀的次数来表示。直接动作式电磁阀动作时间快,它的工作频度就可高一些。在连续生产中使用了短时工作制的电磁阀,使用寿命就会缩短,甚至会在短期内损坏。

(6)根据持续工作时间长短和安全要求来选择常闭、常开型

一般选用常闭型,通电打开,断电关闭;但在开启时间很长、关闭时间很短时要选用常开型;安全连锁系统用电磁阀一般工作在常通电状态,常开场合应该选用常闭型电磁阀。

## 五、安全栅

安全栅又称安全限能器或安全保持器,是接在本质安全电路和非本质安全电路之间,将供给本质安全电路的电压、电流限制在一定安全范围内的装置。安全栅的主要功能为限流、限压,保证现场仪表可得到的能量在安全范围内。

**1. 安全栅的分类**

安全栅主要有齐纳式安全栅和隔离式安全栅两大类。

(1)齐纳式安全栅的组成和工作原理

齐纳式安全栅的核心元件为齐纳二极管(稳压二极管),由限流电阻及快速熔断丝组成,对输入的电能量进行限制,从而保证输出到危险区的能量安全。齐纳式安全栅的防爆原理就是用稳压管限制输出电压,用快速熔断丝控制最大输出电流(过流保护),用限流电阻限制输出电流,如图 4-3-12 所示。

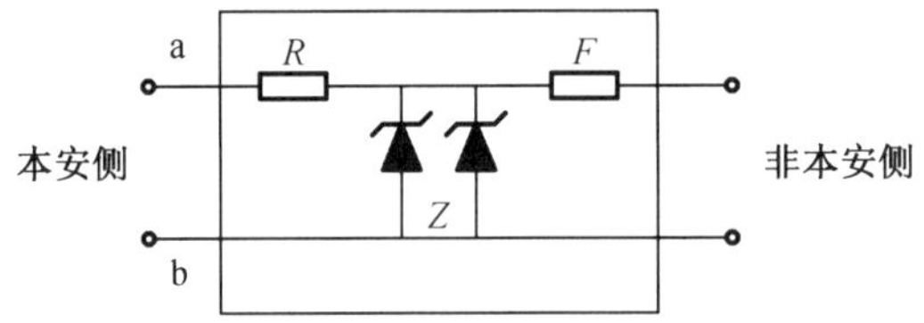


**图 4-3-12　齐纳式安全栅工作原理示意图**

齐纳式非本安两端之间因某种原因混入高电压,使齐纳二极管反向击穿,呈“导通”状态,此时齐纳二极管把混入的高电压限制在齐纳电压上,在安全栅的本安端上不会出现高压电压,齐纳二极管一旦导通以后,其电流急剧上升,雪崩过程把串联在电路中的熔断器瞬时熔断,切断了流向现场的高电压,以防止高电压引爆现场爆炸性物质的危险,从而保护了现场设备及人员的安全。

如果本安侧负载短路了,安全栅电路中的限流电阻立即起限流作用,把短路电流限制在某个电流值内,这个电流值是安全值,故现场也是安全的。

(2)隔离式安全栅的组成和工作原理

隔离式安全栅采用了将输入、输出以及电源三方之间相互电气隔离的电路结构。隔离式安全栅不但有限能的功能,而且有隔离的功能,它主要由回路限能单元、信号和电源隔离单元、信号处理单元等组成,价格比齐纳式贵。

由于隔离式安全栅采用了限压、限流、隔离等措施,不仅能防止危险能量从本安端进入危险现场,提高系统的本安防爆性能,而且还增加了系统的抗干扰能力,大大提高了系统运行的可靠性。安全栅的主要功能就是限制安全场所的危险能量进入危险场所,以及限制送往危险场所的电压和电流,如图 4-3-13 所示。

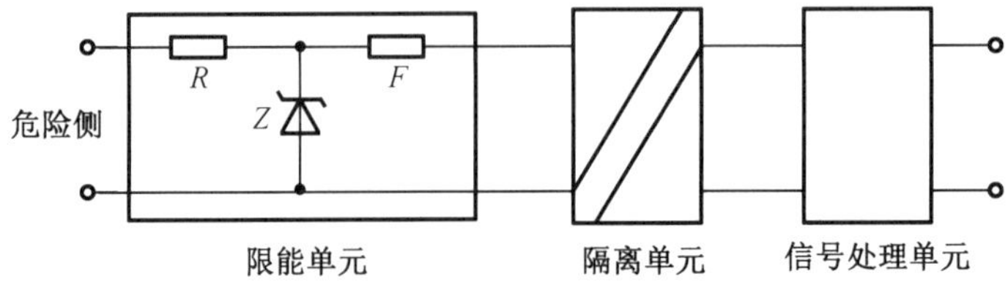


**图 4-3-13　隔离式安全栅电路原理图**

工业现场一般需要采用两线制传输方式的配电器,既要为如压力变送器等一次仪表提供 24 V 配电电源,同时又要对输入的电流信号进行采集、放大、运算和抗干扰处理后,再输出隔离的电流和电压信号，供后面的二次仪表或其他仪表使用。

隔离式安全栅有检测端安全栅和操作端安全栅两种类型。检测端安全栅与两线制变送器配套使用；操作端安全栅与电/气转换器或电/气阀门配套使用。

检测端隔离式安全栅的原理是：模块电路将通过本安能量限制电路输入的电流或电压信号，将其转变为 0.2~1 V DC 后，送入模块内进行采集、放大、运算和抗干扰处理，再经变压器调制成输出隔离的电流和电压信号，供后面的二次仪表或其他仪表使用。模块还需输出一个隔离的 18.5~28.5 V DC 电压，通过本安能量限制电路作为供给两线制变送器的工作电压。

操作端隔离式安全栅的原理是：将调节器或操作器输出的 4~20 mA DC 信号隔离后再输出 4~20 mA DC 的信号，通过本安能量限制电路供给电气转换器或现场的电气阀门定位器使用。

**2. 安全栅的特点和选用**

由于安全栅被设计为介于现场设备与控制室设备之间的一个限制能量的接口，因此无论控制室设备处于正常还是故障状态，安全栅都能确保通过它传送给现场设备的能量是本质安全的。

(1)齐纳式安全栅的特点和选用

齐纳式安全栅的原理简单、电路实现容易、价格低廉，但因其自身原理的缺陷使其应用中的可靠性受到很大影响，并限制了其应用范围，其原因如下。

①安装位置必须有非常可靠的接地系统，并且接地电阻必须小于 1 Ω，否则便失去防爆安全保护性能，显然这样的要求是十分苛刻的，并在实际工程应用中难以保证。

②要求来自危险区的现场仪表必须是隔离型，否则通过齐纳式安全栅的接地端子与大地相接后信号无法正确传送，并且由于信号接地，直接降低信号抗干扰能力，则影响系统稳定性。

③对电源影响较大，同时也易因电源的波动而造成其损坏。

④由于其电路原理需要吸收输入回路的能量，所以易造成输出不稳定。

在选择安全栅时必须考虑其型号与现场仪表类型相适应，还必须考虑安全栅与本质安全仪表要求相兼容，以及形成的本安系统中阻抗相匹配的问题。

①所选用的齐纳式安全栅应已经防爆检测机构防爆认证，并有防爆合格证书。

②根据工作现场所属的危险区域(0 区、1 区、2 区)、气体级别和温度组别来选择齐纳式安全栅的防爆等级(安全栅防爆标志 EX)，使其符合防爆环境，确保现场安全。

③根据现场使用仪表的工作电压和工作电流对地的极性，选择齐纳式安全栅的极性(正极性、负极性或交流极性)。

④根据信号传输线路的数量，选择齐纳式安全栅的通道数(单通道、双通道、三通道)，由安全栅的通道对传输线路进行保护。

⑤根据二次仪表供电电压的大小，选择齐纳式安全栅的工作电压，供电电压应小于或等于齐纳式安全栅的工作电压。根据现场仪表电压和电流的大小，选择齐纳式安全栅的端电阻。在最大工作电流时，安全栅的端电阻引起的压降应不影响现场仪表最低工作电压的要求，以保证现场仪表能正常工作。

⑥当供电电压为 DCS 中卡件直接供电时,供电卡件中往往串接限流电阻。当使用齐纳式安全栅时,此限流电阻应引起充分的重视。选用电阻限流式齐纳式安全栅时应把串入的电阻去掉,用熔丝或开关代替;选用电子限流式齐纳式安全栅时,此电阻值不能大于 180 Ω,否则由于供电回路电阻太大,造成现场仪表供电电压太低而不能工作。

⑦本质安全防爆实质上是系统防爆,所以现场仪表和齐纳式安全栅一起由防爆检测机构进行系统防爆取证。

⑧在安全防爆系统的设计及防爆产品的选型中,除了需要对爆炸性环境中存在的气体进行分级、分组外,还应根据爆炸性气体出现的频繁程度和持续时间对爆炸性气体危险场所进行区域划分。

0 区:爆炸性气体混合物连续或长时间存在的场所。

1 区:爆炸性气体混合物有可能出现的场所。

2 区:爆炸性气体混合物不可能出现,或者即使出现也是短时间存在的场所。

⑨色标。黄色端(非本安侧)接线通往安全区;蓝色端(本安侧)接线通往危险区。

(2)隔离式安全栅的特点和选用

①由于采用了三方隔离方式,因此无须系统接地线路,给设计及现场施工带来了极大的方便。

②对危险区的仪表要求大幅度降低,现场无须采用隔离式的仪表。

③由于信号线路无须共地,使得检测和控制回路信号的稳定性和抗干扰能力大大增强,从而提高了整个系统的可靠性。

④具备更强的输入信号处理能力,能够接受并处理如开关量输入状态控制、热电偶、热电阻、频率等信号,这是齐纳式安全栅无法做到的。

⑤可输出两路相互隔离的信号,以提供给使用同一信号源的两台设备使用,并保证两台设备信号不互相干扰,同时提高所连接设备相互之间的电气安全绝缘性能。

⑥当用户同时应用 DCS 和 ESD 时,选用一进二出的安全栅,可以有效地将两个系统隔离开来,避免系统之间互相影响。因不需要另外 24 V 电源供电,特别适合配 I/O 卡直接供电的 DCS。

因此,对比齐纳式安全栅,隔离式安全栅有着突出的优点和更为广泛的用途,虽然其价格略高于齐纳式安全栅,但从设计、施工安装、调试及维护成本来考虑,其综合成本反而低于齐纳式安全栅。在要求较高的工程现场几乎全部采用隔离式安全栅作为主要本安防爆仪表,在安全防爆领域得到了日益广泛的应用。

## 第四节　执行器的特性与选型

在工业自动化和控制系统的设计中,执行器作为连接控制系统与实际执行机构的重要桥梁,其选型过程直接关系到整个系统的性能、稳定性和成本效益。因此,执行器的选型是一项既关键又复杂的任务,需要综合考虑多种因素,以确保所选执行器能够满足实际应用的需求。

## 一、调节阀的常用技术指标

本节主要介绍气动调节阀的常用技术指标,电动调节阀的常用技术指标大部分与此类似。采用法定计量单位和贯彻国标《气动调节阀通用技术条件》后,调节阀的常用技术指标如见表 4-4-1。

**表 4-4-1　调节阀的常用技术指标**

| 名称 | 含义及要求 |
| --- | --- |
| 公称通径 | 公称通径是字母 DN 后紧跟一个整数数字组成。如公称通径 250 mm,应写成 DN250 |
| 公称压力 | 公称压力由字母 PN 和其后紧跟的整数数字组成。如公称压力 1.6 MPa,应写成 PN16 |
| 额定流量系数 | 一个与阀门的几何结构和给定行程有关的常数,用来衡量流通能力。表示调节阀流量系数的符号有 *C*、*Cv*、*Kv* 等,它们运算单位不同,定义也不同 |
| 固有流量特性 | 在经过阀门的压力降恒定时,随着截流元件(阀板)从关闭位置运动到额定行程的过程中流量系数与截流元件(阀板)行程之间的关系。这些特性可以绘制在曲线图上,其水平轴用百分比行程表示,而垂直轴用百分比流量(或 *Cv* 值)表示 |
| 气源压力 | 气源压力的最大值:气动薄膜式调节阀——600 kPa;气动活塞式调节阀——700 kPa |
| 信号压力范围 | 调节阀的标准输入压力信号范围:20~100 kPa;切断型调节阀,输入信号范围可在气源压力额定值内任意选取;带有电/气阀门定位器的调节阀,标准输入电信号范围为直流 4~20 mA |
| 弹簧范围 | 执行机构走完全行程所需要的信号压力范围 |
| 最大输出力 | 执行机构的输出力就是用以克服负荷的有效力,实际工作时负荷力必须小于最大输出力 |
| 允许压差 | 受到最大输出力的限制,调节阀应该在一定压力差范围内工作,这个压差范围称为允许压差 |

下面对执行机构的输出力、流量系数、调节阀的可调比、流量特性等概念做进一步的阐述。

**1. 执行机构的输出力**

(1)输出力

对于气动薄膜式调节阀,输入压力作用在膜片上,克服膜片和弹簧的反作用力后,用以克服负荷的有效力,就称为执行机构的输出力。在阀杆移动的过程中,膜片和弹簧的反作用力是变化的,因此输出力也是变化的。

气动薄膜式执行机构中的关键零件是波纹膜片和弹簧。膜片的主要成分是橡胶,因此对温度有一定的要求。弹簧是执行机构质量好坏的关键零件,在全行程范围内,弹簧刚度应保持不变才能保证执行机构的线性度。在膜片和弹簧特性保持理性特性的情况下,输入压力与阀杆的行程呈线性关系。令执行机构启动时的输入压力为 $p_0$,全行程处的信号压力为 $p_L$,则 $p_0 \sim p_L$ 为执行机构走完全行程所需要的信号压力范围,亦称为弹簧范围,以 $p_r$ 表示,如图 4-4-1 所示。启动压力 $p_0$ 可以通过调节件调整,使 $p_0 \sim p_L$ 前后移动,可调整气动调节阀所需要的输出力。

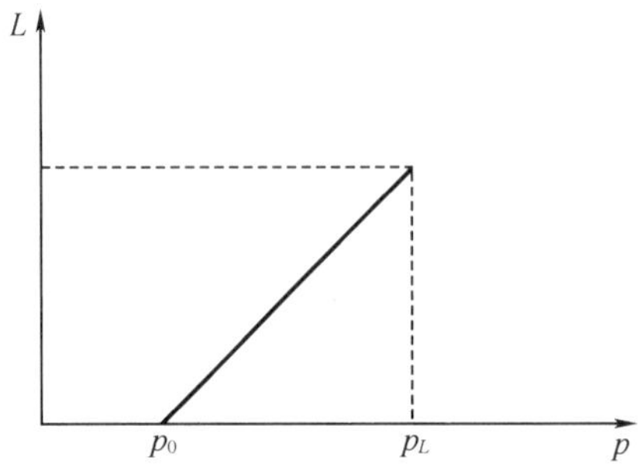


**图 4-4-1　气动薄膜式执行机构弹簧范围示意图**

气动薄膜式执行机构的输出力计算公式为

$$F=A_e(p-p_0-p_r\frac{l}{L})$$

式中　$F$——输出力,N;

$A_e$——膜片有效面积,$m^2$;

$p$——输入压力,Pa;

$p_0$——弹簧启动压力,Pa;

$p_r$——弹簧范围,Pa;

$l$——行程,mm;

$L$——全行程,mm。

由上述公式可知,增大输出力 $F$ 的方法如下。

①增大薄膜有效面积 $A_e$。对于一般调节阀,制造厂根据其使用情况,配备一定尺寸的膜头,已有足够的输出力去克服不平衡力,但在高压差、高静压或大口径情况下,考虑到不平衡力较大,可把膜头尺寸增大 1~2 号。

②将弹簧启动压力调小。

③配用阀门定位器。带定位器后,可使输入压力 $p$ 增大,达到阀门定位器气源压力(一般为 250 kPa),能得到较大的输出力。注意:带有阀门定位器的气动调节阀,信号压力与输入压力是不同的。

(2)执行机构的负荷

负荷包括不平衡力、密封压紧力、摩擦力、质量等。对于单作用气动执行机构,其力平衡方程式为

$$F=F_t+F_0+F_f+F_w$$

式中　$F$——输出力;

$F_t$——阀芯所受不平衡力;

$F_0$——全闭时阀芯对阀座密封所附加的压紧力;

$F_f$——阀杆所受摩擦力;

$F_w$——阀芯等活动部件质量。

正常润滑情况下 $F_f$ 很小，各种活动件质量 $F_w$ 也不大，所以上式可简化为

$$F=F_t+F_0$$

流体通过调节阀时，受流体作用力影响，会产生使阀芯上下移动的轴向力和使阀芯旋转的切向力。对于直行程的调节阀，如单座阀、角形阀等，轴向力影响信号与位移的关系，这一轴向力称为不平衡力，以 $F_t$ 表示。对于角位移的调节阀，如蝶阀、偏心旋转阀等，影响其角位移的切向合力矩，称为不平衡力矩，以 $M$ 表示。

影响不平衡力和力矩的因素很多，主要有以下几项。

①阀的结构形式、口径。

②阀前压力和阀前后压差。

③流体与阀芯的相对流向。

一般流开阀在工作时阀杆受压，不平衡力 $F_t$ 一定为正值，要求执行机构有加大的输出力。而流闭阀的不平衡力 $F_t$ 可能为正，也可能为负。

如图 4-4-2 所示，流开特性的直通单座阀，其不平衡力的计算式为

$$F_t=p_1\frac{\pi}{4}dN^2-p_2\frac{\pi}{4}(d_N^2-d_s^2)=\frac{\pi}{4}(d_N^2\Delta p+d_s^2p_2)$$

式中　$F_t$——不平衡力，N；

$d_N$——阀芯直径，m；

$d_s$——阀杆直径，m；

$p_1$、$p_2$——阀前、阀后压力，Pa；

$\Delta p$——压差，$\Delta p=p_1-p_2$，Pa。

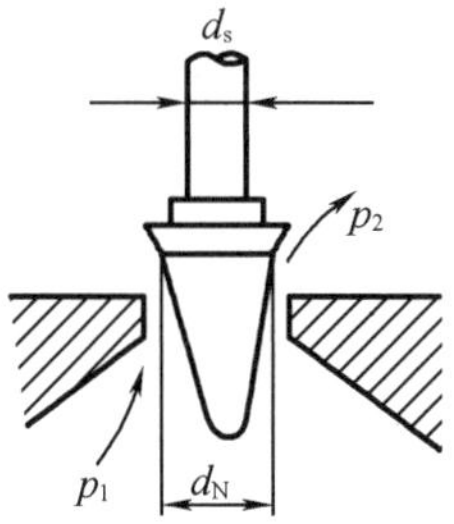


图 4-4-2　直通单座阀不平衡力示意图

可以看出，增大时，$F_t$ 也随之增大，当执行机构的输出力小于不平衡力时，就不能在全行程范围内实现信号与位移的准确关系。对于确定的执行机构，由于其最大输出力是固定的，所以调节阀应限制在一定压差范围内工作，这个压差范围称为允许压差，用 $\Delta p$ 表示。

(3)弹簧范围的选择

装在工艺管线上并有流体介质通过的气动调节阀，做全行程动作所需的压力范围，是根据气动调节阀工作时所受最大不平衡力决定的。而标准弹簧范围是指阀体内没有压力时，使阀做全行程动作所需的压力范围。当不平衡力很小时，这两个压力范围是相等的；不平衡力较大时，这两个压力范围是不等的，其差值表示执行机构的最大输出力。如一些公司的执行机构，可配合各种弹簧范围的弹簧，能获得各种不同的输出力，以适应各种调节阀

不平衡力的需要。

**2. 调节阀的流量系数**

流量系数 $K$ 又称为调节阀的流通能力，是直接反映流体流过调节阀的能力，是调节阀的一个重要参数。由于流量系数 $K$ 与流体的种类、工况以及阀的开度有关，为了便于调节阀口径的选用，必须对流量系数 $K$ 给出一个统一的条件，并将在这一条件下的流量系数以 $K_v$ 表示，即将流量系数 $K_v$ 定义为：

当调节阀全开、阀两端压差为 0.1 MPa、流体密度为 1 g/m$^3$（即 5~40 ℃的水）时，每小时流过调节阀的流体流量，通常以 m$^3$/h 或 t/h 计。

根据上述定义，一个 $K_v$ 值为 40 的调节阀，则表示当阀全开、阀前后的压差为 0.1 MPa 时，5~40 ℃的水流过阀的流量为 40 m$^3$/h。因此 $K_v$ 值表示了调节阀的流通能力。调节阀产品样本中给出的流量系数 $K_v$ 即是指在这种条件下的 $K$ 值。

**3. 调节阀的可调比**

调节阀的可调比 $R$ 是指调节阀所能控制的最大流量 $Q_{max}$ 和最小流量 $Q_{min}$ 之比，即

$$R=\frac{Q_{max}}{Q_{min}}$$

可调比也称为可调范围，它反映了调节阀的调节能力。应该注意的是，$Q_{min}$ 是调节阀所能控制的最小流量，与调节阀全关时的泄漏量不同。一般 $Q_{min}$ 为最大流量的 2%~4%，而泄漏量仅为最大流量的 0.01%~0.1%。由于调节阀前后压差变化时，会引起可调比变化，因此可调比又分为理想可调比和实际可调比。

（1）理想可调比和实际可调比

调节阀前后压差一定时的可调比称为理想可调比，以 $R$ 表示，它是由结构设计决定的。可调比反映了调节阀的调节能力的大小，因此希望它大一些为好。但由于阀芯结构设计和加工的限制，理想可调比一般不会太大。目前我国调节阀的理想可调比主要有 30 和 50 两种。

调节阀在实际使用时总是与工艺管道系统相串联或与旁路阀并联。管道系统的阻力变化或旁路阀的开启程度的不同，将使调节阀前后压差发生变化，从而使调节阀的可调比也发生相应的变化，这时调节阀的可调比称实际可调比，以 $R_r$ 表示。

（2）串联和并联管道时的可调比

图 4-4-3 为串联管道，随着流量 $Q$ 的增加，管道的阻力损失也增加。若系统的总压差不变，则调节阀上的压差相应减小，这就使调节阀所能通过的最大流量减小，从而调节阀的实际可调比将降低。

设 $s$ 为调节阀全开时的阀前后压差与管道系统的总压差之比，则 $s$ 值越小，即串联管道的阻力损失越大，实际可调比越小。

由于调节阀的流通能力选择的不合适，或者工艺生产负荷变化较大（如增加处理量），有时不得不把旁路阀打开，形成并联管道，如图 4-4-4 所示。从图中可以看出，总管流量 $Q$ 分成两路：一路为调节阀控制流量，另一路为旁路流量。由于旁路流量的存在，$Q_{min}$ 相当于增加，致使调节阀实际可调比下降。此时，调节阀的实际可调比为

$$R_r=\frac{Q_{max}}{Q_{1min}+Q_2}$$

式中　$Q_{max}$——总管最大流量；

$Q_{1min}$——调节阀所能控制的最小流量；

$Q_2$——旁路管道流量。

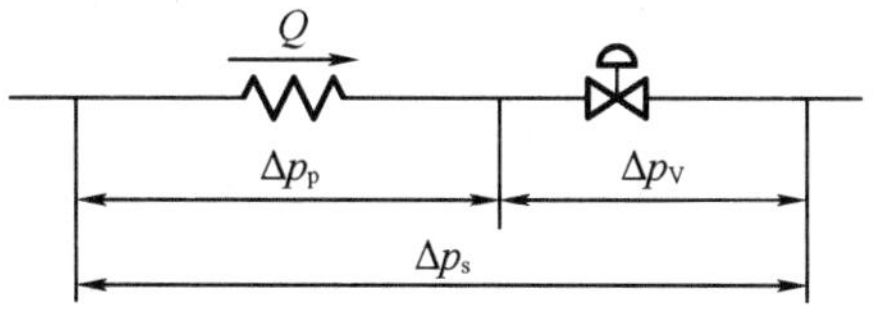


图 4-4-3　调节阀与工艺管道串联

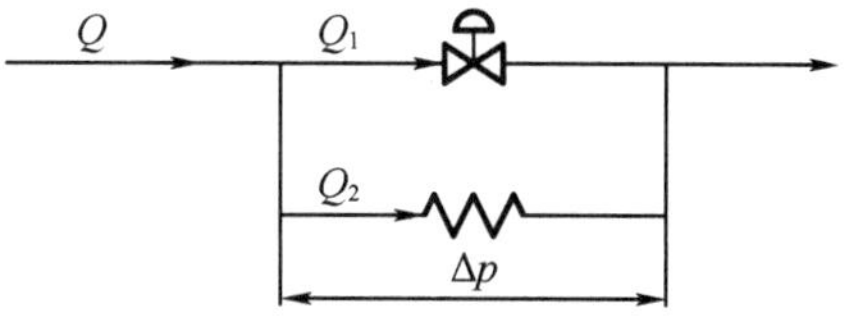


图 4-4-4　调节阀与工艺管道并联

在生产实际中使用时，应尽量避免把调节阀的旁路阀打开。

**4. 调节阀的流量特性**

调节阀的流量特性是指被控介质流过阀门的相对流量和阀门相对开度之间的关系，即

$$\frac{Q}{Q_{mx}}=f\left(\frac{l}{L}\right)$$

式中　$\frac{Q}{Q_{mx}}$——相对流量，即某一开度流量与全开流量之比；

$\frac{l}{L}$——相对行程，即某一开度行程与全行程之比。

显然，阀的流量特性会直接影响到自动控制系统的控制质量和稳定性，必须合理选用。一般地，改变阀芯和阀座之间的节流面积，便可调节流量。但当将调节阀接入管道时，其实际特性会受多种因素的影响，如连接管道阻力的变化。为便于分析，首先假定阀前后压差固定，然后再考虑实际情况，于是调节阀的流量特性分为理想流量特性和工作流量特性。

(1) 调节阀的理想流量特性

在调节阀前后压差固定的情况下得出的流量特性就是理想流量特性。显然，此时的流量特性完全取决于阀芯的形状。不同的阀芯曲面可得到不同的流量特性，它是调节阀固有的特性。

在目前常用的调节阀中有 4 种典型的理想流量特性，即直线流量特性、等百分比流量特性（又称对数流量特性）、抛物线流量特性及快开流量特性。图 4-4-5 列出了调节阀的 3 种典型理想流量特性的曲线，图 4-4-6 给出了它们对应的阀芯曲面形状。

①直线流量特性

直线流量特性是指调节阀的相对流量与相对位移成直线关系，即单位位移变化所引起的流量变化是常数。其流量特性曲线如图 4-4-5 中的直线流量特性曲线所示。

②等百分比流量特性

等百分比（对数）流量特性是指单位相对位移变化所引起的相对流量变化与此点的相对流量成正比关系，即控制阀的放大系数随相对流量的增加而增大。此时相对位移与相对流量成对数关系，故也称对数流量特性，在直角坐标上为一条对数曲线。其流量特性曲线

如图 4-4-5 中的对数流量特性曲线所示。

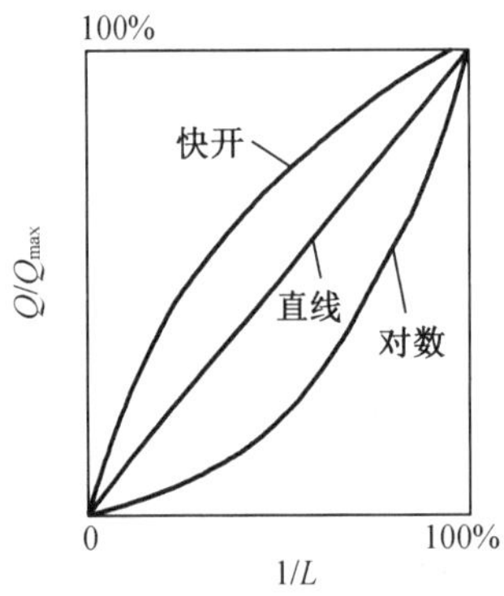


**图 4-4-5　调节阀的 3 种典型理想流量特性的曲线**

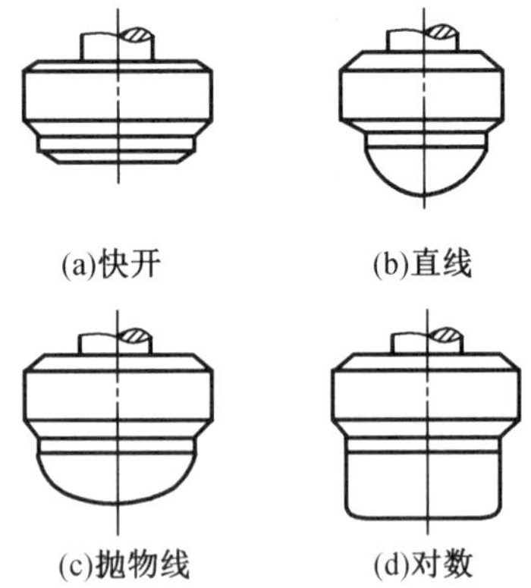


**图 4-4-6　不同流量特性的阀芯曲面形状**

由图 4-4-5 可知,等百分比流量特性曲线的斜率是随着流量增大而增大的,即它的放大系数是随行程的增大而增大的。但等百分比特性的流量相对变化值是相等的,即流量变化的百分比是相等的。因此,具有等百分比流量特性的调节阀,在小开度时,放大系数小,控制平稳缓和;在大开度时,放大系数大,控制灵敏有效。

③抛物线流量特性

抛物线流量特性是指单位相对位移的变化所引起的相对流量变化与此点的相对流量值的平方根成正比关系,此时相对位移与相对流量为抛物线关系,在直角坐标上为一条抛物线。其流量特性曲线介于直线与对数特性曲线之间。

④快开流量特性

快开流量特性的调节阀在开度较小时就有较大的流量,随着开度的增大,流量很快就达到最大;此后再增加开度,流量变化很小,故称快开流量特性,它没有一定的数学表达式。其流量特性曲线如图 4-4-5 中的快开流量特性曲线所示。

快开流量特性调节阀的阀芯形式为平板形,它的有效位移一般为阀座直径的 1/4,当位移再增加时,阀的流通面积不再增大,失去调节作用。快开阀适用于迅速启闭的位式控制或程序控制系统。

(2)调节阀的工作流量特性

在实际使用中,调节阀所在的管路系统的阻力变化或旁路阀的开启程度不同将造成阀前后压差变化,从而使调节阀的流量特性发生变化。调节阀前后压差变化时的流量特性称为工作流量特性。

调节阀安装在管路中时,管道阻力损失增加,不仅调节阀全开时的流量减小,而且流量特性也发生了很大的畸变,直线特性渐渐趋近于快开特性,等百分比特性渐渐接近于直线特性,使得小开度时放大系数变大,调节不稳定;大开度时放大系数变小,调节迟钝,从而影响控制质量。

## 二、调节阀的型号

### 1. 调节阀的型号编制说明

调节阀是阀门种类里较为复杂的控制元件，在工况运行中常常会因为选型的不当，参数的误差，产生一系列烦琐的问题。为减少和避免调节阀在工业运作过程中产生不必要的麻烦，以及阀门在管道中能够正常的作业，操作人员应对调节阀型号编制方法进行详细的了解及认知。

调节阀型号编制一般表示为调节阀执行器大类、执行机构形式、执行机构特征、阀结构形式、公称压力、作用方式、变形产品等要素（凡不能采用统一编号方法的，可按实际工况需要制定调节阀型号编制方法）。

（1）执行器类代号：字母 z 表示。

（2）执行机构形式代号如下。

M：气动薄膜式；

S：气动活塞式；

AZ/直行程、AJ/角行程：电动式（AW 电动温度调节阀）；

DL/直行程、DR/角行程：电子式（DW 电子式温度调节阀）；

Z：自力式。

（3）执行结构特征代号如下。

A：正作用；

B：反作用；

H：横气缸。

（4）阀结构形式代号如下。

①直行程类阀

Q：切断阀；

P：单座；

M：套筒；

N：双座；

X/Q：三通分流、三通合流；

S：角形；

T：隔膜式。

②角行程类阀

W：蝶阀；

O：O 形球阀；

L/T：L 形三通球阀、T 形三通球阀；

V：V 形球阀。

③自力式类阀

Y：压力调节阀；

H：带指挥器压力调节阀；

C:差压调节阀;

V:微压调节阀;

W:温度调节阀。

(5)阀结构形式补充代号如下。

①直行程类阀

P:切断阀单座;

M:切断阀套筒;

N:切断阀三通;

Z:刀形闸阀。

②角行程类阀

E:偏心;

E3:三偏心。

③自力式类阀

P:单座;

M:套筒;

N:双座。

(6)公称压力代号:用阿拉伯数字表示,单位为 MPa。公称压力是压力的 10 倍,如压力 1.0 MPa 等于公称压力为 10 MPa。

(7)作用方式代号如下。

①气动调节阀

K:气开式;

B:气关式。

②电动调节阀

K:电开式;

B:电关式。

③自力式压力调节阀

B:阀后压力调节;

K:阀前压力调节。

(8)变形产品代号如下。

①直行程类阀

无:标准型;

D:低温;

G:高温散热;

W:波纹管密封;

Q:调节切断;

J:夹套保温;

F:衬氟;

X:橡胶;

H:不锈钢/硬质合金。

②角行程类阀

F4:衬 PTFE;

F46:衬 FEP;

Je:衬胶;

R:软密封;

Y:硬密封;

F:衬氟;

J:夹套;

K:浮动球式;

M:固定球式。

调节阀作为过程控制中的终端元件,用户对它的重要性对比以前有了更深的认识。调节阀应用的好坏,除了产品自身质量,用户是否正确安装、使用、维护外,参数正确地计算、阀门选型也十分重要。很多人由于计算选型的失误,造成系统开开停停,有的甚至无法使用,设计人员应该认识调节阀在现场的重要性,必须对调节阀的型号编制及选型的了解予以重视。

例:说明下列调节阀型号所表示的含义。

①ZMBP-16K;

②ZMAN-40BG;

③ZMAM-16B;

④ZMAS-320B;

⑤ZNAZ-64BD;

⑥ZSAT-10B。

答:

①气动薄膜式直通单座调节阀,执行机构为反作用式,整机为气开式,公称压力为1.6 MPa,常温型。

②气动薄膜式直通双座调节阀,执行机构为正作用式,整机为气关式,公称压力为4.0 MPa,高温型。

③气关式套筒调节阀,正作用式,薄膜式执行机构,公称压力为1.6 MPa,常温型。

④气关式角形高压调节阀,正作用式,薄膜式执行机构,公称压力为32 MPa,常温型。

⑤气关式偏心旋转调节阀,正作用式,深波纹式执行机构,公称压力为6.4 MPa,低温型。

⑥气关式隔膜调节阀,比例式,气动活塞式执行机构,公称压力为1.0 MPa,常温型。

**2. 调节阀的参数与选型**

(1)参数介绍

调节阀的主要参数包括公称通径、流量系数、可调比、驱动方式、电源电压和防护等级等。

①公称通径

公称通径是电动调节阀的进口和出口之间的直径,它决定了电动调节阀的流通能力。在选择电动调节阀时,需要根据实际需求选择合适的公称通径。

②流量系数

流量系数是衡量电动调节阀流通能力的指标,它与公称通径有关。流量系数越大,电动调节阀的流通能力越强。

③可调比

可调比是电动调节阀的一个重要的性能指标,它表示电动调节阀在额定行程内能够控制的流量范围。可调比越大,电动调节阀的控制范围越广。

④驱动方式

电动调节阀的驱动方式有多种,包括电机驱动、气动驱动和液压驱动等。在选择驱动方式时,需要根据实际需求和现场环境选择合适的驱动方式。

⑤电源电压

电动调节阀的电源电压通常为220 V AC或24 V DC,在选择电源电压时需要考虑现场电源供应情况。

⑥防护等级

电动调节阀的防护等级反映了设备的防尘、防水能力,它决定了设备在恶劣环境下的适应性。在选择电动调节阀时,需要根据实际需求选择合适的防护等级。

(2)调节阀的工况选型

在选择调节阀时,除了考虑参数型号外,还需要考虑工况条件,如介质种类、工作压力、工作温度等。下面将对不同的工况条件进行详细介绍。

①介质种类

介质种类对电动调节阀的性能和结构有很大的影响。例如,对于腐蚀性介质,需要选择耐腐蚀材料或者在设备内部添加防腐措施;对于高温高压介质,需要选择高强度材料和耐高温结构。因此,在选择电动调节阀时,需要根据实际工况条件选择合适的材质和结构。

②工作压力

工作压力对电动调节阀的性能和使用寿命有很大的影响。如果工作压力过高,需要选择高强度材料和耐高压结构;如果工作压力过低,则需要考虑是否需要增加减压装置等。因此,在选择电动调节阀时,需要根据实际工作压力选择合适的型号和规格。

③工作温度

工作温度对电动调节阀的材料和密封性能有很大的影响。如果工作温度过高,需要选择耐高温材料和密封件;如果工作温度过低,则需要考虑是否需要增加保温装置等。因此,在选择电动调节阀时,需要根据实际工作温度选择合适的型号和规格。

## 三、调节阀的选择

选择调节阀的依据主要有以下几点。

①根据工艺条件,选择合适的调节阀结构形式、材质、作用方式。

②根据阀杆受力大小,选择足够推力的执行机构。

③根据工艺对象的特点，选择合适的流量特性。

④根据工艺操作参数，选择合适的阀门尺寸。

⑤根据工艺过程的要求，选择合适的辅助装置。

**1. 调节阀结构形式的选择**

执行器结构形式的选择应该考虑执行机构的选择、调节机构的选择和执行器作用方式的选择等几方面内容。

（1）执行机构的选择

执行机构包括气动、电动和液动3大类。而液动执行机构使用甚少，同时气动执行机构中使用最广的是气动薄膜式执行机构。因此执行机构的选择主要是指对气动薄膜式执行机构和电动执行机构的选择，两种执行机构的比较见表4-4-2。气动和电动执行机构各有其特点，并且都包括有各种不同的规格品种。选择时，可以根据实际使用要求综合考虑确定。

**表4-4-2　气动薄膜式执行机构和电动执行机构的比较**

| 序号 | 比较项目 | 气动薄膜式执行机构 | 电动执行机构 |
|---|---|---|---|
| 1 | 可靠性 | 高（简单、可靠） | 较低 |
| 2 | 驱动能源 | 需另设气源装置 | 简单、方便 |
| 3 | 价格 | 低 | 高 |
| 4 | 输出力 | 大 | 小 |
| 5 | 刚度 | 小 | 大 |
| 6 | 防爆性能 | 好 | 差 |
| 7 | 工作环境温度范围 | 大（-40~80 ℃） | 小（-10~55 ℃） |

对气动执行机构的选择，可考虑以下几点。

①一般情况下应选用薄膜式执行机构。

②调节阀口径大或压差高时可选用活塞式执行机构。

③双位式调节一般选用无弹簧薄膜式或活塞式执行机构。

④大转矩蝶阀应选用气动长行程式执行机构。

（2）调节机构的选择

调节机构的选择依据如下。

①流体性质：如流体种类、黏度、毒性、腐蚀性、是否含悬浮颗粒等。

②工艺条件：如温度、压力、流量、压差、泄漏量等。

③过程控制要求：控制系统精度、可调比、噪声等。

根据以上各点进行综合考虑，并参照各种调节机构的特点及其适用场合，同时兼顾经济性，来选择满足工艺要求的调节机构，以下是常见的几个。

①调节阀前后压差较小，要求泄漏量小，一般可选用单座阀。

②调节低压差、大流量气体，可选用蝶阀。

③调节强腐蚀性流体，可选用隔膜阀。

④既要求调节又要求切断，或者控制高黏度、带纤维、细颗粒的流体且泄漏量小，可选用偏心旋转阀。

⑤噪声较大时，可选用套筒阀，但高温、高黏度及含有固体颗粒的流体不适用。

(3)流向的选择

流开、流闭是对介质流动方向而言，其定义为：在节流口，介质的流动方向向着阀打开方向流动（即与阀开方向相同）时，叫流开；反之，向着阀关闭方向流动（即与阀关方向相同）时，叫流闭。

调节阀对流向的要求一般可分为以下3种情况。

①对流向没有要求，任意安装使用，如球阀、普通蝶阀等。

②规定了流向，一般不得改变，使用时要按流向箭头安装，如三通阀、双座阀、带平衡孔的双密封套筒阀、偏心旋转阀等。

③需要进行流向选择，这一类阀主要是单密封类调节阀，如单座阀、角形阀、高压阀、无平衡孔的单密封套筒阀等，需根据工作条件，选择某一流向。

一般说来，流开型的阀工作比较稳定，但"自洁"性能和密封性能较差，寿命短；流闭型的阀寿命长、"自洁"性能和密封性能好。

(4)作用方式的选择

为了满足生产过程中安全操作的需要，执行器有正、反作用两种方式，即气开和气关两种作用形式。在采用气动执行机构时，必须确定整个执行器的作用方式。从控制系统角度出发，气开阀为正作用，气关阀为反作用。所谓气开阀，就是在有信号压力输入时阀打开，无信号压力时阀全关；而气关阀，是在有信号压力时阀关闭，无信号压力时阀全开。

气开、气关的选择要从工艺生产上的安全要求出发。考虑原则是：信号压力中断时，应保证设备和操作人员的安全，如阀门处于打开位置时危害性小，则应选用气关阀；反之，用气开阀。例如，加热炉的燃料气或燃料油应采用气开阀，即当信号中断时应切断进炉燃料，以避免炉温过高而造成事故。又如，调节进入设备的工艺介质流量的调节阀，若介质为易爆气体，应选用气开阀，以免信号中断时介质溢出设备而引起爆炸；若介质为易结晶物料，则选用气关阀，以免信号中断时介质产生堵塞。

改变气开、气关形式可通过改变调节阀的正、反装或改变执行机构的正、反作用来实现。对于直通双座阀和DN25以上的直通单座阀，可通过改变调节阀的正、反装来实现。对于单导向阀芯的高压阀、角形阀、DN25以下的直通单座阀及隔膜阀、三通阀等，只能通过改变执行机构的正、反作用来实现。

(5)材质的选择

选择阀体材质可按以下原则考虑。

①一般应选铸钢。

②使用要求不高时（120 ℃、1.6 MPa以下），也可选铸铁。

③高温（450~600 ℃）或低温（-60~-250 ℃）时，应选1Cr18Ni9Ti。

④高压（22 MPa、32 MPa）场合，应选锻钢、Cr18Ni9Ti、0Cr18Ni12Mo2Ti。

⑤强腐蚀性介质应选1Cr18Ni9Ti。

阀内件（阀芯、阀座、阀杆）的材质可按如下原则考虑。

①一般应选 1Cr18Ni9。

②要求较高时可选 1Cr18Ni9Ti 或其他不锈钢。

③气蚀、冲刷严重的场合,应选 1Cr18Ni9Ti,进行表面硬化处理,喷镀或堆焊一层应选钴铬钨硬质合金,也可选整体硬质合金阀芯。

④在强腐蚀性介质中,可选用镍合金、钛及非属材料。

(6)公称压力的选择

公称压力 PN 表示调节阀的耐压强度,它不仅与工作压力有关,还与材料和使用温度有关(温度越高,机械性能越差)。

例如,阀体为碳钢的调节阀,当公称压力为 PN64 时,是指在 200 ℃以下使用,其允许的最大工作压力为 6.4 MPa,当温度高于 200 ℃时,耐压强度下降;当温度为 300 ℃时,允许的最大工作压力为 5.2 MPa,400 ℃时下降至 4.1 MPa,450 ℃时下降至 2.9 MPa。

同样,对不锈钢阀体的调节阀,PN 是指在 250 ℃以下使用时的耐压强度。

因此,在选用调节阀时,应根据最大工作压力、最高使用温度、材质查表确定所需要的 PN,而不能仅从工作压力一个方面去决定。

**2. 调节阀流量特性的选择**

由于调节阀的工作流量特性会直接影响调节系统的调节质量和稳定性,因而在实际应用中调节阀特性的选择是一个重要的问题。一方面需要选择具有合适流量特性的调节阀以满足系统调节控制的需要,另一方面也可以通过选择具有恰当流量特性的调节阀,来补偿调节系统中本身不希望具有的某些特性。

生产过程中常用的调节阀的理想流量特性主要有直线、等百分比、快开 3 种,其中快开特性一般应用于双位控制和程序控制。因此,流量特性的选择实际上是指如何选择直线特性和等百分比特性。

调节阀流量特性的选择可以通过理论计算,其过程相当复杂,且实际应用上也无此必要。因此,目前对调节阀流量特性多采用经验准则或根据控制系统的特点进行选择,可以从以下几方面考虑。

(1)系统的控制品质

一个理想的控制系统,希望其总的放大系数在系统的整个操作范围内保持不变。但在实际生产过程中,操作条件的改变、负荷变化等原因都会造成控制对象特性改变,因此控制系统总的放大系数将随着外部条件的变化而变化。适当地选择调节阀的特性,以调节阀的放大系数的变化来补偿被控对象放大系数的变化,可使控制系统总的放大系数保持不变或近似不变,从而达到较好的控制效果。

例如,被控对象的放大系数随着负荷的增加而减小时,如果选用具有等百分比流量特性的调节阀,它的放大系数随负荷增加而增大,那么,就可使控制系统的总放大系数保持不变,近似为线性。若调节对象放大系数为常数,则应选用放大系数为常数的直线特性阀。

(2)工艺管道情况

在实际使用中,调节阀总是和工艺管道、设备连在一起的。如前所述,调节阀在串联管道时的工作流量特性与 $s$ 值的大小有关,即与工艺配管情况有关。同一个调节阀,在不同的工作条件下,具有不同的工作流量特性。因此,在选择其特性时,还必须考虑工艺配管情况。具体做法是先根据系统的特点选择所需要的工作流量特性，再按照表 4-4-3 考虑工艺配管情况确定相应的理想流量特性。

表 4-4-3　工艺配管情况与流量特性关系表

| 配管情况 | $s$=0.6~1.0 | | $s$=0.3~0.6 | |
|---|---|---|---|---|
| 阀的工作流量特性 | 直线 | 等百分比 | 直线 | 等百分比 |
| 阀的理想流量特性 | 直线 | 等百分比 | 等百分比 | 等百分比 |

从表 4-4-3 可以看出，当 $s$=0.6~1.0 时，所选理想特性与工作特性一致；当 $s$=0.3~0.6 时，若要求工作特性是直线的，则理想特性应选等百分比的。这是因为理想特性为等百分比特性的调节阀，当 $s$=0.3~0.6 时，经畸变后的工作特性已近似为直线特性了。当要求的工作特性为等百分比时，其理想特性曲线应比等百分比的更凹一些，此时可通过修改阀门定位器反馈凸轮外廓曲线来补偿。当 $s$<0.3 时，直线特性已严重畸变为快开特性，不利于控制。等百分比理想特性也已严重偏离理想特性，接近于直线特性，虽然仍能控制，但它的控制范围已大大减小。因此一般不希望 $s$ 值小于 0.3。

目前已有低 $s$ 值调节阀，即低压降比调节阀，它利用特殊的阀芯轮廓曲线或套筒窗口形状，使调节阀在 $s$=0.1 时，其工作流量特性仍然为直线特性或等百分比特性。

(3)负荷变化情况

直线特性调节阀在小开度时流量相对变化值大，控制过于灵敏，易引起振荡，且阀芯、阀座也易受到破坏，因此在 $s$ 值小、负荷变化大的场合，不宜采用。等百分比特性调节阀的放大系数随调节阀行程增加而增大，流量相对变化值是恒定不变的，因此它对负荷变化有较强的适应性。

**3. 调节阀口径的选择**

调节阀口径选择得合适与否将会直接影响控制效果。口径选择得过小，会使流经控制阀的介质达不到所需要的最大流量。在大的干扰情况下，系统会因介质流量(即操纵变量的数值)的不足而失控，因而使控制效果变差。此时若企图通过开大旁路阀来弥补介质流量的不足，则会使阀的流量特性产生畸变；口径选择得过大，不仅会浪费设备投资，而且会使调节阀经常处于小开度工作，控制性能也会变差，容易使控制系统变得不稳定。

调节阀口径的选择主要依据流量系数 $Kv$，实质上就是根据特定的工艺条件(即给定的介质流量、阀前后的压差以及介质的物性参数等)进行 $Kv$ 值的计算，然后按调节阀生产厂家的产品目录，选出相应的调节阀口径，使得通过调节阀的流量满足工艺要求的最大流量且留有一定的裕量，但裕量不宜过大。

确定调节阀口径的具体步骤如下。

(1)确定计算流量——根据生产能力、设备负荷及介质状况，确定最大流量和最小流量。

(2)确定计算压差——根据系统特点选定 $S$ 值，然后确定计算压差(阀门全开时的压差)。$S$ 值是调节阀全开时阀上压差与系统中压力损失总和(在最大流量时)之比，简称阀阻比或压降比。对于液体介质，常选 $S$=0.3~0.5。

(3)计算流量系数——选择合适的计算公式或图表，求取最大和最小流量时的 $Kv$ 值。

(4) $K_v$ 值的选取——根据计算 $K_v$ 的最大值，在所选产品形式的标准系列中，选取最接近的那一级 $K_v$ 值。

(5) 调节阀开度验算——要求最大流量时阀开度不大于 90%，最小流量时开度不小于 10%。

(6) 实际可调比的验算——一般要求实际可调比不小于 10。

(7) 口径的确定——验证合适后，根据 $K_v$ 值决定。

**4. 辅助装置的选择**

辅助装置主要是指阀门定位器、手轮装置、电磁阀等的配置。

(1) 阀门定位器的选用

需要采用阀门定位器的情况主要有以下几种。

①摩擦力大，需要精确定位的场合，如采用石墨填料的调节阀。

②缓慢过程需要提高调节阀响应速度的场合，如温度、液位、分析等参数的调节系统。

③需要提高执行机构输出力和切断能力的场合。

④分程调节系统和调节阀运行中有时需要改变气开、气关形式的场合。

⑤需要改变调节阀流量特性的场合。

⑥调节器比例带很宽，但又要求阀对小信号有响应时。

⑦采用无弹簧执行机构的调节阀，如比例式气动活塞执行机构等。

(2) 手轮装置的选用

需要采用手轮的情况主要有以下几种。

①小口径调节阀且所在系统不是主要系统、调节阀失灵时用手动操作的场合。

②大口径调节阀且没有设置旁路阀的场合。

③开停车时需要手动操作的场合。

④需要使用手轮装置进行阀门开度限制的场合。

(3) 电磁阀的选用

需要电磁阀的情况主要有以下几种。

①需要对调节阀进行开关动作、实现顺序控制的场合。

②需要实现连锁控制的场合，如图 4-4-7 所示。当电磁阀断电时，电磁阀 1，2 口相通，膜头下部的信号压力放空，阀门自动关闭。

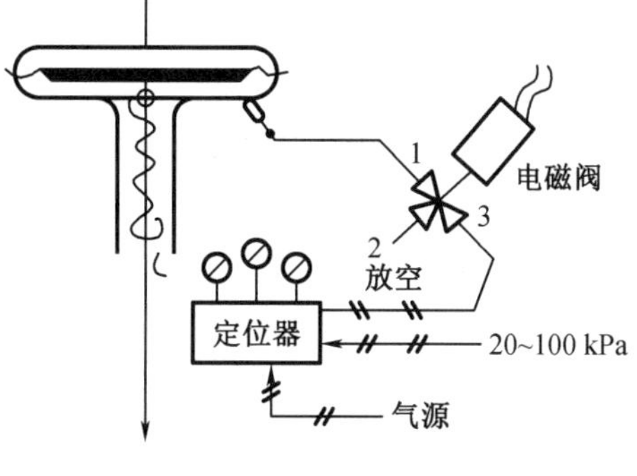


**图 4-4-7　电磁阀用于连锁控制示意图**

## 四、新型调节阀的应用

随着计算机控制技术的发展,为了能够直接接收数字信号,执行器出现了与之相适应的新品种,数字式调节阀和智能式调节阀就是其中的两个,下面简单介绍一下它们的功能与特点。

**1. 数字式调节阀**

数字式调节阀是一种位式的数字式执行器,由一系列并联安装而且按二进制排列的阀门组成。图 4-4-8 表示一个 8 位数字式调节阀的控制原理。数字式调节阀体内有一系列开闭式的流孔,它们按照二进制顺序排列。例如,对于这个数字式调节阀,每个流孔的流量按 $2^0$、$2^1$、$2^2$、$2^3$、$2^4$、$2^5$、$2^6$、$2^7$ 来设计,如果所有流孔关闭,则流量为 0,如果流孔全部开启,则流量为 255(流量单位)。因此数字式调节阀能在很大范围内精密控制流量,如 8 位数字式调节阀的调节范围为 1~255。数字式调节阀的开度按步进式变化,每步大小随位数的增加而减小。

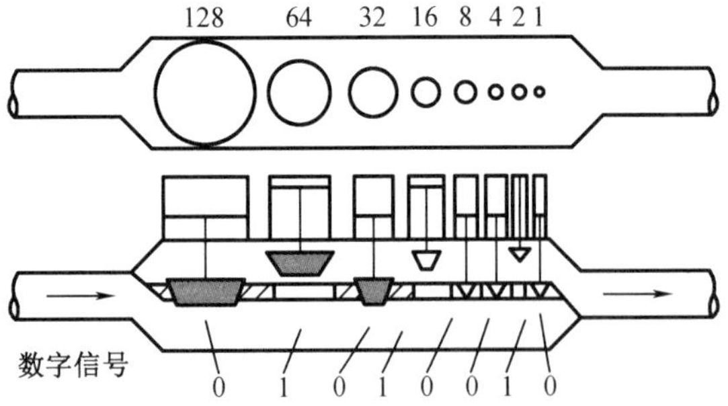


图 4-4-8　8 位数字式调节阀的控制原理

数字式调节阀主要由流孔、阀体和执行机构 3 部分组成。每一个流孔都有自己的阀芯和阀座。执行机构可以用电磁线圈,也可以用装有弹簧的活塞式执行机构。

数字式调节阀有以下特点。

(1)高分辨率。数字式调节阀位数越高,分辨率越高。8 位、10 位的分辨率比模拟式调节阀高很多。

(2)高精度。每个流孔都装有预先校正流量特性的喷嘴和文丘里管,精度很高,尤其适合小流量控制。

(3)反应速度快,关闭特性好。

(4)直接与计算机相连。数字式调节阀能直接接收计算机的并行二进制数码信号,有直接将数字信号转换为阀开度的功能。因此数字式调节阀能应用于直接由计算机控制的系统中。

(5)没有滞后,线性好,噪声小。

但是数字式调节阀结构复杂、部件多、价格高。此外,由于过于敏感,导致输送给数字式调节阀的控制信号稍有错误,就会造成控制错误,使被控变量大大高于或低于所希望的值。

### 2. 智能式调节阀

智能式调节阀是近年来迅速发展的执行器,集常规仪表的检测、控制、执行等作用于一身,具有智能化的控制、显示、诊断、保护和通信功能,是以调节阀为主体,将许多部件组装在一起的一体化结构。

智能式调节阀的智能主要体现在以下几个方面。

(1)控制智能。除了一般的执行器控制功能外,还可以按照一定的控制规律动作。此外还配有压力、温度和位置参数的传感器,可对流量、压力、温度、位置等参数进行控制。

(2)通信智能。智能式调节阀采用数字通信方式与主控制室保持联络,即计算机可以直接对执行器发出动作指令。智能式调节阀还允许远程检测、整定、修改参数或算法。

(3)诊断智能。智能式调节阀安装在现场,但都有自诊断功能,能根据配合使用的各种传感器通过微机分析判断故障情况,及时采取措施并报警。

目前智能式调节阀已经用于现场总线控制系统中。

## 五、执行器的安装

### 1. 气动执行器的安装

气动执行器的正确安装,是保证它能发挥应有效用的重要一环。对气动执行器的安装,一般应注意下列几个问题。

(1)为便于维护检修,气动执行器应安装在靠近地面或楼板的地方。当装有阀门定位器或手轮装置时,更应保证观察、调整和操作的方便。手轮装置的作用是:在开停车或事故情况下,可以用它来直接人工操作调节阀,而不用气压驱动。

(2)气动执行器应安装在环境温度不高于 60 ℃和不低于-40 ℃的地方,并应远离振动较大的设备。为了避免膜片受热老化,控制阀的上膜盖与载热管道或设备之间的距离应大于 200 mm。

(3)阀的公称直径与管道公称直径不同时,两者之间应加一段异径管。

(4)气动执行器应该是正立垂直安装于水平管道上。特殊情况下需要水平或倾斜安装时,除小口径阀之外,一般应加支撑,即使其正立垂直安装。当阀的自重较大和有振动场合时,也应加支撑。

(5)通过调节阀的流体方向在阀体上有箭头标明,不能装反,正如孔板不能反装一样。

(6)调节阀前后一般要各装一个切断阀,以便修理时拆下调节阀。考虑到调节阀发生故障或维修时,不影响工艺生产的继续进行,一般应装旁路阀。

(7)调节阀安装前,应对管路进行清洗,排去污物和焊渣。安装后还应再次对管路和阀门进行清洗,并检查阀门与管道连接处的密封性能。当初次通入介质时,应使阀门处于全开位置,以免杂质卡住。

### 2. 调节阀的安装

调节阀的安装通常有一个调节阀组,即上游阀、调节阀、下游阀、旁路阀,有时还有排放阀,其结构如图 4-4-9 所示。

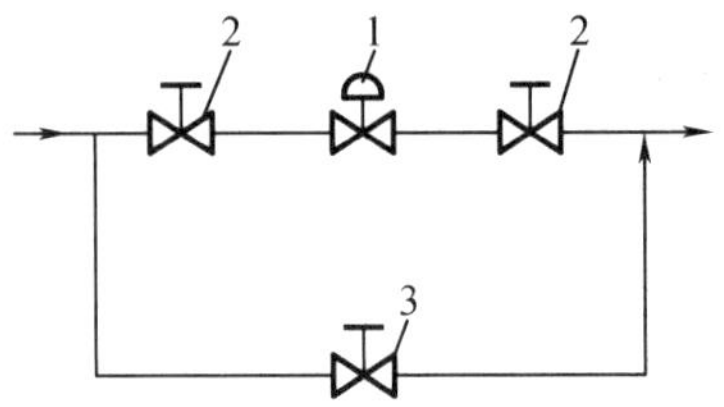


1—调节阀;2—切断阀;3—旁路阀。

**图 4-4-9 调节阀组示意图**

阀组适用于 DN50 以下的调节阀及正运行中需手动操作或维护检修的场合。前、后阀起切断作用,一般选用闸阀。旁路阀起手操作用,一般选用球阀。排放阀用于维修调节阀或停车时排空管道及阀门体,还用于外接流体冲洗阀门内部和管道。根据实际需要,可仅设置阀组中的一部分阀,也可不设阀组。

在连续生产过程中,为了防止调节阀发生故障致使生产停顿或造成事故,调节阀往往都装有旁通阀,以便在必要时由人工用旁通阀调节来暂时代替自动调节,或者将调节阀前后的两个切断阀关闭,把调节阀取下进行更换或检修。

**3. 限流孔板的安装**

下述情况需设置限流孔板。

(1)调节阀上压降较大,而调节阀的最大允许压强又达不到要求时,可设置限流孔板吸收部分压力,以减小阀上压降。

(2)当调节阀旁路上的压降较大时,可在旁路上设置限流孔板,以防手动操作旁路阀时造成泄压太快或液位抽空等危险。

(3)当需要降低调节阀的噪声时,限流孔板安装在阀后、阀前和旁路上,可直接夹在调节阀法兰与管道法兰之间,也可夹在管道法兰之间。

限流孔板有单板单孔、单板多孔两种,根据需要也可采用单孔限流孔板组或多孔限流孔板组。

**4. 调节阀的配管配线图**

在安装之前,要根据项目需求,先画出配管配线图。

例:一个比例式气动活塞式执行机构,带有电气阀门定位器、锁位阀、储气罐、气源 3 大件(过滤器、减压阀、油雾器),其配管配线图如图 4-4-10 所示。

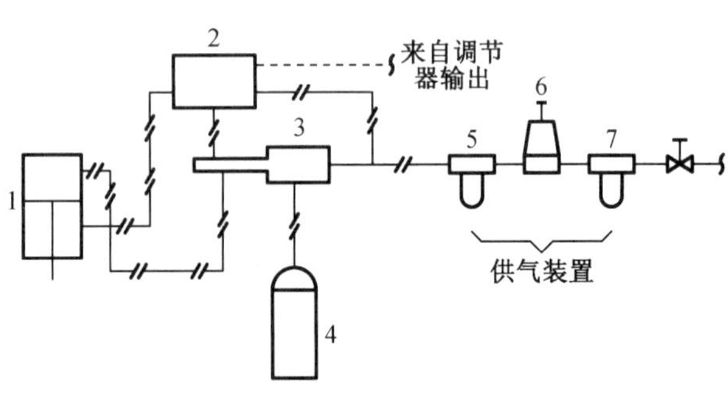


1—活塞式执行机构;2—定位器;3—锁住阀;4—储气罐;5—油雾器;6—减压阀;7—过滤器。

**图 4-4-10 气动活塞式执行机构配管配线图**

# 第五节　执行器的校验与日常维护

在工业自动化和控制系统中,执行器作为实现控制指令的关键部件,其性能和可靠性对于整个系统的稳定运行至关重要。因此,对执行器进行定期的检测与维护,确保其处于最佳工作状态,是保障系统高效运行的关键环节。本节将深入探讨执行器的检测与维护工作,总结其主要步骤和关键策略。

执行器的检测工作是其维护的基础。通过定期的检测,我们可以及时发现执行器可能存在的故障或隐患,从而采取相应的措施进行修复或预防。检测工作通常包括功能测试、性能测试等,旨在全面评估执行器的性能和状态。

维护工作不仅包括对执行器的日常巡检和定期保养,还包括故障诊断与排除,以及备件更换等方面。通过日常巡检,我们可以及时发现并解决一些简单的问题,避免故障的发生。定期保养则按照维护手册的要求进行,如清洁、润滑、紧固等操作,以延长执行器的使用寿命。当执行器出现故障时,我们需要及时进行故障诊断和排除,找到问题的根源并进行修复。对于一些磨损严重或损坏的部件,我们还需要进行备件更换,以确保执行器的正常运行。

在执行维护工作时,我们需要严格遵守安全操作规程,确保人员和设备的安全。同时,我们还需要根据执行器的具体类型和工作环境,制订相应的维护计划和策略,以确保维护工作的针对性和有效性。

## 一、执行器及辅助装置的校验

### 1. 气动调节阀的校验

根据《气动调节阀》(GB/T 4213—2008),气动调节阀的性能指标有基本误差、回差、死区、始终点偏差、额定行程偏差、泄漏量、填料函及其他连接处的密封性、气室的密封性、耐压强度、额定流量系数、固有流量特性、耐工作振动性能、动作寿命、外观、调节阀噪声及其他。

在生产现场,气动调节阀调校的主要项目有基本误差、回差、始终点偏差、额定行程偏差、泄漏量等。

(1)校验气动调节阀的基本误差、回差、始终点偏差、额定行程偏差

调校所需设备为过滤减压阀、普通压力表(0~400 kPa,2.5 级)、定值器、标准压力表(0~100 kPa,0.35 级)、百分表等。气动调节阀校验台原理图如图 4-5-1 所示。

①基本误差。将规定的输入信号平稳地按增大或减小方向输入执行机构气室(或定位器),测量各点所对应的行程值,计算出实际“信号-行程”关系同理论关系之间的各点误差,其最大值即为基本误差。校验点应至少包括信号范围中的 0%、25%、50%、75%、100%这 5 点。测量仪表基本误差限应小于被校阀基本误差限的 1/4。

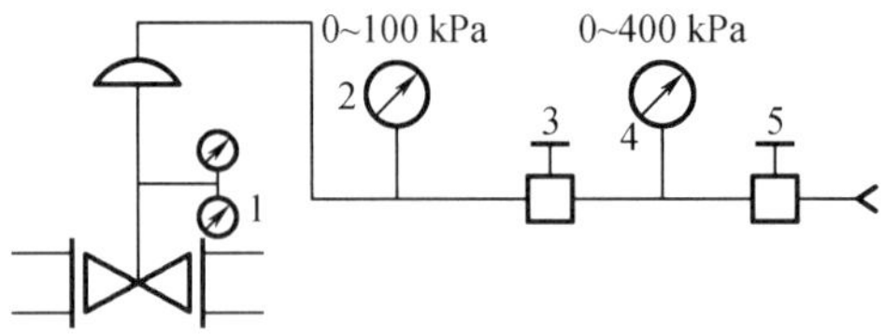


1—百分表;2—标准压力表;3—定值器;4—压力表;5—减压阀。

**图 4-5-1　气动调节阀校验台原理图**

②回差。方法同①,在同一输入信号上所测得的正反行程的最大差值即为回差。

③始终点偏差。方法同①,信号的下限(始点)处的基本误差即为始点偏差,信号的上限(终点)处的基本误差即为终点偏差。

④额定行程偏差。将120%的信号加入执行机构气室,从100%到120%信号阀杆走的行程与额定行程之比,即为额定行程偏差(其目的是保证气关阀能关闭到位)。

⑤死区。在输入信号的25%、50%、75% 3点上进行校验,方法为缓慢改变(增大或减小)输入信号,直到观察出一个可察觉的行程变化,此点上正、反两方向的输入信号差值即为死区。不应超过全量程的3%。

(2)校验气动调节阀的泄漏量

调节阀的泄漏量是指在规定的温度、压力下,试验流体通过处于关闭状态的调节阀的流量。这里所指的试验条件包括执行机构有足够的推力,阀座和阀芯能够压紧,阀门前、后有一定压差,在室温下进行。一般情况下,阀的泄漏量不影响调节品质,但对于真空系统、易挥发的低分子气体、事故放空等场合,则要求泄漏量极小或严密封切断。气动调节阀泄漏量校验原理图如图4-5-2所示。

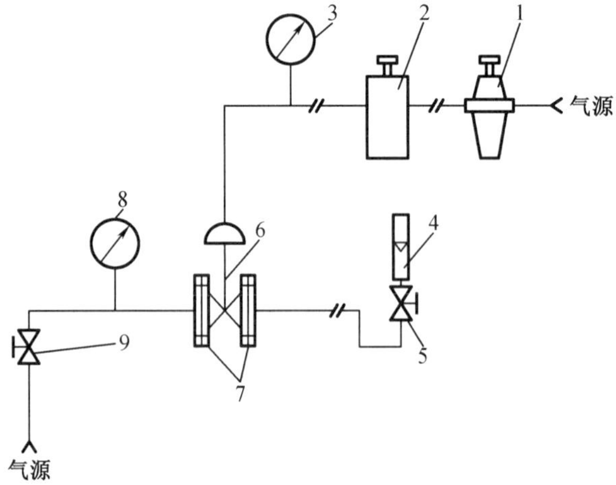


1—减压阀;2—气动定值器;3,8—压力表;4—转子流量计;5,9—截止阀;6—被试调节阀;7—连接法兰板。

**图 4-5-2　气动调节阀泄漏量校验原理图**

在进行检测时,要在阀前保持一定的流体压力,在阀后测量泄漏量。可用水进行试验,也可用空气进行。

①用水。输入到执行机构气室中驱动阀门的信号压力可用定值器来设定。由离心泵

提供的水，通过压力调节器、调压阀的作用，使阀前能够保持规定的水压。水压的大小可由压力表读出。阀门关闭之后，试验水压达到稳定，可在阀后用量杯测定泄漏量，要记录测定时间。如果泄漏量较大，可用大一点的容器。

②用空气。试验压力改用大功率定值器来设定，一般可设为 0.35 MPa，利用转子流量计测量气体的泄漏量。

**2. 电气阀门定位器的校验**

电气阀门定位器测试回路原理图如图 4-5-3 所示。

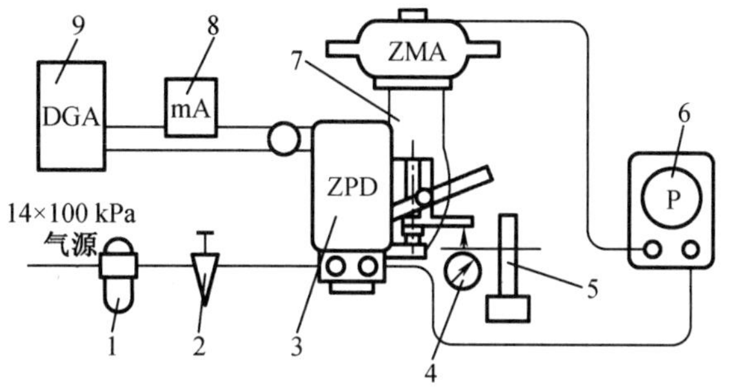


1—过滤器；2—减压阀；3—电气阀门定位器；4—百分表；5—百分表架；6—0.5 级压力表；7—气动薄膜式调节阀；8—0.5 级毫安表（0~20 mA）；9—电流发生器（0~20 mA）。

**图 4-5-3　电气阀门定位器测试回路原理图**

（1）校正比例臂位置

①将外调整螺母按执行机构的行程固定于比例臂相对应的刻度上，并将滚轮置于槽板内，使之能自由滚动，又不致脱出。槽板应水平安装。

②校正好比例臂位置。将气源调节至 140 kPa，给定 12 mA 电流信号，使调节阀阀杆行程为 50%，通过调整阀杆位置的升降，使比例臂处于水平位置。这一点十分重要，否则将出现线性不好，甚至产生故障。

（2）零位调整和量程调整

①零位调整。给定信号电流 4 mA，通过顺时针（输出增大）或反时针（输出减小）旋动调零螺钉，使输出压力为 20 kPa 左右，或感觉阀杆有微小的位移即可。

②量程调整。给定信号电流 8 mA、12 mA、16 mA、20 mA，使阀杆行程对应值为 25%、50%、75%、100%（观察百分表），或使输出压力值为 40 kPa、60 kPa、80 kPa、100 kPa，若量程偏大或偏小，可通过移动外调整螺母左右位置来调整，往左移动，量程减小，反之，量程增大。每调整一次行程，零位需重新调整。

③通过几次零位和量程的反复调整合格后，给定信号，观察其稳定性和重复性，然后即可投入运行。

**3. 其他附件的校验**

（1）阀位开关的校验

①0 开度校验。对应气开阀，给定信号电流 4 mA，使阀杆行程为 0、阀门关闭时，检查阀关方向位置开关是否闭合。

②100%开度校验。对应气开阀,给定信号电流 20 mA,使阀杆行程为 100%、阀门完全打开时,检查阀开方向位置开关是否闭合。

(2)手轮装置的校验

对于气开阀,首先应切断气源,关闭调节阀,将手轮装置切换为手动状态;然后利用手轮调节调节阀开度,校验能否正常将阀门关闭和调到最大开度。

检查完成后,关闭气源,排出执行机构内气压。转动手轮直至调节阀全关,接通气源,即可进行自动控制。注意:自动操作时,手轮装置的位置要对准标尺中央的"自控"位置,然后把手轮限住,防止手轮的意外转动而影响阀门的开度。

(3)过滤减压阀的校验

将手轮外拉,旋转手轮,调节减压阀出口压力,检查输出压力是否符合要求。

## 二、气动调节阀的维护

### 1. 气动调节阀的日常维护

(1)安装使用环境要求

①执行机构应安装在环境温度不高于 60 ℃和不低于-40 ℃的地方。

②应远离振动较大的设备。

③为了避免膜片受热老化,控制阀的上膜盖与载热管道或设备之间的距离应大于 200 mm。

④调节阀周围应有足够的手动操作空间。

(2)巡检要求

①巡检时应检查各调节阀的气源压力是否正常、气路(仪表空气管、过滤减压阀、阀门定位器等)的紧固件是否松动、仪表空气是否有泄漏等。

②巡检时应检查填料函及法兰连接处是否有工艺介质泄漏、阀杆连接件是否紧固、阀杆是否有严重的摩擦划痕或变形。

③巡检时需检查仪表线路的防护情况,仪表进线口密封是否良好。

④巡检时应检查阀杆运动是否平稳,行程与输出信号是否基本对应,阀门各部件有无锈蚀,重点是阀杆、紧固件等。

(3)保养要求

保养主要指对阀门各部件进行润滑、清理,延长阀门各部件使用寿命。

①定期清扫,保持整洁,特别是阀杆、定位器的反馈杠杆等活动部位,清扫一般半月一次。

②对于需加润滑油的填料,一般每星期加油一次,并使注油器内有足够的存油,润滑油的品种不得随意变更。对于活动部件,也需要定期加润滑油。

### 2. 气动调节阀的故障分析与处理

气动调节阀常见故障及原因见表 4-5-1。

**表 4-5-1 气动调节阀常见故障和原因分析**

| 常见故障 | | 主要原因 |
|---|---|---|
| 阀不动作 | 定位器有气流,但没有输出 | ①定位器中放大器的恒节流孔堵塞;<br>②压缩空气中有水分聚积于放大器球阀处 |
| | 有信号而无动作 | ①阀芯与衬套或阀座卡死;<br>②阀芯脱落(销子断了);<br>③阀杆弯曲或折断;<br>④执行机构故障 |
| 阀的动作不稳定 | 气源信号压力一定,但调节阀动作仍不稳定 | ①定位器有毛病;<br>②输出管线漏气;<br>③执行机构刚度太小,液体压力变化造成推力不足;<br>④阀门摩擦力大 |
| 阀振动 | 调节阀接近全闭位置时振动 | ①调节阀选大了,常在小开度时使用;<br>②介质流动方向与阀门关闭方向相同 |
| | 调节阀任何开度都振动 | ①支撑不稳;<br>②附近有振源;<br>③阀芯与衬套磨损 |
| 阀的动作迟钝 | 阀杆往复行程动作迟钝 | ①阀体内有黏性大的介质,有堵塞现象;<br>②填料变质、压得过紧 |
| | 阀杆单方向动作时动作迟钝 | ①气室中的波纹薄膜破损;<br>②气室有漏气现象 |
| 阀的泄漏量大 | 阀全闭时泄漏量大 | ①阀芯或阀座腐蚀、磨损;<br>②阀座外圆的螺纹被腐蚀 |
| | 阀达不到全闭位置 | ①介质压差太大,执行机构输出力不够;<br>②阀体内有异物 |
| 填料及连接处渗漏 | 密封填料渗漏 | ①填料压盖没压紧;<br>②四氟填料老化变质;<br>③阀杆损坏 |
| | 阀体与上、下阀盖连接处渗漏 | ①紧固六角螺母松弛;<br>②密封垫损坏 |

下面列举一些常见的故障实例,分析原因并给出处理措施。

(1)气动调节阀不动作。

气动调节阀不动作,一般由下述原因造成。

①气源供气中断;供气管路泄漏;管路或过滤器堵塞。

②定位器故障无输出信号。

③执行机构故障:弹簧锈死、膜片损耗等。

④阀杆变形、阀芯卡死等。

如果气动调节阀不动作,首先可用手轮操作调节阀,看阀门能否正常打开和关闭。

如果阀门可手操,检查供气是否正常,这个观察气源压力表就可;检查供气管路是否泄漏,可用肥皂水涂抹在接口和一些伤痕出,观察是否产生气泡;检查管路或过滤器是否堵塞,可用压力表测量后面的压力来判断。

如果供气正常,应检查定位器的输入、输出信号是否正常。关于定位器的检查,后面专门阐述。

如果定位器有输出,则重点检查执行机构膜片是否破裂、密封圈是否损坏。

(2)一台正在运行中的气关单座阀,总是关不死,密封性差、泄漏量大。

阀门关不死,一般由下述原因造成。

①阀芯、阀座磨损严重。

②阀芯、阀座间有异物卡住。

③调节阀膜头漏气。

④零点弹簧预紧力过大。

⑤阀门定位器输出压力不够。

⑥调节阀前后压差过大。

改善密封性可以采取的常见措施如下。

①通过研磨,消除痕迹,提高密封面的光洁度,减小或消除密封间隙。

②增大执行机构的输出力,这是保证阀门关闭、提高密封性能的常见方法。常用措施有增设定位器、减小阀门启动压力(调整弹簧范围)等。

③改用软密封的调节阀。

④将流开型改为流闭型。流闭型的阀,工作时不平衡力对阀芯产生压闭趋势,密封效果好,如两位型的切断调节阀,一般均应按流闭型使用。

(3)气动调节阀工作不稳定,振动较大。

调节阀振动,一般由下述原因造成。

①管道或基座剧烈振动。调节阀产生振动与频率有关,当外力的频率与系统的固有频率相同或接近时,外力在整个周期内对系统做正功,受迫振动的能达到最大值,这种现象称为共振,此时的外力称为动力。由此可见,产生共振的条件必须是策动力与系统固有频率相等或接近。

②调节器输出信号不稳定。

③阀杆摩擦力大,容易产生迟滞性振荡。

④阀门定位器灵敏度过高。

⑤流量系数 $Kv$ 值选得过大,调节阀在小开度状态下工作。为了提高阀的使用寿命、稳定性、正常调节等工作性能,调节阀应避免在小开度工作,通常应大于 10%~15%。

⑥执行机构刚度不够,会在全行程中产生振荡;弹簧预紧量不够,会在低行程中发生振荡。

减小振动的常见措施如下。

①若振动由共振引起,则应该采取增大执行机构的刚度、增大阀杆的阻尼等措施,改变调节阀本身的固有频率;或者更换节流件,甚至更换不同种类的阀。

②调节阀经常在小开度下工作,一般通过阀后加限流孔板等方法,减小调节阀压差,则可在相同的流量要求下,增大阀工作时的开度。

**3. 检修的步骤**

气动调节阀检修的一般步骤如下。

打标记→下线→清洗→解体→零部件检修→研磨→装配→调校与试验→上线→动作检查→回路联试→投运。

**4. 两位式调节阀的故障处理**

两位式调节阀为快开特性,平板型阀芯。其有效行程为阀座直径的 1/4。大于这个行程,不再起调节作用,而且会带来如下弊病。

(1)膜室耗气量大。

(2)影响动作速度,特别是对快速紧急动作阀影响较大。

(3)影响膜片寿命,特别是对频繁动作的阀。

为此,应在满足节流的要求下,尽量减小行程,一般 $L'$为标准行程 $L$ 的 50%~60%。对其限位的方法如下。

(1)气关阀在无信号的情况下阀行程调至 $L'$;

(2)气开阀随气信号增加可能继续动作,可增长底塞限位,通过调整预紧力或限制全开信号的办法,让全开时信号正好对应 $L'$行程,也可采用手轮装置限位。

一个两位式调节阀,当动作十分频繁时,膜片会很快破裂,其处理方法如下。

(1)减小行程,这是最有效的办法。减小后的行程值应为 1/4 DN,如 DN125 的阀,其标准行程为 60 mm,可减小到 30 mm,缩短 50%,这样可以减小膜片上下折叠幅度,提高其寿命。

(2)在满足打开与关阀的情况下尽量减小膜室压力。

一个两位式调节阀,出现动作不稳定或出现喘振时,主要原因如下。

两位式调节阀是一次性全行程动作,动作速度快,加之通常为流闭型,当不平衡力大时,易产生跳跃动作,造成不稳定,特别是对液体进行流量调节时,会产生水击现象,引起喘振。通常可采用下述办法加以解决。

(1)将流闭型改为流开型,防止跳跃。

(2)根据调节系统的具体要求,可改快开快关为快开慢关,以减小关闭速度;或改为慢开快关,以减小打开速度;或对开、关速度都加以限制。具体办法是对执行机构的进气、排气加阻尼,减慢执行机构动作速度,要进气慢时,对气源、进气管等设阻尼;要排气慢时,在排气口设阻尼。

## 三、电动调节阀的维护

电动调节阀在工业控制系统中被广泛应用。为了确保电动调节阀的正常运行和延长使用寿命,进行定期的维修与保养工作是非常关键的。

**1. 电动调节阀的维护注意事项**

（1）检查电源系统。定期检查电动阀的电源系统，确保电源稳定。电源问题可能导致电动阀无法正常开启或关闭，影响控制过程的流畅性。

（2）检查阀体和密封。检查电动调节阀的阀体和密封部分，确保没有泄漏。定期检查阀体表面是否有腐蚀或损伤，以及密封圈是否完好。

（3）校准位置传感器。对于带有位置传感器的电动调节阀，定期校准位置传感器，确保反馈的位置信息准确。误差的位置传感器可能导致阀门位置不准确。

**2. 电动调节阀的保养建议**

（1）电动执行机构故障大多出现在电机和轴承部分。电动执行机构离不开润滑油，其动作频率较高，长期转动会导致润滑油脂泄漏或变质。润滑油脂泄漏或混有杂质时应及时处理，否则会导致轴承、传动部件严重磨损。电动执行机构使用中应尽量改善其环境条件，以延长寿命。

（2）定期清理。定期清理电动阀的外部表面，防止灰尘和污垢的积累。使用干净的软布擦拭，避免使用可能损害表面的尖锐工具。

（3）定期检查控制系统。检查电动调节阀的控制系统，包括控制器、通信模块等，确保其正常运行。及时更新软件或固件，以提高系统的稳定性。

**3. 电动调节阀常见故障分析与处理**

检查电动调节阀故障时，先确认供电是否正常，连接线路是否有断路、短路、接触不良故障；然后检查阀位反馈电流是否正常；应重点检查安装在现场的电动执行机构、电气定位器、调节阀等机械部件。先判断是机械故障还是电气故障，然后有针对性地进行检查及处理。

（1）电动调节阀不动作

电动调节阀不动作大多是指控制信号改变时阀门没有响应，可以按各个信号回路逐一排查，如检查供电回路、信号回路、阀位反馈回路的连接导线是否正常；限位开关是否已限位；机械部件有没有卡死情况，如阀门是否堵转等。

①首先将调节阀转为手动，检查电动调节阀在手动状态下能否正常工作，在手动状态下不能正常工作，应检查接线是否正确，接线有无断路或脱落现象；检查手轮离合器是否在脱离位置。

②在手动状态下能正常工作，可拆开控制信号线，将电流信号接入执行机构模拟控制信号输入端，观察阀门能否按电流信号的变化来动作。执行机构及阀门能正常动作，故障可能在控制回路。如果执行机构仍不动作，需检查伺服驱动板电路或电机是否正常。

（2）电动调节阀出现振荡

本故障是指电动调节阀在自动状态下，控制信号改变时调节阀运行到指定位置，要来回频繁动作许多下才能停下来或根本停不下来。执行机构及调节阀经常在振荡状态下运行，会使执行机构机械部件，调节阀的阀杆、阀芯严重磨损，大大缩短使用寿命，同时会造成被控参数不稳定和阀门开度不稳定等故障。解决方法如下。

①调整阻尼电位器，直到运行与显示完全正常为止。有的执行机构称其为调节死区或不灵敏区。可试着增大死区，增大死区能消除振荡，证明死区设得过小，死区通常设置为

0.75%~1.5%。

②检查调节阀的行程是否有变化。执行机构在使用前都已设定了行程,行程过小时,执行机构就有可能产生振荡。可根据现场实际对阀的行程重新进行调校,使之恢复正常。

③执行机构的输入信号不稳定,也会引起调节阀振荡。生产工况发生变化,PID 整定参数选择不当,也会引发调节阀的振荡,单回路控制系统,比例带过小、积分时间过短、微分时间过大都可能产生系统振荡。可通过修改 PID 参数,加大比例带以增加系统的稳定性,来消除电动调节阀的振荡。

(3)电动调节阀的阀位反馈信号不正常

检查阀位反馈信号是否正常。执行机构分别置于全关位置、全开位置和中间任意一个位置,观察反馈信号是否为0、100%和0~100%之间的一个数值。阀位反馈电流与阀位开度不一致,可手动操作执行机构,在达到全开和全关位置时,反复调整满度和零点电位器,使阀位反馈电流与阀位开度一致。这一过程相当于重新设置执行机构的行程。

**4. 电动调节阀的检修和投运**

电动调节阀在关闭状态下,阀体内仍然残留部分介质,也承受着一定压力。在检修电动调节阀之前,要先关闭电源,然后关闭电动调节阀前的切断阀,打开需要检修的电动调节阀,完全释放阀体内部压力。

电动调节阀清洗时,要彻底清洗干净残留的灰尘、油污和其他附着物,如用清水无法清洗干净,可在不损坏阀体和零部件的前提下,有针对性地用酒精等清洗剂进行清洗。清洗完成后等清洗剂彻底挥发再进行装配。

法兰电动调节阀拆装时,法兰上的螺栓螺母应先固定,然后将所有螺母稍紧,最后固定好。如先将个别螺母强行固定好,再固定其他螺母,法兰面之间会因受力不均导致垫面损坏或破裂,导致阀门法兰对接处介质泄露。

电动调节阀的投运有以下要求。

(1)电动调节阀在投运前要检查现场电源电压与要求是否一致、电气接线正确与否、端子是否上紧牢固好、阀位开度与阀位表示值是否对应。

(2)接通电源,把调节阀置于“手动”状态,操作向上或向下看电动执行器动作的灵活平稳程度,以确认有无振动和卡涩现象。

(3)在自动调节过程中,如调节器故障,可切到手动状态进行手操,如调节系统的电源中断,电动调节阀能保持在断电位置上,只要拉出手轮即可实现现场操作。

(4)经常检查电动调节阀的降温、防尘等是否良好,检查阀的两端法兰、上下阀盖和填料函的密封情况,发现渗漏应设法处理,对电动调节阀要定期清扫,加油润滑,并核实阀开度是否正常。

## 四、执行器辅助装置的维护

**1. 阀门定位器的维护**

(1)阀门定位器的日常维护及保养措施

①阀门定位器的气源应保持干燥、清洁。定期对与阀门定位器关联匹配使用的空气过滤减压器,进行放水和排污,以免进入阀门定位器放大器影响阀门定位器正常工作。

②阀门定位器反馈机构的转轴及其他转动部分应定期加润滑油。

③为便于观察阀门定位器是否正常工作，应保持气源和输入、输出压力表的完好醒目。

④阀门定位器的连接反馈附件因长期工作，可能有松动情况，应定期检查螺钉是否松动。如发现松动，拧紧后必须对阀门定位器进行零位调整。

⑤阀门定位器底座上有喷嘴和恒节流孔，如不注意将小孔堵塞，阀门定位器将停止工作，故务必保持小孔的畅通。

⑥长期存放要定期检查，并且在加工表面上涂油，防止生锈腐蚀。

阀门定位器是调节阀的重要部件，在实际运行中，阀门定位器可能会出现各种故障，影响调节阀的正常工作。下面将介绍阀门定位器常见的故障及相应的分析判断，同时阐述控制室的故障排查方法。

(2)阀门定位器故障初步判断及处理

观察供气气源压力是否足够驱动阀门，再检查膜室、气缸的连接管有无泄漏；检查供电是否正常，用万用表测量接线端子上的电压是否正常，检查接线是否正确有无松动现象；观察调节阀是否停在正确位置，检查反馈机构的连接是否正确。

阀门定位器有故障时，可人为改变喷嘴与挡板的位置，看输出压力是否有变化，如果有变化说明定位器正常，否则有故障。

断开一根信号线，看定位器的输出压力是否变化，没变化可能电源或信号有故障。可用万用表测量安全栅的输入、输出电流是否正常，来判断故障。

排除气源、电源、信号故障后，有可能是节流孔堵塞。用螺丝刀旋松节流孔螺钉，输出如果有反应，则节流孔堵塞，卸下节流孔用细钢丝疏通。

**例 1**　气开阀使用时阀门关死不动作。

分析：经检查发现阀门定位器无输出信号，因调节阀是气开式，阀门因无气而关死。进一步检查发现阀门定位器的恒节流孔堵塞，使气流不能通向喷嘴挡板，因而喷嘴背压力为零，即气动放大器无输入信号，造成放大器无输出气压。

处理：将恒节流孔拆下，用金属丝通针穿通即可。

**例 2**　气开阀使用时阀门关死不动作。

分析：经检查发现阀门定位器的气动放大器有故障，进一步拆开检查，发现内部球阀处积聚水分和脏物，堵塞了放大器的气路，造成气动放大器无输出信号。

处理：气动放大器应定期拆洗，否则容易产生脏物堵塞气路情况。此外，放大器经拆洗后应该进行校验，检查和调整它的放大倍数达到规定值。

说明：以上两例故障的根本原因是气源不清洁。因此保持空气源干燥、清洁对气动仪表可靠运行起着很重要的作用，为此应对空气过滤器进行定期吹扫排放，以清除内部积水等。

**例 3**　气开式阀门，输出总是跑最大。

分析：阀门定位器和调节阀连接的反馈杠杆脱落，阀门定位器就没有反馈，成了高放大倍数的气动放大器。如果阀门定位器是正作用，即信号增加，输出跑最大。如果是反作用，则跑零。

阀门定位器外部连接框图如图 4-5-4 所示。

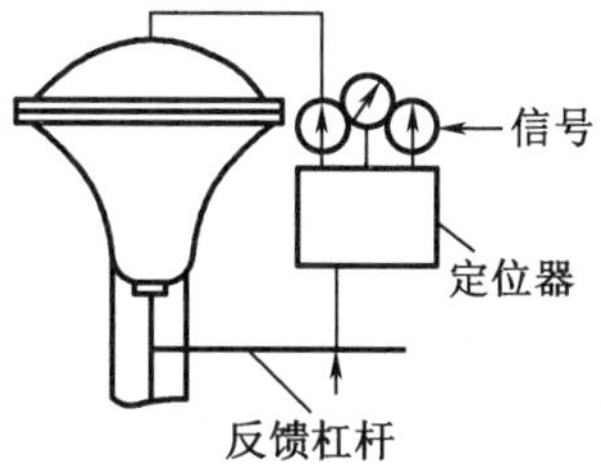


**图 4-5-4　阀门定位器外部连接框图**

(3)阀门定位器不动作

①观察有输入电流时阀门定位器的挡板能否动作。

挡板不动作,要检查信号线极性是否接反,信号接线是否松动,接线端子有无氧化、腐蚀引起的接触不良。怀疑力矩马达线圈断线,可用万用表测量判断。怀疑定位器主板有问题,用新的主板替换来判断。

挡板能动作,检查喷嘴挡板位置是否正常,间隙是否过大,否则应重新调整;松开固定螺钉,输入 20 mA 电流调整喷嘴与挡板的间隙。检查挡板杠杆连接弹簧是否变形或断了,或者弹簧的刚度不够,喷嘴的固定螺钉是否有松动,必要时进行紧固。检查放大器前,先检查放大器的气路、恒节流孔、排气孔是否有堵塞现象,有堵塞用细钢丝进行疏通,要定期更换空气过滤元件。

②检查供气压力是否正常,减压阀有没有堵塞或泄漏现象;检查电流信号及接线是否正常;检查喷嘴是否被堵住,手动调节挡板时喷嘴没有空气输出,说明喷嘴被堵;阀门定位器只有通过“手动”才有压力输出,大多表明喷嘴有堵塞现象。

用小螺丝刀轻压喷嘴挡板,阀门定位器应输出最大气压,同时调节阀应动作,如果阀门不动作,可能气路有问题,或者执行机构、调节阀有故障,可进一步检查。阀门定位器输出没有变化,可能是电/气转换器入口气源堵塞或气动放大器有故障,需要进行更换。

(4)阀门定位器输出压力变化缓慢

①首先检查输入气室、气源管路有无泄漏,恒节流孔有无堵塞现象;再检查喷嘴与挡板的间隙是否正常,观察衔铁与线圈架之间是否有摩擦现象,必要时进行调整。以上检查没有发现问题,应对放大器进行检查,放大器的进气球阀是否附有污物,放大器球阀关不严,导致流通能力下降造成反馈力减小或没有,可通过清洗放大器来解决。

②机械传动部分缺油卡滞或卡死;输出或输入管路漏气;执行机构膜室漏气,都会使定位器的输出压力变化缓慢。缺油可通过润滑来解决;泄漏可用肥皂水进行查找并对症进行处理。执行机构膜室漏气应更换膜片。

反馈杠杆上的固定弹簧过于松懈,也会使定位器的输出压力变化缓慢,可通过调整反馈杠杆上的固定弹簧,来消除反馈杠杆和阀门连接杆的间隙。还应检查执行机构推杆和阀杆连接件上的反馈连接棒是否松懈,松懈则应进行重新固定。

(5)阀门定位器线性不好或误差大

阀门定位器、调节阀阀杆、反馈杠杆 3 个部件应构成闭环负反馈,要保证阀门定位器工作在最佳线性段;调试时,将调节阀的阀位置于 50%处,使反馈杠杆处于水平位置,再固定反馈杠杆与阀杆。调试时输入 12 mA 电流信号,相当于阀门行程的 50%,观察反馈杠杆是否保持水平,不水平则应调整支架和反馈连接件,使反馈杠杆成水平位置。

检查反馈杠杆与固定销钉的位置是否有变化,否则应重新按照行程调整销钉位置。还应检查喷嘴挡板的平行度是否正常,喷嘴固定螺钉是否松动,否则进行调整及紧固,使之符合精度要求。

对零位和量程进行检查,以确定阀门行程是否正确;检查零位是否过低,量程是否过高,如果零位设定不正确,也会导致量程不正确;先把零位调好,再进行零位和量程的统一调整。气源的供气压力不稳定,可能会导致线性不良;气源压力不稳可能是过滤或减压的问题,可对过滤器或减压器进行清洗或更换。

反馈机构安装不当,反馈杠杆松动;反馈凸轮或弹簧选择或安装不当;喷嘴或挡板有杂物;滑阀式放大器内的滑阀与其接触面有摩擦现象;背压有轻微泄漏现象,调节阀有卡涩现象,都可能造成定位器线性不良的故障。通过观察大都能发现问题,对症处理即可。

**2. 安全栅的维护**

安全栅是应用在本安防爆系统中,对现场仪器仪表起到安全隔离作用的装置。对于防爆系统和防爆型电气设备来说,本安型安全栅应用在本安防爆系统的设计中,它是安装于安全场所并含有本安电路和非本安电路的装置,电路中通过限流和限压电路限制了送往现场本安回路的能量,从而防止非本安电路的危险能量串入本安电路。它在本安防爆系统中称为关联设备,是本安系统的重要组成部分。

安全栅安装于安全场所,接收来自危险区的信号,输出安全信号到安全区或危险区。

安全栅使用的一些注意事项如下。

(1)隔离式安全栅本安端(蓝色端)和非本安端(黄色端)电路的连接导线在汇线槽中应分开铺设,各自采用独立的保护套管。本安侧的配线管道内不允许有其他电源线,包括其本安电路使用的电源线。

(2)在对隔离式安全栅进行通电调试前,必须注意隔离式安全栅的型号、接线方法、线路极性等是否符合设计及产品要求中的规定,否则可能对人身及设备造成伤害。

(3)严禁用兆欧表测试隔离式安全栅端子之间的绝缘强度。如要检查系统的绝缘强度,应先断开全部隔离式安全栅的接线,否则可能引起安全栅内部电路损坏。

(4)在现场对安全栅进行编程前,必须先将所有接线断开再接入编程器,然后通电编程,否则可能引起不良后果。

(5)与隔离式安全栅相连接的现场仪表,均应采用通过经国家认定的有关防爆检验部门进行防爆试验并取得防爆合格证的仪表。

**3. 手动操作器的维护**

(1)手动操作器的控制方式

气动调节阀的手动操作器实际就是手轮装置。而电动执行器的手动操作器实际包括手轮装置和电动操作器,也决定了电动执行器有就地手动操作、就地电动控制和远程控制调节 3 种控制方式。

①就地手动操作方式

电动执行机构需就地手动操作时,当电动操作器切换开关位置“手动”位置,把电机端部旋钮拨到“手动”位置,拉出执行机构上的手轮,摇动手轮就可以实现手动操作。当不用就地操作时,千万要注意,把电动端部的旋钮拨到“自动”位置,并把手轮推进。

②就地电动控制方式

当执行机构切换开关放在“就地”位置时,操作只要将旋转切换开关分别拨到“开”或“关”的位置(或按“开”或“关”按钮),带动电动正转和反转,执行机构输出轴就可以实现上行或下行动作,在运动过程中观察电动操作器上的阀位开度表,到所需控制阀位开度时,立即松开切换开关即可。

③远程控制调节方式

当电动执行机器切换放在:“自动”或“远控”位置时,即处在自动调节状态,接受 DCS 或控制器 4~20 mA DC 指令信号,自动调节执行机构阀位到预定位置。

电动执行器的手轮通过离合与减速器相连,完全通过机械传动带动阀门。如果电动执行器不动作,首先应该使用就地电动操作,判断故障是发生在伺服部分还是电机部分。如果电机能够转动,说明故障发生在伺服放大器。

(2)伺服操作器

伺服放大器与电动操作器一般做成一体,称为伺服操作器,也称手操器。伺服操作器有以下特点。

①输入信号为两路:外给定控制信号(来自 PID 调节器或 DCS)和阀位反馈信号(来自电动执行器)。

②带有正转/反转开关量触点控制输出至电动执行器,直接控制伺服电机正反转,适用于阀门控制场合。

③电动操作器有手动和自动两种工作状态。

自动工作状态时,其功能类似伺服放大器,根据外部输入信号和执行机构反馈信号的误差进行调节控制,以确保实际阀位及时跟踪阀位给定信号,实现自动控制。

当处于手动状态时,按“加键”正转继电器触点控制输出,按“减键”反转继电器触点控制输出。继电器触点信号直接控制电机的正反转。

④电动操作器有 PV 和 SV 两个显示窗口,通常 PV 显示阀位反馈值;SV 显示外部设定值或手动输出值。

⑤电动操作器可提供自动和手动工作状态指示 DI 信号输出。操作器在手动控制时输出开关量闭合信号给前级的 DCS 或调节器,DCS 或调节器收到 DI 状态信号后即停止 PID 运算,并使操作信号输出跟踪阀位反馈信号。当操作器从手动转自动控制后,DI 状态信号撤销,DCS 或前级调节器以当前的输出控制值为初始值恢复 PID 控制。同样,当操作器从自动转手动控制状态时,以当前的阀位给定值为初始值,开始手动增减控制,这样操作器手动转自动、自动转手动状态控制都是无忧切换。

在伺服操作器的基础上,如果加入通信功能或现场总线,则称为智能手操器。它不仅可以驱动电动执行器,也可以驱动带电气阀门定位器的气动调节阀。在自动状态下,智能手操器直接将调节器输出的 4~20 mA 对外输出。在手动状态下,由手操器本身控制电流输出,替代调节器输出。

使用 HART 或 FF 协议的智能手操器不能正常与现场仪表建立通信,原因一般有以下几种情况。

①手操器接线错误。

②现场仪表参数配置错误,如通信地址不对。

③负载回路没有接入适当的电阻,不匹配。

④回路供电电压偏低。

**4. 电磁阀的维护**

正确安装、使用、维护是电磁阀可靠工作的保证。

(1)电磁阀安装注意事项

①安装或更换电磁阀应注意工作介质的流向,尽可能安装在振动较小的地方。

②安装时要注意与阀门相连部位及阀门本体的密封,防止泄漏。室外安装要防止雨水进入电磁阀。

③电磁阀安装在新的工艺管道上,使用前应对管道进行吹洗,把管道中的杂质、积污、焊渣清除,可避免电磁阀堵塞或卡死。

④电磁阀安装一般阀体水平方向,线圈垂直向上,有部分产品可以任意安装,但在条件允许时最好垂直,以增长使用寿命。

⑤电磁线圈引出线(接插件)连接好后,应确认是否牢固,连接电气元件触点不应抖动,松动将引起电磁阀不工作。

⑥连续生产工作的电磁阀,最好采用旁路,便于检修,不影响生产。

(2)电磁阀使用注意事项

①先导式电磁阀,要检查管道内压差是否太小,压差太小电磁阀就不能正常工作,在这种情况下,就需选用直动式电磁阀。

②电磁阀一般都是水平安装,如果侧装,有可能造成阀门关闭不严,即内漏,应尽量避免侧装。

③使用时间较长时,如活塞与阀座间密封不好,可将活塞密封面重新磨平,再和阀座研磨。

④工作时,要注意阀门前后压力表,要求工作压力不得超过额定压力,工作压差必须在额定压差范围内。当工作压力超过额定压力或工作压差超过额定压差时,电磁阀要停止使用,关闭前后手动阀,以防止电磁阀爆炸和泄漏。

⑤重要电磁阀前后应加手动切断阀,同时应设旁路,便于电磁阀在故障时维护。电磁阀较长时间不用时,应关闭阀前手动阀。

⑥工作气源应经过较好的净化处理。

(3)电磁阀的维修

①通电后电磁阀不工作。先检查接线是否正常,再检查线圈是否断了,给电磁阀开或关的信号,听电磁阀是否有动作的声音,若听不到声音,线路或线圈肯定有问题。检查接线是否有接触不良、断路、短路现象,线路没问题就是电磁阀线圈断了,可拆下电磁阀的接线,用万用表测量,线圈电阻值不正常大多是电磁阀线圈烧坏。原因有线圈受潮,引起绝缘不

好而漏磁,造成线圈内电流过大而烧坏;弹簧过硬,反作用力过大,线圈匝数太少,吸力不够,也会使线圈烧坏,烧坏的线圈只有更换。

②通电后电磁阀没有打开。可检查阀盖螺钉是否松动,更换阀盖密封垫后才出现这一故障,应检查密封垫片是否过厚、过薄,或者螺钉松紧程度不一致。检查阀芯是否卡死,有导阀的应检查导阀阀口是否有堵塞现象。

③断电后电磁阀关不了,检查阀芯是否卡死,导阀阀口是否堵塞;电磁阀关不死,应检查阀芯的密封垫片是否损坏,阀座是否松动。

④阀芯卡死,堵塞故障可通过清洗来解决,清洗可用汽油或水,清洗后用压缩空气吹干,拆卸电磁阀一定要记住各部件的顺序,避免回装时出错造成新的故障。

# 第五章　仪表控制系统检测与维护

仪表控制系统是一种高精度的电子仪表系统,用于测量、显示、控制、调节和保护生产工艺过程中各种要素,如温度、压力、流量、液位等。这个系统主要由仪表、控制器、执行器和调节机构等部分组成,其性能和稳定性直接关系到工业生产过程的安全与可靠性。

仪表控制系统在工业自动化中发挥着至关重要的作用。通过自动化仪表控制系统,企业可以实现生产过程的自动化监控和管理,提高生产效率,降低生产成本。同时,自动化仪表控制系统还可以对生产设备进行有效的监测控制,保证设备的正常运行,提高产品质量和生产安全。

仪表控制系统是现代工业自动化中不可或缺的一部分,它负责监控、控制和调节生产过程中的各种参数,确保生产过程的稳定、高效和安全。为了确保仪表控制系统的正常运行和延长其使用寿命,定期的检测与维护至关重要。

## 第一节　仪表控制系统概述

仪表控制系统由控制仪表、执行器、测量仪表、显示仪表及其他辅助仪表构成,其核心是控制仪表。早期的控制仪表为模拟仪表,随着半导体技术的发展,又出现了数字仪表和微机仪表。仪表控制系统的发展经历了基地式气动仪表控制系统、电动单元组合式模拟仪表控制系统、集中式数字控制系统以及 DCS 后,正在朝着现场总线控制系统(fieldbus control system,FCS)的方向发展。

### 一、仪表控制系统的发展概况

20 世纪 70 年代前,生产过程自动化采用的大多是模拟控制仪表。随着生产规模的扩大、生产水平的提高、参数间关联性的增加等,要求控制仪表具有多样的、复杂的控制功能,具有更高的控制精度和可靠性,进而对系统进行综合自动化,出现了数字调节器。

早期,数字调节器可进行少回路的可编程回路控制及少点数的可编程逻辑控制,并具有参数自整定及自校正等多种控制功能,可与 CRT 显示操作站连接实现监控。

20 世纪七八十年代,随着多种微处理器及微型计算机的问世,以微处理器为核心的数字调节器及可编程序逻辑控制器(programmable logical controller,PLC)达到了实用阶段。PLC 在逻辑运算功能的基础上增加了数值计算、过程控制功能。运算速度提高、输入/输出规模扩大,并与小型机相连,构成了以 PLC 为基础的初级 DCS,在冶金、轻工等行业中得到广泛的应用。

随着“4C”[计算机(computer)、控制(control)、通信(communication)、CRT]技术的飞速

发展,产生了 DCS。1975 年,美国霍尼韦尔公司正式向市场推出了 TDC-2000 型的 DCS。DCS 具有控制功能分散和集中监视、操作及综合管理的特点,可实现多种复杂的控制和优化控制及顺序控制等丰富的功能。因此,在生产过程控制中其显示出极大优越性,并取得了明显的经济效益。DCS 已成为当今仪表控制系统的主导产品,石油、化工、电气的过程控制都在应用 DCS。

DCS 从输入/输出单元(input output unit,IOU)以上各层均采用了计算机和数字通信技术,但生产现场层的常规模拟仪表仍然是一对一的模拟信号(0~10 mA,4~20 mA)传输,多台模拟仪表集中接于 IOU。生产现场层的模拟仪表与 DCS 各层形成极大的反差和不协调,制约了 DCS 的发展。因此,人们将现场模拟仪表改为现场数字仪表,并用现场总线互连。由此,带来 DCS 控制站的变革,将控制站内的功能块分散地分布在各台现场数字仪表中,并可统一组态构成控制回路,实现彻底的分散控制,即由多台现场数字仪表在生产现场构成控制站。21 世纪,现场总线技术有了突破,形成了现场总线的国际标准,并生产了现场总线数字仪表。现场总线为 DCS 的变革带来希望,标志着新一代 DCS 的产生,即 FCS。

FCS 的出现,并不会使 DCS 及 PLC 消亡。它们也会更加向智能化、开放性、网络化、信息化发展。未来,以 FCS 为控制系统中心地位,兼有 DCS、PLC 的一种新型工业控制系统将会出现在工业过程控制领域中。

## 二、控制仪表的分类

控制仪表常见的分类方式有按能源形式分类、按信号类型分类和按结构形式分类。

**1. 按能源形式分类**

按所使用的能源分类,控制仪表可分为气动、电动和液动等几种。工业上通常使用气动控制仪表和电动控制仪表,气动控制仪表的特点是结构简单、性能稳定、可靠性高、价格便宜,且在本质上是安全防爆的,特别适用于石油、化工等有爆炸危险的场所。

电动控制仪表由于其信号传输、放大、变换处理比气动仪表容易得多,又便于实现远距离监视和操作,易于与计算机等现代技术工具联用,因而这类仪表的应用更为广泛。针对电动控制仪表的防爆问题,由于采取了安全火花防爆措施,也得到了很好的解决,它同样能应用于易燃易爆的危险场所。

**2. 按信号类型分类**

按信号类型分类,控制仪表可分为模拟式和数字式两大类。

模拟式控制仪表的传输信号通常为连续变化的模拟量,如电流信号、电压信号、气压信号等。这类仪表线路较简单,操作方便,价格较低,在设计、制造、使用上均有较成熟的经验。长期以来,它广泛地应用于各工业部门。

数字式控制仪表的传输信号通常为断续变化的数字量。这种仪表编程灵活,不但具有 PID 控制规律外,还能实现复杂的控制规律。随着微电子技术、计算机技术和网络通信技术的迅速发展,数字式控制仪表和新型计算机控制装置相继问世,并越来越多地应用于生产过程自动化中。这类仪表是以微型计算机为核心,其功能完善、性能优越,能够满足现代生产过程的高质量控制要求。

### 3. 按结构形式分类

按结构形式分类，控制仪表可分为基地式控制仪表、单元组合式控制仪表、组装式综合控制装置以及 DCS。

(1) 基地式控制仪表

基地式控制仪表是以指示、记录仪表为主体，附加控制机构而组成。它不仅能对某变量进行指示或记录，还具有控制功能。基地式仪表一般结构比较简单，常用于单机自动化系统。

(2) 单元组合式控制仪表

单元组合式控制仪表是根据控制系统中各个组成环节的不同功能和使用要求，将整套仪表划分成能独立实现某种功能的若干单元，各单元之间用统一的标准信号来联系。将这些单元进行不同的组合，可构成多种多样的、复杂程度各异的自动检测和控制系统。单元组合式仪表使用灵活、通用性强，适用于多种工业参数的检测和控制。

国内生产的电动单元组合仪表(DDZ)和气动单元组合仪表(QDZ)经历了Ⅰ型、Ⅱ型、Ⅲ型 3 个发展阶段。这类仪表使用灵活、通用性强，适用于中小型企业的自动化系统。数十年间，单元组合仪表在实现国内中小型企业的生产过程自动化中，发挥了重要作用。

(3) 组装式综合控制装置

组装式综合控制装置是在单元组合仪表的基础上发展起来的一种功能分离、结构组件化的成套仪表装置。该装置以模拟器件为主，兼用了模拟技术和数字技术。它包括控制机柜和显示操作台两部分，控制机柜的组件箱内插有若干功能组件板，且采用高密度安装，结构十分紧凑。工作人员利用操作台的屏幕显示、操作装置实现对生产过程的集中显示和操作。这种系统也是 DCS 的前身。

(4) DCS

DCS 是以微型计算机为核心，在“4C”技术迅速发展的基础上研制成的一种计算机控制装置。它的特点是分散控制、集中管理。“分散”指的是由多台专用微处理器(即基本控制器或现场级数字控制仪表)分散地控制各个回路，可使系统运行安全可靠。将各台专用微处理器或现场级数字控制仪表用通信电缆同上级计算机相连，组成 DCS。“集中”则是集中监视、集中操作和管理整个生产过程。这些功能由上一级的监控、管理计算机和显示操作站来完成。

## 三、控制仪表的信号制

控制仪表与装置在设计时，应力求做到通用性和兼容性，以便不同系列或不同厂家生产的仪表能够共同使用在同一控制系统中，彼此相互配合，共同实现系统的功能。要做到通用性和兼容性，首先必须统一仪表的信号制。信号制即信号标准，是指在成套仪表系列中，各个仪表的输入、输出采用何种统一的联络信号进行传输的问题。

过程控制装置所用的联络信号，主要是模拟信号和数字信号，这里介绍模拟信号标准。《工业自动化仪表用模拟气动信号》(GB/T 777—2008)规定了气动仪表信号的下限值和上限值分别为 20 kPa 与 100 kPa。电动模拟信号有直流 DC 和交流 AC 两种，由于直流信号不受交流感应的影响，不受线路的电感、电容及负载的影响，不存在相移等问题，因此世界各国大都以直流信号作为统一的联络信号。《过程控制系统用模拟信号 第1部分：直流电流信号》(GB/T 3369.1—2008)规定了电动仪表的信号范围，为直流4~20 mA。

为什么直流电流信号的下限值不为0呢？从信号取值范围看，下限值可以从0开始，也可以从某一确定的数值开始；上限值可以较低，也可以较高。取值范围的确定，应从仪表的性能和经济性做全面考虑。

信号下限从0开始，便于模拟量的加、减、乘、除、开方等数学运算和使用通用刻度的指示、记录仪表；信号下限从某一确定值开始，即有一个活零点，电气零点与机械零点分开，便于检验信号传输线有否断线及仪表是否断电，并为现场变送器实现两线制提供了可能性。

电流信号上限大，产生的电磁平衡力大，有利于力平衡式变送器的设计制造。但从减小直流电流信号在传输线中的功率损耗和缩小仪表体积，以及提高仪表的防爆性能来看，希望电流信号上限小些。

在对各种电动模拟信号做了综合比较之后，国际电工委员会将电流信号4~20 mA DC和电压信号1~5 V DC，确定为过程控制系统电动模拟信号的统一标准。

**1. 现场与控制室仪表之间采用直流电流信号**

应用直流电流作为传输联络信号时，若一台发送仪表的输出电流要同时传送给几台接收仪表，所有这些仪表必须串联连接，且接收端的仪表必须是低阻抗的。

交流信号容易产生交变电磁场的干扰，对附近仪表和电路有影响，并且如果外界交流干扰信号混入后和有用信号形式相同，难以滤除，直流信号则没有此缺点。

交流信号有频率和相位问题，对负载的感抗或容抗敏感，使得影响因素增多，计算复杂，而直流信号只需考虑负载电阻。

如果采用电压形式传送信息，当负载电阻较小、距离较远时，导线上的电压会引起误差，采用电流传送就不会出现这个问题，只要沿途没有漏泄电流，电流的数值始终一样。而低电压的电路中，即使只采用一般的绝缘措施，漏泄电流也可以忽略不计，所以接收信号的一端能保证和发送端有同样的电流。由于信号发送仪表输出具有恒流特性，所以导线电阻在规定的范围内变化对信号电流不会有明显的影响。

**2. 控制室内部仪表之间采用直流电压信号**

由于采用串联连接方式是同一电流信号供给多个仪表的方法，存在上述缺点，若采用电压信号传送信息在这方面就有优越性了。因为它可以采用并联连接方式，使同一电压信号为多个仪表所接收。而且任何一个仪表拆离信号回路都不会影响其他仪表的运行。此外，各个仪表既然并联在同一信号线上，当信号源负极接地时，各仪表内部电路对地有同样的电位。这不仅解决了接地问题，而且各仪表可以共用同一个直流电源。在控制室内，各仪表之间的距离不远，适合采用直流电压(1~5 V)作为仪表之间的互相联络信号。

应用直流电压作为传输联络信号时，若一台发送仪表的输出电压要同时传送给几台接收仪表，这些仪表必须并联连接。电压传送信息的并联连接方式要求各个接收仪表的输入阻抗要足够高，否则将会引起误差，其误差大小与接收仪表输入电阻高低及接收仪表的个数有关。

**3. 控制系统仪表之间典型连接方式**

综上所述，电流传送适合远距离对单个仪表传送信息，电压传送适合将同一信息传送到并联的多个仪表，两者结合，取长补短。因此，虽然在国际标准中只规定了直流电流信号范围(4~20 mA DC)，但在具体应用中，电流信号主要在现场仪表与控制室仪表之间相连时使用；在控制室内，各仪表的互相联络采用直流电压信号(1~5 V)。

## 四、单回路控制系统的设计与投运

单回路控制系统是最基本的、应用最广泛的系统，因此，学习和研究单回路控制系统的结构、原理及使用是十分必要的。一个控制系统的工作情况，取决于其设计的好坏。控制系统设计应该考虑被控变量的选择、操纵变量的选择、控制规律的选择、控制参数的整定等。

**1. 被控变量的选择**

被控变量的选择是十分重要的，它是决定控制系统有无价值的关键。任何一个控制系统，总是希望能够在稳定生产操作、增加产品产量、提高产品质量以及改善劳动条件等方面发挥作用，如果被控变量选择不当，配备再好的自动化仪表，使用再复杂、先进的控制规律也是无用的。为此，自控设计人员必须深入了解生产的实际情况，进行认真细致的调查研究，在熟悉和了解了生产过程之后，才能正确地选择出被控变量。

被控变量的选择有两种方法：选择直接参数和间接参数。如果被控变量本身就是需要控制的工艺参数，则称为直接参数控制。例如，对于以温度、压力、流量、液位为操作指标的生产过程，就选择温度、压力、流量、液位作为被控变量。当选择直接参数作为被控变量比较困难或不可能时，可以选择一种间接参数代替直接参数作为被控变量。例如，以成分为操作指标的生成过程，一般还是以压力、流量作为被控变量。

**2. 操纵变量的选择**

单回路控制系统的被控变量选定以后，下一步是选定操纵变量，其主要原则是控制通道放大系数大、时间常数小、纯延迟小，以便当被控变量在外界干扰作用下发生变化时，能够通过对操纵变量的调节，使被控变量迅速地返回到原先的给定值上，以保持产品质量的不变。

一般选择系统中可以调节的物料量或能量参数作为操纵变量。石油、化工生产过程中遇到最多的操纵变量则是物料流或能量流，即流量参数。

当被控变量选定以后，应对工艺进行分析，找出哪些因素会影响被控变量。一般来说，影响被控变量的外部输入往往有若干个，在这些输入中，有些是可控的(可以调节的)，有些是不可控的。原则上，是在诸多影响被控变量的输入中选择一个对被控变量影响显著而且可控性良好的输入作为操纵变量，而其他未被选中的所有输入量则视为系统的干扰。

**3. 控制规律的选择**

在控制系统中，仪表选型确定以后，对象的特性是固定的，不可改变；测量元件及变送器的特性比较简单，一般也是不可以改变的；执行器加上阀门定位器可有一定程度的调整，但灵活性不大。主要可以改变的就是控制器的参数。

控制规律的选择的主要原则包括以下几项。

(1)一般的压力、流量、液位的简单控制系统采用比例积分作用。

(2)对滞后较大的温度、成分控制系统可加入微分作用。

(3)对滞后特别大的系统,可采用串级控制。

**4. 控制参数的整定**

所谓控制系统的整定,就是对于一个已经设计并安装就续的系统,对控制器的参数进行调整,使得系统的过渡过程达到最为满意的质量指标要求。

对于工程整定方法,工程技术人员无须确切知道对象的数学模型,无须具备理论计算机所必需的控制理论知识,就可以在控制系统中直接进行整定,因而简单、实用,在实际工程中被广泛使用。单回路控制系统调节器参数最常用的工程整定方法有衰减曲线法、经验试凑法、临界比例度法和反应曲线法。

**5. 控制系统的投运**

控制系统的投运,就是指当控制系统的设计、安装等工作已经就绪,将系统由手操状态切换到自动工作状态的过程。单回路控制系统投运的要求是:先现场手动,再手动遥控,最后转自动状态。这工作若做得不好,会给生产带来很大波动。特别是在石油化工生产中普遍存在高温、高压、易燃、易爆、有毒等工艺场合,在这些地方投运控制系统,自控人员会担一定风险。因而控制系统投运工作往往是鉴别自控人员是否具有足够的实践经验和清晰的控制理论概念的一个重要标准。

## 五、典型控制仪表的工作原理

**1. DDZ-Ⅲ型控制器的组成**

DDZ 仪表是电动单元组合仪表的简称。DDZ 是由电(dian)、单(dan)、组(zu)3 个汉字的汉语拼音第一个大写字母组成的。这种仪表是我国自行研制成功的一种新型自动化仪表。其中 DDZ-Ⅰ型以电子管作为基本元件,采用 0~10 mA 直流电流信号。DDZ-Ⅱ型以晶体管作为基本元件,采用 0~10 mA 直流电流信号。由于Ⅱ型仪表还采用了一些印刷电路及其他新元件,因此,它比Ⅰ型仪表体积小、质量轻、容易调整。DDZ-Ⅲ型是以集成电路为基本单元,采用国际标准信号制。

DDZ-Ⅲ型控制器传送的信号形式为连续模拟信号,基本结构包括比较环节、反馈环节和放大器 3 大部分。DDZ-Ⅲ型控制器基本构成如图 5-1-1 所示。

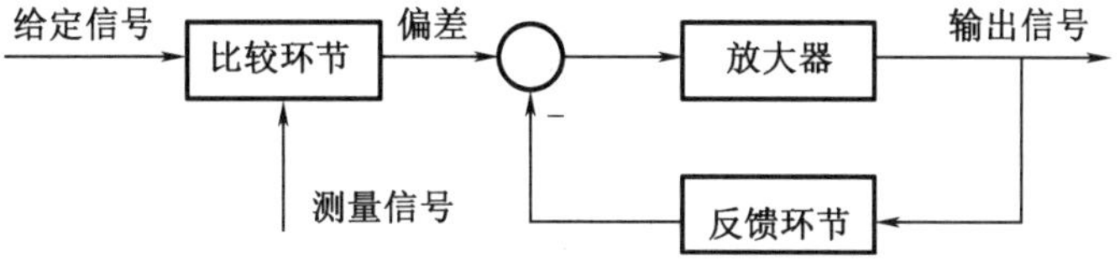


**图 5-1-1　DDZ-Ⅲ型控制器基本构成**

比较环节的作用是将被控变量的测量值与给定值进行比较得到偏差。电动控制仪表的比较环节都是在输入电路中进行电压或电流信号的比较。

DDZ-Ⅲ型控制器的 PID 运算功能均是通过放大环节与反馈环节来实现的。在电动控制仪表中,放大环节实质上是一个静态增益很大的比例环节,可以采用高增益的集成运算放大器。其反馈环节是通过一些电阻与电容的不同连接方式来实现 PID 运算的。

DDZ-Ⅲ型控制器除了基本的 PID 运算功能外，一般还具备如下功能，以适应自动控制与操作的需要。

(1)测量值、给定值、偏差及输出显示

控制器给出测量值与给定值显示，或由偏差显示仪表显示偏差的大小及正负。控制器输出信号的大小由输出显示仪表显示。由于控制器的输出是与调节阀的开度相对应的，因此输出显示表也称阀位表，通过它的指针变化可以了解调节阀的开度变化。

(2)手动与自动的双向切换

控制器必须具有手动/自动的切换开关，可以对控制器进行手动与自动之间的双向切换，并且在切换过程中应做到无扰动切换，即在切换瞬间保持控制器的输出信号不发生突变，以免切换操作给控制系统带来干扰。

(3)内、外给定信号的选择

控制器具有内、外给定信号的选择开关。当选择内给定信号时，控制器的给定信号由控制器内部提供；当选择外给定信号时，控制器的给定信号由控制器的外部提供。内、外给定信号的选择是由控制系统的不同类型及要求来确定的。

(4)正、反作用的选择

控制系统具有正、反作用开关来选择控制器的正、反作用。就控制器的作用方向而言，当控制器测量信号增加(或给定信号减小)时，控制器输出信号增加，称为正作用控制器；当测量信号减小(或给定信号增加)时，控制器输出增加，称为反作用控制器。控制器正、反作用的选择原则是为了使控制系统形成负反馈的作用。

**2. DDZ-Ⅲ型控制器的特点**

DDZ-Ⅲ型控制器具有下列特点。

(1)DDZ-Ⅲ型控制器在信号制上采用国际电气技术委员会推荐的统一标准信号，它以 4~20 mA DC 为现场传输信号；以 1~5 V DC 为控制室联络信号，即采用电流传输、电压接收的并联制的信息系统，这种信号制的优点如下。

①电气零点不是从零开始，且不与机械零点重合，因此不但充分利用了运算放大器的线性段，而且容易识别断电、断线等故障。

②本信号制的电流-电压转换电阻为 250 Ω，如果更换电阻，可接收其他 1∶5的电流信号，如 1~5 mA、10~50 mA DC 等信号。

③联络信号为 1~5 V DC，可采用并联信号制，因此干扰少，连接方便。

(2)采用了线性集成电路，给 DDZ-Ⅲ型控制器带来如下优点。

①集成运算放大器均为差分放大器，且输入对称性好，漂移小，仪表稳定性得到提高。

②集成运算放大器增益高，因而开环放大倍数很高，这使仪表的精度得到提高。

③由于采用了集成电路，焊点少，强度高，大大提高了仪表的可靠性。

(3)在 DDZ-Ⅲ型控制器中采用 24 V DC 集中供电，并与备用蓄电池构成无停电装置，它省掉了各单元的电源变压器，在工频电源停电情况下，整套仪表在一定的时间内仍照常工作，继续发挥其监视控制作用，有利于安全停车。

(4)内部带有附加装置的控制器能和计算机联用，与直接数字计算机控制系统配合使用时，在计算机停机时，可作后备控制器使用。

(5)自动/手动切换是双向无扰动方式进行的。切换前不需要通过人工操作使给定值与测量值先调至平衡,可以直接切换。在进行手控时,有硬手动与软手动两种方式。

(6)整套仪表可构成安全火花防爆系统。DDZ-Ⅲ型控制器在设计上是按国家防爆规程进行的,在工艺上对容易脱落的元件、部件都进行了胶封。其还增加了安全保持器,实现控制室与危险场所之间的能量限制与隔离,使其具有本质安全防爆的性能。

**3. DDZ-Ⅲ型控制器的组成与操作**

DDZ-Ⅲ型控制器有全刻度指示和偏差指示两个基型品种,图 5-1-2 为 DDZ-Ⅲ型控制器结构方框图。

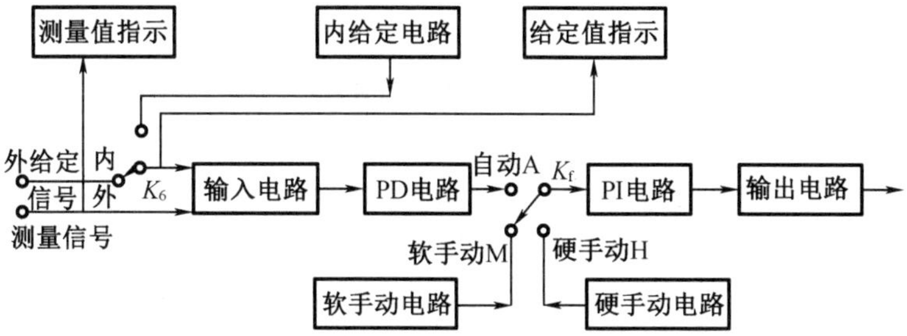


**图 5-1-2　DDZ-Ⅲ型控制器结构方框图**

控制器接收变送器的测量信号,在输入电路中与给定信号进行比较得出偏差信号。为了适应后面单电源供电的运算放大器的电平要求,在输入电路中还对偏差信号进行电平移动。经过电平移动的偏差信号,在 PID 运算电路中运算后,由输出电路转换为 4~20 mA 直流电流输出。

DTL-3110 型全刻度指示控制器正面图如图 5-1-3 所示。它的正面表盘上装有两个指示表头。其中一个双针垂直指示器 2 有两个指针,黑针为给定信号指针,红针为测量信号指针。偏差的大小可以根据两个指示值之差读出。由于双针指示器的有效刻度(纵向)为 100 mm,精度为 1%,因此很容易观察控制结果。输出指示器 4 指示控制器输出信号的大小。控制器面板右侧设有自动-硬手动-软手动切换开关 1,以实现无平衡无扰动切换。位于控制器的右侧面还设有正、反作用切换开关,把控制器从壳体中拉出时即可看到此切换开关。

如图 5-1-3 的控制器的给定值可用切换开关选择“内给定”或“外给定”方式其一,当工作“内给定”方式时,给定电压由控制器内部的高精度稳压电源取得。当需要由计算机或另外的控制器提供给定信号时,由外来 4~20 mA 电流流过 250 Ω 精密电阻产生 1~5 V 的给定电压。

为适应工艺过程启动、停车或发生事故等情况,控制器还能由操作人员切除 PID 运算电路,直接根据仪表指示做出判断,操纵控制器输出“手动”工作状态。在 DDZ-Ⅲ型仪表中,有硬手动和软手动两种情况。在硬手动状态时,控制器的输出电流完全由操作人员拨动手动操作电位器决定。而软手动状态则是“自动”与“硬手动”之间的过渡状态,当选择开关置于软手动位置时,操作人员可使用软手动板键,使控制器的输出“保持”在切换前的数值,或以一定的速率增减。这种“保持”状态特别适于处理紧急事故。

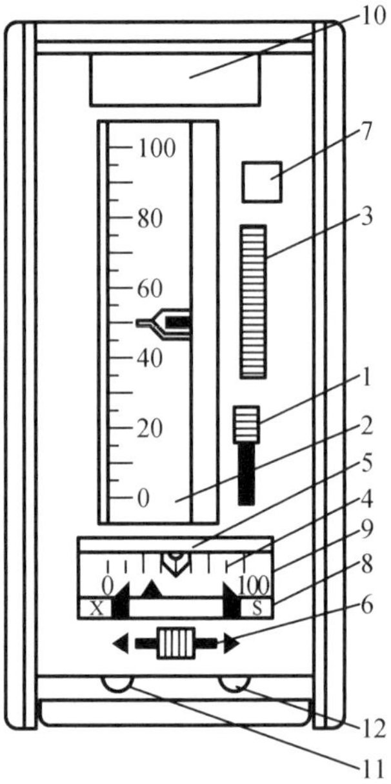


1—自动-硬手动-软手动切换开关;2—双针垂直指示器;3—内给定设定轮;4—输出指示器;5—硬手动操作杆;
6—软手动操作板键;7—外给定指示灯;8—阀位指示器;9—输出记录指示;10—位号牌;
11—输入检测插孔;12—手动输出插孔。

**图 5-1-3 DTL-3110 型全刻度指示控制器正面图**

目前,随着计算机技术的发展,大多数工业控制领域采用基于微处理器的仪表控制系统,因此,下一节重点阐述计算机控制系统相关内容。

# 第二节 计算机控制系统基础知识

计算机控制系统是融计算机技术与工业过程控制于一体的综合性技术,它是在常规仪表控制系统的基础上发展起来的。

## 一、计算机控制系统的组成

液位控制系统是一个基本的常规控制系统,系统中的测量变送器对被控对象液位进行检测,并将检测到的液位值转换成电信号(电流或电压)后反馈给控制器,控制器将此测量值与给定值进行比较,并按照一定的控制规律产生相应的控制信号,控制信号驱动执行器工作,使被控量跟踪给定值,从而实现液位自动控制的目的,其原理如图 5-2-1 所示。

用控制计算机(即计算机及其输入/输出通道)替代图 5-2-2 中的控制器,即构成一个典型的计算机控制系统的结构。通常把被控对象及一次仪表统称为生产过程。这里,计算机采用的是数字信号传递,而一次仪表多采用模拟信号传递。因此,系统中需要有将模拟信号转换为数字信号的 A/D 转换器和将数字信号转换为模拟信号的 D/A 转换器。图 5-2-3 中的 A/D 转换器与 D/A 转换器就表征了计算机控制系统中典型的输入/输出通道。

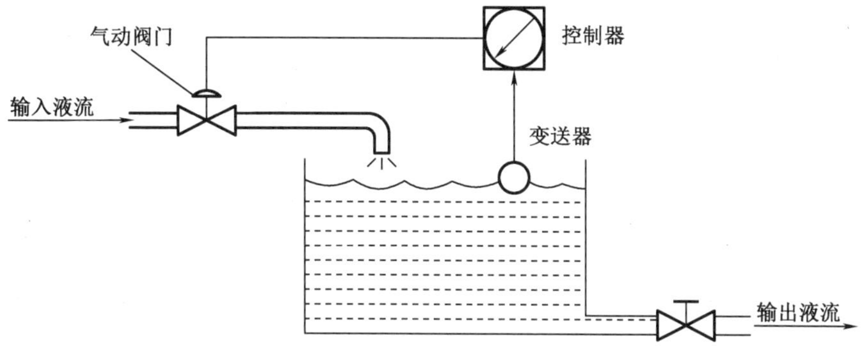


图 5-2-1 液位控制系统原理

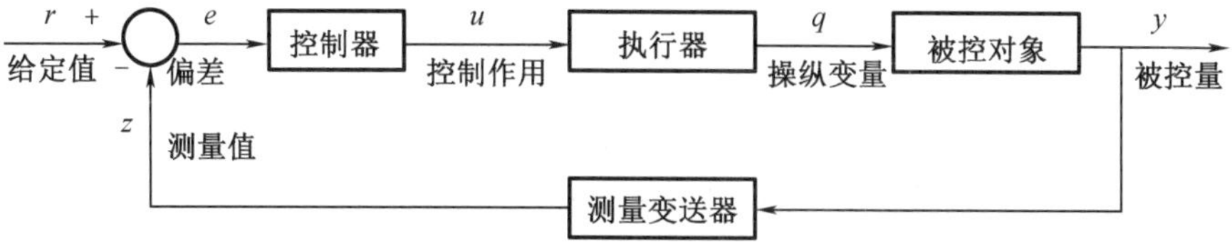


图 5-2-2 典型的计算机控制系统的结构

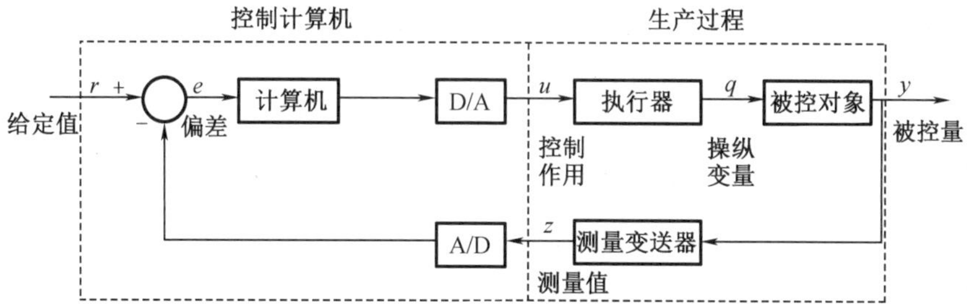


图 5-2-3 计算机控制系统原理框图

一个完整的计算机控制系统是由硬件和软件两大部分组成的。

**1. 硬件组成**

计算机控制系统的硬件一般由主机、常规外部设备、过程输入/输出设备、操作台和通信设备等组成，如图 5-2-4 所示。

(1)主机

由中央处理器(CPU)、内存储器(RAM、ROM)和系统总线构成的主机是控制系统的核心。主机根据过程输入通道发送来的反映生产过程工况的各种实时信息，按照预定的控制算法做出相应的控制决策，并通过过程输出通道向生产过程发送控制命令。

主机所产生的各种控制是按照人们事先安排好的程序进行的。这里，实现信号输入、运算控制和命令输出等功能的程序已预先存入内存，当系统启动后，CPU 就从内存中逐条取出指令并执行，以达到控制目的。

(2)常规外部设备

常规外部设备由输入设备、输出设备和外存储器等组成。

常规的输入设备有键盘、鼠标、辅操台(按钮)等，主要用来输入程序、数据和操作命令。

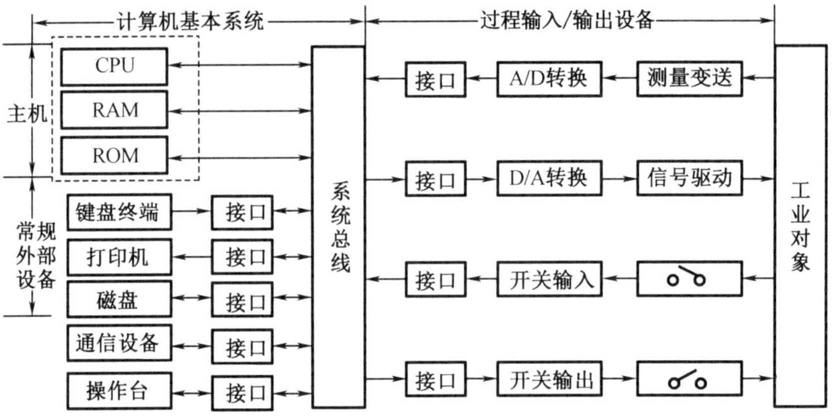


图 5-2-4　计算机控制系统硬件组成框图

常规的输出设备有打印机、绘图机、显示器(CRT 显示器或数码显示器)、电视墙(大屏)、辅操台(指示灯、蜂鸣器)等,主要用来把各种信息和数据提供给操作者。

外存储器有磁盘装置(软盘、硬盘和半导体盘)、磁带装置等,兼有输入/输出两种功能,用于存储系统程序和数据。硬盘用于存储程序和数据,光盘(CD、DVD)进行数据导、入出,尽量避免使用 U 盘等闪存设备,避免计算机病毒对系统稳定性的影响。

外部设备与主机组成的计算机基本系统(即通常所言的计算机),用于一般的科学计算和管理是可以满足要求的,但是用于工业过程控制,则必须增加过程输入/输出设备。

(3)过程输入/输出设备

过程输入/输出设备是在计算机与工业对象之间起着信息传递和转换作用的装置,主要指过程输入/输出通道(简称“过程通道”),其中测量变送单元和信号驱动单元属于自动化仪表的范畴。

过程输入通道包括模拟量输入通道(简称“AI 通道”)和数字量输入通道(简称“DI 通道”),分别用来输入模拟量信号(如温度、压力、流量、液位等)和开关量信号(如继电器触点,行程关、按钮等)或数字量信号(如转速、流量脉冲、BCD 码等)。如果输入信号较多,接口电路可采用多路切换开关,使各个测量回路分时接通 A/D 转换器。

过程输出通道包括模拟量输出通道(简称“AO 通道”)和数字量输出通道(简称“DO 通道”),AO 通道把数字信号转换成模拟信号后再输出,DO 通道则直接输出开关量信号或数字量信号。

(4)操作台

操作台是操作员与系统之间进行人机对话的信息交换工具,一般由 CRT 显示器(或 LED 其他显示器)、键盘、开关和指示灯等构成。操作员通过操作台可以了解与控制整个系统运行状态。

操作员分为系统操作员与生产操作员两种。系统操作员负责建立和修改控制系统,如控制程序和系统组态;生产操作员负责与生产过程运行有关的操作。为了安全和方便,系操作员和生产操作员的操作设备一般是分开的。

(5)接口电路

主机与外围设备(包括常规外部设备和过程通道等)之间,因为外设结构、信息种类、传送方式、传送速度的不同而不能直接通过总线相连,必须通过其间的桥梁——接口电路来专送信息和命令。计算机控制系统有各种不同的接口电路,一般分为并行接口、串行接口、管理接口和专用接口等几类。

(6)通信设备

现代化工业生产过程的规模一般比较大,其控制与管理也很复杂,往往需要几台或几十台计算机才能分级完成控制和管理任务。这样,在不同地理位置、不同功能的计算机之间就需要通过通信设备连接成网络,以进行信息交换。

**2. 软件组成**

上述硬件只能构成计算机控制系统的躯体。要使计算机正确地运行以解决各种问题,必须为它编制各种程序。软件是各种程序的统称,是控制系统的灵魂。因此,软件的优劣直接关系到计算机的正常运行、硬件功能的充分发挥。软件通常分为系统软件和应用软件两大类。

(1)系统软件

系统软件是一组支持系统开发、测试、运行和维护的工具软件,核心是操作系统,还有编程语言等辅助工具。在计算机控制系统中,为了满足实时处理的要求,通常采用实时多任务操作系统。在这种操作环境下,要求将应用系统中的各种功能划成若干任务,并按其重要性赋予不同的优先级,各任务的运行进程及相互间的信息交换由实时多任务操作系统协调控制。另外系统提供的编程语言一般为面向过程或对象的专用语言或编译类语言。系统软件一般由计算机厂商以产品形式向用户提供。

(2)应用软件

应用软件是系统设计人员利用编程语言或开发工具编制的可执行程序。对于不同的控制对象,控制和管理软件的复杂程度差别很大。但在一般的计算机控制系统中,以下几类功能模块是必不可少的:过程输入模块、基本运算模块、控制算法模块、报警限幅模块、过程输出模块、数据管理模块等。

## 二、计算机控制系统的分类

计算机控制系统与所控制的生产过程密切相关,根据生产过程的复杂程度和工艺要求的不同,系统设计者可采用不同的控制方案。现从控制目的、系统构成的角度介绍几种不同类型的计算机控制系统

**1. 数据采集系统**

数据采集系统(data acquisition system,DAS)是计算机应用于生产过程控制最早也是最基本的一种类型,如图 5-2-5 所示。生产过程中的大量参数经仪表发送和 A/D 通道或 DI 通道巡回采集后送入计算机,由计算机对这些数据进行分析和处理,并按操作要求进行屏幕显示、制表打印和越限报警。该系统可以代替大量的常规显示、记录和报警仪表,对整个生产过程进行集中监视。因此,该系统对于指导生产以及建立或改善生产过程的数学模型,是有重要作用的。

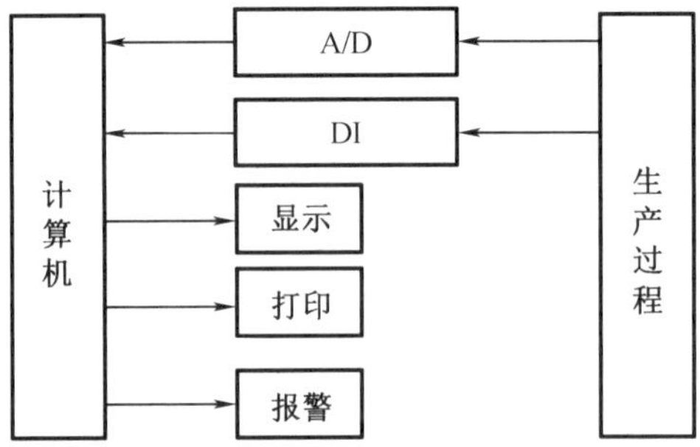


图 5-2-5　DAS 示意图

**2. 操作指导控制系统**

操作指导控制系统(operation guide control,OGC)是基于 DAS 的一种开环系统,如图 5-2-6 所示。计算机根据采集到的数据以及工艺要求进行最优化计算,计算出的最优操作条件,并不直接输出控制生产过程,而是显示或打印出来,操作人员据此去改变各个控制器的给定值或操作执行器,如此达到操作指导的作用。显然,这属于计算机离线最优控制的一种形式。

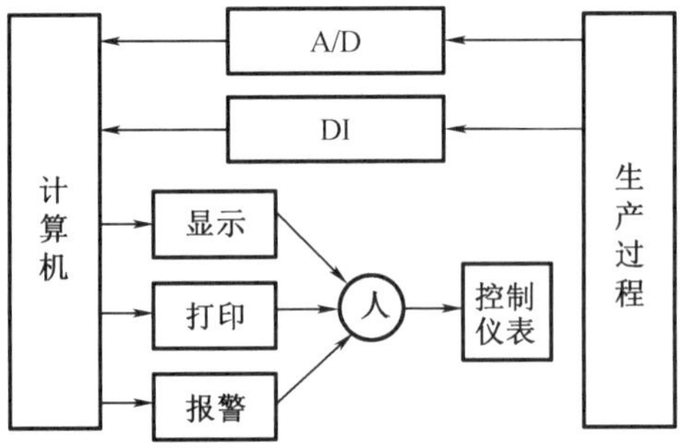


图 5-2-6　OGC 示意图

OGC 的优点是结构简单,控制灵活和安全;缺点是要由人工操作,速度受到限制,不能同时控制多个回路。因此,其常常用于计算机控制系统设置的初级阶段,或用于试验新的数学模型、调试新的控制程序等场合。

**3. 直接数字控制系统**

直接数字控制系统(direct digital control,DDC)是用一台计算机不仅完成对多个被控参数的数据采集,而且能按一定的控制规律进行实时决策,并通过过程输出通道发出控制信号,实现对生产过程的闭环控制,如图 5-2-7 所示。为了操作方便,DDC 还配置一个包括给定、显示、报警等功能的操作控制台。

DDC 中的一台计算机不仅完全取代了多个模拟调节器,而且在各个回路的控制方案上,不改变硬件,只通过改变程序就能有效地实现各种各样的复杂控制。因此,DDC 是计算机在工业生产过程中应用最普遍的一种方式。

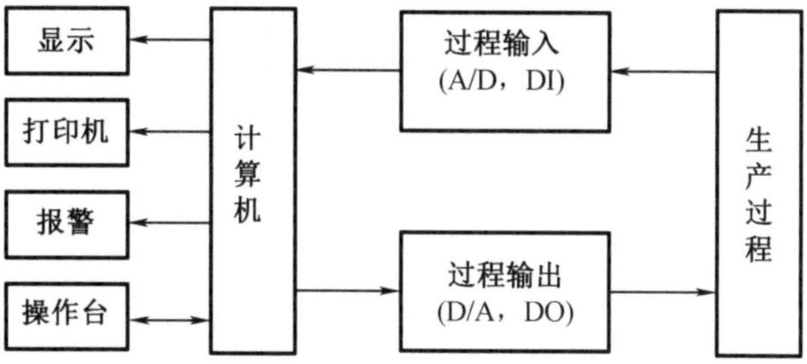


图 5-2-7　DDC 示意图

**4. 计算机监督控制系统**

计算机监督控制系统(supervisory computer control,SCC)是 OGC 与常规仪表控制系统或 DDC 综合而成的两级系统,如图 5-2-8 所示。SCC 有两种不同的结构形式,一种是 SCC+模拟调节器系统(也可称计算机设定值控制系统即 SPC),另一种是 SCC+DDC 控制系统。其中,作为上位机的 SCC 计算机按照描述生产过程的数学模型,根据原始工艺数据与实时采集的现场变量计算出最佳动态给定值,送给作为下位机的模拟调节器或 DDC 计算机,由下位机控制生产过程。这样,系统就可以根据生产工况的变化,不断地修正给定值,使生产过程始终处于最优工况。显然,这属于计算机在线最优控制的一种形式。

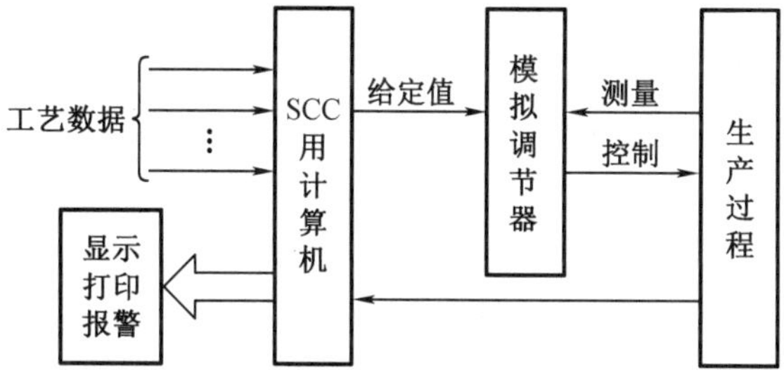


(a)

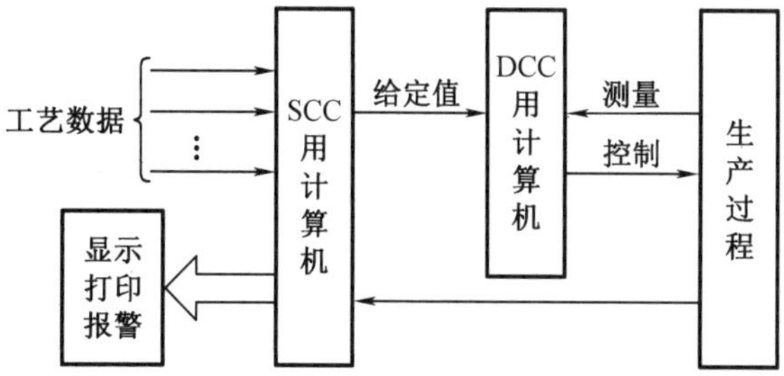


(b)

图 5-2-8　SCC 示意图

另外,当上位机出现故障时,可由下位机独立完成控制。下位机直接参与生产过程控制,要求其实时性好、可靠性高和抗干扰能力强;而上位机承担高级控制与管理任务,应配置数据处理能力强、存储容量大的高档计算机。

**5. DCS**

随着生产规模的扩大,信息量的增多,控制和管理的关系日趋密切。对于大型企业生产的控制和管理,不可能只用一台计算机来完成。于是,人们研制出以多台微型计算机为基础的 DCS。DCS 采用分散控制、集中操作、分级管理、分而自治和综合协调的设计原则,自下而上可以分为若干级,如过程控制级、控制管理级、生产管理级和经营管理级等。

## 三、控制计算机的几种机型

为适应不同行业、不同工艺设备的需求,在计算机控制技术发展中,控制计算机制造厂家已生产了几种典型的常用机型。

**1. PLC**

(1)PLC 概述

PLC 简称可编程控制器,是计算机技术和继电器逻辑控制概念相结合的产物,其低端为常规继电器逻辑控制的替代装置,而高端为一种高性能的工业控制计算机。

1985 年 1 月,国际电工委员会对 PLC 做了如下定义:PLC 是一种数字运算操作的电子系统,专为工业环境下应用而设计。它采用可编程的存储器,用来在其内部存储执行逻辑运算、顺序控制、定时、计数和算术操作的指令,并通过数字式、模拟式的输入和输出,控制各种类型的机械或生产过程。可编程控制器及其有关设备,都应按易于使工业控制系统形成一个整体、易于扩充其功能的原则设计。

PLC 具有以下鲜明的特点。

①系统构成灵活,扩展容易,以开关量控制为其特长;也能进行连续过程的 PID 回路控制;并能与上位机构成复杂的控制系统,如 DDC 和 DCS 等,实现生产过程的综合自动化。

②使用方便,编程简单,采用简明的梯形图、逻辑图或语句表等编程语言,而无须计算机知识,因此系统开发周期短,现场调试容易。另外,可在线修改程序,改变控制方案而不必拆动硬件。

③能适应各种恶劣的运行环境,抗干扰能力强,可靠性强,远高于其他各种机型。总之,PLC 是目前工业控制中应用最为广泛的一种机型。

(2)PLC 的功能

①开关量的开环控制

开关量的开环控制是 PLC 的最基本的控制功能,包括时序、组合、延时、计数、计时等。PLC 控制的输入、输出点数可以不受限制,少则十点或几十点,多则成千上万点,并可通过联网来实现控制。

②模拟量的闭环控制

对于模拟量的闭环控制系统,除了要有开关量的输入、输出点以实现某种顺序或逻辑控制外,还要有模拟量的输入、输出点,以便采样输入和调节输出,实现过程控制中的 PID 调节,形成闭环系统。这类 PLC 能实现对温度、流量、压力、位移、速度等参量的连续调节与控制。

③数字量的智能控制

利用 PLC 能实现接收和输出高速脉冲的功能,而这个功能在实际中用途很大。在配备相应的传感器(如旋转编码器)或脉冲伺服装置(如环形分配器、功放、步进电机)后,PLC 控制系统就能实现数字量的智能控制。

④数字采集与监控

由于 PLC 在控制现场实现控制,所以把控制现场的数据采集下来,做进一步分析研究是很重要的。对于这种应用,目前较普遍采用的方法是 PIC 加上触摸屏,这样既可随时观察采集下来的数据,又能及时进行统计分析。

⑤联网、通信及集散控制

PLC 的联网、通信能力很强,可实现 PLC 与 PLC、PLC 与上位计算机之间的联网和通信,由上位计算机来实现对 PLC 的管理和编程。PLC 也能与智能仪表、智能执行装置(如变频器等)进行联网和通信,互相交换数据并实施控制。

(3)PLC 的结构

PLC 实质上是一种专用的计算机控制系统,它具有比一般计算机更强的与工业过程相连的接口,具有更适用于控制要求的编程语言。所以,PLC 与一般的计算机控制系统一样,也具有微处理器(CPU)、存储器(包括用程序存储器和系统程序存储器)、输入/输出模块(I/O 模块)、通信接口和电源等部分。其结构框图如图 5-2-9 所示。

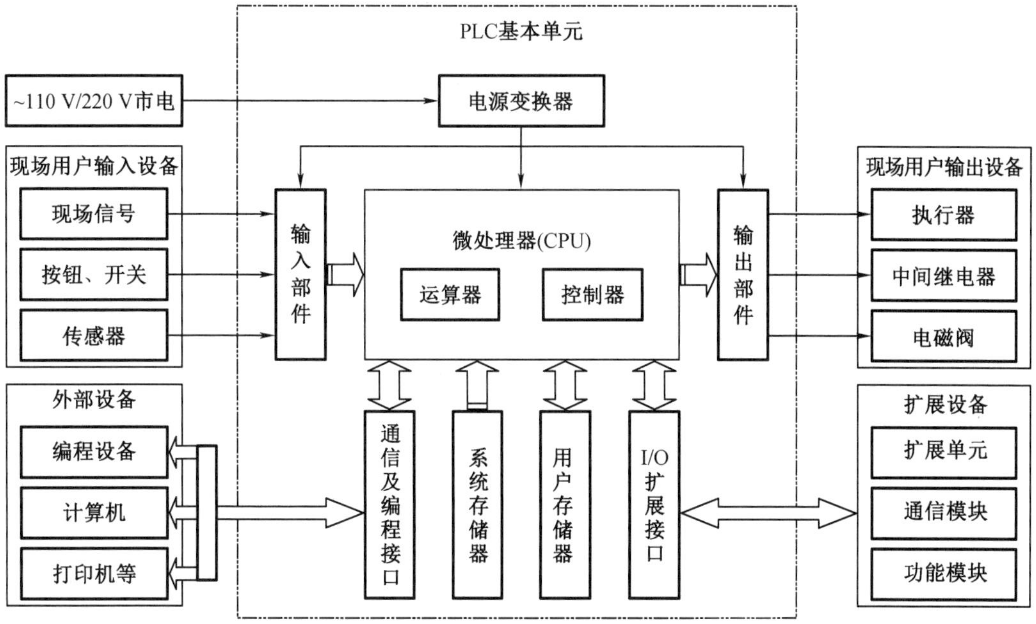


**图 5-2-9　PLC 结构框图**

在 PLC 中,数字量输出模块按输出开关器件的种类不同又可分为晶闸管输出、晶体管输出和继电器触点输出。PLC 输出接口具有较强的驱动能力,可以直接与电磁阀、接触器、继电器和小型电机连接。现场用户输入设备如按钮、开关、传感器的信号可直接送入 PLC 的输入接口,而不必考虑复杂的外围电路设计。

对 PLC 的编程有两种方法:一是采用上述的编程器进行编程,但由于编程器体积小,所能显示的信息有限,适用于编程人员或管理人员在生产现场对 PLC 进行管理维护;另一种方法是采用 PC 机编程界面,在个人计算机上接入适当硬件,安装软件包,并通过编程电缆与 PLC 的通信接口相连,即可在 PC 机上对 PLC 编程。

编程器或编程界面有两种工作方式,即编程工作方式和监控工作方式。编程工作方式的主要功能是输入新的控制程序,或者对已有的程序进行编辑。监控工作方式是对运行中的 PLC 的工作状态进行监视和跟踪。

(4)PLC 的工作原理

PLC 有两种基本的工作状态,即运行(RUN)状态与停止(STOP)状态。在运行状态,PLC 通过执行反映控制要求的用户程序来实现控制功能。为了使 PLC 的输出及时地响应随时可能变化的输入信号,用户程序不是只执行一次,而是反复不断地重复执行,直至 PLC 停机或切换到停止工作状态。

除了执行用户程序之外,在每次"RUN"循环过程中,PLC 还要完成内部处理、通信处理等工作,一次循环可分为 5 个阶段。如果 PLC 进入"STOP"状态,只执行内部处理和通信服务 2 个阶段。PLC 程序执行原理图如图 5-2-10 所示。

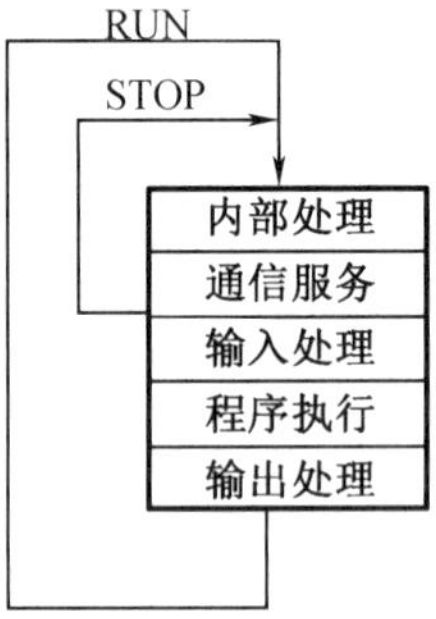


**图 5-2-10 PLC 程序执行原理图**

在内部处理阶段,PLC 检查 CPU 模块内部的硬件是否正常,将监控定时器复位,以及完成一些别的内部工作。

在通信服务阶段,PLC 与别的带微处理器的智能装置通信,响应编程器键入的命令,更新编程器的显示内容。

在输入处理阶段,PLC 把所有外部输入电路的接通/断开(ON/OFF)状态读入输入映像寄存器。

在程序执行阶段,即使外部输入信号的状态发生了变化,输入映像寄存器的状态也不会随之而变,输入信号变化的状态只能在下一个扫描周期的输入处理阶段被读入。这时程序并不立即对外输出。

在输出处理阶段,CPU 将输出映像寄存器的接通/断开状态传送到输出锁存器,执行对外输出。

(5)PLC 的系统组态

PLC 的硬件组态是指对 CPU 模块、通信模块、I/O 模块等进行配置,主要包括如下内容。

①根据任务的复杂度、实时性、容量要求选择 CPU 模块。

②根据测控点数和类型,选择模拟量模块和开关量模块。

③根据通信和外设要求,选择通信模块和外设接口板。

连接好硬件后要对各个模块进行参数设置。如对模拟量输入模块进行组态时,要配置信号通道地址、信号的类型(电压、电流)、信号的范围、采用的周期、报警的上下限等。如采用了以太网通信模块与 HMI 设备通信,要配置 IP 地址。

PLC 的硬件组态信息要进行编译,并通过编程器下载到 CPU 模块相应的存储区才能生效,供用户程序使用。硬件组态完成,就可以使用 PLC 编程语言进行软件设计。PLC 的组态和程序设计一般是在上位机上完成的。

PLC 常用编程语言包括 3 种:梯形图(LAD)、语句表(STL)、功能块图(FBD)。3 种编程方式的格式如图 5-2-11 所示。

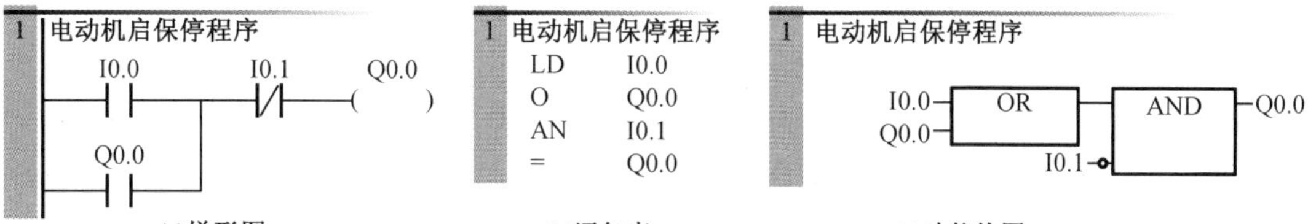


(a)梯形图　(b)语句表　(c)功能块图

**图 5-2-11　梯形图、语言表、功能块图编程方式对比图**

梯形图以图形的方式来显示程序。梯形图的左侧有一根能量线,其允许程序仿真来自能量线的能流,通过一系列的逻辑输入条件,最终使能逻辑输出。各个输入条件之间的逻辑关系是由连接线来完成的。梯形图是最常用的编程语言。

语句表是使用文本形式的语句表指令助记符和参数来创建程序的编程语言。语句表由助记符和操作数构成。其采用助记符来表示操作功能,操作数是指定的存储器地址。助记符一般是数据运算和移动指令,如图 5-2-11(b)中"LD"表示加载,"O"表示逻辑或运算,"AN" 表示逻辑与运算。

功能块图是采用逻辑门电路的编程语言,有数字电路基础的人很容易掌握。功能块图指令由输入、输出段及逻辑关系函数组成。如图 5-2-11(c)中实现的逻辑是一个或门和一个与门。

随着 PLC 软硬件技术的发展,新型 PLC 开始支持高级语言编程。

(6)PLC 的维护

①对 PLC 进行维护时,需要定期对电源电压进行检查。电源电压包括 CPU 的电源电压、I/O 单元的电源电压。同时还应检查锂电池的电压。

②检查 PLC 安装环境的温度、湿度是否满足使用要求,安装环境是否有灰尘、有害气体的侵蚀。

③检查 CPU 及 I/O 扩展模块的固定情况,I/O 模块、通信线的连接电缆是否插紧,接线端子螺钉是否有松动现象。

④检查 PLC 的各个运行指示灯,"POWER"灯灭,表明电源问题或接线端接触不良;"RUN"灯火,表明用户程序没有运行;"ERROR"灯亮,表明程序或系统出错。

⑤检查 PLC 的通风和散热条件,PLC 出现周期性死机,常见原因是通风散热不良,导致 CPU 模块温度升高。

PLC 硬件损坏或软件运行出错的概率极低,检查故障时,重点应放在 PLC 的外围电气元件,PLC 的故障大多数是外围接口信号故障。PLC 具有自诊断功能,检查故障时可根据报警信息,查明原因并确定故障部位,这是检查和排除 PLC 故障的基本手段与方法。

经验表明,PLC 出现的绝大部分故障都是通过 PLC 程序检查出来的。PLC 的动作都是按照一定顺序来完成的,观察系统的动作过程,比较故障和正常时的情况,大多可发现疑点,判断出现故障原因。有些故障可在屏幕上直接显示出报警原因;有些虽然有报警信息,但并没有直接反映出报警的原因;还有些故障不产生报警信息,只是有些动作不执行。遇到以上情况,跟踪 PLC 程序的运行是检查故障的有效方法。

**2. 可编程调节器**

可编程调节器(programmable controller,PC),又称单回路调节器、智能调节器、数字调节器,是一种仪表化了的微型控制计算机。它主要由微处理器(micro processor unit,MPU)单元、过程输入/输出单元、面板单元、通信单元、硬手操单元和编程单元等组成。

可编程调节器是一种数字控制仪表,它的核心是微处理器,它既保留了仪表面板的传统操作方式,易于为现场人员接受,又发挥了计算机软件编程的优点,可以方便灵活地构成各种过程控制系统。过程输入通道通过 A/D 转换器实现传感器信号采集,微处理器经过处理后,通过过程输出接口、D/A 转换器驱动外设(如执行器)。可编程调节器通过软件实现 PID 算法,大多采用增量型 PID 算法。可编程调节器需要等待一个采样周期才能响应,虽然在响应上不够及时,但通过算法改进,也可获得较好的控制效果。

可编程调节器不同于一般的控制计算机,系统设计人员在硬件上无须考虑接口问题、信号传输和转换等问题,在软件编程上也只需使用一种面向问题的语言(problem oriented language, POL)。这种 POL 组态语言为用户提供了几十种常用的运算和控制模块。其中,运算模块不仅能实现各种组合的四则运算,还能完成函数运算。而通过控制模块的系统组态编程更能实现各种复杂的控制过程,诸如 PID、串级、比值、前馈、选择、非线性、程序控制等。而这种系统组态方式又简单易学,便于修改与调试,因此,极大地提高了系统设计的效率。

可编程调节器还有断电保护和自诊断功能,系统的可靠性得以保证。另外,通信单元(通信接口)使之能与集中监视操作站、上位机通信、计算机控制系统实现各种高级控制和管理。

因此,可编程调节器不仅可以作为大型 DCS 中的底层控制单元,而且可以在一些重要场合下单独构成复杂控制系统,完成 1~4 个控制回路,其在过程控制的广泛应用中是不言而喻的。

**3. 单片微型计算机**

随着微电子技术与超大规模集成技术的发展,计算机技术的另一个分支——超小型化的单片微型计算机(sing chip microcomputer,简称“单片机”)诞生了。它抛开了以通用微处理器为核心构成计算机的模式,充分考虑到控制的需要,将 CPU、存储器、串并行 I/O 接口、定时/计数器,甚至 A/D 转换器、脉宽调制器、图形控制器等功能部件全都集成在一块大规模集成电路芯片上,构成了一个完整的具有相当控制功能的微控制器。

这种单片机有两种结构:一种是将程序存储器和数据存储器分开,分别编址的 Harvard 结构,如 MCS-51 系列;另一种是对两者不做逻辑上的区分,统一编址的 Princeton 结构,如 MCS-98 系列。

由于单片机具有体积小、功耗低、性能可靠、价格低廉、功能扩展容易、使用方便灵活、易于产品化等诸多优点,特别是强大的面向控制的能力,使它在工业控制、智能仪表、外设控制、家用电器、机器人、军事装置等方面得到了极为广泛的应用。

但单片机自身的特点和应用场合又决定了单片机应用系统的开发与一般计算机不同。由于单片机是面向控制设计的,专用性强、内存容量小、人机接口功能不强,因此,单片机本身不具备自开发功能,必须借助于仿真器或开发系统与单片机联机,才能进行硬、软件的开发与调试。

单片机的应用软件多采用面向机器的汇编语言,这需要较深的计算机软件和硬件知识,而且汇编语言的通用性与可移植性差。随着高效率结构化语言的发展,其软件开发环境已在逐步改善。目前,市场上已推出了面向单片机结构的高级语言,如 Intel 公司的 PL/M 结构化程序设计语言和 C 语言等。

单片机的应用从 4 位机开始,历经 8 位、16 位、32 位 4 种。但在小型测控系统与智能化仪器仪表的应用领域里,8 位单片机因其品种多、功能强、价格廉,目前仍然是单片机系列的主流机种。

**4. 总线式工控机**

随着计算机设计的日益科学化、标准化与模块化,一种总线系统和开放式体系结构的概念应运而生。总线即是一组信号线的集合,一种传送规定信息的公共通道。它定义了各引线的信号特性、电气特性和机械特性。按照这种统一的总线标准,计算机厂家可设计制造出若干具有某种通用功能的模板,而系统设计人员则根据不同的生产过程,选用相应的功能模板组合成自己所需的计算机控制系统。

这种采用总线技术研制生产的计算机控制系统就称为总线式工控机。其结构是在一块无源的并行底板总线上,可插接多个功能模板。除了构成计算机基本系统的 CPU、RAM/ROM 和人机接口板外,还有 A/D、D/A、DI、DO 等数百种工业 I/O。图 5-2-12 为总线式工控机结构图。其中的接口和通信接口板可供选择,其选用的各个模板彼此通过总线相连,均由 CPU 通过总线直接控制数据的传送和处理。工业计算机 IPC 与普通 PC 的主要区别是取消了普通 PC 中的主板,变为通用的底板总线插座系统。

这种系统结构的开放性方便了用户的选用,从而大大提高了系统的通用灵活性和扩展性。而模板结构的小型化,使之机械强度好,抗振动能力强;模板功能的单一,则便于对系统故障进行诊断与维修;模板的线路设计布局合理,即由总线缓冲模块到功能模块,再到 I/O 驱动输出模块,使信号流向基本为直线,这都大大提高了系统的可靠性和可维护性。另外,在结构配置上,其还采取了许多措施,如密封机箱正压送风、使用工业电源、带有 Watch-dog 系统支持板等。

总线式工控机具有小型化、模板化、组合化、标准化的设计特点,能满足不同层次、不同控制对象的需要,又能在恶劣的工业环境中可靠地运行,因而,其应用极为广泛。

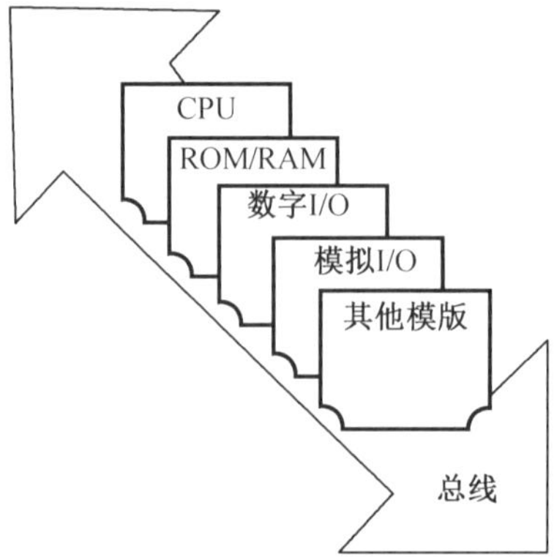


图 5-2-12　总线式工控机结构图

**5. DCS**

DCS 是在人们分析比较了模拟仪表分散控制与计算机集中控制的特点之后,综合了两者的优点而推出的一种控制分散、操作集中的新型高级控制系统。自 1975 年,第一套 DCS 问世以来,世界上各大仪表公司便纷纷研制出各种类型各具特色的系列产品。多年来,DCS 在技术发展与市场需求方面都是其他机型无法比拟的,未来的 DCS 必将取代绝大多数仪表,而在控制领域中占据主导统治地位。

## 四、其他相关计算机系统

**1. 监督控制和数据采集系统**

监督控制和数据采集(supervisory control and data acquisition,SCADA)系统的功能主要是监督控制功能,一般用在对生产过程进行全面监视,使运行人员全面掌握生产情况的场合。如在一个化工厂中,生产装置一般都用 DCS 实现生产过程的控制,但与生产过程有关的还有很多方面,如原料的储存输送、成品的储存输送、电力供应、热力供应、水的供应及燃气供应,等等。只有这些方面都是正常的,生产才能够正常进行,而这些方面的正常运行,主要依靠 SCADA 系统的保证。

(1)SCADA 系统的体系结构

SCADA 系统的主要功能是监督控制,因此其软件主要由两个部分组成:一部分是人机界面软件,另一部分是数据采集软件。系统的硬件也同样分成两个大的部分:人机界面设备和数据采集设备。在这两大部分之间,通过数据通信系统实现连接。

对于一些规模较小的 SCADA 系统,现场数据经过数据采集设备集中后直接送到人机界面计算机中,由该计算机进行数据的存储、处理和显示等操作。在一些规模较大、系统功能比较复杂的系统中,还应该有专门的数据服务器来进行全系统实时数据的存储、处理和访问查询服务。

人机界面设备主要是操作员工作站(即人机界面计算机),由 CRT 显示、通用或专用键盘、光标控制设备(如鼠标、轨迹球、光笔及触摸屏等)等硬件组成。数据采集设备是安装在现场的远程终端单元(即 RTU),这是一种没有直接控制功能的,只有现场 I/O、数字化及打包传送功能的现场设备。RTU 只将现场的原始数据(俗称"生数据")送到人机界面计算机或服务器上，其本身没有本地数据库，因此也无法进行任何本地的处理和控制。

早期的SCADA系统是针对远程的测量和监督控制的（即以往所说的遥测、遥控等），因此数据通信系统都是远程通信，一般是利用MODEM和电话线路。物理介质有电话电缆、微波、无线、载波及光缆等。由于在一些地域分布较广的系统中，远程通信的处理量很大，因此配有通信处理前置机，以减轻中心服务器的负荷。近年来，随着网络技术的不断发展，越来越多的SCADA系统开始使用广域网甚至互联网作为系统的通信手段，另外，现在也不将SCADA系统局限于远程的遥测遥控，而是泛指以监督控制功能为主的各种计算机系统。

（2）SCADA系统的现场设备

SCADA系统的现场设备就是RTU和用于远程通信的设备，这些设备的设计力求简单，但要有极高的可靠性，因为这些设备一般都是分散安装在各个不同的地点，绝大多数没有专用的电子设备间和现场运行维护人员，而且设备数量很大，因此一旦出现故障很难修复或要花费很多时间才能修复。平均故障间隔时间是RTU的一个最重要的指标，另外RTU对现场各种恶劣环境的耐受力、对现场干扰的抵御能力和对现场破坏力的抵御能力（如高电压、大电流冲击，雷击、地震及人为破坏等）都有很高的要求。

SCADA系统的特点在于其广泛的监视范围和庞大的数据量，这类系统一般不追求毫秒级的响应，一般能够达到秒级就完全可以满足要求，但系统中所包含的检测点非常多，因此需要一个强有力的中心数据库作为支持。另外，SCADA系统的人机界面是非常讲究的，由于信息量大，因此要精心设计人机界面，既要全面反映现场发生的所有情况，又要排除很多干扰，突出重点，在出现异常时能够协助运行人员迅速做出正确的判断和果断的处置。

**2. 安全仪表系统**

（1）安全仪表系统概述

安全仪表系统是用仪表实现安全功能的系统。安全仪表系统包括传感器、逻辑运算器、最终执行元件及相应软件等。早期安全保护系统的逻辑运算由继电器执行，现在的安全仪表系统大多使用PLC或专用微机来执行逻辑。

安全仪表系统不同于批量控制、顺序控制及过程控制的工艺连锁，它是“静态”系统，正常工况时，始终监视生产装置的运行，系统输出不变，对生产过程不产生影响。当过程变量越限、机械设备发生故障、系统本身发生故障或能源中断时，安全仪表系统能自动（必要时可手动）地完成预先设定的动作，使操作人员、工艺装置及社会环境转入安全状态。为了安全保护的可靠性，安全仪表系统一般应独立于DCS。

安全仪表系统各种称谓如下。

①安全仪表系统（safety instrumented system，SIS）。

②紧急停车系统（emergency shut down，ESD）。

③仪表保护系统（instrument protect system，IPS）。

④安全关联系统（safety related system，SRS）。

⑤故障安全系统（fail safe control，FSC）。

⑥安全停车系统（safety shut down，SSD）。

⑦安全保护系统（safety protect system，SPS）。

(2)安全仪表系统应用的目的和作用

目的:为了保障工业企业的生产安全,配备恰当的安全仪表系统,降低生产过程发生事故的风险,减少生产装置发生恶性事故的概率,减少计划外停车,避免重大人身伤害、重大设备损坏和重大经济损失等事故的发生。

作用:对工业企业生产装置可能发生的危险进行自动响应和干预,从而保障生产安全,避免造成重大人身伤害及重大财产损失。

安全仪表系统应用的场合:主要用于生产过程的安全连锁控制、紧急停车控制和装置的整体安全控制。具体的应用场合主要如下。

①火焰和气体检测控制。

②锅炉安全控制。

③燃气轮机、透平机、压缩机的机组控制。

④化学反应器控制。

⑤电站、核电站控制等。

(3)安全仪表系统的类型

提高安全控制系统可靠性有两种途径,即采用高可靠性元器件和采用冗余容错技术。由于可靠性元器件的指标受工艺技术、成本等限制,对系统可靠性提升潜力有限。安全仪表系统按照结构可分为双重化冗余和三重化冗余两种。

①双重化冗余结构的安全仪表系统

双重化冗余结构的安全仪表系统从 I/O 模件到 CPU、通信模件都是双重化配置的。其中一套处于工作状态,另一套则处于热备状态。

从现场来的信号被分配到两个输入单元,分别进入冗余结构的中央处理模件,通过表决或者诊断将结果输送到现场。当 CPU 检测到正在运行的卡件有故障出现时,就会自动切换到正常的卡件上。CPU 不断检测正在运行的硬件和热备的硬件,同时,系统还会周期性地切换工作卡件和热备卡件,以确保系统的安全运行。

②三重化冗余结构的安全仪表系统

三重化冗余是常用的一种硬件容错技术,简称 TMR。它对控制系统的输入、处理器、输出、总线系统等模块都进行了三重化冗余。

现场使用三重化冗余的传感器分别采集同一点的数据,表决系统对多路数据进行表决处理,选出一个正确数据。3 个处理器相互独立,仅定时进行少量的数据交流,它们同时执行相同的控制程序,分别给出输出数据,经表决后作为系统最终输出驱动现场设备。对于三重冗余系统,同一环节中只要不同时出现两个冗余模块错误,系统就能掩蔽故障模块的错误,保证其正确输出。由于冗余模块间是互相独立的,两个模块同时出现错误是极小概率事件,故可以大大提高系统的可靠性。同时,为保障每个模块的可靠性,保证及时处理一次故障的影响,系统还具有故障检测能力,周期性或在需要时检测故障,发现故障后能及时定位,进行故障处理,减少二次故障发生概率。因此,三重冗余系统是一个高可靠性和高安全性的冗余结构。

三重化冗余结构的安全仪表系统需要有更强大的硬件诊断功能,在检测到某一通道的硬件有故障时,立即发出系统报警并适当地调整相应通道的选择运算方式,但系统仍能安全地运行,所以三重化系统也被称为“冗余容错”系统。

(4)安全仪表系统常用的通用安全标准

IEC 61508 标准,名为《电气/电子/可编程电子安全系统的功能安全》是国际电工委员会制定的国际标准。该标准广泛应用于各种工业行业,并引用了“安全生命周期”概念,同时根据发生故障的可能性分为 4 个安全完整性水平(safety integrity level,SIL)等级。

石油化工装置的专利商通过对工艺过程危险进行安全性分析来确定过程的安全等级。

SIL1 级:适用于财产和产品的一般保护,用于事故可能很少发生。一旦发生事故后,不会立即造成界区内环境污染、人员伤亡及经济损失不大的情况。

SIL2 级:适用于事故可能偶尔发生。一旦发生事故后,不会造成界区外环境污染、人员伤亡及经济损失较大的情况。

SIL3 级:适用于事故可能经常发生。一旦发生事故后,会造成界区外环境污染、人员伤亡及经济损失严重的情况。

SIL4 级:适用于灾难性伤害。

**3. FCS**

控制、计算机、网络、通信和信息集成等技术的发展,带来了自动化领域的深刻变革,产生了 FCS。FCS 用现场总线把传感器、变送器、执行器和控制器集成在一起,实现生产过程的信息集成,如图 5-2-13 所示。它把通信一直延伸到生产现场或生产设备,在生产现场直接构成现场通信网络,是现场通信网络与控制系统的集成。直接在现场总线上组成控制回路,在生产现场构成分布式网络自动化系统,使系统进一步开放。

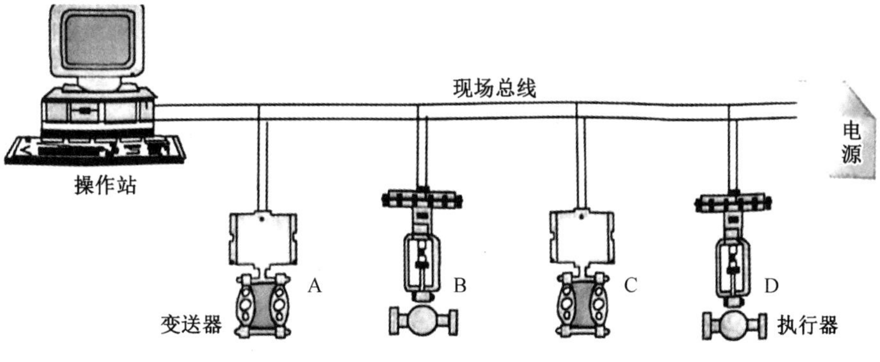


图 5-2-13　现场总线控制系统结构框图

现场总线是顺应智能现场仪表而发展起来的一种开放型的数字通信技术,其发展的初衷是用数字通信代替一对一的 I/O 连接方式,把数字通信网络延伸到工业过程现场。根据国际电工委员会的定义,现场总线是连接智能现场设备和自动化系统的数字式、双向传输、多分支结构的通信网络,它的关键标志是能支持双向、多节点、总线式的全数字通信。

(1)FCS 的技术特征

从结构上看,DCS 实际上是“半分散”“半数字”的系统,而 FCS 采用的是一个“全分散”“全数字”的系统架构。FCS 的技术特征可以归纳为以下几个方面。

①全数字化通信——现场信号都保持着数字特性,现场控制设备采用全数字化通信。

②开放型的互联网络——可以与任何遵守相同标准的其他设备或系统相连。

③互可操作性与互用性——互可操作性的含义是指来自不同制造厂的现场设备可以互相通信、统一组态；而互用性则意味着不同生产厂家的性能类似的设备可进行互换而实现互用。

④现场设备的智能化——总线仪表除了能实现基本功能之外，往往还具有很强的数据处理、状态分析及故障自诊断功能，系统可以随时诊断设备的运行状态。现场智能仪表是现场总线应用的基础。

⑤系统架构的高度分散性——它可以把传统控制站的功能块分散地分配给现场仪表，构成一种全分布式控制系统的体系结构。

(2)现场总线的类型

国际上已知的现场总线类型有40多种，比较典型的现场总线有：PROFIBUS、HART以及MODBUS等。

①PROFBUS总线

PROFIBUS总线是一种国际化、开放式、不依赖于设备生产商的现场总线标准，广泛适用于制造业自动化、流程工业自动化和楼宇、交通电力等其他领域自动化。

PROFIBUS由3个部分组成，它们分别是PROFIBUS-DP、PROFIBUS-PA和PROFIBUS-FMS。PROFIBUS-DP适用于传感器和执行器级的高速数据传输，它的传输速率可达12 Mbit/s，一般构成主站系统，主站、从站间采用循环数据传输方式工作。PROFIBUS-PA适用于对于安全性要求较高的场合，PROFIBUS-PA是PROFIBUS的过程自动化解决方案，PA将自动化系统和过程控制系统与现场设备(如压力、温度和液位变送器等)连接起来，代替了4~20 mV模拟信号传输技术，在现场设备的规划、敷设电缆、调试、投入运行和维护等方面可节约成本40%之多，并大大提高了系统功能和安全可靠性，因此PA尤其适用于石油、化工、冶金等行业的过程自动化控制系统。PROFIBUS-FMS的设计旨在解决车间一级通用性通信任务。FMS提供大量的通信服务，用以完成以中等传输速率进行的循环和非循环的通信任务。

PROFIBUS作为业界应用最广泛的现场总线技术，除了具有一般总线的优点外，还有自身的特点，具体表现如下。

A.网络拓扑为线型、树型或总线型，两端带有有源的总线终端电阻。

B.传输速率取决于网络拓扑和总线长度，从9.6 kbit/s到12 Mbit/s不等。

C.站点数取决于信号特性，如对屏蔽双绞线，每段为32个站点(无转发器)，最多127个站点带转发器。

D.传输介质为屏蔽/非屏蔽双绞线或光纤。

E.当用双绞线时，传输距离最长可达9.6 km，用光纤时，最大传输长度为90 km。

F.传输技术为DP和FMS的RS-485传输、PA的IEC1158-2传输和光纤传输。

G.采用单一的总线方位协议，包括主站之间的令牌传递与从站之间的主从方式。

现在还有一种应用广泛的PROFINET总线，名称与PROFIBUS相似，同样由西门子公司开发，实际上它们的工作原理完全不同。PROFINET总线是基于工业以太网和TCP-IP协议的。

②HART 总线

HART 协议是用于现场智能仪表和控制室设备间通信的一种协议。它包括 ISO/OSI 模型的物理层、数据链路层和应用层。HART 通信可以有点对点或多点连接模式。这种协议是可寻址远程传感器高速通道的开放通信协议,其特点是在现有模拟信号传输线上实现数字信号通信,属于模拟系统向数字系统转变过程中的过渡产品,因此在当前的过渡时期具有较强的市场竞争力,在智能仪表市场上占有很大的份额。

HART 是可寻址远程传感器总线的简称,其最重要的特点是保持了模拟的 4～20 mA DC 信号,数字通信可以叠加在两根相同的双绞线上,而不干扰模拟电流回路。

A. HART 编码

HART 采用基于 Bell 202 标准的频移键控(FSK)技术,将 0.5 mA 的音频数字信号作为交流信号叠加在 4～20 mA 的直流信号上,进行双向数字通信,数据传输速率为 1.2 Mbit/s,如图 5-2-14 所示。“0”和“1”对应的位分别被编码为 2 200 Hz 与 1 200 Hz 的正弦波,如图 5-2-15 所示。传送时将信息比特转换为相应频率的正弦波,接收时将一定频率的正弦波转换回对应状态的信息比特。

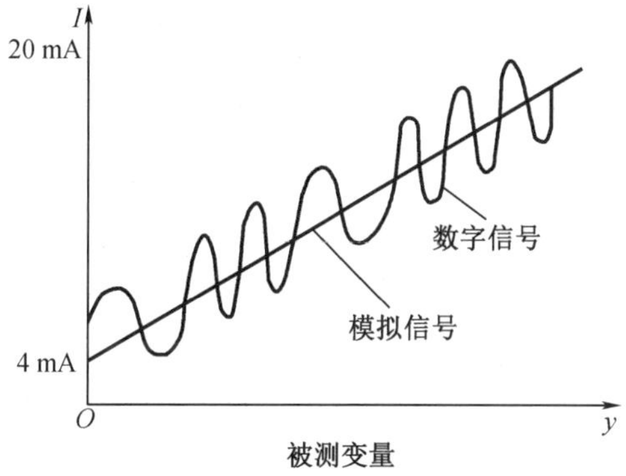


图 5-2-14　数字信号叠加在直流信号上

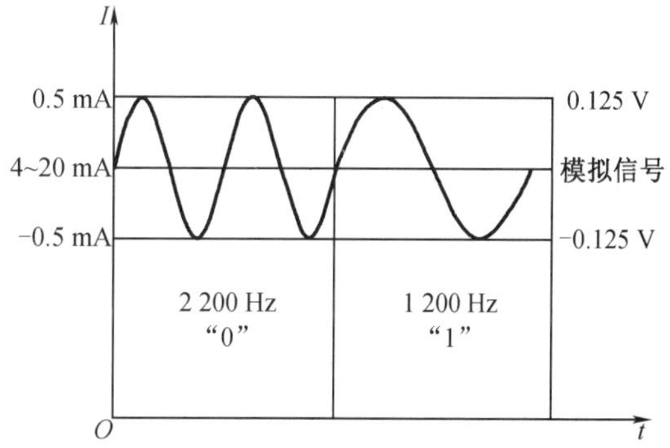


图 5-2-15　Bell 202 波形

B. HART 信号传输

FSK 信号的传输是在电流回路上调制一个幅值大约为 0.5 mA 的交流信号。被动的设备(如多数现场仪表)是通过改变它们的电流来实现信号调制的。主动设备(像手持编程器)则可以直接发送信号。

HART 网络必须在设备和供电之间连接一个电阻。位于主站(host)输入模板上的电阻一般为 250 Ω。它有两个作用:一是防止直流电源将交流信号短路;二是作为通信信号的负载。当 FSK 电流通过这个电阻时,产生了一个 0.125 V 的交流压降。网络上所有设备接收这个交流电压,并应对其有足够的敏感度,即使在线路上有信号衰减时也能够接收到。换句话说,通过电流实现信息发送,通过电压实现信息接收。如果在回路中没有足够大的电阻,那么电压将会小到难以检测,并导致通信失败。

HART 通信采用的是半双工的通信方式,HART 协议是主从式通信协议和多点广播方式,变送器作为从设备应答主设备的询问,连接模式有一台主机对一台变送器或一台主机对多台变送器。当一对一，即点对点通信时，智能变送器处于模拟信号与数字信号兼容状态。当多点通信时，4～20 mA DC 信号作废，只有数字信号，每台变送器的工作电流均为 4 mA DC。

C. HART 字符

HART 使用一个异步模式来通信，这意味着数据的传输不依赖于一个时钟信号。为了保持发送和接收设备的同步，数据一次一个字节地被传送。字符从一个起始位“0”开始，其后是 8 个真实数据位、一个奇校验位以及一个停止位“1”。校验位被设置为“0”或“1”，使得包括数据和校验位在内的“1”的个数为奇数。校验位通过检查接收到的字节中“1”的数目是否确实为奇数，来检测传输是否出错，而确保传输的数据完整性。

③MODBUS 总线

MODBUS 是 Modicon 公司为其生产的 PLC 设计的一种通信协议，从功能上看，可以认为是一种现场总线。MODBUS 协议定义了消息域格式和内容的公共格式，使控制器能认识和使用消息结构，而无须考虑通信网络的拓扑结构。它描述了一个控制器访问其他设备的过程，当采用 MODBUS 协议通信时，此协议规定每个控制器需要知道自己的设备地址，识别按地址发来的消息，如何响应来自其他设备的请求，如何侦测错误并记录。

控制器通信采用主从轮询技术，只有主设备能发出查询，从设备响应消息。主设备可单独和从设备通信，从设备返回一个消息。如果采用广播方式（地址为零）查询，从设备不做任何回应。

MODBUS 通信有 ASCII 和 RTU 两种模式。一个 MODBUS 通信系统中只能选择其中的一种模式，不允许两种模式混合使用。采用 RTU 模式，消息的起始位以至少 3.5 个字符传输时间的停顿开始（一般采用 4 个），在传输完最后一个字符后，有一个至少 3.5 个字符传输时间的停顿来标识结束。一个新的消息可以在此停顿后开始。在接收期间，如果等待接收下一个字符的时间超过 1.5 个字符传输时间，则认为是下一个消息的开始。校验码采用 CRC-16 方式，只对设备地址、功能代码和数据段进行。整个消息帧必须作为一个连续的流传输，传输速率较 ASCII 模式高。

PROFBUS、MODBUS 等现场总线网都采用 RS-485 电气特性的标准接口，信号采用差分传输方式。

## 第三节 集散控制系统基础知识

DCS 的一个突出优点是系统的硬件和软件都具有灵活的组态与配置能力。DCS 的硬件采用积木式结构，通过网络系统将不同数量的现场控制站、操作员站、工程师站等连接起来，共同完成各种采集、控制、显示、操作和管理功能。DCS 不仅可以灵活地配置成大、中、小型系统，还可以根据用户的财力和生产要求进行系统的扩展与功能的增强。

## 一、DCS 的结构及特点

### 1. DCS 的定义

在 DCS 出现的早期,人们还将其看成具有数字通信能力的仪表控制系统。从系统的结构形式看,DCS 确实与模拟仪表控制系统相类似,它在现场端采用模拟仪表的变送单元和执行单元,在主控制室端是计算单元和显示、记录、给定值等单元。但实质上,DCS 和模拟仪表控制系统有着本质的区别。首先,DCS 是基于数字技术的,除了现场的变送和执行单元外,其余的处理均采用数字方式;其次,DCS 的计算单元并不是针对每一个控制回路设置一个计算单元,而是将若干个控制回路集中在一起,由一个现场控制站来完成这些控制回路的计算功能。从功能上讲,由一个现场控制站执行多个控制回路的计算和控制功能,更便于这些控制回路之间的协调,这在模拟仪表控制系统中是无法实现的。一个现场控制站应该执行多少个回路的控制,则与被控对象有关,系统设计师可以根据控制方法的要求具体安排在系统中使用多少个现场控制站,每个现场控制站中各安排哪些控制回路。在这方面,DCS 有着极大的灵活性。

根据以上特点,可对 DCS 做一个比较完整的定义。

(1)以回路控制为主要功能的系统。

(2)除变送和执行单元外,各种控制功能及通信、人机界面均采用数字技术。

(3)以计算机的 CRT、键盘、鼠标、轨迹球代替仪表盘形成系统人机界面。

(4)回路控制功能由现场控制站完成,系统可有多台现场控制站,每台控制一部分回路。

(5)人机界面由操作员站实现,系统可有多台操作员站。

(6)系统中所有的现场控制站、操作员站均通过数字通信网络实现连接。

上述定义的前 3 项与 DDC 无异,而后 3 项则描述了 DCS 的特点,也是 DCS 与 DDC 之间最根本的不同。

### 2. DCS 的基本结构

DCS 是采用标准化、模块化和系列化设计的,最小系统由操作站、控制站和通信部分等 3 个部分组成,基本结构如图 5-3-1 所示。

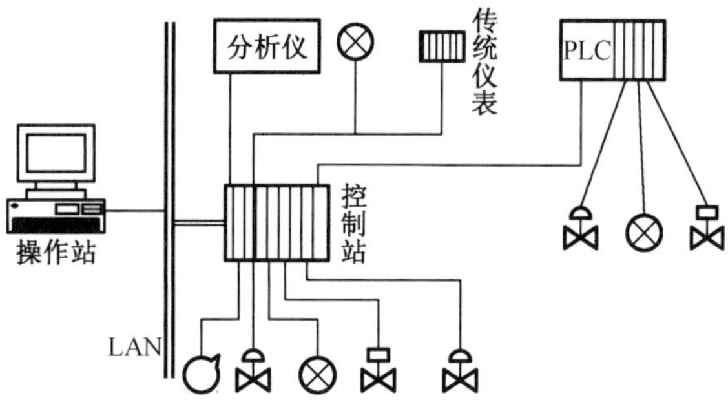


图 5-3-1　最小 DCS 结构图

(1)操作站

操作站可分为工程师站、操作员站和管理计算机。工程师站主要用于组态和维护,操作员站则用于显示、操作、报警和报告生成,管理计算机用于系统的信息管理和完成部分优化控制任务。系统规模小时,操作员站可兼工程师站、管理计算机。

(2)控制站

控制站用于实时的控制和监测,分为现场控制站和数据采集站。控制站具有输入、输出、运算、控制等功能,通常以各种输入/输出处理、运算控制功能模块的形式呈现在用户面前。在控制组态平台下,可选用这些功能模块进行控制回路结构及功能的组态,针对具体过程形成对应的控制组态文件,再下装到控制站中运行。控制站也可兼作数据采集站。

(3)通信部分

通信部分连接 DCS 的各分散的控制站和操作站,完成数据、指令及其他信息的传递。系统各工作站都采用微计算机,存储容量容易扩充,配套软件功能齐全,独立自主地完成合理分配给自己的规定任务,从而形成一个独立运行的高可靠性系统。

**3. DCS 的特点**

从仪表控制系统的角度看,DCS 的最大特点在于,其具有传统模拟仪表所没有的通信功能。从计算机控制系统的角度看,DCS 的最大特点在于,它将整个系统的功能分成若干台不同的计算机去完成,各个计算机之间通过网络实现互相之间的协调和系统的集成。在 DDC 中,计算机的功能可分为检测、计算、控制及人机界面等几大块,而在 DCS 中,检测、计算和控制这 3 项功能由称为现场控制站的计算机完成,而人机界面则由称为操作员站的计算机完成。这是两类功能完全不同的计算机。往往在一个系统中有多台现场控制站和多台操作员站,每台现场控制站或操作员站对部分被控对象实施控制或监视,此时计算机的划分是功能相同而范围不同的。因此,DCS 中多台计算机的划分有功能上的,也有控制、监视范围上的。这两种划分就形成了 DCS 的"分布"一词的含义。

DCS 有一系列特点和优点,主要表现在以下 6 个方面:分散性和集中性、自治性和协调性、灵活性和扩展性、先进性和继承性、可靠性和适应性、友好性和新颖性。

(1)分散性和集中性

DCS 的分散性含义是广义的,不单是分散控制,还有地域分散、设备分散、功能分散和危险分散的含义。分散的目的是为了使危险分散,进而提高系统的可靠性和安全性。

DCS 的硬件积木化和软件模块化是分散性的具体体现,因此,可以因地制宜地分散配置系统。DCS 横向分子系统结构,如直接控制层中一台过程控制站(PCS)可看成是一个子系统;操作监控层中的一台操作员站(OS)也可看成是一个子系统。

DCS 的集中性是指集中监视、集中操作和集中管理。

DCS 通信网络和分布式数据库是集中性的具体体现,用通信网络把物理分散的设备构成统一的整体,用分布式数据库实现全系统的信息集成,进而达到信息共享,因此,可以同时在多台操作员站上实现集中监视、集中操作和集中管理。当然,操作员站的地理位置不必强求集中。

(2)自治性和协调性

DCS 的自治性是指系统中的各台计算机均可独立地工作,例如,过程控制站能自主地进行信号输入、运算、控制和输出;操作员站能自主地实现监视、操作和管理;工程师站的组态功能更为独立，既可在线组态，也可离线组态，甚至可以在与组态软件兼容的其他计算机上组态，形成组态文件后再装入 DCS 运行。

DCS 的协调性是指系统中的各台计算机用通信网络互联在一起，相互传送信息，相互协调工作，以实现系统的总体功能。

DCS 的分散和集中、自治和协调不是互相对立，而是互相补充的。DCS 的分散是相互协调的分散，各台分散的自主设备是在统一集中管理和协调下各自分散独立地工作，构成统一的有机整体。正因为有了这种分散和集中的设计思想、自治和协调的设计原则，才使 DCS 获得进一步发展，并得到广泛应用。

(3) 灵活性和扩展性

DCS 的硬件采用积木式结构，类似儿童搭积木那样，可灵活地配置成小、中、大各类系统。另外，其还可根据企业的财力或生产要求，逐步扩展系统，改变系统的配置。

DCS 的软件采用模块式结构，提供各类功能模块，可灵活地组态构成简单、复杂各类控制系统。另外，其还可根据生产工艺和流程的改变，随时修改控制方案，在系统容量允许范围内，只需通过组态就可以构成新的控制方案，而不需要改变硬件配置。

(4) 先进性和继承性

DCS 综合了"4C"技术，随着"4C"技术的发展而发展。也就是说，DCS 在硬件上采用先进的计算机、通信网络和屏幕显示；在软件上采用先进的操作系统、数据库、网络管理和算法语言；在算法上采用自适应、预测、推理、优化等先进控制算法，以建立生产过程数学模型和专家系统。

DCS 自问世以来，更新换代比较快。当出现新型 DCS 时，老 DCS 作为新 DCS 的一个子系统继续工作，新、老 DCS 之间还可互相传递信息。这种 DCS 的继承性，给用户消除了后顾之忧，不会因为新、老 DCS 之间的不兼容，给用户带来经济上的损失。

(5) 可靠性和适应性

DCS 的分散性带来系统的危险分散，提高了系统的可靠性。DCS 采用了一系列冗余技术，如控制站主机、I/O 板、通信网络和电源等均可双重化，而且采用热备份工作方式，自动检查故障，一旦出现故障立即自动切换。DCS 安装了一系列故障诊断与维护软件，实时检查系统的硬件和软件故障，并采用故障屏蔽技术，使故障影响尽可能地小。

DCS 采用高性能的电子元器件、先进的生产工艺和各项抗干扰技术，可使 DCS 能够适应恶劣的工作环境。DCS 设备的安装位置可适应生产装置的地理位置，尽可能满足生产的需要。DCS 的各项功能可适应现代化大生产的控制和管理需求。

(6) 友好性和新颖性

DCS 为操作人员提供了友好的人机界面。操作员站采用彩色 CRT 和交互式图形画面，常用的画面有总貌、组、点、趋势、报警、操作指导和流程图画面等。由于采用图形窗口、专用键盘、鼠标等，使得操作简便。

DCS 的新颖性主要表现在人机界面采用动态画面、工业电视、合成语音等多媒体技术，图文并茂，形象直观，使操作人员有如身临其境之感。

## 二、DCS 的分层结构

DCS 按功能划分的层次结构充分体现了其分散控制和集中管理的设计思想。DCS 从下至上依次分为直接控制层（过程控制级）、操作监控层（过程管理级）、生产管理层（产品管理级）和决策管理层（经营管理级）。

**1. 直接控制层（过程控制级）**

在这一级上，过程控制计算机直接与现场各类装置（如变送器、执行器、记录仪表等）相连，对所连接的装置实施监测、控制，同时它还向上与第二层的计算机相连，接收上层的管理信息，并向上传递所监控装置的特性数据和采集到的实时数据。

直接控制层是 DCS 的基础，其主要任务如下。

①进行过程数据采集，即对被控设备中的每个过程量和状态信息进行快速采集，以获得数字控制、开环控制、设备监测、状态报告等过程控制所需的输入信息。

②进行直接数字的过程控制，即根据控制组态数据库、控制算法模块实时控制过程量（如开关量、模拟量等）。

③进行设备监测和系统测试、诊断，即把过程变量和状态信息取出后，分析是否可以接收以及是否可以允许向高层传输，进一步确定是否对被控装置实施调节，并根据状态信息判断计算机系统硬件和控制板件的性能（功能），在必要时实施报警、错误或诊断报告等措施。

④实施安全性、冗余化方面的措施，即一旦发现计算机系统硬件或控制板有故障，就立即实施备用件的切换，保证整个系统安全运行。

**2. 操作监控层（过程管理级）**

在过程管理级主要是应付单元内的整体优化，并对其下层产生确切的命令，在这一层可完成的功能如下。

①优化过程控制：可以在确保优化执行条件的情况下，根据过程的数学模型以及所给定的控制对象进行优化过程控制，即使在不同策略条件下仍能完成对控制过程的优化。

②自适应回路控制：在过程参数希望值的基础上，通过数字控制的优化策略。当现场条件发生改变时，经过过程管理级计算机的运算处理得到新的设定值和调节值，并把调节值传送到直接过程控制层。

③优化单元内各装置，使它们密切配合：以优化准则来协调单元内的产品、原材料、库存以及能源使用情况之间的相互关系。

④通过获取直接控制层的实时数据，进行单元内的活动监视、故障检测存档、历史数据的存档、状态报告和备用。

一般过程管理级由多台操作员站和工程师站组成。操作员站相互备份，完成数据、图形、状态的显示，历史数据的存档，故障声响报警，故障记录打印，故障状态显示，定时报表打印，实时动态调整回路参数，优化控制参数等过程控制功能。在工程师站上可进行控制优化，通过重新对控制回路的组态，经由数据高速公路下装到直接过程控制级以改变回路的控制算法，实施优化策略。

**3. 生产管理层（产品管理级）**

在这一级上的管理计算机根据产品各部件的特点，协调各单元级的参数设定，是产品的总体协调员和控制器。产品规划和控制级完成一系列的功能，要求有比系统和控制工程更宽的操作与逻辑分析功能，根据用户的订货情况、库存情况、能源情况来规划各单元中的产品结构和规模；可使产品重新计划，随时更改产品结构，这一点是工厂自动化系统高层所需要的,有了产品重新组织和柔性制造的功能就可以应对由于用户订货变化所造成的不可预测的事件。由此,一些较复杂的工厂在这一控制层就实施了协调策略。此外,对于统观全厂生产、产品监视以及产品报告也都在这一层来实现,并与上层交互传递数据。在中小企业的自动化系统中,这一层可能充当最高一级管理层。

**4. 决策管理层(经营管理级)**

这一级居于中央计算机上,与办公室自动化相连,担负各类经营活动、人事管理等总体协调工作。经营管理级居于工厂自动化系统的最高一层,它管理的范围很广,包括工程技术方面、经济方面、商业事务方面、人事活动方面以及其他方面的功能。把这些功能都集成到软件系统中,通过综合的产品计划,在各种变化条件下,结合多种多样的材料和能量调配,以达到最优地解决这些问题。在这一层中,通过与公司的经理部、市场部、计划部以及人事部等办公室自动化相连接,来实现整个制造系统的最优化。

## 三、DCS 的硬件

一套典型的 DCS 的硬件体系结构示意图如图 5-3-2 所示,其中各部分的基本功能如下所述。

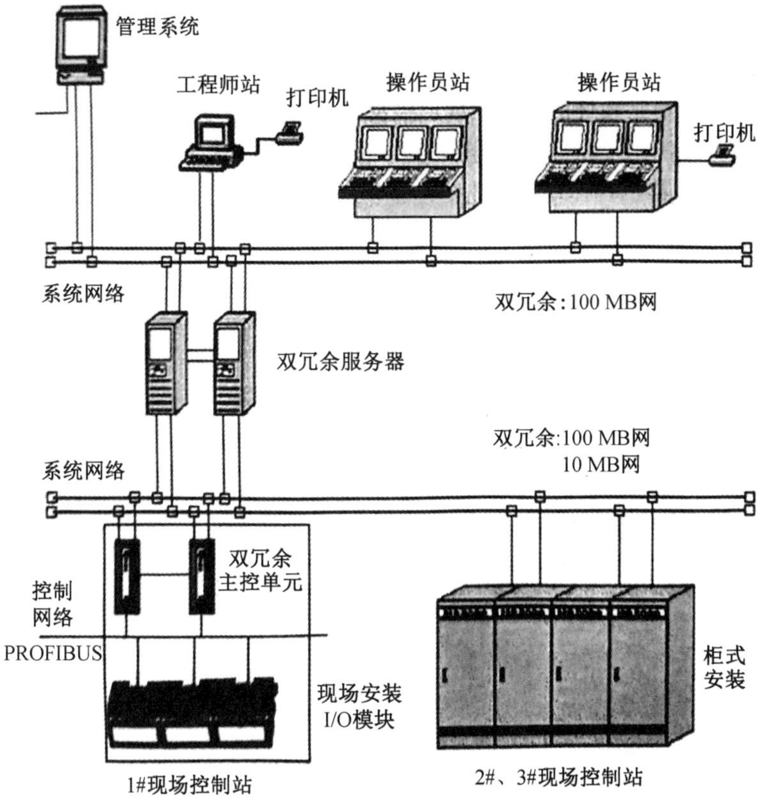


**图 5-3-2　一套典型的 DCS 的硬件体系结构示意图**

**1. 操作员站**

在 DCS 中,操作员站的功能主要是操作、监视和管理各种生产设备。DCS 的操作员站作为 DCS 的人机界面,为用户提供各类操作和显示画面。一般有工艺流程图显示画面、通用操作画面、专用操作画面、报警信息画面、历史信息画面和系统信息画面等。操作员站的硬件部分一般包括操作台、主机系统、图形显示设备、数据输入设备、打印输出设备,以及一个支撑和固定这些设备的台子等。下面将分别讨论操作员站的几个构成部分。

(1)操作台

DCS 的操作台一般安放在工厂的操作车间,该地人员嘈杂,电气环境差,而且操作员站是操作员时刻都在监视和进行操作的设备,因此,各 DCS 厂家都精心地设计一个便于操作员操作和监视的操作台。操作台可以起到固定并保护各种计算机和外设的作用,所以操作台要设计得坚固、美观、大方,同时高度和倾斜尺寸都很适合操作人员使用。目前,常用的操作台有两种:台式操作台和落地式操作台。

(2)主机系统

当前的 DCS 的操作员站功能强、速度快、记录数据量大,对操作员站内的处理机系统提出了很高的要求。以前的 DCS 采用各种专用的工业控制计算机作为操作员站的处理机系统,后来,由于工业 PC 硬件和软件的通用性、兼容性与性能价格比的优势,使得越来越多的中小型 DCS 采用工业 PC 作为操作员站主机,而较新的很多系统使用普通商用计算机作为操作员站。为系统安全考虑,一般操作员站在生产正常运行后都切断光驱、软驱,封锁 USB 接口。

(3)图形显示设备

在 DCS 中,系统流程图、操作画面、报警画面和趋势画面等均在数字化的显示设备中完成,不再使用传统的模拟电子墙。目前,比较适用于 DCS 的显示设备有 3 种:CRT、LCD 和背投影(digital light processor,DLP)。其中,CRT 适合于低端的操作员站显示设备;LCD 适合于高端的操作员站显示设备;DLP 适合于高端的大屏幕显示墙。随着显示技术的发展,现在许多 DCS 厂家引入触摸屏显示技术,这样可以省掉操作员键盘。

(4)数据输入设备

一般情况下,操作员站的数据输入设备包括键盘和鼠标(轨迹球)。键盘输入是一种最基本、最广泛使用的操作设备。如今的 DCS 操作员键盘多采用薄膜键盘,盘面用无缝隙的薄膜塑料或硅胶制成,具有防水、防尘的能力,并且具有明确的图案(或名称)标志。这种键盘从按键的分配和布置上充分地考虑到操作直观、方便,并且适用于比较恶劣的环境。为了配合某类工业控制的特殊操作而设计的专用键盘,每个键的定义与某个特定的操作相对应,并在相应按键上印刷专用操作名称,从而使操作更为直观方便。一般的操作键可以根据其功能分为以下几个部分。

①系统功能键。这些键定义了 DCS 的标准功能,如状态显示、图形复制、分组显示趋势显示、修改点记录、主菜单显示等。

②控制调节键。这些键定义了系统常用的控制调节功能,如控制方式切换(手动、自动、串级等)、给定值、输出值的调整、控制参数的整定等。

③翻页功能键。这些键定义了图形或列表显示时的翻页控制功能。

④光标控制键。这些键用来控制参数修改和选择时的光标位置。

⑤报警控制键。这些键用来控制报警信息的列表、回顾、打印及确认等。

⑥字母数字键。这些键用来输入字母和数字。

⑦可编程功能键。这些键是用户可以自己定义的键,它可以在任何显示画面下起作用。

⑧用户自定义键。这些键用来定义那些常用的操作,使得在任何情况下,只要用户按下某个定义键,就可以切换到预先指定的功能。大部分的操作键盘上都留有一定数目的用户自定义键。

鼠标(轨迹球)输入是一种基本且广泛使用的输入设备。尤其是在窗口(Windows)软件界面中,几乎都需要使用鼠标。普遍使用的鼠标是机械式和光电式的,适用于一般的计算机。另外,还有一些输入设备如触摸板、手写板等。

(5)打印输出设备

打印机是一种最基本、广泛使用的输出设备,是 DCS 操作员站或工程师站不可缺少的外部设备,一般用于打印文件资料、数据报表和事故记录。在工业控制计算机中实时打印事故记录或事故追忆信息,可以供操作员分析事故的原因。常用的打印机类型有点阵式打印机、喷墨式打印机和激光式打印机,其中宽行点阵式打印机在工业控制计算机中使用比较普遍。

**2. 工程师站**

工程师站是承担从系统开发到系统保养等工程技术工作的多功能站。工程师站由 PC 机及工程师组态软件构成。它主要完成系统的配置、控制回路组态、操作监控软件组态,以及编译、下装等功能。现场控制站和操作员站的功能都是通过工程师站的组态生成的。操作员站的人机界面首先是在工程师站上生成,然后再装入操作员站运行。现场控制站的控制功能同样由工程师站组态生成,然后下装到控制站。由于工程师站通常也使用普通的商用计算机,在 DCS 完成组态投入生产运行后,在工程师站中装载操作员站软件后也可以作为操作员站使用。

(1)系统组态功能

①系统硬件组态:包括现场控制站和操作员站数量地址的组态、现场控制站中输入/输出模块的分配、总线连接关系组态等。

②操作员站软件组态:包括对操作员站构成规格、整体观察画面的分配、控制分组画面的组态、趋势记录规格、功能键规格、调节器规格及信息要求规格的定义。

③现场控制站软件组态:包括组态用户控制程序、现场控制站中的实时数据库的组态等。

(2)系统维护功能

①控制单元工作状态一览显示。

②控制单元个别显示:显示控制单元的 CPU 状态、冷却风扇单元的状态、输入/输出插件的状态;进行控制单元的运行/停止操作和加载/保存操作。

③系统报警信息显示;按系统报警信息发生的顺序,进行显示、确认、消除。

④日期、时刻设定:操作员站的日期、时刻的显示和设定。

**3. 服务器及其他功能站**

每套 DCS 配置一台或一对冗余的系统服务器。系统服务器的用途可以有很多种，各个厂家的定义也有差别。总的来说，系统服务器可以用作以下几项。

(1)系统级的过程实时数据库，存储系统中需要长期保存的过程数据。

(2)向企业管理信息系统(management information system，MIS)提供实时的过程数据。

(3)作为 DCS 向其他系统提供通信接口服务并确保系统隔离和安全。

现在很多 DCS 系统使用普通商用服务器。

在现代的 DCS 结构中，除了现场控制站、操作员站、工程师站外，还可以有许多执行特定功能的计算机，如专门记录历史数据的历史站、进行高级控制运算功能的高级计算站、进行生产管理的管理站等。这些站也都通过网络实现与其他各站的连接，形成一个功能完备的复杂的控制系统。

**4. 现场控制站**

现场控制站是 DCS 的核心，它的主要控制功能包括反馈控制、逻辑控制、顺序控制、批量控制、数据采集处理与数据通信。现场控制站的组成部件包括主控单元(MCU)、I/O 模块、电源设备等，这些设备通常安装在机柜内，放置在工艺现场距离仪表和执行器较近的位置。下面以和利时公司的 DCS 为例，对现场控制站内各硬件组成部分进行介绍，希望读者能对现场控制站有个比较完整的了解。

(1)主控单元

主控单元(主控卡)是现场控制站的核心，一般由 CPU、存储器、系统网络接口、控制网络接口、主从冗余控制逻辑、电源电路等组成。其结构原理图如图 5-3-3 所示。

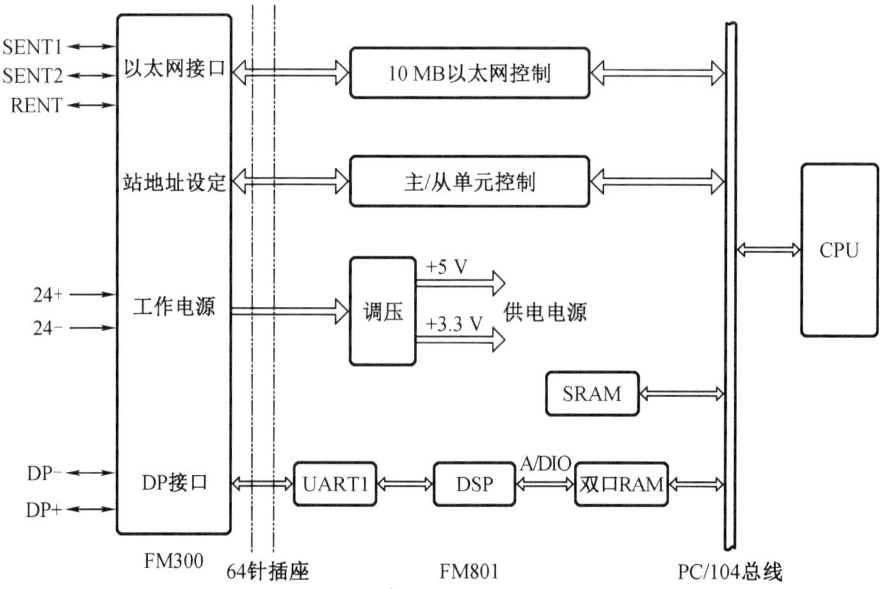


**图 5-3-3　主控单元结构原理图**

①CPU

目前各厂家现场控制站的控制运算的主芯片普遍采用高性能的 32 位的微处理器，大多为美国英特尔公司生产的系列产品。很多系统还配有浮点运算协处理器,因此数据处理能力大大提高,可执行更为复杂先进的控制算法,如自整定、预测控制、模糊控制等。

②存储器

存储器是具有记忆功能的半导体电路,一般分为 ROM 和 RAM 两大部分。

ROM 中的内容一般是 DCS 制造厂家写入的系统程序,通常情况下是一套固定的程序,并且大多采用了程序固化的方式。它不仅将系统启动、自检及基本的 I/O 驱动程序写入 ROM 中,而且将各种控制、检测功能模块、所有固定参数和系统通信、系统管理模块全部固化,并且永远驻留在 ROM 中。DCS 启动后,首先,由检查程序检查 DCS 的各个部件操作是否正常,并将检查的结果显示给操作人员;然后,编译程序将用户输入的控制程序变换成由微计算机指令组成的程序,并对用户程序进行语法检查;最后,执行监测控制程序。

随机存储器 RAM 为程序运行提供了存储实时数据与计算过程中间变量的空间,用户在线操作时需修改的参数(如设定值、手动操作值、PID 参数、报警界限等)也需存入 RAM 中;当前一些较为先进的集散系统为用户提供了在线修改组态的功能,显然这一部分用户组态应用程序也必须存入 RAM 中运行。由于现场控制站一般不设磁盘,上述后两部分内容一般存入具有电池后备系统的 SRAM 中,当系统一旦掉电时,可有效保持其中的数据、程序数十天不被破坏,这对于事故的查询及快速恢复系统正常运行是很重要的。RAM 的空间一般为数百 MB 至数 GB。

在一些采用了冗余 CPU 的系统中,还特别设有一种双端口随机存储器,其中存放有过程输入/输出数据及设定值、PID 参数等;两块 CPU 板可分别对其进行读/写,从而实现了双 CPU 间运行数据的同步,当在线的主 CPU 出现故障时,离线 CPU 可立即接替工作,并且对生产过程不会产生任何扰动,可以有效保证生产过程的正常控制。

③系统网络接口

系统网络接口是控制器与操作员站、工程师站等操作层设备通信的网络接口。过去的大多数 DCS 制造厂商的系统网络都是专用的,并都宣称专用网络安全可靠,根本不允许接进另一方的系统网络。随着网络技术的不断发展,在 20 世纪 90 年代后期,新推出的 DCS 产品中,都采用了工业以太网技术。经过长时间的运营和测试,工业以太网的安全性和可靠性是完全有保障的,只需要在软件的应用层上采取一定的保护措施(如应答和重发)就可以了。采用工业以太网使得开放性的应用更为广泛,并且应用成本也比较低,这增强了产品的竞争力。

④控制网络接口

控制网络接口是控制器与 I/O 单元进行数据交换的网络接口。由于 DCS 需要进行大量的模拟量和数字量的数据传输,而且每个 I/O 设备的数据量较大,所以控制网络接口一般选择 PROFIBUS-DP、MODBUS 等现场总线网络。一般情况下,DCS 标准配置都是双控制网络接口冗余运行,这大大加强了系统的可靠性和安全性。

⑤主从冗余控制逻辑

该部分电路用于控制互为备份的两台主控制器的切换。由于过程控制对安全性和可靠性的特殊要求,几乎所有的 DCS 标准配置都是双主控制器冗余运行,这和普通 PLC 只能是单控制器配置的结构是不同的。该部分电路必须确保任意时刻有且仅有一台主控制器的控制指令被输出到 I/O 设备。

⑥电源电路

主控制器的输入电源一般是 24 V 直流电源,需要将其变换成 5 V 直流或 3.3 V 直流,供主控制器上的 IC 芯片使用。

在 DCS 中,主控卡的冗余结构主要采用主备双模块冗余的结构,当主模块正常运行时,由其输出控制命令,而备用模块虽然也在热运行(进行数据采集和运算),但并不输出控制命令。这种配置方式,极大地提高了 DCS 系统连续运行的能力,所以,几乎所有的 DCS 应用都必须配置双冗余的主控卡。

(2)I/O 模块

I/O 模块也称 I/O 卡件,是按照一定的需求和比例布置在各个控制柜内,"I"意为输入,是现场进入 DCS 系统的信号;"O"意为输出,是由 DCS 系统发出的信号。由于输入、输出的信号分为不同的类型,所以 I/O 卡件按照作用也分为不同类型的卡件,主要的是模拟量输入(AI)卡件、模拟量输出(AO)卡件、开关量输入(DI)卡件、开关量输出(DO)卡件和脉冲量输入(PI)卡件。

①模拟量输入(AI)卡件

AI 设备是 DCS 常用的数据采集设备。现场传感器信号多样,与之相应的也有多种 AI 接口设备。图 5-3-4 为典型的 8 路 AI 模块接口电路,主要用于接收变送器输入的 4~20 mA 电流信号。

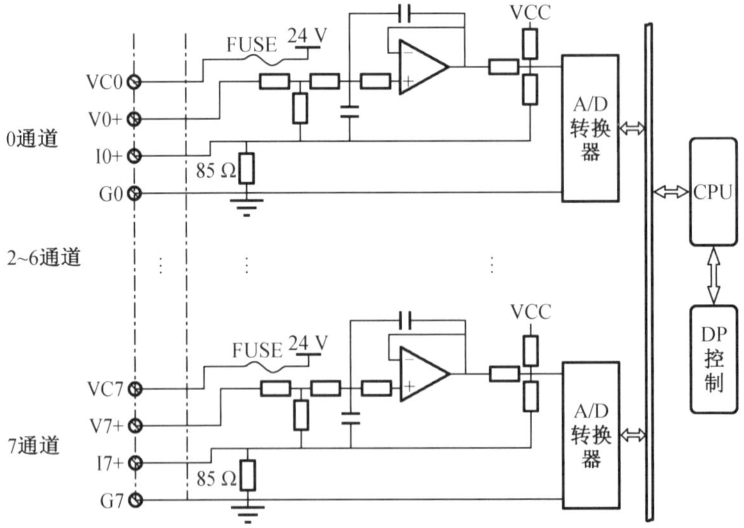


**图 5-3-4　典型的 8 路 AI 模块接口电路**

由图 5-3-4 可知,DCS 中的 I/O 卡件也是一种智能设备,核心是微处理器。各种 I/O 卡件与主控卡是通过控制网络(一般现场总线)完成数据交换的。

AI 设备用于将输入的模拟量值数字化。用于工业过程控制的基本 AI 设备有 3 类:热电阻(RTD)输入设备、热电耦(TC)输入设备和变送器信号输入设备。

②模拟量输出(AO)卡件

AO 设备用于将数字量转换为模拟量输出,控制执行器动作。将数字量转换为模拟量的电路称为 D/A 转换电路,转换得到的电压输出,经过 V/I 变换后可以得到 4~20 mA 电流输出,主要用于调节阀、变频器等的给定,从而实现控制调节。图 5-3-5 为典型的 8 路 AO 模块接口电路原理图。

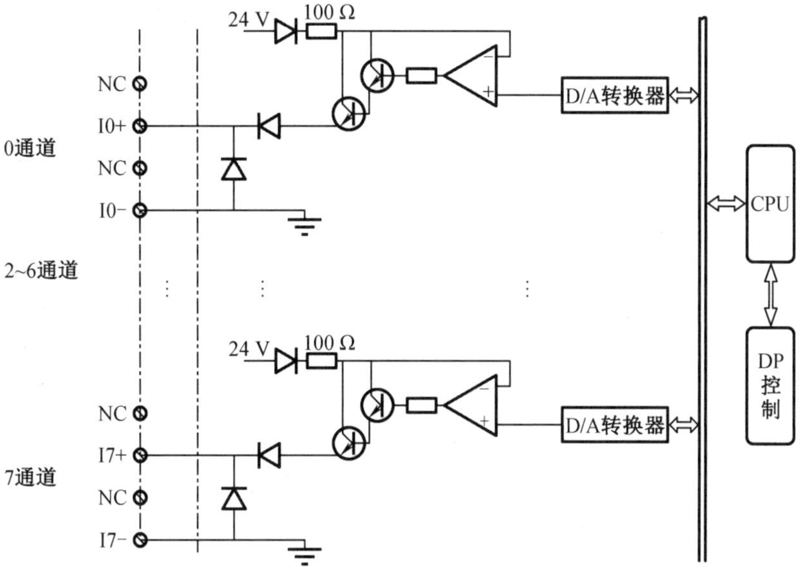


**图 5-3-5　典型的 8 路 AO 模块接口电路原理图**

③开关量输入(DI)卡件

典型的 DI 接口电路原理图如图 5-3-6 所示,图中处理的是干接点(即接点上没有电压,需要外接电源,才能驱动光耦),为了消除抖动,在光耦前应设置滤波电路,在光耦后应通过施密特触发器进一步消除抖动。

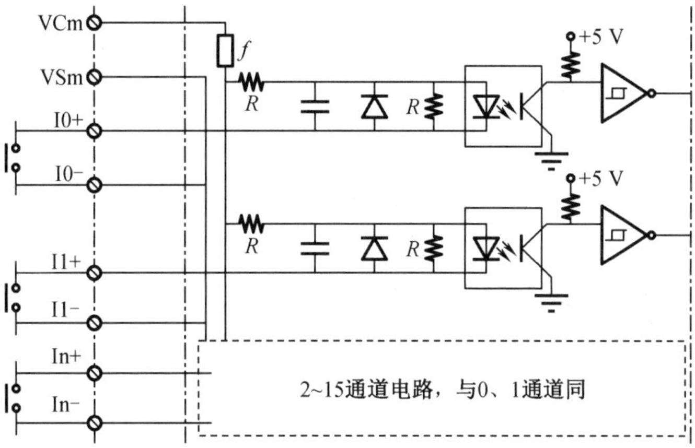


**图 5-3-6　典型的 DI 接口电路原理图**

DI 的现场触点主要有机械开关(干接点)、电子开关和电平触点 3 种,其中电平触点主要有 24 V 直流、48 V 直流、220 V 交流和 220 V 直流几种。当触点类型为干接点时,需要 DCS 中自备的触点电源,才能驱动光耦,这种电源一般称为查询电源。查询电源不能采用 DCS 电源,否则 DI 处理电源与系统就不隔离了,如图 5-3-6 中的 VCm 和 VSm 需要采用其他电源供电。

④开关量输出(DO)卡件

DO 设备用于输出闭合或断开指令,常见的 DO 接口电路有 3 种:晶体管输出接口电路、可控硅输出接口电路、继电器输出接口电路。典型的 DO 接口电路原理图如图 5-3-7 所示。

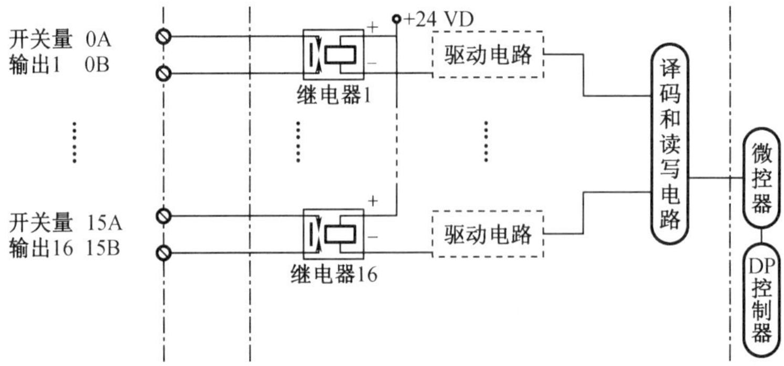


图 5-3-7 典型的 DO 接口电路原理图

⑤脉冲量输入(PI)卡件

PI 设备用于对脉冲输入信号进行测频或计数。一般的脉冲输入都是电压脉冲。PI 模块对电平范围和脉冲宽度是有一定要求的,脉冲电平过低或脉冲的宽度过窄都不合理,有可能导致 PI 不能识别该脉冲。

(3)电源设备

①AC-DC(交流-直流)转换器

DCS 中的主要电源设备是 AC-DC 转换设备,主要包含两种类型:线性电源和开关电源,其中线性电源现在已经基本不再使用。

开关电源是将交流电先整流成直流电,再将直流电逆变成交流电,再整流输出所需要的直流电压。这样开关电源省去了线性电源中的变压器,以及电压反馈电路。而开关电源中的逆变电路完全是数字调整,同样能达到非常高的调整精度。

开关电源的主要优点有体积小、质量轻(体积和质量只有线性电源的 20%~30%)、效率高(一般为 60%~70%,而线性电源只有 30%~40%)、自身抗干扰性强、输出电压范围宽及模块化等。开关电源的主要缺点:由于逆变电路中会产生高频电压,对周围设备有一定的干扰,需要良好的屏蔽及接地。

②UPS

UPS(uninterruptible power system),即不间断电源系统,是 DCS 中经常需要配备的备用交流电源,在 220 V 交流主电源中断的情况下,可以由 UPS 给系统供电。一般来讲,UPS 可以分为 4 种类型：后备式、在线式、在线互动式和 Delta 变换式，这里只介绍后备式和在线式。

后备式 UPS 是适于微机使用的一种最常用的类型。交流输入电源正常时，UPS 只是将输入电源过滤后输出，同时通过充电器为电池充电；交流输入电源中断后，UPS 切换为电池和逆变器电路供电。逆变器只有在交流输入电源中断后才开始工作，所以称为后备式，其结构框图如图 5-3-8 所示。

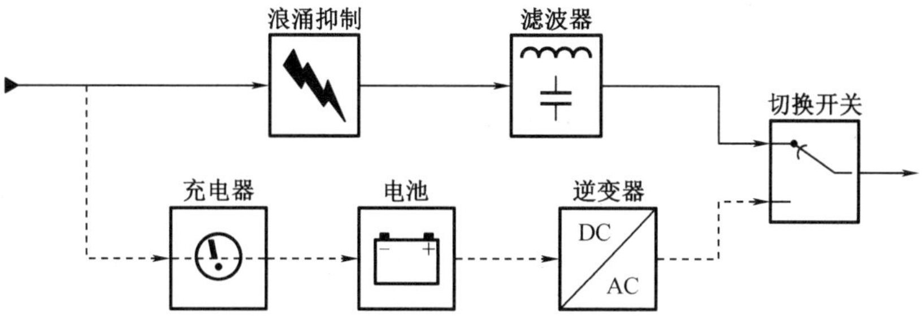


图 5-3-8　后备式 UPS 结构框图

在线式 UPS 除了基本供电电路为电池逆变器电路外，基本原理图与后备式相同。无论交流输入电源是否正常，均通过电池逆变器电路提供电源输出。交流输入电源中断时不需要切换，不存在类似后备式的切换时间。但是，在电池逆变器电路出现故障或者逆变器内部失灵时需要切换为旁路供电，这时切换时间与后备式相同。

由于在正常工作情况下，充电器和逆变器都要消耗一定的功率，因此这种类型 UPS 的效率要比后备式低。在线式 UPS 的电源输出都来自逆变器，可以提供近乎理想化的电源，频率和电压的稳定性也优于其他类型，其结构框图如图 5-3-9 所示。

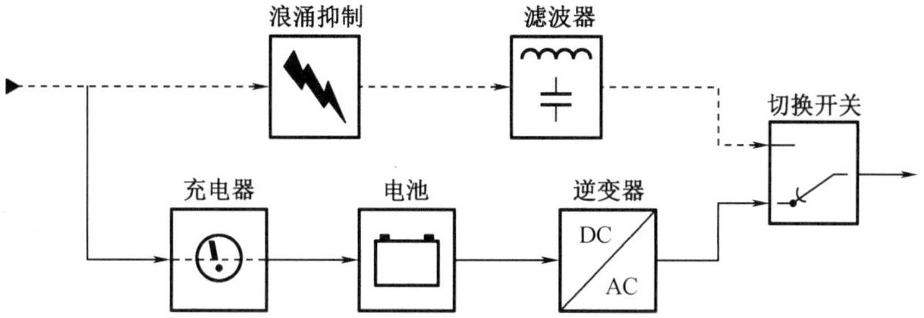


图 5-3-9　在线式 UPS 结构框图

(4)机柜

现场控制站机柜的设计要求合理、牢固，便于设备维修时的装卸、操作。目前，大多数的机柜制造厂商都将现场控制站的机柜设计为多层机架的结构，以供安装电源及各种模件之用。机柜前视图如图 5-3-10 所示。机柜外壳均采用金属材料（如钢板或铝材），活动部分（如柜门与机柜主体）之间保证有良好的电气连接，使其为内部的电子设备提供完善的电磁屏蔽。为了操作人员的安全，机柜还要求可靠的接地，通过柜内的端子（一般位于机柜的底部)与仪表的专用地线连接,接地电阻应小于 4 Ω。

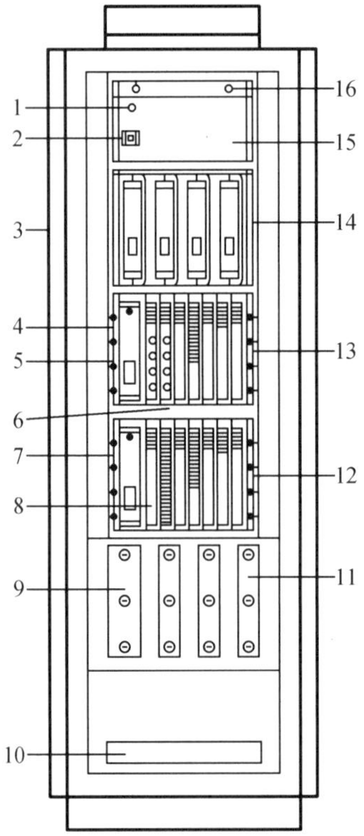


1—指示灯;2—空气开关;3—机柜;4,7—系统电源;5,6—主控卡;8—I/O 卡件;9,11—端子板;10—汇流条;12—辅助组件;13—主控组件;14—现场电源单元;15—电源控制箱;16—风机单元。

**图 5-3-10　机柜前视图**

为保证柜内电子设备的散热降温,一般柜内均装有风扇,以提供强制风冷气流。通常情况下,将发热量大的模块放在靠近散热口的位置,柜内的模块尽量采用自然散热方式的低功耗设计。为防止灰尘侵入,在与柜外进行空气交换时,最好采用正压送风,将柜外低温空气经过滤网过滤后压入柜内。在灰尘多、潮湿或有腐蚀性气体的场合(例如,安装在室外使用时),一些厂家提供有密封式机柜,冷却空气仅在柜内循环,通过散热片与外界交换热量,因此在这种机柜外壳上增设了许多纵向的散热叶片。为保证在特别冷或特别热的室外环境下正常工作,还为这种密封式机柜设计了专门的空调装置,以保证柜内温度维持在正常值。

目前,大多数的现场控制站的机柜内都设有温度自动检测装置,当机柜内的温度超过正常范围时,会产生一些声光报警信号,以提醒操作人员注意。

**5. 通信网络及设备**

现代 DCS 采用的通信网络系统大致有两种:控制网络(control network,CNET)通常指现场总线网络,主要用于将主控制器与 I/O 设备或总线型仪表连接起来,其主要设备包括通信线缆、中继器、终端电阻、通信协议转换器或其他特殊功能的网络设备;系统网络(system network,SNET)用于将操作员站、工程师站及系统服务器等操作层设备和控制层的主控制器连接起来。组成系统网络的主要设备有网卡、交换机、路由器和通信线缆等。

## 四、DCS 的软件

DCS 的硬件基本构成已如前面所述，而 DCS 的软件基本构成也是按照硬件的划分形成的，这是由于软件是依附于硬件的，对于 DCS 的发展也是如此。下面将对 DCS 的软件系统进行详细介绍。当 DDC 的数字处理技术与单元式组合仪表的分散化控制、集中监视的体系结构相结合产生 DCS 时，软件就跟随硬件被分成控制层软件、监控层软件和组态软件，同时，还有运行于各个站的网络软件，作为各个站上功能软件之间的桥梁。

**1. DCS 软件系统概述**

下面简要介绍一下各个软件功能及其构成。

(1)控制层软件

现场控制站中的控制层软件的最主要功能是直接针对现场 I/O 设备，完成 DCS 的控制功能。这里面包括 PID 回路控制、逻辑控制、顺序控制和混合控制等多种类型的控制。为了实现这些基本功能，在现场控制站中还应该包含以下主要的软件。

①现场 I/O 驱动，主要是完成 I/O 模块(模板)的驱动，完成过程量的输入/输出。输入模块采集现场数据，输出模块输出控制计算后的数据。

②对输入的数据进行预处理，如滤波处理、除去不良数据、工程量的转换、统一计量单位等，总之，要尽量真实地用数字值还原现场值并为下一步的计算做好准备。上述两个功能由 I/O 卡件上的软件完成。

③实时采集现场数据并存储在现场控制站内的本地数据库中。这些数据可作为原始数据参与控制计算，也可通过计算或处理成为中间变量，并在以后参与控制计算。所有本地数据库的数据(包括原始数据和中间变量)均可成为人机界面、报警、报表、历史、趋势及综合分析等监控功能的输入数据。

④按照组态好的控制程序进行控制计算，根据控制算法和检测数据、相关参数进行计算，得到实施控制的量。上述两个功能由主控卡上的软件完成。

为了实现现场控制站的功能，在现场控制站中建立有与本站的物理 I/O 和控制相关本地数据库，这个数据库中只保存与本站相关的物理 I/O 点及与这些物理 I/O 点相关的经过计算得到的中间变量。本地数据库可以满足本现场控制站的控制计算和物理 I/O 对数据的需求，有时除了本地数据外还需要其他现场控制站上的数据，这时可从网络上将其他节点的数据传送过来，这种操作被称为数据的引用。

(2)监控层软件

监控层软件的主要功能是人机界面，其中包括图形画面的显示、对操作员操作命令的解释与执行、对现场数据和状态的监视及异常报警、历史数据的存档和报表处理等。为了上述功能的实现，操作员站软件主要由以下几个部分组成。

①图形处理软件，通常显示工艺流程和动态工艺参数，由组态软件组态生成并且按周期进行数据更新。

②操作命令处理软件，其中包括对键盘操作、鼠标操作、画面热点操作的各种命令方式的解释与处理。

③历史数据的记录与存储、转储及存档,历史数据和实时数据的趋势曲线显示,以及报表的处理。

④报警信息与事件信息的显示、记录与处理,系统运行日志的形成、显示、打印和存储记录。

⑤工程师站在线运行时,对 DCS 本身运行状态的诊断和监视,发现异常时进行报警,同时通过工程师站上的 CRT 屏幕给出详细的异常信息,如出现异常的位置、时间、性质等。

为了支持上述操作员站软件的功能实现,在操作员站上需要建立一个全局的实时数据库,这个数据库集中了各个现场控制站所包含的实时数据及由这些原始数据经运算处理所得到的中间变量。这个全局的实时数据库被存储在每个操作员站的内存之中,而且每个操作员站的实时数据库是完全相同的复制,因此每个操作员站可以完成完全相同的功能,形成一种可互相替代的冗余结构。当然各个操作员站也可根据运行的需要,通过软件人为地定义其完成不同的功能,而成为一种分工的形态。

(3)组态软件

组态软件安装在工程师站中,这是一组软件工具,是为了将通用的、有普遍适应能力的 DCS,变成一个针对某一个具体应用控制工程的专门 DCS。为此,系统要针对这个具体应用进行一系列定义,如硬件配置、数据库的定义、控制算法程序的组态、监控层软件的组态、报警报表的组态等。在工程师站上,要做的组态定义主要包括以下方面。

①硬件配置,这是使用组态软件首先应该做的,根据控制要求配置各类站的数量、每个站的网络参数、各个现场 I/O 站的 I/O 配置(如各种 I/O 模块的数量、是否冗余、与主控单元的连接方式等)及各个站的功能定义等。

②定义数据库,包括历史数据和实时数据。实时数据库指现场物理 I/O 点数据和控制计算时中间变量点的数据。历史数据库是按一定的存储周期存储的实时数据,通常将数据存储在硬盘上或刻录在光盘上,以备查用。

③历史数据和实时数据的趋势显示、列表及打印输出等定义。报表定义,包括报表的种类、数量、报表格式、报表的数据来源及在报表中各个数据项的运算处理等。

④控制层软件组态,包括确定控制目标、控制方法、控制算法、控制周期,以及与控制相关的控制变量、控制参数等。

⑤监控层软件的组态,包括各种图形界面(包括背景画面和实时刷新的动态数据)、操作功能定义(操作员可以进行哪些操作、如何进行操作)等。

⑥报警定义,包括报警产生的条件定义、报警方式的定义、报警处理的定义(如对报警信息的保存、报警的确认、报警的清除等操作)及报警列表的种类与尺寸定义等。

⑦系统运行日志的定义,包括各种现场事件的认定、记录方式及各种操作的记录等。

⑧事件顺序记录和事故追忆等特殊报告的定义。

**2. 控制层软件**

DCS 控制层软件,其基本功能可以概括为 I/O 数据的采集、数据预处理、数据组织管理、控制运算及 I/O 数据的输出,其中数据组织管理和控制运算由用户组态。有了这些功能,DCS 的现场控制站就可以独立工作,完成本控制站的控制功能,如图 5-3-11 所示。除此之外,一般 DCS 控制层软件还要完成一些辅助功能,如主控制器及重要 I/O 模块的冗余功能、网络通信功能及自诊断功能等。

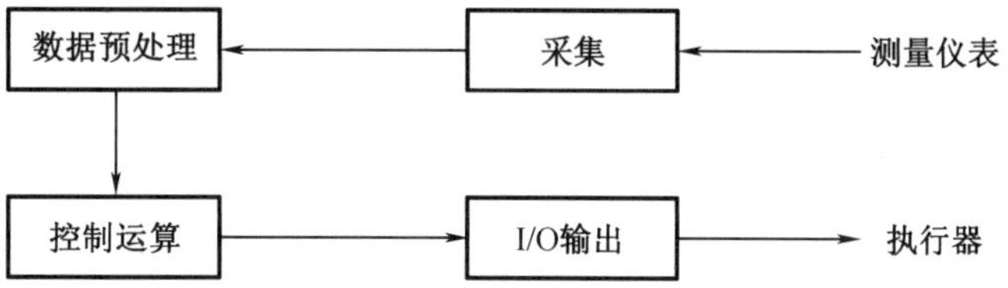


图 5-3-11　DCS 控制的基本过程

I/O 数据的采集与输出由 DCS 的 I/O 模块(卡件)来实现。对多个 I/O 接口,控制器接收工程师站下装的硬件配置信息,完成各 I/O 通道的信号采集与输出。I/O 通道信号采集进来后还要有一个数据预处理过程,这通常也是在 I/O 模块上来实现。I/O 模块上的微处理器(CPU)将这些信号进行质量判断并调理、转换为有效信号后送到控制器,作为控制运算程序使用的数据。

DCS 的控制功能由现场控制站中的控制器实现,是控制器的核心功能。控制运行时,运行软件从 I/O 数据区获得与外部信号对应的工程数据,如流量、压力、温度及位置等模拟量输入信号,断路器的开关、设备的启停等开关量输入信号,并根据组态好的用户控制算法程序,进行控制运算,并将运算的结果输出到 I/O 数据区,由 I/O 驱动程序转换输出给物理通道,从而达到自动控制的目的。输出信号一般也包含如阀位信号、电流、电压等模拟量输出信号和设备开/关、启/停的开关量输出信号等。

(1)信号采集

DCS 现场信号的采集与预处理功能是由 DCS 的 I/O 硬件及相应软件实现的,用户在组态控制程序时一般不用考虑,由 DCS 自身完成。I/O 硬件的形式可以是模块或卡件,对于现在大多数智能 I/O 卡件来说,数据采集与预处理软件由 I/O 卡件自身的 CPU 完成。DCS 中 I/O 部分的设备框图,如图 5-3-12 所示。

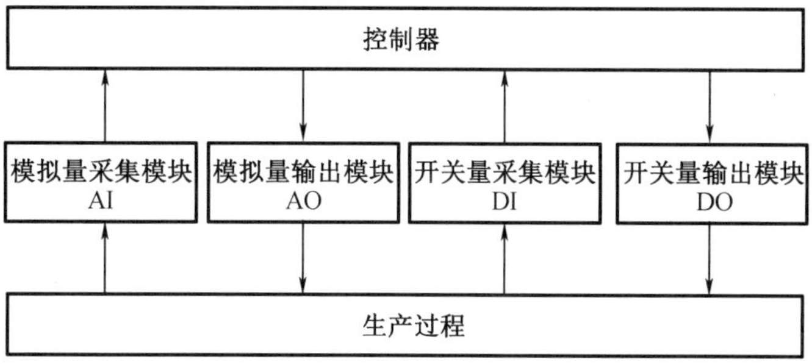


图 5-3-12　DCS 中 I/O 部分的设备框图

在实际应用中,一个来自传感器的模拟量物理信号,如电阻信号、非标准的电压及电流信号等,一般先要经过变送器转换为 4~20 mA、0~20 mA、1~5 V、0~10 V 等标准信号,才能接入到 DCS 的 I/O 模块(板)的 AI 通道上。在 AI 模块(板)上一般都有硬件滤波电路。电信号经过硬件滤波后接到 A/D 转换器上进行模拟量到数字量的转换。A/D 转换后的信号是二进制数字量，数字量的精度与 A/D 的转换位数相关，如 8 位的 A/D 转换完的数值范围即为 0~255，16 位的 A/D 转换完的数值范围即为 0~65535。对连续的模拟信号，A/D 转换按一定的时间间隔进行，采样周期是指两次采样之间的时间间隔。从信号的复现性考虑，采样周期不宜过长，或者说采样频率均不能过低。根据香农采样定理，采样频率必须大于或等于原信号（被测信号）所含的最高频率的 2 倍，数字量才能较好地包含模拟量的信息。

（2）数字滤波

为了提高信号的信噪比和可靠性，并为 DCS 控制运算准备，还必须对输入信号进行数字滤波。所谓数字滤波就是用数学方法通过数学运算对输入信号（包括数据）进行处理的一种滤波方法。即通过一定的计算方法，减少噪声干扰在有用信号中的比重，使得送往计算机的信号尽可能是所要求的信号。由于这种方法是靠编制程序来实现的，因此，数字滤波的实质是软件滤波。这种数字滤波的方法不需要增加任何硬件设备，由程序工作量比较小的 I/O 模块（板）中的 CPU 来完成。

数字滤波稳定性高，各回路之间不存在阻抗匹配的问题，易于多路复用，因此，发展很快，用途极广，很多工业控制领域都在使用。比较经典的软件滤波方法有限幅滤波法、中位值滤波法、算术平均滤波法等。

限幅滤波法又称程序判断滤波法，是根据经验判断，确定两次采样允许的最大偏差值（设为 $A$）。每次检测到新值时判断：如果本次值与上次值之差小于 $A$，则本次值有效；如果本次值与上次值之差大于或等于 $A$，则本次值无效，放弃本次值，用上次值代替本次值。这种方法的优点是能有效克服因偶然因素引起的脉冲干扰，缺点是无法抑制那种周期性的干扰，平滑度差。

中位值滤波法是指计算机连续采样 $N$ 次（$N$ 取奇数），把 $N$ 次采样值按大小排列，取中间值为本次有效值。这种方法的优点是能有效克服因偶然因素引起的波动干扰。对温度、液位变化缓慢的被测参数有良好的滤波效果，但是对流量、速度等快速变化的参数不宜采用。

（3）数据预处理

对 A/D 转换后的数据经滤波处理，还需要对数据再加工，剔除无效的数据，找出有效数据，再经过工程量的转化，变成控制计算需要的数据，存储在控制器的数据库中，以备调用。数据预处理主要包括模拟量超量程检查、模拟信号的工程单位变换、模拟量变化率超差检查等。

①模拟量超量程检查

通过检查输入数据是否超过了允许的电量程，可以判断信号输入部件（如变送器、I/O 模块等）是否出现故障，一旦出现采集故障，程序将自动禁止扫描，以防止硬件电路故障的进一步扩大，同时产生硬件故障报警信号，通知操作人员进行维护。对每个模拟量输入信号均设置量程上、下限，用于进行有效性检查。采集完后，将输入的信号与量程做比较，数据将处于以下 3 种质量特性之一。模拟量超量程检查示意图如图 5-3-13 所示。

A. 有效数据：在量程范围内。

B. 可疑数据：超过量程但在允许范围内（超量程死区）。

C. 无效数据：量程超过允许范围。此时有硬件故障，要报警提示。

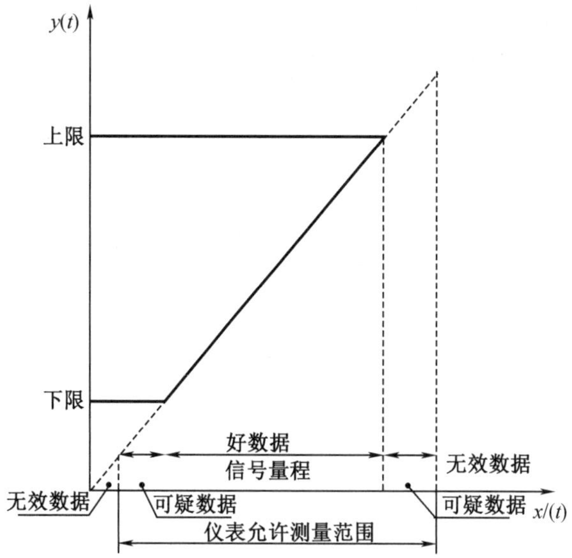


**图 5-3-13　模拟量超量程检查示意图**

②模拟信号的工程单位变换

工程单位变换类型由数据库组态定义，主要包括线性变换、开方变换和非线性变换等。线性变换按照工程上下限和电量程上下限由系统自动实现。比如某温度变送器量程是 0～1 000 ℃，其输出信号为 4～20 mA，当信号为 12 mA 时对应的工程值是 500 ℃。非线性变换由组态工具中的计算公式来完成。变量的非线性变换公式，一般由用户通过组态来定义。主要的非线性变换大体包括分段计算、流量信号温度压力非线性补偿计算、指数公式、对数公式以及多项式计算（公式）。

③模拟量变化率超差检查

模拟量变化率超差检查也用于硬件自检测。在信号的周期采集中，保留上一周期的采集值，将本周期采集值与上周期采样值比较，计算出周期变化率（工程值/s）。如果该变化率大于变化率限值，则认为变化率超差。输入信号的变化率超差，同样也可以认为是信号输入部件（变送器、I/O 模块等）出现故障。

（4）控制运算与程序编写

DCS 控制器对现场信号进行采集并对采集的信号进行了预处理后，即可将这些数据参与到控制运算中，控制运算的运算程序根据具体的应用各不相同。在 DCS 中，先要在工程师站软件上通过组态完成具体应用需要的控制方案，编译生成控制器需要执行的运算程序，下装给控制器运行软件，通过控制器运行软件的调度，实现运算程序的执行。在控制器中一般保存有各种基本控制算法，如 PID、微分、积分、超前滞后、加、减、乘、除、三角函数、逻辑运算、伺服放大、模糊控制及先进控制等控制算法程序。通常，控制系统设计人员是通过控制算法组态工具，将存储在控制器中的各种基本控制算法，按照生产工艺要求的控制方案顺序连接起来，并填进相应的参数后下装给控制器，这种连接起来的控制方案称为用户控制程序，在控制编程语言标准中统称为程序组织单元（program organization units，POU）。

本质上，控制方案的组态过程就是一个控制运算程序的编程过程。以往，DCS 厂商为了给控制工程师提供一种比普通软件编程语言更为简便的编程方法，发明了各种不同风格的组态编程工具，而当前，这些各式各样组态编程方法，经国际电工委员会标准化，统一到了 IEC 61131-3 标准中。风格相同的编程方法为用户、系统厂商及软件开发商都带来了极大的好处。

国际电工委员会软件模型（图 5-3-14）的最上层是“配置”。在物理上，一个“配置”可理解成一个 DCS 的现场控制站。一个“配置”可与其他的国际电工委员会“配置”通过定义的接口进行通信。

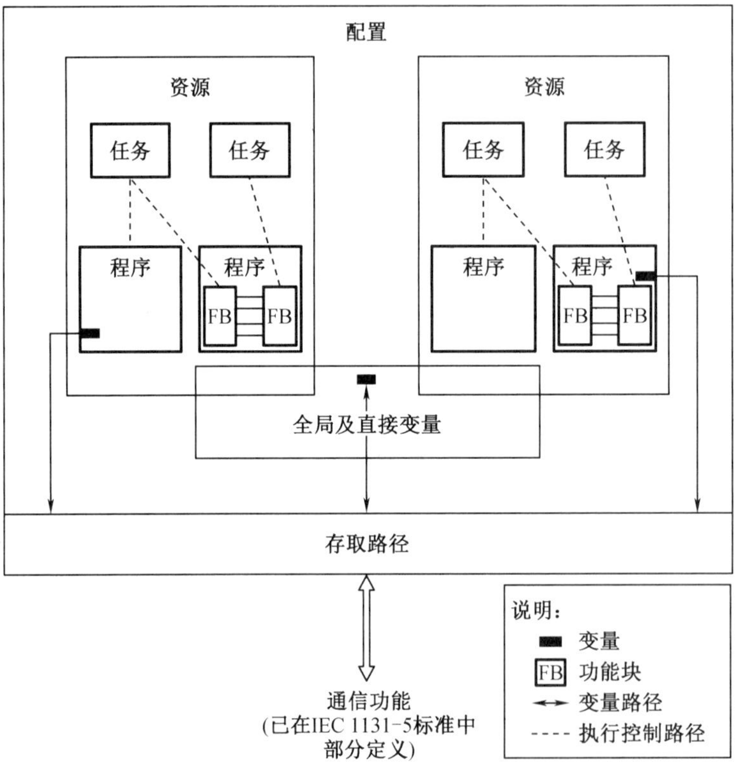


图 5-3-14　国际电工委员会软件模型

在每一个配置中，有一个或多个“资源”。在物理上，可以将“资源”看成 DCS 控制器中的一个 CPU。“资源”为运行程序提供了一个支持系统，在程序和 PLC 物理 I/O 通道之间提供了一个接口。一个国际电工委员会程序只有在装入“资源”后才能执行。“资源”通常放在 PLC 内，但也可以放在其他系统内。

一个国际电工委员会“程序”可以用不同的国际电工委员会编程语言来编写。典型的国际电工委员会程序由许多互联的功能块组成，各功能块之间可互相交换数据。一个“程序”可以读写 I/O 变量，并且能够与其他的程序通信。一个“程序”中不同部分的执行通过“任务”来控制。

“任务”被配置以后，可以控制一系列程序和功能块周期性地执行程序或由一个特定的事件触发开始执行程序。国际电工委员会程序或功能块通常保持完全的待用状态，只有当由一个特定的被配置的任务来周期性地执行或由一个特定的变量状态改变来触发执行的情况时,国际电工委员会程序或功能块才会执行。

一个配置可以有一个或多个资源;每个资源可以执行一个或多个程序任务;程序任务可以是函数、功能块、程序或它们的组合。

IEC 61131-3 标准引入了 POU 的概念,POU 有 3 类:函数、功能块和程序。

①函数

函数是 IEC 61131-3 标准中的一个重要概念。函数是一些在程序执行过程中的软件元件,可以有多个输入,但只有一个输出。这些软件元件对一系列特定的输入值会产生相应的输出结果,如算术功能 COS( )、SIN( )等。IEC 61131-3 标准中有大量的用于处理不同数据类型的函数。函数可以用 IEC 61131-3 标准中 5 种编程语言中的任何 1 种创建,也可以被任何语言调用。

②功能块

功能块概念是 IEC 61131-3 标准编程系统的一个重要特征。任何功能块可以用其他的更小的更易管理的功能块来编程,这样就可以由许多的功能块创建一个有层次的结构合理的程序。IEC 61131-3 标准还允许程序设计人员利用现有的功能块和其他的软件元件生成新的功能块。

③程序

程序就是一个简单的 POU,可以用 5 种语言中的任意 1 种编写,它可以是函数或功能块。程序是唯一的可以插入到任务中的 POU 类型。

在配置、系统资源、程序、函数或功能块内,可以声明和使用局部变量、全局变量、直接变量。局部变量是仅仅能在配置、资源、程序、功能或功能块内声明和存取的变量;全局变量在一个程序(或配置)内声明,它能被程序(配置)内的所有软件元件存取;直接变量是 PLC 程序的内存区直接用地址变量来表示的变量。

存取路径提供了在不同的配置之间交换数据和信息的设备。每一配置内的变量可被其他远程配置存取。配置之间存取数据和信息可采用基于以太网的网络,现场总线或通过底板总线交换数据。

IEC 61131-3 标准的编程语言包括图形化编程语言和文本化编程语言。图形化编程语言包括梯形图(ladder diagram,LD)、功能块图(function block diagram,FBD)、顺序功能图(sequential function chart,SFC)。文本化编程语言包括指令表(instruction list,IL)和结构化文本(structured text,ST)。

IEC 61131-3 标准的编程语言是在国际电工委员会工作组对世界范围的 PLC 厂家的编程语言合理地吸收、借鉴的基础上形成的一套针对工业控制系统的国际编程语言标准,它不但适用于 PLC 系统,而且还适用于如 DCS 等更广泛的工业控制领域。

**3. 监控层软件**

DCS 监控层软件一般包括人机界面、报警监视、远程控制操作、日志(事件)管理服务器、事件顺序记录、实时数据管理等功能。和控制层软件一样,监控层软件也由组态工具组态而成。下面介绍 DCS 监控层软件的主要功能设计。

(1)人机界面功能

人机界面是 DCS 的信息窗口。不同的 DCS 厂家、不同的 DCS 所提供的人机界面功能不尽相同,即使是同样的功能,其表现特征也有很大的差异。DCS 设计的是否方便合理,可以通过人机界面提供的画面和操作体现出来。下面简要介绍一下人机界面软件主要功能的画面和操作。

通常,DCS 的图形画面应包括工艺流程图、趋势显示图、报警监视画面等内容。

①工艺流程图

工艺流程图是 DCS 中主要的监视窗口,显示工艺流程静态画面、工艺实时数据及工艺操作按钮等内容。工艺流程图画面设计时应注意以下几点。

A. 为方便操作,要能够通过键盘自定义键、屏幕按钮及菜单等快速切换各种工艺流程图的显示。图形画面的切换的操作步骤越少越好,重要的画面最好是一键出图,一般性画面最多也不要超过两步。相关联的画面可以在画面上设置相应的画面切换按钮和返回按钮,为操作员提供多种多样、灵活方便的图形切换方式。

B. 设计工艺流程图画面要注意切换画面时时间不能太长,画面切换时间和动态对象的更新周期是衡量一个系统响应快慢的重要指标,最好做到 1 s 之内完成。当然,切换时间是与画面上的动态对象的数量和对象的类型有关,如果时间太长就应该分页显示。

C. 模拟流程图中的动态变量由现场控制站来控制,所以数据是按周期更新的,一般包括各种工艺对象(如温度、压力、液位等)的工艺参数的当前数值,工艺对象(如电机启、停的状态)的颜色区分、各种跟踪曲线、棒图、饼图、液位填充及设备的坐标位置等。显示更新周期并不完全反映系统的实时响应性。实际上,一个现场工艺参数从变化到人机界面显示要经过控制器采集、网络通信到人机界面显示,操作员才能从显示画面看到。在设计时应该使画面更新周期越快越好。

D. 设计时可以在图形画面上设置一些辅助性操作,以提高系统的使用性能。如可以在工艺图中单击某一对象,显示该对象的详细信息,如对象的名称、量程上下限、物理位置及报警定义等,或对变量进行曲线跟踪、曲线或变量的报警信息等,或对该对象的参数直接进行在线修改。当然,参数修改需要进行权限审查。

②趋势显示图

当需要监视变量的最新变化趋势或历史变化趋势时,可以调用趋势画面。趋势画面的显示风格也可以是人机界面组态。曲线跟踪画面显示宏观的趋势曲线,数值跟踪画面是以数值方式提供更为精确的信息。一般在曲线显示画面中,应提供时间范围选择,曲线缩放、平移,曲线选点显示等操作。

变量的趋势显示一般是成组显示,一般将工艺上相关联的点组在同一组,便于综合监视。趋势显示组一般由用户离线组态。操作员站也可以在线修改。

③报警监视画面

工艺报警监视画面是 DCS 监视非正常工况的最主要的画面,一般包括报警信息的显示和报警确认操作。报警信息按发生的先后顺序显示,显示的内容有发生的时间、点名、点描述及报警状态等。不同的报警级用不同的颜色显示。报警级别的种类可根据应用需要设置,如可设置红、黄、白、绿 4 种颜色对应四级报警。有的系统提供报警组态工具,可以由用户定义报警画面的显示风格。报警确认包括报警确认和报警恢复确认,一般对报警恢复信息确认后,报警信息才能从监视画面中删除。

在事故工况下,可能会发生大量的报警信息,因此,报警监视画面上应提供查询过滤功能,如按点、按工艺系统、按报警级、按报警状态及按发生时间等进行过滤查询。此外,因画面篇幅的有限,报警信息行显示的信息有限,可通过一些辅助操作来显示更进一步的信息,如点详细信息、报警摘要信息及跟踪变化趋势等。

(2)报警监视功能

报警监视是 DCS 监控软件重要的人机接口之一。DCS 管理的工艺对象很多,这些工艺对象一旦发生与正常工况不相吻合的情况,就要利用 DCS 的报警监视功能通知运行人员,并向运行人员提供足够的分析信息,协助运行人员及时排除故障,保证工艺过程的稳定高效运行。

①报警监视的内容

报警监视的内容包括工艺报警和 DCS 设备故障两种类型。工艺报警是指运行工艺参数或状态的报警,而 DCS 设备故障是指 DCS 本身的硬件、软件和通信链路发生的故障。由于 DCS 设备故障期间可能导致相关的工艺参数采集、通信或操作受到影响,因此,必须进行监视。

工艺报警一般包括 3 类:模拟量参数报警、开关量状态报警和内部计算报警。

A. 模拟量参数报警

a. 绝对值报警:模拟量超过警戒线报警,一般 DCS 中可设置多级警戒线以引起运行人员的注意,如上限、上上限或下限、下下限等。

b. 速率报警:模拟量的变化率越限,用于关注那些用变化速率的急剧变化来分析对象可能的异常情况,如管道破裂泄涌可能导致的压力变化或流量的变化。

c. 偏差值报警:模拟量偏离标准值,有的模拟量在正常工况下,应该稳定在某一标准值范围内,如果该模拟量值超出标准值范围,则说明偏离了正常工况。

d. 仪表异常报警:模拟量超量程或规定值,可能是计算机接口部件的故障、硬接线短路或现场仪表故障等。

e. 累计值报警:对要求累计的输入脉冲信号进行当前值累计,超过累计值报警设定值即发出报警信号。

B. 开关量状态报警

a. 开关量工艺报警状态,如在运行期间的设备跳闸、故障停车及电源故障等,DCS 输出报警信号。

b. 开关量摆动,正常情况下,一个开关量的状态不会在短时间内频繁的变化,开关量摆动有可能因设备的接触不良或其他不稳定因素导致。开关量摆动报警要及时提醒维护人员关注现场设备状态的可靠性。

C. 内部计算报警

内部计算报警是通过计算机系统内部计算表达式运算后产生的报警,一般用于处理更为复杂的报警策略。较为先进的 DCS 提供依据计算表达式的结果产生报警信息的功能。

②报警监视的通知方法

计算机系统监测到工艺参数或状态报警时,要及时通知运行人员进行处理。一般的通知方法为报警条显示和报警监视画面显示。

A. 报警条显示

在操作员屏幕上开辟报警条显示窗口,不论当时画面显示什么画面,只要有报警出现,都会将报警的信息醒目地显示在窗口中。对于重要的报警还可配置报警音响装置,启动报警鸣笛,或者通过语音报警系统广播报警信息。

B. 报警监视画面

报警监视画面是综合管理和跟踪报警状态的显示画面。有的 DCS 应用系统固定一个屏幕显示报警监视画面。在报警监视画面上,按报警变量的实时状态更新报警信息,如以不同的颜色或信息闪烁、反显等来表示以下状态。

a. 报警出现:变量发生报警后未确认前的状态。

b. 报警确认:报警由运行人员确认后的状态。

c. 报警恢复:变量恢复正常的状态。

在报警监视画面上,要尽可能为操作员提供足够的报警分析信息,一般应包括以下信息。

a. 报警时间。

b. 报警点标识、名称。

c. 报警状态描述(模拟量:超上限、上上限、下限、下下限;开关量:汽轮机跳闸)。

d. 当前报警状态,如报警激活、报警确认及报警恢复等(可以用字体、颜色、闪烁及反显等表示)。

e. 报警优先级(可以用颜色表示)。

f. 模拟量报警相关的限值(如上限、上上限、下限或下下限)、量程单位。

g. 报警状态改变的时间。

(3)远程控制操作功能

远程控制操作功能是在距离操作对象较远的主控室或集控站,通过操作员站的控制命令,对工艺对象或控制回路执行手动操作。DCS 提供的控制操作功能是通过在工艺流程图中开辟控制操作画面(调节仪表界面)来实现的。控制操作画面是一种特殊的画面,除了含有模拟流程图显示元素外,在画面上还包含一些控制操作对象,如 PID 算法、顺控、软手操等对象。不同的操作对象类型,提供不同的操作键或命令。

以 PID 算法模块为例,它提供手/自动按钮、PID 参数输入、给定值及输出值等输入方法。在回路调节画面中可以打开 PID 调节对象窗口,PID 操作对象中显示有设定值、过程值和输出值的棒图及数值显示,运行方式显示,报警状态显示等。

在 PID 手动时可人工根据测量值直接设定阀的开度,此时目标值不起作用。在 PID 自动时控制系统根据目标值和测量值自动调节阀的开度。调试初期,一定打到手动控制状态,等手动调节 PID 输出与输入偏差较小或 PID 基本稳定后,方可将 PID 回路打到自动控制状态,否则可能会引起系统振荡,不稳定。

(4)日志(事件)管理服务器的功能

事件记录是 DCS 中的流水账,它按时间顺序记录系统发生的所有事件,包括所有开关量状态变化、报警、人机界面操作(如参数设定、控制,软件异常处理等各种情况)。事件记录的完整性是系统事故后分析的基础。因此,在考查 DCS 软件的性能时,事件记录的能力和容量也是重要的内容之一。

事件是按事件驱动方式管理的，当系统产生一个事件时，即由事件处理任务登录进系统事件，同时将该事件送至事件打印机打印。如果有操作员站正处在事件的跟踪显示，则要进行信息的追加显示。

①事件记录的分类

事件一般分为日志和专项日志两种类型。日志是按事件发生的顺序连续记录的全部事件信息。专项日志是按用户分类来记录的事件信息，可按日志类型分类，如 SOE 日志、设备故障日志、简化日志及操作记录日志等；也可按工艺子系统属性分类，如锅炉系统日志、汽轮机系统日志、电气系统日志等，或其他的分类方法。

②日志的保存

一般日志信息保存形式分为内存文件、磁盘文件及存档文件 3 级。

A. 内存文件

内存文件是放在内存缓冲区，用于操作员在线快速查询近期所发生的事件信息。存放方式一般为先进先出循环存放方式，缓冲区的大小决定在线可存放日志的数量，以及操作员可在线查询的信息量。一般衡量在线管理日志的能力为日志缓冲区中可存放日志的条数。

B. 磁盘文件

磁盘文件一般为大容量的历史数据库文件。因为磁盘文件一般是用于离线分析用，对查询速度要求不是很高，有的系统采用关系数据库存放，有的采用文件记录格式存放。不管采用何种方式，DCS 厂家都会提供离线查询工具用于用户分析离线的日志信息。

C. 存档文件

存档文件是一种永久性保留的文件，一般将磁盘文件进行压缩后转储到磁带或刻录在光盘上进行保存。对于存档文件的分析，一般要先将光盘或磁带上的压缩文件恢复到硬盘后，按照磁盘文件方式进行查询分析。

③日志的查询方式

日志记录的内容很多，容量很大。因此，计算机系统应提供较为灵活方便、完整的查询工具，如按专项类型查询、按关键字查询、按时间段查询、按工艺系统查询、按变量名查询及按报警级查询等，以及这些查询方式的组合形式查询。

(5)事件顺序记录功能

事件顺序记录的功能是用于分辨一次事故中与事故相关的事件所发生的顺序，监测诸如断开装置、控制反应等各类事件的先后顺序，为监测、分析和研究各类事故的发生原因与影响提供有力依据。如电厂总闸跳闸，可能有很多分支电闸也跳闸，如何分清它们的先后，从而找出事故原因呢？这就要记录各电闸跳闸的具体时间。

事件顺序记录的主要性能是所记录事件的时间分辨率，即记录两个事件之间的时间精度，例如，如果两个事件发生的先后次序相差 1 ms，系统也能完全识别出来，其顺序不会颠倒，则该系统的事件顺序记录分辨率为 1 ms。

事件顺序分辨率的精度依赖于系统的响应能力和时钟的同步精度。一般的 DCS 将事件顺序记录点设计为中断输入方式，并且在采集板上打上时间戳，来满足快速响应并记录时间的要求。但是,因为 DCS 的分层分布式网络体系结构,每个网络上的节点都有自己的时钟,因此,保证全系统事件顺序记录分辨率精度的关键因素,是系统的时钟同步精度。在分析事件顺序记录分辨率时,要按设计层次进行分析,如有的 DCS 分别列出事件顺序记录分辨率,站内 1 ms,站间 2 ms。也就是说,如果将所有事件顺序记录点接到同一个站,则分辨率可以达到 1 ms,如果分别接入不同的站,最坏的情况是 2 ms。这样来设计事件顺序记录指标是比较科学的。目前很多厂家事件顺序记录分辨率可以达到 1 ms。

(6)实时数据管理功能

DCS 实时数据管理和处理的数据分为配置数据与动态数据两类。

一般来讲,配置数据属于静态数据,但并不是不变的数据,而是在大多数时间内不变,并且引起变化的源头不是现场过程,而是人工操作。静态数据的改变可以分为离线和在线两种。配置数据包括数据库配置、通信配置、控制方案配置以及应用配置等。可配置项的多少及在线可重配置项的多少是衡量一个 DCS 功能和可用性的重要标志。配置数据在工程师站离线产生,装载到控制器和操作站上。

动态数据包括实时数据、历史数据及报警和事件信息。

①实时数据,是外部信号在计算机内的映像或快照(snapshot),当然也包括以这些外部信号为基础产生的内部信号。为使实时数据尽可能与外部数据源的真实状态一致,实时数据库需要与通信或 I/O 紧密配合。

②历史数据,是按周期或事件变化保存的带时标的过程数据记录。在 DCS 中历史数据库的存储形式很多,适合不同的应用要求。

③报警和事件信息,是实时数据在特定条件下的结构化表示方式。报警和事件信息分为实时和历史。

DCS 实时数据库与其他数据库一样,由一组结构和结构化数据组成,当可以以分布式形式存在多个网络节点时,还可能有一个“路由表”,存储实时数据库分布的路径信息。

DCS 数据库都是基于“点”的,在不同的系统中,点也叫“变量”“标签”或“工位号”。在逻辑上,一个“点”结构很像关系数据库中的一条记录。一个“点”由若干个“参数项”组成,每个参数项都是点的一个属性。一个数据库就是一系列点记录组成的表。一个点至少应存在点标识和过程值,这两项属性称为元属性,其余属性一般都是配置属性。

点实际代表了外部信号在计算机内的存储映像,信号类型不同,则点类型也不同。一个点就是点类型的实例对象。在 DCS 中最基本的点类型是模拟量和开关量,当然也有很多内部点或称虚拟点,表示外部点的信号经过运算后产生的中间结果或导出值。根据处理性质的不同,可以有模拟量输入/输出点、开关量输入/输出点、内部模拟量及内部开关量等多种类型,即使对相同的点类型,还可以存储为不同的值类型,如模拟量值类型有整数型、实数型、BCD 表示,甚至字符串表示等。

例如,对模拟量数据,数据库中大致有以下内容:点名、中文说明、工程单位、量程上限、量程下限、过程值、报警上上限、报警上限、报警下限、报警下下限、报警死区、所属模块号、通道号、点号等。

对开关量数据,一般包括点名、中文说明、“0”意义、“1”意义、操作日志、所属模块号、通道号、点号等。

在数据库中，配置数据一般每个点只有一个数据，而过程值是按一定时间间隔记录的一组数据，存入历史数据库中。

**4. 组态软件**

DCS 的基本组态包括系统组态、控制组态和画面组态。各厂家的 DCS 均提供了功能齐全的组态软件，虽然这些组态软件的形式和使用方法存在很大差别，而且各自支持的组态范围也有些不同，但基本内容一样，而且组态原理也是一样的。一套控制系统组态软件应包括以下几方面内容。

（1）实时数据库生成系统

实时数据库的组态一般分为两部分：控制采集测点的配置组态和中间计算点的组态。控制采集测点的配置组态非常重要，而且工作量比较大。它是通过 DCS 提供的组态工具来完成的，但是现在通常的做法是使用 Excel 表格这一通用工具来完成实时数据库的组态，具体地讲，就是在 Excel 表格中处理控制采集测点信息（形成的文件被称为“测点清单”）。之后，利用 DCS 提供的导入工具将数据库直接导入系统中。

在实时数据库组态时，应注意以下几个问题。

①在进行控制采集测点组态之前，先检查一下各点的地址分配是否合理。这里主要检查“测点清单”中的测点分配是否超出机柜的配置范围。在进行实时数据组态时，不仅需要掌握系统的组态软件，同时还应该掌握系统硬件配置、每个机柜的容量限制及每块模块/卡件支持的具体点数。此外，应对照各回路用到的实际物理输入和物理输出是否都在一个机柜里边，虽然各家的 DCS 产品都支持控制站间相互传递信息，但在具体控制组态和物理点分配时，应尽可能将同一个回路所用的点分配在一个控制站内，这样做不仅可以提高控制运算的速度，而且主要是可以减少网络负担和系统资源的占用，以及提高系统的可靠性和稳定性。

②仔细阅读组态使用说明书，理解“测点清单”中每一项内容的实际含义，特别是物理信号的转换关系中每个系数的具体含义。

③充分利用组态软件提供的编辑功能，如复制、修改等。因为一个系统中很多测点信息的内容大部分相同，因此可以把它们分成若干组，每组出一个量，然后复制生成其他量后，进行个别项的修改就行了，这样可以提高工作效率和减少出错。

④关于中间计算点（中间量点、中间变量）的组态应注意，中间计算点往往是在进行控制算法组态和图形显示及报表组态时产生的，因此数量不断增加。在进行组态之前，一定要掌握每个站所支持的中间计算点的最大数目，而且要尽可能地优化中间计算点，适当地分配中间计算点，将中间计算点的数量控制在系统允许的范围内。

（2）生产过程流程画面

由于工控计算机提供了丰富的画面显示功能，因此流程画面的生成便成了 DCS 组态中的一个很重要的工作。

在一般的 DCS 应用组态中，流程画面的组态占据了相当大的组态时间。因为在 DCS 中，流程画面是了解系统的窗口，画面显示水平的高低会导致人们的喜欢和不喜欢。虽然系统提供了功能很强的工具，但如果不用心也不精益求精，就做不出实用且漂亮的画面来。

所以，在进行画面组态之前，一定要先仔细学习和掌握画面组态工具，然后认真地分析生产流程如何分解成一幅幅较为独立的画面,最好是参考一下厂家以前在别的系统上(特别是类似系统上)所做的流程画面组态,会有很多的借鉴意义。

值得注意的是,虽然在此强调了用户在进行画面组态时,要尽量将图形做得美观,但是工业流程画面的主要作用是用来显示各个动态信息,特别是主要的工艺参数、棒图或趋势曲线显示。用户在做流程画面组态时,要充分尊重工厂操作人员的操作习惯,特别是画面颜色的选择和搭配。组态前,应该由相关各方共同制定流程图组态原则,例如,管道颜色、动态点显示颜色、字体及状态显示颜色等。

(3)历史数据和报表

计算机控制系统与常规的仪表控制系统相比,优势之一就是计算机控制系统具有集中的历史数据存储和管理功能。

DCS 的历史数据存储一般用于趋势显示、事故分析及报表运算等。历史数据通常占用很大的系统资源,特别是存储频率较快(如每 1 s 存一个数据)的点较多,会给系统增加较大的负担。对于历史数据存储要求非常多的情况下,建议采用服务器作为专用历史服务器,内存和硬盘配置应该较高。

每套 DCS 在指标中都给出了系统所支持的各种历史点的数量,因此在进行历史库组态之前,一定要对这些容量指标心中有数,然后仔细地分配一下各种历史点各占多少。一般长周期的点(如 1 min 以上存一个数据)占系统内存资源很少,只占硬盘的资源,因此数量可以做得很大。但高频点(如 1 s 存一个数据)则占内存资源较多,一般系统中有一定的限制,包括每点可以存储最多数据个数、系统支持的最大点数等。对于资源比较紧张的情况,一定要先保证重要趋势(如重要参数趋势、控制回路的重要物理量等)的点先存入历史库。

DCS 的应用从根本上解除了现场操作人员每天抄表的工作,它不仅准确、按时,而且可以做到内容很丰富。它不仅可以自动地打印出操作员平时抄报的生产工艺参数记录报表,而且绝大多数的 DCS 还提供了很强的计算管理功能,常规 DCS 的报表组态都可以通过 Excel 表格导入,可以非常灵活方便。这样,用户可以根据自己的生产管理需要,生成各种各样的统计报表。

报表组态一般功能比较简单,但值得注意的是,一般报表生成过程中会用到大量的历史库数据,会产生很多中间变量点,因此用户在设计报表时一定要分析一下系统的资源是否够用。

(4)控制回路组态

控制算法的组态工作量对于不同的系统差别很大。有的系统侧重于控制,则控制组态的工作量就很大,而有的小系统侧重于检测和监视,控制的量就不大。但控制算法组态往往是 DCS 组态中最为复杂、难度也最大的部分。各公司 DCS 提供的组态软件中,这部分差别也最大,所以很难统一介绍这部分工作。但在控制组态时应尽量注意以下几方面。

①根据系统控制方案准确理解每个算法功能模块的用途及模块中的每个参数的含义,特别是对于那些复杂模块。如 PID 运算模块,其中的参数有 20 个左右,每个参数的含义、量纲范围和类型(整数、二进制数、浮点数)一定要搞清楚,否则会给将来调试带来很多麻烦。

②根据对控制功能的要求和 DCS 控制站的容量与运算能力,要仔细核算每个站上组态

算法的系统内存开销和主机运算时间的开销。不同要求的算法最好在控制周期上分别考虑，只要满足要求就可以了。例如，大部分的温度控制回路的运算周期在 1 s 甚至几秒就可以了，而有些控制（如流量等）则要求有较快的控制周期。总之，要保证系统的控制站有足够的容量和运算时间来处理组态出的算法方案，否则，等组态完成之后再试，如不行会产生很大的麻烦。

③进行控制组态时，也要顺便考虑到将来调试和整定方便。有些系统支持的在线整定功能较强，如可以在线显示和整定大部分的控制算法的参数，而有些系统差些，但完全可以通过增加一些可显示的中间变量来满足大多数需要在线调整的需求。

④在控制组态时，还应注意的一点是，实际工业过程控制中安全因素是第一的。因此在系统中每一算法的输出（特别是直接输出到执行机构之前），一定要有限幅监测和报警显示。

## 五、DCS 的通信网络

### 1. 通信网络系统的特点

DCS 的通信网络系统的作用是互联各种通信设备，完成工业控制。因此，与一般的办公室用局部网络有所不同，它具有以下特点。

（1）具有快速的实时响应能力。一般办公室自动化计算机局部网络响应时间为 2~6 s，而它要求的时间为 0.01~0.50 s。

（2）具有极高的可靠性。须连续、准确运行，数据传送误码率为 $10^{-11}$~$10^{-8}$，系统利用率在 99.999%以上。

（3）适应于恶劣环境下工作。能抗电源干扰、雷击干扰、电磁干扰和接地电位差干扰。

（4）分层结构。为适应 DCS 的分层结构，其通信网络也必须具有分层结构，例如，分为现场控制网络、系统监控网络和管理信息网络等不同层次。

### 2. 通信网络系统的组成

通信网络系统是传递信息所需的一切技术设备的总和，一般由信息源（信源）和信息接收者（信宿）、发送设备、传输介质（信道）、接收设备、数据编码等几部分组成，如图 5-3-15 所示。

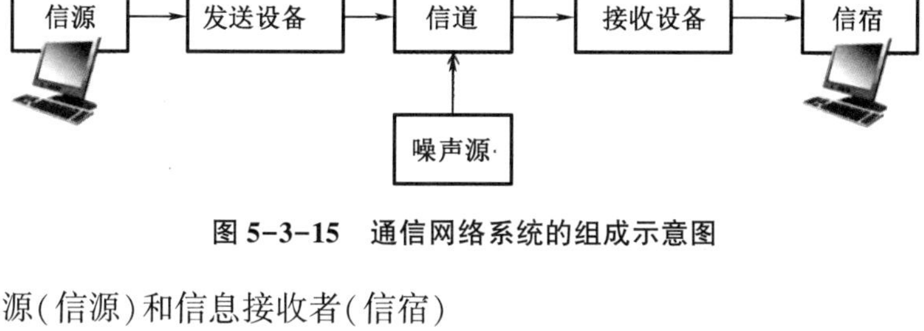


图 5-3-15　通信网络系统的组成示意图

（1）信息源（信源）和信息接收者（信宿）

信息源（信源）和信息接收者（信宿）是信息的产生者与使用者。在数据通信系统中传输的信息是数据，是数字化的信息。这些信息可能是原始数据，也可能是经计算机处理后的结果，还可能是某些指令或标志。

信息源可根据输出信号的性质不同分为模拟信息源和离散信息源。模拟信息源(如电话机、电视摄像机)输出幅度连续变化的信号;离散信息源(如计算机)输出离散的符号序列或文字。模拟信息源可通过抽样和量化变换为离散信息源。随着计算机和数据通信技术的发展,离散信息源的种类和数量越来越多。

(2)发送设备

发送设备的基本功能是将信息源和传输媒介匹配起来,即将信息源产生的消息信号经过编码,并变换为便于传送的信号形式,送往传输媒介。对于数据通信系统来说,发送设备的编码可分为信道编码与信源编码两部分。信源编码是把连续消息变换为数字信号;而信道编码则是使数字信号与传输介质匹配,提高传输的可靠性、有效性。

(3)传输介质(信道)

传输介质(信道)指发送设备到接收设备之间信号传递所经的媒介。它可以是无线的,也可以是有线的(包括光纤)。有线和无线均有多种传输媒介,如电磁波、红外线为无线传输介质,各种电缆、光缆、双绞线等为有线传输介质。

(4)接收设备

接收设备的基本功能是完成发送设备的反变换,即进行解调、译码、解密等。它的任务是从带有干扰的信号中正确恢复出原始信息。

以上所述是单向通信系统,但在大多数场合下,信源兼为信息接收者,通信的双方需要随时交流信息,因此要求双向通信。这时,通信双方都要有发送设备和接收设备。如果两个方向有各自的传输媒介,则双方都可独立进行发送或接收;但若共用一个传输媒介,则必须用频率或时间分割的办法来共享。

计算机网络系统的通信任务是传送数据或数据化的信息。这些数据通常以离散的二进制 0,1 序列的方式表示。码元是所传输数据的基本单位。在计算机网络通信中所传输的大多为二元码,它的每一位只能在 1 或 0 中取一个。

(5)数据编码

数据编码是指通信系统中以何种物理信号的形式来表达数据。分别用模拟信号的不同幅度、不同频率、不同相位来表达数据的 0,1 状态的,称为模拟数据编码。用高低电平的矩形脉冲信号来表达数据的 0,1 状态的,称为数字数据编码。

采用数字数据编码,在基本不改变数据信号频率的情况下,直接传输数据信号的传输方式,称为基带传输。基带传输可以达到较高的数据传输速率,是目前广泛应用的数据通信方式。

**3. 通信网络系统的基本概念**

(1)传输速率

传输速率是指信道在单位时间内传输的信息量,一般以每秒所能够传输的比特(bit)数来表示,常记为 bit/s。大多数 DCS 的数据传输速率一般为 0.5~100 Mbit/s。

(2)传输方式

通信方式按照信息的传输方向分为单工、半双工和全双工 3 种方式,如图 5-3-16 所示。

①单工通信方式。信息只能沿单方向传输的通信方式称为单工通信方式,如图 5-3-16(a)所示。

②半双工通信方式。信息可以沿着两个方向传输,但在某一时刻只能沿一个方向传输的通信方式称为半双工通信方式,如图 5-3-16(b)所示。

③全双工通信方式。信息可以同时沿着两个方向传输的通信方式称为全双工通信方式,如图 5-3-16(c)所示。

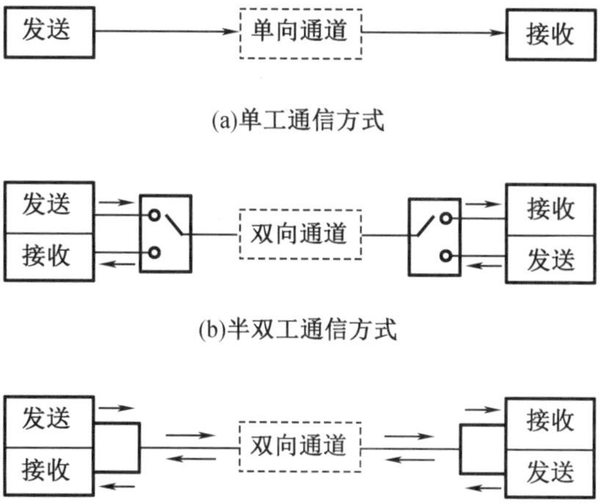


**图 5-3-16　单工、半双工和全双工通信方式**

(3)基带传输、载带传输与宽带传输

①基带传输

所谓基带传输,就是直接将数字数据信号通过信道进行传输。基带传输不适用于远距离的数据传输。当传输距离较远时,需要进行调制。基带传输中可用各种不同的方法来表示二进制数 0 和 1,即数字编码。如网络传输中常用的曼彻斯特编码方法,在每个脉冲周期内都有一个跳变,这个跳变既作为时钟,又表示数据。从高到低的跳变表示 1,从低到高的跳变表示 0,可以同时发送时钟信号和数据信号。

②载带传输

用基带信号调制载波后,在信道上传输调制后的载波信号,这就是载带传输。载波信号是正弦波信号,有 3 个描述参数,即振幅、频率和相位,所以相应地也有 3 种调制方式,即调幅方式、调频方式和调相方式。

③宽带传输

如果要在一条信道上同时传送多路信号,各路信号以不同的载波频率区别,每路信号以载波频率为中心占据一定的频带宽度,整个信道的带宽为各路载波信号共享,实现多路信号同时传输,这就是宽带传输。

(4)异步传输与同步传输

在异步传输中,信息以字符为单位进行传输,每个字符都具有自己的起始位和停止位,一个字符中的各个位是同步的,但字符与字符之间的时间间隔是不确定的。

在同步传输中,信息不是以字符而是以数据块为单位进行传输的。通信系统中有专门用来使发送装置和接收装置保持同步的时钟脉冲,使两者以同一频率连续工作,并且保持一定的相位关系。在这一组数据或一个报文之内不需要启停标志,所以可以获得较高的传输速率。

(5)串行传输与并行传输

串行传输是把构成数据的各个二进制位依次在信道上进行传输的方式;并行传输是把构成数据的各个二进制位同时在信道上进行传输的方式。串行传输与并行传输如图 5-3-17 所示。在 DCS 中,数据通信网络几乎全部采用串行传输方式。

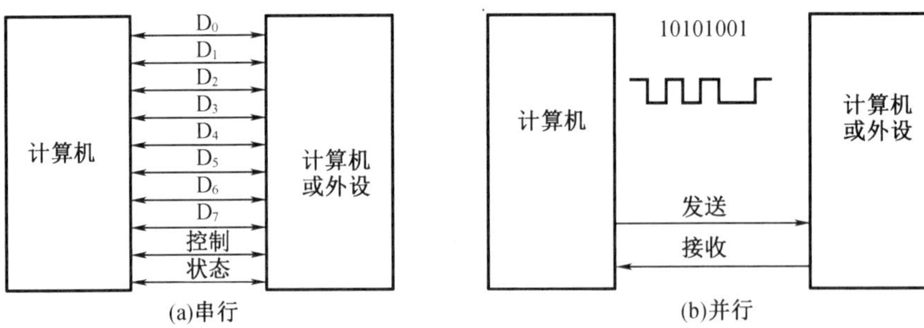


**图 5-3-17　串行传输与并行传输**

(6)数据通信的工作方式

在数据通信系统中通常采用 3 种数据交换方式:线路交换方式、报文交换方式和报文分组交换方式。其中,报文分组交换方式又包含虚电路和数据报两种交换方式。

①线路交换方式

所谓线路交换方式是在需要通信的两个节点之间事先建立起一条实际的物理连接,然后再在这条实际的物理连接上交换数据,数据交换完成之后再拆除物理连接。因此,线路交换方式将通信过程分为 3 个阶段:线路建立、数据通信和线路拆除阶段。

②报文交换方式

报文交换以及报文分组交换方式不需要事先建立实际的物理连接,而是经由中间节点的存储转发功能来实现数据交换。因此,有时又将其称为存储转发方式。

报文交换方式交换的基本数据单位是一个完整的报文。这个报文是由要发送的数据加上目的地址、源地址和控制信息所组成的。

报文在传输之前并无确定的传输路径,每当报文传到一个中间节点时,该节点就要根据目的地址来选择下一个传输路径,或者说下一个节点。

③报文分组交换方式

报文分组交换方式交换的基本数据单位是一个报文分组。报文分组是一个完整的报文按顺序分割开来的比较短的数据组。由于报文分组比报文短得多,传输时比较灵活。特别是当传输出错需要重发时,它只需重发出错的报文分组,而不必像报文交换方式那样重发整个报文。它的具体实现有以下两种方法:虚电路方法和数据报方法。

虚电路方法在发送之前需要建立逻辑连接,而数据报方法是直接发送报文分组。在数据报方法中把一个完整的报文分割成若干个报文分组,并为每个报文分组编好序号,以便确定它们的先后次序。报文分组又称为数据报。发送站在发送时,把序号插入报文分组内。数据报经过中间节点存储、排队、路由和转发,可能会使同一报文的各个数据报沿着不同的路径,经过不同的时间到达接收站。这样,接收站所收到的数据报顺序就可能是杂乱无章的。因此,接收站必须按照数据报中的序号重新排序,以便恢复原来的顺序。常见的以太网数据发送就是采用数据报方式。

**4. 通信网络系统的拓扑结构**

为了把 DCS 中的各个组成部分连接在一起,常常需要把整个通信系统的功能分成若干个层次去实现,每一个层次就是一个通信子网,通信子网具有以下特征。

①通信子网具有自己的地址结构。

②通信子网相连可以采用自己的专用通信协议(协议将在后面介绍)。

③一个通信子网可以通过接口与其他网络相连,实现不同网络上的设备相互通信。

通信网络的拓扑结构确定后,要考虑的就是每个通信子网的网络拓扑结构问题。所谓通信网络的拓扑结构就是指通信网络中各个节点或站相互连接的方法。拓扑结构决定了一对节点之间可以使用的数据通路,或称链路。

在 DCS 中应用较多的拓扑结构是星型结构、环型结构及总线型结构,下面分别介绍这几种结构。

(1)星型结构

在星型结构中,每一个节点都通过一条链路连接到一个中央节点上去。任何两个节点之间的通信都要经过中央节点。中央节点有一个开关装置来接通两个节点之间的通信路径。因此,中央节点的构造是比较复杂的,一旦发生故障,整个通信系统就要瘫痪。因此,这种系统的可靠性是比较低的,在 DCS 中应用得较少,如图 5-3-18(a)所示。

(2)环型结构

在环型结构中,所有的节点通过链路组成一个环形。需要发送信息的节点将信息送到环上,信息在环上只能按某一确定环形方向传输,如图 5-3-18(b)所示。当信息到达接收节点时,如果该节点识别信息中的目的地址与自己的地址相同,就将信息取出,并加上确认标记,以便由发送节点清除。

由于传输是单方向的,所以不存在确定信息传输路径的问题,这可以简化链路的控制。当某一个节点发生故障时,可以将该节点旁路,以保证信息畅通无阻。为了进一步提高可靠性,在某些 DCS 中采用双环,或者在故障时支持双向传输。环型结构的主要问题是在节点数量较多时会影响通信速率;另外,环是封闭的,不便于扩充。

(3)总线型结构

与星型和环型结构相比,总线型结构采用的是一种完全不同的方法。它的通信网络仅仅是一种传输介质,既不像星型网络中的中央节点那样具有信息交换的功能,也不像环型网络中的节点那样具有信息中继的功能。所有的站都通过相应的硬件接口直接接到总线上。由于所有的节点都共享一条公用的传输线路,所以每次只能由一个节点发送信息,信息由发送它的节点向两端扩散。这就如同广播电台发射的信号向空间扩散一样。所以,这种结构的网络又称为广播式网络。某节点发送信息之前,必须保证总线上没有其他信息正在传输。当这一条件满足时,它才能把信息送上总线。在有用信息之前有一个询问信息,询问信息中包含着接收该信息的节点地址,总线上其他节点同时接收这些信息。当某个节点由询问信息中鉴别出接收地址与自己的地址相符时，这个节点便做好准备，接收后面所传送的信息。总线型结构的优点是结构简单，便于扩充。另外，由于网络是无源的，所以当采取冗余措施时并不增加系统的复杂性。总线型结构对总线的电气性能要求很高，对总线的长度也有一定的限制。因此，它的通信距离不可能太长，如图 5-3-18(c)所示。

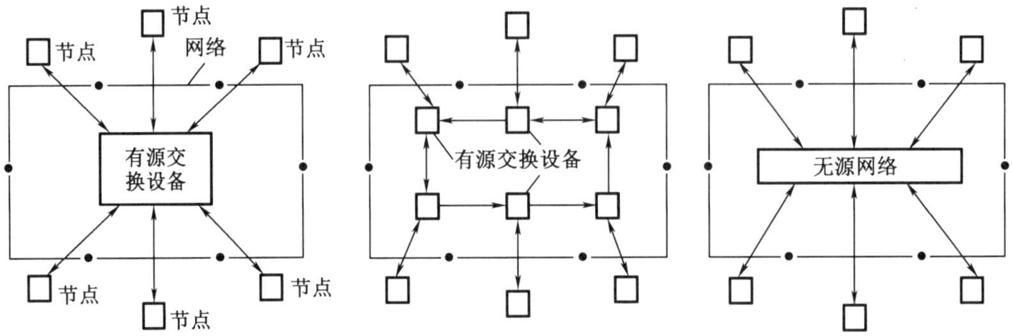


(a) 星型结构　　(b) 环型结构　　(c) 总线型结构

**图 5-3-18　通信网络的拓扑结构**

**5. 数据通信的传输介质**

在 DCS 中，常用的传输介质有双绞线、同轴电缆和光缆。

(1) 双绞线

双绞线是由两个相互绝缘的导体扭绞而成的线对，在线对的外面常有金属箔组成的屏蔽层和专用的屏蔽线，如图 5-3-19(a)所示。双绞线的成本比较低，但在传输距离比较远时，它的传输速率受到限制，一般不超过 10 Mbit/s。

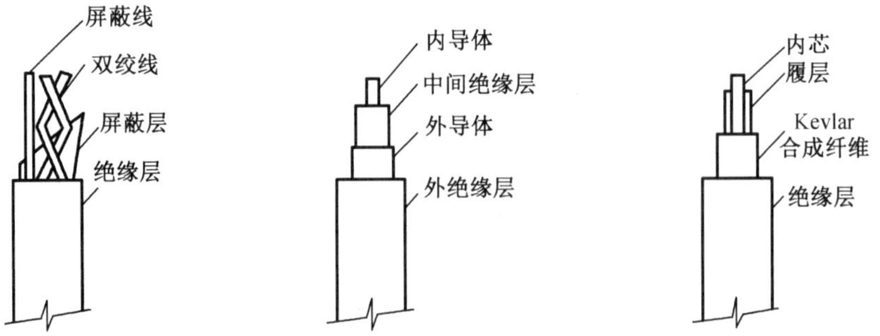


(a) 双绞线　　(b) 同轴电缆　　(c) 光缆

**图 5-3-19　传输介质**

(2) 同轴电缆

同轴电缆的结构如图 5-3-19(b)所示。它是由内导体、中间绝缘层、外导体和外绝缘层组成的。信号通过内导体和外导体传输。外导体总是接地的，起到了良好的屏蔽作用。有时为了增加机械强度和进一步提高抵抗磁场干扰的能力，还在最外边加上两层对绕的钢带。

同轴电缆的传输特性优于双绞线。在同样的传输距离下，它的数据传输速率高于双绞线。

但同轴电缆的成本高于双绞线。

(3)光缆

光缆的结构如图 5-3-19(c)所示。它的内芯是由二氧化硅拉制成的光导纤维,外面敷有一层玻璃或聚丙烯材料制成的覆层,由于内芯和覆层的折射率不同,以一定角度进入内芯的光线能够通过覆层折射回去,沿着内芯向前传播以减少信号的损失。在覆层的外面一般有一层被称为 Kevlar 的合成纤维,用以增加光缆的机械强度,它使直径为 100 μm 的光纤能承受 300 N 的拉力。

光缆不仅具有良好的信息传输特性,而且具有良好的抗干扰性能,因为光缆中的信息是以光的形式传播的,所以电磁干扰几乎对它毫无影响。光缆可以在更大的传输距离上获得更高的传输速率。但是,在 DCS 中,由于其他配套通信设备的限制,光缆的实际传输速率要远远低于理论传输速率。尽管如此,光缆在许多方面仍然比前两种传输介质具有明显的优越性,因此,光缆是一种很有前途的传输介质。光缆的主要缺点是分支比较困难。

**6. 计算机网络层次和网络协议**

网络结构问题不仅涉及信息的传输路径,而且涉及链路的控制。对于一个特定的通信系统,为了实现安全可靠的通信,必须确定信息从源点到终点所要经过的路径,以及实现通信所要进行的操作。在计算机通信网络中,对数据传输过程进行管理的规则称为协议。

对于一个计算机通信网络来说,接到网络上的设备是各种各样的,这就需要建立一系列有关信息传递的控制、管理和转换的手段与方法,并要遵守彼此公认的一些规则,这就是网络协议的概念。这些协议在功能上应该是有层次的。为了便于实现网络的标准化,国际标准化组织 ISO 提出了开放系统互连(open system interconnection,OSI)参考模型,简称 ISO/OSI 模型。

ISO/OSI 模型将各种协议分为 7 层,自下而上依次为:物理层、链路层、网络层、传输层、会话层、表示层和应用层,如图 5-3-20 所示。

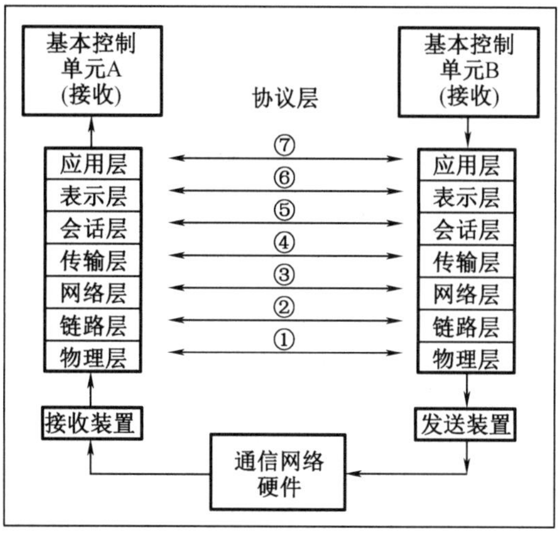


**图 5-3-20　ISO/OSI 模型**

各层协议的主要作用如下。

(1)物理层

物理层协议规定了通信介质、驱动电路和接收电路之间接口的电气特性与机械特性。例如,信号的表示方法、通信介质、传输速率、接插件的规格及使用规则等。

(2)链路层

通信链路是由许多节点共享的。这层协议的作用是确定在某一时刻由哪一个节点控制链路,即链路使用权的分配。它的另一个作用是确定比特级的信息传输结构,也就是说,这一级规定了信息每一位和每一个字节的格式,同时还确定了检错和纠错方式,以及每一帧信息的起始和停止标记的格式。帧是链路层传输信息的基本单位,由若干字节组成,除了信息本身之外,它还包括表示帧开始与结束的标志段、地址段、控制段及校验段等。

(3)网络层

在一个通信网络中,两个节点之间可能存在多条通信路径。网络层协议的主要功能就是处理信息的传输路径问题。在由多个子网组成的通信系统中,这层协议还负责处理一个子网与另一个子网之间的地址变换和路径选择。如果通信系统只由一个网络组成,节点之间只有唯一的一条路径,那么就不需要这层协议。

(4)传输层

传输层协议的功能是确认两个节点之间的信息传输任务是否已经正确完成。其中包括信息的确认、误码的检测、信息的重发、信息的优先级调度等。

(5)会话层

这层协议用来对两个节点之间的通信任务进行启动和停止调度。

(6)表示层

这层协议的任务是进行信息格式的转换,它把通信系统所用的信息格式转换成它的上一层,也就是应用层所需的信息格式。

(7)应用层

严格地说,这一层不是通信协议结构中的内容,而是应用软件或固件中的一部分内容。它的作用是召唤低层协议为其服务。在高级语言程序中,它可能是向另一节点请求获得信息的语句,在功能块程序中从控制单元中读取过程变量的输入功能块。

**7. 常用网络设备**

(1)中继器

中继器是物理层的连接器,起信号放大的作用,目的是延长电缆或光缆的传输距离。

(2)集线器

集线器是一种特殊的中继器,用于连接网段的转接设备。集线器是共享带宽的设备,可以实现多台计算机同时使用一个进线接口来上网或组成局域网,端口都共享一条带宽,只能工作在半双工模式下。集线器工作在局域网(LAN)环境,像网卡一样,应用于ISO/OSI模型第一层,因此又被称为物理层设备。集线器内部采用了电器互连,当维护局域网的环境是逻辑总线或环状结构时,完全可以用集线器建立一个物理上的星状或树状网络结构,集线器所起的作用相当于多端口的中继器。集线器实际上就是中继器的一种,其区别仅在于集线器能够提供更多的端口服务,所以集线器又叫多口中继器。集线器是一种广播模式,容易产生广播风暴。智能集线器除了具有一般集线器的功能外,还具有网络管理及选择网络路径的功能。

(3)交换机

交换机属于ISO/OSI模型第二层即链路层设备。交换机是独享带宽的设备,可以实现多台计算机同时使用一个进线接口来上网或组成局域网。交换机的基本功能如下。

①像集线器一样,交换机提供了大量可供线缆连接的端口,这样可以采用星状拓扑布线。

②像中继器、集线器那样,当它转发帧时,交换机会重新产生一个不失真的方形电信号。

③交换机在每个端口上都使用相同的转发或过滤逻辑。交换机将局域网分为多个冲突域,每个冲突域都有独立的宽带,因此大大提高了局域网的带宽。

④除了具有集线器和中继器的功能外,交换机还提供了更先进的功能,如虚拟局域网(VLAN)和更高的性能。

交换机每个端口都有一条独占的带宽,不但可以工作在半双工模式下,而且可以工作在全双工模式下。交换机能够隔离冲突域并有效地抑制广播风暴的产生。

(4)路由器

路由器(router)又称网关设备(gateway),属于ISO/OSI模型第三层即网络层设备,是用于连接多个逻辑上分开的网络,所谓逻辑网络是代表一个单独的网络或一个子网。路由器将信息帧在网络层进行存储转发,具有更强的路径选择和隔离能力,用于异种子网之间的数据传输。当数据从一个子网传输到另一个子网时,可通过路由器的路由功能来完成。因此,路由器具有判断网络地址和选择IP路径的功能,它能在多网络互连环境中建立灵活的连接,可用完全不同的数据分组和介质访问方法连接各种子网。

(5)网桥

网桥(bridge)是一个局域网与另一个局域网之间建立连接的桥梁,网桥是属于网络层的一种设备,它的作用是扩展网络和通信手段,在各种传输介质中转发数据信号,扩展网络的距离,同时又有选择地将有地址的信号从一个传输介质发送到另一个传输介质,并能有效地限制两个介质系统中无关紧要的通信。

(6)网关

网关又称协议转换器,连接两个或更多个管理上的相异的网络/子网的节点,网关实质上是一个网络通向其他网络的IP地址。网关是用于传输层及传输层以上的转换的协议变换器,用以实现不同通信协议的网络之间,包括使用不同网络操作系统的网络之间的互联,如连接内部网与Internet。

# 第四节　DCS 的操作与维护

本节简单介绍 DCS 的工程设计、配置与组态、安装与调试、性能指标、检测与维护，以及故障处理等内容。

## 一、DCS 的工程设计

DCS 设计的一般步骤分为方案论证、方案设计和工程设计 3 个阶段。方案论证也就是可行性研究设计，明确系统控制功能、性能指标、环境要求和系统选型要求等。方案设计首先明确 DCS 的控制范围(哪些设备纳入 DCS 控制)、控制深度(完全控制还是部分控制)、控制方式，然后对 DCS 的硬件、软件、人机接口进行初步设计，为后续详细设计打下基础。

**1. DCS 工程化设计与实施步骤**

一个 DCS 项目从开始到结束可以分成：招标前准备、选型与合同、系统工程化设计与生成、现场安装与调试、运行与维护 5 个阶段，为了对 DCS 的工程化设计和实施过程有一个清晰认识，先给出一个 DCS 项目实施步骤及每一步所完成文件的清单，列出每一阶段要完成的工作。

(1)招标前准备阶段要完成的工作(用户/设计院)

①确定项目人员。

②制定“技术规范书”。

③编制“招标书”。

(2)选型与合同阶段要完成的工作(用户/设计院)

①应用评标原则分析各厂家的“投标书”。

②与厂家进行商务及技术谈判。

③签订“合同书”与“技术协议”。

(3)系统工程化设计与生成阶段要完成的工作

①进行联络会，确定项目进度及交换技术资料，提供设计依据和要求，形成“系统设计”“系统出厂测试与验收大纲”“用户培训计划”。

②用户培训。

③系统硬件配置和应用软件组态。

④出厂测试与检验。

(4)现场安装与调试阶段要完成的工作

①设备就位、安装。

②现场接线。

③现场加电、调试。

④现场测试与验收。

⑤整理各种有关的技术文档。

(5)运行与维护阶段要完成的工作

①正常运行的周期性检查。

②故障维修。

③装置大修检修。

④改进升级。

**2. 工程设计文件**

(1)用户资料准备

在合同签订后,供货厂家最急需的就是用户的测点清单,这是硬件配置的基础。用户方应尽快准备以下资料。

①系统工艺流程框图及其说明。DCS 为控制工艺流程服务,DCS 设计者必须对工艺要有一个大致的了解。

②系统控制功能要求。提出主要的控制内容,列出主要的控制回路,说明采取的主要控制策略;详细列出各回路框图,并附以说明。

③“控制及采集测点清单”。此清单是 DCS 实时数据最基本和最重要的部分。测点的内容和格式因各种不同的类型点及 DCS 厂家要求不同而略有些差别,但是绝大部分内容是确定的,而且要求用户项目组必须填写清楚。“控制及采集测点清单”是工程实施阶段第一个需要确认的设计文件。

(2)工程技术文件

在供货厂家与用户进行设计联络会后,要完成以下几个技术文件。

①工程概述。简要地说明此项目的背景情况、工作内容、工程目标。

②“系统数据库测点清单”。此清单是在用户设计院提供的“控制及采集测点清单”的基础上,通过在联络会与用户项目组认真地分析控制回路的分配,确定各控制及采集测点在各站的分配并将其分配到各模块和通道上,由此,也就从根本上确定了各控制站的物理结构。

③“系统硬件配置说明书”设计。该项设计包括下面 3 项内容。

A. 系统配置图——详细地画出 DCS 的结构框图和系统状态图,详细描述系统的基本结构,说明系统主要设备的布置方式和连接方式。

B. 各站详细配置表——包括工程师站、操作员站、网关及服务器等站配置表。

C. 工期要求——明确标明项目的工期计划,特别是硬件成套完成日期。有了各站的“硬件配置表”和“硬件配置图”,DCS 厂家装配部门就可以根据“硬件配置表”进行硬件成套工作。

④“系统控制方案”设计。通过联络会以及用户设计方提供的设计图纸,DCS 厂家技术人员已经掌握了项目的设计信息,可以开始进行系统控制方案的详细设计,生成“系统控制方案说明”,作为软件组态的依据和系统方案调试的依据。

⑤“操作台、机柜平面布置图”设计。根据厂家 DCS 的各部件尺寸及用户操作车间及控制室的要求,画出系统各部分的平面布置图,以供用户设计人员进行具体机房设计。

⑥DCS 工作环境要求。在此部分明确标明 DCS 的各项环境指标以示重视。

A.“电源要求及分配图”——详细列出各站及整个系统的电源容量要求,如果用户提供 UPS 电源,则要详细列出各 UPS 容量及接线方法。

B. 系统接地图——详细说明各站、各种接地要求,并用图示方法标明各种接地的连接方法,以上两条非常重要。

C. 其他环境要求——列出其他的环境要求,如温度、湿度、振动等。

(3)完整的工程设计

有了上述基础工作,DCS 厂家就可以进行完整的工程设计,包括以下两项内容。

①硬件设计,包括操作站,现场控制站的数量,I/O 模块的型号、数量等。

②软件设计,包括控制层组态、监控软件组态等。

## 二、DCS 的配置与组态

一般来说,DCS 配置主要是针对硬件架构进行选型和设计,组态主要指软件设计。

**1. DCS 硬件配置**

通常将工程师站、操作员站和历史站统称为操作站,将控制单元和 I/O 单元统称为现场控制站。DCS 系统硬件配置主要就是对操作站和现场控制站进行配置。

(1)硬件配置的冗余技术

在进行硬件配置时,原则上要求系统应具有完备的冗余技术。例如,各级网络通信设备及相关独立部件必须 1∶1冗余;控制站的处理器等功能卡必须 1∶1冗余;所有电源设备及相关独立部件必须 1∶1冗余;多通道控制回路的 I/O 卡必须 1∶1冗余。每个操作站都应带有独立的计算机主机,操作站之间应具备工作冗余的功能。这里以系统电源冗余技术为例简单介绍冗余的实现原理。

电源模块内置均流冗余电路,通过在输出端串联肖特基二极管,可以两台或多台冗余配置、并联运行,实现 1∶1或 $N$∶1均流冗余,并且平均分担负载。一般按 1∶1冗余,可以接双路 220 V AC 电源,也可用双路 220 V AC 电源切换装置接入两路 220 V AC 电源。当其中任何电源模块故障或停止输出后,其他电源模块立即重新均分负载,实现电源供电的无扰切换及在线更换。电源模块冗余工作原理如图 5-4-1 所示。

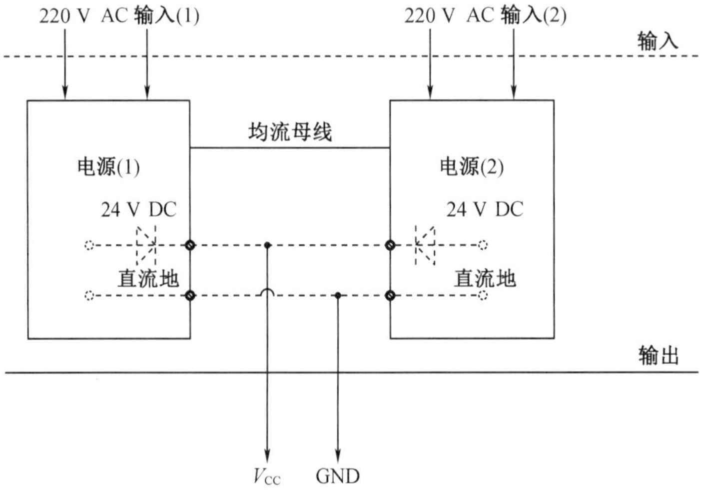


图 5-4-1　电源模块冗余工作原理

(2)现场控制站配置

现场控制站由主控卡、I/O 卡件、电源模块等组成。现场控制站的配置流程是:首先通过 I/O 测点清单(表 5-4-1),计算各类卡件数量;然后根据工艺控制要求,计算主控卡的数量。

**表 5-4-1　中型控制装置的 I/O 测点清单**

| 信号类型 | | 控制(冗余) | 检测 | 备注 |
|---|---|---|---|---|
| AI(4~20 mA) | HART 智能型 | 104 | 156 | 本安 |
| | 普通型 | 6 | 4 | 本安 |
| AO(4~20 mA+HART) | | 120 | — | 本安 |
| AO(4~20 mA+HART) | | 4 | — | 至电气变频调节,加隔离器 |
| TC(IEC 标准) | | 6 | — | 转换成 4~20 mA+HART 进入系统,本安 |
| RTD(Pt100 型) | | 16 | 84 | 转换成 4~20 mA+HART 进入系统,本安 |
| DI | | — | 60 | 需加继电器,如自电气来 |
| DI | | — | 116 | 不加继电器,如自现场来 |
| DO(≥2 A,24 V AC) | | 54 | — | 加继电器后有源输出,如去现场电磁阀 |
| DO(≥3 A,220 V DC) | | 3 | — | 加继电器后干接点输出,如去电气 |
| 总计 | | 313 | 420 | — |

对 I/O 卡件配置的典型要求如下。

①AI、AO、DO 卡的通道数不应多于每卡 16 通道。

②DI 卡的通道数不应多于每卡 32 通道。

③DCS 应为现场 24 V 电仪表供电。

④与电气信号关联的 DI 卡应配备中间继电器(5 A,220 V AC)。

⑤不同的 DO 信号应布置在不同的 DO 卡,DO 卡的每个通道应配备中间继电器。

根据以上配置要求以及 I/O 清单统计表的信号类型及冗余要求,可计算出各类卡件的数量,包括 AI 卡、AO 卡、DI 卡、DO 卡、端子、安全栅、继电器、系统电源、现场电源、电源分配模块等。

行业规范要求各个工艺主装置控制器数量根据 I/O 点数及负荷技术要求进行独立配置,按照操作区分配相关控制器,同一操作区的装置尽量在同一控制器内,不同操作区的装置要在不同控制器内,调试完后的控制器负荷不应超过 40%。

控制站的配置主要是根据招标规格书提供的 I/O 清单统计表,依据 DCS 厂家产品的功能和指标配置出主控卡、I/O 卡件、电源、机柜,以及附件的型号、规格、数量等,用于系统的采购、设计集成及组态。

(3)操作站配置

行业规范对操作员站数量配置的要求:50 个控制回路以下 2 台,50~100 个控制回路 2~3 台,100~150 个控制回路 3~4 台,150~250 个控制回路 4~7 台,250 个控制回路以上可根据操作需要配置。某项目 300 多个控制回路,规格书中要求配置 5 台操作员站,其中在中心控制室配置 3 台,现场机柜间配置 2 台,用于操作人员监视、控制生产过程,维护设备和处理事故的人机接口。

工程师站接在局域通信网上,具有组网能力或多终端能力,用于系统管理和组态维护及修改,同时具有操作员站所有功能。上述项目可配置工程师站 2 台,其中现场机柜间 1 台,中心控制室 1 台。

(4)网络设备配置

系统控制网采用 100 M/1 000 M 冗余工业以太网,双网并发,无扰切换,网络采用对等网络,稳定可靠,响应快。在中心控制室和现场机柜间各设置过程控制网交换机共 2 对,配置光纤模块及光纤接续盒等光纤连接设备。

图 5-4-2 为 DCS 配置图。项目包括一个中控室 CCR 和一个现场辅助机柜间 FAR。中控室配置 OPS 双屏操作员站 4 台(OPC 服务器可与工厂管理信息网连接),EWS 工程师站 1 台,黑白 A3 打印机 2 台。现场机柜间配置控制站 3 台,OPS 双屏操作员站 2 台,EWS 工程师站兼 AMS 设备管理系统站 1 台,彩色激光 A3 打印机 1 台。

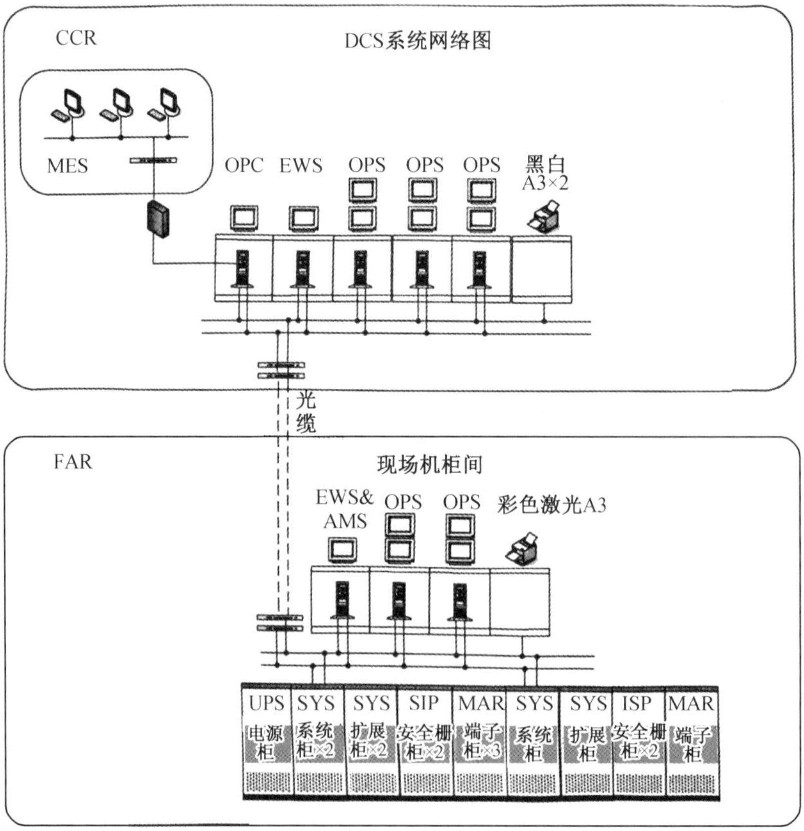


**图 5-4-2　DCS 配置图**

**2. DCS 软件组态**

将一个工艺过程的自动监控过程落实到一套完整的 DCS 应用系统中，不仅需要配备必要的 DCS 软硬件设备，还需要将硬件设备与 DCS 相应软件关联起来，这一纽带就是工程组态工作。通过图形组态，将现场的实际物理信号反映在操作员站的运行画面上，实现对现场工艺运行参数的直接监控；通过算法组态，将控制方案变成控制器可执行的标准语言，通过控制站完成工艺监控策略。

(1)组态步骤

控制系统需要通过工程师站组态软件完成组态后，经过编译生成相关下装文件，然后通过工程师站将这些文件分别下装到现场控制站、操作员站、服务器，从而实现系统的运转，整个流程如图 5-4-3 所示。

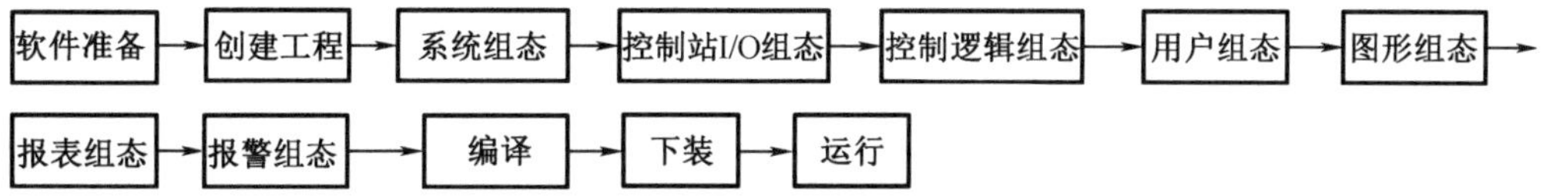


**图 5-4-3　组态流程示意图**

①软件准备——在工程师站上安装组态软件。

②创建工程——创建一个新的组态工程。

③系统组态——添加操作站、控制站，并编辑各站的详细信息（如修改网络地址、定义角色等）。

④控制站 I/O 组态——在各个控制站上组态 I/O 设备、数据变量点等，将现场 I/O 测点信息与数据库关联。

⑤控制逻辑组态——用组态软件进行算法组态，将控制方案变成控制器可执行的语言。

⑥用户组态——用来添加用户，定义其级别和对应的权限；进行与用户操作相关的组态，如启动图形组态、自定义专用键盘的功能键。

⑦图形组态——使用图形软件创建流程图和参数列表，将物理信号反应在操作员站的运行画面。

⑧报表组态——创建报表和打印计划，定时或按需打印重点监测的工艺数据。

⑨报警组态——将系统各种异常与报警画面动作关联。

⑩编译——把组态好的工程编译成相应的下装文件，并生成控制器算法。

⑪下装——执行此命令后，系统将自动把生成的算法和下装文件拷贝到各个操作站上，并将相应的算法程序和工程文件下装到控制站中。

⑫运行——操作员在线进行监控。

(2)组态方式

DCS 的组态方式可分为填表方式、语言方式和图形方式。

①填表方式

功能表格是由制造商提供的用于组态的表格，采用菜单方式，逐行填入相应参数。功能图主要用于表示连接关系,模块内的各种参数则通过填表法或建立数据库等方法输入。

②语言方式

语言方式也称编制程序法,使用类似于高级语言的组态语言,语法简单而针对性强,使用时先根据控制方案编写组态程序,再编译和装载。在顺序逻辑控制组态或复杂控制系统组态时常采用编制程序法。

③图形方式

图形方式是采用图形模块与窗口参数相结合的一种组态方式,它的基本图素是输入、输出、运算、控制等功能模块。组态时先从模块库中调出所需的模块至显示器屏幕,然后进行模块间的连接,最后调出该模块的参数窗口。用户只要在这个有输入项含义提示的相关菜单中直接输入数据和变量,即可构成所需的控制系统。这种"所见即所得"的组态方式,可自动形成组态文件,并下装到分散控制设备,执行既定的控制功能。因此,该方式是最常见的组态方式。

(3)组态类别

DCS 的组态包括系统组态、控制站 I/O 组态、控制逻辑组态、用户组态、图形组态、报表组态和报警组态等。

①系统组态

系统组态是 DCS 硬件设备与相应软件关联的纽带,将整个 DCS 的硬件配置用软件语言描述,并建立硬件、软件的映射关系。组态软件功能包括基本配置组态和应用软件组态。基本配置组态是给系统一个配置信息,如系统的各种站的个数,它们的索引标志每个控制站的最大点数,最短执行周期和内存容量等。应用软件组态包括控制回路的组态、实时数据库生成、工业流程画面的生成、历史数据库的生成等。

②控制站 I/O 组态

以控制站为单位进行的控制站 I/O 组态与物理上的现场控制站具有逻辑上的对应关系。控制站 I/O 组态包括控制站站号、主控单元型号和地址、模块型号与地址、I/O 测点信息的组态,这些信息与硬件现场控制站一一对应。控制站软件组态内容为主控是否能正确初始化和访问、诊断硬件模块信息的决定性条件。

DCS 控制站 I/O 组态时,最常用的 I/O 测点类型有以下几种。

A. 模拟量输入 AI:4~20 mA 的变送器信号、热电阻输入 RTD、热电偶输入 TC。

B. 模拟量输出 AO:4~20 mA 的输出信号。

C. 数字量输入 DI:代表高低电平、开关信号等。

D. 数字量输出 DO:代表设备启停指令、开关指令等。

对应每一个 I/O 测点,都要建立实际采集点与软件变量的一一对应关系。所有测点的数据和计算出的中间变量组成了各个控制站内的实时数据库。在进行 I/O 数据库组态时,组态软件一般可以通过数据库导出、导入功能快速完成 I/O 组态。表 5-4-2 为 DCS 实验装置的 I/O 测点清单。

表 5-4-2 DCS 实验装置的 I/O 测点清单

| 点名 | 点说明 | 量程上限 | 量程下限 | 站号,模块号,通道号 | 单位 |
|---|---|---|---|---|---|
| 1LT101 | 液位水箱液位 | 50 | 0 | 1,1,1 | cm |
| 1LT102 | 反应釜内胆液位 | 50 | 0 | 1,1,2 | cm |
| 1FT101 | #1 冷水泵出水流量 | 2.4 | 0 | 1,1,3 | $m^3/h$ |
| 1FT102 | #2 冷水泵出水流量 | 10 | 0 | 1,1,4 | $m^3/h$ |
| 1FT103 | #3 冷水泵出水流量 | 1.2 | 0 | 1,1,5 | $m^3/h$ |
| 1PT101 | 反应釜压力 | 300 | 0 | 1,1,6 | kPa |
| 1TT101 | 反应釜内胆温度 | 400 | 0 | 1,2,1 | ℃ |
| 1TT102 | 反应釜夹套温度 | 100 | 0 | 1,2,2 | ℃ |
| 1FV101 | #1 冷水泵出水流量调节给定 | 100 | 0 | 1,2,3 | % |
| 1FV102 | #2 冷水泵出水流量调节给定 | 100 | 0 | 1,2,4 | % |
| 1FV103 | #3 冷水泵出水流量调节给定 | 100 | 0 | 1,2,5 | % |
| 1DI102 | 反应釜防干烧保护 | — | — | 1,3,1 | — |

对于每一个输入测点,当 I/O 卡件获取数据并进行处理后,首先存储在控制站的本地实时数据库,控制站可依据该数据库内的对应变量进行计算和控制,操作站可通过系统网络获取该数据进行监视和处理。对于输出点,操作站改变软件变量的数值时,通过站号找到对应的控制站,而控制站通过模块号和通道号找到具体的物理地址,将数据通过该通道送给输出设备。

一般 DCS 的操作员通过仪表名称(变量说明)识别 I/O 测点,监控软件通过位号(点名或称为变量)操纵 I/O 测点,而控制站软件最终通过硬件地址识别 I/O 测点。

③控制逻辑组态

DCS 设计人员通过控制逻辑组态,将控制方案转换为可执行的用户控制程序,用户控制程序在 IEC 61131-3 标准中称为 POU。DCS 中控制逻辑组态分为常规控制方案组态和自定义控制方案组态,自定义控制方案需要编写程序,而常规控制方案只要选取相应的功能块填入参数即可。

常规控制方案以简单的单回路定值控制系统为最基本、最常用的控制方案。各种组态软件都会针对单回路控制提供 PID 算法模块,在组态时只要调用该功能块,并设置好参数,就可以组成用户控制程序。DCS 运行时,首先将 I/O 测点获得的数据经过线性化、校正等处理,POU 利用处理过的数据进行运算,产生控制输出,对回路进行调节和控制,如图 5-4-4 所示。

计算机执行控制过程并不是像模拟仪表那样连续进行的,而是每隔一定的周期(采样周期)进行一次测量采样和控制量输出计算,称为采样控制。由于计算机只能根据采样时刻的偏差值计算控制量,因此控制规律中的积分项和微分项不能直接地进行准确计算,只能用数值计算的方法逼近。只要采样周期 $T$ 选择合适,这种数值逼近所实现的控制过程与连续控制十分接近,称为"准连续控制"。

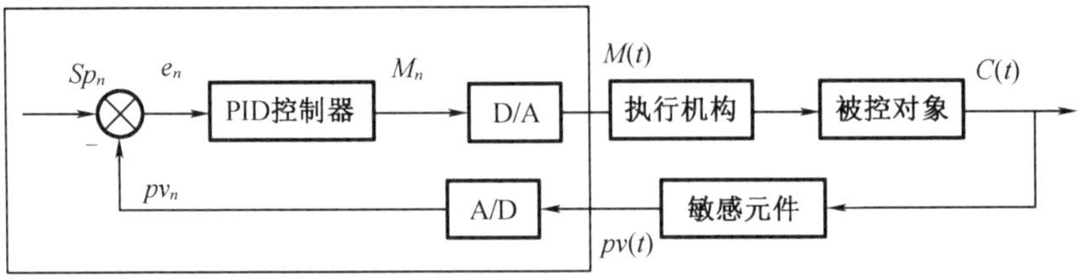


图 5-4-4　单回路计算机控制原理图

PID 控制的实现原理是:用求和代替积分、用后向差分代替微分,使模拟 PID 方程离散化为差分方程。其实现形式包括位置式 PID 控制算法和增量式 PID 控制算法。位置式 PID 控制算法需要保留当前时刻及其之前所有时刻的偏差值,而增量式算法只需保留当前时刻及其之前两个时刻的偏差值,有利于简化编程和避免累计误差,在实际中应用更为广泛。

组态软件还提供了一些现成的控制方案,比如串级、均匀、前馈、选择性、分程等,结合自定义编程还可以实现更为复杂的控制逻辑。常见的复杂控制方案有以下几种。

A. 串级控制

由两个控制器串接工作,其中一个控制器的输出是另一个控制器的给定值,共同控制执行器的控制系统称为串级控制系统。串级控制系统有两个闭合回路,即主回路和副回路;有两个控制器,即主控制器和副控制器;有两个测量变送器,分别测量主变量和副变量。

在串级控制系统中,两个控制器是串联工作的。主控制器的输出作为副控制器的给定值,系统通过副控制器的输出去控制执行器动作,实现对主变量的定值控制。所以,主回路是一个定值控制系统,而副回路是一个随动控制系统,如图 5-4-5 所示。

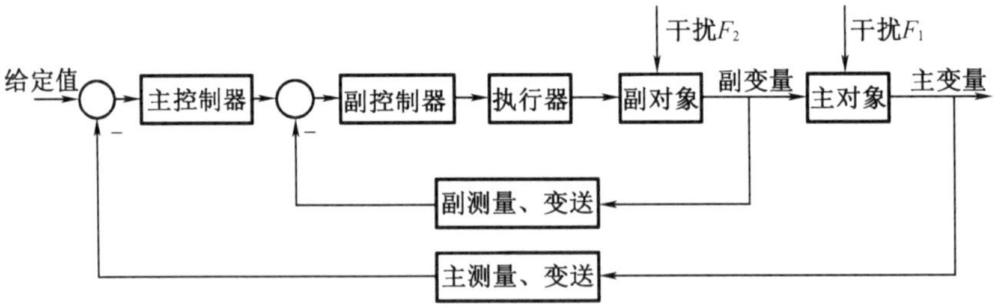


图 5-4-5　串级控制系统方框图

B. 均匀控制

均匀控制系统具有使控制变量与被控变量在一定范围内缓慢地变化的特殊功能。在定值控制系统中,为了保持被控变量恒定,控制变量的幅度可以较大地变化,而在均匀控制系统中,控制变量与被控变量通常是同样重要的。控制的目的是使两者在干扰作用下缓慢而均匀地变化。

C. 前馈控制

理想的过程控制要求被控变量在过程特性存在大滞后和多个干扰的情况下,持续保持在工艺所要求的数值上。可是反馈控制永远不能实现理想的控制效果。因为控制器只有在输入被控变量与给定值的偏差之后才发出控制指令,也就是说系统在控制过程中必然存在偏差,因而不能获得完美的控制效果。与反馈控制不同,前馈控制直接按干扰的大小进行控制,从理论上来说,前馈控制能够得到完美的控制效果。前馈控制系统方框图如图5-4-6所示。

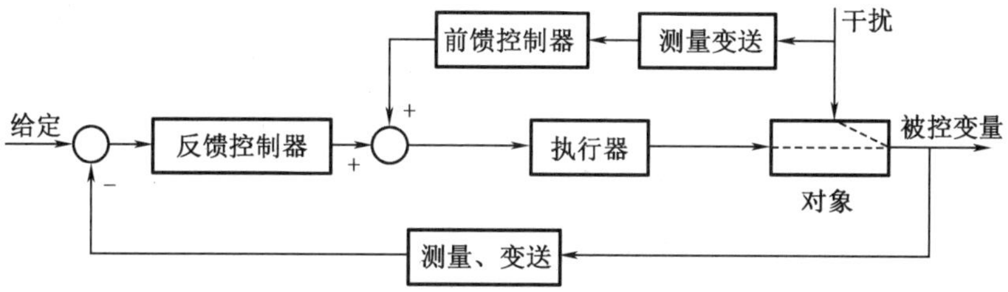


图 5-4-6　前馈控制系统方框图

D. 选择性控制

选择性控制是把工业生产过程中的限制条件所构成的逻辑关系,叠加到正常的自动控制系统上去的一种组合控制方法。即在一个过程控制系统中,设有两个控制器,通过高、低值选择器选择出能够适应生产安全状况的控制信号,实现对生产过程的自动控制。这种选择性控制系统又称为自动保护系统。

E. 分程控制

在某些工业生产过程中,根据生产工艺的要求,需要将控制器的输出信号分段,分别去控制两个甚至两个以上的控制阀,以便使每个控制阀在控制器输出的某段信号范围内进行全行程动作,这种控制系统称为分程控制系统。分程控制系统方框图如图5-4-7所示。

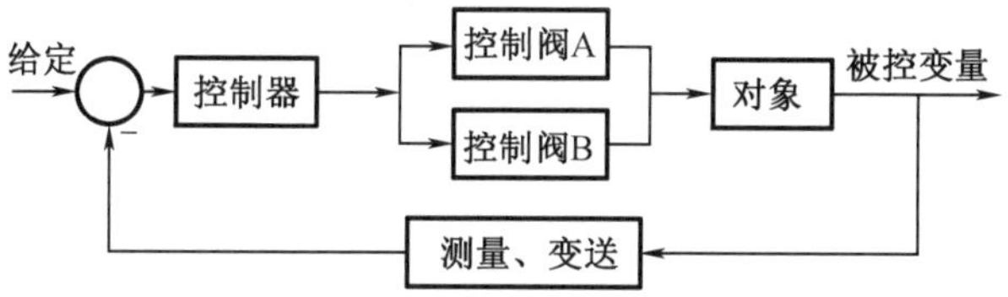


图 5-4-7　分程控制系统方框图

④用户组态

DCS的用户组态,主要是进行用户权限的配置。在设计和生产过程中,对不同的用户设置不同的工作条件,并设置相应的密码,用户授权解决不同层次的操作权限问题,避免未经授权的误操作。

常见的用户角色一般有以下几种。

A. 观察员:只能观察数据,不能做任何修改和操作。

B. 操作员:本权限适用于合格的DCS操作人员,除了监控,可对授权回路进行操作和基本参数修改,可以查询操作记录,可以进行报表打印等操作。本权限适合一般系统操作人员。

C. 工程师：在操作员权限基础上，还可进行组态、系统参数设置；可以下载系统文件；可以退出监控系统；可以增减操作员及修改密码。本权限适用于系统运行维护人员。

D. 系统管理员：为特权等级，可以对系统进行维护，增加、减少操作人员、工程师；改变操作人员、工程师权限和修改其口令；其他一些系统特殊功能。本权限适用于 DCS 维护人员。

DCS 中操作人员的权限取决于登录系统的用户名和所选角色，在操作员站用工程师角色登录则具有工程师权限。

有些 DCS 在控制系统规模较大时，会设置多个操作组（操作小组），类似于 Windows 的用户组。不同的用户组可观察、设置、修改不同的画面、流程图、报表。一个用户可加入多个操作组，一个操作组中不同用户的权限有多个级别，可满足不同的操作需求。操作组可满足不同工段监控需求，监控时系统自动过滤与本工段无关信息。在一个工段也可设置多个操作组，将监控工作进一步细分。操作组的划分有利于划分操作员的岗位职责，简化操作人员操作，突出监控重点。

⑤图形组态

图形组态是指根据提供的工艺流程图，使用图形编辑软件对现场工艺参数和设备进行监视与操作的流程画面。

DCS 的画面组态包括两个方面：一是画出多幅能够反映被控制的过程概貌的图形；二是进行数据连接和动画连接，当现场的参数发生变化时，就可以及时地在显示器上显示出来，或者通过在屏幕上改变参数来控制现场的执行机构。只有通过数据连接和动画连接，才能实现参数在画面的动态显示和呈现动画效果。

DCS 画面的数据连接包括下面 4 种情况。

A. 直接连接，实现画面与仪表数据的双向传送。

B. 间接连接，实现画面与中间变量的数据传输，中间变量可能是用户自定义的参数，也可能是 I/O 测点通过计算生成的。

C. 主动连接，实现操作人员对现场仪表的控制，操作人员通过键盘、鼠标改变画面元素的参数值时，监控软件通过主动连接传输到现场仪表。

D. 被动连接，实现现场数据的采集与显示，数据是从现场到监控软件画面的单向传送。

常见的用于监控的画面类型有系统总貌画面、数据一览画面、工艺流程图、控制分组画面、仪表面板等。

A. 系统总貌画面

系统总貌画面显示系统各设备、装置、区域的运行状态，以及全部过程参数变量的状态、测量、设定值、控制方式（手动/自动状态）、高/低报警等信息。从各显示模块可以调出其他画面。系统总貌画面是各个实时监控操作画面的总目录，主要用于显示过程信息，或者作为索引画面，进入相应的操作画面。

B. 数据一览画面

数据一览画面根据组态信息和工艺运行情况，动态更新每个位号的实时数据值，包括序号、位号、描述、数值和单位等信息，也可做成表格画面。这种画面是为了方便用户集中监视各种状态下的变量情况。

C. 工艺流程图

图形画面生产装置的图片、工艺流程图、设备简图、单线图等都可以在 CRT 上显示出来，每个画面都包括字母、数字、字符和图形符号，通常采用可变化的颜色、图形、闪烁表示过程变量的不同状态，所有过程变量的数值和状态每秒动态刷新。

所有监控点的数据均可在图中实时显示，过程量报警可通过图中数据的颜色变化来提示操作人员，现场液位的高低在图中可通过液柱直观体现，双击图中控制点的工位名称可直接调出仪表面板，便于快速操作。操作人员在此画面对有关过程变量实施操作和调整。

流程图画面是工艺过程在实时监控画面上的仿真。流程图画面根据组态信息和工艺运行情况，在实时监控过程中动态更新各动态对象，如数据点、图形等。

D. 控制分组画面

控制分组画面以模拟仪表的表盘形式按事先设定的分组，同时显示几个回路的信息，包括过程参数变量的测量值、调节器的设定值、输出值、控制方式等。操作员可从分组画面调出任意一个变量（模拟量或离散量）的详细信息。对模拟回路可以手动改变设定值、输出值、控制方式等；对离散量可以手动操作设备的开启和停止，画面显示出指令状态和实际状态。通过仪表面板的方式显示各个位号以及回路的各种信息。

E. 仪表面板

仪表面板可通过工艺流程图或控制分组进入，通过数值、趋势图以及内部仪表来显示位号的信息。仪表画面显示一些控制操作对象：手操器、顺控器、单回路 PID 模块、串级回路、前馈控制回路、比值控制回路、采样控制回路等。

在操作人员拥有操作某项数据的权限及该数据可被修改时，才能修改数据。通过操作人员键盘的增减键也可以修改数值项；使用鼠标左键可切换按钮，如回路仪表的手动/自动/串级状态；回路仪表的给定（SV）和输出（MV）可通过滑动杆控制。

⑥报表组态

在工业控制系统中，报表是一种十分重要且常用的数据记录工具。它一般用来记录重要的系统数据和现场数据，以供工程技术人员进行系统状态检查或工艺分析。

报表组态时利用通用表格工具绘制表格，在报表上添加相应的数据信息描述。报表中所需要的数据都来自历史数据库。历史数据库是 DCS 数据库的一个重要组成部分，一般包括以下 4 种。

A. 趋势历史库

趋势历史库是为显示趋势曲线的。趋势曲线是 DCS 监控的一种重要方法。

B. 统计历史库

统计历史库记录一段时间内的统计结果，用于生成报表。记录的数据除了过程值外，还有中间计算值，如原材料的用量、产品的数量等。统计历史库数据采样时间长，通常 0.5 h 或 1 h 记录一次。保存数据时间较长时，由于所占用的系统资源较多，具体时间取决于操作站的配置。

C. 日志记录

日志用于记录系统中各种事件的变化，典型的有开关量变位、人工操作记录、设备故障的内容。日志记录按绝对时间记录，并且分类记录，方便查询。

D.事件顺序记录

事件顺序记录也按绝对时间记录,通常记录开关量。

报表过程包括事件定义、时间引用、位号引用等3个过程。事件定义用于设置数据记录、报表产生的条件,系统一旦发现事件信息被满足,即记录数据或触发产生报表。若没有定义事件,则在报表输出时采用周期输出(也可称为时间事件)。

报表输出时需要定义报表输出的周期、精度以及记录方式和输出条件。记录周期是对报表中组态好的位号及时间量进行数据采集的周期。记录周期必须小于输出周期,输出周期/记录周期=最大记录点数。报表输出的条件包括两种:周期输出和事件触发输出,若定义了事件触发输出,则周期输出被屏蔽。

⑦报警组态

报警功能是DCS很重要的一项功能,当生产中被控或被监视的某个参数越限时,以声音、灯光等方式发出报警信号,提醒操作人员注意并采取相应的措施。报警组态包括报警内容、报警级别、报警方式和报警动作的定义。

仪表控制系统报警内容包括工艺报警和设备报警。设备报警是指DCS本身硬件、软件故障引起的报警。工艺报警类型一般包括仪表异常报警、绝对值报警、偏差报警、速率报警和累计报警。

以绝对值报警为例,如果参数在量程范围内,只是超过设备允许的运行范围(上限、下限)则发出声光报警,如果参数进一步超出极限(上上限、下下限)则触发安全保护系统动作。报警系统中,往往以不同形式、不同颜色的灯光来帮助操作人员判断故障的性质,一般来说,“闪烁”表示刚出现的故障或第一故障,“平光”表示操作人员确认后继续存在的故障或第二故障。

报警动作是指在报警发生、报警确认或关闭时定义计算机系统自动执行的与该报警相关的动作,比如推出报警画面。报警画面中可显示报警序号、报警时间、位号名、位号描述、报警内容、优先级、确认时间和消除时间等。在报警信息列表中可以显示实时报警信息和历史报警信息两种状态。实时报警列表定时检测一次位号的报警状态,并刷新列表中的状态信息。历史报警列表只是显示已经产生的报警记录。

## 三、DCS的安装与调试

DCS厂家准备好硬件(操作站、现场控制站等)和组态好软件后,就可以发货到用户进行现场安装调试工作。一般DCS厂家技术人员到现场指导安装单位进行系统设备的现场就位与安装工作。

**1.DCS的安装**

(1)安装前的检查工作

在DCS安装就位之前,先要做下列检查。

① DCS室位置是否合适,空间是否充足,地面的承载力能否承担机器设备的质量,安装固定装置与DCS设备是否配套,走线槽是否合理。

②电源供电系统是否符合要求。

③接地措施是否符合要求。

④控制室环境是否符合要求。

(2)安装就位

检查符合要求后,就可以开始设备的就位与安装。

将 DCS 的各设备(操作员站、工程师站、服务器、通信站及现场控制站等)分别就位,在就位过程中要仔细阅读厂家提供的“操作站、机柜平面布置图”,核实各站的编号和其在图中的位置,将各站按位置要求就位。

(3)上电检查

系统安装就位后,连接好电源和接地以及系统的网络线,就可以先进行上电检查,注意此时先不要接控制线,使各 I/O 处于空载状态。此时检查下列内容。

①各设备(操作员站、工程师站、服务器、通信站及现场控制站等)是否上电工作正常,指示灯指示是否正确。

②网络工作是否正常,软件能否正常运行。

③如果和出厂调试结果一致,就可以断电进行下面的工作,发现问题要及早修复。

(4)系统信号电缆敷设与端子接线

DCS 的接线往往是 DCS 现场工作中工作量最大、最麻烦、最容易出错的工作。几乎没有哪一个现场工程的接线工作是保证一次全部正确的。

在真正进行接线之前,接线人员一定要仔细地阅读“系统控制采集测点清单”和“信号端子接线图”,仔细确认每一信号的类型(AI、AO、DI、DO)、传感器或变送器的类型、开关量的通断及负载的性质,仔细对照各机柜及机柜内各模块的位置,确认各接线端子的位置,然后开始按规定步骤接线。

接线完成后,要仔细检查现场接线的正确性,包括以下内容。

①对照“信号端子接线图”和各信号线上的标签,检查信号线的正确性(包括有无错位、正负极是否正确、连接是否紧固等)。

②在与计算机 I/O 断开的条件下,对各现场信号的现场仪表加电,在计算机接线端子上核实所接信号的电气正确性。对于模拟信号,要测出仪表输出最小、最大时的端子测量值,对于开关量信号,要测出关、开两种状态时,端子上的电压读数。将这些值与“系统控制采集测点清单”对照,检查每一路的信号性质、量程和开关负载是否正确。做好测试记录。全部正确无误后,才算接线工作已正确完成。

③注意,尽量合理地布线,防止柜外走线、槽内走线不规则、混乱的情况,而且机柜内的走线要工整、美观,每对端子的紧固力度大小合适。

**2. DCS 的调试和投运**

DCS 调试是确保 DCS 系统安全稳定、准确可靠运行至关重要的一步工作。它是 DCS 系统机柜现场安装完毕、信号电缆接线完成、DCS 组态工作初步完成之后,系统准备上电开始直至 DCS 全部正常运行所进行的工作。DCS 调试步骤如图 5-4-8 所示。

系统调试的一般程序如下。

(1)上电前检查

①DCS 设备接地检查:检查控制站内部、操作站及主机等设备的接地。接地电阻需小于 4 Ω,可用手摇式接地电阻测量仪或使用钳形接地表进行测量。

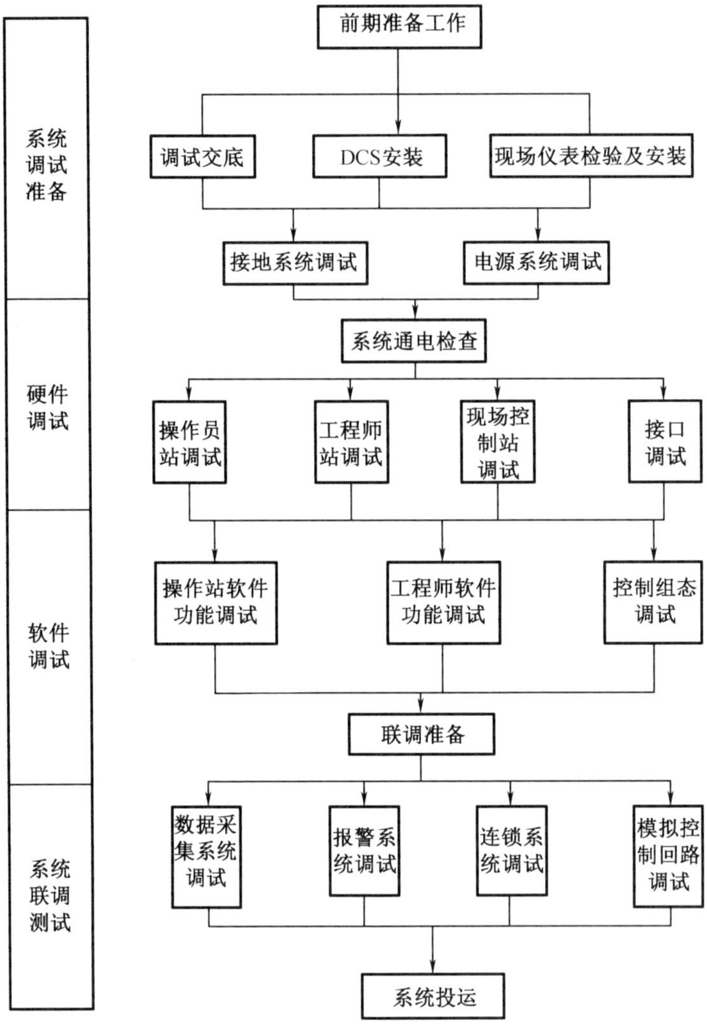


**图 5-4-8　DCS 调试步骤**

②每个电源负载接线检查、绝缘检查。

③ DCS 设备检查内容如下。

A. 检查主控单元内部件是否有松动的情况。

B. 各电源端子是否牢固。

C. 明确进入 DCS 配电柜的双路电源已正确连接。

D. 明确通过 DCS 配电柜到各电源负载的名称、开关及顺序。

E. 各负载的电源线已正确连接及开关处于断开位。

F. 各负载的电源线绝缘正常。

(2)系统上电

系统检查正常后,就可以给各控制站逐一送电。如发现不正常时,马上停电检查,确认原因,消除故障后再重新送电。

(3)硬件调试

逐一设置计算机 IP 地址,检查网络连接情况,网络正常后,对 DCS 的操作站、控制站进行调试,检查各模块的工作情况及技术性能。

(4)软件调试

检查操作站的各种功能是否满足要求,如数据监视功能、趋势记录功能、报警及日志功能、系统管理功能等。

(5)系统调试

①手操系统的投入

在控制机柜、操作站和执行机构送电后,通过操作站做阀门或执行机构的开关动作试验,检查阀门和执行机构的动作方向应与操作方向一致,且位置反馈应与执行器位置相对应,手/自动切换正常。

②执行机构的检查

执行机构安装应正确,外观检查应无损坏,阀门应能保证全开、全关。动作应灵活、平稳,无卡涩、跳动现象,各开度应和位置发送器输出保持线性关系,并记录调试结果。

③控制系统的开环试验

根据装置运行要求,对控制系统组态进行进一步检查与修改,设定静态参数的初始值和动态参数的预估值,根据系统工作过程和调节原理确定各主、副控制器动作方向。

检查各限幅、报警功能、各逻辑动作应正确无误。对系统进行手/自动切换试验,检查其是否有扰动。

(6)系统投运

DCS 调试完毕,经过相关测试与验证,各项功能和性能符合要求后,即可将系统投入在线运行。合理、正确地掌握控制系统的投运,使系统无扰地、迅速地进入闭环自动控制,是工艺过程平稳运行的必要条件。控制回路的投运应遵循“先手动,后自动”的原则,在手动调节稳定的前提下,进行自动运行。控制系统投运的一般步骤如下。

①投运前的各项检查工作已完成。

②检测系统投运:逐个开启仪表和检测变送器,检查仪表显示值的正确性。

③控制器投运:通过手动操作控制阀,使工况趋于稳定以后,控制器就可以由手动切换到自动,实现自动操作。

④控制器参数整定:根据实际情况进行 PID 控制器参数的整定,直到被调工艺参数满足要求为止。

## 四、DCS 的性能指标

这里主要讨论两个指标:可靠性和安全性。

可靠性通常包含两重意思:一是指产品在规定的时间内,完成规定功能的能力,即可使用性;二是指故障发生后通过维修使系统恢复工作的能力,即可维修性。两者统称为可靠性。

安全性是指系统在承诺的正常工作条件或指明的故障情况下,不对财产和生命带来危害的性能。安全性总是要依靠一些永恒的物理外力作为最后一道屏障,比如,重力不会因停电而消失,往往用于紧急情况下关闭设备。

可靠性侧重于考虑系统连续正常工作的能力。安全性注重于考虑系统故障的防范和处理措施,并不会为了连续工作而冒风险。当然,在一些情况下,停机就意味着危险的降临,如飞机发动机停止工作。在这种情况下,几乎可以认为可靠性就是安全性。

**1. DCS 的可靠性指标**

DCS 的可靠性指标通常用概率来定义,常用的有可靠度 $R(t)$、平均故障间隔时间(MTBF)、平均故障修复时间(MTTR)、利用率 $A$ 等。

(1)可靠度 $R(t)$

可靠度 $R(t)$ 即用概率来表示的零件、设备和系统的可靠程度。它的具体定义是:设备在规定的条件下(指设备所处的温度、湿度、气压、振动等环境条件和使用方法及维护措施等),在规定的时间内(指明确规定的工作期限),无故障地发挥规定功能(应具备的技术指标)的概率。

一个复杂系统的可靠度除了与构成系统的子系统及其元器件的可靠度有关外,还与系统的结构形式有关。在串联系统中只要有一个发生故障,系统就会发生故障;而并联系统中除非全部子系统发生故障,系统才出故障。

(2)平均故障间隔时间(MTBF)

平均故障间隔时间(MTBF)是指各次故障间隔时间 $t$ 的平均值,平均故障间隔时间即各段连续工作时间的平均值。

(3)平均故障修复时间(MTTR)

平均故障修复时间(MTTR)是指设备或系统经过维修,恢复功能并投入正常运行所需要的平均时间。

平均故障修复时间也是一个统计值,它远小于平均故障间隔时间。平均故障间隔时间越大、平均故障修复时间越小的系统其可靠性越高。

(4)利用率 $A$

利用率是可修复产品的一个可靠性指标,又称有效率或有效度,它表征了产品正常工作时间和总时间的比率。有效度有 3 种形式:瞬时有效度、平均有效度和极限有效度。

极限有效度亦称稳态有效度,是时间趋于无限大时瞬时有效度的极限值。

$$A(\infty)=\frac{t_{\mathrm{MTBF}}}{t_{\mathrm{MTBF}}+t_{\mathrm{MTTR}}}$$

如果把系统的平均故障间隔时间作为完成正常运行的时间,把平均故障修复时间看作故障时间,则极限有效度就是设备或系统可能工作的时间系数,亦称为利用率或使用率。

**2. 提高系统利用率的措施**

由利用率的定义式可以看出,要提高利用率就需要增加平均故障间隔时间和减少平均故障修复时间。DCS 提高利用率的措施归纳起来有 3 个方面:提高元器件和设备的可靠性;提高系统对环境的适应能力;采用可靠性技术。

(1)提高元器件和设备的可靠性

硬件质量的好坏是系统可靠与否的基础,必须加强对硬件的质量管理。

①建立严格的可靠性标准,优选元器件,建立元器件的性能老化模型,有效地筛选元器件,消除元器件早期失效对系统可靠性的影响。

②研究元器件失效的机制,并制定有效措施,规定合理的使用条件。

③提高组件的制造工艺水平,强化检验措施,降低组件制造工艺引起的故障。

(2)提高系统对环境的适应能力

环境变量是影响系统可靠性和安全性的重要因素,所以研究可靠性,就必须研究系统的环境适应性。通常纳入考虑的环境变量有:温度、湿度、振动、防尘、防水、防腐、防爆、电磁兼容性等。

环境温度过高或过低,都会对系统的可靠性带来威胁。低温一般指低于 0 ℃的温度。低温的危害有电子元器件参数变化、低温冷脆及低温凝固(如液晶的低温不可恢复性凝固)等。高温一般指高于 40 ℃的温度。高温的危害有电子元器件性能破坏、高温变形及高温老化等。

湿度对设备的影响如下。

①相对湿度超过 65%,就会在物体表面形成一层水膜,使绝缘劣化。

②金属在高湿度下腐蚀加快。

振动可导致设备紧固件松动或疲劳断裂。设备安装在转动机械附近,即是典型的振动。控制设备的振动分为低频振动(8~9 Hz)和高频振动(48~62 Hz)两种。

电子系统要在复杂的电磁环境中可靠地工作,必须从设计上确保各种干扰得到抑制。电磁兼容性和抗干扰是非常相近的内容。在电子系统设计中,提高其电磁兼容性和抗干扰能力的“六大法宝”是:接地;隔离;屏蔽;双绞;吸收;滤波。

(3)采用可靠性技术

容错技术是指当系统出现错误或故障时,仍能正确执行全部程序,是提高系统可靠性的一种关键技术。容错技术可分成局部容错技术和完全容错技术。前者是从系统中去除有“病”的功能部件,重新组成一个新系统,让原系统降级使用;而后者则是切换前后功能完全相同。当然这两者都是自动进行的,无须人工干预。

要达到容错目标的根本办法是采用冗余技术,就是采用多余的资源来换取系统的可靠性。并行使用多个系统部件,并具有故障检测和校正功能的系统称为冗余系统。冗余技术一般包括硬件冗余技术、软件冗余技术、信息冗余技术和时间冗余技术。

①硬件冗余技术

硬件冗余技术就是增加多余的硬件设备,以保证系统可靠地工作。按冗余结构在系统中所处的位置,可分为元件级、装置级和系统级冗余。按冗余结构的形式可分为工作冗余(热备用)、后备冗余(冷备用)和表决系统 3 种。

A. 工作冗余是使若干同样装置并联运行,只有当组成系统的并联装置全部失效时系统才不工作。

B. 后备冗余是指仅在主设备故障时才投入工作的储备,它可以采取一用一备的方式,即为 1∶1后备冗余,也可以是多用一备的方式,即 $n$∶1后备冗余。假定备用单元不工作时失效为零,从理论上说,后备冗余的系统连续工作时间可无限长。

C. 表决是指冗余系统中用多数原则将每个支路的数据进行比较和修正,从而最后确定结论的一种机理。表决系统由若干个工作单元和一个表决器组成,每个工作单元的信息输入表决器,只有当有效的单元数超过失效的单元数时,才能做出输入为正确的判断,也即失效部件数小于有效部件数时,系统才正常工作。

②软件冗余技术

在 DCS 中实现软件冗余时,可以考虑以下几种方法。

A. 备份系统:创建一个备份系统,以便在主系统出现故障时切换到备份系统。这可以通过热备份(备份系统随时准备就绪)或冷备份(备份系统需要手动启动)来实现。

B. 多实例部署:同时运行多个相同的应用程序实例,以确保即使一个实例出现故障,其他实例仍然可以提供服务。

C. 数据冗余:确保数据在多个位置进行存储,以防止数据丢失。这可以通过数据库复制、分布式文件系统或对象存储来实现。

③信息冗余技术

信息冗余技术是利用增加的多余信息位提供检错甚至纠错的能力。增加多余的信息位后,能实现检错还是纠错,主要取决于出错后的数据相对于原数据怎样分布,如果原数据的出错码相互之间并不重复,则能根据出错数据判定原数据是什么,因此能纠错,这样的代码称作“纠错码”。另一种情况是原数据的出错码之间互相重复,根据接收的错误码不能判断其发送的原码,这样的代码只能称作检错码。

④时间冗余技术

时间冗余技术是指通过消耗时间资源达到容错的目的。这种错误都带有瞬时性和偶然性,过一段时间可能不再出现。

当计算机出错后,让当前指令重复执行,这种方法称为指令复执。若不是永久性故障,可能不会再出现,程序可顺利地执行下去。它的基本要求是出错后保留现行指令地址,以备重新执行,执行一次后不自动往下继续执行,待预定的复执次数或复执时间到达后才往下继续执行新的程序,若复执完毕仍然处于故障状态,则复执失败。

如果不是只对一条指令的重复执行,而是针对一小段程序重复执行,则称为程序卷回方法。重复执行成功,则继续往前执行,重复执行失败,可以再卷回若干次。时间监视由定时计数器来完成,程序正常后自动停止计时。

**3. DCS 的安全性**

DCS 的安全性包含 3 个方面的内容:功能安全、人身安全和信息安全。功能安全和人身安全对应英文 safe 一词,信息安全对应 security 一词。

(1)功能安全(functional safety)

功能安全是指系统正确地响应输入从而正确地输出。在传统的工业控制系统中,特别是在所谓的安全系统(safety systems)或安全相关系统(safety related systems)中,所指的安全性通常都是指功能安全。比如在连锁系统或保护系统中,安全性是关键性的指标,其安全性也是指功能安全。功能安全性差的控制系统,其后果不仅仅是系统停机的经济损失,而且往往会导致设备损坏、环境污染,甚至人身伤害。

(2)人身安全(personal safety)

人身安全是指系统在人对其进行正常使用和操作的过程中,不会直接导致人身伤害。例如,系统电源输入接地不良可能导致电击伤人,就属于设备人身安全设计必须考虑的问题。通常,每个国家对设备可能直接导致人身伤害的场合,都颁布了强制性的标准规范,产品在生产销售之前应该满足这些强制性规范的要求,并由第三方机构实施认证,这就是通常所说的安全规范认证,简称安规认证。

(3)信息安全(information security)

信息安全是指数据信息的完整性、可用性和保密性。信息安全问题一般会导致重大经济损失,或对国家的公共安全造成威胁。病毒、黑客攻击及其他的各种非授权侵入系统的行为都属于信息安全研究的重点问题。

## 五、DCS 的检测与维护

### 1. 实验装置组成与功能

该实验装置由 3 部分构成:操作站、控制站和现场测控装置。

DCS 操作站包括一个操作员站和一个工程师站。控制站包括两个机柜,含有电源模块、主控卡、I/O 卡件、接地板、端子板、安全栅模块、继电器模块、交换机等。

现场测控装置由工艺对象、仪表和电气控制箱组成。工艺对象包括水箱、反应釜、管道和动力装置。动力装置分为 3 路:第一路为水箱供水,第二路为反应釜内胆供水,第三路为反应釜夹套供水。检测仪表主要有 PT100 温度传感器、压力变送器、液位传感器、电磁流量计、孔板式流量计等,它们安装在相关被控对象上或与其连接的管道上。执行机构有气动薄膜式调节阀、电动调节阀、变频器和加热调压模块。电气控制箱主要包括空开、按钮、指示灯、变频器等,用于现场仪表供电、状态指示、设备的就地启停操作。图 5-4-9 为 DCS 实验装置的工艺流程图。

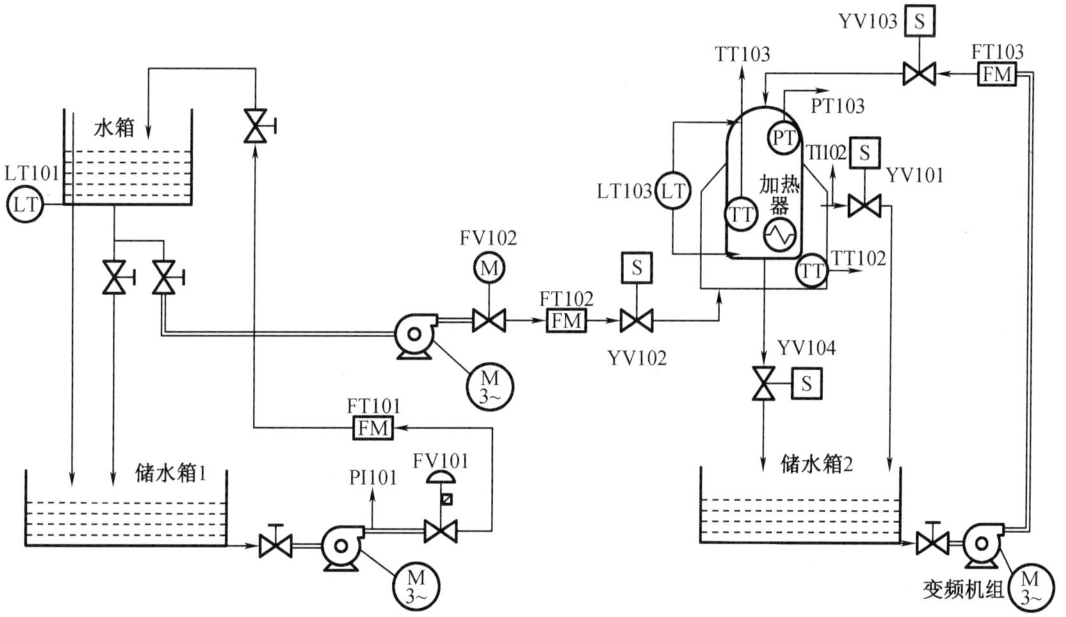


图 5-4-9　DCS 实验装置的工艺流程图

该实验装置可用来研究液位、温度、流量及压力等热工参数的检测及控制。该装置实现的主要功能如下。

(1)水箱水位的检测与远程显示,水箱进口流量的检测与远程显示,水箱水位的手动和自动控制,水箱水位与进口流量的串级控制。

(2)反应釜内胆水位的检测与显示,反应釜内胆压力的检测与显示,反应釜内胆进水流量的检测与显示,反应釜内胆水位的手动和自动控制,反应釜内胆水位与进水流量的串级控制。

(3)反应釜内胆水温的检测与显示,反应釜内胆加热控制,反应釜内胆水温的自动控制。

(4)反应釜夹套出口水温的检测与显示,反应釜夹套进水流量的检测与显示,反应釜夹套出口水温的自动控制,反应釜夹套出口水温与进水流量的串级控制。

**2. DCS 常规检测与维护**

在对 DCS 进行常规维护时,需要了解“DCS 系统配置图”“DCS 控制室布置图”“DCS 通信图”等。

(1)操作站的检测与维护

①操作站安装使用环境检查

A. 检查操作站室内的环境温度、湿度是否符合要求。

B. 检查室内噪声情况。

C. 检查操作台紧固情况。

D. 检查室内卫生情况。

②操作站外观检查和维护

A. 检查操作台的清洁状态,用抹布进行清洁。

B. 检查主机及外设外观的清洁状态,用吸尘器进行清洁。

C. 检查主机与外设接线的紧固情况,对接线进行紧固。

③操作站主机的运行状态检查

A. 确认主机正常运行无警报。

B. 检查主机运行指示、显示器显示、键盘鼠标工作是否正常。

C. 检查网络端口的连接状态。

(2)控制站的检测与维护

①控制站安装使用环境检查

A. 检查控制站室内的环境温度、湿度是否符合要求。

B. 检查室内噪声情况。

C. 检查室内照明情况。

D. 检查室内通风情况。

E. 检查屋顶有无雨水泄漏痕迹。

②控制站外观检查和维护

A. 检查机柜门是否完好、开启是否顺畅。

B. 检查过滤网的清洁状况。

C. 检查模块插接的紧固情况,检查端子接线的紧固情况。

D. 检查接线端编号的完整性。

E. 确定模块的各个指示灯状态。

F. 检查模块的发热情况。

(3)通信设备的检测与维护

①检查交换机清洁情况,使用抹布清洁表面灰尘。

②检查网线标注情况。

③检查交换机电源指示,紧固电源线连接。

④检查网络端口连接情况,紧固网线连接。

**3. DCS 接地检测与维护**

(1)接地的分类

地球是一个巨大的导体,可以存储海量的电荷。接地就是基于这样一个基本的物理基础所采取的技术手段。接地按其作用可分为保护性接地和功能性接地两大类。

①保护性接地

A. 防电击接地:为了防止电气设备绝缘损坏或产生漏电流致使平时不带电的外露导电部分带电而导致电击,将设备的外露导电部分接地,称为防电击接地。这种接地还可以使线路涌流或低压线路及设备由于高压窜入而引起的高电压;当产生电气故障时,有利于过电流保护装置动作而切断电源。这种接地,也是通常的狭义的“保护接地”,它又分为保护导体接地(PE,也称为保护接地)和保护中性导体接地(PEN,也称为保护接零)两种方式。

B. 防雷接地:将雷电导入大地,防止雷电流使人身受到电击或财产受到破坏。

C. 防静电接地:将静电荷引入大地,防止由于静电积聚对人体和设备造成危害。特别是目前电子设备中集成电路用得很多,而集成电路容易受到静电作用产生故障,接地后可防止集成电路的损坏。

D. 防电蚀接地:地下埋设金属体作为牺牲阳极或阴极,以防止电缆、金属管道等受到电蚀。

②功能性接地

A. 逻辑接地:为了确保稳定的参考电位,将电子设备中的某个参考电平点(通常是电源的零电位点)接地,也称为电源地或直流地。它是 DCS 内部电信号传递和电路运算的基准参考电平。

B. 系统接地:一般指 24 V 负端,是 DCS 信号提供的一个基准点。

C. 屏蔽接地:将电气干扰源引入大地,抑制外来电磁干扰对电子设备的影响,也可减少电子设备产生的干扰影响其他电子设备,也称为模拟地。

D. 信号回路接地:如各变送器的负端接地、开关量信号的负端接地等。

E. 本安接地:为保证系统向防爆区传送的能量在规定的范围之内,将安全栅、本安仪表等设备安全地连接到供电电源的零电位点。

(2)仪表系统接地要求

仪表系统接地通常分为保护接地、工作接地、本安接地和防静电接地 4 种类型。

①保护接地要求

用电仪表的金属外壳及自控设备正常不带电的金属部分(所以有时候也称为机壳地),由于各种原因(如绝缘破坏等)而有可能带危险电压。下列用电仪表及自控设备应做保护接地。

A. 仪表盘、仪表操作台、仪表柜、仪表架和仪表箱。

B. 仪表控制系统机柜和操作站。

C. 计算机系统机柜和操作台。

D. 供电盘、供电箱、用电仪表外壳、电缆桥架、保护管、接线箱和铠装电缆的铠装护层。

低于 36 V 供电的现场仪表、变送器、就地开关等,若无特殊要求时可不做保护接地。由于现场的安装情况非常复杂,低于 36 V 供电的现场仪表的金属外壳也可能接触到高于 36 V 的其他电源,在这样的情况下,这些仪表的外壳也应做保护接地。

②工作接地要求

如图 5-4-10 所示,工作接地包括信号回路接地和屏蔽接地。

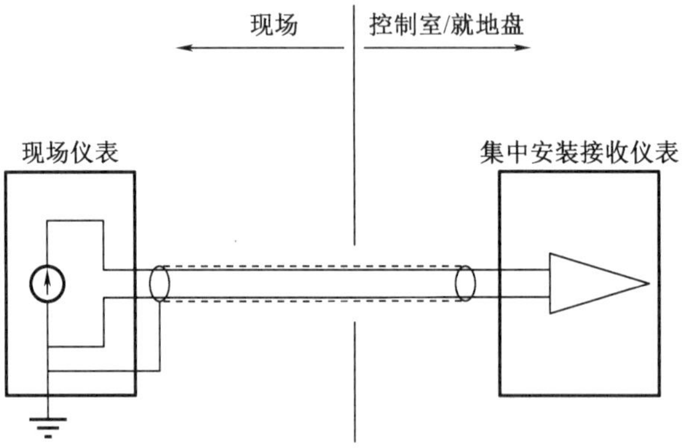


图 5-4-10　信号回路接地和屏蔽接地示意图

信号回路接地应满足下列要求。

A. 在自动化系统和计算机等电子设备中,非隔离的信号需要建立一个统一的信号参考点,应进行信号回路接地(通常为直流电源负极)。

B. 隔离信号可以不接地,隔离应当是每一输入(出)信号和其他输入(出)信号的电路是绝缘的,对地是绝缘的,电源是独立的且相互隔离的。

屏蔽接地应满足下列要求。

A. 仪表系统中用以降低电磁干扰的部件(如电缆的屏蔽层、排扰线、仪表上的屏蔽接地端子等)应做屏蔽接地。

B. 室外架空敷设的不带屏蔽层的普通多芯电缆的备用芯应接地。

C. 屏蔽电缆的屏蔽层已接地,备用芯可不接地。

D. 穿保护管的多芯电缆备用芯可不接地。

③本安接地要求

A. 本质安全仪表在安全功能上需要接地的部件,应根据仪表制造厂的要求做本安接地。需要本安接地的本安关联设备,常见的有分流二极管的负极、安全栅的接地端子等。

B. 齐纳式安全栅的汇流条应与供电的直流电源公共端相连接,齐纳式安全栅的汇流条

(或导轨)应做本安接地,保证齐纳式安全栅在直流电源故障时对危险场所实现保护功能。

④防静电接地要求

A.安装自控系统等设备的控制室、机柜室、过程控制计算机的机房,应做防静电接地。这些室内的导静电地面、防静电活动地板、工作台等应做防静电接地。

B.已经做了保护接地和工作接地的仪表与设备,可不做防静电接地。

C.大型控制室防静电接地可单独设防静电接地板。

D.金属电缆桥架应进行防静电接地。

E.非金属电缆桥架其静电汇流线应接地。

(3)DCS 的接地原理

①控制室/现场机柜室仪表接地连接方法

控制室/现场机柜室(集中)安装仪表的自控设备(仪表柜、台、盘、架、箱)内应分类设置保护接地汇流排、信号及屏蔽接地汇流排和本安接地汇流排,并应符合下列要求。

A.各仪表设备的保护接地端子和信号及屏蔽接地端子通过各自的接地连线分别接至保护接地汇流排和工作接地汇流排。

B.各类接地汇流排经各自的接地分干线分别接至保护接地汇总板和工作接地汇总板。

C.齐纳式安全栅的每个汇流条(安装轨道)可分别用两根接地分干线接到本安工作接地汇总板,也可由接地分干线于两端分别串接,再分别接至工作接地汇总板。

②保护接地汇总板和工作接地汇总板应经过各自的接地干线接到总接地极

一个系统只允许一点接地,一般与电气接地网共地。严格区分不同性质的地,做到不混接,一般也不允许串联接地。不同性质的地应该用分干线接入各自的汇流板(或者直接接入总的汇流板),各汇流板(一般为保护接地和工作接地两种)用总干线接入公共接地网,最终汇入一点接地,如图 5-4-11 所示。

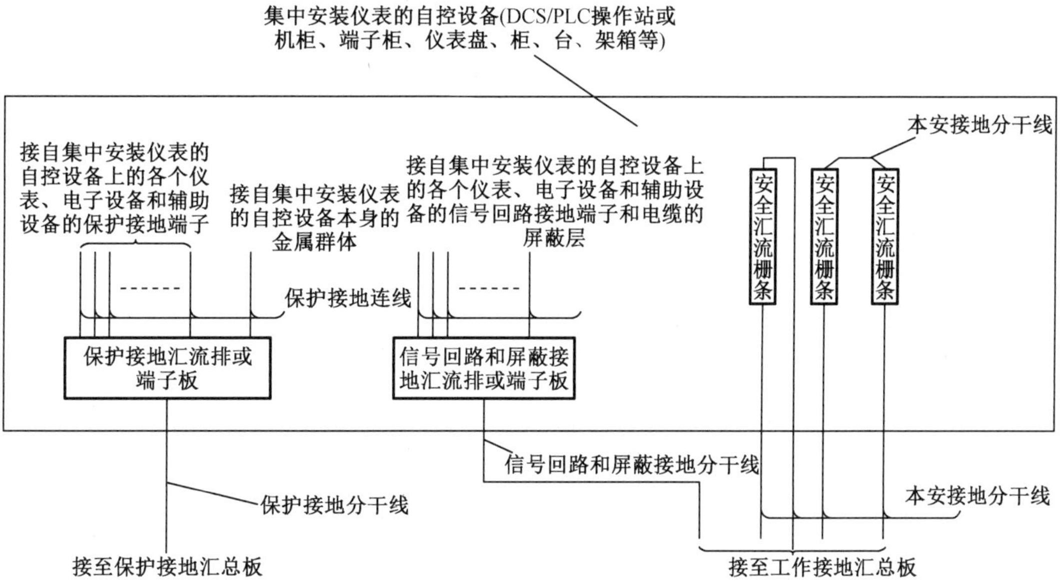


图 5-4-11　保护接地汇总板和工作接地汇总板示意图

(4)接地系统连接要求(图 5-4-12)

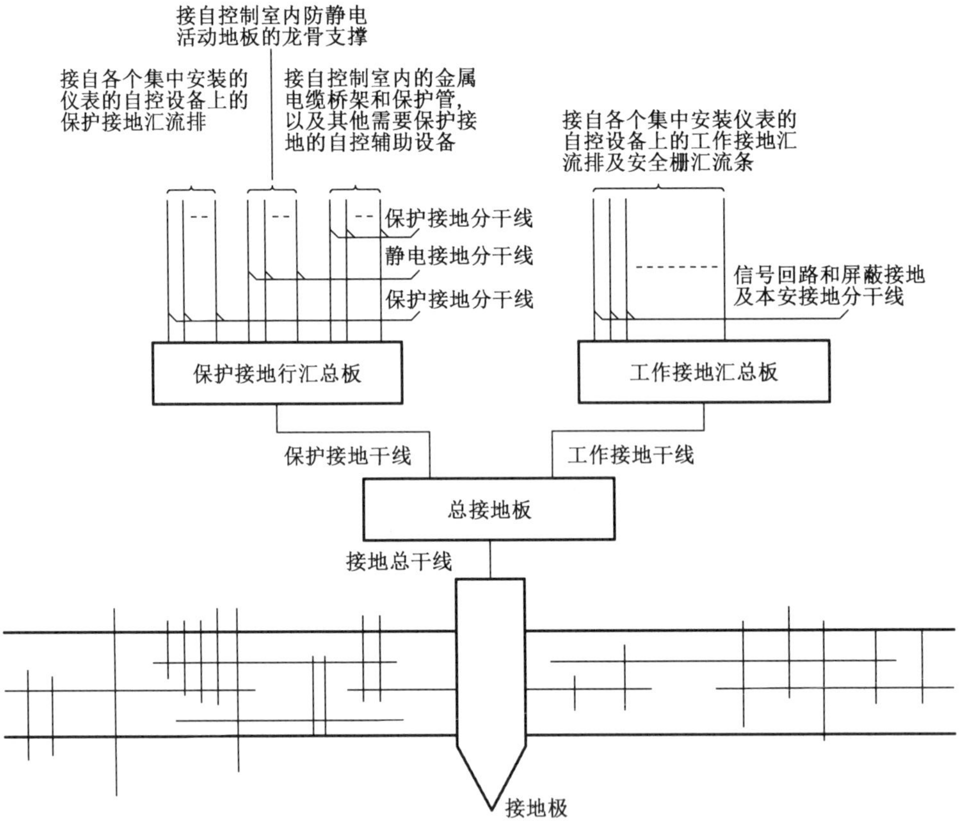


**图 5-4-12　总接地示意图**

①接地连接规格

A. 接地系统的导线应采用多股绞合铜芯绝缘电线或电缆。

B. 接地系统连接导线的截面宜根据接地连接类型按下列数值选用。

a. 接地连线:1~2.5 $mm^2$。

b. 接地分干线:4~16 $mm^2$。

c. 接地干线:10~25 $mm^2$。

d. 接地总干线:1~50 $mm^2$。

②接地汇流排、接地汇总板规格

A. 接地汇流排宜采用 25 mm×6 mm 的铜条制作,也可用连接端子组合而成。

B. 接地汇总板和总接地板宜采用铜板制作。铜板厚度不应小于 6 mm,长宽尺寸按需要确定。

③接地连接结构要求

A. 所有接地连接线在接到接地汇流排前均应良好绝缘;所有接地分干线在接到接地汇总板前均应良好绝缘;所有接地干线在接到总接地板前均应良好绝缘。

B. 接地汇流排(汇流条)、接地汇总板、总接地板应用绝缘支架固定。

C. 接地系统的各种连接应保证良好的导电性能。

D. 接地系统应设置耐久性的标识。标识的颜色应符合规定。根据有关规范，接地干线为绿色，分支连线可采用黄绿相间。

④仪表系统的接地电阻

仪表系统的接地电阻不应大于 4 Ω。

(5)接地系统的检查与维护

点检员进行该项检查前，要熟悉"DCS 接地系统图"。

①DCS 接地的检查

A. 检查操作台、控制站各机柜保护接地连接端子是否紧固，接地汇流排是否完好，接地分干线是否紧固。

B. 检查保护接地汇总板、工作接地汇总板、接地总干线、总接地板是否完好。

C. 在系统停电检修时，断开接地总干线，利用接地电阻测试仪检查接地电阻是否小于 4 Ω。

②DCS 接地的故障

A. 仪表控制系统常见的接地故障包括接地线断线或接地线端子接触不良、接地电阻偏大、多点接地等。

B. 保护接地故障，可能导致设备外壳带电，发生触电事故；屏蔽接地故障导致系统干扰增强，逻辑接地或系统接地故障导致系统各点电位波动，都可能引发系统运行故障，甚至导致 DCS 死机；本安接地故障，可能导致本安电路电压电流超过安全值，有产生火花、引起爆炸的危险。

③DCS 接地的维护

DCS 接地的主要维护措施如下。

A. 对接地连接板进行清洁。

B. 紧固各个接地端子。

C. 对接地排腐蚀进行处理。

D. 确保接地电阻大小符合要求。

**4. DCS 电源检测与维护**

点检员在进行 DCS 电源维护前，需要了解"DCS 系统供电图""DCS 控制柜电源箱接线原理图"。

(1)DCS 的配电要求

在大多是仪表供电设计规范中都规定了在下列情况下，仪表电源应采用 UPS。

①采用 DCS、FCS、SIS 的生产装置。

②CCS。

③参与连锁和过程控制的在线分析仪。

④可燃气体和有毒气体检测报警系统。

采用 UPS 的要求如下。

①UPS 的主电源和旁路电源宜由不同母线供电，以保证可靠供电。电源系统的切换装置应能实现无扰动切换。

②对于具有双重化电源的测量和控制仪表，当由 UPS 和另一独立普通电源供电时，普通电源供电宜设置隔离变压器。

③重要的化工装置、测量和控制仪表的供电宜采用双路的 UPS 供电。

④对于具有双重化电源要求的 DCS、SIS 和 FCS 等系统,其双重化的交流电源的配电柜(箱)宜分别独立设置,空气开关、端子排等应分开布置。

(2)双 UPS 供电方案

图 5-4-13 是一个典型的双 UPS 供电方案。仪表及控制系统采用双 UPS 供电,两个供电回路相互独立。仪表及控制系统的冗余电源分别接自两组相互独立的仪表配电柜(配电柜 1、配电柜 2),非冗余电源的冗余用电设备(冗余交换机等)、同一操作分区(或装置)互为冗余的两组操作站等,供电电源分别接自两组相互独立的仪表配电柜(配电柜 1、配电柜 2)。

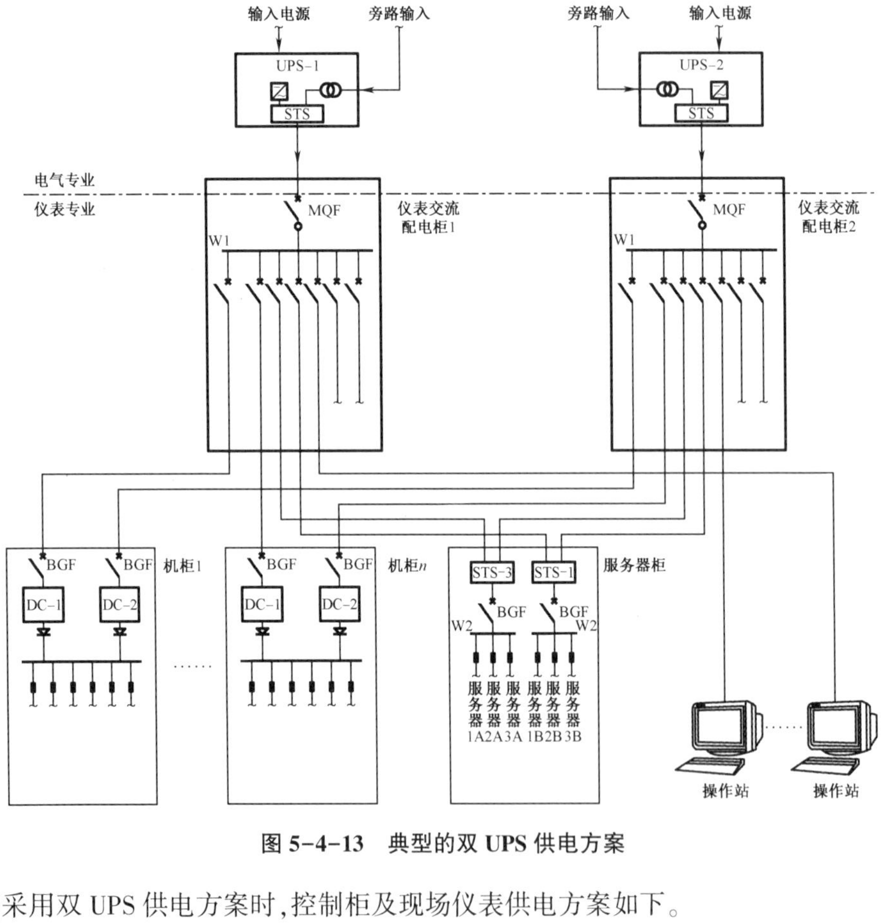


**图 5-4-13　典型的双 UPS 供电方案**

当采用双 UPS 供电方案时,控制柜及现场仪表供电方案如下。

①控制站。每台控制器应接两路电源,一路引自第一路 UPS,另一路引自第二路 UPS。

②区域网络交换机。每台网络交换机应接两路电源,一路引自第一路 UPS,另一路引自第二路 UPS。

③工程师站。工程师站电源宜引自一路 UPS,如果有多台工程师站,宜把工程师站分成两组,两组的电源应分别引自不同的 UPS。

④操作站。若有一台操作站,其电源宜引自一台 UPS,若有两台或多台操作站,宜分两组,两组的电源宜分别引自不同的 UPS。

⑤服务器。每台服务器应接两路电源,一路引自第一路 UPS,另一路引自第二路 UPS。

⑥24 V DC 电源现场仪表。

通用变送器、阀门定位器,如回路中无隔离式安全栅时,可以通过控制系统 I/O 卡件供电,通过控制系统已经满足两路 UPS 供电的需求。

对于回路中有隔离式安全栅或其他外供电的辅助仪表时,或现场仪表不能通过控制系统 I/O 卡件供电时,仪表供电方案如下:选用两组直流电源模块,第一组的交流输入引自第一路 UPS,另一组引自第二路 UPS。两组直流电源装置的直流输出至同一直流母排,24 V DC 电源现场仪表从直流母排引电。目前,有一种直流电源装置,每一台都可以接入两路交流电源,一路电源中断时,另一路可以继续供电。

(3)仪表用 UPS 组成及原理

UPS 是指在外部电源中断后能持续一定供电时间的电源,分为交流 UPS 和直流 UPS,工程应用中多为交流 UPS。

UPS 主要由整流器、逆变器、静态开关、蓄电池组、旁路装置和控制模块等部分组成,工频在线式 UPS 原理图如图 5-4-14 所示。

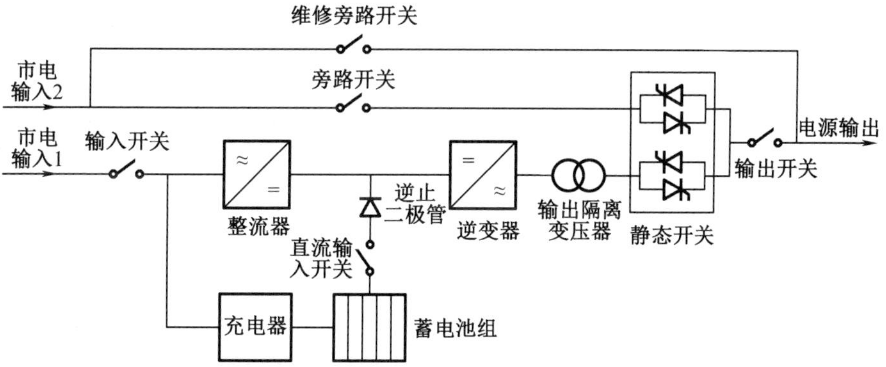


**图 5-4-14 工频在线式 UPS 原理图**

在市电输入 1(交流输入)正常时,整流器将交流电整流为直流电,然后逆变器再把直流电逆变成稳定无杂质的交流电,经过隔离变压器升压后供负载使用,同时充电器对蓄电池组进行浮充电;一旦市电输入异常(欠压、断电、频率异常等),则将整流器电路关闭,启动备用电源蓄电池组,蓄电池的直流电经过逆止二极管向直流回路供能,将直流电逆变成稳定无杂质的交流电,经过隔离变压器升压后供负载使用;当 UPS 发生故障、负载严重过载或蓄电池放电结束时,静态开关能使负载无中断、无扰动地自动转到静态旁路,由旁路电源(市电输入 2)进行供电。

对于可以双电源输入的 UPS,其旁路电源和主路电源宜由不同母线供电,也可以只输入一路市电由 UPS 内部进行主路电源和旁路电源的并线;部分小功率 UPS 产品只可输入一路市电,同样由 UPS 内部进行并线。

(4)DCS 电源检查与维护

按要求对电源系统进行检查的内容如下。

①用万用表检查交流电源输出电压。

②检查 UPS 电源输出电压。

③检查 24 V 电源模块的输出电压和指示灯。

电源维护的主要措施如下。

①视电源线连接的故障,如接线头松动、螺栓连接点松动、锈蚀引起的接触不良故障等。

②应定期检查电源输出电压。

③UPS 电池应及时更换。

④电源模块故障,及时更换。

**5. DCS 通信设备检测与维护**

点检员进行 DCS 通信设备维护时,首先要了解“DCS 通信系统图”。

(1)DCS 的网络结构

DCS 的通信网络自上而下由 3 层网络构成,分别为控制网络 CNet、系统网络 SNet、管理网络 MNet。

①控制网络

控制网络是现场控制站内部使用的网络,实现现场控制站内部的各个智能 I/O 模块与控制模块之间的互联和信息传递。控制网络物理上位于现场控制站所管辖的机架内部以及机架之间。控制网络一般使用现场总线网络。

②系统网络

系统网络采用 1∶1冗余实时高速工业以太网,它直接连接了 DCS 的现场控制站、操作员站、工程师站和数据通信组件等,它是传送过程控制实时信息的通道,具有很高的实时性和可靠性。通过挂接在其上的数据通信组件可以与其他厂商的控制系统或智能仪表相连,也可通过运行有数据服务软件的操作站或专用服务器把过程控制信息向上层的信息管理网传送。系统网络基本性能指标和特点系统网络的通信介质、交换设备、网络适配器等均可双重冗余配置。

系统网络主要完成下面的基本功能。

A. 现场控制站传递现场 I/O 采集数据至操作站。

B. 各现场控制站间的数据传递,以满足大范围协调控制的需要。

C. 操作员站和工程师站向现场控制站传递控制指令或组态数据。

D. 保持各操作站之间数据的一致性。

③管理网络

管理网络是 DCS 的最高一级网络,采用以太网,实现工厂级的信息传递和管理,是实现全厂综合管理的信息通道。小型控制系统可不设置这层网络。

(2)通信设备状态检测

①检查交换机供电状态。

②检查网线网络标识是否正确。

③检查交换机各接口连通状态。

④检查设备日志中是否有网络故障的信息记录。

(3)网络设备状态维护

在控制面板的网络和共享中心,选中已连接的网卡,右键选择“状态”,打开“网络连接状态”选项卡,可查看当前连接的基本信息。点击“详细信息”按钮,可打开“网络连接详细信息”选项卡,查看网卡物理地址、IP 地址、子网掩码、默认网关、DHCP 服务器、DNS 服务器等网络配置信息。

在 Window 的运行框中,输入“cmd”命令,则出现控制台界面。输入“ping”然后按“Enter”键,可以查看该命令的使用方法。

在命令提示行,键入“ping 127. 0. 0. 1”可测试环回地址的连通性;使用 “ping” 命令可检测计算机本机 IP 地址的连通性,可检测默认网关 IP 地址的连通性。如果“ping”命令执行失败,验证默认网关 IP 地址是否正确及网关是否运行。

在一个操作站上使用“ping”命令可检测一个控制站 IP 地址的连通性,如果“ping”命令失败,需验证对方主机的 IP 地址是否正确、对方主机是否运行。

网络设备状态图如图 5-4-15 所示。

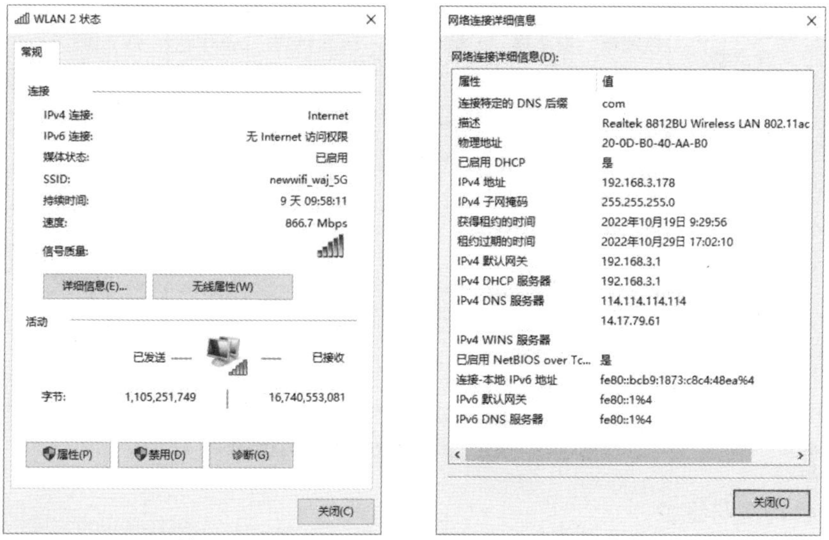


(a)　　　　(b)

**图 5-4-15　网络设备状态图**

**6. DCS 卡件检测与维护**

进行 DCS 卡件和接口设备维护时,首先要了解“DCS 系统配置图”“I/O 测点清单”“卡件布置图”“端子接线图”。

(1)信号输入/输出流程

①变送器信号显示流程

AI 信号进入控制室机柜后,经过接线端子板—安全栅—AI 卡件,AI 卡件将 4~20 mA 信号转换为数字信号,通过控制网络发给主控卡,主控卡通过系统网络的交换机发送给操作站,监控层软件将该信号在流程图上显示出来。

②数字量输入信号显示流程

DI 信号进入控制室机柜后,经过接线端子板—继电器—DI 卡件,DI 卡件将信号通过控制网络发给主控卡,主控卡通过系统网络的交换机发送给操作站,监控层软件将该信号在流程图上显示出来。

③模拟量信号输出流程

在手动操作情况下，监控软件给出操纵量(比如阀门开度指令)，该信号通过系统网络发送给对应的主控卡，主控卡通过 AO 卡件输出 4~20 mA 信号，通过安全栅送往现场仪表。在自动情况下，操纵量由主控卡运算产生。

④数字量信号输出流程

在手动操作情况下，监控层软件给出操作指令(开启或关闭设备)，该信号通过系统网络发送给对应的主控卡，主控卡通过 DO 卡件输出开关信号，通过继电器隔离后送往现场仪表。

图 5-4-16 为 AI 信号和 DO 信号框图。

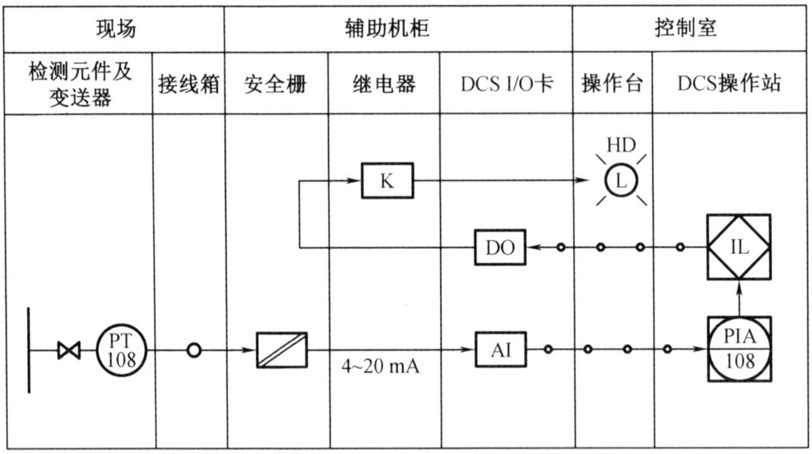


**图 5-4-16　AI 信号和 DO 信号框图**

(2)卡件检测与维护

①热电偶、热电阻测量回路：检查 TC AI 卡件和 RTC AI 卡件

检查各热电偶与热电阻的一次元件校验报告，对重要信号的测量回路、测点对应关系、回路正确性、回路电阻值、绝缘电阻逐点检查。用毫伏信号发生器或标准电阻进行校验，检查模块信号采集是否正确，测量精度是否达到要求。

②变送器及其回路：检查 4~20 mA AI 卡件

检查回路的正确性及变送器校验报告。根据变送器测量范围及系统对量程的要求，对变送器进行检查，当输入信号在系统规定量程内变化时，变送器输出信号应在 4~20 mA 变化，其对应理论值与 CRT 上显示值之间误差应满足精度要求。

③模拟量测点综合性调试

核实每一个测点分度、量程、报警值等与实际要求是否一致，对于重要的信号通过测量就地变送器的输出信号与 DCS 的显示值校核，保证测量的准确性。

④开关量测点调试：检查 DI 卡件和 DO 卡件

检查开关量输入、输出信号回路正确性。外部加入模拟开关信号，观察 CRT 上开关量输入响应。对开关量输出进行强制输出，观察开关量输出回路是否正确响应。

⑤模拟量输出调试:检查 AO 卡件

DCS 监控软件上将液位控制回路设置为手动操作,用监控软件上手操器设置阀门开度 50%或自定其他值,再读取气动调节阀的实际开度。

(3)卡件故障及处理

计算机系统的 I/O 板卡故障一般包括 I/O 板卡控制逻辑故障、接线端子故障和连接排线故障等。计算机系统的模拟量输入板卡的常见故障包括测量回路断路、测量信号无法识别、测量信号超限等。

如初步判断出故障点在 DCS 侧,然后按照控制站、板卡、通道由大到小的顺序依次判断故障点的所在。计算机系统的 I/O 板卡通道元件损坏后,首先应该使用空闲通道。插拔各类计算机系统板卡时,为防止人体静电损伤板卡上的电气元件,应戴好接地环或防静电手套,仿真静电高压损坏板卡。

按 DCS 检修规程要求,用标准仪器对 I/O 板卡进行点检,通常校验点选零点、中间点和满量程 3 个点。

## 六、DCS 的故障处理

### 1. DCS 故障分类

(1)现场仪表设备故障

现场仪表设备包括与生产过程直接联系的各种变送器、各种开关、执行机构、负载及各种温度的一些元件等。在 DCS 故障中,这类故障占绝大部分,这类故障一般是由于仪表设备本身的质量和寿命所致。因这类故障属于单点故障,对工艺影响不大,只需按常规仪表处理即可。

(2)系统故障

系统故障是影响系统运行的全局性故障,系统故障可分为固定性故障和偶然性故障。如果系统发生故障后可重新启动,使系统恢复正常,则可认为是偶然性故障。相反,若重新启动后不能恢复正常而需要更换硬件或软件系统才能恢复,则认为是固定性故障。这种故障一般是由于系统设计不当或系统运行年限较长所致。

(3)硬件故障

硬件故障主要指 DCS 中 I/O 模块等损坏造成的故障。这类故障一般比较明显且影响也是局部的,它们主要是由于使用不当或使用时间较长,模块内元件老化所致。

(4)软件故障

软件故障是软件本身所包含的错误所引起的。软件故障又分为系统软件故障和应用软件故障。系统软件是 DCS 所带来的,若设计考虑不周,在执行中一旦条件满足就会引发故障,造成停机或死机等现象,此类故障并不常见。应用软件是用户自己编定的,在实际工程应用中,由于应用软件工作复杂,工作量大,因此应用软件错误几乎难以避免,这就要求在 DCS 调试及试运行中十分认真、仔细,及时发现并解决。

(5)操作使用不当造成故障

在实际运行操作中,有时会出现 DCS 某功能不能使用或某控制部分不能正常工作,但实际上 DCS 并没有故障,而是操作人员操作不熟练或操作错误所引起的。

**2. DCS 故障诊断步骤**

(1)是否为使用不当引起的故障。这类故障常见的有供电电源故障、端子接线故障、模块安装错误、现场操作错误等。

(2)是否为 DCS 操作错误引起的故障。这类故障常见的有某整定参数整定错误、某设定状态错误造成的。

(3)确认是现场仪表设备故障还是 DCS 故障。若是现场一次仪表故障,修复相应现场仪表或更换一次仪表。

(4)若是系统故障,应确认是硬件故障还是软件故障。

(5)若是硬件故障,则找出相应硬件部位,修复或更换硬件模块。

(6)若是软件故障,还应确定是系统软件故障还是应用软件故障。

(7)若是系统软件有故障,可重启动,看是否能恢复正常或重新装载系统软件,重新启动后若不能恢复则与系统管理人员或系统厂家联系解决。

(8)若应用软件故障,可检查用户编写的程序和组态的所有数据,找出故障原因。

(9)利用 DCS 的自诊断测试功能。DCS 的各部分的设计有相应的自诊断功能,在系统发生故障时,一定要充分利用这一功能来分析和判断故障的部位与原因。

**3. DCS 常见故障**

(1)硬件故障

①系统模块和元件故障,可能产生的原因是元器件质量不良、使用条件不当、调整不当、错误的接线引入不正常电压而形成的短路等。有时由于现场环境的因素,如温度、湿度、灰尘、振动、冲击、鼠害等原因也会造成系统硬件故障。

②线路故障,可能产生的原因是,电缆导线端子、插头损坏或松动造成接触不良,或因接线错误、调试中临时接线、折线或跨接线不当,或因外界腐蚀损坏等。

③电源故障,可能产生的原因是供电线路事故,线路负载不匹配可引起系统或局部的电源消失,或电压波动幅度超限,或某元件损坏,或误操作等产生电源故障。

(2)软件故障

①程序错误,设计、编程和操作都可能出现程序错误,特别是连锁、顺控软件,不少问题是由于工艺过程对控制的要求未被满足而引起的。

②组态错误,设计和输入组态数据时发生错误,这可以调出组态数据显示进行检查和修改。

# 第六章　设备状态优化

## 第一节　设备运行状态优化

设备是用于生产、加工、运输、检测等各种工作活动的物理工具或机械。它们是企业的固定资产和运营基础,没有这些设备,很多生产和服务活动将无法进行。设备管理是现代企业运营中不可或缺的一部分,有效的设备管理不仅能够保障企业的生产安全,还能提高设备的运行效率,降低生产成本,从而增强企业的市场竞争力。

### 一、设备管理信息的采集

设备管理信息有来源于企业内部(主要是设备管理部门)的,还有从外部环境收集的。这些数据散布在各种文件、报表、单证和账卡中,也存在于各种技术经济资料和网络、传媒、中介机构中,如图 6-1-1 所示。

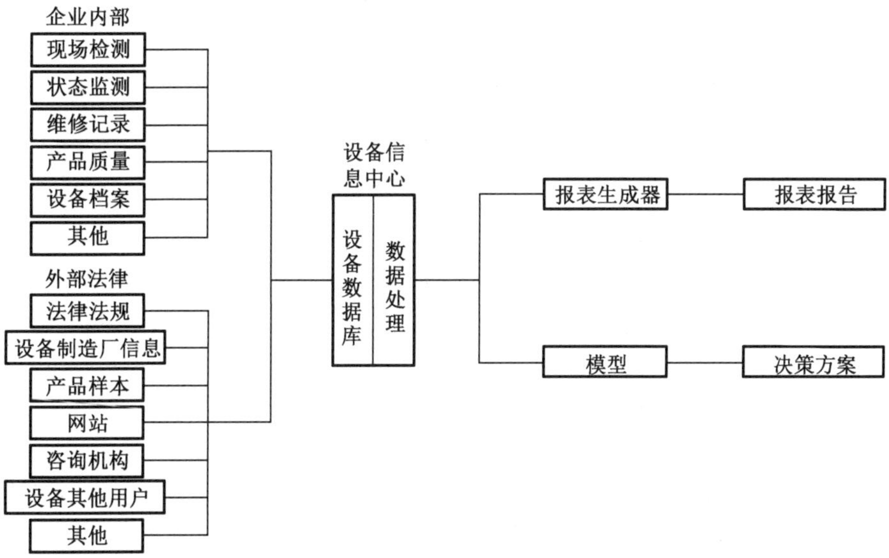


图 6-1-1　设备管理信息源

**1. 采集的信息应具有的特性**

(1)信息是真实的,数据是准确的。

(2)具有使用价值。

(3)信息在现时是有效的,不是过时的。

(4)与各级管理人员职责有关的,包含与管理级别相适应的详细情况。

(5)是接受信息的人易于理解的。

(6)须在正确的时间提供,为被控系统留有足够的响应时间。

(7)信息的生产成本是可以接受的。

(8)避免不必要的冗余度,以免掩盖重要事实。

**2. 设备全过程管理中的管理信息流**

设备从规划到报废全过程管理的内容和伴随设备运动的管理信息流,如图 6-1-2 所示。设备管理人员参与全过程管理,其他参与者参与部分管理。

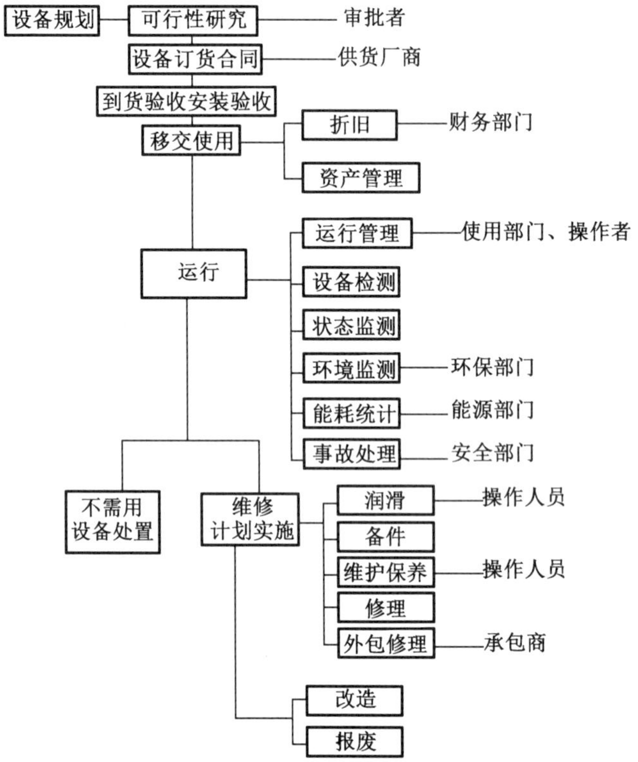


**图 6-1-2　设备全过程管理和管理信息流**

## 二、设备管理信息中心和数据库

设备管理信息中心和数据库是由设备部门内部、企业内各设备维修站点与各状态监测站点,以及与设备有关部门的计算机联网形成的。中心和数据库是设备管理信息系统的依托。建立企业信息中心、数据库和管理信息系统的原则也适用于设备信息中心、设备数据库与设备管理信息系统。如设备数据库是支持设备部门管理活动的有组织的数据的集合,是为设备管理信息系统提供依据的集中存放的结构上有联系的非冗余数据集合。设备信息中心包括数据库和数据处理设备,按设备管理信息系统的命令加工数据和提供信息。

## 三、设备管理信息系统的功能模块

设备管理的每项作业都各有其特殊之处,可以按作业内容设置系统的模块。其中一些模块可以按设备管理部门内部职能的划分,组合在职能子系统中。其主要作业内容如下。

(1)规划。包括可行性研究,寿命周期费用评价,修理、改造、更新方案分析,设备订货、验收、安装和费用管理,设备市场信息管理。

(2)财务会计。汇总设备固定资产价值(原值、折旧费、净值)、新增设备费用、设备维护保养修理改造费用、积压设备占用资金、备件占用资金、设备处置费用、设备和备件转让以及残值回收资金。

(3)资产管理。建立和刷新设备卡片、分类别分使用部门的设备账,设备平面布置图,不需用设备价值评估和处置,设备报废管理。

(4)运行管理。制定操作规程和使用维护制度、培训操作人员、定人定机和发放操作证、管理运行日志(实际开机时数、异常现象是重点)。

(5)设备检测。日常检查、重点检查和测定。

(6)状态监测。监测记录和异常报警。

(7)润滑。润滑材料管理,制订润滑规范、计划和日程表,统计润滑费用。

(8)维护保养。日常维护、例行保养和重点保养,维护保养计划、派工、实施记录和费用统计。

(9)备件。订货合同、备件库房和占用资金管理,备件供货商和备件市场信息管理。

(10)修理。预防维修、故障维修和事故修理的管理、派工、维修记录、维修费用统计。

(11)外包修理。管理外包合同,维修市场信息管理。

(12)改造。改造的计划、设计、实施、费用预算和结算。

(13)环境保护监测。废弃物处理,粉尘和有害物(液体、气体)排放,声、光、电磁、热超标辐射和放射性辐射沾染,有无淘汰目录所列设备仍在使用。

(14)能耗统计。企业总能耗、万元产值能耗,在用设备有无能耗超标,有无淘汰目录所列设备仍在使用。

## 四、建立设备管理信息系统

(1)根据管理流程和管理作业的需要,确定系统需设置多少个输入/输出点,每个点输入哪些数据和接收哪些信息。

(2)重新规范原始凭证、账页、报告和报表格式,精简不必要的可有可无的报表。

(3)确定需自动刷新的日常报表,需及时处理的异常报告,需运算生成的报表和决策方案。

(4)划定需状态监测的设备和需重点检查的设备,以及监测和检查的项目、标准、异常报告方式。

(5)划定需预防维修的设备范围。

(6)拟定各级各类人员的信息存取权限。

(7)选定需使用的数学公式。

(8)确定需链接的文本。

准备工作最好是列表说明,如对子系统(模块)的输入和输出可以列表,见表6-1-1。

**表6-1-1　子系统(模块)的输入和输出**

| 输入 | | | 输出 | | | |
|---|---|---|---|---|---|---|
| 数据名 | 类型 | 源文件 | 信息名 | 格式 | 精度要求 | 输出形式 |
| | | | | | | |
| | | | | | | |
| | | | | | | |

表6-1-1中列出了向系统输入的数据,以及要求系统产生的信息。

在上述准备工作基础上形成对系统软件的功能、性能和输入/输出要求,作为系统设计任务书的重要组成部分。

软件设计任务书通常包含如下内容:软件名称,引言或概述(目标、总的要求),功能指标,性能指标,输入/输出,管理的信息总量,软件维护,故障处理,操作环境,应提交的程序、文档、手册清单,验收方式,培训,安装,运行支持,等等。对设备管理人员来说,最关心的还是功能、性能和输入/输出这3项。功能上重点关注的是能得到的输出信息和系统能力;性能包括输入—处理—输出数据精度,时间(数据的响应时间、更新时间、传输时间和解题运算时间)和灵活性(在环境、操作条件、接口、精度有效时限和任务变化时系统能否灵活应对);输出最重要的是能从系统得到的最终结果,如信息名称、媒介形式、数值和精度、输出信息类型(状态、异常等)等。

## 五、设备失效的8条标准及其主要内容

(1)对企业的产品有无影响,如质量、品种、规格、成本和交货期。

(2)是否超过规定的运行参数,如功率、压力、速度、振动、温度。

(3)是否存在威胁设备、人身和周边环境安全的情况与可能。

(4)是否影响主要零、部件隐患及缺陷和影响设备的外部工作条件。

(5)是否已经超过主要能源消耗指标的规定值。

(6)是否已经超过主要零、部件磨损程度及点检标准的规定。

(7)是否明显缩短设备本体及主要零、部件的使用寿命。

(8)是否降低设备或系统的自动化程度、控制系统的有效性。

## 六、减少停产时间的方法(优化时间法)

平均维修准备时间及减少产品作业线停产时间的方法实际上是一个问题,那就是如何减少停产等待时间的问题,故又称为“降本增效六步走”,如图6-1-3所示。

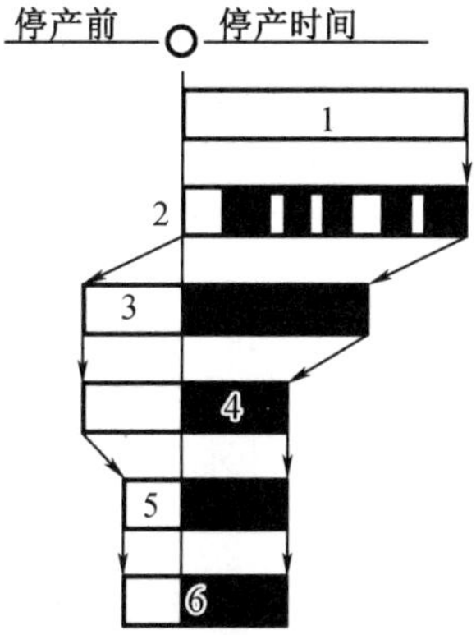


图 6-1-3　减少停产时间、降本增效六步走

## 七、资产维修档案归档

**1. 编制依据**

(1)企业资产,依据国家可持续发展战略,实施以维修为主的方针。

(2)维修技术标准和制造厂提供的技术资料。

(3)设备管家体系开展的设备维修管理活动的实绩记录。

资产维修档案见表 6-1-2。

表 6-1-2　资产维修档案

设备编号:

| | |
|---|---|
| 设备名称 | |
| 规格型号 | |
| 制造厂 | |
| 出厂日期 | |
| 出厂编号 | |
| 使用单位 | |
| 投产日期 | |
| 设备质量 | |
| 原值 | |
| 设备级别 | |

建档人:

日期:　　年　　月

**2. 归档内容**

(1)设备前期管理的活动内容。

(2)设备使用期的活动内容。

①基础类的相关内容:4 个标准(2 个技术标准、2 个作业标准)等。

②计划类的相关内容:点检计划、润滑计划和施工计划等。

③管理类的相关内容:安全管理、资材管理、成本管理、故障事故管理和自主管理等。

④实绩类的相关内容:点检实绩、施工实绩等。

**3. 其他要求**

(1)按企业设备管理制度要求,产品作业线设备及普通作业线设备中的关键设备和状态受控点的主要活动内容,都必须纳入资产维修档案管理的范畴,实施活动内容的归档工作。

(2)由各个作业线的设备管家体系,从自身角度出发,组织收集活动的内容,由专职点检员负责汇总、装订成册。

(3)以一年作为归档的基本单位,以每年度活动汇总装订成册,登录要有连续性,将来组成每年一册的合订本。

## 八、设备完好标准与设备完好率

设备在使用过程中,受到工作负荷、工作条件和环境等因素的影响,会使设备原设计制造时所确定的功能和技术状态不断发生变化而有所降低或劣化。对企业来讲,设备技术状态如何,直接关系到企业产品的质量、数量、成本和交货期等经济指标能否顺利实现。为延缓设备技术状态劣化过程,预防和减少故障发生,除了操作人员严格执行操作规程、正确合理使用设备外,必须定期进行设备技术状态检查,加强对设备的维护、修理、改造,人为形成一个对抗和弥补设备技术状态劣化的过程。

设备技术状态检查的结果必须与一个标准相对比,才能判断设备技术状态是否有异常。这个标准就是设备技术状态完好标准,简称设备完好标准。

**1. 设备完好标准的要求**

(1)设备性能良好,机械设备的精度能稳定地满足生产工艺的要求;动力设备的功能达到原设计或规定标准,运转无超温、超压等现象。

(2)设备运转正常,零部件齐全,安全防护装置良好,磨损、腐蚀程度不超过规定的标准,控制系统、计量仪器仪表和润滑系统工作正常。

(3)原材料、燃料、润滑油、动能等消耗正常,基本无漏油、漏气(汽)、漏电现象,外表清洁、整齐。

**2. 设备完好标准的内容**

设备完好标准应能对设备做出定量分析和评价,由各行业主管部门根据设备完好的总要求,结合本行业设备的特点制定,并作为本行业内企业检查设备完好的统一尺度。

(1)金属切削机床完好标准(前 6 项为主要项目)

适用范围:车床、铣床、磨床、刨床、钻床、镗床、刻线机、拉床、齿轮及螺纹加工机床、切断机床、组合机床、简易专用机床、超声波及电加工机床。

①精度、性能能满足生产工艺要求,精密、稀有机床主要精度性能达到出厂标准。

②各传动系统运转正常,变速齐全。

③各操作系统动作灵敏可靠。

④润滑系统装置齐全,管道完整,油路畅通,油标醒目,油质符合要求。

⑤电气系统装置齐全,管线完整,性能灵敏,运行可靠。

⑥滑动部位运转正常,各滑动部位及零件无严重拉、研、碰伤。

⑦机床内外清洁,无黄袍,无油垢,无锈蚀。

⑧基本无漏油、漏水、漏气(汽)现象。

⑨零部件完整,随机附件基本齐全,保管妥善。

⑩安全、防护装置齐全、可靠。

(2)锻压设备完好标准(前6项为主要项目)

适用范围:锻锤、锻造机、轧机、剪床、平板机、弯板机、弯管机、整形机、冷镦机、弹簧加工机、滚压机、压力机等。

①精度、能力满足生产工艺要求。

②各传动部位运转正常,变速齐全。

③润滑系统装置齐全,管路完整,润滑良好,油质符合要求。

④各操作系统动作灵敏可靠,各指示刻度准确。

⑤电气系统装置齐全,管线完整,性能灵敏,运行可靠。

⑥滑动部位运转正常,各滑动部位及零件无严重拉、研、碰伤。

⑦机床内外清洁,无黄袍,无油垢,无锈蚀。

⑧基本无漏油、漏水、漏气(汽)现象。

⑨零部件完整,随机附件基本齐全,保管妥善。

⑩安全、防护装置齐全、可靠。

(3)铸造设备完好标准(前3项为主要项目)

适用范围:造型机、抛砂机、造芯机、混砂机、落砂机、抛丸机、喷砂机等。

①性能良好,能力满足生产工艺要求。

②设备运转正常,操作控制系统完整可靠。

③电气、安全、防护、防尘装置齐全有效。

④设备内外整洁,零部件及各滑动面无严重磨损,滑动、导轨面无锈蚀。

⑤基本无漏水、漏气(汽)、漏砂现象。

⑥润滑装置齐全,效果良好。

(4)起重设备完好标准(前7项为主要项目)

适用范围:起重设备类。

①起重和牵引能力能达到设计要求。

②各传动系统运转正常,钢丝绳、吊钩符合安全技术规程。

③制动装置安全可靠,主要零部件无严重磨损。

④操作系统灵敏可靠,调速正常。

⑤主、副梁的下挠上拱、旁弯等变形均不得超过有关技术规定。

⑥电气装置齐全有效,安全装置灵敏可靠。

⑦车轮无严重啃轨现象,与轨道有良好接触。

⑧润滑装置齐全,效果良好,基本无漏油。

⑨桥式起重机内外整洁,标牌醒目,零部件齐全。

**3. 完好设备的检查要求与设备完好率的考核、计算**

(1)完好设备的检查要求

①完好标准中的主要项目,有一项不合格,该设备即为不完好设备。

②完好标准中的次要项目,有两项不合格,该设备即为不完好设备。

③在检查人员离开现场前,能够整改合格的项目,仍算合格,但要作为问题记录。

(2)设备完好率(衡量整个企业设备技术状态的指标)

企业生产设备的技术状态完好程度,以设备完好率指标进行考核,企业应经常对主要生产设备进行设备完好率的专项检查。设备完好率 $\varphi$ 的计算公式如下:

$$\varphi = 主要生产设备完好台数 \times 100\% \quad (6-1-1)$$

机械修理复杂系数大于 5 的已安装生产的设备为企业的主要生产设备,包括备用、封存和在修的生产设备,但不包括尚未投入生产、由基建部门或物资部门代管的设备。

企业设备完好台数应是逐台检查的结果,不得采用抽查和估算的方法推算。正在维修的设备,应按维修前的实际技术状态计算,维修完成的设备按维修后技术状态计算。大、中型企业主要生产设备完好率应稳定在 90%以上。

当企业(或车间)的设备完好率已达到规定的目标时(如 $\varphi \geqslant 90\%$),必须经常检查该企业(或车间)是否能保持这一设备完好率的水平。检查设备完好率的方法是在已上报的完好设备中随机抽查一部分,完好设备的抽查合格率用 $\beta$ 表示,其计算公式如下:

$$\beta = 抽查设备合格台数 \times 100\% \quad (6-1-2)$$

## 九、设备的最佳更新期

**1. 设备的寿命**

设备的寿命与其遭受的磨损密切相关。考虑设备在使用或闲置过程中遭受的各种磨损,以及各种磨损对设备寿命所产生的不同影响,可以对设备的寿命做以下几种不同的定义。

(1)物理寿命

物理寿命是指一台设备从全新状态开始使用,直到不能保持正常状态,不堪再用而予以报废为止的全部时间过程。设备的物理寿命与维护保养的好坏有关,又可通过恢复性修理延长设备的物理寿命。它取决于设备的有形磨损速度。

(2)技术寿命

技术寿命是指设备从开始使用到因技术落后而被淘汰所经过的时间。设备的技术寿命取决于设备的无形磨损速度。科学技术发展越快,产品更新换代越快,设备的技术寿命便越短。通过技术改造可以延长设备的技术寿命。

(3)使用寿命

使用寿命是指设备产生有用服务所经历的时期。即从设备开始使用延续至设备被卖掉为止的时期。

(4)折旧寿命

折旧寿命是指按照财政部门的规定把设备价值的余额折旧到接近于零时所经历的时间。设备的折旧寿命并不等于设备的物理寿命。

(5)经济寿命

设备的经济寿命主要包含以下两个概念。

①设备的经济寿命是指设备从开始使用到其年均费用为最小的年限。使用年限小于设备的经济寿命,设备的年均费用不是最低,使用年限超过设备的经济寿命,设备的年均费用又将上升,所以设备使用到其经济寿命的年限时更新是最经济的。

对生产设备来说,设备经济寿命的长短,不能单看年均费用的高低,而是要根据使用设备时所获得的总收益的大小来决定。也就是说,要在经济寿命这段有限的时间内获得最大的总收益。

②设备的经济寿命还指从成本或收益观点去研究设备的最佳更新期。由于设备可以转让或降级使用,所以在整个物理寿命期内,设备的经济寿命可以有若干个。一台设备每次转让或降级使用都意味着其一个经济寿命的终止,同时又意味着一个新的经济寿命的开始。例如,一台车床在全新状态开始使用时被当作主要生产线上的重点设备,加工精密零件;随着加工精度的逐渐劣化,第一次被降级使用,被作为主要生产线上的主要设备,完成粗加工任务;再降级使用,可作为培训新工人的训练设备;最后再作为废料回收。每次降级使用均代表了这台车床在不同岗位上的经济寿命的结束。不过设备在每次降级使用之前,都应该先进行技术经济分析,然后才能更换服务岗位。当它从一个高层次的服务岗位上被替换下来时,对较低级的服务岗位来说,它又作为被推荐的设备,与现用的设备以及其他可以取得这个岗位的新设备或者旧设备相“竞争”,只有在技术经济分析中取得“胜利”,才能在新的服务岗位上代替原有设备。

**2. 设备最佳更新期(经济寿命)的计算方法**

(1)最大总收益法

对于生产设备来说,设备寿命周期内的总收益 $Y$ 等于总输出减去总输入。总输出 $Y_2$ 是指设备在寿命周期内,在一定的利用率下,创造出来的总财富,可用公式表示为

$$Y_2=(AE^*)t \tag{6-1-3}$$

式中　$A$——设备的利用率;

$E^*$——设备的最大年输出量(即 $A=1$ 时的输出);

$t$——设备的使用年限。

总输入 $Y_1$ 也称设备寿命周期费用,计算公式为

$$Y_1=K_0+Vt \tag{6-1-4}$$

式中　$K_0$——设备的原始价值;

$V$——设备的平均年使用成本。

要说明的是,设备的年使用成本在不同使用期是不同的,即设备的年使用成本不是常数,而是随设备役龄的增长而逐渐增长的。设年使用成本随设备的使用年限呈线性增长,如图 6-1-4 所示,则有计算公式为

$$V=(1+\beta t)V_0 \tag{6-1-5}$$

式中　$\beta$——使用成本增长系数;

$V_0$——设备的初始使用成本。

将式(6-1-5)代入式(6-1-3)得

$$Y_1=\beta V_0t^2+V_0t+K_0 \tag{6-1-6}$$

这样,设备总收益 $Y$ 为

$$
\begin{aligned}
Y &= Y_2 - Y_1 \\
&= AE^* t - (\beta V_0 t^2 + V_0 t + K_0) \\
&= -\beta V_0 t^2 + (AE^* - V_0) t - K_0
\end{aligned} \tag{6-1-7}
$$

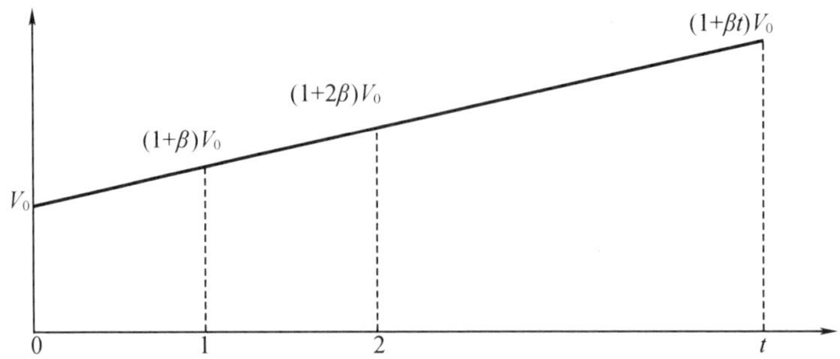


**图 6-1-4　年使用成本的变化规律**

**例**　某车床的原始价值为 20 000 元,初始使用成本为 4 000 元,使用成本增长系数为 0.05,设备的利用率为 0.8,设备的最大年输出量为 10 000 元/年,试求该设备的平衡点(即收支相抵),设备使用年限为多少年时可得最大收益?

**解**　将参数代入式(6-1-7)得

$$Y = -100t^2 + 4\,000t - 20\,000$$

①求平衡点。令 $Y=0$,求 $t$ 值(即平衡点),得

$$-t^2 + 40t - 200 = 0$$

解一元二次方程得

$$t_1 = 5.86\text{ 年}, t_2 = 34.14\text{ 年}$$

即第一平衡点是 5.86 年,第二平衡点是 34.14 年。当使用年限分别为 5.86 年和 34.14 年时,设备的总输出等于总输入。

②求设备的经济寿命及最大总收益。

总收益方程对 $t$ 微分,并令其为 0,得

$$-200t + 4\,000 = 0$$

$$t = 20$$

即设备的经济寿命为 20 年,这时的总收益为最大,其值为

$$Y_{max} = -100 \times (20)^2 + 4\,000 \times 20 - 20\,000 = 20\,000\text{ 元}$$

(2)最小年均费用法

对一些"非盈利"的设备,如某些电气设备、家用设备、行政设备和军用设备等,很难计算其收益。对这些设备,可用最小年均费用法计算其经济寿命。

设备的年均费用是由年均使用成本和年均折旧费组成的,计算公式为

$$C_i = \frac{\Sigma V + \Sigma B}{T} \tag{6-1-8}$$

式中　$C_i$——$i$ 年的设备年均费用;

$\Sigma V$——累计使用成本;

$\Sigma B$——累计折旧费;

$T$——设备的使用年限。

设备的使用成本包括能源费、保养费、修理费、停工损失费、废次品损失费等。设备的折旧费是设备原始价值每年损耗的部分。折旧费随设备役龄的增加而减少（加速折旧），而使用成本随设备役龄的增加而增大。因此，存在一个使用年限 $t$，使设备在 $t$ 年的使用期内，设备的年均费用 $C$ 最小，如图 6-1-5 所示。使设备年均费用 $C_1$ 最小的使用年限 $t$ 即为设备的经济寿命。

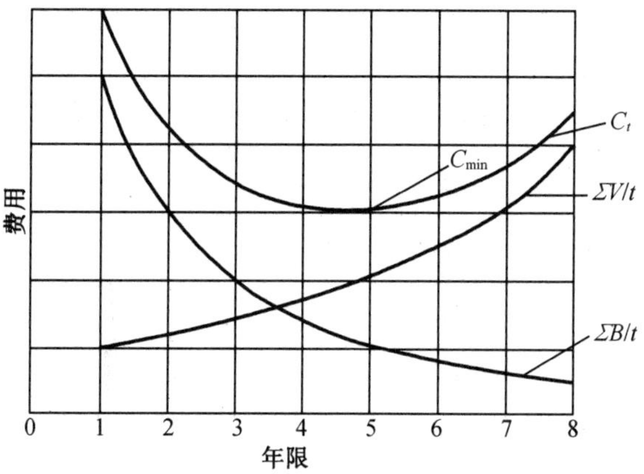


**图 6-1-5　年均费用曲线**

## 十、设备综合效率的概念

每一台生产设备都有自己的理论产能，要实现这一理论产能，就必须保证设备全速生产，没有生产停顿、没有质量损耗。设备综合效率就是用来表示设备实际生产能力相对于理论产能的比率，一般可用下式表示：

$$设备综合效率=时间开动率\times性能开动率\times合格品率 \tag{6-1-9}$$

**1. 时间开动率**

时间开动率反映了设备的时间利用情况，反过来也度量了故障停机、工装模具更换调整等项的停机损失。时间开动率可用下式表示：

$$时间开动率=\frac{开动时间}{负荷时间\times100\%} \tag{6-1-10}$$

式中　负荷时间——等于日历工作时间-计划停机时间，也就是计划生产时间；

开动时间——等于负荷时间-故障停机时间-设备调整初始化时间（包括转换产品规格，更换刀具、夹具、模具等活动所用的时间）。

**2. 性能开动率**

性能开动率反映了设备的性能发挥情况，反过来也度量了设备短暂停机、空转、速度降低等项的性能损失。性能开动率可用下式表示：

$$性能开动率=净开动率\times速度开动率 \tag{6-1-11}$$

式中

$$净开动率=\frac{加工数量\times实际加工周期}{开动时间}\times100\% \tag{6-1-12}$$

$$速度开动率=\frac{理论加工周期}{实际加工周期}\times100\% \tag{6-1-13}$$

性能开动率还有另一种表达形式，更适合于流水生产线的评估，即

$$性能开动率=\frac{加工数量\times理论加工周期}{开动时间} \tag{6-1-14}$$

式中的加工数量×理论加工周期就是净开动时间，故有

$$性能开动率=\frac{净开动时间}{负荷时间}\times100\% \tag{6-1-15}$$

而开动时间/理论加工周期就是计划加工数量，所以性能开动率又有如下表达式：

$$性能开动率=\frac{加工数量\times理论加工周期}{开动时间}=\frac{加工数量}{\dfrac{开动时间}{理论加工周期}}=\frac{加工数量}{计划加工数量} \tag{6-1-16}$$

**3. 合格品率**

合格品率反映了设备的有效工作情况，反过来也度量了设备加工废品损失。合格品率可用下式表示：

$$合格品率=\frac{合格品数量}{加工数量}\times100\% \tag{6-1-17}$$

## 第二节　设备维保方式优化

### 一、停产检修标准化程序管理

企业停产检修时的标准化程序管理，按以下步骤实施。

(1)工程委托的提前量。停产检修为施工前10~20天，大修(长期停产检修)为施工前60天。

(2)按精益理念指导维修过程。要将可能会出现意外情况的检修准备工作时间，如图样、备件、工卡量具等，提到停产检修时段外来进行。

(3)“一图两表”(施工网络图、工时工序表和安全确认书)的规范化作业。停产检修施工前点检要交底，检修施工方要到现场进行调查，并指定专人编写“一图两表”。

(4)停产检修会议。施工前2~3天，由管理方召开，检修、点检、操作三方参加，确定最终工程项目、进度、配合事项和“停产检修工程综合进度表”。

(5)三方联络、安全确认挂牌。停产检修作业开始前，由专职点检组织检修、操作三方的项目责任者，进行安全联络(对开关、阀门的位置及安全措施进行确认并挂牌后方可开始检修施工)，停产检修结束后，确认工程质量，并办理验收、撤牌等手续。

(6)停产检修中间协调会。在停产检修中，由管理方召集三方负责人参加，进行安全检查、进度调整和核对项目，并解决需协调的问题。

(7)停产检修总结会。停产检修后3天内由管理方召开，相互交换意见，总结经验教训，提高停产检修工作水平。

### 二、设备的日常维护内容

设备维护必须达到的4项要求如下。

(1)整齐。工具、工件、附件放置整齐,设备零部件及安全防护装置齐全,线路、管道完整。

(2)清洁。设备内外清洁,无黄袍;各滑动面、丝杆、齿条等无黑油污,无碰伤;各部位不漏油、不漏水、不漏气、不漏电;切削垃圾清扫干净。

(3)润滑。按时加油、换油,油质符合要求,油壶、油枪、油杯、油嘴齐全,油毡、油线清洁,油标明亮,油路畅通。

(4)安全。实行定人定机和交接班制度;熟悉设备结构,遵守操作维护规程,合理使用,精心维护,监测异状,不出事故。

设备日常维护包括每班维护和周末维护两种,由操作人员负责进行。每班维护要求操作人员在每班生产中必须做到:班前对设备各部进行检查,并按规定加油润滑;规定的点检项目应在检查后记录到点检卡上,确认正常后才能使用设备。设备运行中要严格按操作维护规程,正确使用设备,注意观察其运行情况,发现异常要及时处理,操作人员不能排除的故障应通知维修人员检修,并由维修人员在"故障修理单"上做好检修记录。下班前用15 min认真清扫、擦拭设备,并将设备状况记录在交接班簿上,办理交接班手续。

周末维护主要是要求在每周末和节假日前,用1~2 h对设备进行较彻底的清扫、擦拭和涂油,并按设备维护4项要求进行检查评定,予以考核。日常维护是设备维护的基础工作,必须做到制度化和规范化。

企业作业设备运行时,发生"单一故障"的处理流程如图6-2-1所示。

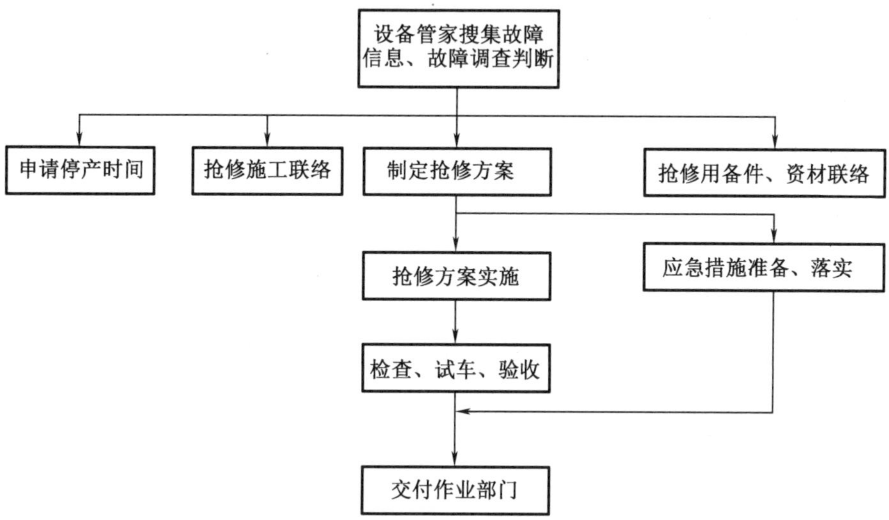


**图6-2-1　发生"单一故障"的处理流程**

## 三、设备的定期维护内容

设备定期维护是在维修人员辅导配合下,由操作人员进行的定期维护工作,是设备管理部门以计划形式下达执行的。两班制生产的设备约3个月进行一次,干磨多尘设备每月进行一次,其作业时间按设备复杂系数每单位为0.3~0.5 h计算停歇,视设备的结构情况而定。精密、重型、稀有设备的维护和要求另行规定。

设备定期维护的主要内容如下。

(1)拆卸指定的部件、箱盖及防护罩等,彻底清洗、擦拭设备内外。

(2)检查、调整各部配合间隙,紧固松动部位,更换个别易损件。

(3)疏通油路,增添油量,清洗滤油器、油毡、油线、油标,更换冷却液和清洗冷却液箱。

(4)清洗导轨及滑动面,清除毛刺及划伤。

(5)清扫、检查、调整电气线路及装置(由维修电工负责)。

设备通过定期维护后,必须达到以下要求。

(1)内外清洁,呈现本色。

(2)油路畅通,油标明亮。

(3)操作灵活,运转正常。

各类设备维护的具体内容和要求,可根据设备特点和参照有关规定要求制定。现举例如下。

**例1** 卧式镗床定期维护内容与要求。

(1)外部维护

①清洗机床外表及罩壳,保持内外清洁,无锈蚀,无黄袍。

②清洗丝杆、光杆、齿条。

③补齐和紧固手球、手柄、螺钉、螺帽等机件,保持机床完整。

(2)主轴箱

①检查、清洗主轴箱夹紧拉杆、平旋盘及调整楔铁。

②检查平衡锤钢丝绳紧固情况。

(3)工作台及导轨

①清洗工作台,调整挡铁及楔铁间隙。

②擦洗全部导轨,清除毛刺。

(4)后立柱

①清洗后轴承座、丝杆。

②调整楔铁间隙。

(5)润滑系统

①清洗油毡、油线,做到油路、油孔畅通,油杯、油嘴齐全,油标醒目明亮。

②清洗滤油器,油质、油量符合要求。

③清洗冷却装置,更换变质冷却液。

(6)电气装置

①擦拭电器箱、电机,检查线路装置。

②电气装置固定整齐。

**例2** 导轨磨床定期维护内容及要求。

(1)机架

①擦洗导轨、丝杆、光杆、传动齿轮的油污和锈蚀,以及机架各部油污、锈蚀与黄袍,保持各部内外整洁。

②检查水平、垂直移动及微动系统有无松动,并调整适当。

(2)润滑及液压

①清洗各油管、油孔、油毡、油线、油标,达到油路畅通,油标明亮。

②清洗滤油器，油质、油量符合要求。

(3)冷却装置

①拆洗冷却泵、过滤装置及冷却液箱，保持清洁，冷却液质量符合要求。

②冷却系统畅通，无漏水现象。

(4)床身及其他

①擦洗床身防尘罩、蛇形管盖板，达到无油污、无积尘、无黄袍。

②拆洗防护罩上盖，清除箱内积尘。

③检查、补齐手柄、手球及螺钉、螺帽。

④擦拭配电箱及电机，检查、紧固接地装置。

**例 3**　空气锤定期维护内容及要求。

(1)润滑系统

①清洗滤油器，检查管路接头与润滑装置，使油路畅通，不漏油，油质良好。

②清洗油泵，使内外清洁、完好。

(2)运转部分

①擦净锤杆上的油污，检查、修整锤杆拉毛和碰痕。

②检查上砧有无裂纹，楔铁必须紧固。

③检查调整三角皮带松紧。

(3)操作部分

①检查各联杆螺钉有无松动，并擦拭干净，如有缺损应补齐、更换。

②擦洗操纵手柄，润滑各运动面及连接处，使其操纵、运动灵活。

(4)砧座及外表

①检查上、下砧座有无裂纹和错位，加以调整或更换，并紧固砧座楔铁。

②擦净锤身外表各部油污，补齐缺损螺钉并加紧固，达到完整、清洁。

(5)电气部分

①擦拭电机及电器箱。

②紧固接地装置。

## 四、不同故障类型的维修策略

根据故障类型的不同，要采用不同的维修策略，如图 6-2-2 所示。

选择维修策略不是目的，而是迈出的第一步。企业应当把注意力集中在维修项目基本的管理方面，而且，企业的设备管家们应认识到，推进“策略管理”是一个持续的过程。首先，必须要将企业总体经营、发展目标、产品作业过程和作业设备维护紧密结合起来。其次，企业的设备管家们，应当拓宽视野，不仅要考虑设备的管理问题，还要考虑经营需要什么，不仅要降低成本，还要能增加收益。也就是说，企业的设备管家们需要面临的问题是，如何使企业的作业设备维护任务完成，并能与企业的经济效益相一致。特别要指出的是，企业的设备管家们要充分认识到“自上而下”的维护策略，必须要与企业的“产品策略”及“供销策略”相一致。实施设备维护是要付出一定代价的，但如果不进行设备维护，那企业付出的后果及补救成本将会更高。

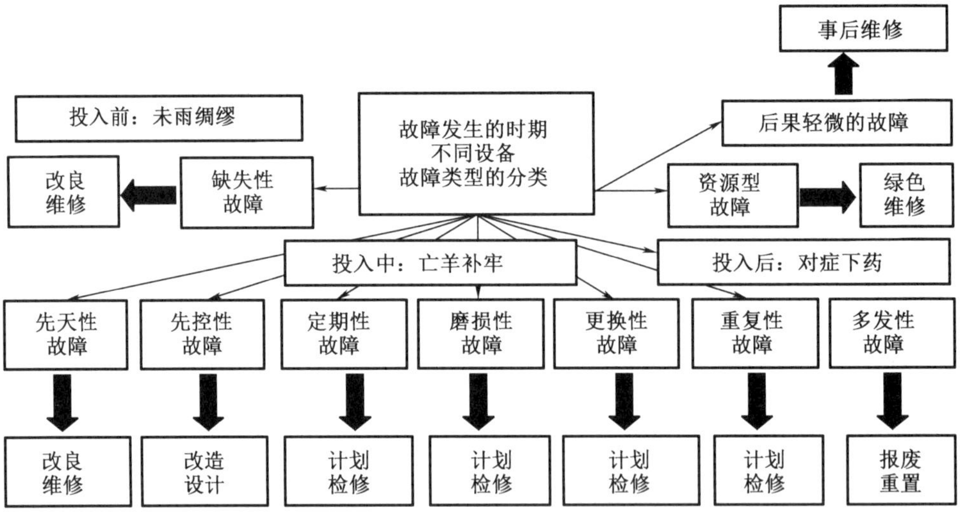


图 6-2-2　不同故障类型采用不同维修策略

对于每种维修策略，只有通过维修实践才能使维修策略得到实现。维修策略的选择过程，就是推行维修策略和满足项目目标任务的维修实践过程。因此，也要让其他员工了解为什么设备维修要选择不同的对策、设备维修项目的任务将如何完成、设备维修工程项目实施将如何协调及如何尽量减少企业产品作业的停产时间等。总之，企业的设备管家们将竭尽全力通过“维修策略”的构思，来兑现这个项目和这些目标的顺利完成。

案例：一个具有多个分厂和十多种产品的著名企业，提出了总体提升业绩的目标：“企业决定管理重心下移，要求各个分厂，以最低的成本来提高产品的可靠性。”为此，企业决定从各分厂最重要的下述“三个基本方面”入手，实施改进。

(1)理顺设备。了解设备的重要性，关键在于分析设备的状态和隐患部位。

(2)提升员工的素质和技能。为了改进其应对能力，技能的提高是基本的。

(3)规范行为标准。员工行为标准化，能以合理的成本而获得更多的效益。

企业有了这些目标，要求企业下属的每个部门，都要建立起一整套与企业的“三个基本方面”相一致的“策略”来支持。各个部门为了达到目标而开始编制各自的策略和方案，既可以独立策划编制，也可以在企业相关部门的帮助和指导下制定方案。由于各个分厂和部门都了解“策略”编制的流程，虽然会涉及许多方面和复杂因素，但都会沿着这个路子着手进行。具体到设备管理的范畴，由于企业产品的质量、成本和用户需求等的优劣，是直接由企业作业第一线运行的好坏来决定的。所以，要将企业制定的维护策略，直接贯彻落实到企业产品作业的现场和基层中去。企业作业设备的维护管理活动，首先要依赖于维修策略的制定，紧随而来的是实施策略的行动计划。那就是，要事先就十分明确，实施的项目决定将达成怎样的结果，如何才能达到这样的目的。可见，设备管家们对实施项目的未来，要有充分的预见性和预测性。

## 五、编制检修计划的“三要素”

设备检修计划的实质是：必须让企业与各基层(车间或分厂)之间，对设备管理部门所设定的“三要素”的“相互约束”(即维修计划值)，要能够100%地完成。“三要素”具体内容如下。

(1)检修周期(两次停产检修之间的间隔时间)。

(2)检修时间(每次检修的停产时间)。

(3)检修日期(安排每次停产检修的具体日期)。

"相互约束"(即维修计划值)具体内容如下。

(1)贯穿企业的经营方针,产品作业计划、预算价格、工艺技术、现场作业等共同的目标值。

(2)表示在规定时间内可能达到的作业水准、技术水准、质量水准、效益水准等的具体数值。

(3)由于企业高科技技术开发、作业操作技术的改进、设备投资等取得的效果、管理指标要求的具体数值。

设备管理系统"相互约束"的构成要素如下。

(1)时间效率。在该作业工序中,以计算作业能力的基础数值为指标。

(2)作业能力。表示工序的作业能力的指标和数值。

(3)成品率。该作业工序中,产品与制造产品的原材料的比例指标。

(4)成本。该作业工序中,单位产品的资本、资材等的耗用基准量。

(5)其他。表示作业物质量水准的项目指标等。

设备检修计划中,时间效率与之关系最大,其中,"相互约束"的时间效率见表 6-2-1。

**表 6-2-1 在设备检修计划中"相互约束"的时间效率**

| "相互约束"类别与项目 | | 定义 |
|---|---|---|
| 时间效率 | 时间 | 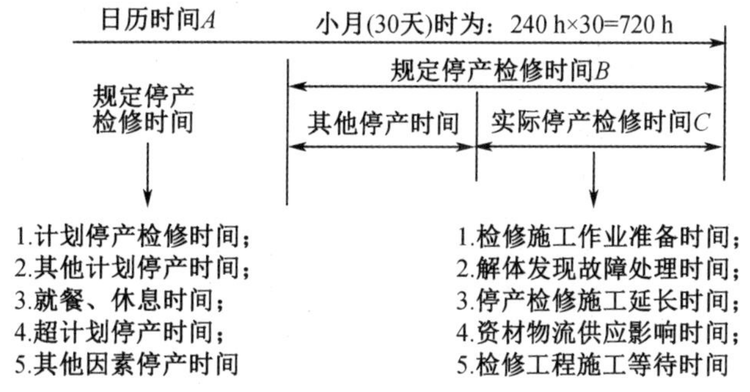 |
| | 运行率 | $运行率=\dfrac{规定停产检修时间\ B}{日历时间\ A}$ |
| | 作业率 | $作业率=\dfrac{实际停产检修时间\ C}{规定停产检修时间\ B}$ |
| | 开动率 | $开动率=\dfrac{实际停产检修时间\ C}{日历时间\ A}=运行率\times作业率$ |

以钢铁企业产品作业线为例,见表 6-2-2。这里的"停产检修周期",是以该产品作业线及其关键设备上的状态受控点,其性能能够维持最短的停产检修间隔期作为标准的;而"停产检修时间",则是以该产品作业线及其关键设备上的状态受控点,其停产检修施工时最长的检修时间作为标准的,表 6-2-3 是停产检修的日程安排计划。

**表 6-2-2　钢铁企业设定停产检修周期与时间的依据**

| 钢铁企业产品作业线名称 | 停产检修周期 | | | 停产检修时间 | | |
|---|---|---|---|---|---|---|
| | 初期/d | 稳定期/d | 设定依据 | 初期/h | 稳定期/h | 设定依据 |
| 炼钢(LD) | 7 | 15 | 与高炉休风配合 | 8 | 8 | OG 点检、清扫与修理 |
| 烧结(DL) | 30 | 90 | 一次矿固定齿板,三次矿可动齿板更换 | 10 | 16 | 与排矿处有关的修理(一次矿、料槽、溜槽、修理) |
| 炼焦(CI) | 21 | 90 | 装煤车点检维修,停炉砖缝热裂保护 | 4 | 4 | 受焦炭和煤气平衡表时间制约 |
| 高炉(BF)(BL) | 30 | 30 | 风口及料钟的点检维修 | 12 | 12 | 炉顶点火 2 h,维修作业 8 h,试运转 2 h |
| 初轧(BT) | 7 | 15 | 点检维修、性能维持 | 10~12 | 10~12 | 轧机点检、维修时间 |
| 钢管(TP) | 7 | 15 | 点检维修、性能维持 | 10~12 | 10~12 | 轧机点检、维修时间 |

## 表 6-2-3　停产检修日程安排计划

企业　　　　　　　　年度

<table>
<tr><td colspan="2" rowspan="3">年度<br>停产检修计划</td><td colspan="6" rowspan="2">各基层<br>（分厂或车间）<br>名称</td><td colspan="6" rowspan="2"></td><td colspan="4">领导</td><td colspan="4">主管</td><td colspan="4">制表</td><td>年　月　日</td></tr>
<tr><td colspan="4" rowspan="2"></td><td colspan="4" rowspan="2"></td><td colspan="4" rowspan="2"></td><td>年　月　日修改</td></tr>
<tr><td colspan="6">编制部门</td><td colspan="6">维修管理</td><td>年　月　日修改</td></tr>
<tr><td rowspan="2">类别</td><td rowspan="2">产品作业<br>线名称</td><td colspan="6">年上半期</td><td colspan="6">年下半期</td><td colspan="6">年上半期</td><td colspan="6">年下半期</td><td rowspan="2">备注</td></tr>
<tr><td>月</td><td>月</td><td>月</td><td>月</td><td>月</td><td>月</td><td>月</td><td>月</td><td>月</td><td>月</td><td>月</td><td>月</td><td>月</td><td>月</td><td>月</td><td>月</td><td>月</td><td>月</td><td>月</td><td>月</td><td>月</td><td>月</td><td>月</td><td>月</td></tr>
<tr><td>停产<br>检修</td><td>成品<br>作业线</td><td colspan="12">每月 3 次<br>（周二或周五）</td><td colspan="12">每月 3 次<br>（周二或周五）</td><td></td></tr>
<tr><td>大修</td><td>成品<br>作业线</td><td></td><td></td><td></td><td></td><td></td><td></td><td></td><td colspan="5">10 月 25 日—11 月 1 日<br>（共 8 天）</td><td colspan="12"></td><td></td></tr>
</table>

# 第三节　设备管理体系优化

## 一、网络计划技术基本原理

网络计划技术的基本原理如下。

(1)利用网络图的形式,表示一项计划中各项工作的时间、先后顺序及相互关系。

(2)通过计算找出计划中关键工作和关键路线,利用时差不断改善网络计划,选择最优方案。

(3)在计划的执行中,通过信息反馈,进行监督和控制,以保证实现预定的计划目标。

长期以来,在生产经营活动的组织和管理上,特别是生产进度的计划安排和控制上,一直使用横道图及计划进度表来安排计划。这种技术方法简单,直观性强,易于掌握。但它不能反映各个工作之间错综复杂的相互联系、相互制约的关系,也不能清楚地反映出哪些工作是主要的、关键性的。与传统的横道图相比,网络计划技术具有系统性、动态性和可控性等特点。

## 二、网络图的构成

网络图是指由箭线和节点组成的,用来表示工作流程的有向、有序图形,是网络计划技术应用的基础,是计划工程项目及其组成部分内在逻辑关系的综合反映。

网络图一般由工作、事件和线路 3 个部分组成。

**1. 工作**

工作是指计划工程项目按所需要的粗细程序划分而成的消耗时间或同时也消耗资源的一个子项目。一般用箭线来表示,箭线的上方标明工作的名称,下方标明工作持续时间(小时、天、周等)。箭尾、箭头都有符号"○",箭尾ⓘ表示工作的开始,箭头ⓙ表示工作的结束或工作前进的方向,如图 6-3-1 所示。

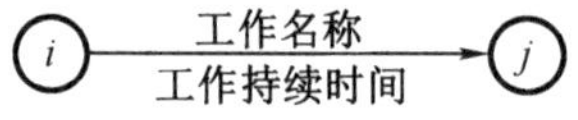


图 6-3-1　工作在网络图上的表示方法

箭线的长短一般与时间无关。工作的内容可多可少,范围可大可小,如可以把整个零件加工作为一项工作,也可以把其中的车、铣、磨等工序分别作为一项工作。工作需要消耗一定资源,占用一定时间。有些工作如涂装后的干燥、等待材料或工具、铸件的自然时效处理等虽不消耗资源,但要占用时间,因而在网络图中也作为一项工作。不需要消耗资源和占用时间的工作叫虚工作,即工作持续时间为零的工作,它只表示相邻前后工作之间的逻辑关系,表明计划和工程项目的方向,一般用虚箭线来表示。

**2. 事件**

事件是指某项工作的开始或结束,在网络图中是指两项工作的衔接点,通常用符号

“◯”表示，符号“◯”称为节点。事件不占用时间，也不消耗资源，只表示某项工作的开始或结束。若将两个节点用箭线连接，箭尾的节点称为开始节点，用ⓘ来表示，箭头的节点称为完成节点，用ⓙ来表示。网络图中第一个节点称为起点节点，它表示网络图的开始；最后一个节点称为终点节点，它表示网络图的结束；介于两者之间的节点称为中间节点，它既表示前面工作的结束，又表示后面工作的开始。

**3. 线路**

线路是指在网络图中从起点节点开始，沿箭线方向连续通过一系列箭线和节点，最后到达终点节点所经过的通路。在网络图中，线路有很多条，每条线路上各工作持续时间之和就是该线路所需的时间周期。其中周期最长的线路称为关键线路。关键线路的周期也就是整个计划工程项目所需的时间，简称工期。关键线路一般用双线标注在网络图上。关键线路上各项工作称为关键工作。关键线路往往不止一条，越是科学合理的计划，其网络图的关键线路就越多。

## 三、设备技术改造和更新管理

设备技术改造和更新的管理，要从企业产品更新换代、发展品种、提高质量、提高竞争力出发，要从环境保护、降低消耗、降低成本、提高劳动生产率和经济效益的实际需要出发，要着眼于企业长远发展目标，认真规划，进行充分的技术经济分析，有针对性地用新技术改造和更新现有设备，这样才能有效地提高企业设备的素质，使企业发展的步伐走上良性循环的道路。

**1. 设备技术改造的管理**

企业在进行设备技术改造时，必须根据我国人力资源丰富而物质资源不足、资金短缺的国情，紧紧围绕提高经济效益，着重从节约能源、节约原材料、改造产品结构、合理利用资源、环境保护和安全生产等方面进行。

企业对设备进行技术改造时，必须注意做好以下工作。

（1）制订中、长期改造更新计划

设备改造大多是对企业的老设备而言，这就决定了这项工作具有很大的复杂性，要求企业必须有通盘的规划。具体表现如下。

①需要改造的设备往往是企业承担繁重生产任务的关键设备，必须按照事先的计划进行，才有可能做到生产、改造两不误。

②企业需要改造的设备很多，哪台先改造，哪台可以暂缓，改造顺序如何安排才能对发展生产最为有利，需要全面统筹考虑。

③在原来的生产场地进行改造，施工过程中，在生产通道、能源供应、辅助生产场地等方面都会影响周围的设备，任何一个环节上的疏忽，都会给生产和改造带来损失。

④由于在旧设备基础上进行改造，在选择最合理的方案时，技术论证和经济评价均较为复杂，没有长远的全盘考虑，会造成决策失误，使设备“大拆大卸”或“修修补补”投产使用，不仅不能取得预期的效果，还会导致设备寿命不长而得不偿失。

在制订规划时，应考虑以下几个问题。

①要从实际出发，考虑多层次技术结构。主要环节和关键工序首先采用先进技术；一

般环节或辅助生产设施,视情况可采用比较先进的、比较经济适用的技术;对不碍大局的设备,无力全部改造更新时,可以暂缓。

②要研究各种设备之间的平衡。企业的各种设备,都是互相配合、互相制约的。在某一种设备进行改造时,一定要考虑到和它有关的各种设备之间的匹配关系,才能使设备的改造在生产中发挥预期的效果。

③要注意当前和长远的平衡。技术改造不仅要有近期的目标,还要为今后的发展创造条件,准备后劲。尤其在总体布局上,力争通过工艺流程的改造,尽可能使生产设备、辅助设施的布局和制品的流向趋于合理。

(2)认真进行方案的审查工作

设备的改造(包括小的改进)工作,必须与设备管理工作紧密结合。凡属设备的改造(改进),必须办理有关手续,这也是对改造(改进)建议和方案进行汇兑、审定的过程。根据现在的设备管理制度,设备的改造(改进)应办理以下手续。

①设备使用部门(或维修人员)所提出的对设备性能和主要结构的改进或小改革等,只要不影响生产和设备基本性能且可自行设计、施工,可由使用部门提出申请,经设备动力部设备管理工程师审核,设备动力部部长批准后即可进行;其所改进部分的技术资料应交设备动力部归档。

②对精密、大型、稀有等关键设备的改进,不论其部位大小,必须由使用部门(或维修部门)提出申请,经设备动力部审查,并报企业分管设备领导批准后,方可进行设计改进。

③凡影响设备基本性能和结构、改变工艺特性的技术改造,都必须由申请部门将建议、要求及方案整理成书面的设备改造(改进)申请书,详细说明技术改造的原因、预计效果和投资情况,由申请部门领导审查后报设备动力部;设备动力部应组织经验丰富的工人和工程技术人员,对提出的技术改造项目认真调查、分析、审查,并提出意见,报企业分管设备领导;企业分管设备领导应组织各有关部门进行会审,通过后方可实施设备改进、改造项目。未经研究、批准的设备改进、改造项目,不得实施。

(3)做好总结

提高工作总结包括以下两个方面。

①经济方面

设备技术改造后提高劳动生产率的情况如何,每年节约多少费用;技术改造前的预算费用和完工后的实际费用,所消耗的工时,设备停歇时间等;为经济核算提供可靠的依据。

②生产技术方面

工作人员应完整地整理设备技术改造过程中的全部技术资料,如图样、工艺卡片、试车记录、性能测试报告等,并对技术成果、存在问题和今后进一步改进的意见进行书面总结。所有这些资料都应归入设备技术档案,为设备检修和进一步技术推广提供准确的资料与依据。

**2. 设备更新管理**

设备更新管理的程序,如图 6-3-2 所示。

在执行设备更新管理程序时,必须特别注意以下几个问题。

(1)必须按照企业的统一规划,根据可能的条件,实事求是地、有计划地、有步骤地、有重点地进行。

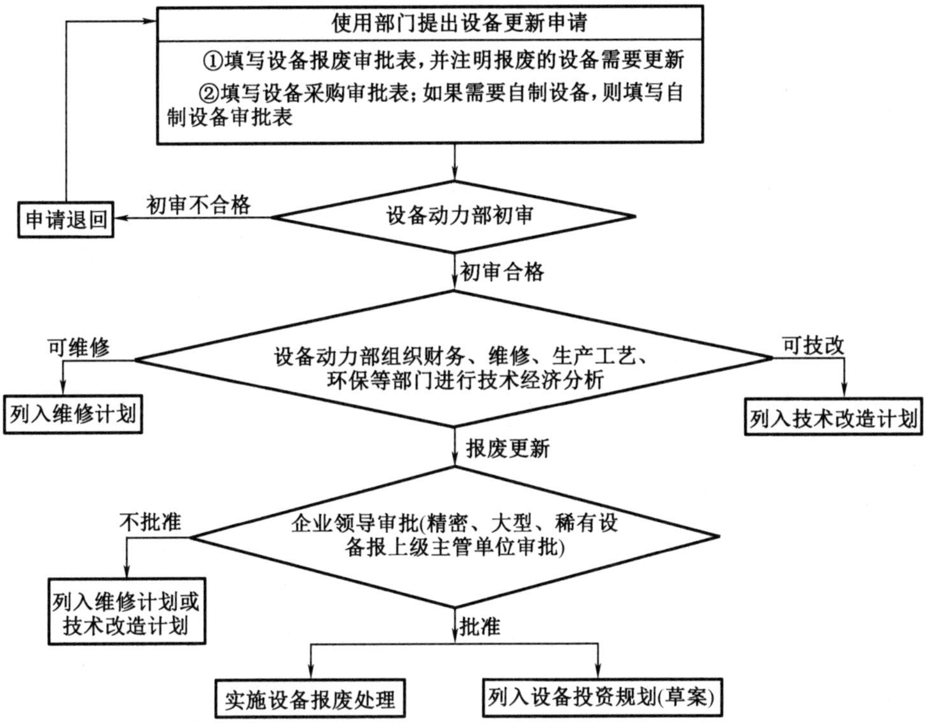


**图 6-3-2　设备更新管理程序**

(2)要注意研究克服薄弱环节，提高企业的综合生产能力。这就是说，要尽可能首先更新薄弱环节的老设备，以达到“事半功倍”的效果，保证企业扩大再生产的顺利进行。

(3)要把节能提到重要的研究议题上来。企业应将设备陈旧、能耗极大，且改造投资大、经济上不合理的设备作为主要的更新对象，以降低能耗。对国家公布的能耗大的淘汰机型，应按照要求逐步进行更新。

(4)要注意研究改善工人的劳动条件，要尽可能首先更新那些工人操作劳动强度大和安全保护差的设备，改善工人的劳动条件和劳动保护，提高劳动生产率。

(5)要注意改善环境保护条件。生产过程中的废气、废水、废渣，一般都是有害物质，对那些跑、冒、滴、漏严重，污染环境，影响人身健康，危及工农业生产的老旧设备，要作为重点研究的更新对象。如果企业对这些污染严重的设备不采取有效措施进行技术改造或更新，或者技术改造的效果仍达不到环保要求的，地方环保单位有权依照《中华人民共和国环境保护法》对其采取强制停产、报废的措施。

(6)对于已经批准更新的设备，在更新以前，使用部门仍应认真做好维护保养工作，合理使用，充分发挥它们的潜力。对于那些可以通过技术改造提高其效能(出力)的设备，应立足于改造进行使用。

## 四、网络图的绘制

### 1. 网络图的绘制规则

(1)从某一节点引出或进入某一节点的箭线可以是一条，也可以有很多条，但连接两个节点的箭线只能是一条，不能同时出现两条或两条以上箭线，即不能有两条或以上的箭线从同一个节点引出且进入另一个相同节点，如图 6-3-3(a)所示。如果两个节点之间有两项或两项以上平行工作(可以同时进行的几项工作)，则应增加节点并用虚箭线加以分开，正确的画法如图 6-3-3(b)所示。

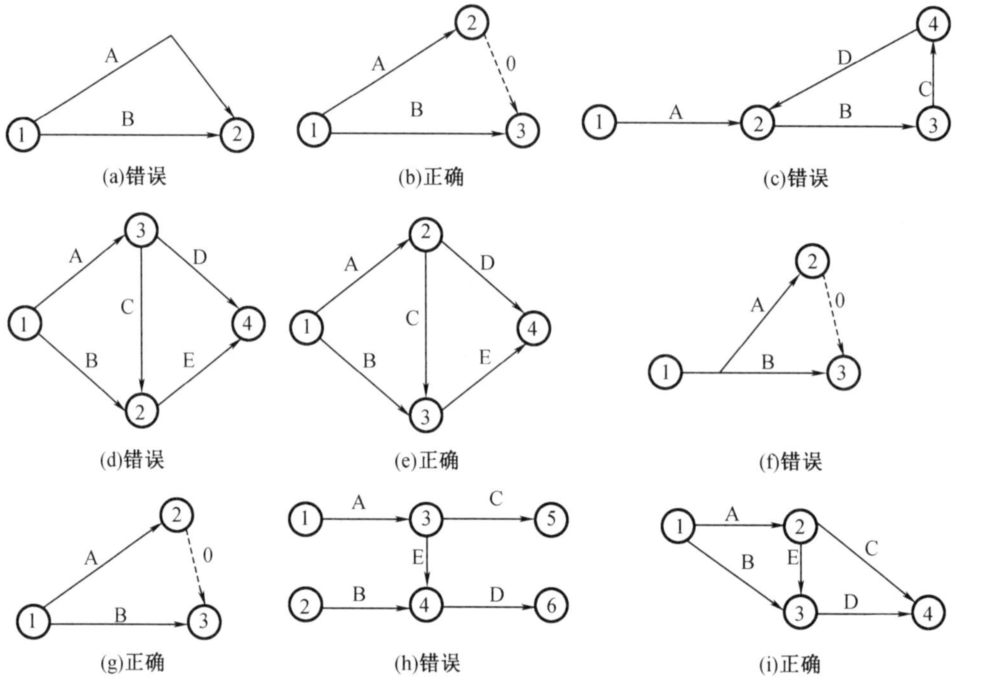


**图 6-3-3　网络图绘制规则图示**

(2)网络图中不能出现如图 6-3-3(c)所示的回路即闭路循环线路，箭线方向应该自左至右，不能逆向。

(3)在网络图中，每一条箭线只能代表一项工作，工作名称不能重复，每一个节点都有自己独立的编号，编号不能重复使用，并遵守箭头节点编号大于箭尾节点编号的原则，如图 6-3-3(d)所示的箭尾节点编号大于箭头节点编号是错误的，正确的画法如图 6-3-3(e)所示。

(4)箭线必须从一个节点开始到另一个节点结束，其首尾都应该有节点，不允许从一条箭线中引出另一条箭线来，如图 6-3-3(f)所示。正确的画法如图 6-3-3(g)所示。

(5)每个网络图只能有一个起点节点和一个终点节点，如果出现两项或两项以上的工作同时开始或同时结束时，其所有的开始节点和完成节点都应汇合成一个起点节点或一个终点节点，如图 6-3-3(h)应改成图 6-3-3(i)的形式。不能出现没有紧前工作(紧排在本工作之前的工作)或紧后工作(紧排在本工作之后的工作)的中间节点。

**2. 绘制步骤**

(1)工程项目分解

任何一个工程项目都是由许多项工作组成，在绘制网络图前，首先将工程项目分解成各项工作。

工程项目分解一般可按其性质、组织结构和运行方式等来划分，其可按准备阶段、实施阶段分解;按全局与局部分解;按专业或工艺作业内容分解;按工作责任或工作地点分解等。如在编制镗床大修理计划时,将工程项目分解为拆卸、清洗、试车等10项工作。

(2)逻辑关系分析

工作的逻辑关系分析是根据网络图的要求,分析每项工作的紧前工作、紧后工作及平行工作,并将分析的结果列表,见表6-3-1。

**表6-3-1　镗床大修工程分解及逻辑关系表**

| 序号 | 代号 | 作业名称 | 紧前作业 | 工作持续时间/天 |
|---|---|---|---|---|
| 1 | A | 拆卸 | — | 2 |
| 2 | B | 清洗 | A | 2 |
| 3 | C | 检查 | B | 3 |
| 4 | D | 电器检修与安装 | A | 2 |
| 5 | E | 床身与工作台研合 | C | 5 |
| 6 | F | 零件修理 | C | 3 |
| 7 | G | 零件加工 | C | 8 |
| 8 | H | 变速箱组装 | F、G | 3 |
| 9 | I | 部件组装 | E、H | 4 |
| 10 | J | 总装和试车 | D、I | 4 |

(3)绘制网络图,进行节点编号

根据工程项目分解及逻辑关系表中各项工作的先后顺序关系,按网络图的规则画出初步网络图,并进行节点编号,同时标出工作名称和工作持续时间。

## 五、设备工作时间参数

### 1. 最早开始时间

最早开始时间是指在紧前工作和有关时限约束下,工作有可能开始的最早时刻,就称为该项工作的最早开始时间,一般以 $ES_{i-j}$ 表示。实际上工作的最早开始时间就是它的箭尾节点(开始节点)的最早时间。在网络图上标识示例如图6-3-4所示。其计算公式为

$$ES_{i-j}=ET_i \tag{6-3-1}$$

式中　$ET_i$——节点最早时间。

### 2. 最早完成时间

最早完成时间是指在紧前工作和有关时限约束下,工作有可能完成的最早时刻,就称为该项工作的最早完成时间。一般以 $EF_{i-j}$ 表示,在网络图上标识示例如图6-3-4所示。显然,存在下列关系:

$$EF_{i-j}=ES_{i-j}+D_{i-j} \tag{6-3-2}$$

式中　$D_{i-j}$——工作的持续时间。

### 3. 最迟完成时间

最迟完成时间是指在不影响工程项目按期完成和有关时限约束的条件下,工作最迟必

须完成的时间，称为该项工作的最迟完成时间，一般以 $LF_{i-j}$ 表示。实际上工作的最迟完成时间就是它的箭头节点（完成节点）的最迟时间。在网络图上标识示例如图 6-3-4 所示。其计算公式为

$$LF_{i-j}=LT_j \tag{6-3-3}$$

式中　$LT_j$——节点最迟时间。

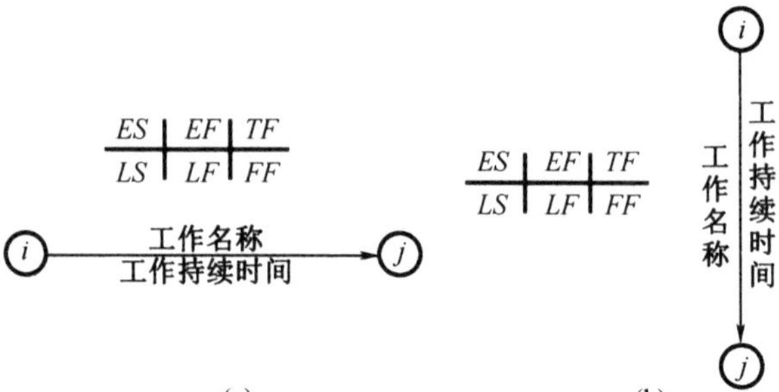


**图 6-3-4　网络图标识示例**

**4. 最迟开始时间**

在不影响工程项目按期完成和有关时限约束的条件下，工作最迟必须开始的时间，称为该项工作的最迟开始时间，一般以 $LS_{i-j}$ 表示，在网络图上标识示例如图 6-3-4 所示。显然，存在下列关系：

$$LS_{i-j}=LF_{i-j}-D_{i-j} \tag{6-3-4}$$

**5. 总时差**

总时差也称为富裕时间或机动时间，是指在不影响工期和有关时限的前提下，一项工作可以利用的机动时间，即一项工作从其最早开始时间到最迟开始时间，或从最早完成时间到最迟完成时间，中间可以推迟的最大延迟时间，一般用 $TF_{i-j}$ 表示。总时差在网络图上标识示例如图 6-3-4 所示。其计算公式为：

$$TF_{i-j}=LS_{i-j}-ES_{i-j} \tag{6-3-5}$$

或

$$TF_{i-j}=LF_{i-j}-EF_{i-j} \tag{6-3-6}$$

总时差越大，说明挖掘时间的潜力越大，反之则相反。若总时差为零，则说明该项工作无任何宽裕的时间。总时差为零的工作称为关键工作，由关键工作组成的线路称为关键线路。

**6. 自由时差**

自由时差是指在不影响其紧后工作最早开始和有关时限的前提下，一项工作可以利用的机动时间。一般用 $FF_{i-j}$ 表示。自由时差在网络图上标识如图 6-3-4 所示。其计算公式为

$$FF_{i-j}=ES_{j-k}-EF_{i-j} \tag{6-3-7}$$

式中　$ES_{j-k}$——紧后工作的最早开始时间。

计算时间参数可列出表格，并标注在网络图上。

**例 1**　根据表 6-3-1 镗床大修工程分解及逻辑关系表绘制的网络图并计算时间参数，

确定工期,指明关键路线。

解:

①根据式(6-3-1)、式(6-3-2)计算各节点最早时间 $ET_i$。

$$ET_1=0$$

$$ET_2=0+2=2$$

重复上述的计算方法,可算出

$$ET_3=4 \quad ET_4=7 \quad ET_5=15$$

由于指向⑥⑦节点的箭线有 2 条,故

$$ET_6=\max\{15+0,7+3\}=15$$

$$ET_7=\max\{15+3,7+5\}=18$$

重复上述的计算方法,可算出

$$ET_8=22 \quad ET_9=26$$

②最早开始时间 $ES_{i-j}$ 可根据式(6-3-5)算出,并将 $ES_{i-j}$ 标注在网络图上。

③节点最迟时间 $LT_j$ 可根据式(6-3-3)、式(6-3-4)算出

$$LT_9=ET_9=26$$

$$LT_8=26-4=22$$

重复上述的计算方法,可算出

$$LT_7=18 \quad LT_6=15 \quad LT_5=15$$

因为由④节点引出的箭线有 3 条,故

$$LT_4=\min\{15-8,15-3,18-5\}=7$$

重复上述的计算方法,可算出

$$LT_3=4 \quad LT_2=2 \quad LT_1=0$$

④最迟完成时间 $LF_{i-j}$ 可根据式(6-3-3)算出,并将 $LT_{i-j}$ 标注在网络图上。

⑤最早完成时间 $EF_{i-j}$ 可根据式(6-3-2)计算;最迟开始时间 $LS_{i-j}$ 可根据式(6-3-4)计算;总时差 $TF_{i-j}$ 和自由时差 $FF_{i-j}$ 可根据式(6-3-5)、式(6-3-6)、式(6-3-7)计算,并将上述时间参数标注在网络图上。

镗床大修网络图及时间参数如图 6-3-5 所示。

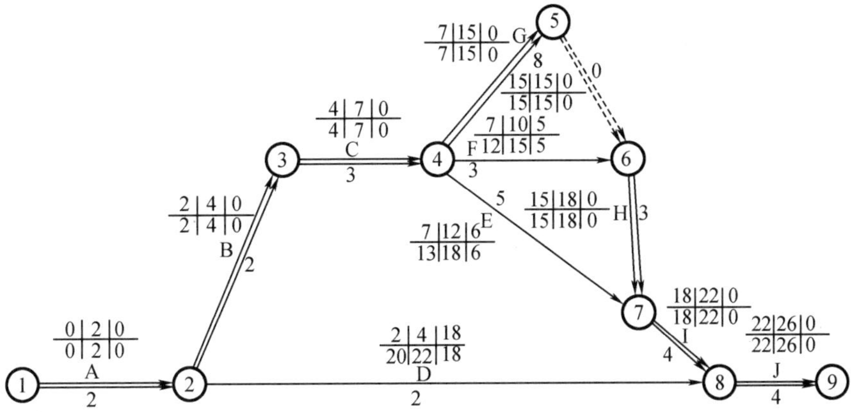


**图 6-3-5　镗床大修网络图及时间参数**

⑥将总时差为零的工作连接起来便是关键线路,即①-②-③-④-⑤-⑥-⑦-⑧-⑨。

⑦计算工期:

$$T=(2+2+3+8+3+4+4)\text{天}=26\text{天}$$

时间参数计算结果见表 6-3-2。

**表 6-3-2 时间参数计算表**

| 工作名称 | 节点编号 | 工作持续时间/天 | 时间参数 | | | | | | 是否为关键工作 |
|---|---|---|---|---|---|---|---|---|---|
| | | | *ES* | *EF* | *LS* | *LF* | *TF* | *FF* | |
| A | ①-② | 2 | 0 | 2 | 0 | 2 | 0 | 0 | 是 |
| B | ②-③ | 2 | 2 | 4 | 2 | 4 | 0 | 0 | 是 |
| C | ③-④ | 3 | 4 | 7 | 4 | 7 | 0 | 0 | 是 |
| D | ②-⑧ | 2 | 2 | 4 | 20 | 22 | 18 | 18 | 否 |
| E | ④-⑦ | 5 | 7 | 12 | 13 | 18 | 6 | 6 | 否 |
| F | ④-⑥ | 3 | 7 | 10 | 12 | 15 | 5 | 5 | 否 |
| G | ④-⑤ | 8 | 7 | 15 | 7 | 15 | 0 | 0 | 是 |
| H | ⑥-⑦ | 3 | 15 | 18 | 15 | 18 | 0 | 0 | 是 |
| I | ⑦-⑧ | 4 | 18 | 22 | 18 | 22 | 0 | 0 | 是 |
| J | ⑧-⑨ | 4 | 22 | 26 | 22 | 26 | 0 | 0 | 是 |

初步的网络计划编制结束后,需要从工程项目的工期、资源、成本等方面进行检查和调整,重新编制可行网络计划。可行网络计划一般要进行优化,方可编制正式的网络计划。

## 六、网络计划的检查

网络计划检查的内容如下。

(1)工期是否符合要求。

(2)资源配置是否符合资源供应条件。

(3)成本控制是否符合要求。

## 七、网络计划的调整

### 1. 网络计划调整的内容

(1)工程项目工期的调整。当"计算工期"不能满足预定的时间目标要求时,可改变工作方案的组织关系。

(2)资源调整。资源强度即一项工作在单位时间内所需的某种资源数量超过供应可能时,应进行调整。

### 2. 网络计划调整的方法

(1)调整非关键工作,使资源降低。

(2)在总时差允许的前提条件下,灵活安排非关键工作的持续时间(如延长持续时间,改变开始、完成时间或间断进行)。

检查调整后,必须重新计算时间参数,修改时间参数表和网络图上的标注时间,标明关键工作。根据调整后的网络图和计算的时间参数,重新绘制的网络计划即为可行网络计划。

## 八、缩短工程进度的优化

任何工程项目都要求合理地使用劳动时间以缩短总工期,如果长期不能完工,不仅积压大量的资金,而且随着时间的延长所支付的劳动和投资也会相应增加。因此,缩短工期能节约资源。通过调整计划安排,在满足资源有限制的条件下,使工期拖延降低到最少。

在网络计划中,由于关键线路上各项工作的持续时间决定着整个计划的工期,因此,要缩短整个工期,就必须分析缩短关键线路上各关键工作持续时间的可能性。如果在关键线路上缩短工期后仍不能达到缩短整个计划工期的要求,就必须从新的关键线路上再做第二次乃至多次缩短,直至达到要求为止。例 1 中的镗床大修总工期为 26 天,如果要求缩短总工期,只要缩短关键线路上某些关键工作的持续时间即可。若根据企业具体情况,可以缩短 G 工作的持续时间,即将 G(零件加工)工作改为两个作业组同时进行,假设各为 4 天,则总工期可以缩短 4 天,变为 22 天。优化后的网络图如图 6-3-6 所示。我们还可以采取其他的方法将总工期进一步缩短。

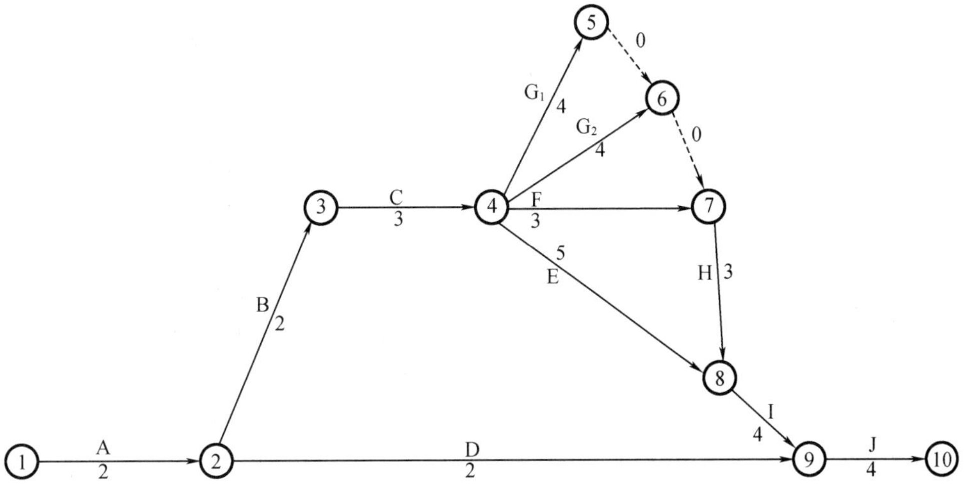


**图 6-3-6　优化后的镗床大修网络图**

## 九、资源均衡利用优化

工作人员在编制网络计划时,在考虑工期和工程费用的同时,也要尽量合理地安排人力、设备和材料等有限的资源。资源均衡利用优化即在资源一定的条件下,寻求最短的生产周期;或当一项工程的总工期确定后,要对整个工程项目的各项工作的资源合理利用,使投入的资源最少。

合理安排资源的主要内容如下。

(1)在规定日期内,计算出该项工程的每一工作所需要的资源,并做出日程上的进度安排。

（2）当资源有限制时，应全面统筹规划各项活动，以保证总工期的完工。

（3）必要时适当调整总工期，使资源得到充分合理的利用。

（4）优先保证关键线路上各关键工作对资源的需要，充分利用时差，平衡协调各活动所需资源。

## 十、线性规划模型的结构

企业是一个复杂的系统，要研究它必须将其抽象出来形成模型。如果将系统内部因素的相互关系和它们活动的规律用数学的形式描述出来，就称为数学模型。线性规划的模型决定于它的定义。线性规划的定义是：求一组变量的值，在满足一组约束的条件下，求得目标函数的最优解。

根据这个定义，就可以确定线性规划模型的基本结构。

# 参考文献


[1] 肖璐. 设备管理[M]. 重庆:重庆大学出版社,2020.

[2] 中国设备管理协会技能人才委员会. 设备点检管理[M]. 2 版. 北京:中国质量标准出版传媒有限公司,2023.

[3] 王振成. 设备管理故障诊断与维修[M]. 重庆:重庆大学出版社,2020.

[4] 刘宝权. 设备管理与维修[M]. 北京:机械工业出版社,2016.

[5] 张友诚. 现代企业设备管理[M]. 北京:中国计划出版社,2006.

[6] 赵艳萍,姚冠新,陈骏. 设备管理与维修[M]. 北京:化学工业出版社,2010.

[7] 夏洪胜,张世贤. 设备管理[M]. 北京:经济管理出版社,2014.

[8] 李葆文. 现代设备资产[M]. 北京:机械工业出版社,2006.

[9] 吴拓. 实用机械设备维修技术[M]. 北京:化学工业出版社,2013.

[10] 钟翔山. 机械设备维修全程图解[M]. 北京:化学工业出版社,2014.

[11] 黄志坚. 机械故障诊断技术及维修案例精选[M]. 北京:化学工业出版社,2016.

[12] 崔兴艳. 机床电气设备及升级改造[M]. 北京:机械工业出版社,2015.

[13] 李军,崔兴艳. 机床电气设备及升级改造[M]. 天津:天津大学出版社,2011.

[14] 杨林建. 机械设备自动化改造[M]. 北京:北京理工大学出版社,2015.

[15] 杨华. 精益设备管理实战手册[M]. 北京:化学工业出版社,2018.

[16] 杨耀双,刘碧云. 设备管理[M]. 北京:机械工业出版社,2008.

[17] 余锋. 机电设备管理[M]. 北京:北京理工大学出版社,2013.

[18] 郁君平. 设备管理[M]. 北京:机械工业出版社,2007.

[19] 吴先文. 机电设备及管理技术[M]. 北京:机械工业出版社,2018.

[20] 吴先文. 机电设备维修[M]. 2 版. 北京:机械工业出版社,2017.

[21] 高志坚. 设备管理[M]. 北京:机械工业出版社,2002.

[22] 赵有青,王春喜. 现代企业设备管理[M]. 北京:中国轻工业出版社,2001.

[23] 林允明. 设备管理[M]. 北京:机械工业出版社,2005.

[24] 陈付林. 设备管理与维修[M]. 南京:河海大学出版社,2007.

[25] 巫世晶. 设备管理工程[M]. 2 版. 北京:中国电力出版社,2013.

[26] 杨志明. 机器设备评估[M]. 北京:中国人民大学出版社,2002.

[27] 于艳芳,宋凤轩. 资产评估原理与实务[M]. 北京:人民邮电出版社,2012.

[28] 时献江,王桂荣. 机械故障诊断及典型案例解析[M]. 北京:化学工业出版社,2013.

[29] 王江萍. 机械设备故障诊断技术及应用[M]. 北京:石油工业出版社,2017.

[30] 晏初宏. 机械设备修理工艺学[M]. 2 版. 北京:机械工业出版社,2013.

[31] 李庆余,孟广耀,岳明君. 机械制造装备设计[M]. 4 版. 北京:机械工业出版社,2017.

[32] 杨杰忠,邹火军.常用机床电气检修[M].北京:清华大学出版社,2015.
[33] 夏庆观.数控机床故障诊断与维修[M].北京:高等教育出版社,2011.
[34] 严峻.数控机床故障诊断与维修实例[M].北京:机械工业出版社,2011.
[35] 王伟平.机械设备维护与保养[M].北京:北京理工大学出版社,2010.
[36] 李长宏.工厂设备精细化管理手册[M].2版.北京:人民邮电出版社,2014.
[37] 金永旺.对电气与仪表设备系统控制的探讨[J].企业技术开发:下旬刊,2012(0Z2):75-77.
[38] 高金国,原学敏,王忠琦.关于电子仪器仪表设备计量管理及维修[J].黑龙江科技信息,2014(27):84.
[39] 杨永培.电子仪器仪表设备计量管理及维修分析[J].中国管理信息化,2017(24):94-95.
[40] 尹品辉,吴勇.化工企业仪表设备中的常见机械故障[J].设备管理与维修,2009(11):62.
[41] 杨守权.建筑设备监控系统的现场仪表设备[J].电气应用,2006(F2):38-43.
[42] 肖鹏飞,王欣,张伟,等.高剂量环境下辐射监测仪表设备安装设计[J].核电子学与探测技术,2023,43(1):64-69.
[43] 张宝.煤化工企业仪表设备管理探讨[J].仪器仪表用户,2017,24(9):82-85,63.
[44] 胡晓龙.浅析电厂自动化仪表设备管理[J].商品与质量,2019(36):47.
[45] 朱荣辉.关于电子仪器仪表设备计量管理及维修[J].城市建设理论研究(电子版),2015(17):2278-2279.
[46] 周小波.自动化仪表设备管理的探讨[J].黑龙江科技信息,2014(33):18.
[47] 高懿.试论电子仪器仪表设备的计量管理及维修[J].轻工标准与质量,2015(3):54-55.
[48] 郭晓冉,张军,雷正伟,等.压力仪表设备全能检定装置研究[J].火力与指挥控制,2020,45(9):152-156.
[49] 张斌,唐飞龙.仪表设备故障分析与维护技术探讨[J].电工技术:理论与实践,2016(4):80-81.
[50] 范铁铮.化工石油平台电气仪表设备调试中参数优化技术研究[J].化肥设计,2025(1):77-80.
[51] 黄文鑫.仪表工上岗必读[M].北京:化学工业出版社,2014.
[52] 张孝桐.设备点检管理手册[M].北京:机械工业出版社,2013.
[53] 乐家谦.仪表工手册[M].北京:化学工业出版社,2003.
[54] 黄建华,张德泉.集散控制系统应用维护技术[M].北京:电子工业出版社,2018.
[55] 肖军,许秀,王莉.石油化工自动化及仪表[M].北京:清华大学出版社,2013.
[56] 洪孝安,杨申仲.设备管理与维修工作手册[M].2版.长沙:湖南科学技术出版社,2007.
[57] 刘翠玲,董建兵.集散控制系统[M].2版.北京:北京大学出版社,2013.